高等数学练习册详解指导

（上、下册）

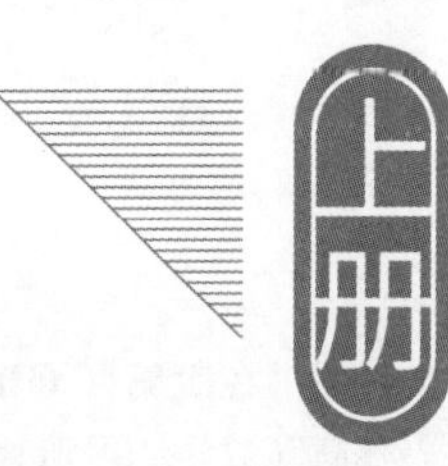

苏　芳　王　焱　刘雄伟　张　雪　编著

清華大学出版社

北　京

内容简介

本书是与国防科技大学理学院数学系编写、高等教育出版社出版的《高等数学(上、下册)》和《高等数学练习册》相配套的典型习题详细解答参考指导书.本书组编的习题具有典型性、综合性和挑战性，共分10个单元，上册、下册分别包括5个单元.每个练习包括基础练习、综合练习和考研与竞赛练习三部分.

本书同时包含题目和解答，对教材和练习册具有相对的独立性，主要是为大学生学习、复习高等数学、工科数学分析与微积分课程，报考全国硕士研究生招生考试、全国大学生数学竞赛和军队文职人员公开招考等提供一本从基础到提高的解题指导参考书，也可供讲授高等数学、工科数学分析和微积分课程的教师备课、布置作业、批改作业时参考.

图书在版编目(CIP)数据

高等数学练习册详解指导：上、下册/苏芳等编著. -- 北京：清华大学出版社，2025.3. -- ISBN 978-7-302-68754-2

Ⅰ. O13

中国国家版本馆CIP数据核字第2025QN7114号

责任编辑：文　怡
封面设计：王昭红
责任校对：李建庄
责任印制：刘　非

出版发行：清华大学出版社
网　　址：https://www.tup.com.cn，https://www.wqxuetang.com
地　　址：北京清华大学学研大厦A座　　**邮　　编**：100084
社 总 机：010-83470000　　**邮　　购**：010-62786544
投稿与读者服务：010-62776969，c-service@tup.tsinghua.edu.cn
质量反馈：010-62772015，zhiliang@tup.tsinghua.edu.cn
课件下载：https://www.tup.com.cn，010-83470236
印 装 者：三河市铭诚印务有限公司
经　　销：全国新华书店
开　　本：185mm×260mm　　**印　　张**：43.5　　**字　　数**：1062千字
版　　次：2025年5月第1版　　**印　　次**：2025年5月第1次印刷
印　　数：1～1500
定　　价：149.00元(全两册)

产品编号：108486-01

前言

本书是与国防科技大学理学院数学系编写、高等教育出版社出版的《高等数学(上、下册)》和《高等数学练习册》相配套的典型习题详细解答参考指导书.本书同时包含了题目和解答,对教材和练习册具有相对的独立性,主要是为大学生学习、复习高等数学、工科数学分析与微积分课程,报考全国硕士研究生招生考试、全国大学生数学竞赛和军队文职人员公开招考提供一本从基础到提高的解题指导参考书,也可供讲授高等数学、工科数学分析和微积分课程的教师备课、布置作业、批改作业时参考.

本书组编的习题具有典型性、综合性和挑战性,全书根据习题内容分布共分10个单元,上册、下册分别包括5个单元.每个练习包括基础练习、综合练习和考研与竞赛练习三部分,涉及的题型是与课程相关的反复考试、重点考查的题型,得到的结论很多时候可以直接参考、借鉴使用.基础练习与综合练习主要来源于配套的《高等数学(上、下册)》教材的课后练习和全国硕士研究生招生考试真题,主要考查与检验学生对基本概念、基本思想与基本解题方法的理解与掌握,培养数学思维能力;考研与竞赛练习主要遴选自历届全国大学生数学竞赛初赛非数类竞赛真题与全国硕士研究生招生考试、数学分析考研真题,供学有余力的学生进一步深化相关内容的理解和强化训练效果,这部分练习对学生综合应用所学知识解决问题的能力提升,创新思维和综合应用能力的培养,对后续课程的学习、参加数学竞赛和考研都有很大的帮助作用.

本书中所有习题解答都力图详尽,不仅对每个习题都给出了完整、详细的解题思路与方法,在解答中,有的题目在解答之后还以注释的形式对相应题型的解法,或者解题中要注意的问题进行了归纳小结与提示.习题给出的求解思路、方法具有很强的代表性,部分练习还给出了一题多解,从不同角度思考、探索求解思路,系统性地加强思想、方法和内容的联系,深化理解.本书的练习实践,有助于学生进一步获得数学知识,为应用数学思想和方法,指导实践应用奠定必要的数学理论基础.

本书的编写得到了国防科技大学理学院数学系全体教师的大力支持和帮助,凝练了国防科技大学数学系教师多年的授课经验,同时广泛吸取了国内外一流大学的先进教学经验,参考了一些经典书籍给出的思想与方法,在此表示诚挚的感谢.本书编写工作主要由苏芳、王焱、刘雄伟、张雪完成,由于编者水平有限,书中错误、疏漏在所难免,恳请读者批评指正.

编　者

2025年1月

目录

第一单元　极限与连续 …… 1
练习 01　映射与函数 …… 1
练习 02　曲线的参数方程与极坐标方程 …… 6
练习 03　数列极限的概念与性质 …… 10
练习 04　数列收敛的判定方法 …… 15
练习 05　函数极限的概念与性质 …… 23
练习 06　函数极限运算法则与判定准则 …… 27
练习 07　无穷小与无穷大　渐近线 …… 34
练习 08　函数的连续性与间断点 …… 42
练习 09　闭区间上连续函数的性质 …… 48
*练习 10　函数的一致连续 …… 53
第一单元　极限与连续测验(A) …… 58
第一单元　极限与连续测验(A)参考解答 …… 60
第一单元　极限与连续测验(B) …… 63
第一单元　极限与连续测验(B)参考解答 …… 64
第二单元　导数与微分 …… 69
练习 11　导数的概念 …… 69
练习 12　导数的基本计算方法 …… 77
练习 13　高阶导数 …… 82
练习 14　隐函数与参数方程所确定的函数的导数 …… 87
练习 15　函数的微分　变化率与相关变化率 …… 93
第二单元　导数与微分测验(A) …… 98
第二单元　导数与微分测验(A)参考解答 …… 100
第二单元　导数与微分测验(B) …… 103
第二单元　导数与微分测验(B)参考解答 …… 105
第三单元　中值定理与导数的应用 …… 110
练习 16　罗尔中值定理 …… 110
练习 17　拉格朗日中值定理 …… 116
练习 18　柯西中值定理　洛必达法则 …… 123
练习 19　泰勒公式 …… 132

练习 20 函数的单调性与极值 …… 140
练习 21 函数曲线的凹凸性与拐点 …… 149
练习 22 分析法作图与曲率 …… 156
第三单元 中值定理与导数的应用测验(A) …… 164
第三单元 中值定理与导数的应用测验(A)参考解答 …… 166
第三单元 中值定理与导数的应用测验(B) …… 170
第三单元 中值定理与导数的应用测验(B)参考解答 …… 172
第四单元 一元积分学 …… 177
练习 23 不定积分的概念与性质 …… 177
练习 24 不定积分的换元法 …… 183
练习 25 不定积分的分部积分法 …… 190
练习 26 特定结构的函数的不定积分的计算 …… 199
练习 27 定积分的概念与性质 …… 209
练习 28 微积分基本公式 变限积分 …… 216
练习 29 定积分的换元法与分部积分法 …… 223
练习 30 特定结构的定积分的计算 …… 231
练习 31 反常积分 …… 239
练习 32 定积分在几何学上的应用 …… 246
练习 33 定积分在物理上的应用 …… 255
第四单元 一元积分学测验(A) …… 261
第四单元 一元积分学测验(A)参考解答 …… 263
第四单元 一元积分学测验(B) …… 267
第四单元 一元积分学测验(B)参考解答 …… 268
第五单元 常微分方程 …… 275
练习 34 微分方程的基本概念 …… 275
练习 35 一阶微分方程的解法 …… 279
练习 36 可降阶高阶微分方程的解法 …… 287
练习 37 高阶线性微分方程解的结构 …… 294
练习 38 常系数线性微分方程的解法 …… 300
练习 39 特殊微分方程解法举例 …… 307
练习 40 常微分方程的应用 …… 314
第五单元 常微分方程测验(A) …… 321
第五单元 常微分方程测验(A)参考解答 …… 323
第五单元 常微分方程测验(B) …… 327
第五单元 常微分方程测验(B)参考解答 …… 329

第一单元

极限与连续

练习 01　映射与函数

训练目的

1. 理解一元函数的概念，掌握函数的表示法(公式法、图像法、表格法与描述法)，会建立实际问题的函数关系.

2. 掌握函数的四则运算、复合运算及求逆运算.

3. 了解函数的有界性、单调性、周期性和奇偶性.

4. 理解复合函数及分段函数的概念，了解反函数及隐函数的概念.

5. 掌握基本初等函数的性质及其图形，了解初等函数的概念.

基础练习

1. 下列各组函数表示相同函数的是(　　).

(A) $f(x)=\dfrac{x^2-4}{x-2}$ 与 $g(x)=x+2$　　(B) $f(x)=\ln(x^3)$ 与 $g(x)=3\ln x$

(C) $f(x)=x$ 与 $g(x)=\sqrt{x^2}$　　(D) $f(x)=x$ 与 $g(x)=\mathrm{e}^{\ln x}$

【答案】 (B).

2. 下列函数中为偶函数的是(　　)；为奇函数的是(　　).

(A) $y=x\sin x$　　(B) $y=x+\cos x$

(C) $y=x^2\arccos x$　　(D) $y=\dfrac{\mathrm{e}^x-\mathrm{e}^{-x}}{2}$

(E) $y=\ln(\sqrt{1+x^2}-x)$　　(F) $y=\tan(x-1)\cos(x+1)$

【答案】 (A)；(D)、(E).

3. 函数 $f(x)=x\sin\dfrac{1}{x}$ 是(　　).

(A) 有界函数 (B) 周期函数 (C) 偶函数 (D) 奇函数

【答案】 (A)、(C).

4. 写出下列函数的定义域.

(1) 函数 $y=\arcsin(2x-3)$的定义域为__________;

(2) 函数 $y=\sec(5x+1)$的定义域为__________;

(3) 函数 $y=\sqrt{3-x}+\arcsin\dfrac{1}{x}$的定义域为__________.

【答案】 (1) $[1,2]$ (2) $x\neq\dfrac{k\pi}{5}+\dfrac{\pi}{10}-\dfrac{1}{5},k\in\mathbb{Z}$ (3) $(-\infty,-1]\cup[1,3]$.

5. 设 $f(x)$的定义域为$[0,1]$,则(1)$f(x^2)$的定义域为________; (2)$f(\sin 2x)$的定义域为________.

【答案】 (1) $[-1,1]$; (2) $\left[n\pi,n\pi+\dfrac{\pi}{2}\right],n\in\mathbb{Z}$.

【参考解答】 (1) 由 $f(x)$的定义域知 $0\leqslant x^2\leqslant 1$,故得 $f(x^2)$的定义域为$[-1,1]$.

(2) 由 $f(x)$的定义域知 $0\leqslant\sin 2x\leqslant 1$,故 $f(\sin 2x)$的定义域需使得 $0\leqslant\sin 2x\leqslant 1$,即 $2n\pi\leqslant 2x\leqslant 2n\pi+\pi(n\in\mathbb{Z})$,所以函数定义域为$\left[n\pi,n\pi+\dfrac{\pi}{2}\right],n\in\mathbb{Z}$.

6. 已知函数 $f(x)$在$(-\infty,+\infty)$内有定义,$g(x)$是 $f(x)$的反函数,则 $y=f\left(\dfrac{x}{2}\right)$的反函数为 $y=$________(用 $g(x)$表示).

【答案】 $y=2g(x)$.

【参考解答】 因为 $g(x)$是 $f(x)$的反函数,所以有 $g[f(x)]=x$,从而 $g\left[f\left(\dfrac{x}{2}\right)\right]=\dfrac{x}{2}$,即 $2g\left[f\left(\dfrac{x}{2}\right)\right]=x$,即有 $2g(y)=x$ 故 $y=f\left(\dfrac{x}{2}\right)$的反函数为 $y=2g(x)$.

7. 已知函数 $f(x)$在区间$[a,b]$上的图形如图所示,试画出函数 $g(x)=\dfrac{|f(x)|+f(x)}{2}$与 $h(x)=\dfrac{|f(x)|-f(x)}{2}$的图形.

【参考解答】 当 $f(x)\geqslant 0$ 时,$g(x)=f(x)$,

当 $f(x)<0$ 时,$g(x)=0$,因此 $g(x)$的图形如图(1)所示.

当 $f(x)\geqslant 0$ 时,$h(x)=0$,

当 $f(x)<0$ 时,$h(x)=-f(x)$,因此 $h(x)$图形如图(2)所示.

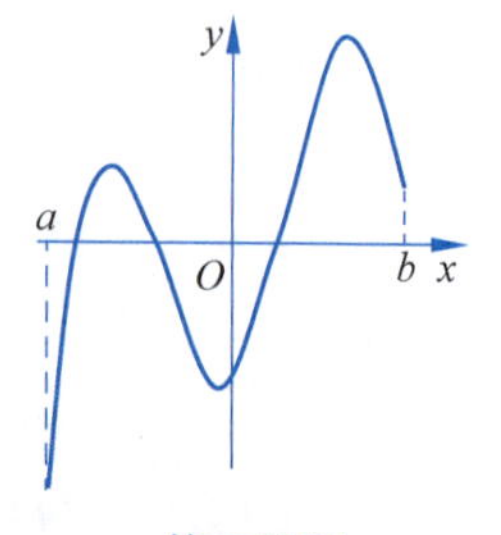

第 7 题图

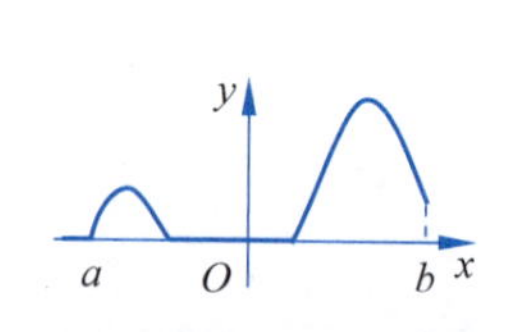

第 7 题图(1)

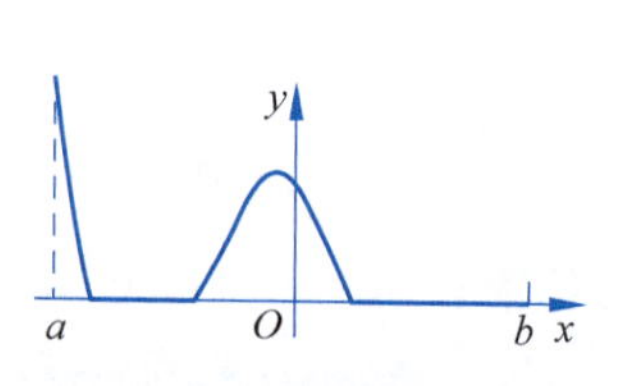

第 7 题图(2)

8. 下列各图像与下述三件事分别吻合得最好的依次为________.

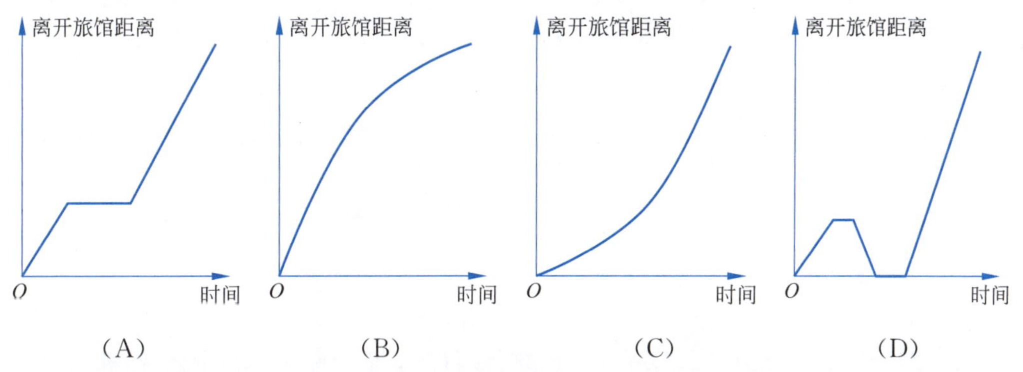

(A) (B) (C) (D)

(1) 我离开旅馆不久,发现公文夹忘在房间里,于是立即返回旅馆取了公文夹再上路;

(2) 我驾车一路以匀速行驶,只是在途中遇到一次交通堵塞,耽搁了一些时间;

(3) 我出发以后,心情轻松,边驾车边欣赏四周景色,后来为了赶路开始加速.

【答案】 (D)、(A)、(C).

综合练习

9. 设 $f(x)=\begin{cases}1, & |x|\leqslant 1\\ 0, & |x|>1\end{cases}$,则 $f\{f[f(x)]\}$ 等于( ).

(A) 0 (B) 1 (C) $\begin{cases}1, & |x|\leqslant 1\\ 0, & |x|>1\end{cases}$ (D) $\begin{cases}0, & |x|\leqslant 1\\ 1, & |x|>1\end{cases}$

【答案】 (B).

【参考解答】 因为在整个定义域内 $|f(x)|\leqslant 1$,于是 $f[f(x)]=1$,从而 $f\{f[f(x)]\}=1$,故正确选项为(B).

10. 设 $f(x)$ 在 $(-\infty,+\infty)$ 上是奇函数,$f(1)=a$,且对任何 x 值均有 $f(x+2)-f(x)=f(2)$. 如果函数 $f(x)$ 是周期为 2 的周期函数,则 $a=$________.

【答案】 0.

【参考解答】 由题设可知,函数 $f(x)$ 要为周期为 2 的周期函数只需要 $f(2)=0$ 即可.

令 $x=-1$,则有 $f(1)-f(-1)=f(2)=0$. 又由于函数为奇函数,故 $f(-1)=-f(1)$,代入得 $2f(1)=0$,故取 $a=0$ 时,$f(x)$ 是周期为 2 的周期函数.

11. 已知 $f(x)=e^{x^2}$,$f[\varphi(x)]=1-x$,且 $\varphi(x)\geqslant 0$,求 $\varphi(x)$ 并写出它的定义域.

【参考解答】 由 $f(x)=e^{x^2}$,得 $f(\varphi(x))=e^{\varphi^2(x)}$,又 $f[\varphi(x)]=1-x$,即有 $e^{\varphi^2(x)}=1-x$,于是 $\varphi^2(x)=\ln(1-x)$,又 $\varphi(x)\geqslant 0$,解得 $\varphi(x)=\sqrt{\ln(1-x)}$.

由 $\ln(1-x)\geqslant 0$ 得 $x\leqslant 0$,故 $\varphi(x)$ 的定义域为 $(-\infty,0]$.

12. 设 $f(x)$ 的定义域为 $[0,1]$,试求 $g(x)=f(x+a)+f(x-a)\,(a>0)$ 的定义域.

【参考解答】 $f(x+a)$ 的定义域为 $0\leqslant x+a\leqslant 1$,即 $-a\leqslant x\leqslant 1-a$,$f(x-a)$ 的定

义域为 $0\leqslant x-a\leqslant 1$，即 $a\leqslant x\leqslant 1+a$，于是 $g(x)$ 的定义域为 $-a\leqslant x\leqslant 1-a$ 与 $a\leqslant x\leqslant 1+a$ 的交集，于是当 $0<a\leqslant\frac{1}{2}$ 时，所求定义域为 $[a,1-a]$；当 $a>\frac{1}{2}$ 时，函数没有定义.

13. 设函数 $f(x)=\begin{cases}1, & x\geqslant 0\\ -1, & x<0\end{cases}$，$g(x)=\begin{cases}x^2, & x\geqslant 0\\ 1-x, & x<0\end{cases}$，求 $f[g(x)]$ 与 $g[f(x)]$.

【参考解答】 (1) 由于 $g(x)\geqslant 0, x\in\mathbb{R}$，所以 $f[g(x)]=1, x\in\mathbb{R}$；

(2) $g[f(x)]=\begin{cases}1, & x\geqslant 0\\ 2, & x<0\end{cases}$.

14. 设函数 $y=f(x)(x\in\mathbb{R})$ 存在反函数，证明：如果 $y=f(x)$ 是奇函数，那么它的反函数也是奇函数.

【参考证明】 设 $y=f(x)$ 的值域为 M，由 $y=f(x)$ 为奇函数可知 M 关于原点对称，其反函数记为 $x=f^{-1}(y)$，其定义域为 $y\in M$，于是任给 $y\in M$，有 $-y\in M$，且

$$f^{-1}(-y)=f^{-1}[-f(x)]=f^{-1}[f(-x)]=-x=-f^{-1}(y),$$

因此函数 $y=f(x)(x\in\mathbb{R})$ 的反函数 $x=f^{-1}(y), y\in M$ 也是奇函数.

15. 设函数 $y=f(x)$ 在 $(-\infty,+\infty)$ 内有定义，$C>0$ 为常数，定义函数

$$f_C(x)(x\in\mathbb{R})\text{ 为 } f_C(x)=\begin{cases}-C, & f(x)<-C\\ f(x), & -C\leqslant f(x)\leqslant C,\\ C, & f(x)>C\end{cases}$$

称函数 $f_C(x)$ 为 $f(x)$ 的截尾函数. 试将 $f_C(x)$ 表示为 $f(x)$ 与另一函数的复合.

【参考解答】 $g(x)=\begin{cases}-C, & x<-C\\ x, & -C\leqslant x\leqslant C\\ C, & x>C\end{cases}$，$f_C(x)=g[f(x)]$.

考研与竞赛练习

1. 已知 $af(x)+bf\left(\frac{1}{x}\right)=\frac{c}{x}$，$|a|\neq|b|$，试求 $f(x)$ 的函数表达式并证明其为奇函数.

【参考解答】 令 $x=\frac{1}{t}$，从而有 $af\left(\frac{1}{t}\right)+bf(t)=ct$，即有 $af\left(\frac{1}{x}\right)+bf(x)=cx$，解两个方程联立的方程组，则有 $f(x)=\frac{ac-bcx^2}{(a^2-b^2)x}$，可知该函数为奇函数.

2. 已知 $f(x+y)+f(x-y)=2f(x)f(y)$ 对于一切实数 x,y 都成立，且 $f(0)\neq 0$，求证：函数 $f(x)$ 为偶函数.

【参考证明】 令 $x=y=0$，则 $f(0)+f(0)=2f(0)f(0)$，则 $f(0)=1$，单独令 $x=0$，得 $f(0+y)+f(0-y)=2f(0)f(y)$，即 $f(-y)=f(y)$，所以函数 $f(x)$ 为偶函数.

3. 已知 $f(x)$ 在 $(-\infty,+\infty)$ 上有定义且 $f(x+\pi)=f(x)+\sin x$，试证明：$f(x)$ 为周期函数且其最小正周期为 2π.

【参考证明】 由于

$$f(x+2\pi)=f(x+\pi)+\sin(x+\pi)=f(x)+\sin x+\sin(x+\pi)=f(x),$$

所以由周期函数的定义可知 $f(x)$ 为周期函数.

假设 $\exists a\in(0,2\pi)$ 为 $f(x)$ 的周期,则有 $f(x+a)=f(x),x\in(-\infty,+\infty)$ 成立,于是有

$$f(\pi+a)=f(\pi)=f(0+\pi)=f(0)+\sin 0=f(0)=f(a), \tag{1}$$

再以 $x=a$ 代入题中条件,得

$$f(a+\pi)=f(a)+\sin a, \tag{2}$$

由(1)(2)两式有 $\sin a=0$,于是 $a=\pi$,即有 $f(x+\pi)=f(x)$. 代入已知等式则得 $\sin x=0$, $x\in(-\infty,+\infty)$ 成立,得出矛盾. 所以 $f(x)$ 为最小正周期为 2π 的周期函数.

4. 写出函数 $f(x)=\arcsin(\sin x)$ 的定义域,分析它的基本性质(奇偶性、周期性、单调性、有界性),并绘制其在区间 $[-2\pi,2\pi]$ 的图形.

【参考解答】 (1) 函数的定义域为 $(-\infty,+\infty)$;

(2) 由于 $f(-x)=\arcsin[\sin(-x)]=\arcsin(-\sin x)=-\arcsin(\sin x)=-f(x)$,所以函数 $f(x)$ 为奇函数,图形关于原点对称;

(3) 由反正弦函数的定义知函数有界,值域为 $-\dfrac{\pi}{2}\leqslant f(x)\leqslant\dfrac{\pi}{2}$;

(4) 函数为周期为 $T=2\pi$ 的周期函数.

(5) 由于函数为以 2π 为周期的奇函数,先讨论区间 $[0,\pi]$ 的图形.

当 $0\leqslant x\leqslant\dfrac{\pi}{2}$,则 $f(x)=\arcsin(\sin x)=x$; 当 $\dfrac{\pi}{2}<x\leqslant\pi$,则 $0\leqslant\pi-x<\dfrac{\pi}{2}$,所以 $f(x)=\arcsin(\sin x)=\arcsin[\sin(\pi-x)]=\pi-x$; 故由函数的奇偶性与周期性,根据奇函数图形的对称性与周期函数的平移复制性,函数在区间 $[-2\pi,2\pi]$ 的图形如图所示.

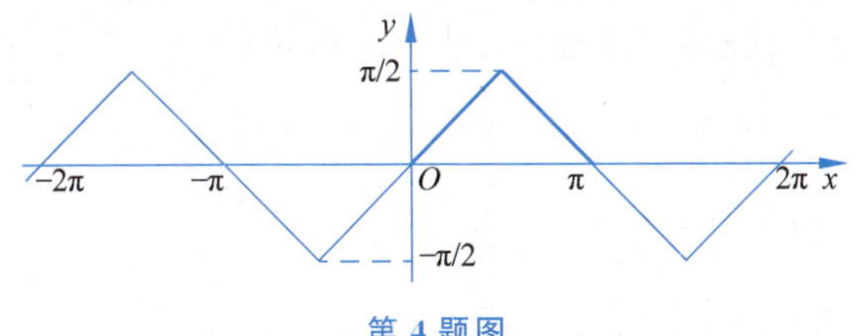

第 4 题图

5. 设函数 $f(x)$ 定义在区间 I 上,且对于任意 $x_1,x_2\in I$ 及 $\lambda\in(0,1)$,恒有

$$f[\lambda x_1+(1-\lambda)x_2]\leqslant\lambda f(x_1)+(1-\lambda)f(x_2),$$

证明:在区间 I 的任何闭子区间上 $f(x)$ 有界.

【参考证明】 设 $[a,b]$ 为区间 I 的任何闭子区间,记 $M=\max\{f(a),f(b)\}$. 先证 $f(x)$ 在 $[a,b]$ 有上界. $\forall x\in(a,b)$,则有 $x=\lambda b+(1-\lambda)a,\lambda\in(0,1)$,从而由已知不等式得

$$f(x)=f[\lambda b+(1-\lambda)a]\leqslant\lambda f(b)+(1-\lambda)f(a)\leqslant\lambda M+(1-\lambda)M=M,$$

即 $\forall x\in[a,b]$ 有 $f(x)\leqslant M$,$f(x)$ 在 $[a,b]$ 上有上界.

再证 $f(x)$ 在 $[a,b]$ 上有下界. $\forall x\in(a,b)$,令 $y=(a+b)-x$,则 $\dfrac{a+b}{2}=\dfrac{x+y}{2}$,类似可

得 $f\left(\frac{a+b}{2}\right)=f\left(\frac{x}{2}+\frac{y}{2}\right)\leqslant\frac{1}{2}f(x)+\frac{1}{2}f(y)\leqslant\frac{1}{2}f(x)+\frac{1}{2}M$，所以

$$f(x)\geqslant 2f\left(\frac{a+b}{2}\right)-M=m_1.$$

令 $m=\min\{f(a),f(b),m_1\}$，则 $\forall x\in[a,b]$ 有 $f(x)\geqslant m$，$f(x)$ 在 $[a,b]$ 上有下界. 综上得 $f(x)$ 在 $[a,b]$ 上有界.

练习 02　曲线的参数方程与极坐标方程

训练目的

1. 了解曲线的参数方程与极坐标方程.
2. 了解极坐标系及曲线的极坐标方程.

基础练习

1. (1) 已知曲线的直角坐标方程为 $y=-2\sqrt{1-x^2}\,(-1\leqslant x\leqslant 0)$，则其对应的参数方程为 $x=\cos t$，$y=$____________________.

(2) 已知曲线的直角坐标方程为 $x^2+y^2=1(y\leqslant 0)$，则其对应的参数方程为 $x=t$，$y=$____________________.

(3) 已知曲线的直角坐标方程为 $x^2-y^2=1(x\geqslant 1)$，则其对应的参数方程为 $x=\sec t$，$y=$____________________.

(4) 已知曲线的参数方程为 $x=t+\frac{1}{t}$，$y=t-\frac{1}{t}$，$1\leqslant t\leqslant 2$，则其对应的直角坐标方程为____________________.

【答案】 (1) $y=2\sin t\,(\pi\leqslant t\leqslant 3\pi/2)$ 或 $y=-2\sin t\,(\pi/2\leqslant t\leqslant\pi)$；

(2) $y=-\sqrt{1-t^2}\,(-1\leqslant t\leqslant 1)$；(3) $y=\tan t\,(-\pi/2<t<\pi/2)$；

(4) $x^2-y^2=4\left(2\leqslant x\leqslant\frac{5}{2},0\leqslant y\leqslant\frac{3}{2}\right)$.

2. (1) 圆周 $x^2+y^2=1$ 的极坐标方程为____________________.

(2) 圆周 $x^2+y^2-2ax=0(a>0)$ 的极坐标方程为____________________.

(3) 圆周 $x^2+y^2-2ay=0(a>0)$ 的极坐标方程为____________________.

(4) 射线 $y=\sqrt{3}x\,(x\geqslant 0)$ 的极坐标方程为____________________.

(5) 直线 $x-y=1$ 的极坐标方程为____________________.

【答案】 (1) $\rho=1$；(2) $\rho=2a\cos\theta,\theta\in[-\pi/2,\pi/2]$；(3) $\rho=2a\sin\theta,\theta\in[0,\pi]$；(4) $\theta=\frac{\pi}{3}$；(5) $\rho=\frac{1}{\cos\theta-\sin\theta},\theta\in(-3\pi/4,\pi/4)$.

3. 在极坐标系中，与圆 $\rho=4\sin\theta$ 相切的一条直线方程为(　　).

(A) $\rho\sin\theta=2$　　　　(B) $\rho\cos\theta=2$

(C) $\rho=4\sin\left(\theta+\dfrac{\pi}{3}\right)$　　　　(D) $\rho=4\sin\left(\theta-\dfrac{\pi}{3}\right)$

**【答案】** (B).

【参考解答】 题中曲线如图所示.圆的直角坐标方程为 $x^2+y^2-4y=0$,

(A) 对应直线 $y=2$,

(B) 对应直线 $x=2$,

(C) 对应圆 $(x-\sqrt{3})^2+(y-1)^2=4$,

(D) 对应圆 $(x+\sqrt{3})^2+(y-1)^2=4$.显然直线 $x=2$ 与圆 $x^2+y^2-4y=0$ 相切.

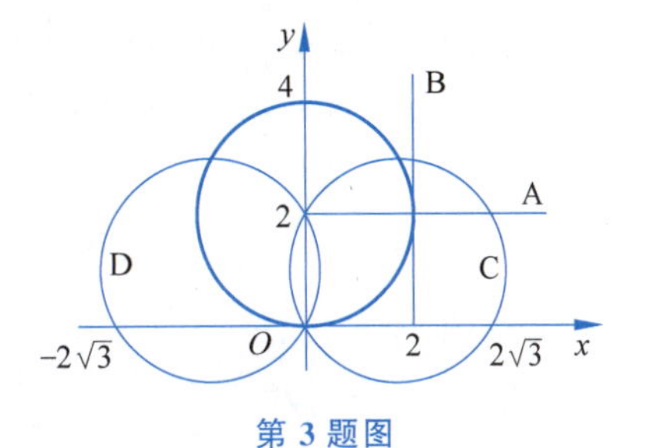

第 3 题图

4. 手工绘制下列由极坐标描述的曲线的图形.

(1) 心脏线:$\rho=1+\cos\theta$;

(2) 双纽线:$\rho=\sqrt{\cos 2\theta}$.

【参考解答】 (1) θ 的取值范围 $\theta\in[0,2\pi]$,曲线上点的极坐标(ρ,θ)变化如表所示.

θ	0	$\left(0,\frac{\pi}{2}\right)$	$\frac{\pi}{2}$	$\left(\frac{\pi}{2},\pi\right)$	π	$\left(\pi,\frac{3\pi}{2}\right)$	$\frac{3\pi}{2}$	$\left(\frac{3\pi}{2},2\pi\right)$	2π
ρ	2	减小	1	减小	0	增大	1	增大	2

描点法作出图形如图(a)所示.

(2) θ 的取值范围 $\theta\in\left[-\frac{\pi}{4},\frac{\pi}{4}\right]\cup\left[\frac{3\pi}{4},\frac{5\pi}{4}\right]$,曲线上点的极坐标$(\rho,\theta)$变化如表所示.

θ	$-\frac{\pi}{4}$	$\left(-\frac{\pi}{4},0\right)$	0	$\left(0,\frac{\pi}{4}\right)$	$\frac{\pi}{4}$	$\frac{3\pi}{4}$	$\left(\frac{3\pi}{4},\pi\right)$	π	$\left(\pi,\frac{5\pi}{4}\right)$	$\frac{5\pi}{4}$
ρ	0	增大	1	减小	0	0	增大	1	减小	0

描点法作出图形如图(b)所示.

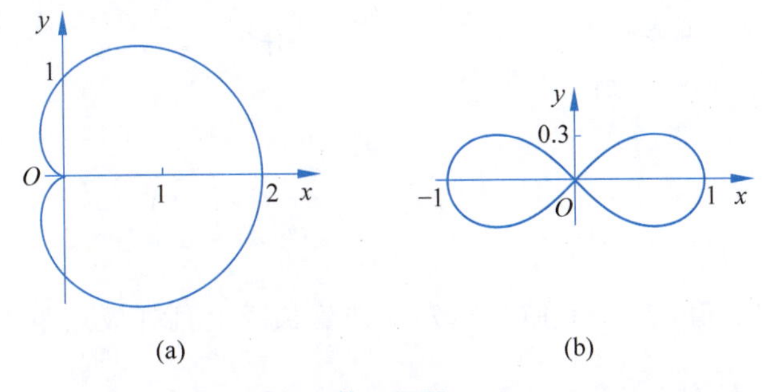

第 4 题图

综合练习

5. 下面这些漂亮的图形所对应的参数方程依次为(　　).

(A) $x=t+\sin 2t, y=t+\sin 3t, -\infty<t<+\infty$

(B) $x=4\sin t-\sin 4t, y=4\cos t-\cos 4t, 0\leqslant t\leqslant 2\pi$

(C) $x=2\cos t+\cos 2t, y=2\sin t-\sin 2t, 0\leqslant t\leqslant 2\pi$

(D) $x=\cos t, y=\sin(t+\sin 3t), 0\leqslant t\leqslant 2\pi$

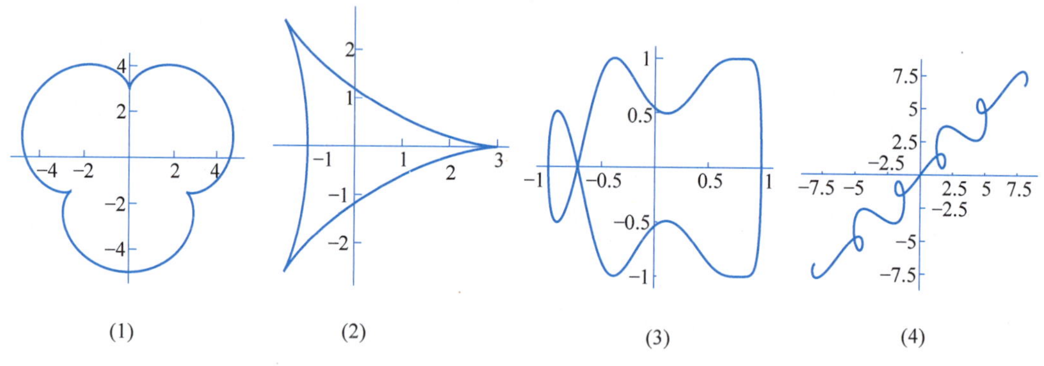

第 5 题图

【答案】 (B)、(C)、(D)、(A).

【参考解答】 (A) 由 $-\infty<t<+\infty$ 可知 $-\infty<x<+\infty$，显然曲线 A 对应图形(4).

(B) 当 $t=0$ 时有 $x=0, y=3$，即曲线 B 过点 $(0,3)$，可见曲线 B 对应图形(1).

(C) 当 $t=0$ 时有 $x=3, y=0$，即曲线 C 过点 $(3,0)$，可见曲线 C 对应图形(2).

(D) 当 $t=0$ 时有 $x=1, y=0$，即曲线 D 过点 $(1,0)$，可见曲线 D 对应图形(3).

6. 下面这些漂亮的图形所对应的极坐标方程依次为(　　).

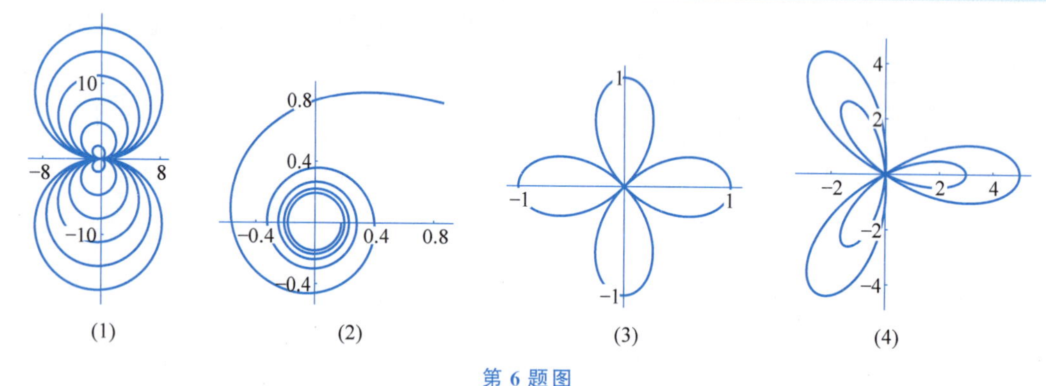

第 6 题图

(A) $\rho=\frac{1}{\sqrt{\theta}}$　　(B) $\rho=\theta\sin\theta$　　(C) $\rho=1+4\cos 3\theta$　　(D) $\rho=\cos 2\theta$

注：极径 ρ 可取负值，表示落在 $(-\rho,\theta)$ 反向延长线上且到极点距离相等的点，相当于极角增加 π.

【答案】 (B)、(A)、(D)、(C).

【参考解答】 (A) 由极坐标方程可知当 $\theta\in(0,+\infty)$ 时，ρ 随 θ 单调递减(或由曲线不过极点)，于是它对应图形(2).

(B) 由极坐标方程可知，当 $\theta=n\pi,n\in\mathbb{Z}$ 时，$\rho=0$；当 $\theta=2k\pi+\frac{\pi}{2},k\in\mathbb{N}$ 时，$\rho=2k\pi+\frac{\pi}{2}$，ρ 与 θ 成正比；当 $\theta=2k\pi+\frac{3\pi}{2},k\in\mathbb{Z}^-$ 时，$\rho=-2k\pi-\frac{3\pi}{2}$，$\rho$ 与 $-\theta$ 成正比，且曲线过原点(0,0)，于是它对应图形(1).

(C) 由极坐标方程可知，ρ 以 2π 为周期，当 $\theta=0,\frac{2\pi}{3},\frac{4\pi}{3}$ 时，$\rho=5$，当 $\theta=\frac{\pi}{3},\pi,\frac{5\pi}{3}$ 时，$\rho=-3$，且曲线过原点(0,0)，于是它对应图形(4).

(D) 由极坐标方程可知，ρ 以 2π 为周期，当 $\rho=0,\pi$ 时，$\rho=1$，当 $\theta=\frac{\pi}{2},\frac{3\pi}{2}$ 时，$\rho=-1$，且曲线过原点(0,0)，于是它对应图形(3).

7. 一架军用运输机向一个受灾地区空投应急救援食品与药物. 如果飞机在一长为 200m 的开放区域的边上立即投下货物，假定货物沿 $x=40t,y=-5t^2+120$（单位：m）运动（t 为时间，单位：s），问：货物能否在区域内着陆？并求货物下落路径的直角坐标方程.

【参考解答】 落地时刻对应 $y=0$，即 $-5t^2+120=0$，解得货物落地时间为 $t=2\sqrt{6}$(s)，在这个时间内水平位移为 $x=80\sqrt{6}<200$，因此货物能在区域内着陆.

联合 $x=40t,y=-5t^2+120$，消去 t，得到货物下落路径的直角坐标方程为 $y=120-\frac{x^2}{320}$，其中 x 的取值范围为 $0\leqslant x\leqslant 80\sqrt{6}$.

考研与竞赛练习

1. 试写出如下方程的参数方程：

(1) $x^3+y^3-3xy=0$；(2) $x^2+xy+y^2=1$；(3) 极坐标方程 $\rho=\rho(\theta),\alpha\leqslant\theta\leqslant\beta$.

【参考解答】 (1) 令 $y=tx$，代入方程，得 $x^3(1+t^3)-3tx^2=0$，解得 $x=\frac{3t}{1+t^3}$，则 $y=tx=\frac{3t^2}{1+t^3}$，故对应的参数方程为

$$\begin{cases} x=\dfrac{3t}{1+t^3} \\ y=\dfrac{3t^2}{1+t^3} \end{cases},t\neq-1.$$

(2)【法 1】 令 $x=\rho\cos\theta,y=\rho\sin\theta$，则该椭圆的极坐标方程为 $\rho=\frac{1}{\sqrt{1+\cos\theta\sin\theta}}$，对应参数方程为

$$\begin{cases} x=\dfrac{\cos\theta}{\sqrt{1+\sin\theta\cos\theta}} \\ y=\dfrac{\sin\theta}{\sqrt{1+\sin\theta\cos\theta}} \end{cases},0\leqslant\theta\leqslant2\pi.$$

【法 2】 将方程变形得 $\left(x+\frac{y}{2}\right)^2+\frac{3}{4}y^2=1$，令 $x+\frac{y}{2}=\cos\theta,\frac{\sqrt{3}}{2}y=\sin\theta$，对应参数方

程为$\begin{cases} x=\cos\theta-\dfrac{\sqrt{3}}{3}\sin\theta \\ y=\dfrac{2\sqrt{3}}{3}\sin\theta \end{cases}$, $0\leqslant\theta\leqslant2\pi$.

【法 3】 令 $x=u+v, y=u-v$,则方程变形为 $3u^2+v^2=1$,于是令 $u=\dfrac{\cos t}{\sqrt{3}}, v=\sin t$,得曲线的参数方程为$\begin{cases} x=\dfrac{\cos t}{\sqrt{3}}+\sin t \\ y=\dfrac{\cos t}{\sqrt{3}}-\sin t \end{cases}$, $0\leqslant t\leqslant2\pi$.

(3) 直接取极角为参数,则极坐标方程对应的参数方程为

$$\begin{cases} x=\rho(\theta)\cos\theta \\ y=\rho(\theta)\sin\theta \end{cases}, \quad \alpha\leqslant\theta\leqslant\beta.$$

练习 03 数列极限的概念与性质

训练目的

1. 理解数列极限的概念;了解数列极限的 $\varepsilon-N$ 语言定义.
2. 掌握用定义验证简单数列极限的方法.
3. 掌握数列极限的性质(唯一性、有界性与保号性).

基础练习

1. 已知数列

(A) $a_n=\dfrac{n}{2^n}$ (B) $a_n=[1+(-1)^n]\dfrac{n-1}{n+1}$

(C) $a_n=n(-1)^{n^2}$ (D) $a_n=\dfrac{2^n-1}{3^n}$

则下列点列图依次对应数列________;由此观察可知其中收敛的数列有________.

(1)

(2)

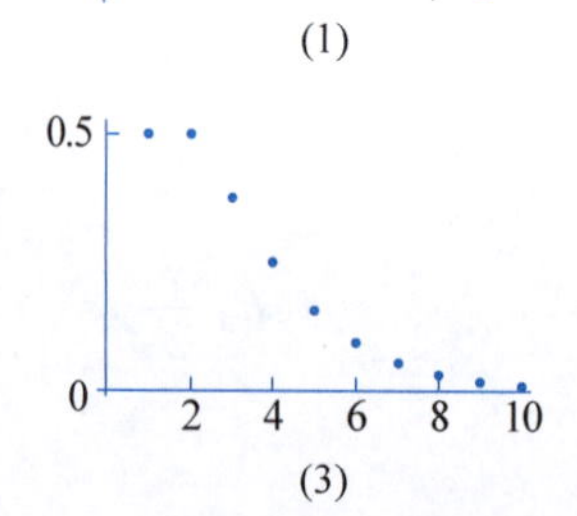
(3)

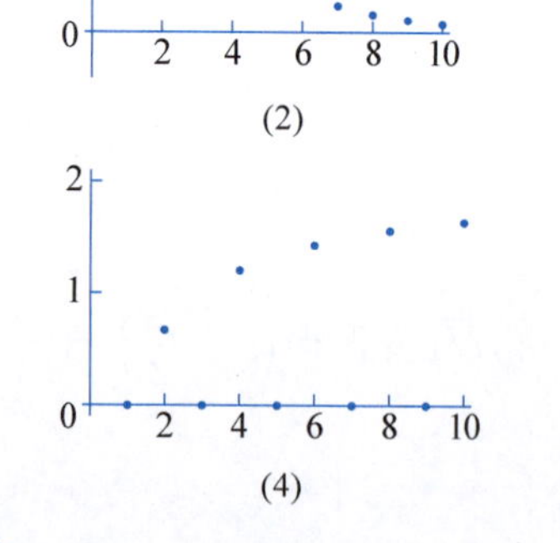
(4)

第 1 题图

【答案】(C)、(D)、(A)、(B)；(A)、(D).

2. 设 $a_1=0.9,a_2=0.99,a_3=0.999,\cdots,a_n=0.\underbrace{999\cdots9}_{n个},\cdots$，则 a_n 的通项公式为 $a_n=$________；通过观察有 $a=\lim\limits_{n\to\infty}a_n=$________；当 $n>$________时，使得 $|a_n-a|<0.0001$ 成立.

【参考解答】由条件可得 $a_n=1-\dfrac{1}{10^n}$，数列 $\{a_n\}$ 所对应的点列图向直线 $y=1$ 靠近，因此有 $a=\lim\limits_{n\to\infty}a_n=1$. 要使 $|a_n-1|=\left|\left(1-\dfrac{1}{10^n}\right)-1\right|=\dfrac{1}{10^n}<\dfrac{1}{10^4}$，只要 $n>4$.

3. "对任意给定的 $\varepsilon\in(0,1)$，总存在正整数 N，当 $n\geqslant N$ 时，恒有 $|x_n-a|\leqslant 2\varepsilon$"是数列 $\{x_n\}$ 收敛于 a 的(　　).

(A) 充分条件但非必要条件　　(B) 必要条件但非充分条件

(C) 充要条件　　(D) 既非充分条件又非必要条件

【参考解答】数列极限定义"对于任意给定的 $\varepsilon>0$，存在正整数 N，使得当 $n>N$ 时，恒有 $|x_n-a|<\varepsilon$". 其中 ε 的意思是无论多么小的整数，若 a,M 都为正的常数，可以限定为 $0<\varepsilon<a(a>0)$，$M\varepsilon$ 同样表示无论多么小的整数，与 ε 具有相同的意义. 所以正确选项为(C).

4. $\lim\limits_{n\to\infty}a_n=0$ 是 $\lim\limits_{n\to\infty}|a_n|=0$ 的(　　).

(A) 充分条件但非必要条件　　(B) 必要条件但非充分条件

(C) 充要条件　　(D) 既非充分条件又非必要条件

【参考解答】$\lim\limits_{n\to\infty}a_n=0\Leftrightarrow\forall\varepsilon>0,\exists N$，当 $n>N$ 时，有 $|a_n-0|<\varepsilon\Leftrightarrow\forall\varepsilon>0,\exists N$，当 $n>N$ 时，有 $||a_n|-0|<\varepsilon\Leftrightarrow\lim\limits_{n\to\infty}|a_n|=0$. 故正确选项为(C).

5. 下列命题正确的是(　　).

(A) 收敛数列一定有界　　(B) 有界数列一定收敛

(C) 数列发散一定无界　　(D) 数列无界一定发散

【参考解答】(A)、(D). (A)命题为收敛数列的性质定理，(D)为(A)的逆否命题，故成立. (B)、(C)不正确，例如数列 $a_n=(-1)^n$，有界但发散.

综合练习

6. 用数列极限定义证明：

(1) $\lim\limits_{n\to\infty}\dfrac{2^n-1}{2^n}=1$.　(2) $\lim\limits_{n\to\infty}\dfrac{\sqrt{n^2+a^2}}{n}=1(a>0)$.　(3) $\lim\limits_{n\to\infty}\dfrac{n^2-n+2}{3n^2+2n-4}=\dfrac{1}{3}$.

【参考证明】(1) 对 $\forall\,0<\varepsilon<1$，存在正整数 $N=[-\log_2\varepsilon]+1$，当 $n>N$ 时，恒有

$$\left|\frac{2^n-1}{2^n}-1\right|=\frac{1}{2^n}<\frac{1}{2^{-\log_2\varepsilon}}<\varepsilon,$$

故由极限定义知 $\lim\limits_{n\to\infty}\dfrac{2^n-1}{2^n}=1$.

(2) 要使 $\left|\dfrac{\sqrt{n^2+a^2}}{n}-1\right|=\dfrac{a^2}{n(\sqrt{n^2+a^2}+n)}<\dfrac{a^2}{n}<\varepsilon$，只需 $n>\dfrac{a^2}{\varepsilon}$. 于是，$\forall\varepsilon>0$，存在正整数 $N=\left[\dfrac{a^2}{\varepsilon}\right]+1$，当 $n>N$ 时，恒有 $\left|\dfrac{\sqrt{n^2+a^2}}{n}-1\right|<\dfrac{a^2}{n}<\varepsilon$，故由极限定义知 $\lim\limits_{n\to\infty}\dfrac{\sqrt{n^2+a^2}}{n}=1$.

(3) 由于 $\left|\dfrac{n^2-n+2}{3n^2+2n-4}-\dfrac{1}{3}\right|=\dfrac{5n-10}{3(3n^2+2n-4)}<\dfrac{5n}{9n^2}<\dfrac{1}{n}$，$(n\geqslant 2)$，故对于 $\forall\varepsilon>0$，存在正整数 $N=\max\left\{\left[\dfrac{1}{\varepsilon}\right]+1,2\right\}$，当 $n>N$ 时，恒有

$$\left|\frac{n^2-n+2}{3n^2+2n-4}-\frac{1}{3}\right|<\frac{1}{n}<\varepsilon,$$

故由极限定义可知 $\lim\limits_{n\to\infty}\dfrac{n^2-n+2}{3n^2+2n-4}=\dfrac{1}{3}$.

【注】 [·]表示取整.

7. 设数列 $\{a_n\}$ 有界，又 $\lim\limits_{n\to\infty}b_n=0$，证明：$\lim\limits_{n\to\infty}a_nb_n=0$. 利用结论指出 $\lim\limits_{n\to\infty}\dfrac{\sin n}{n}$ 的极限值.

【参考证明】 由 $\{a_n\}$ 有界知存在 $M>0$，对一切 n 有 $|a_n|\leqslant M$. 于是 $\forall\varepsilon>0$，因 $\lim\limits_{n\to\infty}b_n=0$，则对于正数 $\dfrac{\varepsilon}{M}$，存在正整数 N，当 $n>N$ 时，恒有 $|b_n-0|=|b_n|<\dfrac{\varepsilon}{M}$，从而有 $|a_nb_n-0|<M\cdot\dfrac{\varepsilon}{M}=\varepsilon$ 成立，由极限定义知 $\lim\limits_{n\to\infty}a_nb_n=0$. 由于数列 $a_n=\sin n$ 有界，并且 $\lim\limits_{n\to\infty}b_n=\lim\limits_{n\to\infty}\dfrac{1}{n}=0$，于是 $\lim\limits_{n\to\infty}\dfrac{\sin n}{n}=0$.

8. 设 m 为正整数，$\lim\limits_{n\to\infty}a_n=a$，且 $a\neq 0$，证明：存在正整数 N，当 $n>N$ 时，$\dfrac{m-1}{m}|a|<|a_n|<\dfrac{m+1}{m}|a|$ 成立.

【参考证明】 因为 $\lim\limits_{n\to\infty}a_n=a$，所以对于 $\varepsilon=\dfrac{|a|}{m}>0$，存在正整数 N，当 $n>N$ 时，恒有 $||a_n|-|a||\leqslant|a_n-a|<\varepsilon=\dfrac{|a|}{m}$，即 $\dfrac{m-1}{m}|a|<|a_n|<\dfrac{m+1}{m}|a|$ 成立.

9. 若 $\lim\limits_{n\to\infty}a_n=a\neq 0$，证明 $\lim\limits_{n\to\infty}\dfrac{1}{a_n}=\dfrac{1}{a}$.

【参考证明】 对于 $\varepsilon=\dfrac{|a|}{2}$，由 $\lim\limits_{n\to\infty}a_n=a$，可知存在正整数 N_1，当 $n>N_1$ 时有

$||a_n|-|a||\leqslant|a_n-a|<\dfrac{|a|}{2}$，即有$|a_n|>\dfrac{|a|}{2}$. 于是$\forall\varepsilon>0$，因$\lim\limits_{n\to\infty}a_n=a\neq0$，故存在正整数$N_2$，当$n>N_2$时，有$|a_n-a|<\varepsilon$. 取$N=\max\{N_1,N_2\}$，则当$n>N$时，有$\left|\dfrac{1}{a_n}-\dfrac{1}{a}\right|=\left|\dfrac{a_n-a}{a_na}\right|<\dfrac{2\varepsilon}{a^2}$，由极限定义可知$\lim\limits_{n\to\infty}\dfrac{1}{a_n}=\dfrac{1}{a}$.

10. 一个球从10m高处落到地板后跳起，假设运动过程中仅受重力的作用，每次弹起的高度是前一次弹起高度的$\dfrac{3}{4}$. (1)求球在第n次触地后弹起高度的表达式；(2)求球在第n次触地时所经过的垂直距离的和的表达式；(3)球会永远不停地跳下去吗？证明你的结论.

【参考解答】 (1) $a_1=10\cdot\dfrac{3}{4},a_2=10\cdot\left(\dfrac{3}{4}\right)^2,\cdots,a_n=10\cdot\left(\dfrac{3}{4}\right)^n$.

(2) 设球在它第n次触地时所经过的垂直距离的和为S_n，则

$$S_1=10,S_2=S_1+2a_1,S_3=S_2+2a_2,\cdots,$$

$$S_n=S_{n-1}+2a_{n-1}=S_{n-2}+2a_{n-2}+2a_{n-1}=\cdots=S_1+2(a_1+\cdots+a_{n-1})$$

$$=10+2\left(10\cdot\frac{3}{4}+\cdots+10\cdot\left(\frac{3}{4}\right)^{n-1}\right)=70-60\cdot\frac{3^{n-1}}{4^{n-1}}=70-80\cdot\frac{3^n}{4^n}.$$

(3) 球不会永远不停地跳下去. 由$h=\dfrac{gt^2}{2}$知$t=\sqrt{\dfrac{2h}{g}}$，第1次下落的时间$t_0=\sqrt{\dfrac{20}{g}}$，第1次触地到第2次触地的时间$t_1=2\sqrt{\dfrac{2a_1}{g}}=2\sqrt{20\cdot\dfrac{3}{4}\cdot\dfrac{1}{g}}=\sqrt{\dfrac{15}{g}}$，第$n$次触地到第$n+1$次触地的时间$t_n=2\sqrt{\dfrac{2a_n}{g}}=\dfrac{4\sqrt{5}}{\sqrt{g}}\cdot\left(\dfrac{\sqrt{3}}{2}\right)^n$，$t_n$为等比数列，公比为$q=\dfrac{\sqrt{3}}{2}$，于是整个运动的时间为

$$T=t_0+\sum_{n=1}^{\infty}t_n=\frac{\sqrt{20}}{\sqrt{g}}+\frac{2\sqrt{20}}{\sqrt{g}}\cdot\sqrt{3}(2+\sqrt{3})\approx19.897(\mathrm{s}).$$

时间不停留，球到时间就停了.

考研与竞赛练习

1. 设$\{a_n\},\{b_n\},\{c_n\}$均为非负数列，且$\lim\limits_{n\to\infty}a_n=0,\lim\limits_{n\to\infty}b_n=1,\lim\limits_{n\to\infty}c_n=\infty$，则必有(　　).

(A) $a_n<b_n$对任意n成立　　(B) $b_n<c_n$对任意n成立

(C) $\lim\limits_{n\to\infty}a_nc_n$的极限不存在　　(D) $\lim\limits_{n\to\infty}b_nc_n$的极限不存在

【参考解答】 取$a_n=\dfrac{1}{n^2},b_n=1+\dfrac{(-1)^n}{n},c_n=n-1(n=1,2,\cdots)$，它们三个都满足题目的条件，但$a_1=1,b_1=0,c_1=0$，所以(A)(B)都不正确.

又$n=2$时，$b_2=\dfrac{3}{2},c_2=1$，也说明(B)不正确. 而

$$a_n c_n=\frac{1}{n^2}\times(n-1)=\frac{1}{n}-\frac{1}{n^2}\to 0(n\to\infty),$$

所以(C)不正确.所以由排除法也可以得到答案为(D).或根据数列极限存在并且大于0的保号性的推论,可知 $b_n c_n\to\infty(n\to+\infty)$.故正确选项为(D).

2. 已知数列 $\{x_n\}$ 满足 $-\frac{\pi}{2}\leqslant x_n\leqslant\frac{\pi}{2}$,则(　　).

(A) 若 $\lim\limits_{n\to\infty}\cos(\sin x_n)$ 存在,则 $\lim\limits_{n\to\infty}x_n$ 存在

(B) 若 $\lim\limits_{n\to\infty}\sin(\cos x_n)$ 存在,则 $\lim\limits_{n\to\infty}x_n$ 存在

(C) 若 $\lim\limits_{n\to\infty}\cos(\sin x_n)$ 存在,则 $\lim\limits_{n\to\infty}\sin x_n$ 存在,但 $\lim\limits_{n\to\infty}x_n$ 不一定存在

(D) 若 $\lim\limits_{n\to\infty}\sin(\cos x_n)$ 存在,则 $\lim\limits_{n\to\infty}\cos x_n$ 存在,但 $\lim\limits_{n\to\infty}x_n$ 不一定存在

【参考解答】 取 $x_n=(-1)^n$,可以判定(A)(B)(C)不正确.(D)正确,故正确选项为(D).

3. 用定义证明**柯西数列极限命题**:若 $\lim\limits_{n\to\infty}a_n$ 存在,则 $\lim\limits_{n\to\infty}\frac{a_1+a_2+\cdots+a_n}{n}$ 也存在,且 $\lim\limits_{n\to\infty}\frac{a_1+a_2+\cdots+a_n}{n}=\lim\limits_{n\to\infty}a_n$.试问该命题的逆命题是否成立?如果成立请证明,如果不成立,请举例说明.

【参考证明】 设 $\lim\limits_{n\to\infty}a_n=a$,则 $\forall\varepsilon>0,\exists N\in\mathbb{Z}^+$,当 $n>N$ 时,恒有 $|a_n-a|<\varepsilon$,于是

$$\begin{aligned}\left|\frac{a_1+a_2+\cdots+a_n}{n}-a\right|&=\frac{|(a_1-a)+(a_2-a)+\cdots+(a_n-a)|}{n}\\&\leqslant\frac{|a_1-a|+\cdots+|a_N-a|}{n}+\frac{|a_{N+1}-a|+\cdots+|a_n-a|}{n}\\&<\frac{M}{n}+\frac{n-N}{n}\varepsilon<\frac{M}{n}+\varepsilon,\end{aligned}$$

其中 $M=|a_1-a|+\cdots+|a_N-a|$ 为一个确定的常数.令 $N_1=\max\left\{N,\left[\frac{M}{\varepsilon}\right]\right\}$,则对上面给定的 ε,当 $n>N_1$ 时,有 $\left|\frac{a_1+a_2+\cdots+a_n}{n}-a\right|<2\varepsilon$.所以由数列极限的定义可知结论成立.该命题的逆命题不成立,比如取 $a_n=(-1)^n$,则

$$\left|\frac{a_1+a_2+\cdots+a_n}{n}-0\right|=\left|\frac{-1+1-1+\cdots+(-1)^n}{n}\right|\leqslant\frac{1}{n},$$

由数列极限的定义可知 $\lim\limits_{n\to\infty}\frac{a_1+a_2+\cdots+a_n}{n}=0$,但 $\lim\limits_{n\to\infty}a_n$ 不存在.

【注1】 此命题对于 $\lim\limits_{n\to\infty}a_n=+\infty$ 或 $-\infty$ 也成立,但是对 $\lim\limits_{n\to\infty}a_n=\infty$ 不成立.

【注2】 若 $a_n>0,\lim\limits_{n\to\infty}a_n=a>0$,则有

$$\lim_{n\to\infty}\sqrt[n]{a_1a_2\cdots a_n}=\lim_{n\to\infty}\mathrm{e}^{\frac{1}{n}(\ln a_1+\ln a_2+\cdots+\ln a_n)}=\mathrm{e}^{\ln a}=a.$$

4. 若 $\lim\limits_{n\to\infty}\dfrac{x_n-a}{x_n+a}=0$,证明: $\lim\limits_{n\to\infty}x_n=a$.

【参考证明】 由题设可知 $a\neq0$,对于 $\forall\varepsilon\in\left(0,\dfrac{1}{2}\right)$,由 $\lim\limits_{n\to\infty}\dfrac{x_n-a}{x_n+a}=0$ 可知,存在正整数 N,当 $n>N$ 时,有 $\left|\dfrac{x_n-a}{x_n+a}\right|<\varepsilon$,即有

$$|x_n-a|<\varepsilon|x_n+a|=\varepsilon|(x_n-a)+2a|\leqslant\varepsilon(|x_n-a|+2|a|),$$

解得 $|x_n-a|<2\dfrac{\varepsilon}{1-\varepsilon}|a|<4|a|\cdot\varepsilon$,故由极限定义知 $\lim\limits_{n\to\infty}x_n=a$.

练习 04 数列收敛的判定方法

训练目的

1. 掌握数列极限的四则运算法则.
2. 掌握利用夹逼定理与单调有界准则判定数列极限收敛的方法.
3. 掌握重要极限 $\lim\limits_{n\to\infty}\left(1+\dfrac{1}{n}\right)^n=\mathrm{e}$.
4. 了解子数列的概念与性质,会利用子数列判断数列极限的存在性.

基础练习

1. 下列命题中正确的有( ).

(A) 若数列 $\{a_n\}$ 收敛,$\{b_n\}$ 发散,则 $\{a_n+b_n\}$ 发散

(B) 若数列 $\{a_n\}$,$\{b_n\}$ 都发散,则 $\{a_n+b_n\}$ 发散

(C) 若数列 $\{a_n\}$ 收敛,$\{b_n\}$ 发散,则 $\{a_nb_n\}$ 发散

(D) 若数列 $\{a_n\}$,$\{b_n\}$ 都发散,则 $\left\{\dfrac{a_n}{b_n}\right\}$ 发散

【答案】 (A).

【参考解答】 (A) 假设 $c_n=a_n+b_n$ 收敛,则 $b_n=c_n-a_n$ 收敛,与题设矛盾,假设不成立,所以 $\{a_n+b_n\}$ 收敛.

(B) 例如 $a_n=\dfrac{1}{n}+(-1)^n$,$b_n=\dfrac{1}{n^2}+(-1)^{n-1}$,则 $\{a_n\}$,$\{b_n\}$ 都发散,但 $a_n+b_n=\dfrac{1}{n}+\dfrac{1}{n^2}$,$\{a_n+b_n\}$ 收敛.

(C) 例如 $a_n=\dfrac{1}{n}$,$b_n=\sin n$,则 $\{a_n\}$ 收敛,$\{b_n\}$ 发散,但 $0\leqslant|a_nb_n|=\left|\dfrac{1}{n}\sin n\right|\leqslant\dfrac{1}{n}$,由夹逼定理知 $\{a_nb_n\}$ 收敛于 0.

（D）例如 $a_n=\sin n$，$b_n=n$，则 $\{a_n\}$，$\{b_n\}$ 都发散，但 $\dfrac{a_n}{b_n}=\dfrac{\sin n}{n}$，$\left\{\dfrac{a_n}{b_n}\right\}$ 收敛.

2. 计算下列极限值：

（1）$\lim\limits_{n\to\infty}\dfrac{2n+1}{n^2+3n+1}=$________.　　（2）$\lim\limits_{n\to\infty}\dfrac{2n^3+3n+5}{n^3+2}=$________.

（3）$\lim\limits_{n\to\infty}\dfrac{\sqrt{n+\sqrt{n+\sqrt{n}}}}{\sqrt{n+1}}=$________.　　（4）$\lim\limits_{n\to\infty}\dfrac{1+2+3+\cdots+n}{n^2}=$________.

（5）$\lim\limits_{n\to\infty}\left(\dfrac{n}{n+1}\right)^3=$________.　　（6）$\lim\limits_{n\to\infty}\left(\dfrac{n}{n+1}\right)^n=$________.

【答案】（1）0；（2）2；（3）1；（4）$\dfrac{1}{2}$；（5）1；（6）$\dfrac{1}{\mathrm{e}}$.

【参考解答】（1）$\lim\limits_{n\to\infty}\dfrac{2n+1}{n^2+3n+1}=\lim\limits_{n\to\infty}\dfrac{\dfrac{2}{n}+\dfrac{1}{n^2}}{1+\dfrac{3}{n}+\dfrac{1}{n^2}}=0$；

（2）$\lim\limits_{n\to\infty}\dfrac{2n^3+3n+5}{n^3+2}=\lim\limits_{n\to\infty}\dfrac{2+\dfrac{3}{n^2}+\dfrac{5}{n^3}}{1+\dfrac{2}{n^3}}=2$；

（3）$\lim\limits_{n\to\infty}\dfrac{\sqrt{n+\sqrt{n+\sqrt{n}}}}{\sqrt{n+1}}=\lim\limits_{n\to\infty}\dfrac{\sqrt{1+\sqrt{\dfrac{1}{n}+\dfrac{1}{n\sqrt{n}}}}}{\sqrt{1+\dfrac{1}{n}}}=1$；

（4）$\lim\limits_{n\to\infty}\dfrac{1+2+3+\cdots+n}{n^2}=\lim\limits_{n\to\infty}\dfrac{n(n+1)}{2n^2}=\dfrac{1}{2}$；

（5）$\lim\limits_{n\to\infty}\left(\dfrac{n}{n+1}\right)^3=\lim\limits_{n\to\infty}\dfrac{n}{n+1}\cdot\dfrac{n}{n+1}\cdot\dfrac{n}{n+1}=1$；

（6）$\lim\limits_{n\to\infty}\left(\dfrac{n}{n+1}\right)^n=\lim\limits_{n\to\infty}\dfrac{1}{\left(1+\dfrac{1}{n}\right)^n}=\dfrac{1}{\mathrm{e}}$.

3. 设 $x_1=1$，$x_n=1+\dfrac{x_{n-1}}{1+x_{n-1}}$，$n=2,3,\cdots$，则数列 $\{x_n\}$（　　）.

（A）不是单调的数列　　（B）单调递增

（C）单调递减　　（D）无法判断

【答案】（B）.

【参考解答】显然 $x_n>0$，$(n\geqslant1)$，且 $x_1=1$，$x_2=\dfrac{3}{2}$，$x_2-x_1=\dfrac{1}{2}>0$，又

$$x_{k+1}-x_k=\frac{x_k}{1+x_k}-\frac{x_{k-1}}{1+x_{k-1}}=\frac{x_k-x_{k-1}}{(1+x_k)(1+x_{k-1})},$$

知 $x_{k+1}-x_k$ 与 x_k-x_{k-1} 同号，于是由数学归纳法可知 $\{x_n\}$ 单调递增.

4. 设 $x_1=1, x_n=1+\frac{x_{n-1}}{1+x_{n-1}}, n=2,3,\cdots$，则数列 $\{x_n\}$（　　）.

(A) 仅有上界　(B) 仅有下界　(C) 有界　(D) 无界

【答案】(C).

【参考解答】显然 $x_n>0$，由 $x_n=1+\frac{x_{n-1}}{1+x_{n-1}}=2-\frac{1}{1+x_{n-1}}$ 得 $1<x_n<2$，所以 $\{x_n\}$ 有上界 2，下界 1，数列有界.

5. 设 $x_1=1, x_n=1+\frac{x_{n-1}}{1+x_{n-1}}, n=2,3,\cdots$，则数列 $\{x_n\}$（　　）.

(A) 单调减少有上界，极限为 $\frac{1+\sqrt{5}}{2}$　(B) 单调增加有下界，极限为 $\frac{1-\sqrt{5}}{2}$

(C) 单调增加有上界，极限为 $\frac{1-\sqrt{5}}{2}$　(D) 单调增加有上界，极限为 $\frac{1+\sqrt{5}}{2}$

【答案】(D).

【参考解答】由上可知数列 $\{x_n\}$ 单调递增且有上界，由单调有界准则知 $\lim\limits_{n\to\infty}x_n$ 存在.

设 $\lim\limits_{n\to\infty}x_n=x$，在等式 $x_n=1+\frac{x_{n-1}}{1+x_{n-1}}$ 两边令 $n\to\infty$ 取极限，得 $x=1+\frac{x}{1+x}$，解得 $x=\frac{1\pm\sqrt{5}}{2}$，因 $0<x_n<2$，由极限保号性知 $x\geqslant0$，故 $x=\frac{1+\sqrt{5}}{2}$.

综合练习

6. 求下列极限.

(1) $\lim\limits_{n\to\infty}\frac{(n+1)(n+2)(n+3)}{n^3}$.　(2) $\lim\limits_{n\to\infty}\left(\sqrt{n^2+n}-n\right)$.

(3) $\lim\limits_{n\to\infty}\left(\frac{n^2+1}{n+1}-\frac{n^2+2}{n+2}\right)$.　(4) $\lim\limits_{n\to\infty}\left(1+\frac{1}{n}\right)^{n+6}$.

(5) $\lim\limits_{n\to\infty}\left(1-\frac{1}{n^2}\right)^n$.

【参考解答】

(1) $\lim\limits_{n\to\infty}\frac{(n+1)(n+2)(n+3)}{n^3}=\lim\limits_{n\to\infty}\left(1+\frac{1}{n}\right)\left(1+\frac{2}{n}\right)\left(1+\frac{3}{n}\right)=1.$

(2) $\lim\limits_{n\to\infty}\left(\sqrt{n^2+n}-n\right)=\lim\limits_{n\to\infty}\frac{n}{\sqrt{n^2+n}+n}=\lim\limits_{n\to\infty}\frac{1}{\sqrt{1+\frac{1}{n}}+1}=\frac{1}{2}.$

(3) $\lim\limits_{n\to\infty}\left(\frac{n^2+1}{n+1}-\frac{n^2+2}{n+2}\right)=\lim\limits_{n\to\infty}\frac{n^2-n}{(n+1)(n+2)}=\lim\limits_{n\to\infty}\frac{1-\frac{1}{n}}{\left(1+\frac{1}{n}\right)\left(1+\frac{2}{n}\right)}=1.$

（4）$\lim\limits_{n\to\infty}\left(1+\dfrac{1}{n}\right)^{n+6}=\lim\limits_{n\to\infty}\left(1+\dfrac{1}{n}\right)^{n}\cdot\lim\limits_{n\to\infty}\left(1+\dfrac{1}{n}\right)^{6}=\mathrm{e}\cdot 1=\mathrm{e}.$

（5）$$\lim_{n\to\infty}\left(1-\frac{1}{n^2}\right)^{n}=\lim_{n\to\infty}\left(1+\frac{1}{n}\right)^{n}\cdot\left(1-\frac{1}{n}\right)^{n}$$

$$=\lim_{n\to\infty}\left(1+\frac{1}{n}\right)^{n}\cdot\frac{1}{\left(1+\frac{1}{n-1}\right)^{n-1}\left(1+\frac{1}{n-1}\right)}=\mathrm{e}\cdot\frac{1}{\mathrm{e}\cdot 1}=1.$$

7. 已知 a,b 为正整数，$\lim\limits_{n\to\infty}\dfrac{n^a}{n^b-(n-1)^b}=\dfrac{1}{2023}$，求常数 a,b.

【参考解答】 由已知极限得

$$\lim_{n\to\infty}\frac{n^a}{n^b-(n-1)^b}=\lim_{n\to\infty}\frac{n^a}{n^b-(n^b-C_b^1n^{b-1}+\cdots+(-1)^b)}$$

$$=\lim_{n\to\infty}\frac{n^a}{bn^{b-1}-[b(b-1)/2]n^{b-2}+\cdots+(-1)^{b+1}}=\frac{1}{2023},$$

所以 $a=b-1,b=2023$，得 $a=2022$.

8. 试用夹逼定理证明：

（1）$\lim\limits_{n\to\infty}\left(\dfrac{n}{n^2+1}+\dfrac{n}{n^2+2}+\cdots+\dfrac{n}{n^2+n}\right)=1$；

（2）$\lim\limits_{n\to\infty}\sqrt[n]{a_1^n+a_2^n+\cdots+a_m^n}=\max\{a_1,a_2,\cdots,a_m\}$，其中 $a_1,a_2,\cdots,a_m$ 是 m 个已知的正数.

【参考证明】（1）记 $a_n=\dfrac{n}{n^2+1}+\dfrac{n}{n^2+2}+\cdots+\dfrac{n}{n^2+n}$，则 $\dfrac{n^2}{n^2+n}=\dfrac{n}{n^2+n}+\cdots+\dfrac{n}{n^2+n}\leqslant a_n\leqslant\dfrac{n}{n^2+1}+\cdots+\dfrac{n}{n^2+1}=\dfrac{n^2}{n^2+1}$，而 $\lim\limits_{n\to\infty}\dfrac{n^2}{n^2+n}=\lim\limits_{n\to\infty}\dfrac{1}{1+\frac{1}{n}}=1$，$\lim\limits_{n\to\infty}\dfrac{n^2}{n^2+1}=\lim\limits_{n\to\infty}\dfrac{1}{1+\frac{1}{n^2}}=1$，故由夹逼定理知 $\lim\limits_{n\to\infty}\left(\dfrac{n}{n^2+1}+\dfrac{n}{n^2+2}+\cdots+\dfrac{n}{n^2+n}\right)=1$.

（2）记 $a_k=\max\{a_1,a_2,\cdots,a_m\}$，因

$$a_k=\sqrt[n]{a_k^n}\leqslant\sqrt[n]{a_1^n+a_2^n+\cdots+a_m^n}\leqslant\sqrt[n]{a_k^n+\cdots+a_k^n}=\sqrt[n]{m}\,a_k,$$

而 $\lim\limits_{n\to\infty}(a_k\sqrt[n]{m})=a_k\lim\limits_{n\to\infty}\sqrt[n]{m}=a_k$，故由夹逼定理知

$$\lim_{n\to\infty}\sqrt[n]{a_1^n+a_2^n+\cdots+a_m^n}=a_k=\max\{a_1,a_2,\cdots,a_m\}.$$

9. 试证明：极限 $\lim\limits_{n\to\infty}\sin\dfrac{n\pi}{2}$ 不存在.

【参考证明】 记 $a_n=\sin\dfrac{n\pi}{2}$，取其子数列 $a_{2n}=\sin\dfrac{2n\pi}{2}=0$，则 $\lim\limits_{n\to\infty}a_{2n}=0$；又取其

子数列 $a_{2n+1}=\sin\frac{2n\pi+\pi}{2}=(-1)^n$，而 $\lim\limits_{n\to\infty}a_{2n+1}$ 不存在，故极限 $\lim\limits_{n\to\infty}\sin\frac{n\pi}{2}$ 不存在.

10. 证明数列 $\sqrt{2},\sqrt{2+\sqrt{2}},\sqrt{2+\sqrt{2+\sqrt{2}}},\cdots$ 存在极限，并求此极限值.

【参考证明】 由已知可知 $a_1=\sqrt{2},a_n=\sqrt{2+a_{n-1}},n=2,3,\cdots$. 用数学归纳法易证：$0<a_n<2,n=1,2,\cdots$. 又因

$$a_n-a_{n-1}=\sqrt{2+a_{n-1}}-a_{n-1}=\frac{(2-a_{n-1})(1+a_{n-1})}{\sqrt{2+a_{n-1}}+a_{n-1}}>0,$$

所以数列 $\{a_n\}$ 单调递增且有界，由单调有界准则知数列 $\{a_n\}$ 的极限存在.

设 $\lim\limits_{n\to\infty}a_n=a$，在 $a_n=\sqrt{2+a_{n-1}}$ 两边令 $n\to\infty$ 取极限，得 $a=\sqrt{2+a}$，解得 $a=2$ 或 $a=-1$，由极限的保号性知 $a=2$. 即 $\lim\limits_{n\to\infty}a_n=2$.

11. 求用极限定义的函数 $f(x)=\lim\limits_{n\to\infty}\frac{1-x^n}{1+x^n}(x>0)$ 的表达式.

【参考解答】 当 $0<x<1$ 时，$f(x)=\lim\limits_{n\to\infty}\frac{1-x^n}{1+x^n}=\frac{1-0}{1+0}=1$；

当 $x=1$ 时，$f(x)=\lim\limits_{n\to\infty}\frac{1-x^n}{1+x^n}=\frac{1-1}{1+0}=0$；

当 $x>1$ 时，$f(x)=\lim\limits_{n\to\infty}\frac{1-x^n}{1+x^n}=\lim\limits_{n\to\infty}\frac{\frac{1}{x^n}-1}{\frac{1}{x^n}+1}=\frac{0-1}{0+1}=-1$，

所以 $f(x)=\begin{cases}1, & 0<x<1,\\ 0, & x=1,\\ -1, & x>1.\end{cases}$

12. 若 $a_1+a_2+\cdots+a_k=0$，证明：

$$\lim_{n\to\infty}(a_1\sqrt{n+1}+a_2\sqrt{n+2}+\cdots+a_k\sqrt{n+k})=0.$$

【参考证明】 由 $a_1+a_2+\cdots+a_k=0$，有 $a_k=-a_1-a_2-\cdots-a_{k-1}$，于是

$$\begin{aligned}&\lim_{n\to\infty}(a_1\sqrt{n+1}+a_2\sqrt{n+2}+\cdots+a_k\sqrt{n+k})\\ =&\lim_{n\to\infty}\left[(a_1(\sqrt{n+1}-\sqrt{n+k})+a_2(\sqrt{n+2}-\sqrt{n+k})+\cdots+\right.\\ &\left.a_{k-1}(\sqrt{n+k-1}-\sqrt{n+k})\right]\\ =&\lim_{n\to\infty}\left[\frac{a_1(1-k)}{\sqrt{n+1}+\sqrt{n+k}}+\cdots+\frac{-a_{k-1}}{\sqrt{n+k-1}+\sqrt{n+k}}\right]=0.\end{aligned}$$

考研与竞赛练习

1. 设 $\{x_n\}$ 是数列，下列命题中不正确的是(　　).

(A) 若$\lim\limits_{n\to\infty}x_n=a$,则$\lim\limits_{n\to\infty}x_{2n}=\lim\limits_{n\to\infty}x_{2n+1}=a$

(B) 若$\lim\limits_{n\to\infty}x_{2n}=\lim\limits_{n\to\infty}x_{2n+1}=a$,则$\lim\limits_{n\to\infty}x_n=a$

(C) 若$\lim\limits_{n\to\infty}x_n=a$,则$\lim\limits_{n\to\infty}x_{3n}=\lim\limits_{n\to\infty}x_{3n+1}=a$

(D) 若$\lim\limits_{n\to\infty}x_{3n}=\lim\limits_{n\to\infty}x_{3n+1}=a$,则$\lim\limits_{n\to\infty}x_n=a$

【答案】 (D).

【参考解答】【法 1】 由收敛数列性质可知:若$\lim\limits_{n\to\infty}x_n=a$,则其子数列极限存在且等于$a$.于是可知$\lim\limits_{n\to\infty}x_{2n}=\lim\limits_{n\to\infty}x_{2n+1}=\lim\limits_{n\to\infty}x_{3n}=\lim\limits_{n\to\infty}x_{3n+1}=a$.排除(A)与(C).又由拉链原理知:$\lim\limits_{n\to\infty}x_n=a\Leftrightarrow\lim\limits_{n\to\infty}x_{2n}=\lim\limits_{n\to\infty}x_{2n+1}=a$,于是排除(B),故正确选项为(D).

【法 2】 对数列$x_{3n}=a+\frac{1}{3n},x_{3n+1}=a-\frac{1}{3n+1},x_{3n+2}=2a+\frac{1}{3n+2}$,则有

$$\lim_{n\to\infty}x_{3n}=\lim_{n\to\infty}x_{3n+1}=a,\ \lim_{n\to+\infty}x_{3n+2}=2a,$$

但$\lim\limits_{n\to\infty}x_n$不存在.故正确选项为(D).

2. 求极限$\lim\limits_{n\to\infty}\frac{1}{n}\cdot|1-2+3-\cdots+(-1)^{n+1}n|$.

【参考解答】 令数列极限式为$x_n=\frac{1}{n}\cdot|1-2+3-\cdots+(-1)^{n+1}n|$,则有

$$\begin{aligned}x_{2n}&=\frac{1}{2n}\cdot|1-2+3-\cdots+(2n-1)-2n|\\&=\frac{1}{2n}\cdot|(1+3+\cdots+(2n-1))-(2+4+\cdots+2n)|\\&=\frac{1}{2n}\cdot|n^2-(n^2+n)|=\frac{1}{2},\end{aligned}$$

$$\begin{aligned}x_{2n+1}&=\frac{1}{2n+1}\cdot|1-2+3-\cdots-2n+(2n+1)|\\&=\frac{1}{2n+1}\cdot|(1+3+\cdots+(2n+1))-(2+4+\cdots+2n)|\\&=\frac{1}{2n+1}\cdot|(n+1)^2-(n^2+n)|=\frac{n+1}{2n+1},\end{aligned}$$

于是有$\lim\limits_{n\to\infty}x_{2n+1}=\lim\limits_{n\to\infty}\frac{n+1}{2n+1}=\frac{1}{2}$.从而有$\lim\limits_{n\to\infty}x_{2n}=\lim\limits_{n\to\infty}x_{2n+1}=\frac{1}{2}$.故由数列极限的拉链定理,得

$$\lim_{n\to\infty}\frac{1}{n}\cdot|1-2+3-\cdots+(-1)^{n+1}n|=\lim_{n\to\infty}x_n=\frac{1}{2}.$$

3. 设$x_1=2,x_2=2+\frac{1}{x_1},\cdots,x_{n+1}=2+\frac{1}{x_n},\cdots$,求证$\lim\limits_{n\to\infty}x_n$存在,并求其值.

【参考解答】 显然$x_n>2$,于是可知$2<x_n<3$.又

$$x_{n+2}-x_n=\frac{x_{n-1}-x_{n+1}}{x_{n-1}x_{n+1}}=\frac{x_n-x_{n-2}}{x_{n-2}x_{n-1}x_nx_{n+1}},\quad n=3,4,\cdots,$$

又 $x_1=2, x_2=\frac{5}{2}, x_3=\frac{12}{5}, x_4=\frac{29}{12}$，于是 $x_3-x_1>0, x_4-x_2<0$，由此可知数列偶数项子数列 $\{x_{2n}\}$ 单调减少有下界 2，奇数项子数列 $\{x_{2n-1}\}$ 单调增加有上界 3，于是由单调有界原理，数列 $\{x_{2n}\}, \{x_{2n-1}\}$ 都收敛，记 $\lim_{n\to\infty} x_{2n}=a, \lim_{n\to\infty} x_{2n-1}=b$，对递推式两边取极限有 $a=2+\frac{1}{b}, b=2+\frac{1}{a}$，解得

$$a=b=1+\sqrt{2}\quad (a=b=1-\sqrt{2} \text{ 由极限保号性舍去}),$$

由拉链原理知原数列收敛，且有 $\lim_{n\to\infty} x_n=1+\sqrt{2}$.

4. 设 $x_n^2-2(x_n+1)x_{n+1}+2021=0(n\geqslant 1), x_1=2021$，证明数列 $\{x_n\}$ 收敛，并求极限 $\lim_{n\to\infty} x_n$.

【参考证明】 由 $x_n^2-2(x_n+1)x_{n+1}+2021=0(n\geqslant 1)$ 可知

$$x_{n+1}=\frac{2021+x_n^2}{2(x_n+1)}=\frac{1011}{1+x_n}+\frac{1+x_n}{2}-1\geqslant\sqrt{2022}-1,\quad (n\geqslant 1),$$

所以数列 $\{x_n\}$ 有下界，且 $(1+x_n)^2\geqslant 2022$，即有 $\frac{1+x_n}{2}\geqslant\frac{1011}{1+x_n}$，于是

$$x_{n+1}-x_n=\frac{1011}{1+x_n}+\frac{1+x_n}{2}-1-x_n=\frac{1011}{1+x_n}-\frac{1+x_n}{2}\leqslant 0,$$

所以数列 $\{x_n\}$ 单调递减. 综上可知数列 $\{x_n\}$ 单调递减有下界，故极限 $\lim_{n\to\infty} x_n$ 存在.

令 $\lim_{n\to\infty} x_n=A$，条件式两边取极限得 $A^2+2A-2021=0$，解得

$$A=\sqrt{2022}-1\quad (A=-\sqrt{2022}-1 \text{ 不满足极限保号性，舍去}).$$

所以 $\lim_{n\to\infty} x_n=\sqrt{2022}-1$.

5. 已知数列 $\{b_n\}$ 有界，且 $a_n=\frac{b_1}{1\cdot 2}+\frac{b_2}{2\cdot 3}+\cdots+\frac{b_n}{n(n+1)}$，其中 n 为正整数，用柯西收敛准则证明数列 $\{a_n\}$ 收敛.

【参考证明】 由题设可知，存在 $M>0$，使得 $|b_n|\leqslant M, n\in\mathbb{Z}^+$，于是对于任意 $n, p\in\mathbb{Z}^+$，有

$$\begin{aligned}|a_{n+p}-a_n|&\leqslant M\left[\frac{1}{(n+1)(n+2)}+\frac{1}{(n+2)(n+3)}+\cdots+\frac{1}{(n+p)(n+p+1)}\right]\\&=M\left[\left(\frac{1}{n+1}-\frac{1}{n+2}\right)+\cdots+\left(\frac{1}{n+p}-\frac{1}{n+p+1}\right)\right]\\&=M\left(\frac{1}{n+1}-\frac{1}{n+p+1}\right)<\frac{M}{n+1},\end{aligned}$$

于是对 $\forall\varepsilon>0$，取 $N=\left[\frac{M}{\varepsilon}\right]$，则当 $n>N$ 时，对于任意的 $p\in\mathbb{Z}^+$，都有

$$|a_{n+p}-a_n|<\varepsilon,$$

成立. 于是由柯西收敛准则知数列 $\{a_n\}$ 收敛.

6.（1）设 $a_n>0,n=1,2,\cdots$，且 $\lim\limits_{n\to\infty}\frac{a_{n+1}}{a_n}=a$（$a$ 为有限数），证明：$\lim\limits_{n\to\infty}\sqrt[n]{a_n}$ 存在，且 $\lim\limits_{n\to\infty}\sqrt[n]{a_n}=a$.（2）该命题的逆命题是否成立？如果成立请证明，如果不成立，请举例说明.

【参考解答】【法 1】 由 $a_n>0,n=1,2,\cdots$ 可知 $\lim\limits_{n\to\infty}\frac{a_{n+1}}{a_n}=a\geqslant 0$.

（1）若 $\lim\limits_{n\to\infty}\frac{a_{n+1}}{a_n}=0$，则由数列极限的定义知，任给 $0<\varepsilon<1$，存在正整数 N，当 $n>N$ 时有 $\left|\frac{a_{n+1}}{a_n}-0\right|<\varepsilon$，于是 $0<\frac{a_{n+1}}{a_n}<\varepsilon$，即有

$$0<\frac{a_{N+1}}{a_N}<\varepsilon,0<\frac{a_{N+2}}{a_{N+1}}<\varepsilon,\cdots,0<\frac{a_n}{a_{n-1}}<\varepsilon.$$

将以上式子左右两端分别相乘，得 $0<\frac{a_{N+1}}{a_N}\frac{a_{N+2}}{a_{N+1}}\cdots\frac{a_n}{a_{n-1}}<\varepsilon^{n-N}$，即 $0<a_n<a_N\varepsilon^{n-N}$，从而有 $0<\sqrt[n]{a_n}<\varepsilon\cdot\sqrt[n]{\frac{a_N}{\varepsilon^N}}$，则对于取定的 $\varepsilon,N,n\to\infty$ 时可得 $0\leqslant\lim\limits_{n\to\infty}\sqrt[n]{a_n}\leqslant\varepsilon$，由 ε 的任意性得 $\lim\limits_{n\to\infty}\sqrt[n]{a_n}=0=\lim\limits_{n\to\infty}\frac{a_{n+1}}{a_n}$.

（2）若 $\lim\limits_{n\to\infty}\frac{a_{n+1}}{a_n}=a>0$，则数列极限的定义知，任给 $0<\varepsilon<a$，存在正整数 N，当 $n>N$ 时有 $\left|\frac{a_{n+1}}{a_n}-a\right|<\varepsilon$，即 $0<a-\varepsilon<\frac{a_{n+1}}{a_n}<a+\varepsilon$，即有

$$a-\varepsilon<\frac{a_{N+1}}{a_N}<a+\varepsilon,a-\varepsilon<\frac{a_{N+2}}{a_{N+1}}<a+\varepsilon,\cdots,a-\varepsilon<\frac{a_n}{a_{n-1}}<a+\varepsilon.$$

将以上式子左右两端分别相乘，得

$$(a-\varepsilon)^{n-N}<\frac{a_{N+1}}{a_N}\frac{a_{N+2}}{a_{N+1}}\cdots\frac{a_n}{a_{n-1}}<(a+\varepsilon)^{n-N},$$

即 $(a-\varepsilon)^{n-N}a_N<a_n<(a+\varepsilon)^{n-N}a_N$，从而有

$$(a-\varepsilon)\cdot\sqrt[n]{\frac{a_N}{(a-\varepsilon)^N}}<\sqrt[n]{a_n}<(a+\varepsilon)\cdot\sqrt[n]{\frac{a_N}{(a+\varepsilon)^N}},$$

则对于取定的 $\varepsilon,N,n\to\infty$ 时可得 $a-\varepsilon\leqslant\lim\limits_{n\to\infty}\sqrt[n]{a_n}\leqslant a+\varepsilon$. 由 ε 的任意性得 $\lim\limits_{n\to\infty}\sqrt[n]{a_n}=a=\lim\limits_{n\to\infty}\frac{a_{n+1}}{a_n}$.

该命题的逆命题不成立，比如取 $a_{2n}=2,a_{2n-1}=3,n=1,2,\cdots$，则

$$\lim_{n\to\infty}\sqrt[n]{a_{2n}}=\lim_{n\to\infty}\sqrt[n]{2}=1,\lim_{n\to\infty}\sqrt[n]{a_{2n-1}}=\lim_{n\to\infty}\sqrt[n]{3}=1,$$

故 $\lim\limits_{n\to\infty}\sqrt[n]{a_n}=1$. 但 $\lim\limits_{n\to\infty}\frac{a_{2n}}{a_{2n-1}}=\frac{2}{3}$，$\lim\limits_{n\to\infty}\frac{a_{2n-1}}{a_{2n}}=\frac{3}{2}$，故 $\lim\limits_{n\to\infty}\frac{a_{n+1}}{a_n}$ 不存在.

【法 2】 已知数列平均值定理：若 $x_n>0$，且 $\lim\limits_{n\to\infty}x_n=a$，则有 $\lim\limits_{n\to\infty}\dfrac{x_1+x_2+\cdots+x_n}{n}=a$ 及 $\lim\limits_{n\to\infty}\sqrt[n]{x_1\cdot x_2\cdot\cdots\cdot x_n}=a$. 于是

$$\lim_{n\to\infty}\sqrt[n]{a_n}=\lim_{n\to\infty}\sqrt[n]{a_1\cdot\frac{a_2}{a_1}\cdot\frac{a_3}{a_2}\cdot\cdots\cdot\frac{a_n}{a_{n-1}}}=\lim_{n\to\infty}\sqrt[n]{a_1}\cdot\sqrt[n]{\frac{a_2}{a_1}\cdot\frac{a_3}{a_2}\cdot\cdots\cdot\frac{a_n}{a_{n-1}}}$$

$$=\lim_{n\to\infty}\sqrt[n]{a_1}\cdot\left(\sqrt[n-1]{\frac{a_2}{a_1}\cdot\frac{a_3}{a_2}\cdot\cdots\cdot\frac{a_n}{a_{n-1}}}\right)^{\frac{n-1}{n}}=1\cdot a=a.$$

【注】 该命题对于 $\lim\limits_{n\to\infty}\dfrac{a_{n+1}}{a_n}=+\infty$ 也成立.

练习 05　函数极限的概念与性质

训练目的

1. 理解函数极限的概念，会用函数极限的“$\varepsilon-\delta$”定义进行简单证明.
2. 理解函数左极限与右极限的概念以及函数极限存在与左极限、右极限之间的关系.
3. 了解函数极限的性质(唯一性、有界性与保号性).

基础练习

1. 根据下面所示函数 $f(x)$ 的图形，指明下列极限的情况，若存在指明极限值，若不存在填“不存在”.

(1) $\lim\limits_{x\to1}f(x)$__________.

(2) $\lim\limits_{x\to2}f(x)$__________.

(3) $\lim\limits_{x\to3}f(x)$__________.

【答案】 (1) 不存在；(2) 1；(3) 0.

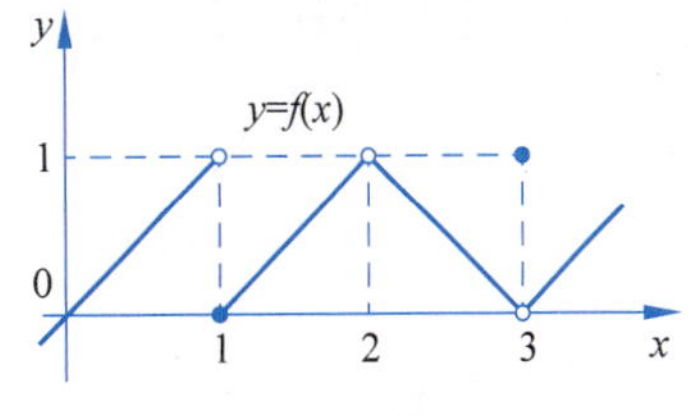

第 1 题图

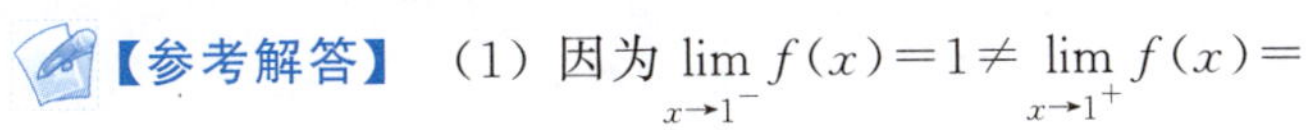【参考解答】 (1) 因为 $\lim\limits_{x\to1^-}f(x)=1\neq\lim\limits_{x\to1^+}f(x)=0$；所以 $\lim\limits_{x\to1}f(x)$ 不存在；

(2) 因为 $\lim\limits_{x\to2^-}f(x)=1=\lim\limits_{x\to2^+}f(x)$，所以 $\lim\limits_{x\to2}f(x)=1$；

(3) 因为 $\lim\limits_{x\to3^-}f(x)=0=\lim\limits_{x\to3^+}f(x)$，所以 $\lim\limits_{x\to3}f(x)=0$.

2. 根据函数图形，下列说法正确的有(　　).

(A) $\lim\limits_{x\to0}f(x)$ 不存在.　(B) $\lim\limits_{x\to0}f(x)=0$.

(C) $\lim\limits_{x\to0}f(x)=1$.　(D) $\lim\limits_{x\to1}f(x)=0$.

(E) $\lim\limits_{x\to1}f(x)=-1$.　(F) $\lim\limits_{x\to1}f(x)$ 不存在.

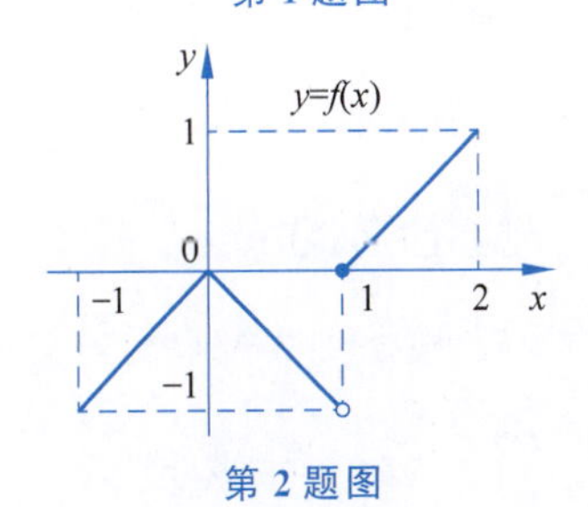

第 2 题图

【答案】 (B)、(F).

3. 填写下列极限值，若极限不存在，填写“不存在”.

(1) $\lim\limits_{x\to 0}\dfrac{x^2}{x}=$________.　　(2) $\lim\limits_{x\to 0}\dfrac{|x|}{x}=$________.

(3) $\lim\limits_{x\to 0}\sin\dfrac{1}{x}=$________.　　(4) $f(x)=\begin{cases}e^x, & x<0\\ 1, & x>0\end{cases}$，$\lim\limits_{x\to 0}f(x)=$________.

【答案】 (1) 0；(2) 不存在；(3) 不存在；(4) 1.

【参考解答】 (1) $\lim\limits_{x\to 0}f(x)=\lim\limits_{x\to 0}\dfrac{x^2}{x}=\lim\limits_{x\to 0}x=0$.

(2) $\lim\limits_{x\to 0^+}f(x)=\lim\limits_{x\to 0^+}\dfrac{x}{x}=\lim\limits_{x\to 0^+}1=1$，$\lim\limits_{x\to 0^-}f(x)=\lim\limits_{x\to 0^-}\dfrac{-x}{x}=\lim\limits_{x\to 0^-}(-1)=-1$，因为 $\lim\limits_{x\to 0^+}f(x)\neq\lim\limits_{x\to 0^-}f(x)$，所以$\lim\limits_{x\to 0}f(x)$不存在.

(3) 令 $x_k=\left(2k\pi+\dfrac{\pi}{2}\right)^{-1}$，$y_k=\dfrac{1}{2k\pi}$，则 $\lim\limits_{k\to\infty}f(x_k)=1$，$\lim\limits_{k\to\infty}f(y_k)=0$，故$\lim\limits_{x\to 0}f(x)$不存在.

(4) 因为 $\lim\limits_{x\to 0^-}f(x)=\lim\limits_{x\to 0^-}e^x=1$，$\lim\limits_{x\to 0^+}f(x)=1$，所以 $\lim\limits_{x\to 0}f(x)=1$.

4. 填写下列极限值，若极限不存在，填写“不存在”.

(1) $\lim\limits_{x\to +\infty}e^x=$______.　(2) $\lim\limits_{x\to -\infty}e^x=$______.　(3) $\lim\limits_{x\to\infty}e^x=$______.

(4) $\lim\limits_{x\to +\infty}\arctan x=$______.　(5) $\lim\limits_{x\to -\infty}\arctan x=$______.　(6) $\lim\limits_{x\to\infty}\arctan x=$______.

【答案】 (1) 不存在；(2) 0；(3) 不存在；(4) $\dfrac{\pi}{2}$；(5) $-\dfrac{\pi}{2}$；(6) 不存在.

5. 设 $f(x)=\begin{cases}x^2, & x>-1\\ x+a, & x<-1\end{cases}$，则使得 $\lim\limits_{x\to -1}f(x)$存在的常数 $a=$________.

【答案】 2.

【参考解答】 $\lim\limits_{x\to -1^+}f(x)=1$，$\lim\limits_{x\to -1^-}f(x)=a-1$，要使 $\lim\limits_{x\to -1}f(x)$存在，当且仅当 $1=a-1$，即 $a=2$.

6. 设函数 $f(x)$满足：$f(x)=x+2\lim\limits_{x\to 1}f(x)$，则 $f(x)$的表达式为 $f(x)=$________.

【答案】 $x-2$.

【参考解答】 记$\lim\limits_{x\to 1}f(x)=a$，则 $f(x)=x+2a$，于是 $a=\lim\limits_{x\to 1}f(x)=\lim\limits_{x\to 1}(x+2a)=1+2a$. 所以 $a=-1$，故 $f(x)=x-2$.

综合练习

7. 根据函数极限的定义证明下列极限.

(1) $\lim\limits_{x\to 3}(4x-3)=9$.　　(2) $\lim\limits_{x\to -2}\dfrac{x^2-4}{x+2}=-4$.

(3) $\lim\limits_{x\to\infty}\dfrac{6x+5}{x}=6$.　　(4) $\lim\limits_{x\to 2}x^2=4$.

(5) $\lim\limits_{x\to-\infty}\mathrm{e}^x=0$.

【参考证明】 (1) 由于 $|4x-3-9|=4|x-3|$，因此 $\forall\varepsilon>0$，$\exists\delta=\dfrac{\varepsilon}{4}$，当 $0<|x-3|<\delta$ 时有 $|(4x-3)-9|<\varepsilon$ 成立. 于是由极限定义可知 $\lim\limits_{x\to 3}(4x-3)=9$.

(2) 由于 $\left|\dfrac{x^2-4}{x+2}-(-4)\right|=|x+2|$，因此 $\forall\varepsilon>0$，$\exists\delta=\varepsilon$，当 $0<|x+2|<\delta$ 时有 $\left|\dfrac{x^2-4}{x+2}-(-4)\right|<\varepsilon$ 成立. 于是由极限定义可知 $\lim\limits_{x\to-2}\dfrac{x^2-4}{x+2}=-4$.

(3) 由于 $\left|\dfrac{6x+5}{x}-6\right|=\dfrac{5}{|x|}$，因此 $\forall\varepsilon>0$，$\exists X=\dfrac{5}{\varepsilon}$，当 $|x|>X$ 时有 $\left|\dfrac{6x+5}{x}-6\right|=\dfrac{5}{|x|}<\varepsilon$ 成立. 于是由极限定义可知 $\lim\limits_{x\to\infty}\dfrac{6x+5}{x}=6$.

(4) 不妨设 $|x-2|<1$，则有 $|x^2-4|=|x+2||x-2|<5|x-2|$. 于是 $\forall\varepsilon>0$，取 $\delta=\min\left\{1,\dfrac{\varepsilon}{5}\right\}$，则当 $0<|x-2|<\delta$ 时有 $|x^2-4|<\varepsilon$ 成立. 于是由极限定义可知 $\lim\limits_{x\to 2}x^2=4$.

(5) $\forall\varepsilon\in(0,1)$，取 $X=|\ln\varepsilon|=-\ln\varepsilon$，则当 $x<-X$ 时有

$$|\mathrm{e}^x-0|=\mathrm{e}^x<\mathrm{e}^{-X}=\mathrm{e}^{\ln\varepsilon}=\varepsilon$$

成立. 于是由极限定义可知 $\lim\limits_{x\to-\infty}\mathrm{e}^x=0$.

8. (1) 证明：$\lim\limits_{x\to x_0}f(x)=0$ 的充要条件是 $\lim\limits_{x\to x_0}|f(x)|=0$；

(2) 设 $a\neq 0$，讨论 $\lim\limits_{x\to x_0}f(x)=a$ 与 $\lim\limits_{x\to x_0}|f(x)|=|a|$ 的关系.

【参考证明】 (1) 先证必要性：设 $\lim\limits_{x\to x_0}f(x)=0$，则 $\forall\varepsilon>0$，$\exists\delta>0$，当 $0<|x-x_0|<\delta$ 时有 $||f(x)|-0|=|f(x)-0|<\varepsilon$ 成立，所以 $\lim\limits_{x\to x_0}|f(x)|=0$；

再证充分性：设 $\lim\limits_{x\to x_0}|f(x)|=0$，则 $\forall\varepsilon>0$，$\exists\delta>0$，当 $0<|x-x_0|<\delta$ 时有 $|f(x)-0|=||f(x)|-0|<\varepsilon$ 成立，所以 $\lim\limits_{x\to x_0}f(x)=0$.

(2) 设 $\lim\limits_{x\to x_0}f(x)=a\neq 0$，则由保号性可知，$\exists\delta_0>0$，当 $0<|x-x_0|<\delta_0$ 时，$f(x)$ 与 a 同号. 由极限存在定义可知，$\forall\varepsilon>0$，$\exists 0<\delta<\delta_0$，当 $0<|x-x_0|<\delta$ 时有 $||f(x)|-|a||=|f(x)-a|<\varepsilon$ 恒成立. 所以 $\lim\limits_{x\to x_0}|f(x)|=|a|$，即有

$$\text{若}\lim_{x\to x_0}f(x)=a\text{ 则有}\lim_{x\to x_0}|f(x)|=|a|.$$

考察 $\lim\limits_{x\to 0}|\mathrm{sgn}x|=1$，但 $\lim\limits_{x\to 0}\mathrm{sgn}x$ 不存在；由此可知 $\lim\limits_{x\to x_0}f(x)=a$ 是 $\lim\limits_{x\to x_0}|f(x)|=|a|$ 的充分不必要条件.

9. 证明：$\lim\limits_{x\to x_0}f(x)=a$ 的充要条件是 $f(x_0+0)=f(x_0-0)=a$.

【参考证明】 先证必要性：$\forall\varepsilon>0$，由 $\lim\limits_{x\to x_0}f(x)=a$ 知，$\exists\delta>0$，当 $0<|x-x_0|<\delta$ 时，即当 $x_0-\delta<x<x_0$ 或 $x_0<x<x_0+\delta$ 时，$|f(x)-a|<\varepsilon$ 恒成立，由左右极限定义可知 $f(x_0+0)=f(x_0-0)=a$.

再证充分性：$\forall\varepsilon>0$，由 $f(x_0+0)=f(x_0-0)=a$ 知，$\exists\delta_1>0$，当 $x_0-\delta_1<x<x_0$ 时，$|f(x)-a|<\varepsilon$ 恒成立；$\exists\delta_2>0$，当 $x_0<x<x_0+\delta_2$ 时，$|f(x)-a|<\varepsilon$ 恒成立. 取 $\delta=\min\{\delta_1,\delta_2\}$，则当 $0<|x-x_0|<\delta$ 时，$|f(x)-a|<\varepsilon$ 恒成立. 由函数极限定义可知 $\lim\limits_{x\to x_0}f(x)=a$.

10. 试给出 $x\to\infty$ 时函数极限的局部有界性定理，并证明之.

【参考证明】 局部有界性定理：若 $\lim\limits_{x\to\infty}f(x)=A$，则存在常数 $M>0$ 及 $X>0$，使得当 $|x|>X$ 时，$f(x)$ 满足 $|f(x)|<M$.

证明：由 $\lim\limits_{x\to\infty}f(x)=A$ 有，对于 $\varepsilon=1$，存在 $X>0$，当 $|x|>X$ 时有 $|f(x)-A|<1$ 成立，即有 $|f(x)|\leqslant|f(x)-A|+|A|<1+|A|$，取 $M=1+|A|$，即有当 $|x|>X$ 时，$f(x)$ 满足 $|f(x)|<M$.

考研与竞赛练习

1. 计算 $\lim\limits_{x\to a}\left(\dfrac{2a}{3}+\dfrac{a}{\pi}\arctan\dfrac{1}{x-a}\right)$.

【参考解答】 当 $a=0$，则极限为 0. 当 $a\neq0$ 时，则有

$$\lim_{x\to a^+}\left(\frac{2a}{3}+\frac{a}{\pi}\arctan\frac{1}{x-a}\right)=\lim_{x\to a^+}\left(\frac{2a}{3}+\frac{a}{\pi}\cdot\frac{\pi}{2}\right)=\frac{7a}{6},$$

$$\lim_{x\to a^-}\left(\frac{2a}{3}+\frac{a}{\pi}\arctan\frac{1}{x-a}\right)=\lim_{x\to a^-}\left(\frac{2a}{3}-\frac{a}{\pi}\cdot\frac{\pi}{2}\right)=\frac{a}{6}.$$

故 $f(a-0)\neq f(a+0)$，此时极限 $\lim\limits_{x\to a}\left(\dfrac{2a}{3}+\dfrac{a}{\pi}\arctan\dfrac{1}{x-a}\right)$ 不存在.

2. 已知 $\lim\limits_{x\to0}\left[a\arctan\dfrac{1}{x}+(1+|x|)^{1/x}\right]$ 存在，求 a 的值.

【参考解答】 由极限存在，可知左右极限必存在且相同，又

$$f(0-0)=\lim_{x\to0^-}\left[a\arctan\frac{1}{x}+(1-x)^{1/x}\right]=-\frac{\pi}{2}a+\frac{1}{\mathrm{e}},$$

$$f(0+0)=\lim_{x\to0^+}\left[a\arctan\frac{1}{x}+(1+x)^{1/x}\right]=\frac{\pi}{2}a+\mathrm{e}.$$

于是 $-\dfrac{\pi}{2}a+\dfrac{1}{\mathrm{e}}=\dfrac{\pi}{2}a+\mathrm{e}$，解得 $a=\dfrac{1}{\pi}\left(\dfrac{1}{\mathrm{e}}-\mathrm{e}\right)$.

3. 用“$\varepsilon-\delta$”定义证明：$\lim\limits_{x\to1}\dfrac{(x-2)(x-1)}{x-3}=0$.

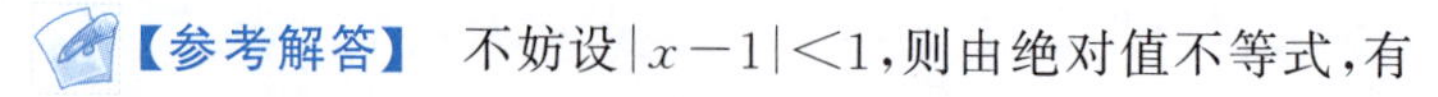

【参考解答】 不妨设 $|x-1|<1$，则由绝对值不等式，有

$$|x-2|=|x-1-1|\leqslant|x-1|+|-1|<2,$$
$$|x-3|=|x-1-2|\geqslant|-2|-|x-1|>2-1=1,$$

从而得$\left|\dfrac{x-2}{x-3}\right|<2$. 于是$\forall\varepsilon\in(0,1)$,取$\delta=\dfrac{\varepsilon}{2}$,则当$|x-1|<\delta$时,恒有

$$\left|\frac{(x-2)(x-1)}{x-3}-0\right|=\left|\frac{x-2}{x-3}\right|\cdot|x-1|<2\cdot\delta<\varepsilon,$$

故由极限的定义可知$\lim\limits_{x\to1}\dfrac{(x-2)(x-1)}{x-3}=0$.

4. 试证:设$f(x)$在$x=a$的一个邻域内有定义,若$\lim\limits_{x\to a^-}f(x)<\lim\limits_{x\to a^+}f(x)$,则存在$\delta>0$,使得当$0<a-x<\delta$,$0<y-a<\delta$时,有$f(x)<f(y)$.

【参考证明】 设$\lim\limits_{x\to a^-}f(x)=A$,$\lim\limits_{x\to a^+}f(x)=B$,$A<B$,显然有$A<\dfrac{A+B}{2}<B$. 取$\varepsilon=\dfrac{A+B}{2}-A$,则由左右极限均存在可知,分别存在$\delta_1>0$,$\delta_2>0$,使得当$0<a-x<\delta_1$时,有$A-\varepsilon<f(x)<A+\varepsilon=\dfrac{A+B}{2}$,当$0<y-a<\delta_2$时,有$\dfrac{A+B}{2}=B-\varepsilon<f(y)<B+\varepsilon$,取$\delta=\min\{\delta_1,\delta_2\}$,上面两个不等式同时成立,即有$f(x)<\dfrac{A+B}{2}<f(y)$.

练习 06　函数极限运算法则与判定准则

训练目的

1. 掌握函数极限的四则运算与复合运算法则;掌握利用四则运算与复合运算法则计算极限的方法.

2. 掌握夹逼定理,会用夹逼定理判定函数极限.

3. 掌握两个重要极限$\lim\limits_{x\to0}\dfrac{\sin x}{x}=1$与$\lim\limits_{x\to\infty}\left(1+\dfrac{1}{x}\right)^x=\mathrm{e}$,并会用它求极限.

4. 了解海涅定理,会用海涅定理判定函数极限的存在性.

基础练习

1. 计算下列极限值(若极限不存在填“不存在”).

(1) $\lim\limits_{x\to0}\dfrac{x^2-1}{2x^2-x-1}=$________.　(2) $\lim\limits_{x\to1}\dfrac{x^2-1}{2x^2-x-1}=$________.

(3) $\lim\limits_{x\to\infty}\dfrac{x^2-1}{2x^2-x-1}=$________.　(4) $\lim\limits_{x\to\infty}\dfrac{x^2-1}{2x^3-x-1}=$________.

(5) $\lim\limits_{h\to0}\dfrac{\sqrt{2+h}-\sqrt{2}}{h}=$________.　(6) $\lim\limits_{x\to4}\dfrac{\sqrt{1+2x}-3}{\sqrt{x}-2}=$________.

(7) $\lim\limits_{x\to\infty}\frac{1}{x}\sin\frac{1}{x}=$______.　(8) $\lim\limits_{x\to\infty}\frac{1}{x}\sin x=$______.

(9) $\lim\limits_{x\to\infty}x\sin\frac{1}{x}=$______.　(10) $\lim\limits_{x\to\infty}x\sin x=$______.

(11) $\lim\limits_{x\to 0}\frac{\sin(x^2-x)}{x}=$______.　(12) $\lim\limits_{x\to 0}(1+x)^x=$______.

(13) $\lim\limits_{x\to 0}\frac{\ln(1-x)}{x}=$______.　(14) $\lim\limits_{x\to\infty}\left(1-\frac{1}{x}\right)^{1/x}=$______.

【答案】 (1) 1；(2) $\frac{2}{3}$；(3) $\frac{1}{2}$；(4) 0；(5) $\frac{\sqrt{2}}{4}$；(6) $\frac{4}{3}$；(7) 0；(8) 0；(9) 1；(10) 不存在；(11) -1；(12) 1；(13) -1；(14) 1.

【参考解答】 (1) $\lim\limits_{x\to 0}\frac{x^2-1}{2x^2-x-1}=\frac{0-1}{0-0-1}=1$.

(2) $\lim\limits_{x\to 1}\frac{x^2-1}{2x^2-x-1}=\lim\limits_{x\to 1}\frac{(x-1)(x+1)}{(2x+1)(x-1)}=\lim\limits_{x\to 1}\frac{x+1}{2x+1}=\frac{1+1}{2+1}=\frac{2}{3}$.

(3) $\lim\limits_{x\to\infty}\frac{x^2-1}{2x^2-x-1}=\lim\limits_{x\to\infty}\frac{1-\frac{1}{x^2}}{2-\frac{1}{x}-\frac{1}{x^2}}=\frac{1-0}{2-0-0}=\frac{1}{2}$.

(4) $\lim\limits_{x\to\infty}\frac{x^2-1}{2x^3-x-1}=\lim\limits_{x\to\infty}\frac{\frac{1}{x}-\frac{1}{x^3}}{2-\frac{1}{x^2}-\frac{1}{x^3}}=\frac{0-0}{2-0-0}=0$.

(5) $\lim\limits_{h\to 0}\frac{\sqrt{2+h}-\sqrt{2}}{h}=\lim\limits_{h\to 0}\frac{h}{h(\sqrt{2+h}+\sqrt{2})}=\frac{1}{2\sqrt{2}}=\frac{\sqrt{2}}{4}$.

(6) $\lim\limits_{x\to 4}\frac{\sqrt{1+2x}-3}{\sqrt{x}-2}=\lim\limits_{x\to 4}\frac{2(x-4)(\sqrt{x}+2)}{(x-4)(\sqrt{1+2x}+3)}=\frac{4}{3}$.

(7) $\lim\limits_{x\to\infty}\frac{1}{x}\sin\frac{1}{x}=0\cdot\sin 0=0$.

(8) 因为 $0\leqslant\left|\frac{1}{x}\sin x\right|\leqslant\left|\frac{1}{x}\right|\to 0(x\to\infty)$，由夹逼定理可知 $\lim\limits_{x\to\infty}\frac{1}{x}\sin x=0$.

(9) $\lim\limits_{x\to\infty}x\sin\frac{1}{x}=\lim\limits_{x\to\infty}\left(\sin\frac{1}{x}\Big/\frac{1}{x}\right)=1$.

(10) 取 $x_n=2n\pi+\frac{\pi}{2}$，则有 $x_n\to\infty(n\to\infty)$，但数列 $x_n\sin x_n=2n\pi+\frac{\pi}{2}$ 无界，因此 $\lim\limits_{n\to\infty}x_n\sin x_n$ 不存在，由海涅定理知极限 $\lim\limits_{x\to\infty}x\sin x$ 不存在.

(11) $\lim\limits_{x\to 0}\frac{\sin(x^2-x)}{x}=\lim\limits_{x\to 0}\frac{\sin(x^2-x)}{x^2-x}\cdot\frac{x^2-x}{x}=1\cdot(-1)=-1$.

(12) $\lim\limits_{x\to 0}(1+x)^x=\lim\limits_{x\to 0}e^{x\ln(1+x)}=e^{\lim\limits_{x\to 0}x\ln(1+x)}=e^{0\cdot 0}=1$.

(13) $\lim\limits_{x\to 0}\dfrac{\ln(1-x)}{x}=\lim\limits_{x\to 0}\ln(1-x)^{1/x}=\ln e^{-1}=-1.$

(14) 令$\dfrac{1}{x}=t$，则$\lim\limits_{x\to\infty}\left(1-\dfrac{1}{x}\right)^{1/x}=\lim\limits_{t\to 0}(1-t)^{t}=\lim\limits_{t\to 0}e^{t\ln(1-t)}=e^{0}=1.$

2. 设函数$f(x)$是一多项式，且$\lim\limits_{x\to\infty}\dfrac{f(x)-2x^{3}}{x^{2}}=1$，$\lim\limits_{x\to 0}\dfrac{f(x)}{x}=3$，则函数$f(x)$的表达式为$f(x)=$________________.

【答案】 $f(x)=2x^{3}+x^{2}+3x.$

【参考解答】 由已知可设$f(x)=2x^{3}+x^{2}+ax+b$. 因为$\lim\limits_{x\to 0}\dfrac{f(x)}{x}=3$，即有$\lim\limits_{x\to 0}\left(2x^{2}+x+a+\dfrac{b}{x}\right)=3$，因此$a=3,b=0$，所以$f(x)=2x^{3}+x^{2}+3x.$

3. 已知极限$\lim\limits_{x\to\infty}\left(\dfrac{x^{2}}{x+1}-ax-b\right)=0$，则常数$a=$________，$b=$________.

【答案】 1，−1.

【参考解答】 由已知得$\lim\limits_{x\to\infty}\dfrac{(1-a)x^{2}-(a+b)x-b}{x+1}=0$. 因此，$\begin{cases}1-a=0\\a+b=0\end{cases}$，于是有$\begin{cases}a=1\\b=-1\end{cases}$.

综合练习

4. 设对任意的x，总有$\varphi(x)\leqslant f(x)\leqslant g(x)$，且$\lim\limits_{x\to\infty}[g(x)-\varphi(x)]=0$，则极限$\lim\limits_{x\to\infty}f(x)$(　　).

(A) 存在且等于零　　(B) 存在但不一定为零

(C) 一定不存在　　(D) 不一定存在

【答案】 D.

【参考解答】 若有$\lim\limits_{x\to\infty}g(x)=\lim\limits_{x\to\infty}\varphi(x)=A\neq 0$，则由夹逼定理可知$\lim\limits_{x\to\infty}f(x)=A\neq 0$，于是可排除(A)(C)两个选项. 取$g(x)=x+\dfrac{1}{x^{2}}$，$f(x)=x$，$\varphi(x)=x-\dfrac{1}{x^{2}}$，满足$\varphi(x)\leqslant f(x)\leqslant g(x)$，且$\lim\limits_{x\to\infty}[g(x)-\varphi(x)]=\lim\limits_{x\to\infty}\dfrac{2}{x^{2}}=0$，但$\lim\limits_{x\to\infty}f(x)$不存在. 因此(B)也可排除，故选(D).

5. 计算下列极限.

(1) $\lim\limits_{x\to 1}\dfrac{x^{n}-1}{x^{m}-1}(n,m\in\mathbf{Z}^{+})$.　　(2) $\lim\limits_{x\to\infty}\dfrac{(3x+6)^{3}(2x^{2}-5)^{2}}{(1-x)^{7}}$.

(3) $\lim\limits_{x\to 1}\left(\dfrac{2}{x^{2}-1}-\dfrac{3}{x^{3}-1}\right)$.　　(4) $\lim\limits_{x\to 0}\dfrac{\sqrt{1+x}+\sqrt{1-x}-2}{x^{2}}$.

(5) $\lim\limits_{x\to+\infty}\arccos(\sqrt{x^2+x}-x)$.　(6) $\lim\limits_{x\to+\infty}\arctan\dfrac{1-x^2}{1+x}$.

(7) $\lim\limits_{x\to1}\arctan\left(\dfrac{1}{1-x}-\dfrac{3}{1-x^3}\right)$.　(8) $\lim\limits_{x\to\infty}\dfrac{3x^2+5}{5x+3}\sin\dfrac{2}{x}$.

(9) $\lim\limits_{x\to a}\dfrac{\cos x-\cos a}{x-a}$.　(10) $\lim\limits_{x\to\pi}\dfrac{\sin mx}{\sin nx}(n,m\in\mathbb{Z}^+)$.

(11) $\lim\limits_{x\to+\infty}\dfrac{\ln(2+\mathrm{e}^{3x})}{\ln(3+\mathrm{e}^{2x})}$.　(12) $\lim\limits_{x\to-\infty}\dfrac{\ln(1+\mathrm{e}^{3x})}{\ln(1+\mathrm{e}^{2x})}$.

(13) $\lim\limits_{x\to\infty}x(\sqrt{x^2+1}-x)$.

【参考解答】 (1) $\lim\limits_{x\to1}\dfrac{x^n-1}{x^m-1}=\lim\limits_{x\to1}\dfrac{(x-1)(x^{n-1}+x^{n-2}+\cdots+x+1)}{(x-1)(x^{m-1}+x^{m-2}+\cdots+x+1)}=\dfrac{n}{m}$.

(2) $$\lim_{x\to\infty}\frac{(3x+6)^3(2x^2-5)^2}{(1-x)^7}=\lim_{x\to\infty}\frac{\left(3+\frac{6}{x}\right)^3\left(2-\frac{5}{x^2}\right)^2}{\left(\frac{1}{x}-1\right)^7}=\frac{3^3\cdot2^2}{(-1)^7}=-108.$$

(3) $$\lim_{x\to1}\left(\frac{2}{x^2-1}-\frac{3}{x^3-1}\right)=\lim_{x\to1}\frac{2x^2-x-1}{(x-1)(x+1)(x^2+x+1)}=\lim_{x\to1}\frac{2x+1}{(x+1)(x^2+x+1)}=\frac{1}{2}.$$

(4) $$\lim_{x\to0}\frac{\sqrt{1+x}+\sqrt{1-x}-2}{x^2}=\lim_{x\to0}\frac{2(\sqrt{1-x^2}-1)}{x^2(\sqrt{1+x}+\sqrt{1-x}+2)}=\lim_{x\to0}\frac{-x^2}{2x^2(\sqrt{1-x^2}+1)}=\lim_{x\to0}\frac{-1}{2(\sqrt{1-x^2}+1)}=-\frac{1}{4}.$$

(5) $$\lim_{x\to+\infty}\arccos(\sqrt{x^2+x}-x)=\lim_{x\to+\infty}\arccos\frac{x}{\sqrt{x^2+x}+x}=\lim_{x\to+\infty}\arccos\frac{1}{\sqrt{1+\frac{1}{x}}+1}=\arccos\frac{1}{2}=\frac{\pi}{3}.$$

(6) $$\lim_{x\to+\infty}\arctan\frac{1-x^2}{1+x}=\lim_{x\to+\infty}\arctan(1-x)=-\frac{\pi}{2}.$$

(7) $$\lim_{x\to1}\arctan\left(\frac{1}{1-x}-\frac{3}{1-x^3}\right)=\lim_{x\to1}\frac{(x-1)(x+2)}{(1-x)(1+x+x^2)}=-\lim_{x\to1}\arctan\frac{x+2}{1+x+x^2}=-\arctan1=-\frac{\pi}{4}.$$

(8) $$\lim_{x\to\infty}\frac{3x^2+5}{5x+3}\sin\frac{2}{x}=\lim_{x\to\infty}\frac{3x^2+5}{5x+3}\cdot\frac{2}{x}\cdot\frac{\sin\frac{2}{x}}{\frac{2}{x}}=\frac{6}{5}.$$

(9) $\lim\limits_{x\to a}\dfrac{\cos x-\cos a}{x-a}=\lim\limits_{x\to a}\dfrac{-2\sin\dfrac{x+a}{2}\sin\dfrac{x-a}{2}}{x-a}=-\sin a.$

(10) 令 $\pi-x=t$，则

$$\lim_{x\to\pi}\frac{\sin mx}{\sin nx}=\lim_{t\to0}\frac{\sin(m\pi-mt)}{\sin(n\pi-nt)}$$

$$=(-1)^{m-n}\lim_{t\to0}\frac{\sin mt}{mt}\cdot\frac{nt}{\sin nt}\cdot\frac{m}{n}=(-1)^{m-n}\frac{m}{n}.$$

(11) $\lim\limits_{x\to+\infty}\dfrac{\ln(2+e^{3x})}{\ln(3+e^{2x})}=\lim\limits_{x\to+\infty}\dfrac{\ln(2e^{-3x}+1)+3x}{\ln(3e^{-2x}+1)+2x}=\lim\limits_{x\to+\infty}\dfrac{\dfrac{1}{x}\ln(2e^{-3x}+1)+3}{\dfrac{1}{x}\ln(3e^{-2x}+1)+2}=\dfrac{3}{2}.$

(12) $\lim\limits_{x\to-\infty}\dfrac{\ln(1+e^{3x})}{\ln(1+e^{2x})}=\lim\limits_{x\to-\infty}\dfrac{\ln(1+e^{3x})}{e^{3x}}\cdot\dfrac{e^{2x}}{\ln(1+e^{2x})}\cdot\dfrac{e^{3x}}{e^{2x}}=1\cdot1\cdot0=0.$

(13) $\lim\limits_{x\to+\infty}x\left(\sqrt{x^2+1}-x\right)=\lim\limits_{x\to+\infty}\dfrac{x}{\sqrt{x^2+1}+x}=\lim\limits_{x\to+\infty}\dfrac{1}{\sqrt{1+\dfrac{1}{x^2}}+1}=\dfrac{1}{2}$，对于 $\lim\limits_{x\to-\infty}x\left(\sqrt{x^2+1}-x\right)$，考察函数 $f(x)=x\left(\sqrt{x^2+1}-x\right)$，任给 $M>1$，则 $-M\in(-\infty,-1)$，对应 $|f(-M)|=\left|-M(\sqrt{M^2+1}+M)\right|>M$，所以 $f(x)$ 在 $(-\infty,-1)$ 无界，极限 $\lim\limits_{x\to-\infty}x\left(\sqrt{x^2+1}-x\right)$ 不存在. 因此极限 $\lim\limits_{x\to\infty}x\left(\sqrt{x^2+1}-x\right)$ 不存在.

6. 利用夹逼定理解答下列各题.

(1) $\lim\limits_{x\to+\infty}\dfrac{[x]}{x}$，其中 $[x]$ 是 x 的取整函数.

(2) 求函数 $f(x)=\lim\limits_{n\to\infty}\sqrt[n]{1+x^n+\left(\dfrac{x^2}{2}\right)^n}\ (x\geqslant0)$ 的分段表达式.

【参考解答】 (1) 由取整函数的定义可知 $x-1<[x]\leqslant x$，因此 $1-\dfrac{1}{x}<\dfrac{[x]}{x}\leqslant1$，又 $\lim\limits_{x\to+\infty}\left(1-\dfrac{1}{x}\right)=1$. 故 $\lim\limits_{x\to+\infty}\dfrac{[x]}{x}=1$.

(2) 当 $0\leqslant x<1$ 时，$1\leqslant\sqrt[n]{1+x^n+\left(\dfrac{x^2}{2}\right)^n}\leqslant\sqrt[n]{3}$，且 $\lim\limits_{n\to\infty}\sqrt[n]{3}=1$，所以 $f(x)=1$；

当 $1\leqslant x<2$ 时，$x\leqslant\sqrt[n]{1+x^n+\left(\dfrac{x^2}{2}\right)^n}\leqslant\sqrt[n]{3}x$，且 $\lim\limits_{n\to\infty}\sqrt[n]{3}x=x$，所以 $f(x)=x$；

当 $x\geqslant2$ 时，$\dfrac{x^2}{2}\leqslant\sqrt[n]{1+x^n+\left(\dfrac{x^2}{2}\right)^n}\leqslant\sqrt[n]{3}\dfrac{x^2}{2}$，且 $\lim\limits_{n\to\infty}\sqrt[n]{3}\dfrac{x^2}{2}=\dfrac{x^2}{2}$，所以 $f(x)=\dfrac{x^2}{2}$.

综上所述，$f(x)=\begin{cases}1, & 0\leqslant x<1\\ x, & 1\leqslant x<2.\\ x^2/2, & x\geqslant2\end{cases}$

7. 试用海涅定理证明狄利克雷函数 $D(x)=\begin{cases}1, & x\in\mathbb{Q}\\ 0, & x\in\overline{\mathbb{Q}}\end{cases}$ 在任何点处都不存在极限.

【参考证明】 任意取定一个实数 x_0,取有理数列 $a_n\in U^0\left(x_n,\frac{1}{n}\right)$,取无理数列 $b_n\in U^0\left(x_n,\frac{1}{n}\right)$,则有 $\lim\limits_{n\to\infty}a_n=\lim\limits_{n\to\infty}b_n=x_0$,而 $D(x_n)=1,D(b_n)=0$,于是 $\lim\limits_{n\to\infty}D(a_n)=1$,$\lim\limits_{n\to\infty}D(b_n)=0$,因此 $D(x)$ 在任何点处都不存在极限.

【注】 $\mathbb{Q}$ 为有理数集,$\overline{\mathbb{Q}}$ 为无理数集.

考研与竞赛练习

1. 设 $\lim\limits_{x\to a}\frac{f(x)-a}{x-a}=b$,则 $\lim\limits_{x\to a}\frac{\sin f(x)-\sin a}{x-a}=(\quad)$.

(A) $b\sin a$ (B) $b\cos a$ (C) $b\sin f(a)$ (D) $b\cos f(a)$

【参考解答】 由 $\lim\limits_{x\to a}\frac{f(x)-a}{x-a}=b$,可知:$\lim\limits_{x\to a}[f(x)-a]=\lim\limits_{x\to a}\left[\frac{f(x)-a}{x-a}\cdot(x-a)\right]=b\cdot 0=0$,于是 $\lim\limits_{x\to a}f(x)=a$.

$$\lim_{x\to a}\frac{\sin f(x)-\sin a}{x-a}=\lim_{x\to a}\frac{\sin f(x)-\sin a}{f(x)-a}\cdot\frac{f(x)-a}{x-a}$$

$$=\lim_{x\to a}\cos\frac{f(x)+a}{2}\cdot\frac{\sin\frac{f(x)-a}{2}}{\frac{f(x)-a}{2}}\cdot\frac{f(x)-a}{x-a}=b\cos a.$$

故正确选项为(B).

2. 求下列极限.

(1) $\lim\limits_{x\to\infty}\left(\frac{3+x}{6+x}\right)^{\frac{x-1}{2}}$; (2) $\lim\limits_{x\to(\pi/2)^+}(\sin x)^{\tan x}$.

【参考解答】 (1)【法 1】 改写极限式,由重要极限结果,得

$$\lim_{x\to\infty}\left(\frac{3+x}{6+x}\right)^{\frac{x-1}{2}}=\lim_{x\to\infty}\left[\left(1-\frac{3}{6+x}\right)^{-\frac{6+x}{3}}\right]^{-\frac{3}{6+x}\cdot\frac{x-1}{2}}=e^{-3/2}.$$

【法 2】 $\lim\limits_{x\to\infty}\left(\frac{3+x}{6+x}\right)^{\frac{x-1}{2}}=e^{\lim\limits_{x\to\infty}\frac{x-1}{2}\ln\left(\frac{3+x}{6+x}\right)}$,由于

$$\lim_{x\to\infty}\frac{x-1}{2}\ln\left(\frac{3+x}{6+x}\right)=\lim_{x\to\infty}\frac{x-1}{2}\ln\left(1-\frac{3}{6+x}\right)=-\frac{3}{2}\lim_{x\to\infty}\frac{x-1}{6+x}=-\frac{3}{2},$$

所以 $\lim\limits_{x\to\infty}\left(\frac{3+x}{6+x}\right)^{\frac{x-1}{2}}=e^{-3/2}$.

(2) 令 $x=\frac{\pi}{2}-y$,则

$$\lim_{x\to(\pi/2)^+}(\sin x)^{\tan x}=\lim_{y\to0^-}(\cos y)^{\frac{\cos y}{\sin y}}=\lim_{y\to0^-}\left\{[1+(\cos y-1)]^{\frac{1}{\cos y-1}}\right\}^{\frac{\cos y-1}{\sin y}\cos y}.$$

由于 $\sin y=2\sin\frac{y}{2}\cos\frac{y}{2}$，$\sin^2\frac{y}{2}=\frac{1-\cos y}{2}$，从而有

$$\lim_{y\to0^-}\frac{\cos y-1}{\sin y}\cos y=-\lim_{y\to0^-}\frac{2\sin^2\frac{y}{2}}{2\sin\frac{y}{2}\cos\frac{y}{2}}\cos y=-\lim_{y\to0^-}\frac{\sin\frac{y}{2}}{\cos\frac{y}{2}}\cos y=0.$$

故 $\lim\limits_{x\to(\pi/2)^+}(\sin x)^{\tan x}=e^0=1$.

3. 已知 $\lim\limits_{x\to+\infty}\left(\sqrt{ax^2+bx+c}-\alpha x-\beta\right)=0$，其中 a,b,c 为常数，$a>0$，试求参数 α,β 之值.

【参考解答】 由 $\lim\limits_{x\to+\infty}(\sqrt{ax^2+bx+c}-\alpha x-\beta)=0$ 可知 $\alpha>0$. 改写极限式，有

$$\begin{aligned}\lim_{x\to+\infty}(\sqrt{ax^2+bx+c}-\alpha x-\beta)&=\lim_{x\to+\infty}\frac{ax^2+bx+c-\alpha^2x^2-2\alpha\beta x-\beta^2}{\sqrt{ax^2+bx+c}+\alpha x+\beta}\\&=\lim_{x\to+\infty}\frac{(a-\alpha^2)x^2+(b-2\alpha\beta)x+c-\beta^2}{\sqrt{ax^2+bx+c}+\alpha x+\beta}=0.\end{aligned}$$

从而可知 $\begin{cases}a-\alpha^2=0\\b-2\alpha\beta=0\end{cases}$，解得 $\begin{cases}\alpha=\sqrt{a},\\\beta=\dfrac{b}{2\sqrt{a}}.\end{cases}$

4. 已知 $\lim\limits_{x\to+\infty}\left[(ax+b)e^{1/x}-x\right]=2$，求 a,b.

【参考解答】 令 $t=\frac{1}{x}$，则

$$\lim_{x\to+\infty}\left[(ax+b)e^{1/x}-x\right]=\lim_{t\to0^+}\left[\left(\frac{a}{t}+b\right)e^t-\frac{1}{t}\right]=\lim_{t\to0^+}\frac{(a+bt)e^t-1}{t}=2.$$

要极限存在，必须有 $\lim\limits_{t\to0^+}(a+bt)=1$，所以 $a=1$. 于是有

$$2=\lim_{t\to0^+}\frac{(1+bt)e^t-1}{t}=\lim_{t\to0^+}\left(be^t+\frac{e^t-1}{t}\right)=b+1,$$

得 $b=1$.

5. 设 $f(x)=a_1\sin x+a_2\sin2x+\cdots+a_n\sin nx$，并且 $|f(x)|\leqslant|\sin x|$，$a_1,a_2,\cdots,a_n$ 皆为常数，证明：$|a_1+2a_2+\cdots+na_n|\leqslant1$.

【参考证明】 由 $|f(x)|\leqslant|\sin x|$，有 $\left|\frac{f(x)}{x}\right|\leqslant\left|\frac{\sin x}{x}\right|$，$x\neq0$. 于是，

$$\left|a_1\frac{\sin x}{x}+a_2\frac{\sin2x}{x}+\cdots+a_n\frac{\sin nx}{x}\right|\leqslant\left|\frac{\sin x}{x}\right|.$$

由于 $\lim\limits_{x\to0}\frac{\sin x}{x}=1$，故 $\lim\limits_{x\to0}\frac{\sin kx}{x}=k$. 于是，由极限的保序性得

$$\lim_{x\to 0}\left|a_1\frac{\sin x}{x}+a_2\frac{\sin 2x}{x}+\cdots+a_n\frac{\sin nx}{x}\right|\leqslant\lim_{x\to 0}\left|\frac{\sin x}{x}\right|,$$

即有 $|a_1+2a_2+\cdots+na_n|\leqslant 1$.

练习 07 无穷小与无穷大 渐近线

1. 理解无穷小、无穷大的概念，以及两者之间的关系.

2. 了解函数极限与无穷小的关系.

3. 掌握无穷小量的阶的比较方法，熟悉 $x\to 0$ 时常用的等价无穷小关系，会利用等价无穷小替换求极限.

4. 掌握求曲线的水平渐近线、铅直渐近线与斜渐近线的方法.

基础练习

1. 下列函数中，为 $x\to 0$ 过程中无穷小的是________，极限存在但它不是无穷小的是________，为无穷大的是________，极限不存在但不是无穷大的是________.

① $y=\dfrac{\sin 2x}{x}$. ② $y=\sin\dfrac{1}{x}$. ③ $y=x\cos\dfrac{1}{x}$.

④ $y=\arctan\dfrac{1}{x}$. ⑤ $y=1+\ln|x|$. ⑥ $y=\dfrac{[x]}{x}$.

【答案】 为 $x\to 0$ 过程中，为无穷小的是③，极限存在但它不是无穷小的是①，为无穷大的是⑤，极限不存在但不是无穷大的是②④⑥.

【参考解答】 ① $\lim\limits_{x\to 0}\dfrac{\sin 2x}{x}=2$，函数极限存在但不为无穷小.

② $\lim\limits_{x\to 0}\sin\dfrac{1}{x}$ 不存在. 因为取 $x_n=\dfrac{1}{2n\pi+\dfrac{\pi}{2}}$，$y_n=\dfrac{1}{2n\pi-\dfrac{\pi}{2}}$，则 $\lim\limits_{n\to\infty}x_n=\lim\limits_{n\to\infty}y_n=0$，$\lim\limits_{n\to\infty}\sin x_n=1$，$\lim\limits_{n\to\infty}\sin y_n=-1$，且 $\left|\sin\dfrac{1}{x}\right|\leqslant 1$，所以极限不存在但不是无穷大的.

③ $\lim\limits_{x\to\infty}x\cos\dfrac{1}{x}=0$（无穷小与有界函数相乘仍为无穷小），为 $x\to 0$ 过程中无穷小.

④ $\lim\limits_{x\to 0^+}\arctan\dfrac{1}{x}=\dfrac{\pi}{2}$，$\lim\limits_{x\to 0^-}\arctan\dfrac{1}{x}=-\dfrac{\pi}{2}$，所以当 $x\to 0$ 函数极限不存在但不为无穷大.

⑤ $\lim\limits_{x\to 0}(1+\ln|x|)=\infty$. 不妨设 $0<|x|<e^{-1}$，则 $\forall M>0$，$\exists\delta=e^{-(1+M)}$，当 $|x|<\delta$ 时，有 $|1+\ln|x||=-1-\ln|x|>-1-\ln\delta=-1-\ln e^{-(1+M)}=M$，所以函数是 $x\to 0$ 时的无穷大.

⑥ $\lim\limits_{x\to 0^+}\dfrac{[x]}{x}=\lim\limits_{x\to 0^+}\dfrac{0}{x}=0$，$\lim\limits_{x\to 0^-}\dfrac{[x]}{x}=\lim\limits_{x\to 0^-}\dfrac{-1}{x}=\infty$，所以当 $x\to 0$ 函数极限不存在但不为无穷大（为 $x\to 0^-$ 时的无穷大）.

2. 指明下列函数在什么过程中为无穷小,在什么过程中为无穷大.

(1) 函数 $y=e^{-1/x}$ 在________过程中为无穷小,在________过程中为无穷大.

(2) 函数 $y=\dfrac{1}{2^x-1}$在________过程中为无穷小,在________过程中为无穷大.

(3) 函数 $y=\ln x$ 在________过程中为无穷小,在________过程中为无穷大.

(4) 函数 $y=\dfrac{x}{\tan x}$在________过程中为无穷小,在________过程中为无穷大.

【答案】 (1) 函数在 $x\to0^+$ 过程中为无穷小,在 $x\to0^-$ 过程中为无穷大.

(2) 函数在 $x\to+\infty$过程中为无穷小,在 $x\to0$ 过程中为无穷大.

(3) 函数在 $x\to1$ 过程中为无穷小,在 $x\to+\infty,x\to0^+$ 过程中为无穷大.

(4) 函数在 $x\to k\pi+\dfrac{\pi}{2}(k\in\mathbb{Z})$过程中为无穷小,在 $x\to k\pi(k\in\mathbb{Z},k\neq0)$过程中为无穷大.

【参考解答】 (1) 因为 $\lim\limits_{x\to0^+}e^{-1/x}=0$, $\lim\limits_{x\to0^-}e^{-1/x}=+\infty$,因此函数当 $x\to0^+$ 时为无穷小,当 $x\to0^-$ 时为无穷大.

(2) 由$\lim\limits_{x\to0}(2^x-1)=0$ 可知$\lim\limits_{x\to0}\dfrac{1}{2^x-1}=\infty$,由 $\lim\limits_{x\to+\infty}(2^x-1)=+\infty$,可知 $\lim\limits_{x\to+\infty}\dfrac{1}{2^x-1}=0$,所以函数当 $x\to+\infty$时为无穷小,当 $x\to0$ 时为无穷大.

(说明: $\lim\limits_{x\to-\infty}\dfrac{1}{2^x-1}=-1$)

(3) 因为 $\lim\limits_{x\to0^+}\ln x=-\infty$, $\lim\limits_{x\to+\infty}\ln x=+\infty$, $\lim\limits_{x\to1}\ln x=0$,因此函数当 $x\to1$ 时为无穷小,当 $x\to+\infty,x\to0^+$ 时为无穷大.

(4) 因为 $\lim\limits_{x\to k\pi+\frac{\pi}{2}}\tan x=\infty$, $\lim\limits_{x\to k\pi}\tan x=0$,所以 $\lim\limits_{x\to k\pi+\frac{\pi}{2}}\dfrac{x}{\tan x}=0$, $\lim\limits_{x\to k\pi}\dfrac{x}{\tan x}=\infty(k\neq0)$,因此函数当 $x\to k\pi+\dfrac{\pi}{2}(k\in\mathbb{Z})$时为无穷小,当 $x\to k\pi(k\in\mathbb{Z},k\neq0)$时为无穷大. $\left(说明: \lim\limits_{x\to0}\dfrac{x}{\tan x}=1\right)$

3. 指明下列函数当 $x\to0$ 时,与 $\alpha(x)=x^2$ 相比,是高阶、低阶还是同阶的无穷小,若为同阶无穷小且等价则填"等价",若同阶但不等价则填"同阶不等价". 并指出 $f(x)$是 x 的几阶无穷小.

(1) $f(x)=\dfrac{x^3}{1+x}$是 x^2 的________无穷小,是 x 的________阶无穷小.

(2) $f(x)=x^2e^{-x}$是 x^2 的________无穷小,是 x 的________阶无穷小.

(3) $f(x)=1-\cos x$ 是 x^2 的________无穷小,是 x 的________阶无穷小.

(4) $f(x)=\tan(2x-x^2)$ 是 x^2 的________无穷小,是 x 的________阶无穷小.

【答案】 (1) 高阶,3; (2) 等价,2; (3) 同阶不等价,2; (4) 低阶,1.

【参考解答】 (1) 因为$\lim\limits_{x\to 0}\dfrac{f(x)}{x^2}=\lim\limits_{x\to 0}\dfrac{x}{1+x}=0$，$\lim\limits_{x\to 0}\dfrac{f(x)}{x^3}=\lim\limits_{x\to 0}\dfrac{1}{1+x}=1$，所以当$x\to 0$时，$\dfrac{x^3}{1+x}$是$x^2$的高阶无穷小，为$x$的3阶无穷小.

(2) 因为$\lim\limits_{x\to 0}\dfrac{f(x)}{x^2}=\lim\limits_{x\to 0}e^{-x}=1$，所以当$x\to 0$时，$x^2e^{-x}$是$x^2$的等价无穷小，为$x$的2阶无穷小.

(3) 因为$\lim\limits_{x\to 0}\dfrac{f(x)}{x^2}=\lim\limits_{x\to 0}\dfrac{1-\cos x}{x^2}=\dfrac{1}{2}\neq 1$，所以当$x\to 0$时，$1-\cos x$是$x^2$的同阶无穷小但不等价，为$x$的2阶无穷小.

(4) 因为$\lim\limits_{x\to 0}\dfrac{f(x)}{x^2}=\lim\limits_{x\to 0}\dfrac{\tan(2x-x^2)}{x^2}=\lim\limits_{x\to 0}\dfrac{2x-x^2}{x^2}=\infty$，$\lim\limits_{x\to 0}\dfrac{\tan(2x-x^2)}{x}=2$，所以，当$x\to 0$时，$\tan(2x-x^2)$是$x^2$的低阶无穷小，为$x$的1阶无穷小.

4. 已知当$x\to x_0$时，$\alpha(x)$与$\beta(x)$是非零等价无穷小，$\gamma(x)$是比$\alpha(x)$高阶的无穷小，则$\lim\limits_{x\to x_0}\dfrac{\alpha(x)-\gamma(x)}{\beta(x)+\gamma(x)}=$________，$\lim\limits_{x\to x_0}\dfrac{\alpha(x)\gamma(x)}{[\beta(x)]^2}=$________.

【答案】 1，0.

【参考解答】 $\lim\limits_{x\to x_0}\dfrac{\alpha(x)-\gamma(x)}{\beta(x)+\gamma(x)}=\lim\limits_{x\to x_0}\dfrac{1-\dfrac{\gamma(x)}{\alpha(x)}}{\dfrac{\beta(x)}{\alpha(x)}+\dfrac{\gamma(x)}{\alpha(x)}}=1$；$\lim\limits_{x\to x_0}\dfrac{\alpha(x)\gamma(x)}{[\beta(x)]^2}=\lim\limits_{x\to x_0}\dfrac{\alpha(x)}{\beta(x)}\cdot\dfrac{\gamma(x)}{\alpha(x)}\cdot\dfrac{\alpha(x)}{\beta(x)}=1\cdot 0\cdot 1=0$.

5. 当$x\to 0$时，用“$o(x)$”表示比x高阶的无穷小，则下列式子中错误的是（　　）.

(A) $x\cdot o(x^2)=o(x^3)$　　(B) $o(x)\cdot o(x^2)=o(x^3)$

(C) $o(x^2)+o(x^2)=o(x^2)$　　(D) $o(x)+o(x^2)=o(x^2)$

【答案】 (D).

【参考解答】 由高阶无穷小的概念及极限四则运算法则可得

(A) $\lim\limits_{x\to 0}\dfrac{x\cdot o(x^2)}{x^3}=\lim\limits_{x\to 0}\dfrac{o(x^2)}{x^2}=0\Rightarrow x\cdot o(x^2)=o(x^3)$.

(B) $\lim\limits_{x\to 0}\dfrac{o(x)\cdot o(x^2)}{x^3}=\lim\limits_{x\to 0}\dfrac{o(x)}{x}\cdot\dfrac{o(x^2)}{x^2}=0\Rightarrow o(x)\cdot o(x^2)=o(x^3)$.

(C) $\lim\limits_{x\to 0}\dfrac{o(x^2)+o(x^2)}{x^2}=\lim\limits_{x\to 0}\left[\dfrac{o(x^2)}{x^2}+\dfrac{o(x^2)}{x^2}\right]=0\Rightarrow o(x^2)+o(x^2)=o(x^2)$.

(D) 当$x\to 0$时，取$o(x)=x^2$，由$\lim\limits_{x\to 0}\dfrac{x^2+o(x^2)}{x^2}=1$，可知$x^2+o(x^2)\neq o(x^2)$.

所以选项(A)(B)(C)都正确，故正确选项是(D).

6. 当$x\to 0$时，$\alpha(x)$，$\beta(x)$是非零无穷小量，给出以下四个命题：

① 若$\alpha(x)\sim\beta(x)$，则$\alpha^2(x)\sim\beta^2(x)$.

② 若 $\alpha^2(x)\sim\beta^2(x)$，则 $\alpha(x)\sim\beta(x)$.

③ 若 $\alpha(x)\sim\beta(x)$，则 $\alpha(x)-\beta(x)=o(\alpha(x))$.

④ 若 $\alpha(x)-\beta(x)=o(\alpha(x))$，则 $\alpha(x)\sim\beta(x)$.

其中所有真命题序号是(　　).

(A) ①③　　(B) ①④　　(C) ①③④　　(D) ②③④

【答案】 (C).

【参考解答】 由 $\alpha(x)\sim\beta(x)$，则 $\lim\limits_{x\to0}\frac{\alpha(x)}{\beta(x)}=1$，从而可知 $\lim\limits_{x\to0}\frac{\alpha^2(x)}{\beta^2(x)}=\lim\limits_{x\to0}\left[\frac{\alpha(x)}{\beta(x)}\right]^2=1$，故①正确；$\lim\limits_{x\to0}\frac{\alpha(x)-\beta(x)}{\alpha(x)}=\lim\limits_{x\to0}\left[1-\frac{\beta(x)}{\alpha(x)}\right]=1-1=0$，故③正确；由 $\alpha(x)-\beta(x)=o(\alpha(x))$ 知 $\lim\limits_{x\to0}\frac{\alpha(x)-\beta(x)}{\alpha(x)}=0$，即有 $\lim\limits_{x\to0}\left(1-\frac{\beta(x)}{\alpha(x)}\right)=0$，于是 $\lim\limits_{x\to0}\frac{\beta(x)}{\alpha(x)}=1$，故④正确；符合这个结论的选项只有C，故正确选项为(C).

另外，对于选择②，取 $\alpha(x)=x,\beta(x)=-x$，则 $\alpha^2(x)\sim\beta^2(x)$，但 $\lim\limits_{x\to0}\frac{\beta(x)}{\alpha(x)}=-1$，故②不正确.

7. 将下列函数表示成自变量某变化过程中的极限值 a 与这个过程中的无穷小 $\alpha(x)$ 之和 $f(x)=a+\alpha(x)$，求极限值 a 与无穷小 $\alpha(x)$ 的表达式.

(1) $f(x)=\frac{x^2}{2x^2+1}$，则 $\lim\limits_{x\to\infty}f(x)=$________；$\alpha(x)=$________.

(2) $f(x)=e^x$，则 $\lim\limits_{x\to1}f(x)=$________；$\alpha(x)=$________.

【答案】 (1) $a=\frac{1}{2},\alpha(x)=\frac{-1}{2(2x^2+1)}$；(2) $a=e,\alpha(x)=e^x-e$.

【参考解答】 (1) 因为 $a=\lim\limits_{x\to\infty}\frac{x^2}{2x^2+1}=\frac{1}{2}$，于是 $\alpha(x)=f(x)-\frac{1}{2}=\frac{-1}{2(2x^2+1)}$；

(2) 因为 $a=\lim\limits_{x\to1}e^x=e$，于是 $\alpha(x)=f(x)-e=e^x-e$.

综合练习

8. 利用等价无穷小代换求下列极限.

(1) $\lim\limits_{x\to0}\frac{e^{-x^2}-1}{x\tan x}$.　　(2) $\lim\limits_{x\to0}\frac{1-\cos x}{x\ln(1+x)}$.

(3) $\lim\limits_{x\to0}\frac{e^x-e^{-x}}{2x}$.　　(4) $\lim\limits_{x\to0}\left(\frac{\sqrt{1+x}-1}{2x}+\frac{\arcsin3x}{x}\right)$.

【参考解答】 (1) $\lim\limits_{x\to0}\frac{e^{-x^2}-1}{x\tan x}=\lim\limits_{x\to0}\frac{-x^2}{x\cdot x}=-1$.

(2) $\lim\limits_{x\to0}\frac{1-\cos x}{x\ln(1+x)}=\lim\limits_{x\to0}\frac{x^2}{2x\cdot x}=\frac{1}{2}$.

(3) $\lim\limits_{x\to0}\frac{e^x-e^{-x}}{2x}=\lim\limits_{x\to0}\frac{e^{2x}-1}{2x\cdot e^x}=\lim\limits_{x\to0}\frac{2x}{2x\cdot e^x}=1.$

(4) $\lim\limits_{x\to0}\left(\frac{\sqrt{1+x}-1}{2x}+\frac{\arcsin3x}{x}\right)=\lim\limits_{x\to0}\left(\frac{x}{4x}+\frac{3x}{x}\right)=\frac{13}{4}.$

9. 试确定 α 的值,使得下列函数与 x^α 当 $x\to0$ 为同阶无穷小.

(1) $\lim\limits_{x\to0}(\sqrt{1+\tan x}-\sqrt{1+\sin x})$.　　(2) $\sqrt[3]{x-\sqrt[3]{x}}$.

【参考解答】 当 $x\to0$ 时

(1) 考察极限,有

$$\lim_{x\to0}\frac{\sqrt{1+\tan x}-\sqrt{1+\sin x}}{x^\alpha}=\lim_{x\to0}\frac{\tan x-\sin x}{x^\alpha(\sqrt{1+\tan x}+\sqrt{1+\sin x})}$$
$$=\lim_{x\to0}\frac{\tan x(1-\cos x)}{2x^\alpha}=\lim_{x\to0}\frac{x^3}{4x^\alpha}.$$

于是当 $\alpha=3$ 时有 $\lim\limits_{x\to0}\frac{\sqrt{1+\tan x}-\sqrt{1+\sin x}}{x^\alpha}=\frac{1}{4}$,所以当 $x\to0$ 时函数与 x^3 为同阶无穷小.

(2) $\sqrt[3]{x-\sqrt[3]{x}}=x^{1/9}(\sqrt[3]{x^2}-1)\sim-x^{1/9}$,所以当 $x\to0$ 时函数与 $x^{1/9}$ 为同阶无穷小.

10. 已知 $\lim\limits_{x\to0}\left(1+x+\frac{f(x)}{x}\right)^{1/x}=e^3$,计算 $\lim\limits_{x\to0}\left(1+\frac{f(x)}{x}\right)^{1/x}$.

【参考解答】 由已知极限,有 $\lim\limits_{x\to0}\left(1+x+\frac{f(x)}{x}\right)^{1/x}=e^{\lim\limits_{x\to0}\frac{1}{x}\ln\left(1+x+\frac{f(x)}{x}\right)}=e^3$,于是有 $\lim\limits_{x\to0}\frac{1}{x}\ln\left(1+x+\frac{f(x)}{x}\right)=3$,可知 $\lim\limits_{x\to0}\frac{f(x)}{x}=0$. 于是有

$$\lim_{x\to0}\frac{1}{x}\ln\left(1+x+\frac{f(x)}{x}\right)=\lim_{x\to0}\frac{1}{x}\left(x+\frac{f(x)}{x}\right)=\lim_{x\to0}\left(1+\frac{f(x)}{x^2}\right)=3,$$

所以 $\lim\limits_{x\to0}\frac{f(x)}{x^2}=2$. 于是 $\lim\limits_{x\to0}\left(1+\frac{f(x)}{x}\right)^{1/x}=e^{\lim\limits_{x\to0}\frac{1}{x}\ln\left(1+\frac{f(x)}{x}\right)}=e^{\lim\limits_{x\to0}\frac{1}{x}\cdot\frac{f(x)}{x}}=e^2$.

11. 求下列函数图形的渐近线方程.

(1) $y=\frac{2x^2}{(1-x)^2}$.　　(2) $y=\sqrt{1+x^2}-x$.　　(3) $y=(x+6)e^{1/x}$.

【参考解答】 (1) 因为 $\lim\limits_{x\to\infty}\frac{2x^2}{(1-x)^2}=2$,所以 $y=2$ 为水平渐近线,无斜渐近线;因为 $\lim\limits_{x\to1}\frac{2x^2}{(1-x)^2}=\infty$,所以 $x=1$ 为铅直渐近线.

(2) 无铅直渐近线. 因为 $0<\sqrt{1+x^2}-x=\frac{1}{\sqrt{1+x^2}+x}<\frac{1}{x}\to0(x\to+\infty)$,由夹逼定理可知 $\lim\limits_{x\to+\infty}(\sqrt{1+x^2}-x)=0$,所以有水平渐近线 $y=0$. 由于

$$\lim_{x\to-\infty}\frac{\sqrt{1+x^2}-x}{x}=\lim_{x\to-\infty}\left(-\sqrt{\frac{1}{x^2}+1}-1\right)=-2,$$

$$\lim_{x\to-\infty}[f(x)-(-2x)]=\lim_{x\to-\infty}\left(\sqrt{1+x^2}+x\right)\xlongequal{t=-x}\lim_{t\to+\infty}\left(\sqrt{1+t^2}-t\right)=0,$$

所以 $y=-2x$ 为斜渐近线.

(3) 因为 $\lim\limits_{x\to0^+}(x+6)e^{1/x}=\lim\limits_{t\to+\infty}\left(\frac{1}{t}+6\right)e^t=+\infty$，$\lim\limits_{x\to0^-}(x+6)e^{1/x}=0$，所以 $x=0$ 为铅直渐近线. 又因为 $\lim\limits_{x\to\infty}\frac{f(x)}{x}=\lim\limits_{x\to\infty}\left(1+\frac{6}{x}\right)e^{1/x}=1$，

$$\lim_{x\to\infty}[f(x)-x]=\lim_{x\to\infty}\left[(x+6)e^{1/x}-x\right]=\lim_{x\to\infty}\left[x\left(e^{1/x}-1\right)+6e^{1/x}\right]=1+6=7,$$

所以 $y=x+7$ 为斜渐近线，无水平渐近线.

考研与竞赛练习

1. 求下列极限.

(1) $\lim\limits_{n\to\infty}n^2(\sqrt[n]{x}-\sqrt[n+1]{x})(x>0)$.　　(2) $\lim\limits_{x\to0^+}(\cos\sqrt{x})^{\pi/x}$.

(3) $\lim\limits_{n\to\infty}\tan^n\left(\frac{\pi}{4}+\frac{2}{n}\right)$.

【参考解答】

(1) $$\lim_{n\to\infty}n^2(\sqrt[n]{x}-\sqrt[n+1]{x})=\lim_{n\to\infty}n^2\cdot x^{\frac{1}{n+1}}\left[x^{\frac{1}{n(n+1)}}-1\right]$$

$$=\lim_{n\to\infty}n^2\cdot x^{\frac{1}{n+1}}\cdot\left[e^{\frac{\ln x}{n(n+1)}}-1\right]=\lim_{n\to\infty}\frac{n^2\ln x}{n(n+1)}\cdot x^{\frac{1}{n+1}}=\ln x.$$

(2) $\lim\limits_{x\to0^+}(\cos\sqrt{x})^{\pi/x}=e^{\lim\limits_{x\to0^+}\frac{\pi}{x}\ln\cos\sqrt{x}}$，其中

$$\lim_{x\to0^+}\frac{\pi}{x}\cdot\ln\cos\sqrt{x}=\pi\lim_{x\to0^+}\frac{\ln(1+\cos\sqrt{x}-1)}{x}=\pi\lim_{x\to0^+}\frac{\cos\sqrt{x}-1}{x}$$

$$=\pi\lim_{x\to0^+}\frac{-\frac{1}{2}(\sqrt{x})^2}{x}=-\frac{\pi}{2},$$

即 $\lim\limits_{x\to0^+}(\cos\sqrt{x})^{\pi/x}=e^{-\pi/2}$.

(3) 由 $\tan(x+y)=\frac{\tan x+\tan y}{1-\tan x\tan y}$和对数求极限方法，令$\frac{2}{n}=m$，有

$$\lim_{n\to\infty}\tan^n\left(\frac{\pi}{4}+\frac{2}{n}\right)=\lim_{m\to0^+}\left(\frac{1+\tan m}{1-\tan m}\right)^{\frac{2}{m}}=e^{\lim\limits_{m\to0^+}\frac{2}{m}\ln\left(\frac{1+\tan m}{1-\tan m}\right)}.$$

又 $$\lim_{m\to0^+}\frac{2}{m}\ln\left(\frac{1+\tan m}{1-\tan m}\right)=\lim_{m\to0^+}\frac{2}{m}\ln\left(1+\frac{2\tan m}{1-\tan m}\right)$$

$$=\lim_{m\to0^+}\frac{2}{m}\cdot\frac{2\tan m}{1-\tan m}=4,$$

所以 $\lim\limits_{n\to\infty}\tan^n\left(\dfrac{\pi}{4}+\dfrac{2}{n}\right)=e^4$.

2. 设 $f(x),g(x)$ 在 $x=0$ 的某一邻域 U 内有定义，对任意 $x\in U, f(x)\neq g(x)$，且 $\lim\limits_{x\to0}f(x)=\lim\limits_{x\to0}g(x)=a>0$，则 $\lim\limits_{x\to0}\dfrac{[f(x)]^{g(x)}-[g(x)]^{g(x)}}{f(x)-g(x)}=$ ________.

【答案】 a^a.

【参考解答】 由极限的保号性，存在一个 $x=0$ 去心邻域 $U^0(0)$，当 $x\in U^0(0)$ 时，$f(x)>0, g(x)>0$. 当 $x\to0$ 时，$e^x-1\sim x, \ln(1+x)\sim x$，故

$$\lim_{x\to0}\frac{[f(x)]^{g(x)}-[g(x)]^{g(x)}}{f(x)-g(x)}=\lim_{x\to0}[g(x)]^{g(x)}\frac{\left[\dfrac{f(x)}{g(x)}\right]^{g(x)}-1}{f(x)-g(x)}=a^a\lim_{x\to0}\frac{e^{g(x)\ln\frac{f(x)}{g(x)}}-1}{f(x)-g(x)}$$

$$=a^a\lim_{x\to0}\frac{g(x)\ln\dfrac{f(x)}{g(x)}}{f(x)-g(x)}=a^a\lim_{x\to0}\frac{g(x)\ln\left[1+\left(\dfrac{f(x)}{g(x)}-1\right)\right]}{f(x)-g(x)}$$

$$=a^a\lim_{x\to0}\frac{g(x)\left[\dfrac{f(x)}{g(x)}-1\right]}{f(x)-g(x)}=a^a.$$

3. 设 $a>0$，且 $\lim\limits_{x\to0}\dfrac{x^2}{(b-\cos x)\sqrt{a+x^2}}=1$，求常数 a,b.

【参考解答】 由于 $a>0$，则可以推出 $\lim\limits_{x\to0}(b-\cos x)=0$，即 $b=1$. 代入已知极限式，并由等价无穷小，得

$$\lim_{x\to0}\frac{x^2}{(1-\cos x)\sqrt{a+x^2}}=\frac{1}{\sqrt{a}}\lim_{x\to0}\frac{x^2}{x^2/2}=\frac{2}{\sqrt{a}}=1.$$

所以 $a=4$.

4. 设 $\lim\limits_{x\to0}\dfrac{a\tan x+b(1-\cos x)}{c\ln(1-2x)+d(1-e^{-x^2})}=2$，其中 $a^2+c^2\neq0$，则必有（　　）.

(A) $b=4d$　　(B) $b=-4d$　　(C) $a=4c$　　(D) $a=-4c$

【答案】 (D).

【参考解答】【法 1】 因为 $1-\cos x\sim\dfrac{x^2}{2}=o(x), 1-e^{-x^2}\sim x^2=o(x)$，又 $a^2+c^2\neq0$，于是有

$$a\tan x+b(1-\cos x)\sim ax,\quad c\ln(1-2x)+d(1-e^{-x^2})\sim-2cx,$$

所以 $\lim\limits_{x\to0}\dfrac{a\tan x+b(1-\cos x)}{c\ln(1-2x)+d(1-e^{-x^2})}=\lim\limits_{x\to0}\dfrac{ax}{-2cx}=\dfrac{a}{-2c}=2$，即 $a=-4c$. 故正确选项为 (D).

【法 2】 由等价无穷小可知

$$\lim_{x\to0}\frac{\tan x}{x}=1,\lim_{x\to0}\frac{1-\cos x}{x}=0,\lim_{x\to0}\frac{\ln(1-2x)}{x}=-2,\lim_{x\to0}\frac{1-e^{-x^2}}{x}=0,$$

于是

$$2=\lim_{x\to 0}\frac{a\tan x+b(1-\cos x)}{c\ln(1-2x)+d(1-\mathrm{e}^{-x^2})}=\lim_{x\to 0}\frac{\dfrac{a\tan x}{x}+\dfrac{b(1-\cos x)}{x}}{\dfrac{c\ln(1-2x)}{x}+\dfrac{d(1-\mathrm{e}^{-x^2})}{x}}=-\frac{a}{2c},$$

所以 $a=-4c$. 故正确选项为(D).

5. 曲线 $y=\mathrm{e}^{1/x^2}\arctan\dfrac{x^2+x-1}{(x-1)(x+2)}$ 的渐近线有(　　).

(A) 1 条　　(B) 2 条　　(C) 3 条　　(D) 4 条

【答案】 (B).

【参考解答】 由于 $\lim\limits_{x\to\infty}\mathrm{e}^{1/x^2}\arctan\dfrac{x^2+x-1}{(x-1)(x+2)}=1\cdot\arctan 1=\dfrac{\pi}{4}$,所以函数有左右两侧的同一条水平渐近线 $y=\dfrac{\pi}{4}$,没有斜渐近线.

又函数在 $x=1,x=-2,x=0$ 没有定义,考察这三点处的极限情况:

$$\lim_{x\to 0}\mathrm{e}^{1/x^2}\arctan\frac{x^2+x-1}{(x-1)(x+2)}=\infty,\quad \lim_{x\to 1^{\pm}}\mathrm{e}^{1/x^2}\arctan\frac{x^2+x-1}{(x-1)(x+2)}=\pm\frac{\mathrm{e}\pi}{2},$$

$$\lim_{x\to -2^{\pm}}\mathrm{e}^{1/x^2}\arctan\frac{x^2+x-1}{(x-1)(x+2)}=\mp\frac{1}{2}\sqrt[4]{\mathrm{e}}\,\pi,$$

可知曲线在 $x=1$ 及 $x=-2$ 处没有铅直渐近线,在 $x=0$ 处有铅直渐近线. 所以总共有一条水平渐近线和一条铅直渐近线,即正确选项为(B).

6. 求由如下方程描述的曲线渐进线方程,其中 $a\neq 0$.

(1) $x=\dfrac{3at}{1+t^3},y=\dfrac{3at^2}{1+t^3}$,　　(2) $x^3+y^3-3axy=0$.

**【参考解答】** (1) 由参数表达式知,当 $t\to -1$ 时,

$$\lim_{t\to -1}y=\lim_{t\to -1}\frac{3at^2}{1+t^3}=\infty,\quad \lim_{t\to -1}x=\lim_{t\to -1}\frac{3at}{1+t^3}=\infty,$$

且当且仅当 $t\to -1$ 时,$x\to\infty,y\to\infty$,因此曲线没有铅直渐近线与水平渐近线.

考察 $t\to -1$,即 $x\to\infty,y\to\infty$,有

$$\lim_{x\to\infty}\frac{y}{x}=\lim_{t\to -1}t=-1=k,$$

$$\lim_{x\to\infty}(y-kx)=\lim_{t\to -1}\frac{3at(t+1)}{t^3+1}=-a,$$

故曲线有斜渐近线,且方程为 $y=-x-a$. 当 $a=1$ 时,曲线如图所示.

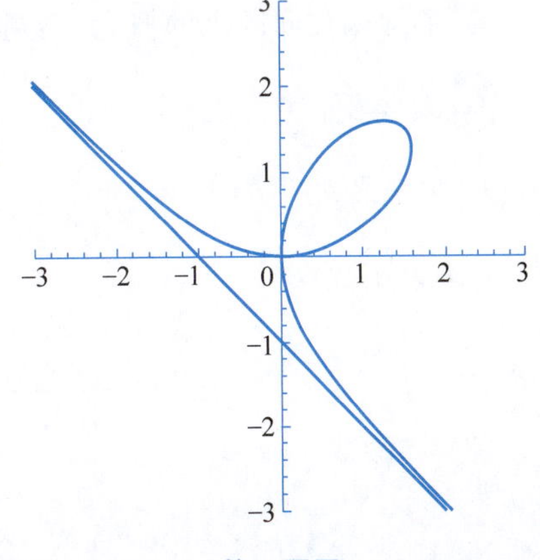

第 6 题图

(2) 由于 3 次方程至少有一个实根,因此取定 x_0 至少有一个 y_0 对应,取定 y_0 至少有一个 x_0 对应,所以曲线没有铅直渐近线和水平渐近线. 由斜渐近线与水平渐近线的统一判定和计算思路与步骤,假设曲线有斜渐近线 $y=$

$kx+b$,则 k,b 必满足:

$$k=\lim_{x\to\infty}\frac{y}{x},\quad b=\lim_{x\to\infty}(y-kx).$$

由极限与无穷小的关系,则由 k 的极限式有

$$\frac{y}{x}=k+\alpha\left(\lim_{x\to\infty}\alpha=0\right),$$

即 $y=(k+\alpha)x$. 代入曲线方程,整理得

$$x^3+x^3(\alpha+k)^3-3ax^2(\alpha+k)=0\Rightarrow 1+(\alpha+k)^3-\frac{3a(\alpha+k)}{x}=0.$$

对上式取 $x\to\infty$ 时的极限,得 $1+k^3=0$,即 $k=-1$. 将其代入 b 的极限式,类似可得 $y+x=b+\beta\left(\lim\limits_{x\to\infty}\beta=0\right)$,即 $y=b-x+\beta$. 代入曲线方程,整理得

$$-3ax(b+\beta-x)+(b+\beta-x)^3+x^3=0.$$

于是有

$$\frac{(b+\beta)^3}{3x^2}-\frac{(b+\beta)(a+b+\beta)}{x}+a+b+\beta=0,$$

对上式取 $x\to\infty$ 时的极限,得 $b=-a$. 于是曲线斜渐近线方程为 $y=-x-a$.

【注】 该隐函数方程确定的曲线也即(1)中参数方程确定的曲线,由(1)参数方程消去参数可以得到(2)描述的隐函数方程.

练习 08 函数的连续性与间断点

训练目的

1. 理解函数连续性的概念,理解函数在区间上连续的概念.
2. 知道函数在一点连续的必要条件、充要条件.
3. 理解连续函数的运算法则以及初等函数的连续性.
4. 了解函数间断点的概念,会判定函数间断点的类型.

基础练习

1. 填空题.

(1) 设函数 $f(x)=\begin{cases}ax+1, & x\leqslant 3\\ ax^2-1, & x>3\end{cases}$,在 $x=3$ 处连续,则常数 $a=$________.

(2) 设函数 $f(x)=\begin{cases}\dfrac{a(1-\cos x)}{x^2}, & x<0\\ 1, & x=0\\ \ln(b+x^2), & x>0\end{cases}$,在 $x=0$ 处连续,则常数 $a=$________,$b=$________.

(3) 设 $f(x)=\begin{cases}-1, & x<0\\ 1, & x\geqslant 0\end{cases}$，$g(x)=\begin{cases}2-ax, & x\leqslant -1\\ x, & -1<x<0\\ x-b, & x\geqslant 0\end{cases}$，若 $f(x)+g(x)$ 在 $\mathbb{R}$ 上连续，则常数 $a=$______，$b=$______.

【参考解答】 (1) $f(x)$ 在 $x=3$ 处连续当且仅当 $f(3-0)=f(3+0)=f(3)$，即 $3a+1=9a-1=3a+1$，故 $a=\dfrac{1}{3}$.

(2) 由已知有 $f(0-0)=\lim\limits_{x\to 0^+}\dfrac{a(1-\cos x)}{x^2}=\dfrac{a}{2}$，$f(0+0)=\ln b$，$f(0)=1$，由 $f(x)$ 在 $x=0$ 处连续当且仅当 $f(0-0)=f(0+0)=f(0)$，有 $a=2,b=\mathrm{e}$.

(3) 由已知有 $h(x)=f(x)+g(x)=\begin{cases}2-ax-1, & x\leqslant -1\\ x-1, & -1<x<0\\ x-b+1, & x\geqslant 0\end{cases}$，$h(x)$ 在 $\mathbb{R}$ 上连续，则 $h(x)$ 在 $x=-1,x=0$ 处连续，于是有 $h(-1-0)=h(-1+0)=h(-1)$，即 $1+a=-2$，得 $a=-3$. 又 $h(0-0)=h(0+0)=h(0)$，即 $-1=-b+1$，得 $b=2$.

2. 判断下列函数在 $x=0$ 处的连续性，若为间断点，判断间断点类型(连续点、可去间断点、跳跃间断点、无穷间断点、振荡间断点).

(1) 设 $f(x)=\dfrac{1-2\mathrm{e}^{1/x}}{1+\mathrm{e}^{1/x}}\arctan x$，则 $x=0$ 是 $f(x)$ 的______；

(2) 设 $f(x)=\dfrac{1-2\mathrm{e}^{x}}{1+\mathrm{e}^{x}}\arctan\dfrac{1}{x}$，则 $x=0$ 是 $f(x)$ 的______；

(3) 设 $f(x)=\dfrac{1-2\mathrm{e}^{1/x}}{1+\mathrm{e}^{1/x}}\arctan\dfrac{1}{x}$，则 $x=0$ 是 $f(x)$ 的______；

(4) 设 $f(x)=\mathrm{e}^{1/x}\arctan\dfrac{1}{x}$，则 $x=0$ 是 $f(x)$ 的______.

【参考解答】 (1) $\lim\limits_{x\to 0^-}f(x)=\lim\limits_{x\to 0^-}\dfrac{1-2\mathrm{e}^{1/x}}{1+\mathrm{e}^{1/x}}\arctan x=\dfrac{1-0}{1+0}\cdot 0=0$，$\lim\limits_{x\to 0^+}f(x)=\lim\limits_{x\to 0^+}\dfrac{1-2\mathrm{e}^{1/x}}{1+\mathrm{e}^{1/x}}\arctan x=\lim\limits_{x\to 0^+}\dfrac{\mathrm{e}^{-1/x}-2}{\mathrm{e}^{-1/x}+1}\arctan x=\dfrac{0-2}{0+1}\cdot 0=0$，于是 $\lim\limits_{x\to 0}f(x)=0$. 又 $f(x)$ 在 $x=0$ 处没有定义，于是 $x=0$ 为 $f(x)$ 的可去间断点.

(2) $\lim\limits_{x\to 0^-}f(x)=\lim\limits_{x\to 0^-}\dfrac{1-2\mathrm{e}^{x}}{1+\mathrm{e}^{x}}\arctan\dfrac{1}{x}=\dfrac{1-2}{1+1}\cdot\left(-\dfrac{\pi}{2}\right)=\dfrac{\pi}{4}$，

$\lim\limits_{x\to 0^+}f(x)=\lim\limits_{x\to 0^+}\dfrac{1-2\mathrm{e}^{x}}{1+\mathrm{e}^{x}}\arctan\dfrac{1}{x}=\dfrac{1-2}{1+1}\cdot\dfrac{\pi}{2}=-\dfrac{\pi}{4}$，

于是 $x=0$ 为 $f(x)$ 的跳跃间断点.

(3) $\lim\limits_{x\to 0^-}f(x)=\lim\limits_{x\to 0^-}\dfrac{1-2\mathrm{e}^{1/x}}{1+\mathrm{e}^{1/x}}\arctan\dfrac{1}{x}=\dfrac{1-0}{1+0}\cdot\left(-\dfrac{\pi}{2}\right)=-\dfrac{\pi}{2}$，

$\lim\limits_{x\to 0^+}f(x)=\lim\limits_{x\to 0^+}\dfrac{1-2\mathrm{e}^{1/x}}{1+\mathrm{e}^{1/x}}\arctan\dfrac{1}{x}=\lim\limits_{x\to 0^+}\dfrac{\mathrm{e}^{-1/x}-2}{\mathrm{e}^{-1/x}+1}\arctan\dfrac{1}{x}=-\pi$，

于是 $x=0$ 为 $f(x)$ 的跳跃间断点.

(4) $\lim\limits_{x\to0^-}f(x)=\lim\limits_{x\to0^-}\mathrm{e}^{1/x}\arctan\dfrac{1}{x}=0\cdot\left(-\dfrac{\pi}{2}\right)=0$，$\lim\limits_{x\to0^+}f(x)=\lim\limits_{x\to0^+}\mathrm{e}^{1/x}\arctan\dfrac{1}{x}=\infty$，于是 $x=0$ 为 $f(x)$ 的无穷间断点.

3. 设点 x_0 是函数 $f(x)$ 的第一类间断点，问 $F(x)=f(x)+g(x)$ 在点 x_0 的连续性(可多选).

① 连续点　② 第一类间断点　③ 第二类间断点

(1) 点 x_0 是函数 $g(x)$ 的连续点，则点 x_0 是函数 $F(x)$ 的________；

(2) 点 x_0 是函数 $g(x)$ 的第一类间断点，则点 x_0 是函数 $F(x)$ 的________；

(3) 点 x_0 是函数 $g(x)$ 的第二类间断点，则点 x_0 是函数 $F(x)$ 的________.

【答案】 (1) ②；(2) ①或②；(3) ③.

【参考解答】 (1) 由已知可知 $\lim\limits_{x\to x_0^+}F(x)$，$\lim\limits_{x\to x_0^-}F(x)$ 均存在，且若 x_0 为 $f(x)$ 的可去间断点，则亦为 $F(x)$ 的可去间断点，若 x_0 为 $f(x)$ 的跳跃间断点，则亦为 $F(x)$ 的跳跃间断点.

(2) 可知 $\lim\limits_{x\to x_0^+}F(x)$，$\lim\limits_{x\to x_0^-}F(x)$ 均存在，若满足 $\lim\limits_{x\to x_0^+}F(x)=\lim\limits_{x\to x_0^-}F(x)=F(x_0)$，则 $F(x)$ 在 x_0 连续（例如 $f(x)=\begin{cases}1, & x\geqslant0\\-1, & x<0\end{cases}$，$g(x)=\begin{cases}-1, & x\geqslant0\\1, & x<0\end{cases}$，则 $F(x)=0, x\in\mathbb{R}$ 连续)，若不满足则为第一类间断点.

(3) 因为 $\lim\limits_{x\to x_0^+}g(x)$ 与 $\lim\limits_{x\to x_0^-}g(x)$ 中至少有一个不存在，所以 $\lim\limits_{x\to x_0^+}F(x)$ 与 $\lim\limits_{x\to x_0^-}F(x)$ 至少有一个不存在. 所以 x_0 是 $F(x)$ 的第二类间断点.（事实上，反设 $\lim\limits_{x\to x_0^+}F(x)$ 与 $\lim\limits_{x\to x_0^-}F(x)$ 都存在，则有

$$\lim_{x\to x_0^+}g(x)=\lim_{x\to x_0^+}[F(x)-f(x)],\quad \lim_{x\to x_0^-}g(x)=\lim_{x\to x_0^-}[F(x)-f(x)]$$

都存在，与已知矛盾.）

4. 求函数的间断点，并说明其类型.

(1) $f(x)=\dfrac{\tan2x}{x}$.　　(2) $f(x)=x-[x]$.

【参考解答】 (1) 函数在 $x=0$ 及 $x=\dfrac{k\pi}{2}+\dfrac{\pi}{4}(k\in\mathbb{Z})$ 处没有定义，于是 $x=0$ 及 $x=\dfrac{k\pi}{2}+\dfrac{\pi}{4}(k\in\mathbb{Z})$ 为函数的间断点. 因为 $\lim\limits_{x\to0}\dfrac{\tan2x}{x}=\lim\limits_{x\to0}\dfrac{2x}{x}=2$，故 $x=0$ 为函数的可去间断点. 又因为 $\lim\limits_{x\to\frac{k\pi}{2}+\frac{\pi}{4}}\dfrac{\tan2x}{x}=\infty$，所以 $x=\dfrac{k\pi}{2}+\dfrac{\pi}{4}(k\in\mathbb{Z})$ 为函数的无穷间断点.

(2) 由 $y=x$ 在所有点连续，$y=[x]$ 在 $x=k(k\in\mathbb{Z})$ 处 $\lim\limits_{x\to k^-}[x]=k-1$，$\lim\limits_{x\to k^+}[x]=k$，因此有 $\lim\limits_{x\to k^-}(x-[x])=1$，$\lim\limits_{x\to k^+}(x-[x])=0$，所以 $x=k(k\in\mathbb{Z})$ 为第一类跳跃间断点.

综合练习

5. 设 $f(x)$ 和 $\varphi(x)$ 在 $(-\infty,+\infty)$ 内有定义，$f(x)$ 为连续函数，且 $f(x)\neq 0$，$\varphi(x)$ 有间断点，则（　　）.

(A) $\varphi[f(x)]$ 必有间断点　　(B) $[\varphi(x)]^2$ 必有间断点

(C) $f[\varphi(x)]$ 必有间断点　　(D) $\dfrac{\varphi(x)}{f(x)}$ 必有间断点

【参考解答】 **【法 1】** 排除法. 设 $f(x)\equiv 1$，$\varphi(x)=\begin{cases}-1, & x<0\\ 1, & x\geqslant 0\end{cases}$，则

$$\varphi[f(x)]\equiv 1,\quad f[\varphi(x)]\equiv 1,\quad [\varphi(x)]^2\equiv 1$$

都处处连续，排除(A)(B)(C)，故正确选项为(D).

【法 2】 反证法. 设函数 $\dfrac{\varphi(x)}{f(x)}$ 连续，又 $f(x)$ 是连续函数，所以 $\varphi(x)=\dfrac{\varphi(x)}{f(x)}\cdot f(x)$ 必定连续，这与 $\varphi(x)$ 有间断点矛盾，故正确选项应为(D).

6. 函数 $f(x)=\lim\limits_{n\to\infty}\dfrac{1-e^{nx}}{1+e^{nx}}$ 的连续区间为____________.

【答案】 $(-\infty,0)$，$(0,+\infty)$.

【参考解答】 当 $x<0$ 时，$f(x)=\lim\limits_{n\to\infty}\dfrac{1-e^{nx}}{1+e^{nx}}=\dfrac{1-0}{1+0}=1$，

当 $x=0$ 时，$f(x)=\lim\limits_{n\to\infty}\dfrac{1-1}{1+1}=0$，

当 $x>0$ 时，$f(x)=\lim\limits_{n\to\infty}\dfrac{1-e^{nx}}{1+e^{nx}}=\lim\limits_{n\to\infty}\dfrac{e^{-nx}-1}{e^{-nx}+1}=\dfrac{0-1}{0+1}=-1$，

所以 $f(x)=\begin{cases}1, & x<0\\ 0, & x=0\\ -1, & x>0\end{cases}$，于是函数的连续区间为 $(-\infty,0)$，$(0,+\infty)$.

7. 设函数 $f(x)$ 在点 x_0 连续，证明：$|f(x)|$ 在点 x_0 也连续. 并问其逆命题是否成立？说明理由.

【参考证明】 对于任意的 $\varepsilon>0$，因为 $\lim\limits_{x\to x_0}f(x)=f(x_0)$，所以存在 $\delta>0$，当 $|x-x_0|<\delta$ 时，$|f(x)-f(x_0)|<\varepsilon$ 恒成立，于是有

$$||f(x)|-|f(x_0)||<|f(x)-f(x_0)|<\varepsilon$$

恒成立，所以 $\lim\limits_{x\to x_0}|f(x)|=|f(x_0)|$.

逆命题不成立，例如：$f(x)=\begin{cases}-1, & x\leqslant 0\\ 1, & x>0\end{cases}$，$f(x)$ 在 $x=0$ 处间断，但 $|f(x)|=1$ 在 $x=0$ 处连续.

8. 讨论函数 $f(x)=\begin{cases}|x-1|, & |x|>1\\ \cos\dfrac{\pi}{2}x, & |x|\leqslant 1\end{cases}$ 的连续性.

【参考解答】 由初等函数连续性知，$f(x)$在区间$(-\infty,-1),(-1,1),(1,+\infty)$内连续.

因为$\lim\limits_{x\to1^+}f(x)=\lim\limits_{x\to1^+}(x-1)=0=f(1)$，$\lim\limits_{x\to1^-}f(x)=\lim\limits_{x\to1^-}\cos\frac{\pi}{2}x=0=f(1)$，所以$f(x)$在$x=1$处连续. 因为

$$\lim_{x\to-1^-}f(x)=\lim_{x\to-1^-}(1-x)=2,\quad \lim_{x\to-1^+}f(x)=\lim_{x\to-1^+}\cos\frac{\pi}{2}x=0,$$

所以$f(x)$在$x=-1$处间断，故连续区间为$(-\infty,-1),(-1,+\infty)$.

9. 讨论函数$f(x)=\dfrac{x\arctan\frac{1}{x-1}}{\sin\frac{\pi}{2}x}$的连续性，并指出间断点的类型.

【参考解答】 函数$f(x)$为初等函数，在$x=1,x=2k(k\in\mathbb{Z})$点处没有定义，这些点为函数的间断点. 由于$\lim\limits_{x\to1^-}\dfrac{x\arctan\frac{1}{x-1}}{\sin\frac{\pi}{2}x}=-\dfrac{\pi}{2}$，$\lim\limits_{x\to1^+}\dfrac{x\arctan\frac{1}{x-1}}{\sin\frac{\pi}{2}x}=\dfrac{\pi}{2}$，所以$x=1$为跳跃间断点；由于

$$\lim_{x\to0}\frac{x\arctan\frac{1}{x-1}}{\sin\frac{\pi}{2}x}=\lim_{x\to0}\frac{x\arctan\frac{1}{x-1}}{\frac{\pi}{2}x}=\frac{2}{\pi}\cdot\left(-\frac{\pi}{4}\right)=-\frac{1}{2},$$

所以$x=0$为可去间断点；由于$x=2k(k=\pm1,\pm2,\cdots)$时，

$$\lim_{x\to2k}\frac{x\arctan\frac{1}{x-1}}{\sin\frac{\pi}{2}x}=\infty,$$

所以$x=2k(k=\pm1,\pm2,\cdots)$为无穷间断点. 函数在其余各点处处连续. 连续区间为

$$(2k,2k+2)(k=\pm1,\pm2,\cdots)\text{ 及}(0,1),(1,2).$$

10. 证明函数$f(x)=\begin{cases}x, & x\in\mathbb{Q}\\0, & x\in\overline{\mathbb{Q}}\end{cases}$仅在$x=0$处连续.

【参考证明】 $\forall x_0\in\mathbb{R}$，取有理数点列$a_n\in U^0\left(x_0,\frac{1}{n}\right)$，则$\lim\limits_{n\to\infty}a_n=x_0$，于是有$\lim\limits_{n\to\infty}f(a_n)=\lim\limits_{n\to\infty}a_n=x_0$. 取无理数点列$b_n\in U^0\left(x_0,\frac{1}{n}\right)$，则$\lim\limits_{n\to\infty}b_n=x_0$，于是有$\lim\limits_{n\to\infty}f(b_n)=\lim\limits_{n\to\infty}0=0$. 于是当$x_0\neq0$时，由海涅定理可知$f(x)$在点$x_0$的极限不存在. 而对于任意$x$，都有$|f(x)|\leqslant|x|$，由夹逼定理可知$\lim\limits_{x\to0}|f(x)|=0$，于是有$\lim\limits_{x\to0}f(x)=0=f(0)$，可见$x=0$为$f(x)$的连续点. 综上，$f(x)$仅在$x=0$连续.

考研与竞赛练习

1. 已知函数 $f(x)$ 连续，且 $\lim\limits_{x\to 0}\dfrac{1-\cos[xf(x)]}{(e^{x^2}-1)f(x)}=1$，则 $f(0)=$________.

【参考解答】 由常用等价无穷小和连续性概念可得

$$\lim_{x\to 0}\frac{1-\cos[xf(x)]}{(e^{x^2}-1)f(x)}=\lim_{x\to 0}\frac{x^2f^2(x)}{2x^2f(x)}=\frac{1}{2}f(0)=1,\quad 故\ f(0)=2.$$

2. 函数 $f(x)=\dfrac{|x|^x-1}{x(x+1)\ln|x|}$ 的可去间断点的个数为(　　).

(A) 0　　(B) 1　　(C) 2　　(D) 3

【参考解答】 因为 $f(x)$ 是初等函数且在点 $x=-1,0,1$ 处没有定义，但在其去心邻域内均有定义，所以 $f(x)$ 的间断点是 $x=-1,0,1$. 当 $x\to -1,0,1$ 时，$x\ln|x|\to 0$，从而有 $|x|^x-1=e^{x\ln|x|}-1\sim x\ln|x|$. 分别计算极限：

$$\lim_{x\to -1}f(x)=\lim_{x\to -1}\frac{e^{x\ln|x|}-1}{x(x+1)\ln|x|}=\lim_{x\to -1}\frac{x\ln|x|}{x(x+1)\ln|x|}=\lim_{x\to -1}\frac{1}{x+1}=\infty,$$

$$\lim_{x\to 0}f(x)=\lim_{x\to 0}\frac{1}{x+1}\cdot\frac{e^{x\ln|x|}-1}{x\ln|x|}=1,\ \lim_{x\to 1}f(x)=\lim_{x\to 1}\frac{1}{x+1}\cdot\frac{e^{x\ln|x|}-1}{x\ln|x|}=\frac{1}{2},$$

所以 $x=0,1$ 是可去间断点，而 $x=-1$ 是无穷间断点. 故正确选项为(C).

3. 函数 $f(x)=\dfrac{e^{\frac{1}{x-1}}\ln|1+x|}{(e^x-1)(x-2)}$ 的第二类间断点的个数为(　　).

(A) 1　　(B) 2　　(C) 3　　(D) 4

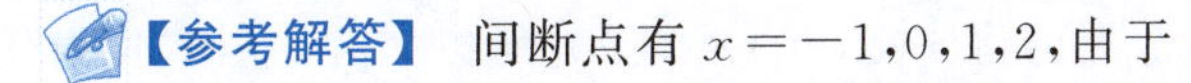

【参考解答】 间断点有 $x=-1,0,1,2$，由于

$$\lim_{x\to -1}f(x)=\lim_{x\to -1}\frac{e^{\frac{1}{x-1}}\ln|1+x|}{(e^x-1)(x-2)}=\infty，所以\ x=-1\ 为无穷间断点.$$

$$\lim_{x\to 0}f(x)=\lim_{x\to 0}\frac{e^{\frac{1}{x-1}}\ln|1+x|}{(e^x-1)(x-2)}=\lim_{x\to 0}\frac{e^{-1}x}{-2x}=-\frac{1}{2e}，所以\ x=0\ 为可去间断点.$$

$$\lim_{x\to 1^+}f(x)=\lim_{x\to 1^+}\frac{e^{\frac{1}{x-1}}\ln|1+x|}{(e^x-1)(x-2)}=\infty，所以\ x=1\ 为无穷间断点.$$

$$\left(\lim_{x\to 1^-}f(x)=\lim_{x\to 1^-}\frac{e^{\frac{1}{x-1}}\ln|1+x|}{(e^x-1)(x-2)}=0\right)$$

$$\lim_{x\to 2}f(x)=\lim_{x\to 2}\frac{e^{\frac{1}{x-1}}\ln|1+x|}{(e^x-1)(x-2)}=\infty，所以\ x=2\ 为无穷间断点.$$

故正确选项为(C).

4. 已知 $f(x)=\lim\limits_{n\to\infty}\dfrac{\ln(e^n+x^n)}{n}\ (x>0)$，求函数 $f(x)$ 并讨论其连续性.

【参考解答】 当 $x>0$ 时，有

$$\frac{\ln(\mathrm{e}^n+x^n)}{n}=\frac{1}{n}\left\{n+\ln\left[1+\left(\frac{x}{\mathrm{e}}\right)^n\right]\right\}=\frac{1}{n}\left\{n\ln x+\ln\left[1+\left(\frac{\mathrm{e}}{x}\right)^n\right]\right\}.$$

当 $0<x<\mathrm{e}$ 时，$f(x)=\lim\limits_{n\to\infty}\frac{1}{n}\left\{n+\ln\left[1+\left(\frac{x}{\mathrm{e}}\right)^n\right]\right\}=1$，

当 $x=\mathrm{e}$ 时，$f(x)=\lim\limits_{n\to\infty}\frac{\ln(\mathrm{e}^n+\mathrm{e}^n)}{n}=\lim\limits_{n\to\infty}\frac{n+\ln 2}{n}=1$，

当 $x>\mathrm{e}$ 时，$f(x)=\lim\limits_{n\to\infty}\frac{1}{n}\left\{n\ln x+\ln\left[1+\left(\frac{\mathrm{e}}{x}\right)^n\right]\right\}=\ln x$，

所以函数为 $f(x)=\begin{cases}1, & 0<x\leqslant \mathrm{e}\\ \ln x, & x>\mathrm{e}\end{cases}$，从而可知 $f(\mathrm{e}-0)=f(\mathrm{e})=f(\mathrm{e}+0)$，因此该函数在定义域 $(0,+\infty)$ 内连续.

5. 设函数 $f(x)$ 在 $(0,1)$ 上有定义，且函数 $\mathrm{e}^x f(x)$ 与 $\mathrm{e}^{-f(x)}$ 在 $(0,1)$ 上都是单调不减的函数. 证明：$f(x)$ 在 $(0,1)$ 上连续.

【参考证明】 对任意 $a\in(0,1)$，当 $a<x<1$ 时，由 $\mathrm{e}^x f(x)$ 单调不减有

$$\mathrm{e}^a f(a)\leqslant \mathrm{e}^x f(x),\quad \text{即 } \mathrm{e}^{a-x}f(a)\leqslant f(x);$$

由 $\mathrm{e}^{-f(x)}$ 单调不减，有 $\mathrm{e}^{-f(a)}\leqslant \mathrm{e}^{-f(x)}$，即有 $f(a)\geqslant f(x)$. 于是得

$$\mathrm{e}^{a-x}f(a)\leqslant f(x)\leqslant f(a).$$

又 $\lim\limits_{x\to a^+}\mathrm{e}^{a-x}f(a)=f(a+0)$，由夹逼定理可得 $f(a+0)=f(a)$；当 $0<x<a$ 时，由 $\mathrm{e}^x f(x)$ 单调不减，有 $\mathrm{e}^a f(a)\geqslant \mathrm{e}^x f(x)$，即 $\mathrm{e}^{a-x}f(a)\geqslant f(x)$；由 $\mathrm{e}^{-f(x)}$ 单调不减，有 $\mathrm{e}^{-f(a)}\geqslant \mathrm{e}^{-f(x)}$，即有 $f(a)\leqslant f(x)$，于是得

$$f(a)\leqslant f(x)\leqslant \mathrm{e}^{a-x}f(a).$$

又 $\lim\limits_{x\to a^-}\mathrm{e}^{a-x}f(a)=f(a-0)$，由夹逼定理可得 $f(a-0)=f(a)$. 所以 $f(x)$ 在 $(0,1)$ 内任意 a 连续，即 $f(x)$ 在 $(0,1)$ 上连续.

6. 证明：单调有界函数的一切间断点皆为第一类间断点.

【参考证明】 不妨设 $f(x)$ 为单调增加的函数，x_0 为 $f(x)$ 的间断点，由已知可知 $f(x)$ 在 x_0 的左邻域 $x\to x_0^-$ 时，函数值单调递增有上界，故 $f(x_0-0)=\lim\limits_{x\to x_0^-}f(x)$ 存在，在 x_0 的右邻域 $x\to x_0^+$ 时，函数值单调递减有下界，故 $f(x_0+0)=\lim\limits_{x\to x_0^+}f(x)$ 存在，从而可知单调有界函数的一切间断点皆为第一类间断点.

练习 09 闭区间上连续函数的性质

训练目的

1. 理解闭区间上连续函数的有界性与最值定理，并会应用这些性质解题.
2. 理解闭区间上连续函数的介值定理与零点定理，并会应用这些性质解题.

基础练习

1. 下列函数中，在其定义域内既有最大值又有最小值的是(　　).

(A) $f(x)=x, x\in(0,1)$　　(B) $f(x)=\operatorname{sgn}x, x\in(-\infty,+\infty)$

(C) $f(x)=\tan x, x\in\left(-\frac{\pi}{2},\frac{\pi}{2}\right)$　　(D) $f(x)=\begin{cases}-x+1, & 0\leqslant x\leqslant 1,\\ -x+3, & 1<x\leqslant 2\end{cases}$

【答案】 (B).

2. 由零点定理可知方程 $x^3-x-2=0$ 在区间(　　)内必有实根.

(A) $\left(\frac{1}{2},1\right)$　　(B) $\left(1,\frac{3}{2}\right)$　　(C) $\left(\frac{3}{2},2\right)$　　(D) $\left(2,\frac{5}{2}\right)$

【参考解答】 设 $f(x)=x^3-x-2$，则 $f(x)$ 在 $\mathbb{R}$ 连续，且 $f\left(\frac{1}{2}\right)=-\frac{19}{8}$，$f(1)=-2$，$f\left(\frac{3}{2}\right)=-\frac{1}{8}$，$f(2)=4$，$f\left(\frac{5}{2}\right)=\frac{89}{8}$，由零点定理知方程在 $\left(\frac{3}{2},2\right)$ 必有实根. 故正确选项为(C).

3. 下列命题中正确的有(　　).

(A) 若函数 $f(x)$ 在区间 I 连续，则函数 $f(x)$ 在区间 I 有界

(B) 若函数 $f(x)$ 在闭区间 I 有界，则函数 $f(x)$ 在闭区间 I 一定可取到最大值与最小值

(C) 若单调函数 $f(x)$ 在区间 $[a,b]$ 连续，则函数 $f(x)$ 在区间端点取到最大值与最小值

(D) 若函数 $f(x)$ 在区间 $[a,b]$ 有最大值 M 与最小值 m，则 $f(x)$ 在区间 $[a,b]$ 可取到 m 与 M 之间的任意值

【答案】 (C).

【参考解答】 (A) 若函数 $f(x)$ 在闭区间 I 连续，则函数 $f(x)$ 在闭区间 I 有界. 例如函数 $f(x)=\tan x$ 在开区间 $\left(-\frac{\pi}{2},\frac{\pi}{2}\right)$ 连续，但在 $\left(-\frac{\pi}{2},\frac{\pi}{2}\right)$ 无界.

(B) 若函数 $f(x)$ 在闭区间 I 连续，则函数 $f(x)$ 在闭区间 I 一定可取到最大值与最小值. 例如函数 $f(x)=\begin{cases}x+1, & -1\leqslant x<0\\ 0, & x=0\\ x-1, & 0<x\leqslant 1\end{cases}$ 在 $[-1,1]$ 有界但没有最大值与最小值.

(C) 正确. 不妨设函数 $f(x)$ 在区间 $[a,b]$ 连续且单调递增，则 $f(a)\leqslant f(x)\leqslant f(b)$，于是可知最大值 $M=f(b)$，最小值 $m=f(a)$.

(D) 例如：函数 $f(x)=\begin{cases}x-1, & -1\leqslant x\leqslant 0\\ x+1, & 0<x\leqslant 1\end{cases}$ 在区间 $[a,b]$ 有最大值 $M=2$ 与最小值 $m=-2$，其值域为 $[-2,-1]\cup(1,2]$.

4. 是否存在一个实数，比它自身的立方恰好少 1？证明你的结论.

【参考证明】 设 $f(x)=x^3-x-1$，显然 $f(x)$ 在区间 $[0,2]$ 上连续，且 $f(0)=$

$-1, f(2)=5$，于是由零点定理知至少存在一点 $\xi\in(0,2)\subset(-\infty,+\infty)$，使得 $f(\xi)=0$，即方程 $x^3-x=1$ 至少有一个实根.

5. 设函数 $f(x)$ 在闭区间 $[0,1]$ 上连续，并且对 $[0,1]$ 上任一点 x，有 $0\leqslant f(x)\leqslant 1$，证明在 $[0,1]$ 中必存在一点 c，使得 $f(c)=c$.

【参考证明】 设 $F(x)=f(x)-x$，则 $F(x)$ 在区间 $[0,1]$ 上连续，且

$$F(0)=f(1)\geqslant 0,\quad F(1)=f(1)-1\leqslant 0,$$

于是，若 $F(0)=0$ 或 $F(1)=0$，则有 $c=0$ 或 $c=1$，使得 $F(c)=0$，即 $f(c)=c$；若 $F(0)\cdot F(1)\neq 0$，则有 $F(0)\cdot F(1)<0$，由零点定理知，存在 $c\in(0,1)\subset[0,1]$，使得 $F(c)=0$，即 $f(c)=c$.

综合练习

6. 若函数 $f(x)$ 在闭区间 $[a,b]$ 上连续，且 $a<x_1<x_2<\cdots<x_n<b(n\geqslant 3)$，证明：在 (a,b) 内至少有一点 ξ，使得 $f(\xi)=\dfrac{f(x_1)+f(x_2)+\cdots+f(x_n)}{n}$.

【参考证明】 记 $m=\min\{f(x_1),f(x_2),\cdots,f(x_n)\}=f(x_i)$，$M=\max\{f(x_1),f(x_2),\cdots,f(x_n)\}=f(x_j)$，$k=\dfrac{f(x_1)+f(x_2)+\cdots+f(x_n)}{n}$，则 $m\leqslant k\leqslant M$，不妨设 $x_i<x_j$，则 $f(x)$ 在 $[x_i,x_j]$ 上连续，则由介值定理有，至少存在一点 $\xi\in[x_i,x_j]\subset(a,b)$，使得 $f(\xi)=\dfrac{f(x_1)+f(x_2)+\cdots+f(x_n)}{n}$.

7. 试证：方程 $a_0x^{2n+1}+a_1x^{2n}+a_2x^{2n-1}+\cdots+a_{2n+1}=0(a_0\neq 0)$ 至少存在一个实根.

【参考证明】 设 $f(x)=a_0x^{2n+1}+a_1x^{2n}+a_2x^{2n-1}+\cdots+a_{2n+1}$，则 $f(x)$ 在 $(-\infty,+\infty)$ 上连续. 不妨设 $a_0>0$，则 $\lim\limits_{x\to\infty}\dfrac{f(x)}{x^{2n+1}}=a_0>0$，由极限保号性可知存在 $M>0$，当 $|x|>M$ 时有 $\dfrac{f(x)}{x^{2n+1}}>0$，取 $x_1<-M$，$x_2>M$，则 $f(x_1)<0$，$f(x_2)>0$，又函数 $f(x)$ 在 $[x_1,x_2]$ 上连续，由零点定理知至少存在一点 $\xi\in(x_1,x_2)\subset(-\infty,+\infty)$，使得 $f(\xi)=0$，即原方程至少存在一个实根.

8. 设 $f(x)$ 在 $[a,b]$ 上连续，且 $a<c<d<b$，证明：在 $[a,b]$ 上必存在一点 ξ，使得 $mf(c)+nf(d)=(m+n)f(\xi)$，其中 m,n 为任意大于零的常数.

【参考证明】 因 $f(x)$ 在 $[a,b]$ 上连续，所以 $f(x)$ 在 $[a,b]$ 上能取得最大值 $f_{\max}$ 和最小值 $f_{\min}$. 又因为

$$(m+n)f_{\min}\leqslant mf(c)+nf(d)\leqslant(m+n)f_{\max},$$

即 $f_{\min}\leqslant\dfrac{mf(c)+nf(d)}{m+n}\leqslant f_{\max}$，故由介值定理，在 $[a,b]$ 上必存在一点 ξ，使得

$$\frac{mf(c)+nf(d)}{m+n}=f(\xi),\quad 即\ mf(c)+nf(d)=(m+n)f(\xi).$$

9. 若 $f(x)$ 在 $(-\infty,+\infty)$ 内连续，且 $\lim\limits_{x\to\infty}f(x)$ 存在，证明 $f(x)$ 在 $(-\infty,+\infty)$ 内有界.

【参考证明】 由于 $\lim\limits_{x\to\infty}f(x)$ 存在，由极限存在局部有界可知，存在 $X>0,M_1>0$，当 $|x|>X$ 时有 $|f(x)|\leqslant M_1$. 当 $|x|\leqslant X$ 时，由于 $f(x)$ 在 $(-\infty,+\infty)$ 内连续，所以 $f(x)$ 在 $[-X,X]$ 上连续，于是 $f(x)$ 在 $[-X,X]$ 上有界，即存在 $M_2>0$，当 $|x|\leqslant X$ 时有 $|f(x)|\leqslant M_2$. 取 $M=\max\{M_1,M_2\}$，则有对于任意的 $x\in(-\infty,+\infty)$，有 $|f(x)|\leqslant M$，即 $f(x)$ 在 $(-\infty,+\infty)$ 内有界.

10. 一支巡逻小分队定期到山上的岗哨换岗，每天上午 7 点从营地出发，8 点到达目的地. 第二天上午 7 点沿原路返回，8 点前返回到达山下营地. 利用零点定理证明，在换岗的路途中必有一点，小分队在两天中的同一时刻经过该点.

【参考证明】 设上山的路程函数为 $s=f_1(t)(7\leqslant t\leqslant 8)$，则 $f_1(7)=0,f_1(8)=D$（D 为两岗哨之间的距离），下山的路程函数为 $s=f_2(t)(7\leqslant t\leqslant 8)$，则 $f_2(7)=D,f_2(8)=0$，作辅助函数 $F(t)=f_1(t)-f_2(t)$，则 $F(t)$ 在 $[7,8]$ 上连续，且 $F(7)=-D,F(8)=D$，由零点定理知至少存在 $\xi\in(7,8)$ 使 $F(\xi)=0$，即在换岗的路途中必有一点，小分队在两天中的同一时刻经过该点.

考研与竞赛练习

1. 函数 $f(x)=\dfrac{|x|\sin(x-2)}{x(x-1)(x-2)^2}$ 在下列哪个区间内有界（　　）.

(A) $(-1,0)$　　(B) $(0,1)$　　(C) $(1,2)$　　(D) $(2,3)$

【参考解答】 当 $x\neq 0,1,2$ 时，$f(x)$ 连续，而

$$\lim_{x\to 0^-}f(x)=-\frac{\sin 2}{4},\quad \lim_{x\to 1}f(x)=\infty,\quad \lim_{x\to 2}f(x)=\infty,$$

所以，函数 $f(x)$ 在 $(-1,0)$ 内有界，故正确选项为(A).

2. 设 $f(x)$ 在 $[a,b]$ 上连续，且恒为正. 证明：对任意的 $x_1,x_2\in(a,b),x_1<x_2$，必存在一点 $\xi\in[x_1,x_2]$，使得 $f(\xi)=\sqrt{f(x_1)f(x_2)}$.

【参考证明】 令 $F(x)=f^2(x)-f(x_1)f(x_2)$，则由题设可知 $F(x)\in C[a,b]$，且

$$F(x_1)F(x_2)=-f(x_1)f(x_2)[f(x_1)-f(x_2)]^2\leqslant 0.$$

当 $f(x_1)=f(x_2)$ 时，取 $\xi=x_1$ 或 $\xi=x_2$，则有 $f(\xi)=\sqrt{f(x_1)f(x_2)}$.

当 $f(x_1)\neq f(x_2)$ 时，因为 $f(x)>0$，故 $F(x_1)F(x_2)<0$，所以由零点定理可知，存在 $\xi\in(x_1,x_2)$，使得 $F(\xi)=0$. 即 $f(\xi)=\sqrt{f(x_1)f(x_2)}$.

3. 设 $f(x)$ 在 $[a,b]$ 上连续，$x_i\in[a,b]$，$t_i>0(i=1,2,\cdots,n)$，且 $\sum\limits_{i=1}^{n}t_i=1$. 证明：至少存在一点 $\xi\in[a,b]$，使得 $f(\xi)=t_1f(x_1)+t_2f(x_2)+\cdots+t_nf(x_n)$.

【参考证明】 由于 $f(x)$ 在 $[a,b]$ 上连续，所以 $f(x)$ 在 $[a,b]$ 有最大值 M 和最小值 m，于是 $\forall x\in[a,b]$ 有 $m\leqslant f(x)\leqslant M$. 因此当 $x_i\in[a,b]$，$t_i>0(i=1,2,\cdots,n)$ 时，有

$$m=\sum_{i=1}^{n}mt_i\leqslant\sum_{i=1}^{n}t_if(x_i)\leqslant\sum_{i=1}^{n}Mt_i=M,$$

故由介值定理，必定存在一点 $\xi\in[a,b]$，使得 $f(\xi)=\sum\limits_{i=1}^{n}t_if(x_i)$. 即所证结论成立.

4. 设函数 $f(x)$ 在 $(-\infty,+\infty)$ 上连续，且 $\lim\limits_{x\to-\infty}f(x)=A$，$\lim\limits_{x\to+\infty}f(x)=B$，$A<B$. 证明：对 $\forall\eta\in(A,B)$，$\exists\xi\in(-\infty,+\infty)$，使得 $f(\xi)=\eta$.

【参考证明】 对于任意的 $\eta\in(A,B)$，存在 $\varepsilon>0$，使得 $A+\varepsilon<\eta<B-\varepsilon$.

因为 $\lim\limits_{x\to-\infty}f(x)=A$，故对上述 $\varepsilon>0$，存在 $X_1<0$，当 $x\leqslant X_1$ 时，$|f(x)-A|<\varepsilon$，即 $f(X_1)<A+\varepsilon$. 又因为 $\lim\limits_{x\to+\infty}f(x)=B$，故对上述 $\varepsilon>0$，存在 $X_2>0$，当 $x\geqslant X_2$ 时，$|f(x)-B|<\varepsilon$，即 $f(X_2)>B-\varepsilon$，从而可得

$$f(X_1)<A+\varepsilon<\eta<B-\varepsilon<f(X_2).$$

由于函数在闭区间 $[X_1,X_2]$ 上连续，故由介值定理可知，$\exists\xi\in(X_1,X_2)\subset(-\infty,+\infty)$，使得 $f(\xi)=\eta$. 即所证结论成立.

5. 设 $f(x)$ 在闭区间 $[0,1]$ 上连续且 $f(0)=f(1)$. 证明：对于任意给定的整数 $n>1$，必存在 $\xi\in(0,1)$ 使得 $f(\xi)=f\left(\xi+\frac{1}{n}\right)$.

【参考证明】 令 $F(x)=f(x)-f\left(x+\frac{1}{n}\right)$，则 $F(x)$ 在 $\left[0,1-\frac{1}{n}\right]$ 上连续. 假定 $F(x)$ 在 $\left[0,1-\frac{1}{n}\right]$ 上不变号，则 $F\left(\frac{k}{n}\right)=f\left(\frac{k}{n}\right)-f\left(\frac{k+1}{n}\right)$，$k=0,1,\cdots,n-1$，于是有

$$\sum_{k=1}^{n-1}F\left(\frac{k}{n}\right)=f(0)-f(1)=0.$$

若有 $1\leqslant m\leqslant n-1$，使得 $F\left(\frac{m}{n}\right)=0$，则 $\xi=\frac{m}{n}\in(0,1)$，使得 $f(\xi)=f\left(\xi+\frac{1}{n}\right)$；若对于所有 $1\leqslant k\leqslant n-1$，$F\left(\frac{k}{n}\right)\neq0$，则由 $\sum\limits_{k=1}^{n-1}F\left(\frac{k}{n}\right)=0$ 知，必有 $F\left(\frac{i}{n}\right)F\left(\frac{j}{n}\right)<0(i\neq j)$，则在区间 $\left[\frac{i}{n},\frac{j}{n}\right]$ $\left(\text{或}\left[\frac{j}{n},\frac{i}{n}\right]\right)$ 满足零点定理，于是存在 $\xi\in\left(\frac{i}{n},\frac{j}{n}\right)\subset(0,1)$，使得 $f(\xi)=f\left(\xi+\frac{1}{n}\right)$.

6. 证明：$x^n+x^{n-1}+\cdots+x=1(n>1)$ 在 $(0,1)$ 内必有唯一实根 x_n，并求 $\lim\limits_{n\to\infty}x_n$.

【参考证明】 令 $f(x)=x^n+x^{n-1}+\cdots+x-1(n>1)$，则 $f(x)$ 在 $[0,1]$ 连续，且

$$f(0)\cdot f(1)=(-1)\cdot(n-1)<0,$$

故由零点定理知函数存在实根 x_n. 容易知道函数 $f(x)$ 在 $(0,1)$ 内单调增加，故根唯一. 又

$$x_n^n+x_n^{n-1}+\cdots+x_n=1,\quad x_{n-1}^{n-1}+x_{n-1}^{n-2}+\cdots+x_{n-1}=1.$$

上两式相减，得 $x_n^n+(x_n-x_{n-1})Q=0$，其中 Q,x_n^n 均为正项，所以 $x_n<x_{n-1}$，$0<x_n<1$，所以数列 x_n 单调递减有下界，于是 $\lim\limits_{n\to\infty}x_n$ 存在. 记 $\lim\limits_{n\to\infty}x_n=a$，则 $0\leqslant a<1$，于是由 $x_n^n+x_n^{n-1}+\cdots+x_n=\dfrac{x_n(1-x_n^n)}{1-x_n}=1$，对中间式子取极限，得 $\dfrac{a}{1-a}=1$，即 $a=\dfrac{1}{2}$. 其中由 $0\leqslant x_n\leqslant x_2=\dfrac{\sqrt{5}-1}{2}<1$ 及夹逼定理可知 $\lim\limits_{n\to\infty}x_n^n=0$.

*练习 10　函数的一致连续

训练目的

1. 了解函数在区间上一致连续的概念，会用一致连续的概念判断简单函数是否一致连续.

2. 了解一致连续定理，会用定理判断函数是否一致连续.

基础练习

1. 下列函数中，在区间 $(1,+\infty)$ 上一致连续的是(　　).

(A) $f(x)=x$　　(B) $f(x)=x^2$　　(C) $f(x)=x^3$　　(D) $f(x)=x^4$

【参考解答】 (A) 对于任意的 $\varepsilon>0$ 及 $x',x''\in(1,+\infty)$，存在 $\delta=\varepsilon$，只要 $|x'-x''|<\delta$，就有 $|f(x')-f(x'')|=|x'-x''|<\delta=\varepsilon$ 成立，所以 $f(x)=x$ 在 $(1,+\infty)$ 一致连续.

(B) 对于任意 $0<\delta<1$，取 $x'=\dfrac{1}{\delta}$，$x''=\dfrac{1}{\delta}+\dfrac{\delta}{2}\in(1,+\infty)$，则 $|x'-x''|=\dfrac{\delta}{2}<\delta$，但

$$|f(x')-f(x'')|=|x'^2-x''^2|=|x'-x''|\,|x'+x''|=\frac{\delta}{2}\cdot\left(\frac{2}{\delta}+\frac{\delta}{2}\right)>1.$$

于是可知 $f(x)=x^2$ 在 $(1,+\infty)$ 不一致连续. (C)、(D) 类比 (B) 可知在区间 $(1,+\infty)$ 不一致收敛. 故正确选项为 (A).

2. 函数 $f(x)$ 在开区间 (a,b) 内一致连续，是函数 $f(x)$ 在 (a,b) 内连续的(　　).

(A) 充分不必要条件　　(B) 必要不充分条件

(C) 充分且必要条件　　(D) 既不充分又不必要条件

【参考解答】 设函数 $f(x)$ 在开区间 (a,b) 内一致连续，任取 $x_0\in(a,b)$，则对于任意的 $\varepsilon>0$，由 $f(x)$ 在开区间 (a,b) 内一致连续可知，存在 $\delta>0$，当 $|x-x_0|<\delta$ 时，就有 $|f(x)-f(x_0)|<\varepsilon$ 成立，所以有 $\lim\limits_{x\to x_0}f(x)=f(x_0)$，所以 $f(x)$ 在 (a,b) 连续.

又 $f(x)=\dfrac{1}{x}$ 在 $(0,1)$ 连续但不一致连续，综上，函数 $f(x)$ 在开区间 (a,b) 内一致连续是函数 $f(x)$ 在 (a,b) 内连续的充分不必要条件. 故正确选项为(A).

3. 函数 $f(x)$ 在开区间 (a,b) 内一致连续的充分条件为(　　).

(A) 函数 $f(x)$ 在开区间 (a,b) 内每一点处连续

(B) 函数 $f(x)$ 在开区间 (a,b) 内每一点处连续，且 $f(x)$ 在 a 点的右极限存在

(C) 函数 $f(x)$ 在开区间 (a,b) 内每一点处连续，且 $f(x)$ 在 b 点的左极限存在

(D) 函数 $f(x)$ 在开区间 (a,b) 内每一点处连续，且 $f(x)$ 在 a 点的右极限和在 b 点的左极限都存在

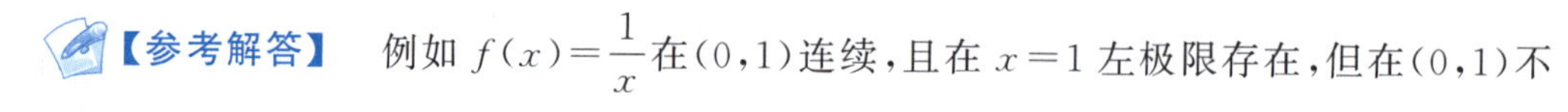

【参考解答】 例如 $f(x)=\dfrac{1}{x}$ 在 $(0,1)$ 连续，且在 $x=1$ 左极限存在，但在 $(0,1)$ 不一致连续，排除(A)(C). 例如 $f(x)=\dfrac{1}{x}$ 在 $(-1,0)$ 连续，且在 $x=-1$ 右极限存在，但在 $(-1,0)$ 不一致连续，排除(B). 故正确选项为(D).

4. 函数 $f(x)$ 在区间 I 上一致连续的充分条件为(　　).

(A) 函数 $f(x)$ 在区间 I 上连续

(B) 函数 $f(x)$ 在区间 I 内的每个闭区间上连续

(C) 函数 $f(x)$ 在区间 I 上连续且有界

(D) 函数 $f(x)$ 在区间 I 上满足 Lipschitz 条件，即存在 $L>0$，使得对任意 $x_1,x_2\in I$，都有 $|f(x_1)-f(x_2)|\leqslant L|x_1-x_2|$

【参考解答】 例如 $f(x)=\dfrac{1}{x}$ 在 $(0,1)$ 连续，但不一致连续，排除(A)(B).

例如 $f(x)=\sin\dfrac{1}{x}$ 在 $(0,1)$ 连续且有界，取 $a_n=\dfrac{1}{2n\pi}$，$b_n=\dfrac{1}{2n\pi+\dfrac{\pi}{2}}$，则 $a_n,b_n\in(0,1)$，且有 $\lim\limits_{n\to\infty}(a_n-b_n)=0-0=0$，但 $|f(a_n)-f(b_n)|=1$，于是可知 $f(x)=\sin\dfrac{1}{x}$ 在 $(0,1)$ 不一致连续，排除(C).

考察(D)，对于任意的 $\varepsilon>0$，及 $x',x''\in I$，存在 $\delta=\dfrac{\varepsilon}{L}$，只要 $|x'-x''|<\delta$，就有 $|f(x')-f(x'')|\leqslant L|x'-x''|<L\cdot\delta=\varepsilon$ 成立，所以 $f(x)$ 在 I 上一致连续. 故正确选项为(D).

5. 下列命题中正确的有(　　).

(A) 若函数 $f(x)$ 在 $[a,b]$ 上连续，则 $f(x)$ 在 (a,b) 内一致连续

(B) 若函数 $f(x)$ 在 (a,b) 内的任一闭区间上连续，则 $f(x)$ 在 (a,b) 内一致连续

(C) 若函数 $f(x)$ 在 (a,b) 内连续，且 $a<c<d<b$，则 $f(x)$ 在 (c,d) 内一致连续

(D) 若函数 $f(x)$ 在区间 I_1 与 I_2 一致连续，其中 I_1 的右端点 $c\in I_1$，I_2 的左端点 $c\in I_2$，则 $f(x)$ 在区间 $I=I_1\cup I_2$ 一致连续

(E) 若周期函数 $f(x)$ 在 $(-\infty,+\infty)$ 上连续，则 $f(x)$ 在 $(-\infty,+\infty)$ 上一致连续

【参考解答】 (A)、(C)、(D)、(E). (A) 正确. 函数 $f(x)$ 在闭区间 $[a,b]$ 上连续，则在闭区间 $[a,b]$ 上一致连续，于是 $f(x)$ 在 (a,b) 内一致连续.

(B)错误. 例如 $f(x)=\frac{1}{x}$ 在 $(0,1)$ 内任一闭区间上连续，但 $f(x)$ 在 $(0,1)$ 不一致连续.

(C)正确. 函数 $f(x)$ 在开区间 (a,b) 内连续，且 $a<c<d<b$，则 $f(x)$ 在开区间 $[c,d]$ 上连续，则 $f(x)$ 在 (c,d) 内一致连续.

(D)正确. 任给 $\varepsilon>0$，若 $x',x''\in I_1$ 或 $x',x''\in I_2$，则由于 $f(x)$ 在区间 I_1 与 I_2 一致连续，于是分别存在 $\delta_1>0$ 和 $\delta_2>0$，使得只要 $|x'-x''|<\delta_1$ 和 $|x'-x''|<\delta_2$，就有 $|f(x')-f(x'')|<\varepsilon$ 成立. 特别地，存在 $\delta_3>0$，当 $|x-c|<\delta_3$ 时，有 $|f(x)-f(c)|<\frac{\varepsilon}{2}$ 成立.

于是令 $\delta=\min\{\delta_1,\delta_2,\delta_3\}$，则对于 $x',x''\in I$，只要 $|x'-x''|<\delta$，

(1) 若 $x',x''\in I_1$ 或 $x',x''\in I_2$，则有 $|f(x')-f(x'')|<\varepsilon$ 成立；

(2) 若 $x'\in I_1,x''\in I_2$，则有 $|x'-c|=c-x'<\delta\leqslant\delta_3$，于是 $|f(x')-f(c)|<\frac{\varepsilon}{2}$，同理有 $|f(x'')-f(c)|<\frac{\varepsilon}{2}$，于是有 $|f(x')-f(x'')|\leqslant|f(x')-f(c)|+|f(x'')-f(c)|<\frac{\varepsilon}{2}+\frac{\varepsilon}{2}<\varepsilon$. 综上，$f(x)$ 在 $I=I_1\cup I_2$ 一致连续.

(E)正确. 设 $f(x)$ 周期为 T，由已知可知函数 $f(x)$ 在闭区间 $[a,a+T]$ $(\forall a\in\mathbb{R})$ 上一致连续，于是任给 $\varepsilon>0$，存在 $0<\delta<T$，使得 $x',x''\in[a,a+T]$，只要 $|x'-x''|<\delta$，就有 $|f(x')-f(x'')|<\varepsilon$ 成立. 由 a 的任意性有，在 $(-\infty,+\infty)$ 内只要 $|x'-x''|<\delta$，就有 $x',x''\in[a,a+T]$，$|f(x')-f(x'')|<\varepsilon$ 成立. 所以 $f(x)$ 在 $(-\infty,+\infty)$ 上一致连续.

6. 下列命题中正确的有(　　).

(A) 若函数 $f(x)$ 和 $g(x)$ 在区间 I 上一致连续，则函数 $f(x)+g(x)$ 在 I 上一致连续

(B) 若函数 $f(x)$ 和 $g(x)$ 在区间 I 上一致连续，则函数 $f(x)g(x)$ 在 I 上一致连续

(C) 若函数 $f(x)$ 和 $g(x)$ 在区间 I 上一致连续，则函数 $\frac{f(x)}{g(x)}$ 在 I 上一致连续

(D) 一致连续函数的反函数一定是一致连续的

【参考解答】 (A)正确. 任给 $\varepsilon>0$，由于 $f(x),g(x)$ 在区间 I 一致连续，于是存在 $\delta>0$，对于任意的 $x',x''\in I$，使得只要 $|x'-x''|<\delta_1$，有 $|f(x')-f(x'')|<\frac{\varepsilon}{2}$ 与 $|g(x')-g(x'')|<\frac{\varepsilon}{2}$ 同时成立. 于是有

$$|[f(x')+g(x')]-[f(x'')+g(x'')]|\leqslant|f(x')-f(x'')|+|g(x')-g(x'')|<\frac{\varepsilon}{2}+\frac{\varepsilon}{2}=\varepsilon$$

成立，所以函数 $f(x)+g(x)$ 在 I 上一致连续.

(B)错误. 例如 $f(x)=g(x)=x$ 在 $(1,+\infty)$ 一致连续，但 $f(x)g(x)=x^2$ 在 $(1,+\infty)$ 不一致连续. 对于任意的 $\varepsilon>0$ 及 $x',x''\in(1,+\infty)$，存在 $\delta=\varepsilon$，只要 $|x'-x''|<\delta$，就有

$|f(x')-f(x'')|=|x'-x''|<\delta=\varepsilon$ 成立，所以 $f(x)=g(x)=x$ 在 $(1,+\infty)$ 一致连续.

对于任意的 $0<\varepsilon<1$，取 $x'=\dfrac{1}{\varepsilon}$，$x''=\dfrac{1}{\varepsilon}+\dfrac{\varepsilon}{2}\in(1,+\infty)$，则有 $|x'-x''|<\varepsilon$，但 $|f(x')g(x')-f(x'')g(x'')|=|x'^2-x''^2|=|x'-x''||x'+x''|>1$，于是可知 $f(x)g(x)=x^2$ 在 $(1,+\infty)$ 不一致连续.

(C)错误. 例如 $f(x)=1$，$g(x)=x$ 在 $(0,1)$ 一致连续，但 $\dfrac{f(x)}{g(x)}=\dfrac{1}{x}$ 在 $(0,1)$ 不一致连续.

(D)错误. 例如 $f(x)=\sqrt{x}$ 在 $(1,+\infty)$ 一致连续，但其反函数 $f^{-1}(x)=x^2$ 在 $(1,+\infty)$ 不一致连续. 综上，正确选项为(A).

7. 在下列区间中，函数 $f(x)=\dfrac{1}{x}$ 不一致连续的是(　　).

(A) $\left(0,\dfrac{1}{2}\right]$　　(B) $\left[\dfrac{1}{2},1\right)$　　(C) $[1,2)$　　(D) $[1,+\infty)$

【答案】 (A).

8. 设函数 $f(x)$ 在有限区间 (a,b) 内连续，试证：$f(x)$ 在 (a,b) 内一致连续的充要条件是 $\lim\limits_{x\to a^+}f(x)$ 和 $\lim\limits_{x\to b^-}f(x)$ 存在.

【参考证明】 充分性. 因 $f(x)$ 在 (a,b) 内连续，且 $\lim\limits_{x\to a^+}f(x)$ 和 $\lim\limits_{x\to b^-}f(x)$ 存在，补充 $f(x)$ 在端点处定义，$F(x)=\begin{cases}\lim\limits_{x\to a^+}f(x), & x=a\\ f(x), & a<x<b\\ \lim\limits_{x\to b^-}f(x), & x=b\end{cases}$，于是 $F(x)$ 在 $[a,b]$ 上连续. 由康托定理，$F(x)$ 在 $[a,b]$ 上一致连续，故 $f(x)$ 在 (a,b) 内一致连续.

必要性. 若 $f(x)$ 在 (a,b) 内一致连续，则对任意给定的 $\varepsilon>0$，都存在 $\delta>0$，使对 (a,b) 中的任意两点 x_1,x_2，只要 $|x_1-x_2|<\delta$，就有 $|f(x_1)-f(x_2)|<\varepsilon$.

特别地，当 $a<x_1,x_2<a+\delta$ 时，有 $|f(x_1)-f(x_2)|<\varepsilon$.

当 $b-\delta<x_1,x_2<b$ 时，也必有 $|f(x_1)-f(x_2)|<\varepsilon$.

因此，根据柯西收敛准则，$f(a+0)=\lim\limits_{x\to a^+}f(x)$ 与 $f(b-0)=\lim\limits_{x\to b^-}f(x)$ 都存在.

9. 证明：函数 $f(x)=x^2$ 在 $(-1,1)$ 内一致连续，但在 $(-\infty,+\infty)$ 上不一致连续.

【参考证明】 (1) 证明在 $(-1,1)$ 内一致连续.

$\forall\varepsilon>0$，取 $\delta=\dfrac{\varepsilon}{2}$，$\forall x_1,x_2\in(-1,1)$，当 $|x_1-x_2|<\delta$ 时，有

$$\begin{aligned}|f(x_1)-f(x_2)|&=|x_1^2-x_2^2|=|x_1+x_2||x_1-x_2|\\&\leqslant(|x_1|+|x_2|)|x_1-x_2|\leqslant 2|x_1-x_2|<\varepsilon.\end{aligned}$$

所以，由一致连续的定义知 $f(x)=x^2$ 在 $(-1,1)$ 内一致连续.

(2) 证明在$(-\infty,+\infty)$上不一致连续. 只要证明存在$\varepsilon_0>0$,对于任给的$\delta>0$,存在$x_1,x_2\in(-\infty,+\infty)$,满足$|x_1-x_2|<\delta$,但$|f(x_1)-f(x_2)|\geqslant\varepsilon_0$.

证明过程如下:取$\varepsilon_0=1$,任给$\delta>0$,取正整数$n>\frac{1}{\delta}$,对应$x_1=n,x_2=n+\frac{1}{n}$,显然$x_1,x_2\in(-\infty,+\infty)$且满足$|x_1-x_2|=\frac{1}{n}<\delta$,但

$$|f(x_1)-f(x_2)|=\left|n^2-\left(n+\frac{1}{n}\right)^2\right|=2+\frac{1}{n^2}>\varepsilon_0.$$

故函数$f(x)=x^2$在$(-\infty,+\infty)$上不一致连续.

考研与竞赛练习

1. 证明无界函数$f(x)=x+\sin x$在$-\infty<x<+\infty$上一致连续.

【参考证明】 由绝对值不等式对,对于任意x_1,x_2,有

$$\begin{aligned}|f(x_1)-f(x_2)|&=|(x_1-x_2)+(\sin x_1-\sin x_2)|\\&\leqslant|x_1-x_2|+|\sin x_1-\sin x_2|\leqslant 2|x_1-x_2|,\end{aligned}$$

故对任意的$\varepsilon>0$,取$\delta=\frac{\varepsilon}{2}>0$,则对任意$x_1,x_2$,当$|x_1-x_2|<\delta$时,恒有

$$|f(x_1)-f(x_2)|<\varepsilon$$

成立,即$f(x)$在$-\infty<x<+\infty$上一致连续.

2. 证明:(1) $f(x)=\frac{1}{x}$在$[a,+\infty)(a>0)$上一致连续.

(2) $g(x)=\sin\frac{1}{x}$在$(0,1)$上不一致连续.

【参考证明】 (1) 对$\forall\varepsilon>0$,取$\delta=a^2\varepsilon$,当$|x'-x''|<\delta$时,则

$$\left|\frac{1}{x'}-\frac{1}{x''}\right|=\frac{|x''-x'|}{x'x''}<\frac{|x'-x''|}{a^2}\leqslant\frac{\delta}{a^2}=\varepsilon,$$

由一致连续的定义知$f(x)=\frac{1}{x}$在$[a,+\infty)(a>0)$上一致连续.

(2) 在$(0,1)$内,取$\varepsilon_0=\frac{1}{2}$,对任意的$\delta>0$,取$x_n=\frac{2}{n\pi},x_n'=\frac{2}{(n+1)\pi}\left(n\in\mathbb{Z},n>\frac{1}{\delta}\right)$,则$x_n,x_n'\in(0,1)$,满足$|x_n-x_n'|=\frac{2}{n(n+1)\pi}<\delta$,且有

$$|f(x_n)-f(x_n')|=\left|\sin\frac{n\pi}{2}-\sin\frac{(n+1)\pi}{2}\right|=1>\varepsilon_0,$$

所以$g(x)=\sin\frac{1}{x}$在$(0,1)$上不一致连续.

3. 讨论$f(x)=\mathrm{e}^x\cdot\cos\frac{1}{x}(0<x<1)$的一致连续性.

【参考解答】 取$\varepsilon_0=1$,任给$\delta>0$,取$x_n=\frac{2}{(2n+1)\pi},y_n=\frac{1}{n\pi}\left(n\in\mathbb{Z},n>\frac{1}{\delta}\right)$,则

$x_n, y_n \in (0,1)$且满足 $|x_n - y_n| = \dfrac{1}{(2n+1)n\pi} < \delta$,但$|f(x_n) - f(y_n)| = e^{\frac{1}{n\pi}} > 1 = \varepsilon_0$. 故函数 $f(x)$在$(0,1)$内不一致连续.

4. 证明 $f(x) = \dfrac{x+2}{x+1} \cdot \sin\dfrac{1}{x}$在 $0<x<1$ 内非一致连续,而在 $1<x<2$ 与 $2<x<+\infty$ 内均一致连续.

【参考证明】 (1) 取 $\varepsilon_0 = 1$,任给 $\delta > 0$,取 $x_n = \dfrac{1}{2n\pi + \frac{\pi}{2}}, y_n = \dfrac{1}{2n\pi}\left(n \in \mathbb{Z}, n > \dfrac{1}{\delta}\right)$,则 $x_n, y_n \in (0,1)$且满足 $|x_n - y_n| \leqslant \dfrac{1}{4n^2\pi} < \delta$,但$|f(x_n) - f(y_n)| = \dfrac{2+2(4n+1)\pi}{2+(4n+1)\pi} > \varepsilon_0$. 故函数 $f(x)$在$(0,1)$内不一致连续.

(2) 由于 $f(x)$在$[1,2]$上连续,故在$[1,2]$上一致连续,从而在$(1,2)$内一致连续.

(3) 由于 $f(x)$在$[2,+\infty)$上连续,且 $\lim\limits_{x\to+\infty} f(x) = 0$,故 $f(x)$在$[2,+\infty)$上一致连续,故在$(2,+\infty)$上一致连续.

5. 证明:$f(x)$在区间 I 上一致连续的充要条件是:对 I 上任意两数列$\{a_n\}$,$\{b_n\}$,只要 $\lim\limits_{n\to\infty}(a_n - b_n) = 0$,就有 $\lim\limits_{n\to\infty}[f(a_n) - f(b_n)] = 0$.

【参考证明】 必要性. 由 $f(x)$一致连续,知 $\forall \varepsilon > 0$, $\exists \delta > 0$,对于任给 $a, b \in I$,只要$|a-b| < \delta$,就有$|f(a) - f(b)| < \varepsilon$.

又 I 上任意两数列$\{a_n\}$,$\{b_n\}$满足 $\lim\limits_{n\to\infty}(a_n - b_n) = 0$,故对上述 $\delta > 0$, $\exists N > 0$,当 $n > N$ 时,$|a_n - b_n| < \delta$,从而由 $f(x)$ 一致连续可知 $|f(a_n) - f(b_n)| < \varepsilon$,即 $\lim\limits_{n\to\infty}[f(a_n) - f(b_n)] = 0$.

充分性. 若 $f(x)$在区间 I 上非一致连续,则 $\exists \varepsilon_0 > 0$, $\forall \dfrac{1}{n} > 0$, $\exists a_n, b_n \in I$,虽然 $|a_n - b_n| < \dfrac{1}{n}$,但$|f(a_n) - f(b_n)| \geqslant \varepsilon_0$. 可见 $\lim\limits_{n\to\infty}(a_n - b_n) = 0$,但

$$\lim_{n\to\infty}[f(a_n) - f(b_n)] \neq 0$$

与条件矛盾,故 $f(x)$在区间 I 上一致连续.

第一单元 极限与连续测验(A)

一、选择题(每小题 3 分,共 15 分)

1. 下列极限值等于 e 的是(　　).

(A) $\lim\limits_{x\to0}\left(1-\dfrac{x}{3}\right)^{1/x}$　　(B) $\lim\limits_{x\to\infty}\left(\dfrac{1+x}{2+x}\right)^{x}$

(C) $\lim\limits_{n\to\infty}\left(1+\dfrac{1}{n}\right)^{n^2}$　　(D) $\lim\limits_{x\to\infty}\left(1-\dfrac{1}{x}\right)^{1-x}$

2. 当 $x\to+\infty$时,函数 $f(x) = x\sin x$ 是(　　).

(A) 无穷大量　(B) 无穷小量　(C) 无界变量　(D) 有界变量

3. 当 $x\to0$ 时,下列结论错误的是(　　).

(A) $x\cdot o(x^2)=o(x^3)$　(B) $o(x)\cdot o(x^2)=o(x^3)$

(C) $o(x^2)+o(x^2)=o(x^2)$　(D) $o(x)+o(x^2)=o(x^2)$

4. 设函数 $f(x),g(x)$ 在$\mathbb{R}$内有定义,$f(x)$连续且无零点,$g(x)$有间断点,则(　　).

(A) $f(g(x))$必有间断点　(B) $g(f(x))$必有间断点

(C) $\dfrac{g(x)}{f(x)}$必有间断点　(D) $|f(x)g(x)|$必有间断点

5. 设 $f(x)=\begin{cases}x^{\alpha}\sin\dfrac{1}{x}, & x\neq0\\ \beta, & x=0\end{cases}$,当(　　)时,$f(x)$在 $x=0$ 连续.

(A) $\alpha>0,\beta=0$　(B) $\alpha=0,\beta\neq0$　(C) $\alpha\leqslant0,\beta=0$　(D) $\alpha\neq0,\beta=0$

二、填空题(每小题 3 分,共 15 分)

6. 设 $f(x)=1-\dfrac{1}{x}$,则 $f\{f[f(x)]\}=$________,其定义域为________.

7. 设函数 $f(x)$在$\mathbb{R}$上严格单调增加,$f^{-1}(x)$是其反函数,若 x_1 是 $f(x)+x=a$ 的根,x_2 是 $f^{-1}(x)+x=a$ 的根,则 $x_1+x_2=$________.

8. 若 $\lim\limits_{x\to\infty}\left(\dfrac{x^3}{x^2-1}-px+1\right)=1$,则 $p=$________.

9. 设 $\left[\dfrac{1}{x}\right]$表示不大于$\dfrac{1}{x}$的整数,则$\lim\limits_{x\to0}x\left[\dfrac{1}{x}\right]=$________.

10. 若 $f(x)=\begin{cases}e^x(\sin x+\cos x), & x>0\\ 2x+a, & x\leqslant0\end{cases}$ 是$\mathbb{R}$上的连续函数,则常数 $a=$________.

三、解答题(共 70 分)

11. (6 分)设 $f(x)=x^2+2x\lim\limits_{x\to1}f(x)$,其中$\lim\limits_{x\to1}f(x)$存在,求 $f(x)$.

12. (6 分)求极限$\lim\limits_{x\to1}\dfrac{\sin(x-1)}{\sqrt{x}-1}$.

13. (6 分)求极限 $\lim\limits_{x\to\infty}\dfrac{x+\arctan x}{x-\cos x}$.

14. (6 分)求极限 $\lim\limits_{x\to\infty}x(a^{1/x}-1)(a>0)$.

15. (6 分)求极限 $\lim\limits_{n\to\infty}n\left(\dfrac{1}{n^2+\pi}+\dfrac{1}{n^2+2\pi}+\cdots+\dfrac{1}{n^2+n\pi}\right)$.

16. (6 分)求极限 $\lim\limits_{n\to\infty}\left[\left(1+\dfrac{1}{1\cdot3}\right)\left(1+\dfrac{1}{2\cdot4}\right)\cdots\left(1+\dfrac{1}{n(n+2)}\right)\right]$.

17. (6 分)证明函数 $f(x)=\dfrac{2+e^{1/x}}{1+e^{4/x}}+\dfrac{\sin x}{|x|}$当 $x\to0$ 时存在极限,并求该极限.

18. (6 分)求曲线 $y=\dfrac{x^2+1}{x+1}e^{1/x}$ 的所有渐近线.

19. (6 分)设 $f(x)=\lim\limits_{n\to\infty}[e^{nx}+e^{-nx}]^{1/n}$,求 $f(x)$的表达式,并讨论其连续性.

20. (8分)设 $0<x_n<1, x_{n+1}=-x_n^2+2x_n(n=1,2,\cdots)$,证明数列 $\{x_n\}$ 存在极限,并求该极限.

21. (8分)设函数 $f(x)$ 在 $(-\infty,+\infty)$ 内连续,且对任意的 x 恒有 $f[f(x)]=x$ 成立,证明:存在 $x_0\in(-\infty,+\infty)$,使得 $f(x_0)=x_0$.

第一单元　极限与连续测验(A)参考解答

一、选择题

1. (D)　2. (C)　3. (D)　4. (C)　5. (A)

【参考解答】 1. 分别计算极限

(A) $\lim\limits_{x\to0}\left(1-\dfrac{x}{3}\right)^{1/x}=\lim\limits_{x\to0}\left(1-\dfrac{x}{3}\right)^{-\frac{3}{x}\cdot\left(-\frac{1}{3}\right)}=e^{-\frac{1}{3}}$,

(B) $\lim\limits_{x\to\infty}\left(\dfrac{1+x}{2+x}\right)^{x}=\lim\limits_{x\to\infty}\left(1-\dfrac{1}{2+x}\right)^{-(2+x)\cdot\frac{-x}{2+x}}=e^{-1}$,

(C) $\lim\limits_{n\to\infty}\left(1+\dfrac{1}{n}\right)^{n^2}=\lim\limits_{n\to\infty}e^{n}=\infty$,

(D) $\lim\limits_{x\to\infty}\left(1-\dfrac{1}{x}\right)^{1-x}=\lim\limits_{x\to\infty}\left(1-\dfrac{1}{x}\right)^{-x\cdot\frac{1-x}{-x}}=e$,故答案选(D).

2. 用排除法,当 $x=n\pi(n\to+\infty)$,$f(x)=f(n\pi)=0$,故 $f(x)$ 不是无穷大量,排除(A),当 $x=n\pi+\dfrac{\pi}{2}(n\to+\infty)$,$f(x)\to\infty$,故 $f(x)$ 不是无穷小量,也不是有界变量,排除(B)(D),故答案选(C).

3. 结论可以直接取特例得到正确答案为(D). 如当 $x\to0$ 时,$x^2=o(x)$,但

$$\lim_{x\to0}\frac{x^2+o(x^2)}{x^2}=1,\quad \text{所以 } o(x)+o(x^2)\neq o(x^2).$$

【注】 对于这里的结论希望也能知晓,尤其是(A)(C)的结论会经常用到.

4. 设 $f(x)=x^2+1, g(x)=\begin{cases}-1, & x<0\\ 1, & x\geqslant0\end{cases}$,$f[g(x)]=2$,$f[g(x)]$ 无间断点,(A)错误. $g[f(x)]=1$,$g[f(x)]$ 无间断点,(B)错误. $|f(x)g(x)|=x^2+1$,$|f(x)g(x)|$ 无间断点,(D)错误. $\dfrac{g(x)}{f(x)}=\begin{cases}\dfrac{-1}{x^2+1}, & x<0\\ \dfrac{1}{x^2+1}, & x\geqslant0\end{cases}$,$\dfrac{g(x)}{f(x)}$ 有间断点 $x=0$,故答案选(C).

5. 当 $\alpha>0$ 时,$\lim\limits_{x\to0}f(x)=\lim\limits_{x\to0}x^{\alpha}\sin\dfrac{1}{x}=0$,则(A)正确. 当 $\alpha\leqslant0$ 时,$\lim\limits_{x\to0}f(x)=\lim\limits_{x\to0}x^{\alpha}\sin\dfrac{1}{x}$ 不存在,$f(x)$ 在 $x=0$ 不连续,则(B)(C)(D)错误. 故答案选(A).

二、填空题

6. $f(x)=x, x\neq0, x\neq1$　7. a　8. 1　9. 1　10. 1

【参考解答】 6. $f[f(x)]=1-\dfrac{1}{f(x)}=1-\dfrac{1}{1-\dfrac{1}{x}}=-\dfrac{1}{x-1}(x\neq 0,x\neq 1)$,

$f\{f[f(x)]\}=1-\dfrac{1}{f[f(x)]}=1-\dfrac{1}{-\dfrac{1}{x-1}}=x$,定义域为$(-\infty,0)\cup(0,1)\cup(1,+\infty)$.

7. 因 $f(x_1)+x_1=a$,$f^{-1}\circ f$ 是恒等变换,知 $f(x_1)+f^{-1}[f(x_1)]=a$,此式表明 $f(x_1)$是方程 $f^{-1}(x)+x=a$ 的根. 由于函数 $f(x)$在$\mathbb{R}$上严格单调增加,则 $f^{-1}(x)+x$ 也严格单调增加,故方程 $f^{-1}(x)+x=a$ 有根必唯一,得 $f(x_1)=x_2$,从而 $x_1+x_2=x_1+f(x_1)=a$.

8. 因为 $\lim\limits_{x\to\infty}\left(\dfrac{x^3}{x^2-1}-px+1\right)=\lim\limits_{x\to\infty}\dfrac{x^3+(1-px)(x^2-1)}{x^2-1}$

$$=\lim_{x\to\infty}\frac{x^3+x^2-1-px^3+px}{x^2-1}=1,$$

故 $p=1$.

9. 设 $x\neq 0$,则$\dfrac{1}{x}-1<\left[\dfrac{1}{x}\right]\leqslant\dfrac{1}{x}$,当 $x>0$ 时,有 $1-x<x\left[\dfrac{1}{x}\right]\leqslant 1$,当 $x<0$ 时,有 $1-x>x\left[\dfrac{1}{x}\right]\geqslant 1$,由夹逼定理,得$\lim\limits_{x\to 0}x\left[\dfrac{1}{x}\right]=1$.

10. 由初等函数的连续性,当 $x<0$ 和 $x>0$ 时,$f(x)$连续,只要选择常数 a,使 $f(x)$在 $x=0$ 处连续,就满足 $f(x)$是$\mathbb{R}$上的连续函数. 由于

$$f(0-0)=\lim_{x\to 0^-}(2x+a)=a,\quad f(0+0)=\lim_{x\to 0^+}\mathrm{e}^x(\sin x+\cos x)=1,$$

要使 $f(x)$在 $x=0$ 处连续,要求 $f(0-0)=f(0+0)=f(0)$,则有 $a=1$.

三、解答题

11.【参考解答】 令$\lim\limits_{x\to 1}f(x)=a$,则 $f(x)=x^2+2xa$,两边取极限得

$$a=1+2a\Rightarrow a=-1,\quad f(x)=x^2-2x.$$

12.【参考解答】 $\lim\limits_{x\to 1}\dfrac{\sin(x-1)}{\sqrt{x}-1}=\lim\limits_{x\to 1}\dfrac{x-1}{\sqrt{x}-1}=\lim\limits_{x\to 1}(\sqrt{x}+1)=2$.

13.【参考解答】 $\lim\limits_{x\to\infty}\dfrac{x+\arctan x}{x-\cos x}=\lim\limits_{x\to\infty}\dfrac{1+\dfrac{\arctan x}{x}}{1-\dfrac{\cos x}{x}}=1$.

14.【参考解答】【法 1】 令 $a^{1/x}-1=t$,则 $x=\dfrac{\ln a}{\ln(1+t)}$,于是

$$原式=\lim_{t\to 0}\frac{t\ln a}{\ln(1+t)}=\ln a.$$

【法 2】 因为 $a^{1/x}-1\sim\dfrac{1}{x}\ln a(x\to\infty)$,所以

$$\lim_{x\to\infty}x(a^{1/x}-1)=\lim_{x\to\infty}x\cdot\frac{1}{x}\ln a=\ln a.$$

15.【参考解答】 由于

$$\frac{n^2}{n^2+n\pi}<n\left(\frac{1}{n^2+\pi}+\frac{1}{n^2+2\pi}+\cdots+\frac{1}{n^2+n\pi}\right)<\frac{n^2}{n^2+\pi},$$

而 $\lim\limits_{n\to\infty}\frac{n^2}{n^2+n\pi}=\lim\limits_{n\to\infty}\frac{n^2}{n^2+\pi}=1$，由夹逼定理知

$$\lim_{n\to\infty}n\left(\frac{1}{n^2+\pi}+\frac{1}{n^2+2\pi}+\cdots+\frac{1}{n^2+n\pi}\right)=1.$$

16.【参考解答】 由 $1+\frac{1}{n(n+2)}=\frac{(n+1)^2}{n(n+2)}$ 得

$$原式=\lim_{n\to\infty}\frac{2^2}{1\times3}\cdot\frac{3^2}{2\times4}\cdot\frac{4^2}{3\times5}\cdot\cdots\cdot\frac{(n+1)^2}{n(n+2)}=\lim_{n\to\infty}\frac{2(n+1)}{n+2}=2.$$

17.【参考证明】 因为

$$\lim_{x\to0^+}f(x)=\lim_{x\to0^+}\left(\frac{2+e^{1/x}}{1+e^{4/x}}+\frac{\sin x}{x}\right)=\lim_{x\to0^+}\frac{2e^{-4/x}+e^{-3/x}}{e^{-4/x}+1}+1=0+1=1,$$

$$\lim_{x\to0^-}f(x)=\lim_{x\to0^-}\frac{2+e^{1/x}}{1+e^{4/x}}-\lim_{x\to0^-}\frac{\sin x}{x}=2-1=1,$$

故 $\lim\limits_{x\to0^+}f(x)=\lim\limits_{x\to0^-}f(x)=1$，从而 $\lim\limits_{x\to0}f(x)$ 存在，且 $\lim\limits_{x\to0}f(x)=1$.

18.【参考解答】 因为 $\lim\limits_{x\to\infty}y=\lim\limits_{x\to\infty}\frac{x^2+1}{x+1}e^{1/x}=\infty$，所以曲线无水平渐近线.

又 $\lim\limits_{x\to-1}y=\infty$，$\lim\limits_{x\to0^+}y=\infty$，故有铅直渐近线 $x=-1$，$x=0$. 又 $\lim\limits_{x\to\infty}\frac{y}{x}=\lim\limits_{x\to\infty}\frac{x^2+1}{x(x+1)}e^{1/x}=1$，且

$$\begin{aligned}\lim_{x\to\infty}(y-x)&=\lim_{x\to\infty}\frac{(x^2+1)(e^{1/x}-1)-x+1}{x+1}\\&=\lim_{x\to\infty}\left[\frac{(x^2+1)}{x+1}(e^{1/x}-1)-\frac{x-1}{x+1}\right]=\lim_{x\to\infty}\frac{(x^2+1)}{x+1}\frac{1}{x}-1=0,\end{aligned}$$

所以有斜渐近线 $y=x$.

19.【参考解答】 当 $x\geqslant0$ 时，$0<e^{-nx}\leqslant1\leqslant e^{nx}$，于是 $e^x\leqslant\sqrt[n]{e^{nx}+e^{-nx}}\leqslant\sqrt[n]{2}\,e^x$，由于 $\lim\limits_{n\to\infty}\sqrt[n]{2}=1$，所以由夹逼定理可知 $f(x)=e^x$；当 $x<0$ 时，由于 $0<e^{nx}\leqslant1\leqslant e^{-nx}$，于是 $e^{-x}\leqslant\sqrt[n]{e^{nx}+e^{-nx}}\leqslant\sqrt[n]{2}\,e^{-x}$，由于 $\lim\limits_{n\to\infty}\sqrt[n]{2}=1$，所以由夹逼定理可知 $f(x)=e^{-x}$；综上所述，$f(x)=\begin{cases}e^{-x}, & x<0\\ e^x, & x\geqslant0\end{cases}$. 由初等函数的连续性可知，$f(x)$ 在区间 $(-\infty,0)$，$(0,+\infty)$ 上连续，在 $x=0$ 处有 $f(0-0)=\lim\limits_{x\to0^-}e^{-x}=1$，$f(0+0)=\lim\limits_{x\to0^+}e^x=1=f(0)$，所以 $f(x)$ 在 $x=0$ 处连续. 综上 $f(x)$ 在其定义域 $(-\infty,+\infty)$ 上连续.

20.【参考证明】 由已知，数列 $\{x_n\}$ 有上界 1 和下界 0. 又

$$x_{n+1}-x_n=-x_n^2+x_n=x_n(1-x_n)>0,$$

所以 $x_{n+1}>x_n$，从而 $\{x_n\}$ 单调递增，根据单调有界原理知数列 $\{x_n\}$ 极限存在.

令 $\lim\limits_{n\to\infty} x_n = A$，对 $x_{n+1} = -x_n^2 + 2x_n$ 两侧同时取极限，得 $A = -A^2 + 2A$，所以 $A = 1$ 或 $A = 0$，又因 $x_n > 0$ 且 $\{x_n\}$ 单调递增，故 $A \neq 0$，即 $\lim\limits_{n\to\infty} x_n = 1$。

21. **【参考证明】** 作辅助函数 $g(x) = f(x) - x$，则 $g[f(x)] = f[f(x)] - f(x) = x - f(x)$。若 $g(x) \equiv 0$，则 $\forall x \in (-\infty, +\infty)$ 有 $f(x) = x$；若存在 $x_1 \in (-\infty, +\infty)$，使得 $g(x_1) \neq 0$，则有 $f(x_1) \neq x_1$ 且 $g(x_1)g[f(x_1)] < 0$，于是 $g(x)$ 在以 x_1 和 $f(x_1)$ 为端点的闭区间上连续，根据零点定理，存在 x_0 介于 x_1 和 $f(x_1)$ 之间，使 $f(x_0) = x_0$。

第一单元 极限与连续测验(B)

一、选择题(每小题 3 分，共 15 分)

1. 下列函数在定义域内无界的是(   )。

(A) $f(x) = \sin\dfrac{1}{x}(x \neq 0)$　　(B) $f(x) = \arctan e^x$

(C) $f(x) = \begin{cases} [x], & x \in \mathbb{Q} \\ \dfrac{1}{[x]}, & x \in \overline{\mathbb{Q}} \end{cases}$　　(D) $f(x) = \dfrac{x}{x^2+1}$

2. 设函数 $f(x) = \begin{cases} \dfrac{e^{|x|}-1}{x}, & x \neq 0 \\ -1, & x = 0 \end{cases}$，则 $x = 0$ 是 $f(x)$ 的(   )。

(A) 连续点　　(B) 无穷间断点　　(C) 左连续点　　(D) 右连续点

3. 函数 $f(x) = \begin{cases} \dfrac{1}{1+e^{1/(x-1)}}, & x \neq 1, \\ a, & x = 1 \end{cases}$ (a 为任意常数)，则 $f(x)$(   )。

(A) 在 $x = 1$ 处连续

(B) 在 $x = 1$ 处是否连续与 a 的值有关

(C) 在 $x = 1$ 处不连续，且为第一类可去间断点

(D) 在 $x = 1$ 处不连续，且为第一类跳跃间断点

4. 设函数 $f(x)$ 满足 $\lim\limits_{x\to 0}\dfrac{f(x)}{x^2} = -1$，当 $x \to 0$ 时，$\ln(\cos x^2)$ 是比 $x^n f(x)$ 高阶的无穷小，而 $x^n f(x)$ 是比 $e^{\sin^2 x} - 1$ 高阶的无穷小，则正整数 n 等于(   )。

(A) 1　　(B) 2　　(C) 3　　(D) 4

5. 设函数 $f(x)$ 在 $(-\infty, +\infty)$ 内单调有界，$\{x_n\}$ 为数列，下列命题正确的是(   )。

(A) 若 $\{x_n\}$ 收敛，则 $\{f(x_n)\}$ 收敛　　(B) 若 $\{x_n\}$ 单调，则 $\{f(x_n)\}$ 收敛

(C) 若 $\{f(x_n)\}$ 收敛，则 $\{x_n\}$ 收敛　　(D) 若 $\{f(x_n)\}$ 单调，则 $\{x_n\}$ 收敛

二、填空题(每小题 3 分，共 15 分)

6. 设 $f(x)$ 满足方程：$af(x) + bf\left(-\dfrac{1}{x}\right) = \sin x$，其中 $|a| \neq |b|$，则 $f(x) =$ ________。

7. 设 $[x]$ 表示不大于 x 的整数，若 $\lim\limits_{x\to+\infty} f(x) = a$，则 $\lim\limits_{x\to+\infty}\dfrac{[xf(x)]}{x} =$ ________。

8. 设 $f(x)=\lim\limits_{n\to\infty}\cos\dfrac{x}{2}\cos\dfrac{x}{2^2}\cdots\cos\dfrac{x}{2^n}$，则 $\lim\limits_{x\to0}f(x)=$________.

9. 设 $0<a<b$，则极限 $\lim\limits_{n\to\infty}(a^{-n}+b^{-n})^{1/n}=$________.

10. 设函数 $f(x)$ 在 $(0,+\infty)$ 内满足 $f(x^2)=f(x)$，且在 $x=1$ 处连续，若 $f(1)=a$，则 $f(x)=$________.

三、解答题（共 70 分）

11. （6 分）用极限定义（"$\varepsilon-N$"语言）证明 $\lim\limits_{n\to\infty}\sqrt[n]{a}=1(a>0)$.

12. （6 分）已知 $\lim\limits_{x\to0}\dfrac{\ln\left(1+\dfrac{f(x)}{\sin2x}\right)}{3^x-1}=5$，求 $\lim\limits_{x\to0}\dfrac{f(x)}{x^2}$.

13. （6 分）求极限 $\lim\limits_{n\to\infty}\sin^2(\pi\sqrt{n^2+n})$.

14. （6 分）已知 $f(u)=\begin{cases}0, & u\neq0\\ 1, & u=0\end{cases}$，$\varphi(x)=x\sin\dfrac{1}{x}$，试讨论 $x\to0$ 时 $f[\varphi(x)]$ 的极限情况.若存在，求极限值；若不存在，请说明理由.

15. （6 分）设 $a>0,x_1>0,x_{n+1}=\dfrac{1}{4}\left(3x_n+\dfrac{a}{x_n^3}\right)(n\in\mathbf{N}^+)$，证明数列 $\{x_n\}$ 收敛并求 $\lim\limits_{n\to\infty}x_n$.

16. （8 分）讨论函数 $f(x)=\lim\limits_{n\to\infty}\arctan(1+x^n)$ 的定义域和表达式，并讨论其连续性；若有间断点，指出间断点类型.

17. （8 分）求曲线 $y=\dfrac{x^2}{\sqrt{x^2+x}}$ 的所有渐近线.

18. （8 分）设函数 $f(x)$ 在 $(0,1)$ 内有定义，且函数 $\mathrm{e}^xf(x)$ 与函数 $\mathrm{e}^{-f(x)}$ 在 $(0,1)$ 内都是单调递增的，求证：$f(x)$ 在 $(0,1)$ 内连续.

19. （8 分）设函数 $f(x)$ 在 $(-\infty,+\infty)$ 内连续，若 $\lim\limits_{x\to\infty}f(x)=+\infty$，且 $f(x)$ 在 $x=1$ 处达到最小值，若 $f(1)<1$，证明：$F(x)=f[f(x)]$ 至少在两点取到最小值.

20. （8 分）已知 $f_n(x)=x^n+nx-2$，n 为正整数.

(1) 证明：方程 $f_n(x)=0$ 有且仅有唯一正根 a_n；(2) 计算 $\lim\limits_{n\to\infty}(1+a_n)^n$.

第一单元　极限与连续测验（B）参考解答

一、选择题

【答案】 1.（C）　2.（C）　3.（D）　4.（A）　5.（B）

【参考解答】 1. 在区间 $(-\infty,0)\cup(0,+\infty)$ 内，$\left|\sin\dfrac{1}{x}\right|\leqslant1$，在区间 $(-\infty,+\infty)$ 内，$0<\arctan\mathrm{e}^x<\dfrac{\pi}{2}$，所以(A)(B)函数有界. $x\in(0,1]$ 时，$0<\dfrac{x}{x^2+1}<\dfrac{1}{0+1}=1$，$x\in(1,+\infty)$

时，$\frac{x}{x^2+1}<\frac{x}{x^2}=\frac{1}{x}<1$，且函数为奇函数关于原点对称，所以(D)函数有界，由排除法可知正确选项为(C). 事实上，对于(C)函数，$\forall M>0$，$\exists x_0=[M]+2\in\mathbb{Q}^+$，$f(x_0)=[M]+2>M$，所以(C)在$(0,+\infty)$无界. 即正确选项为(C).

2. 由于 $f(0+0)=\lim\limits_{x\to0^+}f(x)=\lim\limits_{x\to0^+}\frac{e^{|x|}-1}{x}=\lim\limits_{x\to0^+}\frac{e^x-1}{x}=1\neq f(0)$，$f(0-0)=\lim\limits_{x\to0^-}f(x)=\lim\limits_{x\to0^-}\frac{e^{|x|}-1}{x}=\lim\limits_{x\to0^+}\frac{e^{-x}-1}{x}=-1=f(0)$，所以 $f(x)$在点 $x=0$ 处仅左连续，即正确选项为(C).

3. $f(0-0)=\lim\limits_{x\to1^-}f(x)=\lim\limits_{x\to1^-}\frac{1}{1+e^{1/(x-1)}}=1$，$f(0+0)=\lim\limits_{x\to1^+}f(x)=\lim\limits_{x\to1^+}\frac{1}{1+e^{1/(x-1)}}=0$，所以 $f(x)$在点 $x=1$ 处不连续，且为跳跃间断点，即正确选项为(D).

4. 由于 $x\to0$ 时，$\ln(\cos x^2)=\ln[1+(\cos x^2-1)]\sim\cos x^2-1\sim-\frac{x^4}{2}$，$e^{\sin^2x}-1\sim\sin^2x\sim x^2$，由题意可知 $x^nf(x)$是 x 的 3 阶无穷小，又由$\lim\limits_{x\to0}\frac{f(x)}{x^2}=-1$ 可知 $f(x)$是 x 的 2 阶无穷小，所以 $n=1$，即正确选项为(A).

5. 对于(B)由 $f(x)$在$(-\infty,+\infty)$内单调有界及$\{x_n\}$单调，可知$\{f(x_n)\}$单调有界，故$\{f(x_n)\}$收敛，命题正确，即正确选项为(B). 事实上对于(A)，取 $f(x)=\text{sgn}(x)$，$x_n=\frac{(-1)^n}{n}$，则 $f(x_n)=\text{sgn}\,\frac{(-1)^n}{n}=(-1)^n$ 发散，故(A)不正确；对于(C)，取 $f(x)=1$，$x_n=n$，则 $f(x_n)=1$，$\{f(x_n)\}$收敛，但$\{x_n\}$发散，故(C)不正确；对于(D)，取 $f(x)=\arctan x$，$x_n=n$，则 $f(x_n)=\arctan n$，$\{f(x_n)\}$单调，但$\{x_n\}$发散，故(D)不正确.

二、填空题

6. $f(x)=\frac{1}{a^2-b^2}\left(a\sin x+b\sin\frac{1}{x}\right)$　　7. a　　8. 1　　9. $\frac{1}{a}$　　10. a

【参考解答】 6. 令 $t=-\frac{1}{x}$，则 $af\left(-\frac{1}{t}\right)+bf(t)=\sin\left(-\frac{1}{t}\right)$，即 $af\left(-\frac{1}{x}\right)+bf(x)=-\sin\frac{1}{x}$，解方程组$\begin{cases}af(x)+bf\left(-\frac{1}{x}\right)=\sin x\\ af\left(-\frac{1}{x}\right)+bf(x)=-\sin\frac{1}{x}\end{cases}$，消去 $f\left(-\frac{1}{x}\right)$得

$$f(x)=\frac{1}{a^2-b^2}\left(a\sin x+b\sin\frac{1}{x}\right).$$

7. 由于当 $x>0$ 时有$\frac{xf(x)-1}{x}<\frac{[xf(x)]}{x}\leqslant\frac{xf(x)}{x}=f(x)$，又 $\lim\limits_{x\to+\infty}f(x)=a$，$\lim\limits_{x\to+\infty}\frac{xf(x)-1}{x}=\lim\limits_{x\to+\infty}\left(f(x)-\frac{1}{x}\right)=a$，由夹逼定理知 $\lim\limits_{x\to+\infty}\frac{[xf(x)]}{x}=a$.

8. $f(x)=\lim\limits_{n\to\infty}\cos\frac{x}{2}\cos\frac{x}{2^2}\cdots\cos\frac{x}{2^n}=\lim\limits_{n\to\infty}\dfrac{2^n\cos\frac{x}{2}\cos\frac{x}{2^2}\cdots\cos\frac{x}{2^n}\sin\frac{x}{2^n}}{2^n\sin\frac{x}{2^n}}$

$=\lim\limits_{n\to\infty}\dfrac{\sin x}{2^n\frac{x}{2^n}}=\dfrac{\sin x}{x}$,于是$\lim\limits_{x\to 0}f(x)=1$.

9. 由于 $0<a<b$ 可知 $\lim\limits_{n\to\infty}\left(\frac{a}{b}\right)^n=0$,所以

$$\lim_{n\to\infty}(a^{-n}+b^{-n})^{1/n}=\lim_{n\to\infty}(a^{-n})^{1/n}\left[1+\left(\frac{a}{b}\right)^n\right]^{1/n}=\frac{1}{a}(1+0)^0=\frac{1}{a}.$$

10. $\forall x_0\in(0,+\infty)$,由 $f(x^2)=f(x)$ 可知 $f(x_0)=f(x_0^{1/2^n})$,又 $\lim\limits_{n\to\infty}x_0^{1/2^n}=1$ 且 $f(x)$在 $x=1$ 处连续,于是有 $\lim\limits_{n\to\infty}f(x_0^{1/2^n})=f(1)=a$,即有 $f(x)=a$.

三、解答题

11. **【证明】** (1) 若 $a=1$ 时,结论显然成立.

(2) 若 $a>1$,则有$\sqrt[n]{a}>1$,对于$\forall\varepsilon>0$,要使$\left|\sqrt[n]{a}-1\right|<\varepsilon$,只需 $a<(\varepsilon+1)^n$,又$(\varepsilon+1)^n=1+n\varepsilon+\frac{n(n-1)}{2}\varepsilon^2+\cdots+\varepsilon^n>1+n\varepsilon(n>1)$,于是当 $a<1+n\varepsilon$,即 $n>\frac{a-1}{\varepsilon}$有$\left|\sqrt[n]{a}-1\right|<\varepsilon$成立. 于是取 $N=\left[\frac{a-1}{\varepsilon}\right]$,当 $n>N$ 时,有$\left|\sqrt[n]{a}-1\right|<\varepsilon$,故$\lim\limits_{n\to\infty}\sqrt[n]{a}=1$.

(3) 若 $0<a<1$,令 $a=\frac{1}{b}$,$b>1$,则$\lim\limits_{n\to\infty}\sqrt[n]{a}=\lim\limits_{n\to\infty}\sqrt[n]{\frac{1}{b}}=\dfrac{1}{\lim\limits_{n\to\infty}\sqrt[n]{b}}=1$.

综上所述,$\lim\limits_{n\to\infty}\sqrt[n]{a}=1(a>0)$.

12. **【解】** 由已知可知 $\lim\limits_{x\to 0}\dfrac{f(x)}{\sin 2x}=0$,于是有 $\lim\limits_{x\to 0}\dfrac{\ln\left(1+\frac{f(x)}{\sin 2x}\right)}{3^x-1}=\lim\limits_{x\to 0}\dfrac{\frac{f(x)}{\sin 2x}}{x\ln 3}=\lim\limits_{x\to 0}\dfrac{f(x)}{2x^2\ln 3}=5$,所以$\lim\limits_{x\to 0}\dfrac{f(x)}{x^2}=10\ln 3$.

13. **【解】** 由三角函数的变换公式,改写极限式,得

$$\lim_{n\to\infty}\sin^2(\pi\sqrt{n^2+n})=\lim_{n\to\infty}\sin^2\left[\pi(\sqrt{n^2+n}-n)\right]$$

$$=\lim_{n\to\infty}\sin^2\frac{n\pi}{\sqrt{n^2+n}+n}=\lim_{n\to\infty}\sin^2\frac{\pi}{\sqrt{1+\frac{1}{n}}+1}=\sin^2\frac{\pi}{2}=1.$$

14. **【解】** 极限不存在. 取 $x_n=\frac{1}{n\pi}$,则 $\lim\limits_{n\to\infty}f\left[\varphi\left(\frac{1}{n\pi}\right)\right]=1$;取 $y_n=\frac{1}{n}$,则 $\lim\limits_{n\to\infty}f\left[\varphi\left(\frac{1}{n}\right)\right]=0$,所以极限不存在.

15. **【证明】** 对于任意的 n,由均值不等式,有

$$x_{n+1}=\frac{1}{4}\left(3x_n+\frac{a}{x_n^3}\right)=\frac{1}{4}\left(x_n+x_n+x_n+\frac{a}{x_n^3}\right)\geqslant\sqrt[4]{x_n\cdot x_n\cdot x_n\cdot\frac{a}{x_n^3}}=\sqrt[4]{a},$$

故数列$\{x_n\}$有下界$\sqrt[4]{a}$. 又$\dfrac{x_{n+1}}{x_n}=\dfrac{\frac{1}{4}\left(3x_n+\frac{a}{x_n^3}\right)}{x_n}=\dfrac{1}{4}\left(3+\dfrac{a}{x_n^4}\right)$，由于$x_n\geqslant\sqrt[4]{a}$，故$x_n^4\geqslant a$，$\dfrac{a}{x_n^4}\leqslant 1$，因此$\dfrac{x_{n+1}}{x_n}=\dfrac{1}{4}\left(3+\dfrac{a}{x_n^4}\right)\leqslant 1$，从而数列$\{x_n\}$单调递减. 由单调有界准则可知，$\lim\limits_{n\to\infty}x_n$存在.

令$\lim\limits_{n\to\infty}x_n=A$，对递推式两边同取极限，得$A=\dfrac{1}{4}\left(3A+\dfrac{a}{A^3}\right)$.

因为$x_n\geqslant\sqrt[4]{a}>0$，故由极限的保号性，解得$A=\sqrt[4]{a}$，即$\lim\limits_{n\to\infty}x_n=\sqrt[4]{a}$.

16. **【解】** 当$|x|<1$时，有$f(x)=\lim\limits_{n\to\infty}\arctan(1+x^n)=\dfrac{\pi}{4}$；当$x=1$时，$f(x)=\lim\limits_{n\to\infty}\arctan(1+1)=\arctan 2$

当$x>1$时，$f(x)=\lim\limits_{n\to\infty}\arctan(1+x^n)=\dfrac{\pi}{2}$；

当$x\leqslant -1$时，极限$\lim\limits_{n\to\infty}\arctan(1+x^n)$不存在，函数没有定义.

所以函数定义域为$(-1,+\infty)$，$f(x)=\begin{cases}\pi/4, & -1<x<1\\ \arctan 2, & x=1\\ \pi/2, & x>1\end{cases}$.

显然$f(x)$在区间$(-1,1)\cup(1,+\infty)$连续，$x=1$为间断点，且在$x=1$处左右极限均存在但不相等，为跳跃间断点.

17. **【解】** 函数定义域为$(-\infty,-1)\cup(0,+\infty)$. 由$\lim\limits_{x\to-1^-}\dfrac{x^2}{\sqrt{x^2+x}}=\infty$，$\lim\limits_{x\to0^+}\dfrac{x^2}{\sqrt{x^2+x}}=0$，知曲线有铅直渐近线$x=-1$；

由$\lim\limits_{x\to\infty}\dfrac{x^2}{\sqrt{x^2+x}}=\infty$，知曲线无水平渐近线；又$\lim\limits_{x\to+\infty}\dfrac{y}{x}=\lim\limits_{x\to+\infty}\dfrac{x}{\sqrt{x^2+x}}=1$，

$$\lim_{x\to+\infty}(y-x)=\lim_{x\to+\infty}\left(\frac{x^2}{\sqrt{x^2+x}}-x\right)=\lim_{x\to+\infty}\frac{x(x-\sqrt{x^2+x})}{\sqrt{x^2+x}}$$

$$=\lim_{x\to+\infty}\frac{-x^2}{\sqrt{x^2+x}(x+\sqrt{x^2+x})}=-\frac{1}{2},$$

于是曲线有斜渐近线$y=x-\dfrac{1}{2}$；

由$\lim\limits_{x\to-\infty}\dfrac{y}{x}=\lim\limits_{x\to-\infty}\dfrac{x}{\sqrt{x^2+x}}=-1$，

$$\lim_{x\to-\infty}(y+x)=\lim_{x\to-\infty}\left(\frac{x^2}{\sqrt{x^2+x}}+x\right)=\lim_{x\to-\infty}\frac{x(x+\sqrt{x^2+x})}{\sqrt{x^2+x}}$$

$$=\lim_{x\to-\infty}\frac{-x^2}{\sqrt{x^2+x}(x-\sqrt{x^2+x})}=\frac{1}{2},$$

于是曲线有斜渐近线 $y=-x+\frac{1}{2}$.

18.【证明】 任给 $x_0\in(0,1)$，当 $x>x_0$ 时，由已知两函数的单调性有：$e^x f(x)>e^{x_0}f(x_0)\Rightarrow f(x)>e^{x_0-x}f(x_0)$，$e^{-f(x)}>e^{-f(x_0)}\Rightarrow f(x)<f(x_0)$，即有 $e^{x_0-x}f(x_0)<f(x)<f(x_0)$，又 $\lim\limits_{x\to x_0^+}e^{x_0-x}=1$，于是由夹逼定理知 $\lim\limits_{x\to x_0^+}f(x)=f(x_0)$. 同理可推知 $\lim\limits_{x\to x_0^-}f(x)=f(x_0)$，所以 $\lim\limits_{x\to x_0}f(x)=f(x_0)$，所以 $f(x)$在$(0,1)$内连续.

19.【证明】 首先，因为 $f(x)$在$(-\infty,+\infty)$上连续，所以 $F(x)=f(f(x))$在$(-\infty,+\infty)$上连续，若存在 x_0 使得 $f(x_0)=1$，则 $F(x)$点 x_0 处取最小值 $f(1)$.

由于 $\lim\limits_{x\to\infty}f(x)=+\infty$，所以存在 $a>1,b<1$，使得 $f(a)>1>f(1),f(b)>1>f(1)$. 于是由连续函数的介值定理知，存在 $x_1\in(1,a),x_2\in(b,1)$，使得 $f(x_1)=1,f(x_2)=1$，从而 $f[f(x_1)]=F(x_1)=f(1),f[f(x_2)]=F(x_2)=f(1)$，于是 $F(x)$在 x_1,x_2 两点处取到最小值.

20.【证明】 (1) 由于 $f_n(0)=-2<0,f_n\left(\frac{2}{n}\right)=\left(\frac{2}{n}\right)^n>0$，且 $f_n(x)$在闭区间 $\left[0,\frac{2}{n}\right]$ 连续，于是由零点定理可知，存在 $a_n\in\left(0,\frac{2}{n}\right)$，使得 $f_n(a_n)=0$.

又由 $f_n(x)$在$[0,+\infty)$单调递增，故 a_n 唯一. 综上方程 $f_n(x)=0$ 有且仅有唯一正根.

(2) $n>2$ 时，有 $f_n\left(\frac{2}{n}-\frac{2}{n^2}\right)=\left(\frac{2}{n}-\frac{2}{n^2}\right)^n-\frac{2}{n}<\left(\frac{2}{n}\right)^n-\frac{2}{n}<0$，进一步可知 $a_n\in\left(\frac{2}{n}-\frac{2}{n^2},\frac{2}{n}\right)$. 因此

$$\left(1+\frac{2}{n}-\frac{2}{n^2}\right)^n<(1+a_n)^n<\left(1+\frac{2}{n}\right)^n\Leftrightarrow n\ln\left(1+\frac{2}{n}-\frac{2}{n^2}\right)<n\ln(1+a_n)<n\ln\left(1+\frac{2}{n}\right).$$

又 $\lim\limits_{n\to\infty}n\ln\left(1+\frac{2}{n}\right)=\lim\limits_{n\to\infty}n\cdot\frac{2}{n}=2$，$\lim\limits_{n\to\infty}n\ln\left(1+\frac{2}{n}-\frac{2}{n^2}\right)=\lim\limits_{n\to\infty}n\cdot\left(\frac{2}{n}-\frac{2}{n^2}\right)=2$，于是由夹逼定理可知 $\lim\limits_{n\to\infty}n\ln(1+a_n)=2$，所以 $\lim\limits_{n\to\infty}(1+a_n)^n=e^2$.

第二单元

导数与微分

练习 11　导数的概念

1. 理解导数的概念,会利用导数的定义解决相关极限问题.

2. 理解导数的几何意义,会求平面曲线的切线方程和法线方程;了解导数的物理意义,会用导数描述一些物理量.

3. 理解左右导数的定义,会讨论分段函数的可导性.

4. 理解函数的连续性与可导性之间的关系.

基础练习

1. 用导数的定义求下列函数在指定点处的导数.

(1) $f(x)=x^2(x-2)^3(x+1)$,则 $f'(-1)=$________;

(2) $f(x)=x^2+(x-1)\arcsin\sqrt{\dfrac{x}{1+x}}$,则 $f'(1)=$________;

(3) 设 $f(x)=\varphi(a+bx)-\varphi(a-bx)$,其中 $\varphi(x)$ 在 $x=a$ 处的导数为 $\varphi'(a)=2$,则 $f'(0)=$________.

【参考解答】 (1) $f'(-1)=\lim\limits_{x\to-1}\dfrac{f(x)-f(-1)}{x-(-1)}=\lim\limits_{x\to-1}\dfrac{x^2(x-2)^3(x+1)-0}{x+1}=-27$.

(2) $f'(1)=\lim\limits_{x\to1}\dfrac{f(x)-f(1)}{x-1}=\lim\limits_{x\to1}\dfrac{x^2+(x-1)\arcsin\sqrt{\dfrac{x}{1+x}}-1}{x-1}$

$$=\lim_{x\to1}\left[x+1+\arcsin\sqrt{\frac{x}{1+x}}\right]=2+\frac{\pi}{4}.$$

(3) 由函数表达式可得 $f(0)=0$,所以由导数定义,有

$$\lim_{x\to0}\frac{f(x)-f(0)}{x-0}=\lim_{x\to0}\frac{\varphi(a+bx)-\varphi(a-bx)}{x}$$

$$=\lim_{x\to 0}\frac{[\varphi(a+bx)-\varphi(a)]-[\varphi(a-bx)-\varphi(a)]}{x}$$
$$=b\lim_{x\to 0}\frac{\varphi(a+bx)-\varphi(a)}{bx}+b\lim_{x\to 0}\frac{\varphi(a-bx)-\varphi(a)}{-bx}$$
$$=2b\varphi'(a)=4b.$$

2. 设 $f(x)$ 在 x_0 处可导，且 $f'(x_0)=A$，按照导数的定义求下列极限值.

(1) $\lim\limits_{h\to 0}\frac{f(x_0-h)-f(x_0)}{h}=$______；(2) $\lim\limits_{h\to 0}\frac{f(x_0+2h)-f(x_0)}{h}=$______；

(3) $\lim\limits_{h\to 0}\frac{f(x_0+h)-f(x_0-h)}{h}=$______；(4) $\lim\limits_{h\to 0}\frac{f(x_0+\sin 3h)-f(x_0)}{h}=$______.

【参考解答】 (1) $\lim\limits_{h\to 0}\frac{f(x_0-h)-f(x_0)}{h}=-\lim\limits_{h\to 0}\frac{f(x_0-h)-f(x_0)}{-h}=-f'(x_0)=-A$.

(2) $\lim\limits_{h\to 0}\frac{f(x_0+2h)-f(x_0)}{h}=2\lim\limits_{h\to 0}\frac{f(x_0+2h)-f(x_0)}{2h}=2f'(x_0)=2A$.

(3) 由函数 $f(x)$ 在 x_0 处可导可知 $f(x)$ 在 x_0 处连续，于是

$$\lim_{h\to 0}\frac{f(x_0+h)-f(x_0-h)}{h}=\lim_{h\to 0}\left[\frac{f(x_0+h)-f(x_0)}{h}+\frac{f(x_0-h)-f(x_0)}{-h}\right]$$
$$=f'(x_0)+f'(x_0)=2A.$$

(4) $\lim\limits_{h\to 0}\frac{f(x_0+\sin 3h)-f(x_0)}{h}=\lim\limits_{h\to 0}\frac{f(x_0+\sin 3h)-f(x_0)}{\sin 3h}\cdot\frac{\sin 3h}{h}=3f'(x_0)=3A$.

3. 画出下列分段函数的图形，先观察它们在其分段点处是否连续？指出分段点处的左右导数值，并判断函数在分段点处是否可导.

(1) $f(x)=\begin{cases}x^2, & x\leqslant 0\\ x^3, & x>0\end{cases}$，$f'_-(0)=$______，$f'_+(0)=$______，$f'(0)$______；

(2) $f(x)=\begin{cases}x, & x\leqslant 1\\ x^2, & x>1\end{cases}$，$f'_-(1)=$______，$f'_+(1)=$______，$f'(1)$______；

(3) $f(x)=\begin{cases}x^2, & x\leqslant 1\\ \sqrt{x}, & x>1\end{cases}$，$f'_-(1)=$______，$f'_+(1)=$______，$f'(1)$______.

【答案】 (1) 0,0,0；(2) 1,2,不存在；(3) 2,$\frac{1}{2}$,不存在.

【参考解答】 (1) 图形如图(1)所示，显然

$$f(0-0)=f(0)=f(0+0),$$

函数在 $x=0$ 处连续；

$$f'_-(0)=\lim_{x\to 0^-}\frac{f(x)-f(0)}{x}=\lim_{x\to 0^-}\frac{x^2-0}{x}=0,$$

$$f'_+(0)=\lim_{x\to 0^+}\frac{f(x)-f(0)}{x}=\lim_{x\to 0^-}\frac{x^3-0}{x}=0,$$

于是有 $f'_-(0)=f'_+(0)$，函数在 $x=0$ 处可导，$f'(0)=0$.

(2) 图形如图(2)所示，显然 $f(1-0)=f(1)=f(0+1)$，函数在 $x=1$ 处连续，

$$f'_-(1)=\lim_{x\to1^-}\frac{f(x)-f(1)}{x-1}=\lim_{x\to1^-}\frac{x-1}{x-1}=1,$$

$$f'_+(1)=\lim_{x\to1^+}\frac{f(x)-f(1)}{x-1}=\lim_{x\to1^+}\frac{x^2-1}{x-1}=2.$$

于是有 $f'_-(1)\neq f'_+(1)$，函数在 $x=1$ 处不可导；

(3) 图形如图(3)所示，显然 $f(1-0)=f(1)=f(0+1)$，函数在 $x=1$ 处连续，

$$f'_-(1)=\lim_{x\to1^-}\frac{f(x)-f(0)}{x-1}=\lim_{x\to1^-}\frac{x^2-1}{x-1}=2,$$

$$f'_+(1)=\lim_{x\to1^+}\frac{f(x)-f(1)}{x-1}=\lim_{x\to1^+}\frac{\sqrt{x}-1}{x-1}=\frac{1}{2}.$$

于是有 $f'_-(1)\neq f'_+(1)$，函数在 $x=1$ 处不可导.

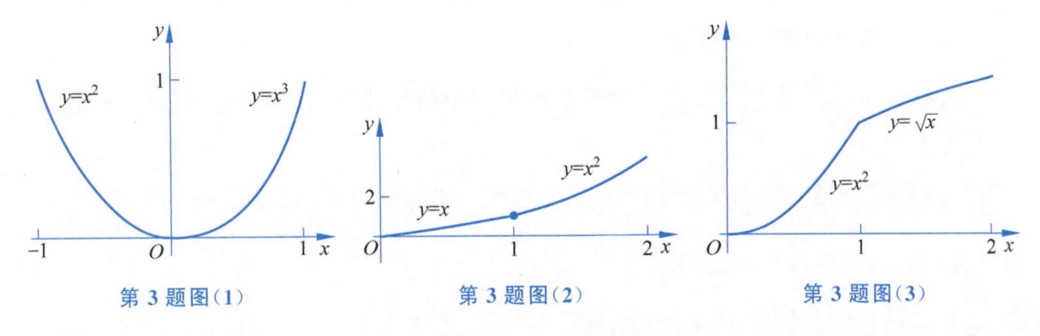

第 3 题图(1)　　第 3 题图(2)　　第 3 题图(3)

4. 考察下列函数在点 $x=0$ 处的连续性和可导性.

(A) $f(x)=\begin{cases}\frac{1}{x}\sin, & x\neq0\\ 0, & x=0\end{cases}$　　(B) $f(x)=\begin{cases}x\sin\frac{1}{x}, & x\neq0\\ 0, & x=0\end{cases}$

(C) $f(x)=\begin{cases}x^2\sin\frac{1}{x}, & x\neq0\\ 0, & x=0\end{cases}$　　(D) $f(x)=\begin{cases}\sqrt{|x|}\sin\frac{1}{x}, & x\neq0\\ 0, & x=0\end{cases}$

则其中不连续的是(　　)，连续但不可导的是(　　)，可导的是(　　).

【答案】 (A)，(B)、(D)，(C).

【参考解答】 (A) 因为 $\lim\limits_{x\to0}\frac{1}{x}\sin x=1\neq f(0)$，所以函数在 $x=0$ 处不连续.

(B) 因为 $\lim\limits_{x\to0}x\sin\frac{1}{x}=0=f(0)$，所以函数在 $x=0$ 处连续，又 $\lim\limits_{x\to0}\frac{f(x)-f(0)}{x-0}=\lim\limits_{x\to0}\sin\frac{1}{x}$ 不存在，所以函数在 $x=0$ 处不可导.

(C) 因为 $\lim\limits_{x\to0}x^2\sin\frac{1}{x}=0=f(0)$，所以函数在 $x=0$ 处连续，又 $\lim\limits_{x\to0}\frac{f(x)-f(0)}{x-0}=\lim\limits_{x\to0}x\sin\frac{1}{x}=0$，所以函数在 $x=0$ 处可导，且 $f'(0)=0$.

(D) 因为 $\lim\limits_{x\to 0}\sqrt{|x|}\sin\dfrac{1}{x^2}=0=f(0)$，所以函数在点 $x=0$ 处连续，又 $\lim\limits_{x\to 0}\dfrac{\sqrt{|x|}\sin\dfrac{1}{x^2}-0}{x-0}=\lim\limits_{x\to 0}\dfrac{\sqrt{|x|}}{x}\sin\dfrac{1}{x^2}$不存在，所以函数在 $x=0$ 处不可导.

5. 设 $f(x)$为可导函数，$f(1)=2$，且满足条件$\lim\limits_{x\to 0}\dfrac{f(1)-f(1-x)}{2x}=-1$，则曲线 $y=f(x)$在点(1,2)处的切线方程为________.

【答案】 $2x+y-4=0$.

【参考解答】 改写极限式，并由导数的极限式定义，得

$$\lim_{x\to 0}\frac{f(1)-f(1-x)}{2x}=\frac{1}{2}\lim_{x\to 0}\frac{f(1-x)-f(1)}{-x}=\frac{1}{2}f'(1)=-1,$$

所以 $f'(1)=-2$，从而由导数的几何意义可知曲线 $y=f(x)$在点(1,2)处的切线斜率 $k=f'(1)=-2$，曲线的切线方程为 $2x+y-4=0$.

6. 抛物线 $y=x^2$ 上点________处的切线平行于曲线上过(1,1)及(3,9)两点的割线.

【答案】 (2,4).

【参考解答】 抛物线 $y=x^2$ 在其上任意一点(x,y)处的切线斜率为 $k_1=y'=2x$，经过(1,1)和(3,9)两点的割线的斜率为 $k_2=\dfrac{9-1}{3-1}=4$，则由 $k_1=k_2$ 有 $2x=4$，即 $x=2$，因此点(2,4)处的切线的斜率平行于该割线.

综合练习

7. 证明：若函数 $f(x)$满足 $f(a-x)=f(a+x)(a\neq 0)$，且 $f'(0)=b$，则 $f(x)$在 $x=2a$ 处可导，并求 $f'(2a)$.

【参考证明】 由已知有 $f(2a-x)=f(a+(a-x))=f(a-(a-x))=f(x)$，令 $x=0$，$f(2a)=f(0)$，于是

$$f'(2a)=\lim_{h\to 0}\frac{f(2a-h)-f(2a)}{-h}=-\lim_{h\to 0}\frac{f(h)-f(0)}{h}=-f'(0)=-b,$$

所以 $f(x)$在 $x=2a$ 处可导且 $f'(2a)=-b$.

8. 已知函数 $\varphi(x)$在 $x=a$ 处连续，研究函数 $f(x)=|x-a|\varphi(x)$在 $x=a$ 处的可导性. 利用这一结果判断函数 $f(x)=(x^2-x)|x^2-3x+2|$有几个不可导的点.

【参考解答】 因为 $\varphi(x)$在 $x=a$ 处连续，有$\lim\limits_{x\to a}\varphi(x)=\varphi(a)$，又 $f(a)=0$，则

$$f'_+(a)=\lim_{x\to a^+}\frac{f(x)-f(a)}{x-a}=\lim_{x\to a^+}\frac{(x-a)\varphi(x)}{x-a}=\varphi(a),$$

$$f'_-(a)=\lim_{x\to a^-}\frac{f(x)-f(a)}{x-a}=\lim_{x\to a^-}\frac{(a-x)\varphi(x)}{x-a}=-\varphi(a).$$

于是当且仅当 $\varphi(a)=-\varphi(a)$，即 $\varphi(a)=0$ 时，有 $f'_+(x)=f'_-(x)$，$f(x)$在 $x=a$ 处可导.

由于 $f(x)=(x^2-x)|x^2-3x+2|=(x^2-x)|x-1|\cdot|x-2|=\varphi_1(x)|x-1|=\varphi_2(x)|x-2|$，而 $\varphi_1(1)=0$，$\varphi_2(2)=2\neq0$，所以 $f(x)$ 只有一个不可导点 $x=2$.

9. 证明：双曲线 $xy=a^2$ 上任一点处的切线与两坐标轴构成的三角形面积都等于 $2a^2$.

【参考证明】 双曲线上一点 $\left(m,\dfrac{a^2}{m}\right)$ 处的切线斜率为 $k=y'|_{x=x_0}=-\dfrac{a^2}{m^2}$，切线方程为 $y-\dfrac{a^2}{m}=-\dfrac{a^2}{m^2}(x-m)$，截距式为 $\dfrac{y}{\dfrac{2a^2}{m}}+\dfrac{x}{2m}=1$，它与两坐标轴围成的三角形面积为

$S=\dfrac{1}{2}\dfrac{2a^2}{m}\cdot 2m=2a^2$.

10. 设 $f(x)$，$g(x)$ 在 $(-\infty,+\infty)$ 上有定义，$f(0)=0$，$g(0)=1$，$f'(0)=1$，$g'(0)=0$，且对于任意的 x，y 恒有 $f(x+y)=f(x)g(y)+f(y)g(x)$，求 $f'(x)$.

【参考解答】 由 $f(0)=0$，$g(0)=1$，$f'(0)=1$，$g'(0)=0$，有

$$\begin{aligned}
f'(x)&=\lim_{h\to0}\frac{f(x+h)-f(x)}{h}=\lim_{h\to0}\frac{f(x)g(h)+f(h)g(x)-f(x)}{h}\\
&=\lim_{h\to0}\left[f(x)\frac{g(h)-1}{h}+g(x)\frac{f(h)-0}{h}\right]\\
&=\lim_{h\to0}\left[f(x)\frac{g(h)-g(0)}{h}+g(x)\frac{f(h)-f(0)}{h}\right]\\
&=f(x)g'(0)+g(x)f'(0)=g(x).
\end{aligned}$$

11. 设函数 $f(x)$ 在 $[a,b]$ 上连续，且满足 $f(a)=f(b)=0$，$f'_+(a)$，$f'_-(b)$ 存在，$f'_+(a)\cdot f'_-(b)>0$. 证明：$f(x)$ 在 (a,b) 内存在零点.

【参考证明】 由于 $f'_+(a)\cdot f'_-(b)>0$，不妨设 $f'_+(a)>0$，$f'_-(b)>0$. 由导数定义有

$$f'_+(a)=\lim_{x\to a^+}\frac{f(x)-f(a)}{x-a}>0,\quad f'_-(b)=\lim_{x\to b^-}\frac{f(x)-f(b)}{x-b}>0.$$

由极限的保号性知，必定存在 $\delta_1>0$，$\delta_2>0$，使得对任意的 $x\in(a,a+\delta_1)$，总有 $\dfrac{f(x)-f(a)}{x-a}>0$，对任意的 $x\in(b-\delta_2,b)$，总有 $\dfrac{f(x)-f(b)}{x-b}>0$.

取 $x_1\in(a,a+\delta_1)$，则 $f(x_1)>0$，取 $x_2\in(b-\delta_2,b)$，则 $f(x_2)<0$.

又 $f(x)$ 在 $[a,b]$ 上连续，可知 $f(x)$ 在 $[x_1,x_2]\subset(a,b)$ 上连续，由闭区间上连续函数的介值定理可知，必存在 $\xi\in(x_1,x_2)\subset(a,b)$，使得 $f(\xi)=0$，即所证结论成立.

考研与竞赛练习

1. 设函数 $f(x)$ 在 $x=0$ 处连续，下列命题错误的是(　　).

(A) 若$\lim\limits_{x\to0}\dfrac{f(x)}{x}$存在，则 $f(0)=0$

(B) 若$\lim\limits_{x\to0}\dfrac{f(x)+f(-x)}{x}$存在，则 $f(0)=0$

(C) 若$\lim\limits_{x\to0}\dfrac{f(x)}{x}$存在，则 $f'(0)$存在

(D) 若$\lim\limits_{x\to0}\dfrac{f(x)-f(-x)}{x}$存在，则 $f'(0)$存在

【答案】 (D).

【参考解答】 **【法 1】**(排除法)　因为$\lim\limits_{x\to0}\dfrac{f(x)}{x}$存在，所以$\lim\limits_{x\to0}f(x)=0$，由 $f(x)$在 $x=0$ 处连续，得 $f(0)=0$. 因此(A)正确，排除；同理也排除(B).

因为$\lim\limits_{x\to0}\dfrac{f(x)}{x}=\lim\limits_{x\to0}\dfrac{f(x)-f(0)}{x}$存在，所以由导数的定义可得 $f'(0)$存在. 因此(C)正确，排除. 故正确选项为(D).

【法 2】(直接法)　因为 $\lim\limits_{x\to0}\dfrac{f(x)-f(-x)}{x}=\lim\limits_{x\to0}\left[\dfrac{f(x)-f(0)}{x}+\dfrac{f(0)-f(-x)}{x}\right]$存在，可得$\lim\limits_{x\to0}\dfrac{f(x)-f(0)}{x}$，$\lim\limits_{x\to0}\dfrac{f(0)-f(-x)}{x}$同时存在[$f'(0)$存在]或同时不存在，所以(D)不正确. 反例：$f(x)=|x|$在 $x=0$ 处不可导，但有

$$f(0)=0,\quad \lim_{x\to0}\frac{f(x)-f(-x)}{x}=\lim_{x\to0}\frac{|x|-|-x|}{x}=0.$$

2. 设 $f(0)=0$，则 $f(x)$在 $x=0$ 处可导的充要条件为(　　).

(A) $\lim\limits_{h\to0}\dfrac{f(1-\cos h)}{h^2}$存在

(B) $\lim\limits_{h\to0}\dfrac{f(1-e^h)}{h}$存在

(C) $\lim\limits_{h\to0}\dfrac{f(h-\sin h)}{h^2}$存在

(D) $\lim\limits_{h\to0}\dfrac{f(2h)-f(h)}{h}$存在

【参考解答】　由导数的定义可知 $f(x)$在 $x=0$ 处可导的充要条件为：极限$\lim\limits_{\alpha\to0}\dfrac{f(\alpha)-f(0)}{\alpha}$存在，其中 α 为 $x\to0$ 的无穷小.

(A) 记 $1-\cos h=\alpha$，则 $h\to0$ 时，$\alpha=1-\cos h\sim\dfrac{h^2}{2}\to0^+$，题设即 $\lim\limits_{h\to0}\dfrac{f(1-\cos h)}{h^2}=\lim\limits_{\alpha\to0^+}\dfrac{f(\alpha)-f(0)}{2\alpha}$存在，等价于 $f'_+(0)$存在.

(B) 记 $1-e^h=\alpha$，则 $h\to0$ 时，$\alpha=1-e^h\sim-h\to0$，题设即 $\lim\limits_{h\to0}\dfrac{f(1-e^h)}{h}=-\lim\limits_{\alpha\to0}\dfrac{f(\alpha)-f(0)}{\alpha}$存在，等价于 $f'(0)$存在.

(C) 记 $h-\sin h=\alpha$，则 $h\to0$ 时，$\alpha=h-\sin h\sim\dfrac{h^3}{6}\to0^+$，题设即 $\lim\limits_{h\to0}\dfrac{f(h-\sin h)}{h^2}=$

$\lim\limits_{\alpha\to 0^+}\dfrac{f(\alpha)-f(0)}{6\alpha}$存在,等价于 $f'_+(0)$存在.

(D) 极限$\lim\limits_{h\to 0}\dfrac{f(2h)-f(h)}{h}$与 $f(x)$在 $x=0$ 处的取值无关,例如 $f(x)=\begin{cases}x, & x\neq 0\\ 1, & x=0\end{cases}$,显然 $f(x)$在 $x=0$ 处不连续,不可导,但是$\lim\limits_{h\to 0}\dfrac{f(2h)-f(h)}{h}=\lim\limits_{h\to 0}\dfrac{2h-h}{h}=1$.

故正确选项为(B).

3. 设曲线 $y=f(x)$和 $y=x^2-x$ 在点(1,0)处有公共的切线,则 $\lim\limits_{n\to\infty}nf\left(\dfrac{n}{n+2}\right)=$________.

【参考解答】 因为 $y=f(x)$与 $y=x^2-x$ 在点(1,0)处有公共切线,所以 $f(1)=(x^2-x)|_{x=1}=0$,$f'(1)=(x^2-x)'|_{x=1}=(2x+1)|_{x=1}=1$,于是可得

$$\lim_{n\to\infty}nf\left(\frac{n}{n+2}\right)=\lim_{n\to\infty}\frac{-2n}{n+2}\cdot\lim_{n\to\infty}\frac{f\left(1-\dfrac{2}{n+2}\right)-f(1)}{-\dfrac{2}{n+2}}=-2\cdot f'(1)=-2.$$

4. 已知函数 $f(x)=\begin{cases}x, & x\leqslant 0,\\ \dfrac{1}{n}, & \dfrac{1}{n+1}<x\leqslant\dfrac{1}{n}, n=1,2,\cdots\end{cases}$,则(　　).

(A) $x=0$ 是 $f(x)$的第一类间断点　　(B) $x=0$ 是 $f(x)$的第二类间断点

(C) $f(x)$在 $x=0$ 处连续但不可导　　(D) $f(x)$在 $x=0$ 处可导

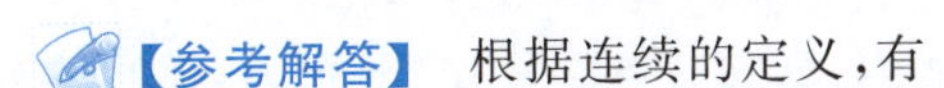

【参考解答】 根据连续的定义,有

$$\lim_{x\to 0^-}f(x)=\lim_{x\to 0^-}x=0,\quad \lim_{x\to 0^+}f(x)=\lim_{n\to+\infty}\frac{1}{n}=0,$$

所以 $\lim\limits_{x\to 0^-}f(x)=\lim\limits_{x\to 0^+}f(x)=0$,即函数在 $x=0$ 处连续.

根据导数的定义,有 $f'_-(0)=\lim\limits_{x\to 0^-}\dfrac{f(x)-f(0)}{x-0}=\lim\limits_{x\to 0^-}\dfrac{x-0}{x-0}=1$,而 $0<\dfrac{1}{n+1}<x\leqslant\dfrac{1}{n}$ 时有 $1\leqslant\dfrac{f(x)-0}{x-0}<\dfrac{n+1}{n}\to 1\ (x\to 0^+, n\to+\infty)$,于是由夹逼定理有 $f'_+(0)=\lim\limits_{x\to 0^+}\dfrac{f(x)-f(0)}{x-0}=1$,即 $f'_-(0)=f'_+(0)$,所以函数在 $x=0$ 处可导,故正确选项为(D).

5. 已知 $f(x)$是周期为 5 的连续函数,它在 $x=0$ 的某个邻域内满足关系式

$$f(1+\sin x)-3f(1-\sin x)=8x+\alpha(x),$$

其中 $\alpha(x)$是当 $x\to 0$ 时比 x 高阶的无穷小,且 $f(x)$在 $x=1$ 处可导,求曲线 $y=f(x)$在点$(6,f(6))$处的切线方程.

【参考解答】 对已知等式两端取极限,由函数连续得 $f(1)-3f(1)=0$,解得 $f(1)=0$.

又因为 $x\to 0$ 时,$\sin x\sim x$,令 $\sin x=t$,有

$$\lim_{x\to 0}\frac{f(1+\sin x)-3f(1-\sin x)}{\sin x}=\lim_{t\to 0}\left[\frac{f(1+t)-f(1)}{t}+3\,\frac{f(1-t)-f(1)}{-t}\right]$$
$$=f'(1)+3f'(1)=4f'(1).$$

又 $\lim\limits_{x\to 0}\dfrac{8x+\alpha(x)}{\sin x}=\lim\limits_{x\to 0}\left[\dfrac{8x+\alpha(x)}{x}\cdot\dfrac{x}{\sin x}\right]=8$，所以有 $4f'(1)=8$，解得 $f'(1)=2$。由于 $f(x)$ 的周期为 5，所以 $f(6)=f(1)=0$，$f'(6)=f'(1)=2$，从而所求的切线方程为 $y=2(x-6)$。

6．设函数 $f(x)$ 在 $(-\infty,+\infty)$ 上有定义，在区间 $[0,2]$ 上 $f(x)=x(x^2-4)$。若对任意的 x 都满足 $f(x)=kf(x+2)$，其中 k 为常数。

(1) 写出 $f(x)$ 在 $[-2,0]$ 上的表达式；(2) 问 k 为何值时，$f(x)$ 在 $x=0$ 处可导。

【参考解答】 (1) 当 $-2\leqslant x<0$，则 $0\leqslant x+2<2$，由题设可得

$$f(x)=kf(x+2)=k(x+2)[(x+2)^2-4]=kx(x+2)(x+4).$$

(2) 由上可知当 $x\in[-2,2]$ 时，$f(x)=\begin{cases}kx(x+2)(x+4), & x\in[-2,0)\\ x(x^2-4), & x\in[0,2]\end{cases}$，由分段函数分界点可导性的讨论思路与左右导数的定义，有

$$f'_+(0)=\lim_{x\to 0^+}\frac{f(x)-f(0)}{x-0}=\lim_{x\to 0^+}\frac{x(x^2-4)-0}{x}=-4,$$
$$f'_-(0)=\lim_{x\to 0^-}\frac{f(x)-f(0)}{x-0}=\lim_{x\to 0^-}\frac{kx(x+2)(x+4)-0}{x}=8k.$$

令 $f'_-(0)=f'_+(0)$，得 $k=-\dfrac{1}{2}$。即当 $k=-\dfrac{1}{2}$ 时，$f(x)$ 在 $x=0$ 处可导。

7．设 $f(x)$ 是定义在 $(-1,1)$ 上的实值函数，且 $f'(0)$ 存在，又 $\{a_n\}$，$\{b_n\}$ 是两个数列，满足 $-1<a_n<0<b_n<1$，$\lim\limits_{n\to\infty}a_n=\lim\limits_{n\to\infty}b_n=0$，证明：

$$\lim_{n\to\infty}\frac{f(b_n)-f(a_n)}{b_n-a_n}=f'(0).$$

【参考证明】 由 $f'(0)$ 存在有 $\lim\limits_{x\to 0}\dfrac{f(x)-f(0)}{x}=f'(0)$，又 $\lim\limits_{n\to\infty}a_n=\lim\limits_{n\to\infty}b_n=0$，于是有 $\lim\limits_{n\to\infty}\dfrac{f(a_n)-f(0)}{a_n}=f'(0)$，$\lim\limits_{n\to\infty}\dfrac{f(b_n)-f(0)}{b_n}=f'(0)$，于是，对于给定的 $\varepsilon>0$，存在 $N\in\mathbb{N}^+$，当 $n>N$ 时有 $\left|\dfrac{f(a_n)-f(0)}{a_n}-f'(0)\right|<\dfrac{\varepsilon}{2}$，$\left|\dfrac{f(b_n)-f(0)}{b_n}-f'(0)\right|<\dfrac{\varepsilon}{2}$ 成立，又由 $-1<a_n<0<b_n<1$ 有 $|b_n-a_n|=|b_n|+|a_n|$，于是

$$\left|\frac{f(b_n)-f(a_n)}{b_n-a_n}-f'(0)\right|\leqslant\left|\frac{f(a_n)-f(0)-a_nf'(0)}{b_n-a_n}\right|+\left|\frac{f(b_n)-f(0)-b_nf'(0)}{b_n-a_n}\right|$$
$$\leqslant\left|\frac{f(a_n)-f(0)-a_nf'(0)}{a_n}\right|+\left|\frac{f(b_n)-f(0)-b_nf'(0)}{b_n}\right|$$
$$<\frac{\varepsilon}{2}+\frac{\varepsilon}{2}=\varepsilon,$$

由极限的定义可知 $\lim\limits_{n\to\infty}\dfrac{f(b_n)-f(a_n)}{b_n-a_n}=f'(0)$.

练习 12　导数的基本计算方法

训练目的

1. 熟练掌握导数的四则运算法则和复合函数的求导法则,了解反函数的求导公式.
2. 熟练掌握基本初等函数的求导公式.
3. 会求初等函数的导数,会求含抽象函数形式的函数的导数.

基础练习

1. 求下列函数的导数.

(1) $y=x^2+\dfrac{5}{x^3}+\sqrt[3]{x}+\dfrac{1}{\sqrt[3]{x}}+\dfrac{1}{\sqrt{3}}$,则 $y'=$ ________;

(2) $y=5x^3-3^x+3e^x$,则 $y'=$ ________;

(3) $y=2\tan x+\sec x-2$,则 $y'=$ ________;

(4) $y=\arctan x-\ln x$,则 $y'=$ ________;

(5) $y=e^x\cos x$,则 $y'=$ ________;

(6) $y=\dfrac{\ln x}{x}$,则 $y'=$ ________;

(7) $s=\dfrac{\sin t}{1+\cos t}$,则 $s'=$ ________;

(8) $y=\sqrt{2-x}$,则 $y'=$ ________;

(9) $y=\tan x^2$,则 $y'=$ ________;

(10) $y=\ln\cos x$,则 $y'=$ ________;

(11) $y=(\arcsin x)^2$,则 $y'=$ ________;

(12) $y=\dfrac{1}{\sqrt{1-x^2}}$,则 $y'=$ ________.

【答案】 (1) $2x-\dfrac{15}{x^4}+\dfrac{1}{3\sqrt[3]{x^2}}-\dfrac{1}{3x\sqrt[3]{x}}$; (2) $15x^2-3^x\ln 3+3e^x$;

(3) $2\sec^2 x+\sec x\tan x$; (4) $\dfrac{1}{1+x^2}-\dfrac{1}{x}$; (5) $e^x(\cos x-\sin x)$;

(6) $\dfrac{1-\ln x}{x^2}$; (7) $\dfrac{1}{1+\cos t}$; (8) $-\dfrac{1}{2\sqrt{2-x}}$; (9) $2x\sec^2 x^2$;

(10) $-\tan x$; (11) $\dfrac{2\arcsin x}{\sqrt{1-x^2}}$; (12) $\dfrac{x}{(1-x^2)\sqrt{1-x^2}}$.

2. 求下列函数在指定点处的导数.

(1) $\rho(\theta)=\theta\sin\theta+\frac{1}{2}\cos\theta$,则 $\rho'(\pi)=$______;

(2) $y=\frac{2}{\ln x}$,则 $y'|_{x=4}=$______;

(3) 设函数 $g(x)$ 可导,$h(x)=e^{1+g(x)}$,$h'(1)=1$,$g(1)=-2$,则 $g'(1)=$______.

【参考解答】 (1) $\rho'(\theta)=\frac{1}{2}\sin\theta+\theta\cos\theta$,所以 $\rho'(\pi)=-\pi$.

(2) $y'=\frac{-2\frac{1}{x}}{(\ln x)^2}=-\frac{2}{x(\ln x)^2}$,$y'|_{x=4}=\frac{-2}{4(\ln 4)^2}=-\frac{1}{8(\ln 2)^2}$;

(3) $h'(x)=g'(x)e^{1+g(x)}$,代入 $x=1$,$h'(1)=1$,$g(1)=-2$,可得 $1=g'(1)e^{1-2}$,解得 $g'(1)=e$.

综合练习

3. 求下列函数的导数.

(1) $y=\ln(1+e^{-x})$;

(2) $y=\ln(\sec x+\tan x)$;

(3) $y=\sqrt{x+\sqrt{x}}$;

(4) $y=e^{5x}\tan\sqrt{x}$;

(5) $y=\frac{e^t-e^{-t}}{e^t+e^{-t}}$;

(6) $y=\arcsin\sqrt{\frac{1-x}{1+x}}$;

(7) $y=e^{-\sin^2\frac{1}{x}}$;

(8) $y=\left(1+\frac{1}{x}\right)^x$.

【参考解答】 (1) $y'=\frac{1}{1+e^{-x}}\cdot(-e^{-x})=-\frac{1}{e^x+1}$;

(2) $y'=\frac{1}{\sec x+\tan x}\cdot(\sec x\cdot\tan x+\sec^2 x)=\sec x$;

(3) $y'=\frac{1}{2\sqrt{x+\sqrt{x}}}\left(1+\frac{1}{2\sqrt{x}}\right)=\frac{2\sqrt{x}+1}{4\sqrt{x}\sqrt{x+\sqrt{x}}}=\frac{2\sqrt{x}+1}{4\sqrt{x^2+x\sqrt{x}}}$;

(4) $y'=(e^{5x})'\cdot\tan\sqrt{x}+e^{5x}(\tan\sqrt{x})'=5e^{5x}\tan\sqrt{x}+\frac{e^{5x}\sec^2\sqrt{x}}{2\sqrt{x}}$

$$=e^{5x}\left[5\tan\sqrt{x}+\frac{\sec^2\sqrt{x}}{2\sqrt{x}}\right];$$

(5) $y'=\frac{(e^t+e^{-t})(e^t+e^{-t})-(e^t-e^{-t})(e^t-e^{-t})}{(e^t+e^{-t})^2}=\frac{4}{(e^t+e^{-t})^2}$;

(6) $y'=\frac{1}{\sqrt{1-\frac{1-x}{1+x}}}\cdot\frac{1}{2\sqrt{\frac{1-x}{1+x}}}\cdot\frac{-(1+x)-(1-x)}{(1+x)^2}=-\frac{\sqrt{2x(1-x)}}{2x(1-x^2)}$;

(7) $y'=e^{-\sin^2\frac{1}{x}}\left(-2\sin\frac{1}{x}\cos\frac{1}{x}\right)\left(-\frac{1}{x^2}\right)=\frac{1}{x^2}e^{-\sin^2\frac{1}{x}}\sin\frac{2}{x}$;

(8) $y'=\left[e^{x\ln\left(1+\frac{1}{x}\right)}\right]'=\left(1+\frac{1}{x}\right)^x\left[\ln\left(1+\frac{1}{x}\right)+x\cdot\frac{1}{1+\frac{1}{x}}\cdot\left(-\frac{1}{x^2}\right)\right]$

$$=\left(1+\frac{1}{x}\right)^x\left[\ln\left(1+\frac{1}{x}\right)-\frac{1}{1+x}\right].$$

4. 已知函数 $y=g(x)$是 $f(x)=2\sin x+x^2+1$ 在 $x=0$ 附近的反函数,求曲线 $y=g(x)$上横坐标为 $x=1$ 的点处的切线方程和法线方程.

【参考解答】 由于 $f(0)=1$,于是其反函数 $g(1)=0$,对应曲线 $y=g(x)$上点$(1,0)$.又 $f'(0)=(2\cos x+2x)_{x=0}=2$,于是曲线 $y=g(x)$在点$(1,0)$处的切线斜率 $k=g'(1)=\frac{1}{f'(0)}=\frac{1}{2}$,于是所求切线方程为

$$y-0=\frac{1}{2}(x-1),\quad 即\ x-2y-1=0,$$

所求法线方程为 $y-0=-2(x-1)$,即 $2x+y-2=0$.

5. 利用复合函数的导数运算法则证明:

(1) 可导的奇函数的导函数是偶函数,可导的偶函数的导函数是奇函数;

(2) 可导的周期函数的导函数是周期函数,且有相同的周期.

【参考证明】 (1) 设 $f(x)$为可导的偶函数,即 $f(x)=f(-x)$,于是

$$f'(x)=[f(-x)]'=-f'(-x),$$

所以导函数为奇函数;设 $f(x)$为可导的奇函数,即 $f(x)=-f(-x)$,于是

$$f'(x)=[-f(-x)]'=f'(-x),$$

所以导函数为偶函数.

(2) 设 $f(x)$是以 T 为周期的周期函数,即 $f(x)=f(x+T)$.于是

$$f'(x)=[f(x+T)]'=1\cdot f'(x+T)=f'(x+T),$$

即 $f'(x)$也是以 T 为周期的周期函数.

6. 已知函数 $f(x)$可导,$F(x)=f(x)-f\left(\frac{1}{x}\right)$,证明:$F'\left(\frac{1}{x}\right)=x^2F'(x)$.

【参考解答】 **【法 1】** 显然 $F(x)$在 $x\neq0$ 处可导,且 $F'(x)=f'(x)+\frac{1}{x^2}f'\left(\frac{1}{x}\right)$,于是 $F'\left(\frac{1}{x}\right)=f'\left(\frac{1}{x}\right)+x^2f'(x)$,所以 $F'\left(\frac{1}{x}\right)=x^2F'(x)$.

【法 2】 显然 $F(x)$在 $x\neq0$ 处可导,由 $F(x)=f(x)-f\left(\frac{1}{x}\right)$有 $F(x)=-F\left(\frac{1}{x}\right)$,于是 $F'(x)=\left[-F\left(\frac{1}{x}\right)\right]'=\frac{1}{x^2}F'\left(\frac{1}{x}\right)$,所以 $F'\left(\frac{1}{x}\right)=x^2F'(x)$.

7. 设 $f(t)=\lim\limits_{x\to\infty}t\left(1+\frac{1}{x}\right)^{2xt}$,求 $f'(t)$.

【参考解答】 由于 $f(t)=\lim\limits_{x\to\infty} t\left[\left(1+\dfrac{1}{x}\right)^{x}\right]^{2t}=te^{2t}$，所以

$$f'(t)=(te^{2t})'=e^{2t}+2te^{2t}=(1+2t)e^{2t}.$$

8. 设函数 $f(x)=\begin{cases}x^{\alpha}\cos\dfrac{1}{x^{\beta}}, & x>0\\ 0, & x\leqslant 0\end{cases}$ $(\alpha>0,\beta>0)$，

(1) 问 α,β 满足什么条件，可使 $f(x)$ 在 $x=0$ 处可导，并求 $f'(x)$；

(2) 问 α,β 满足什么条件，可使 $f'(x)$ 在 $x=0$ 处连续.

【参考解答】 (1) 显然 $f(0-0)=f(0)=f(0+0)=0$，函数 $f(x)$ 在 $x=0$ 处连续.

当 $x\neq 0$ 时，由公式法求导可得

$$f'(x)=\begin{cases}\alpha x^{\alpha-1}\cos\dfrac{1}{x^{\beta}}+\beta x^{\alpha-\beta-1}\sin\dfrac{1}{x^{\beta}}, & x>0\\ 0, & x<0.\end{cases}$$

当 $x=0$ 时，由定义法求导可得

$$f'_{-}(0)=\lim_{x\to 0^{-}}\frac{f(x)-f(0)}{x}=\lim_{x\to 0^{-}}\frac{0-0}{x}=0,$$

$$f'_{+}(0)=\lim_{x\to 0^{+}}\frac{f(x)-f(0)}{x}=\lim_{x\to 0^{+}}\frac{x^{\alpha}\cos\dfrac{1}{x^{\beta}}-0}{x}=\lim_{x\to 0^{+}}x^{\alpha-1}\cos\frac{1}{x^{\beta}}.$$

于是仅当 $\alpha>1$ 时有 $f'_{+}(0)=0=f'_{-}(0)$，此时函数在 $x=0$ 可导，且 $f'(0)=0$，

$$f'(x)=\begin{cases}\alpha x^{\alpha-1}\cos\dfrac{1}{x^{\beta}}+\beta x^{\alpha-\beta-1}\sin\dfrac{1}{x^{\beta}}, & x>0\\ 0, & x\leqslant 0.\end{cases}$$

(2) 要使 $f'(x)$ 在 $x=0$ 处连续，即需 $f'(0-0)=f'(0)=f'(0+0)$，显然 $f'(0-0)=f'(0)$，在 $x=0$ 处 $f'(x)$ 左连续，又

$$f(0+0)=\lim_{x\to 0^{+}}f'(x)=\lim_{x\to 0^{+}}\left(\alpha x^{\alpha-1}\cos\frac{1}{x^{\beta}}+\beta x^{\alpha-\beta-1}\sin\frac{1}{x^{\beta}}\right),$$

故 $\alpha-\beta-1>0$ 时，有 $f'(0+0)=0=f'(0)$，在 $x=0$ 处 $f'(x)$ 右连续. 即有 $\alpha-\beta-1>0$ 时，在 $x=0$ 处 $f'(x)$ 右连续.

考研与竞赛练习

1. 已知 $y=f\left(\dfrac{3x-2}{3x+2}\right)$，$f'(x)=\arctan x^{2}$，则 $\left.\dfrac{dy}{dx}\right|_{x=0}=$________.

【参考解答】 直接由复合函数求导，得

$$y'=f'\left(\frac{3x-2}{3x+2}\right)\cdot\left(\frac{3x-2}{3x+2}\right)'=\arctan\left(\frac{3x-2}{3x+2}\right)^{2}\cdot\frac{12}{(3x+2)^{2}},$$

代入 $x=0$，得 $\left.\dfrac{dy}{dx}\right|_{x=0}=\arctan 1\cdot\dfrac{12}{4}=\dfrac{3\pi}{4}$.

2. 设 $f(x)$ 为可导函数，证明：若 $x=1$ 时，有 $\frac{\mathrm{d}}{\mathrm{d}x}f(x^2)=\frac{\mathrm{d}}{\mathrm{d}x}f^2(x)$，则必有 $f'(1)=0$ 或 $f(1)=1$.

【参考证明】 由复合函数求导法则，有

$$\frac{\mathrm{d}}{\mathrm{d}x}f(x^2)=2x\cdot f'(x^2),\quad \frac{\mathrm{d}}{\mathrm{d}x}f^2(x)=2f(x)\cdot f'(x),$$

故由题设等式，有 $xf'(x^2)=f(x)f'(x)$，代入 $x=1$，得 $f'(1)[1-f(1)]=0$，即 $f'(1)=0$ 或 $f(1)=1$.

3. 若 $f(t)=\left(\tan\frac{\pi t}{4}-1\right)\left(\tan\frac{\pi t^2}{4}-2\right)\cdots\left(\tan\frac{\pi t^{100}}{4}-100\right)$，求 $f'(1)$.

【参考解答】 **【法 1】** 记 $f(t)=\varphi(t)\psi(t)$，其中 $\varphi(t)=\tan\frac{\pi t}{4}-1$，

$$\psi(t)=\left(\tan\frac{\pi t^2}{4}-2\right)\left(\tan\frac{\pi t^3}{4}-3\right)\cdots\left(\tan\frac{\pi t^{100}}{4}-100\right),$$

则由求导的乘法法则，得 $f'(t)=\varphi'(t)\psi(t)+\psi'(t)\varphi(t)$. 故 $f'(1)=\varphi'(1)\psi(1)+\varphi'(1)\varphi(1)$.

其中 $\varphi(1)=0$，$\varphi'(1)=\frac{\pi}{4}\sec^2\frac{\pi t}{4}\Big|_{t=1}=\frac{\pi}{2}$，

$$\psi(1)=\left(\tan\frac{\pi}{4}-2\right)\cdots\left(\tan\frac{\pi}{4}-100\right)=(-1)\cdots(-99)=(-1)^{99}\cdot 99!=-99!,$$

故得 $f'(1)=\frac{\pi}{2}\cdot(-99!)=\frac{-99!\,\pi}{2}$.

【法 2】 由于 $f(1)=0$，直接由导数的定义，有

$$f'(1)=\lim_{t\to1}\frac{f(t)-f(1)}{t-1}=\lim_{t\to1}\frac{\left(\tan\frac{\pi t}{4}-1\right)\left(\tan\frac{\pi t^2}{4}-2\right)\cdots\left(\tan\frac{\pi t^{100}}{4}-100\right)}{t-1}$$

$$=-99!\cdot\lim_{t\to1}\frac{\tan\frac{\pi t}{4}-1}{t-1}=-99!\lim_{t\to1}\frac{\sqrt{2}\sin\left[\frac{\pi}{4}(t-1)\right]}{(t-1)\cos\frac{\pi t}{4}}$$

$$=-99!\cdot 2\lim_{t\to1}\frac{\sin\frac{\pi}{4}(t-1)}{(t-1)}=-\frac{99!\,\pi}{2}.$$

4. 设 $f(x)=\begin{cases}x^{\lambda}\cos\frac{1}{x}, & x\neq0\\ 0, & x=0\end{cases}$，其导函数在 $x=0$ 处连续，求 λ 的取值范围.

【参考解答】 由于 $\lim\limits_{x\to0}\frac{f(x)-f(0)}{x-0}=\lim\limits_{x\to0}x^{\lambda-1}\cos\frac{1}{x}$，因此当 $\lambda>1$ 时 $f'(0)=0$，当 $\lambda\leqslant1$ 时 $f(x)$ 在 $x=0$ 处不可导. 因此，当 $\lambda>1$ 时，有

$$f'(x)=\begin{cases}\lambda x^{\lambda-1}\cos\frac{1}{x}+x^{\lambda-2}\sin\frac{1}{x}, & x\neq0\\ 0, & x=0\end{cases},$$

当 $1<\lambda\leqslant 2$ 时，$\lim\limits_{x\to 0}\lambda x^{\lambda-1}\cos\dfrac{1}{x}=0$，$\lim\limits_{x\to 0}x^{\lambda-2}\sin\dfrac{1}{x}$ 不存在，此时 $f'(x)$ 在 $x=0$ 处不连续. 当 $\lambda>2$ 时，$\lim\limits_{x\to 0}f'(x)=\lim\limits_{x\to 0}\left(\lambda x^{\lambda-1}\cos\dfrac{1}{x}+x^{\lambda-2}\sin\dfrac{1}{x}\right)=f'(0)$，即其导函数在 $x=0$ 处连续.

5. 已知 $y=e^{\tan\frac{1}{x}}\cdot\sin\dfrac{1}{x}$，求导数 y'.

【参考解答】【法 1】 由求导乘法法则和复合函数求导，得

$$\begin{aligned}y'&=\left(e^{\tan\frac{1}{x}}\right)'\cdot\sin\frac{1}{x}+e^{\tan\frac{1}{x}}\cdot\left(\sin\frac{1}{x}\right)'\\&=\left(e^{\tan\frac{1}{x}}\cdot\sec^2\frac{1}{x}\cdot\frac{-1}{x^2}\right)\cdot\sin\frac{1}{x}+e^{\tan\frac{1}{x}}\cdot\left(\cos\frac{1}{x}\cdot\frac{-1}{x^2}\right)\\&=-\frac{1}{x^2}e^{\tan\frac{1}{x}}\left(\sec^2\frac{1}{x}\cdot\sin\frac{1}{x}+\cos\frac{1}{x}\right).\end{aligned}$$

【法 2】 令 $u=\dfrac{1}{x}$，则有 $y=e^{\tan u}\cdot\sin u$，$u=\dfrac{1}{x}$，由复合函数的求导法则得

$$\begin{aligned}y'&=(e^{\tan u}\cdot\sec^2 u\cdot\sin u+e^{\tan u}\cdot\cos u)\cdot\left(-\frac{1}{x^2}\right)\\&=-\frac{1}{x^2}e^{\tan\frac{1}{x}}\left(\sec^2\frac{1}{x}\cdot\sin\frac{1}{x}+\cos\frac{1}{x}\right).\end{aligned}$$

练习 13 高阶导数

训练目的

1. 了解高阶导数的概念，会利用高阶导数的定义讨论函数在某一点处的高阶导数.
2. 会求函数的高阶导数.
3. 熟悉 e^x，$\sin x$，$\cos x$，x^α，$\ln(1+x)$ 的 n 阶导数公式.
4. 了解莱布尼兹公式，会用公式求函数乘积的二阶导数.

基础练习

1. 求下列函数的高阶导数.

(1) $y=\ln(1-x^2)$，则 $y'=$________，$y''=$________；

(2) $y=(1-2x)^5$，则 $y'=$________，$y^{(5)}=$________，$y^{(6)}=$________；

(3) $y=e^{3x-1}$，则 $y^{(n)}=$____________；

(4) $f(x)=2x^2+\ln x$，则 $f'''(2)=$____________.

【参考解答】 (1) $y'=-\dfrac{2x}{1-x^2}$，$y''=-\dfrac{2(1-x^2)-2x(-2x)}{(1-x^2)^2}=-\dfrac{2(1+x^2)}{(1-x^2)^2}$；

(2) $y'=-10(1-2x)^4$，$y^{(5)}=5!\cdot(-2)^5(1-2x)^{5-5}=-3840$，$y^{(6)}=0$；

(3) $y^{(n)}=3^n e^{3x-1}$；

(4) $f'(x)=4x+\frac{1}{x}, f''(x)=4-\frac{1}{x^2}, f'''(x)=\frac{2}{x^3}, f'''(2)=\frac{1}{2^2}=\frac{1}{4}$.

2. 求下列函数的 n 阶导数.

(1) $f(x)=\frac{1-x}{1+x}$；　(2) $f(x)=\cos^2 x$；　(3) $f(x)=2^x$.

【参考解答】 (1) $f^{(n)}(x)=\left(\frac{2}{1+x}-1\right)^{(n)}=2\left(\frac{1}{1+x}\right)^{(n)}=\frac{2(-1)^n n!}{(1+x)^{n+1}}$；

(2) $f^{(n)}(x)=\left(\frac{1+\cos 2x}{2}\right)^{(n)}=\frac{1}{2}(\cos 2x)^{(n)}=2^{n-1}\cos\left(\frac{n\pi}{2}+2x\right)$；

(3) $f^{(n)}(x)=(e^{x\ln 2})^{(n)}=(\ln 2)^n\cdot e^{x\ln 2}=(\ln 2)^n\cdot 2^x$.

3. 设 $f''(x)$存在，求下列函数的二阶导数.

(1) $y=f(x^2)$；　(2) $y=\ln f(x)$；

(3) $y=f\left(\frac{1}{x}\right)$；　(4) $y=f(\ln x)$.

【参考解答】 (1) $y'=2xf'(x^2), y''=2f'(x^2)+4x^2f''(x^2)$；

(2) $y'=\frac{1}{f(x)}\cdot f'(x)=\frac{f'(x)}{f(x)}, y''=\frac{f''(x)f(x)-[f'(x)]^2}{f^2(x)}$

(3) $y'=-\frac{1}{x^2}f'\left(\frac{1}{x}\right)$,

$$y''=\frac{2}{x^3}f'\left(\frac{1}{x}\right)-\frac{1}{x^2}\cdot\left(-\frac{1}{x^2}\right)f''\left(\frac{1}{x}\right)=\frac{2}{x^3}f'\left(\frac{1}{x}\right)+\frac{1}{x^4}f''\left(\frac{1}{x}\right);$$

(4) $y'=\frac{1}{x}f'(\ln x), y''=-\frac{1}{x^2}f'(\ln x)+\frac{1}{x}\cdot\frac{1}{x}f''(\ln x)=\frac{f''(\ln x)-f'(\ln x)}{x^2}$.

4. 设 $f(x)$二阶可导，且 $f'(1)=2, f''(1)=3, F(x)=f(e^x)$，求 $F'(0), F''(0)$.

【参考解答】 $F'(x)=e^x f'(e^x)$，于是 $F'(0)=f'(1)=2$，

$$F''(x)=(e^x f'(e^x))'=e^x f'(e^x)+e^{2x}f''(e^x),$$

于是 $F''(0)=f'(1)+f''(1)=5$.

5. 验证函数 $y=\sin(n\arcsin x)$满足关系式$(1-x^2)y''-xy'+n^2y=0$.

【参考解答】 $y'=\frac{n}{\sqrt{1-x^2}}\cos(n\arcsin x)$,

$$y''=\frac{nx}{(1-x^2)\sqrt{1-x^2}}\cos(n\arcsin x)-\frac{n^2}{1-x^2}\sin(n\arcsin x).$$

代入关系式左端有

$$(1-x^2)y''-xy'+n^2y$$
$$=\frac{nx\cos(n\arcsin x)}{\sqrt{1-x^2}}-n^2\sin(n\arcsin x)-\frac{nx\cos(n\arcsin x)}{\sqrt{1-x^2}}+n^2\sin(n\arcsin x)=0,$$

所以函数 $y=\sin(n\arcsin x)$满足关系式$(1-x^2)y''-xy'+n^2y=0$.

6. 设 $y=(x^2+1)\sin x$，求 $y^{(30)}$.

【参考解答】 由乘积导数的莱布尼兹公式，有

$$\begin{aligned}
y^{(30)} &= [(x^2+1)\sin x]^{(30)} \\
&= C_{30}^0(x^2+1)(\sin x)^{(30)} + C_{30}^1(x^2+1)'(\sin x)^{(29)} + C_{30}^2(x^2+1)''(\sin x)^{(28)} \\
&= (x^2+1)\sin\left(x+\frac{30\pi}{2}\right) + 60x\cdot\sin\left(x+\frac{29\pi}{2}\right) + 870\sin\left(x+\frac{28\pi}{2}\right) \\
&= 870\sin x + 60x\cos x - (x^2+1)\sin x.
\end{aligned}$$

综合练习

7. 计算下列函数的 n 阶导数.

(1) $y=\dfrac{2x}{1-x^2}$； (2) $y=\ln(1-x^2)$； (3) $y=\sin^6 x+\cos^6 x$.

【参考解答】 (1) 将函数分解为部分分式再求导，得

$$y^{(n)}=\left(\frac{1}{1-x}-\frac{1}{1+x}\right)^{(n)}=n!\left[\frac{1}{(1-x)^{n+1}}-\frac{(-1)^n}{(1+x)^{n+1}}\right].$$

(2) 由 $\ln(1+x)$ 的 n 阶求导公式 $[\ln(1+x)]^{(n)}=\dfrac{(-1)^{n-1}}{(1+x)^n}(n-1)!$，得

$$\begin{aligned}
y^{(n)} &= [\ln(1-x^2)]^{(n)} = [\ln(1-x)+\ln(1+x)]^{(n)} \\
&= [\ln(1-x)]^{(n)} + [\ln(1+x)]^{(n)} \\
&= (-1)^n\frac{(-1)^{n-1}}{(1-x)^n}(n-1)! + \frac{(-1)^{n-1}}{(1+x)^n}(n-1)! \\
&= (-1)^{n-1}(n-1)!\left[\frac{1}{(x-1)^n}+\frac{1}{(x+1)^n}\right].
\end{aligned}$$

(3) $$\begin{aligned}
y &= (\sin^2 x+\cos^2 x)^3 - 3\sin^2 x\cos^2 x \\
&= 1-\frac{3}{4}\sin^2 2x = 1-\frac{3}{8}(1-\cos 4x) = \frac{5}{8}+\frac{3}{8}\cos 4x.
\end{aligned}$$

所以由 $(\cos ax)^{(n)}=a^n\cos\left(ax+\dfrac{n\pi}{2}\right)$ 得 $y^{(n)}=\dfrac{3}{2}\cdot 4^{n-1}\cos\left(4x+\dfrac{n\pi}{2}\right)$.

8. 已知函数 $f(x)=\begin{cases} x^4\sin\dfrac{1}{x}, & x\neq 0, \\ 0, & x=0. \end{cases}$ 试求 $f''(0)$.

【参考解答】 当 $x\neq 0$ 时，$f'(x)=4x^3\sin\dfrac{1}{x}+x^4\cos\dfrac{1}{x}\cdot\left(-\dfrac{1}{x^2}\right)$，即

$$f'(x)=4x^3\sin\frac{1}{x}-x^2\cos\frac{1}{x}.$$

当 $x=0$ 时，

$$f'(0)=\lim_{x\to 0}\frac{f(x)-f(0)}{x-0}=\lim_{x\to 0}\frac{x^4\sin\frac{1}{x}-0}{x-0}=\lim_{x\to 0}x^3\sin\frac{1}{x}=0,$$

根据二阶导数的定义，有

$$f''(0)=\lim_{x\to0}\frac{f'(x)-f'(0)}{x-0}=\lim_{x\to0}\left(4x^2\sin\frac{1}{x}-x\cos\frac{1}{x}\right)=0.$$

9. 设函数 $f(x)$ 在 $(-\infty,+\infty)$ 内二阶可导，问：应如何选择参数 a,b,c，才能使函数 $F(x)=\begin{cases}f(x), & x\leqslant x_0\\ a(x-x_0)^2+b(x-x_0)+c, & x>x_0\end{cases}$，在 $(-\infty,+\infty)$ 内二阶可导？

【参考解答】 显然 $F(x)$ 在 $(-\infty,x_0)$ 及 $(x_0,+\infty)$ 二阶可导，于是当 $F(x)$ 在 $x=x_0$ 处二阶可导，就有 $F(x)$ 在 $(-\infty,+\infty)$ 内二阶可导．首先 $F(x)$ 在 $x=x_0$ 处连续，则有

$$F(x_0)=\lim_{x\to x_0^+}F(x)=\lim_{x\to x_0^-}F(x),\quad 即\ c=f(x_0).$$

其次 $F(x)$ 在 x_0 一阶可导，于是由

$$F'_-(x_0)=\lim_{x\to x_0^-}\frac{F(x)-F(x_0)}{x-x_0}=\lim_{x\to x_0^-}\frac{f(x)-f(x_0)}{x-x_0}=f'_-(x_0)=f'(x_0),$$

$$F'_+(x_0)=\lim_{x\to x_0^+}\frac{F(x)-F(x_0)}{x-x_0}=\lim_{x\to x_0^+}\frac{a(x-x_0)^2+b(x-x_0)}{x-x_0}=b,$$

$F'_-(x_0)=F'_+(x_0)$ 得 $b=f'(x_0)$，于是 $F'(x)=\begin{cases}f'(x), & x\leqslant x_0\\ 2a(x-x_0)+f'(x_0), & x>x_0\end{cases}$，且 $F'(x_0-0)=F'(x_0)=F'(x_0+0)=f'(x_0)$，所以 $F'(x)$ 在 x_0 连续．再次 $F'(x)$ 在 x_0 处可导，于是由

$$F''_-(x_0)=\lim_{x\to x_0^-}\frac{F'(x)-F'(x_0)}{x-x_0}=\lim_{x\to x_0^-}\frac{f'(x)-f'(x_0)}{x-x_0}=f''_-(x_0)=f''(x_0),$$

$$F''_+(x_0)=\lim_{x\to x_0^+}\frac{F'(x)-F'(x_0)}{x-x_0}=\lim_{x\to x_0^+}\frac{2a(x-x_0)}{x-x_0}=2a,$$

有 $2a=f''(x_0)$，故当 $a=\dfrac{1}{2}f''(x_0),b=f'(x_0),c=f(x_0)$ 时，$F(x)$ 在 $(-\infty,+\infty)$ 上二阶可导．

10. 已知 $y=f(x)$ 三次可导，且 $f'(x)\neq0$，函数 $x=\varphi(y)$ 是它的反函数，(1) 证明：$\varphi''(y)=-\dfrac{f''(x)}{[f'(x)]^3}$；(2) 求 $\varphi'''(y)$．

【参考证明】 (1) $\varphi'(y)=\dfrac{1}{f'(x)}$，由已知条件可得

$$\varphi''(y)=\frac{\mathrm{d}(\varphi'(y))}{\mathrm{d}y}=\frac{\mathrm{d}\left(\frac{1}{f'(x)}\right)}{\mathrm{d}x}\cdot\frac{\mathrm{d}x}{\mathrm{d}y}=\frac{-f''(x)}{[f'(x)]^2}\cdot\frac{1}{f'(x)}=-\frac{f''(x)}{[f'(x)]^3}.$$

(2) 对以上结果右侧继续对 y 求导，得

$$\varphi'''(y)=\frac{\mathrm{d}(\varphi''(y))}{\mathrm{d}y}=\frac{\mathrm{d}\left(-\frac{f''(x)}{[f'(x)]^3}\right)}{\mathrm{d}x}\cdot\frac{\mathrm{d}x}{\mathrm{d}y}$$

$$=-\frac{f'''(x)[f'(x)]^3-f''(x)\cdot 3[f'(x)]^2\cdot f''(x)}{[f'(x)]^6}\cdot\frac{1}{f'(x)}$$

$$=\frac{3[f''(x)]^2-f'(x)\cdot f'''(x)}{[f'(x)]^5}.$$

考研与竞赛练习

1. 已知函数 $f(x)=\mathrm{e}^{\sin x}+\mathrm{e}^{-\sin x}$，则 $f'''(2\pi)=$________.

【参考解答】【法 1】 直接求导，得

$f'(x)=\mathrm{e}^{\sin x}\cos x-\mathrm{e}^{-\sin x}\cos x$，

$f''(x)=\mathrm{e}^{-\sin x}\sin x-\mathrm{e}^{\sin x}\sin x+\mathrm{e}^{-\sin x}\cos^2 x+\mathrm{e}^{\sin x}\cos^2 x$，

$f'''(x)=-\mathrm{e}^{-\sin x}\cos^3 x+\mathrm{e}^{\sin x}\cos^3 x+\mathrm{e}^{-\sin x}\cos x-\mathrm{e}^{\sin x}\cos x-3\mathrm{e}^{-\sin x}\sin x\cos x-3\mathrm{e}^{\sin x}\sin x\cos x$.

所以 $f'''(2\pi)=0$.

【法 2】 由于 $f(x)$是以 2π 为周期的偶函数，所以 $f'''(x)$是以 2π 为周期的奇函数，故

$$f'''(2\pi)=f'''(0)=0.$$

2. 设 $f(x)=3x^3+x^2|x|$，则使 $f^{(n)}(0)$存在的最高阶数为(　　).

(A) 0　　(B) 1　　(C) 2　　(D) 3

【参考解答】 $f(x)$的表达式改写为 $f(x)=\begin{cases}4x^3, & x\geqslant 0\\ 2x^3, & x<0\end{cases}$，于是可得

$$f'_-(0)=\lim_{x\to 0^-}\frac{2x^3-0}{x}=0,\quad f'_+(0)=\lim_{x\to 0^+}\frac{4x^3-0}{x}=0,$$

所以 $f'(0)=0$. 即 $f'(x)=\begin{cases}12x^2, & x\geqslant 0\\ 6x^2, & x<0\end{cases}$. 继续二阶导函数计算，得

$$f''_-(0)=\lim_{x\to 0^-}\frac{6x^2}{x}=0,\quad f''_+(0)=\lim_{x\to 0^+}\frac{12x^2}{x}=0,$$

所以 $f''(0)=0$. 即 $f''(x)=\begin{cases}24x, & x\geqslant 0\\ 12x, & x<0\end{cases}$. 于是可得 $f'''_-(0)=12\neq f'''_+(0)=24$.

所以 $f'''(0)$不存在，即使 $f^{(n)}(0)$存在的最高阶数为 $n=2$. 故正确选项为(C).

3. 已知函数 $f(x)$具有任意阶导数，且 $f'(x)=[f(x)]^2$，则当 n 为大于 2 的正整数时，$f^{(n)}(x)=$(　　).

(A) $n![f(x)]^{n+1}$　　(B) $n[f(x)]^{n+1}$　　(C) $[f(x)]^{2n}$　　(D) $n![f(x)]^{2n}$

【参考解答】 由 $f'(x)=[f(x)]^2$ 可知

$f''(x)=2f(x)f'(x)=2[f(x)]^3$，　$f'''(x)=2\times 3f^2(x)f'(x)=3![f(x)]^4$.

以此类推可得 $f^{(n)}(x)=n![f(x)]^{n+1}$，故正确选项为(A).

4. 设 $y=\sin[f(x^2)]$，其中 f 具有二阶导数，求$\dfrac{\mathrm{d}^2 y}{\mathrm{d}x^2}$.

【参考解答】 由复合函数求导的链式法则，得

$$\frac{\mathrm{d}y}{\mathrm{d}x}=\cos[f(x^2)]\cdot f'(x^2)\cdot 2x=2xf'(x^2)\cos[f(x^2)],$$

$$\begin{aligned}\frac{\mathrm{d}^2y}{\mathrm{d}x^2}&=\{2xf'(x^2)\cos[f(x^2)]\}'\\&=2f'(x^2)\cos[f(x^2)]+4x^2f''(x^2)\cos[f(x^2)]-4x^2f'^2(x^2)\sin[f(x^2)],\end{aligned}$$

5. 求 $f(x)=x^2\ln(1+x)$ 在 $x=0$ 处的 n 阶导数 $f^{(n)}(0)(n\geqslant 3)$.

【参考解答】 **【法 1】** 令 $u(x)=\ln(1+x),v(x)=x^2$,利用莱布尼兹公式及

$$[\ln(1+x)]^{(n)}=(-1)^{n-1}\frac{(n-1)!}{(1+x)^n},$$

于是可知 $n\geqslant 3$ 时,有

$$\begin{aligned}f^{(n)}(0)&=[x^2\ln(1+x)]^{(n)}\Big|_{x=0}=\sum_{k=0}^{n}C_n^k(x^2)^{(k)}[\ln(1+x)]^{(n-k)}\Big|_{x=0}\\&=\left[C_n^0[\ln(1+x)]^{(n)}\cdot x^2+C_n^1[\ln(1+x)]^{(n-1)}\cdot 2x+C_n^2[\ln(1+x)]^{(n-2)}\cdot 2\right]_{x=0}\\&=n(n-1)\left[[\ln(1+x)]^{(n-2)}\right]_{x=0}=n(n-1)\left[\frac{(-1)^{n-2-1}(n-2-1)!}{(1+x)^{n-2}}\right]_{x=0}\\&=(-1)^{n-1}\frac{n!}{n-2}.\end{aligned}$$

【法 2】 由麦克劳林展开式 $\ln(1+x)=\sum\limits_{n=1}^{\infty}\frac{(-1)^{n-1}}{n}x^n(-1<x\leqslant 1)$,得

$$x^2\ln(1+x)=\sum_{n=1}^{\infty}\frac{(-1)^{n-1}}{n}x^{n+2}\quad(-1<x\leqslant 1).$$

于是可得 $\frac{f^{(n)}(0)}{n!}=a_n=\frac{(-1)^{n-1}}{n-2}$,即 $f^{(n)}(0)=\frac{(-1)^{n-1}}{n-2}\cdot n!$.

6. 设 $y=f(x)=\frac{1+x}{\sqrt{1-x}}$,求 $y^{(2023)}$.

【参考解答】 令 $u(x)=(1-x)^{-1/2}$,于是 $u^{(n)}(x)=\frac{(2n-1)!!}{2^n}(1-x)^{-\frac{2n+1}{2}}$,所以,由莱布尼兹求导公式,有

$$\begin{aligned}y^{(2023)}&=[(1+x)u(x)]^{(2023)}=C_{2023}^0(1+x)[u(x)]^{(2023)}+C_{2023}^1[u(x)]^{(2022)}\\&=\frac{(4045)!!}{2^{2023}}(1+x)(1-x)^{-\frac{4047}{2}}+2023\cdot\frac{(4043)!!}{2^{2022}}(1-x)^{-\frac{4045}{2}}.\end{aligned}$$

练习 14　隐函数与参数方程所确定的函数的导数

训练目的

1. 会求隐函数和由参数方程所确定的函数的一阶导数和二阶导数.

2. 会求隐函数和由参数方程对应的曲线的切线方程和法线方程.

基础练习

1. 求由下列方程所确定的隐函数的导数 $y'(x)$.

(1) $x^3+y^3-3axy=0$;　　　　(2) $xy=e^{x+y}$.

【参考解答】 由方程两边对 x 求导,视 y 为 x 的函数得

(1) $3x^2+3y^2y'-3ay-3axy'=0$,于是 $y'=\dfrac{ay-x^2}{y^2-ax}$.

(2) $y+xy'=e^{x+y}(1+y')$,于是 $y'=\dfrac{e^{x+y}-y}{x-e^{x+y}}$.

或两边取对数有 $\ln x+\ln y=x+y$,再两边对 x 求导,有

$$\frac{1}{x}+\frac{y'}{y}=1+y',\quad 即\ y'=\frac{xy-y}{x-xy}.$$

2. 求由下列各参数方程所确定的函数 $y(x)$的一阶导数.

(1) $\begin{cases}x=\theta(1-\sin\theta)\\y=\theta\cos\theta\end{cases}$;　　　　(2) $\begin{cases}x=at\cos t\\y=at\sin t\end{cases}$.

【参考解答】 (1) $\dfrac{dy}{dx}=\dfrac{y'_\theta}{x'_\theta}=\dfrac{\cos\theta-\theta\sin\theta}{1-\sin\theta-\theta\cos\theta}$.

(2) $\dfrac{dy}{dx}=\dfrac{y'_t}{x'_t}=\dfrac{\sin t+t\cos t}{\cos t-t\sin t}$.

3. 利用对数求导法求下列函数的一阶导数.

(1) $y=\dfrac{\sqrt{x+2}(3-x)^4}{(x+1)^5}$;　　　　(2) $y=\sqrt[x]{x}$.

【参考解答】 (1) $\ln y=\dfrac{1}{2}\ln(x+2)+4\ln(3-x)-5\ln(x+1)$,于是两边对 x 求导,有

$$\frac{1}{y}\cdot y'=\frac{1}{2}\cdot\frac{1}{x+2}+\frac{-4}{3-x}-\frac{5}{x+1},$$

于是 $y'=\dfrac{\sqrt{x+2}(3-x)^4}{(x+1)^5}\left[\dfrac{1}{2(x+2)}+\dfrac{4}{x-3}-\dfrac{5}{x+1}\right]$.

(2) $\ln y=\dfrac{1}{x}\ln x$,于是两边对 x 求导,有 $\dfrac{1}{y}\cdot y'=\dfrac{-1}{x^2}\ln x+\dfrac{1}{x^2}=\dfrac{1-\ln x}{x^2}$,于是

$$y'=\sqrt[x]{x}\,\frac{1-\ln x}{x^2}=x^{\frac{1}{x}-2}(1-\ln x).$$

4. 求曲线 $\sqrt[3]{x^2}+\sqrt[3]{y^2}=\sqrt[3]{a^2}$ 在点 $\left(\dfrac{\sqrt{2}}{4}a,\dfrac{\sqrt{2}}{4}a\right)$ 处的切线方程和法线方程.

【参考解答】 曲线方程两边对 x 求导得 $\dfrac{2}{3\sqrt[3]{x}}+\dfrac{2y'}{3\sqrt[3]{y}}=0$,于是 $y'=-\sqrt[3]{\dfrac{y}{x}}$,于是

在点$\left(\frac{\sqrt{2}}{4}a,\frac{\sqrt{2}}{4}a\right)$处斜率为$k=y'\big|_{x=\frac{\sqrt{2}}{4}a}=-1$，切线方程为

$$y-\frac{\sqrt{2}}{4}a=-\left(x-\frac{\sqrt{2}}{4}a\right),\quad 即\ x+y-\frac{\sqrt{2}}{2}a=0,$$

法线方程为$y-\frac{\sqrt{2}}{4}a=x-\frac{\sqrt{2}}{4}a$，即$y=x$.

5. 求由参数方程$\begin{cases}x=\dfrac{3at}{1+t^2}\\ y=\dfrac{3at^2}{1+t^2}\end{cases}$确定的曲线在$t=2$对应点处的切线和法线方程.

【参考解答】 当$t=2$对应点$\left(\frac{6}{5}a,\frac{12}{5}a\right)$，此点处切线斜率

$$k=\frac{\mathrm{d}y}{\mathrm{d}x}\bigg|_{t=2}=\frac{2t}{1-t^2}\bigg|_{t=2}=-\frac{4}{3}.$$

于是切线方程为$y-\frac{12}{5}a=-\frac{4}{3}\left(x-\frac{6}{5}a\right)$，即$4x+3y-12a=0$. 法线方程为

$$y-\frac{12}{5}a=\frac{3}{4}\left(x-\frac{6}{5}a\right),\quad 即\ 3x-4y+6a=0.$$

综合练习

6. 求由方程$y=\tan(x+y)$所确定的隐函数$y(x)$的一阶导数与二阶导数.

【参考解答】 方程两边对x求导得$y'=(1+y')\sec^2(x+y)$，于是

$$y'=\frac{\sec^2(x+y)}{1-\sec^2(x+y)}=-\csc^2(x+y),$$

两边再对x求导得

$$y''=2(1+y')\csc^2(x+y)\cot(x+y)=-2\csc^2(x+y)\cot^3(x+y).$$

或$y'=(1+y')\sec^2(x+y)$两边对x求导得

$$y''=y''\sec^2(x+y)+2(1+y')^2\sec^2(x+y)\tan(x+y),$$

整理得$y''=-2\cot^5(x+y)\sec^2(x+y)$.

7. 已知函数$y(x)$由参数方程$\begin{cases}x=\sin t\\ y=\cos 2t\end{cases}$所确定，求$y'\left(\frac{\sqrt{2}}{2}\right)$及$y''\left(\frac{\sqrt{2}}{2}\right)$.

【参考解答】 在$x=\frac{\sqrt{2}}{2}$处对应$t=k\pi+(-1)^k\frac{\pi}{4}$，$y'(x)=\frac{y'_t}{x'_t}=\frac{-2\sin 2t}{\cos t}=-4\sin t$，于是$y'\left(\frac{\sqrt{2}}{2}\right)=-4\sin t\big|_{t=k\pi+(-1)^k\frac{\pi}{4}}=-2\sqrt{2}$，$y''(x)=\dfrac{\mathrm{d}\left(\frac{\mathrm{d}y}{\mathrm{d}x}\right)}{\mathrm{d}t}\bigg/\dfrac{\mathrm{d}x}{\mathrm{d}t}=\frac{-4\cos t}{\cos t}=-4$，

于是$y''\left(\frac{\sqrt{2}}{2}\right)=-4$.

8. 设 $y=f(x+y)$，其中 f 具有二阶导数，且其一阶导数不等于 1，求 $\dfrac{\mathrm{d}^2y}{\mathrm{d}x^2}$.

【参考解答】 等式两边对 x 求导，得 $y'=(1+y')f'$，解得 $y'=\dfrac{f'}{1-f'}$，继续对 x 求导，得

$$y''=\frac{(1-f')\cdot[f'(x+y)]'_x+[f'(x+y)]'_x\cdot f'}{(1-f')^2}=\frac{[f'(x+y)]'_x}{(1-f')^2}=\frac{(1+y')\cdot f''}{(1-f')^2}$$

$$=\frac{\left(1+\dfrac{f'}{1-f'}\right)\cdot f''}{(1-f')^2}=\frac{f''}{(1-f')^3}.$$

或由 $y'=(1+y')f'$ 对 x 求导，得

$$y''=y''f'+(1+y')\cdot(1+y')f'',$$

将 $y'=\dfrac{f'}{1-f'}$ 代入整理得 $y''=\dfrac{f''}{(1-f')^3}$.

9. 设方程 $x=y^y$ 确定 y 是 x 的函数，求 $\dfrac{\mathrm{d}y}{\mathrm{d}x}$.

【参考解答】 **【法 1】** $\dfrac{\mathrm{d}x}{\mathrm{d}y}=(\mathrm{e}^{y\ln y})'_y=y^y(\ln y+1)=x(\ln y+1)$，故由直接函数与反函数的导数关系，得 $\dfrac{\mathrm{d}y}{\mathrm{d}x}=\dfrac{1}{x(\ln y+1)}$.

【法 2】 由隐函数求导方法与复合函数求导的链式法则，等式两端对 x 变量求导，得

$$1=(\mathrm{e}^{y\ln y})'_x=y^y(\ln y+1)\cdot\frac{\mathrm{d}y}{\mathrm{d}x},$$

解得 $\dfrac{\mathrm{d}y}{\mathrm{d}x}=\dfrac{1}{y^y(\ln y+1)}=\dfrac{1}{x(\ln y+1)}$.

【法 3】 方程两边取对数得 $\ln x=y\ln y$，再两边对 x 求导得 $\dfrac{1}{x}=(\ln y+1)\dfrac{\mathrm{d}y}{\mathrm{d}x}$，于是解得 $\dfrac{\mathrm{d}y}{\mathrm{d}x}=\dfrac{1}{x(\ln y+1)}$.

10. 求对数螺线 $\rho=\mathrm{e}^\theta$ 在点 $(\rho,\theta)=\left(\mathrm{e}^{\pi/2},\dfrac{\pi}{2}\right)$ 处的切线的直角坐标方程.

【参考解答】 极坐标方程 $\rho=\mathrm{e}^\theta$ 的参数方程为 $\begin{cases}x=\rho\cos\theta=\mathrm{e}^\theta\cos\theta\\ y=\rho\sin\theta=\mathrm{e}^\theta\sin\theta\end{cases}$，将 $\theta=\dfrac{\pi}{2}$ 代入，得点坐标为 $(0,\mathrm{e}^{\pi/2})$，并且 $\dfrac{\mathrm{d}y}{\mathrm{d}x}=\dfrac{y'_\theta}{x'_\theta}=\dfrac{\mathrm{e}^\theta\sin\theta+\mathrm{e}^\theta\cos\theta}{\mathrm{e}^\theta\cos\theta-\mathrm{e}^\theta\sin\theta}$，将 $\theta=\dfrac{\pi}{2}$ 代入，得

$$\left.\frac{\mathrm{d}y}{\mathrm{d}x}\right|_{\theta=\pi/2}=-1.$$

所以切线方程为 $y-\mathrm{e}^{\pi/2}=-(x-0)$，即 $x+y=\mathrm{e}^{\pi/2}$.

考研与竞赛练习

1. 设$\begin{cases}x=f(t)-\pi\\ y=f(e^{3t}-1)\end{cases}$，其中 f 可导且 $f'(0)\neq 0$，则$\left.\dfrac{dy}{dx}\right|_{t=0}=$________.

【参考解答】 直接由参数方程求导公式和复合函数求导法则，得

$$\frac{dy}{dx}=\frac{y'(t)}{x'(t)}=\frac{f'(e^{3t}-1)\cdot e^{3t}\cdot 3}{f'(t)}=\frac{3e^{3t}f'(e^{3t}-1)}{f'(t)},$$

代入 $t=0$，得$\left.\dfrac{dy}{dx}\right|_{t=0}=3$.

2. 设$\begin{cases}x=\sqrt{t^2+1}\\ y=\ln(t+\sqrt{t^2+1})\end{cases}$，则$\left.\dfrac{d^2y}{dx^2}\right|_{t=1}=$________.

【参考解答】 $\dfrac{dy}{dx}=\dfrac{dy}{dt}\Big/\dfrac{dx}{dt}=\dfrac{1}{\sqrt{t^2+1}}\Big/\dfrac{t}{\sqrt{t^2+1}}=\dfrac{1}{t}$，

$$\frac{d^2y}{dx^2}=\frac{dy'}{dt}\Big/\frac{dx}{dt}=-\frac{1}{t^2}\Big/\frac{t}{\sqrt{t^2+1}}=-\frac{\sqrt{t^2+1}}{t^3},$$

所以$\left.\dfrac{d^2y}{dx^2}\right|_{t=1}=-\sqrt{2}$.

3. 设 $y=y(x)$ 由方程 $xe^{f(y)}=e^y\ln 29$ 确定，其中 f 具有二阶导数，且 $f'\neq 1$，则$\dfrac{d^2y}{dx^2}=$________.

【参考解答】 等式两端对 x 求导数得 $e^{f(y)}+xe^{f(y)}f'(y)y'(x)=e^y\cdot y'(x)\ln 29$.
利用 $xe^{f(y)}=e^y\ln 29$ 整理得

$$\frac{dy}{dx}=\frac{e^{f(y)}}{xe^{f(y)}-xe^{f(y)}f'(y)}=\frac{1}{[1-f'(y)]x},$$

$$\frac{d^2y}{dx^2}=-\frac{1}{x^2}\cdot\frac{1}{[1-f'(y)]}+\frac{f''(y)}{[1-f'(y)]^2x}\cdot\frac{dy}{dx}$$

$$=-\frac{1}{[1-f'(y)]x^2}+\frac{f''(y)}{[1-f'(y)]^3x^2}=\frac{f''(y)-[1-f'(y)]^2}{[1-f'(y)]^3x^2}.$$

4. 求下列曲线在所给点处的切线方程.

(1) 若曲线 $y=y(x)$ 由$\begin{cases}x=t+\cos t\\ e^y+ty+\sin t=1\end{cases}$确定，则此曲线在 $t=0$ 对应点处的切线方程为________________.

(2) 设方程 $\arctan\dfrac{x}{y}=\ln\sqrt{x^2+y^2}-\dfrac{\ln 2}{2}+\dfrac{\pi}{4}$ 确定的隐函数 $y=f(x)$，满足 $f(1)=1$，则曲线 $y=f(x)$ 在点$(1,1)$处的切线方程为________________.

【参考解答】 (1) 当 $t=0$ 时，$x=1$ 且 $e^y=1$，即 $y=0$，即求点$(1,0)$处曲线 $y=$

$y(x)$的切线方程. 在方程组两端对 t 求导,得 $\begin{cases}x'(t)=1-\sin t\\ e^y\cdot y'(t)+y+ty'(t)+\cos t=0\end{cases}$,将 $t=0$,$y=0$ 代入方程,得 $x'(0)=1,y'(0)=-1$,所以$\left.\dfrac{dy}{dx}\right|_{t=0}=\dfrac{y'(0)}{x'(0)}=-1$. 于是可得切线方程为 $y-0=(-1)(x-1)$,即 $y=-x+1$.

(2) 等式两端关于 x 求导,得

$$\frac{1}{1+\left(\dfrac{x}{y}\right)^2}\cdot\frac{y-xy'}{y^2}=\frac{x+yy'}{x^2+y^2},\quad \text{即}(x+y)y'=y-x,$$

由于 $f(1)=1$,所以在$(1,1)$处有 $2y'=0$,即 $f'(1)=0$. 故曲线 $y=f(x)$在点$(1,1)$处的切线方程为 $y=1$.

5. 设函数 $y=f(x)$由方程 $\cos(xy)+\ln y-x=1$ 确定,则 $\lim\limits_{n\to\infty}n\left[f\left(\dfrac{2}{n}\right)-1\right]=($　　$)$.

(A) 2　　(B) 1　　(C) -1　　(D) -2

【参考解答】 代入 $x=0$,得 $y=f(0)=1$,对所给方程两边关于 x 求导,得

$$-\sin(xy)\cdot(y+xy')+\frac{y'}{y}-1=0,$$

代入 $x=0$, $y=1$,可解得 $y'(0)=1$,即 $f'(0)=1$. 于是由导数的极限式定义,得

$$\lim_{n\to\infty}n\left[f\left(\frac{2}{n}\right)-1\right]=2\lim_{n\to\infty}\frac{f\left(\dfrac{2}{n}\right)-f(0)}{\dfrac{2}{n}}=2f'(0)=2.\text{故正确选项为(A)}.$$

6. 已知函数 $f(u)$具有二阶导数,且 $f'(0)=1$,函数 $y=y(x)$由方程 $y-xe^{y-1}=1$ 所确定,设 $z=f(\ln y-\sin x)$,求$\left.\dfrac{dz}{dx}\right|_{x=0}$,$\left.\dfrac{d^2z}{dx^2}\right|_{x=0}$.

【参考解答】 由 $y-xe^{y-1}=1$ 有 $y(0)=1$,$y-xe^{y-1}=1$ 两边对 x 求导可得

$$y'-e^{y-1}-xe^{y-1}y'=0,$$

将 $x=0,y(0)=1$ 代入得 $y'(0)=1$;再对 x 求导可得

$$y''-2e^{y-1}y'-xe^{y-1}y'^2-xe^{y-1}y''=0.$$

将 $x=0,y(0)=y'(0)=1$ 代入得 $y''(0)=2$. 由 $z=f(\ln y-\sin x)$对 x 求导. 视 y 为 x 的函数,可得

$$\frac{dz}{dx}=f'(\ln y-\sin x)\left(\frac{y'}{y}-\cos x\right).$$

将 $x=0,y(0)=y'(0)=1,f'(0)=1$ 代入得$\left.\dfrac{dz}{dx}\right|_{x=0}=f'(0)(1-1)=0$.

$$\frac{d^2z}{dx^2}=f''(\ln y-\sin x)\left(\frac{y'}{y}-\cos x\right)^2+f'(\ln y-\sin x)\left(\frac{y''y-y'^2}{y^2}+\sin x\right).$$

将 $x=0,y(0)=y'(0)=1,y''(0)=2$ 及 $f'(0)=1$ 代入上面的式子,得

$$\left.\frac{d^2z}{dx^2}\right|_{x=0}=f'(0)(2-1)=1.$$

练习 15　函数的微分　变化率与相关变化率

训练目的

1. 理解局部线性化的思想，理解微分的概念，理解函数可微与可导之间的关系.

2. 熟练掌握微分的运算法则，理解一阶微分形式的不变性，会求函数的微分.

3. 会求函数的局部线性化函数，会用微分进行近似计算，熟悉 $|x|$ 很小时常用近似公式.

4. 理解导数作为函数变化率的实际意义；了解导数表达自然科学、社会科学、经济管理、工程技术以及军事指挥领域中的量的变化率的方法.

5. 掌握求解简单相关变化率问题的方法.

基础练习

1. 设函数 $f(x)$ 在 $x=x_0$ 处可微，则下列命题中成立的有________.

① 函数 $f(x)$ 在 $x=x_0$ 处连续　　② 函数 $f(x)$ 在 $x=x_0$ 处可导

③ 函数 $f(x)$ 在 $x=x_0$ 处自变量有增量 Δx 时，对应函数的增量 $\Delta y=f(x_0+\Delta x)-f(x_0)=A\Delta x+o(\Delta x)$，其中 A 是与 Δx 无关的常数

④ 函数 $f(x)$ 在 $x=x_0$ 处自变量有增量 Δx 时，对应函数的增量为 Δy，有 $\Delta y-f'(x_0)\Delta x=o(\Delta x)$

【答案】 ①②③④.

2. 已知 $y=f(x)=x^2-x$，当 x 由 -1 变到 -1.01 时，$f(-1)=$________，$\Delta x=$________，$\Delta y=$________，$dy=$________，在 $x=-1$ 处对应局部线性化函数为 $L(x)=$________，$L(-1)=$________，$L(-1.01)=$________，利用微分近似计算有 $f(-1.01)\approx$________.

【参考解答】 $f(-1)=2$，$\Delta x=-1.01-(-1)=-0.01$，$\Delta y=f(-1.01)-f(-1)=2.0301-2=0.0301$，$f'(-1)=(2x-1)|_{x=-1}=-3$，所以 $dy=f'(-1)dx=f'(-1)\Delta x=0.03$，对应局部线性化函数为 $L(x)=f(-1)+f'(-1)(x+1)=-3x-1$，$L(-1)=2$，$L(-1.01)=2.03$，$f(-1.01)\approx L(-1.01)=2.03$.

3. 求下列函数的微分.

(1) $y=x^2e^{-2x}$，则 $dy=$________ $de^{-2x}+$________ $dx^2=$________.

(2) $y=\tan^2(1+2x^2)$，则 $dy=2\tan(1+2x^2)d$________$=$________$d(1+2x^2)=$________.

(3) 设 f 可微，则 $df(\ln x)=$________ $d(\ln x)=$________，$d\ln f(x)=$________ $df(x)=$________.

【参考解答】 (1) $dy=x^2de^{-2x}+e^{-2x}dx^2=2xe^{-2x}(1-x)dx$.

(2) $dy=2\tan(1+2x^2)d\tan(1+2x^2)$
$=2\tan(1+2x^2)\sec^2(1+2x^2)d(1+2x^2)$
$=8x\tan(1+2x^2)\sec^2(1+2x^2)dx$.

(3) $df(\ln x)=f'(\ln x)d(\ln x)=\frac{1}{x}f'(\ln x)dx$,

$$d\ln f(x)=\frac{1}{f(x)}df(x)=\frac{f'(x)}{f(x)}dx.$$

4. 设 u,v 都是 x 的可微分且满足所需条件的函数,则

(1) $d\ln\frac{1}{\sqrt{u^2+v^2}}=$________ $d\ln(u^2+v^2)=$________ $d(u^2+v^2)=$________ dx;

(2) $d\ln\frac{u}{v}=$________ $du+$________ $dv=$________ dx;

(3) $d\ln(u^v)=$________ $du+$________ $dv=$________ dx.

【参考解答】

(1) $d\ln\frac{1}{\sqrt{u^2+v^2}}=-\frac{1}{2}d\ln(u^2+v^2)=-\frac{d(u^2+v^2)}{2(u^2+v^2)}=-\frac{uu'+vv'}{u^2+v^2}dx$;

(2) $d\ln\frac{u}{v}=d(\ln u-\ln v)=\frac{1}{u}du-\frac{1}{v}dv=\frac{vu'-uv'}{uv}dx$;

(3) $d\ln(u^v)=d(v\ln u)=\ln u\,dv+\frac{v}{u}du=\left(v'\ln u+\frac{vu'}{u}\right)dx$.

5. 设 $f(x)$可微,则有微分近似公式 $f(x_0+\Delta x)\approx$____________,当$|x|$较小时,有微分近似公式 $f(x)\approx$____________;于是,$\tan 44°\approx$________,$\arctan 0.001\approx$________,$\sqrt[7]{100}\approx$________.

【答案】 $f(x_0)+f'(x_0)\Delta x$,$f(0)+f'(0)x$;0.9651,0.001,1.9375.

【参考解答】 近似公式 $f(x_0+\Delta x)\approx f(x_0)+f'(x_0)\Delta x$,取 $x_0=0$,$\Delta x=x$,则有 $f(x)\approx f(0)+f'(0)x$.

令 $f(x)=\tan x$,则 $f'(x)=\sec^2 x$,取 $x_0=\frac{\pi}{4}$,$\Delta x=-\frac{\pi}{180}$,于是 $\tan 44°=\tan\left(\frac{\pi}{4}-\frac{\pi}{180}\right)\approx\tan\frac{\pi}{4}+\left(\sec^2\frac{\pi}{4}\right)\left(-\frac{\pi}{180}\right)=1-\frac{2\pi}{180}\approx 0.9651$,令 $f(x)=\arctan x$,则 $f'(x)=\frac{1}{1+x^2}$,$f(0)=0$,$f'(0)=1$,于是当$|x|$较小时 $\arctan x\approx x$,于是 $\arctan 0.001\approx 0.001$. 由近似公式 $\sqrt[n]{1+x}\approx 1+\frac{1}{n}x$,有

$$\sqrt[7]{100}=\sqrt[7]{128-28}=\sqrt[7]{2^7\left(1-\frac{7}{32}\right)}=2\sqrt[7]{1-\frac{7}{32}}\approx 2\left(1-\frac{1}{7}\cdot\frac{7}{32}\right)=1.9375.$$

6. 设棱长为 x,y,z 的长方体发生形变，在 $x=5,y=3,z=1$（单位：mm）时，棱长的变化率为 $\frac{\mathrm{d}x}{\mathrm{d}t}=1,\frac{\mathrm{d}y}{\mathrm{d}t}=-2,\frac{\mathrm{d}z}{\mathrm{d}t}=1$（单位：mm/s），则此刻该物体体积 V 的变化率 $\frac{\mathrm{d}V}{\mathrm{d}t}=$ ________；表面积 S 的变化率 $\frac{\mathrm{d}S}{\mathrm{d}t}=$ ________；对角线长 L 的变化率 $\frac{\mathrm{d}L}{\mathrm{d}t}=$ ________.

【答案】 $8(\mathrm{mm}^3/\mathrm{s})$；$0(\mathrm{mm}^2/\mathrm{s})$；$0(\mathrm{mm/s})$.

【参考解答】 $V=xyz,S=2(xy+yz+zx),L=\sqrt{x^2+y^2+z^2}$.

$$\frac{\mathrm{d}V}{\mathrm{d}t}=yz\frac{\mathrm{d}x}{\mathrm{d}t}+xz\frac{\mathrm{d}y}{\mathrm{d}t}+xy\frac{\mathrm{d}z}{\mathrm{d}t}=3\cdot 1\cdot 1+5\cdot 1\cdot(-2)+5\cdot 3\cdot 1=8(\mathrm{mm}^3/\mathrm{s}).$$

$$\frac{\mathrm{d}S}{\mathrm{d}t}=2\left[(y+z)\frac{\mathrm{d}x}{\mathrm{d}t}+(z+x)\frac{\mathrm{d}y}{\mathrm{d}t}+(x+y)\frac{\mathrm{d}z}{\mathrm{d}t}\right]=2[4\cdot 1+6\cdot(-2)+8\cdot 1]=0(\mathrm{mm}^2/\mathrm{s}).$$

$$\frac{\mathrm{d}L}{\mathrm{d}t}=\frac{1}{\sqrt{x^2+y^2+z^2}}\left(x\frac{\mathrm{d}x}{\mathrm{d}t}+y\frac{\mathrm{d}y}{\mathrm{d}t}+z\frac{\mathrm{d}z}{\mathrm{d}t}\right)=\frac{5\cdot 1+3\cdot(-2)+1\cdot 1}{\sqrt{25+9+1}}=0(\mathrm{mm/s}).$$

综合练习

7. 证明近似公式 $\sqrt[n]{a^n+x}\approx a+\frac{x}{na^{n-1}}$，其中 $a>0$，$|x|$ 很小，且 $|x|\leqslant a$.

【参考证明】 设 $f(x)=\sqrt[n]{a^n+x}$，则有 $f'(x)=\frac{1}{n}(a^n+x)^{\frac{1}{n}-1}$，且 $f(0)=a$，$f'(0)=\frac{1}{n}a^{1-n}$，当 $|x|$ 很小时，有

$$f(x)=\sqrt[n]{a^n+x}\approx f(0)+f'(0)x=a+\frac{1}{n}a^{1-n}x=a+\frac{x}{na^{n-1}}.$$

或 $\sqrt[n]{a^n+x}=a\sqrt[n]{1+\frac{x}{a^n}}$，设 $g(x)=\sqrt[n]{1+\frac{x}{a^n}}$，则 $g'(x)=\frac{1}{n}\cdot\frac{1}{a^n}\left(1+\frac{x}{a^n}\right)^{\frac{1}{n}-1}$，且 $g(0)=1$，$g'(0)=\frac{1}{na^n}$，当 $|x|$ 很小时有

$$\sqrt[n]{a^n+x}=ag(x)\approx a[g(0)+g'(0)x]=a\left[1+\frac{x}{na^n}\right]=a+\frac{x}{na^{n-1}}.$$

8. 假设雾滴是一个完整的球体，通过冷凝作用，该雾滴以和它表面积成比例的速率吸取水分而变成雨点. 试证明在这种情况下，雨点半径以常速率增长.

【参考证明】 由已知雾滴是一个完整的球体，这里设体积为 V，半径为 r，于是 $V=\frac{4}{3}\pi r^3$，两端对 t 求导得 $\frac{\mathrm{d}V}{\mathrm{d}t}=4\pi r^2\frac{\mathrm{d}r}{\mathrm{d}t}$，又该雾滴的体积变化率与表面积 $4\pi r^2$ 成正比，设比例系数为 $k(k>0)$，则有 $\frac{\mathrm{d}V}{\mathrm{d}t}=4k\pi r^2$，于是有 $4\pi r^2\frac{\mathrm{d}r}{\mathrm{d}t}=4k\pi r^2$，即 $\frac{\mathrm{d}r}{\mathrm{d}t}=k$，故雨点半径以常速率增长.

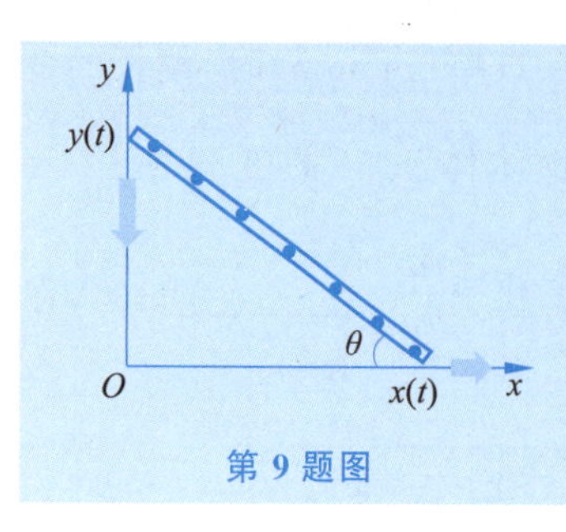

第 9 题图

9. 设有一长为 6m 的梯子靠在墙角，梯子底部离墙角的距离为 5m(如图所示). 在某一时刻，它的底部开始滑离，其水平速度为 0.2m/s. 问：

(1) 梯子顶部下滑的速度是多少？

(2) 由梯子、墙面线、地面线所构成的三角形的面积以怎样的速度变化？

(3) 梯子和地面的夹角 θ 以怎样的速度变化？

【参考解答】 开始滑动时刻有 $\frac{dx}{dt}=0.2, x=5, y=\sqrt{36-25}=\sqrt{11}$.

(1) 由题意可知 $x^2+y^2=36$，则 $2x\frac{dx}{dt}+2y\frac{dy}{dt}=0$，即 $\frac{dy}{dt}=-\frac{x}{y}\frac{dx}{dt}$. 于是顶部下滑的速度为 $\frac{dy}{dt}=-\frac{5}{\sqrt{11}}\cdot 0.2=-\frac{\sqrt{11}}{11}$(m/s).

(2) 设在 t 时刻三角形面积 $s(t)=\frac{1}{2}x(t)y(t)$，两端对 t 求导得 $\frac{ds}{dt}=\frac{1}{2}\left[y\frac{dx}{dt}+x\frac{dy}{dt}\right]$，将 $\frac{dx}{dt}=0.2, \frac{dy}{dt}=-\frac{\sqrt{11}}{11}, x=5, y=\sqrt{11}$ 代入得 $\frac{ds}{dt}=-\frac{7\sqrt{11}}{55}$($m^2$/s).

(3) 由题意有 $x=6\cos\theta$，于是 $\frac{dx}{dt}=-6\sin\theta\frac{d\theta}{dt}$. 将 $x=5, \frac{dx}{dt}=0.2, \sin\theta=\frac{\sqrt{11}}{6}$ 代入得 $\frac{d\theta}{dt}=-\frac{\sqrt{11}}{55}$(rad/s).

10. 对于小幅振荡，我们可以用方程 $T=2\pi\sqrt{\frac{L}{g}}$ 来建立单摆的模型，其中 T 为周期，L 为单摆的长. 如果考虑温度的影响(比如单摆是金属质的)，那么它的长度会随温度而变化. 其变化率大约为 $\frac{dL}{du}=kL$，其中 u 是温度，k 是比例常数(取 $g=980\text{cm/s}^2$).

(1) 试证明：在考虑温度变化的情形下，周期对温度的变化率为 $\frac{kT}{2}$.

(2) 若需使摆长 27cm 的单摆周期 T 增大 0.05s，问摆长约需加长多少？

【参考解答】 (1) 由已知 $T=2\pi\sqrt{\frac{L}{g}}$，两边平方得 $T^2=4\pi^2\frac{L}{g}$，则两边对 u 求导得 $2T\frac{dT}{du}=\frac{4\pi^2}{g}\frac{dL}{du}$，将 $\frac{dL}{du}=kL$ 代入上式得

$$\frac{dT}{du}=\frac{2k\pi^2 L}{g}\frac{1}{2\pi}\sqrt{\frac{g}{L}}=\frac{k\pi L}{g}\cdot\sqrt{\frac{g}{L}}=\frac{kT}{2}.$$

(2) 由 $T=2\pi\sqrt{\frac{L}{g}}$ 可知，$\Delta T\approx dT=2\pi\cdot\frac{1}{\sqrt{g}}\cdot\frac{1}{2\sqrt{L}}\cdot dL=\frac{\pi}{\sqrt{gL}}\cdot\Delta L$. 将已知条件代入可得 $\Delta L\approx\frac{\sqrt{980L}}{\pi}\Delta T=\frac{\sqrt{980L}}{\pi}\times 0.05=\frac{7\sqrt{5L}}{10\pi}\approx 2.589$，即摆长需加长 2.589cm.

考研与竞赛练习

1. 已知动点 P 在曲线 $y=x^3$ 上运动，记坐标原点与点 P 间的距离为 l. 若点 P 的横坐标时间的变化率为常数 v_0，则当点 P 运动到点(1,1)时，l 对时间的变化率是________.

【参考解答】 令 $P(x(t),x^3(t))$，则 $l=\sqrt{x^2(t)+x^6(t)}$，所以

$$\mathrm{d}l=\frac{2x(t)+6x^5(t)}{2\sqrt{x^2(t)+x^6(t)}}\cdot x'(t)\mathrm{d}t=\frac{1+3x^4(t)}{\sqrt{1+x^4(t)}}\cdot x'(t)\mathrm{d}t,$$

因为 $x(t)=1,x'(t)=v_0$，所以 $\frac{\mathrm{d}l}{\mathrm{d}t}=\frac{1+3}{\sqrt{2}}v_0=2\sqrt{2}v_0$.

2. 设函数 $f(u)$ 可导，$y=f(x^2)$ 在 $x=-1$ 处取得增量 $\Delta x=-0.1$ 时，相应的函数增量 Δy 的线性主部为 0.1，则 $f'(1)=$(　　).

(A) -1　　(B) 0.1　　(C) 1　　(D) 0.5

【参考解答】 函数 $y(x)$ 的增量 Δy 的线性主部即为 $y'(x)\Delta x$，由于 $y'(x)=f'(x^2)\cdot 2x$，于是可得 Δy 在 $x=-1$ 处的线性主部为

$y'(x)\Delta x\big|_{x=-1,\Delta x=-0.1}=2xf'(x^2)\Delta x\big|_{x=-1,\Delta x=-0.1}=(-2)\cdot f'(1)\cdot(-0.1)=0.1,$

所以解得 $f'(1)=\frac{1}{2}$，故正确选项为(D).

3. 求由方程 $2y-x=(x-y)\ln(x-y)$ 所确定的函数 $y=y(x)$ 的微分 $\mathrm{d}y$.

【参考解答】【法 1】 由微分的形式不变性，对方程两边求微分，得

$$2\mathrm{d}y-\mathrm{d}x=(\mathrm{d}x-\mathrm{d}y)\ln(x-y)+(x-y)\frac{\mathrm{d}x-\mathrm{d}y}{x-y},$$

解得 $\mathrm{d}y=\frac{2+\ln(x-y)}{3+\ln(x-y)}\mathrm{d}x$，代入题中等式，也有 $\mathrm{d}y=\frac{x}{2x-y}\mathrm{d}x$.

【法 2】 对已知等式两端关于 x 求导，得

$$\begin{aligned}2y'-1&=(1-y')\ln(x-y)+(x-y)\frac{1-y'}{x-y}\\&=(1-y')[\ln(x-y)+1],\end{aligned}$$

解得 $y'=\frac{\ln(x-y)+2}{3+\ln(x-y)}$，即 $\mathrm{d}y=\frac{2+\ln(x-y)}{3+\ln(x-y)}\mathrm{d}x$.

4. 有一底半径(单位：cm)为 R，高(单位：cm)为 h 的圆锥容器，现以 $25\mathrm{cm}^3/\mathrm{s}$ 的速度自顶部向容器内注水，试求当容器内水位等于锥高的一半时水面上升的速度.

【参考解答】 设时刻 t 时容器的水面高度为 x，水的体积为 V，则

$$V=\frac{1}{3}\pi R^2h-\frac{1}{3}\pi r^2(h-x)=\frac{\pi R^2}{3h^2}[h^3-(h-x)^3],$$

两端关于 t 求导得 $\frac{\mathrm{d}V}{\mathrm{d}t}=\frac{\pi R^2}{h^2}\cdot(h-x)^2\cdot\frac{\mathrm{d}x}{\mathrm{d}t}$. 由题设可知 $\frac{\mathrm{d}V}{\mathrm{d}t}=25$，故 $\frac{\mathrm{d}x}{\mathrm{d}t}=\frac{25h^2}{\pi R^2(h-x)^2}$，

当 $x=\frac{h}{2}$ 时，代入得 $\frac{\mathrm{d}x}{\mathrm{d}t}=\frac{100}{\pi R^2}$(cm/s).

5. 现有甲、乙两条正在航行的船只，甲船向正南航行，乙船向正东直线航行. 开始时甲船恰在乙船正北 40km 处，后来在某一时刻测得甲船向南航行了 20km，此时速度为 15km/h；乙船向东航行了 15km，此时速度为 25km/h. 问这时两船是在分离还是在接近，两者之间距离变化的速度是多少？

【参考解答】 设在时刻 t 甲船航行的距离为 $x=x(t)$，乙船航行的距离为 $y=y(t)$，两船的距离为 $z=z(t)$，则 $z^2=(40-x)^2+y^2$. 将上式两边对 t 求导，得

$$2z\cdot\frac{\mathrm{d}z}{\mathrm{d}t}=-2(40-x)\cdot\frac{\mathrm{d}x}{\mathrm{d}t}+2y\cdot\frac{\mathrm{d}y}{\mathrm{d}t}.$$

当 $x=20,y=15$ 时，$z=25$. 且有 $\frac{\mathrm{d}x}{\mathrm{d}t}=15,\frac{\mathrm{d}y}{\mathrm{d}t}=25$. 因此，

$$\frac{\mathrm{d}z}{\mathrm{d}t}=\frac{-20\times15+15\times25}{25}=3(\mathrm{km/h}),$$

则 $\frac{\mathrm{d}z}{\mathrm{d}t}=3>0$，即两船是相互离开的，并且速度为 3km/h.

第二单元　导数与微分测验(A)

一、填空题(每小题 3 分，共 15 分)

1. 设 $f(x)=x^2+(x-1)\arcsin\sqrt{\frac{x}{1+x}}$，则 $f'(1)=$______.

2. 设 $f(t)=\lim\limits_{x\to\infty}t\left(1-\frac{1}{x}\right)^{2tx}$，则 $f^{(10)}(0)=$______.

3. 设 $f(x)=\frac{1-x}{1+x}$，则 $f'[f(x)]=$______.

4. 设 $g(x)$ 是单调可导函数 $f(x)$ 的反函数，$f(1)=2,f'(1)=-\frac{\sqrt{3}}{3}$，则 $g'(2)=$______.

5. 设 $y=\arctan\frac{1-x}{1+x}$，则 $\mathrm{d}y=$______.

二、选择题(每小题 3 分，共 15 分)

6. 函数 $f(x)=(x^2-x)|x^3-x|$ 不可导点的个数是(　　).

(A) 3　　(B) 2　　(C) 1　　(D) 0

7. 设偶函数 $f(x)$ 在 $(-\infty,+\infty)$ 内可导，又 $\lim\limits_{x\to0}\frac{f(1)-f(1-x)}{2x}=-1$，则曲线 $y=f(x)$ 在点 $(-1,f(-1))$ 处的切线的斜率为(　　).

(A) $\frac{1}{2}$　　(B) 2　　(C) -1　　(D) -2

8. 已知 $g(x)=\frac{1}{x^2}$，且复合函数 $f[g(x)]$ 对 x 的导数为 $-\frac{1}{2x}$，则 $f'\left(\frac{1}{2}\right)=$（　　）.

(A) 1　　(B) 2　　(C) $-\frac{\sqrt{2}}{4}$　　(D) $\frac{1}{2}$

9. 有一圆柱体底面半径与高随时间变化的速率分别为 2cm/s、−3cm/s，当底面半径为 10cm，高为 5cm 时，圆柱体的体积和表面积随时间变化的速率分别为（　　）.

(A) $125\pi \text{cm}^3/\text{s}, 40\pi \text{cm}^2/\text{s}$　　(B) $125\pi \text{cm}^3/\text{s}, -40\pi \text{cm}^2/\text{s}$

(C) $-100\pi \text{cm}^3/\text{s}, 40\pi \text{cm}^2/\text{s}$　　(D) $-100\pi \text{cm}^3/\text{s}, -40\pi \text{cm}^2/\text{s}$

10. 设函数 $f(x)$ 在 $x=0$ 处连续，下列结论不正确的是（　　）.

(A) 若 $\lim\limits_{x\to 0}\frac{f(x)}{x}$ 存在，则 $f(0)=0$

(B) 若 $\lim\limits_{x\to 0}\frac{f(x)+f(-x)}{x}$ 存在，则 $f(0)=0$

(C) 若 $\lim\limits_{x\to 0}\frac{f(x)}{x}$ 存在，则 $f'(0)$ 存在

(D) 若 $\lim\limits_{x\to 0}\frac{f(x)-f(-x)}{x}$ 存在，则 $f'(0)$ 存在

三、解答题(共 70 分)

11. (6 分)设函数 $f(x)=\begin{cases}\sin 2x+1, & x\leqslant 0\\ a\mathrm{e}^x+b, & x>0\end{cases}$，在点 $x=0$ 处可导，求常数 a 和 b 的值.

12. (6 分)设 $y=y(x)$ 由方程 $y-x\mathrm{e}^y=1$ 确定，求 $\left.\frac{\mathrm{d}^2y}{\mathrm{d}x^2}\right|_{x=0}$.

13. (6 分)设曲线 $f(x)=(\ln x)^n$ 在点 $(\mathrm{e},1)$ 处的切线与 x 轴的交点为 $(\xi_n,0)$，求 $\lim\limits_{n\to\infty}f(\xi_n)$.

14. (6 分)求极坐标曲线 C：$\rho=1+\cos\theta$ 在 $\theta=\frac{\pi}{2}$ 对应点处的切线方程.

15. (6 分)设 $f(x)=\lim\limits_{n\to\infty}\left(\frac{n+\sqrt{x}}{n+2\sqrt{x}}\right)^n\ (x>0)$，求 $f'(1)$ 的值.

16. (8 分)设函数 $y=y(x)$ 由参数方程 $\begin{cases}x=\mathrm{e}^t\cos t\\ y=\mathrm{e}^t\sin t\end{cases}$ 确定，求函数 $y=y(x)$ 在参数 $t=\frac{\pi}{2}$ 对应点处的一阶和二阶导数.

17. (8 分)设函数 $f(x)$ 可导且满足 $5f(x)+3f\left(\frac{1}{x}\right)=\frac{2}{x^2}\ (x\neq 0)$，试求 $f'(x)$ 的函数表达式.

18. (8 分)设曲线 $y=f(x)$ 与 $y=\sin x$ 在原点相切，求 $\lim\limits_{n\to\infty}\sqrt{nf\left(\frac{2}{n}\right)}$.

19. (8 分)设函数 $y=y(x)$ 由方程 $\begin{cases}t\mathrm{e}^x+x\cos t=\pi\\ y=\sin^2 t+t^2\end{cases}$ 所确定，求 $\left.\frac{\mathrm{d}y}{\mathrm{d}x}\right|_{x=0}$.

20. (8 分)有一深度为 6m、上底直径为 8m 的直立圆锥形容器，现向该容器以 $2\text{m}^3/\text{min}$ 的速度注水，问注水 4min 时容器中液面上升的速率为多少？

第二单元　导数与微分测验(A)参考解答

一、填空题

1. $2+\frac{\pi}{4}$　2. -5120　3. $-\frac{(1+x)^2}{2}$　4. $-\sqrt{3}$　5. $-\frac{dx}{1+x^2}$

【参考解答】 1. **【法 1】** 定义法.

$$f'(1)=\lim_{\Delta x\to 0}\frac{f(1+\Delta x)-f(1)}{\Delta x}$$

$$=\lim_{\Delta x\to 0}\frac{(\Delta x+1)^2+(\Delta x+1-1)\arcsin\sqrt{\frac{\Delta x+1}{1+\Delta x+1}}-1}{\Delta x}$$

$$=\lim_{\Delta x\to 0}\frac{(\Delta x)^2+2\Delta x+1+\Delta x\arcsin\sqrt{\frac{\Delta x+1}{\Delta x+2}}-1}{\Delta x}$$

$$=\lim_{\Delta x\to 0}\left(\Delta x+2+\arcsin\sqrt{\frac{\Delta x+1}{\Delta x+2}}\right)=2+\frac{\pi}{4}.$$

【法 2】 求导法.

$$f'(x)=2x+\arcsin\sqrt{\frac{x}{1+x}}+(x-1)\frac{1}{\sqrt{1-\frac{x}{1+x}}}\cdot\frac{1}{2\sqrt{\frac{x}{1+x}}}\cdot\frac{1}{(1+x)^2},$$

故 $f'(1)=2+\frac{\pi}{4}$.

2. 由莱布尼茨公式有

$$f^{(10)}(t)=\sum_{k=0}^{10}C_{10}^k(e^{-2t})^{(10-k)}(t)^{(k)}=C_{10}^0(e^{-2t})^{(10)}(t)^{(0)}+C_{10}^1(e^{-2t})^{(9)}(t)^{(1)}$$

$$=(-2)^{10}te^{-2t}+10(-2)^9,$$

因此,$f^{(10)}(0)=-5120$.

3. 由于 $f'(x)=\left(\frac{1-x}{1+x}\right)'=-\frac{2}{(x+1)^2}$,故

$$f'[f(x)]=\frac{1-f(x)}{1+f(x)}=-\frac{(x+1)^2}{2}.$$

4. 根据反函数的导数等于直接函数导数的倒数,有 $g'(2)=\frac{1}{f'(1)}=-\sqrt{3}$.

5. 因为 $y'=\frac{1}{1+\left(\frac{1-x}{1+x}\right)^2}\cdot\frac{-2}{(1+x)^2}=\frac{-1}{1+x^2}$,故 $dy=\frac{-dx}{1+x^2}$.

二、选择题

6. (C)　7. (B)　8. (D)　9. (C)　10. (D)

【参考解答】 6. 因为

$$f(x)=\begin{cases}-x^2(x+1)(x-1)^2, & x\leqslant -1\\ x^2(x+1)(x-1), & -1<x\leqslant 0\\ -x^2(x+1)(x-1), & 0<x\leqslant 1\\ x^2(x+1)(x-1), & x\geqslant 1\end{cases},$$

所以 $f(x)$ 的不可导点可能为 $x=-1,x=0,x=1$,又由于

$$f'_-(-1)=\lim_{x\to -1^-}\frac{f(x)-f(-1)}{x-(-1)}=\lim_{x\to -1^-}\frac{-x^2(x+1)(x-1)^2}{x+1}=-4,$$

$$f'_+(-1)=\lim_{x\to -1^+}\frac{f(x)-f(-1)}{x-(-1)}=\lim_{x\to -1^+}\frac{x^2(x+1)(x-1)^2}{x+1}=4,$$

$$f'_-(0)=\lim_{x\to 0^-}\frac{f(x)-f(0)}{x-0}=\lim_{x\to 0^-}\frac{x^2(x+1)(x-1)^2}{x}=0,$$

$$f'_+(0)=\lim_{x\to 0^+}\frac{f(x)-f(0)}{x-0}=\lim_{x\to 0^+}\frac{-x^2(x+1)(x-1)^2}{x}=0,$$

$$f'_-(1)=\lim_{x\to 1^-}\frac{f(x)-f(1)}{x-1}=\lim_{x\to 1^-}\frac{-x^2(x+1)(x-1)^2}{x-1}=0,$$

$$f'_+(1)=\lim_{x\to 1^+}\frac{f(x)-f(1)}{x-1}=\lim_{x\to 1^+}\frac{x^2(x+1)(x-1)^2}{x-1}=0,$$

有 $f'_-(-1)\neq f'_+(-1)$,$f'_-(0)=f'_+(0)$,$f'_-(1)=f'_+(1)$,故 $f(x)$ 在 $x=-1$ 处不可导,答案选(C).

7. 由 $\lim\limits_{x\to 0}\dfrac{f(1)-f(1-x)}{2x}=\dfrac{1}{2}\lim\limits_{x\to 0}\dfrac{f(1)-f(1-x)}{x}=\dfrac{1}{2}f'(1)=-1$,可得 $f'(1)=-2$.又因为 $f(x)$ 为偶函数,有 $f'(-1)=2$,故曲线 $y=f(x)$ 在点 $(-1,f(-1))$ 处的切线的斜率为 2,答案选(B).

8. 由题意,复合函数 $f[g(x)]$ 对 x 的导数

$$f[g(x)]'=f'[g(x)]\cdot g'(x)=-\frac{2}{x^3}f'[g(x)]=-\frac{1}{2x},$$

则有 $f'[g(x)]=\dfrac{x^2}{4}$,当 $g(x)=\dfrac{1}{2}$ 时,$x^2=2$,故 $f'\left(\dfrac{1}{2}\right)=\dfrac{2}{4}=\dfrac{1}{2}$,答案选(D).

9. 设底面半径为 r,高为 h,由题意可知 $\dfrac{\mathrm{d}r}{\mathrm{d}t}=2\mathrm{cm/s}$,$\dfrac{\mathrm{d}h}{\mathrm{d}t}=-3\mathrm{cm/s}$,体积 $V=\pi r^2h$,则 $\dfrac{\mathrm{d}V}{\mathrm{d}t}=2\pi rh\dfrac{\mathrm{d}r}{\mathrm{d}t}+\pi r^2\dfrac{\mathrm{d}h}{\mathrm{d}t}$,故

$$\left.\frac{\mathrm{d}V}{\mathrm{d}t}\right|_{r=10,h=5}=2\pi\cdot 10\cdot 5\cdot 2+\pi 10^2\cdot(-3)=-100\pi\mathrm{cm^3/s}.$$

表面积 $S=2\pi rh+2\pi r^2$,则 $\dfrac{\mathrm{d}S}{\mathrm{d}t}=4\pi r\dfrac{\mathrm{d}r}{\mathrm{d}t}+2\pi h\dfrac{\mathrm{d}r}{\mathrm{d}t}+2\pi r\dfrac{\mathrm{d}h}{\mathrm{d}t}$,故

$$\left.\frac{\mathrm{d}S}{\mathrm{d}t}\right|_{r=10,h=5}=4\pi\cdot 10\cdot 2+2\pi\cdot 5\cdot 2+2\pi\cdot 10\cdot(-3)=40\pi\mathrm{cm^2/s},$$

答案选(C).

10. 排除法. 若$\lim\limits_{x\to 0}\dfrac{f(x)}{x}$存在，则有$\lim\limits_{x\to 0}f(x)=0$，由于函数 $f(x)$在 $x=0$ 处连续，则$\lim\limits_{x\to 0}f(x)=0=f(0)$，故(A)正确. 同理，若$\lim\limits_{x\to 0}\dfrac{f(x)+f(-x)}{x}$存在，则有$\lim\limits_{x\to 0}[f(x)+f(-x)]=0$，由函数 $f(x)$在 $x=0$ 处连续，得 $f(0)=0$，故(B)正确.

若$\lim\limits_{x\to 0}\dfrac{f(x)}{x}$存在，由(A)可知 $f(0)=0$，则$\lim\limits_{x\to 0}\dfrac{f(x)}{x}=\lim\limits_{x\to 0}\dfrac{f(x)-f(0)}{x-0}=f'(0)$存在，故(C)正确. 由排除法可知，答案选(D).

事实上，$f(x)=|x|$在 $x=0$ 处连续，

$$f(0)=0,\quad \lim_{x\to 0}\frac{f(x)-f(-x)}{x}=\lim_{x\to 0}\frac{|x|-|-x|}{x}=0$$

存在，但 $f'(0)$不存在，故应选(D).

三、解答题

11. 【解】 $f(0-0)=\lim\limits_{x\to 0^-}(\sin 2x+1)=1$，$f(0+0)=\lim\limits_{x\to 0^+}(a\mathrm{e}^x+b)=a+b$，由 $f(x)$在 $x=0$ 处连续有 $f(0-0)=f(0)=f(0+0)$，则 $a+b=1$. 又 $f(x)$在 $x=0$ 处可导，于是有

$$f'(0)=f'_-(0)=\lim_{x\to 0^-}\frac{f(x)-f(0)}{x}=\lim_{x\to 0}\frac{\sin 2x}{x}=2,$$

$$f'(0)=f'_+(0)=\lim_{x\to 0^+}\frac{f(x)-f(0)}{x}=\lim_{x\to 0^+}\frac{a\mathrm{e}^x+b-1}{x}=\lim_{x\to 0^+}\frac{a(\mathrm{e}^x-1)}{x}=a.$$

由此当 $a=2,b=-1$ 时 $f(x)$在 $x=0$ 处可导.

12. 【解】 方程 $y-x\mathrm{e}^y=1$ 两边对 x 求导，得 $\dfrac{\mathrm{d}y}{\mathrm{d}x}-\mathrm{e}^y-x\mathrm{e}^y\dfrac{\mathrm{d}y}{\mathrm{d}x}=0$，所以

$$\frac{\mathrm{d}y}{\mathrm{d}x}=\frac{\mathrm{e}^y}{1-x\mathrm{e}^y},\quad \left.\frac{\mathrm{d}y}{\mathrm{d}x}\right|_{\substack{x=0\\y=1}}=\mathrm{e}.$$

又 $\dfrac{\mathrm{d}^2y}{\mathrm{d}x^2}=\dfrac{\mathrm{e}^y y'(1-x\mathrm{e}^y)-\mathrm{e}^y(-\mathrm{e}^y-x\mathrm{e}^y y')}{(1-x\mathrm{e}^y)^2}$，所以$\left.\dfrac{\mathrm{d}^2y}{\mathrm{d}x^2}\right|_{x=0}=2\mathrm{e}^2$.

13. 【解】 $f'(x)=\dfrac{n(\ln x)^{n-1}}{x}$，$f'(\mathrm{e})=\dfrac{n}{\mathrm{e}}$，曲线在点$(\mathrm{e},1)$处的切线方程为 $y-1=\dfrac{n}{\mathrm{e}}(x-\mathrm{e})$，它与 x 轴的交点的横坐标为 $\xi_n=\mathrm{e}\left(1-\dfrac{1}{n}\right)$，所以

$$\lim_{n\to\infty}f(\xi_n)=\lim_{n\to\infty}\left[1+\ln\left(1-\frac{1}{n}\right)\right]^n=\mathrm{e}^{\lim\limits_{n\to\infty}n\ln\left(1+\ln\left(1-\frac{1}{n}\right)\right)}=\mathrm{e}^{\lim\limits_{n\to\infty}n\ln\left(1-\frac{1}{n}\right)}=\mathrm{e}^{-1}.$$

14. 【解】 将极坐标方程 $\rho=1+\cos\theta$ 转化为参数方程$\begin{cases}x=(1+\cos\theta)\cos\theta\\y=(1+\cos\theta)\sin\theta\end{cases}$，又

$$\mathrm{d}x=[-\sin\theta\cos\theta-(1+\cos\theta)\sin\theta]\mathrm{d}\theta=(-\sin 2\theta-\sin\theta)\mathrm{d}\theta,$$

$$\mathrm{d}y=[-\sin^2\theta+(1+\cos\theta)\cos\theta]\mathrm{d}\theta=(\cos 2\theta+\cos\theta)\mathrm{d}\theta,$$

故$\dfrac{\mathrm{d}y}{\mathrm{d}x}=\dfrac{\cos 2\theta+\cos\theta}{-\sin 2\theta-\sin\theta}$. 当 $\theta=\dfrac{\pi}{2}$时，$x=0$，$y=1$，$\dfrac{\mathrm{d}y}{\mathrm{d}x}=y'=1$，所以该点处的切线的直角坐标方程为 $y=x+1$.

15. 【解】 $\lim\limits_{n\to\infty}\left(\dfrac{n+\sqrt{x}}{n+2\sqrt{x}}\right)^n=\lim\limits_{n\to\infty}\left(1+\dfrac{-\sqrt{x}}{n+2\sqrt{x}}\right)^{\frac{n+2\sqrt{x}}{-\sqrt{x}}\cdot\frac{-n\sqrt{x}}{n+2\sqrt{x}}}=\mathrm{e}^{\lim\limits_{n\to\infty}\frac{-n\sqrt{x}}{n+2\sqrt{x}}}$，而$\lim\limits_{n\to\infty}\dfrac{-n\sqrt{x}}{n+2\sqrt{x}}=$

$-\sqrt{x}$，所以 $f(x)=\mathrm{e}^{-\sqrt{x}}$，于是 $f'(x)=-\dfrac{1}{2\sqrt{x}}\mathrm{e}^{-\sqrt{x}}$，从而可得 $f'(1)=-\dfrac{1}{2\mathrm{e}}$.

16.【解】 因 $x'(t)=\mathrm{e}^t\cos t-\mathrm{e}^t\sin t$，$y'(t)=\mathrm{e}^t\sin t+\mathrm{e}^t\cos t$，所以

$$\frac{\mathrm{d}y}{\mathrm{d}x}=\frac{\cos t+\sin t}{\cos t-\sin t},\quad \left.\frac{\mathrm{d}y}{\mathrm{d}x}\right|_{t=\pi/2}=-1,$$

$$\frac{\mathrm{d}^2y}{\mathrm{d}x^2}=\frac{2}{\mathrm{e}^t(\cos t-\sin t)^3},\quad \left.\frac{\mathrm{d}^2y}{\mathrm{d}x^2}\right|_{t=\pi/2}=-2\mathrm{e}^{-\pi/2}.$$

17.【解】 将所给方程两边对 x 求导，得 $5f'(x)-\dfrac{3}{x^2}f'\left(\dfrac{1}{x}\right)=-\dfrac{4}{x^3}$. 上式中将 $x,\dfrac{1}{x}$ 位置互换可得 $5f'\left(\dfrac{1}{x}\right)-3x^2f'(x)=-4x^3$. 由两式消去 $f'\left(\dfrac{1}{x}\right)$，得 $f'(x)=-\dfrac{3x^4+5}{4x^3}$.

18.【证明】 由题设 $f(0)=\sin 0=0$，$f'(0)=\cos 0=1$，所以

$$\lim_{n\to\infty}\sqrt{nf\left(\frac{2}{n}\right)}=\lim_{n\to\infty}\sqrt{2\,\frac{f\left(\frac{2}{n}\right)-f(0)}{\frac{2}{n}}}=\sqrt{2f'(0)}=\sqrt{2}.$$

19.【解】 对两个等式两端关于 t 求导，得

$$\begin{cases}\mathrm{e}^x+t\mathrm{e}^x x't+x't\cos t-x\sin t=0\\ y't=2\sin t\cos t+2t\end{cases},$$

将 $x=0$ 代入第一个方程得 $t=\pi$，故代入上面的方程组，得

$$x'(\pi)=\frac{1}{1-\pi},\quad y'(\pi)=2\pi,$$

故 $\left.\dfrac{\mathrm{d}y}{\mathrm{d}x}\right|_{x=0}=\dfrac{y'(\pi)}{x'(\pi)}=2\pi(1-\pi)$.

20.【解】 设注水 t 分钟后，容器中水的深度为 $h(t)$米，水面半径为 $r(t)$米，则此时容器中水的体积为 $V(t)=2t=\dfrac{1}{3}\pi h(t)r^2(t)$. 由已知可知 $\dfrac{r(t)}{h(t)}=\dfrac{2}{3}$，即得 $r(t)=\dfrac{2}{3}h(t)$. 因此

$$V(t)=2t=\frac{4}{27}\pi h^3(t).$$

从而注水 4min 时，容器中水的深度为 $h(4)=3\left(\dfrac{2}{\pi}\right)^{1/3}$ m. 故此时水面上升速率 $\left.\dfrac{\mathrm{d}h}{\mathrm{d}t}\right|_{t=4}$ 满足关系式 $2=\dfrac{4}{9}\pi h^2(4)\left.\dfrac{\mathrm{d}h}{\mathrm{d}t}\right|_{t=4}=4\pi\left(\dfrac{2}{\pi}\right)^{2/3}\left.\dfrac{\mathrm{d}h}{\mathrm{d}t}\right|_{t=4}$. 因此当注水 4min 时容器中水面上升的速率为 $\left.\dfrac{\mathrm{d}h}{\mathrm{d}t}\right|_{t=4}=\left(\dfrac{1}{32\pi}\right)^{1/3}$(m/min).

第二单元　导数与微分测验(B)

一、填空题(每小题 3 分，共 15 分)

1. 若函数 $f(x)=\begin{cases}x^n\sin\dfrac{1}{x}, & x\neq 0\\ 0, & x=0\end{cases}$ 在 $x=0$ 处有连续导数，则正整数 n 的取值范围是

________.

2. $\lim\limits_{x\to\infty} x\left[\sin\ln\left(1+\frac{3}{x}\right)-\sin\ln\left(1+\frac{1}{x}\right)\right]=$________.

3. 设 $f(x)=\sqrt{\frac{(1+x)\sqrt{x}}{e^{x-1}}}+\arcsin\frac{1-x}{\sqrt{x^2+1}}$，则 $\mathrm{d}f\big|_{x=1}=$________.

4. 设 $f(x)$ 在 $x=x_0$ 处可导，且 $f(x_0)\neq 0$，则 $\lim\limits_{n\to\infty}\left(\frac{f\left(x_0+\frac{1}{n}\right)}{f(x_0)}\right)^n=$________.

5. 设函数 $f(x)$ 在 $x=1$ 处可导，且 $\lim\limits_{\Delta x\to 0}\frac{f(1+2\Delta x)+f(1-\Delta x)}{\Delta x}=2$，则曲线 $y=f(x)$ 在 $x=1$ 对应点处的切线方程是________________.

二、选择题（每小题 3 分，共 15 分）

6. 设函数 $f(x)$ 在区间 $(-1,1)$ 内有定义，且 $\lim\limits_{x\to 0}f(x)=0$，则（　　）.

(A) 当 $\lim\limits_{x\to 0}\frac{f(x)}{\sqrt{|x|}}=0$，$f(x)$ 在 $x=0$ 处可导

(B) 当 $\lim\limits_{x\to 0}\frac{f(x)}{x^2}=0$，$f(x)$ 在 $x=0$ 处可导

(C) 当 $f(x)$ 在 $x=0$ 处可导时，$\lim\limits_{x\to 0}\frac{f(x)}{\sqrt{|x|}}=0$

(D) 当 $f(x)$ 在 $x=0$ 处可导时，$\lim\limits_{x\to 0}\frac{f(x)}{x^2}=0$

7. 已知曲线 $y=y(x)$ 与 $y=xe^x$ 在原点相切，则极限 $\lim\limits_{x\to 0}[1+y(x)]^{1/x}$ 的值为（　　）.

(A) 0　　(B) 1　　(C) e　　(D) e^{-1}

8. 设当 $x\to 0$ 时，$e^x-(ax^2+bx+1)$ 是比 x^2 高阶的无穷小，则（　　）.

(A) $a=\frac{1}{2},b=1$　　(B) $a=1,b=1$　　(C) $a=-\frac{1}{2},b=1$　　(D) $a=-1,b=1$

9. 已知函数 $f(x)=x^2\sin\frac{1}{x}$，则下列四个判断中正确的是（　　）.

① $f(x)$ 在 $(0,+\infty)$ 上有界　　② $f(x)$ 是 $x\to+\infty$ 过程的无穷大量

③ $f'(x)$ 在 $(0,+\infty)$ 上有界　　④ $f'(x)$ 是 $x\to+\infty$ 过程的无穷大量

(A) ①③　　(B) ①④　　(C) ②③　　(D) ②④

10. 设 $f(x)$ 在 $x=0$ 处可导，要使 $F(x)=f(x)(1+|x|)$ 在 $x=0$ 处可导，则必有（　　）.

(A) $f'(0)=0$　　(B) $f'(0)=1$　　(C) $f(0)=0$　　(D) $f(0)=1$

三、解答题（共 70 分）

11. （6 分）设 $f(x)=\lim\limits_{n\to\infty}\left(\frac{n-2}{n+2}\right)^{nx}$，求函数 $f(x)$ 在 $x=1$ 处的微分.

12. （6 分）设 $y=f(z)$，$z=\varphi(x)$，$f(z)$ 在 $z=0$ 处可微，而 $\varphi(x)=\begin{cases}x^2\cos\frac{1}{x}, & x\neq 0,\\ 0, & x=0\end{cases}$，求 $\left.\frac{\mathrm{d}z}{\mathrm{d}x}\right|_{x=0}$ 和 $\left.\frac{\mathrm{d}y}{\mathrm{d}x}\right|_{x=0}$.

13. (6 分)设$\begin{cases}x=5(t-\sin t)\\y=5(1-\cos t)\end{cases}$,求$\dfrac{\mathrm{d}y}{\mathrm{d}x},\dfrac{\mathrm{d}^2y}{\mathrm{d}x^2}$.

14. (6 分)设函数 $f(x)$具有二阶导数,$y=f(\ln x)$,求$\dfrac{\mathrm{d}^2y}{\mathrm{d}x^2}$.

15. (6 分)设 $f(x)$在$(-\infty,+\infty)$内有定义,且对任意实数 x,y 满足等式

$$f(x+y)=f(x)+f(y)+x^2y+xy^2,$$

又假设$\lim\limits_{x\to0}\dfrac{f(x)}{x}=1$,求 $f(0),f'(0)$及 $f'(x)$.

16. (8 分)设 $y=y(x)$是由方程 $\mathrm{e}^{xy}+\ln\dfrac{y}{x+1}=0$ 所确定的隐函数,求 $y''(0)$.

17. (8 分)求函数 $f(x)=x^2\ln(1+x)$在 $x=0$ 处的 n 阶导数 $f^{(n)}(0)(n\geqslant3)$.

18. (8 分)一人以 4km/h 的速率匀速从东往西过桥,$t=0$ 时刻人的正下方有一艘船以 8km/h 的速率匀速从南向北方划去,桥比船高 200m,问 $t=3\text{min}$ 时人与船相离的速率是多少?

19. (8 分)证明曳物线$\begin{cases}x=a\left[\ln\left(\tan\dfrac{t}{2}\right)+\cos t\right],\\y=a\sin t,\end{cases}(a>0,0<t<\pi)$上任意点处切线的长度(切线与 x 轴交点和切点间的切线段长度)恒为常数.

20. (8 分)圆锥体的半径(单位:cm)为 r_0、高(单位:cm)为 h_0,现以 1cm/s 的速度将其放入部分注入水的半径(单位:cm)为 R 圆柱内(如图所示),问:当圆锥体完全浸入水的瞬间水面升高有多快?

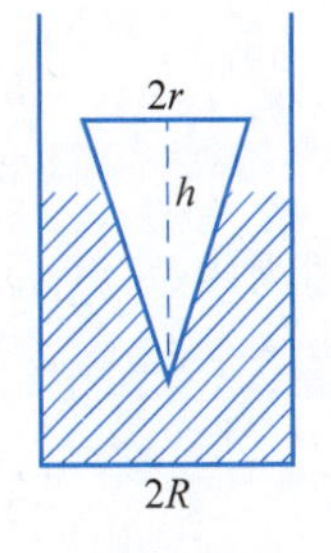

第 20 题图

第二单元　导数与微分测验(B)参考解答

一、填空题

1. $n\geqslant3$　2. 2　3. $-\dfrac{\sqrt2}{2}\mathrm{d}x$　4. $\mathrm{e}^{\frac{f'(x_0)}{f(x_0)}}$　5. $y=2x-2$

【参考解答】 1. 因为 $f'(0)=\lim\limits_{x\to0}\dfrac{f(x)-f(0)}{x-0}=\lim\limits_{x\to0}x^{n-1}\sin\dfrac{1}{x}=0$,所以有 $f'(x)=\begin{cases}nx^{n-1}\sin\dfrac1x-x^{n-2}\cos\dfrac1x, & x\neq0\\0, & x=0\end{cases}$,由题意可知,$f'(x)$在 $x=0$ 处连续,故有$\lim\limits_{x\to0}f'(x)=0$,即$\lim\limits_{x\to0}\left[nx^{n-1}\sin\dfrac1x-x^{n-2}\cos\dfrac1x\right]=0$,该式当且仅当 $n\geqslant3$ 时成立.

2. 令$\dfrac1x=t$,则$\dfrac1t=x$,且当 $t\to0$ 时,$x\to\infty$. 于是由洛必达法则有

$$I=\lim_{t\to0}\frac{\sin\ln(1+3t)-\sin\ln(1+t)}{t}=\lim_{t\to0}\left(\frac{3\cos\ln(1+3t)}{1+3t}-\frac{\cos\ln(1+t)}{1+t}\right)=2.$$

3. 令 $u=\sqrt{\dfrac{(1+x)\sqrt{x}}{\mathrm{e}^{x-1}}}$,$v=\arcsin\dfrac{1-x}{\sqrt{x^2+1}}$,有

$$\ln u=\frac{1}{2}\left[\ln(1+x)+\frac{1}{2}\ln x-(x-1)\right],\quad \frac{u'}{u}=\frac{1}{2}\left(\frac{1}{1+x}+\frac{1}{2x}-1\right),$$

则有 $u'\big|_{x=1}=\frac{u}{2}\left(\frac{1}{1+x}+\frac{1}{2x}-1\right)\Big|_{x=1}=0.$

又因为 $v'\big|_{x=1}=\lim\limits_{x\to1}\frac{v(x)-v(1)}{x-1}=\lim\limits_{x\to1}\frac{\arcsin\frac{1-x}{\sqrt{x^2+1}}-0}{x-1}=\lim\limits_{x\to1}\frac{-1}{\sqrt{x^2+1}}=\frac{-\sqrt{2}}{2}$，故有 $\mathrm{d}f\big|_{x=1}=-\frac{\sqrt{2}}{2}\mathrm{d}x.$

4. 令 $y=\left(\frac{f\left(x_0+\frac{1}{n}\right)}{f(x_0)}\right)^n$，则

$$\ln y=n\left[\ln f\left(x_0+\frac{1}{n}\right)-\ln f(x_0)\right]=\frac{\ln f\left(x_0+\frac{1}{n}\right)-\ln f(x_0)}{\frac{1}{n}}.$$

因为函数 $f(x)$在点 x_0 处可导，所以

$$\lim_{n\to\infty}\ln y=\lim_{n\to\infty}\frac{\ln f\left(x_0+\frac{1}{n}\right)-\ln f(x_0)}{\frac{1}{n}}=\ln f(x)'\Big|_{x=x_0}=\frac{f'(x_0)}{f(x_0)},$$

故 $\lim\limits_{n\to\infty}\left(\frac{f\left(x_0+\frac{1}{n}\right)}{f(x_0)}\right)^n=\mathrm{e}^{\frac{f'(x_0)}{f(x_0)}}.$

5. 由 $\lim\limits_{\Delta x\to0}\frac{f(1+2\Delta x)+f(1-\Delta x)}{\Delta x}=2$ 可知，$f(1)=0$，又因为函数 $f(x)$在 $x=1$ 处可导，

$$\begin{aligned}\lim_{\Delta x\to0}\frac{f(1+2\Delta x)+f(1-\Delta x)}{\Delta x}&=\lim_{\Delta x\to0}\left[2\frac{f(1+2\Delta x)-f(1)}{2\Delta x}-\frac{f(1)-f(1-\Delta x)}{\Delta x}\right]\\&=f'(1)=2,\end{aligned}$$

曲线 $y=f(x)$在 $x=1$ 对应点处的切线方程是 $y=2x-2.$

二、选择题

6. (C)　7. (C)　8. (A)　9. (C)　10. (C)

【参考解答】 6.**【法 1】** 直接法. 当 $f(x)$在 $x=0$ 处可导，则 $f(x)$在 $x=0$ 处连续，则有 $\lim\limits_{x\to0}f(x)=0=f(0)$，$f'(0)=\lim\limits_{x\to0}\frac{f(x)-f(0)}{x-0}=\lim\limits_{x\to0}\frac{f(x)}{x}$，故 $\lim\limits_{x\to0}\frac{f(x)}{\sqrt{|x|}}=\lim\limits_{x\to0}\frac{f(x)}{x}\cdot\frac{x}{\sqrt{|x|}}=f'(0)\cdot0=0$，故选(C).

【法 2】 排除法. 取 $f(x)=\begin{cases}x^3, & x\neq0,\\ 1, & x=0\end{cases}$，则 $\lim\limits_{x\to0}f(x)=0$，且

$$\lim_{x\to0}\frac{f(x)}{\sqrt{|x|}}=\lim_{x\to0}\frac{x^3}{\sqrt{|x|}}=0,\quad \lim_{x\to0}\frac{f(x)}{x^2}=\lim_{x\to0}\frac{x^3}{x^2}=0,$$

但 $f(x)$ 在 $x=0$ 处不可导，因为 $f(x)$ 在 $x=0$ 处不连续，则排除选项(A)(B).

若取 $f(x)=x$，则 $\lim\limits_{x\to0}f(x)=0$，且 $f(x)$ 在 $x=0$ 处可导，但 $\lim\limits_{x\to0}\frac{f(x)}{x^2}=\lim\limits_{x\to0}\frac{x}{x^2}\neq0$，排除选项(D)，故选(C).

7. 由曲线 $y=y(x)$ 与 $y=xe^x$ 在原点相切可得，$y(0)=0$，$y'(0)=1$，则

$$\lim_{x\to0}[1+y(x)]^{1/x}=\lim_{x\to0}[1+y(x)]^{\frac{1}{y(x)}\cdot\frac{y(x)}{x}}=e^{\lim\limits_{x\to0}\frac{y(x)-y(0)}{x-0}}=e^{y'(0)}=e,$$

故选(C).

8. 由 $e^x=1+x+\frac{x^2}{2!}+o(x^2)$，得

$$e^x-(ax^2+bx+1)=(1-b)x+\left(\frac{1}{2}-a\right)x^2+o(x^2),$$

由已知条件得 $a=\frac{1}{2}$，$b=1$，故选(A).

9. 令 $t=\frac{1}{x}$，则有 $\lim\limits_{x\to+\infty}f(x)=\lim\limits_{x\to+\infty}x^2\sin\frac{1}{x}=\lim\limits_{t\to0^+}\frac{\sin t}{t^2}=\lim\limits_{t\to0^+}\frac{t}{t^2}=+\infty$，可知①错误，②正确. 因为 $f'(x)=2x\sin\frac{1}{x}+x^2\cos\frac{1}{x}\left(-\frac{1}{x^2}\right)=2x\sin\frac{1}{x}-\cos\frac{1}{x}$，又令 $u=\frac{1}{x}$，则有

$$\lim_{x\to+\infty}f'(x)=\lim_{x\to+\infty}\left(2x\sin\frac{1}{x}-\cos\frac{1}{x}\right)=\lim_{u\to0^+}\left(2\frac{\sin u}{u}-\cos u\right)=1,$$

可知③正确，④错误，故选(C).

10. 因为

$$F'_-(0)=\lim_{x\to0^-}\frac{F(x)-F(0)}{x-0}=\lim_{x\to0^-}\frac{f(x)(1+|x|)-f(0)}{x}=\lim_{x\to0^-}\left[\frac{f(x)-f(0)}{x}-f(x)\right]$$
$$=f'(0)-f(0),$$

$$F'_+(0)=\lim_{x\to0^+}\frac{F(x)-F(0)}{x-0}=\lim_{x\to0^+}\frac{f(x)(1+|x|)-f(0)}{x}=\lim_{x\to0^+}\left[\frac{f(x)-f(0)}{x}+f(x)\right]$$
$$=f'(0)+f(0),$$

要使 $F'(0)$ 存在，则必有 $F'_-(0)=F'_+(0)$，从而有 $f(0)=0$，故选(C).

三、解答题

11.【解】 $f(x)=\lim\limits_{n\to\infty}\left(\frac{n-2}{n+2}\right)^{nx}=\lim\limits_{n\to\infty}\left(1-\frac{4}{n+2}\right)^{\frac{n+2}{-4}\cdot\frac{-4nx}{n+2}}=e^{-4x}$，从而

$$df\big|_{x=1}=-4e^{-4}dx.$$

12.【解】 由 $\lim\limits_{x\to0}\varphi(x)=\lim\limits_{x\to0}x^2\cos\frac{1}{x}=0=\varphi(0)$ 知 $\varphi(x)$ 在 $x=0$ 处连续，于是

$$\left.\frac{dz}{dx}\right|_{x=0}=\lim_{x\to0}\frac{\varphi(x)-\varphi(0)}{x-0}=\lim_{x\to0}x\cos\frac{1}{x}=0.$$

由条件 $\left.\frac{dy}{dz}\right|_{z=0}$ 存在，得 $\left.\frac{dy}{dx}\right|_{x=0}=\left.\frac{dy}{dz}\right|_{z=0}\cdot\left.\frac{dz}{dx}\right|_{x=0}=0.$

13.【解】 $\frac{\mathrm{d}x}{\mathrm{d}t}=5(1-\cos t)$，$\frac{\mathrm{d}y}{\mathrm{d}t}=5\sin t$，则$\frac{\mathrm{d}y}{\mathrm{d}x}=\frac{5\sin t}{5(1-\cos t)}=\frac{\sin t}{1-\cos t}$，

$$\frac{\mathrm{d}^2y}{\mathrm{d}x^2}=\frac{\frac{\mathrm{d}}{\mathrm{d}t}\left(\frac{\mathrm{d}y}{\mathrm{d}x}\right)}{\frac{\mathrm{d}x}{\mathrm{d}t}}=\frac{\cos t(1-\cos t)-\sin^2 t}{5(1-\cos t)^3}=\frac{-1}{5(1-\cos t)^2}.$$

14.【解】 $\frac{\mathrm{d}y}{\mathrm{d}x}=\frac{f'(\ln x)}{x}$，$\frac{\mathrm{d}^2y}{\mathrm{d}x^2}=\frac{f''(\ln x)\cdot\frac{1}{x}\cdot x-f'(\ln x)}{x^2}=\frac{f''(\ln x)-f'(\ln x)}{x^2}$.

15.【解】 在方程中令 $y=0$ 得 $f(0)=0$，从而

$$f'(0)=\lim_{x\to 0}\frac{f(x)-f(0)}{x}=\lim_{x\to 0}\frac{f(x)}{x}=1,$$

$$f'(x)=\lim_{h\to 0}\frac{f(x+h)-f(x)}{h}=\lim_{h\to 0}\frac{f(x)+f(h)+x^2h+xh^2-f(x)}{h}$$

$$=x^2+\lim_{h\to 0}\frac{f(h)}{h}=x^2+1.$$

16.【解】 当 $x=0$ 时，由原方程解得 $y=\frac{1}{\mathrm{e}}$. 方程两边对 x 求导数得

$$\mathrm{e}^{xy}(y+xy')+\frac{y'}{y}-\frac{1}{x+1}=0, \tag{1}$$

将 $x=0,y=\frac{1}{\mathrm{e}}$代入解得 $y'(0)=\frac{1}{\mathrm{e}}-\frac{1}{\mathrm{e}^2}$. 在(1)式两边对 x 求导数，得

$$\mathrm{e}^{xy}(y+xy')^2+\mathrm{e}^{xy}(2y'+xy'')+\frac{y''y-y'^2}{y^2}+\frac{1}{(x+1)^2}=0,$$

将 $x=0,y=\frac{1}{\mathrm{e}},y'(0)=\frac{1}{\mathrm{e}}-\frac{1}{\mathrm{e}^2}$代入上述方程，解得 $y''(0)=\frac{2}{\mathrm{e}^3}-\frac{4}{\mathrm{e}^2}$.

17.【解】 由莱布尼兹公式$(uv)^{(n)}=\sum_{k=0}^{n}C_n^k u^{(k)}v^{(n-k)}$，及

$$[\ln(1+x)]^{(k)}\Big|_{x=0}=\frac{(-1)^{k-1}(k-1)!}{(1+x)^k}\Bigg|_{x=0}=(-1)^{k-1}(k-1)!\ (k\in\mathbb{Z}^+),$$

$$x^2\Big|_{x=0}=0,(x^2)'\Big|_{x=0}=0,(x^2)''\Big|_{x=0}=2,(x^2)^{(k)}\Big|_{x=0}=0(k\in\mathbb{Z}^+,k\geqslant 3).$$

代入公式得

$$f^{(n)}(0)=\sum_{k=0}^{n}C_n^k(x^2)^{(k)}(\ln(1+x))^{(n-k)}\Big|_{x=0}=C_n^2(x^2)''(\ln(1+x))^{(n-2)}$$

$$=\frac{n(n-1)}{2}\cdot 2\cdot(-1)^{n-3}(n-3)!=(-1)^{n-1}\frac{n!}{n-2}.$$

18.【解】 设 t 分钟时人和船移动的距离为 $x(t),y(t)$，人、船相距 $z(t)$，依题意有 $z^2(t)=40000+x^2(t)+y^2(t)$，两边对 t 求导，得

$$z(t)z'(t)=x(t)x'(t)+y(t)y'(t).$$

在 $t=3\mathrm{min}$ 时，$x(3)=200\mathrm{m}$，$y(3)=400\mathrm{m}$，$z(3)=200\sqrt{6}\,\mathrm{m}$，

$$x'(3)=\frac{200}{3}\mathrm{m/min},\quad y'(3)=\frac{400}{3}\mathrm{m/min},$$

代入解得 $z'(3)=\frac{1000}{3\sqrt{6}}\mathrm{m/min}\approx 8.165\mathrm{km/h}$. 所以 3min 后人与船相离的速率为 8.165km/h.

19. **【证明】** $\frac{\mathrm{d}y}{\mathrm{d}x}=\frac{a\cos t}{a\left(\frac{1}{2}\cot\frac{t}{2}\sec^2\frac{t}{2}-\sin t\right)}=\frac{\cos t}{\csc t-\sin t}=\tan t$. 设 t_0 对应曳物线上 $P(x_0,y_0)$,此点处切线方程为 $y-y_0=(x-x_0)\tan t_0$,该切线与 x 轴相交于点 $Q\left(x_0-\frac{y_0}{\tan t_0},0\right)$,则 $|PQ|^2=\frac{y_0^2}{\tan^2 t_0}+y_0^2=\frac{y_0^2}{\sin^2 t_0}=a^2$,即 $|PQ|$ 为常数.

20. **【解】** 设 t 秒时圆锥浸入水中的高度为 $h(t)$,圆锥面半径为 $r(t)$,圆柱体水面上升的高度为 $H(t)$. 由题设知 $\pi R^2H(t)=\frac{1}{3}\pi r^2(t)h(t)$,而 $r(t)=\frac{h(t)r_0}{h_0}$,所以

$$\pi R^2H(t)=\frac{1}{3}\pi\left(\frac{r_0}{h_0}\right)^2h^3(t),$$

两边关于 t 求导数,有 $\frac{\mathrm{d}H}{\mathrm{d}t}=\frac{r_0^2}{R^2h_0^2}h^2\frac{\mathrm{d}h}{\mathrm{d}t}$. 当圆锥完全浸入水中时,$h(t)=h_0$ 且 $\frac{\mathrm{d}h}{\mathrm{d}t}=1$,所以 $\frac{\mathrm{d}H}{\mathrm{d}t}=\frac{r_0^2}{R^2}$.

第三单元

中值定理与导数的应用

练习 16　罗尔中值定理

训练目的

理解罗尔(Rolle)中值定理，会构造辅助函数，利用罗尔中值定理证明相关中值问题或方程解的存在性.

基础练习

1. 已知①$f(x)=x$②$f(x)=|x|$③$f(x)=x^2$④$f(x)=x^3$⑤$f(x)=\frac{x^2}{x}$，则上面函数中在区间$[-1,1]$上满足罗尔中值定理条件的有__________，存在$\xi\in(-1,1)$，使得$f'(\xi)=0$的有__________，任给$\xi\in(-1,1)$，有$f'(\xi)\neq 0$或$f'(\xi)$不存在的有__________.

【答案】 ③，③④，①②⑤.

2. 已知函数$f(x)=(x-1)(x-2)(x-3)(x-4)$，则方程$f'(x)=0$有______个实根，这些根从小到大所在区间依次为__________.

【参考解答】 易知$f'(x)=0$是一个三元方程，最多只有3个实根. 由于

$$f(1)=f(2)=f(3)=f(4)=0,$$

由罗尔中值定理可知存在$\xi_1\in(1,2)$，$\xi_2\in(2,3)$，$\xi_3\in(3,4)$，使得

$$f'(\xi_1)=f'(\xi_2)=f'(\xi_3)=0,$$

所以方程$f'(x)=0$有3个实根，分别在区间$(1,2)$，$(2,3)$，$(3,4)$内.

3. (1) 设函数$f(x)$，$g(x)$在$[a,b]$上连续，在(a,b)内可导，且$f(a)=f(b)=0$，为证明方程$f'(x)g(x)+f(x)g'(x)=0$在(a,b)内有解，可构造辅助函数$F(x)=$______，则$F(x)$在区间______上满足罗尔中值定理.

(2) 设 $f(x)$ 可导，λ 为实数，为证明 $f(x)$ 的任意两个零点 $m,n(m<n)$ 之间必有 $\lambda f(x)+f'(x)$ 的零点，可构造辅助函数 $F(x)=$________，则 $F(x)$ 在区间________上满足罗尔中值定理.

(3) 设 $f(x)$ 可导，$\alpha>0$ 为实数，$f(a)=0,(a>0)$，为证明存在 $\xi\in(0,a)$，使得 $f'(\xi)=-\dfrac{\alpha f(\xi)}{\xi}$，可构造辅助函数 $F(x)=$________，则 $F(x)$ 在区间________上满足罗尔中值定理.

【答案】 (1) $f(x)g(x),[a,b]$　(2) $e^{\lambda x}f(x),[m,n]$　(3) $x^{\alpha}f(x),[0,a]$.

【参考解答】 (1) 令 $F(x)=f(x)g(x)$，则 $F(x)$ 在 $[a,b]$ 上连续，(a,b) 内可导，且 $F(a)=f(a)\cdot g(a)-f(b)\cdot g(b)=F(b)=0$，由罗尔中值定理知，存在 $\xi\in(a,b)$ 使得 $F'(\xi)=0$，所以 $f'(x)g(x)+f(x)g'(x)=0$ 在 (a,b) 内有解.

(2) 令 $F(x)=e^{\lambda x}f(x)$，则 $F(x)$ 在 $[m,n]$ 上连续，(m,n) 内可导，且由 $f(m)=f(n)=0$，有 $F(m)=F(n)=0$，所以至少存在一点 $\xi\in(m,n)$，使得 $F'(\xi)=0$，即 $\lambda e^{\lambda\xi}f(\xi)+e^{\lambda\xi}f'(\xi)=0$，又 $e^{\lambda\xi}\neq 0$，即 $\lambda f(\xi)+f'(\xi)=0$ 成立，即 $\xi\in(m,n)$ 为 $\lambda f(x)+f'(x)$ 的零点.

(3) $f'(\xi)=-\dfrac{\alpha f(\xi)}{\xi}$ 即 $\alpha f(\xi)+\xi f'(\xi)=0$. 令 $F(x)=x^{\alpha}f(x)$，则 $F(x)$ 在 $[0,a]$ 上连续，$(0,a)$ 内可导，且 $F(0)=F(a)=0$，由罗尔中值定理可知，存在 $\xi\in(0,a)$ 使得 $F'(\xi)=0$，即 $\alpha\xi^{\alpha-1}f(\xi)+\xi^{\alpha}f'(\xi)=0$，又 $\xi\neq 0$，即有 $f'(\xi)=-\dfrac{\alpha f(\xi)}{\xi}$ 成立.

综合练习

4. 设 a,b,c 为实数，求证：方程 $4ax^3+3bx^2+2cx=a+b+c$ 在 $(0,1)$ 内至少有一个根.

【参考证明】 令 $f(x)=ax^4+bx^3+cx^2-(a+b+c)x$. 显然 $f(0)=f(1)=0$，于是由罗尔中值定理知，存在 $\xi\in(0,1)$，使得 $f'(\xi)=0$，即

$$4a\xi^3+3b\xi^2+2c\xi-(a+b+c)=0,$$

即方程 $4ax^3+3bx^2+2cx=a+b+c$ 在 $(0,1)$ 内至少存在一个根 ξ.

5. 设函数 $f(x)$ 在 (a,b) 内可导，且 $f'(x)\neq 1$. 试证明 $f(x)$ 在 (a,b) 内至多只有一个不动点，即方程 $f(x)=x$ 在 (a,b) 内至多只有一个实数根.

【参考证明】 (反证法)　假设方程 $f(x)=x$ 存在两个根 $m,n(a<m<n<b)$，令 $F(x)=f(x)-x$，则 $F(x)$ 在 $[m,n]$ 上连续，(m,n) 内可导，且 $F(m)=F(n)=0$，于是由罗尔中值定理知，存在 $c\in(m,n)\subset(a,b)$，使得 $F'(\xi)=f'(\xi)-1=0$，即 $f'(\xi)=1$，与已知中 $f'(x)\neq 1$ 矛盾，故假设不成立，所以方程 $f(x)=x$ 在 (a,b) 内至多只有一个实数根.

6. 证明：方程 $2^x=x^2+1$ 有且仅有 3 个实根.

【参考证明】 令 $f(x)=2^x-x^2-1$，则有 $f(0)=0,f(1)=0$，又

$$f(4)=-1<0,\quad f(5)=6>0,$$

由零点定理知存在一点 $c\in(4,5)$，使得 $f(c)=0$. 由此可知方程 $2^x=x^2+1$ 至少有 3 个实根. 假设方程 $2^x=x^2+1$ 有 4 个实根 $\xi_1<\xi_2<\xi_3<\xi_4$，即有

$$f(\xi_1)=f(\xi_2)=f(\xi_3)=f(\xi_4)=0,$$

则由罗尔中值定理知存在 $\eta_1\in(\xi_1,\xi_2),\eta_2\in(\xi_2,\xi_3),\eta_3\in(\xi_3,\xi_4)$，使得

$$f'(\eta_1)=f'(\eta_2)=f'(\eta_3)=0,$$

由罗尔中值定理知存在 $c_1\in(\eta_1,\eta_2),c_2\in(\eta_2,\eta_3)$，使得 $f''(c_1)=f''(c_2)=0$，存在 $\xi\in(c_1,c_2)$，使得 $f'''(\xi)=0$. 又 $f'(x)=2^x(\ln2)-2x,f''(x)=2^x(\ln2)^2-2,f'''(x)=2^x(\ln2)^3\neq0$. 所以假设不成立. 综上可得结论成立.

7. 设函数 $f(x)$ 在区间 $[0,1]$ 上连续，在 $(0,1)$ 内可导，$f(0)=f(1)=0,f\left(\frac{1}{2}\right)=1$，试证：

(1) 存在 $\eta\in\left(\frac{1}{2},1\right)$，使 $f(\eta)=\eta$；

(2) 对任意实数 λ，必存在 $\xi\in(0,\eta)$，使得 $f'(\xi)-\lambda[f(\xi)-\xi]=1$.

【参考证明】 (1) 令 $\Phi(x)=f(x)-x$，则 $\Phi(x)$ 在 $[0,1]$ 连续，又

$$\Phi(1)=-1<0,\quad \Phi\left(\frac{1}{2}\right)=\frac{1}{2}>0.$$

故由零点定理知，存在 $\eta\in\left(\frac{1}{2},1\right)$，使得 $\Phi(\eta)=f(\eta)-\eta=0$，即 $f(\eta)=\eta$.

(2) 令 $F(x)=e^{-\lambda x}\Phi(x)=e^{-\lambda x}[f(x)-x]$，则 $F(x)$ 在 $[0,\eta]$ 上连续，在 $(0,\eta)$ 内可导，且 $F(0)=F(\eta)=e^{-\lambda\eta}\Phi(\eta)=0$，即 $F(x)$ 在 $[0,\eta]$ 上满足罗尔中值定理的条件，故存在 $\xi\in(0,\eta)$，使得 $F'(\xi)=0$，即

$$e^{-\lambda\xi}\{f'(\xi)-\lambda[f(\xi)-\xi]-1\}=0.$$

由于 $e^x>0$，故有 $f'(\xi)-\lambda[f(\xi)-\xi]=1$.

8. 设函数 $f(x),g(x)$ 在 $[a,b]$ 上连续，在 (a,b) 内二阶可导且存在相等的最大值，又 $f(a)=g(a),f(b)=g(b)$，证明：

(1) 存在 $\eta\in(a,b)$，使得 $f(\eta)=g(\eta)$；(2) 存在 $\xi\in(a,b)$，使得 $f''(\xi)=g''(\xi)$.

【参考证明】 (1) 构造辅助函数 $F(x)=f(x)-g(x)$，因为 $f(x),g(x)$ 在 (a,b) 内具有相等的最大值 M，不妨设 $f(x_1)=M,g(x_2)=M$. 若 $x_1=x_2$，取 $\eta=x_1$，则 $F(\eta)=0$；若 $x_1\neq x_2$，不妨设 $x_1<x_2$，则 $F(x)$ 在 $[x_1,x_2]$ 上连续，且

$$F(x_1)=f(x_1)-g(x_1)>0,\quad F(x_2)=f(x_2)-g(x_2)<0,$$

由零点定理可得存在 $\eta\in(x_1,x_2)\subset(a,b)$，使 $F(\eta)=0$，即 $f(\eta)=g(\eta)$.

(2) 由已知条件及(1)可知，$F(a)=F(\eta)=F(b)=0$. 于是函数 $F(x)$ 分别在区间 $[a,\eta],[\eta,b]$ 上运用罗尔中值定理可知，存在 $\xi_1\in(a,\eta),\xi_2\in(\eta,b)$，使得

$$F'(\xi_1)=F'(\xi_2)=0.$$

再对 $F'(x)$ 在区间 $[\xi_1,\xi_2]$ 上应用罗尔中值定理可知，存在 $\xi\in(\xi_1,\xi_2)\subset(a,b)$，使得 $F''(\xi)=0$，即 $f''(\xi)=g''(\xi)$.

考研与竞赛练习

1. 假设函数 $f(x)$ 和 $g(x)$ 在 $[a,b]$ 上存在二阶导数，并且 $f(a)=f(b)=g(a)=g(b)=0,g''(x)\neq0$. 试证：(1)在开区间 (a,b) 内 $g(x)\neq0$；(2)在开区间 (a,b) 内至少存在一点 ξ，使 $\frac{f(\xi)}{g(\xi)}=\frac{f''(\xi)}{g''(\xi)}$.

【参考证明】 (1) 证明在一个区间上函数值都不等于0,适合考虑反证法.假设存在一点 $x_0\in(a,b)$,使得 $g(x_0)=0$,则由已知条件 $g(a)=g(b)=0$,分别在 $[a,x_0]$,$[x_0,b]$ 上使用罗尔中值定理,则存在 $\xi_1\in(a,x_0)$,$\xi_2\in(x_0,b)$,使得 $g'(\xi_1)=g'(\xi_2)$;由于 $g(x)$ 二阶可导,于是在 $[\xi_1,\xi_2]$ 上由罗尔中值定理知,存在点 $\xi\in(\xi_1,\xi_2)$,使得 $g''(\xi)=0$,与已知条件 $g''(x)\neq 0$ 矛盾.所以在开区间 (a,b) 内,$g(x)\neq 0$ 成立.

(2) 将需要验证的等式变形改写,有 $\dfrac{f(\xi)}{g(\xi)}=\dfrac{f''(\xi)}{g''(\xi)}\Leftrightarrow f(\xi)g''(\xi)-g(\xi)f''(\xi)=0$.于是令 $F(x)=f(x)g'(x)-g(x)f'(x)$,显然 $F(x)$ 在 $[a,b]$ 上连续,(a,b) 可导,且 $F(a)=F(b)=0$,于是由罗尔中值定理可知,存在 $\xi\in(a,b)$,使得 $F'(\xi)=0$,有

$$f(\xi)g''(\xi)-g(\xi)f''(\xi)=0,\text{即 }\frac{f(\xi)}{g(\xi)}=\frac{f''(\xi)}{g''(\xi)}.$$

2. 设函数 $f(x)$ 在区间 $[a,b]$ 上具有二阶导数,且 $f(a)=f(b)=0$,$f'_+(a)f'_-(b)>0$.证明:存在 $\xi\in(a,b)$ 和 $\eta\in(a,b)$,使 $f(\xi)=0$ 及 $f''(\eta)=0$.

【参考证明】 不妨设 $f'_+(a)>0$,$f'_-(b)>0$,即 $\lim\limits_{x\to a^+}\dfrac{f(x)}{x-a}>0$,$\lim\limits_{x\to b^-}\dfrac{f(x)}{x-b}>0$.于是由极限的保号性,可知存在 $0<\delta_1,\delta_2<\dfrac{b-a}{2}$,当 $x_1\in(a,a+\delta_1)$ 和 $x_2\in(b-\delta_2,b)$ 有 $f(x_1)>0$ 及 $f(x_2)<0$.所以在闭区间 $[x_1,x_2]$ 上由零点定理知,存在 $\xi\in(x_1,x_2)\subset(a,b)$,使得 $f(\xi)=0$.

由 $f(a)=f(\xi)=f(b)=0$,则 $f(x)$ 分别在 $[a,\xi]$,$[\xi,b]$ 上满足罗尔中值定理的条件,于是,存在 $\xi_1\in(a,\xi)$ 和 $\xi_2\in(\xi,b)$,使得 $f'(\xi_1)=f'(\xi_2)=0$.进一步函数 $f'(x)$ 在区间 $[\xi_1,\xi_2]$ 满足罗尔中值定理的条件,于是存在 $\eta\in(\xi_1,\xi_2)\subset(a,b)$,使 $f''(\eta)=0$.

【注】 对于第一问也可以考虑反证法.即假设不存在 $\xi\in(a,b)$,使得 $f(\xi)=0$,则在 (a,b) 上恒有 $f(x)>0$ 或 $f(x)<0$.不妨设 $f(x)>0$,则

$$f'_+(a)=\lim_{x\to a^+}\frac{f(x)-f(a)}{x-a}=\lim_{x\to a^+}\frac{f(x)}{x-a}\geqslant 0,$$

$$f'_-(b)=\lim_{x\to b^-}\frac{f(x)-f(b)}{x-b}=\lim_{x\to b^-}\frac{f(x)}{x-b}\leqslant 0,$$

故 $f'_+(a)f'_-(b)\leqslant 0$ 与已知 $f'_+(a)f'_-(b)>0$ 矛盾,故假设不成立,即存在 $\xi\in(a,b)$,使得 $f(\xi)=0$.

3. 证明达布中值定理:设函数 $f(x)$ 在 $[a,b]$ 上可导,且 $f'_+(a)\neq f'_-(b)$,η 是介于 $f'_+(a)$ 与 $f'_-(b)$ 之间的任一实数,则至少存在一点 $\xi\in(a,b)$,使得 $f'(\xi)=\eta$.

【参考证明】 设 $F(x)=f(x)-\eta x$,则 $F(x)$ 在 $[a,b]$ 上可导,且

$$F'_+(a)\cdot F'_-(b)=[f'_+(a)-\eta]\cdot[f'_-(b)-\eta]<0.$$

【法1】 不妨设 $F'_+(a)>0$,$F'_-(b)<0$,则由极限的定义,有

$$F'_+(a)=\lim_{x\to a^+}\frac{F(x)-F(a)}{x-a}>0\quad F'_-(b)=\lim_{x\to b^-}\frac{F(x)-F(b)}{x-b}<0,$$

故存在 $\delta>0$,当 $x\in(a,a+\delta)$ 时,有 $F(x)>F(a)$;当 $x\in(b-\delta,b)$ 时,有 $F(x)>F(b)$.

因为函数 $F(x)$ 在 $[a,b]$ 上可导，故 $F(x)$ 在 $[a,b]$ 上连续，必有最小值 m 及最大值 M，且此时最大值在 (a,b) 内取得，即存在 $\xi\in(a,b)$，使得 $F(\xi)=M$，从而由费马引理可知 $F'(\xi)=0$，即 $f'(\xi)-\eta=0$，得所证结论成立.

【法 2】 设 $F(x)=f(x)-\eta x$，则 $F(x)$ 在 $[a,b]$ 上可导.

(1) 如果 $F(a)=F(b)$，则由罗尔中值定理可知，存在 $\xi\in(a,b)$，使得

$$F'(\xi)=f'(\xi)-\eta=0,$$

即所证结论成立.

(2) 如果 $F(a)\neq F(b)$，不妨设 $F(a)>F(b)$，若 $F'_+(a)>0$，则存在 $\delta>0$，当 $x\in(a,a+\delta)$ 时，有 $F(x)>F(a)>F(b)$，由闭区间上连续函数的介值定理可知，存在 $c\in(x,b)\subset(a,b)$，使得 $F(c)=F(a)$，故由罗尔中值定理可知，存在 $\xi\in(a,c)\subset(a,b)$，使得 $F'(\xi)=f'(\xi)-\eta=0$. 若 $F'_-(b)>0$，则存在 $\delta>0$，当 $x\in(b-\delta,b)$ 时，有 $F(x)<F(b)<F(a)$，由闭区间上连续函数的介值定理可知，存在 $c\in(a,x)\subset(a,b)$，使得 $F(c)=F(b)$，故由罗尔中值定理可知，存在 $\xi\in(c,b)\subset(a,b)$，使得 $F'(\xi)=f'(\xi)-\eta=0$.

综上即得所证结论成立.

【注】 该题结论为“**达布中值定理**”，也就是通常说的达布定理. 如果不是专门需要证明该结论，一般在说明定理名称的情况下，可以直接应用定理结论验证其他命题.

4. 设函数 $f(x)$ 在区间 $[0,1]$ 上具有二阶导数，且 $f(1)>0$，$\lim\limits_{x\to0^+}\dfrac{f(x)}{x}<0$. 证明：

(1) 方程 $f(x)=0$ 在区间 $(0,1)$ 内至少存在一个实根；

(2) 方程 $f(x)f''(x)+[f'(x)]^2=0$ 在区间 $(0,1)$ 内至少存在两个不同的实根.

【参考证明】 (1) 由 $\lim\limits_{x\to0^+}\dfrac{f(x)}{x}<0$ 和极限保号性可知，存在 $0<\delta<1$，当 $x\in(0,\delta)$ 时有 $\dfrac{f(x)}{x}<0$，取 $x_0\in(0,\delta)$，则有 $f(x_0)<0$. 所以 $f(x)$ 区间 $[x_0,1]$ 连续，且 $f(x_0)f(1)<0$，有零点定理可知，存在 $\xi\in(x_0,1)\subset(0,1)$，使得 $f(\xi)=0$，即方程 $f(x)=0$ 在区间 $(0,1)$ 内至少存在一个实根.

(2) 由 $\lim\limits_{x\to0^+}\dfrac{f(x)}{x}<0$ 及 $f(x)$ 在 $[0,1]$ 连续可知，$f(0)=\lim\limits_{x\to0^+}f(x)=0$，于是 $f(x)$ 在 $[0,\xi]$ 上满足罗尔中值定理，存在 $\eta\in(0,\xi)$，使得 $f'(\eta)=0$. 设 $F(x)=f(x)f'(x)$，则有 $F(0)=F(\eta)=F(\xi)=0$，在 $[0,\eta]$，$[\eta,\xi]$ 满足罗尔中值定理的条件，存在 $c_1\in(0,\eta)$，$c_2\in(\eta,\xi)$，使得 $F'(c_1)=0$，$F'(c_2)=0$，于是方程 $F'(x)=0$，即 $f(x)f''(x)+[f'(x)]^2=0$ 在区间 $(0,1)$ 内至少存在两个不同的实根.

【注】 此题的关键是 $[f(x)f'(x)]'=f(x)f''(x)+[f'(x)]^2$. 与此类似的常用的导数恒等式有

$$[xf(x)]'=xf'(x)+f(x),\quad [x^nf(x)]'=x^{n-1}[xf'(x)+nf(x)],$$

$$\left[\frac{f(x)}{x}\right]'=\frac{xf'(x)-f(x)}{x^2},\quad \left[\frac{f(x)}{x^n}\right]'=\frac{xf'(x)-nf(x)}{x^{n+1}},$$

$$[e^{\lambda x}f(x)]'=e^{\lambda x}[f'(x)+\lambda f(x)],\quad [e^{-\lambda x}f(x)]'=e^{-\lambda x}[f'(x)-\lambda f(x)].$$

5. 设函数 $f(x)$在$[a,b]$上可导，且存在 $c\in(a,b)$使得 $f'(c)=0$，证明：$\exists\xi\in(a,b)$使得 $f'(\xi)=\dfrac{f(\xi)-f(a)}{b-a}$.

【参考证明】 令 $F(x)=\mathrm{e}^{-\frac{x}{b-a}}[f(x)-f(a)]$，则 $F(a)=0$，且

$$F'(x)=\mathrm{e}^{-\frac{x}{b-a}}\left[f'(x)-\frac{f(x)-f(a)}{b-a}\right],\quad F'(c)=-\frac{F(c)}{b-a}.$$

(1) 若 $F(c)=0$，则有 $F'(c)=0$，取 $\xi=c\in(a,b)$有

$$F'(\xi)=\mathrm{e}^{-\frac{\xi}{b-a}}\left[f'(\xi)-\frac{f(\xi)-f(a)}{b-a}\right]=0,$$

即有 $f'(\xi)=\dfrac{f(\xi)-f(a)}{b-a}$.

(2) 若 $F(c)\neq0$，不妨设 $F(c)>0$，则 $F'(c)=-\dfrac{F(c)}{b-a}<0$，即

$$F'(c)=\lim_{x\to c}\frac{F(x)-F(c)}{x-c}<0,$$

由极限保号性可知，存在 $x_1\in(c,b)$，使得$\dfrac{F(x_1)-F(c)}{x_1-c}<0$，即有 $0<F(x_1)<F(c)$，在$[a,c]$上由连续函数的介值定理知，存在 $x_2\in(a,c)$，使得 $F(x_1)=F(x_2)$，于是 $F(x)$在区间$[x_1,x_2]$上满足罗尔中值定理，于是存在 $\xi\in(x_1,x_2)\subset(a,b)$，使得 $F'(\xi)=\mathrm{e}^{-\frac{\xi}{b-a}}\left[f'(\xi)-\dfrac{f(\xi)-f(a)}{b-a}\right]=0$. 即有 $f'(\xi)=\dfrac{f(\xi)-f(a)}{b-a}$.

6. 设 $f(x)$在$(a,+\infty)$内有二阶导数，且 $f(a+1)=0$，$\lim\limits_{x\to a+}f(x)=0$，$\lim\limits_{x\to+\infty}f(x)=0$，求证：存在 $\xi\in(a,+\infty)$，使得 $f''(\xi)=0$.

【参考证明】【法 1】 补充 $f(a)=0$，则有 $f(x)$在$[a,+\infty)$上连续. 于是 $f(x)$在$[a,a+1]$满足罗尔中值定理，存在 $c_1\in(a,a+1)$，使得 $f'(c_1)=0$.

下面证明存在 $c_2\in(a+1,+\infty)$，使得 $f'(c_2)=0$.

若 $f(x)\equiv0,x\in(a+1,+\infty)$，则可取任意的 $\xi\in(a+1,+\infty)$，有 $f''(\xi)=0$，结论成立. 否则，不妨设 $f(b)=m>0,b\in(a+1,+\infty)$，则由介值定理及极限定义知存在 $x_1\in(a+1,b)$，$x_2\in(b,+\infty)$，使得 $f(x_1)=f(x_2)=\dfrac{m}{2}$，于是 $f(x)$在$[x_1,x_2]$上满足罗尔中值定理的条件，于是存在 $c_2\in(x_1,x_2)\subset(a+1,+\infty)$，使得 $f'(c_2)=0$. 因此 $f'(x)$在$[c_1,c_2]$满足罗尔中值定理的条件，于是存在 $\xi\in(c_1,c_2)\subset(a,+\infty)$，使得 $f''(\xi)=0$.

【法 2】 作变换 $x=\tan t,t\in\left(\arctan a,\dfrac{\pi}{2}\right),x\in(a,+\infty)$，记

$$f(x)=f(\tan t)=g(t),\quad t\in\left(\arctan a,\frac{\pi}{2}\right),$$

并补充定义 $g(\arctan a)=g\left(\dfrac{\pi}{2}\right)=0$，则 $g(t)$在$[\arctan a,\arctan(a+1)]$与

$\left[\arctan(a+1),\frac{\pi}{2}\right]$上满足罗尔中值定理的条件，于是存在$c_1\in(\arctan a,\arctan(a+1))$与$c_2\in\left[\arctan(a+1),\frac{\pi}{2}\right]$使得$g'(c_1)=g'(c_2)=0$，即有$f'(\tan c_1)=f'(\tan c_1)=0$，其中$\tan c_1\in(a,a+1)$，$\tan c_2\in(a+1,+\infty)$. 于是$f'(x)$在$[\tan c_1,\tan c_2]$满足罗尔中值定理，存在$\xi\in(\tan c_1,\tan c_2)\subset(a,+\infty)$，使得$f''(\xi)=0$.

练习 17　拉格朗日中值定理

训练目的

1. 理解拉格朗日中值定理，知道拉格朗日中值定理的有限增量形式.
2. 会利用拉格朗日中值定理证明有关中值的等式.
3. 会利用拉格朗日中值定理证明不等式.
4. 会利用拉格朗日中值定理推论证明函数为常值函数.

基础练习

1. 若函数$f(x)$在区间(a,b)内可导，x_1,x_2是区间内任意两点，且$x_1<x_2$，则至少存在一点ξ，使得(　　).

(A) $f(b)-f(a)=f'(\xi)(b-a),a<\xi<b$

(B) $f(b)-f(x_1)=f'(\xi)(b-x_1),x_1<\xi<b$

(C) $f(x_2)-f(x_1)=f'(\xi)(x_2-x_1),x_1<\xi<x_2$

(D) $f(x_2)-f(a)=f'(\xi)(x_2-a),a<\xi<x_2$

【参考解答】 由于函数在端点处既没有说有定义，更没有说连续，所以以上选项中所有涉及端点值$f(a)$，$f(b)$的结论都未必成立，而$[x_1,x_2]\subset(a,b)$，由$f(x)$在区间(a,b)内可导可知，$f(x)$在区间$[x_1,x_2]$连续，在区间(x_1,x_2)内可导，故由拉格朗日中值定理可得正确选项为(C).

2. 设$f(x)$在区间$[a,b]$上连续，在(a,b)内可导，证明：在(a,b)内至少存在一点ξ，使得$\dfrac{bf(b)-af(a)}{b-a}=f(\xi)+\xi f'(\xi)$.

【参考证明】 令$F(x)=xf(x)$，则$F(x)$区间$[a,b]$上连续，在(a,b)内可导，由拉格朗日中值定理有，在(a,b)内至少存在一点ξ，使得$\dfrac{F(b)-F(a)}{b-a}=F'(\xi)=f(\xi)+\xi f'(\xi)$，即$\dfrac{bf(b)-af(a)}{b-a}=f(\xi)+\xi f'(\xi)$.

3. 设函数$f(x)$在闭区间$[0,1]$上连续，在开区间$(0,1)$内可导，且$f(0)=0,f(1)=\dfrac{1}{3}$. 证明：存在$\xi\in\left(0,\frac{1}{2}\right)$，$\eta\in\left(\frac{1}{2},1\right)$，使得$f'(\xi)+f'(\eta)=\xi^2+\eta^2$.

【参考证明】　令 $F(x)=f(x)-\frac{1}{3}x^3$，于是 $F(x)$ 在 $\left[0,\frac{1}{2}\right]$，$\left[\frac{1}{2},1\right]$ 满足拉格朗日中值定理的条件，于是 $F\left(\frac{1}{2}\right)-F(0)=\frac{1}{2}F'(\xi)$，$\xi\in\left(0,\frac{1}{2}\right)$，$F(1)-F\left(\frac{1}{2}\right)=\frac{1}{2}F'(\eta)$，$\eta\in\left(\frac{1}{2},1\right)$，两式相加得 $F(1)-F(0)=\frac{1}{2}[f'(\xi)-\xi^2]+\frac{1}{2}[f'(\eta)-\eta^2]=0$，即得 $f'(\xi)+f'(\eta)=\xi^2+\eta^2$.

4. 设不恒为常数的函数 $f(x)$ 在闭区间 $[a,b]$ 上连续，在开区间 (a,b) 内可导，且 $f(a)=f(b)$. 证明：在 (a,b) 内至少存在一点 ξ，使得 $f'(\xi)>0$.

【参考证明】　记 $f(a)=f(b)=m$，由于 $f(x)$ 不恒为常数，故存在 $c\in(a,b)$，$f(c)\neq m$. 函数 $f(x)$ 在区间 $[a,c]$，$[c,b]$ 上连续，在 (a,c)，(c,b) 上可导，于是由拉格朗日中值定理，有

$$\frac{f(c)-f(a)}{c-a}=f'(\xi_1),\quad \xi_1\in(a,c),\qquad \frac{f(b)-f(c)}{b-c}=f'(\xi_2),\quad \xi_2\in(c,b),$$

于是由 $f'(\xi_1)\cdot f'(\xi_2)=\frac{-[f(c)-m]^2}{(c-a)(b-c)}<0$，可知 $f'(\xi_1)$，$f'(\xi_2)$ 异号，不妨设 $f'(\xi_1)>0$，则取 $\xi=\xi_1\in(a,c)\subset(a,b)$，有 $f'(\xi)>0$.

5. 设 $a>b>0$，证明：$\frac{a-b}{a}<\ln\frac{a}{b}<\frac{a-b}{b}$.

【参考证明】　令 $f(x)=\ln x$，$x\in[b,a]$，则 $f(x)$ 在 $[b,a]$ 上满足拉格朗日中值定理的条件，从而有

$$f(a)-f(b)=f'(\xi)(a-b)=\frac{a-b}{\xi}\quad (b<\xi<a).$$

又 $f(a)-f(b)=\ln\frac{a}{b}$，由 $0<b<\xi<a$，有 $0<\frac{a-b}{a}<\frac{a-b}{\xi}<\frac{a-b}{b}$，所以有 $\frac{a-b}{a}<\ln\frac{a}{b}<\frac{a-b}{b}$.

6. (1) 证明恒等式：$3\arccos x-\arccos(3x-4x^3)=\pi$，$\left(|x|\leqslant\frac{1}{2}\right)$.

(2) 证明：若可导函数 $f(x)$ 满足 $f'(x)=k\ (-\infty<x<+\infty)$，其中 k 为常数，则 $f(x)=kx+b$，其中 b 是任意常数.

【参考证明】　(1) 令 $f(x)=3\arccos x-\arccos(3x-4x^3)$，则

$$f'(x)=-\frac{3}{\sqrt{1-x^2}}+\frac{3(1-4x^2)}{\sqrt{1-(3x-4x^3)^2}}=0,$$

所以 $f(x)$ 为常值函数. 又 $f(0)=3\arccos 0-\arccos 0=3\cdot\frac{\pi}{2}-\frac{\pi}{2}=\pi$，于是 $f(x)=\pi\left(x\in\left(-\frac{1}{2},\frac{1}{2}\right)\right)$. 又 $f\left(\frac{1}{2}\right)=3\arccos\frac{1}{2}-\arccos 1=3\cdot\frac{\pi}{3}-0=\pi$，

$$f\left(-\frac{1}{2}\right)=3\arccos\left(-\frac{1}{2}\right)-\arccos(-1)=3\cdot\frac{2\pi}{3}-\pi=\pi,$$

所以 $f(x)=\pi\left(x\in\left[-\frac{1}{2},\frac{1}{2}\right]\right)$，即恒等式成立.

(2) 设函数 $g(x)=f(x)-kx$，则 $g'(x)=f'(x)-k=0$，所以 $g(x)=b$ (b 为任意常数) 为常值函数，即 $f(x)=kx+b$ (b 为任意常数).

综合练习

7. 证明：当 $x>-1$ 且 $n\geqslant 1$ 时，$(1+x)^n\geqslant 1+nx$.

【参考证明】 当 $x=0$ 时，不等式成立. 令 $f(x)=(1+x)^n$，$f(x)$ 在 $[-1,+\infty)$ 上可导，则任给 $x\in(-1,+\infty)$，$x\neq 0$，由拉格朗日中值定理有

$$f(x)-f(0)=(1+x)^n-1=n(1+\xi)^{n-1}\cdot x,\quad \xi \text{ 介于 } 0 \text{ 与 } x \text{ 之间}.$$

当 $x>0$ 时，$1+\xi>1$，故有 $(1+x)^n-1\geqslant nx$. 当 $-1<x<0$ 时，$(1+\xi)^n<1$，于是 $n(1+\xi)^n x>nx$，即有 $(1+x)^n-1=n(1+\xi)^{n-1}\cdot x\geqslant nx$.

综上，当 $x>-1$ 且 $n\geqslant 1$ 时，$(1+x)^n\geqslant 1+nx$.

8. 已知函数 $f(x)$ 在 $[0,1]$ 上连续，在 $(0,1)$ 内可导，且 $f(0)=0$，$f(1)=1$. 证明：
(1) 存在 $\xi\in(0,1)$，使得 $f(\xi)=1-\xi$.
(2) 存在两个不同的点 $\eta,\zeta\in(0,1)$，使得 $f'(\eta)f'(\zeta)=1$.

【参考证明】 (1) 令 $F(x)=f(x)-1+x$，则 $F(x)$ 在 $[0,1]$ 上连续，且

$$F(0)=-1<0,\quad F(1)=1>0.$$

于是由零点定理知，存在 $\xi\in(0,1)$，使得 $F(\xi)=0$，即 $f(\xi)=1-\xi$.

(2) $f(x)$ 在 $[0,\xi]$ 和 $[\xi,1]$ 上满足拉格朗日中值定理的条件，于是存在 $\eta\in(0,\xi)$，$\zeta\in(\xi,1)$，使得

$$f'(\eta)=\frac{f(\xi)-f(0)}{\xi-0},\quad f'(\zeta)=\frac{f(1)-f(\xi)}{1-\xi},$$

于是 $f'(\eta)f'(\zeta)=\dfrac{f(\xi)}{\xi}\cdot\dfrac{1-f(\xi)}{1-\xi}=\dfrac{1-\xi}{\xi}\cdot\dfrac{\xi}{1-\xi}=1$.

9. 设 $f''(x)<0$，$f(0)=0$，证明：对任何 $x_1>0$，$x_2>0$ 有 $f(x_1+x_2)<f(x_1)+f(x_2)$.

【参考证明】 不妨设 $0<x_1\leqslant x_2$. $f(x)$ 在 $[0,x_1]$ 及 $[x_2,x_1+x_2]$ 上满足拉格朗日中值定理条件，故存在 $\xi_1\in(0,x_1)$ 和 $\xi_2\in(x_2,x_1+x_2)$，使得

$$f(x_1)-f(0)=x_1f'(\xi_1),\quad f(x_1+x_2)-f(x_2)=x_1f'(\xi_2),$$

于是 $f(x_1+x_2)-[f(x_1)+f(x_2)]=x_1[f'(\xi_2)-f'(\xi_1)]$ $(\xi_1<\xi_2)$. 于是 $f'(x)$ 在 $[\xi_1,\xi_2]$ 上满足拉格朗日中值定理条件，故有

$$f'(\xi_2)-f'(\xi_1)=f''(\xi)(\xi_2-\xi_1)\quad [\xi\in(\xi_1,\xi_2)].$$

又 $f''(x)<0$，$\xi_1<\xi_2$，$x_1>0$，所以 $x_1[f'(\xi_2)-f'(\xi_1)]<0$，所以

$$f(x_1+x_2)-[f(x_1)+f(x_2)]<0,\quad \text{即 } f(x_1+x_2)<f(x_1)+f(x_2).$$

10. 设函数 $f(x)$ 在 $[a,b]$ 上连续，在 (a,b) 内可导，且 $f(a)=f(b)=1$，试证：存在 $\xi,\eta\in(a,b)$，使得 $e^{\eta-\xi}[f(\eta)+f'(\eta)]=1$.

【参考证明】 所证等式等价于 $e^{\eta}[f(\eta)+f'(\eta)]=e^{\xi}$. 于是令 $F(x)=e^{x}f(x)$,则 $F(x)$在$[a,b]$上满足拉格朗日中值定理条件,故存在 $\eta\in(a,b)$,使得$\dfrac{e^{b}f(b)-e^{a}f(a)}{b-a}=e^{\eta}[f(\eta)+f'(\eta)]$,即有$\dfrac{e^{b}-e^{a}}{b-a}=e^{\eta}[f(\eta)+f'(\eta)]$.

再令 $\varphi(x)=e^{x}$,则 $\varphi(x)$在$[a,b]$上满足拉格朗日中值定理条件,故存在 $\xi\in(a,b)$,使得$\dfrac{e^{b}-e^{a}}{b-a}=e^{\xi}$,代入上面的等式即得 $e^{\eta-\xi}[f(\eta)+f'(\eta)]=1$ 成立.

考研与竞赛练习

1. 选择题.

(1) 设 $f(x)$处处可导,则(　　).

(A) 当 $\lim\limits_{x\to-\infty}f(x)=-\infty$时,必有 $\lim\limits_{x\to-\infty}f'(x)=-\infty$

(B) 当 $\lim\limits_{x\to-\infty}f'(x)=-\infty$时,必有 $\lim\limits_{x\to-\infty}f(x)=-\infty$

(C) 当 $\lim\limits_{x\to+\infty}f(x)=+\infty$时,必有 $\lim\limits_{x\to+\infty}f'(x)=+\infty$

(D) 当 $\lim\limits_{x\to+\infty}f'(x)=+\infty$时,必有 $\lim\limits_{x\to+\infty}f(x)=+\infty$

(2) 设函数 $y=f(x)$在$(0,+\infty)$内有界且可导,则(　　).

(A) 当 $\lim\limits_{x\to+\infty}f(x)=0$ 时,必有 $\lim\limits_{x\to+\infty}f'(x)=0$

(B) 当 $\lim\limits_{x\to+\infty}f'(x)$存在时,必有 $\lim\limits_{x\to+\infty}f'(x)=0$

(C) 当 $\lim\limits_{x\to0^{+}}f(x)=0$ 时,必有 $\lim\limits_{x\to0^{+}}f'(x)=0$

(D) 当 $\lim\limits_{x\to0^{+}}f'(x)$存在时,必有 $\lim\limits_{x\to0^{+}}f'(x)=0$

(3) 以下四个命题中,正确的是(　　).

(A) 若 $f'(x)$在$(0,1)$内连续,则 $f(x)$在$(0,1)$内有界

(B) 若 $f(x)$在$(0,1)$内连续,则 $f(x)$在$(0,1)$内有界

(C) 若 $f'(x)$在$(0,1)$内有界,则 $f(x)$在$(0,1)$内有界

(D) 若 $f(x)$在$(0,1)$内有界,则 $f'(x)$在$(0,1)$内有界

【参考解答】 (1)【法 1】 排除法. 取 $f(x)=x$,则(A)(C)不对,又取 $f(x)=e^{-x}$,则(B)不对,故正确选项为(D).

【法 2】 由 $\lim\limits_{x\to+\infty}f'(x)=+\infty$,对于 $M>0$,存在 x_0,使得当 $x>x_0$ 时,$f'(x)>M$. 于是 $x>x_0$ 时,由拉格朗日中值定理,有

$$f(x)=f(x_0)+f'(\xi)(x-x_0)>f(x_0)+M(x-x_0)\to+\infty(x\to+\infty),$$

从而有 $\lim\limits_{x\to+\infty}f(x)=+\infty$,故正确选项为(D).

(2)【法 1】 令 $f(x)=\dfrac{\sin x^{2}}{x}$,则 $f(x)$在$(0,+\infty)$有界,且 $\lim\limits_{x\to+\infty}f(x)=0$,$f'(x)=-\dfrac{1}{x^{2}}\sin x^{2}+2\cos x^{2}$,但 $\lim\limits_{x\to+\infty}f'(x)$不存在,则排除(A).

又 $\lim\limits_{x\to 0^+} f(x)=0$，但 $\lim\limits_{x\to 0^+} f'(x)=1\neq 0$，则排除(C)和(D)，故正确选项为(B).

【法 2】 反正法证明(B)成立. 假设 $\lim\limits_{x\to +\infty} f'(x)=A>0$，取 $\varepsilon=\dfrac{A}{2}$，则存在 $X>0$，当 $x>X$ 时，$|f'(x)-A|<\dfrac{A}{2}$，即 $\dfrac{A}{2}<f'(x)<\dfrac{3A}{2}$，在区间 $[x,X]$ 上用拉格朗日中值定理，有 $f(x)=f(X)+f'(\xi)(x-X)>f(X)+\dfrac{A}{2}(x-X)$，从而 $\lim\limits_{x\to +\infty} f(x)=+\infty$，与题设 $f(x)$ 有界矛盾，类似可证当 $A<0$ 时亦矛盾，故 $A=0$. 故正确选项为(B).

(3) **【法 1】** 设 $f(x)=\dfrac{1}{x}$，则 $f(x)$ 及 $f'(x)=-\dfrac{1}{x^2}$ 均在 $(0,1)$ 内连续，但 $f(x)$ 在 $(0,1)$ 内无界，排除(A)(B)；又 $f(x)=\sqrt{x}$ 在 $(0,1)$ 内有界，但 $f'(x)=\dfrac{1}{2\sqrt{x}}$ 在 $(0,1)$ 内无界，排除(D)；所以正确选项为(C).

【法 2】 因为 $f'(x)$ 在 $(0,1)$ 内有界，即存在 $M>0$，$|f'(x)|\leqslant M$，$(x\in(0,1))$，则对任给的 $x\in(0,1)$，由格拉朗日中值定理，有 $f(x)=f\left(\dfrac{1}{2}\right)+f'(\xi)\left(x-\dfrac{1}{2}\right)$，其中 ξ 介于 x 与 $\dfrac{1}{2}$ 之间，从而 $|f(x)|\leqslant\left|f\left(\dfrac{1}{2}\right)\right|+|f'(\xi)|\cdot\left|\left(x-\dfrac{1}{2}\right)\right|\leqslant\left|f\left(\dfrac{1}{2}\right)\right|+M\cdot\dfrac{1}{2}$，即 $f(x)$ 在 $(0,1)$ 内有界，故正确选项为(C).

【注】 拉格朗日中值定理又称为有限增量定理，$f(x)$ 可导，则 $\Delta y=f'(x_0+\theta\Delta\theta)\Delta x$，$(0<\theta<1)$，或 $f(x)=f(x_0)+f'(\xi)(x-x_0)$（$\xi$ 介于 x 与 x_0 之间），常用来讨论函数的变化情况与导函数的变化情况之间的关系.

2. 已知 $f(x)$ 在 $(-\infty,+\infty)$ 内可导，且 $\lim\limits_{x\to\infty}\left(\dfrac{x+c}{x-c}\right)^x=\lim\limits_{x\to\infty}[f(x)-f(x-1)]$，$\lim\limits_{x\to\infty} f'(x)=\mathrm{e}$. 求 c 的值.

【参考解答】 $\lim\limits_{x\to\infty}\left(\dfrac{x+c}{x-c}\right)^x=\lim\limits_{x\to\infty}\left(1+\dfrac{2c}{x-c}\right)^{\frac{x-c}{2c}\cdot\frac{2cx}{x-c}}=\mathrm{e}^{2c}$，又由拉格朗日中值定理，有 $f(x)-f(x-1)=f'(\xi)\cdot 1$，$\xi\in(x-1,x)$，所以

$$\lim_{x\to\infty}[f(x)-f(x-1)]=\lim_{\xi\to\infty} f'(\xi)=\mathrm{e},$$

于是可得 $\mathrm{e}^{2c}=\mathrm{e}$，即 $c=\dfrac{1}{2}$.

3. 设数列 $\{x_n\}$ 满足：$x_1>0$，$x_n\mathrm{e}^{x_{n+1}}=\mathrm{e}^{x_n}-1(n=1,2,\cdots)$. 证明：$\{x_n\}$ 收敛，并求 $\lim\limits_{n\to\infty} x_n$.

【参考证明】 由给出的数列关系式，利用拉格朗日中值定理及 e^x 和 $\ln x$ 的严格单调得到 $x_{n+1}=\ln\dfrac{\mathrm{e}^{x_n}-1}{x_n}=\ln\dfrac{\mathrm{e}^{x_n}-\mathrm{e}^0}{x_n-0}=\ln\mathrm{e}^{\xi}=\xi$，其中 ξ 在 0 和 x_n 之间，于是可知 $0<x_{n+1}\leqslant x_n\leqslant x_1$，因此 $\{x_n\}$ 单调递减且有下界，$\{x_n\}$ 收敛. 于是令 $a=\lim\limits_{n\to\infty} x_n$，则由递推公式，有

$ae^a=e^a-1\Rightarrow(1-a)e^a=1$. 由此可得 $a=0$.

【单调性另证】 考虑差值 $x_{n+1}-x_n=\ln\dfrac{e^{x_n}-1}{x_n}-x_n=\ln\dfrac{e^{x_n}-1}{x_n e^{x_n}}$ 的正负性. 即判断对数函数的真数 $f(x)=\dfrac{e^x-1}{xe^x}<1(x>0)$, 对其求导, 则有

$$f'(x)=\frac{x-e^x+1}{x^2e^x}(x>0).$$

问题可以转换为考虑函数 $g(x)=x-e^x+1(x>0)$ 的正负性. 由于

$$g'(x)=1-e^x<0(x>0),\quad g(0)=0,$$

所以 $g(x)<g(x)=0(x>0)$, 即 $f'(x)<0(x<0)$, 所以函数 $f(x)$ 单调递减, 并且有 $\lim\limits_{x\to0^+}f(x)=\lim\limits_{x\to0^+}\dfrac{e^x-1}{xe^x}=\lim\limits_{x\to0^+}\dfrac{x}{xe^x}=1$. 即 $f(x)<1$, 所以

$$x_{n+1}-x_n=\ln\frac{e^{x_n}-1}{x_n e^{x_n}}<0,$$

即 $\{x_n\}$ 单调递减.

4. 设函数 $f(x)$ 在 $[0,2]$ 上具有连续导数, $f(0)=f(2)=0$, $M=\max\limits_{x\in[0,2]}\{|f(x)|\}$. 证明:

(1) 存在 $\xi\in(0,2)$, 使得 $|f'(\xi)|\geqslant M$;

(2) 若对任意的 $x\in(0,2)$, $|f'(x)|\leqslant M$, 则 $M=0$.

【参考证明】 (1) 当 $M=0$ 时, $f(x)\equiv0$, $\forall\xi\in(0,2)$, 均有 $|f'(\xi)|\geqslant M$; 当 $M>0$ 时, 不妨设 $|f(c)|=M$, $c\in(0,2)$. 若 $c\in(0,1)$, 由拉格朗日中值定理, 存在 $\xi_1\in(0,c)\subset(0,1)$, 使得

$$|f'(\xi_1)|=\left|\frac{f(c)-f(0)}{c-0}\right|=\frac{M}{c}>M;$$

若 $c\in(1,2)$, 由拉格朗日中值定理, 存在 $\xi_2\in(c,2)\subset(1,2)$, 使得

$$|f'(\xi_2)|=\left|\frac{f(2)-f(c)}{2-c}\right|=\frac{M}{2-c}>M;$$

若 $c=1$, 由拉格朗日中值定理, 存在 $\xi_3\in(0,1)$, 使得 $|f'(\xi_3)|=|f(1)-f(0)|=M$. 综上可知存在 $\xi\in(0,2)$, 使得 $|f'(\xi)|\geqslant M$.

(2) **【法 1】** 假设存在 $c\in(0,2)$, 使得 $|f(c)|=M>0$, 则由(1)及 $|f'(x)|\leqslant M$ 可知 $c\notin(0,1)$, $c\notin(1,2)$, 于是 $|f(1)|=M$, 不妨设 $f(1)=M$, $F(x)=f(x)-Mx$, 于是 $F'(x)=f'(x)-M\leqslant0$, 所以 $F(x)$ 在 $[0,2]$ 单调递减, 又 $F(0)=F(1)=0$, 所以 $F(x)\equiv0$, $x\in[0,2]$, 即有 $f(x)=Mx$, $x\in[0,2]$, 于是 $f'(1)=M$, 又由费马定理可知 $f'(1)=0$, 所以 $M=0$, 与假设矛盾, 假设不成立. 即 $M=0$.

【法 2】 假设 $M>0$, 则 $c\neq0,2$, 由 $f(0)=f(2)=0$, 于是由罗尔中值定理, 存在 $\eta\in(0,2)$, 使得 $f'(\eta)=0$. 不妨设 $\eta\in(0,c]$, 则

$$M=|f(c)|=|f(c)-f(0)|=\left|\int_0^c f'(x)\,dx\right|\leqslant\int_0^c|f'(x)|\,dx<Mc,$$

又 $M=|f(c)|=|f(2)-f(c)|=\left|\int_c^2 f'(x)\mathrm{d}x\right|\leqslant\int_c^2|f'(x)|\mathrm{d}x\leqslant M(2-c)$,

于是 $2M<Mc+M(2-c)=2M$ 矛盾,所以 $M=0$.

5. 设函数 $f(x)$ 在闭区间 $[-2,2]$ 上具有二阶导数,$|f(x)|\leqslant1$,$f^2(0)+f'^2(0)=4$. 证明:存在一点 $\xi\in(-2,2)$,使得 $f(\xi)+f''(\xi)=0$.

【参考证明】 $f(x)$ 在 $[-2,0]$ 与 $[0,2]$ 上满足拉格朗日中值定理,于是有

$$f'(a)=\frac{f(0)-f(-2)}{2}a\in(-2,0),\quad f'(b)=\frac{f(2)-f(0)}{2}b\in(0,2).$$

因 $|f(x)|\leqslant1$,所以由上面两个式子可得 $|f'(a)|\leqslant1$,$|f'(b)|\leqslant1$.

令 $F(x)=f^2(x)+f'^2(x)$,则 $F'(x)=2f'(x)[f(x)+f''(x)]$,又

$$F(a)=f^2(a)+f'^2(a)\leqslant2,\quad F(b)=f^2(b)+f'^2(b)\leqslant2,$$

且 $F(0)=4$. 于是可知 $F(x)$ 在 (a,b) 内有最大值点 ξ,$F(\xi)\geqslant4$,由费马定理可知

$$F'(\xi)=2f'(\xi)[f(\xi)+f''(\xi)]=0,$$

又由 $F(\xi)=f^2(\xi)+f'^2(\xi)\geqslant4$,$|f(\xi)|\leqslant1$ 知 $f'(\xi)\neq0$,于是 $f(\xi)+f''(\xi)=0$.

6. 设 $f(x)$ 在 $[0,1]$ 上可导,且 $f(0)=0$,$f(1)=1$. 证明:对任意正数 a,b,必存在 $(0,1)$ 内的两个不同的数 ξ 和 η,使得 $\dfrac{a}{f'(\xi)}+\dfrac{b}{f'(\eta)}=a+b$.

【参考证明】 因为 a,b 均为正数,所以 $0<\dfrac{a}{a+b}<1$. 又因为 $f(x)$ 在 $[0,1]$ 上连续,由介值定理知存在 $\tau\in(0,1)$,使 $f(\tau)=\dfrac{a}{a+b}$. $f(x)$ 在 $[0,\tau]$,$[\tau,1]$ 上,由拉格朗日中值定理得,存在 $\xi\in(0,\tau)$,$\eta\in(\tau,1)$,使得

$$f'(\xi)=\frac{f(\tau)-f(0)}{\tau-0}=\frac{a}{a+b}\cdot\frac{1}{\tau},\quad f'(\eta)=\frac{f(1)-f(\tau)}{1-\tau}=\frac{b}{a+b}\cdot\frac{1}{1-\tau}.$$

显然 $f'(\xi)\neq0$,$f'(\eta)\neq0$,于是

$$\frac{a}{f'(\xi)}+\frac{b}{f'(\eta)}=(a+b)[\tau+(1-\tau)]=a+b.$$

7. 设 $f(x)$ 在 $(-1,1)$ 内具有二阶连续导数且 $f''(x)\neq0$,试证:

(1) 对于 $(-1,1)$ 内的任一 $x\neq0$,存在唯一的 $\theta(x)\in(0,1)$,使得 $f(x)=f(0)+xf'(\theta(x)x)$ 成立;

(2) $\lim\limits_{x\to0}\theta(x)=\dfrac{1}{2}$.

【参考证明】 (1) 任给非零 $x\in(-1,1)$,则由拉格朗日中值定理,得

$$f(x)=f(0)+xf'[\theta(x)x]\quad(0<\theta(x)<1),$$

因为 $f''(x)$ 在 $(-1,1)$ 内连续且 $f''(x)\neq0$,所以在 $(-1,1)$ 内不变号,不妨设 $f''(x)>0$,则 $f'(x)$ 在 $(-1,1)$ 内严格单调增加,故 $\theta(x)$ 唯一.

(2) **【法 1】** 由(1)所得等式,得 $f'[\theta(x)x]=\dfrac{f(x)-f(0)}{x}$,改写表达式,得

$$\frac{f'[\theta(x)\cdot x]-f'(0)}{\theta(x)\cdot x}\cdot\theta(x)=\frac{f(x)-f(0)-f'(0)x}{x^2},$$

两边取极限有$\lim\limits_{x\to0}\frac{f'[\theta(x)\cdot x]-f'(0)}{\theta(x)\cdot x}\cdot\theta(x)=f''(0)\lim\limits_{x\to0}\theta(x)$,

$$\lim_{x\to0}\frac{f(x)-f(0)-f'(0)x}{x^2}=\lim_{x\to0}\frac{f'(x)-f'(0)}{2x}=\frac{1}{2}f''(0),$$

所以 $\lim\limits_{x\to0}\theta(x)=\frac{1}{2}$.

【法 2】 由泰勒公式得 $f(x)=f(0)+f'(0)x+\frac{1}{2}f''(\xi)x^2$,$\xi$ 在 0 与 x 之间,所以 $xf'[\theta(x)x]=f(x)-f(0)=f'(0)x+\frac{1}{2}f''(\xi)x^2$,于是有

$$\frac{f'[\theta(x)x]-f'(0)}{\theta(x)x}\theta(x)=\frac{1}{2}f''(\xi),$$

两边取极限得

$$\lim_{x\to0}\frac{f'[\theta(x)x]-f'(0)}{\theta(x)x}=f''(0),\quad \lim_{x\to0}\frac{1}{2}f''(\xi)=\frac{1}{2}\lim_{\xi\to0}f''(\xi)=\frac{f''(0)}{2},$$

所以 $\lim\limits_{x\to0}\theta(x)=\frac{1}{2}$.

【法 3】 由 $f(x)=f(0)+f'[\theta(x)x]x$,将 $f'[\theta(x)x]$再展开,有

$$f'[\theta(x)x]=f'(0)+f''(0)[\theta(x)x]+o(\theta(x)x),$$

代入上式,得 $f(x)=f(0)+f'(0)x+f''(0)[\theta(x)x^2]+o(\theta(x)x)x$. 所以

$$\theta(x)=\frac{f(x)-f(0)-f'(0)x-o(\theta(x)x)x}{f''(0)x^2},$$

于是$\lim\limits_{x\to0}\theta(x)=\lim\limits_{x\to0}\frac{f(x)-f(0)-f'(0)x}{f''(0)x^2}=\lim\limits_{x\to0}\frac{f'(x)-f'(0)}{2f''(0)x}=\frac{f''(0)}{2f''(0)}=\frac{1}{2}$.

练习 18　柯西中值定理　洛必达法则

训练目的

1. 了解柯西中值定理,特别注意柯西中值定理的条件.
2. 会利用柯西中值定理证明有关中值的等式.
3. 熟练掌握洛必达法则求未定式的极限的方法.

基础练习

1. 下列解答中正确的有(　　).

(A) 设函数 $F(x)$在$[a,b]$上连续,(a,b)内可导,取 $G(x)=x^2$,则由柯西中值定理有

$$\frac{F'(\xi)}{2\xi}=\frac{F(b)-F(a)}{b^2-a^2},\quad \xi\in(a,b)$$

(B) 设 $0<a<b$,函数 $y=f(x)$ 在 $[a,b]$ 上可导,则由柯西中值定理,存在 $\xi\in(a,b)$,使得 $2\xi[f(b)-f(a)]=(b^2-a^2)f'(\xi)$

(C) 利用洛必达法则有 $\lim\limits_{x\to\infty}\dfrac{x-\sin x}{x+\sin x}=\lim\limits_{x\to\infty}\dfrac{1-\cos x}{1+\cos x}$,因为 $\lim\limits_{x\to\infty}\dfrac{1-\cos x}{1+\cos x}$ 不存在,所以 $\lim\limits_{x\to\infty}\dfrac{x-\sin x}{x+\sin x}$ 不存在

(D) 利用洛必达法则有 $\lim\limits_{x\to\infty}\dfrac{e^x+e^{-x}}{e^x-e^{-x}}=\lim\limits_{x\to\infty}\dfrac{e^x-e^{-x}}{e^x+e^{-x}}=\lim\limits_{x\to\infty}\dfrac{e^x+e^{-x}}{e^x-e^{-x}}=\cdots$,因此,按这种方式求此极限洛必达法则失效.但如果先整理化简,则有

$$\lim_{x\to\infty}\frac{e^x+e^{-x}}{e^x-e^{-x}}=\lim_{x\to\infty}\frac{e^{2x}+1}{e^{2x}-1}=\lim_{x\to\infty}\frac{2e^{2x}}{2e^{2x}}=1$$

【参考解答】 (A) 错误.若 $0\in(a,b)$,则有 $G'(0)=0$,不满足柯西中值定理.

(B) 正确.$f(x)$,$F(x)=x^2$ 在区间 $[a,b]$ $(0<a<b)$ 满足柯西中值定理条件,于是存在 $\xi\in(a,b)$,使得 $\dfrac{f(b)-f(a)}{b^2-a^2}=\dfrac{f'(\xi)}{2\xi}$,即 $2\xi[f(b)-f(a)]=(b^2-a^2)f'(\xi)$.

(C) 错误.对于未定式 $\dfrac{0}{0}$ 型,$\dfrac{\infty}{\infty}$ 型,若 $\lim\limits_{x\to\infty}\dfrac{f'(x)}{g'(x)}=A$,则 $\lim\limits_{x\to\infty}\dfrac{f(x)}{g(x)}=A$.但 $\lim\limits_{x\to\infty}\dfrac{f'(x)}{g'(x)}$ 不存在,不能说明 $\lim\limits_{x\to\infty}\dfrac{f(x)}{g(x)}$ 不存在.事实上,$\lim\limits_{x\to\infty}\dfrac{x-\sin x}{x+\sin x}=\lim\limits_{x\to\infty}\dfrac{1-\dfrac{\sin x}{x}}{1+\dfrac{\sin x}{x}}=1$.

(D) 错误.极限 $\lim\limits_{x\to\infty}\dfrac{e^{2x}+1}{e^{2x}-1}$ 需要分情况讨论,$\lim\limits_{x\to+\infty}\dfrac{e^{2x}+1}{e^{2x}-1}=\lim\limits_{x\to+\infty}\dfrac{2e^{2x}}{2e^{2x}}=1$,但 $\lim\limits_{x\to-\infty}\dfrac{e^{2x}+1}{e^{2x}-1}$ 不是未定式,$\lim\limits_{x\to-\infty}\dfrac{e^{2x}+1}{e^{2x}-1}=-1$,所以 $\lim\limits_{x\to\infty}\dfrac{e^{2x}+1}{e^{2x}-1}$ 不存在.故正确的只有(D).

2. 设函数 $f(x)$ 在 $[a,b]$ $(0<a<b)$ 上连续,在 (a,b) 内可导.证明在 (a,b) 内存在一点 ξ,使得 $f(b)-f(a)=\xi f'(\xi)\ln\dfrac{b}{a}$.

【参考证明】 令 $g(x)=\ln x$,则 $f(x)$,$g(x)$ 两个函数在 $[a,b]$ $(0<a<b)$ 上满足柯西中值定理的条件,所以由柯西中值定理,存在 $\xi\in(a,b)$,使得

$$\frac{f(b)-f(b)}{g(b)-g(a)}=\frac{f(b)-f(b)}{\ln b-\ln a}=\frac{f'(\xi)}{(\ln x)'_{x=\xi}}=\xi f'(\xi),$$

即有 $f(b)-f(a)=\xi f'(\xi)\ln\dfrac{b}{a}$ 成立.

3. 证明:至少存在一点 $\xi\in(1,e)$,使 $\sin 1=\cos(\ln\xi)$.

【参考证明】 取 $F(x)=\sin(\ln x)$,$G(x)=\ln x$,则 $F(x)$,$G(x)$ 在区间 $[1,e]$ 上满足柯西中值定理的条件,于是存在 $\xi\in(1,e)$,使得:$\dfrac{F(e)-F(1)}{G(e)-G(1)}=\sin 1=\left.\dfrac{[\sin(\ln x)]'}{(\ln x)'}\right|_{x=\xi}=\cos(\ln\xi)$.

4. 设 $0<a<b$，证明：存在 $\xi\in(a,b)$，使得 $ae^b-be^a=(a-b)(1-\xi)e^\xi$.

【参考证明】 所证等式等价于 $\dfrac{\dfrac{e^b}{b}-\dfrac{e^a}{a}}{\dfrac{1}{b}-\dfrac{1}{a}}=(1-\xi)e^\xi$，故令 $f(x)=\dfrac{e^x}{x}$，$F(x)=\dfrac{1}{x}$.

显然 $f(x)$，$F(x)$ 在 $[a,b]$ 内连续，在 (a,b) 内可导且 $F'(x)\neq 0$，且

$$f'(x)=\frac{e^x(x-1)}{x^2},\quad F'(x)=-\frac{1}{x^2},$$

由柯西中值定理可知，存在 $\xi\in(a,b)$，使得

$$\frac{f(b)-f(a)}{F(b)-F(a)}=\frac{ae^b-be^a}{a-b}=\frac{f'(\xi)}{F'(\xi)}=[e^x(1-x)]\Big|_{x=\xi}=e^\xi(1-\xi),$$

即 $ae^b-be^a=(a-b)(1-\xi)e^\xi$.

5. 用洛必达法则计算下列极限.

(1) $\lim\limits_{x\to 0}\dfrac{\ln(1+x)-x}{x^2}=$________.　(2) $\lim\limits_{x\to 0}\dfrac{e^x-e^{-x}}{\sin 3x}=$________.

(3) $\lim\limits_{x\to 0}\dfrac{\arcsin 5x-\arcsin 3x}{x}=$________.　(4) $\lim\limits_{x\to 0}\dfrac{\tan x-x}{x-\sin x}=$________.

(5) $\lim\limits_{x\to 0^+}\sin x\ln x=$________.　(6) $\lim\limits_{x\to +\infty}x^{1/x}=$________.

【参考解答】 (1) $\lim\limits_{x\to 0}\dfrac{\ln(1+x)-x}{x^2}=\lim\limits_{x\to 0}\dfrac{\dfrac{1}{1+x}-1}{2x}=-\lim\limits_{x\to 0}\dfrac{1}{2(1+x)}=-\dfrac{1}{2}$.

(2) $\lim\limits_{x\to 0}\dfrac{e^x-e^{-x}}{\sin 3x}=\lim\limits_{x\to 0}\dfrac{e^x-e^{-x}}{3x}=\lim\limits_{x\to 0}\dfrac{e^x+e^{-x}}{3}=\dfrac{2}{3}$.

(3) $\lim\limits_{x\to 0}\dfrac{\arcsin 5x-\arcsin 3x}{x}=\lim\limits_{x\to 0}\left(\dfrac{5}{\sqrt{1-(5x)^2}}-\dfrac{3}{\sqrt{1-(3x)^2}}\right)=2$ 或 $\lim\limits_{x\to 0}\dfrac{\arcsin 5x-\arcsin 3x}{x}=$ $\lim\limits_{x\to 0}\left(\dfrac{\arcsin 5x}{x}-\dfrac{\arcsin 3x}{x}\right)=2$.

(4) $\lim\limits_{x\to 0}\dfrac{\tan x-x}{x-\sin x}=\lim\limits_{x\to 0}\dfrac{\sec^2 x-1}{1-\cos x}=\lim\limits_{x\to 0}\dfrac{\tan^2 x}{x^2/2}=2$.

(5) $\lim\limits_{x\to 0^+}\sin x\ln x=\lim\limits_{x\to 0^+}\dfrac{\ln x}{\csc x}=\lim\limits_{x\to 0^+}\dfrac{1/x}{-\csc x\cot x}=-\lim\limits_{x\to 0^+}\dfrac{\sin^2 x}{x\cos x}=-\lim\limits_{x\to 0^+}\dfrac{\sin x}{\cos x}=0$.

(6) $\lim\limits_{x\to +\infty}x^{1/x}=\lim\limits_{x\to +\infty}e^{\frac{1}{x}\ln x}=e^{\lim\limits_{x\to+\infty}\frac{1}{x}\ln x}=e^{\lim\limits_{x\to+\infty}\frac{1}{x}}=e^0=1$.

综合练习

6. 求下列极限.

(1) $\lim\limits_{x\to 0}\dfrac{\ln(\sin 3x+1)}{\tan 2x}$.　(2) $\lim\limits_{x\to +\infty}x(\pi-2\arctan x)$.

(3) $\lim\limits_{x\to +\infty}(1+x^2)^{1/x}$.　(4) $\lim\limits_{x\to 0}\left(\dfrac{1}{x}-\dfrac{1}{e^x-1}\right)$.

(5) $\lim\limits_{x\to+\infty}\dfrac{x-\sin x}{x+\sin x}$. (6) $\lim\limits_{x\to\infty}\left[x-x^2\ln\left(1+\dfrac{1}{x}\right)\right]$.

【参考解答】 (1) $\lim\limits_{x\to0}\dfrac{\ln(\sin3x+1)}{\tan2x}=\lim\limits_{x\to0}\dfrac{\sin3x}{2x}=\lim\limits_{x\to0}\dfrac{3x}{2x}=\dfrac{3}{2}$.

(2) $\lim\limits_{x\to+\infty}x(\pi-2\arctan x)=\lim\limits_{x\to+\infty}\dfrac{\pi-2\arctan x}{1/x}=\lim\limits_{x\to+\infty}\dfrac{2x^2}{1+x^2}=2$.

(3) $\lim\limits_{x\to+\infty}(1+x^2)^{1/x}=\lim\limits_{x\to+\infty}\mathrm{e}^{\frac{\ln(1+x^2)}{x}}=\mathrm{e}^{\lim\limits_{x\to+\infty}\frac{\ln(1+x^2)}{x}}=\mathrm{e}^{\lim\limits_{x\to+\infty}\frac{2x}{1+x^2}}=\mathrm{e}^0=1$.

(4) $\lim\limits_{x\to0}\left(\dfrac{1}{x}-\dfrac{1}{\mathrm{e}^x-1}\right)=\lim\limits_{x\to0}\dfrac{\mathrm{e}^x-x-1}{x(\mathrm{e}^x-1)}=\lim\limits_{x\to0}\dfrac{\mathrm{e}^x-x-1}{x^2}=\lim\limits_{x\to0}\dfrac{\mathrm{e}^x-1}{2x}=\lim\limits_{x\to0}\dfrac{x}{2x}=\dfrac{1}{2}$.

(5) $\lim\limits_{x\to+\infty}\dfrac{x-\sin x}{x+\sin x}=\lim\limits_{x\to+\infty}\dfrac{1-\dfrac{\sin x}{x}}{1+\dfrac{\sin x}{x}}=1$.

(6) 令$\dfrac{1}{x}=t$,则

$$\lim_{x\to\infty}\left[x-x^2\ln\left(1+\frac{1}{x}\right)\right]=\lim_{t\to0}\frac{t-\ln(1+t)}{t^2}=\lim_{t\to0}\frac{1-\dfrac{1}{1+t}}{2t}=\lim_{t\to0}\frac{1}{2(1+t)}=\frac{1}{2}.$$

7. 设函数$f(x)$在$x=x_0$的某个邻域内具有二阶导数,试用洛必达法则证明:

$$\lim_{h\to0}\frac{f(x_0+h)+f(x_0-h)-2f(x_0)}{h^2}=f''(x_0).$$

【参考证明】

$$\begin{aligned}&\lim_{h\to0}\frac{f(x_0+h)+f(x_0-h)-2f(x_0)}{h^2}\\&=\lim_{h\to0}\frac{f'(x_0+h)-f'(x_0-h)}{2h}=\lim_{h\to0}\frac{f''(x_0+h)+f''(x_0-h)}{2}\\&=\lim_{h\to0}\frac{1}{2}\left[\frac{f'(x_0+h)-f'(x_0)}{h}+\frac{f'(x_0)-f'(x_0-h)}{h}\right]\\&=\frac{1}{2}[f''(x_0)+f''(x_0)]=f''(x_0).\end{aligned}$$

8. 设函数$f(x)$具有二阶连续导数,$f(0)=0$,证明函数$g(x)=\begin{cases}\dfrac{f(x)}{x}, & x\neq0\\ f'(0), & x=0\end{cases}$具有一阶连续导数.

【参考证明】 当$x\neq0$时,$g'(x)=\dfrac{xf'(x)-f(x)}{x^2}$,一阶导数在$x\neq0$处连续,且

$\lim\limits_{x\to0}g'(x)=\lim\limits_{x\to0}\dfrac{xf'(x)-f(x)}{x^2}=\lim\limits_{x\to0}\dfrac{f'(x)+xf''(x)-f'(x)}{2x}=\dfrac{f''(0)}{2}$. 当$x=0$时,

$$g'(0)=\lim_{x\to0}\frac{g(x)-g(0)}{x}=\lim_{x\to0}\frac{\frac{f(x)}{x}-f'(0)}{x}=\lim_{x\to0}\frac{f(x)-xf'(x)}{x^2}$$

$$=\lim_{x\to0}\frac{f'(x)-f'(0)}{2x}=\frac{1}{2}\lim_{x\to0}\frac{f'(x)-f'(0)}{2}=\frac{f''(0)}{2},$$

即$\lim\limits_{x\to0}g'(x)=g'(0)$，所以$g'(x)$在$x=0$处连续，即$g(x)$具有一阶连续导数.

9. 设$f(x)$在$[a,b]$上连续，(a,b)内可导，$f'(x)\neq0$. 证明：存在$\xi,\eta\in(a,b)$，使得$\frac{f'(\xi)}{f'(\eta)}=\frac{e^b-e^a}{b-a}\cdot e^{-\eta}$.

【参考证明】 结论等式等价于$f'(\xi)(b-a)=(e^b-e^a)\frac{f'(\eta)}{e^\eta}$. 由于$f(x)$在$[a,b]$上连续，$(a,b)$内可导，由拉格朗日中值定理可知，存在$\xi\in(a,b)$，使得

$$f(b)-f(a)=f'(\xi)(b-a) \tag{1}$$

由$g(x)=e^x$在$[a,b]$上连续，(a,b)内可导，且$g'(x)\neq0$，故函数$f(x),g(x)$在$[a,b]$上满足柯西中值定理的条件，于是可知，存在$\eta\in(a,b)$，使得

$$\frac{f(b)-f(a)}{e^b-e^a}=\frac{f'(\eta)}{e^\eta},\quad 即\ f(b)-f(a)=(e^b-e^a)\frac{f'(\eta)}{e^\eta}, \tag{2}$$

综上式(1)、式(2)可知存在$\xi,\eta\in(a,b)$，使得$f'(\xi)(b-a)=(e^b-e^a)\frac{f'(\eta)}{e^\eta}$.

10. 设函数$f(x)$在$[a,b]$上连续，(a,b)内可导$(0\leqslant a<b)$，试证：在(a,b)内存在ξ,η，使得$f'(\xi)=\frac{a+b}{2\eta}f'(\eta)$.

【参考证明】 $f(x)$在$[a,b]$上连续，(a,b)内可导，由拉格朗日中值定理定理知，存在$\xi\in(a,b)$，使得$\frac{f(b)-f(a)}{b-a}=f'(\xi)$. 令$g(x)=x^2$，则$g'(x)=2x\neq0,x\in(a,b)$，于是$f(x),g(x)$满足柯西中值定理条件，可知存在$\eta\in(a,b)$，使得

$$\frac{f(b)-f(a)}{b^2-a^2}=\left.\frac{f'(x)}{(x^2)'}\right|_{x=\eta}=\frac{f'(\eta)}{2\eta},$$

综上可知存在$\xi,\eta\in(a,b)$，使得$f'(\xi)=\frac{a+b}{2\eta}f'(\eta)$.

考研与竞赛练习

1. 设函数$f(x)$在$[1,2]$上连续，在$(1,2)$内可微，且$f'(x)\neq0$，证明存在$\xi,\eta,\zeta\in(1,2)$，使得$\frac{f'(\zeta)}{f'(\xi)}=\frac{\xi}{\eta}$.

【参考证明】 由柯西中值定理可知，存在$\xi\in(1,2)$，使得$\frac{f(2)-f(1)}{\ln2-\ln1}=\frac{f'(\xi)}{\frac{1}{\xi}}=$

$\xi f'(\xi)$，又由拉格朗日中值定理知，存在 $\zeta\in(1,2)$，使得 $f(2)-f(1)=f'(\zeta)$，从而 $\dfrac{f'(\zeta)}{\ln 2}=\xi f'(\xi)$，取 $\eta=\dfrac{1}{\ln 2}\in(1,2)$，因为 $f'(x)\neq 0$，则有 $\dfrac{f'(\zeta)}{f'(\xi)}=\dfrac{\xi}{\eta}$ 成立.

2. 求下列极限.

(1) $\lim\limits_{x\to+\infty}\dfrac{\ln\left(1+\dfrac{1}{x}\right)}{\operatorname{arccot}x}$.　　(2) $\lim\limits_{x\to+\infty}(x+\sqrt{1+x^2})^{1/x}$.

(3) $\lim\limits_{x\to 0}\left(\dfrac{e^x+e^{2x}+\cdots+e^{nx}}{n}\right)^{1/x}$，其中 n 是给定的非负整数.

(4) $\lim\limits_{n\to\infty}\left(n\tan\dfrac{1}{n}\right)^{n^2}$（$n$ 为自然数）. (5) $\lim\limits_{x\to+\infty}x^2[\arctan(x+1)-\arctan x]$.

【参考解答】 (1) $\lim\limits_{x\to+\infty}\dfrac{\ln\left(1+\dfrac{1}{x}\right)}{\operatorname{arccot}x}=\lim\limits_{x\to+\infty}\dfrac{\dfrac{1}{1+x}-\dfrac{1}{x}}{-\dfrac{1}{1+x^2}}=\lim\limits_{x\to+\infty}\dfrac{1+x^2}{x(1+x)}=1.$

(2) 记 $y=(x+\sqrt{1+x^2})^{1/x}$，则 $\ln y=\dfrac{\ln(x+\sqrt{1+x^2})}{x}$，于是由

$$\lim_{x\to+\infty}\frac{\ln(x+\sqrt{1+x^2})}{x}=\lim_{x\to+\infty}\frac{\dfrac{\sqrt{x^2+1}+x}{\sqrt{x^2+1}}}{x+\sqrt{1+x^2}}=\lim_{x\to+\infty}\frac{1}{\sqrt{x^2+1}}=0,$$

有 $\lim\limits_{x\to+\infty}(x+\sqrt{1+x^2})^{1/x}=e^0=1.$

(3) 记 $y=\left(\dfrac{e^x+e^{2x}+\cdots+e^{nx}}{n}\right)^{1/x}$，则 $\ln y=\dfrac{1}{x}\ln\left(\dfrac{e^x+e^{2x}+\cdots+e^{nx}}{n}\right)$，于是由

$$\lim_{x\to 0}\frac{1}{x}\ln\left(\frac{e^x+e^{2x}+\cdots+e^{nx}}{n}\right)=\lim_{x\to 0}\frac{\ln(e^x+e^{2x}+\cdots+e^{nx})-\ln n}{x}$$

$$=\lim_{x\to 0}\frac{e^x+2e^{2x}+\cdots+ne^{nx}}{e^x+e^{2x}+\cdots+e^{nx}}=\frac{1+2+\cdots+n}{n}=\frac{n+1}{2},$$

有 $\lim\limits_{x\to 0}\left(\dfrac{e^x+e^{2x}+\cdots+e^{nx}}{n}\right)^{1/x}=e^{\frac{n+1}{2}}$.

(4) $\lim\limits_{n\to\infty}\left(n\tan\dfrac{1}{n}\right)^{n^2}=\lim\limits_{t\to+\infty}\left(t\tan\dfrac{1}{t}\right)^{t^2}\xlongequal{\frac{1}{t}=x}\lim\limits_{x\to 0^+}\left(\dfrac{\tan x}{x^2}\right)^{1/x^2}=e^{\lim\limits_{x\to 0^+}\frac{1}{x^2}\ln\left(\frac{\tan x}{x}\right)}$，其中

$$\lim_{x\to 0^+}\frac{1}{x^2}\ln\left(\frac{\tan x}{x}\right)=\lim_{x\to 0^+}\frac{\ln\tan x-\ln x}{x^2}=\lim_{x\to 0^+}\frac{\dfrac{\sec^2 x}{\tan x}-\dfrac{1}{x}}{2x}=\lim_{x\to 0^+}\frac{2x-\sin 2x}{2x^2\sin 2x}=$$

$$2\lim_{u\to 0^+}\frac{u-\sin u}{u^3}=2\lim_{u\to 0^+}\frac{1-\cos u}{3u^2}=\frac{1}{3}.$$

或 $\lim\limits_{x\to 0^+}\dfrac{1}{x^2}\ln\left(\dfrac{\tan x}{x}\right)=\lim\limits_{x\to 0^+}\dfrac{1}{x^2}\ln\left(1+\dfrac{\tan x-x}{x}\right)=\lim\limits_{x\to 0^+}\left(\dfrac{1}{x^2}\cdot\dfrac{\tan x-x}{x}\right)=$

$$\lim_{x\to 0^+}\frac{\sec^2 x-1}{3x^2}=\lim_{x\to 0^+}\frac{\tan^2 x}{3x^2}=\frac{1}{3}.$$

所以 $\lim\limits_{n\to\infty}\left(n\tan\frac{1}{n}\right)^{n^2}=\lim\limits_{x\to 0^+}\left(\frac{\tan x}{x}\right)^{1/x^2}=\mathrm{e}^{1/3}$.

(5)【法 1】 用洛必达法则求未定式极限.

$$\lim_{x\to+\infty}\frac{\arctan(x+1)-\arctan x}{\frac{1}{x^2}}=\lim_{x\to+\infty}\frac{\frac{1}{1+(x+1)^2}-\frac{1}{1+x^2}}{\frac{-2}{x^3}}$$

$$=\frac{1}{2}\lim_{x\to+\infty}\frac{x^3(2x+1)}{[1+(x+1)^2](1+x^2)}=1.$$

【法 2】 基于换元法的洛必达法则求极限方法. 令 $x=\frac{1}{t}$,则转换为 $t\to 0^+$,即

$$\lim_{x\to+\infty}x^2[\arctan(x+1)-\arctan x]=\lim_{t\to 0^+}\frac{\arctan\left(1+\frac{1}{t}\right)-\arctan\frac{1}{t}}{t^2}$$

$$=\lim_{t\to 0^+}\frac{\frac{1}{1+\left(1+\frac{1}{t}\right)^2}\left(-\frac{1}{t^2}\right)-\frac{1}{1+\frac{1}{t^2}}\left(-\frac{1}{t^2}\right)}{2t}$$

$$=\lim_{t\to 0^+}\frac{t+2}{2(t^2+1)(2t^2+2t+1)}=1.$$

【法 3】 借助于拉格朗日中值定理求极限的思路与方法. 由拉格朗日中值定理,得

$$\arctan(x+1)-\arctan x=\frac{1}{1+\xi^2}\quad(x<\xi<x+1),$$

于是有 $\frac{x^2}{1+(x+1)^2}<x^2[\arctan(x+1)-\arctan x]<\frac{x^2}{1+x^2}$,由于 $\lim\limits_{x\to+\infty}\frac{x^2}{1+(x+1)^2}=\lim\limits_{x\to+\infty}\frac{x^2}{1+x^2}=1$. 因此,由夹逼定理,可得

$$\lim_{x\to+\infty}x^2[\arctan(x+1)-\arctan x]=1.$$

【法 4】 利用三角函数关系式. $\arctan x+\arctan y=\arctan\frac{x+y}{1-xy}$,于是有

$$\lim_{x\to+\infty}x^2[\arctan(x+1)-\arctan x]=\lim_{x\to+\infty}x^2\arctan\frac{1}{1+x(x+1)}$$

$$=\lim_{x\to+\infty}\frac{x^2}{1+x(x+1)}=1.$$

3. 设 $f(x)=\begin{cases}\frac{\varphi(x)-\cos x}{x}, & x\neq 0\\ a, & x=0\end{cases}$,其中 $\varphi(x)$ 具有连续二阶导函数,且 $\varphi(0)=1$.

(1) 确定 a 的值,使 $f(x)$ 在点 $x=0$ 处可导,并求 $f'(x)$;

(2) 讨论 $f'(x)$ 在点 $x=0$ 处的连续性.

【参考解答】 (1) 函数 $f(x)$在点 $x=0$ 处可导，则 $f(x)$在点 $x=0$ 处必连续，即要求

$$\lim_{x\to0}f(x)=\lim_{x\to0}\frac{\varphi(x)-\cos x}{x}=\lim_{x\to0}\frac{\varphi'(x)+\sin x}{1}=\varphi'(0),$$

即当 $a=\varphi'(0)=f(0)$时，$f(x)$在点 $x=0$ 处连续.

当 $x\neq0$ 时，$f'(x)=\dfrac{[\varphi'(x)+\sin x]x-[\varphi(x)-\cos x]}{x^2}$.

当 $x=0$ 时，由导数的定义及洛必达法则，得

$$f'(0)=\lim_{x\to0}\frac{f(x)-f(0)}{x-0}=\lim_{x\to0}\frac{\varphi(x)-\cos x-x\varphi'(0)}{x^2}$$

$$=\lim_{x\to0}\frac{\varphi'(x)+\sin x-\varphi'(0)}{2x}=\lim_{x\to0}\frac{\varphi''(x)+\cos x}{2}=\frac{\varphi''(0)+1}{2},$$

所以 $f'(x)=\begin{cases}\dfrac{[\varphi'(x)+\sin x]x-[\varphi(x)-\cos x]}{x^2}, & x\neq0\\ \dfrac{\varphi''(0)+1}{2}, & x=0\end{cases}$.

(2) 由洛必达法则，得

$$\lim_{x\to0}f'(x)=\lim_{x\to0}\frac{[\varphi'(x)+\sin x]x-[\varphi(x)-\cos x]}{x^2}$$

$$=\lim_{x\to0}\frac{\varphi'(x)+\sin x+x[\varphi''(x)+\cos x]-\varphi'(x)-\sin x}{2x}$$

$$=\lim_{x\to0}\frac{\varphi''(x)+\cos x}{2}=\frac{\varphi''(0)+1}{2}=f'(0),$$

所以，$f'(x)$在点 $x=0$ 处连续.

4. 已知$\lim\limits_{x\to0}\dfrac{\ln(1+x)-(ax+bx^2)}{x^2}=2$，则(　　).

(A) $a=1,b=-\dfrac{5}{2}$　　(B) $a=0,b=-2$

(C) $a=0,b=-\dfrac{5}{2}$　　(D) $a=1,b=-2$

【参考解答】【法 1】 由洛必达法则，由题意得

$$\lim_{x\to0}\frac{\ln(1+x)-(ax+bx^2)}{x^2}=\lim_{x\to0}\frac{\frac{1}{1+x}-a-2bx}{2x}$$

$$=\lim_{x\to0}\frac{(1-a)-(a+2b)x-2bx^2}{2x(1+x)}=2,$$

于是有 $1-a=0,-\dfrac{a+2b}{2}=2$，所以 $a=1,b=-\dfrac{5}{2}$. 故正确选项为(A).

【法 2】 分式的幂函数次数最高为 2，所以将 $\ln(1+x)$展开为带皮亚诺余项的麦克劳林公式，$\ln(1+x)=x-\dfrac{x^2}{2}+o(x^2)$，代入极限式中的函数，得

$$\lim_{x\to 0}\frac{\ln(1+x)-(ax+bx^2)}{x^2}=\lim_{x\to 0}\frac{x-\frac{x^2}{2}+o(x^2)-(ax+bx^2)}{x^2}$$

$$=\lim_{x\to 0}\frac{(1-a)x-\left(\frac{1}{2}+b\right)x^2+o(x^2)}{x^2}=2,$$

于是有 $1-a=0,-\left(\frac{1}{2}+b\right)=2$,解得 $a=1,b=-\frac{5}{2}$,所以正确选项为(A).

5. 当 $x\to 0$ 时,$f(x)=x-\sin ax$ 与 $g(x)=x^2\ln(1-bx)$ 是等价无穷小量,则(　　).

(A) $a=1,b=-\frac{1}{6}$　　(B) $a=1,b=\frac{1}{6}$

(C) $a=-1,b=-\frac{1}{6}$　　(D) $a=-1,b=\frac{1}{6}$

【参考解答】 **【法 1】** 由题意有

$$1=\lim_{x\to 0}\frac{f(x)}{g(x)}=\lim_{x\to 0}\frac{x-\sin ax}{x^2\ln(1-bx)}=\lim_{x\to 0}\frac{x-\sin ax}{-bx^3}=\lim_{x\to 0}\frac{1-a\cos ax}{-3bx^2},$$

于是有 $\lim\limits_{x\to 0}(1-a\cos ax)=1-a=0$,所以 $a=1$,于是 $1=\lim\limits_{x\to 0}\frac{f(x)}{g(x)}=\lim\limits_{x\to 0}\frac{1-\cos x}{-3bx^2}=\lim\limits_{x\to 0}\frac{x^2}{-6bx^2}=-\frac{1}{6b}$,故 $b=-\frac{1}{6}$. 故正确选项为(A).

【法 2】 由三阶麦克劳林公式可得

$$f(x)=x-\sin ax=x-\left[ax-\frac{(ax)^3}{3!}+o(x^3)\right]=(1-a)x+\frac{a^3}{6}x^3+o(x^3),$$

$$g(x)=x^2\ln(1-bx)=x^2[-bx+o(x)]=-bx^3+o(x^3),$$

当 $x\to 0$ 时,$f(x)$ 与 $g(x)$ 是等价无穷小量,从而有 $1-a=0,\frac{a^3}{6}=-b$,解得 $a=1,b=-\frac{1}{6}$,即正确选项为(A).

6. 证明:当 $x>0$ 时,不等式 $1+x\ln(x+\sqrt{1+x^2})>\sqrt{1+x^2}$ 成立.

【参考证明】 **【法 1】** 根据不等式结构,改写不定式,有 $\frac{\ln(x+\sqrt{1+x^2})}{\sqrt{1+x^2}-1}>\frac{1}{x}$,构造辅助函数 $f(t)=\ln(t+\sqrt{1+t^2})$,$g(t)=\sqrt{1+t^2}-1$,则有 $f(0)=g(0)=0$. 函数 $f(t)$,$g(t)$ 在区间 $[0,x]$ 上满足柯西中值定理的条件,故存在 $\xi\in(0,x)$,使得

$$\frac{\ln(x+\sqrt{1+x^2})}{\sqrt{1+x^2}-1}=\frac{f(x)-f(0)}{g(x)-g(0)}=\frac{f'(\xi)}{g'(\xi)}=\left.\frac{\frac{1}{\sqrt{t^2+1}}}{\frac{t}{\sqrt{t^2+1}}}\right|_{t=\xi}=\frac{1}{\xi}>\frac{1}{x}.$$

【法 2】 把所有相关项移到左侧,令 $f(x)=1+x\ln(x+\sqrt{1+x^2})-\sqrt{1+x^2}$,则 $f(0)=$

0,且 $f'(x)=\ln(\sqrt{x^2+1}+x)$. 从而可知,当 $x>0$ 时,$f'(x)>0$,故函数单调增加,即 $f(x)>f(0)=0$,所以原不等式成立.

练习 19 泰勒公式

训练目的

1. 理解泰勒定理与多项式逼近函数的思想,会直接法求简单函数的泰勒公式.
2. 熟悉常见函数的麦克劳林公式,会利用这些公式间接法求函数的泰勒公式.
3. 会利用泰勒公式进行极限计算.
4. 会利用泰勒公式解决函数不等式问题.
5. 会利用泰勒公式做近似计算并进行误差分析.

基础练习

1. 已知 $f(x)$是 4 次多项式,且 $f(2)=-1, f'(2)=0, f''(2)=-2, f'''(2)=-12, f^{(4)}(2)=24$,则 $f(x)=$__________,$f(-1)=$______.

【参考解答】 由于 $f(x)$是 4 次多项式,$f^{(n)}(x)=0(n>4)$,于是 $f(x)$在 $x_0=2$ 的泰勒公式为

$$f(x)=f(2)+f'(2)(x-2)+\frac{f''(2)}{2!}(x-2)^2+\frac{f'''(2)}{3!}(x-2)^3+\frac{f^{(4)}(2)}{4!}(x-2)^4$$

$$=-1-(x-2)^2-2(x-2)^3+(x-2)^4,$$

令 $x=-1$ 得 $f(-1)=125$.

2. 写出下列函数的带皮亚诺余项的麦克劳林公式.

(1) $x\sin x=$__________.

(2) $e^{-x^2}=$__________.

(3) $\dfrac{x^2}{1+x}=$__________.

(4) $\ln(2+x)=$__________.

(5) $\cos^2 x=$__________.

(6) $\dfrac{1}{\sqrt{1-x^2}}=$__________.

【参考解答】 (1) $x\sin x=x\left[x-\dfrac{x^3}{3!}+\dfrac{x^5}{5!}-\cdots+(-1)^{n-1}\dfrac{x^{2n-1}}{(2n-1)!}+o(x^{2n})\right]$

$$=x^2-\frac{x^4}{3!}+\frac{x^6}{5!}-\cdots+(-1)^{n-1}\frac{x^{2n}}{(2n-1)!}+o(x^{2n+1}).$$

(2) $e^{-x^2}=1+(-x^2)+\dfrac{(-x^2)^2}{2!}+\dfrac{(-x^2)^3}{3!}+\cdots+\dfrac{(-x^2)^n}{n!}+o((-x^2)^n)$

$$=1-x^2+\frac{1}{2!}x^4-\frac{1}{3!}x^6+\cdots+\frac{(-1)^n}{n!}x^{2n}+o(x^{2n+1}).$$

(3) $\frac{x^2}{1+x}=x^2[1-x+x^2-\cdots+(-1)^{n-2}x^{n-2}+o(x^{n-2})]$

$$=x^2-x^3+x^4-\cdots+(-1)^n x^n+o(x^n).$$

(4) $\ln(2+x)=\ln2+\ln\left(1+\frac{x}{2}\right)$

$$=\ln2+\frac{x}{2}-\frac{1}{2}\left(\frac{x}{2}\right)^2+\frac{1}{3}\left(\frac{x}{2}\right)^3+\cdots+\frac{(-1)^{n-1}}{n}\left(\frac{x}{2}\right)^n+o(x^n)$$

$$=\ln2+\frac{x}{2}-\frac{x^2}{2\cdot 2^2}+\frac{x^3}{3\cdot 2^3}+\cdots+\frac{(-1)^{n-1}x^n}{n\cdot 2^n}+o(x^n).$$

(5) $\cos^2 x=\frac{1+\cos2x}{2}$

$$=\frac{1}{2}+\frac{1}{2}\left[1-\frac{(2x)^2}{2!}+\frac{(2x)^4}{4!}+\cdots+(-1)^n\frac{(2x)^{2n}}{(2n)!}+o((2x)^{2n+1})\right]$$

$$=1-\frac{2}{2!}x^2+\frac{2^3}{4!}x^4+\cdots+(-1)^n\frac{2^{2n-1}}{(2n)!}x^{2n}+o(x^{2n+1}).$$

(6) $\frac{1}{\sqrt{1-x^2}}=1+\left(-\frac{1}{2}\right)\cdot(-x^2)+\frac{1}{2!}\cdot\left(-\frac{1}{2}\right)\left(-\frac{3}{2}\right)\cdot(-x^2)^2+\cdots+$

$$\frac{1}{n!}\cdot\left[\left(-\frac{1}{2}\right)\left(-\frac{3}{2}\right)\cdots\left(-\frac{2n-1}{2}\right)\right]\cdot(-x^2)^n+o(x^{2n+1})$$

$$=1+\frac{1}{2}x^2+\frac{1\cdot3}{2\cdot4}x^4+\cdots+\frac{(2n-1)!!}{(2n)!!}x^{2n}+o(x^{2n+1}).$$

3. 根据常见函数的麦克劳林公式，写出下列函数当 $x\to0$ 时关于 x^n 的等价无穷小.

(1) $x-\sin x\sim$________.　　(2) $\cos x-1+\frac{x^2}{2}\sim$________.

(3) $e^x-1-x-\frac{x^2}{2}\sim$________.　　(4) $\ln(1+x)-x\sim$________.

【参考解答】 (1) 因为 $\sin x=x-\frac{x^3}{3!}+o(x^4)$，于是 $x-\sin x=\frac{x^3}{3!}+o(x^4)$，所以 $x-\sin x\sim\frac{x^3}{6}$.

(2) 因为 $\cos x=1-\frac{x^2}{2!}+\frac{x^4}{4!}+o(x^5)$，于是 $\cos x-1+\frac{x^2}{2!}=\frac{x^4}{24}+o(x^5)$，所以 $\cos x-1+\frac{x^2}{2}\sim\frac{x^4}{24}$.

(3) 因为 $e^x=1+x+\frac{x^2}{2!}+\frac{x^3}{3!}+o(x^3)$，于是 $e^x-1-x-\frac{x^2}{2}=\frac{x^3}{6}+o(x^3)$所以 $e^x-1-x-\frac{x^2}{2}\sim\frac{x^3}{6}$.

(4) 因为 $\ln(1+x)=x-\frac{x^2}{2}+o(x^2)$，于是 $\ln(1+x)-x=-\frac{x^2}{2}+o(x^2)$，所以 $\ln(1+x)-x\sim-\frac{x^2}{2}$.

4. 求函数 $f(x)=\frac{1}{x}$ 在 $x=-1$ 处的带拉格朗日余项的 n 阶泰勒公式.

【参考解答】 **【法 1】** $f'(x)=-\frac{1}{x^2}, f''(x)=\frac{2}{x^3},\cdots,f^{(n)}(x)=\frac{(-1)^n n!}{x^{n+1}}$，于是 $f(-1)=-1,f'(-1)=-1,f''(-1)=-2!,\cdots,f^{(n)}(-1)=-n!$，所以

$$f(x)=\frac{1}{x}=f(-1)+f'(-1)(x+1)+\frac{f''(-1)}{2!}(x+1)+\cdots+$$

$$\frac{f^{(n)}(-1)}{n!}(x+1)^n+\frac{f^{(n+1)}(\xi)}{(n+1)!}(x+1)^{n+1}$$

$$=-1-(x+1)-(x+1)^2-\cdots-(x+1)^n+\frac{(-1)^{n+1}}{\xi^{n+2}}(x+1)^{n+1}\quad(x<\xi<-1),$$

【法 2】 由于 $\frac{1}{1-x}=1+x+x^2+\cdots+x^n+\frac{x^{n+1}}{(1-\theta x)^{n+2}},0<\theta<1$，于是

$$f(x)=\frac{1}{x}=-\frac{1}{1-(x+1)}$$

$$=-1-(x+1)-(x+1)^2-\cdots-(x+1)^n-\frac{(x+1)^{n+1}}{[1-\theta(x+1)]^{n+2}}\quad(0<\theta<1).$$

5. 将函数 $f(x)=\ln x$ 按 $(x-2)$ 的幂展开成带皮亚诺余项的 n 阶泰勒公式，并求 $f^{(8)}(2)$.

【参考解答】 $\ln x=\ln 2+\ln\left(1+\frac{x-2}{2}\right)$，由 $\ln(1+x)=\sum_{k=1}^{n}\frac{(-1)^{k-1}}{k}x^k+o(x^n)$ 可得

$$\ln x=\ln 2+\ln\left(1+\frac{x-2}{2}\right)=\ln 2+\sum_{k=1}^{n}\frac{(-1)^{k-1}}{k}\left(\frac{x-2}{2}\right)^k+o((x-2)^n)$$

$$=\ln 2+\sum_{k=1}^{n}\frac{(-1)^{k-1}}{2^k k}(x-2)^k+o((x-2)^n),$$

于是 $a_8=\frac{f^{(8)}(2)}{8!}=\frac{(-1)^{8-1}}{8\cdot 2^8}$，所以 $f^{(8)}(2)=-\frac{315}{16}$.

6. 利用泰勒公式证明不等式：$\mathrm{e}^x>1+x+\frac{x^2}{2}+\frac{x^3}{6}(x\neq0)$.

【参考证明】 $\mathrm{e}^x=1+x+\frac{x^2}{2!}+\frac{x^3}{3!}+\frac{\mathrm{e}^\xi}{4!}x^4$（$\xi$ 在 0 与 x 之间），由于 $\frac{\mathrm{e}^\xi}{4!}x^4>0$，所以 $\mathrm{e}^x>1+x+\frac{x^2}{2}+\frac{x^3}{6}(x\neq0)$.

综合练习

7. 将函数 $f(x)=\mathrm{e}^{2x-x^2}$ 展开为三阶带皮亚诺余项的麦克劳林公式.

【参考解答】【法 1】 由麦克劳林公式 $e^x=1+x+\frac{x^2}{2!}+\cdots+\frac{x^n}{n!}+o(x^n)$，可得

$$\begin{aligned}e^{2x-x^2}&=1+(2x-x^2)+\frac{(2x-x^2)^2}{2!}+\frac{(2x-x^2)^3}{3!}+o((2x-x^2)^5)\\&=1+2x-x^2+\frac{4x^2-4x^3+x^4}{2!}+\frac{8x^3-12x^4+6x^5-x^6}{3!}+o(x^3)\\&=1+2x+x^2-\frac{2}{3}x^3+o(x^3).\end{aligned}$$

【法 2】
$$\begin{aligned}e^{2x-x^2}&=e^{2x}\cdot e^{-x^2}\\&=\left[1+2x+\frac{2^2x^2}{2!}+\frac{2^3x^3}{3!}+o(x^3)\right][1-x^2+o(x^3)]\\&=\left(1+2x+\frac{2^2x^2}{2!}+\frac{2^3x^3}{3!}\right)-x^2(1+2x)+o(x^3)\\&=1+2x+x^2-\frac{2}{3}x^3+o(x^3)\quad(x^4\text{ 以上的项归到 }o(x^3)).\end{aligned}$$

8. 利用麦克劳林公式求下列极限.

(1) $\lim\limits_{x\to0}\frac{xe^x-\ln(1+x)}{x^2}$. (2) $\lim\limits_{x\to0}\frac{\frac{x^2}{2}+1-\sqrt{1+x^2}}{x^2\sin x^2}$.

(3) $\lim\limits_{x\to+\infty}\left[x-x^2\ln\left(1+\frac{1}{x}\right)\right]$.

【参考解答】

(1) $$\begin{aligned}\lim_{x\to0}\frac{xe^x-\ln(1+x)}{x^2}&=\lim_{x\to0}\frac{x(1+x+o(x))-\left(x-\frac{x^2}{2}+o(x^2)\right)}{x^2}\\&=\lim_{x\to0}\frac{\frac{3}{2}x^2+o(x^2)}{x^2}=\frac{3}{2}.\end{aligned}$$

(2) $$\lim_{x\to0}\frac{\frac{x^2}{2}+1-\sqrt{1+x^2}}{x^2\sin x^2}=\lim_{x\to0}\frac{\frac{x^2}{2}+1-\left(1+\frac{1}{2}x^2-\frac{1}{8}x^4+o(x^4)\right)}{x^4}=\frac{1}{8}.$$

(3) $$\begin{aligned}\lim_{x\to+\infty}\left[x-x^2\ln\left(1+\frac{1}{x}\right)\right]&\xlongequal{t=\frac{1}{x}}\lim_{t\to0^+}\left[\frac{1}{t}-\frac{1}{t^2}\ln(1+t)\right]\\&=\lim_{t\to0^+}\frac{t-\ln(1+t)}{t^2}=\lim_{t\to0^+}\frac{t-\left(t-\frac{t^2}{2}+o(t^2)\right)}{t^2}=\frac{1}{2}.\end{aligned}$$

9. 问当常数 a,b 为何值时，$\lim\limits_{x\to0}\left(\frac{\ln(1+2x)}{x}+a+\frac{b}{x}\right)=0$ 成立？

【参考解答】 由于 $\lim\limits_{x\to 0}\left(\dfrac{\ln(1+2x)}{x}+a+\dfrac{b}{x}\right)=\lim\limits_{x\to 0}\dfrac{2x+o(x)+(b+ax)}{x}=\lim\limits_{x\to 0}\dfrac{b+(2+a)x+o(x)}{x}=0$，从而可得 $a=-2,b=0$.

10. 设函数 $f(x)$ 在 $x=0$ 处的邻域内二次可导，且 $\lim\limits_{x\to 0}\left(\dfrac{\sin x}{x^3}+\dfrac{f(x)}{x^2}\right)=0$.

(1) 求 $f(0),f'(0),f''(0)$；　　(2) 求 $\lim\limits_{x\to 0}\dfrac{1+f(x)}{x^2}$.

【参考解答】 (1) 由

$$\lim_{x\to 0}\left(\frac{\sin x}{x^3}+\frac{f(x)}{x^2}\right)=\lim_{x\to 0}\frac{x-\dfrac{x^3}{3!}+o(x^3)+xf(x)}{x^3}=\lim_{x\to 0}\frac{1+f(x)-\dfrac{x^2}{3!}}{x^2}=0,$$

可知 $1+f(x)-\dfrac{x^2}{3!}=o(x^2)$，所以 $f(x)=-1+\dfrac{x^2}{3!}+o(x^2)$，又 $f(x)=f(0)+f'(0)x+\dfrac{f''(0)}{2}x^2+o(x^2)$，对应可知 $f(0)=-1,f'(0)=0,f''(0)=\dfrac{1}{3}$.

$$(2)\ \lim_{x\to 0}\frac{1+f(x)}{x^2}=\lim_{x\to 0}\frac{1+\left[-1+\dfrac{1}{3!}x^2+o(x^2)\right]}{x^2}=\frac{1}{6}.$$

11. 设函数 $f(x)$ 在 $[0,1]$ 上二次可微，且 $f(0)=f(1)$，$|f''(x)|\leqslant 2$，证明：

$$|f'(x)|\leqslant 1,\quad x\in[0,1].$$

【参考证明】 任给 $t\in[0,1]$，由泰勒公式 $f(x)=f(t)+f'(t)(x-t)+\dfrac{f''(\xi)}{2!}(x-t)^2$（其中 ξ 介于 x 与 t 之间），分别取 $x=0$ 和 $x=1$ 有

$$f(0)=f(t)+f'(t)(-t)+\frac{f''(\xi_1)}{2!}(-t)^2\quad(0<\xi_1<t),$$

$$f(1)=f(t)+f'(t)(1-t)+\frac{f''(\xi_2)}{2!}(1-t)^2\quad(t<\xi_2<1),$$

由 $f(1)=f(0)$ 两式相减得 $f'(t)=\dfrac{f''(\xi_1)}{2}t^2-\dfrac{f''(\xi_2)}{2}(1-t)^2$，于是 $t\in[0,1]$ 时有

$$|f'(t)|=\left|\frac{f''(\xi_1)}{2}t^2-\frac{f''(\xi_2)}{2}(1-t)^2\right|\leqslant\frac{1}{2}|f''(\xi_1)|t^2+\frac{1}{2}|f''(\xi_2)|(1-t)^2$$

$$\leqslant t^2+(1-t)^2=2\left(t-\frac{1}{2}\right)^2+\frac{1}{2}\leqslant 1.$$

即 $|f'(x)|\leqslant 1,x\in[0,1]$.

考研与竞赛练习

1. 设函数 $f(x)=x+a\ln(1+x)+bx\sin x$，$g(x)=kx^3$，若 $f(x)$ 与 $g(x)$ 在 $x\to 0$ 时是等价无穷小，求 a,b,k 值.

【参考解答】 由函数 $\ln(1+x)$，$\sin x$ 的麦克劳林公式有

$$f(x)=x+a\left[x-\frac{x^2}{2}+\frac{x^3}{3}+o(x^3)\right]+bx[x+o(x^2)]$$

$$=(1+a)x+\left(-\frac{a}{2}+b\right)x^2+\frac{a}{3}x^3+o(x^3)\sim kx^3(x\to 0),$$

所以满足 $1+a=0,-\frac{a}{2}+b=0,\frac{a}{3}=k$，解得 $a=-1,b=-\frac{1}{2},k=-\frac{1}{3}$.

2. 求极限 (1) $\lim\limits_{x\to 0}\frac{\sqrt{1+2\sin x}-x-1}{x\ln(1+x)}$. (2) $\lim\limits_{x\to 0}(\cos 2x+2x\sin x)^{1/x^4}$.

【参考解答】 (1)【法 1】 由二阶带皮亚诺余项的麦克劳林公式，得

$$\sqrt{1+2\sin x}=1+\frac{1}{2}(2\sin x)+\frac{\frac{1}{2}\left(\frac{1}{2}-1\right)}{2!}(2\sin x)^2+o(\sin^2 x)$$

$$=1+\sin x-\frac{1}{2}\sin^2 x+o(\sin^2 x),$$

代入极限式得

$$\lim_{x\to 0}\frac{\sqrt{1+2\sin x}-x-1}{x\ln(1+x)}=\lim_{x\to 0}\frac{1+\sin x-\frac{1}{2}\sin^2 x+o(\sin^2 x)-x-1}{x^2}$$

$$=\lim_{x\to 0}\left(\frac{\sin x-x}{x^2}-\frac{1}{2}\frac{\sin^2 x}{x^2}\right)=0-\frac{1}{2}=-\frac{1}{2}.$$

【法 2】 由等价无穷小、分子有理化和极限四则运算法则，得

$$\lim_{x\to 0}\frac{\sqrt{1+2\sin x}-x-1}{x\ln(1+x)}=\lim_{x\to 0}\frac{(1+2\sin x)-(x+1)^2}{x^2(\sqrt{1+2\sin x}+x+1)},$$

$$=\lim_{x\to 0}\frac{(1+2\sin x)-(x+1)^2}{2x^2}=\frac{1}{2}\lim_{x\to 0}\frac{2(\sin x-x)-x^2}{x^2}=-\frac{1}{2}.$$

【法 3】 由等价无穷小和洛必达法则，得

$$\lim_{x\to 0}\frac{\sqrt{1+2\sin x}-x-1}{x\ln(1+x)}=\lim_{x\to 0}\frac{\sqrt{1+2\sin x}-x-1}{x^2}$$

$$=\lim_{x\to 0}\frac{\frac{\cos x}{\sqrt{1+2\sin x}}-1}{2x}=\lim_{x\to 0}\frac{\cos x-\sqrt{1+2\sin x}}{2x\sqrt{1+2\sin x}}$$

$$=\lim_{x\to 0}\frac{\cos x-\sqrt{1+2\sin x}}{2x}=\lim_{x\to 0}\frac{-\sin x-\frac{\cos x}{\sqrt{2\sin x+1}}}{2}=-\frac{1}{2}.$$

(2) 由函数 e^x 的连续性，有 $\lim\limits_{x\to 0}(\cos 2x+2x\sin x)^{\frac{1}{x^4}}=e^{\lim\limits_{x\to 0}\frac{1}{x^4}\ln(\cos 2x+2x\sin x)}$，其中

$$\lim_{x\to 0}\frac{1}{x^4}\ln(\cos 2x+2x\sin x)=\lim_{x\to 0}\frac{\cos 2x+2x\sin x-1}{x^4}$$

$$=\lim_{x\to 0}\frac{1-2x^2+\frac{2}{3}x^4+2x\left[x-\frac{x^3}{6}+o(x^3)\right]-1}{x^4}$$

$$=\lim_{x\to 0}\frac{\frac{1}{3}x^4+o(x^4)}{x^4}=\frac{1}{3}.$$

所以$\lim\limits_{x\to 0}(\cos 2x+2x\sin x)^{\frac{1}{x^4}}=\mathrm{e}^{\frac{1}{3}}$.

3. 设函数 $f(x)$ 在 $x=0$ 的某个领域内有二阶连续导函数，且 $f(0)\neq 0, f'(0)\neq 0, f''(0)\neq 0$. 证明：存在唯一的一组实数 $\lambda_1,\lambda_2,\lambda_3$，使得当 $h\to 0$ 时，$\lambda_1 f(h)+\lambda_2 f(2h)+\lambda_3 f(3h)-f(0)$ 是比 h^2 高阶的无穷小.

【参考证明】【法 1】 由函数的二阶带皮亚诺余项的麦克劳林公式

$$f(x)=f(0)+f'(0)x+\frac{f''(0)}{2}x^2+o(x^2),$$

分别代入 $x=h, x=2h, x=3h$，有

$$f(h)=f(0)+f'(0)h+\frac{1}{2}f''(0)h^2+o(h^2),$$

$$f(2h)=f(0)+2f'(0)h+2f''(0)h^2+o(h^2),$$

$$f(3h)=f(0)+3f'(0)h+\frac{9}{2}f''(0)h^2+o(h^2),$$

于是

$$\lambda_1 f(h)+\lambda_2 f(2h)+\lambda_3 f(3h)-f(0)=(\lambda_1+\lambda_2+\lambda_3-1)f(0)+(\lambda_1+2\lambda_2+3\lambda_3)f'(0)h+(\lambda_1+4\lambda_2+9\lambda_3)\frac{f''(0)}{2}h^2+o(h^2),$$

为满足题目要求，实数 $\lambda_1,\lambda_2,\lambda_3$ 应该满足方程组 $\begin{cases}\lambda_1+\lambda_2+\lambda_3-1=0\\ \lambda_1+2\lambda_2+3\lambda_3=0\\ \lambda_1+4\lambda_2+9\lambda_3=0\end{cases}$，其系数行列式

$\begin{vmatrix}1&1&1\\1&2&3\\1&4&9\end{vmatrix}=2\neq 0$，所以存在唯一的一组解满足题设要求.

【法 2】 要证存在唯一的一组实数 $\lambda_1,\lambda_2,\lambda_3$，使得

$$\lim_{h\to 0}\frac{\lambda_1 f(h)+\lambda_2 f(2h)+\lambda_3 f(3h)-f(0)}{h^2}=0,$$

则必有 $\lim\limits_{h\to 0}[\lambda_1 f(h)+\lambda_2 f(2h)+\lambda_3 f(3h)-f(0)]=0$. 由于 $f(x)$ 在 $x=0$ 处连续，则有 $f(0)(\lambda_1+\lambda_2+\lambda_3)-f(0)=0$，由 $f(0)\neq 0$ 知 $\lambda_1+\lambda_2+\lambda_3=1$.

将原极限运用洛必达法则，得 $\lim\limits_{h\to 0}\dfrac{\lambda_1 f'(h)+2\lambda_2 f'(2h)+3\lambda_3 f'(3h)}{2h}=0$，由极限的四则运算法则知 $\lim\limits_{h\to 0}[\lambda_1 f'(h)+2\lambda_2 f'(2h)+3\lambda_3 f'(3h)]=0$，由于 $f'(x)$ 在 $x=0$ 处连续，则

有 $f'(0)(\lambda_1+2\lambda_2+3\lambda_3)=0$，又 $f'(0)\neq 0$，知 $\lambda_1+2\lambda_2+3\lambda_3=0$；再次运用洛必达法则，得

$$\lim_{h\to 0}\frac{\lambda_1 f''(h)+4\lambda_2 f''(2h)+9\lambda_3 f''(3h)}{2}=\frac{1}{2}(\lambda_1+4\lambda_2+9\lambda_3)f''(0),$$

由 $f''(0)\neq 0$，故应有 $\lambda_1+4\lambda_2+9\lambda_3=0$. 综上可得关于实数 $\lambda_1,\lambda_2,\lambda_3$ 的方程组

$$\begin{cases}\lambda_1+\lambda_2+\lambda_3=1\\ \lambda_1+2\lambda_2+3\lambda_3=0.\\ \lambda_1+4\lambda_2+9\lambda_3=0\end{cases}$$

该方程组的系数行列式 $\begin{vmatrix}1&1&1\\1&2&3\\1&4&9\end{vmatrix}=2\neq 0$，故存在唯一的一组解满足题设要求.

4. 设函数 $y=f(x)$ 二阶可导，且 $f''(x)>0$，$f(0)=0$，$f'(0)=0$. 求 $\lim\limits_{x\to 0}\dfrac{x^3 f(u)}{f(x)\sin^3 u}$，其中 u 是曲线 $y=f(x)$ 上点 $P(x,f(x))$ 处切线在 x 轴上的截距.

【参考答案】 $y=f(x)$ 上点 $P(x,f(x))$ 处切线方程为 $Y-f(x)=f'(x)(X-x)$，令 $Y=0$，$X=x-\dfrac{f(x)}{f'(x)}$，由此得 $u=x-\dfrac{f(x)}{f'(x)}$ 且有

$$\lim_{x\to 0}u=\lim_{x\to 0}\left[x-\frac{f(x)}{f'(x)}\right]=0-\lim_{x\to 0}\frac{\dfrac{f(x)-f(0)}{x}}{\dfrac{f'(x)-f'(0)}{x}}=\frac{f'(0)}{f''(0)}=0.$$

由 $f(x)$ 在 $x=0$ 处的二阶麦克劳林公式，

$$f(x)=f(0)+f'(0)x+\frac{f''(0)}{2}x^2+o(x^2)=\frac{f''(0)}{2}x^2+o(x^2),$$

可得

$$\lim_{x\to 0}\frac{u}{x}=1-\lim_{x\to 0}\frac{f(x)}{xf'(x)}=1-\lim_{x\to 0}\frac{\dfrac{f''(0)}{2}x^2+o(x^2)}{xf'(x)}$$

$$=1-\frac{1}{2}\lim_{x\to 0}\frac{f''(0)+\dfrac{o(x^2)}{x^2}}{\dfrac{f'(x)-f'(0)}{x}}=1-\frac{1}{2}\frac{f''(0)}{f''(0)}=\frac{1}{2}.$$

所以 $x\to 0$ 时，$u\sim\dfrac{x}{2}$，$\sin^3 u\sim u^3$，从而有

$$\lim_{x\to 0}\frac{x^3 f(u)}{f(x)\sin^3 u}=\lim_{x\to 0}\frac{x^3\left[\dfrac{f''(0)}{2}u^2+o(u^2)\right]}{u^3\left[\dfrac{f''(0)}{2}x^2+o(x^2)\right]}=\lim_{x\to 0}\frac{x}{u}=2.$$

5. 求方程 $x^2\sin\dfrac{1}{x}=2x-501$ 的近似解，精确到 0.001.

【参考解答】 由麦克劳林公式 $\sin t=t-\dfrac{\sin(\theta t)}{2}t^2\ (0<\theta<1)$. 令 $t=\dfrac{1}{x}$ 得

$$\sin\frac{1}{x}=\frac{1}{x}-\frac{1}{2}\sin\left(\frac{\theta}{x}\right)\left(\frac{1}{x}\right)^2,$$

代入原方程，得 $x-\frac{1}{2}\sin\left(\frac{\theta}{x}\right)=2x-501$，即 $x=501-\frac{1}{2}\sin\left(\frac{\theta}{x}\right)$.

由此知 $x>500$ 时，$0<\frac{\theta}{x}<\frac{1}{500}$，所以有

$$|x-501|=\frac{1}{2}\left|\sin\left(\frac{\theta}{x}\right)\right|\leqslant\frac{1}{2}\frac{\theta}{x}<\frac{1}{1000}=0.001,$$

即 $x=501$ 为满足题设条件的解.

6. 设函数 $f(x)$ 在 $(x_0-\delta,x_0+\delta)$ 上有 n 阶连续导数，且

$$f^{(k)}(x_0)=0(k=2,3,\cdots,n-1),\quad f^{(n)}(x_0)\neq 0$$

当 $0<|h|<\delta$ 时，有 $f(x_0+h)-f(x_0)=hf'(x_0+\theta h)$，$0<\theta<1$. 证明：$\lim\limits_{h\to 0}\theta=\frac{1}{\sqrt[n-1]{n}}$.

【参考证明】 由函数 $f(x)$ 的 $n-1$ 阶泰勒公式，有

$$\begin{aligned}f(x_0+h)&=f(x_0)+f'(x_0)h+\cdots+\frac{f^{(n-1)}(x_0)}{(n-1)!}h^{n-1}+\frac{f^{(n)}(\xi)}{n!}h^n\\&=f(x_0)+f'(x_0)h+\frac{f^{(n)}(\xi)}{n!}h^n,\end{aligned}$$

其中 ξ 介于 x_0 与 x_0+h 之间. 由函数 $f'(x)$ 的 $n-1$ 阶泰勒公式，有

$$\begin{aligned}f'(x_0+\theta h)&=f'(x_0)+f''(x_0)\theta h+\cdots+\frac{f^{(n-1)}(x_0)}{(n-2)!}(\theta h)^{n-2}+\frac{f^{(n)}(\eta)}{(n-1)!}(\theta h)^{n-1}\\&=f'(x_0)+\frac{f^{(n)}(\eta)}{(n-1)!}(\theta h)^{n-1},\end{aligned}$$

其中 η 介于 x_0 与 $x_0+\theta h$ 之间. 将以上两个表达式代入已知等式，化简整理得

$$f'(x_0)h+\frac{f^{(n)}(\xi)}{n!}h^n=h\left[f'(x_0)+\frac{f^{(n)}(\eta)}{(n-1)!}(\theta h)^{n-1}\right],$$

故 $\frac{f^{(n)}(\xi)}{n}=f^{(n)}(\eta)\cdot\theta^{n-1}$. 令 $h\to 0$，则 $\xi\to x_0$，$\eta\to x_0$，由 $f^{(n)}(x_0)$ 的连续性得 $\frac{f^{(n)}(x_0)}{n}=f^{(n)}(x_0)(\lim\limits_{h\to 0}\theta)^{n-1}$. 由于 $f^{(n)}(x_0)\neq 0$，所以 $\lim\limits_{h\to 0}\theta=\frac{1}{\sqrt[n-1]{n}}$.

练习 20　函数的单调性与极值

训练目的

1. 理解函数的单调性，极值的概念.
2. 掌握利用导数判定函数单调性和求极值的方法.
3. 会利用函数单调性与极值证明不等式.
4. 掌握函数最大值和最小值的求法及其应用.

基础练习

1. 指出下列函数的单调区间及极值点.(若没有相应的区间或点则填“无”)

(1) 函数 $y=x-2\sin x(0\leqslant x\leqslant 2\pi)$ 的单调递增区间为________,单调递减区间为________,在点 $x=$________处取极小值,在点 $x=$________处取极大值.

(2) 函数 $y=2-\sqrt[3]{(x-1)^2}$ 的单调递增区间为________,单调递减区间为________,在点 $x=$________处取极小值,在点 $x=$________处取极大值.

(3) 函数 $y=x+|\sin x|$ 的单调递增区间为________,单调递减区间为________,在点 $x=$________处取极小值,在点 $x=$________处取极大值.

(4) 函数 $y=\mathrm{e}^x\cos x$ 在点 $x=$________处取极小值,在点 $x=$________处取极大值.

【答案】 (1) $\left[\frac{\pi}{3},\frac{5\pi}{3}\right]$, $\left[0,\frac{\pi}{3}\right]\cup\left[\frac{5\pi}{3},2\pi\right]$, $\frac{\pi}{3}$, $\frac{5\pi}{3}$; (2) $(-\infty,1)$, $(1,+\infty)$, 无, 1; (3) $(-\infty,+\infty)$, 无, 无, 无; (4) $x=(2k+1)\pi+\frac{\pi}{4}(k\in\mathbb{Z})$, $x=2k\pi+\frac{\pi}{4}(k\in\mathbb{Z})$.

【参考解答】 (1) $y'=1-2\cos x$, $y'\left(\frac{\pi}{3}\right)=y'\left(\frac{5\pi}{3}\right)=0$,当 $x\in\left[\frac{\pi}{3},\frac{5\pi}{3}\right]$ 时,$y'(x)\geqslant 0$,当 $x\in\left[0,\frac{\pi}{3}\right]\cup\left[\frac{5\pi}{3},2\pi\right]$ 时,$y'(x)\leqslant 0$,于是,$\left[\frac{\pi}{3},\frac{5\pi}{3}\right]$ 为函数单调递增区间,$\left[0,\frac{\pi}{3}\right]$,$\left[\frac{5\pi}{3},2\pi\right]$ 为单调递减区间,在 $x=\frac{\pi}{3}$ 处取极小值,在 $x=\frac{5\pi}{3}$ 处取极大值.

(2) 函数定义域为 $(-\infty,+\infty)$,$y'=-\frac{2}{3}\frac{1}{\sqrt[3]{x-1}}$,在 $x=1$ 处函数不可导. 当 $x\in(-\infty,1)$ 时,$y'(x)\geqslant 0$,当 $x\in(1,+\infty)$ 时,$y'(x)\leqslant 0$,于是,$(-\infty,1)$ 为函数单调递增区间,$(1,+\infty)$ 为单调递减区间,在 $x=1$ 处取极大值,没有极小值点.

(3) $y=\begin{cases}x+\sin x, & x\in[2n\pi,\pi+2n\pi]\\ x-\sin x, & x\in[2n\pi+\pi,2\pi+2n\pi]\end{cases}\quad(n\in\mathbb{Z})$,

$$y'=\begin{cases}1+\cos x, & x\in(2n\pi,\pi+2n\pi)\\ 1-\cos x, & x\in(2n\pi+\pi,2\pi+2n\pi)\end{cases}\quad(n\in\mathbb{Z}),$$

于是函数在 $x=n\pi$ 处不可导,$y'(x)>0$,$(x\neq n\pi)$,所以函数在 $(-\infty,+\infty)$ 单调递增,无极值点.

(4) 函数定义域为 $(-\infty,+\infty)$,$y'=\mathrm{e}^x(\cos x-\sin x)$,令 $y'=0$ 得 $x=k\pi+\frac{\pi}{4}(k\in\mathbb{Z})$.

$y''=-2\mathrm{e}^x\sin x$,于是

$$y''\left(2k\pi+\frac{\pi}{4}\right)=-\sqrt{2}\,\mathrm{e}^{2k\pi+\frac{\pi}{4}}<0,\quad y''\left[(2k+1)\pi+\frac{\pi}{4}\right]=\sqrt{2}\,\mathrm{e}^{(2k+1)\pi+\frac{\pi}{4}}>0,$$

所以函数在 $x=2k\pi+\frac{\pi}{4}(k\in\mathbb{Z})$ 处取极大值;在 $x=(2k+1)\pi+\frac{\pi}{4}(k\in\mathbb{Z})$ 处取极小值.

2. 证明下列不等式.

(1) $\sin x+\tan x>2x$,$0<x<\frac{\pi}{2}$;　(2) $\tan x>x+\frac{x^3}{3}$,$0<x<\frac{\pi}{2}$.

【参考证明】(1)【法 1】 令 $f(x)=(\sin x+\tan x)-2x$，则 $f(x)$ 在 $\left[0,\frac{\pi}{2}\right)$ 连续，且

$$f(0)=0,\quad f'(x)=\cos x+\sec^2 x-2>\cos x+\sec x-2>0\left(x\in\left(0,\frac{\pi}{2}\right)\right),$$

所以 $f(x)$ 在 $\left[0,\frac{\pi}{2}\right)$ 严格单调递增，于是 $f(x)>f(0)=0, x\in\left(0,\frac{\pi}{2}\right)$，即 $\sin x+\tan x>2x, 0<x<\frac{\pi}{2}$.

或 $f'(x)=\cos x+\sec^2 x-2, f'(0)=0$,

$$f''(x)=-\sin x+2\sec^2 x\tan x=\sin x(2\sec^3 x-1)>0,$$

所以 $f'(x)$ 在 $\left[0,\frac{\pi}{2}\right)$ 单调递增，于是 $f'(x)>f'(0)=0, x\in\left(0,\frac{\pi}{2}\right)$，所以 $f(x)$ 在 $\left[0,\frac{\pi}{2}\right)$ 单调递增，于是 $f(x)>f(0)=0, x\in\left(0,\frac{\pi}{2}\right)$，即 $\sin x+\tan x>2x, 0<x<\frac{\pi}{2}$.

【法 2】 令 $f(x)=(\sin x+\tan x)-2x$，则 $f(0)=0$,

$$f'(x)=\cos x+\sec^2 x-2,\quad f'(0)=0,$$

$$f''(x)=-\sin x+2\sec^2 x\tan x=\sin x(2\sec^3 x-1),$$

于是由 $f(x)$ 在处 $x=0$ 的 2 阶麦克劳林公式有

$$f(x)=f(0)+f'(0)x+\frac{f''(\xi)}{2!}x^2=\frac{\sin\xi}{2}(2\sec^3\xi-1)x^2>0,\quad 0<\xi<x<\frac{\pi}{2},$$

即 $\sin x+\tan x>2x, 0<x<\frac{\pi}{2}$.

(2) 令 $f(x)=\tan x-x-\frac{x^3}{3}$，则 $f(x)$ 在 $\left[0,\frac{\pi}{2}\right)$ 连续，且 $f(0)=0, f'(x)=\sec^2 x-1-x^2=\tan^2 x-x^2>0$，故函数在 $\left[0,\frac{\pi}{2}\right)$ 上严格递增. 从而当 $x\in\left(0,\frac{\pi}{2}\right)$ 时，$f(x)>f(0)=0$，即不等式 $\tan x>x+\frac{x^3}{3}, 0<x<\frac{\pi}{2}$ 成立.

3. 设 $0<a<b$，求证 $\ln\frac{b}{a}>\frac{2(b-a)}{a+b}$.

【参考证明】【法 1】 令 $f(x)=\ln x-\frac{2(x-1)}{1+x}, f(x)\in C[1,+\infty), f(1)=0$, $f'(x)=\frac{1}{x}-\frac{4}{(1+x)^2}=\frac{(1-x)^2}{x(1+x)^2}>0$，所以函数 $f(x)$ 在 $[1,+\infty)$ 上单调递增，从而 $f(x)>f(1)=0(\forall x>1)$，由 $0<a<b$ 知 $\frac{b}{a}>1$，故 $f\left(\frac{b}{a}\right)>0$，即结论成立.

【法 2】 令 $f(b)=\ln\frac{b}{a}-\frac{2(b-a)}{a+b}, f(b)\in C[a,+\infty), f(a)=0, f'(b)=\frac{1}{b}-\frac{4a}{(a+b)^2}=\frac{(b-a)^2}{b(a+b)^2}>0(b>a)$，所以函数 $f(b)$ 在 $[a,+\infty)$ 上单调递增，从而 $f(b)>f(a)=$

0,即结论成立.

综合练习

4. 证明下列不等式.

(1) $(x^2-1)\ln x \geqslant (x-1)^2, x>0$;　(2) $\dfrac{\ln(1+x)}{\ln x} > \dfrac{x}{1+x}, x>1$.

【参考证明】 (1) 当 $x=1$ 时,结论成立. 令 $f(x)=x\ln x+\ln x-x+1$, $f(x)\in C(0,+\infty)$, $f(1)=0$, $f'(x)=\ln x+\dfrac{1}{x}=\dfrac{1}{x}-\ln\dfrac{1}{x}>0$,所以 $f(x)$ 在 $(0,+\infty)$ 单调递增,于是,当 $0<x<1$ 时, $f(x)=x\ln x+\ln x-x+1<f(1)=0$,即有 $(x+1)\ln x+\ln x<x-1$,又 $x-1<0$,所以 $(x^2-1)\ln x>(x-1)^2$;当 $x>1$ 时,于是 $f(x)=x\ln x+\ln x-x+1>f(1)=0$,即有 $(x+1)\ln x+\ln x>x-1$,又 $x-1>0$,所以 $(x^2-1)\ln x>(x-1)^2$.

综上,不等式 $(x^2-1)\ln x\geqslant(x-1)^2, x>0$ 成立.

(2) 由 $x>1$ 知 $\ln x>0$,原式等价于 $(1+x)\ln(1+x)\geqslant x\ln x$.

【法 1】 令 $f(x)=x\ln x$, $f(x)\in C[1,+\infty)$, $f(1)=0$,则 $f'(x)=1+\ln x>0$,所以 $f(x)$ 在 $[1,+\infty)$ 上递增,而 $1+x>x>1$,故 $f(1+x)>f(x)$,结论得证.

【法 2】 令 $f(t)=t\ln t$, $f'(t)=1+\ln t>0$,在区间 $[x,x+1]$ 上满足拉格朗日中值定理,于是有 $(1+x)\ln(1+x)-x\ln x=1+\ln\xi>0(1<x<\xi<x+1)$,所以 $\dfrac{\ln(1+x)}{\ln x}>\dfrac{x}{1+x}$, $x>1$.

5. 已知 $f(x)=\begin{cases} x^{2x}, & x>0 \\ xe^x+1, & x\leqslant 0 \end{cases}$,求 $f(x)$ 的单调区间与极值.

【参考解答】 函数定义域为 $(-\infty,+\infty)$,由于 $f(0)=f(0-0)=\lim\limits_{x\to0^-}(xe^x+1)=1$, $f(0+0)=\lim\limits_{x\to0^+}x^{2x}=\lim\limits_{x\to0^+}e^{2x\ln x}=e^0=1$,所以 $f(0-0)=f(0)=f(0+0)$,所以 $f(x)$ 在分段点 $x=0$ 处连续,由初等函数连续性可知 $f(x)$ 在 $(-\infty,+\infty)$ 上连续.

又 $f'(x)=\begin{cases} 2x^{2x}(\ln x+1), & x>0 \\ e^x(x+1), & x<0 \end{cases}$,令 $f'(x)=0$,可得 $x=\dfrac{1}{e}$, $x=-1$,所以可能的极值点为 $x=\dfrac{1}{e}$, $x=0$, $x=-1$.

于是可得下表:

x	$(-\infty,-1)$	-1	$(-1,0)$	0	$\left(0,\frac{1}{e}\right)$	$\frac{1}{e}$	$\left(\frac{1}{e},+\infty\right)$
y'	$-$	0	$+$	不存在	$-$	0	$+$
y	递减	极小	递增	极大	递减	极小	递增

所以 $f(x)$ 的单调递增区间为 $(-1,0)$, $\left(\dfrac{1}{e},+\infty\right)$,单调递减区间为 $(-\infty,-1)$, $\left(0,\dfrac{1}{e}\right)$. 函

数极小值分别为 $f(-1)=1-\frac{1}{e}$，$f\left(\frac{1}{e}\right)=e^{\frac{-2}{e}}$，极大值为 $f(0)=1$.

6. 设函数 $f(x)=nx(1-x)^n$，$n\in\mathbb{N}$，试求函数 $f(x)$ 在 $[0,1]$ 上的最大值 $M(n)$ 及 $\lim\limits_{n\to\infty}M(n)$.

【参考解答】 显然 $f(x)$ 在闭区间 $[0,1]$ 上连续，且 $f(0)=f(1)=0$. 又

$$f'(x)=n(1-x)^n-nx\cdot n(1-x)^{n-1}=n(1-x)^{n-1}[1-(n+1)x],$$

令 $f'(x)=0$，得区间 $(0,1)$ 内唯一驻点 $x=\frac{1}{n+1}$.

当 $x<\frac{1}{n+1}$ 时，$f'(x)>0$，函数单调递增；当 $x>\frac{1}{n+1}$ 时，$f'(x)<0$，函数单调递减；函数在 $x=\frac{1}{n+1}$ 取得区间内唯一极大值点，即为最大值点，对应最大值

$$M(n)=f\left(\frac{1}{n+1}\right)=\left(\frac{n}{n+1}\right)^{n+1}=\left(1-\frac{1}{n+1}\right)^{n+1},$$

于是 $\lim\limits_{n\to\infty}M(n)=\lim\limits_{n\to\infty}\left(1-\frac{1}{n+1}\right)^{n+1}=\lim\limits_{n\to\infty}\left[\left(1-\frac{1}{n+1}\right)^{-(n+1)}\right]^{-1}=e^{-1}$.

7. 证明方程 $\frac{1}{(1+x)^n}-1+nx-\frac{n(n+1)}{2}x^2=0$ 无正根.

【参考证明】 令 $f(x)=\frac{1}{(1+x)^n}-1+nx-\frac{n(n+1)}{2}x^2$，则 $f(x)$ 在 $[0,+\infty)$ 上连续，且 $f(0)=0$. 对其求一阶、二阶导数，得

$$f'(x)=-\frac{n}{(1+x)^{n+1}}+n-n(n+1)x=n\left[1-(n+1)x-\frac{1}{(1+x)^{n+1}}\right],$$

$$f''(x)=n\left[-(n+1)+\frac{n+1}{(1+x)^{n+2}}\right]=n(n+1)\left[\frac{1}{(1+x)^{n+2}}-1\right]<0\quad(x>0),$$

从而可知 $f'(x)$ 在 $(0,+\infty)$ 内单调递减. 由 $f'(0)=0$，故 $f'(x)<0$，即 $f(x)$ 在 $(0,+\infty)$ 内严格单调递减，又 $f(0)=0$，故 $f(x)<0(x>0)$，即方程无正根.

8. 证明方程 $x^2=x\sin x+\cos x$ 恰好只有两个不同的实数根.

【参考证明】 令 $f(x)=x^2-x\sin x-\cos x$，则

$$f'(x)=2x-x\cos x-\sin x+\sin x=2x-x\cos x,$$

令 $f'(x)=0$，得 $x=0$ 为唯一驻点，且 $x<0$ 时，$f'(x)<0$，$f(x)$ 严格单调递减，$x>0$ 时，$f'(x)>0$，$f(x)$ 严格单调递增，所以唯一极值点 $x=0$ 处取得极小值 $f(0)=-1<0$，也为最小值点. 又因为 $f(\pm\pi)=\pi^2+1>0$，由零点定理知，$f(x)$ 在 $(-\pi,0)$ 与 $(0,\pi)$ 内分别至少有一个零点，又 $f(x)$ 在 $(-\infty,0)$ 与 $(0,+\infty)$ 严格单调，在两区间内分别至多有一个零点，所以 $f(x)$ 在 $(-\infty,+\infty)$ 恰有两个不同的零点，即方程 $x^2=x\sin x+\cos x$ 恰好只有两个不同的实数根.

9. 设 $e<a<b$，证明 $a^b>b^a$.

【参考解答】【法 1】 因为 $e<a<b$,故原不等式等价于 $b\ln a>a\ln b$.

令 $f(x)=x\ln a-a\ln x(e<a<x)$,则 $f(x)$ 在 $[a,+\infty)$ 连续,且 $f(a)=0$,由 $e<a<x$,有 $\ln a>1$, $\frac{a}{x}<1$,于是 $f'(x)=\ln a-\frac{a}{x}>0$,所以 $f(x)$ 严格单调递增. 由于 $e<a<b$,所以 $f(b)>f(a)=0(e<a<b)$,从而可得

$$f(b)=b\ln a-a\ln b>0,\quad 即\ a^b>b^a.$$

【法 2】 因为 $e<a<b$,故原不等式等价于 $\frac{\ln a}{a}>\frac{\ln b}{b}$. 令 $f(x)=\frac{\ln x}{x}(x>e)$,则 $f'(x)=\frac{1-\ln x}{x^2}$,当 $x>e$ 时, $f'(x)<0$,所以 $f(x)$ 严格单调递减. 由于 $e<a<b$,于是可得 $f(b)<f(a)$,即 $\frac{\ln b}{b}<\frac{\ln a}{a}$ 成立.

10. 在地面上建有一座圆柱形水塔,水塔的内部直径为 d,并且在地面处开了一个高为 H 的小门. 现在要对水塔进行维修施工,施工方案要求把一根长度为 $L(L>d)$ 的水管运到水塔内部,试问水塔的门为多高时,才有可能成功地把水管搬进水塔内?

【参考解答】 如图所示. $H(\theta)=(L\cos\theta-d)\tan\theta=L\sin\theta-d\tan\theta,\theta\in\left[0,\frac{\pi}{2}\right]$,令 $H'(\theta)=L\cos\theta-d\sec^2\theta=0$,得唯一驻点: $\cos\theta=\sqrt[3]{d/L}$, $\theta=\arccos\sqrt[3]{d/L}$. 由问题可知最小值存在,在唯一驻点取到,对应最小值为

$$H_{\min}=L\sqrt{1-\cos^2\theta}-d\sqrt{\sec^2\theta-1}=(L^{2/3}-d^{2/3})^{3/2}.$$

第 10 题图

考研与竞赛练习

1. 选择题.

(1) 设 $\lim\limits_{x\to a}\frac{f(x)-f(a)}{(x-a)^2}=-1$,则在 $x=a$ 处(　　).

(A) $f(x)$ 的导数存在,且 $f'(a)\neq 0$　　(B) $f(x)$ 取得极大值

(C) $f(x)$ 取得极小值　　(D) $f(x)$ 的导数不存在

(2) 设函数 $f(x)$, $g(x)$ 具有二阶导数,且 $g''(x)<0$,若 $g(x_0)=a$ 是 $g(x)$ 的极值,则 $f(g(x))$ 在 x_0 取极大值的一个充分条件是(　　).

(A) $f'(a)<0$　　(B) $f'(a)>0$　　(C) $f''(a)<0$　　(D) $f''(a)>0$

(3) 设函数 $f(x)$ 在区间 $[-2,2]$ 上可导,且 $f'(x)>f(x)>0$,则(　　).

(A) $\frac{f(-2)}{f(-1)}>1$　　(B) $\frac{f(0)}{f(-1)}>e$　　(C) $\frac{f(1)}{f(-1)}<e^2$　　(D) $\frac{f(2)}{f(-1)}<e^3$

(4) 若 $3a^2-5b<0$,则方程 $x^5+2ax^3+3bx+4c=0$(　　).

(A) 无实根　　(B) 有唯一实根

(C) 有 3 个不同实根　　(D) 有 5 个不同实根

【参考解答】 (1)【法 1】 $\lim\limits_{x\to a}\frac{f(x)-f(a)}{(x-a)^2}=-1<0$,则由极限的保号性可知,存

在 a 的某去心邻域内,$\dfrac{f(x)-f(a)}{(x-a)^2}<0$,又$(x-a)^2>0$,所以 $f(x)-f(a)<0$,即 $f(x)<f(a)$,所以 $f(x)$取得极大值. 所以正确选项为(B).

【法 2】 排除法,或特殊法. 取 $f(x)=-(x-a)^2$,函数满足条件,且 $f'(a)=0$,则(A)和(D)不能选. 又 $f(x)=-(x-a)^2$ 在 $x=a$ 处取到极大值,所以(C)不能选,答案只能是(B).

(2) 由已知条件可得$[f(g(x))]'|_{x=x_0}=f'(g(x_0))g'(x_0)=0$,故要想 x_0 为 $f(g(x))$的极大值点,只需$[f(g(x))]''|_{x=x_0}<0$ 即可. 于是由

$$[f(g(x))]''|_{x=x_0}=f''(g(x_0))g'^2(x_0)+f'(g(x_0))g''(x_0)=f'(a)g''(x_0)<0,$$

可知结论成立只需要 $f'(a)>0$,所以正确选项为(B).

(3) 因为 $f'(x)>f(x)>0$,所以 $f'(x)-f(x)>0$,令 $F(x)=\dfrac{f(x)}{e^x}$,则 $F(x)$在$(-2,2)$单调递增,所以 $F(0)>F(-1)>0$. 所以正确选项为(B).

(4) 令 $f(x)=x^5+2ax^3+3bx+4c$,则 $f'(x)=5x^4+6ax^2+3b$,令 $t=x^2$,$f'(x)=5x^4+6ax^2+3b=5t^2+6at+3b$,其判别式

$$\Delta=(6a)^2-4\cdot5\cdot3b=12(3a^2-5b)<0,$$

所以 $f'(x)$无实根,即 $f'(x)>0$,所以函数 $f(x)=x^5+2ax^3+3bx+4c$ 在 $x\in(-\infty,+\infty)$上单调递增. 又

$$\lim_{x\to-\infty}f(x)=\lim_{x\to-\infty}(x^5+2ax^3+3bx+4c)=-\infty,$$

$$\lim_{x\to+\infty}f(x)=\lim_{x\to+\infty}(x^5+2ax^3+3bx+4c)=+\infty,$$

所以由连续函数的介值定理可知,在$(-\infty,+\infty)$内至少存在一点 x_0 使得 $f(x_0)=0$,又因为 $y=f(x)$是严格的单调函数,故 x_0 是唯一的,故方程 $f(x)=0$ 有唯一实根,因此正确选项为(B).

2. 设 $y=y(x)$由 $x^3+3x^2y-2y^3=2$ 所确定,求 $y(x)$的极值.

【参考解答】 方程两边对 x 求导,得 $3x^2+6xy+3x^2y'-6y^2y'=0\Rightarrow y'=\dfrac{x(x+2y)}{2y^2-x^2}$,令 $y'(x)=0\Rightarrow x=0,x=-2y$. 将 $x=0,x=-2y$ 代入所给方程,得

$$x=0,y=-1;\ x=-2,y=1.$$

又 $y''=\dfrac{(2y^2-x^2)(2x+2xy'+2y)-(x^2+2xy)(4yy'-2x)}{(2y^2-x^2)^2}$,从而有

$$y''\Big|_{\substack{x=0\\y=-1\\y'=0}}=-1<0,\quad y''\Big|_{\substack{x=-2\\y=1\\y'=0}}=1>0.$$

所以,$y(0)=-1$ 为极大值,$y(-2)=1$ 为极小值.

3. 讨论曲线 $y=4\ln x+k$ 与 $y=4x+\ln^4x$ 的交点个数.

【参考解答】 问题等价于讨论函数 $\varphi(x)=(\ln^4x+4x)-(4\ln x+k)$在区间$(0,+\infty)$

内的零点个数.

令 $\varphi'(x)=\dfrac{4\ln^3 x}{x}-\dfrac{4}{x}+4=\dfrac{4}{x}(\ln^3 x-1+x)=0$,得 $x=1$. 当 $0<x<1$ 时,$\ln^3 x<0$,则 $\ln^3 x-1+x<0$,而$\dfrac{4}{x}>0$,由此可得 $\varphi'(x)<0$,即 $\varphi(x)$单调递减;当 $x>1$ 时,$\ln^3 x>0$,则 $\ln^3 x-1+x>0$,而$\dfrac{4}{x}>0$,有 $\varphi'(x)>0$,即 $\varphi(x)$单调递增,故 $\varphi(1)=4-k$ 为函数 $\varphi(x)$的唯一极小值即最小值.

① 当 $\varphi(1)=4-k>0$,即当 $k<4$ 时,$\varphi(x)\geqslant\varphi(1)>0$,$\varphi(x)$无零点,两曲线没有交点;

② 当 $\varphi(1)=4-k=0$,即当 $k=4$ 时,$\varphi(x)\geqslant\varphi(1)=0$,$\varphi(x)$有且仅有一个零点,即两曲线仅有一个交点;

③ 当 $\varphi(1)=4-k<0$,即当 $k>4$ 时,由于

$$\lim_{x\to0^+}\varphi(x)=\lim_{x\to0^+}[(\ln^3 x-4)\ln x+4x-k]=+\infty,$$

$$\lim_{x\to+\infty}\varphi(x)=\lim_{x\to+\infty}[(\ln^3 x-4)\ln x+4x-k]=+\infty,$$

由连续函数的介值定理,在区间$(0,1)$与$(1,+\infty)$内各至少有一个零点,又因在区间$(0,1)$与$(1,+\infty)$内分别是严格单调的,故 $\varphi(x)$分别至多有一个零点. 于是 $\varphi(x)$有两个零点.

综上所述,当 $k<4$ 时,两曲线没有交点;当 $k=4$ 时,两曲线仅有一个交点;当 $k>4$ 时,两曲线有两个交点.

4. 设 $0<a<b$,证明不等式:$\dfrac{2a}{a^2+b^2}<\dfrac{\ln b-\ln a}{b-a}<\dfrac{1}{\sqrt{ab}}$.

【参考证明】 (1) 证明:$\dfrac{2a}{a^2+b^2}<\dfrac{\ln b-\ln a}{b-a}$.

【法 1】 设函数 $f(x)=\ln x(x>a>0)$,由拉格朗日中值定理可知

$$\frac{\ln b-\ln a}{b-a}=(\ln x)'\Big|_{x=\xi}=\frac{1}{\xi},\quad 0<a<\xi<b,$$

而$\dfrac{1}{\xi}>\dfrac{1}{b}>\dfrac{2a}{a^2+b^2}$,其中 $a^2+b^2>2ab(0<a<b)$,所以不等式$\dfrac{2a}{a^2+b^2}<\dfrac{\ln b-\ln a}{b-a}$成立.

【法 2】 令 $\varphi(x)=\ln x-\ln a-\dfrac{2a(x-a)}{a^2+x^2}$,$\varphi(x)$在$[a,+\infty)(a>0)$上连续,$\varphi(a)=0$,且 $x\in(a,+\infty)$时,

$$\varphi'(x)=\frac{1}{x}-\frac{2a}{a^2+x^2}+\frac{4ax(x-a)}{(a^2+x^2)^2}=\frac{(x-a)^2}{x(a^2+x^2)}+\frac{4ax(x-a)}{(a^2+x^2)^2}>0,$$

所以当 $x\in(a,+\infty)$时 $\varphi(x)$单调递增,所以 $b>a$ 时,

$$\varphi(b)-\varphi(a)=\ln b-\ln a-\frac{2a(b-a)}{a^2+b^2}>0,$$

即不等式$\dfrac{2a}{a^2+b^2}<\dfrac{\ln b-\ln a}{b-a}$成立.

(2) 证明:$\dfrac{\ln b-\ln a}{b-a}<\dfrac{1}{\sqrt{ab}}$.

【法 1】 令 $g(x)=\ln x-\ln a-\frac{1}{\sqrt{ax}}(x-a)$，则 $g(x)$在$[a,+\infty)(a>0)$上连续，$g(a)=0$，且 $x\in(a,+\infty)$时，

$$g'(x)=\frac{1}{x}-\frac{1}{\sqrt{a}}\left(\frac{1}{2\sqrt{x}}+\frac{a}{2x\sqrt{x}}\right)=-\frac{(\sqrt{x}-\sqrt{a})^2}{2x\sqrt{ax}}<0,$$

所以当 $x\in(a,+\infty)$时 $g(x)$单调递增，所以当 $b>a$ 时，

$$g(b)-g(a)=\ln b-\ln a-\frac{1}{\sqrt{ab}}(b-a)<0 \quad 即\frac{\ln b-\ln a}{b-a}<\frac{1}{\sqrt{ab}}.$$

【法 2】 令 $\psi(x)=2\ln x-x+\frac{1}{x}$，则 $\psi(x)$在$[1,+\infty)$上连续，$\psi(1)=0$，且 $x\in(1,+\infty)$时，

$$\psi'(x)=\frac{2}{x}-1-\frac{1}{x^2},\quad \psi'(1)=0,\quad \psi''(x)=-\frac{2}{x^2}+\frac{2}{x^3}=\frac{2}{x^3}(1-x)<0,$$

所以当 $x\in(1,+\infty)$时，$\psi'(x)$单调递减，于是 $\psi'(x)<\psi'(1)=0$，于是 $\psi(x)$单调递减，于是 $\psi(x)<\psi(1)=0$. 当 $b>a$ 时，取 $x=\sqrt{\frac{b}{a}}\in(1,+\infty)$，于是有

$$\psi\left(\sqrt{\frac{b}{a}}\right)=\ln\frac{b}{a}-\sqrt{\frac{b}{a}}+\sqrt{\frac{a}{b}}=(\ln b-\ln a)-\frac{1}{\sqrt{ab}}(b-a)<0,$$

即不等式$\frac{\ln b-\ln a}{b-a}<\frac{1}{\sqrt{ab}}$ 成立. 综上可知原双侧不等式成立.

5. 设整数 $n>1$，证明不等式$\frac{1}{2ne}<\frac{1}{e}-\left(1-\frac{1}{n}\right)^n<\frac{1}{ne}$.

【参考解答】 (1) 证明左侧不等式.

$$\frac{1}{2ne}<\frac{1}{e}-\left(1-\frac{1}{n}\right)^n \Leftrightarrow \frac{1}{n}\ln\left(1-\frac{1}{2n}\right)-\ln\left(1-\frac{1}{n}\right)-\frac{1}{n}>0.$$

令$\frac{1}{n}=x$，构造辅助函数 $f(x)=x\ln\left(1-\frac{x}{2}\right)-\ln(1-x)-x$，函数在$[0,1)$上连续，$f(0)=0$. 则当 $x\in(0,1)$时，

$$f'(x)=\ln\left(1-\frac{x}{2}\right)-\frac{x}{2-x}+\frac{1}{1-x}-1,\quad f'(0)=0,$$

$$f''(x)=-\frac{1}{2-x}-\frac{2}{(2-x)^2}+\frac{1}{(1-x)^2}=\frac{x(x^2+5x+5)}{(2-x)^2(1-x)^2}>0,$$

所以 $f'(x)$在$(0,1)$上单调增加，由于 $f(x)$，$f'(x)$在$[0,1)$上连续，由此可知

$$f'(x)>f'(0)=0,\quad x\in(0,1).$$

所以 $f(x)$在$(0,1)$上严格单调增加，即 $f(x)>f(0)=0$，$x\in(0,1)$，即

$$f\left(\frac{1}{n}\right)=\frac{1}{n}\ln\left(1-\frac{1}{2n}\right)-\ln\left(1-\frac{1}{n}\right)-\frac{1}{n}>0.$$

(2) 证明右侧不等式.

$$\frac{1}{e}-\left(1-\frac{1}{n}\right)^{n}<\frac{1}{ne}\Leftrightarrow\left(1-\frac{1}{n}\right)\ln\left(1-\frac{1}{n}\right)+\frac{1}{n}>0.$$

令$\frac{1}{n}=x$，构造辅助函数 $g(x)=(1-x)\ln(1-x)+x$，函数在$[0,1)$上连续，$g(0)=0$. 则当 $x\in(0,1)$时，$g'(x)=-\ln(1-x)>0$. 由于 $g(x)$在$[0,1)$上连续，由此可知 $g(x)$在$(0,1)$上严格单调递增，于是 $g(x)>g(0)=0$，$x\in(0,1)$，因此 $g\left(\frac{1}{n}\right)=\left(1-\frac{1}{n}\right)\ln\left(1-\frac{1}{n}\right)+\frac{1}{n}>0$.

综上可知原不等式成立.

6. 求使得 $e<\left(1+\frac{1}{n}\right)^{n+\beta}$ 对一切正整数 n 都成立的最小的 β 的值.

【参考解答】 由于 $e<\left(1+\frac{1}{n}\right)^{n+\beta}\Leftrightarrow\frac{1}{\ln\left(1+\frac{1}{n}\right)}-n<\beta$，记 $x_n=\frac{1}{\ln\left(1+\frac{1}{n}\right)}-n$，问题即求数列$\{x_n\}$的最小上界. 于是令 $x=\frac{1}{n}$，考察函数 $f(x)=\frac{1}{\ln(1+x)}-\frac{1}{x}(x\in(0,1))$，

$f'(x)=\frac{(1+x)[\ln(1+x)]^2-x^2}{x^2(1+x)[\ln(1+x)]^2}$，再令 $g(x)=(1+x)[\ln(1+x)]^2-x^2$，$g(0)=0$，且

$$g'(x)=2\ln(1+x)+[\ln(1+x)]^2-2x,\quad g'(0)=0,$$

$$g''(x)=\frac{2}{1+x}+\frac{2\ln(1+x)}{1+x}-2=\frac{2}{1+x}[\ln(1+x)-x],$$

由不等式 $\ln(1+x)<x$ 可知 $g''(x)<0(x\in(0,1])$，得 $g'(x)$单调递减，$g'(x)<g'(0)=0$，得 $g(x)$单调递减，$g(x)<g(0)=0$. 于是 $f'(x)<0$，所以当 $x\in(0,1]$时 $f(x)$严格单调递减. 又 $n\to\infty$时，$x\to0^+$，所以数列$\{x_n\}$严格单调递增，且

$$\lim_{n\to\infty}x_n=\lim_{x\to0^+}\frac{x-\ln(1+x)}{x\ln(1+x)}=\lim_{x\to0^+}\frac{1-\frac{1}{1+x}}{2x}=\lim_{x\to0^+}\frac{1}{2(1+x)}=\frac{1}{2}.$$

即任给 $\varepsilon>0$，存在 $N\in\mathbb{Z}^+$，当 $n>N$ 时，有 $\left|x_n-\frac{1}{2}\right|<\varepsilon$ 成立，即$\frac{1}{2}-\varepsilon<x_n<\frac{1}{2}+\varepsilon$，于是由 ε 的任意性及 x_n 单调递增，可知$\frac{1}{2}$为 x_n 的最小上界，于是 $\beta=\frac{1}{2}$.

练习 21　函数曲线的凹凸性与拐点

训练目的

1. 理解函数的凹凸性，函数曲线的凹凸性的定义.
2. 掌握利用导数判定函数图形的凹凸性的方法，会求函数图形的拐点.
3. 会利用凹凸性的定义证明简单的不等式.

基础练习

1. 已知 $y=f(x)$ 在 $\mathbb{R}$ 上连续，下面给出了其导函数 $f'(x)$ 的图形. 试根据 $f'(x)$ 的图形信息指出函数 $f(x)$ 的单调区间、极值点及 $y=f(x)$ 图形的凹凸区间与曲线拐点的横坐标.

(1) 如图(1)所示，函数 $f(x)$ 在区间________单调递增，在区间____________单调递减，在点 $x=$________处取极小值点，点 $x=$________处取极大值；$y=f(x)$ 的图形在区间____________为凸弧，在区间____________为凹弧，曲线拐点的横坐标为 $x=$____________.

(2) 如图(2)所示，函数 $f(x)$ 在区间________单调递增，在区间________单调递减，在点 $x=$________处取极小值，点 $x=$____________处取极大值；$y=f(x)$ 的图形在区间____________为凸弧，区间____________为凹弧，曲线拐点的横坐标为 $x=$________.

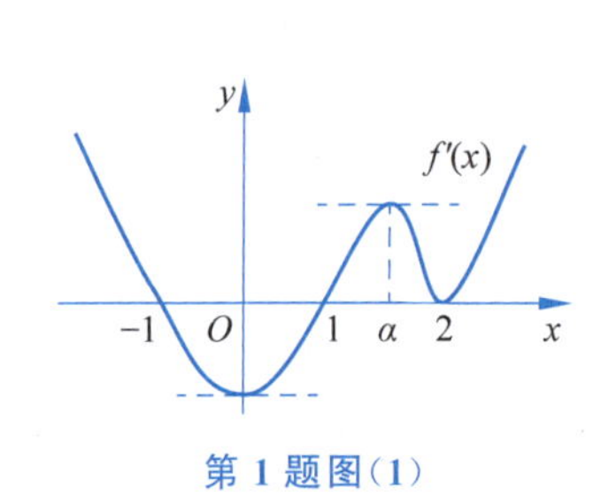

第 1 题图(1)

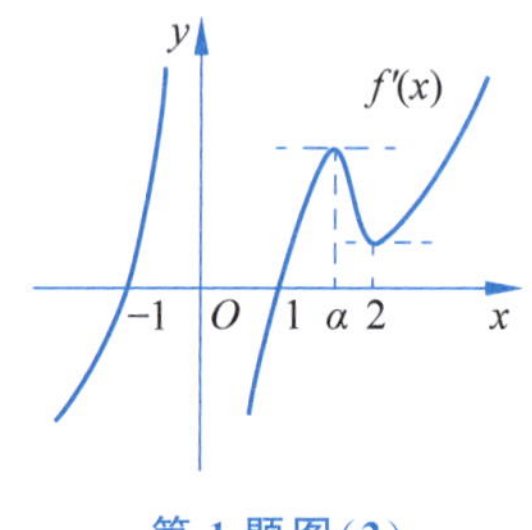

第 1 题图(2)

【答案】 (1) $(-\infty,-1]$，$[1,+\infty)$，$[-1,1]$，1，-1；$(-\infty,0)$，$(\alpha,2)$，$(0,\alpha)$，$(2,+\infty)$，0，α，2. (2) $(-1,0]$，$[1,+\infty)$，$(-\infty,-1]$，$[0,1)$，-1，1，0，$(\alpha,2)$，$(-\infty,0)$，$(0,\alpha)$，$(2,+\infty)$，α，2.

【参考解答】 $f'(x)\geqslant 0$ 对应单调递增区间，$f'(x)\leqslant 0$ 对应单调递减区间，$f'(x)$ 由正变负对应极大值点，$f'(x)$ 由负变正对应极小值点. $f'(x)$ 单调递增，对应 $f''(x)\geqslant 0$，对应函数曲线为凹弧，$f'(x)$ 单调递减，对应 $f''(x)\leqslant 0$，对应函数曲线为凸弧，$f'(x)$ 单调性发生改变的点对应函数曲线上的拐点. 注意，第(2)问中 $f(x)$ 在 $x=0$ 处连续，但是不可导，取极大值，为尖点，两侧为两段凹弧.

2. 已知 $y=f(x)$ 在 $\mathbb{R}$ 上连续，其二阶导数 $y=f''(x)$ 的图形如图所示，则函数曲线 $y=f(x)$ 在区间____________为凸弧，区间____________为凹弧，曲线拐点的横坐标为 $x=$________.

【答案】 $(-\infty,1)$，$(6,+\infty)$，$(1,6)$，1 或 6.

【参考解答】 由 $y=f''(x)$ 图形可知，在区间 $(-\infty,1)$，$(6,+\infty)$ 上 $f''(x)<0$，函数曲线为凸弧，在区间 $(1,6)$ 上 $f''(x)\geqslant 0$，函数曲线为凹弧，函数曲线的凹凸性在 $x=1,6$ 两侧发生改变，故曲线 $y=f(x)$ 的拐点的横坐标为 $x=1,6$（在 $x=3$ 两侧凹凸性没发生改变，不对应拐点）.

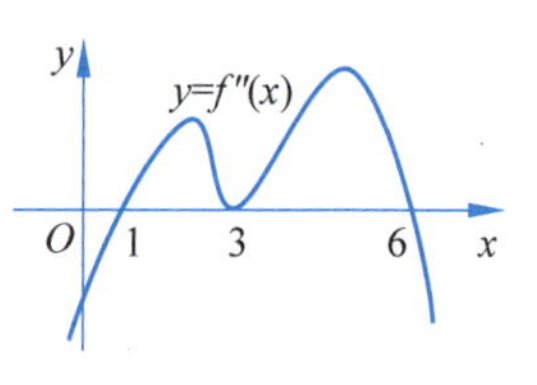

第 2 题图

3. 若点(1,3)为曲线 $y=ax^3+bx^2$ 的拐点，则 $a=$________，$b=$________.

【参考解答】 $y'=3ax^2+2bx$，$y''=6ax+2b$，由题意 $y''(1)=0$. 从而有 $\begin{cases}6a+2b=0\\a+b=3\end{cases}$ 解得 $a=-\dfrac{3}{2}$，$b=\dfrac{9}{2}$.

4. 求下列函数图形的凹凸区间与拐点.

(1) $y=x+36x^2-2x^3-x^4$；　(2) $y=\mathrm{e}^{-x^2}$；

(3) $y=\sqrt{1+x^2}$；　(4) $y=\ln(x^2+1)$.

【参考解答】 (1) $y'=1+72x-6x^2-4x^3$，$y''=72-12x-12x^2$，令 $y''=0$ 得 $x=-3,2$，于是在 $[-3,2]$ 上 $y''\geqslant 0$，$[-3,2]$ 为函数图形的凹区间，在 $(-\infty,-3]$，$[2,+\infty)$ 上 $y''\leqslant 0$，$(-\infty,-3]$，$[2,+\infty)$ 为函数图形的凸区间；拐点为 $(-3,294)$，$(2,114)$.

(2) $y'=-2x\mathrm{e}^{-x^2}$，$y''=-2\mathrm{e}^{-x^2}+4x^2\mathrm{e}^{-x^2}$，令 $y''=0$ 得 $x=\pm\dfrac{\sqrt{2}}{2}$，于是在 $\left[-\dfrac{\sqrt{2}}{2},\dfrac{\sqrt{2}}{2}\right]$ 上 $y''\leqslant 0$，$\left[-\dfrac{\sqrt{2}}{2},\dfrac{\sqrt{2}}{2}\right]$ 为函数图形的凸区间，在 $\left(-\infty,-\dfrac{\sqrt{2}}{2}\right]$，$\left[\dfrac{\sqrt{2}}{2},+\infty\right)$ 上 $y''\geqslant 0$，$\left(-\infty,-\dfrac{\sqrt{2}}{2}\right]$，$\left[\dfrac{\sqrt{2}}{2},+\infty\right)$ 为函数图形的凹区间；拐点为 $\left(\pm\dfrac{\sqrt{2}}{2},\mathrm{e}^{-1/2}\right)$.

(3) $y'=\dfrac{x}{\sqrt{1+x^2}}$，$y''=\dfrac{1}{(1+x^2)\sqrt{1+x^2}}>0(\forall x\in\mathbb{R})$，所以函数图形在 $(-\infty,+\infty)$ 上是凹的，没有拐点.

(4) $y'=\dfrac{2x}{1+x^2}$，$y''=\dfrac{2(1-x^2)}{(1+x^2)^2}$，令 $y''=0$ 得 $x=\pm 1$，于是在 $[-1,1]$ 上 $y''\geqslant 0$，$[-1,1]$ 为函数图形的凹区间，在 $(-\infty,-1]$，$[1,+\infty)$ 上 $y''\leqslant 0$，$(-\infty,-1]$，$[1,+\infty)$ 为函数图形的凸区间；拐点为 $(\pm 1,\ln 2)$.

5. 证明不等式 $1+x\ln(x+\sqrt{1+x^2})\geqslant\sqrt{1+x^2}$，$x\in(-\infty,+\infty)$.

【参考证明】 令 $f(x)=1+x\ln(x+\sqrt{1+x^2})-\sqrt{1+x^2}$，$f(x)$ 在 $(-\infty,+\infty)$ 上连续，且 $f(0)=0$，$f'(x)=\ln(x+\sqrt{1+x^2})$，$f'(0)=0$，$f''(x)=\dfrac{1}{\sqrt{1+x^2}}>0$，于是可知函数曲线在 $(-\infty,+\infty)$ 为凹弧，函数为 $(-\infty,+\infty)$ 上单谷函数，在极小值点 $x=0$ 处取得最小值 $f(0)=0$，故有 $x\in(-\infty,+\infty)$ 时，$f(x)\geqslant 0$，即有不等式 $1+x\ln(x+\sqrt{1+x^2})\geqslant\sqrt{1+x^2}$，$x\in(-\infty,+\infty)$ 成立.

综合练习

6. 试确定 $y=k(x^2-3)^2$ 中 k 的值，使曲线的拐点处的法线通过原点.

【参考解答】 求函数的一阶、二阶、三阶导数，得 $y'=4kx(x^2-3)$，

$$y''=4k(x^2-3)+8kx^2=12k(x-1)(x+1),\quad y'''=24kx,$$

令 $y''=0$,得 $x_1=-1,x_2=1$. 由题意可知 $k\neq 0$,故 $y'''(\pm 1)\neq 0$,所以 $(-1,4k),(1,4k)$ 都为曲线的拐点.

由 $y'(-1)=8k$ 可知,过点 $(-1,4k)$ 的法线方程为 $y-4k=-\dfrac{1}{8k}(x+1)$,要使该法线过原点,则 $(0,0)$ 应满足该方程,将 $(0,0)$ 代入该法线方程得 $k=\pm\dfrac{\sqrt{2}}{8}$.

由 $y'(1)=-8k$ 可知,过点 $(1,4k)$ 的法线方程为 $y-4k=\dfrac{1}{8k}(x-1)$,要使该法线过原点,则 $(0,0)$ 应满足该方程,将 $(0,0)$ 代入该法线方程得 $k=\pm\dfrac{\sqrt{2}}{8}$.

综上,当 $k=\pm\dfrac{\sqrt{2}}{8}$ 时,该曲线的拐点处的法线通过原点.

7. 证明:对于任意实数 a,b,有 $e^{\frac{a+b}{2}}\leqslant\dfrac{1}{2}(e^a+e^b)$.

【参考证明】 令 $f(x)=e^x$,则 $f''(x)=e^x>0,x\in(-\infty,+\infty)$,即函数曲线为严格凹弧,由凹弧的定义有 $f\left(\dfrac{a+b}{2}\right)\leqslant\dfrac{f(a)+f(b)}{2}$,即有不等式 $e^{\frac{a+b}{2}}\leqslant\dfrac{1}{2}(e^a+e^b)$ 成立.

8. 已知 $f(x)$ 二阶可导,且 $f(x)>0,f''(x)f(x)-[f'(x)]^2\geqslant 0,x\in\mathbb{R}$.

(1) 证明:$f(x_1)f(x_2)\geqslant f^2\left(\dfrac{x_1+x_2}{2}\right),\forall x_1,x_2\in\mathbb{R}$.

(2) 若 $f(0)=1$,证明 $f(x)\geqslant e^{f'(0)x},x\in\mathbb{R}$.

【参考证明】 (1) 所证不等式两边取对数等价于

$$\frac{\ln f(x_1)+\ln f(x_2)}{2}\geqslant\ln f\left(\frac{x_1+x_2}{2}\right),\quad\forall x_1,x_2\in\mathbb{R},$$

于是证明 $F(x)=\ln f(x)$ 是 $(-\infty,+\infty)$ 上凸函数(函数曲线在 $(-\infty,+\infty)$ 为凹弧)即可.

$$F'(x)=[\ln f(x)]'=\frac{f'(x)}{f(x)},\quad F''(x)=\left(\frac{f'(x)}{f(x)}\right)'=\frac{f(x)f''(x)-[f'(x)]^2}{f^2(x)}\geqslant 0,$$

所以 $F(x)=\ln f(x)$ 是 $(-\infty,+\infty)$ 上凸函数(函数曲线为凹弧),即结论成立.

(2) 由函数 $F(x)$ 的一阶带拉格朗日余项的泰勒公式,有

$$\begin{aligned}F(x)&=F(0)+F'(0)x+\frac{F''(\xi)}{2}x^2\\&=\ln f(0)+\frac{f'(0)}{f(0)}x+\frac{f(\xi)f''(\xi)-[f'(\xi)]^2}{2f^2(\xi)}x^2\geqslant f'(0)x,\end{aligned}$$

故得 $f(x)\geqslant e^{f'(0)x},x\in\mathbb{R}$.

考研与竞赛练习

1. 选择题.

(1) 设函数 $f(x)$ 满足关系式 $f''(x)+[f'(x)]^2=x$,且 $f'(0)=0$,则(　　).

(A) $f(0)$是$f(x)$的极大值

(B) $f(0)$是$f(x)$的极小值

(C) 点$(0,f(0))$是曲线$y=f(x)$的拐点

(D) $f(0)$不是$f(x)$的极值,点$(0,f(0))$不是曲线$y=f(x)$的拐点

(2) 曲线$y=(x-1)^2(x-3)^2$的拐点个数为(　　).

(A) 0　　(B) 1　　(C) 2　　(D) 3

(3) 设$f'(x_0)=f''(x_0)=0,f'''(x_0)>0$则下列选项正确的是(　　).

(A) $f'(x_0)$是$f'(x)$的极大值

(B) $f(x_0)$是$f(x)$的极大值

(C) $f(x_0)$是$f(x)$的极小值

(D) $(x_0,f(x_0))$是曲线$y=f(x)$的拐点

【参考解答】 (1) 改写原等式$f''(x)=x-[f'(x)]^2$.因为$f'(0)=0$,则由已知等式可知$f''(0)=0$.并且$f'''(x)=1-2f'(x)f''(x)$,代入$x=0$,得$f'''(0)=1>0$,所以点$(0,f(0))$是曲线$y=f(x)$的拐点,即导函数的极值点.故正确选项为(C).

【注】 也可以由极限的保号性说明结论为(C).由导数定义,有

$$f'''(0)=\lim_{x\to 0}\frac{f''(x)-f''(0)}{x-0}=\lim_{x\to 0}\frac{f''(x)}{x}=1>0,$$

所以在$x=0$的一个去心邻域内$f''(x)$变号,故为拐点.

(2) 由可微函数的拐点判定方法,有$y'=4(x-1)(x-2)(x-3)$,

$$y''=4(3x^2-12x+11),\quad y'''=24(x-2).$$

令$y''=0$,即$3x^2-12x+11=0$,得$x_{1,2}=\frac{6\pm\sqrt{3}}{3}$.从而可知$y'''(x_{1,2})\neq 0$,故两个点都是曲线的拐点,故正确选项为(C).

(3) 取$f(x)=x^3,x_0=0$,则可知(A)(B)(C)都不正确,所以(D)为正确选项.

或由已知条件有$f'''(x_0)=\lim\limits_{x\to x_0}\frac{f''(x)-f''(x_0)}{x-x_0}=\lim\limits_{x\to x_0}\frac{f''(x_0)}{x-x_0}>0$,于是由极限的保号性,在$x_0$的一个邻域内,$f''(x)$在$x_0$左右两侧异号,即$(x_0,f(x_0))$是曲线$y=f(x)$的拐点,故正确选项为(D).

2. 设函数$y=y(x)$由方程$y\ln y-x+y=0$确定,试判断曲线$y=y(x)$在点(1,1)附近的凹凸性.

【参考解答】 方程两边对x求导得$y'\ln y+2y'-1=0$,解得$y'=\frac{1}{\ln y+2}$.再对x求导可得$y''=\frac{-1}{(\ln y+2)^2}\cdot\frac{y'}{y}=-\frac{1}{y(\ln y+2)^3}$.代入$x=1,y=1$可得$y''=-\frac{1}{8}$.因为二阶导函数$y''$在点$x=1$附近是连续函数,且$y''(1)=-\frac{1}{8}<0$,故由连续函数性质可知在$x=1$的附近有$y''<0$,从而曲线$y=y(x)$在点(1,1)附近是凸的.

3. 设函数 $y=y(x)$ 由参数方程 $\begin{cases}x=\dfrac{1}{3}t^3+t+\dfrac{1}{3}\\ y=\dfrac{1}{3}t^3-t+\dfrac{1}{3}\end{cases}$ 所确定，求 $y=y(x)$ 的极值和曲线 $y=y(x)$ 的凹凸区间及拐点.

【参考解答】 因为 $y'(x)=\dfrac{y'(t)}{x'(t)}=\dfrac{t^2-1}{t^2+1}$,

$$y''(x)=\frac{\mathrm{d}y'(t)}{\mathrm{d}t}\cdot\frac{1}{\frac{\mathrm{d}x}{\mathrm{d}t}}=\frac{2t(t^2+1)-(t^2-1)\cdot 2t}{(t^2+1)^2}\cdot\frac{1}{t^2+1}=\frac{4t}{(t^2+1)^3},$$

令 $y'(x)=0$ 得 $t=\pm1$，当 $t=1$ 时，$x=\dfrac{5}{3}$，$y=-\dfrac{1}{3}$，此时，$y''>0$，所以 $y=-\dfrac{1}{3}$ 为极小值.

当 $t=-1$ 时，$x=-1$，$y=1$，此时 $y''<0$，所以 $y=1$ 为极大值.

令 $y''(x)=0$ 得 $t=0$，$x=y=\dfrac{1}{3}$，当 $t<0$ 时，$x<\dfrac{1}{3}$，此时 $y''<0$；当 $t>0$ 时，$x>\dfrac{1}{3}$，此时 $y''>0$. 所以曲线的凸区间为 $\left(-\infty,\dfrac{1}{3}\right)$，凹区间为 $\left(\dfrac{1}{3},+\infty\right)$，拐点为 $\left(\dfrac{1}{3},\dfrac{1}{3}\right)$.

【注】 也可以直接根据以上 y'，y'' 的取值列表：

t	$(-\infty,-1)$	-1	$(-1,0)$	0	$(0,1)$	1	$(1,+\infty)$
x	$(-\infty,-1)$	-1	$\left(-1,\frac{1}{3}\right)$	$\frac{1}{3}$	$\left(\frac{1}{3},\frac{5}{3}\right)$	$\frac{5}{3}$	$\left(\frac{5}{3},+\infty\right)$
y'	$+$	0	$-$	$-$	$-$	0	$+$
y''	$-$	$-$	$-$	0	$+$	$+$	$+$

由表可以直接得到以上结论：$y\left(\dfrac{5}{3}\right)=-\dfrac{1}{3}$ 为极小值，$y(-1)=1$ 为极大值；函数曲线凸区间为 $\left(-\infty,\dfrac{1}{3}\right)$，凹区间为 $\left(\dfrac{1}{3},+\infty\right)$，拐点为 $\left(\dfrac{1}{3},\dfrac{1}{3}\right)$.

4. 设函数 $f(x)$ 在 $(-\infty,+\infty)$ 上具有二阶导数，并且 $f''(x)>0$，$\lim\limits_{x\to+\infty}f'(x)=\alpha>0$，$\lim\limits_{x\to-\infty}f'(x)=\beta<0$，且存在一点 x_0，使得 $f(x_0)<0$. 证明：方程 $f(x)=0$ 在 $(-\infty,+\infty)$ 恰有两个实根.

【参考证明】 由于 $\lim\limits_{x\to+\infty}f'(x)=\alpha>0$，于是存在 $X_1>0$，当 $x>X_1$ 时有 $f'(x)>0$，取 $a=\max\{X_1,x_0\}$，则有 $f'(a)>0$. 又由 $f''(x)>0$ 可知 $y=f(x)$ 对应的图形为凹弧，于是当 $x\to+\infty$ 时，$f(x)>f(a)+f'(a)(x-a)\to+\infty$，故存在 $b>a$，使得 $f(b)>f(a)+f'(a)(b-a)>0$.

由于 $\lim\limits_{x\to-\infty}f'(x)=\beta<0$，于是存在 $X_2>0$，当 $x<-X_2$ 时有 $f'(x)<0$，取 $c=\min\{-X_2,x_0\}$，则有 $f'(c)<0$. 又由 $f''(x)>0$ 可知 $y=f(x)$ 对应的图形为凹弧，于是当 $x\to-\infty$ 时，$f(x)>f(c)+f'(c)(x-c)\to+\infty$，故存在 $d<c$，使得 $f(d)>f(c)+f'(c)(d-c)>0$.

在 $[x_0,b]$ 和 $[d,x_0]$ 由零点定理，知存在 $x_1\in(x_0,b)$，$x_2\in(d,x_0)$ 使得 $f(x_1)=$

$f(x_2)=0$,故方程 $f(x)=0$ 在$(-\infty,+\infty)$至少有两个实根.

下面证明方程 $y=f(x)$只有两个实根.

用反证法.假设 $f(x)=0$ 在$(-\infty,+\infty)$内有三个实根,不妨设为 x_1,x_2,x_3 且 $x_1<x_2<x_3$.对 $f(x)$在区间$[x_1,x_2]$,$[x_2,x_3]$上分别用罗尔中值定理,则各至少存在一点 $\xi_1\in(x_1,x_2)$,$\xi_2\in(x_2,x_3)$,使得 $f'(\xi_1)=f'(\xi_2)=0$.再由 $f'(x)$在$[\xi_1,\xi_2]$上应用罗尔中值定理,则至少存在一点 $\eta\in(\xi_1,\xi_2)$,使得 $f''(\eta)=0$,与已知条件 $f''(x)>0$ 矛盾,所以方程不能多于两个实根.

5. 已知函数 $f(x)$在区间$[a,+\infty)$上具有二阶导数,$f(a)=0$,$f'(x)>0$,$f''(x)>0$.设 $b>a$,曲线 $y=f(x)$在点$(b,f(b))$处的切线与 x 轴的交点是$(x_0,0)$,证明:$a<x_0<b$.

【参考证明】 曲线 $y=f(x)$在点$(b,f(b))$处的切线方程为 $y=f(b)+f'(b)(x-b)$,令 $y=0$ 得 $x_0=b-\dfrac{f(b)}{f'(b)}$.因为 $f'(x)>0(x\in[a,+\infty))$,所以 $f(x)$在$[a,+\infty)$单调递增,由此可得 $f(b)>f(a)=0$;同样由 $f'(b)>0$,可得 $x_0=b-\dfrac{f(b)}{f'(b)}<b$.

由 $f''(x)>0(x\in[a,+\infty))$,可知 $y=f(x)$在$[a,+\infty)$内是凹曲线,所以对任意的 $x\in(a,b)$,均有 $f(x)>f(b)+f'(b)(x-b)$.

特别地,$f(x_0)>f(b)+f'(b)(x_0-b)=0$,于是由拉格朗日中值定理可得 $x_0-a=\dfrac{f(x_0)-f(a)}{f'(\eta)}=\dfrac{f(x_0)}{f'(\eta)}>0$,所以 $x_0>a$.综上可知 $a<x_0<b$.

6. 证明(**詹森(Jensen)不等式**):如果 $f(x)$是区间$[a,b]$上二阶可导的凸函数(函数曲线为凹曲线),则对任意的 $x_i\in[a,b]$,$\lambda_i>0(i=1,2,\cdots,n)$,$\sum\limits_{i=1}^{n}\lambda_i=1$,有

$$f\left(\sum_{i=1}^{n}\lambda_i x_i\right)\leqslant\sum_{i=1}^{n}\lambda_i f(x_i).$$

【参考证明】【法 1】 用数学归纳法证明.当 $n=2$ 时,由定义可知不等式成立.

设 $n=k$ 时命题成立,当 $n=k+1$ 时,任给 $x_1,x_2,\cdots,x_k,x_{k+1}\in[a,b]$,$\sum\limits_{i=1}^{k+1}\lambda_i=1$,$\lambda_i>0(i=1,2,\cdots,k+1)$,记 $X_k=\dfrac{\lambda_1x_1+\cdots+\lambda_kx_k}{1-\lambda_{k+1}}$,由$\dfrac{\lambda_1+\lambda_2\cdots+\lambda_k}{1-\lambda_{k+1}}=\dfrac{1-\lambda_{k+1}}{1-\lambda_{k+1}}=1$ 可知 $X_k\in[a,b]$,于是

$$\begin{aligned}
f(\lambda_1x_1+\cdots+\lambda_kx_k+\lambda_{k+1}x_{k+1})&=f\left[(1-\lambda_{k+1})\frac{\lambda_1x_1+\cdots+\lambda_kx_k}{1-\lambda_{k+1}}+\lambda_{k+1}x_{k+1}\right]\\
&=f[(1-\lambda_{1+k})X_k+\lambda_{k+1}x_{k+1}]\\
&\leqslant(1-\lambda_{k+1})f(X_k)+\lambda_{k+1}f(x_{k+1})\\
&=(1-\lambda_{k+1})f\left(\frac{\lambda_1x_1+\cdots+\lambda_kx_k}{1-\lambda_{k+1}}\right)+\lambda_{k+1}f(x_{k+1})\\
&\leqslant(1-\lambda_{k+1})\left(\frac{\lambda_1f(x_1)}{1-\lambda_{k+1}}+\cdots+\frac{\lambda_kf(x_k)}{1-\lambda_{k+1}}\right)+\lambda_{k+1}f(x_{k+1})\\
&=\lambda_1f(x_1)+\cdots+\lambda_kf(x_k)+\lambda_{k+1}f(x_{k+1}),
\end{aligned}$$

于是由数学归纳法得不等式成立.

【法 2】 由于 $f(x)$是区间$[a,b]$上二阶可导的凸函数,故 $f''(x)\geqslant 0,x\in(a,b)$.

记$\sum_{i=1}^{n}\lambda_i x_i=x_0$，则函数 $f(x)$在 x_0 处的二阶带拉格朗日余项的泰勒公式为

$$f(x)=f(x_0)+f'(x_0)(x-x_0)+\frac{f''(\xi)}{2}(x-x_0)^2\geqslant f(x_0)+f'(x_0)(x-x_0),$$

其中 ξ 位于 x,x_0 之间. 代入 x_i，有 $\lambda_i f(x_i)\geqslant\lambda_i f(x_0)+f'(x_0)(\lambda_i x_i-\lambda_i x_0)$对 $i=1,2,\cdots,n$ 相加得$\sum_{i=1}^{n}\lambda_i f(x_i)\geqslant f(x_0)\sum_{i=1}^{n}\lambda_i+f'(x_0)\left[\sum_{i=1}^{n}\lambda_i x_i-x_0\sum_{i=1}^{n}\lambda_i\right]$,由于$\sum_{i=1}^{n}\lambda_i=1$, $\sum_{i=1}^{n}\lambda_i x_i=x_0$,代入得 $\sum_{i=1}^{n}\lambda_i f(x_i)\geqslant f(x_0)=f\left(\sum_{i=1}^{n}\lambda_i x_i\right)$.

【注 1】 特别有

$$f\left(\frac{x_1+x_2+\cdots+x_n}{n}\right)\leqslant\frac{f(x_1)+f(x_2)+\cdots+f(x_n)}{n},\quad x_1,x_2,\cdots,x_n\in(a,b),$$

其中等号当且仅当 $x_1=x_2=x_3=\cdots=x_n$ 时成立.

【注 2】 如果 $f(x)$为凹函数,则不等式反向.

练习 22 分析法作图与曲率

训练目的

1. 会利用函数的一阶导数、二阶导数判断函数的性态,并绘制函数图形.
2. 理解曲率、曲率半径与曲率圆的概念.
3. 掌握曲率与曲率半径的计算公式.

基础练习

1. 描绘下列函数的图形.

(1) $y=x^2e^{-x}$；　　(2) $y=\dfrac{(x+1)^3}{(x-1)^2}$.

【参考解答】 (1) 函数定义域为$(-\infty,+\infty)$.

$y'=(2x-x^2)e^{-x}$,令 $y'=0$ 得 $x=0,x=2,y''=(x^2-4x+2)e^{-x}$,令 $y''=0$ 得 $x=2\pm\sqrt{2}$,列表如下：

x	$(-\infty,0)$	0	$(0,2-\sqrt{2})$	$2-\sqrt{2}$	$(2-\sqrt{2},2)$	2	$(2,2+\sqrt{2})$	$2+\sqrt{2}$	$(2+\sqrt{2},+\infty)$
y'	−	0	+	+	+	0	−	−	−
y''	+	+	+	0	−	−	−	0	+
$f(x)$	凹减	0	凹增	0.1910	凸增	0.5413	凸减	0.3835	凹减

因为 $\lim\limits_{x\to+\infty}x^2e^{-x}=\lim\limits_{x\to+\infty}\dfrac{x^2}{e^x}=0$,所以有水平渐近线 $y=0$,其图形如图(1)所示.

(2) 函数定义域为$(-\infty,1)\cup(1,+\infty)$. 用对数求导法,得

$$y'=\frac{(x+1)^2(x-5)}{(x-1)^3},\quad y''=\frac{24(x+1)}{(x-1)^4}.$$

令 $y'=0$ 得 $x=-1, x=5$，令 $y''=0$ 得 $x=-1$，因为 $\lim\limits_{x\to 1}f(x)=\infty$，所以有铅直渐近线 $x=1$，又因为 $\lim\limits_{x\to\infty}\frac{f(x)}{x}=1$，$\lim\limits_{x\to\infty}(f(x)-x)=5$，所以有斜渐近线 $y=x+5$，补充 $f(0)=1$，$f(-5)=-\frac{16}{9}$，列表如下，其图形如图(2)所示.

x	$(-\infty,-1)$	-1	$(-1,1)$	1	$(1,5)$	5	$(5,+\infty)$
y'	$+$	0	$+$	无定义	$-$	0	$+$
y''	$-$	0	$+$		$+$	$+$	$+$
$f(x)$	凸增	0	凹增		凹减	$\frac{27}{2}$	凹增

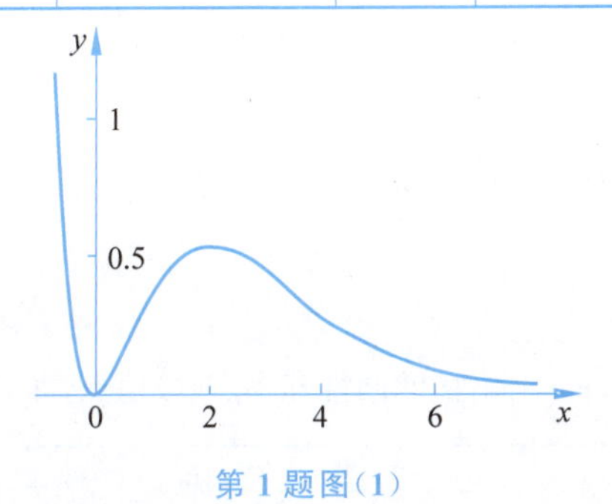

第 1 题图(1)

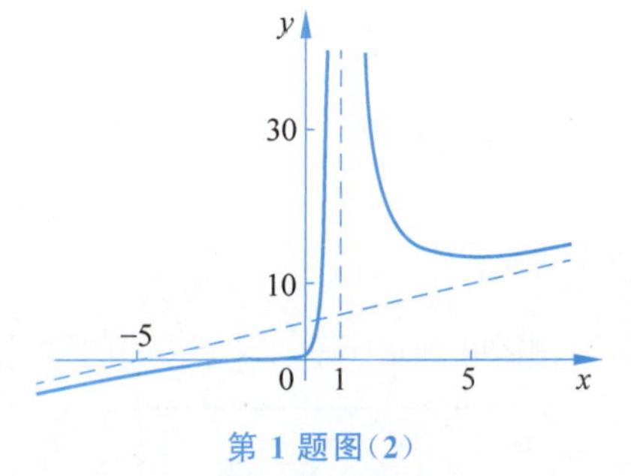

第 1 题图(2)

2. (1) 曲线 $y=\tan x$ 在点 $\left(\frac{\pi}{4},1\right)$ 处的曲率 $K=$________，曲率半径 $R=$________.

(2) 曲线 $x^2+xy+y^2=3$ 在点(1,1)处的曲率 $K=$________，曲率半径 $R=$________.

(3) 星形线 $\begin{cases}x=a\cos^3 t\\ y=a\sin^3 t\end{cases}(a>0)$ 在 $t=\frac{\pi}{4}$ 对应的点处的曲率 $K=$________，曲率半径 $R=$________.

【参考解答】 (1) $y'=\sec^2 x$，$y''=2\sec^2 x\tan x$. 在点 $\left(\frac{\pi}{4},1\right)$ 处的曲率

$$K=\left.\frac{|y''|}{(1+y'^2)^{3/2}}\right|_{x=\pi/4}=\frac{4}{5\sqrt{5}}=\frac{4\sqrt{5}}{25},\quad R=\frac{1}{K}=\frac{5\sqrt{5}}{4}.$$

(2) 方程 $x^2+xy+y^2=3$ 两边对 x 求导得 $2x+y+xy'+2yy'=0$，上式两边继续对 x 求导得 $2+2y'+xy''+2y'^2+2yy''=0$，将(1,1)代入以上两式得 $y'(1)=-1$，$y''(1)=-\frac{2}{3}$，于是在点(1,1)处的曲率

$$K=\left.\frac{|y''|}{(1+y'^2)^{3/2}}\right|_{x=1}=\frac{\sqrt{2}}{6},\quad R=\frac{1}{K}=3\sqrt{2}.$$

(3) $\left.\frac{\mathrm{d}y}{\mathrm{d}x}\right|_{t=\pi/4}=\left.\frac{3a\sin^2 t\cos t}{-3a\cos^2 t\sin t}\right|_{t=\pi/4}=-\tan t\,\big|_{t=\pi/4}=-1$，$\left.\frac{\mathrm{d}^2 y}{\mathrm{d}x^2}\right|_{t=\pi/4}=\left.\frac{-\sec^2 x}{-3a\cos^2 t\sin t}\right|_{t=\pi/4}=\frac{4\sqrt{2}}{3a}$. 在 $t=\frac{\pi}{4}$ 对应的点处的曲率

$$K=\frac{|y''|}{(1+y'^2)^{3/2}}\bigg|_{x=\pi/4}=\frac{\frac{4\sqrt{2}}{3a}}{2\sqrt{2}}=\frac{2}{3a},\quad R=\frac{1}{K}=\frac{3a}{2}.$$

综合练习

3. 用分析作图法描绘曲线 $y=\dfrac{\cos x}{\cos 2x}$ 的图形.

【参考解答】 (1) 所给函数定义域为 $D=\left\{x \mid x\neq\dfrac{n\pi}{2}+\dfrac{\pi}{4},n\in\mathbb{Z}\right\}$.

由于函数是以 2π 为周期的偶函数,其图形关于 y 轴对称,因此先考察$[0,\pi]$部分的图形.

(2) 求函数的一阶、二阶导数,得

$$y'=\frac{(3-2\sin^2 x)\sin x}{\cos^2(2x)},\quad y''=\frac{(3+12\sin^2 x-4\sin^4 x)\cos x}{\cos^3(2x)}.$$

(3) 令 $y'=0$,在$[0,\pi]$内,得 $x=0,x=\pi$;令 $y''=0$ 得 $x=\dfrac{\pi}{2}$;且函数在点 $x=\dfrac{\pi}{4}$ 及 $x=\dfrac{3\pi}{4}$处无定义.

(4) 分割区间判定 $f'(x)$及 $f''(x)$的符号和函数的单调性、凹凸性和拐点、极值点,如表所示.

x	0	$\left(0,\frac{\pi}{4}\right)$	$\frac{\pi}{4}$	$\left(\frac{\pi}{4},\frac{\pi}{2}\right)$	$\frac{\pi}{2}$	$\left(\frac{\pi}{2},\frac{3\pi}{4}\right)$	$\frac{3\pi}{4}$	$\left(\frac{3\pi}{4},\pi\right)$	π
y'	0	+	无定义	+	+	+	无定义	+	0
y''	+	+		−	0	+		−	−
$f(x)$	极小	凹增		凸增	拐点	凹增		凸增	极大

(5) 由于函数为周期函数,故没有水平渐近线与斜渐近线.由

$$\lim_{x\to\pi/4} f(x)=\infty,\quad \lim_{x\to 3\pi/4} f(x)=\infty,$$

可知图形在$[0,\pi]$有两条铅直渐近线:$x=\dfrac{\pi}{4}$及 $x=\dfrac{3}{4}\pi$.

(6) 由 $f(0)=1,f\left(\dfrac{\pi}{2}\right)=0$ 得图形上的点$(0,1),\left(\dfrac{\pi}{2},0\right)$.

(7) 利用图形对称性及函数的周期性,作图如下:

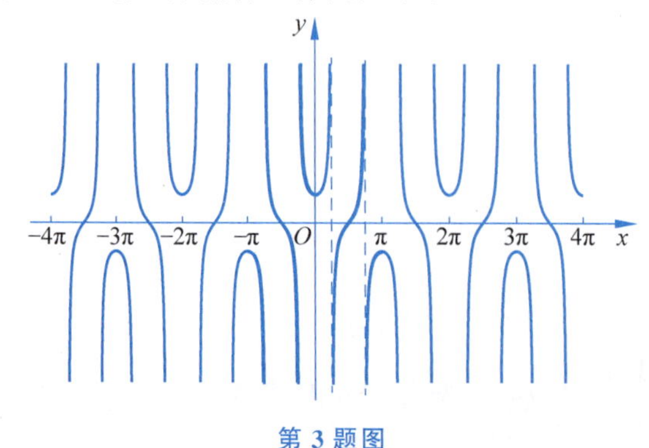

第 3 题图

4. 求曲线 $y=e^x$ 在点(0,1)处的曲率圆方程.

【参考解答】 $y'(0)=y''(0)=e^x\big|_{x=0}=1$. 在(0,1)处曲率半径 $R=\dfrac{(1+y'^2)^{3/2}}{|y''|}=2\sqrt{2}$. 曲线在(0,1)处的法线方程为 $y=1-x$，曲率圆圆心在法线上，设其坐标为 $M(a,1-a)$，则 M 到切点(0,1)的距离 $d^2=2a^2=R^2=8$，所以 $a=\pm 2$，又因为曲线为凹弧，所以 $a=-2$，对应曲率圆圆心 $M(-2,3)$，曲率圆的方程 $(x+2)^2+(y-3)^2=8$.

或直接用曲率圆圆心 $M(\xi,\eta)$ 公式，

$$\xi=x-\frac{y'(1+y'^2)}{y''}=-2,\quad \eta=y+\frac{1+y'}{y''}=3.$$

5. 求对数螺线 $\rho=e^\theta$ 在 $(\rho,\theta)=\left(e^{\pi/2},\dfrac{\pi}{2}\right)$ 处的曲率.

【参考解答】 将极坐标化为参数方程为 $\begin{cases}x=e^\theta\cos\theta\\ y=e^\theta\sin\theta\end{cases}$，于是

$$y'=\frac{dy}{dx}=\frac{e^\theta(\sin\theta+\cos\theta)d\theta}{e^\theta(\cos\theta-\sin\theta)d\theta}=\frac{\sin\theta+\cos\theta}{\cos\theta-\sin\theta},$$

$$y''=\frac{d^2y}{dx^2}=\frac{2}{(\cos\theta-\sin\theta)^2}\cdot\frac{1}{e^\theta(\cos\theta-\sin\theta)}=\frac{2}{e^\theta(\cos\theta-\sin\theta)^3},$$

将 $\theta=\dfrac{\pi}{2}$ 得 $y'\big|_{\theta=\pi/2}=-1$，$y''\big|_{\theta=\pi/2}=-2e^{-\pi/2}$，于是

$$K=\frac{|y''|}{(1+y'^2)^{3/2}}=\frac{\sqrt{2}}{2}e^{-\pi/2}.$$

6. 证明曲线 $y=\dfrac{a}{2}(e^{x/a}+e^{-x/a})(a>0)$ 上任意一点 $M(x,y)$ 处的曲率半径为 $\dfrac{y^2}{a}$.

【参考证明】 由已知得 $y'=\dfrac{a}{2}\left(\dfrac{1}{a}e^{x/a}-\dfrac{1}{a}e^{-x/a}\right)=\dfrac{1}{2}(e^{x/a}-e^{-x/a})$，

$$1+y'^2=1+\frac{1}{4}(e^{x/a}-e^{-x/a})^2=\frac{1}{4}(e^{x/a}+e^{-x/a})^2=\frac{y^2}{a^2},$$

$y''=\dfrac{1}{2}\left(\dfrac{1}{a}e^{x/a}+\dfrac{1}{a}e^{-x/a}\right)=\dfrac{1}{2a}(e^{x/a}+e^{-x/a})=\dfrac{y}{a^2}$，所以

$$R=\frac{1}{K}=\frac{(1+y'^2)^{3/2}}{|y''|}=\frac{y^3/a^3}{y/a^2}=\frac{y^2}{a}.$$

7. 对数曲线 $y=\ln x$ 上哪一点的曲率半径最小？求出该点处的曲率半径.

【参考解答】 曲线方程求导得 $y'=\dfrac{1}{x}$，$y''=-\dfrac{1}{x^2}$，于是

$$K=\frac{|y''|}{(1+y'^2)^{3/2}}=\frac{1}{x^2(1+x^{-2})^{3/2}},\quad R=\frac{1}{K}=(x^{4/3}+x^{-2/3})^{3/2}.$$

设 $\varphi(x)=x^{4/3}+x^{-2/3}$，则 $\varphi'(x)=\dfrac{4}{3}x^{1/3}-\dfrac{2}{3}x^{-5/3}=\dfrac{2}{3}x^{-5/3}(2x^2-1)$.

令 $\varphi'(x)=0$ 得唯一驻点 $x=\sqrt{\frac{1}{2}}$. 且 $0<x<\sqrt{\frac{1}{2}}$ 时 $\varphi'(x)<0$，$x>\sqrt{\frac{1}{2}}$ 时 $\varphi'(x)>0$，可知 $\varphi(x)$ 在 $(0,+\infty)$ 为单谷函数，在 $x=\sqrt{\frac{1}{2}}$ 得极小值即为最小值，此时 $R=\frac{3\sqrt{3}}{2}$. 所以，曲线 $y=\ln x$ 上点 $\left(\frac{\sqrt{2}}{2},-\frac{1}{2}\ln 2\right)$ 处曲率半径最小为 $R=\frac{3\sqrt{3}}{2}$.

8. 求圆滚线 C：$x=a(t-\sin t)$，$y=a(1-\cos t)$，$(0<t<2\pi,a>0)$ 上任意一点的曲率，并问当 t 为何值时，曲率最小？将所得结论与你的直觉认识相对照.

【参考解答】 圆滚线确定函数 y 对 x 求导有

$$y'=\frac{\mathrm{d}y}{\mathrm{d}x}=\frac{a\sin t\,\mathrm{d}t}{a(1-\cos t)\mathrm{d}t}=\frac{\sin t}{1-\cos t},\quad y''=\frac{\mathrm{d}^2y}{\mathrm{d}x^2}=-\frac{1}{a(1-\cos t)^2},$$

所以 $K=\frac{|y''|}{(1+y'^2)^{3/2}}=\frac{1}{2\sqrt{2}a\sqrt{1-\cos t}}$，又因为 $t\in(0,2\pi)$，所以当 $t=\pi$ 时，$K=\frac{1}{4a}$ 为最小.

9. 飞机俯冲拉起时，飞行员处于超重状态，此时座位对飞行员的支持力大于所受的重力，这种现象叫过载. 一飞机沿抛物线路径 $y=\frac{x^2}{1000}$（y 轴垂直向上，单位为 m）作俯冲飞行，在坐标原点 O 处飞机的速度为 $v_0=200\text{m/s}$，飞行员体重 $G=70\text{kg}$，求飞机俯冲至最低点即原点 O 处拉起时座椅对飞行员的支持力（取 $g=10\text{m/s}^2$）？

【参考解答】 由题意有 $y'(0)=\left.\frac{1}{500}x\right|_{x=0}=0$，$y''(0)=\frac{1}{500}$，所以在原点处

$$K=\frac{|y''|}{(1+y'^2)^{3/2}}=\frac{1}{500},\quad R=\frac{1}{K}=500.$$

于是此刻所受向心力为 $F=m\frac{v^2}{R}=70\cdot\frac{40000}{500}=5600$，座椅对飞行员的支持力为 $N=F+mg=5600+700=6300(\text{N})$，即飞机俯冲至最低点，即原点处座椅对飞行员的支持力为 6300N.

考研与竞赛练习

1. 分析法绘制函数 $f(x)=\frac{x|x|}{1+x}$ 的图形.

【参考解答】 函数的定义域为 $(-\infty,-1)\cup(-1,+\infty)$，可写成分段函数为

$$f(x)=\begin{cases}\frac{x^2}{1+x}, & x\geqslant 0\\ -\frac{x^2}{1+x}, & x<0,x\neq -1\end{cases}$$

在两个开区间内对函数求一阶、二阶导数

$$f'(x)=\begin{cases}-\dfrac{x(x+2)}{(x+1)^2}, & x<0,x\neq -1\\ \dfrac{x(x+2)}{(x+1)^2}, & x>0\end{cases},\quad f''(x)=\begin{cases}-\dfrac{2}{(x+1)^3}, & x<0,x\neq -1\\ \dfrac{2}{(x+1)^3}, & x>0\end{cases}$$

令 $f'(x)=0$ 得驻点 $x=-2$，且 $f'(0)=\lim\limits_{x\to 0}\dfrac{f(x)-f(0)}{x-0}=\lim\limits_{x\to 0}\dfrac{|x|}{1+x}=0$.

没有 $f''(x)=0$ 的点.用 $x=-2,x=-1,x=0$ 划分 $(-\infty,+\infty)$，通过 y'、y'' 在区间内的符号判断函数性态，列表如下：

x	$(-\infty,-2)$	-2	$(-2,-1)$	-1	$(-1,0)$	0	$(0,+\infty)$
y'	$-$	0	$+$	没	$+$	0	$+$
y''	$+$	$+$	$+$	定	$-$	不存在	$+$
$f(x)$	凹减	极小	凹增	义	凸增	拐点	凹增

由于 $\lim\limits_{x\to -1}f(x)=\lim\limits_{x\to -1}\dfrac{x|x|}{1+x}=\infty$ 故存在铅直渐近线 $x=-1$.

由于 $\lim\limits_{x\to\infty}f(x)=\infty$ 故曲线无水平渐近线.

又 $\lim\limits_{x\to-\infty}\dfrac{f(x)}{x}=\lim\limits_{x\to-\infty}\dfrac{-x}{1+x}=-1$，$\lim\limits_{x\to-\infty}[f(x)+x]=\lim\limits_{x\to-\infty}\dfrac{x}{1+x}=1$；

$\lim\limits_{x\to+\infty}\dfrac{f(x)}{x}=\lim\limits_{x\to-1^-}\dfrac{x}{1+x}=1$，$\lim\limits_{x\to+\infty}[f(x)-x]=-\lim\limits_{x\to-\infty}\dfrac{x}{1+x}=-1$，故曲线有斜渐近线 $y=-x+1,y=x-1$.且 $f(-2)=4,f(0)=0,f(1)=\dfrac{1}{2}$.故可以绘制函数描述的曲线图形大致如图所示.

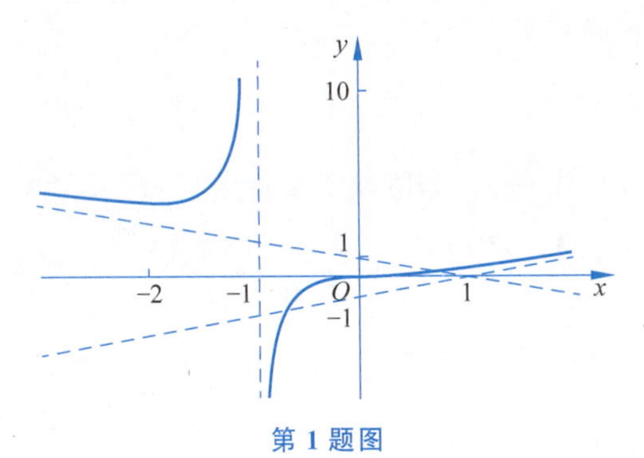

第 1 题图

2. 选择题.

(1) 曲线 $\begin{cases}x=t^2+7\\ y=t^2+4t+1\end{cases}$ 上对应于 $t=1$ 的点处的曲率半径是(　　).

(A) $\dfrac{\sqrt{10}}{50}$　　(B) $\dfrac{\sqrt{10}}{100}$　　(C) $10\sqrt{10}$　　(D) $5\sqrt{10}$

(2) 设函数 $f_i(x)(i=1,2)$ 具有二阶连续导数，且 $f_i''(x_0)<0(i=1,2)$，若两条曲线 $y=f_i(x)(i=1,2)$ 在点 (x_0,y_0) 处具有公切线 $y=g(x)$，且在该点处曲线 $y=f_1(x)$ 的曲率大于曲线 $y=f_2(x)$ 的曲率，则在 x_0 的某个邻域内，有(　　).

(A) $f_1(x)\leqslant f_2(x)\leqslant g(x)$　　(B) $f_2(x)\leqslant f_1(x)\leqslant g(x)$

(C) $f_1(x)\leqslant g(x)\leqslant f_2(x)$　　(D) $f_2(x)\leqslant g(x)\leqslant f_1(x)$

(3) 已知 $f(x)$，$g(x)$二阶可导且在 $x=a$ 处连续，则 $\lim\limits_{x\to a}\dfrac{f(x)-g(x)}{(x-a)^2}=0$ 是两条曲线 $y=f(x)$，$y=g(x)$在 $x=a$ 对应的点相切且曲率相等的(　　).

(A) 充分非必要条件　　(B) 充要条件

(C) 必要非充分条件　　(D) 既非充分也非必要条件

(4) 若 $f''(x)$不变号，且曲线 $y=f(x)$在点(1,1)处的曲率圆为 $x^2+y^2=2$，则函数 $f(x)$在区间(1,2)内(　　).

(A) 有极值点，无零点　　(B) 无极值点，有零点

(C) 有极值点，有零点　　(D) 无极值点，无零点

【答案】 (1) (C)　(2) (A)　(3) (A)　(4) (B).

【参考解答】 (1) 对应于 $t=1$ 曲线上的点坐标为(8,6). 由参量函数求导公式，得

$$\frac{dy}{dx}=\frac{y'_t}{x'_t}=\frac{2t+4}{2t}=1+\frac{2}{t},\quad \frac{d^2y}{dx^2}=\frac{1}{x'_t}\left(\frac{dy}{dx}\right)'_t=\frac{1}{2t}\left(-\frac{2}{t^2}\right)=-\frac{1}{t^3},$$

代入 $t=1$，得 $\left.\dfrac{dy}{dx}\right|_{t=1}=3$，$\left.\dfrac{d^2y}{dx^2}\right|_{t=1}=-1$. 于是由曲率公式可得曲线在点(8,6)处的曲率为 $K=\left.\dfrac{|y''|}{(1+y'^2)^{3/2}}\right|_{t=1}=\dfrac{1}{(\sqrt{1+3^2})^3}=\dfrac{1}{10\sqrt{10}}$，所以所求曲率半径为 $R=\dfrac{1}{K}=10\sqrt{10}$. 故正确选项为(C).

(2) 直观画图，两曲线在$(x_0,f(x_0))$附近为凸弧，公共切线在两曲线上方，且曲率越大，曲线弯曲越厉害. 故正确答案为(A).

(3) 已知 $f(x)$，$g(x)$二阶可导且在 $x=a$ 处连续，于是由 $\lim\limits_{x\to a}\dfrac{f(x)-g(x)}{(x-a)^2}=0$ 知，$\lim\limits_{x\to a}[f(x)-g(x)]=f(a)-g(a)=0$，所以 $f(a)=g(a)$.

由洛必达法则有 $\lim\limits_{x\to a}\dfrac{f(x)-g(x)}{(x-a)^2}=\lim\limits_{x\to a}\dfrac{f'(x)-g'(x)}{2(x-a)}=0$，因此 $\lim\limits_{x\to a}[f'(x)-g'(x)]=f'(a)-g'(a)=0$，所以 $f'(a)=g'(a)$；

再由洛必达法则有 $\lim\limits_{x\to a}\dfrac{f(x)-g(x)}{(x-a)^2}=\lim\limits_{x\to a}\dfrac{f'(x)-g'(x)}{2(x-a)}=\lim\limits_{x\to a}\dfrac{f''(x)-g''(x)}{2}=0$，因此 $\lim\limits_{x\to a}[f''(x)-g''(x)]=f''(a)-g''(a)=0$，所以 $f''(a)=g''(a)$，所以，$\lim\limits_{x\to a}\dfrac{f(x)-g(x)}{(x-a)^2}=0$ 是两条曲线 $y=f(x)$，$y=g(x)$在 $x=a$ 对应的点相切且曲率相等的充分条件.

反之，若 $f(a)=g(a)$，$f'(a)=g'(a)$，$f''(a)=-g''(a)\neq 0$，则两条曲线 $y=f(x)$，$y=g(x)$在 $x=a$ 对应的点相切且曲率相等，但是

$$\lim_{x\to a}\frac{f(x)-g(x)}{(x-a)^2}=\lim_{x\to a}\frac{f'(x)-g'(x)}{2(x-a)}=\lim_{x\to a}\frac{f''(x)-g''(x)}{2}=f''(a)\neq 0,$$

所以，$\lim\limits_{x\to a}\dfrac{f(x)-g(x)}{(x-a)^2}=0$ 不是两条曲线 $y=f(x)$，$y=g(x)$在 $x=a$ 对应的点相切且曲

率相等的必要条件. 综上,正确选项为(A).

【注】 对必要性的否定也可以直接举例,如取 $a=0, f(x)=x^2, g(x)=-x^2$.

(4) 曲线 $y=f(x)$ 与其曲率圆 $x^2+y^2=2$ 在点(1,1)处相切,且有相同曲率及凹凸性,所以 $f(1)=1, f'(1)=-1, f''(1)=-2<0$.

因为 $f''(x)$ 不变号,所以应有 $f''(x)<0$. 于是可得 $f'(x)$ 在[1,2]上单调递减; $f'(x)<f'(1)=-1<0$,在[1,2]上严格单调递减,因此 $f(x)$ 在(1,2)内无极值点.

又曲线 $y=f(x)$ 在[1,2]上为凸弧,即曲线 $y=f(x)(1\leqslant x\leqslant 2)$ 位于点(1,1)处切线的下方,即 $f(x)<2-x(1<x<2)$,故 $f(2)<0$. 因为 $f(x)$ 在[1,2]上连续,且 $f(1)=1>0$, $f(2)<0$,所以由零点定理可知 $y=f(x)$ 在(1,2)内有零点. 所以正确选项为(B).

3. 如图所示,设曲线 L 的方程为 $y=f(x)$,且 $f''(x)>0$,又 MT, MP 分别为该曲线在点 $M(x_0, y_0)$ 处的切线和法线,已知线段 MP 的长度为 $\dfrac{[1+f'^2(x_0)]^{3/2}}{f''(x_0)}$.

试推导出点 $P(\xi,\eta)$ 的坐标表达式(点 $P(\xi,\eta)$ 即为曲线在 $M(x_0,y_0)$ 处的曲率圆的圆心).

【参考解答】【法 1】 由 $|MP|=\dfrac{[1+f'^2(x_0)]^{3/2}}{f''(x_0)}$,得

$$(\xi-x_0)^2+(\eta-y_0)^2=\frac{[1+f'^2(x_0)]^3}{f''^2(x_0)},$$

又 $f'(x_0)=-\dfrac{\xi-x_0}{\eta-y_0}$,代入上式,消去 $(\xi-x_0)^2$,得到 $(\eta-y_0)^2=\dfrac{[1+f'^2(x_0)]^2}{f''^2(x_0)}$由 $f''(x)>0$,知曲线是向上凹的,所以 $\eta>y_0$,于是

第 3 题图

可得 $\eta=y_0+\dfrac{1+f'^2(x_0)}{f''(x_0)}$,且 $\xi-x_0=-f'(x_0)(\eta-y_0)=-\dfrac{f'(x_0)(1+f'^2(x_0))}{f''(x_0)}$,从而可以推得 $\xi=x_0-\dfrac{f'(x_0)}{f''(x_0)}(1+f'^2(x_0)), \eta=f(x_0)+\dfrac{1}{f''(x_0)}(1+f'^2(x_0))$.

【法 2】 点 $P(\xi,\eta)$ 即为曲线在 $M(x_0,y_0)$ 处的曲率圆的圆心.

设曲率圆方程为 $(x-\xi)^2+(y-\eta)^2=R^2$,方程两边对 x 求一阶、二阶得到

$$(x-\xi)+(y-\eta)\frac{\mathrm{d}y}{\mathrm{d}x}=0, 1+\left(\frac{\mathrm{d}y}{\mathrm{d}x}\right)^2+(y-\eta)\frac{\mathrm{d}^2y}{\mathrm{d}x^2}=0,$$

由于在点 $M(x_0,y_0)$ 处曲率圆与曲线 $y=f(x)$ 相切且曲率相等,于是 $(x_0-\xi)+(f(x_0)-\eta)f'(x_0)=0, 1+f'^2(x_0)+(f(x_0)-\eta)f''(x_0)=0$,所以

$$\eta=f(x_0)+\frac{1+f'^2(x_0)}{f''(x_0)},\quad \xi=x_0+(f(x_0)-\eta)f'(x_0)=x_0-\frac{f'(x_0)(1+f'^2(x_0))}{f''(x_0)}.$$

4. 曲线的对称点问题. 如图所示,设平面曲线 L 上一点 M 处的曲率半径为 ρ,曲率中心为 A. AN 是 L 在点 M 处的法线,法线上的两点 P 与 P^* 分居于 L 的两侧,即 P 位于 AM 上, P^* 位于 MN 上,如果 P 与 P^* 满足 $|AP||AP^*|=\rho^2$,称点 P 与 P^* 关于曲线 L 是对称的. 现设 L 的方程为 $y=\dfrac{x^2}{2}$,有点 $P\left(\dfrac{1}{2},1\right)$.

（1）求点 M，使得 L 在 M 处的法线经过点 P，并写出法线的参数方程；（2）求点 P 关于曲线 L 的对称点 P^*.

【参考解答】（1）曲线 $y=\frac{x^2}{2}$ 上点 $M(x,y)$ 处切线斜率为 $k=x$，则法线 PM 斜率满足 $\frac{\frac{x^2}{2}-1}{x-\frac{1}{2}}=-\frac{1}{x}$，解得 $x=1$，所以 $M\left(1,\frac{1}{2}\right)$. 法线方程为 $y-\frac{1}{2}=-(x-1)$，

即 $\begin{cases}x=1-t\\ y=\frac{1}{2}+t\end{cases}$.

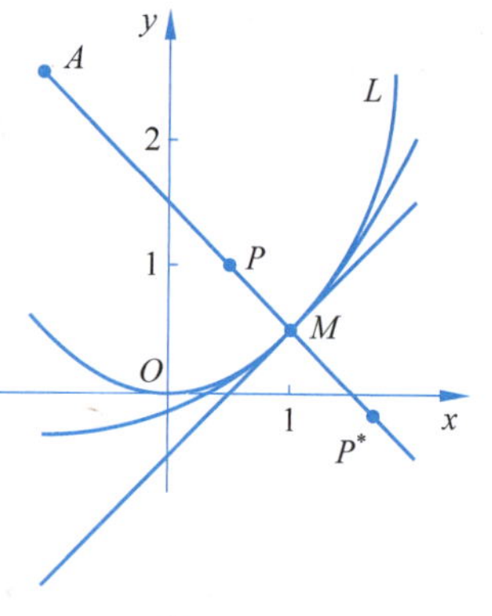

第 4 题图

（2）曲线 $y=\frac{x^2}{2}$ 在点 $M\left(1,\frac{1}{2}\right)$ 处，$y'(1)=1$，$y''(1)=1$，于是曲率半径 $\rho=\frac{(1+y'^2(1))^{3/2}}{|y''(1)|}=2\sqrt{2}$，曲率中心 $A\left(-1,\frac{5}{2}\right)$.

设 $P^*\left(1-t,\frac{1}{2}+t\right)$，由 $|AP||AP^*|=\rho^2$ 有 $\frac{3\sqrt{2}}{2}\sqrt{(2-t)^2+(t-2)^2}=(2\sqrt{2})^2$，解得 $t_1=-\frac{2}{3}$，$t_2=\frac{14}{3}$，对应点 $\left(\frac{5}{3},-\frac{1}{6}\right)$，$\left(-\frac{11}{3},\frac{31}{6}\right)$，由所求点与 P 点在曲线的两侧，故取 $P^*\left(\frac{5}{3},-\frac{1}{6}\right)$.

第三单元　中值定理与导数的应用测验（A）

一、填空题（每小题 3 分，共 15 分）

1. 曲线 $y=(x+1)e^{-x}$ 的拐点坐标为________.
2. 设 $f(1)=10$，且当 $1\leqslant x\leqslant 4$ 时 $f'(x)\geqslant 2$，则 $f(4)$ 可能取得的最小值是________.
3. 抛物线 $y=4x-x^2$ 在它顶点处的曲率半径 $R=$________.
4. 函数 $y=x^{1/x}$ 在 $[1,e^2]$ 上的值域为________.
5. $\lim\limits_{x\to+\infty}\left(\frac{2}{\pi}\arctan x\right)^x=$________.

二、选择题（每小题 3 分，共 15 分）

6. 设函数 $f(x)=x^2\sin x$，则 $f(x)$ 的六阶带皮亚诺余项的麦克劳林公式为（　　）.

(A) $x^3-\frac{1}{6}x^5+o(x^5)$　　(B) $x^3-\frac{1}{3}x^5+o(x^5)$

(C) $x^3-\frac{1}{6}x^5+o(x^6)$　　(D) $x^3-\frac{1}{3}x^5+o(x^6)$

7. 设 $k>0$ 为常数，若方程 $e^x=k(2-x)$ 在 $(0,1)$ 内有唯一解，则 k 的最大取值范围是

(　　).

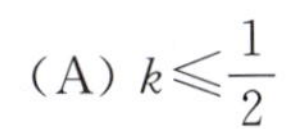

(A) $k\leqslant\frac{1}{2}$　　(B) $\frac{1}{2}<k<\mathrm{e}$　　(C) $\frac{1}{2}<k\leqslant\mathrm{e}$　　(D) $k>\mathrm{e}$

8. 函数 $y=f(x)$的图形如图所示,则 $f(0),f'(-2),f'(-1),f'(1)$的值的大小顺序是(　　).

(A) $f'(1)<f(0)<f'(-2)<f'(-1)$

(B) $f'(1)<f(0)<f'(-1)<f'(-2)$

(C) $f'(-2)<f'(-1)<f(0)<f'(1)$

(D) $f'(-1)<f'(-2)<f(0)<f'(1)$

第 8 题图

9. 设函数 $y=f(x)$具有二阶导数,且 $f'(x)<0$, $f''(x)<0$, Δx 为自变量 x 在点 x_0 处的增量, Δy 与 $\mathrm{d}y$ 分别为 $f(x)$在点 x_0 处的增量与微分,若 $\Delta x>0$,则(　　).

(A) $0<\mathrm{d}y<\Delta y$　　(B) $0<\Delta y<\mathrm{d}y$

(C) $\Delta y<\mathrm{d}y<0$　　(D) $\mathrm{d}y<\Delta y<0$

10. 设 $f(x)$在 $x=0$ 的某邻域内连续, $\lim\limits_{x\to 0}\frac{f(x)}{1-\cos x}=2$,则 $f(x)$在 $x=0$ 处(　　).

(A) 不可导　　(B) 可导且 $f'(0)\neq 0$

(C) 取极大值　　(D) 取极小值

三、解答题(共 70 分)

11. (6 分) $\lim\limits_{x\to 0}\left(\frac{1}{x^2}-\frac{1}{x\tan x}\right)$.

12. (6 分)求函数 $f(x)=(1-x)\ln(1+x^2)$的七阶带皮亚诺余项的麦克劳林公式.

13. (6 分)设函数 $f(x)$在$[0,1]$上具有二阶连续导数,且 $f(0)=f(1)=1,f\left(\frac{1}{2}\right)=0$. 证明:存在 $\xi\in(0,1)$,使得 $f''(\xi)=8$.

14. (6 分)求曲线 $\begin{cases}x=\arctan t\\ y=\ln\sqrt{1+t^2}\end{cases}$ 上曲率最大的点的坐标,并求最大曲率.

15. (6 分)证明当 $x>0$ 时,不等式 $\arctan x+\frac{1}{x}>\frac{\pi}{2}$成立.

16. (8 分)设函数 $f(x)=x^3+ax^2+bx$ 在 $x=1$ 处取极值 -2,试确定 a,b 的值,并指出在 $x=1$ 处取极值是极大值还是极小值,函数 $f(x)$的凹凸区间.

17. (8 分)设 $f(x)$在 $x=0$ 的某邻域内二阶可导,且 $\lim\limits_{x\to 0}\frac{\sin 6x+xf(x)}{x^3}=0$,(1)求 $f(0),f'(0),f''(0)$; (2)求 $\lim\limits_{x\to 0}\frac{6+f(x)}{x^2}$.

18. (8 分)设函数 $f(x)$在$[0,1]$上连续, $f(0)=f(1)=0$, $f''(x)$在$(0,1)$存在,且满足 $f''(x)+2f'(x)+f(x)>0$. 证明: $f(x)<0\ (0<x<1)$.

19. (8 分)设 $f(x),g(x)$在$[a,b]$上连续,且 $g(a)=g(b)=1$,在(a,b)内 $f(x),g(x)$可导,且 $g(x)+g'(x)\neq 0$, $f'(x)\neq 0$,证明:存在 $\xi,\eta\in(a,b)$,使得 $\frac{f'(\xi)}{f'(\eta)}=$

$\dfrac{e^{\xi}[g(\xi)+g'(\xi)]}{e^{\eta}}$.

20. (8分)设 $f(x)$ 在 x_0 的某邻域内有直到 n 阶导数,且

$$f'(x_0)=f''(x_0)=\cdots=f^{(n-1)}(x_0)=0,\quad f^{(n)}(x_0)\neq 0,$$

证明:(1) 当 n 为偶数时,x_0 为极值点,且当 $f^{(n)}(x_0)>0$ 时,x_0 为极小值点;当 $f^{(n)}(x_0)<0$ 时,x_0 为极大值点;(2) 当 n 为奇数时,x_0 不是极值点.

第三单元　中值定理与导数的应用测验(A)参考解答

一、填空题

1. $\left(1,\dfrac{2}{e}\right)$　2. 16　3. $\dfrac{1}{2}$　4. $[1,e^{\frac{1}{e}}]$　5. $e^{-2/\pi}$

【参考解答】 1. 函数的一阶和二阶导数分别为 $y'=-xe^{-x}$,$y''=(x-1)e^{-x}$,令 $y''=0$ 得 $x=1$,于是拐点坐标为 $\left(1,\dfrac{2}{e}\right)$.

2. 导数 $f'(x)>0$,表明函数 $f(x)$ 严格单调递增,导数 $f'(x)$ 的大小表示函数 $f(x)$ 升降的快慢,取 $f'(x)=2$ 是函数递增最慢的情况,此时 $f(x)=2x+C$,由 $f(1)=10$ 得 $C=8$,故 $f(4)$ 可能取得的最小值是 16.

3. 求函数的一阶和二阶导数,得 $y'=4-2x$,$y''=-2$,在顶点 $(2,4)$ 处,$y'\big|_{x=2}=0$,则该点处的曲率为 $K=\dfrac{|y''|}{(1+y'^2)^{3/2}}=2$,曲率半径 $R=\dfrac{1}{2}$.

4. 将函数两端取对数,有 $\ln y=\dfrac{\ln x}{x}$,两端再求导,得 $\dfrac{y'}{y}=\dfrac{1-\ln x}{x^2}$,即 $y'=y\dfrac{1-\ln x}{x^2}=x^{\frac{1}{x}-2}(1-\ln x)$,因为 $x\in[1,e^2]$,有 $\dfrac{1}{x}-2\in\left[\dfrac{1}{e^2}-2,-1\right]$,所以 $x^{\frac{1}{x}-2}>0$.

令 $y'=0$,得 $x=e$. 当 $x\in[1,e]$ 时,$y'>0$,当 $x\in[e,e^2]$ 时,$y'<0$,则 $x=e$ 为函数的极大值点,极大值为 $f(e)=e^{\frac{1}{e}}$. 在端点处,$f(1)=1$,$f(e^2)=e^{\frac{2}{e^2}}$,故函数的值域为 $[1,e^{\frac{1}{e}}]$.

5. 因为 $\lim\limits_{x\to+\infty}\left(\dfrac{2}{\pi}\arctan x\right)^x=\lim\limits_{x\to+\infty}e^{x\ln\left(\frac{2}{\pi}\arctan x\right)}$,又

$$\lim_{x\to+\infty}x\ln\left(\frac{2}{\pi}\arctan x\right)=\lim_{x\to+\infty}\frac{\ln\left(\frac{2}{\pi}\arctan x\right)}{\frac{1}{x}}=\lim_{x\to+\infty}\frac{\frac{\pi}{2\arctan x}\cdot\frac{2}{\pi}\frac{1}{1+x^2}}{-\frac{1}{x^2}}$$

$$=-\lim_{x\to+\infty}\frac{1}{\arctan x}=-\frac{2}{\pi}.$$

所以 $\lim\limits_{x\to+\infty}\left(\dfrac{2}{\pi}\arctan x\right)^x=\lim\limits_{x\to+\infty}e^{x\ln\left(\frac{2}{\pi}\arctan x\right)}=e^{-2/\pi}$.

二、选择题

6. (C)　7. (B)　8. (B)　9. (C)　10. (D)

【参考解答】 6. 因为 $\sin x=x-\dfrac{x^3}{3!}+\dfrac{x^5}{5!}-\cdots+(-1)^{n-1}\dfrac{x^{2n-1}}{(2n-1)!}+o(x^{2n})$，则有 $x^2\sin x=x^2\left[x-\dfrac{x^3}{3!}+\dfrac{x^5}{5!}-\cdots+(-1)^{n-1}\dfrac{x^{2n-1}}{(2n-1)!}+o(x^{2n})\right]$，故 $f(x)$ 的六阶带皮亚诺余项的麦克劳林公式为 $x^3-\dfrac{1}{6}x^5+o(x^6)$，答案选(C).

7. 令 $f(x)=\mathrm{e}^x-k(2-x)$，则 $f'(x)=\mathrm{e}^x+k>0$，函数严格单调增加，故只需满足 $f(0)f(1)<0$ 保证函数有零点即可，即 $f(0)f(1)=(1-2k)(\mathrm{e}-k)<0$，解得 $\dfrac{1}{2}<k<\mathrm{e}$，故正确选项为(B).

8. 依据函数的图形可知，$f(0)=0, f'(-2)>0, f'(-1)>0, f'(1)<0$，并从曲线的倾斜程度可以看到，$f'(-2)>f'(-1)$，所以 $f'(-2)>f'(-1)>f(0)>f'(1)$，所以正确选项为(B).

9. 当 $\Delta x>0$ 时，有

$$\Delta y=f(x_0+\Delta x)-f(x_0)=f'(\xi)\Delta x,\quad x_0<\xi<x_0+\Delta x,$$

由 $f'(x)<0, f''(x)<0$，得 $f'(\xi)<f'(x_0)<0$，所以 $\Delta y=f'(\xi)\Delta x<f'(x_0)\Delta x=\mathrm{d}y<0$，从而选(C).

10. 由 $\lim\limits_{x\to 0}\dfrac{f(x)}{1-\cos x}=2$，则 $\lim\limits_{x\to 0}f(x)=0$，又因为 $f(x)$ 在 $x=0$ 处连续，所以有 $\lim\limits_{x\to 0}f(x)=0=f(0)$. 从而

$$\lim_{x\to 0}\frac{f(x)-f(0)}{x-0}=\lim_{x\to 0}\frac{f(x)}{x}=\lim_{x\to 0}\frac{f(x)}{1-\cos x}\cdot\frac{1-\cos x}{x}=2\lim_{x\to 0}\frac{1-\cos x}{x}$$

$$=2\lim_{x\to 0}\frac{\sin x}{1}=0,$$

排除选项(A)和(B).

由 $\lim\limits_{x\to 0}\dfrac{f(x)}{1-\cos x}=2$，根据函数极限的定义，对 $\varepsilon=\dfrac{1}{2}>0$，$\exists\delta>0$，当 $0<|x-0|<\delta$ 时，恒有 $\left|\dfrac{f(x)}{1-\cos x}-2\right|<\dfrac{1}{2}$ 成立，即 $\dfrac{3}{2}<\dfrac{f(x)}{1-\cos x}<\dfrac{5}{2}$，所以 $f(x)>\dfrac{3}{2}(1-\cos x)>0=f(0)$，从而排除选项(C)，选(D).

三、解答题

11. **【解】**
$$\lim_{x\to 0}\left(\frac{1}{x^2}-\frac{1}{x\tan x}\right)=\lim_{x\to 0}\frac{\tan x-x}{x^2\tan x}$$

$$=\lim_{x\to 0}\frac{\tan x-x}{x^3}=\lim_{x\to 0}\frac{\sec^2 x-1}{3x^2}\lim_{x\to 0}\frac{\tan^2 x}{3x^2}=\frac{1}{3}.$$

12. **【解】** 利用 $\ln(1+t)=t-\dfrac{t^2}{2}+\dfrac{t^3}{3}+o(t^3)(t\to 0)$ 可得

$$f(x)=(1-x)\ln(1+x^2)=(1-x)\left[x^2-\frac{x^4}{2}+\frac{x^6}{3}+o(x^7)\right]$$

$$=\left[x^2-\frac{x^4}{2}+\frac{x^6}{3}+o(x^7)\right]-x\left[x^2-\frac{x^4}{2}+\frac{x^6}{3}+o(x^5)\right]$$

$$=x^2-x^3-\frac{x^4}{2}+\frac{x^5}{2}+\frac{x^6}{3}-\frac{x^7}{3}+o(x^7),\quad x\to 0.$$

13.【证明】 由泰勒公式 $f(x)=f\left(\frac{1}{2}\right)+f'\left(\frac{1}{2}\right)\left(x-\frac{1}{2}\right)+\frac{1}{2}f''(\xi)\left(x-\frac{1}{2}\right)^2$，$\xi$ 介于 x 与 $\frac{1}{2}$ 之间，可知存在 $\xi_1\in\left(0,\frac{1}{2}\right)$，$\xi_2\in\left(\frac{1}{2},1\right)$，使得

$$1=f(0)=f\left(\frac{1}{2}\right)+f'\left(\frac{1}{2}\right)\left(0-\frac{1}{2}\right)+\frac{1}{2}f''(\xi_1)\left(0-\frac{1}{2}\right)^2=-\frac{1}{2}f'\left(\frac{1}{2}\right)+\frac{1}{8}f''(\xi_1),$$

$$1=f(1)=f\left(\frac{1}{2}\right)+f'\left(\frac{1}{2}\right)\left(1-\frac{1}{2}\right)+\frac{1}{2}f''(\xi_2)\left(1-\frac{1}{2}\right)^2=\frac{1}{2}f'\left(\frac{1}{2}\right)+\frac{1}{8}f''(\xi_2),$$

两式相加整理可得 $\frac{f''(\xi_1)+f''(\xi_2)}{2}=8$.

又由已知可知 $f''(x)$ 在 $[\xi_1,\xi_2]\subset(0,1)$ 连续，由介值定理可知，存在 $\xi\in[\xi_1,\xi_2]\subset(0,1)$，使得 $f''(\xi)=\frac{f''(\xi_1)+f''(\xi_2)}{2}=8$.

14.【解】 $\frac{\mathrm{d}y}{\mathrm{d}x}=\frac{y'(t)}{x'(t)}=\frac{\frac{t}{1+t^2}}{\frac{1}{1+t^2}}=t$，$\frac{\mathrm{d}^2y}{\mathrm{d}x^2}=\frac{\frac{\mathrm{d}}{\mathrm{d}t}\left(\frac{\mathrm{d}y}{\mathrm{d}x}\right)}{x'_t}=\frac{(t)'}{x'(t)}=1+t^2$，则 $K=\frac{|y''(x)|}{(1+y'^2(x))^{3/2}}=\frac{1+t^2}{(1+t^2)^{3/2}}=\frac{1}{\sqrt{1+t^2}}$，于是当 $t=0$ 时，对应曲线上点 $(0,0)$ 处曲率最大，$K_{\max}=1$.

15.【解】 记 $f(x)=\arctan x+\frac{1}{x}-\frac{\pi}{2}$，$x>0$，则 $f(x)$ 在 $(0,+\infty)$ 上连续，且 $f'(x)=\frac{1}{1+x^2}-\frac{1}{x^2}<0$，所以函数 $f(x)$ 在区间 $(0,+\infty)$ 上严格单调递减.

又 $\lim\limits_{x\to 0^+}f(x)=+\infty$，$\lim\limits_{x\to+\infty}f(x)=0$，所以当 $x>0$ 时，$\arctan x+\frac{1}{x}>\frac{\pi}{2}$.

16.【解】 函数 $f(x)$ 在 $(-\infty,+\infty)$ 连续，且有任意阶连续导数. 且 $f'(x)=3x^2+2ax+b$，因为函数 $f(x)$ 在 $x=1$ 处取极值 -2，所以 $f(1)=-2$，$f'(1)=0$，即有 $\begin{cases}1+a+b=-2\\3+2a+b=0\end{cases}$，解得 $a=0$，$b=-3$. 于是 $f''(x)=6x+2a=6x$，$f''(1)=6>0$，所以 $f(x)$ 在 $x=1$ 处取极小值.

令 $f''(x)=6x=0$ 得 $x=0$，当 $x<0$，$f''(x)<0$，所以曲线 $y=f(x)$ 的凸区间为 $(-\infty,0)$；当 $x>0$ 时，$f''(x)>0$，所以曲线 $y=f(x)$ 的凹区间为 $[0,+\infty)$.

17.【解】【法 1】 (1) 由 $\lim\limits_{x\to 0}\frac{\sin 6x+xf(x)}{x^3}=0$ 可知 $\sin 6x+xf(x)=o(x^3)$，所以 $f(x)=-\frac{\sin 6x}{x}+o(x^2)=\frac{-6x+\frac{1}{3!}(6x)^3}{x}+o(x^2)=-6+36x^2+o(x^2)$，又 $f(x)$ 的二阶

的麦克劳林公式为 $f(x)=f(0)+f'(0)x+\frac{f''(0)}{2!}x^2+o(x^2)$，所以 $f(0)=-6, f'(0)=0$，$f''(0)=72$.

(2) $\lim\limits_{x\to0}\frac{6+f(x)}{x^2}=\lim\limits_{x\to0}\frac{6+[-6+36x^2+o(x^2)]}{x^2}=\lim\limits_{x\to0}\frac{36x^2+o(x^2)}{x^2}=36.$

【法 2】 (1) 由 $\lim\limits_{x\to0}\frac{\sin6x+xf(x)}{x^3}=0$，及洛必达法则有 $\lim\limits_{x\to0}\frac{\sin6x+xf(x)}{x^3}=\lim\limits_{x\to0}\frac{6\cos6x+f(x)+xf'(x)}{3x^2}=0$，于是有$\lim\limits_{x\to0}[6\cos6x+f(x)+xf'(x)]=6+f(0)=0$，所以 $f(0)=-6$；

继续用洛必达法则有$\lim\limits_{x\to0}\frac{\sin6x+xf(x)}{x^3}=\lim\limits_{x\to0}\frac{-36\sin6x+2f'(x)+xf''(x)}{6x}$，于是有 $\lim\limits_{x\to0}[-36\sin6x+2f'(x)+xf''(x)]=2f'(0)=0$，所以 $f'(0)=0$；又(由于没有 $f(x)$ 三阶可导的条件，不能继续用洛必达法则)

$$\lim_{x\to0}\frac{-36\sin6x+2f'(x)+xf''(x)}{6x}=\lim_{x\to0}\left[\frac{-36\sin6x}{6x}+\frac{[f'(x)-f'(0)]}{3(x-0)}+\frac{f''(x)}{6}\right]$$
$$=-36+\frac{f''(0)}{3}+\frac{f''(0)}{6}=-36+\frac{f''(0)}{6}=0,$$

所以 $f''(0)=72$.

(2) $\lim\limits_{x\to0}\frac{6+f(x)}{x^2}=\lim\limits_{x\to0}\frac{f'(x)}{2x}=\lim\limits_{x\to0}\frac{f''(x)}{2}=\frac{f''(0)}{2}=36.$

18. **【证明】** 令 $F(x)=e^xf(x)$，则 $F(x)$ 在 $[0,1]$ 上连续，$F''(x)$ 在 $(0,1)$ 存在，

$$F'(x)=e^x[f(x)+f'(x)]\qquad F''(x)=e^x[f''(x)+2f'(x)+f(x)],$$
$$F(0)=f(0)=0,\quad F(1)=ef(1)=0,$$

故由罗尔中值定理，存在 $c\in(0,1)$，使得 $F'(c)=e^c(f(c)+f'(c))=0$.

由题设可知 $F''(x)>0$，故 $F'(x)$ 在 $(0,1)$ 内严格单调递增. 于是当 $0\leqslant x\leqslant c$ 时，$F'(x)<F'(c)=0$，$F(x)$ 严格单调递减，所以 $F(x)<F(0)=0(0<x\leqslant c)$；当 $c\leqslant x\leqslant1$ 时，$F'(x)>F'(c)=0$，$F(x)$ 严格单调递增，所以 $F(x)<F(1)=0(c<x<1)$.

综上有不等式 $F(x)<0(0<x<1)$ 成立，又 $e^x>0$，所以 $f(x)<0(0<x<1)$.

19. **【证明】** 构建辅助函数 $F(x)=e^x, G(x)=e^xg(x), x\in[a,b]$，因为 $f(x), g(x)$ 在 $[a,b]$ 上连续，在 (a,b) 内可导，则 $G(x)$ 在 $[a,b]$ 上连续，在 (a,b) 内可导，且 $G'(x)=e^x[g(x)+g'(x)]$，又 $f'(x)\neq0$，于是 $F(x)$ 与 $f(x)$，$G(x)$ 与 $f(x)$ 在 $[a,b]$ 上，由柯西中值定理知

至少存在一点 $\eta\in(a,b)$，使得$\frac{F(b)-F(a)}{f(b)-f(a)}=\frac{e^b-e^a}{f(b)-f(a)}=\frac{e^\eta}{f'(\eta)}$，至少存在一点 $\xi\in(a,b)$，使得

$$\frac{G(b)-G(a)}{f(b)-f(a)}=\frac{e^bg(b)-e^ag(a)}{f(b)-f(a)}=\frac{e^b-e^a}{f(b)-f(a)}=\frac{e^\xi[g(\xi)+g'(\xi)]}{f'(\xi)}.$$

综上有，存在 $\xi,\eta\in(a,b)$，使得 $\frac{f'(\xi)}{f'(\eta)}=\frac{e^\xi[g(\xi)+g'(\xi)]}{e^\eta}$.

20.【证明】 由题设可知，$f(x)$在x_0处的n阶带皮亚诺余项的麦克劳林公式为

$$f(x)=f(x_0)+\frac{f^{(n)}(\xi)}{n!}(x-x_0)^n,\quad \xi \text{介于} x \text{与} x_0 \text{之间}.$$

(1) 当n为偶数时，若$f^{(n)}(x_0)>0$，由保号性可知存在x_0的某邻域$U(x_0)$，当$x\in U(x_0)$时有$f'(x)>0$，不妨设$x\in U(x_0)$，则有$f'(\xi)>0$，于是有$f(x)=f(x_0)+\frac{f^{(n)}(\xi)}{n!}(x-x_0)^n\geqslant f(x_0)$，此时$x_0$为极小值点.

同理若$f^{(n)}(x_0)<0$，则$f(x)=f(x_0)+\frac{f^{(n)}(\xi)}{n!}(x-x_0)^n\leqslant f(x_0)$，此时$x_0$为极大值点.

(2) 当n为奇数时，由$f(x)=f(x_0)+\frac{f^{(n)}(\xi)}{n!}(x-x_0)^n$有$f(x)-f(x_0)=\frac{f^{(n)}(\xi)}{n!}(x-x_0)^n$，可知若$f^{(n)}(x_0)>0$，$f(x)-f(x_0)$与$x-x_0$同号，$f(x)$在$U(x_0)$严格单调，于是在$x_0$处不取极值，$x_0$不是极值点.

第三单元 中值定理与导数的应用测验(B)

一、填空题(每小题 3 分，共 15 分)

1. $\lim\limits_{x\to 0}\frac{xe^{-x}-\sin x}{x^2}=$________.

2. 已知$f(x)=x(x-a)^3$在$x=1$处取极值，则$a=$________.

3. 曲线$y=1+\sqrt[3]{1+x}$的拐点坐标为________.

4. 设$f(x)=x^4+cx^3+12x^2-5x+2$，若一直线与曲线$y=f(x)$相交于 4 个不同的点，则c的最大取值范围是________.

5. 函数$f(x)=e^x\sin 2x$，则$f(x)$的 4 阶带皮亚诺余项的麦克劳林公式为$f(x)=$________.

二、选择题(每小题 3 分，共 15 分)

6. 设$f(x)$是定义在$(-\infty,+\infty)$内的连续的奇函数，下表中给出了它的二阶导函数$f''(x)$在$(0,+\infty)$内的符号信息，则曲线$y=f(x)(-\infty<x<+\infty)$的拐点个数为(　　).

(A) 1　　(B) 2　　(C) 3　　(D) 4

x	$(0,1)$	1	$(1,2)$	2	$(2,+\infty)$
$f''(x)$	+	0	−	不存在	−

7. 设多项式函数$f(x)$恰有 2 个极大值点和 1 个极小值点. 则下述论断不正确的是(　　).

(A) $f(x)$至多有 4 个零点　　(B) $f(x)$至多有 2 个拐点

(C) $f(x)$必是偶次多项式　　(D) $f(x)$至少有 1 个零点

8. 设函数$y=f(x)$二阶可导，其图形在$(0,1)$处的曲率圆的方程为$(x-1)^2+y^2=2$，则函数$f(x)$的二阶带皮亚诺余项的麦克劳林公式为(　　).

(A) $f(x)=1-x+x^2+o(x^2)$　　(B) $f(x)=1+x-x^2+o(x^2)$

(C) $f(x)=1+x-2x^2+o(x^2)$　　(D) $f(x)=1-x-2x^2+o(x^2)$

9. 设函数 $f(x)$ 二阶可导，$F(x)=f(\cos x)$，则 $F(x)$ 在 $x=0$ 处取得极小值的一个充分条件是(　　).

(A) $f'(1)<0$　　(B) $f'(1)>0$

(C) $f''(1)<0$　　(D) $f''(1)>0$

10. 若函数 $y=f(x)$ 满足条件：对所有 x 有 $f'(x)<0$，当 $|x|>1$ 时有 $f''(x)>0$，当 $|x|<1$ 时有 $f''(x)<0$，并且 $\lim\limits_{x\to\infty}[f(x)+x]=0$. 则在下列图形中，满足上述条件的函数图形是(　　).

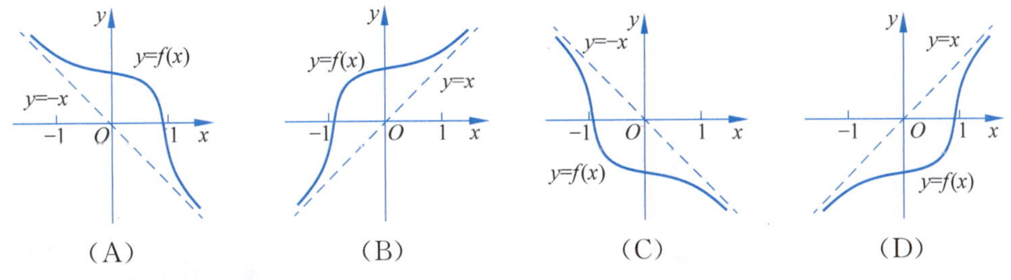

三、解答下列各题(共 70 分)

11. (6 分)求极限 $\lim\limits_{x\to 0}\dfrac{1-(\cos x)^{\tan x}}{x^3}$.

12. (6 分)试写出函数 $f(x)=x\ln(2+x)+\cos x$ 的 4 阶带皮亚诺余项的麦克劳林公式，并求函数图形在点(0,1)处的曲率.

13. (6 分)要造一个壁和底厚为 a、容积为 V、上端开口的圆柱形容器，问：当容器端口内半径尺寸 r 为何值时，所用材料最省？

14. (6 分)求使不等式 $a^x\geqslant x^a\ (a>0)$ 在 $(0,+\infty)$ 上恒成立的常数 a 的最大值.

15. (6 分)设函数 $f(x)$ 在 $[0,1]$ 上具有二阶连续导数，$|f''(x)|\leqslant 1$ 且 $f(0)=f(1)=1$. 证明：在 $[0,1]$ 上必有 $|f'(x)|\leqslant\dfrac{1}{2}$.

16. (8 分)设数列 $\{x_n\}$ 满足 $0<x_1<\pi$，$x_{n+1}=\sin x_n\ (n=1,2,\cdots)$.

(1) 证明 $\lim\limits_{n\to\infty}x_n$ 存在，并求之. (2) 计算 $\lim\limits_{n\to\infty}\left(\dfrac{x_{n+1}}{x_n}\right)^{1/x_n^2}$.

17. (8 分)设 $f(x)$ 在 $[a,b]$ 上二阶可导，若 $f(a)=f(b)=0$，且存在 $c\in(a,b)$，使得 $f(c)<0$，试证：至少存在一点 $\xi\in(a,b)$，使得 $f''(\xi)>0$.

18. (8 分)就 K 的不同取值情况，确定方程 $x-\dfrac{\pi}{2}\sin x=K$ 在开区间 $\left(0,\dfrac{\pi}{2}\right)$ 内的根的个数，并证明你的结论.

19. (8 分)设整数 $n>1$，证明不等式 $\dfrac{1}{2n\mathrm{e}}<\dfrac{1}{\mathrm{e}}-\left(1-\dfrac{1}{n}\right)^n<\dfrac{1}{n\mathrm{e}}$.

20. (8 分)设函数 $f(x)$ 在 $[a,b]$ 上连续，在 (a,b) 上二阶可导，且 $|f''(x)|\geqslant m>0$ (m 为常数)，又 $f(a)=f(b)=0$. 证明：$\max\limits_{x\in[a,b]}|f(x)|\geqslant\dfrac{m}{8}(b-a)^2$.

第三单元　中值定理与导数的应用测验(B)参考解答

一、填空题

1. -1　2. 4　3. $(-1,1)$　4. $|c|>4\sqrt{2}$　5. $2x+2x^2-\dfrac{x^3}{3}-x^4+o(x^4)$

【参考解答】

1. $\lim\limits_{x\to 0}\dfrac{xe^{-x}-\sin x}{x^2}=\lim\limits_{x\to 0}\dfrac{e^{-x}-xe^{-x}-\cos x}{2x}\lim\limits_{x\to 0}\dfrac{-2e^{-x}+xe^{-x}+\sin x}{2}=-1.$

2. 函数的导数为 $f'(x)=(x-a)^3+3x(x-a)^2=(x-a)^2(4x-a)$，令 $f'(x)=0$，得 $x=\dfrac{a}{4}$. 当 $x<\dfrac{a}{4}$时，$f'(x)<0$，当 $x>\dfrac{a}{4}$时，$f'(x)>0$，故 $x=\dfrac{a}{4}$为极小值点，又已知 $f(x)$ 在 $x=1$ 处取极值，则$\dfrac{a}{4}=1$，即 $a=4$.

3. 函数的一阶、二阶导数为 $y'=\dfrac{1}{3\sqrt[3]{(1+x)^2}}$，$y''=\dfrac{-2}{9(1+x)\sqrt[3]{(1+x)^2}}$，二阶导数没有零点，但 $x=-1$ 时，二阶导数 y''不存在，当 $x<-1$ 时，$y''>0$，函数图形在$(-\infty,-1)$上是凹的，当 $x>-1$ 时，$y''<0$，函数图形在$(-1,+\infty)$上是凸的，故$(-1,1)$为拐点.

4. 依题意必须保证 $f''(x)=6cx+12x^2+24=0$ 有两个零点，故

$$\Delta=36c^2-4\times 12\times 24>0,$$

解得$|c|>4\sqrt{2}$.

5. 因为 $e^x=1+x+\dfrac{x^2}{2!}+\dfrac{x^3}{3!}+o(x^4)$，$\sin x=x-\dfrac{x^3}{3!}+o(x^4)$，所以

$$f(x)=e^x\sin 2x=\left[1+x+\frac{x^2}{2!}+\frac{x^3}{3!}+o(x^4)\right]\left[2x-\frac{(2x)^3}{3!}+o(x^4)\right]$$

$$=2x+2x^2-\frac{x^3}{3}-x^4+o(x^4).$$

二、选择题

6. (C)　7. (D)　8. (B)　9. (A)　10. (A)

【参考解答】 6. 由题意，函数 $f(x)$图形在$(0,1)$上是凹的，在$(1,+\infty)$上是凸的，所以 $x=1$ 对应一个拐点. 又因为 $f(x)$是连续的奇函数，所以 $f''(x)$也是奇函数，在$(-1,0)$内，$f''(x)$取负号，函数 $f(x)$图形在$(-1,0)$上是凸的，则 $x=0$ 对应一个拐点. 由奇函数关于原点对称，可知 $x=-1$ 也对应一个拐点，答案选(C).

7. 由题设可知 $f'(x)$恰有 3 个零点，故 $f'(x)$是 3 次多项式，从而可知 $f(x)$是 4 次多项式. 所以 $\lim\limits_{x\to\infty}f(x)=+\infty$，故 $f(x)$不一定有零点，所以正确选项为(D).

8. 由题意，曲率半径为 $R=\sqrt{2}$，曲率为 $K=\dfrac{\sqrt{2}}{2}$. 因曲线 $y=f(x)$和曲率圆在点$(0,1)$处斜率相同，所以 $f'(0)=1$，该点处的曲率 $K=\dfrac{|f''(0)|}{[1+f'^2(0)]^{\frac{3}{2}}}=\dfrac{\sqrt{2}}{2}$，得$|f''(0)|=2$，又由曲线

在点(0,1)处向上凸，则有 $f''(0)<0$，故 $f''(0)=-2$，答案选(B).

9. 等式两边关于 x 求导，$F'(x)=-f'(\cos x)\sin x$，$F'(0)=0$，再对 x 求导，$F''(x)=f''(\cos x)\sin^2 x-f'(\cos x)\cos x$，$F''(0)=-f'(1)$，要使 $F(x)$ 在 $x=0$ 处取得极小值，则要求 $F''(0)>0$，即 $f'(1)<0$，答案选(A).

10. 由对所有 x，$f'(x)<0$，可知函数严格单调递减，排除答案(B)(D). 当 $|x|>1$ 时，$f''(x)>0$，函数 $f(x)$ 向下凸，当 $|x|<1$ 时，$f''(x)<0$，函数 $f(x)$ 向上凸，排除答案(C). 又 $\lim\limits_{x\to\infty}[f(x)+x]=0$，有 $\lim\limits_{x\to\infty}\left[\dfrac{f(x)}{x}+1\right]=0$，即 $\lim\limits_{x\to\infty}\dfrac{f(x)}{x}=-1$，函数 $f(x)$ 有斜渐近线 $y=-x$，答案选(A).

三、解答题

11. **【解】**
$$\lim_{x\to0}\frac{1-(\cos x)^{\tan x}}{x^3}=\lim_{x\to0}\frac{1-e^{\tan x\ln\cos x}}{x^3}=\lim_{x\to0}\frac{-\tan x\ln\cos x}{x^3}$$
$$=\lim_{x\to0}\frac{-\ln(1-(1-\cos x))}{x^2}=\lim_{x\to0}\frac{(1-\cos x)}{x^2}=\frac{1}{2}.$$

或由 $\lim\limits_{x\to0}(\cos x)^{\tan x}=\lim\limits_{x\to0}e^{\tan x\ln\cos x}=1$ 可知极限为 $\dfrac{0}{0}$ 型，由洛必达法则有
$$\lim_{x\to0}\frac{1-(\cos x)^{\tan x}}{x^3}=\lim_{x\to0}\frac{-(\cos x)^{\tan x}(\sec^2 x\ln\cos x-\tan^2 x)}{3x^2}$$
$$=-\lim_{x\to0}\frac{\ln\cos x}{3x^2}+\lim_{x\to0}\frac{\tan^2 x}{3x^2}=\lim_{x\to0}\frac{\sin x}{6x\cos x}+\frac{1}{3}=\frac{1}{6}+\frac{1}{3}=\frac{1}{2}.$$

12. **【解】** 由 $\ln(2+x)=\ln2+\ln\left(1+\dfrac{x}{2}\right)=\ln2+\dfrac{x}{2}-\dfrac{x^2}{8}+\dfrac{x^3}{24}+o(x^3)$ 及 $\cos x=1-\dfrac{x^2}{2}+\dfrac{x^4}{24}+o(x^4)$ 得函数 $f(x)$ 的 4 阶带皮亚诺余项的带麦克劳林公式为
$$f(x)=x\left[\ln2+\frac{x}{2}-\frac{x^2}{8}+\frac{x^3}{24}+o(x^3)\right]+\left[1-\frac{x^2}{2}+\frac{x^4}{24}+o(x^4)\right]$$
$$=1+x\ln2-\frac{1}{8}x^3+\frac{1}{12}x^4+o(x^4).$$
由此可知 $f'(0)=\ln2$，$f''(0)=0$. 函数图形在点(0,1)处的曲率为
$$K=\frac{|f''(0)|}{(1+f'^2(0))^{3/2}}=\frac{0}{(1+\ln^2 2)^{3/2}}=0.$$

13. **【解】** 设容器的半径为 r，高为 h，所用材料的体积为 M. 由于 $V=\pi r^2 h$，故 $M(r)=\pi(r+a)^2\left(\dfrac{V}{\pi r^2}+a\right)-V$，$(0<r<+\infty)$. 于是
$$M'(r)=2\pi(r+a)\left[\left(\frac{V}{\pi r^2}+a\right)-(r+a)\frac{V}{\pi r^3}\right]=2\pi a(r+a)\left(1-\frac{V}{\pi r^3}\right).$$
唯一驻点为 $r_1=\sqrt[3]{V/\pi}$，此时容器高为 $h_1=r_1=\sqrt[3]{V/\pi}$.

当 $0<r<r_1$ 时，$M'(r)<0$；当 $r_1<r$ 时，$M'(r)>0$，因此 $r=r_1$ 是 $M(r)$ 的极小值点，也是最小值点. 故当容器底内半径为 $r_1=\sqrt[3]{V/\pi}$ 时，所用材料最省.

14.【解】 由题意知，$a^x \geqslant x^a$ 等价于 $\frac{\ln x}{x} \leqslant \frac{\ln a}{a}$，问题转化为求 $\frac{\ln x}{x}$ 在 $(0,+\infty)$ 上的最大值点问题. 构造辅助函数 $f(x)=\frac{\ln x}{x}, x\in(0,+\infty)$，则 $f'(x)=\frac{1-\ln x}{x^2}$.

令 $f'(x)=0$，解得 $x=\mathrm{e}$. 当 $x\in(0,\mathrm{e})$ 时 $f'(x)>0$，$f(x)$ 严格单调递增；当 $x\in(\mathrm{e},+\infty)$ 时 $f'(x)<0$，即 $f(x)$ 在 $(\mathrm{e},+\infty)$ 上严格单调递减. 因此 $f(x)$ 在 $x=\mathrm{e}$ 处取得唯一极大值，也是最大值 $f(\mathrm{e})=\frac{1}{\mathrm{e}}$. 因此，当且仅当 $a=\mathrm{e}$ 时 $a^x \geqslant x^a$ 在 $(0,+\infty)$ 上恒成立.

15.【证明】 $\forall x\in(0,1)$，$f(t)$ 在 x 处的泰勒公式为 $f(t)=f(x)+f'(x)(t-x)+\frac{1}{2}f''(\eta)(t-x)^2$，其中 η 介于 t 与 x 之间.

于是对应 $t=0$ 与 $t=1$ 分别有：存在 $\eta_1\in(0,x)$，$\eta_2\in(x,1)$，使得

$$1=f(0)=f(x)+f'(x)(0-x)+\frac{1}{2}f''(\eta_1)(0-x)^2,$$

$$1=f(1)=f(x)+f'(x)(1-x)+\frac{1}{2}f''(\eta_2)(1-x)^2,$$

两式相减并整理可得 $f'(x)=\frac{1}{2}f''(\eta_1)x^2-\frac{1}{2}f''(\eta_2)(1-x)^2$.

于是 $|f'(x)| \leqslant \frac{1}{2}|f''(\eta_1)|x^2+\frac{1}{2}|f''(\eta_2)|(1-x)^2 \leqslant \frac{1}{2}[x^2+(1-x)^2]=\left(x-\frac{1}{2}\right)^2+\frac{1}{4}\leqslant\frac{1}{2}$.

显然，当 $x=0$ 或 $x=1$ 时，不等式仍成立，因此在 $[0,1]$ 上必有 $|f'(x)|\leqslant\frac{1}{2}$.

16.【证明】 (1) 因为 $0<x_1<\pi$，$x_{n+1}=\sin x_n$，所以 $0<x_2=\sin x_1<1$，且

$$0<x_{n+1}=\sin x_n\leqslant x_n<\pi\quad(n=1,2,\cdots),$$

即 $\{x_n\}$ 单调递减且有下界，由单调有界准则可得 $\{x_n\}$ 收敛. 设 $\lim\limits_{n\to\infty}x_n=a$，则在 $x_{n+1}=\sin x_n$ 中令 $n\to\infty$ 可得 $a=\sin a$，故 $a=0$，即 $\lim\limits_{n\to\infty}x_n=0$.

(2) 由于 $\lim\limits_{n\to\infty}\left(\frac{x_{n+1}}{x_n}\right)^{\frac{1}{x_n^2}}=\mathrm{e}^{\lim\limits_{n\to\infty}\frac{1}{x_n^2}\ln\frac{x_{n+1}}{x_n}}$，考察 $\lim\limits_{n\to\infty}\frac{1}{x_n^2}\ln\frac{x_{n+1}}{x_n}$.

【法 1】 利用等价无穷小及麦克劳林公式

$$\lim_{n\to\infty}\frac{1}{x_n^2}\ln\frac{x_{n+1}}{x_n}=\lim_{n\to\infty}\frac{1}{x_n^2}\ln\frac{\sin x_n}{x_n}=\lim_{n\to\infty}\frac{1}{x_n^2}\left(\frac{\sin x_n}{x_n}-1\right)$$

$$=\lim_{n\to\infty}\frac{\sin x_n-x_n}{x_n^3}=\lim_{n\to\infty}\frac{\left(x_n-\frac{1}{3!}x_n^3+o(x^3)\right)-x_n}{x_n^3}=-\frac{1}{6},$$

于是 $\lim\limits_{n\to\infty}\left(\frac{x_{n+1}}{x_n}\right)^{\frac{1}{x_n^2}}=\mathrm{e}^{-1/6}$.

【法 2】 利用等价无穷小及洛必达法则，由海涅定理知

$$\lim_{n\to\infty}\frac{1}{x_n^2}\ln\frac{x_{n+1}}{x_n}=\lim_{t\to0}\frac{1}{t^2}\ln\frac{\sin t}{t}=\lim_{t\to0}\frac{1}{t^2}\left(\frac{\sin t}{t}-1\right)$$
$$=\lim_{t\to0}\frac{\sin t-t}{t^3}=\lim_{t\to0}\frac{\cos t-1}{3t^2}=-\frac{1}{6},$$

于是 $\lim\limits_{n\to\infty}\left(\frac{x_{n+1}}{x_n}\right)^{1/x_n^2}=\mathrm{e}^{-1/6}$.

17.**【证明】** 由条件知 $f(x)$ 在 $[a,c]$,$[c,b]$ 上满足拉格朗日中值定理的条件,于是有

$$\frac{f(c)-f(a)}{c-a}=f'(\xi_1),\xi_1\in(a,c),\quad \frac{f(b)-f(c)}{b-c}=f'(\xi_2),\xi_2\in(c,b),$$

因为 $f(a)=f(b)=0,f(c)<0$,所以 $f'(\xi_1)<0,f'(\xi_2)>0$.

又因为 $f'(x)$ 在 $[\xi_1,\xi_2]\subset[a,b]$ 上满足拉格朗日中值定理的条件,于是有

$$\frac{f'(\xi_2)-f'(\xi_1)}{\xi_2-\xi_1}=f''(\xi),\quad \xi\in(\xi_1,\xi_2),$$

由于 $f'(\xi_1)<0,f'(\xi_2)>0,\xi_2>\xi_1$,所以 $f''(\xi)>0,\xi\in(a,b)$.

18.**【解】** 设 $f(x)=x-\frac{\pi}{2}\sin x$,则 $f(x)$ 在 $\left[0,\frac{\pi}{2}\right]$ 上连续,由 $f'(x)=1-\frac{\pi}{2}\cos x=0$,解得 $f(x)$ 在 $\left(0,\frac{\pi}{2}\right)$ 内有唯一驻点 $x_0=\arccos\frac{2}{\pi}$,且 $x\in(0,x_0)$ 时 $f'(x)<0$,$f(x)$ 单调递减,$x\in\left(x_0,\frac{\pi}{2}\right)$ 时 $f'(x)>0$,$f(x)$ 单调递增,因此 $f(x)$ 在 x_0 取最小值,最小值为 $m=f(x_0)=x_0-\frac{\pi}{2}\sin x_0$,又因 $f(0)=f\left(\frac{\pi}{2}\right)=0$,故在 $\left(0,\frac{\pi}{2}\right)$ 内 $f(x)$ 的取值范围为 $[m,0)$.
令 $g(x)=K-f(x)$,则:

当 $K\notin[m,0)$ 时,$g(x)$ 没有零点,原方程在 $\left(0,\frac{\pi}{2}\right)$ 内没有根;

当 $K=m$ 时,$g(x)$ 仅有 $g(x_0)=0$,原方程在 $\left(0,\frac{\pi}{2}\right)$ 内有唯一根 x_0;

当 $K\in(m,0)$ 时,$g(0)<0,g\left(\frac{\pi}{2}\right)<0,g(x_0)>0$,由连续函数的零点定理知 $g(x)$ 在 $(0,x_0)$ 和 $\left(x_0,\frac{\pi}{2}\right)$ 内至少各有一个零点,又因函数 $g(x)$ 在 $(0,x_0)$ 和 $\left(x_0,\frac{\pi}{2}\right)$ 内均单调,故原方程在 $\left(0,\frac{\pi}{2}\right)$ 内恰有两个不同的根.

19.**【证明】** (1) 左侧不等式 $\Leftrightarrow\frac{1}{n}\ln\left(1-\frac{1}{2n}\right)-\ln\left(1-\frac{1}{n}\right)-\frac{1}{n}>0$,视 $\frac{1}{n}=x$,令 $f(x)=x\ln\left(1-\frac{x}{2}\right)-\ln(1-x)-x$,$f(x)\in C[0,1)$,$f(0)=0$,则当 $x\in(0,1)$ 时,

$$f'(x)=\ln\left(1-\frac{x}{2}\right)-\frac{x}{2-x}+\frac{1}{1-x}-1,f'(x)\in C[0,1),f'(0)=0,$$

$$f''(x)=-\frac{1}{2-x}-\frac{2}{(2-x)^2}+\frac{1}{(1-x)^2}=\frac{x(x^2-5x+5)}{(2-x)^2(1-x)^2}>0,$$

所以 $f'(x)$在$(0,1)$上严格单调递增，于是 $f'(x)>f'(0)=0,x\in(0,1)$.

所以 $f(x)$在$(0,1)$上严格单调递增，于是 $f(x)>f(0)=0,x\in(0,1)$，由于$\frac{1}{n}\in(0,1)$，所以有 $f\left(\frac{1}{n}\right)=\frac{1}{n}\ln\left(1-\frac{1}{2n}\right)-\ln\left(1-\frac{1}{n}\right)-\frac{1}{n}>0$.

(2) 右侧不等式$\Leftrightarrow\left(1-\frac{1}{n}\right)\ln\left(1-\frac{1}{n}\right)+\frac{1}{n}>0$，视$\frac{1}{n}=x$，令 $f(x)=(1-x)\ln(1-x)+x$，$f(x)\in C[0,1)$，$f(0)=0$，则当 $x\in(0,1)$时，$f'(x)=-\ln(1-x)>0,x\in(0,1)$，于是 $f(x)>f(0)=0,x\in(0,1)$，由于$\frac{1}{n}\in(0,1)$，所以有 $f\left(\frac{1}{n}\right)=\left(1-\frac{1}{n}\right)\ln\left(1-\frac{1}{n}\right)+\frac{1}{n}>0$.

综上可知原不等式成立.

20. **【证明】** 因为$|f''(x)|\geqslant m>0$，所以 $f(x)$在$[a,b]$内不为常数，所以存在 $\xi\in(a,b)$，使得$|f(\xi)|=\max\limits_{x\in[a,b]}|f(x)|>0$. 由费马定理可知 $f'(\xi)=0$.

于是 $f(x)$在 $x=\xi$ 的泰勒公式为

$$f(x)=f(\xi)+f'(\xi)(x-\xi)+\frac{f''(\eta)}{2}(x-\xi)^2=f(\xi)+\frac{f''(\eta)}{2}(x-\xi)^2,$$

其中 η 介于 x,ξ 之间.

(1) 若 $\xi<\frac{a+b}{2}$，把 $x=b$ 代入，则有 $0=f(b)=f(\xi)+\frac{f''(\eta_1)}{2}(b-\xi)^2$，即$-f(\xi)=\frac{f''(\eta_1)}{2}(b-\xi)^2$，所以有

$$\max_{x\in[a,b]}|f(x)|=|f(\xi)|=\frac{|f''(\eta_1)|}{2}(b-\xi)^2\geqslant\frac{m}{2}\left(\frac{b-a}{2}\right)^2=\frac{m}{8}(b-a)^2.$$

(2) 若 $\xi\geqslant\frac{a+b}{2}$，把 $x=a$ 代入，则得$-f(\xi)=\frac{f''(\eta_2)}{2}(a-\xi)^2$，所以有

$$\max_{x\in[a,b]}|f(x)|=|f(\xi)|=\frac{|f''(\eta_2)|}{2}(a-\xi)^2\geqslant\frac{m}{2}\left(\frac{b-a}{2}\right)^2=\frac{m}{8}(b-a)^2.$$

第四单元

一元积分学

练习 23　不定积分的概念与性质

训练目的

1. 理解原函数与不定积分的概念，理解原函数、不定积分及与导数、微分之间的关系.
2. 熟悉基本积分公式，会利用基本积分公式求不定积分.

基础练习

1. 若 $f(x)$ 的导数是 $\sin x$，则 $f(x)$ 的一个原函数为(　　).

(A) $1+\sin x$　　(B) $1-\sin x$　　(C) $1+\cos x$　　(D) $1-\cos x$

【参考解答】 由题意得 $f'(x)=\sin x$，所以

$$f(x)=\int f'(x)\mathrm{d}x=\int \sin x\,\mathrm{d}x=-\cos x+C,$$

其中 C 为任意常数，所以 $f(x)$ 的原函数为

$$F(x)=\int f(x)\mathrm{d}x=\int(-\cos x+C)\mathrm{d}x=-\sin x+C_1x+C_2,$$

其中 C_1,C_2 为任意常数. 取 $C_1=0,C_2=1$，得 $F(x)=1-\sin x$，故正确选项为(B).

2. 设 $F(x)$ 是 $\dfrac{\mathrm{e}^x}{x}$ 的一个原函数，则 $F'(\ln x)=$________，$\dfrac{\mathrm{d}F(\ln x)}{\mathrm{d}x}=$________，$\mathrm{d}F(x^2)=$________.

【参考解答】 由 $F(x)$ 是 $\dfrac{\mathrm{e}^x}{x}$ 的一个原函数知 $F'(x)=\dfrac{\mathrm{e}^x}{x}$，于是

$$F'(\ln x)=\frac{\mathrm{e}^{\ln x}}{\ln x}=\frac{x}{\ln x},\quad \frac{\mathrm{d}F(\ln x)}{\mathrm{d}x}=F'(\ln x)\cdot\frac{\mathrm{d}\ln x}{\mathrm{d}x}=\frac{x}{\ln x}\cdot\frac{1}{x}=\frac{1}{\ln x},$$

$$\mathrm{d}F(x^2)=F'(x^2)\cdot 2x\,\mathrm{d}x=\frac{\mathrm{e}^{x^2}}{x^2}\cdot 2x\,\mathrm{d}x=\frac{2\mathrm{e}^{x^2}}{x}\mathrm{d}x.$$

3. (1) 已知$\int f(x)\mathrm{d}x=(x^2-1)\mathrm{e}^{-x}+C$，则$f(x)=$______.

(2) 已知$f(x)$在$(-\infty,+\infty)$内连续，$F(x)$为$f(\mathrm{e}^{-x})$的原函数，则$F'(x)=$______.

【参考解答】 (1) $f(x)=\left[\int f(x)\mathrm{d}x\right]'=[(x^2-1)\mathrm{e}^{-x}+C]'$

$$=2x\mathrm{e}^{-x}-\mathrm{e}^{-x}(x^2-1)=\mathrm{e}^{-x}(2x-x^2+1).$$

(2) 由已知条件，$F(x)=\int f(\mathrm{e}^{-x})\mathrm{d}x$，于是$F'(x)=\left[\int f(\mathrm{e}^{-x})\mathrm{d}x\right]'=f(\mathrm{e}^{-x})$.

4. 计算下列不定积分.

(1) $\int\frac{1}{\sqrt[3]{x}}\mathrm{d}x$.　(2) $\int\left(\sqrt{x}+\frac{1}{\sqrt{x}}\right)\mathrm{d}x$.　(3) $\int(\mathrm{e}^x-2\cos x)\mathrm{d}x$.

(4) $\int(x^2+2x)^2\mathrm{d}x$.　(5) $\int\frac{x^2}{1+x^2}\mathrm{d}x$.　(6) $\int\frac{(1+x)^2}{x}\mathrm{d}x$.

(7) $\int\cot^2x\,\mathrm{d}x$.　(8) $\int\sin^2\frac{x}{2}\mathrm{d}x$.　(9) $\int(3^x-2^x)^2\mathrm{d}x$.

【参考解答】 (1) $\int\frac{1}{\sqrt[3]{x}}\mathrm{d}x=\int x^{-\frac{1}{3}}\mathrm{d}x=\frac{3}{2}x^{\frac{2}{3}}+C$.

(2) $\int\left(\sqrt{x}+\frac{1}{\sqrt{x}}\right)\mathrm{d}x=\int(x^{\frac{1}{2}}+x^{-\frac{1}{2}})\mathrm{d}x=\frac{2}{3}x^{\frac{3}{2}}+2x^{\frac{1}{2}}+C$.

(3) $\int(\mathrm{e}^x-2\cos x)\mathrm{d}x=\mathrm{e}^x-2\sin x+C$.

(4) $\int(x^2+2x)^2\mathrm{d}x=\int(x^4+4x^3+4x^2)\mathrm{d}x=\frac{1}{5}x^5+x^4+\frac{4}{3}x^3+C$.

(5) $\int\frac{x^2}{1+x^2}\mathrm{d}x=\int\frac{x^2+1-1}{1+x^2}\mathrm{d}x=\int\left(1-\frac{1}{1+x^2}\right)\mathrm{d}x=x-\arctan x+C$.

(6) $\int\frac{(1+x)^2}{x}\mathrm{d}x=\int\left(\frac{1}{x}+2+x\right)\mathrm{d}x=\ln|x|+2x+\frac{1}{2}x^2+C$.

(7) $\int\cot^2x\,\mathrm{d}x=\int(\csc^2x-1)\mathrm{d}x=-\cot x-x+C$.

(8) $\int\sin^2\frac{x}{2}\mathrm{d}x=\frac{1}{2}\int(1-\cos x)\mathrm{d}x=\frac{1}{2}x-\frac{1}{2}\sin x+C$.

(9) $\int(3^x-2^x)^2\mathrm{d}x=\int(3^{2x}-2\cdot3^x\cdot2^x+2^{2x})\mathrm{d}x=\int(9^x-2\cdot6^x+4^x)\mathrm{d}x$

$$=\frac{9^x}{2\ln3}-\frac{6^x}{\ln6}2+\frac{4^x}{2\ln2}+C.$$

5. 不必关心下面的不定积分是如何算出的，请验证它们的正确性.

(1) $\int\frac{1}{a^2-x^2}\mathrm{d}x=\frac{1}{2a}\ln\left|\frac{a+x}{a-x}\right|+C$.

(2) $\int\sqrt{x^2+a^2}\,\mathrm{d}x=\frac{x}{2}\sqrt{x^2+a^2}+\frac{a^2}{2}\ln(x+\sqrt{x^2+a^2})+C$.

【参考解答】 (1) 由于

$$\left(\frac{1}{2a}\ln\left|\frac{a+x}{a-x}\right|+C\right)'=\frac{1}{2a}(\ln|a+x|-\ln|a-x|)'=\frac{1}{a^2-x^2},$$

所以原积分结果正确.

(2) 由于 $\left[\frac{x}{2}\sqrt{x^2+a^2}+\frac{a^2}{2}\ln(x+\sqrt{x^2+a^2})\right]'=\frac{1}{2}\sqrt{x^2+a^2}+\frac{x\cdot x}{2\sqrt{x^2+a^2}}+\frac{a^2}{2}\frac{1+x/\sqrt{x^2+a^2}}{x+\sqrt{x^2+a^2}}=\sqrt{x^2+a^2}$,所以原积分结果正确.

6. 一曲线通过点(1,1),且在该曲线上的任一点 $M(x,y)$ 处的切线的斜率为 x^2,求该曲线的方程.

【参考解答】 由已知有 $\frac{\mathrm{d}y}{\mathrm{d}x}=x^2$,积分得 $y=\int x^2\mathrm{d}x=\frac{1}{3}x^3+C$. 又曲线过点(1,1),于是 $C=\frac{2}{3}$,所求曲线为 $y=\frac{1}{3}x^3+\frac{2}{3}$.

综合练习

7. (1) 已知 $x+\frac{1}{x}$ 是 $f(x)$ 的一个原函数,求 $\int xf(x)\mathrm{d}x$.

(2) 若 $f(x)$ 是 e^{-x} 的一个原函数,计算 $\int\frac{f(\ln x)}{x}\mathrm{d}x$.

【参考解答】 (1) 由已知可知 $\int f(x)\mathrm{d}x=x+\frac{1}{x}+C$,于是

$$f(x)=\left(x+\frac{1}{x}+C\right)'=1-\frac{1}{x^2},$$

所以 $\int xf(x)\mathrm{d}x=\int\left(x-\frac{1}{x}\right)\mathrm{d}x=\frac{x^2}{2}-\ln|x|+C$.

(2) 已知 $f'(x)=\mathrm{e}^{-x}$,所以 $f(x)=\int\mathrm{e}^{-x}\mathrm{d}x=-\mathrm{e}^{-x}+C_1$. 于是

$$f(\ln x)=-\frac{1}{x}+C_1,$$

代入不等积分表达式,得

$$\int\frac{f(\ln x)}{x}\mathrm{d}x=\int\left(-\frac{1}{x^2}+\frac{C_1}{x}\right)\mathrm{d}x=-\int x^{-2}\mathrm{d}x+C_1\int\frac{1}{x}\mathrm{d}x=\frac{1}{x}+C_1\ln|x|+C_2.$$

8. 设 $f(x)$ 的反函数为 $f^{-1}(x)$,记 $F(t)=\int f(t)\mathrm{d}t$. 证明:

$$\int f^{-1}(x)\mathrm{d}x=xf^{-1}(x)-F(f^{-1}(x))+C.$$

【参考证明】 由题意可知 $F'(t)=f(t)$. 对等式右端求导数,得

$$[xf^{-1}(x)-F(f^{-1}(x))]'=f^{-1}(x)+x[f^{-1}(x)]'-f[f^{-1}(x)][f^{-1}(x)]'$$

$$=f^{-1}(x)+x[f^{-1}(x)]'-x[f^{-1}(x)]'=f^{-1}(x),$$

所以$\int f^{-1}(x)\mathrm{d}x=xf^{-1}(x)-F(f^{-1}(x))+C$.

9. 一个火箭以匀加速 $20\mathrm{m/s^2}$ 从地球表面升空，1min 后火箭速度有多快？

【参考解答】 由题意知$\frac{\mathrm{d}V}{\mathrm{d}t}=20$，积分得$V=\int 20\mathrm{d}t=20t+C$，当$t=0$时，$V=0$，于是有$C=0$，则$V=20t$. 当$t=60\mathrm{s}$时，$V=20\cdot 60=1200(\mathrm{m/s})$，即 1min 后火箭速度为 1200m/s.

10. 设$f(x^2-1)=\ln\frac{x^2}{x^2-2}$，且$f[\varphi(x)]=\ln x$，求$\int\varphi(x)\mathrm{d}x$.

【参考解答】 令$x^2-1=t$，则$x^2=1+t$，所以$f(t)=\ln\frac{t+1}{t-1}$.

于是$f[\varphi(x)]=\ln\frac{\varphi(x)+1}{\varphi(x)-1}=\ln x$，即$\frac{\varphi(x)+1}{\varphi(x)-1}=x$，解得$\varphi(x)=\frac{x+1}{x-1}$.

因此$\int\varphi(x)\mathrm{d}x=\int\frac{x+1}{x-1}\mathrm{d}x=\int\left(1+\frac{2}{x-1}\right)\mathrm{d}x=x+2\ln|x-1|+C$.

考研与竞赛练习

1. 填空题.

(1) 设$f'(\ln x)=1+x$，则$f(x)=$________.

(2) 设$f(x)$是周期为 4 的可导奇函数，且$f'(x)=2(x-1)$，$x\in[0,2]$，则$f(7)=$________.

(3) 已知$\int\frac{x^2}{\sqrt{1-x^2}}\mathrm{d}x=Ax\sqrt{1-x^2}+B\int\frac{\mathrm{d}x}{\sqrt{1-x^2}}$，则常数$A=$________，$B=$________.

【参考解答】 (1) 由已知等式得$f'(\ln x)=1+\mathrm{e}^{\ln x}$，即$f'(x)=1+\mathrm{e}^x$，所以

$$f(x)=\int(1+\mathrm{e}^x)\mathrm{d}x=x+\mathrm{e}^x+C.$$

(2) 当$x\in[0,2]$时，$f(x)=\int 2(x-1)\mathrm{d}x=x^2-2x+C$. 由于其为可导奇函数，所以可以推得$f(0)=0$，从而有$C=0$，即$f(x)=x^2-2x$，所以

$$f(7)=f(2\cdot 4-1)=f(-1)=-f(1)=1.$$

(3) 两边对于x求导，得

$$\frac{x^2}{\sqrt{1-x^2}}=A\sqrt{1-x^2}-\frac{Ax^2}{\sqrt{1-x^2}}+\frac{B}{\sqrt{1-x^2}}=\frac{(A+B)-2Ax^2}{\sqrt{1-x^2}},$$

比较分子得$A+B=0$，$-2A=1$，解得$A=-\frac{1}{2}$，$B=\frac{1}{2}$.

2. 已知函数$f(x)$在$(0,+\infty)$内可导，$f(x)>0$，$\lim\limits_{x\to+\infty}f(x)=1$，且满足$\lim\limits_{h\to 0}\left[\frac{f(x+hx)}{f(x)}\right]^{1/h}=\mathrm{e}^{1/x}$，求$f(x)$.

【参考解答】 由$\lim\limits_{h\to 0}\left[\dfrac{f(x+hx)}{f(x)}\right]^{1/h}=e^{\lim\limits_{h\to 0}\frac{1}{h}\ln\frac{f(x+hx)}{f(x)}}=e^{1/x}$，有

$$\frac{1}{x}=\lim_{h\to 0}\frac{1}{h}\ln\frac{f(x+hx)}{f(x)}=\lim_{h\to 0}\frac{\ln f(x+hx)-\ln f(x)}{h}$$

$$=x\lim_{h\to 0}\frac{\ln f(x+hx)-\ln f(x)}{hx-0}=x[\ln f(x)]',$$

即$[\ln f(x)]'=\dfrac{1}{x^2}$. 两边积分得

$$\int[\ln f(x)]'\mathrm{d}x=\ln f(x)+C_1=\int\frac{1}{x^2}\mathrm{d}x=-\frac{1}{x}+C_2,$$

即有 $\ln f(x)=-\dfrac{1}{x}+C_2-C_1$. 所以

$$f(x)=e^{-1/x+C_2-C_1}=Ce^{-1/x}\,(C=e^{C_2-C_1}),$$

由 $\lim\limits_{x\to+\infty}f(x)=1$ 得 $C=1$，故 $f(x)=e^{-1/x}$.

3. 设 $f(x)$在$(-\infty,+\infty)$内有不恒为零的二阶导数，且对任意的 $x,y\in(-\infty,+\infty)$ 有 $f(x)f(y)=f(\sqrt{x^2+y^2})$. (1)证明：$f(0)=1$，$f(x)$是偶函数. (2)当 $f''(0)=1$ 时，求 $f(x)$的表达式.

【参考证明】 由 $f(x)$在$(-\infty,+\infty)$内有二阶导数且不恒为零可知 $f(x)$不为常值函数.

(1) 不妨取 $y>0$，$f(y)\neq 0$，则有

$$f(-x)f(y)=f\left(\sqrt{(-x)^2+y^2}\right)=f\left(\sqrt{x^2+y^2}\right)=f(x)f(y),\tag{1}$$

所以 $f(-x)=f(x)$，$f(x)$为偶函数，$f'(x)$为奇函数. 式(1)中取 $x=0$，得 $f(0)=1$.

(2) 将 x 视为常数，等式 $f(x)f(y)=f\left(\sqrt{x^2+y^2}\right)$两边对 y 求导，

$$f(x)f'(y)=\frac{y}{\sqrt{x^2+y^2}}f'\left(\sqrt{x^2+y^2}\right),$$

再对 y 求导得 $f(x)f''(y)=\dfrac{y^2}{x^2+y^2}f''\left(\sqrt{x^2+y^2}\right)+\dfrac{x^2}{\sqrt{(x^2+y^2)^3}}f'\left(\sqrt{x^2+y^2}\right)$，

取 $y=0$，$x>0$ 有 $f(x)f''(0)=f'(x)\dfrac{1}{x}$，即$\dfrac{f'(x)}{f(x)}=xf''(0)=x$.

取 $y=0$，$x<0$ 有 $f(x)f''(0)=-\dfrac{1}{x}f'(-x)=\dfrac{1}{x}f(x)$，即$\dfrac{f'(x)}{f(x)}=x$.

于是当 $x\neq 0$ 时有$\dfrac{f'(x)}{f(x)}=x$，即有$[\ln f(x)]'=\dfrac{f'(x)}{f(x)}=x$. 两边积分，得

$$\int[\ln f(x)]'\mathrm{d}x=\ln f(x)+C_1=\int x\,\mathrm{d}x=\frac{x^2}{2}+C_2,$$

即 $e^{C_1}f(x)=e^{x^2/2}\cdot e^{C_2}$，令 $C=e^{C_2-C_1}$，则得 $f(x)=Ce^{x^2/2}$. 由于 $f(0)=1$，代入得 $C=1$. 于是 $f(x)=e^{x^2/2}$.

4. 设函数 $f(x)$ 在 $(-\infty,+\infty)$ 内可微,且对于任意的 $x,y\in(-\infty,\infty)$ 有 $f(x+y)=f(x)+f(y)+2xy$,证明:$f(x)=x^2+f'(0)x$.

【参考证明】 取 $x=y=0$,得 $f(0)=0$. $y\neq 0$ 时改写等式为

$$\frac{f(x+y)-f(x)}{y}=\frac{f(y)}{y}+2x,$$

等式两端同时求 $y\to 0$ 的极限,于是由导数的定义,得

$$\lim_{y\to 0}\frac{f(x+y)-f(x)}{y-0}=f'(x),\quad \lim_{y\to 0}\frac{f(y)-f(0)}{y-0}+2x=f'(0)+2x,$$

即 $f'(x)=f'(0)+2x$. 于是可得

$$f(x)=\int f'(x)\mathrm{d}x=\int[2x+f'(0)]\mathrm{d}x=x^2+f'(0)\cdot x+C,$$

由于 $f(0)=0$,代入得 $C=0$,即 $f(x)=x^2+f'(0)\cdot x$.

5. 设函数 $f(x)$ 可导,且对任意的 $x,y(x\neq y)$,有 $\dfrac{f(y)-f(x)}{y-x}=f'(\alpha x+\beta y)$,其中 $\alpha\geqslant 0,\beta\geqslant 0$ 且 $\alpha+\beta=1$. 求 $f(x)$ 的表达式.

【参考解答】 令 $y-x=v(v\neq 0)$,$\alpha x+\beta y=u$,则 $x=u-\beta v$,$y=u+\alpha v$,代入题设等式,得

$$f(y)-f(x)=(y-x)f'(\alpha x+\beta y)\Leftrightarrow f(u+\alpha v)-f(u-\beta v)=vf'(u),$$

等式两边关于 v 求导两次(u 视为常数),得

$$\alpha f'(u+\alpha v)+\beta f'(u-\beta v)=f'(u),\quad \alpha^2 f''(u+\alpha v)-\beta^2 f''(u-\beta v)=0.$$

即 $\alpha^2 f''(y)=\beta^2 f''(x)$ 对一切 $x,y(x\neq y)$ 成立.

(1) 若 $\alpha\neq\beta$,则由 x,y 的任意性知,$f''(x)=0$,积分得所求函数为 $f'(x)=\int 0\mathrm{d}x=C_1$,$f(x)=\int C_1\mathrm{d}x=C_1x+C_2$,其中 C_1,C_2 为任意常数.

(2) 若 $\alpha=\beta=\dfrac{1}{2}$,则 $f''(x)=C$(C 为常数),积分得所求函数为

$$f'(x)=\int C\mathrm{d}x=Cx+C_1,$$

$$f(x)=\int(Cx+C_1)\mathrm{d}x=\frac{C}{2}x^2+C_1x+C_2,$$

其中 C,C_1,C_2 为任意常数.

6. 设 $f(x)$ 在 $[a,b]$ 上连续,在 (a,b) 内可微,且 $f(a)=f(b)=0$,则对在 $[a,b]$ 上任一连续函数 $\varphi(x)$,有 $\xi\in(a,b)$,使得 $f'(\xi)+\varphi(\xi)f(\xi)=0$.

【参考证明】 因为 $\varphi(x)$ 连续,所以存在原函数,记作 $\int\varphi(x)\mathrm{d}x$,则构建辅助函数

$$F(x)=\mathrm{e}^{\int\varphi(x)\mathrm{d}x}\cdot f(x).$$

依题设可知 $F(x)$ 在 $[a,b]$ 上连续,在 (a,b) 内可导,并且 $F(a)=F(b)=0$,所以由罗尔定理,一定存在 $\xi\in(a,b)$,使得 $F'(\xi)=0$,即

$$F'(\xi)=e^{\int\varphi(x)dx}[f'(\xi)+\varphi(\xi)f(\xi)]=0,$$

由于 $e^{\int\varphi(x)dx}>0$，以上等式等价于 $f'(\xi)+\varphi(\xi)f(\xi)=0$，即结论成立.

练习 24　不定积分的换元法

训练目的

1. 熟悉函数的凑微分，会用第一换元法计算不定积分.
2. 熟悉常用的积分变量替换，会用第二换元法计算不定积分.

基础练习

1. 在下列各等号右端的空白处填入适当的系数，使等式成立.

(1) $dx=$________ $d(2x-1)$.　　(2) $x dx=$________ $d(x^2+1)$.

(3) $e^{-2x}dx=$________ $d(e^{-2x})$.　　(4) $\sin\frac{3}{2}x dx=$________ $d\left(\cos\frac{3}{2}x\right)$.

(5) $\frac{dx}{1-x}=$________ $d(5\ln(1-x))$.　　(6) $\frac{dx}{1+9x^2}=$________ $d(\arctan 3x)$.

(7) $\frac{dx}{\sqrt{1-x^2}}=$________ $d(1-\arcsin x)$.　　(8) $\frac{x dx}{\sqrt{1-x^2}}=$________ $d(\sqrt{1-x^2})$.

【答案】 (1) $\frac{1}{2}$　(2) $\frac{1}{2}$　(3) $-\frac{1}{2}$　(4) $-\frac{2}{3}$　(5) $-\frac{1}{5}$　(6) $\frac{1}{3}$　(7) -1　(8) -1

2. 计算下列不定积分.

(1) $\int(1-2x)^5dx=$________.　　(2) $\int\frac{dx}{(2x-5)^6}=$________.

(3) $\int\sqrt{8-2x}\,dx=$________.　　(4) $\int\frac{dx}{\sqrt{2-3x}}=$________.

(5) $\int\frac{dx}{3-5x}=$________.　　(6) $\int\frac{dx}{9x^2+4}=$________.

(7) $\int\frac{dx}{x^2+2x+3}=$________.　　(8) $\int\frac{dx}{x^2+2x-3}=$________.

(9) $\int\frac{x}{1+x^2}dx=$________.　　(10) $\int\frac{x dx}{x^4+2x^2-3}=$________.

(11) $\int\cos(1-2x)dx=$________.　　(12) $\int\frac{1}{x^2}\sin\frac{1}{x}dx=$________.

(13) $\int\csc^2\frac{x}{2}dx=$________.　　(14) $\int\frac{dx}{\cos^2(1-3x)}=$________.

(15) $\int e^{1-2x}dx=$________.　　(16) $\int\frac{e^{\sqrt{x}}}{\sqrt{x}}dx=$________.

(17) $\int \frac{1}{e^x+e^{-x}}dx=$______.　　(18) $\int \frac{\ln x}{x}dx=$______.

(19) $\int \frac{dx}{x\ln x}=$______.　　(20) $\int \frac{dx}{x\ln^2 x}=$______.

【答案】 (1) $-\frac{1}{12}(1-2x)^6+C$　(2) $-\frac{1}{10(2x-5)^5}+C$

(3) $-\frac{1}{3}(8-2x)^{\frac{3}{2}}+C$　(4) $-\frac{2}{3}\sqrt{2-3x}+C$　(5) $-\frac{1}{5}\ln|3-5x|+C$

(6) $\frac{1}{6}\arctan\frac{3}{2}x+C$　(7) $\frac{\sqrt{2}}{2}\arctan\frac{\sqrt{2}}{2}(x+1)+C$　(8) $\frac{1}{4}\ln\left|\frac{x-1}{x+3}\right|+C$

(9) $\frac{1}{2}\ln(1+x^2)+C$　(10) $\frac{1}{8}\ln\left|\frac{x^2-1}{x^2+3}\right|+C$　(11) $\frac{1}{2}\sin(2x-1)+C$

(12) $\cos\frac{1}{x}+C$　(13) $-2\cot\frac{x}{2}+C$　(14) $-\frac{1}{3}\tan(1-3x)+C$

(15) $-\frac{1}{2}e^{1-2x}+C$　(16) $2e^{\sqrt{x}}+C$　(17) $\arctan e^x+C$

(18) $\frac{1}{2}\ln^2 x+C$　(19) $\ln|\ln x|+C$　(20) $-\frac{1}{\ln x}+C$

3. 计算下列不定积分.

(1) $\int \frac{dx}{1+\sqrt{1+x}}$.　　(2) $\int \frac{dx}{x\sqrt{1-x^2}}$.

【参考解答】

(1) $\int \frac{dx}{1+\sqrt{1+x}} \xlongequal{t=\sqrt{1+x}} \int \frac{2t}{1+t}dt = 2\int\left(1-\frac{1}{t+1}\right)dt$

$=2t-2\ln|t+1|+C=2\sqrt{1+x}-2\ln(1+\sqrt{1+x})+C.$

(2) $\int \frac{dx}{x\sqrt{1-x^2}} \xlongequal{x=\sin t} \int \frac{\cos t\,dt}{\sin t\cos t}=\int\frac{dt}{\sin t}=\int \csc t\,dt$

$=\ln|\csc t-\cot t|+C=\ln\left|\frac{1}{x}-\frac{\sqrt{1-x^2}}{x}\right|+C$

$=\ln\left|1-\sqrt{1-x^2}\right|-\ln|x|+C.$

综合练习

4. 计算下列不定积分($a>0$).

(1) $\int x^2\sqrt{1+x^3}\,dx$.　(2) $\int \frac{dx}{\sqrt{x}(1+x)}$.　(3) $\int \frac{dx}{\sqrt{e^{2x}-1}}$.

(4) $\int \frac{dx}{1+e^x}$.　(5) $\int \sin 5x\sin 7x\,dx$.　(6) $\int \frac{dx}{2-\cos^2 x}$.

(7) $\int \frac{\sin x\cos x}{1+\sin^4 x}dx$.　(8) $\int \frac{\sin x+\cos x}{\sqrt[3]{\sin x-\cos x}}dx$.　(9) $\int \frac{\sin x}{\cos^3 x}dx$.

(10) $\int \tan^3 x \sec x\,dx$.　(11) $\int \frac{\arctan\sqrt{x}}{\sqrt{x}(1+x)}dx$.　(12) $\int \frac{\sqrt{x}}{\sqrt{x}-\sqrt[3]{x}}dx$.

(13) $\int \frac{dx}{(x^2+a^2)^{3/2}}$.　(14) $\int \frac{\sqrt{x^2+a^2}}{x^2}dx$.　(15) $\int \sqrt{\frac{a+x}{a-x}}\,dx$.

【参考解答】

(1) $\int x^2\sqrt{1+x^3}\,dx = \frac{1}{3}\int \sqrt{1+x^3}\,d(1+x^3) = \frac{2}{9}(1+x^3)^{3/2}+C$.

(2) $\int \frac{dx}{\sqrt{x}(1+x)} = 2\int \frac{d\sqrt{x}}{(1+x)} = 2\arctan\sqrt{x}+C$.

(3) $\int \frac{dx}{\sqrt{e^{2x}-1}} = \int \frac{dx}{e^x\sqrt{1-e^{-2x}}} = -\int \frac{de^{-x}}{\sqrt{1-e^{-2x}}} = -\arcsin e^{-x}+C$.

(4) $\int \frac{dx}{1+e^x} = \int \frac{e^{-x}dx}{e^{-x}+1} = -\int \frac{d(e^{-x}+1)}{e^{-x}+1} = -\ln(1+e^{-x})+C$

$= x-\ln(e^x+1)+C$.

(5) $\int \sin 5x \sin 7x\,dx = \frac{1}{2}\int(\cos 2x-\cos 12x)dx = \frac{1}{4}\sin 2x-\frac{1}{24}\sin 12x+C$.

(6) $\int \frac{dx}{2-\cos^2 x} = \int \frac{\sec^2 x\,dx}{2\sec^2 x-1} = \int \frac{\sec^2 x\,dx}{2\tan^2 x+1} = \frac{1}{\sqrt{2}}\int \frac{d\sqrt{2}\tan x}{2\tan^2 x+1}$

$= \frac{\sqrt{2}}{2}\arctan(\sqrt{2}\tan x)+C$.

(7) $\int \frac{\sin x\cos x}{1+\sin^4 x}dx = \int \frac{\sin x\,d\sin x}{1+\sin^4 x} = \frac{1}{2}\int \frac{d\sin^2 x}{1+(\sin^2 x)^2} = \frac{1}{2}\arctan(\sin^2 x)+C$.

(8) $\int \frac{\sin x+\cos x}{\sqrt[3]{\sin x-\cos x}}dx = \int \frac{d(\sin x-\cos x)}{\sqrt[3]{\sin x-\cos x}} = \frac{3}{2}(\sin x-\cos x)^{\frac{2}{3}}+C$.

(9) $\int \frac{\sin x}{\cos^3 x}dx = -\int \frac{d\cos x}{\cos^3 x} = \frac{1}{2\cos^2 x}+C = \frac{1}{2}\sec^2 x+C$.

$\left(或\int \frac{\sin x}{\cos^3 x}dx = \int \tan x\sec^2 x\,dx = \int \tan x\,d\tan x = \frac{1}{2}\tan^2 x+C\right)$

(10) $\int \tan^3 x\sec x\,dx = \int(\sec^2 x-1)d\sec x = \frac{1}{3}\sec^3 x-\sec x+C$.

(11) $\int \frac{\arctan\sqrt{x}}{\sqrt{x}(1+x)}dx = 2\int \frac{\arctan\sqrt{x}}{1+(\sqrt{x})^2}d\sqrt{x} = 2\int \arctan\sqrt{x}\,d\arctan\sqrt{x}$

$= (\arctan\sqrt{x})^2+C$.

(12) $\int \frac{\sqrt{x}\,dx}{\sqrt{x}-\sqrt[3]{x}} \overset{x=t^6}{=\!=\!=} \int \frac{6t^8 dt}{t^3-t^2} = 6\int \frac{t^6 dt}{t-1}$

$= 6\int \frac{t^6-1+1}{t-1}dt = 6\int\left(t^5+t^4+t^3+t^2+t+1+\frac{1}{t-1}\right)dt$

$$=6\left[\frac{1}{6}t^6+\frac{1}{5}t^5+\frac{1}{4}t^4+\frac{1}{3}t^3+\frac{1}{2}t^2+t+\ln|t-1|\right]+C$$

$$=x+\frac{6}{5}x^{5/6}+\frac{3}{2}x^{2/3}+2x^{1/2}+3x^{1/3}+6x^{1/6}+6\ln|x^{1/6}-1|+C.$$

(13) $\displaystyle\int\frac{\mathrm{d}x}{(x^2+a^2)^{3/2}}\xlongequal{x=a\tan t}\int\frac{a\sec^2t\,\mathrm{d}t}{a^3\sec^3t}=\frac{1}{a^2}\int\cos t\,\mathrm{d}t=\frac{\sin t}{a^2}+C=\frac{x}{a^2\sqrt{x^2+a^2}}+C.$

(14) $\displaystyle\int\frac{\sqrt{x^2+a^2}}{x^2}\mathrm{d}x\xlongequal{x=a\tan t}\int\frac{a^2\sec^3t}{a^2\tan^2t}\mathrm{d}t$

$$=\int\frac{\mathrm{d}t}{\sin^2t\cos t}=\int\frac{\sin^2t+\cos^2t}{\sin^2t\cos t}\mathrm{d}t=\int(\sec t+\csc t\cot t)\mathrm{d}t$$

$$=\ln|\sec t+\tan t|-\csc t+C'=\ln(x+\sqrt{x^2+a^2})-\frac{\sqrt{x^2+a^2}}{x}+C.$$

或 $\displaystyle\int\frac{\sqrt{x^2+a^2}}{x^2}\mathrm{d}x\xlongequal{x=a\tan t}\int\frac{\sec^3t}{\tan^2t}\mathrm{d}t=\int\frac{\cos t\,\mathrm{d}t}{\sin^2t\cos^2t}=\int\frac{\mathrm{d}\sin t}{\sin^2t(1-\sin^2t)}$

$$=\int\left(\frac{1}{\sin^2t}+\frac{1}{1-\sin^2t}\right)\mathrm{d}\sin t=-\frac{1}{\sin t}+\frac{1}{2}\ln\left|\frac{1+\sin t}{1-\sin t}\right|+C$$

(15) $\displaystyle\int\sqrt{\frac{a+x}{a-x}}\mathrm{d}x=\int\frac{a+x}{\sqrt{a^2-x^2}}\mathrm{d}x$

$$=a\int\frac{1}{\sqrt{1-\left(\frac{x}{a}\right)^2}}\mathrm{d}\left(\frac{x}{a}\right)-\int\frac{1}{2\sqrt{a^2-x^2}}\mathrm{d}(a^2-x^2)$$

$$=\int\frac{a+x}{\sqrt{a^2-x^2}}\mathrm{d}x=a\arcsin\frac{x}{a}-\sqrt{a^2-x^2}+C.$$

5. 求下列不定积分.

(1) 设 $\int f(x)\mathrm{d}x=x^2+C$，求不定积分 $\int xf(1-x^2)\mathrm{d}x$.

(2) 设 $\int xf(x)\mathrm{d}x=\arcsin x+C$，求不定积分 $\displaystyle\int\frac{1}{f(x)}\mathrm{d}x$.

(3) 已知 $f'(\mathrm{e}^x)=x\mathrm{e}^{-x}$，且 $f(1)=0$，求不定积分 $\displaystyle\int\frac{f(x)}{x}\mathrm{d}x$.

【参考解答】 (1) $\displaystyle\int xf(1-x^2)\mathrm{d}x=-\frac{1}{2}\int f(1-x^2)\mathrm{d}(1-x^2)=-\frac{1}{2}(1-x^2)^2+C.$

(2) 对已知不定积分等式两端求导，得 $xf(x)=\dfrac{1}{\sqrt{1-x^2}}$，即 $\dfrac{1}{f(x)}=x\sqrt{1-x^2}$，代入所需计算的不定积分，得

$$\int\frac{1}{f(x)}\mathrm{d}x=\int x\sqrt{1-x^2}\,\mathrm{d}x=-\frac{1}{2}\int\sqrt{1-x^2}\,\mathrm{d}(1-x^2)=-\frac{1}{3}(1-x^2)^{3/2}+C.$$

(3) 令 $e^x=t$，则 $x=\ln t$，于是有 $f'(t)=\frac{\ln t}{t}$，即 $f'(x)=\frac{\ln x}{x}$. 积分得 $f(x)=\int\frac{\ln x}{x}dx=\frac{1}{2}(\ln x)^2+C$. 由 $f(1)=0$ 得 $C=0$，故 $f(x)=\frac{1}{2}(\ln x)^2$.

于是 $\int\frac{f(x)}{x}dx=\frac{1}{2}\int\frac{(\ln x)^2}{x}dx=\frac{1}{2}\int(\ln x)^2d(\ln x)=\frac{1}{6}(\ln x)^3+C$.

6. 设 $F(x)$ 是 $f(x)$ 在 $(0,+\infty)$ 上的一个原函数，$F(1)=\frac{\sqrt{2}}{4}\pi$. 若 $f(x)\cdot F(x)=\frac{\arctan\sqrt{x}}{\sqrt{x}(1+x)}(x\in(0,+\infty))$，求 $f(x)$ 的表达式.

【参考解答】 由题设可知，$F'(x)=f(x)$，即 $F'(x)\cdot F(x)=\frac{\arctan\sqrt{x}}{\sqrt{x}(1+x)}$，两端积分得

$$\frac{1}{2}F^2(x)=\int\frac{\arctan\sqrt{x}}{\sqrt{x}(1+x)}dx=2\int\frac{\arctan\sqrt{x}}{1+(\sqrt{x})^2}d\sqrt{x}$$

$$=2\int\arctan\sqrt{x}\,d(\arctan\sqrt{x})=(\arctan\sqrt{x})^2+C,$$

代入 $F(1)=\frac{\sqrt{2}}{4}\pi$，得 $\frac{1}{2}\frac{2}{16}\pi^2=\frac{\pi^2}{16}+C$，即 $C=0$. 又由于 $F(1)>0$，所以 $F(x)=\sqrt{2}\arctan\sqrt{x}$，从而 $f(x)=F'(x)=\frac{1}{\sqrt{2x}(x+1)}$.

考研与竞赛练习

1. 计算不定积分.

(1) $\int\frac{1}{\sqrt{(x-a)(b-x)}}dx\ (a<x<b)$.　(2) $\int\frac{x+5}{x^2-6x+13}dx$.

(3) $\int\frac{3x+6}{(x-1)^2(x^2+x+1)}dx$.　(4) $\int\frac{dx}{1+\sin x}$.

(5) $\int\frac{1+\sin x}{1+\cos x}dx$.　(6) $\int\frac{2\sin x\cos x\sqrt{1+\sin^2 x}}{2+\sin^2 x}dx$.

(7) $\int\frac{dx}{a^2\sin^2 x+b^2\cos^2 x}$（其中 a,b 为不全为零的非负数）.

(8) $\int\frac{dx}{(2x^2+1)\sqrt{x^2+1}}$.　(9) $\int\frac{1+x\cos x}{x(1+xe^{\sin x})}dx$.

【参考解答】 (1)【法 1】

$$\int\frac{dx}{\sqrt{(x-a)(b-x)}}=\int\frac{dx}{\sqrt{\left(\frac{b-a}{2}\right)^2-\left(x-\frac{a+b}{2}\right)^2}}=\arcsin\frac{x-\frac{a+b}{2}}{\frac{b-a}{2}}+C$$

$$=\arcsin\frac{2x-a-b}{b-a}+C.$$

【法 2】 $$\int\frac{\mathrm{d}x}{\sqrt{(x-a)(b-x)}}=2\int\frac{\mathrm{d}\sqrt{x-a}}{\sqrt{b-x}}=2\int\frac{\mathrm{d}\sqrt{x-a}}{\sqrt{(b-a)-(x-a)}}$$
$$=2\int\frac{\mathrm{d}\sqrt{x-a}}{\sqrt{(\sqrt{b-a})^2-(\sqrt{x-a})^2}}=2\arcsin\frac{\sqrt{x-a}}{\sqrt{b-a}}+C.$$

【法 3】 改写被积函数，有$\dfrac{1}{\sqrt{(x-a)(b-x)}}=\dfrac{\sqrt{x-a}}{x-a\sqrt{b-x}}=\dfrac{1}{x-a}\sqrt{\dfrac{x-a}{b-x}}$，

令$\sqrt{\dfrac{x-a}{b-x}}=t$，则 $x=\dfrac{a+bt^2}{1+t^2}$，$\mathrm{d}x=\dfrac{2(b-a)t}{(1+t^2)^2}\mathrm{d}t$，代入被积表达式，得

$$\int\frac{\mathrm{d}x}{\sqrt{(x-a)(b-x)}}=\int\frac{1+t^2}{(b-a)t^2}t\,\frac{2(b-a)t}{(1+t^2)^2}\mathrm{d}t=2\int\frac{1}{1+t^2}\mathrm{d}t$$
$$=2\arctan t+C=2\arctan\sqrt{\frac{x-a}{b-x}}+C.$$

(2) $$\int\frac{x+5}{x^2-6x+13}\mathrm{d}x=\int\frac{x-3}{x^2-6x+13}\mathrm{d}x+\int\frac{8}{x^2-6x+13}\mathrm{d}x$$
$$=\frac{1}{2}\int\frac{\mathrm{d}(x^2-6x+13)}{x^2-6x+13}+\int\frac{8}{(x-3)^2+4}\mathrm{d}x$$
$$=\frac{1}{2}\ln(x^2-6x+13)+4\arctan\frac{x-3}{2}+C.$$

(3) 将有理式拆分为部分分式：$\dfrac{3x+6}{(x-1)^2(x^2+x+1)}=\dfrac{A}{x-1}+\dfrac{B}{(x-1)^2}+\dfrac{Cx+D}{x^2+x+1}$，将右边的式子通分，并令其等于左边的分子，得

$$A(x-1)(x^2+x+1)+B(x^2+x+1)+(Cx+D)(x-1)^2=3x+6,$$

比较两端系数，可得$\begin{cases}A+C=0\\B-2C+D=0\\B+C-2D=3\\-A+B+D-6\end{cases}$，解方程组得 $A=-2$，$B=3$，$C=2$，$D=1$. 所以被积函数可以拆分为$\dfrac{3x+6}{(x-1)^2(x^2+x+1)}=\dfrac{2x+1}{x^2+x+1}-\dfrac{2}{x-1}+\dfrac{3}{(x-1)^2}$，于是由积分的线性运算性质，得

$$\int\frac{3x+6}{(x-1)^2(x^2+x+1)}\mathrm{d}x=\int\frac{2x+1}{x^2+x+1}\mathrm{d}x-\int\frac{2\mathrm{d}x}{x-1}+\int\frac{3\mathrm{d}x}{(x-1)^2}$$
$$=\ln|x^2+x+1|-2\ln|x-1|-\frac{3}{x-1}+C.$$

(4)【法 1】 $$\int\frac{\mathrm{d}x}{1+\sin x}=\int\frac{1-\sin x}{\cos^2 x}\mathrm{d}x=\int\sec^2 x\,\mathrm{d}x-\int\sec x\tan x\,\mathrm{d}x$$
$$=\tan x-\sec x+C.$$

【法 2】 考虑三角函数万能公式. 令 $\tan\frac{x}{2}=t$，则 $x=2\arctan t$，$\mathrm{d}x=\frac{2\mathrm{d}t}{1+t^2}$，$\sin x=\frac{2\tan t}{1+\tan^2 t}=\frac{2t}{1+t^2}$，于是

$$\int\frac{\mathrm{d}x}{1+\sin x}=\int\frac{1}{1+\frac{2t}{1+t^2}}\cdot\frac{2\mathrm{d}t}{1+t^2}=\int\frac{2\mathrm{d}t}{(1+t)^2}=-\frac{2}{1+t}+C=-\frac{2}{1+\tan\frac{x}{2}}+C.$$

【法 3】 $$\int\frac{\mathrm{d}x}{1+\sin x}=\int\frac{\mathrm{d}x}{\left(\cos\frac{x}{2}+\sin\frac{x}{2}\right)^2}=\int\frac{\sec^2\frac{x}{2}}{\left(1+\tan\frac{x}{2}\right)^2}\mathrm{d}x$$

$$=2\int\frac{\mathrm{d}\left(1+\tan\frac{x}{2}\right)}{\left(1+\tan\frac{x}{2}\right)^2}=-\frac{2}{1+\tan\frac{x}{2}}+C.$$

(5)【法 1】 $$\int\frac{1+\sin x}{1+\cos x}\mathrm{d}x=\int\frac{1+\sin x-\cos x-\sin x\cos x}{\sin^2 x}\mathrm{d}x$$

$$=\int(\csc^2 x+\csc x-\cot x\csc x-\cot x)\mathrm{d}x$$

$$=-\cot x+\ln|\csc x-\cot x|+\csc x-\ln|\sin x|+C$$

【法 2】 由万能公式 $\sin x=\frac{2t}{1+t^2}$，$\cos x=\frac{1-t^2}{1+t^2}$，令 $t=\tan\frac{x}{2}$，则 $x=2\arctan t$，故 $\mathrm{d}x=\frac{2\mathrm{d}t}{1+t^2}$，代入原积分式，得

$$\int\frac{1+\sin x}{1+\cos x}\mathrm{d}x=\int\frac{t^2+2t+1}{1+t^2}\mathrm{d}t=\int\left(1+\frac{2t}{1+t^2}\right)\mathrm{d}t=t+\ln(1+t^2)+C$$

$$=\tan\frac{x}{2}+\ln\left(1+\tan^2\frac{x}{2}\right)+C.$$

【法 3】 利用三角函数恒等式变换公式，得

$$\int\frac{1+\sin x}{1+\cos x}\mathrm{d}x=\int\frac{1+2\sin\frac{x}{2}\cos\frac{x}{2}}{2\cos^2\frac{x}{2}}\mathrm{d}x=\int\sec^2\frac{x}{2}\mathrm{d}\frac{x}{2}-2\int\tan\frac{x}{2}\mathrm{d}\frac{x}{2}$$

$$=\tan\frac{x}{2}-2\ln\left|\cos\frac{x}{2}\right|+C.$$

(6) $$\int\frac{2\sin x\cos x\sqrt{1+\sin^2 x}}{2+\sin^2 x}\mathrm{d}x=\int\frac{\sqrt{1+\sin^2 x}}{2+\sin^2 x}\mathrm{d}(\sin^2 x)$$

$$\xlongequal{\sin^2 x=t}\int\frac{\sqrt{1+t}}{2+t}\mathrm{d}t\xlongequal{\sqrt{1+t}=u}\int\frac{2u^2}{u^2+1}\mathrm{d}u$$

$$=2\int\left(1-\frac{1}{1+u^2}\right)\mathrm{d}u=2u-2\arctan u+C$$

$$=2\left(\sqrt{1+\sin^2 x}-\arctan\sqrt{1+\sin^2 x}\right)+C.$$

(7) 当 $a=0,b\neq 0$ 时，$\displaystyle\int\frac{\mathrm{d}x}{a^2\sin^2 x+b^2\cos^2 x}=\frac{1}{b^2}\int\sec^2 x\,\mathrm{d}x=\frac{1}{b^2}\tan x+C$，

当 $a\neq 0,b=0$ 时，$\displaystyle\int\frac{\mathrm{d}x}{a^2\sin^2 x+b^2\cos^2 x}=\frac{1}{a^2}\int\csc^2 x\,\mathrm{d}x=-\frac{1}{a^2}\cot x+C$，

当 $ab\neq 0$ 时，

$$\int\frac{\mathrm{d}x}{a^2\sin^2 x+b^2\cos^2 x}=\int\frac{\sec^2 x\,\mathrm{d}x}{a^2\tan^2 x+b^2}=\frac{1}{a}\int\frac{\mathrm{d}(a\tan x)}{a^2\tan^2 x+b^2}$$

$$=\frac{1}{ab}\arctan\left(\frac{a}{b}\tan x\right)+C.$$

(8) $$\int\frac{\mathrm{d}x}{(2x^2+1)\sqrt{x^2+1}}\xlongequal{x=\tan t}\int\frac{\sec^2 t\,\mathrm{d}t}{(2\tan^2 t+1)\cdot\sec t}=\int\frac{\cos t\,\mathrm{d}t}{2\sin^2 t+\cos^2 t}$$

$$=\int\frac{\mathrm{d}\sin t}{1+\sin^2 t}=\arctan(\sin t)+C=\arctan\frac{x}{\sqrt{1+x^2}}+C.$$

(9) 令 $t=1+x\mathrm{e}^{\sin x}$，则 $\mathrm{d}t=\mathrm{e}^{\sin x}(1+x\cos x)\mathrm{d}x$，于是

$$\int\frac{1+x\cos x}{x(1+x\mathrm{e}^{\sin x})}\mathrm{d}x=\int\frac{\mathrm{e}^{\sin x}(1+x\cos x)}{x\mathrm{e}^{\sin x}(1+x\mathrm{e}^{\sin x})}\mathrm{d}x=\int\frac{\mathrm{d}t}{(t-1)\cdot t}$$

$$=\int\left(\frac{1}{t-1}-\frac{1}{t}\right)\mathrm{d}t=\ln\left|\frac{t-1}{t}\right|+C=\ln\left|\frac{x\mathrm{e}^{\sin x}}{1+x\mathrm{e}^{\sin x}}\right|+C.$$

2. 已知 $f''(x)$连续，$f'(x)\neq 0$，求$\displaystyle\int\left[\frac{f(x)}{f'(x)}-\frac{f^2(x)f''(x)}{(f'(x))^3}\right]\mathrm{d}x$.

【参考解答】 改写被积函数，得

$$\int\left[\frac{f(x)}{f'(x)}-\frac{f^2(x)f''(x)}{(f'(x))^3}\right]\mathrm{d}x=\int\frac{f(x)}{f'(x)}\cdot\frac{[f'(x)]^2-f(x)\cdot f''(x)}{[f'(x)]^2}\mathrm{d}x$$

$$=\int\frac{f(x)}{f'(x)}\cdot\left[\frac{f(x)}{f'(x)}\right]'\mathrm{d}x\xlongequal{\frac{f(x)}{f'(x)}=u}\int u\,\mathrm{d}u=\frac{1}{2}u^2+C$$

$$=\frac{1}{2}\left[\frac{f(x)}{f'(x)}\right]^2+C.$$

练习25 不定积分的分部积分法

训练目的

掌握不定积分分部积分公式，会利用分部积分公式求函数的不定积分.

基础练习

1. 指出下列不定积分的计算过程中出现错误的等号.

(A) a　　(B) b　　(C) c　　(D) 没有

(1) $\int x\sin x\,dx \overset{a}{=\!=} -\int x\,d(\cos x) \overset{b}{=\!=} -x\cos x - \int \cos x\,dx$

$\overset{c}{=\!=} -x\cos x - \sin x + C$　　(　　).

(2) $\int x e^{-x}\,dx \overset{a}{=\!=} -\int x\,d(e^{-x}) \overset{b}{=\!=} -\left(x e^{-x} - \int e^{-x}\,dx\right)$

$\overset{c}{=\!=} -x e^{-x} + e^{-x} + C$　　(　　).

(3) $\int \arcsin x\,dx \overset{a}{=\!=} x\arcsin x - \int x\,d\arcsin x \overset{b}{=\!=} x\arcsin x - \int \dfrac{x\,dx}{\sqrt{1-x^2}}$

$\overset{c}{=\!=} x\arcsin x - \sqrt{1-x^2} + C$　　(　　).

(4) $\int x\ln x\,dx \overset{a}{=\!=} \int \ln x\,d(x^2) \overset{b}{=\!=} x^2\ln x - \int x\,dx \overset{c}{=\!=} x^2\ln x - \dfrac{1}{2}x^2 + C$

(　　).

【答案】 (1) B　(2) C　(3) C　(4) A

2. 求下列不定积分.

(1) $\int \dfrac{x}{\sin^2 x}dx$.　(2) $\int \ln\dfrac{x}{x^2+1}dx$.　(3) $\int x^2\arctan x\,dx$.

(4) $\int x\tan^2 x\,dx$.　(5) $\int x^2\ln x\,dx$.　(6) $\int \ln^2 x\,dx$.

(7) $\int e^{-x}\cos x\,dx$.　(8) $\int e^{\sqrt{x}}\,dx$.

【参考解答】

(1) $\int \dfrac{x}{\sin^2 x}dx = \int x\csc^2 x\,dx = -\int x\,d\cot x = -x\cot x + \int \cot x\,dx$

$= -x\cot x + \ln|\sin x| + C.$

(2) $\int \ln\dfrac{x}{x^2+1}dx = x\ln\dfrac{x}{x^2+1} - \int x\,d\ln\dfrac{x}{x^2+1}$

$= x\ln\dfrac{x}{x^2+1} - \int\left(\dfrac{2}{x^2+1} - 1\right)dx = x\ln\dfrac{x}{x^2+1} - 2\arctan x + x + C.$

(3) $\int x^2\arctan x\,dx = \dfrac{1}{3}\int \arctan x\,dx^3 = \dfrac{1}{3}\left(x^3\arctan x - \int \dfrac{x^3}{1+x^2}dx\right)$

$= \dfrac{1}{3}\left(x^3\arctan x - \dfrac{1}{2}\int \dfrac{x^2}{1+x^2}dx^2\right)$

$= \dfrac{1}{3}\left(x^3\arctan x - \dfrac{1}{2}\int\left(1 - \dfrac{1}{1+x^2}\right)dx^2\right)$

$= \dfrac{1}{3}x^3\arctan x - \dfrac{1}{6}x^2 + \dfrac{1}{6}\ln(1+x^2) + C.$

(4) $\int x\tan^2 x\,dx = \int x(\sec^2 x - 1)dx = \int x\,d\tan x - \dfrac{x^2}{2}$

$= x\tan x - \int \tan x\,dx - \dfrac{x^2}{2} = x\tan x + \ln|\cos x| - \dfrac{x^2}{2} + C.$

(5) $\int x^2\ln x\,dx=\frac{1}{3}\int\ln x\,dx^3=\frac{1}{3}\left(x^3\ln x-\int x^2dx\right)$

$=\frac{1}{3}x^3\ln x-\frac{1}{9}x^3+C=\frac{1}{3}x^3\left(\ln x-\frac{1}{3}\right)+C.$

(6) $\int\ln^2x\,dx=x\ln^2x-\int x\,d\ln^2x=x\ln^2x-2\int\ln x\,dx$

$=x\ln^2x-2\left(x\ln x-\int x\,d\ln x\right)=x\ln^2x-2\left(x\ln x-\int dx\right)$

$=x\ln^2x-2x\ln x+2x+C.$

(7) $\int e^{-x}\cos x\,dx=\int e^{-x}d\sin x=e^{-x}\sin x-\int\sin x\,de^{-x}$

$=e^{-x}\sin x+\int e^{-x}\sin x\,dx=e^{-x}\sin x-\int e^{-x}d\cos x$

$=e^{-x}\sin x-e^{-x}\cos x+\int\cos x\,de^{-x}$

$=e^{-x}\sin x-e^{-x}\cos x-\int e^{-x}\cos x\,dx,$

所以$\int e^{-x}\cos x\,dx=\frac{1}{2}e^{-x}(\sin x-\cos x)+C.$

(8) $\int e^{\sqrt{x}}dx\xlongequal{\sqrt{x}=t}2\int te^tdt=2\left(te^t-\int e^tdt\right)=2(t-1)e^t+C=2(\sqrt{x}-1)e^{\sqrt{x}}+C.$

综合练习

3. 求下列不定积分.

(1) 已知 $f(x)$有原函数$\frac{\sin x}{x}$，求$\int xf'(x)dx$.

(2) 设 $f(\ln x)=\frac{\ln(1+x)}{x}$，求$\int f(x)dx$.

(3) 设 $f(\sin^2x)=\frac{x}{\sin x}$，求$\int\frac{\sqrt{x}}{\sqrt{1-x}}f(x)dx$.

【参考解答】 (1) 由已知可知 $f(x)=\left(\frac{\sin x}{x}\right)'=\frac{x\cos x-\sin x}{x^2}$，于是

$\int xf'(x)dx=\int xdf(x)=xf(x)-\int f(x)dx=\frac{x\cos x-\sin x}{x}-\frac{\sin x}{x}+C=\cos x-\frac{2\sin x}{x}+C.$

(2) 设 $\ln x=t$，则 $x=e^t$，于是可得 $f(t)=\frac{\ln(1+e^t)}{e^t}$. 代入积分表达式，得

$$\int f(x)dx=\int\frac{\ln(1+e^x)}{e^x}dx=-\int\ln(1+e^x)de^{-x}$$

$$=-e^{-x}\ln(1+e^x)+\int\frac{1}{1+e^x}dx$$

$$=-e^{-x}\ln(1+e^x)+\int\left(1-\frac{e^x}{1+e^x}\right)dx$$

$$=-e^{-x}\ln(1+e^{x})+x-\ln(1+e^{x})+C.$$

(3) 由题设可知 $x\in(0,1)$. 令 $u=\sin^2 x$,则有 $\sin x=\sqrt{u}$,$x=\arcsin\sqrt{u}$,代入 $f(\sin^2 x)=\frac{x}{\sin x}$得 $f(u)=\frac{\arcsin\sqrt{u}}{\sqrt{u}}$,代入积分式得

$$\int\frac{\sqrt{x}}{\sqrt{1-x}}f(x)\mathrm{d}x=\int\frac{\arcsin\sqrt{x}}{\sqrt{1-x}}\mathrm{d}x=-2\int\arcsin\sqrt{x}\,\mathrm{d}\sqrt{1-x}$$

$$=-2\sqrt{1-x}\arcsin\sqrt{x}+2\int\sqrt{1-x}\,\frac{1}{\sqrt{1-x}}\mathrm{d}\sqrt{x}$$

$$=-2\sqrt{1-x}\arcsin\sqrt{x}+2\sqrt{x}+C.$$

4. 设 $F(x)$为 $f(x)$的原函数,且当 $x\geqslant 0$ 时,$f(x)F(x)=\frac{xe^{x}}{2(1+x)^2}$,已知 $F(0)=1$,$F(x)>0$,试求 $F(x)$.

【参考解答】 由 $F'(x)=f(x)$,有 $2F(x)F'(x)=\frac{xe^{x}}{(1+x)^2}$.

左端积分得 $\int 2F(x)F'(x)\mathrm{d}x=F^2(x)+C_1$,

右端积分得$\int\frac{xe^{x}}{(1+x)^2}\mathrm{d}x=-\int xe^{x}\,\mathrm{d}\left(\frac{1}{1+x}\right)=-\frac{xe^{x}}{1+x}+\int\frac{1}{1+x}\mathrm{d}(xe^{x})$

$$=-\frac{xe^{x}}{1+x}+\int e^{x}\mathrm{d}x=\frac{e^{x}}{x+1}+C_2,$$

两端积分相等得 $F^2(x)=\frac{e^{x}}{1+x}+C$. 由 $F(0)=1$ 得 $C=0$,从而

$$F(x)=\sqrt{\frac{e^{x}}{1+x}}\ (F(x)>0).$$

5. 已知曲线 $y=f(x)$过点$\left(0,-\frac{1}{2}\right)$,且其上任一点$(x,y)$处的切线斜率为 $x\ln(1+x^2)$,求曲线表达式 $y=f(x)$.

【参考解答】 由已知得$\frac{\mathrm{d}y}{\mathrm{d}x}=x\ln(1+x^2)$,积分得

$$y=\int x\ln(1+x^2)\mathrm{d}x=\frac{1}{2}\int\ln(1+x^2)\mathrm{d}(1+x^2)$$

$$=\frac{1}{2}(1+x^2)\ln(1+x^2)-\frac{1}{2}\int(1+x^2)\cdot\frac{2x}{1+x^2}\mathrm{d}x$$

$$=\frac{1}{2}(1+x^2)\ln(1+x^2)-\int x\mathrm{d}x=\frac{1}{2}(1+x^2)\ln(1+x^2)-\frac{1}{2}x^2+C,$$

因为曲线 $y=f(x)$过点$\left(0,-\frac{1}{2}\right)$,即 $f(0)=-\frac{1}{2}$,代入得 $C=-\frac{1}{2}$,所以

$$y=\frac{1}{2}(1+x^2)\ln(1+x^2)-\frac{1}{2}x^2-\frac{1}{2}.$$

考研与竞赛练习

求下列不定积分.

1. $\int \frac{\ln x-1}{x^2}dx$.

【参考解答】 $\int \frac{\ln x-1}{x^2}dx=-\int \ln x\,d\left(\frac{1}{x}\right)+\frac{1}{x}=-\left(\frac{1}{x}\ln x-\int \frac{1}{x^2}dx\right)+\frac{1}{x}$

$$=-\frac{\ln x}{x}-\frac{1}{x}+C+\frac{1}{x}=-\frac{\ln x}{x}+C.$$

2. $\int (\arcsin x)^2 dx$.

【参考解答】 $\int (\arcsin x)^2 dx=x(\arcsin x)^2-\int \frac{2x\arcsin x}{\sqrt{1-x^2}}dx$

$$=x(\arcsin x)^2+2\int \arcsin x\,d\sqrt{1-x^2}$$

$$=x(\arcsin x)^2+2\sqrt{1-x^2}\arcsin x-\int 2dx$$

$$=x(\arcsin x)^2+2\sqrt{1-x^2}\arcsin x-2x+C.$$

3. $\int \frac{x^2}{1+x^2}\arctan x\,dx$.

【参考解答】 $\int \frac{x^2}{1+x^2}\arctan x\,dx=\int \left(1-\frac{1}{1+x^2}\right)\arctan x\,dx$

$$=\int \arctan x\,dx-\int \arctan x\,d\arctan x$$

$$=x\arctan x-\int \frac{x}{1+x^2}dx-\frac{1}{2}(\arctan x)^2$$

$$=x\arctan x-\frac{1}{2}\ln(1+x^2)-\frac{1}{2}(\arctan x)^2+C.$$

4. $\int \frac{\arctan x}{x^2(1+x^2)}dx$.

【参考解答】

【法 1】 $\int \frac{\arctan x}{x^2(1+x^2)}dx=\int \left(\frac{1}{x^2}-\frac{1}{1+x^2}\right)\arctan x\,dx$

$$=-\int \arctan x\,d\left(\frac{1}{x}\right)-\int \arctan x\,d(\arctan x)$$

$$=-\frac{\arctan x}{x}+\int \frac{1}{x(1+x^2)}dx-\frac{1}{2}(\arctan x)^2$$

$$=-\frac{\arctan x}{x}-\frac{1}{2}(\arctan x)^2+\int \left(\frac{1}{x}-\frac{x}{1+x^2}\right)dx$$

$$=-\frac{\arctan x}{x}-\frac{1}{2}(\arctan x)^2+\ln|x|-\frac{1}{2}\ln(1+x^2)+C.$$

【法 2】 令 $x=\tan t$，则 $\mathrm{d}x=\sec^2 t\,\mathrm{d}t$，且 $\cot t=\frac{1}{t}$，$\sin t=\frac{x}{\sqrt{1+x^2}}$. 由不定积分换元法，代入整理得

$$\int\frac{\arctan x}{x^2(1+x^2)}\mathrm{d}x=\int t(\csc^2 t-1)\mathrm{d}t=-t\cot t+\int\frac{\cos t}{\sin t}\mathrm{d}t-\frac{1}{2}t^2$$
$$=-t\cot t+\ln|\sin t|-\frac{1}{2}t^2+C$$
$$=-\frac{\arctan x}{x}+\ln\frac{|x|}{\sqrt{1+x^2}}-\frac{1}{2}(\arctan x)^2+C.$$

5. $\int\frac{\arcsin\sqrt{x}}{\sqrt{x}}\mathrm{d}x$.

【参考解答】 令 $t=\sqrt{x}$，则 $\mathrm{d}t=\frac{1}{2\sqrt{x}}\mathrm{d}x$，$\mathrm{d}x=2t\,\mathrm{d}t$，所以

$$\int\frac{\arcsin\sqrt{x}}{\sqrt{x}}\mathrm{d}x=2\int\arcsin t\,\mathrm{d}t=2\left(t\arcsin t-\int\frac{t}{\sqrt{1-t^2}}\mathrm{d}t\right)$$
$$=2(t\arcsin t+\sqrt{1-t^2})+C=2\sqrt{x}\arcsin\sqrt{x}+2\sqrt{1-x}+C.$$

6. $\int\frac{x\cos^4\frac{x}{2}}{\sin^3 x}\mathrm{d}x$.

【参考解答】 $$\int\frac{x\cos^4\frac{x}{2}}{\sin^3 x}\mathrm{d}x=\int\frac{x\cos^4\frac{x}{2}}{8\sin^3\frac{x}{2}\cos^3\frac{x}{2}}\mathrm{d}x=\frac{1}{8}\int x\cot\frac{x}{2}\csc^2\frac{x}{2}\mathrm{d}x$$
$$=-\frac{1}{4}\int x\cot\frac{x}{2}\mathrm{d}\left(\cot\frac{x}{2}\right)=-\frac{1}{8}\int x\,\mathrm{d}\left(\cot^2\frac{x}{2}\right)$$
$$=-\frac{1}{8}x\cot^2\frac{x}{2}+\frac{1}{8}\int\cot^2\frac{x}{2}\mathrm{d}x$$
$$=-\frac{1}{8}x\cot^2\frac{x}{2}+\frac{1}{8}\int\left(\csc^2\frac{x}{2}-1\right)\mathrm{d}x$$
$$=-\frac{1}{8}x\cot^2\frac{x}{2}-\frac{1}{4}\cot\frac{x}{2}-\frac{x}{8}+C$$
$$=-\frac{1}{8}x\csc^2\frac{x}{2}-\frac{1}{4}\cot\frac{x}{2}+C.$$

7. $\int\frac{\ln\sin x}{\sin^2 x}\mathrm{d}x$.

【参考解答】 $$\int\frac{\ln\sin x}{\sin^2 x}\mathrm{d}x=\int\csc^2 x\ln\sin x\,\mathrm{d}x=-\int\ln\sin x\,\mathrm{d}\cot x$$
$$=-\cot x\ln\sin x+\int\cot x\cdot\frac{\cos x}{\sin x}\mathrm{d}x$$

$$=-\cot x\ln\sin x+\int\cot^2 x\,dx$$
$$=-\cot x\ln\sin x+\int(\csc^2 x-1)dx$$
$$=-\cot x\ln\sin x-\cot x-x+C.$$

8. $\int\frac{xe^x}{\sqrt{e^x-1}}dx$.

【参考解答】【法 1】 $\int\frac{xe^x}{\sqrt{e^x-1}}dx=\int\frac{x}{\sqrt{e^x-1}}d(e^x-1)=2\int x\,d(\sqrt{e^x-1})$

$$=2x\sqrt{e^x-1}-2\int\sqrt{e^x-1}\,dx,$$

又令$\sqrt{e^x-1}=u$，则 $x=\ln(u^2+1)$，$dx=\frac{2u\,du}{u^2+1}$，于是

$$\int\sqrt{e^x-1}\,dx=2\int\frac{u^2}{u^2+1}du=2\int\left(1-\frac{1}{u^2+1}\right)du$$
$$=2(u-\arctan u)+C=2(\sqrt{e^x-1}-\arctan\sqrt{e^x-1})+C,$$

所以$\int\frac{xe^x}{\sqrt{e^x-1}}dx=2x\sqrt{e^x-1}-4(\sqrt{e^x-1}-\arctan\sqrt{e^x-1})+C$

$$=2(x-2)\sqrt{e^x-1}+4\arctan\sqrt{e^x-1}+C.$$

【法 2】 令 $u=\sqrt{e^x-1}$，则 $x=\ln(u^2+1)$，$dx=\frac{2u\,du}{u^2+1}$. 代入积分式得

$$\int\frac{xe^x}{\sqrt{e^x-1}}dx=\int\frac{(1+u^2)\ln(1+u^2)}{u}\frac{2u}{1+u^2}du=2\int\ln(1+u^2)du$$
$$=2u\ln(1+u^2)-\int\frac{4u^2}{1+u^2}du=2u\ln(1+u^2)-4u+4\arctan u+C$$
$$=2x\sqrt{e^x-1}-4\sqrt{e^x-1}+4\arctan\sqrt{e^x-1}+C.$$

9. $\int e^x\arcsin\sqrt{1-e^{2x}}\,dx$.

【参考解答】 由于$\int e^x\arcsin\sqrt{1-e^{2x}}\,dx=\int\arcsin\sqrt{1-e^{2x}}\,de^x$，令 $e^x=t$，则

$$\int e^x\arcsin\sqrt{1-e^{2x}}\,dx=\int\arcsin\sqrt{1-t^2}\,dt$$
$$=t\arcsin\sqrt{1-t^2}+\int\frac{t}{\sqrt{1-t^2}}dt=t\arcsin\sqrt{1-t^2}-\sqrt{1-t^2}+C$$
$$=e^x\arcsin\sqrt{1-e^{2x}}-\sqrt{1-e^{2x}}+C.$$

10. $\int e^{2x}\arctan\sqrt{e^x-1}\,dx$.

【参考解答】【法 1】 令 $t=\sqrt{e^x-1}$，则 $x=\ln(1+t^2)$，$dx=\frac{2t}{1+t^2}dt$，于是

$$\int e^{2x}\arctan\sqrt{e^x-1}\,dx=\int(1+t^2)^2\frac{2t\arctan t}{1+t^2}dt$$
$$=\int 2t(1+t^2)\arctan t\,dt=\frac{1}{2}\int\arctan t\,d[(1+t^2)]^2$$
$$=\frac{(1+t^2)^2}{2}\arctan t-\frac{1}{2}\int(1+t^2)dt=\frac{(1+t^2)^2}{2}\arctan t-\frac{t}{2}-\frac{t^3}{6}+C$$
$$=\frac{e^{2x}}{2}\arctan\sqrt{e^x-1}-\frac{\sqrt{e^x-1}}{2}-\frac{\sqrt{(e^x-1)^3}}{6}+C.$$

【法 2】 $\int e^{2x}\arctan\sqrt{e^x-1}\,dx=\frac{1}{2}\int\arctan\sqrt{e^x-1}\,de^{2x}$

$$=\frac{1}{2}e^{2x}\arctan\sqrt{e^x-1}-\frac{1}{2}\int\frac{e^{2x}}{e^x}\cdot\frac{e^x}{2\sqrt{e^x-1}}dx$$
$$=\frac{1}{2}e^{2x}\arctan\sqrt{e^x-1}-\frac{1}{4}\int\frac{e^x-1+1}{\sqrt{e^x-1}}d(e^x-1)$$
$$=\frac{1}{2}e^{2x}\arctan\sqrt{e^x-1}-\frac{\sqrt{e^x-1}}{2}-\frac{\sqrt{(e^x-1)^3}}{6}+C.$$

11. $\int\frac{\arcsin e^x}{e^x}dx$.

【参考解答】【法 1】

$$\int\frac{\arcsin e^x}{e^x}dx=-\int\arcsin e^x\,de^{-x}=-\left(\frac{\arcsin e^x}{e^x}-\int\frac{e^x}{e^x\sqrt{1-e^{2x}}}dx\right)$$
$$=-e^{-x}\arcsin e^x+\int\frac{e^{-x}dx}{\sqrt{e^{-2x}-1}}=-e^{-x}\arcsin e^x-\int\frac{de^{-x}}{\sqrt{e^{-2x}-1}}$$
$$=-e^{-x}\arcsin e^x-\ln(e^{-x}+\sqrt{e^{-2x}-1})+C$$
$$=-e^{-x}\arcsin e^x-\ln(1+\sqrt{1-e^{2x}})+x+C.$$

【法 2】 设 $t=e^x$，则 $x=\ln t$，$dx=\frac{1}{t}dt$，于是

$$\int\frac{\arcsin e^x}{e^x}dx=\int\frac{\arcsin t}{t^2}dt=-\int\arcsin t\,d\left(\frac{1}{t}\right)=-\frac{\arcsin t}{t}+\int\frac{dt}{t\sqrt{1-t^2}},$$

又由倒代换 $\frac{1}{t}=u$ 可得

$$\int\frac{1}{t\sqrt{1-t^2}}dt=-\int\frac{1}{\sqrt{u^2-1}}du$$
$$=-\ln\left|u+\sqrt{u^2-1}\right|+C=-\ln\frac{1+\sqrt{1-t^2}}{t}+C.$$

代回即得 $\int\frac{\arcsin e^x}{e^x}dx=-e^{-x}\arcsin e^x-\ln(1+\sqrt{1-e^{2x}})+x+C.$

【注】 也可做三角代换 $t=\cos u\left(0<u<\dfrac{\pi}{2}\right)$，或换元 $u=\sqrt{1-x^2}$.

12. $\displaystyle\int \ln\left(1+\sqrt{\frac{1+x}{x}}\right)\mathrm{d}x\,(x>0)$.

【参考解答】【法 1】 换元：$t=\sqrt{\dfrac{1+x}{x}}$，则 $x=\dfrac{1}{t^2-1}$，由分部积分法可得

$$\int \ln\left(1+\sqrt{\frac{1+x}{x}}\right)\mathrm{d}x=\int \ln(1+t)\,\mathrm{d}\left(\frac{1}{t^2-1}\right)$$

$$=\frac{\ln(1+t)}{t^2-1}-\int \frac{1}{(t^2-1)(1+t)}\mathrm{d}t,$$

其中$\displaystyle\int \frac{1}{(t^2-1)(t+1)}\mathrm{d}t=\frac{1}{4}\int\left[\frac{1}{t-1}-\frac{1}{t+1}-\frac{2}{(t+1)^2}\right]\mathrm{d}t$

$$=\frac{1}{4}\ln(t-1)-\frac{1}{4}\ln(1+t)+\frac{1}{2(t+1)}+C,$$

故$\displaystyle\int \ln\left(1+\sqrt{\frac{1+x}{x}}\right)\mathrm{d}x=\frac{\ln(1+t)}{t^2-1}+\frac{1}{4}\ln\frac{t+1}{t-1}-\frac{1}{2(t+1)}+C$

$$=x\ln\left(1+\sqrt{\frac{1+x}{x}}\right)+\frac{1}{2}\ln(\sqrt{1+x}+\sqrt{x})-\frac{1}{2}\cdot\frac{\sqrt{x}}{\sqrt{1+x}+\sqrt{x}}+C.$$

【法 2】 因为$\displaystyle\int \ln\left(1+\sqrt{\frac{1+x}{x}}\right)=\int \ln(\sqrt{x}+\sqrt{1+x})\mathrm{d}x-\frac{1}{2}\int \ln x\,\mathrm{d}x$，其中

$$\int \ln(\sqrt{x}+\sqrt{1+x})\mathrm{d}x=x\ln(\sqrt{x}+\sqrt{1+x})-\int x\cdot\frac{1}{\sqrt{x}+\sqrt{1+x}}\cdot\left(\frac{1}{2\sqrt{x}}+\frac{1}{2\sqrt{1+x}}\right)\mathrm{d}x$$

$$=x\ln(\sqrt{x}+\sqrt{1+x})-\frac{1}{2}\int \frac{x}{\sqrt{x(1+x)}}\mathrm{d}x$$

$$=x\ln(\sqrt{x}+\sqrt{1+x})-\frac{1}{4}\int \frac{(2x+1)-1}{\sqrt{x^2+x}}\mathrm{d}x$$

$$=x\ln(\sqrt{x}+\sqrt{1+x})-\frac{1}{4}\int \frac{\mathrm{d}(x^2+x)}{\sqrt{x^2+x}}+\frac{1}{4}\int \frac{\mathrm{d}\left(x+\frac{1}{2}\right)}{\sqrt{\left(x+\frac{1}{2}\right)^2-\left(\frac{1}{2}\right)^2}}$$

$$=x\ln(\sqrt{x}+\sqrt{1+x})-\frac{1}{2}\sqrt{x^2+x}+\frac{1}{4}\ln\left|x+\frac{1}{2}+\sqrt{x^2+x}\right|+C_1,$$

$$\int \ln x\,\mathrm{d}x=x\ln x-x+C_2.$$

所以$\displaystyle\int \ln\left(1+\sqrt{\frac{1+x}{x}}\right)\mathrm{d}x=x\ln(\sqrt{x}+\sqrt{1+x})-\frac{1}{2}\sqrt{x^2+x}+\frac{1}{4}\ln\left|x+\frac{1}{2}+\sqrt{x^2+x}\right|-\frac{1}{2}(x-1)\ln x+C.$

13. $\int \frac{\arcsin\sqrt{x}+\ln x}{\sqrt{x}}\mathrm{d}x$.

【参考解答】【法 1】　令 $u=\sqrt{x}$，则 $x=u^2$，$\mathrm{d}x=2u\,\mathrm{d}u$，故

$$\begin{aligned}\int \frac{\arcsin\sqrt{x}+\ln x}{\sqrt{x}}\mathrm{d}x &= 2\int(\arcsin u+2\ln u)\mathrm{d}u\\ &=2(\arcsin u+2\ln u)u-2\int u\left(\frac{1}{\sqrt{1-u^2}}+\frac{2}{u}\right)\mathrm{d}u\\ &=2(\arcsin u+2\ln u)u-\int\frac{2u}{\sqrt{1-u^2}}\mathrm{d}u-4\int\mathrm{d}u\\ &=2(\arcsin u+2\ln u)u+\int\frac{\mathrm{d}(1-u^2)}{\sqrt{1-u^2}}-4u\\ &=2(\arcsin u+2\ln u)u+2\sqrt{1-u^2}-4u+C\\ &=2(\arcsin\sqrt{x}+2\ln\sqrt{x})\sqrt{x}+2\sqrt{1-x}-4\sqrt{x}+C.\end{aligned}$$

【法 2】

$$\begin{aligned}\int \frac{\arcsin\sqrt{x}+\ln x}{\sqrt{x}}\mathrm{d}x &= 2\int(\arcsin\sqrt{x}+\ln x)\mathrm{d}\sqrt{x}\\ &=2\sqrt{x}(\arcsin\sqrt{x}+\ln x)-\\ &\quad 2\int\sqrt{x}\left(\frac{1}{\sqrt{1-x}}\cdot\frac{1}{2\sqrt{x}}+\frac{1}{x}\right)\mathrm{d}x\\ &=2\sqrt{x}(\arcsin\sqrt{x}+\ln x)-\int\left(\frac{1}{\sqrt{1-x}}+\frac{2}{\sqrt{x}}\right)\mathrm{d}x\\ &=2\sqrt{x}(\arcsin\sqrt{x}+2\ln\sqrt{x})+2\sqrt{1-x}-4\sqrt{x}+C.\end{aligned}$$

练习 26　特定结构的函数的不定积分的计算

训练目的

1. 会求有理函数、三角函数有理式的积分.
2. 会求分段函数的不定积分.
3. 会利用循环积分的方法求不定积分.
4. 会利用递推的方式求不定积分.
5. 了解参数方程确定的函数和由方程所确定的隐函数的不定积分.

基础练习

1. 求下列不定积分.

(1) $\int\frac{x^2}{x+2}\mathrm{d}x$.　(2) $\int\frac{x}{(x+2)^2}\mathrm{d}x$.　(3) $\int\frac{x^2}{(x+2)^2}\mathrm{d}x$.

(4) $\int \frac{x^3}{x^2+2}\mathrm{d}x$. (5) $\int \sin^3 x\,\mathrm{d}x$. (6) $\int \sin^2 x\,\mathrm{d}x$.

(7) $\int \cos^4 x\,\mathrm{d}x$. (8) $\int \sin^2 x\cos^3 x\,\mathrm{d}x$. (9) $\int \frac{1}{1+\cos^2 x}\mathrm{d}x$.

(10) $\int \mathrm{e}^{2x}(\tan x+1)^2\mathrm{d}x$. (11) $\int \frac{\mathrm{d}x}{2\sin x-\cos x+1}$.

(12) 已知 $f(x)=\begin{cases}\mathrm{e}^x, & x\geqslant 0\\ 1+x, & x<0\end{cases}$，求$\int f(x)\mathrm{d}x$.

(13) 记 $I_n=\int \sec^n x\,\mathrm{d}x\ (n\geqslant 2)$，求 I_n 的递推公式，并计算 I_4, I_5.

【参考解答】 (1) $\int \frac{x^2}{x+2}\mathrm{d}x=\int \frac{x^2-4+4}{x+2}\mathrm{d}x=\int\left(x-2+\frac{4}{x+2}\right)\mathrm{d}x$

$$=\frac{x^2}{2}-2x+4\ln|x+2|+C.$$

(2) $\int \frac{x}{(x+2)^2}\mathrm{d}x=\int \frac{x+2-2}{(x+2)^2}\mathrm{d}x=\ln|x+2|+\frac{2}{x+2}+C.$

(3) $\int \frac{x^2}{(x+2)^2}\mathrm{d}x=\int\left(1-\frac{4x+4}{(x+2)^2}\right)\mathrm{d}x=\int\left(1-\frac{4}{x+2}+\frac{4}{(x+2)^2}\right)\mathrm{d}x$

$$=x-4\ln|x+2|-\frac{4}{x+2}+C.$$

(4) $\int \frac{x^3}{x^2+2}\mathrm{d}x=\int\left(x-\frac{2x}{x^2+2}\right)\mathrm{d}x=\frac{x^2}{2}-\ln(x^2+2)+C.$

(5) $\int \sin^3 x\,\mathrm{d}x=-\int(1-\cos^2 x)\mathrm{d}(\cos x)=\frac{\cos^3 x}{3}-\cos x+C.$

(6) $\int \sin^2 x\,\mathrm{d}x=\frac{1}{2}\int(1-\cos 2x)\mathrm{d}x=\frac{x}{2}-\frac{1}{4}\sin 2x+C.$

(7) $\int \cos^4 x\,\mathrm{d}x=\frac{1}{4}\int(1+\cos 2x)^2\mathrm{d}x=\frac{x}{4}+\frac{\sin 2x}{4}+\frac{1}{8}\int(1+\cos 4x)\mathrm{d}x$

$$=\frac{3x}{8}+\frac{\sin 2x}{4}+\frac{\sin 4x}{32}+C.$$

(8) $\int \sin^2 x\cos^3 x\,\mathrm{d}x=\int(\sin^2 x-\sin^4 x)\mathrm{d}(\sin x)=\frac{\sin^3 x}{3}-\frac{\sin^5 x}{5}+C.$

(9) $\int \frac{1}{1+\cos^2 x}\mathrm{d}x=\int \frac{\sec^2 x\,\mathrm{d}x}{\sec^2 x+1}=\int \frac{\mathrm{d}(\tan x)}{\tan^2 x+2}=\frac{1}{\sqrt{2}}\arctan\frac{\tan x}{\sqrt{2}}+C.$

(10) $\int \mathrm{e}^{2x}(\tan x+1)^2\mathrm{d}x=\int \mathrm{e}^{2x}(\sec^2 x+2\tan x)\mathrm{d}x$

$$=\int \mathrm{e}^{2x}\sec^2 x\,\mathrm{d}x+2\int \mathrm{e}^{2x}\tan x\,\mathrm{d}x=\int \mathrm{e}^{2x}\mathrm{d}\tan x+2\int \mathrm{e}^{2x}\tan x\,\mathrm{d}x$$

$$=\mathrm{e}^{2x}\tan x-2\int \mathrm{e}^{2x}\tan x\,\mathrm{d}x+2\int \mathrm{e}^{2x}\tan x\,\mathrm{d}x=\mathrm{e}^{2x}\tan x+C.$$

(11) $\int \frac{dx}{2\sin x - \cos x + 1} \xlongequal{\tan\frac{x}{2}=t} \int \frac{1}{\frac{4t}{1+t^2} - \frac{1-t^2}{1+t^2} + 1} \cdot \frac{2dt}{1+t^2}$

$$= \int \frac{dt}{t^2+2t} = \frac{1}{2}\int\left(\frac{1}{t} - \frac{1}{t+2}\right)dt = \frac{1}{2}\ln\left|\frac{t}{t+2}\right| + C$$

$$= \frac{1}{2}\ln\left|\frac{\tan\frac{x}{2}}{\tan\frac{x}{2}+2}\right| + C = \frac{1}{2}\ln\left|\frac{\frac{\sin x}{1+\cos x}}{\frac{\sin x}{1+\cos x}+2}\right| + C$$

$$= \frac{1}{2}\ln\left|\frac{\sin x}{\sin x + 2\cos x + 2}\right| + C$$

$$= -\frac{1}{2}\ln\left|\frac{1-\cos x}{2\sin x - \cos x + 1}\right| + C.$$

(12) 当 $x \geqslant 0$ 时，$\int f(x)dx = e^x + C$，当 $x < 0$ 时，$\int f(x)dx = x + \frac{1}{2}x^2 + C_1$.

设原函数为 $F(x)$，则 $F(x)$ 可微必连续，即有 $F(0-0)=F(0)=F(0+0)$，于是

$$F(0+0) = \lim_{x\to 0^+}(e^x + C) = 1 + C,\quad F(0-0) = \lim_{x\to 0^-}\left(x + \frac{x^2}{2} + C_1\right) = C_1,$$

所以 $C_1 = 1 + C$，于是 $\int f(x)dx = \begin{cases} e^x + C, & x \geqslant 0 \\ x + \frac{x^2}{2} + 1 + C, & x < 0 \end{cases}$.

(13) $I_n = \int \sec^n x\,dx = \int \sec^{n-2} x\,d(\tan x)$

$$= \tan x \sec^{n-2} x - (n-2)\int \tan x \sec^{n-3} x \sec x \tan x\,dx$$

$$= \tan x \sec^{n-2} x - (n-2)\int \tan^2 x \sec^{n-2} x\,dx$$

$$= \tan x \sec^{n-2} x - (n-2)\left[\int \sec^n x\,dx - \int \sec^{n-2} x\,dx\right]$$

$$= \tan x \sec^{n-2} x - (n-2)(I_n - I_{n-2}),$$

于是 $I_n = \frac{1}{n-1}\tan x \sec^{n-2} x + \frac{n-2}{n-1}I_{n-2}$，其中 $I_0 = \int 1dx = x + C, I_1 = \int \sec x\,dx = \ln|\sec x + \tan x| + C$.

由递推公式有

$$I_4 = \int \sec^4 x\,dx = \frac{1}{3}\tan x \sec^2 x + \frac{2}{3}I_2$$

$$= \frac{1}{3}\tan x \sec^2 x + \frac{2}{3}(\tan x + C') = \frac{1}{3}\tan x \sec^2 x + \frac{2}{3}\tan x + C.$$

$$I_5 = \int \sec^5 x\,dx = \frac{1}{4}\tan x \sec^3 x + \frac{3}{4}I_3$$

$$= \frac{1}{4}\tan x \sec^3 x + \frac{3}{4}\left(\frac{1}{2}\tan x \sec x + \frac{1}{2}I_1\right)$$

$$=\frac{1}{4}\tan x\sec^3 x+\frac{3}{8}\tan x\sec x+\frac{3}{8}\ln|\sec x+\tan x|+C.$$

2. 函数 $y=y(x)$ 由参数方程 $\begin{cases}x=a\cos^2 t\\ y=a\sin^3 t\end{cases}$ 所确定，求 $\int y\mathrm{d}x$.

【参考解答】 $\int y\mathrm{d}x=\int(a\sin^3 t)\mathrm{d}(a\cos^2 t)=-2a^2\int\sin^4 t\cos t\mathrm{d}t$

$$=-2a^2\int\sin^4 t\mathrm{d}(\sin t)=-\frac{2a^2}{5}\sin^5 t+C=\frac{2}{5}(x-a)y+C.$$

综合练习

3. 求下列不定积分.

(1) $\int\frac{x^4+2x^3-3}{x^2+2x+2}\mathrm{d}x$.　(2) $\int\frac{x}{x^3-3x+2}\mathrm{d}x$.　(3) $\int\frac{x^2+5x+4}{x^4+5x^2+4}\mathrm{d}x$.

(4) $\int\frac{x^5}{x^6-x^3-2}\mathrm{d}x$.　(5) $\int\frac{1}{x(x^{10}+2)^2}\mathrm{d}x$.　(6) $\int\frac{1}{x^6+x^4}\mathrm{d}x$.

(7) $\int\frac{1}{(1+x^2)^2}\mathrm{d}x$.　(8) $\int\frac{\sin x}{\sin^3 x+\cos^3 x}\mathrm{d}x$.　(9) $\int\frac{\mathrm{d}x}{\sin^6 x+\cos^6 x}$.

(10) $\int\frac{\mathrm{d}x}{a\sin x+b\cos x}$.　(11) $\int\frac{\sin x\mathrm{d}x}{a\sin x+b\cos x}$.　(12) $\int\max\{x^2,x^3,1\}\mathrm{d}x$.

【参考解答】 (1) $\int\frac{x^4+2x^3-3}{x^2+2x+2}\mathrm{d}x=\int\left(x^2-2+\frac{4x+4-3}{x^2+2x+2}\right)\mathrm{d}x$

$$=\frac{x^3}{3}-2x+2\int\frac{\mathrm{d}(x^2+2x+2)}{x^2+2x+2}-3\int\frac{\mathrm{d}(x+1)}{(x+1)^2+1}$$

$$=\frac{x^3}{3}-2x+2\ln(x^2+2x+2)-3\arctan(x+1)+C.$$

(2) $\int\frac{x}{x^3-3x+2}\mathrm{d}x=\frac{1}{9}\int\frac{2x+1}{(x-1)^2}\mathrm{d}x-\frac{2}{9}\int\frac{1}{x+2}\mathrm{d}x$

$$=\frac{2}{9}\ln|x-1|-\frac{1}{3(x-1)}-\frac{2}{9}\ln|x+2|+C.$$

(3) $\int\frac{x^2+5x+4}{x^4+5x^2+4}\mathrm{d}x=\int\left(\frac{1}{3}\cdot\frac{5x+3}{x^2+1}-\frac{5}{3}\cdot\frac{x}{x^2+4}\right)\mathrm{d}x$

$$=\frac{5}{6}\ln(x^2+1)+\arctan x-\frac{5}{6}\ln(x^2+4)+C.$$

(4) $\int\frac{x^5}{x^6-x^3-2}\mathrm{d}x=\frac{1}{3}\int\frac{x^3}{(x^3)^2-x^3-2}\mathrm{d}(x^3)\xlongequal{x^3=t}\frac{1}{3}\int\frac{t}{t^2-t-2}\mathrm{d}t$

$$=\frac{1}{9}\int\left(\frac{2}{t-2}+\frac{1}{t+1}\right)\mathrm{d}t=\frac{2}{9}\ln|t-2|+\frac{1}{9}\ln|t+1|+C$$

$$=\frac{2}{9}\ln|x^3-2|+\frac{1}{9}\ln|x^3+1|+C.$$

(5) $$\int \frac{1}{x(x^{10}+2)^2}\mathrm{d}x=\int \frac{x^9\mathrm{d}x}{x^{10}(x^{10}+2)^2}=\frac{1}{10}\int \frac{\mathrm{d}(x^{10})}{x^{10}(x^{10}+2)^2}$$

$$\xlongequal{x^{10}=t}\frac{1}{10}\int \frac{\mathrm{d}t}{t(t+2)^2}=\frac{1}{40}\int\left(\frac{1}{t}-\frac{1}{t+2}-\frac{2}{(t+2)^2}\right)\mathrm{d}t$$

$$=\frac{1}{40}\ln|t|-\frac{1}{40}\ln|t+2|+\frac{1}{20}\cdot\frac{1}{t+2}+C$$

$$=\frac{1}{4}\ln|x^{10}|-\frac{1}{40}\ln|x^{10}+2|+\frac{1}{20}\cdot\frac{1}{x^{10}+2}+C.$$

(6) $$\int \frac{1}{x^6+x^4}\mathrm{d}x\xlongequal{\frac{1}{x}=t}-\int \frac{t^4}{1+t^2}\mathrm{d}t=-\int\left(t^2-1+\frac{1}{1+t^2}\right)\mathrm{d}t$$

$$=-\frac{t^3}{3}+t-\arctan t+C'=-\frac{1}{3x^3}+\frac{1}{x}+\arctan x+C.$$

(7) $$\int \frac{1}{(1+x^2)^2}\mathrm{d}x\xlongequal{x=\tan t}\int \frac{1}{\sec^4 t}\sec^2 t\,\mathrm{d}t=\int\cos^2 t\,\mathrm{d}t$$

$$=\int \frac{1+\cos 2t}{2}\mathrm{d}t=\frac{t}{2}+\frac{1}{4}\sin 2t+C=\frac{t}{2}+\frac{1}{2}\sin t\cos t+C$$

$$=\frac{\arctan x}{2}+\frac{1}{2}\frac{x}{1+x^2}+C.$$

(8) $$\int \frac{\sin x}{\sin^3 x+\cos^3 x}\mathrm{d}x=\int \frac{\tan x\sec^2 x\,\mathrm{d}x}{1+\tan^3 x}=\int \frac{\tan x\,\mathrm{d}(\tan x)}{1+\tan^3 x}$$

$$\xlongequal{\tan x=t}\int \frac{t}{1+t^3}\mathrm{d}t=\frac{1}{3}\int\left(\frac{t+1}{t^2-t+1}-\frac{1}{t+1}\right)\mathrm{d}t$$

$$=\frac{1}{6}\int \frac{2t-1}{t^2-t+1}\mathrm{d}t+\frac{1}{2}\int \frac{1}{\left(t-\frac{1}{2}\right)^2+\left(\frac{\sqrt{3}}{2}\right)^2}\mathrm{d}t-\frac{1}{3}\ln|1+t|$$

$$=\frac{1}{6}\ln|t^2-t+1|+\frac{1}{\sqrt{3}}\arctan\frac{2t-1}{\sqrt{3}}-\frac{1}{3}\ln|1+t|+C$$

$$=\frac{1}{6}\ln|\sec^2 x-\tan x|+\frac{1}{\sqrt{3}}\arctan\frac{2\tan x-1}{\sqrt{3}}-$$

$$\frac{1}{3}\ln|1+\tan x|+C.$$

(9) $$\int \frac{\mathrm{d}x}{\sin^6 x+\cos^6 x}=\int \frac{\mathrm{d}x}{\sin^4 x-\sin^2 x\cos^2 x+\cos^4 x}$$

$$=\int \frac{\mathrm{d}x}{1-3\sin^2 x\cos^2 x}=4\int \frac{\mathrm{d}x}{4-3\sin^2 2x}=4\int \frac{\csc^2 2x\,\mathrm{d}x}{4\csc^2 2x-3}$$

$$=-\int \frac{\mathrm{d}(2\cot 2x)}{4\cot^2 2x+1}=-\arctan(2\cot 2x)+C.$$

(10) 设 $\cos\alpha=\frac{a}{\sqrt{a^2+b^2}}$，$\sin\alpha=\frac{b}{\sqrt{a^2+b^2}}$，则

$$\int \frac{\mathrm{d}x}{a\sin x+b\cos x}=\frac{1}{\sqrt{a^2+b^2}}\int \frac{\mathrm{d}x}{\sin x\cos\alpha+\cos x\sin\alpha}$$

$$=\frac{1}{\sqrt{a^2+b^2}}\int \csc(x+\alpha)\mathrm{d}x=\frac{1}{\sqrt{a^2+b^2}}\ln|\csc(x+\alpha)-\cot(x+\alpha)|+C$$

$$=\frac{1}{\sqrt{a^2+b^2}}\ln\left|\frac{\sqrt{a^2+b^2}-a\cos x+b\sin x}{a\sin x+b\cos x}\right|+C.$$

(11) $\displaystyle\int \frac{\sin x\,\mathrm{d}x}{a\sin x+b\cos x}=\int \frac{\tan x\,\mathrm{d}x}{a\tan x+b}\xlongequal{\tan x=u}\int \frac{u}{au+b}\cdot\frac{\mathrm{d}u}{1+u^2}$

$$=\frac{1}{a^2+b^2}\int\left(\frac{bu+a}{1+u^2}-\frac{ab}{au+b}\right)\mathrm{d}u$$

$$=\frac{1}{a^2+b^2}\left[\frac{b\ln(1+u^2)}{2}+a\arctan u-b\ln|au+b|\right]+C$$

$$=\frac{1}{a^2+b^2}(ax-b\ln|a\sin x+b\cos x|)+C.$$

(12) 改写函数表达式为分段表达式，有 $\max\{x^2,x^3,1\}=\begin{cases}x^2, & x<-1\\ 1, & -1\leqslant x\leqslant 1\\ x^3, & x>1\end{cases}$，从而分段积分得 $\displaystyle\int\max(x^2,x^3,1)\mathrm{d}x=\begin{cases}\frac{1}{3}x^3+C_1, & x<-1\\ x+C_2, & -1\leqslant x\leqslant 1\\ \frac{1}{4}x^4+C_3, & x>1\end{cases}$. 故根据 $F(x)$ 的连续性，取 $C_2=C$，易得 $C_1-\frac{1}{3}=C-1$，$1+C=\frac{1}{4}+C_3$，即有 $C_1=-\frac{2}{3}+C$，$C_3=\frac{3}{4}+C$，故

$$\int\max\{x^2,x^3,1\}\mathrm{d}x=\begin{cases}\frac{1}{3}x^3-\frac{2}{3}+C, & x<-1\\ x+C, & -1\leqslant x\leqslant 1.\\ \frac{1}{4}x^4+\frac{3}{4}+C, & x>1\end{cases}$$

4. 设 $y=y(x)$ 为由方程 $(x^2+y^2)^2=2xy$ 所确定的隐函数，求不定积分 $\displaystyle\int\frac{\mathrm{d}x}{\sqrt{x^2+y^2}}$.

【参考解答】 令 $x=\rho\cos\theta$，$y=\rho\sin\theta$，代入 $(x^2+y^2)^2=2xy$ 得 $\rho^2=\sin 2\theta$，即 $\rho=\sqrt{\sin 2\theta}$，故得 $x=\sqrt{\sin 2\theta}\cdot\cos\theta$，$y=\sqrt{\sin 2\theta}\cdot\sin\theta$. 代入积分表达式有

$$\int\frac{1}{\sqrt{x^2+y^2}}\mathrm{d}x=\int\frac{1}{\sqrt{\sin 2\theta}}\mathrm{d}(\sqrt{\sin 2\theta}\cos\theta)$$

$$=\int\frac{1}{\sqrt{\sin 2\theta}}\left(\frac{\cos 2\theta}{\sqrt{\sin 2\theta}}\cdot\cos\theta-\sqrt{\sin 2\theta}\cdot\sin\theta\right)\mathrm{d}\theta$$

$$=\int\left(\frac{\cos 2\theta}{\sin 2\theta}\cdot\cos\theta-\sin\theta\right)\mathrm{d}\theta=\int\left(\frac{1-2\sin^2\theta}{2\sin\theta}-\sin\theta\right)\mathrm{d}\theta$$

$$=\int\left(\frac{1}{2}\csc\theta-2\sin\theta\right)\mathrm{d}\theta=\frac{1}{2}\ln|\csc\theta-\cot\theta|+2\cos\theta+C,$$

其中 $\cot\theta=\dfrac{x}{y}$,$\cos\theta=\dfrac{x}{\sqrt{x^2+y^2}}$,$\csc\theta=\dfrac{\sqrt{x^2+y^2}}{y}$,代入上式,得

$$\int\frac{1}{\sqrt{x^2+y^2}}\mathrm{d}x=\frac{1}{2}\ln\left|\frac{\sqrt{x^2+y^2}-x}{y}\right|+\frac{2x}{\sqrt{x^2+y^2}}+C.$$

考研与竞赛练习

1. 计算如下不定积分.

(1) $\int|1-|x||\mathrm{d}x$.　(2) $\int e^x\left(\dfrac{1-x}{1+x^2}\right)^2\mathrm{d}x$.　(3) $\int\dfrac{e^{\arctan x}}{(1+x^2)^{3/2}}\mathrm{d}x$.

(4) $\int\left(\dfrac{1+\sin x}{1+\cos x}\right)e^x\mathrm{d}x$.　(5) $\int\dfrac{1-\ln x}{(x-\ln x)^2}\mathrm{d}x$.

(6) $\int\dfrac{\mathrm{d}x}{\sin 2x+2\sin x}$.　(7) $\int\dfrac{\sin x}{\sqrt{2+\sin 2x}}\mathrm{d}x$.

(8) $\int\dfrac{\sin nx}{\sin x}\mathrm{d}x$,并求$\int\dfrac{\sin 4x}{\sin x}\mathrm{d}x$.

【参考解答】 (1) 去掉绝对值,分段积分得

$$\int|1-|x||\mathrm{d}x=\begin{cases}\int(-x-1)\mathrm{d}x, & x<-1\\ \int(x+1)\mathrm{d}x, & -1\leqslant x\leqslant 0\\ \int(-x+1)\mathrm{d}x, & 0<x\leqslant 1\\ \int(x-1)\mathrm{d}x, & x>1\end{cases}=\begin{cases}-\dfrac{x^2}{2}-x+C_1, & x<-1\\ \dfrac{x^2}{2}+x+C_2, & -1\leqslant x\leqslant 0\\ -\dfrac{x^2}{2}+x+C_3, & 0<x\leqslant 1\\ \dfrac{x^2}{2}-x+C_4, & x>1\end{cases},$$

由于被积函数为连续函数,故原函数连续可导,取 $C_2=C$,则根据函数 $F(x)$的连续性有$\dfrac{1}{2}+C_1=-\dfrac{1}{2}+C$,$C_3=C$,$\dfrac{C_3}{2}=-\dfrac{1}{2}+C_4$,得 $C_1=-1+C$,$C_3=C$,$C_4=1+C$,于是

$$\int|1-|x||\mathrm{d}x=\begin{cases}-\dfrac{x^2}{2}-x-1+C, & x<-1\\ \dfrac{x^2}{2}+x+C, & -1\leqslant x\leqslant 0\\ -\dfrac{x^2}{2}+x+C, & 0<x\leqslant 1\\ \dfrac{x^2}{2}-x+1+C, & x>1\end{cases}.$$

（2）拆分被积函数，得

$$\int\left(\frac{1-x}{1+x^2}\right)^2 e^x dx=\int\frac{1+x^2-2x}{(1+x^2)^2}e^x dx=\int\frac{e^x dx}{1+x^2}-\int\frac{2xe^x dx}{(1+x^2)^2}$$

$$=\int\frac{e^x}{1+x^2}dx+\int e^x d\left(\frac{1}{1+x^2}\right)=\int\frac{e^x}{1+x^2}dx+\frac{e^x}{1+x^2}-\int\frac{e^x}{1+x^2}dx$$

$$=\frac{e^x}{1+x^2}+C.$$

（3）【法 1】 由于$(e^{\arctan x})'=\frac{e^{\arctan x}}{1+x^2}$，于是

$$\int\frac{e^{\arctan x}}{(1+x^2)^{3/2}}dx=\int\frac{1}{\sqrt{1+x^2}}de^{\arctan x}=\frac{e^{\arctan x}}{\sqrt{1+x^2}}+\int\frac{xe^{\arctan x}}{(x^2+1)^{3/2}}dx$$

$$=\frac{e^{\arctan x}}{\sqrt{1+x^2}}+\int\frac{x}{\sqrt{1+x^2}}de^{\arctan x}=\frac{e^{\arctan x}}{\sqrt{1+x^2}}+\frac{xe^{\arctan x}}{\sqrt{1+x^2}}-\int\frac{e^{\arctan x}}{(1+x^2)^{3/2}}dx,$$

从而得$\int\frac{e^{\arctan x}}{(1+x^2)^{3/2}}dx=\frac{(1+x)e^{\arctan x}}{2\sqrt{1+x^2}}+C.$

【法 2】 先换元后分部. 令 $t=\arctan x$，即 $x=\tan t$，则

$$dx=\sec^2 t dt,\quad \sin t=\frac{x}{\sqrt{1+x^2}},\quad \cos t=\frac{1}{\sqrt{1+x^2}},$$

代入得$\int\frac{e^{\arctan x}}{(1+x^2)^{3/2}}dx=\int\frac{e^t}{(1+\tan^2 t)^{3/2}}\sec^2 t dt=\int e^t\cos t dt$，又

$$\int e^t\cos t dt=\int\cos t de^t=e^t\cos t+\int e^t\sin t dt$$

$$=e^t\cos t+\int\sin t de^t=e^t\cos t+e^t\sin t-\int e^t\cos t dt,$$

即$\int e^t\cos t dt=\frac{e^t(\cos t+\sin t)}{2}+C$，于是

$$\int\frac{e^{\arctan x}}{(1+x^2)^{3/2}}dx=\frac{1}{2}e^t(\sin t+\cos t)+C=\frac{(x+1)e^{\arctan x}}{2\sqrt{1+x^2}}+C.$$

（4）【法 1】 由半角公式和分部积分法，得

$$\int\left(\frac{1+\sin x}{1+\cos x}\right)e^x dx=\int\frac{1+2\cos\frac{x}{2}\sin\frac{x}{2}}{2\cos^2\frac{x}{2}}e^x dx$$

$$=\int\frac{1}{2}e^x\sec^2\frac{x}{2}dx+\int e^x\tan\frac{x}{2}dx=\int e^x d\left(\tan\frac{x}{2}\right)+\int e^x\tan\frac{x}{2}dx$$

$$=e^x\tan\frac{x}{2}-\int e^x\tan\frac{x}{2}dx+\int e^x\tan\frac{x}{2}dx=e^x\tan\frac{x}{2}+C.$$

【法 2】 直接三角恒等式变换与拆分积分，得

$$\int\frac{1+\sin x}{1+\cos x}e^x dx=\int\frac{(1-\cos x)(1+\sin x)}{\sin^2 x}e^x dx$$

$$=\int(\csc^2 x-\csc x\cot x+\csc x-\cot x)e^x dx$$

$$=\int[(\csc x-\cot x)'e^x+(\csc x-\cot x)e^x]dx$$

$$=\int[(\csc x-\cot x)e^x]'dx=(\csc x-\cot x)e^x+C.$$

(5) 改写被积函数分子，拆项后直接应用分部积分法，得

$$\int\frac{1-\ln x}{(x-\ln x)^2}dx=\int\frac{1-x+x-\ln x}{(x-\ln x)^2}dx=\int\frac{1-x}{(x-\ln x)^2}dx+\int\frac{1}{x-\ln x}dx$$

$$=\int\frac{1-x}{(x-\ln x)^2}dx+\frac{x}{x-\ln x}+\int x\left(1-\frac{1}{x}\right)\cdot\frac{1}{(x-\ln x)^2}dx$$

$$=\int\frac{1-x}{(x-\ln x)^2}dx+\frac{x}{x-\ln x}-\int\frac{1-x}{(x-\ln x)^2}dx=\frac{x}{x-\ln x}+C.$$

(6)**【法 1】** 由三角函数恒等式变换改写被积函数并换元，得

$$\int\frac{dx}{\sin 2x+2\sin x}=\frac{1}{2}\int\frac{dx}{\sin x\cos x+\sin x}=\frac{1}{2}\int\frac{dx}{\sin x(\cos x+1)}$$

$$=\frac{1}{2}\int\frac{\sin x\,dx}{(\cos x+1)\sin^2 x}=-\frac{1}{2}\int\frac{d\cos x}{(\cos x+1)(1-\cos^2 x)}(\cos x=u)$$

$$=-\frac{1}{2}\int\frac{1}{(1+u)(1-u^2)}du=-\frac{1}{8}\int\left(\frac{1}{1-u}+\frac{1}{1+u}+\frac{2}{(1+u)^2}\right)du$$

$$=\frac{1}{8}\left[\ln|1-u|-\ln|1+u|+\frac{2}{(1+u)}\right]+C$$

$$=\frac{1}{8}\ln\frac{1-\cos x}{1+\cos x}+\frac{1}{4(1+\cos x)}+C.$$

【法 2】 $\displaystyle\int\frac{dx}{\sin 2x+2\sin x}=\int\frac{dx}{2\sin x(\cos x+1)}=\frac{1}{4}\int\frac{\sec^4\frac{x}{2}d\frac{x}{2}}{\tan\frac{x}{2}}$

$$=\frac{1}{4}\int\frac{1+\tan^2\frac{x}{2}}{\tan\frac{x}{2}}d\left(\tan\frac{x}{2}\right)=\frac{1}{4}\ln\left|\tan\frac{x}{2}\right|+\frac{1}{8}\tan^2\frac{x}{2}+C.$$

(7) 不妨记 $I_1=\displaystyle\int\frac{\sin x}{\sqrt{2+\sin 2x}}dx$，$I_2=\displaystyle\int\frac{\cos x}{\sqrt{2+\sin 2x}}dx$，则

$$I_1+I_2=\int\frac{\sin x+\cos x}{\sqrt{3-(\sin x-\cos x)^2}}dx$$

$$=\int\frac{d(\sin x-\cos x)}{\sqrt{3-(\sin x-\cos x)^2}}=\arcsin\frac{\sin x-\cos x}{\sqrt{3}}+C_1,$$

$$I_2-I_1=\int\frac{\cos x-\sin x}{\sqrt{1+(\sin x+\cos x)^2}}dx$$

$$=\int\frac{d(\sin x+\cos x)}{\sqrt{1+(\sin x+\cos x)^2}}=\ln(\sin x+\cos x+\sqrt{2+\sin 2x})+C_2,$$

由第一个结果等式减去第二个结果等式，得

$$I_1=\frac{1}{2}\arcsin\frac{\sin x-\cos x}{\sqrt{3}}-\frac{1}{2}\ln(\sin x+\cos x+\sqrt{2+\sin 2x})+C.$$

（8）记 $I_n=\int\frac{\sin nx}{\sin x}\mathrm{d}x$．于是

$$\begin{aligned}I_n-I_{n-2}&=\int\frac{\sin nx-\sin(n-2)x}{\sin x}\mathrm{d}x=\int\frac{2\sin x\cos(n-1)x}{\sin x}\mathrm{d}x\\&=2\int\cos(n-1)x\,\mathrm{d}x=\frac{2\sin(n-1)x}{n-1},\end{aligned}$$

从而可得递推公式 $I_n=\frac{2}{n-1}\sin(n-1)x+I_{n-2}(n\geqslant 2)$．于是可得

$$\begin{aligned}I_4&=\int\frac{\sin 4x}{\sin x}\mathrm{d}x=\frac{2}{3}\sin 3x+I_2\\&=\frac{2}{3}\sin 3x+\int\frac{\sin 2x}{\sin x}\mathrm{d}x=\frac{2}{3}\sin 3x+\int\frac{2\sin x\cos x}{\sin x}\mathrm{d}x\\&=\frac{2}{3}\sin 3x+2\int\cos x\,\mathrm{d}x=\frac{2}{3}\sin 3x+2\sin x+C.\end{aligned}$$

2．设 $I_n=\int x^n\mathrm{e}^{kx}\mathrm{d}x$，求 I_n 的递推公式，其中 n 是非负整数，$k\neq 0$．由此计算不定积分 $\int x^3\mathrm{e}^{2x}\mathrm{d}x$．

【参考解答】 由不定积分的分部积分法，有

$$I_n=\frac{1}{k}\int x^n\mathrm{d}(\mathrm{e}^{kx})=\frac{x^n}{k}\mathrm{e}^{kx}-\frac{n}{k}\int x^{n-1}\mathrm{e}^{kx}\mathrm{d}x=\frac{x^n}{k}\mathrm{e}^{kx}-\frac{n}{k}I_{n-1},$$

且当 $k=2$ 时，$I_0=\int\mathrm{e}^{2x}\mathrm{d}x=\frac{1}{2}\mathrm{e}^{2x}+C$．

由递推公式得

$$\begin{aligned}\int x^3\mathrm{e}^{2x}\mathrm{d}x&=I_3=\frac{x^3}{2}\mathrm{e}^{2x}-\frac{3}{2}I_2=\frac{x^3}{2}\mathrm{e}^{2x}-\frac{3}{2}\left(\frac{x^2}{2}\mathrm{e}^{2x}-\frac{2}{2}I_1\right)\\&=\frac{x^3}{2}\mathrm{e}^{2x}-\frac{3x^2}{4}\mathrm{e}^{2x}+\frac{3}{2}\left(\frac{x}{2}\mathrm{e}^{2x}-\frac{1}{2}I_0\right)=\left(\frac{x^3}{2}-\frac{3x^2}{4}+\frac{3x}{4}-\frac{3}{8}\right)\mathrm{e}^{2x}+C.\end{aligned}$$

3．求由下列方程确定的隐函数的不定积分．

（1）$y^3(x+y)=x^3$，求 $\int\frac{1}{y^3}\mathrm{d}x$；（2）$y(x-y)^2=x$，求 $\int\frac{\mathrm{d}x}{x-3y}$．

【参考解答】 （1）令 $y=tx$，则可得函数的参数方程描述为

$$x=\frac{1}{t^3(1+t)},\quad y=\frac{1}{t^2(1+t)},$$

因此 $\mathrm{d}x=-\frac{4t+3}{t^4(1+t)^2}\mathrm{d}t$，$\frac{1}{y^3}=t^6(1+t)^3$，代入被积表达式转换为对参变量 t 的积分，得

$$\begin{aligned}\int \frac{1}{y^3}\mathrm{d}x &= \int t^6(1+t)^3\left[-\frac{4t+3}{t^4(1+t)^2}\right]\mathrm{d}t \\ &= -\int (4t^4+7t^3+3t^2)\mathrm{d}t = -\frac{4}{5}t^5 - \frac{7}{4}t^4 - t^3 + C \\ &= -\frac{4y^5}{5x^5} - \frac{7y^4}{4x^4} - \frac{y^3}{x^3} + C.\end{aligned}$$

（2）由 $y(x-y)^2=x$ 得 $\frac{x}{y}=(x-y)^2$，令 $x-y=t$，$\frac{x}{y}=m$，将它们代入已知等式，得 $m=t^2$，故得 $x=\frac{t^3}{t^2-1}$，$y=\frac{t}{t^2-1}$. 从而得

$$x-3y=\frac{t(t^2-3)}{t^2-1},\quad \mathrm{d}x=\frac{t^2(t^2-3)}{(t^2-1)^2}\mathrm{d}t,$$

代入积分表达式，整理得

$$\int \frac{\mathrm{d}x}{x-3y} = \int \frac{t}{t^2-1}\mathrm{d}t = \frac{1}{2}\ln|t^2-1| + C = \frac{1}{2}\ln|(x-y)^2-1| + C.$$

练习 27　定积分的概念与性质

训练目的

1. 理解定积分的定义及其几何意义，会用定积分的定义求无穷项和的极限.

2. 理解定积分的性质，会利用定积分的性质将定积分进行变形，比较定积分值的大小，对定积分估值.

3. 理解积分中值定理，会用积分中值定理证明简单中值等式和不等式.

基础练习

1. 根据定积分的几何意义，画出下列定积分对应的几何图形面积，并指出定积分的值.

（1）$\int_0^1 2x\,\mathrm{d}x=$________；（2）$\int_0^1 \sqrt{1-x^2}\,\mathrm{d}x=$________；

（3）$\int_{-\pi}^{\pi} \sin x\,\mathrm{d}x=$________；（4）$\int_{-1}^{1}(1-2x)\mathrm{d}x=$________.

【答案】（1）1　（2）$\frac{\pi}{4}$　（3）0　（4）2. 图形如下：

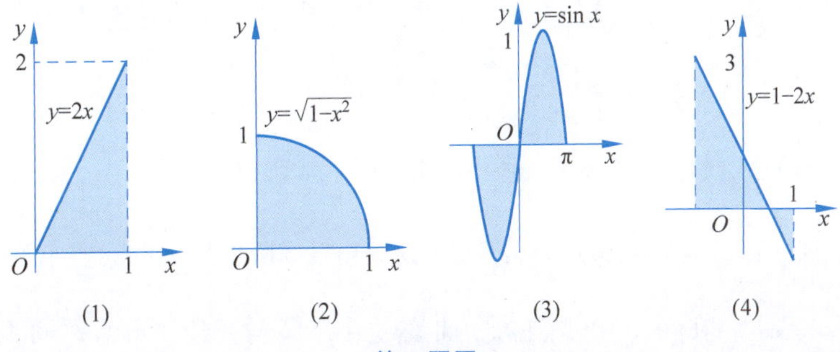

第 1 题图

【参考解答】（1）直线 $y=2x$ 在区间[0,1]上对应三角形在 x 轴上方，直角边长分别为1,2,面积为1，所以 $\int_0^1 2x\,dx=1$；

（2）$y=\sqrt{1-x^2}$ 为单位圆在第一象限的 $\frac{1}{4}$ 单位圆弧，在区间[0,1]上对应 $\frac{1}{4}$ 单位圆面积，所以 $\int_0^1 \sqrt{1-x^2}\,dx=\frac{\pi}{4}$；

（3）奇函数 $y=\sin x$ 的曲线在 $[-\pi,0]$ 与 $[0,\pi]$ 与 x 轴围成的图形的面积相等，但上正下负，面积的代数和为0，所以 $\int_{-\pi}^{\pi}\sin x\,dx=0$；

（4）直线 $y=1-2x$ 区间 $\left[-1,\frac{1}{2}\right]$ 对应的三角形在 x 轴上方，面积为 $\frac{9}{4}$，区间 $\left[\frac{1}{2},1\right]$ 对应的三角形在 x 轴下方，面积为 $\frac{1}{4}$，定积分的值为两三角形面积的代数和，所以

$$\int_{-1}^{1}(1-2x)\,dx=2.$$

2.（1）已知 $\int_{-1}^{2}f(x)dx=1,\int_{1}^{2}f(x)dx=2,\int_{-1}^{1}g(x)dx=2$，则 $\int_{-1}^{1}(2f(x)+3g(x))dx=$ ________.

（2）已知 $f(x)=x+2\int_0^1 f(x)dx$，则 $\int_0^1 f(x)dx=$ ________.

【参考解答】（1）由定积分的性质可得

$$\int_{-1}^{1}[2f(x)+3g(x)]dx=2\int_{-1}^{1}f(x)dx+3\int_{-1}^{1}g(x)dx=2\left[\int_{-1}^{2}f(x)dx-\int_{1}^{2}f(x)dx\right]+6=4.$$

（2）记 $\int_0^1 f(x)dx=A$，则有

$$A=\int_0^1 f(x)dx=\int_0^1(x+2A)dx=\int_0^1 x\,dx+2\int_0^1 A\,dx=\frac{1}{2}+2A,$$

于是 $A=-\frac{1}{2}$，即 $\int_0^1 f(x)dx=-\frac{1}{2}$.

3. 比较下列定积分值的大小.

（1）$\int_0^1 x^2dx$ ________ $\int_0^1 x^3dx$.　　（2）$\int_1^2 \ln x\,dx$ ________ $\int_1^2 \ln^2 x\,dx$.

（3）$\int_0^1 e^{-x^2}dx$ ________ $\int_1^2 e^{-x^2}dx$.　　（4）$\int_1^2 \ln x\,dx$ ________ $\int_2^3 \ln x\,dx$.

【参考解答】（1）因为 $x\in(0,1)$ 时，$x^2>x^3$，所以 $\int_0^1 x^2dx>\int_0^1 x^3dx$；

（2）因为 $x\in(1,2)$ 时，$0<\ln x<1$，于是 $\ln x>\ln^2 x$，所以 $\int_1^2 \ln x\,dx>\int_1^2 \ln^2 x\,dx$；

（3）易知 $y=e^{-x^2}$ 在[0,2]单调递减. 曲线 $y=e^{-x^2}$ 与直线 $x=0,x=1$ 以及 x 轴所围

成的曲边梯形面积大于其与直线 $x=1,x=2$ 以及 x 轴所围成的曲边梯形面积，所以由定积分的几何意义可知$\int_0^1 \mathrm{e}^{-x^2}\mathrm{d}x > \int_1^2 \mathrm{e}^{-x^2}\mathrm{d}x$；

(4) 易知 $y=\ln x$ 在$[1,3]$单调递增. 曲线 $y=\ln x$ 与直线 $x=1,x=2$ 以及 x 轴所围成的曲边梯形面积大于其与直线 $x=2,x=3$ 以及 x 轴所围成的曲边梯形面积，所以由定积分的几何意义可知$\int_1^2 \ln x\mathrm{d}x < \int_2^3 \ln x\mathrm{d}x$.

4. 将下列和式的极限表示成定积分.

(1) $\lim\limits_{n\to\infty}\frac{1}{n}\left[\sin\frac{\pi}{n}+\sin\frac{2\pi}{n}+\cdots+\sin\frac{(n-1)\pi}{n}\right]=$______；

(2) $\lim\limits_{n\to\infty}\left(\frac{1}{n^2}+\frac{2}{n^2}+\cdots+\frac{n-1}{n^2}\right)=$______.

【参考解答】 (1) 原式$=\lim\limits_{n\to\infty}\frac{1}{n}\cdot\sum\limits_{i=1}^{n}\sin\frac{i\pi}{n}=\lim\limits_{n\to\infty}\sum\limits_{i=1}^{n}\sin\frac{i\pi}{n}\cdot\frac{1}{n}=\int_0^1\sin\pi x\mathrm{d}x$.

或原式$=\lim\limits_{n\to\infty}\frac{1}{\pi}\cdot\sum\limits_{i=1}^{n}\sin\frac{i\pi}{n}\cdot\frac{\pi}{n}=\frac{1}{\pi}\int_0^{\pi}\sin x\mathrm{d}x$.

(2) 原式$=\lim\limits_{n\to\infty}\left(\frac{1}{n}+\frac{2}{n}+\cdots+\frac{n-1}{n}\right)\cdot\frac{1}{n}=\lim\limits_{n\to\infty}\sum\limits_{i=0}^{n-1}\frac{i}{n}\cdot\frac{1}{n}=\int_0^1 x\mathrm{d}x$.

综合练习

5. 设 $f(x)$是连续函数，且 $f(x)=x+2\int_0^1 f(t)\mathrm{d}t-\int_2^4 f(t)\mathrm{d}t$，求 $f(x)$的表达式.

【参考解答】 由 $f(x)$是连续函数，所以在闭区间上可积，不妨设$\int_0^1 f(t)\mathrm{d}t=a$，$\int_2^4 f(t)\mathrm{d}t=b$，则 $f(x)=x+2a-b$. 对其两端分别在$[0,1]$，$[2,4]$上积分，得
$\begin{cases}a=\frac{1}{2}+2a-b\\ b=6+2(2a-b)\end{cases}$，解得 $a=-\frac{9}{2}$，$b=-4$，所以 $f(x)=x+2a-b=x-5$.

6. 设 $f(x)$及 $g(x)$在$[a,b]$上连续，证明：

(1) 若在$[a,b]$上，$f(x)\geqslant 0$，且$\int_a^b f(x)\mathrm{d}x=0$，则在$[a,b]$上 $f(x)\equiv 0$；

(2) 若在$[a,b]$上，$f(x)\leqslant g(x)$，且$\int_a^b f(x)\mathrm{d}x=\int_a^b g(x)\mathrm{d}x$，则在$[a,b]$上 $f(x)\equiv g(x)$.

【参考证明】 (1) 反证法，假设存在 $x_0\in(a,b)$，$f(x_0)>0$，则由 $f(x)$在 x_0 连续及保号性可知，存在 $\delta>0$，当 $x\in(x_0-\delta,x_0+\delta)$有 $f(x)>\frac{f(x_0)}{2}$，于是

$$\int_a^b f(x)\mathrm{d}x=\int_a^{x_0-\delta}f(x)\mathrm{d}x+\int_{x_0-\delta}^{x_0+\delta}f(x)\mathrm{d}x+\int_{x_0+\delta}^{b}f(x)\mathrm{d}x$$

$$\geqslant\int_{x_0-\delta}^{x_0+\delta}f(x)\mathrm{d}x>\int_{x_0-\delta}^{x_0+\delta}\frac{f(x_0)}{2}\mathrm{d}x=f(x_0)\delta>0,$$

与$\int_a^b f(x)\mathrm{d}x=0$矛盾，所以假设不成立，所以在$[a,b]$上$f(x)\equiv 0$.

(2) 因$f(x)\leqslant g(x)$，则$F(x)=g(x)-f(x)\geqslant 0$. 由$\int_a^b f(x)\mathrm{d}x=\int_a^b g(x)\mathrm{d}x$有$\int_a^b (g(x)-f(x))\mathrm{d}x=0$，于是由(1)知，$g(x)-f(x)\equiv 0$，即$f(x)\equiv g(x)$.

7. 证明**广义积分中值定理**. 设函数$f(x)$和$g(x)$都在闭区间$[a,b]$上连续，并且$g(x)$在$[a,b]$上不变号，则在闭区间$[a,b]$上必有一点ξ，使得

$$\int_a^b f(x)g(x)\mathrm{d}x=f(\xi)\int_a^b g(x)\mathrm{d}x\quad(a\leqslant\xi\leqslant b).$$

【参考证明】 由$g(x)$在$[a,b]$上连续且不变号，不妨设$g(x)>0$，则$\int_a^b g(x)\mathrm{d}x>0$.

又因为函数$f(x)$在闭区间$[a,b]$上连续，则$f(x)$必取到最小值m和最大值M，于是，$mg(x)\leqslant f(x)g(x)\leqslant Mg(x)$. 因此有

$$m\int_a^b g(x)\mathrm{d}x\leqslant\int_a^b f(x)g(x)\mathrm{d}x\leqslant M\int_a^b g(x)\mathrm{d}x\Leftrightarrow m\leqslant\frac{\int_a^b f(x)g(x)\mathrm{d}x}{\int_a^b g(x)\mathrm{d}x}\leqslant M.$$

由闭区间上连续函数的介值定理知，存在$\xi\in[a,b]$，使得$f(\xi)=\dfrac{\int_a^b f(x)g(x)\mathrm{d}x}{\int_a^b g(x)\mathrm{d}x}$，即

$$\int_a^b f(x)g(x)\mathrm{d}x=f(\xi)\int_a^b g(x)\mathrm{d}x\quad(a\leqslant\xi\leqslant b).$$

8. 设$f(x)$，$g(x)$在$[a,b]$上连续，且$f(x)>0$，$g(x)$非负，证明：

$$\lim_{n\to\infty}\int_a^b g(x)\sqrt[n]{f(x)}\,\mathrm{d}x=\int_a^b g(x)\mathrm{d}x.$$

【参考证明】 因为$f(x)$在$[a,b]$上连续且$f(x)>0$，则一定具有正的最大值和最小值M，m，使得$m\leqslant f(x)\leqslant M$，另外又因为$g(x)$非负，所以

$$g(x)\sqrt[n]{m}\leqslant g(x)\sqrt[n]{f(x)}\leqslant g(x)\sqrt[n]{M},$$

由积分的保序性得$\sqrt[n]{m}\int_a^b g(x)\mathrm{d}x\leqslant\int_a^b g(x)\sqrt[n]{f(x)}\,\mathrm{d}x\leqslant\sqrt[n]{M}\int_a^b g(x)\mathrm{d}x$，

又$\lim\limits_{n\to\infty}\sqrt[n]{m}=\lim\limits_{n\to\infty}\sqrt[n]{M}=1$，根据夹逼定理，得

$$\lim_{n\to\infty}\int_a^b g(x)\sqrt[n]{f(x)}\,\mathrm{d}x=\int_a^b g(x)\mathrm{d}x.$$

9. 证明：$2\leqslant\int_0^2\sqrt{1+x^2}\,\mathrm{d}x\leqslant 4$.

【参考证明】 令 $f(x)=\sqrt{1+x^2}$，$x\in[0,2]$，易知当 $x\in[0,2]$时有 $1\leqslant f(x)\leqslant\sqrt{5}$，于是不等号两边同时积分得 $2\leqslant\int_0^2 f(x)\mathrm{d}x\leqslant 2\sqrt{5}$.

又$\sqrt{1+x^2}\leqslant\sqrt{1+2x+x^2}=\sqrt{(1+x)^2}=1+x$，两端积分得

$$\int_0^2\sqrt{1+x^2}\,\mathrm{d}x\leqslant\int_0^2(1+x)\mathrm{d}x=4.\quad(\text{由几何意义可知右边定积分的值})$$

综上，不等式 $2\leqslant\int_0^2\sqrt{1+x^2}\,\mathrm{d}x\leqslant 4$ 成立.

10. 设 $f(x)$，$g(x)$在$[a,b]$上都连续，证明**柯西不等式**：

$$\left[\int_a^b f(x)g(x)\mathrm{d}x\right]^2\leqslant\int_a^b f^2(x)\mathrm{d}x\int_a^b g^2(x)\mathrm{d}x.$$

【参考证明】 对于任意实数 t，都有$\int_a^b[f(x)-tg(x)]^2\mathrm{d}x\geqslant 0$. 展开即有

$$\int_a^b[f(x)-tg(x)]^2\mathrm{d}x=\int_a^b f^2(x)\mathrm{d}x-2t\int_a^b f(x)g(x)\mathrm{d}x+t^2\int_a^b g^2(x)\mathrm{d}x\geqslant 0\text{ 成立},$$

所以 $\Delta=\left[2\int_a^b f(x)g(x)\mathrm{d}x\right]^2-4\int_a^b g^2(x)\mathrm{d}x\int_a^b f^2(x)\mathrm{d}x\leqslant 0$，

整理得$\int_a^b f(x)g(x)\mathrm{d}x\leqslant\int_a^b g^2(x)\mathrm{d}x\int_a^b f^2(x)\mathrm{d}x$.

考研与竞赛练习

1. 选择题.

(1) 设函数 $f(x)$在区间$[0,1]$上连续，则$\int_0^1 f(x)\mathrm{d}x=$(　　).

(A) $\lim\limits_{n\to\infty}\sum\limits_{k=1}^{n}f\left(\frac{2k-1}{2n}\right)\frac{1}{2n}$　　(B) $\lim\limits_{n\to\infty}\sum\limits_{k=1}^{n}f\left(\frac{2k-1}{2n}\right)\frac{1}{n}$

(C) $\lim\limits_{n\to\infty}\sum\limits_{k=1}^{2n}f\left(\frac{k-1}{2n}\right)\frac{1}{n}$　　(D) $\lim\limits_{n\to\infty}\sum\limits_{k=1}^{2n}f\left(\frac{k}{2n}\right)\frac{2}{n}$

(2) 设在区间$[a,b]$上 $f(x)>0$，$f'(x)<0$，$f''(x)>0$，令

$S_1=\int_a^b f(x)\mathrm{d}x$，$S_2=f(b)(b-a)$，$S_3=\frac{1}{2}[f(a)+f(b)](b-a)$，则(　　).

(A) $S_1<S_2<S_3$　　(B) $S_2<S_1<S_3$　　(C) $S_3<S_1<S_2$　　(D) $S_2<S_3<S_1$

【参考解答】 (1) 由定积分的定义，将积分区间分割为 n 份，取中间点的值，得

$$\int_0^1 f(x)\mathrm{d}x=\lim_{n\to\infty}\sum_{k=1}^{n}f\left[\left(\frac{k-1}{n}+\frac{k}{n}\right)\Big/2\right]\frac{1}{n}=\lim_{n\to\infty}\sum_{k=1}^{n}f\left(\frac{2k-1}{2n}\right)\frac{1}{n},$$

故正确选项为(B).

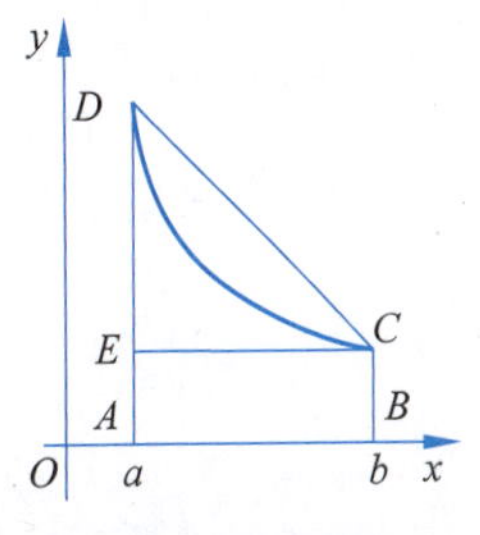

第 1(2)题图

(2) 由几何意义，由 $f(x)>0$，$f'(x)<0$，$f''(x)>0$ 可知，曲线 $y=f(x)$是上半平面的一段下降凹弧，图形大致如图所示. S_1 表示曲边梯形 $ABCD$ 的面积；S_2 表示矩形 $ABCE$ 的面积；S_3 是梯形

$ABCD$ 的面积，由图可见 $S_2<S_1<S_3$，故正确选项为(B).

2. 已知$\int_0^{\pi}\sin x\,dx=2$，$\int_0^1 2^x\,dx=\dfrac{1}{\ln 2}$，$\int_0^1 x^k\,dx=\dfrac{1}{k+1}(k\geqslant 0)$，求下列极限：

(1) $\lim\limits_{n\to\infty} n\left(\dfrac{\sin\frac{\pi}{n}}{n^2+1}+\dfrac{\sin\frac{2\pi}{n}}{n^2+2}+\cdots+\dfrac{\sin\pi}{n^2+n}\right)$.　　(2) $\lim\limits_{n\to\infty}\sum\limits_{i=1}^{n}2^{\frac{i}{n}}\dfrac{i}{in+1}$.

(3) $\lim\limits_{n\to\infty}\dfrac{1^k+3^k+\cdots+(2n-1)^k}{n^{k+1}}(k\geqslant 0)$.

【参考解答】 (1) 由于$\dfrac{1}{n+1}\sum\limits_{i=1}^{n}\sin\dfrac{i\pi}{n}\leqslant\sum\limits_{i=1}^{n}\dfrac{\sin\frac{i\pi}{n}}{n+\frac{i}{n}}\leqslant\dfrac{1}{n}\sum\limits_{i=1}^{n}\sin\dfrac{i\pi}{n}$，又

$$\lim_{n\to\infty}\frac{1}{n+1}\sum_{i=1}^{n}\sin\frac{i\pi}{n}=\lim_{n\to\infty}\frac{n}{(n+1)\pi}\frac{\pi}{n}\sum_{i=1}^{n}\sin\frac{i\pi}{n}=\frac{1}{\pi}\int_0^{\pi}\sin x\,dx=\frac{2}{\pi},$$

$$\lim_{n\to\infty}\frac{1}{n}\sum_{i=1}^{n}\sin\frac{i\pi}{n}=\lim_{n\to\infty}\frac{1}{\pi}\frac{\pi}{n}\sum_{i=1}^{n}\sin\frac{i\pi}{n}=\frac{1}{\pi}\int_0^{\pi}\sin x\,dx=\frac{2}{\pi},$$

所以由夹逼定理有$\lim\limits_{n\to\infty}n\left(\dfrac{\sin\frac{\pi}{n}}{n^2+1}+\dfrac{\sin\frac{2\pi}{n}}{n^2+2}+\cdots+\dfrac{\sin\pi}{n^2+n}\right)=\dfrac{2}{\pi}$.

(2) 由于$\sum\limits_{i=1}^{n}2^{\frac{i}{n}}\dfrac{1}{n+1}<\sum\limits_{i=1}^{n}2^{\frac{i}{n}}\dfrac{i}{in+1}<\sum\limits_{i=1}^{n}2^{\frac{i}{n}}\dfrac{1}{n+0}$，又

$$\lim_{n\to\infty}\sum_{i=1}^{n}2^{\frac{i}{n}}\frac{1}{n+1}=\lim_{n\to\infty}\frac{n}{n+1}\sum_{i=1}^{n}2^{\frac{i}{n}}\frac{1}{n}=\lim_{n\to\infty}\sum_{i=1}^{n}2^{\frac{i}{n}}\frac{1}{n}=\int_0^1 2^x\,dx=\frac{1}{\ln 2},$$

于是由夹逼定理得$\lim\limits_{n\to\infty}\sum\limits_{i=1}^{n}2^{\frac{i}{n}}\dfrac{i}{in+1}=\dfrac{1}{\ln 2}$.

(3) $\dfrac{1^k+3^k+\cdots+(2n-1)^k}{n^{k+1}}=2^k\sum\limits_{i=1}^{n}\left(\dfrac{2i-1}{2n}\right)^k\cdot\dfrac{1}{n}$，其中$\dfrac{2i-1}{2n}=\dfrac{1}{2}\left(\dfrac{i-1}{n}+\dfrac{i}{n}\right)$，正好为子区间$\left(\dfrac{i-1}{n},\dfrac{i}{n}\right)$的中点值，所以由定积分和式极限定义得

$$I=\lim_{n\to\infty}2^k\sum_{i=1}^{n}\left(\frac{2i-1}{2n}\right)^k\cdot\frac{1}{n}=2^k\int_0^1 x^k\,dx=\frac{2^k}{k+1}.$$

3. 设 $f(x)$在$[0,1]$上连续且递减，$0<\lambda<1$，证明：$\int_0^{\lambda}f(x)dx\geqslant\lambda\int_0^1 f(x)dx$.

【参考解答】 $\int_0^1 f(x)dx=\int_0^{\lambda}f(x)dx+\int_{\lambda}^1 f(x)dx$，由积分中值定理得

$$\begin{aligned}\int_0^{\lambda}f(x)dx-\lambda\int_0^1 f(x)dx&=(1-\lambda)\int_0^{\lambda}f(x)dx-\lambda\int_{\lambda}^1 f(x)dx\\&=(1-\lambda)\cdot\lambda f(\xi_1)-\lambda\cdot(1-\lambda)f(\xi_2)=(1-\lambda)\cdot\lambda[f(\xi_1)-f(\xi_2)],\end{aligned}$$

其中，$0\leqslant\xi_1\leqslant\lambda\leqslant\xi_2\leqslant 1$. 又因 $f(x)$递减，所以 $f(\xi_1)\geqslant f(\xi_2)$.

又由 $0<\lambda<1$ 知 $1-\lambda>0$，于是

$$\int_0^{\lambda} f(x)\mathrm{d}x-\lambda\int_0^1 f(x)\mathrm{d}x=(1-\lambda)\cdot\lambda[f(\xi_1)-f(\xi_2)]\geqslant 0,$$

移项即得不等式$\int_0^{\lambda} f(x)\mathrm{d}x\geqslant\lambda\int_0^1 f(x)\mathrm{d}x$ 成立.

4. 设 $f(x)$在$(-\infty,\infty)$内有连续导数，且 $m\leqslant f(x)\leqslant M$.

(1) 求 $A=\lim\limits_{a\to+0}\dfrac{1}{4a^2}\int_{-a}^{a}[f(t+a)-f(t-a)]\mathrm{d}t$；

(2) 证明：$\left|\dfrac{1}{2a}\int_{-a}^{a} f(t)\mathrm{d}t-f(x)\right|\leqslant M-m(a>0)$.

【参考解答】 (1) 由积分中值定理，存在 $\xi\in[-a,a]$，可得

$$\int_{-a}^{a}[f(t+a)-f(t-a)]\mathrm{d}t=2a[f(\xi+a)-f(\xi-a)],$$

又 $f(x)$在$(-\infty,\infty)$内有连续导数，由拉格朗日中值定理可知，存在 $\eta\in(\xi-a,\xi+a)$，使得 $f(\xi+a)-f(\xi-a)=2af'(\eta)$. 代入极限式且由导函数连续，得 $A=\lim\limits_{a\to0^+}f'(\eta)=f'(0)$.

(2) 由 $m\leqslant f(x)\leqslant M$ 得 $m\leqslant\dfrac{1}{2a}\int_{-a}^{a} f(t)\mathrm{d}t\leqslant M$. 又 $-M\leqslant -f(x)\leqslant -m$，两式相加得 $-(M-m)\leqslant\dfrac{1}{2a}\int_{-a}^{a} f(t)\mathrm{d}t-f(x)\leqslant M-m$，即

$$\left|\frac{1}{2a}\int_{-a}^{a} f(t)\mathrm{d}t-f(x)\right|\leqslant M-m.$$

5. 设 $f(x)$在$(0,+\infty)$内连续且单调递减，证明：

$$\int_1^{n+1} f(x)\mathrm{d}x\leqslant\sum_{k=1}^{n}f(k)\leqslant f(1)+\int_1^n f(x)\mathrm{d}x.$$

【参考证明】 因为 $f(x)$在$(0,+\infty)$内连续且单调递减，所以

$f(k+1)\leqslant f(k)(k=1,2,\cdots,n)$，　$f(k+1)\leqslant f(x)\leqslant f(k)(k\leqslant x\leqslant k+1)$.

因此由积分对积分区间的可加性和积分的保序性，得

$$\begin{aligned}f(1)+\int_1^n f(x)\mathrm{d}x&=f(1)+\sum_{k=1}^{n-1}\int_k^{k+1}f(x)\mathrm{d}x\\&\geqslant f(1)+\sum_{k=1}^{n-1}\int_k^{k+1}f(k+1)\mathrm{d}x=f(1)+\sum_{k=1}^{n-1}f(k+1)=\sum_{k=1}^{n}f(k).\end{aligned}$$

类似可得$\int_1^{n+1} f(x)\mathrm{d}x=\sum\limits_{k=1}^{n}\int_k^{k+1}f(x)\mathrm{d}x\leqslant\sum\limits_{k=1}^{n}\int_k^{k+1}f(k)\mathrm{d}x=\sum\limits_{k=1}^{n}f(k)$.

综上，不等式$\int_1^{n+1} f(x)\mathrm{d}x\leqslant\sum\limits_{k=1}^{n}f(k)\leqslant f(1)+\int_1^n f(x)\mathrm{d}x$ 成立.

6. 设 $f(x)$在区间$[0,1]$上可微，且满足条件 $f(1)=2\int_0^{1/2}xf(x)\mathrm{d}x$，求证：存在 $\xi\in(0,1)$使得 $f(\xi)+\xi f'(\xi)=0$.

【参考证明】 令 $F(x)=xf(x)$，则 $F(x)$在$[0,1]$上可微. 由积分中值定理可知，存在 $\eta\in\left[0,\frac{1}{2}\right]$，使得 $\int_0^{1/2}xf(x)\mathrm{d}x=\frac{1}{2}\eta f(\eta)=\frac{1}{2}F(\eta)$，代入已知等式，即存在 $\eta\in\left[0,\frac{1}{2}\right]$，使得 $f(1)=F(\eta)$. 于是 $F(1)=f(1)=F(\eta)$，所以由罗尔定理可知，存在 $\xi\in(\eta,1)\subset(0,1)$，使得 $F'(\xi)=0$，即得

$$f(\xi)+\xi f'(\xi)=0.$$

练习 28 微积分基本公式 变限积分

训练目的

1. 熟悉微积分基本公式，会用微积分基本公式求定积分.
2. 理解变限函数的意义，掌握变限函数的导数的求法.
3. 了解变限函数的性态的讨论.

基础练习

1. 计算下列各定积分.

(1) $\int_{-1/2}^{1/2}\frac{\mathrm{d}x}{\sqrt{1-x^2}}$.　　(2) $\int_1^4\frac{1+x+x^2}{x}\mathrm{d}x$.

(3) $\int_{-1}^2\sqrt{x^2-2x+1}\,\mathrm{d}x$.　　(4) $\int_{-1}^2|x^2-x|\,\mathrm{d}x$.

(5) 设 $f(x)=\begin{cases}x+1, & x\leqslant 1\\ \frac{1}{2}x^2, & x>1\end{cases}$，求$\int_0^2 f(x)\mathrm{d}x$.

【参考解答】 (1) $\int_{-1/2}^{1/2}\frac{\mathrm{d}x}{\sqrt{1-x^2}}=\arcsin x\,\Big|_{-1/2}^{1/2}=\frac{\pi}{3}$.

(2) $\int_1^4\frac{1+x+x^2}{x}\mathrm{d}x=\left[\ln x+x+\frac{x^2}{2}\right]_1^4=\ln 4+\frac{21}{2}=2\ln 2+\frac{21}{2}$.

(3) $$\int_{-1}^2\sqrt{x^2-2x+1}\,\mathrm{d}x=\int_{-1}^2|x-1|\,\mathrm{d}x=\int_1^2(x-1)\mathrm{d}x+\int_{-1}^1(1-x)\mathrm{d}x$$
$$=\left[\frac{x^2}{2}-x\right]_1^2+\left[x-\frac{x^2}{2}\right]_{-1}^1=\frac{5}{2}.$$

(4) $$\int_{-1}^2|x^2-x|\,\mathrm{d}x=\int_{-1}^0(x^2-x)\mathrm{d}x+\int_0^1(x-x^2)\mathrm{d}x+\int_1^2(x^2-x)\mathrm{d}x$$
$$=\left[\frac{x^3}{3}-\frac{x^2}{2}\right]_{-1}^0+\left[\frac{x^2}{2}-\frac{x^3}{3}\right]_0^1+\left[\frac{x^3}{3}-\frac{x^2}{2}\right]_1^2=\frac{11}{6}.$$

(5) $$\int_0^2 f(x)\mathrm{d}x=\int_0^1 f(x)\mathrm{d}x+\int_1^2 f(x)\mathrm{d}x$$
$$=\int_0^1(x+1)\mathrm{d}x+\int_1^2\frac{1}{2}x^2\mathrm{d}x=\left[\frac{x^2}{2}+x\right]_0^1+\left[\frac{x^3}{6}\right]_1^2=\frac{8}{3}.$$

2. 计算下列函数的导数.

(1) $f(x)=\int_0^{x^2} e^{-t^2/2}dt$，求 $f'(x)$.　　(2) $f(x)=\int_{\sin x}^{\cos x}\cos(\pi t^2)dt$，求 $f'(x)$.

(3) 函数 $y=y(x)$ 由参数方程 $\begin{cases} x(t)=\int_0^t \theta\sin\theta d\theta, \\ y(t)=\int_0^t \theta\cos\theta d\theta \end{cases}$ 所确定，求 y 关于 x 的导数.

(4) 试求由方程 $\int_0^y e^{t^2}dt+\int_0^x \cos t dt=0$ 所确定的隐函数 $y(x)$ 在 $x=\pi$ 处的导数 $y'(\pi)$.

【参考解答】 (1) $f'(x)=\left(\int_0^{x^2} e^{-t^2/2}dt\right)'=e^{-x^4/2}\cdot(x^2)'=2xe^{-x^4/2}$.

(2) $f'(x)=\left(\int_{\sin x}^{\cos x}\cos(\pi t^2)dt\right)'=\cos(\pi\cos^2x)\cdot(-\sin x)-\cos(\pi\sin^2x)\cdot\cos x$

$$=\sin x\cos(\pi\sin^2x)-\cos x\cos(\pi\sin^2x)=(\sin x-\cos x)\cos(\pi\sin^2x).$$

(3) $\dfrac{dy}{dx}=\dfrac{d\left(\int_0^t \theta\cos\theta d\theta\right)}{d\left(\int_0^t \theta\sin\theta d\theta\right)}=\dfrac{t\cos t dt}{t\sin t dt}=\cot t$.

(4) 将方程 $\int_0^y e^{t^2}dt+\int_0^x \cos t dt=0$ 两边对 x 求导，得 $e^{y^2}\cdot y'+\cos x=0$，解得 $y'=-e^{-y^2}\cos x$. 将 $x=\pi$ 代入方程有 $\int_0^y e^{t^2}dt=-\int_0^{\pi}\cos t dt=-\sin x\Big|_0^{\pi}=0$，于是 $y(\pi)=0$，所以 $y'(\pi)=-e^{-y^2}\cos x\Big|_{x=\pi,y=0}=1$.

3. 计算下列极限.

(1) $\lim\limits_{x\to0}\dfrac{\int_0^x \cos t^2 dt}{x}$.　　(2) $\lim\limits_{x\to0}\dfrac{\left(\int_0^x e^{t^2}dt\right)^2}{\int_0^x te^{2t^2}dt}$.

【参考解答】 (1) $\lim\limits_{x\to0}\dfrac{\int_0^x \cos t^2 dt}{x}=\lim\limits_{x\to0}\dfrac{\cos x^2}{1}=1$.

(2) $\lim\limits_{x\to0}\dfrac{\left(\int_0^x e^{t^2}dt\right)^2}{\int_0^x te^{2t^2}dt}=\lim\limits_{x\to0}\dfrac{2\left(\int_0^x e^{t^2}dt\right)\cdot e^{x^2}}{x\cdot e^{2x^2}}=\lim\limits_{x\to0}\dfrac{2\int_0^x e^{t^2}dt}{x\cdot e^{x^2}}$

$$=\lim_{x\to0}\frac{2\int_0^x e^{t^2}dt}{x}=\lim_{x\to0}\frac{2e^{x^2}}{1}=2.$$

4. 设 $f(x)=\begin{cases}\dfrac{\sin x}{2}, & 0\leqslant x\leqslant\pi, \\ 0, & x<0 \text{ 或 } x>\pi,\end{cases}$ 求 $\Phi(x)=\int_0^x f(t)dt$ 在 $(-\infty,+\infty)$ 内的表达式.

【参考解答】 当 $0\leqslant x\leqslant\pi$ 时，

$$\Phi(x)=\int_0^x \frac{1}{2}\sin t\,\mathrm{d}t=\left.\frac{-\cos t}{2}\right|_0^x=-\frac{\cos x-1}{2}=\frac{1-\cos x}{2};$$

当 $x<0$ 时, $\Phi(x)=\int_0^x f(t)\mathrm{d}t=-\int_x^0 0\mathrm{d}t=0$;

当 $x>\pi$ 时, $\Phi(x)=\int_0^\pi \frac{\sin t}{2}\mathrm{d}t+\int_\pi^x 0\mathrm{d}t=\left.\frac{1-\cos x}{2}\right|_{x=\pi}+0=1$, 综上所述, $\Phi(x)=\begin{cases}0, & x<0\\ \dfrac{1-\cos x}{2}, & 0\leqslant x\leqslant\pi.\\ 1, & x>\pi\end{cases}$

综合练习

5. 设 $f(x)$在$[0,4]$上具有一阶连续导数,且 $f(0)=0,f(x)\geqslant 0$, $f'(x)\int_0^4 f(x)\mathrm{d}x=8$, 求$\int_0^4 f(x)\mathrm{d}x$, 并验证 $f(x)=x$.

【参考解答】 令 $a=\int_0^4 f(x)\mathrm{d}x$, 则由题意可知 $a>0$ 且 $af'(x)=8$. 于是两端在$[0,x]$上积分得 $a\int_0^x f'(t)\mathrm{d}t=8\int_0^x \mathrm{d}t$, 即 $a[f(x)-f(0)]=8x$,代入 $f(0)=0$,得 $f(x)=\frac{8}{a}x$. 两端在$[0,4]$上积分,得

$$a=\int_0^4 f(x)\mathrm{d}x=\int_0^4 \frac{8}{a}x\,\mathrm{d}x=\frac{8}{2a}\cdot x^2\Big|_0^4=\frac{64}{a},$$

所以解得 $a=8$, 即$\int_0^4 f(x)\mathrm{d}x=8$, 且 $f(x)=x$.

6. 讨论函数 $F(x)=\int_0^x (x-t)\mathrm{e}^{-t^2}\mathrm{d}t$ 的单调性与极值及其图形的凹凸性与拐点.

【参考解答】 函数定义域为$(-\infty,+\infty)$,且

$$F'(x)=\left(x\int_0^x \mathrm{e}^{-t^2}\mathrm{d}t-\int_0^x t\mathrm{e}^{-t^2}\mathrm{d}t\right)'$$
$$=\int_0^x \mathrm{e}^{-t^2}\mathrm{d}t+x\mathrm{e}^{-x^2}-x\mathrm{e}^{-x^2}=\int_0^x \mathrm{e}^{-t^2}\mathrm{d}t.$$

令 $F'(x)=0$ 得,$x=0$,且由于 $\mathrm{e}^{-t^2}>0$,所以,

当 $x<0$ 时, $F'(x)=\int_0^x \mathrm{e}^{-t^2}\mathrm{d}t=-\int_x^0 \mathrm{e}^{-t^2}\mathrm{d}t<0$, 函数单调递减; 当 $x>0$ 时, $F'(x)=\int_0^x \mathrm{e}^{-t^2}\mathrm{d}t>0$, 函数单调递增. 于是 $x=0$ 为唯一极小值点,也为最小值点,极小值为 $F(0)=0$. 又 $F''(x)=\left(\int_0^x \mathrm{e}^{-t^2}\mathrm{d}t\right)'=\mathrm{e}^{-x^2}>0$, 所以函数图形在$(-\infty,+\infty)$为凹弧,没有拐点.

7. 设函数 $f(x)$在$[a,b]$上连续,在(a,b)内可导,且 $f'(x)\leqslant 0$, 记 $F(x)=\frac{1}{x-a}\int_a^x f(t)\mathrm{d}t$. 证明: 在$(a,b)$内 $F'(x)\leqslant 0$.

【参考证明】 由于 $f(x)$ 在 $[a,b]$ 上连续，在 (a,b) 内可导，因此

$$F'(x)=\frac{f(x)}{x-a}-\frac{1}{(x-a)^2}\int_a^x f(t)\mathrm{d}t=\frac{1}{x-a}\left[f(x)-\frac{1}{x-a}\int_a^x f(t)\mathrm{d}t\right].$$

由积分中值定理可知，存在 $\xi\in[a,x]$，使得 $f(\xi)=\frac{1}{x-a}\int_a^x f(t)\mathrm{d}t$.

因此 $F'(x)=\frac{1}{x-a}[f(x)-f(\xi)]$. 又由于 $f'(x)\leqslant 0$，知 $f(x)$ 在 (a,b) 上是非增函数，所以当 $x\geqslant\xi$ 时，$f(x)\leqslant f(\xi)$，且 $\frac{1}{x-a}>0$，由此可知 $F'(x)\leqslant 0$.

8. 设函数 $\varphi(x)$ 在 $[-a,a]$ 上连续，且 $\varphi(x)>0$，$f(x)=\int_{-a}^{a}|x-t|\varphi(t)\mathrm{d}t$，证明：$f(x)$ 为 $[-a,a]$ 上的凸函数.

【参考证明】 因为 $f(x)=\int_{-a}^{a}|x-t|\varphi(t)\mathrm{d}t$，所以

$$\begin{aligned}f(x)&=\int_{-a}^{x}(x-t)\varphi(t)\mathrm{d}t+\int_{x}^{a}(t-x)\varphi(t)\mathrm{d}t\\&=\int_{-a}^{x}(x-t)\varphi(t)\mathrm{d}t+\int_{a}^{x}(x-t)\varphi(t)\mathrm{d}t\\&=x\int_{-a}^{x}\varphi(t)\mathrm{d}t+x\int_{a}^{x}\varphi(t)\mathrm{d}t-\int_{-a}^{x}t\varphi(t)\mathrm{d}t-\int_{a}^{x}t\varphi(t)\mathrm{d}t,\end{aligned}$$

于是

$$\begin{aligned}f'(x)&=\int_{-a}^{x}\varphi(t)\mathrm{d}t+x\varphi(x)+\int_{a}^{x}\varphi(t)\mathrm{d}t+x\varphi(x)-x\varphi(x)-x\varphi(x)\\&=\int_{a}^{x}\varphi(t)\mathrm{d}t+\int_{-a}^{x}\varphi(t)\mathrm{d}t,\end{aligned}$$

$$f''(x)=\varphi(x)+\varphi(x)=2\varphi(x)>0,$$

所以函数 $f(x)$ 在 $[-a,a]$ 上为凸函数(函数曲线为凹弧).

9. 设函数 $f(x)$ 在 $[0,a]$ 上有连续的导数，且 $f(0)=0$，证明：

$\left|\int_0^a f(x)\mathrm{d}x\right|\leqslant\frac{Ma^2}{2}$，其中 $M=\max\limits_{0\leqslant x\leqslant a}|f'(x)|$.

【参考证明】 由拉格朗日中值定理可知，对任意 $x\in[0,a]$ 有

$$f(x)-f(0)=f'(\xi)\cdot x,\quad 0<\xi<x,$$

又 $f(0)=0$，所以 $|f(x)|=|f'(\xi)\cdot x|\leqslant Mx$，$0\leqslant x\leqslant a$，于是

$$\left|\int_0^a f(x)\mathrm{d}x\right|\leqslant\int_0^a|f(x)|\mathrm{d}x\leqslant M\int_0^a x\mathrm{d}x=\frac{Ma^2}{2}.$$

10. 物体做直线运动的速度与时间的平方成正比. 设从 $t=0$ 开始，3s 后物体经过 18cm，试求物体经过路程 s 与时间 t 的关系.

【参考解答】 设 $v=kt^2$，则 $s(3)=\int_0^3 kt^2\mathrm{d}t=k\cdot\frac{t^3}{3}\Big|_0^3=9k=18$，所以 $k=2$. 于是

$$s(t)=\int_0^t 2t^2\,\mathrm{d}t=\frac{2}{3}t^3.$$

考研与竞赛练习

1. 设 $y=y(x)$ 由 $x=\int_1^{y-x}\sin^2\left(\frac{\pi t}{4}\right)\mathrm{d}t$ 所确定，求 $\left.\frac{\mathrm{d}y}{\mathrm{d}x}\right|_{x=0}$.

【参考解答】 易知 $y(0)=1$，两边对变量 x 求导，则

$$1=\sin^2\left(\frac{\pi}{4}(y-x)\right)(y'-1)\Rightarrow y'=\csc^2\left(\frac{\pi}{4}(y-x)\right)+1,$$

把 $x=0,y=1$ 代入可得 $y'=3$.

2. 计算 $\lim\limits_{x\to 0}\frac{\int_0^{2x}|t-x|\sin t\,\mathrm{d}t}{|x|^3}$.

【参考解答】 **【法 1】** 当 $x>0$，

$$\begin{aligned}\left(\int_0^{2x}|t-x|\sin t\,\mathrm{d}t\right)'&=\left(\int_0^x(x-t)\sin t\,\mathrm{d}t+\int_x^{2x}(t-x)\sin t\,\mathrm{d}t\right)'\\&=\left(x\int_0^x\sin t\,\mathrm{d}t-\int_0^x t\sin t\,\mathrm{d}t\right)'+\left(\int_x^{2x}t\sin t\,\mathrm{d}t-x\int_x^{2x}\sin t\,\mathrm{d}t\right)'\\&=\int_0^x\sin t\,\mathrm{d}t+x\sin x-x\sin x+\\&\quad\left[4x\sin 2x-x\sin x-\int_x^{2x}\sin t\,\mathrm{d}t-x(2\sin 2x-\sin x)\right]\\&=\int_0^x\sin t\,\mathrm{d}t+2x\sin 2x-\int_x^{2x}\sin t\,\mathrm{d}t.\end{aligned}$$

考虑右极限，运用洛必达法则、等价无穷小和线性运算，得

$$\begin{aligned}\lim_{x\to 0^+}\frac{\int_0^{2x}|t-x|\sin t\,\mathrm{d}t}{x^3}&=\lim_{x\to 0^+}\frac{\int_0^x\sin t\,\mathrm{d}t+2x\sin 2x-\int_x^{2x}\sin t\,\mathrm{d}t}{3x^2}\\&=\lim_{x\to 0^+}\frac{\int_0^x\sin t\,\mathrm{d}t}{3x^2}+\lim_{x\to 0^+}\frac{2x\sin 2x}{3x^2}-\lim_{x\to 0^+}\frac{\int_x^{2x}\sin t\,\mathrm{d}t}{3x^2}\\&=\lim_{x\to 0^+}\frac{\sin x}{6x}+\lim_{x\to 0^+}\frac{2x\cdot 2x}{3x^2}-\lim_{x\to 0^+}\frac{2\sin 2x-\sin x}{6x}=1.\end{aligned}$$

类似可知当 $x<0$，

$$\begin{aligned}\left(\int_0^{2x}|t-x|\sin t\,\mathrm{d}t\right)'&=\left(\int_0^x(t-x)\sin t\,\mathrm{d}t+\int_x^{2x}(x-t)\sin t\,\mathrm{d}t\right)'\\&=\left(\int_0^x t\sin t\,\mathrm{d}t-x\int_0^x\sin t\,\mathrm{d}t\right)'+\left(x\int_x^{2x}\sin t\,\mathrm{d}t-\int_x^{2x}t\sin t\,\mathrm{d}t\right)'\\&=x\sin x-\int_0^x\sin t\,\mathrm{d}t-x\sin x+\\&\quad\left[\int_x^{2x}\sin t\,\mathrm{d}t+x(2\sin 2x-\sin x)-(4x\sin 2x-x\sin x)\right]\end{aligned}$$

$$=-\int_0^x \sin t\,\mathrm{d}t-2x\sin 2x+\int_x^{2x}\sin t\,\mathrm{d}t.$$

考虑左极限,运用洛必达法则、等价无穷小和线性运算,得

$$\lim_{x\to 0^-}\frac{\int_0^{2x}|t-x|\sin t\,\mathrm{d}t}{-x^3}=\lim_{x\to 0^-}\frac{-\int_0^x \sin t\,\mathrm{d}t-2x\sin 2x+\int_x^{2x}\sin t\,\mathrm{d}t}{-3x^2}=1.$$

所以$\lim\limits_{x\to 0}\dfrac{\int_0^{2x}|t-x|\sin t\,\mathrm{d}t}{|x|^3}=1$.

【法 2】 令 $u=\dfrac{t}{x}$,则

$$\begin{aligned}\lim_{x\to 0}\frac{\int_0^{2x}|t-x|\sin t\,\mathrm{d}t}{|x|^3}&=\lim_{x\to 0}\frac{1}{x^2}\int_0^2|1-u|x\sin(ux)\mathrm{d}u\\&=\lim_{x\to 0}\frac{1}{x}\left[\int_0^1(1-u)\sin(ux)\mathrm{d}u+\int_1^2(u-1)\sin(ux)\mathrm{d}u\right]\\&=\lim_{x\to 0}\frac{1}{x}\left[\frac{1-\cos 2x}{x}+\frac{\sin 2x-2\sin x}{x^2}\right]\\&=\lim_{x\to 0}\left[\frac{1-\cos 2x}{x^2}+\frac{\sin 2x-2\sin x}{x^3}\right]\\&=\lim_{x\to 0}\left[\frac{\frac{1}{2}(2x)^2+o(x^2)}{x^2}+\frac{2x-\frac{(2x)^3}{3!}-2x+\frac{2x^3}{3!}+o(x^3)}{x^3}\right]=1.\end{aligned}$$

3. 设函数 $f(x)$在$[0,1]$上二阶可导,且 $f''(x)<0$,证明:$\int_0^1 f(x^n)\mathrm{d}x\leqslant f\left(\dfrac{1}{n+1}\right)$.

【参考证明】 由 $f''(x)<0$,故函数为严格的凹函数(凸曲线),则$\forall x\in[0,1]$,有

$$f''(x)\leqslant f\left(\frac{1}{n+1}\right)+f'\left(\frac{1}{n+1}\right)\left(x-\frac{1}{n+1}\right).$$

令上式中的 x 为 x^n 并两端积分,由积分的保序性,得

$$\begin{aligned}\int_0^1 f(x^n)\mathrm{d}x&\leqslant\int_0^1 f\left(\frac{1}{n+1}\right)\mathrm{d}x+f'\left(\frac{1}{n+1}\right)\int_0^1\left(x^n-\frac{1}{n+1}\right)\mathrm{d}x\\&=f\left(\frac{1}{n+1}\right)+f'\left(\frac{1}{n+1}\right)\left[\frac{x^n}{n+1}-\frac{x}{n+1}\right]_0^1=f\left(\frac{1}{n+1}\right),\end{aligned}$$

故所证不等式成立.

4. 设 $A_n=\dfrac{n}{n^2+1}+\dfrac{n}{n^2+2^2}+\cdots+\dfrac{n}{n^2+n^2}$,求 $\lim\limits_{n\to\infty}n\left(\dfrac{\pi}{4}-A_n\right)$.

【参考解答】 令 $f(x)=\dfrac{1}{1+x^2}$,记 $J_n=n\left(\dfrac{\pi}{4}-A_n\right)$. 因 $A_n=\dfrac{1}{n}\sum\limits_{i=1}^n\dfrac{1}{1+\left(\frac{i}{n}\right)^2}$,所以有 $\lim\limits_{n\to\infty}A_n=\int_0^1 f(x)\mathrm{d}x=\dfrac{\pi}{4}$. 记 $x_i=\dfrac{i}{n}$,则 $A_n=\dfrac{1}{n}\sum\limits_{i=1}^n\dfrac{1}{1+\left(\frac{i}{n}\right)^2}=\sum\limits_{i=1}^n\dfrac{f(x_i)}{n}=$

$\sum_{i=1}^{n}\int_{\frac{i-1}{n}}^{\frac{i}{n}}f(x_i)\mathrm{d}x=\sum_{i=1}^{n}\int_{x_{i-1}}^{x_i}f(x_i)\mathrm{d}x$，故 $J_n=n\sum_{i=1}^{n}\int_{x_{i-1}}^{x_i}[f(x)-f(x_i)]\mathrm{d}x$.

由拉格朗日中值定理，存在 $\zeta_i\in(x_{i-1},x_i)$ 使得 $J_n=n\sum_{i=1}^{n}\int_{x_{i-1}}^{x_i}f'(\zeta_i)(x-x_i)\mathrm{d}x$.

记 m_i,M_i 分别是 $f'(x)$ 在 $[x_{i-1},x_i]$ 上的最大值和最小值，则 $m_i\leqslant f'(\zeta_i)\leqslant M_i$，故积分 $\int_{x_{i-1}}^{x_i}f'(\zeta_i)(x-x_i)\mathrm{d}x$ 介于 $m_i\int_{x_{i-1}}^{x_i}(x-x_i)\mathrm{d}x$，$M_i\int_{x_{i-1}}^{x_i}(x-x_i)\mathrm{d}x$ 之间，所以存在 $\eta_i\in(x_{i-1},x_i)$ 使得

$$\int_{x_{i-1}}^{x_i}f'(\zeta_i)(x-x_i)\mathrm{d}x=f'(\eta_i)\int_{x_{i-1}}^{x_i}(x-x_i)\mathrm{d}x=-\frac{1}{2}f'(\eta_i)(x_i-x_{i-1})^2.$$

于是有 $J_n=-\frac{n}{2}\sum_{i=1}^{n}f'(\eta_i)(x_i-x_{i-1})^2=-\frac{1}{2n}\sum_{i=1}^{n}f'(\eta_i)$，从而得

$$\lim_{n\to\infty}n\left(\frac{\pi}{4}-A_n\right)=\lim_{n\to\infty}J_n=-\frac{1}{2}\int_0^1 f'(x)\mathrm{d}x=-\frac{1}{2}[f(1)-f(0)]=\frac{1}{4}.$$

5. 设 $f(x)$ 连续，且当 $x>-1$ 时有 $f(x)\left(\int_0^x f(t)\mathrm{d}t+1\right)=\frac{x\mathrm{e}^x}{2(1+x)^2}$，求 $f(x)$.

【参考解答】 令 $F(x)=\int_0^x f(t)\mathrm{d}t+1$，则 $F'(x)=f(x)$，代入已知等式有

$F'(x)F(x)=\frac{x\mathrm{e}^x}{2(1+x)^2}$，两边积分得

$$2\int F(x)F'(x)\mathrm{d}x=F^2(x)=\int\frac{x\mathrm{e}^x}{(1+x)^2}\mathrm{d}x=-\int x\mathrm{e}^x\mathrm{d}\left(\frac{1}{1+x}\right)$$

$$=-\frac{x\mathrm{e}^x}{1+x}+\int(x+1)\mathrm{e}^x\cdot\frac{1}{1+x}\mathrm{d}x=-\frac{x\mathrm{e}^x}{1+x}+\mathrm{e}^x+C=\frac{\mathrm{e}^x}{1+x}+C.$$

由 $F(0)=1$ 得 $C=0$，又 $x>-1$，于是 $F(x)=\sqrt{\frac{\mathrm{e}^x}{1+x}}$. 即 $\sqrt{\frac{\mathrm{e}^x}{1+x}}=\int_0^x f(t)\mathrm{d}t+1$，于是

$f(x)=\left(\sqrt{\frac{\mathrm{e}^x}{1+x}}\right)'=\frac{x\sqrt{\mathrm{e}^x}}{2(1+x)^{3/2}}$.

6. 设函数 $f(x)$ 和 $g(x)$ 在区间 $[a,b]$ 上连续，且 $f(x)$ 单调增加，$0\leqslant g(x)\leqslant 1$，证明：

(1) $0\leqslant\int_a^x g(t)\mathrm{d}t\leqslant x-a,x\in[a,b]$；

(2) $\int_a^{a+\int_a^b g(t)\mathrm{d}t}f(x)\mathrm{d}x\leqslant\int_a^b f(x)g(x)\mathrm{d}x$.

【参考证明】 (1)【法 1】 因为 $g(x)$ 在 $[a,b]$ 上连续，且 $0\leqslant g(x)\leqslant 1$，所以由定积分保序性可得 $0\leqslant\int_a^x g(t)\mathrm{d}t\leqslant\int_a^x 1\mathrm{d}x=x-a(x\in[a,b])$.

【法 2】 由积分中值定理，$\int_a^x g(t)\mathrm{d}t=g(\xi)(x-a)$，$a\leqslant\xi\leqslant x$，由于 $0\leqslant g(x)\leqslant 1$，并且 $x-a\geqslant 0$，两端乘以 $x-a$，得

$0\leqslant g(\xi)(x-a)\leqslant x-a$，即 $0\leqslant\int_a^x g(t)\mathrm{d}t\leqslant x-a$，$x\in[a,b]$.

(2) 令 $b=x$ 构造辅助函数 $F(x)=\int_a^x f(t)g(t)\mathrm{d}t-\int_a^{a+\int_a^x g(t)\mathrm{d}t}f(t)\mathrm{d}t$，则

$$F(a)=\int_a^a f(t)g(t)\mathrm{d}t-\int_a^{a+\int_a^a g(t)\mathrm{d}t}f(t)\mathrm{d}t=0.$$

$$F'(x)=f(x)g(x)-f\left[a+\int_a^x g(t)\mathrm{d}t\right]g(x)=g(x)\left[f(x)-f\left(a+\int_a^x g(t)\mathrm{d}t\right)\right],$$

又 $0\leqslant\int_a^x g(t)\mathrm{d}t\leqslant x-a$，所以 $a\leqslant a+\int_a^x g(t)\mathrm{d}t\leqslant x$，$f(x)$ 单调递增，所以 $f\left[a+\int_a^x g(t)\mathrm{d}t\right]\leqslant f(x)$，并且 $0\leqslant g(x)\leqslant 1$，可得 $F'(x)\geqslant 0$，即函数 $F(x)$ 单调递增，从而有 $F(x)\geqslant F(a)=0$，$x\in[a,b]$. 于是有

$$F(b)=\int_a^b f(t)g(t)\mathrm{d}t-\int_a^{a+\int_a^b g(t)\mathrm{d}t}f(t)\mathrm{d}t\geqslant 0,$$

即 $\int_a^{a+\int_a^b g(t)\mathrm{d}t}f(t)\mathrm{d}t\leqslant\int_a^b f(t)g(t)\mathrm{d}t$ 成立.

练习 29　定积分的换元法与分部积分法

训练目的

1. 掌握定积分的换元法，会用换元法计算定积分，会利用换元、换限证明关于定积分的等式和不等式.

2. 掌握定积分的分部积分法，会用分部积分法计算定积分，会利用分部积分法证明关于定积分的等式和递推公式.

基础练习

1. 计算下列定积分.

(1) $\int_{\pi/3}^{\pi}\sin\left(x+\frac{\pi}{3}\right)\mathrm{d}x$.　(2) $\int_{\ln 2}^{\ln 3}\frac{\mathrm{d}x}{\mathrm{e}^x-\mathrm{e}^{-x}}$.　(3) $\int_0^{\pi}\sin\varphi\cos^3\varphi\mathrm{d}\varphi$.

(4) $\int_{-1}^{1}\frac{\mathrm{d}x}{x^2+x+1}$.　(5) $\int_0^{\pi/2}\frac{\mathrm{d}x}{2+\cos x}$.　(6) $\int_1^2\frac{\sqrt{x-1}}{x}\mathrm{d}x$.

(7) $\int_{1/\sqrt{2}}^{1}\frac{\sqrt{1-x^2}}{x^2}\mathrm{d}x$.　(8) $\int_1^{\sqrt{3}}\frac{\mathrm{d}x}{x^2\sqrt{1+x^2}}$.　(9) $\int_0^1 x\mathrm{e}^{-x}\mathrm{d}x$.

(10) $\int_0^1(\arcsin x)^2\mathrm{d}x$.　(11) $\int_0^{\pi/2}\mathrm{e}^{2x}\cos x\mathrm{d}x$.　(12) $\int_0^2 x\arctan x\mathrm{d}x$.

【参考解答】 (1) $\int_{\pi/3}^{\pi}\sin\left(x+\frac{\pi}{3}\right)\mathrm{d}x=-\cos\left(x+\frac{\pi}{3}\right)\Big|_{\pi/3}^{\pi}=0$.

(2) $\int_{\ln 2}^{\ln 3}\frac{\mathrm{d}x}{\mathrm{e}^x-\mathrm{e}^{-x}}=\int_{\ln 2}^{\ln 3}\frac{\mathrm{e}^x\mathrm{d}x}{\mathrm{e}^{2x}-1}=\int_{\ln 2}^{\ln 3}\frac{\mathrm{d}\mathrm{e}^x}{\mathrm{e}^{2x}-1}=\frac{1}{2}\ln\frac{\mathrm{e}^x-1}{\mathrm{e}^x+1}\Big|_{\ln 2}^{\ln 3}=\frac{1}{2}\ln\frac{3}{2}$.

(3) $\int_0^{\pi}\sin\varphi\cos^3\varphi\mathrm{d}\varphi=-\frac{1}{4}\cos^4\varphi\Big|_0^{\pi}=0.$

(4) $\int_{-1}^{1}\frac{\mathrm{d}x}{x^2+x+1}=\int_{-1}^{1}\frac{\mathrm{d}\left(x+\frac{1}{2}\right)}{\left(x+\frac{1}{2}\right)^2+\left(\frac{\sqrt{3}}{2}\right)^2}=\frac{2}{\sqrt{3}}\arctan\frac{2x+1}{\sqrt{3}}\Big|_{-1}^{1}=\frac{\sqrt{3}\pi}{3}.$

(5) $\int_0^{\pi/2}\frac{\mathrm{d}x}{2+\cos x}=\int_0^{\pi/2}\frac{\mathrm{d}x}{1+2\cos^2\frac{x}{2}}=\int_0^{\pi/2}\frac{\sec^2\frac{x}{2}\mathrm{d}x}{\sec^2\frac{x}{2}+2}=2\int_0^{\pi/2}\frac{\mathrm{d}\tan\frac{x}{2}}{\tan^2\frac{x}{2}+3}$

$$=\frac{2}{\sqrt{3}}\arctan\frac{\tan\frac{x}{2}}{\sqrt{3}}\Big|_0^{\pi/2}=\frac{\pi}{3\sqrt{3}}.$$

或令 $\tan\frac{x}{2}=u$，则 $\cos x=\frac{1-u^2}{1+u^2}$，$\mathrm{d}x=\frac{2}{1+u^2}\mathrm{d}u$，换元得

$$\int_0^{\pi/2}\frac{\mathrm{d}x}{2+\cos x}=2\int_0^1\frac{\mathrm{d}u}{3+u^2}=\frac{2}{\sqrt{3}}\arctan\frac{u}{\sqrt{3}}\Big|_0^1=\frac{\pi}{3\sqrt{3}}.$$

(6) $\int_1^2\frac{\sqrt{x-1}}{x}\mathrm{d}x\xlongequal{t=\sqrt{x-1}}\int_0^1\frac{2t^2}{t^2+1}\mathrm{d}t=2[t-2\arctan t]_0^1=2-\frac{\pi}{2}.$

(7) $\int_{1/\sqrt{2}}^{1}\frac{\sqrt{1-x^2}}{x^2}\mathrm{d}x\xlongequal{x=\sin t}\int_{\pi/4}^{\pi/2}\frac{\cos^2 t}{\sin^2 t}\mathrm{d}t=\int_{\pi/4}^{\pi/2}\cot^2 t\,\mathrm{d}t=\int_{\pi/4}^{\pi/2}(\csc^2 t-1)\mathrm{d}t$

$$=(-\cot t-t)\Big|_{\pi/4}^{\pi/2}=1-\frac{\pi}{4}.$$

(8) $\int_1^{\sqrt{3}}\frac{\mathrm{d}x}{x^2\sqrt{1+x^2}}\xlongequal{x=\tan t}\int_{\pi/4}^{\pi/3}\frac{\sec^2 t\,\mathrm{d}t}{\tan^2 t\sec t}=\int_{\pi/4}^{\pi/3}\frac{\sec t\,\mathrm{d}t}{\tan^2 t}=\int_{\pi/4}^{\pi/3}\frac{\cos t\,\mathrm{d}t}{\sin^2 t}$

$$=\int_{\pi/4}^{\pi/3}\cot t\csc t\,\mathrm{d}t=-\csc t\Big|_{\pi/4}^{\pi/3}=\sqrt{2}-\frac{2}{\sqrt{3}}.$$

(9) $\int_0^1 x\mathrm{e}^{-x}\mathrm{d}x=-\int_0^1 x\mathrm{d}\mathrm{e}^{-x}=-\left(x\mathrm{e}^{-x}\Big|_0^1-\int_0^1\mathrm{e}^{-x}\mathrm{d}x\right)$

$$=-\mathrm{e}^{-1}-\int_0^1\mathrm{d}\mathrm{e}^{-x}=-\mathrm{e}^{-1}-\mathrm{e}^{-x}\Big|_0^1=1-2\mathrm{e}^{-1}.$$

(10) $\int_0^1(\arcsin x)^2\mathrm{d}x\xlongequal{\arcsin x=t}\int_0^{\pi/2}t^2\mathrm{d}\sin t=t^2\sin t\Big|_0^{\pi/2}-\int_0^{\pi/2}2t\sin t\,\mathrm{d}t$

$$=\frac{\pi^2}{4}+\int_0^{\pi/2}2t\,\mathrm{d}\cos t=\frac{\pi^2}{4}+2\left(t\cos t\Big|_0^{\pi/2}-\int_0^{\pi/2}\cos t\,\mathrm{d}t\right)$$

$$=\frac{\pi^2}{4}+2\left(0-\sin t\Big|_0^{\pi/2}\right)=\frac{\pi^2}{4}-2.$$

(11) $\int_0^{\pi/2}\mathrm{e}^{2x}\cos x\,\mathrm{d}x=\int_0^{\pi/2}\mathrm{e}^{2x}\mathrm{d}\sin x=\mathrm{e}^{2x}\sin x\Big|_0^{\pi/2}-\int_0^{\pi/2}\sin x\,\mathrm{d}\mathrm{e}^{2x}$

$$=\mathrm{e}^{\pi}-2\int_0^{\pi/2}\mathrm{e}^{2x}\sin x\,\mathrm{d}x=\mathrm{e}^{\pi}+2\int_0^{\pi/2}\mathrm{e}^{2x}\mathrm{d}\cos x$$

$$=e^{\pi}+2\left(e^{2x}\cos x\Big|_0^{\pi/2}-\int_0^{\pi/2}\cos x\,de^{2x}\right)=e^{\pi}-2-4\int_0^{\pi/2}e^{2x}\cos x\,dx,$$

所以 $\int_0^{\pi/2}e^{2x}\cos x\,dx=\frac{1}{5}(e^{\pi}-2)$.

(12) $$\int_0^2 x\arctan x\,dx=\frac{1}{2}\int_0^2\arctan x\,d(x^2+1)$$
$$=\frac{1}{2}(x^2+1)\arctan x\Big|_0^2-\int_0^2(x^2+1)d(\arctan x)$$
$$=\frac{1}{2}\left(5\arctan 2-\int_0^2 1dx\right)=\frac{5}{2}\arctan 2-1.$$

2. 设函数 $f(x)$在$[a,b]$上连续，证明$\int_a^b f(x)dx=\int_a^b f(a+b-x)dx$.

【参考证明】 因为 $f(x)$在$[a,b]$上连续，所以 $f(a+b-x)$在$[a,b]$连续. 令 $t=a+b-x$，则由积分符号的无关性，得

$$\int_a^b f(a+b-x)dx=-\int_b^a f(t)dt=\int_a^b f(x)dx.$$

3. 设 $f''(x)$在$[a,b]$上连续，证明：$\int_a^b xf''(x)dx=[bf'(b)-f(b)]-[af'(a)-f(a)]$.

【参考证明】 因为 $f''(x)$在$[a,b]$上连续，故由分部积分法得

$$\int_a^b xf''(x)dx=\int_a^b x\,df'(x)=xf'(x)\Big|_a^b-\int_a^b f'(x)dx$$
$$=bf'(b)-af'(a)-f(x)\Big|_a^b=[bf'(b)-f(b)]-[af'(a)-f(a)].$$

4. 设 $f(x)$在$(-\infty,+\infty)$内满足 $f(x)=f(x-\pi)+\sin x$，且 $f(x)=x,x\in[0,\pi)$，计算 $I=\int_{\pi}^{3\pi}f(x)dx$.

【参考解答】 由 $f(x)=x,x\in[0,\pi)$可得

$$f(x+\pi)=f(x)+\sin(x+\pi)=x-\sin x,$$
$$f(x+2\pi)=f(x+\pi)+\sin(x+2\pi)=x-\sin x+\sin x=x,$$

又由积分的可加性得

$$I=\int_{\pi}^{2\pi}f(x)dx+\int_{2\pi}^{3\pi}f(x)dx.$$

对于第一个积分，令 $x-\pi=t$，得

$$\int_{\pi}^{2\pi}f(x)dx=\int_0^{\pi}f(t+\pi)dt=\int_0^{\pi}(t-\sin t)dt=\frac{\pi^2-4}{2}.$$

对于第二个积分，令 $x-2\pi=t$ 得

$$\int_{2\pi}^{3\pi}f(x)dx=\int_0^{\pi}f(t+2\pi)dt=\int_0^{\pi}t\,dt=\frac{\pi^2}{2}.$$

代入得 $I=\pi^2-2$.

综合练习

5. 计算下列定积分.

(1) $\int_0^{\pi/2}\frac{x+\sin x}{1+\cos x}dx$； (2) $\int_0^{\pi/4}\ln(1+\tan x)dx$；

(3) $\int_0^a\frac{dx}{x+\sqrt{a^2-x^2}}$； (4) $\int_0^{\pi/2}\sqrt{1-\sin 2x}\,dx$.

【参考解答】 (1) $\int_0^{\pi/2}\frac{x+\sin x}{1+\cos x}dx=\int_0^{\pi/2}\frac{x\,dx}{2\cos^2\frac{x}{2}}+\int_0^{\pi/2}\frac{\sin x}{1+\cos x}dx$

$$=\int_0^{\pi/2}x\,d\tan\frac{x}{2}+\int_0^{\pi/2}\tan\frac{x}{2}dx$$

$$=x\tan\frac{x}{2}\Big|_0^{\pi/2}-\int_0^{\pi/2}\tan\frac{x}{2}dx+\int_0^{\pi/2}\tan\frac{x}{2}dx=\frac{\pi}{2}.$$

(2) 令 $x=\frac{\pi}{4}-t$，得

$$\int_0^{\pi/4}\ln(1+\tan x)dx=\int_0^{\pi/4}\ln\left(1+\frac{1-\tan t}{1+\tan t}\right)dt$$

$$=\int_0^{\pi/4}[\ln 2-\ln(1+\tan t)]dt=\frac{\pi\ln 2}{4}-\int_0^{\pi/4}\ln(1+\tan x)dx,$$

所以 $\int_0^{\pi/4}\ln(1+\tan x)dx=\frac{\pi}{8}\ln 2$.

(3) 令 $x=a\sin t$，得

$$\int_0^a\frac{dx}{x+\sqrt{a^2-x^2}}=\int_0^{\pi/2}\frac{\cos t\,dt}{\sin t+\cos t}=\int_0^{\pi/2}\frac{\sin t\,dt}{\cos t+\sin t}=\frac{1}{2}\int_0^{\pi/2}dt=\frac{\pi}{4}.$$

(4) $\int_0^{\pi/2}\sqrt{1-\sin 2x}\,dx=\int_0^{\pi/2}|\sin x-\cos x|\,dx$

$$=\int_0^{\pi/4}(\cos x-\sin x)dx+\int_{\pi/4}^{\pi/2}(\sin x-\cos x)dx=2\sqrt{2}-2.$$

6. 已知 $f(\pi)=1$，且 $\int_0^{\pi}[f(x)+f''(x)]\sin x\,dx=3$，其中 $f''(x)$ 连续，求 $f(0)$.

【参考解答】 由定积分的线性运算性质与分部积分法，得

$$\int_0^{\pi}[f(x)+f''(x)]\sin x\,dx=-\int_0^{\pi}f(x)d\cos x+\int_0^{\pi}f''(x)\sin x\,dx$$

$$=-f(x)\cos x\Big|_0^{\pi}+\int_0^{\pi}\cos x\,df(x)+\int_0^{\pi}\sin x\,df'(x)$$

$$=f(\pi)+f(0)+\int_0^{\pi}\cos x\,df(x)+\sin x f'(x)\Big|_0^{\pi}-\int_0^{\pi}f'(x)d\sin x$$

$$=f(\pi)+f(0)+\int_0^{\pi}f'(x)\cos x\,dx-\int_0^{\pi}f'(x)\cos x\,dx$$

$$=f(\pi)+f(0)=3,$$

所以 $f(0)=2$.

7. 设 $f(x)$在$[a,b]$上连续,且 $f(x)>0$, $F(x)=\int_a^x f(t)\mathrm{d}t+\int_b^x \frac{\mathrm{d}t}{f(t)}$, $x\in[a,b]$, 证明:(1)$F'(x)\geqslant 2$; (2)方程 $F(x)=0$ 在区间(a,b)内有且仅有一个根.

【参考证明】 (1) $F(x)=f(x)+\frac{1}{f(x)}$,因为 $f(x)>0$,所以 $F'(x)\geqslant 2$.

(2) 因为 $F'(x)>0$,所以 $F(x)$在$[a,b]$上单调递增. 又

$$F(a)=\int_b^a \frac{\mathrm{d}t}{f(t)}=-\int_a^b \frac{\mathrm{d}t}{f(t)}<0,\quad F(b)=\int_a^b f(t)\mathrm{d}t>0,$$

由零点定理可知,方程 $F(x)=0$ 在区间(a,b)内有根. 又 $F'(x)\geqslant 2$,所以 $F(x)$单调递增,于是方程 $F(x)=0$ 在区间(a,b)内有且仅有一个根.

8. 设 $f(x)=\int_1^x \frac{\ln t}{1+t}\mathrm{d}t$, 其中 $x>0$,求 $f(x)+f\left(\frac{1}{x}\right)$.

【参考解答】【法 1】 $f\left(\frac{1}{x}\right)=\int_1^{\frac{1}{x}} \frac{\ln t}{1+t}\mathrm{d}t$. 由倒代换,令 $t=\frac{1}{y}$,则 $\mathrm{d}t=-\frac{1}{y^2}\mathrm{d}y$,代入积分式得 $f\left(\frac{1}{x}\right)=\int_1^x \frac{\ln y}{y(1+y)}\mathrm{d}y=\int_1^x \frac{\ln t}{t(1+t)}\mathrm{d}t$. 于是

$$\begin{aligned}f(x)+f\left(\frac{1}{x}\right)&=\int_1^x \frac{\ln t}{(1+t)}\mathrm{d}t+\int_1^x \frac{\ln t}{t(1+t)}\mathrm{d}t=\int_1^x\left(\frac{1}{(1+t)}+\frac{1}{t(1+t)}\right)\ln t\,\mathrm{d}t\\&=\int_1^x \frac{\ln t}{t}\mathrm{d}t=\int_1^x \ln t\,\mathrm{d}\ln t=\frac{1}{2}\ln^2 x.\end{aligned}$$

【法 2】 令 $F(x)=f(x)+f\left(\frac{1}{x}\right)=\int_1^x \frac{\ln t}{1+t}\mathrm{d}t+\int_1^{\frac{1}{x}} \frac{\ln t}{1+t}\mathrm{d}t$, 于是

$$F'(x)=\frac{\ln x}{1+x}+\frac{\ln\frac{1}{x}}{1+\frac{1}{x}}\cdot\frac{-1}{x^2}=\frac{\ln x}{x},$$

两边做定积分,由牛顿-莱布尼兹公式得

$$\int_0^x F'(x)\mathrm{d}x=F(x)-F(1)=\int_1^x \frac{\ln x}{x}\mathrm{d}x=\frac{1}{2}\ln^2 x,$$

又 $F(1)=\int_1^1 \frac{\ln x}{x}\mathrm{d}x=0$, 所以 $F(x)=f(x)+f\left(\frac{1}{x}\right)=\frac{1}{2}\ln^2 x$.

考研与竞赛练习

1. 选择题.

(1) 设 $f(x)$是连续函数,$F(x)$是 $f(x)$的原函数,则( ).

(A) 当 $f(x)$是奇函数时,$F(x)$必是偶函数

(B) 当 $f(x)$是偶函数时,$F(x)$必是奇函数

(C) 当 $f(x)$是周期函数时,$F(x)$必是周期函数

(D) 当 $f(x)$是单调增函数时,$F(x)$必是单调增函数

(2) 设 $f(x)$为已知连续函数,$I=t\int_0^{\frac{s}{t}} f(tx)\mathrm{d}x$, 其中 $s>0,t>0$,则 I 的值( ).

(A) 依赖于 s 和 t　　　　(B) 依赖于 s,t,x

(C) 依赖于 t 和 x，不依赖于 s　　　　(D) 依赖于 s，不依赖于 t

(3) 设 $a_n=\frac{3}{2}\int_0^{\frac{n}{n+1}} x^{n-1}\sqrt{1+x^n}\,\mathrm{d}x$，则极限 $\lim\limits_{n\to\infty} na_n$ 等于（　　）.

(A) $(1+\mathrm{e})^{3/2}+1$　　　　(B) $(1+\mathrm{e}^{-1})^{3/2}-1$

(C) $(1+\mathrm{e}^{-1})^{3/2}+1$　　　　(D) $(1+\mathrm{e})^{3/2}-1$

【参考解答】 (1) $f(x)$ 的原函数 $F(x)$ 可以表示为 $F(x)=\int_0^x f(t)\mathrm{d}t+C$，于是

$$F(-x)=\int_0^{-x} f(t)\mathrm{d}t+C=\int_0^x f(-u)\mathrm{d}(-u)+C,$$

当 $f(x)$ 为奇函数时，$f(-u)=-f(u)$，从而

$$F(-x)=\int_0^x f(u)\mathrm{d}u+C=\int_0^x f(t)\mathrm{d}t+C=F(x),$$

即 $F(x)$ 为偶函数，故(A)为正确选项.(B)(C)(D)可分别举例说明不正确：

(B) $f(x)=x^2$ 是偶函数，原函数 $F(x)=\frac{1}{3}x^3+1$ 不是奇函数；

(C) $f(x)=\cos^2 x$ 是周期函数，原函数 $F(x)=\frac{1}{2}x+\frac{1}{4}\sin 2x$ 不是周期函数；

(D) $f(x)=x$ 在区间 $(-\infty,+\infty)$ 内是单调增函数，原函数 $F(x)=\frac{1}{2}x^2$ 在整个区间 $(-\infty,+\infty)$ 内非单调增函数. 综上可知正确选项为(A).

(2) 令 $tx=u$，则 $I=t\int_0^{\frac{s}{t}} f(tx)\mathrm{d}x=\int_0^s f(u)\mathrm{d}u$，由此可见积分的值仅与 s 有关. 所以正确选项为(D).

(3) 由定积分的换元法可得

$$\begin{aligned}a_n&=\frac{3}{2}\int_0^{\frac{n}{n+1}} x^{n-1}\sqrt{1+x^n}\,\mathrm{d}x=\frac{3}{2n}\int_0^{\frac{n}{n+1}}\sqrt{1+x^n}\,\mathrm{d}(1+x^n)\\&=\frac{1}{n}(1+x^n)^{3/2}\Big|_0^{\frac{n}{n+1}}=\frac{1}{n}\left(1+\left(\frac{n}{n+1}\right)^n\right)^{3/2}-\frac{1}{n},\end{aligned}$$

由此可得

$$\lim_{n\to\infty} na_n=\lim_{n\to\infty}\left[\left(1+\left(\frac{n}{n+1}\right)^n\right)^{3/2}-1\right]=\lim_{n\to\infty}\left(1+\frac{1}{\left(1+\frac{1}{n}\right)^n}\right)^{3/2}-1$$

$$=(1+\mathrm{e}^{-1})^{3/2}-1,$$

所以正确选项为(B).

2. 如图所示，曲线 C 的方程为 $y=f(x)$，点 $(3,2)$ 是它的一个拐点，直线 l_1 与 l_2 分别是曲线 C 在点 $(0,0)$ 与 $(3,2)$ 处的切线，其交点为 $(2,4)$. 设函数 $f(x)$ 具有三阶连续导数，计算定积分 $\int_0^3 (x^2+x)f'''(x)\mathrm{d}x$.

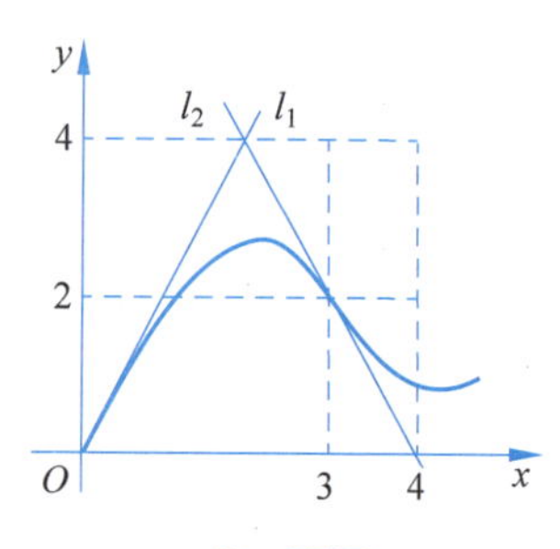

第 2 题图

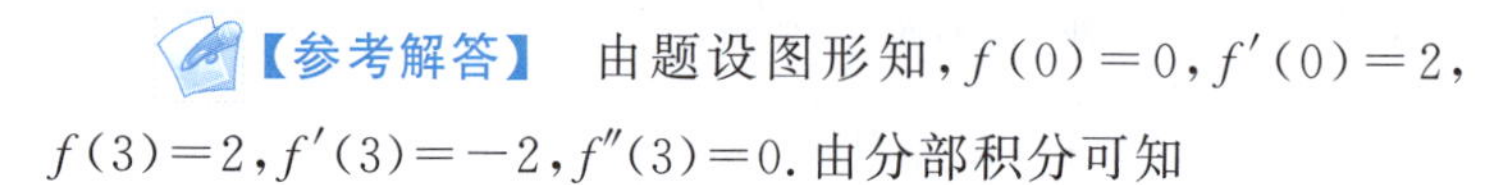

【参考解答】 由题设图形知，$f(0)=0$，$f'(0)=2$，$f(3)=2$，$f'(3)=-2$，$f''(3)=0$. 由分部积分可知

$$\int_0^3 (x^2+x)f'''(x)\mathrm{d}x = \int_0^3 (x^2+x)\mathrm{d}f''(x)$$
$$= (x^2+x)f''(x)\Big|_0^3 - \int_0^3 f''(x)(2x+1)\mathrm{d}x$$
$$= -\int_0^3 (2x+1)\mathrm{d}f'(x) = -(2x+1)f'(x)\Big|_0^3 + 2\int_0^3 f'(x)\mathrm{d}x$$
$$= 16 + 2[f(3)-f(0)] = 20.$$

3. 计算下列定积分.

(1) $\int_0^1 \frac{x^2\arcsin x}{\sqrt{1-x^2}}\mathrm{d}x$. (2) $\int_0^1 \frac{\ln(1+x)}{(2-x)^2}\mathrm{d}x$.

【参考解答】 (1) 换元 $x=\sin t\left(0\leqslant t<\frac{\pi}{2}\right)$，由分部积分法可得

$$\int_0^1 \frac{x^2\arcsin x}{\sqrt{1-x^2}}\mathrm{d}x = \int_0^{\frac{\pi}{2}} \frac{t\sin^2 t}{\cos t}\cdot\cos t\,\mathrm{d}t$$
$$= \int_0^{\frac{\pi}{2}} t\sin^2 t\,\mathrm{d}t = \frac{1}{2}\int_0^{\frac{\pi}{2}} t(1-\cos 2t)\mathrm{d}t = \frac{1}{4}t^2\Big|_0^{\frac{\pi}{2}} - \frac{1}{4}\int_0^{\frac{\pi}{2}} t\,\mathrm{d}(\sin 2t)$$
$$= \frac{\pi^2}{16} - \frac{1}{4}\left[(t\sin 2t)\Big|_0^{\frac{\pi}{2}} - \int \sin 2t\,\mathrm{d}t\right] = \frac{\pi^2}{16} - \frac{1}{8}\cos 2t\Big|_0^{\frac{\pi}{2}} = \frac{\pi^2}{16} + \frac{1}{4}.$$

(2) 考虑分部积分法，得

$$\int_0^1 \frac{\ln(1+x)}{(2-x)^2}\mathrm{d}x = \int_0^1 \ln(1+x)\mathrm{d}\left(\frac{1}{2-x}\right) = \frac{\ln(1+x)}{2-x}\Big|_0^1 - \int_0^1 \frac{1}{2-x}\cdot\frac{\mathrm{d}x}{1+x}$$
$$= \ln 2 - \frac{1}{3}\int_0^1 \left(\frac{1}{1+x} + \frac{1}{2-x}\right)\mathrm{d}x = \ln 2 - \frac{1}{3}\left[\ln\frac{1+x}{2-x}\right]_0^1 = \frac{\ln 2}{3}.$$

4. 求极限 $\lim\limits_{x\to+\infty} \sqrt[3]{x}\int_x^{x+1} \frac{\sin t}{\sqrt{t}+\cos t}\mathrm{d}t$.

【参考答案】 因为当 $x>1$ 时，

$$\left|\sqrt[3]{x}\int_x^{x+1} \frac{\sin t}{\sqrt{t}+\cos t}\mathrm{d}t\right| \leqslant \sqrt[3]{x}\int_x^{x+1} \frac{1}{\sqrt{t}-1}\mathrm{d}t$$
$$\leqslant 2\sqrt[3]{x}(\sqrt{x}-\sqrt{x-1}) = \frac{2\sqrt[3]{x}}{\sqrt{x}+\sqrt{x-1}} \to 0(x\to+\infty),$$

所以 $\lim\limits_{x\to+\infty} \sqrt[3]{x}\int_x^{x+1} \frac{\sin t}{\sqrt{t}+\cos t}\mathrm{d}t = 0$.

5. 设 $|f(x)|\leqslant\pi$，$f'(x)\geqslant m>0(a\leqslant x\leqslant b)$，证明 $\left|\int_a^b \sin f(x)\mathrm{d}x\right| \leqslant \frac{2}{m}$.

【参考证明】 因为 $f'(x)\geqslant m>0(a\leqslant x\leqslant b)$，所以 $f(x)$ 在 $[a,b]$ 上严格单调递增，从而有反函数，设 $A=f(a)$，$B=f(b)$，φ 是 f 的反函数，则

$$0<\varphi'(y) = \frac{1}{f'(x)} \leqslant \frac{1}{m}.$$

又 $|f(x)|\leqslant\pi$，则 $-\pi\leqslant A<B\leqslant\pi$. 令 $x=\varphi(y)$，得

$$\left|\int_a^b \sin f(x)\mathrm{d}x\right|=\left|\int_A^B \varphi'(y)\sin y\mathrm{d}y\right|\leqslant\int_0^\pi \frac{\sin y}{m}\mathrm{d}y=\frac{2}{m}.$$

6. 设 $a_n=\int_0^1 x^n\sqrt{1-x^2}\mathrm{d}x\,(n=1,2,3,\cdots)$.

(1) 证明：数列 $\{a_n\}$ 单调递减，且 $a_n=\frac{n-1}{n+2}a_{n-2}\,(n=2,3,\cdots)$；(2) 求 $\lim\limits_{n\to\infty}\frac{a_n}{a_{n-1}}$.

【参考证明】【法 1】 (1) 用减法考察数列的单调性. 于是

$$\begin{aligned}a_{n+1}-a_n&=\int_0^1 x^{n+1}\sqrt{1-x^2}\mathrm{d}x-\int_0^1 x^n\sqrt{1-x^2}\mathrm{d}x\\&=\int_0^1 (x^{n+1}-x^n)\sqrt{1-x^2}\mathrm{d}x<0,\end{aligned}$$

所以数列 $\{a_n\}$ 单调递减. 又当 $n\geqslant2$ 时，

$$\begin{aligned}a_n&=\int_0^1 x^n\sqrt{1-x^2}\mathrm{d}x=-\frac{1}{3}\int_0^1 x^{n-1}\mathrm{d}[(1-x^2)^{3/2}]\\&=-\frac{1}{3}[x^{n-1}(1-x^2)^{3/2}]_0^1+\frac{n-1}{3}\int_0^1(1-x^2)^{3/2}x^{n-2}\mathrm{d}x\\&=\frac{n-1}{3}\int_0^1\sqrt{1-x^2}(1-x^2)x^{n-2}\mathrm{d}x\\&=\frac{n-1}{3}\left[\int_0^1\sqrt{1-x^2}x^{n-2}\mathrm{d}x-\int_0^1\sqrt{1-x^2}x^n\mathrm{d}x\right]\\&=\frac{n-1}{3}a_{n-2}-\frac{n-1}{3}a_n,\end{aligned}$$

由此解得 $a_n=\frac{n-1}{n+2}a_{n-2}$.

(2) 由 a_n 的定义式可知 $a_n>0$，并且数列 $\{a_n\}$ 单调递减，所以 $0<\frac{a_n}{a_{n-1}}<1$ 且 $\frac{a_{n-1}}{a_n}>1$ $(n\geqslant2)$. 由(1)可得 $\frac{a_n}{a_{n-1}}=\frac{\frac{n-1}{n+2}a_{n-2}}{a_{n-1}}=\frac{n-1}{n+2}\frac{a_{n-2}}{a_{n-1}}>\frac{n-1}{n+2}$，所以 $\frac{n-1}{n+2}<\frac{a_n}{a_{n-1}}<1$. 因此由夹逼定理可得 $\lim\limits_{n\to\infty}\frac{a_n}{a_{n-1}}=1$.

【法 2】 (1) 当 $0\leqslant x\leqslant1$ 时，有 $x^{n-1}\geqslant x^n$，所以 $x^{n-1}\sqrt{1-x^2}\geqslant x^n\sqrt{1-x^2}$.

于是由积分的保序性，可得

$$a_{n-1}=\int_0^1 x^{n-1}\sqrt{1-x^2}\mathrm{d}x\geqslant\int_0^1 x^n\sqrt{1-x^2}\mathrm{d}x=a_n,$$

所以数列 $\{a_n\}$ 单调递减.

由于需要得到递推关系，并且是与 n 相关的积分，因此对积分考虑分部积分法，于是有

$$a_n=\int_0^1 x^n\sqrt{1-x^2}\mathrm{d}x=\frac{1}{n+1}\int_0^1\sqrt{1-x^2}\mathrm{d}(x^{n+1})$$

$$=\frac{1}{n+1}\left[\sqrt{1-x^2}x^{n+1}\right]_0^1+\frac{1}{n+1}\int_0^1\frac{x^{n+2}}{\sqrt{1-x^2}}dx$$

$$=\frac{1}{n+1}\int_0^1\frac{x^n(x^2-1)+x^n}{\sqrt{1-x^2}}dx=-\frac{1}{n+1}a_n+\frac{1}{n+1}\int_0^1\frac{x^n}{\sqrt{1-x^2}}dx$$

$$=-\frac{1}{n+1}a_n-\frac{1}{n+1}\int_0^1 x^{n-1}d\sqrt{1-x^2}$$

$$=-\frac{1}{n+1}a_n-\frac{1}{n+1}\left[x^{n-1}\sqrt{1-x^2}\right]_0^1+\frac{n-1}{n+1}\int_0^1 x^{n-2}\sqrt{1-x^2}dx$$

$$=\ \frac{1}{n+1}a_n+\frac{n-1}{n+1}a_{n-2},$$

移项整理得 $a_n=\frac{n-1}{n+2}a_{n-2}$.

(2) 由(1)可知 $a_n\leqslant a_{n-1}$，由此可得$\frac{a_n}{a_{n-1}}\leqslant 1$，且$\frac{a_n}{a_{n-2}}=\frac{n-1}{n+2}\leqslant\frac{a_{n-1}}{a_{n-2}}$，由此可得

$$\lim_{n\to\infty}\frac{n-1}{n+2}=1\leqslant\lim_{n\to\infty}\frac{a_{n-1}}{a_{n-2}}=\lim_{n\to\infty}\frac{a_n}{a_{n-1}}\leqslant 1,$$

所以由夹逼定理，可得 $\lim\limits_{n\to\infty}\frac{a_n}{a_{n-1}}=1$.

练习 30　特定结构的定积分的计算

训练目的

1. 熟练掌握奇偶函数在对称区间积分的性质，周期函数的定积分性质.

2. 掌握特殊三角函数在特殊区间上的积分公式.

$$\int_0^{\pi/2}f(\sin x)dx=\int_0^{\pi/2}f(\cos x)dx;\ \int_0^{\pi}f(\sin x)dx=2\int_0^{\pi/2}f(\sin x)dx;$$

$$\int_0^{\pi/2}\sin^n x dx=\int_0^{\pi/2}\cos^n x dx=\begin{cases}\frac{n-1}{n}\cdot\frac{n-3}{n-2}\cdot\cdots\cdot\frac{1}{2}\cdot\frac{\pi}{2}, & n=2k,k\in\mathbf{N}\\ \frac{n-1}{n}\cdot\frac{n-3}{n-2}\cdot\cdots\cdot\frac{2}{3}\cdot 1, & n=2k+1,k\in\mathbf{N}\end{cases};$$

$$\int_0^{\pi}xf(\sin x)dx=\frac{\pi}{2}\int_0^{\pi}f(\sin x)dx.$$

3. 会利用积分区间与被积函数的特点，通过区间拆分和变量替换，实现定积分形式再现，解决定积分的计算.

基础练习

1. 计算下列定积分.

(1) $\int_{-1}^{1}\frac{1+xe^{-x^2/2}}{1+x^2}dx$.　　(2) $\int_{-5}^{5}\frac{x^3\sin^2 x}{x^4+2x^2+1}dx$.

(3) $\int_0^{\pi}\sin^4 x\cos^2 x\,dx$.　　(4) $\int_0^1 x^5\sqrt{1-x^2}\,dx$.

(5) $\int_0^{\pi/2}\frac{\sin x}{\sin x+\cos x}dx$.　　(6) $\int_0^{\pi}\frac{x\sin x}{3\sin^2 x+4\cos^2 x}dx$.

(7) $\int_0^{2022}(x-[x])dx$.　　(8) $\int_0^1\frac{\arctan x}{\arctan x+\arctan(1-x)}dx$.

(9) $\int_{1/2}^2 f(x-1)dx$,其中 $f(x)=\begin{cases}xe^{x^2}, & -1/2\leqslant x<1/2\\ -1, & x\geqslant 1/2\end{cases}$.

【参考解答】 (1) 因为$\frac{xe^{-x^2/2}}{1+x^2}$是奇函数,积分区间对称,所以$\int_{-1}^1\frac{xe^{-x^2/2}}{1+x^2}dx=0$.

$$\int_{-1}^1\frac{1+xe^{-x^2/2}}{1+x^2}dx=\int_{-1}^1\frac{1}{1+x^2}dx+\int_{-1}^1\frac{xe^{-x^2/2}}{1+x^2}dx=\arctan x\Big|_{-1}^1=\frac{\pi}{2}.$$

(2) 因为被积函数是奇函数,积分区间对称,所以$\int_{-5}^5\frac{x^3\sin^2 x}{x^4+2x^2+1}dx=0$.

(3) $$\int_0^{\pi}\sin^4 x\cos^2 x\,dx=\int_0^{\pi}(\sin^4 x-\sin^6 x)dx=2\int_0^{\pi/2}(\sin^4 x-\sin^6 x)dx$$
$$=2\left(\frac{3}{4}\cdot\frac{1}{2}\cdot\frac{\pi}{2}-\frac{5}{6}\cdot\frac{3}{4}\cdot\frac{1}{2}\cdot\frac{\pi}{2}\right)=\frac{\pi}{16}.$$

(4) 令 $x=\sin t$,于是
$$\int_0^1 x^5\sqrt{1-x^2}\,dx=\int_0^{\pi/2}\sin^5 t\cos^2 t\,dt=\int_0^{\pi/2}\sin^5 t\,dt-\int_0^{\pi/2}\sin^7 t\,dt$$
$$=\frac{4}{5}\cdot\frac{2}{3}\cdot 1-\frac{6}{7}\cdot\frac{4}{5}\cdot\frac{2}{3}\cdot 1=\frac{8}{105}.$$

(5) 由于$\int_0^{\pi/2}\frac{\sin x}{\sin x+\cos x}dx=\int_0^{\pi/2}\frac{\cos x}{\cos x+\sin x}dx$,所以
$$\int_0^{\pi/2}\frac{\sin x}{\sin x+\cos x}dx=\frac{1}{2}\int_0^{\pi/2}\left(\frac{\sin x}{\sin x+\cos x}+\frac{\cos x}{\cos x+\sin x}\right)dx=\frac{1}{2}\int_0^{\pi/2}dx=\frac{\pi}{4}.$$

(6) $$\int_0^{\pi}\frac{x\sin x}{3\sin^2 x+4\cos^2 x}dx=\int_0^{\pi}\frac{x\sin x}{4-\sin^2 x}dx=\frac{\pi}{2}\int_0^{\pi}\frac{\sin x}{3+\cos^2 x}dx$$
$$=-\frac{\pi}{2}\int_0^{\pi}\frac{d\cos x}{3+\cos^2 x}=-\frac{\pi}{2}\cdot\frac{1}{\sqrt{3}}\arctan\left(\frac{\cos x}{\sqrt{3}}\right)\Bigg|_0^{\pi}=\frac{\sqrt{3}}{18}\pi^2.$$

(7) $f(x)=x-[x]$是以 1 为周期的周期函数,且 $f(x)=x,x\in[0,1)$,所以,
$$\int_0^{2022}(x-[x])dx=2022\int_0^1 x\,dx=1011.$$

(8) 令 $1-x=u$ 得
$$\int_0^1\frac{\arctan x}{\arctan x+\arctan(1-x)}dx=-\int_1^0\frac{\arctan(1-u)}{\arctan(1-u)+\arctan u}du$$
$$=\int_0^1\frac{\arctan(1-x)}{\arctan x+\arctan(1-x)}dx,$$
所以$$\int_0^1\frac{\arctan x}{\arctan x+\arctan(1-x)}dx=\frac{1}{2}\int_0^1\frac{\arctan x+\arctan(1-x)}{\arctan x+\arctan(1-x)}dx=\frac{1}{2}.$$

(9) 令 $x-1=t$,则

$$\int_{1/2}^{2} f(x-1)\mathrm{d}x=\int_{-1/2}^{1} f(t)\mathrm{d}t=1/2\int_{-1/2}^{1/2} x\mathrm{e}^{x^2}\mathrm{d}x+\int_{1/2}^{1}(-1)\mathrm{d}x=0-\frac{1}{2}=-\frac{1}{2}.$$

综合练习

2. 选择题.

(1) 下列定积分中,积分值不等于零的是(　　).

(A) $\int_{0}^{2\pi}\ln(\sin x+\sqrt{1+\sin^2 x})\mathrm{d}x$　　(B) $\int_{0}^{2\pi}\mathrm{e}^{\cos x}\sin(\sin x)\mathrm{d}x$

(C) $\int_{-\pi}^{\pi}\cos 2x\mathrm{d}x$　　(D) $\int_{-\pi/2}^{\pi/2}\frac{\sin x+\cos x}{\cos x+2\sin^2 x}\mathrm{d}x$

(2) 设函数 $f(x)$,$g(x)$在$[-a,a]$上均具有连续导数,且 $f(x)$为奇函数,$g(x)$为偶函数,则定积分$\int_{-a}^{a}[f'(x)+g'(x)]\mathrm{d}x=$(　　).

(A) $f(a)+g(a)$　　(B) $f(a)-g(a)$　　(C) $2g(a)$　　(D) $2f(a)$

【参考解答】 (1) (A)(B)的被积函数均为奇函数,且为以 2π 为周期的周期函数,在$[0,2\pi]$上的积分等于在$[-\pi,\pi]$上的积分,所以(A)(B)积分为零.

(C) $\int_{-\pi}^{\pi}\cos 2x\mathrm{d}x=\frac{1}{2}\sin 2x\Big|_{-\pi}^{\pi}=0$.

(D) $\int_{-\pi/2}^{\pi/2}\frac{\sin x+\cos x}{\cos x+2\sin^2 x}\mathrm{d}x=\int_{-\pi/2}^{\pi/2}\frac{\sin x\mathrm{d}x}{\cos x+2\sin^2 x}+\int_{-\pi/2}^{\pi/2}\frac{\cos x\mathrm{d}x}{\cos x+2\sin^2 x}$.

前一个积分为奇函数,在对称区间上的积分为零,后一个积分的被积函数在积分区间内大于零,于是积分值大于零. 所以正确选项为(D).

(2) 由 $f(x)$为奇函数,$g(x)$为偶函数可知,$f'(x)$为偶函数,$g'(x)$为奇函数,所以

$$\int_{-a}^{a}[f'(x)+g'(x)]\mathrm{d}x=2\int_{0}^{a}f'(x)\mathrm{d}x+0=2(f(a)-f(0))=2f(a).$$

所以正确选项为(D).

3. 计算下列定积分.

(1) $\int_{-2}^{3}\min\left\{\frac{1}{\sqrt{|x|}},x^2,x\right\}\mathrm{d}x$.　　(2) $\int_{2}^{4}\frac{\sqrt{x+3}}{\sqrt{x+3}+\sqrt{9-x}}\mathrm{d}x$.

(3) $\int_{0}^{1}\mathrm{e}^{x}\left(\frac{1-x}{1+x^2}\right)^2\mathrm{d}x$.　　(4) $\int_{\pi/4}^{\pi/2}\frac{1+\sin x}{1+\cos x}\mathrm{e}^{x}\mathrm{d}x$.

【参考解答】 (1) 改写被积函数表达式有 $\min\left\{\frac{1}{\sqrt{|x|}},x^2,x\right\}=\begin{cases}x, & -2\leqslant x<0\\ x^2, & 0\leqslant x<1\\ 1/\sqrt{x}, & 1\leqslant x\leqslant 3\end{cases}$,所以 $\int_{-2}^{3}\min\left\{\frac{1}{\sqrt{|x|}},x^2,x\right\}\mathrm{d}x=\int_{-2}^{0}x\mathrm{d}x+\int_{0}^{1}x^2\mathrm{d}x+\int_{1}^{3}\frac{\mathrm{d}x}{\sqrt{x}}=2\sqrt{3}-\frac{11}{3}$.

（2）令 $x+3=9-t$，则 $dx=-dt$，且

$$\int_2^4 \frac{\sqrt{x+3}}{\sqrt{x+3}+\sqrt{9-x}}dx=\int_2^4 \frac{\sqrt{9-t}}{\sqrt{t+3}+\sqrt{9-t}}dx,$$

从而$\int_2^4 \frac{\sqrt{x+3}}{\sqrt{x+3}+\sqrt{9-x}}dx=\frac{1}{2}\int_2^4 \frac{\sqrt{x+3}+\sqrt{9-x}}{\sqrt{x+3}+\sqrt{9-x}}dx=1.$

（3）改写被积函数，并由积分性质，得

$$\int_0^1 e^x\left(\frac{1-x}{1+x^2}\right)^2dx=\int_0^1\frac{e^x dx}{1+x^2}-\int_0^1\frac{2xe^x dx}{(1+x^2)^2}=\int_0^1\frac{e^x dx}{1+x^2}+\int_0^1 e^x d\left(\frac{1}{1+x^2}\right)$$

$$=\int_0^1\frac{e^x}{1+x^2}dx+\frac{e^x}{1+x^2}\bigg|_0^1-\int_0^1\frac{e^x}{1+x^2}dx=\frac{1}{2}e-1.$$

（4）由三角函数变换公式，得

$$\int_{\pi/4}^{\pi/2}\frac{1+\sin x}{1+\cos x}e^x dx=\int_{\pi/4}^{\pi/2}\frac{1+2\sin\frac{x}{2}\cos\frac{x}{2}}{2\cos^2\frac{x}{2}}e^x dx$$

$$=\frac{1}{2}\int_{\pi/4}^{\pi/2}e^x\sec^2\frac{x}{2}dx+\int_{\pi/4}^{\pi/2}e^x\tan\frac{x}{2}dx$$

$$=\int_{\pi/4}^{\pi/2}e^x d\tan^2\frac{x}{2}+\int_{\pi/4}^{\pi/2}e^x\tan\frac{x}{2}dx$$

$$=\left[e^x\tan\frac{x}{2}\right]_{\pi/4}^{\pi/2}-\int_{\pi/4}^{\pi/2}e^x\tan\frac{x}{2}dx+\int_{\pi/4}^{\pi/2}e^x\tan\frac{x}{2}dx=e^{\pi/2}-e^{\pi/4}\tan\frac{\pi}{8}.$$

4. 设 $f(x)$是周期为 4 的可导的奇函数，且 $f'(x)=2(x-1)$，$x\in[0,2]$.

（1）求 $f(x)$在闭区间$[-2,2]$上的表达式；（2）求$\int_0^{2016}|f(x)|dx$.

【参考解答】（1）由题设，$f(x)$为周期为 4 的奇函数，故 $f(0)=0$，当 $x\in[0,2]$时，由 $f'(x)=2(x-1)$ 知 $f(x)=\int 2(x-1)dx=x^2-2x+C$，由 $f(0)=0$，可得 $C=0$，从而 $f(x)=x^2-2x$.

当 $x\in[-2,0]$时，$f(x)=-f(-x)=-[(-x)^2-2(-x)]=-x^2-2x$，即 $f(x)$在闭区间$[-2,2]$上的表达式为 $f(x)=\begin{cases}x^2-2x, & 0\leqslant x\leqslant 2\\ -x^2-2x, & -2\leqslant x<0\end{cases}$.

（2）易知$|f(x)|$周期为 2，故

$$\int_0^{2016}|f(x)|dx=1008\int_0^2(2x-x^2)dx=1008\left(x^2-\frac{x^3}{3}\right)\bigg|_0^2=1344.$$

5. 设 $f(x)$，$g(x)$在区间$[-a,a](a>0)$上连续，$f(x)+f(-x)=A$（A 为常数），$g(x)$为偶函数（1）证明$\int_{-a}^{a}f(x)g(x)dx=A\int_0^a g(x)dx$；

（2）计算$\int_{-\pi/2}^{\pi/2}|\sin x|\arctan e^x dx$.

【参考解答】 (1) 由积分对积分区间的可加性,得

$$\int_{-a}^{a} f(x)g(x)\mathrm{d}x=\int_{-a}^{0} f(x)g(x)\mathrm{d}x+\int_{0}^{a} f(x)g(x)\mathrm{d}x,$$

令 $x=-t$ 得 $\int_{-a}^{0} f(x)g(x)\mathrm{d}x=-\int_{a}^{0} f(-t)g(-t)\mathrm{d}t=\int_{0}^{a} f(-x)g(x)\mathrm{d}x$.

代入整理得

$$\begin{aligned}\int_{-a}^{a} f(x)g(x)\mathrm{d}x&=\int_{0}^{a} f(-x)g(x)\mathrm{d}x+\int_{0}^{a} f(x)g(x)\mathrm{d}x\\&=\int_{0}^{a}[f(x)+f(-x)]g(x)\mathrm{d}x=A\int_{0}^{a} g(x)\mathrm{d}x.\end{aligned}$$

(2) 取 $f(x)=\arctan \mathrm{e}^{x}$, $g(x)=|\sin x|$, $a=\dfrac{\pi}{2}$,则 $f(x)$, $g(x)$ 在 $\left[-\dfrac{\pi}{2},\dfrac{\pi}{2}\right]$ 上连续,且 $g(x)$ 为偶函数. 由于 $(\arctan \mathrm{e}^{x}+\arctan \mathrm{e}^{-x})'=0$,故 $\arctan \mathrm{e}^{x}+\arctan \mathrm{e}^{-x}=A$.

令 $x=0$,得 $2\arctan 1=A$,即 $A=\dfrac{\pi}{2}$,由此得 $f(x)+f(-x)=\dfrac{\pi}{2}$. 于是由(1)的结论,得 $\int_{-\pi/2}^{\pi/2}|\sin x|\arctan \mathrm{e}^{x}\mathrm{d}x=\dfrac{\pi}{2}\int_{0}^{\pi/2}|\sin x|\mathrm{d}x=\dfrac{\pi}{2}\int_{0}^{\pi/2}\sin x\mathrm{d}x=\dfrac{\pi}{2}$.

6. 设 $f(x)=\int_{0}^{x}\dfrac{\sin t}{\pi-t}\mathrm{d}t$,计算 $\int_{0}^{\pi} f(x)\mathrm{d}x$.

【参考解答】【方法 1】 由分部积分法与积分变量符号描述的无关性,得

$$\begin{aligned}\int_{0}^{\pi} f(x)\mathrm{d}x&=\int_{0}^{\pi}\left[\int_{0}^{x}\frac{\sin t}{\pi-t}\mathrm{d}t\right]\mathrm{d}x=\left[x\int_{0}^{x}\frac{\sin t}{\pi-t}\mathrm{d}t\right]_{0}^{\pi}-\int_{0}^{\pi}\frac{x\sin x}{\pi-x}\mathrm{d}x\\&=\int_{0}^{\pi}\frac{\pi\sin t}{\pi-t}\mathrm{d}t-\int_{0}^{\pi}\frac{x\sin x}{\pi-x}\mathrm{d}x=\int_{0}^{\pi}\frac{\pi-x}{\pi-x}\sin x\mathrm{d}x=\int_{0}^{\pi}\sin x\mathrm{d}x=2.\end{aligned}$$

【方法 2】 视 $\int_{0}^{\pi}\left[\int_{0}^{x}\dfrac{\sin t}{\pi-t}\mathrm{d}t\right]\mathrm{d}x$ 为二重积分累次积分,变换积分次序,得

$$\begin{aligned}\int_{0}^{\pi} f(x)\mathrm{d}x&=\int_{0}^{\pi}\left[\int_{0}^{x}\frac{\sin t}{\pi-t}\mathrm{d}t\right]\mathrm{d}x=\int_{0}^{\pi}\mathrm{d}t\int_{t}^{\pi}\frac{\sin t}{\pi-t}\mathrm{d}x\\&=\int_{0}^{\pi}\frac{\sin t}{\pi-t}\mathrm{d}t\int_{t}^{\pi}\mathrm{d}x=\int_{0}^{\pi}\sin t\mathrm{d}t=2.\end{aligned}$$

考研与竞赛练习

1. 设 $F(x)=\int_{x}^{x+2\pi}\mathrm{e}^{\sin t}\sin t\mathrm{d}t$,则 $F(x)$(　　).

(A) 为正常数　　(B) 为负常数　　(C) 恒为零　　(D) 不为常数

【参考解答】 因被积函数为以 2π 为周期的周期函数,所以由周期函数的定积分性质,得

$$F(x)=\int_{0}^{2\pi}\mathrm{e}^{\sin t}\sin t\mathrm{d}t.$$

【方法 1】 分割积分区间为 $[0,\pi]$, $[\pi,2\pi]$,并换元,得

$$F(x)=\int_0^{\pi}\mathrm{e}^{\sin t}\sin t\,\mathrm{d}t+\int_{\pi}^{2\pi}\mathrm{e}^{\sin t}\sin t\,\mathrm{d}t$$

$$=\int_0^{\pi}\mathrm{e}^{\sin t}\sin t\,\mathrm{d}t+\int_0^{\pi}\mathrm{e}^{-\sin u}(-\sin u)\,\mathrm{d}u=\int_0^{\pi}(\mathrm{e}^{\sin t}-\mathrm{e}^{-\sin t})\sin t\,\mathrm{d}t,$$

当 $0<t<\pi$ 时,$\sin t>0$,由于 e^x 在 $(-\infty,+\infty)$ 上为严格单调增加函数,所以可得 $\mathrm{e}^{\sin t}-\mathrm{e}^{-\sin t}>0$,由定积分的保号性可知 $F(x)>0$,故正确选项为(A).

【方法 2】 由定积分的分部积分法,得

$$F(x)=\int_0^{2\pi}\mathrm{e}^{\sin t}\sin t\,\mathrm{d}t=-\int_0^{2\pi}\mathrm{e}^{\sin t}\,\mathrm{d}\cos t$$

$$=-\mathrm{e}^{\sin t}\cos t\Big|_0^{2\pi}+\int_0^{2\pi}\cos t\,\mathrm{d}\mathrm{e}^{\sin t}=\int_0^{2\pi}\mathrm{e}^{\sin t}\cos^2 t\,\mathrm{d}t>0,$$

故正确选项为(A).

2. (1) 比较 $\int_0^1|\ln t|[\ln(1+t)]^n\mathrm{d}t$ 与 $\int_0^1 t^n|\ln t|\mathrm{d}t\ (n=1,2,\cdots)$ 的大小,说明理由.
(2) 记 $u_n=\int_0^1|\ln t|[\ln(1+t)]^n\mathrm{d}t\ (n=1,2,\cdots)$,求极限 $\lim\limits_{n\to\infty}u_n$.

【参考解答】 (1) 当 $0\leqslant t\leqslant 1$ 时,因为 $0\leqslant\ln(1+t)\leqslant t$,所以

$$0\leqslant|\ln t|[\ln(1+t)]^n\leqslant t^n|\ln t|,$$

因此由积分的保序性,得 $\int_0^1|\ln t|[\ln(1+t)]^n\mathrm{d}t\leqslant\int_0^1 t^n|\ln t|\mathrm{d}t$.

(2) 由(1)知 $\int_0^1|\ln t|[\ln(1+t)]^n\mathrm{d}t\leqslant\int_0^1 t^n|\ln t|\mathrm{d}t$. 因为

$$\int_0^1 t^n|\ln t|\mathrm{d}t=-\int_0^1 t^n\ln t\,\mathrm{d}t=-\frac{t^{n+1}}{n+1}\ln t\Big|_0^1+\frac{1}{n+1}\int_0^1 t^n\mathrm{d}t=\frac{1}{(n+1)^2},$$

所以 $\lim\limits_{n\to\infty}\int_0^1 t^n|\ln t|\mathrm{d}t=0$,故由夹逼定理知 $\lim\limits_{n\to\infty}u_n=0$.

3. 设函数 $S(x)=\int_0^x|\cos t|\mathrm{d}t$,(1)当 n 为正整数,且 $n\pi\leqslant x<(n+1)\pi$ 时,证明:$2n\leqslant S(x)<2(n+1)$;(2)求 $\lim\limits_{x\to+\infty}\dfrac{S(x)}{x}$.

【参考证明】 (1) 当 $n\pi\leqslant x<(n+1)\pi$ 时,有

$$\int_0^{n\pi}|\cos x|\mathrm{d}x\leqslant S(x)<\int_0^{(n+1)\pi}|\cos x|\mathrm{d}x,$$

又因为 $|\cos x|$ 是以 π 为周期的函数,于是可得

$$\int_0^{n\pi}|\cos x|\mathrm{d}x=n\int_0^{\pi}|\cos x|\mathrm{d}x=2n,$$

$$\int_0^{(n+1)\pi}|\cos x|\mathrm{d}x=(n+1)\int_0^{n\pi}|\cos x|\mathrm{d}x=2(n+1),$$

因此当 $n\pi\leqslant x<(n+1)\pi$ 时,有 $2n\leqslant S(x)<2(n+1)$.

(2) 由 (1) 知,当 $n\pi\leqslant x<(n+1)\pi$ 时有 $\dfrac{2n}{(n+1)\pi}<\dfrac{S(x)}{x}<\dfrac{2(n+1)}{n\pi}$. 当 $x\to+\infty$ 时,

有 $n\to\infty$，由夹逼定理，得 $\lim\limits_{x\to+\infty}\dfrac{S(x)}{x}=\dfrac{2}{\pi}$.

4. 计算下列定积分.

(1) $\displaystyle\int_{-\pi}^{\pi}\frac{x\sin x\cdot\arctan e^{x}}{1+\cos^2 x}\mathrm{d}x$.　(2) $\displaystyle\int_{0}^{\pi/2}\frac{e^{x}(1+\sin x)}{1+\cos x}\mathrm{d}x$.

(3) $\displaystyle\int_{0}^{\pi}x\ln(\sin x)\mathrm{d}x$.　(4) $\displaystyle\int_{1/2}^{3/2}\frac{1}{\sqrt{|x-x^2|}}\mathrm{d}x$.

(5) $\displaystyle\int_{0}^{1}x^{m}(\ln x)^{n}\mathrm{d}x\,(m,n\in\mathbf{Z}^{+})$.　(6) $\displaystyle\int_{e^{-2n\pi}}^{1}\left|\frac{\mathrm{d}}{\mathrm{d}x}\cos\left(\ln\frac{1}{x}\right)\right|\mathrm{d}x\,(n\in\mathbf{Z}^{+})$.

(7) $\displaystyle\lim_{n\to\infty}\int_{0}^{1}e^{-x}\sin nx\,\mathrm{d}x$.　(8) $\displaystyle\int_{0}^{1}x^{2}f(x)\mathrm{d}x$，其中 $f(x)=\displaystyle\int_{1}^{x}\sqrt{1+t^{4}}\,\mathrm{d}t$.

【参考解答】 (1) 由于 $\displaystyle\int_{-\pi}^{0}\frac{x\sin x\cdot\arctan e^{x}}{1+\cos^2 x}\mathrm{d}x\xlongequal{x=-t}\int_{0}^{\pi}\frac{t\sin t\cdot\arctan e^{-t}}{1+\cos^2 t}\mathrm{d}t$，所以

$$\begin{aligned}\int_{-\pi}^{\pi}\frac{x\sin x\cdot\arctan e^{x}}{1+\cos^2 x}\mathrm{d}x&=\int_{-\pi}^{0}\frac{x\sin x\cdot\arctan e^{x}}{1+\cos^2 x}\mathrm{d}x+\int_{0}^{\pi}\frac{x\sin x\cdot\arctan e^{x}}{1+\cos^2 x}\mathrm{d}x\\&=\int_{0}^{\pi}\frac{x\sin x\cdot\arctan e^{-x}}{1+\cos^2 x}\mathrm{d}x+\int_{0}^{\pi}\frac{x\sin x\cdot\arctan e^{x}}{1+\cos^2 x}\mathrm{d}x\\&=\int_{0}^{\pi}(\arctan e^{-x}+\arctan e^{x})\frac{x\sin x}{1+\cos^2 x}\mathrm{d}x\\&=\frac{\pi}{2}\int_{0}^{\pi}\frac{x\sin x\,\mathrm{d}x}{1+\cos^2 x}=\frac{\pi^2}{4}\int_{0}^{\pi}\frac{\sin x\,\mathrm{d}x}{1+\cos^2 x}=-\frac{\pi^2}{4}\arctan(\cos x)\Big|_{0}^{\pi}=\frac{\pi^3}{8}.\end{aligned}$$

$\left(\text{其中 }\arctan e^{-x}+\arctan e^{x}=\dfrac{\pi}{2}\right.$，另外由公式 $\displaystyle\int_{0}^{\pi}xf(x)\mathrm{d}x=\frac{\pi}{2}\int_{0}^{\pi}f(x)\mathrm{d}x$ 有 $\displaystyle\int_{0}^{\pi}\frac{x\sin x}{1+\cos^2 x}\mathrm{d}x=\left.\frac{\pi}{2}\int_{0}^{\pi}\frac{\sin x}{1+\cos^2 x}\mathrm{d}x.\right)$

(2) 由积分运算性质和分部积分法，得

$$\begin{aligned}\int_{0}^{\pi/2}\frac{e^{x}(1+\sin x)}{1+\cos x}\mathrm{d}x&=\int_{0}^{\pi/2}\frac{e^{x}}{1+\cos x}\mathrm{d}x+\int_{0}^{\pi/2}\frac{\sin x}{1+\cos x}\mathrm{d}e^{x}\\&=\int_{0}^{\pi/2}\frac{e^{x}}{1+\cos x}\mathrm{d}x+\frac{e^{x}\sin x}{1+\cos x}\Big|_{0}^{\pi/2}-\int_{0}^{\pi/2}e^{x}\frac{\cos x(1+\cos x)+\sin^2 x}{(1+\cos x)^2}\mathrm{d}x\\&=\int_{0}^{\pi/2}\frac{e^{x}}{1+\cos x}\mathrm{d}x+e^{\pi/2}-\int_{0}^{\pi/2}\frac{e^{x}}{1+\cos x}\mathrm{d}x=e^{\pi/2}.\end{aligned}$$

(3) 因为 $\displaystyle\int_{0}^{\pi}x\ln(\sin x)\mathrm{d}x=\frac{\pi}{2}\int_{0}^{\pi}\ln(\sin x)\mathrm{d}x$，又

$$\begin{aligned}\int_{0}^{\pi}\ln(\sin x)\mathrm{d}x&=\int_{0}^{\pi/2}[\ln(\sin x)+\ln(\cos x)]\mathrm{d}x\\&=\int_{0}^{\pi/2}[\ln(\sin 2x)-\ln 2]\mathrm{d}x=\int_{0}^{\pi/2}\ln(\sin 2x)\mathrm{d}x-\frac{\pi}{2}\ln 2\\&=\frac{1}{2}\int_{0}^{\pi}\ln(\sin x)\mathrm{d}x-\frac{\pi}{2}\ln 2,\end{aligned}$$

从而$\int_0^\pi \ln(\sin x)\mathrm{d}x=-\pi\ln 2$,因此$\int_0^\pi x\ln(\sin x)\mathrm{d}x=-\frac{\pi^2}{2}\ln 2$.

(4) $\int_{1/2}^{3/2}\frac{1}{\sqrt{|x-x^2|}}\mathrm{d}x=\int_{1/2}^{1}\frac{\mathrm{d}x}{\sqrt{x-x^2}}+\int_1^{3/2}\frac{\mathrm{d}x}{\sqrt{x^2-x}}$,其中

$$\int_{1/2}^{1}\frac{\mathrm{d}x}{\sqrt{x-x^2}}=\int_{1/2}^{1}\frac{\mathrm{d}x}{\sqrt{\frac{1}{4}-\left(x-\frac{1}{2}\right)^2}}=\arcsin 2\left(x-\frac{1}{2}\right)\Big|_{1/2}^{1}=\frac{\pi}{2},$$

$$\int_{1}^{3/2}\frac{\mathrm{d}x}{\sqrt{x^2-x}}=\int_{1}^{3/2}\frac{\mathrm{d}x}{\sqrt{\left(x-\frac{1}{2}\right)^2-\frac{1}{4}}}=\ln\left|\left(x-\frac{1}{2}\right)+\sqrt{x^2-x}\right|_1^{3/2}=\ln(2+\sqrt{3}),$$

所以$\int_{1/2}^{3/2}\frac{1}{\sqrt{|x-x^2|}}\mathrm{d}x=\frac{\pi}{2}+\ln(2+\sqrt{3})$.

(5) 记$I_n=\int_0^1 x^m(\ln x)^n\mathrm{d}x$,则

$$I_n=\frac{1}{m+1}\int_0^1(\ln x)^n\mathrm{d}x^{m+1}=-\frac{n}{m+1}\int_0^1\frac{x^{m+1}(\ln x)^{n-1}}{x}\mathrm{d}x$$
$$=-\frac{n}{m+1}\int_0^1 x^m(\ln x)^{n-1}\mathrm{d}x=-\frac{n}{m+1}I_{n-1}.$$

所以$I_n=(-1)\frac{n}{m+1}I_{n-1}=\cdots=\frac{(-1)^n n!}{(m+1)^n}\int_0^1 x^m\mathrm{d}x=\frac{(-1)^n n!}{(m+1)^{n+1}}$.

(6) 由于$\cos\left(\ln\frac{1}{x}\right)=\cos(-\ln x)=\cos(\ln x)$,故

$$\int_{\mathrm{e}^{-2n\pi}}^{1}\left|\frac{\mathrm{d}}{\mathrm{d}x}\cos\left(\ln\frac{1}{x}\right)\right|\mathrm{d}x=\int_{\mathrm{e}^{-2n\pi}}^{1}\left|\frac{\mathrm{d}}{\mathrm{d}x}\cos(\ln x)\right|\mathrm{d}x=\int_{\mathrm{e}^{-2n\pi}}^{1}|\sin(\ln x)|\frac{1}{x}\mathrm{d}x$$
$$\xlongequal{\ln x=u}\int_{-2n\pi}^{0}|\sin(u)|\mathrm{d}u=\int_0^{2n\pi}|\sin t|\mathrm{d}t=4n\int_0^{\pi/2}|\sin t|\mathrm{d}t=4n.$$

(7) 由分部积分法可得

$$I_n=\int_0^1\mathrm{e}^{-x}\sin nx\mathrm{d}x=-\int_0^1\sin nx\mathrm{d}\mathrm{e}^{-x}=-\mathrm{e}^{-x}\sin nx\Big|_0^1+n\int_0^1\mathrm{e}^{-x}\cos nx\mathrm{d}x$$
$$=-\mathrm{e}^{-1}\sin n-n\int_0^1\cos nx\mathrm{d}\mathrm{e}^{-x}=-\mathrm{e}^{-1}\sin n-n\left(\mathrm{e}^{-x}\cos nx\Big|_0^1+nI_n\right)$$
$$=-\mathrm{e}^{-1}\sin n-n\mathrm{e}^{-1}\cos n+n-n^2I_n,$$

解得$I_n=-\mathrm{e}^{-1}\frac{\sin n+n\cos n}{n^2+1}+\frac{n}{n^2+1}$. 所以

$$\lim_{n\to\infty}\int_0^1\mathrm{e}^{-x}\sin nx\mathrm{d}x=-\mathrm{e}^{-1}\lim_{n\to\infty}\frac{\sin n+n\cos n}{n^2+1}+\lim_{n\to\infty}\frac{n}{n^2+1}=0.$$

(8)【方法1】 由已知可得$f(1)=0$,$f'(x)=\sqrt{1+x^4}$,又考虑分部积分法,得

$$\int_0^1 x^2f(x)\mathrm{d}x=\frac{1}{3}\int_0^1 f(x)\mathrm{d}(x^3)=\frac{1}{3}\left[x^3f(x)\right]_0^1-\frac{1}{3}\int_0^1 x^3f'(x)\mathrm{d}x$$
$$=-\frac{1}{3}\int_0^1 x^3\sqrt{1+x^4}\mathrm{d}x=-\frac{1}{12}\int_0^1\sqrt{1+x^4}\mathrm{d}(1+x^4)$$
$$=-\left[\frac{(1+x^4)^{3/2}}{18}\right]_0^1=\frac{1-2\sqrt{2}}{18}.$$

【方法 2】 将积分视为二重积分的累次积分表达式，由二重积分交换积分次序可得

$$\int_0^1 x^2 f(x)\mathrm{d}x = -\int_0^1 x^2\mathrm{d}x\int_x^1\sqrt{1+t^4}\,\mathrm{d}t = -\int_0^1\sqrt{1+t^4}\,\mathrm{d}t\int_0^t x^2\mathrm{d}x$$

$$= -\frac{1}{3}\int_0^1 t^3\sqrt{1+t^4}\,\mathrm{d}t = -\frac{1}{18}(1+t)^{3/2}\Big|_0^1 = \frac{1-2\sqrt{2}}{18}.$$

练习 31　反常积分

训练目的

1. 理解无穷区间上反常积分的定义，会求解无穷区间上反常积分.
2. 理解无界函数的反常积分的定义，会求解无界函数的反常积分.
3. 会用比较法判断反常积分的敛散性.

基础练习

1. 通过计算讨论下列无穷限反常积分的敛散性，如果收敛，求出积分值.

(1) $\int_{-\infty}^{+\infty}\frac{2x}{1+x^2}\mathrm{d}x$.　　(2) $\int_0^{+\infty}x\mathrm{e}^{-x^2}\mathrm{d}x$.

(3) $\int_0^{+\infty}x\sin x\,\mathrm{d}x$.　　(4) $\int_0^{+\infty}\frac{\arctan x}{(1+x^2)^{3/2}}\mathrm{d}x$.

【参考解答】 (1) $\int_{-\infty}^{+\infty}\frac{2x}{1+x^2}\mathrm{d}x = \ln(1+x^2)\Big|_{-\infty}^{+\infty} = \lim\limits_{x\to+\infty}\ln(1+x^2) - \lim\limits_{x\to-\infty}\ln(1+x^2)$，由于极限不存在，所以反常积分发散.

(2) $\int_0^{+\infty}x\mathrm{e}^{-x^2}\mathrm{d}x = -\frac{1}{2}\int_0^{+\infty}\mathrm{e}^{-x^2}\mathrm{d}(-x^2) = -\frac{1}{2}\mathrm{e}^{-x^2}\Big|_0^{+\infty} = \frac{1}{2}$.

(3) 由 $\int x\sin x\,\mathrm{d}x = -\int x\,\mathrm{d}(\cos x) = -x\cos x + \int\cos x\,\mathrm{d}x = -x\cos x + \sin x + C$ 有

$$\int_0^{+\infty}x\sin x\,\mathrm{d}x = (\sin x - x\cos x)\Big|_0^{+\infty} = \lim_{x\to+\infty}(\sin x - x\cos x) - 0,$$

极限不存在，故反常积分发散.

(4) 令 $x=\tan t$，得

$$\int_0^{+\infty}\frac{\arctan x}{(1+x^2)^{3/2}}\mathrm{d}x = \int_0^{\pi/2}\frac{t\sec^2 t}{\sec^3 t}\mathrm{d}t = \int_0^{\pi/2}t\cos t\,\mathrm{d}t$$

$$= \int_0^{\pi/2}t\cos t\,\mathrm{d}t = \left|t\sin t\right|_0^{\pi/2} - \int_0^{\pi/2}\sin t\,\mathrm{d}t = \frac{\pi}{2}-1.$$

2. 通过计算讨论下列瑕积分的敛散性，如果收敛，求出积分值.

(1) $\int_1^{\mathrm{e}}\frac{\mathrm{d}x}{x\sqrt{1-\ln^2 x}}$.　　(2) $\int_0^1\frac{\mathrm{d}x}{(2-x)\sqrt{1-x}}$.

(3) $\int_1^2\frac{\mathrm{d}x}{x\sqrt{x^2-1}}$.　　(4) $\int_0^1\sqrt{x}\ln x\,\mathrm{d}x$.

【参考解答】 (1) $\int_1^e \frac{dx}{x\sqrt{1-\ln^2 x}}=\int_0^e \frac{d(\ln x)}{\sqrt{1-\ln^2 x}}=\arcsin(\ln x)\Big|_1^e=\frac{\pi}{2}$.

(2) 令$\sqrt{1-x}=t$，于是

$$\int_0^1 \frac{dx}{(2-x)\sqrt{1-x}}=\int_0^1 \frac{-2t\,dt}{(t^2+1)t}=-2\int_0^1 \frac{dt}{1+t^2}=2\arctan t\Big|_0^1=\frac{\pi}{2}.$$

(3) 令 $x=\sec t$，$\int_1^2 \frac{dx}{x\sqrt{x^2-1}}=\int_0^{\pi/3} \frac{\sec t\tan t}{\sec t\cdot\tan t}dt=\int_0^{\pi/3} dt=\frac{\pi}{3}$.

(4) 令$\sqrt{x}=t$，则有 $I=\int_0^1 \sqrt{x}\ln x\,dx=4\int_0^1 t^2\ln t\,dt$，又因为

$$4\int t^2\ln t\,dt=\frac{4}{3}\int \ln t\,d(t^3)=\frac{4}{3}\left[t^3\ln t-\int t^2 dt\right]=\frac{4}{3}t^3\ln t-\frac{4}{9}t^3+C,$$

所以 $I=\left[\frac{4}{3}t^3\ln t-\frac{4}{9}t^3\right]_0^1=-\frac{4}{9}-\frac{4}{3}\lim\limits_{t\to0^+} t^3\ln t=-\frac{4}{9}-\frac{4}{3}\lim\limits_{t\to0^+}\frac{\ln t}{t^{-3}}=-\frac{4}{9}+\frac{4}{9}\lim\limits_{t\to0^+}\frac{1}{t^{-3}}=$
$-\frac{4}{9}$.

3. 判定下列反常积分的收敛性.

(1) $\int_0^{+\infty} \frac{x^2}{x^4+x^2+1}dx$.　　(2) $\int_1^2 \frac{dx}{(\ln x)^3}$.

【参考解答】 (1) 由于 $0\leqslant\frac{x^2}{x^4+x^2+1}\leqslant\frac{x^2}{x^4+x^2}=\frac{1}{1+x^2}$，又反常积分

$$\int_0^{+\infty} \frac{dx}{x^2+1}=\arctan x\Big|_0^{+\infty}=\frac{\pi}{2}.$$

即$\int_0^{+\infty} \frac{dx}{x^2+1}$ 收敛，所以 $\int_0^{+\infty} \frac{x^2}{x^4+x^2+1}dx$ 收敛.

(2) 当 $1<x<2$ 时，$0<\ln x<1$，所以$\frac{1}{(\ln x)^3}>\frac{1}{x}\cdot\frac{1}{(\ln x)^3}$，又反常积分

$$\int_1^2 \frac{dx}{x(\ln x)^3}=\int_1^2 \frac{d\ln x}{(\ln x)^3}=-\frac{1}{2(\ln x)^2}\Bigg|_1^2$$

发散，所以$\int_1^2 \frac{dx}{(\ln x)^3}$ 发散.

综合练习

4. 讨论积分$\int_a^b \frac{dx}{(x-a)^k}(b>a)$ 的敛散性，其中 k 为常数.

【参考解答】 当 $k\leqslant0$ 时，积分为定积分

$$\int_a^b \frac{dx}{(x-a)^k}=\frac{(x-a)^{1-k}}{1-k}\Bigg|_a^b=\frac{(b-a)^{1-k}}{1-k};$$

当 $k>0$ 时，积分为反常积分，$x=a$ 为瑕点，当 $k=1$ 时，

$$\int_a^b \frac{dx}{(x-a)^k}=\int_a^b \frac{dx}{x-a}=\ln|x-a|\Big|_a^b=\ln(b-a)-\lim_{x\to a^+}\ln(x-a),$$

极限不存在,此时反常积分发散；当 $k\neq 1$ 时,

$$\int_a^b \frac{dx}{(x-a)^k}=\int_a^b \frac{d(x-a)}{(x-a)^k}=\frac{(x-a)^{1-k}}{1-k}\Bigg|_a^b$$

$$=\frac{(b-a)^{1-k}}{1-k}-\lim_{x\to a^+}\frac{(x-a)^{1-k}}{(1-k)}=\begin{cases}\dfrac{(b-a)^{1-k}}{1-k}, & 0<k<1,\\ \infty, & k>1\end{cases}$$

综上反常积分 $\int_a^b \frac{dx}{(x-a)^k}(b>a)$，当 $k<1$ 时收敛于 $\frac{(b-a)^{1-k}}{1-k}$，当 $k\geqslant 1$ 时发散.

5. 已知 $\lim\limits_{x\to\infty}\left(\frac{x+c}{x-c}\right)^x=\int_{-\infty}^c te^{2t}dt$，求 c.

【参考解答】 由积分的分部积分法,得

$$\int_{-\infty}^c te^{2t}dt=\frac{1}{2}\int_{-\infty}^c t\,de^{2t}=\frac{1}{2}\left(te^{2t}-\int_{-\infty}^c e^{2t}dt\right)=\frac{1}{2}te^{2t}\Big|_{-\infty}^c-\frac{1}{4}e^{2t}\Big|_{-\infty}^c$$

$$=\frac{c}{2}e^{2c}-\frac{1}{4}e^{2c}=e^{2c}\left(\frac{c}{2}-\frac{1}{4}\right).$$

又 $\lim\limits_{x\to\infty}\left(\frac{x+c}{x-c}\right)^x=\lim\limits_{x\to\infty}e^{x\ln\frac{x+c}{x-c}}=\lim\limits_{x\to\infty}e^{x\ln\left(1+\frac{2c}{x-c}\right)}=\lim\limits_{x\to\infty}e^{\frac{2cx}{x-c}}=e^{2c}$，于是由

$$\lim_{x\to\infty}\left(\frac{x+c}{x-c}\right)^x=\int_{-\infty}^c te^{2t}dt,$$

得 $e^{2c}\left(\frac{c}{2}-\frac{1}{4}\right)=e^{2c}$，解得 $c=\frac{5}{2}$.

6. 已知常数 $k>0$，问当 k 为何值时，反常积分 $\int_2^{+\infty}\frac{dx}{x(\ln x)^k}$ 收敛？当 k 为何值时，这个反常积分发散？又当 k 为何值时，这反常积分取得最小值？

【参考解答】 当 $k=1$ 时，$\int_2^{+\infty}\frac{dx}{x(\ln x)^k}=\ln(\ln x)\Big|_2^{+\infty}=+\infty$，反常积分发散. 当 $k>1$ 时，$\int_2^{+\infty}\frac{dx}{x(\ln x)^k}=\frac{(\ln x)^{1-k}}{1-k}\Bigg|_2^{+\infty}=\lim\limits_{x\to+\infty}\frac{(\ln x)^{1-k}}{1-k}-\frac{(\ln 2)^{1-k}}{1-k}=\frac{(\ln 2)^{1-k}}{k-1}$，即反常积分收敛于 $\frac{(\ln 2)^{1-k}}{k-1}$. 当 $0<k<1$ 时，$\int_2^{+\infty}\frac{dx}{x(\ln x)^k}=\frac{(\ln x)^{1-k}}{1-k}\Bigg|_2^{+\infty}=+\infty$，反常积分发散. 于是有当 $0<k\leqslant 1$ 时，反常积分发散，当 $k>1$ 时，反常积分收敛，且

$$I(k)=\int_2^{+\infty}\frac{dx}{x(\ln x)^k}=\frac{(\ln 2)^{1-k}}{k-1},\quad k\in(0,+\infty).$$

又 $I'(k)=\frac{(1-k)(\ln 2)^{1-k}\ln\ln 2-(\ln 2)^{1-k}}{(k-1)^2}=\frac{(\ln 2)^{1-k}[(1-k)\ln\ln 2-1]}{(k-1)^2}$，从而可知，$k=1-\frac{1}{\ln\ln 2}$ 为 $I(k)$ 唯一驻点，且当 $0<k<1-\frac{1}{\ln\ln 2}$ 时，$I'(k)<0$，当 $k>1-\frac{1}{\ln\ln 2}$ 时，$I'(k)>$

0，所以 $k=1-\dfrac{1}{\ln\ln2}$ 处取得极小值，即为最小值，即当 $k=1-\dfrac{1}{\ln\ln2}$ 时，反常积分 $\displaystyle\int_2^{+\infty}\frac{\mathrm{d}x}{x(\ln x)^k}$ 取得最小值.

考研与竞赛练习

1. 选择题.

(1) 下列反常积分发散的是（　　）.

(A) $\displaystyle\int_{-1}^{1}\frac{1}{\sin x}\mathrm{d}x$　　(B) $\displaystyle\int_{-1}^{1}\frac{1}{\sqrt{1-x^2}}\mathrm{d}x$

(C) $\displaystyle\int_0^{+\infty}\mathrm{e}^{-x^2}\mathrm{d}x$　　(D) $\displaystyle\int_2^{+\infty}\frac{1}{x\ln^2x}\mathrm{d}x$

(2) 设函数 $f(x)=\begin{cases}\dfrac{1}{(x-1)^{\alpha-1}}, & 1<x<\mathrm{e}\\ \dfrac{1}{x\ln^{\alpha+1}x}, & x\geqslant\mathrm{e}\end{cases}$，若反常积分 $\displaystyle\int_1^{+\infty}f(x)\mathrm{d}x$ 收敛，则（　　）.

(A) $\alpha<-2$　　(B) $\alpha>2$　　(C) $-2<\alpha<0$　　(D) $0<\alpha<2$

(3) 设 m,n 为正整数，则反常积分 $\displaystyle\int_0^1\frac{\sqrt[m]{\ln^2(1-x)}}{\sqrt[n]{x}}\mathrm{d}x$ 的收敛性（　　）.

(A) 仅与 m 取值有关　　(B) 仅与 n 取值有关

(C) 与 m,n 取值都有关　　(D) 与 m,n 取值都无关

(4) 若反常积分 $\displaystyle\int_0^{+\infty}\frac{1}{x^a(1+x)^b}\mathrm{d}x$ 收敛，则（　　）.

(A) $a<1$ 且 $b>1$　　(B) $a>1$ 且 $b>1$

(C) $a<1$ 且 $a+b>1$　　(D) $a>1$ 且 $a+b>1$

(5) 设 p 为常数，若反常积分 $\displaystyle\int_0^1\frac{\ln x}{x^p(1-x)^{1-p}}\mathrm{d}x$ 收敛，则 p 的取值范围是（　　）.

(A) $(-1,1)$　　(B) $(-1,2)$　　(C) $(-\infty,1)$　　(D) $(-\infty,2)$

【答案】 (1) (A)　(2) (D)　(3) (D)　(4) (C)　(5) (A).

【参考解答】 (1) 直接由反常积分判断敛散性的定义法，计算得

$$\int_{-1}^{1}\frac{1}{\sqrt{1-x^2}}\mathrm{d}x=\arcsin x\Big|_{-1}^{1}=\pi\quad\int_2^{+\infty}\frac{1}{x\ln^2x}\mathrm{d}x=-\frac{1}{\ln x}\Big|_2^{+\infty}=\frac{1}{\ln2}.$$

并且由该概率积分的结论，可知 $\displaystyle\int_0^{+\infty}\mathrm{e}^{-x^2}\mathrm{d}x=\frac{\sqrt{\pi}}{2}$，所以由排除法可知正确选项为(A).

(2) **【法 1】** 由积分的可加性，有

$$\int_1^{+\infty}f(x)\mathrm{d}x=\int_1^{\mathrm{e}}\frac{\mathrm{d}x}{(x-1)^{\alpha-1}}+\int_{\mathrm{e}}^{+\infty}\frac{\mathrm{d}x}{x\ln^{\alpha+1}x}.$$

当 $\alpha-1<1$，即 $\alpha<2$ 时，无界函数的反常积分 $\displaystyle\int_1^{\mathrm{e}}\frac{\mathrm{d}x}{(x-1)^{\alpha-1}}$ 收敛. 当 $\alpha+1>1$，即 $\alpha>0$ 时，

无穷区间的反常积分$\int_{e}^{+\infty}\frac{dx}{x\ln^{\alpha+1}x}=\int_{e}^{+\infty}\frac{d\ln x}{\ln^{\alpha+1}x}$收敛，因此，当$0<\alpha<2$时，反常积分$\int_{1}^{+\infty}f(x)dx$收敛. 即正确选项为(D).

【法 2】 特殊法. 取$\alpha=1$，由积分的可加性，可得

$$\int_{1}^{+\infty}f(x)dx=\int_{1}^{e}1dx+\int_{e}^{+\infty}\frac{1}{x\ln^{2}x}dx=e-1+\left[-\frac{1}{\ln^{2}x}\right]_{e}^{+\infty}=e-1+1=e.$$

只有(D)范围包含了1，所以正确选项为(D).

(3) 原反常积分$I=\int_{0}^{c}\frac{\sqrt[m]{\ln^{2}(1-x)}}{\sqrt[n]{x}}dx+\int_{c}^{1}\frac{\sqrt[m]{\ln^{2}(1-x)}}{\sqrt[n]{x}}dx=I_1+I_2, c\in(0,1)$. 对$I_1=\int_{0}^{c}\frac{\sqrt[m]{\ln^{2}(1-x)}}{\sqrt[n]{x}}dx$，$x=0$为瑕点. 因为

$$\frac{\sqrt[m]{\ln^{2}(1-x)}}{\sqrt[n]{x}}\geqslant 0(0<x\leqslant c),\quad \lim_{x\to 0^{+}}x^{\frac{1}{n}-\frac{2}{m}}\cdot\frac{\sqrt[m]{\ln^{2}(1-x)}}{\sqrt[n]{x}}=1,$$

且注意到对任意正整数m,n，总有$\frac{1}{n}-\frac{2}{m}<1$，$\int_{0}^{c}\frac{1}{x^{\frac{1}{n}-\frac{2}{m}}}dx$收敛，故$I_1$收敛.

对$I_2=\int_{c}^{1}\frac{\sqrt[m]{\ln^{2}(1-x)}}{\sqrt[n]{x}}dx$，$x=1$为瑕点. 因为$\frac{\sqrt[m]{\ln^{2}(1-x)}}{\sqrt[n]{x}}\geqslant 0(c\leqslant x<1)$，且$\int_{0}^{1}\frac{dx}{\sqrt{1-x}}$收敛，故$I_2$收敛. 综上可知，对任意正整数$m,n$，原反常积分均收敛. 即正确选项为(D).

(4)**【法 1】** 由$\int_{0}^{+\infty}\frac{1}{x^{a}(1+x)^{b}}dx=\int_{0}^{1}\frac{1}{x^{a}(1+x)^{b}}dx+\int_{1}^{+\infty}\frac{1}{x^{a}(1+x)^{b}}dx$，当$a<1$时，$\int_{0}^{1}\frac{1}{x^{a}}dx$收敛，而此时$(1+x)^{b}$不影响. 又

$$\int_{1}^{+\infty}\frac{1}{x^{a}(1+x)^{b}}dx=\int_{1}^{+\infty}\frac{1}{x^{a+b}\left(1+\frac{1}{x}\right)^{b}}dx,$$

而$\int_{1}^{+\infty}\frac{1}{x^{a+b}}dx$当$a+b>1$时收敛，此时$\left(1+\frac{1}{x}\right)^{b}$不影响，因此选择(C).

【法 2】 特殊法. 取$a=0$，则当$b>1$时，反常积分$\int_{0}^{+\infty}\frac{1}{(1+x)^{b}}dx$收敛，所以(B)(D)排除. 取$a=-1,b=2$，则$a+b=1$，此时反常积分为

$$\int_{0}^{+\infty}\frac{x\,dx}{(1+x)^{2}}=\int_{0}^{+\infty}\left[\frac{1}{x+1}-\frac{1}{(x+1)^{2}}\right]dx=\int_{0}^{+\infty}\frac{dx}{x+1}-\int_{0}^{+\infty}\frac{dx}{(x+1)^{2}},$$

则第一个积分发散，第二个积分收敛，所以积分发散. 因此(A)排除，(C)为正确选项.

(5) $\int_{0}^{1}\frac{\ln x\,dx}{x^{p}(1-x)^{1-p}}=\int_{0}^{1/2}\frac{\ln x\,dx}{x^{p}(1-x)^{1-p}}+\int_{1/2}^{1}\frac{\ln x\,dx}{x^{p}(1-x)^{1-p}}\triangleq I_1+I_2$. 对于$I_1$，$x=$

0 是瑕点,若 $\lim\limits_{x\to0^+}x^\alpha\cdot\dfrac{\ln x}{x^p}=A$,$0<\alpha<1$,则该积分收敛. 由

$$\lim_{x\to0^+}x^\alpha\cdot\frac{\ln x}{x^p}=\lim_{x\to0^+}x^{\alpha-p}\ln x=A,$$

可得 $\alpha-p>0$,又 $0<\alpha<1$,所以 $0<p<1$. 对于 I_2,$x=1$ 是瑕点,若

$$\lim_{x\to1^-}\frac{(1-x)^\beta\cdot\ln x}{(1-x)^{1-p}}=B,\quad 0<\beta<1,$$

则该积分收敛. 由 $\lim\limits_{x\to1^-}(1-x)^\beta\cdot\dfrac{\ln x}{(1-x)^{1-p}}=-\lim\limits_{x\to1^-}(1-x)^{\beta+p}=B$,可得 $\beta+p>0$,因为 $0<\beta<1$,所以 $0<-p<1$,即 $-1<p<0$. 当 $p=0$ 时,由于 $\int_0^1\dfrac{\ln x}{1-x}\mathrm{d}x<\int_0^1\dfrac{x}{1-x}\mathrm{d}x$,积分收敛. 综上可知 $p\in(-1,1)$,故正确选项为(A).

2. 计算下列反常积分.

(1) $\displaystyle\int_3^{+\infty}\frac{\mathrm{d}x}{(x-1)^4\sqrt{x^2-2x}}$.　　(2) $\displaystyle\int_0^{+\infty}\frac{x\mathrm{e}^{-x}}{(1+\mathrm{e}^{-x})^2}\mathrm{d}x$.

(3) $\displaystyle\int_0^{+\infty}\mathrm{e}^{-2x}|\sin x|\mathrm{d}x$.　　(4) $\displaystyle\int_0^{+\infty}\mathrm{e}^{-sx}x^n\mathrm{d}x(n=1,2,\cdots,s>0)$.

【参考解答】 (1) 改写被积函数,有

$$I=\int_3^{+\infty}\frac{\mathrm{d}x}{(x-1)^4\sqrt{(x-1)^2-1}}.$$

令 $x-1=\sec\theta$,则 $\mathrm{d}x=\sec\theta\tan\theta\mathrm{d}\theta$,所以换元得

$$I=\int_{\pi/3}^{\pi/2}\frac{\sec\theta\tan\theta}{\sec^4\theta\tan\theta}\mathrm{d}\theta=\int_{\pi/3}^{\pi/2}(1-\sin^2\theta)\cos\theta\mathrm{d}\theta$$

$$=\int_{\pi/3}^{\pi/2}(1-\sin^2\theta)\mathrm{d}\sin\theta=\left(\sin\theta-\frac{\sin^3\theta}{3}\right)\Bigg|_{\pi/3}^{\pi/2}=\frac{2}{3}-\frac{3\sqrt{3}}{8}.$$

(2) 由于 $\displaystyle\int\frac{x\mathrm{e}^{-x}}{(1+\mathrm{e}^{-x})^2}\mathrm{d}x=\int\frac{-x}{(1+\mathrm{e}^{-x})^2}\mathrm{d}\mathrm{e}^{-x}=\int x\mathrm{d}\left(\frac{1}{1+\mathrm{e}^{-x}}\right)$

$$=\frac{x\mathrm{e}^x}{1+\mathrm{e}^x}-\int\frac{\mathrm{d}x}{1+\mathrm{e}^{-x}}=\frac{x\mathrm{e}^x}{1+\mathrm{e}^x}-\int\frac{\mathrm{d}\mathrm{e}^x}{\mathrm{e}^x+1}=\frac{x\mathrm{e}^x}{1+\mathrm{e}^x}-\ln(\mathrm{e}^x+1)+C,$$

于是 $\displaystyle\int_0^{+\infty}\frac{x\mathrm{e}^{-x}\mathrm{d}x}{(1+\mathrm{e}^{-x})^2}=F(+\infty)-F(0)=\lim_{x\to+\infty}\left[\frac{x\mathrm{e}^x}{1+\mathrm{e}^x}-\ln(\mathrm{e}^x+1)\right]+\ln2$. 又

$$\lim_{x\to+\infty}\left[\frac{x\mathrm{e}^x}{1+\mathrm{e}^x}-\ln(\mathrm{e}^x+1)\right]=\lim_{x\to+\infty}\frac{\mathrm{e}^xx-(\mathrm{e}^x+1)\ln(\mathrm{e}^x+1)}{\mathrm{e}^x+1}$$

$$=\lim_{x\to+\infty}\frac{\mathrm{e}^x+x\mathrm{e}^x-\mathrm{e}^x\ln(\mathrm{e}^x+1)-\mathrm{e}^x}{\mathrm{e}^x}$$

$$=\lim_{x\to+\infty}[x-\ln(\mathrm{e}^x+1)]=-\lim_{x\to+\infty}\ln(1+\mathrm{e}^{-x})=0,$$

得$\int_0^{+\infty}\frac{x\mathrm{e}^{-x}}{(1+\mathrm{e}^{-x})^2}\mathrm{d}x=\ln 2$.

(3) 由于$\int_0^{n\pi}\mathrm{e}^{-2x}|\sin x|\mathrm{d}x=\sum_{k=1}^{n}\int_{(k-1)\pi}^{k\pi}(-1)^{k-1}\mathrm{e}^{-2x}\sin x\mathrm{d}x$，应用分部积分法，有$\int_{(k-1)\pi}^{k\pi}(-1)^{k-1}\mathrm{e}^{-2x}\sin x\mathrm{d}x=\frac{1}{5}\mathrm{e}^{-2k\pi}(1+\mathrm{e}^{2\pi})$. 所以

$$\int_0^{n\pi}\mathrm{e}^{-2x}|\sin x|\mathrm{d}x=\frac{1+\mathrm{e}^{2\pi}}{5}\sum_{k=1}^{n}\mathrm{e}^{-2k\pi}=\frac{1+\mathrm{e}^{2\pi}}{5}\cdot\frac{\mathrm{e}^{-2\pi}-\mathrm{e}^{-2(n+1)\pi}}{1-\mathrm{e}^{-2\pi}}.$$

当$n\pi\leqslant x\leqslant(n+1)\pi$时，

$$\int_0^{n\pi}\mathrm{e}^{-2x}|\sin x|\mathrm{d}x\leqslant\int_0^{x}\mathrm{e}^{-2x}|\sin x|\mathrm{d}x\leqslant\int_0^{(n+1)\pi}\mathrm{e}^{-2x}|\sin x|\mathrm{d}x,$$

当$n\to\infty$时，由两边夹法则，得

$$\int_0^{\infty}\mathrm{e}^{-2x}|\sin x|\mathrm{d}x=\lim_{x\to\infty}\int_0^{x}\mathrm{e}^{-2x}|\sin x|\mathrm{d}x=\frac{1}{5}\frac{\mathrm{e}^{2\pi}+1}{\mathrm{e}^{2\pi}-1}.$$

(4) 因为$s>0$时，$\lim\limits_{x\to+\infty}\mathrm{e}^{-sx}x^n=0$，所以

$$I_n=-\frac{1}{s}\int_0^{+\infty}x^n\mathrm{d}(\mathrm{e}^{-sx})=-\frac{1}{s}\left[x^n\mathrm{e}^{-sx}\Big|_0^{+\infty}-\int_0^{+\infty}\mathrm{e}^{-sx}\mathrm{d}(x^n)\right]=\frac{n}{s}I_{n-1},$$

由此得$I_n=\frac{n}{s}I_{n-1}=\frac{n}{s}\cdot\frac{n-1}{s}I_{n-2}=\cdots=\frac{n!}{s^{n-1}}I_1$. 又

$$I_1=\int_0^{+\infty}\mathrm{e}^{-sx}x\mathrm{d}x=-\frac{1}{s}\left[x^n\mathrm{e}^{-sx}\Big|_0^{+\infty}-\int_0^{+\infty}\mathrm{e}^{-sx}\mathrm{d}x\right]=\frac{1}{s^2},$$

所以$I_n=\frac{n!}{s^{n-1}}I_1=\frac{n!}{s^{n+1}}$.

3. 证明反常积分$\int_0^{+\infty}\frac{\sin x}{x}\mathrm{d}x$不是绝对收敛的.

【参考证明】 记$a_n=\int_{n\pi}^{(n+1)\pi}\frac{|\sin x|}{x}\mathrm{d}x$，则

$$a_n\geqslant\frac{1}{(n+1)\pi}\int_{n\pi}^{(n+1)\pi}|\sin x|\mathrm{d}x=\frac{1}{(n+1)\pi}\int_0^{\pi}\sin x\mathrm{d}x=\frac{2}{(n+1)\pi}.$$

由于$\lim\limits_{n\to\infty}\sum_{k=1}^{n}\frac{1}{k}=+\infty$，故$\lim\limits_{n\to\infty}\sum_{k=0}^{n}a=+\infty$发散，即$\int_0^{+\infty}\frac{\sin x}{x}\mathrm{d}x$不绝对收敛.

4. 设函数$f(x)$在$[0,+\infty)$上有一阶连续导数，$f(0)>0$，$f'(x)\geqslant0$，已知

$$\int_0^{+\infty}\frac{1}{f(x)+f'(x)}\mathrm{d}x<+\infty,$$

证明$\int_0^{+\infty}\frac{1}{f(x)}\mathrm{d}x<+\infty$.

【参考证明】 由于$f(0)>0$，$f'(x)\geqslant0$，有$f(x)>0$，($x\in[0,+\infty)$，于是，

$$0<\frac{1}{f(x)}-\frac{1}{f(x)+f'(x)}=\frac{f'(x)}{f(x)(f(x)+f'(x))}<\frac{f'(x)}{f^2(x)},$$

所以 $0<\int_0^N \frac{1}{f(x)}dx-\int_0^N \frac{1}{f(x)+f'(x)}dx<\int_0^N \frac{f'(x)}{f^2(x)}dx$. 取 $N\to+\infty$,得

$$\int_0^{+\infty} \frac{f'(x)dx}{f(x)(f(x)+f'(x))}\leqslant\int_0^{+\infty} \frac{f'(x)}{f^2(x)}dx=\lim_{N\to+\infty}\left[-\frac{1}{f(x)}\right]_0^N=\frac{1}{f(0)},$$

即 $\int_0^{+\infty} \frac{1}{f(x)}dx\leqslant\int_0^{+\infty} \frac{1}{f(x)+f'(x)}dx+\frac{1}{f(0)}<+\infty$.

5. 设 $f(x)=\frac{(x+1)^2(x-1)}{x^3(x-2)}$，求 $I=\int_{-1}^3 \frac{f'(x)}{1+f^2(x)}dx$.

【参考解答】 容易判定 $x=0,x=2$ 为 $f(x)$的无穷间断点,故积分为反常积分. 又

$$\int \frac{f'(x)}{1+f^2(x)}dx=\arctan f(x)+C,$$

于是得

$$\begin{aligned}I&=\int_{-1}^0 \frac{f'(x)}{1+f^2(x)}dx+\int_0^2 \frac{f'(x)}{1+f^2(x)}dx+\int_2^3 \frac{f'(x)}{1+f^2(x)}dx\\&=\left[\arctan f(x)\right]_{-1}^{0^-}+\left[\arctan f(x)\right]_{0^+}^{2^-}+\left[\arctan f(x)\right]_{2^+}^{3}\\&=-\frac{\pi}{2}+\left[-\frac{\pi}{2}-\frac{\pi}{2}\right]+\left[\arctan\frac{32}{27}-\frac{\pi}{2}\right]=\arctan\frac{32}{27}-2\pi.\end{aligned}$$

6. 已知 $\int_0^{+\infty} \frac{\sin x}{x}dx=\frac{\pi}{2}$，求 $\int_0^{+\infty} \frac{\sin^2 x}{x^2}dx$.

【参考解答】 积分 $\int_0^{+\infty} \frac{\sin^2 x}{x^2}dx$ 区间为无穷区间，考虑分割积分区间为[0,1]，[1,+∞)，且由分部积分法有 $\int \frac{\sin^2 x}{x^2}dx=-\int \sin^2 x\,d\left(\frac{1}{x}\right)=-\frac{\sin^2 x}{x}+\int \frac{\sin 2x}{x}dx$. 于是

$$\begin{aligned}\int_0^{+\infty} \frac{\sin^2 x}{x^2}dx&=\left[-\frac{\sin^2 x}{x}\right]_0^{+\infty}+\int_0^{+\infty} \frac{\sin 2x}{x}dx\\&=-\left[\lim_{x\to\infty}\frac{\sin^2 x}{x}-\lim_{x\to0^+}\frac{\sin^2 x}{x}\right]+\int_0^{+\infty} \frac{\sin 2x}{2x}d(2x)\\&=-(0-0)+\int_0^{+\infty} \frac{\sin t}{t}dt=\frac{\pi}{2}.\end{aligned}$$

练习 32 定积分在几何学上的应用

训练目的

1. 理解微元法的思想,会用微元的思想解决简单的几何问题.
2. 会利用微元法求平面图形的面积.
3. 会利用微元法求平行截面面积为已知的立体的体积,会求旋转体的体积.

基础练习

1. 求由下列各曲线所围成的图形的面积.

(1) 曲线 $y=x^2$, $x=1$ 及 x 轴围成图形的面积 $A_1=$________，曲线 $y=x^2$, $y=1$ 及 y 轴围成图形的面积 $A_2=$________.

(2) 曲线 $y=e^x$ 与 $y=e^{-x}$ 及直线 $x=1$ 围成图形的面积 $A_1=$________，曲线 $y=e^x$ 与 $y=e^{-x}$ 及直线 $y=2$ 围成图形的面积 $A_2=$________.

(3) 曲线 $y=\ln x$ 与直线 $x=0$, $y=\ln a$, $y=\ln b\,(b>a>0)$ 围成图形的面积 $A=$________.

(4) 曲线 $y=3-|x^2-1|$ 与 x 轴所围封闭图形的面积 $A=$________.

【参考解答】 (1) $A_1=\int_0^1 x^2\,dx=\left[\frac{1}{3}x^3\right]_0^1=\frac{1}{3}$, $A_2=\int_0^1\sqrt{y}\,dy=\left[\frac{2}{3}y^{3/2}\right]_0^1=\frac{2}{3}$，如图所示.

(2) $A_1=\int_0^1(e^x-e^{-x})dx=(e^x+e^{-x})_0^1=e+e^{-1}-2$, $A_2=\int_{-\ln 2}^0(2-e^{-x})dx+\int_0^{\ln 2}(2-e^x)dx=2\int_0^{\ln 2}(2-e^x)dx=2(2x-e^x)_0^{\ln 2}=2(2\ln 2-1)$.

或 $A_2=\int_1^2[\ln y-(-\ln y)]dy=2\int_1^2\ln y\,dy=2(y\ln y-y)_1^2=2(2\ln 2-1)$，如图所示.

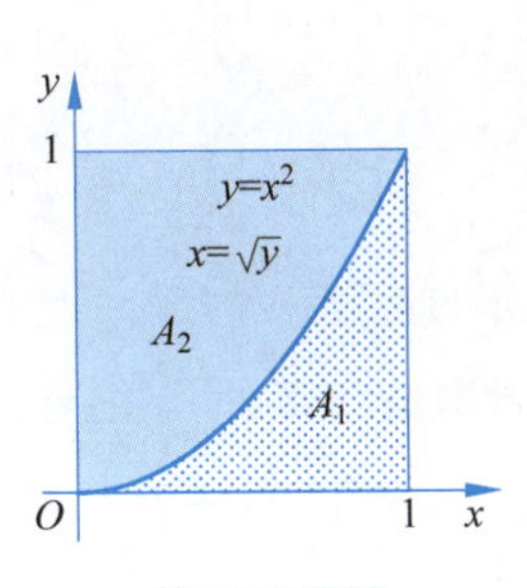

第 1(1)题图

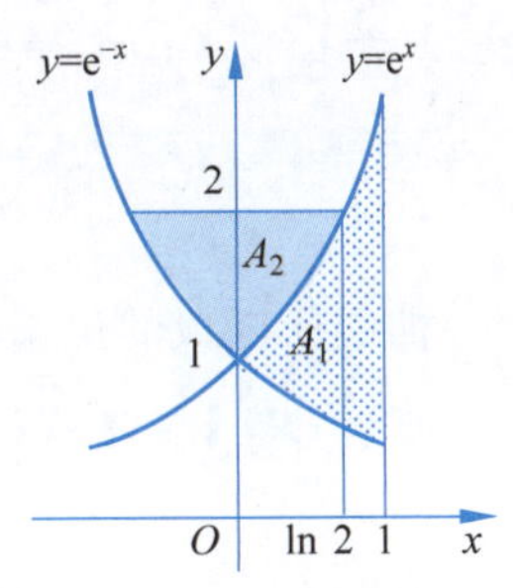

第 1(2)题图

(3) $A=\int_{\ln a}^{\ln b}x\,dy=\int_{\ln a}^{\ln b}e^y\,dy=b-a$，如图所示.

(4) $y=3-|x^2-1|=\begin{cases}2+x^2, & x\leqslant 1\\ 4-x^2, & x>1\end{cases}$，与 x 轴围成图形如图所示，图形关于 y 轴对称，

$$\begin{aligned}A&=2\int_0^2 f(x)dx\\&=2\int_0^1(2+x^2)dx+2\int_1^2(4-x^2)dx\\&=2\left[2x+\frac{1}{3}x^3\right]_0^1+2\left[4x-\frac{1}{3}x^3\right]_1^2=8.\end{aligned}$$

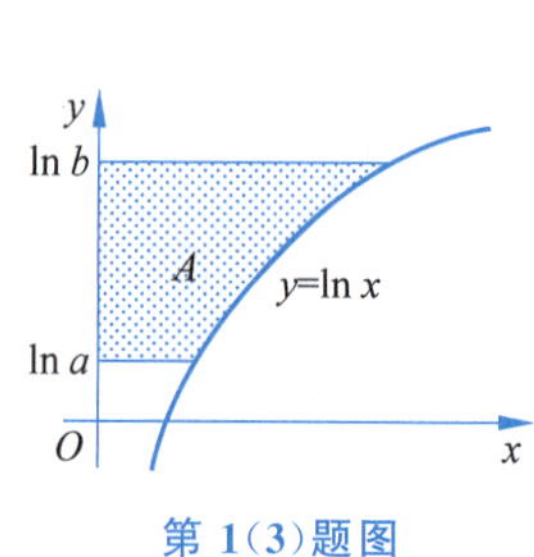

第 1(3)题图

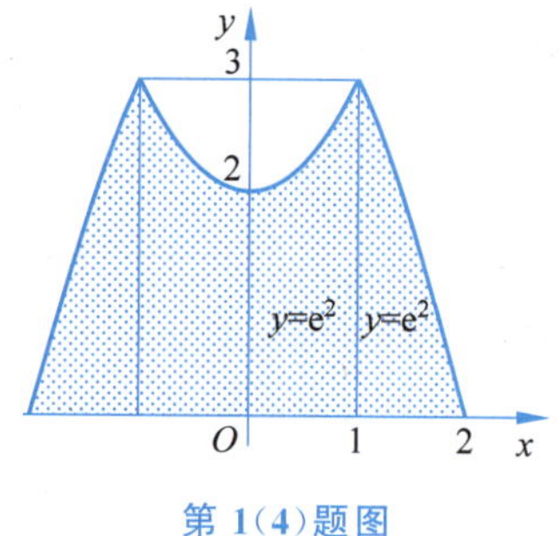

第 1(4)题图

2. (1) 求曲线 $y=x^2$，$x=y^2$ 围成的图形绕 y 轴旋转一周所产生的立体的体积.

(2) 求圆 $x^2+(y-5)^2\leqslant 16$ 绕 x 轴旋转一周所产生的立体的体积.

【参考解答】 (1) 解方程组 $\begin{cases}y=x^2\\x=y^2\end{cases}$ 得两曲线的交点为 $(0,0)$，$(1,1)$. 绕 y 轴旋转，记 $x_1=\sqrt{y}$，$x_2=y^2$，于是旋转体体积

$$V=\int_0^1\pi(x_1^2-x_2^2)\mathrm{d}y=\pi\int_0^1(y-y^4)\mathrm{d}y=\pi\left(\frac{1}{2}y^2-\frac{1}{5}y^5\right)=\frac{3}{10}\pi.$$

(2) 由 $(y-5)^2=16-x^2$ 有 $y_1=5+\sqrt{16-x^2}$，$y_2=5-\sqrt{16-x^2}$.

绕 x 轴旋转，$A(x)=\pi(y_1^2-y_2^2)=20\pi\sqrt{16-x^2}$，于是旋转体体积

$$V=\int_{-4}^4 A(x)\mathrm{d}x=\int_{-4}^4 20\pi\sqrt{16-x^2}\,\mathrm{d}x=160\pi^2.$$

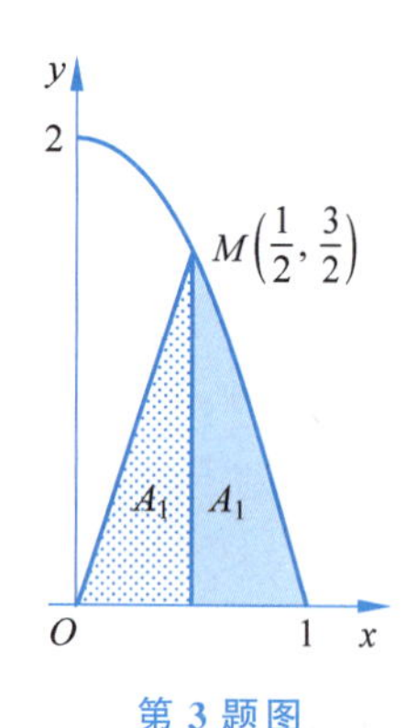

第 3 题图

3. 求过原点和曲线 $\begin{cases}x=\cos t,\\y=2\sin^2 t\end{cases}$ 上点 $M\left(\frac{1}{2},\frac{3}{2}\right)$ 的直线与 x 轴及曲线所围成的位于第一象限部分的面积.

【参考解答】 由曲线常数方程得

$$y=2\sin^2 t=2(1-\cos^2 t)=-2x^2+2,$$

题中所述面积如图所示，于是

$$A=A_1+A_2=\frac{1}{2}\times\frac{1}{2}\times\frac{3}{2}+\int_{1/2}^1(-2x^2+2)\mathrm{d}x=\frac{19}{24}.$$

4. 设 $P(x,y)$ 为双曲线 $x^2-y^2=1$ 上位于第一象限内的一点，$A(1,0)$ 为其顶点，试求曲边三角形 OAP 的面积 $S(x)$.

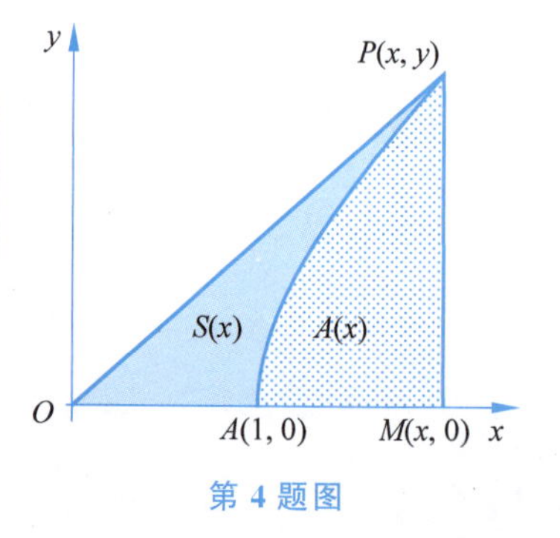

第 4 题图

【参考解答】 如图所示，曲边三角形面积 $S(x)$ 等于三角形 OMP 面积减去面积 $A(x)$. 双曲线在第一象限可化为 $y=\sqrt{x^2-1}$，于是

$$S_{\triangle OMP}=\frac{1}{2}xy=\frac{1}{2}x\sqrt{x^2-1},$$

$$A(x)=\int_1^x y\,dx=\int_1^x \sqrt{x^2-1}\,dx$$
$$=\frac{1}{2}\left(x\sqrt{x^2-1}-\ln\left|x+\sqrt{x^2-1}\right|\right)\Big|_1^x$$
$$=\frac{1}{2}\left(x\sqrt{x^2-1}-\ln\left|x+\sqrt{x^2-1}\right|\right)$$

所以 $S(x)=\frac{1}{2}x\sqrt{x^2-1}-\frac{1}{2}\left(x\sqrt{x^2-1}-\ln\left|x+\sqrt{x^2-1}\right|\right)=\frac{1}{2}\ln\left|x+\sqrt{x^2-1}\right|$.

5. 计算底面是半径为 R 的圆，而垂直于底面上一条固定直径的所有截面都是等边三角形的立体体积.

【参考解答】 取固定直径为 x 轴，原点在圆心. 则等边三角形截面边长为 $2\sqrt{R^2-x^2}$，面积为 $A(x)=\frac{1}{2}\cdot(2\sqrt{R^2-x^2})^2\cdot\frac{\sqrt{3}}{2}=\sqrt{3}(R^2-x^2)$，立体体积为

$$V=\int_{-R}^{R}A(x)\,dx=\int_{-R}^{R}\sqrt{3}(R^2-x^2)\,dx=\left(\sqrt{3}R^2x-\frac{\sqrt{3}}{3}x^3\right)\Big|_{-R}^{R}=\frac{4}{\sqrt{3}}R^3.$$

综合练习

6. 求直线 $y=\frac{\pi}{4}$，曲线 $y=\arcsin x$ 及其过点 $\left(-\frac{\sqrt{2}}{2},-\frac{\pi}{4}\right)$ 的切线围成的图形的面积.

【参考解答】 围成图形如图所示. 切线斜率为

$$k=y'\Big|_{x=-\frac{\sqrt{2}}{2}}=\frac{1}{\sqrt{1-x^2}}\Big|_{x=-\frac{\sqrt{2}}{2}}=\sqrt{2},$$

切线方程为 $y=\sqrt{2}x-\frac{\pi}{4}+1$，即为 $x=\frac{1}{\sqrt{2}}\left(y+\frac{\pi}{4}-1\right)$. 选 y 为积分变量，所求面积

$$A=\int_{-\pi/4}^{\pi/4}\left[\sin y-\frac{1}{\sqrt{2}}\left(\frac{\pi}{4}-1+y\right)\right]dy=\frac{\sqrt{2}}{4}\pi\left(1-\frac{\pi}{4}\right).$$

7. (1) 由平面图形 $0\leqslant a\leqslant x\leqslant b, 0\leqslant y\leqslant f(x)$ 绕 y 轴旋转所成的旋转体的体积为 $V=2\pi\int_a^b xf(x)\,dx$. 这种方法形象地称为“柱壳法”. 试利用微元法思想，借助几何直观，推导这个公式. (2) 求曲线 $y=\sin x\,(0\leqslant x\leqslant\pi)$ 与 x 轴所围的图形绕 y 轴所产生的旋转体的体积.

【参考解答】 (1) 如图所示，取 x 为积分变量，在 $[x,x+dx]$ 对应的面积元素 $dA=y\,dx=f(x)\,dx$，将柱壳近似看为长方体，长度为 $2\pi x$，于是对应的体积元素为

$$dV=2\pi x\,dA=2\pi xf(x)\,dx,$$

故 $V=\int_a^b 2\pi xy\,dx=2\pi\int_a^b xf(x)\,dx$.

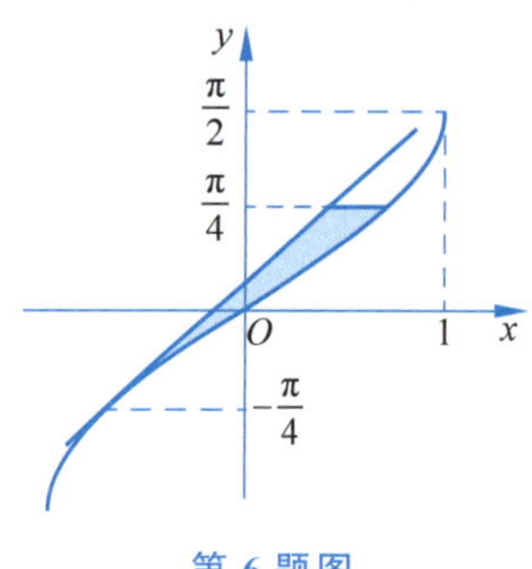

第 6 题图

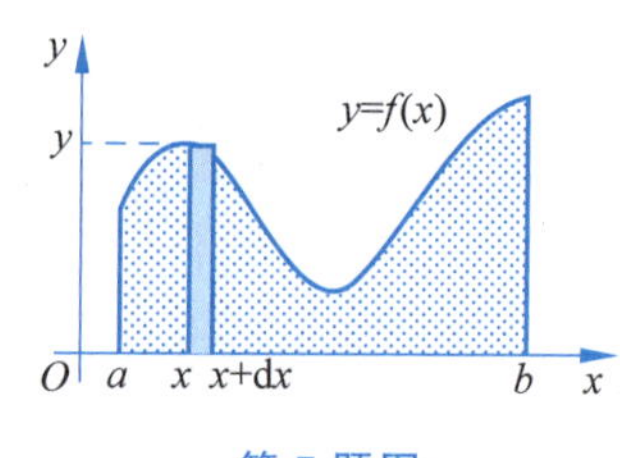

第 7 题图

(2) $V_y=\int_0^{\pi}2\pi x\sin x\,\mathrm{d}x=-2\pi\int_0^{\pi}x\,\mathrm{d}\cos x=-2\pi(x\cos x-\sin x)\big|_0^{\pi}=2\pi^2.$

8. 设有一截锥体，其高为 h，上、下底均为椭圆，椭圆的轴长分别为 $2a$、$2b$ 和 $2A$、$2B$，求这截锥体的体积.

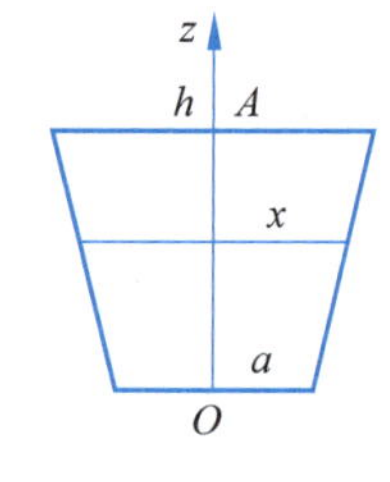

第 8 题图

【参考解答】 如图所示，取高度 z 为积分变量，垂直于 z 的截面为椭圆，在高度 z 处对应的截面椭圆两边长分别为

$$x=\frac{A-a}{h}\cdot z+a,\quad y=\frac{B-b}{h}\cdot z+b,$$

$$V=\int_0^h\pi xy\,\mathrm{d}z=\int_0^h\pi\left(\frac{B-b}{h}\cdot z+b\right)\left(\frac{A-a}{h}\cdot z+a\right)\mathrm{d}z$$

$$=\frac{\pi h}{6}(2AB+Ab+aB+2ab).$$

9. 设位于曲线 $y=\dfrac{1}{\sqrt{x(1+\ln^2x)}}(\mathrm{e}\leqslant x<+\infty)$ 下方，x 轴上方的无界区域为 G，求 G 绕 x 轴旋转一周所得空间区域的体积.

【参考解答】 如图所示，由旋转体体积公式可得

$$V=\pi\int_{\mathrm{e}}^{+\infty}f^2(x)\,\mathrm{d}x=\pi\int_{\mathrm{e}}^{+\infty}\frac{1}{x(1+\ln^2x)}\mathrm{d}x$$

$$=\pi\int_{\mathrm{e}}^{+\infty}\frac{\mathrm{d}\ln x}{1+\ln^2x}=\pi\arctan(\ln x)\Big|_{\mathrm{e}}^{+\infty}$$

$$=\pi\left(\frac{\pi}{2}-\frac{\pi}{4}\right)=\frac{\pi^2}{4}.$$

10. 设摆线 $\begin{cases}x=a(t-\sin t)\\ y=a(1-\cos t)\end{cases}$ 的一拱($0\leqslant t\leqslant 2\pi$)与横轴所围成的图形为 A(见图)，

(1) 求 A 的面积 S.

(2) 求 A 绕 x 轴旋转所产生的旋转体的体积 V_x.

(3) 求 A 绕 y 轴旋转所产生的旋转体的体积 V_y.

(4) 求 A 绕 $y=2a$ 旋转所产生的旋转体的体积 V.

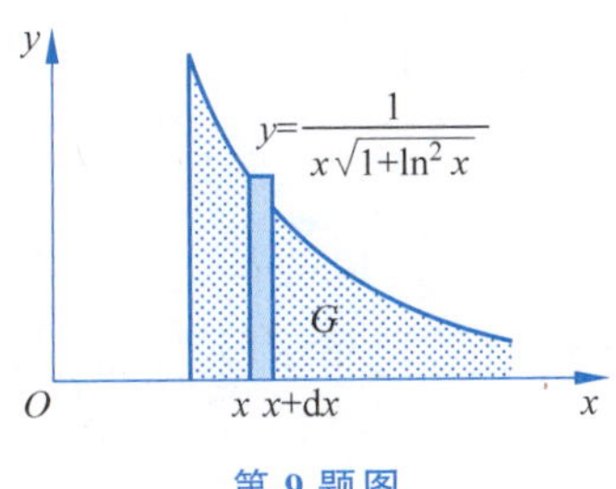

第 9 题图

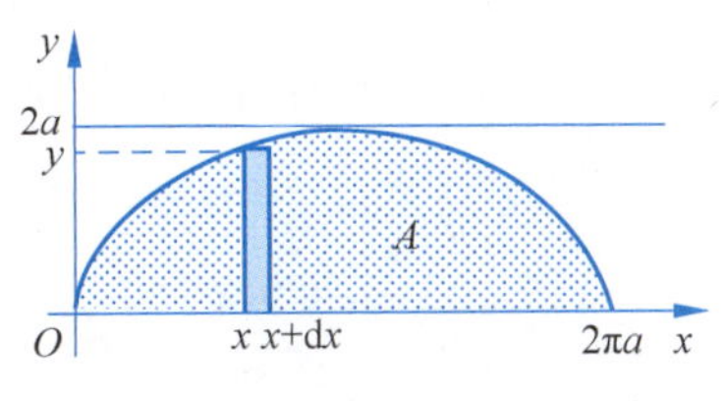

第 10 题图

【参考解答】

(1) $S=\int_0^{2\pi a} y\,dx=a^2\int_0^{2\pi}(1-\cos t)^2 dt=8a^2\int_0^{2\pi}\sin^4\frac{t}{2}d\frac{t}{2}$

$=8a^2\int_0^{\pi}\sin^4 u\,du=16a^2\int_0^{\pi/2}\sin^4 u\,du=16a^2\cdot\frac{3}{4}\cdot\frac{1}{2}\cdot\frac{\pi}{2}=3\pi a^2.$

(2) $V_x=\int_0^{2\pi a}\pi y^2 dx=\pi\int_0^{2\pi}a^3(1-\cos t)^3 dt=16\pi a^3\int_0^{2\pi}\sin^6\frac{t}{2}d\frac{t}{2}$

$=16\pi a^3\int_0^{\pi}\sin^6 u\,du=32\pi a^3\int_0^{\pi/2}\sin^6 u\,du$

$=32\pi a^3\cdot\frac{5}{6}\cdot\frac{3}{4}\cdot\frac{1}{2}\cdot\frac{\pi}{2}=5\pi^2 a^3.$

(3) $V_y=\int_0^{2\pi a}2\pi xy\,dx=2\pi a^3\int_0^{2\pi}(t-\sin t)(1-\cos t)^2 dt$

$=2\pi a^3\int_0^{2\pi}(t-2t\cos t+t\cos^2 t)dt-2\pi a^3\int_0^{2\pi}(1-\cos^2 t)\sin t\,dt,$

由于$\int_0^{2\pi}t\,dt=2\pi^2$，$\int_0^{2\pi}t\cos t\,dt=(t\sin t+\cos t)_0^{2\pi}=0$，

$\int_0^{2\pi}t\cos^2 t\,dt=\frac{1}{2}\int_0^{2\pi}t(1+\cos 2t)dt=\frac{1}{2}\left(\frac{t^2}{2}+\frac{t\sin 2t}{2}+\frac{\cos 2t}{4}\right)_0^{2\pi}=\pi^2,$

$\int_0^{2\pi}(1-\cos^2 t)\sin t\,dt=\int_{-\pi}^{\pi}(1-\cos^2 t)\sin t\,dt=0,$

所以 $V_y=6\pi^3 a^3$.

(4) $V=\int_0^{2\pi a}\pi[(2a)^2-(2a-y)^2)]dx=\pi\int_0^{2\pi a}(4ay-y^2)dx$

$=4\pi a\cdot 3\pi a^2-\pi\cdot 5\pi a^3=7\pi^2 a^3.$

考研与竞赛练习

1. 已知曲线 $L:\begin{cases}x=f(t)\\ y=\cos t\end{cases}\left(0\leqslant t<\frac{\pi}{2}\right)$，其中函数 $f(t)$ 具有连续导数，且 $f(0)=0$，$f'(t)>0\left(0\leqslant t<\frac{\pi}{2}\right)$. 若曲线 L 的切线与 x 轴的交点到切点的距离恒为 1，求函数 $f(t)$ 的表达式，并求以曲线 L 及 x 轴和 y 轴为边界的区域的面积.

【参考解答】 设切点坐标为$(f(t),\cos t)$，切线的斜率为 $k=\frac{dy}{dx}=\frac{y'_t}{x'_t}=\frac{-\sin t}{f'(t)}$，切

线方程为 $y-\cos t=-\dfrac{\sin t}{f'(t)}[x-f(t)]$，令 $y=0$，得 $x=\dfrac{\cos t}{\sin t}f'(t)+f(t)$，即切线与 x 轴的交点为$(f'(t)\cot t+f(t),0)$. 由已知：曲线 L 的切线与 x 轴的交点到切点的距离恒为 1，可得$[f'(t)\cot t]^2+\cos^2 t=1$.

由 $f'(t)>0,0\leqslant t<\dfrac{\pi}{2}$，可解得 $f'(t)=\sec t-\cos t$，积分可得 $f(t)=\ln(\sec t+\tan t)-\sin t+C$，代入 $f(0)=0$，得 $C=0$，所以 $f(t)=\ln(\sec t+\tan t)-\sin t\left(0\leqslant t<\dfrac{\pi}{2}\right)$.

当 $t=0$ 时，$x(0)=f(0)=0,y(0)=1$，当 $0<t<\dfrac{\pi}{2}$时，$x=f(t)$增大，$y=\cos t$ 减小，当 $t=\dfrac{\pi}{2}$时，$x(t)$无定义，且 $\lim\limits_{t\to\pi/2^-}y(t)=0$，$\lim\limits_{t\to\pi/2^-}f(t)=\lim\limits_{t\to\pi/2^-}\left(\ln\dfrac{1+\sin t}{\cos t}-\sin t\right)=+\infty$，即有 $\lim\limits_{x\to+\infty}y=0$，于是 $y=0$ 为曲线 L 的水平渐近线，曲线形状如图所示.

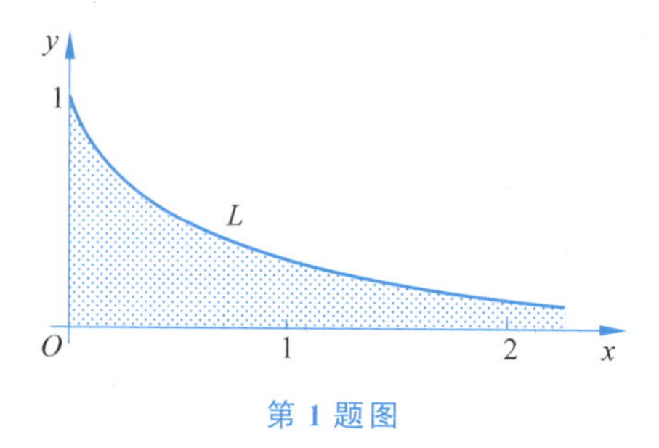

第 1 题图

因此，以曲线 L 及 x 轴和 y 轴为边界的区域是一个无界区域，面积为

$$A=\int_0^{+\infty}y\,dx=\int_0^{\pi/2}\cos t\cdot f'(t)\,dt=\int_0^{\pi/2}\sin^2 t\,dt=\frac{\pi}{4}.$$

2. 求曲线 $y=e^{-x}\sin x(x\geqslant 0)$与 x 轴所围图形的面积.

【参考解答】 所求面积 $A=\int_0^{+\infty}|e^{-x}\sin x|\,dx$.

【方法 1】 由积分对区间的可加性，有

$$\begin{aligned}\int_0^{+\infty}|e^{-x}\sin x|\,dx&=\sum_{k=0}^{\infty}(-1)^k\int_{k\pi}^{(k+1)\pi}e^{-x}\sin x\,dx\\&=\frac{1}{2}\sum_{k=0}^{\infty}(e^{-(k+1)\pi}+e^{-k\pi})=\frac{1}{2}\left[\frac{1}{e^{\pi}-1}+\frac{e^{\pi}}{e^{\pi}-1}\right]=\frac{1}{2}\,\frac{1+e^{\pi}}{e^{\pi}-1}.\end{aligned}$$

其中积分应用两次分部积分法，有

$$\begin{aligned}\int e^{-x}\sin x\,dx&=-\int e^{-x}\,d\cos x=-e^{-x}\cos x-\int e^{-x}\cos x\,dx\\&=-e^{-x}\cos x-\int e^{-x}\,d\sin x=-e^{-x}\cos x-e^{-x}\sin x-\int e^{-x}\sin x\,dx,\end{aligned}$$

移项得$\int e^{-x}\sin x\,dx=-\dfrac{1}{2}e^{-x}(\cos x+\sin x)+C$.

【方法 2】 直接分区间求和得

$$\int_0^{+\infty}|e^{-x}\sin x|dx=\sum_{k=0}^{\infty}\int_{2k\pi}^{(2k+1)\pi}e^{-x}\sin x dx-\sum_{k=0}^{\infty}\int_{(2k+1)\pi}^{(2k+2)\pi}e^{-x}\sin x dx$$
$$=\frac{1}{2}\sum_{k=0}^{\infty}(e^{-(2k+1)\pi}+e^{-2k\pi})+\frac{1}{2}\sum_{k=0}^{\infty}(e^{-(2k+2)\pi}+e^{-(2k+1)\pi})$$
$$=\sum_{k=0}^{n}(e^{-(2k+1)\pi}+e^{-2k\pi})-\frac{1}{2}=\sum_{k=0}^{n}e^{-k\pi}-\frac{1}{2}=\frac{1}{e^{\pi}-1}+\frac{1}{2}=\frac{1}{2}\frac{1+e^{\pi}}{e^{\pi}-1}.$$

3. 设函数 $f(x)$ 在区间 $[a,b]$ 上连续，在 (a,b) 内有 $f'(x)>0$. 证明：在 (a,b) 内存在唯一的 ξ，使曲线 $y=f(x)$ 与两直线 $y=f(\xi)$，$x=a$ 所围成的平面图形的面积 S_1 是曲线 $y=f(x)$ 与两直线 $y=f(\xi)$，$x=b$ 所围成的平面图形的面积 S_2 的 3 倍.

【参考证明】 如图所示，设 $t\in[a,b]$，由定积分的几何意义和函数 $f(x)$ 严格单调递增得，

$$F(t)=S_1(t)-3S_2(t)=\int_a^t[f(t)-f(x)]dx-3\int_t^b[f(x)-f(t)]dx,$$

则 $F(t)$ 在 $[a,b]$ 上连续. 在 (a,b) 内取定点 c，有

$$F(a)=-3\int_a^b[f(x)-f(a)]dx=-3\int_a^c[f(x)-f(a)]dx-3\int_c^b[f(x)-f(a)]dx$$
$$\leqslant-3\int_c^b[f(x)-f(a)]dx=-3[f(\xi_1)-f(a)](b-c)<0,\quad c\leqslant\xi_1\leqslant b,$$
$$F(b)=\int_a^b[f(b)-f(x)]dx=\int_a^c[f(b)-f(x)]dx+\int_c^b[f(b)-f(x)]dx$$
$$\geqslant\int_a^c[f(b)-f(x)]dx=[f(b)-f(\xi_2)](c-a)>0,\quad a\leqslant\xi_2\leqslant c,$$

所以由零点定理知，在 (a,b) 内存在 ξ，使 $F(\xi)=0$，即 $S_1=3S_2$. 又因

$$F'(t)=\left[f(t)(t-a)-\int_a^t f(t)dx\right]'-3\left[\int_t^b f(x)dx-f(t)(b-t)\right]'$$
$$=f'(t)[(t-a)+3(b-t)]>0,$$

故 $F(t)$ 在 (a,b) 内是单调递增的，因此，在 (a,b) 内只有一个 ξ，使 $S_1=3S_2$.

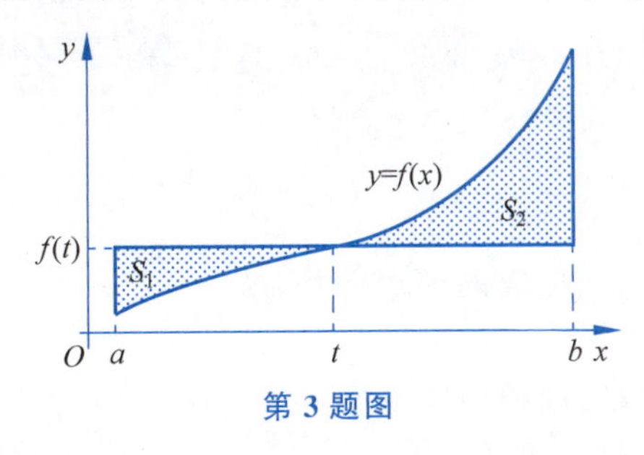

第 3 题图

【注】 以上端点符号判定可以直接应用被积函数的单调性和积分的保号性得到结果.

4. 已知一抛物线通过 x 轴上的两点 $A(1,0)$，$B(3,0)$.

(1) 求证：两坐标轴与该抛物线所围图形的面积等于 x 轴与该抛物线所围图形的面积；

(2) 计算上述两个平面图形绕 x 轴旋转一周所产生的两个旋转体体积之比.

【参考证明】（1）由题意可追，过 A,B 两点的抛物线方程可设为 $y=a(x-1)(x-3)$，则抛物线与两坐标轴所围图形的面积为

$$S_1=\int_0^1|a(x-1)(x-3)|\mathrm{d}x=|a|\int_0^1(x^2-4x+3)\mathrm{d}x=\frac{4}{3}|a|,$$

抛物线与 x 轴所围图形的面积为

$$S_2=\int_1^3|a(x-1)(x-3)|\mathrm{d}x=|a|\int_1^3(x^2-4x+3)\mathrm{d}x=\frac{4}{3}|a|,$$

所以 $S_1=S_2$.

（2）抛物线与两坐标轴所围图形绕 x 轴旋转所得旋转体体积为

$$\begin{aligned}V_1&=\pi\int_0^1a^2[(x-1)(x-3)]^2\mathrm{d}x\\&=\pi a^2\int_0^1[(x-1)^4-4(x-1)^3+4(x-1)^2]\mathrm{d}x\\&=\pi a^2\left[\frac{(x-1)^3}{5}-(x-1)^4+\frac{4(x-1)^3}{3}\right]_0^1=\frac{38}{15}\pi a^2,\end{aligned}$$

抛物线与 x 轴所围图形绕 x 轴旋转所得旋转体体积为

$$\begin{aligned}V_2&=\pi\int_1^3a^2[(x-1)(x-3)]^2\mathrm{d}x\\&=\pi a^2\left[\frac{(x-1)^5}{5}-(x-1)^4+\frac{4(x-1)^3}{3}\right]_1^3=\frac{16}{15}\pi a^2,\end{aligned}$$

所以$\dfrac{V_1}{V_2}=\dfrac{19}{8}$.

5. 设 Γ 为抛物线，P 是与焦点位于抛物线同侧的一点. 过 P 的直线 L 与 Γ 围成的有界区域的面积记作 $A(L)$. 证明：$A(L)$ 取最小值当且仅当 P 恰为 L 被 Γ 所截出的线段的中点.

【参考证明】不妨设抛物线方程为 $y=x^2$，$P(x_0,y_0)$. P 与焦点在抛物线的同侧，则 $y_0>x_0^2$. 设 L 的方程为 $y=k(x-x_0)+y_0$. L 与 Γ 的交点的 x 坐标满足

$$x^2=k(x-x_0)+y_0.$$

有两个解 $x_1<x_2$ 满足 $x_1+x_2=k$，$x_1x_2=kx_0-y_0$.

L 与 x 轴，$x=x_1$，$x=x_2$ 构成的梯形面积：$D=\dfrac{1}{2}(x_1^2+x_2^2)(x_2-x_1)$，抛物线与 x 轴，$x=x_1$，$x=x_2$ 构成区域的面积为$\displaystyle\int_{x_1}^{x_2}x^2\mathrm{d}x=\frac{1}{3}(x_2^3-x_1^3)$.

于是有 $A(L)=\dfrac{1}{2}(x_1^2+x_2^2)(x_2-x_1)-\dfrac{1}{3}(x_2^3-x_1^3)=\dfrac{1}{6}(x_2-x_1)^3$.

$$\begin{aligned}36A(L)^2&=(x_2-x_1)^6=[(x_2+x_1)^2-4x_1x_2]^3\\&=(k^2-4kx_0+4y_0)^3=[(k-2x_0)^2+4(y_0-x_0^2)]^3\geqslant64(y_0-x_0^2)^3,\end{aligned}$$

等式成立当且仅当 $A(L)$ 取最小值，当且仅当 $k=2x_0$，即 $x_1+x_2=2x_0$.

6. 设 $y=f(x)$ 是区间 $[0,1]$ 上的任一非负连续函数.(1)试证：存在 $x_0\in(0,1)$，使得在区间 $[0,x_0]$ 上以 $f(x_0)$ 为高的矩形面积等于在区间 $[x_0,1]$ 上以 $y=f(x)$ 为曲边的曲边梯形面积.(2) 又设 $f(x)$ 在区间 $(0,1)$ 内可导，且 $f'(x)>-\dfrac{2f(x)}{x}$，证明(1)中的 x_0 是唯一的.

【参考证明】 (1) 由题设可知需要证明的等式为

$$f(x_0)\cdot x_0=\int_{x_0}^{1}f(x)\mathrm{d}x,\quad 即\left[\int_x^1 f(t)\mathrm{d}t-f(x)\cdot x\right]_{x=x_0}=0,$$

于是令 $F(x)=x\int_x^1 f(t)\mathrm{d}t$，则 $F(0)=F(1)=0$，则 $F(x)$ 在区间 $[0,1]$ 上满足罗尔定理的条件，于是存在一点 $x_0\in(0,1)$，使得 $F'(x_0)=\int_{x_0}^1 f(t)\mathrm{d}t-x_0f(x_0)=0$，即所需验证的结论成立.

(2) 设 $\varphi(x)=\int_x^1 f(t)\mathrm{d}t-xf(x)$，由 $f'(x)>-\dfrac{2f(x)}{x}$，可得 $xf'(x)+2f(x)>0$，则当 $x\in(0,1)$ 时，有

$$\varphi'(x)=-f(x)-f(x)-xf'(x)=-[2f(x)+xf'(x)]<0,$$

所以 $\varphi(x)$ 在区间 $(0,1)$ 内单调递减，故此时(1)中的 x_0 是唯一的.

练习 33　定积分在物理上的应用

训练目的

1. 会利用微元法解决变速直线运动的位移问题.
2. 会利用微元法解决变力沿直线做功的问题.
3. 会利用微元法解决液体侧压力的问题.
4. 会利用微元法解决质点与线性物体间的引力问题.

基础练习

1. 直径为 20cm，高为 80cm 的圆柱体内充满压强为 $10\mathrm{kg/cm^2}$ 的蒸汽，如果温度保持不变，要使蒸汽的体积缩小一半，需做多少功？

【参考解答】 如图所示，统一单位，直径 0.2m，高 0.8m，初始压强 $g\times10^5(\mathrm{N/m^2})$，设压缩 xm 时，圆柱体内气体压强为 $p(x)$，则由 $p_0V_0=p(x)V_x$，有 $p(x)=\dfrac{p_0V_0}{V_x}=\dfrac{0.8g}{0.8-x}\times10^5(\mathrm{N/m^2})$，此时截面压力为 $F(x)=0.1^2\pi p(x)=\dfrac{0.8g\pi}{0.8-x}\times10^3$，取 x 为积分变量，$x\in[0,0.4]$，使蒸汽的体积缩小一半需做功为

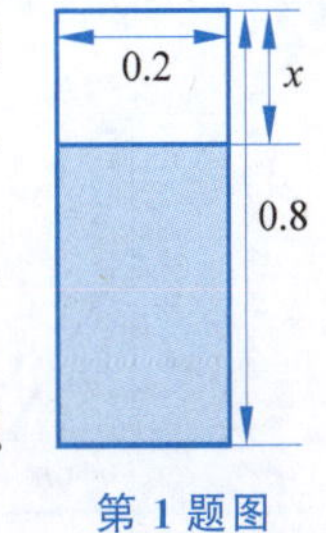

第 1 题图

$$W=\int_0^{0.4}F(x)\mathrm{d}x=\int_0^{0.4}\frac{0.8g\pi}{0.8-x}\times 10^3\mathrm{d}x=0.8g\pi\ln 2\times 10^3(\mathrm{J}).$$

2. 一个蒸汽锅形状是旋转抛物面，开口截面圆的半径为 2m，深度为 4m，其中装满了密度为 800kg/m^3 的液体，求从锅内吸出全部液体所需做的功.

【参考解答】 如图所示，在蒸气锅过中线的剖面上建立坐标系，锅面抛物线方程为 $y=x^2$，取 y 为积分变量，$y\in[0,4]$，在区间$[y,y+\mathrm{d}y]$的液体体积为 $\mathrm{d}V=\pi x^2\mathrm{d}y=\pi y\mathrm{d}y$，液体质量为 $\mathrm{d}M=\pi\rho y\mathrm{d}y$，于是将薄片吸出需做的功为 $\mathrm{d}W=\pi\rho y(4-y)\mathrm{d}y$，因此从锅内吸出全部液体所需做的功

$$W=\int_0^4\mathrm{d}W=\int_0^4\rho g\pi y(4-y)\mathrm{d}y=\left[\rho g\pi\left(2y^2-\frac{y^3}{3}\right)\right]_0^4$$

$$=\frac{256\pi g}{3}\times 10^2(\mathrm{J}).$$

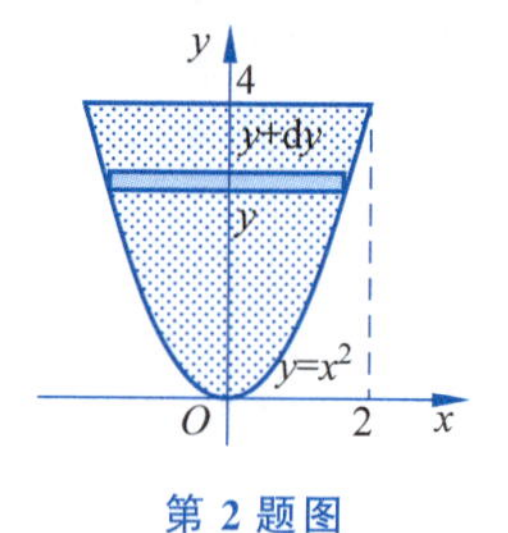

第 2 题图

3. 一个底面积为 4000cm^2，高为 50cm 的圆柱形浮标浮于水面，它的密度为 0.8g/cm^3，(1)要把浮标从水中拔出来需做多少功？(2)要把浮标刚好沉没于水中需耗多少功？

【参考解答】 (1) 浮标底面积 0.4m^2，高 $H=0.5$m，密度 $\rho=800\mathrm{kg/m^3}$，水的密度为 $\rho_0=1000\mathrm{kg/m^3}$. 初始时重力与浮力相等，$\rho gsH=\rho_0 gsh_0$，于是 $h_0=0.4$.

如图所示，取向上为正方向，圆柱体离开平衡位置的距离为 xm，取 x 为积分变量，$x\in[0,0.4]$，则将浮标拔出时，在 x 处需要的力为 $F_1(x)=\rho shg-\rho_0 gs(0.4-x)=400gx$，于是拔出浮标需做的功为

$$W_1=\int_0^{0.4}F_1(x)\mathrm{d}x=\int_0^{0.4}400gx\mathrm{d}x=400g\left.\frac{x^2}{2}\right|_0^{0.4}=32g(\mathrm{J}).$$

(2) 如图所示，取向下为正方向，圆柱体离开平衡位置的距离为 xm，取 x 为积分变量，$x\in[0,0.1]$. 则将浮标往下压时，在 x 处需要力为对应 x 高度的浮力 $F_2(x)=0.4x\rho_0 g=400gx$，于是将浮标向下压到刚好没于水面需做的功为

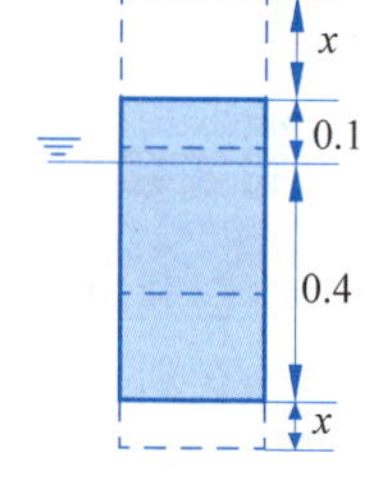

第 3 题图

$$W_2=\int_0^{0.1}F_2(x)\mathrm{d}x=\int_0^{0.1}400gx\mathrm{d}x=400g\left.\frac{x^2}{2}\right|_0^{0.1}=2g(\mathrm{J}).$$

4. 一底为 8cm，高为 6cm 的等腰三角形片，铅直地沉没在水中，顶在上，底在下且与水面平行，如果顶离水面 3cm，求它每面所受的压力(取 $\rho=1000\mathrm{kg/m^3}$，$g=10\mathrm{m/s^2}$).

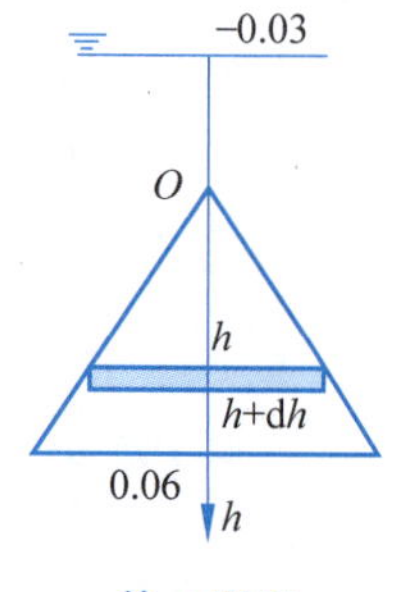

第 4 题图

【参考解答】 如图所示建立数轴 h，$h\in[0,0.06]$，在区间$[h,h+\mathrm{d}h]$上，面积微元 $\mathrm{d}A=\frac{4}{3}h\mathrm{d}h$，压强为 $p(h)=(h+0.03)\rho g$，压力微元 $\mathrm{d}P=\frac{4\rho g}{3}h(h+0.03)\mathrm{d}h$. 三角形片上的压力为

$$P=\int_0^{0.06}\mathrm{d}P=\int_0^{0.06}\frac{4\rho g}{3}h(h+0.03)\mathrm{d}h$$

$$=1.68\times 10^{-4}\rho g(\mathrm{N})=1.68(\mathrm{N}).$$

5. 设有一半径为 R，中心角为 φ 的圆弧形细棒，其线密度为常数 μ，在圆心处有一质量为 m 的质点 M，试求这细棒对质点 M 的引力.

【参考解答】 如图所示建立坐标系，取 θ 为积分变量，$\theta\in\left[-\frac{\varphi}{2},\frac{\varphi}{2}\right]$. 在$[\theta,+\mathrm{d}\theta]$上对应弧长为 $\mathrm{d}s=R\mathrm{d}\theta$，质量为 $\mathrm{d}s=\mu R\mathrm{d}\theta$，与原点处质点得引力为 $\mathrm{d}F=G\frac{R\mu m}{R^2}\mathrm{d}\theta=\frac{G\mu m}{R}\mathrm{d}\theta$，两坐标轴方向的分力微元为

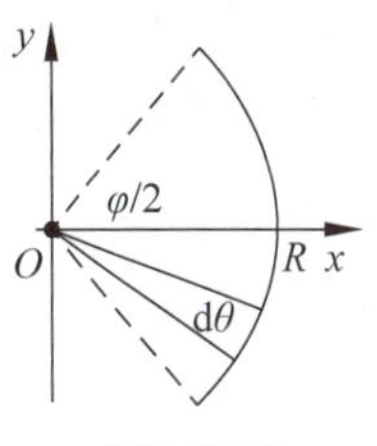

第 5 题图

$$\mathrm{d}F_x=\cos\theta\mathrm{d}F=\frac{G\mu m}{R}\cos\theta\mathrm{d}\theta,\quad \mathrm{d}F_y=\sin\theta\mathrm{d}F=\frac{G\mu m}{R}\sin\theta\mathrm{d}\theta,$$

则 x 轴方向合分力为 $F_x=\int_{-\varphi/2}^{\varphi/2}\mathrm{d}F_x=\frac{G\mu m}{R}\int_{-\varphi/2}^{\varphi/2}\cos\theta\mathrm{d}\theta=\frac{2G\mu m}{R}\sin\frac{\varphi}{2}$，$y$ 轴方向合分力为 $F_y=\int_{-\varphi/2}^{\varphi/2}\mathrm{d}F_y=\frac{G\mu m}{R}\int_{-\varphi/2}^{\varphi/2}\sin\theta\mathrm{d}\theta=0$，故细棒对质点 M 的引力沿 x 轴正向，大小为$\frac{2\mu m}{R}\sin\frac{\varphi}{2}$.

综合练习

6. 一个矩形闸门，宽为 10m，高为 6m，闸门的上边界与水面平行，当上边界在水面下多少米时，闸门受到的压力是上边界与水面平齐时受到的压力的二倍？

【参考解答】 取闸门上边界往下的高度 x 为积分变量，$x\in[0,6]$，任取小区间$[x,x+\mathrm{d}x]$，当闸门的上边界与水面平行时，小区间对应部分闸门的压力为 $\mathrm{d}F_1=10\rho gx\mathrm{d}x$，此时闸门所受压力为 $F_1=\int_0^6 10\rho gx\mathrm{d}x=5\rho gx^2\Big|_0^6=180\rho g$.

当闸门上边界离水面下 h m 时，小区间对应部分闸门的压力为 $\mathrm{d}F_2=10\rho g(x+h)\mathrm{d}x$，此时闸门所受压力为 $F_2=\int_0^6 10\rho g(x+h)\mathrm{d}x=5\rho g(x+h)^2\Big|_0^6=60(3+h)\rho g$.

由已知有 $F_2=2F_1$，即 $60(3+h)\rho g=360\rho g$，解得 $h=3$. 即当上边界在水面下 3m 时，闸门受到的压力是上边界与水面平齐时受到的压力的二倍.

7. 边长为 a 和 b 的矩形薄板($a>b$)，与液面成 α 角斜沉于液体中，长边平行液面而位于深 h 处，液体的密度为 ρ，求此薄板受到的液体的静压力.

【参考解答】 如图所示建立坐标系. 取 x 为积分变量，$x\in[0,b\sin\alpha]$，x 深处的压强为 $P=\rho gH=\rho g(x+h)$，在$[x,x+\mathrm{d}x]$区间上对应的矩形薄板面积为 $\mathrm{d}A=a\frac{\mathrm{d}x}{\sin\alpha}$，压力为 $\mathrm{d}P=\frac{a\rho g}{\sin\alpha}(x+h)\mathrm{d}x$，于是所求静压力为

$$F=\int_0^{b\sin\alpha}\frac{a\rho g}{\sin\alpha}(x+h)\mathrm{d}x=\frac{a\rho g}{2\sin\alpha}(x+h)^2\Big|_0^{b\sin\alpha}$$
$$=\frac{1}{2}ab\rho g(2h+b\sin\alpha).$$

8. 有一个贮油罐，装有密度为 $960\mathrm{kg/m^3}$ 的油料，为便于清理检修，罐的下部侧面开有一个半径为 $R=0.38\mathrm{m}$ 的圆孔，孔的中心距液面为 $h=6.8$，孔口挡板用螺钉固紧，已知每个螺钉能承受 5000N 的力，问至少要多少个螺钉（取 $g=10\mathrm{m/s^2}$）？

【参考解答】 如图所示，以孔的中心为坐标原点，垂直向上方向为 y 轴，建立坐标系，取 y 为积分变量，$y\in[-R,R]$，在水平 y 处压强为 $p(y)=(6.8-y)\rho g$，在区间 $[y,y+\mathrm{d}y]$ 对应面积微元为 $\mathrm{d}A=2\sqrt{R^2-y^2}\,\mathrm{d}y$，于是条形区域上的压力微元为 $\mathrm{d}P=p(y)\mathrm{d}A=2\rho g(6.8-y)\sqrt{R^2-y^2}\,\mathrm{d}y$，所以圆孔所受压力为

$$
\begin{aligned}
P&=\int_{-R}^{R}2\rho g(6.8-y)\sqrt{R^2-y^2}\,\mathrm{d}y\\
&=\int_{-R}^{R}13.6\rho g\sqrt{R^2-y^2}\,\mathrm{d}y-\int_{-R}^{R}2\rho g y\sqrt{R^2-y^2}\,\mathrm{d}y\\
&=\int_{-R}^{R}13.6\rho g\sqrt{R^2-y^2}\,\mathrm{d}y=6.8\rho g\pi R^2\approx 29614(\mathrm{N}),
\end{aligned}
$$

因此，至少要螺钉 $29614\div5000\approx6$（个）.

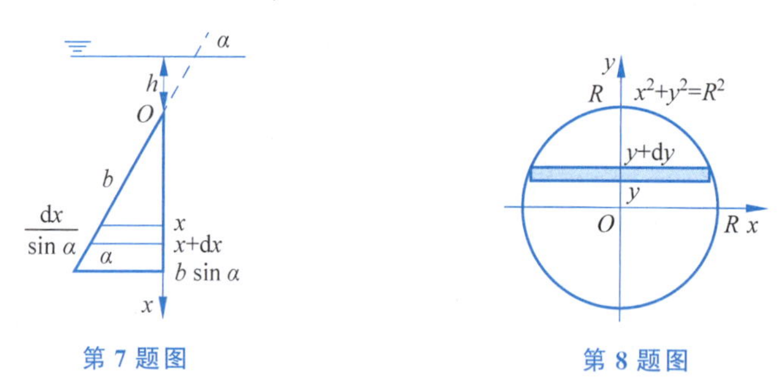

第 7 题图　　第 8 题图

考研与竞赛练习

1. 甲乙两人赛跑，计时开始时，甲在乙前方 10m 处. 图中，实线表示甲的速度曲线 $v=v_1(t)\mathrm{m/s}$，虚线表示乙的速度曲线 $v=v_2(t)\mathrm{m/s}$，三块阴影部分面积的数值依次为 10，20，3，计时开始后乙追上甲的时刻记为 $t_0\mathrm{s}$，则（　　）.

(A) $t_0=10$　(B) $15<t_0<20$　(C) $t_0=25$　(D) $t_0>25$

第 1 题图

【参考解答】 从 0 到 t_0 这段时间内，甲乙的位移分别为 $\int_0^{t_0}v_1(t)\mathrm{d}t$，$\int_0^{t_0}v_2(t)\mathrm{d}t$，则乙追上甲有 $\int_0^{t_0}[v_2(t)-v_1(t)]\mathrm{d}t=10$，当 $t_0=25$ 时满足，所以答案为(C).

【注】 定积分的物理意义. 做直线运动的物体,速度为 $v=v(t)$ 时,则在时间段 $[t_1,t_2]$ 经过的路程为 $s=\int_{t_1}^{t_2}v(t)\mathrm{d}t$.

2. 为清除井底的污泥,用缆绳将抓斗放入井底,抓起污泥后提出井口(见图),已知井深 30m,抓斗自重 400N,缆绳每米重 50N,抓斗抓起的污泥重 2000N,提升速度为 3m/s,在提升的过程中,污泥以 20N/s 的速率从缝隙中漏掉,现将抓起污泥的抓斗提升至井口,问克服重力需做多少焦耳的功?(说明:①1N×1m=1J;m、N、s、J 分别表示米、牛顿、秒、焦耳;②抓斗的高度位于井口上方的缆绳长度忽略不计).

【参考解答】【方法 1】 如图作 x 轴,将抓起污泥的抓斗提升至井口需做功:$W=W_1+W_2+W_3$,其中 W_1,W_2,W_3 分别是克服抓斗自重,克服缆绳重力,提升污泥所做的功. 由题意可知 $W_1=400\times30=12000(\mathrm{J})$.

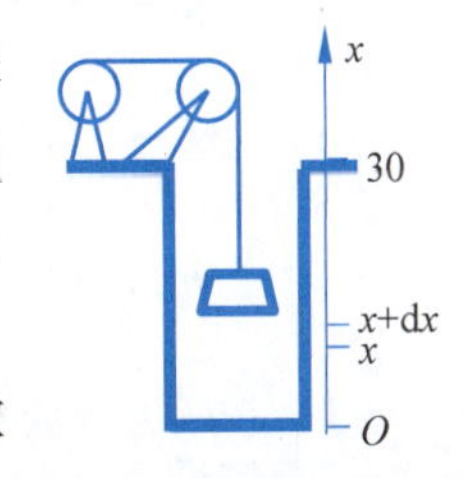

第 2 题图

在 $[0,30]$ 内任取区间 $[x,x+\mathrm{d}x]$,则在此区间克服缆绳重力所做的功为 $\mathrm{d}W_2=50(30-x)\mathrm{d}x$,于是 $W_2=\int_0^{30}50(30-x)\mathrm{d}x=22500(\mathrm{J})$.

在时间间隔 $[t,t+\mathrm{d}t]$ 内提升污泥所需做功为 $\mathrm{d}W_3=3(2000-20t)\mathrm{d}t$,将污泥从井底提升至井口共需时间 $\frac{30}{3}=10$,故 $W_3=\int_0^{10}3(2000-20t)\mathrm{d}t=57000(\mathrm{J})$.

因此,共需做功 $W=12000+22500+57000=91500(\mathrm{J})$.

【方法 2】 将抓起污泥的抓斗提升至井口需做功记为 W,当抓斗运动到 x 处时,作用力 $f(x)$ 包括抓斗的自重 400N,缆绳的重力 $50(30-x)$N,污泥的重力 $\left(2000-\frac{x}{3}\cdot20\right)$N,即

$$f(x)=400+50(30-x)+2000-\frac{20}{3}x=3900-\frac{170}{3}x,$$

于是所需做的功为

$$W=\int_0^{30}\left(3900-\frac{170}{3}x\right)\mathrm{d}x=3900x-\frac{85}{3}x^2\Big|_0^{30}=117000-24500=91500(\mathrm{J}).$$

3. 某建筑工程打地基时,需用汽锤将桩打进土层. 汽锤每次击打,都需克服土层对桩的阻力而做功. 设土层对桩的阻力的大小与桩被打进地下的深度成正比(比例系数为 $k,k>0$). 汽锤第一次击打将桩打进地下 a m. 根据设计方案,要求汽锤每次击打桩时所做的功与前一次击打时所做的功之比为常数 $r(0<r<1)$. 问:(1)汽锤击打桩 3 次后,可将桩打进地下多深?(2)若击打次数不限,汽锤至多能将桩打进地下多深?

【参考解答】 设第 n 次击打后桩被打进地下的深度为 x_n,第 n 次击打汽锤所做的功为 $W_n(n=1,2,\cdots)$,由题意可知,当桩被打进深度为 x m 时,土层对桩的阻力的大小为 kx,所以

$$W_1=\int_0^{x_1}kx\mathrm{d}x=\frac{k}{2}x_1^2=\frac{k}{2}a^2,\quad W_2=\int_{x_1}^{x_2}kx\mathrm{d}x=\frac{k}{2}(x_2^2-x_1^2),$$

$$\cdots\quad W_n=\int_{x_{n-1}}^{x_n}kx\mathrm{d}x=\frac{k}{2}(x_n^2-x_{n-1}^2),$$

于是有
$$W_1+W_2+\cdots+W_n=\int_0^{x_n}kx\,\mathrm{d}x=\frac{k}{2}x_n^2.\tag{1}$$

由已知有 $W_n=rW_{n-1}(n=2,3,\cdots)$，于是又有
$$W_1+W_2+\cdots+W_n=(1+r+\cdots+r^{n-1})W_1=\frac{1-r^n}{1-r}\cdot\frac{k}{2}a^2.\tag{2}$$

故由式(1)(2)可得 $x_n^2=\dfrac{1-r^n}{1-r}a^2$，即 $x_n=\sqrt{\dfrac{1-r^n}{1-r}}a$.

于是取 $n=3$ 可得 $x_3=\sqrt{1+r+r^2}\,a$；并且可得 $\lim\limits_{n\to\infty}x_n=\sqrt{\dfrac{1}{1-r}}a$.

所以汽锤击打桩 3 次后，可将桩打进地下 $x_3=\sqrt{1+r+r^2}\,a$(m)，若击打次数不限，汽锤至多能将桩打进地下的深度为 $\sqrt{\dfrac{1}{1-r}}a$(m).

4. 一个高为 l 的柱体形贮油罐，底面是长轴为 $2a$，短轴为 $2b$ 的椭圆. 现将贮油罐以长轴平行于水平面平放，当油罐中油面高度为 $\dfrac{3}{2}b$ 时，计算油的质量(长度单位为 m，质量单位为 kg，油的密度为常数 ρkg/m^3).

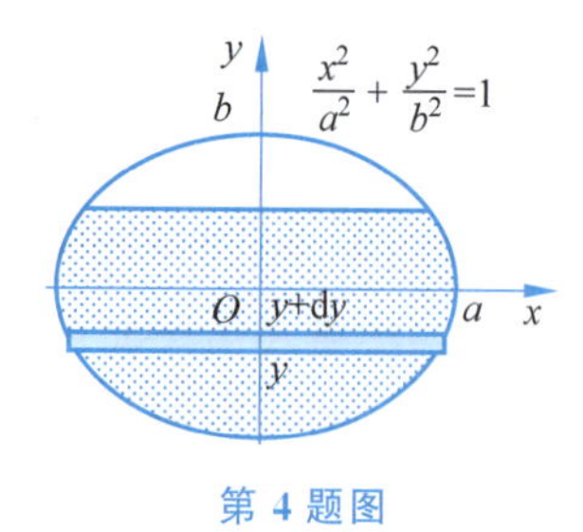

第 4 题图

【参考解答】 如图所示，在油管端面，以椭圆中心为原点建立坐标系 xOy，则椭圆方程为 $\dfrac{x^2}{a^2}+\dfrac{y^2}{b^2}=1$. 先求罐中油在端面的面积. 取 y 为积分变量，$y\in\left[-b,\dfrac{b}{2}\right]$，在 $[y,y+\mathrm{d}y]$ 对应面积微元为 $\mathrm{d}A=2|x|\mathrm{d}y=\dfrac{2a}{b}\sqrt{b^2-y^2}\,\mathrm{d}y$.

于是端面油面面积为
$$A=\frac{2a}{b}\int_{-b}^{\frac{b}{2}}\sqrt{b^2-y^2}\,\mathrm{d}y\ (\text{换元 } y=b\sin t)$$
$$=\frac{2a}{b}\int_{-\pi/2}^{\pi/6}b^2\cos^2t\,\mathrm{d}t=ab\int_{-\pi/2}^{\frac{\pi}{6}}(1+\cos2t)\mathrm{d}t=ab\left(t+\frac{\sin2t}{2}\right)\Bigg|_{-\pi/2}^{\frac{\pi}{6}}=ab\left(\frac{2\pi}{3}+\frac{\sqrt3}{4}\right),$$

于是油的质量为 $M=A\cdot l\rho=\left(\dfrac{2}{3}\pi+\dfrac{\sqrt3}{4}\right)abl\rho$(kg).

5. 一根长度为 1 的细棒位于 x 轴的区间 $[0,1]$ 上，若其线密度 $\rho(x)=-x^2+2x+1$，求该细棒的质心坐标.

【参考解答】 细棒直线坐标 $\bar{x}=\dfrac{\int_0^1 x\rho(x)\mathrm{d}x}{\int_0^1\rho(x)\mathrm{d}x}$，其中
$$\int_0^1\rho(x)\mathrm{d}x=\int_0^1(-x^2+2x+1)\mathrm{d}x=\left(-\frac{x^3}{3}+x^2+x\right)\Bigg|_0^1=\frac{5}{3},$$

$$\int_0^1 x\rho(x)\mathrm{d}x=\int_0^1 x(-x^2+2x+1)\mathrm{d}x=\left(-\frac{x^4}{4}+\frac{2}{3}x^3+\frac{1}{2}x^2\right)\bigg|_0^1=\frac{11}{12},$$

所以,所求质心坐标为 $\bar{x}=\dfrac{11}{20}$.

6. 一容器的内侧是由曲线 C 绕 y 轴旋转一周而成的曲面,其中曲线 C 由 $x^2+y^2=2y$ $\left(y\geqslant\dfrac{1}{2}\right)$ 与 $x^2+y^2=1\left(y\leqslant\dfrac{1}{2}\right)$ 连接而成的.

(1)求容器的容积;(2)若将容器内盛满的水从容器顶部全部抽出,至少需要做多少功?(长度单位为 m,重力加速度为 $g\,\mathrm{m/s^2}$,水的密度为 $1000\mathrm{kg/m^3}$).

**【参考解答】** (1) 如图所示,容器为上下两个关于 $y=\dfrac{1}{2}$ 对称的容器. 计算下半容器的体积 V_1,取 y 为积分变量,$y\in\left[-1,\dfrac{1}{2}\right]$,在 $[y,y+\mathrm{d}y]$ 对应体积微元为 $\mathrm{d}V_1=\pi x^2\mathrm{d}y=\pi(1-y^2)\mathrm{d}y$,于是容器的体积为

$$V=2V_1=2\int_{-1}^{1/2}\pi(1-y^2)\mathrm{d}y=2\pi\left(y-\frac{y^3}{3}\right)\bigg|_{-1}^{1/2}=\frac{9}{4}\pi.$$

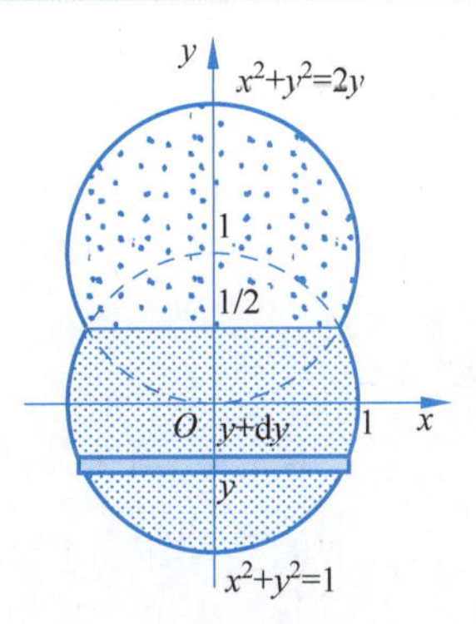

第 6 题图

(2) 取 y 为积分变量,$y\in\left[-1,\dfrac{3}{2}\right]$,分上下两个部分考察将水抽出所做的功.

当 $y\in\left[-1,\dfrac{1}{2}\right]$ 时,$\mathrm{d}M_1=\rho\mathrm{d}V_1=\pi\rho x^2\mathrm{d}y=\pi\rho(1-y^2)\mathrm{d}y$,移动距离为 $2-y$,

$$W_1=\pi\rho g\int_{-1}^{1/2}(2-y)(1-y^2)\mathrm{d}y=\pi\rho g\int_{-1}^{1/2}(y^3-2y^2-y+2)\mathrm{d}y$$

$$=\pi\rho g\left(\frac{y^4}{4}-\frac{2y^3}{3}-\frac{y^2}{2}+2y\right)\bigg|_{-1}^{1/2}=\pi\rho g\,\frac{153}{64}.$$

当 $y\in\left[\dfrac{1}{2},2\right]$ 时,$\mathrm{d}M_2=\rho\mathrm{d}V_2=\pi\rho x^2\mathrm{d}y=\pi\rho(2y-y^2)\mathrm{d}y$,移动距离为 $2-y$,

$$W_2=\pi\rho g\int_{1/2}^{2}(2-y)(2y-y^2)\mathrm{d}y=\pi\rho g\int_{1/2}^{2}(y^3-4y^2+4y)\mathrm{d}y$$

$$=\pi\rho g\left(\frac{y^4}{4}-\frac{4y^3}{3}+2y^2\right)\bigg|_{1/2}^{2}=\pi\rho g\,\frac{63}{64}.$$

将水全部抽出所做的功为 $W_1+W_2=\dfrac{27\times10^3}{8}\pi g$.

第四单元　一元积分学测验(A)

一、选择题(每小题 3 分,共 15 分)

1. $\lim\limits_{n\to\infty}\left(\dfrac{1}{n+1}+\dfrac{1}{n+2}+\cdots+\dfrac{1}{n+n}\right)=(\quad)$.

(A) $\ln 2$　　(B) 2　　(C) 0　　(D) e^2

2. 若函数 $f(x)=\dfrac{d}{dx}\int_0^x \sin(t-x)dt$，则 $f(x)=$(　　).

(A) $-\sin x$　　(B) $-1+\cos x$　　(C) $\sin x$　　(D) 0

3. 下列等式中正确的是(　　).

(A) $d\int f(x)dx=f(x)$　　(B) $\int f'(x)dx=f(x)$

(C) $\int df(x)=f(x)$　　(D) $\dfrac{d}{dx}\int f(x)dx=f(x)$

4. 若 $f(x)$在闭区间$[a,b]$上连续，则必存在 $\xi\in(a,b)$，使(　　).

(A) $f(b)-f(a)=f'(\xi)(b-a)$　　(B) $f(\xi)=0$

(C) $\int_a^b f(x)dx=f(\xi)(b-a)$　　(D) $f'(\xi)=0$

5. 下列反常积分收敛的是(　　).

(A) $\int_2^{+\infty}\dfrac{dx}{\sqrt{x-1}}$　　(B) $\int_0^{+\infty}xe^{-x}dx$　　(C) $\int_1^2\dfrac{dx}{(x-1)^3}$　　(D) $\int_{-1}^1\dfrac{dx}{x^2}$

二、填空题(每小题 3 分，共 15 分)

6. $\int_{-\pi/2}^{\pi/2}\left(\dfrac{\sin x}{1+x^4}+\sqrt{\cos x-\cos^3 x}\right)dx=$____________.

7. $\int e^{2x^2+\ln x}dx=$____________.

8. $\int(|x|+x)^2dx=$____________.

9. 已知交流电流 $I=I_m\sin 100\pi t$ 在 $0\leqslant t\leqslant 0.01$ 上的平均值为 4，则 $I_m=$________.

10. $\int_{-\infty}^{+\infty}\dfrac{dx}{x^2+2x+2}=$________.

三、解答题(共 70 分)

11. (6 分)若函数 $f(x)$ 和 $F(x)=\begin{cases}\dfrac{1}{x^2}\int_0^{x^2}f(x)dx, & x\neq 0\\ a, & x=0\end{cases}$ 均连续，且 $f(0)=2$，求常数 a 的值.

12. (6 分)计算$\int\dfrac{x^3}{1+\sqrt[3]{1+x^4}}dx$.

13. (6 分)设 $f(x)=\begin{cases}1, & x<0\\ x+1, & 0\leqslant x\leqslant 1\\ 2x, & x>1\end{cases}$，求$\int f(x)dx$.

14. (6 分)设 $f''(x)$在$[0,\pi]$上连续，且 $f(0)=2$，$f(\pi)=1$. 证明：

$$\int_0^\pi[f(x)+f''(x)]\sin x\,dx=3.$$

15. (6 分)设函数 $\Gamma(s)=\int_0^{+\infty}x^{s-1}e^{-x}dx\ (s>0)$，证明：

$$\Gamma(n+1)=n!\ (n\in\mathbb{N}^{+}).$$

16. (6 分) 求 $\lim\limits_{n\to\infty}\int_{n}^{n+a}x\sin\frac{1}{x}\mathrm{d}x$($a$ 为大于零的常数,$n\in\mathbb{N}$).

17. (6 分)设三维图形 Ω 的底面由星形线 $x^{2/3}+y^{2/3}=a^{2/3}$ 所围成,用垂直于 x 轴的平面去截 Ω 时,截面都是正方形,求 Ω 的体积.

18. (6 分)设函数 $f(x)$在$[0,1]$上可导,且满足条件 $f(1)=2\int_{0}^{1/2}xf(x)\mathrm{d}x$,证明:在区间$(0,1)$内至少存在一点 ξ 使得 $f(\xi)+\xi f'(\xi)=0$.

19. (6 分)一块面密度为 $\mu(\mathrm{kg/m^2})$的均匀三角形钢板,边长分别为 3m,4m,5m,水平放置,求将此钢板垂直竖立在短边(3m 边)上克服钢板重量需做的功.

20. (8 分)设 $f(x)$在$[a,b]$上连续,$x\in(a,b)$,证明:

$$\lim_{h\to 0}\frac{1}{h}\int_{a}^{x}[f(t+h)-f(t)]\mathrm{d}t=f(x)-f(a).$$

21. (8 分)在曲线 $y=\ln x$ 上求一点,使曲线在该点处的切线与直线 $x=1,x=\mathrm{e}$ 以及曲线 $y=\ln x$ 所围成的图形面积为最小.

第四单元　一元积分学测验(A)参考解答

一、选择题

【答案】 1. (A)　2. (A)　3. (D)　4. (C)　5. (B)

【参考解答】 1. 由定积分的定义,有

$$\text{原式}=\lim_{n\to\infty}\sum_{k=1}^{n}\frac{1}{1+\frac{k}{n}}\cdot\frac{1}{n}=\int_{0}^{1}\frac{1}{1+x}\mathrm{d}x=\ln 2.$$

故正确选项为(A).

2. **【法 1】** 令 $t-x=u$,则

$$f(x)=\frac{\mathrm{d}}{\mathrm{d}x}\int_{-x}^{0}\sin u\,\mathrm{d}u=-\sin(-x)\cdot(-1)=-\sin x.$$

故正确选项为(A).

【法 2】 由 $\sin(t-x)=\sin t\cos x-\cos t\sin x$,故

$$\begin{aligned}f(x)&=\frac{\mathrm{d}}{\mathrm{d}x}\left(\cos x\int_{0}^{x}\sin t\,\mathrm{d}t-\sin x\int_{0}^{x}\cos t\,\mathrm{d}t\right)\\&=-\sin x\int_{0}^{x}\sin t\,\mathrm{d}t+\cos x\sin x-\cos x\int_{0}^{x}\cos t\,\mathrm{d}t-\sin x\cos x\\&=-\sin x(1-\cos x)-\cos x\cdot\sin x=-\sin x,\end{aligned}$$

故正确选项为(A).

3. 直接由不定积分的定义可得正确选项为(D),其中(A)的结果少乘 $\mathrm{d}x$,(B)(C)的结果为不定积分,少加任意常数 C,故都不正确.

4. 取 $F(x)=\int_{a}^{x}f(t)\mathrm{d}t$,则由 $f(x)$在闭区间$[a,b]$上连续,故 $F(x)$在$[a,b]$上满足拉格朗日中值定理条件,故由拉格朗日中值定理知,存在 $\xi\in(a,b)$,使得

$$F(b)-F(a)=\int_a^b f(t)\mathrm{d}t=F'(\xi)(b-a)=f(\xi)(b-a).$$

即正确选项为(C).

5. (A)由于$\frac{1}{\sqrt{x-1}}\sim\frac{1}{x^{1/2}}(x\to+\infty)$,故由无穷区间上的积分 p-积分的结论可知级数发散;(C)(D)由无界函数积分 q-积分的结论可知积分发散,而

$$\int_0^{+\infty}x\mathrm{e}^{-x}\mathrm{d}x=-\int_0^{+\infty}x\mathrm{d}\mathrm{e}^{-x}=-\left[x\mathrm{e}^{-x}\right]_0^{+\infty}+\int_0^{+\infty}\mathrm{e}^{-x}\mathrm{d}x=1.$$

故正确选项为(B).

二、填空题

【答案】 6. $\frac{4}{3}$ 7. $\frac{1}{4}\mathrm{e}^{2x^2}+C$ 8. $\begin{cases}\frac{4}{3}x^3+C, & x\geqslant 0\\ C, & x<0\end{cases}$ 9. 2π 10. π.

【参考解答】 6. 由定积分偶倍奇零的计算性质知$\int_{-\pi/2}^{\pi/2}\frac{\sin x}{1+x^4}\mathrm{d}x=0$,故

原积分$=\int_{-\pi/2}^{\pi/2}\sqrt{\cos x\cdot\sin^2 x}\,\mathrm{d}x=2\int_0^{\pi/2}\sin x\sqrt{\cos x}\,\mathrm{d}x=2\left[-\frac{2}{3}\cos^{\frac{3}{2}}x\right]\Big|_0^{\pi/2}=\frac{4}{3}$.

7. 改写被积函数,有 $\mathrm{e}^{2x^2+\ln x}=\mathrm{e}^{2x^2}\cdot\mathrm{e}^{\ln x}=x\mathrm{e}^{2x^2}$,故凑微分得

$$\int\mathrm{e}^{2x^2+\ln x}\mathrm{d}x=\int x\mathrm{e}^{2x^2}\mathrm{d}x=\frac{1}{4}\int\mathrm{e}^{2x^2}\mathrm{d}(2x^2)=\frac{1}{4}\mathrm{e}^{2x^2}+C.$$

8. 改写被积函数,得$(|x|+x)^2=2x^2+2x|x|=\begin{cases}4x^2, & x\geqslant 0\\ 0, & x<0\end{cases}$,故得

$$\int(|x|+x)^2\mathrm{d}x=\begin{cases}\frac{4}{3}x^3+C, & x\geqslant 0\\ C, & x<0.\end{cases}$$

9. 由题意可知$\frac{\int_0^{0.01}I_{\mathrm{m}}\sin 100\pi t\,\mathrm{d}t}{0.01-0}=4$,即$\frac{2I_{\mathrm{m}}}{\pi}=4$,故 $I_{\mathrm{m}}=2\pi$.

10. $\int_{-\infty}^{+\infty}\frac{\mathrm{d}x}{x^2+2x+2}=\int_{-\infty}^{+\infty}\frac{\mathrm{d}x}{1+(x+1)^2}=\arctan(x+1)\Big|_{-\infty}^{+\infty}=\pi$.

三、解答题

11. **【解】** $\lim\limits_{x\to 0}F(x)=\lim\limits_{x\to 0}\frac{1}{x^2}\int_0^{x^2}f(x)\mathrm{d}x=\lim\limits_{x\to 0}\frac{2xf(x^2)}{2x}=f(0)=2$,因为 $F(x)$连续,故$\lim\limits_{x\to 0}F(x)=F(0)=a=2$,即 $a=2$.

12. **【解】** 令$\sqrt[3]{1+x^4}=t$,则 $x^4=t^3-1$,$4x^3\mathrm{d}x=3t^2\mathrm{d}t$,于是

$$\int\frac{x^3}{1+\sqrt[3]{1+x^4}}\mathrm{d}x=\frac{3}{4}\int\frac{t^2}{1+t}\mathrm{d}t=\frac{3}{4}\int\left(t-1+\frac{1}{1+t}\right)\mathrm{d}t$$

$$=\frac{3}{8}t^2-\frac{3}{4}t+\frac{3}{4}\ln(1+t)+C$$

$$=\frac{3}{8}\left[\sqrt[3]{(1+x^4)^2}-2\sqrt[3]{1+x^4}+2\ln(1+\sqrt[3]{1+x^4})\right]+C.$$

13.【解】 $F(x)=\int f(x)\mathrm{d}x=\begin{cases}x+C_1, & x<0\\ \dfrac{x^2}{2}+x+C_2, & 0\leqslant x\leqslant 1,\\ x^2+C_3, & x>1\end{cases}$

由 $F(x)$连续且可导有,$F(0-0)=F(0+0)$,$F(1-0)=F(1+0)$,

得 $C_1=C_2=C$,$C_3=C+\frac{1}{2}$,故$\int f(x)\mathrm{d}x=\begin{cases}x+C, & x<0\\ \dfrac{x^2}{2}+x+C, & 0\leqslant x\leqslant 1\\ x^2+\dfrac{1}{2}+C, & x>1\end{cases}$.

14.【证明】

$$\begin{aligned}\int_0^{\pi}[f(x)+f''(x)]\sin x\,\mathrm{d}x&=\int_0^{\pi}f(x)\sin x\,\mathrm{d}x+\int_0^{\pi}\sin x\,\mathrm{d}f'(x)\\&=\int_0^{\pi}f(x)\sin x\,\mathrm{d}x+\left[f'(x)\sin x\right]_0^{\pi}-\int_0^{\pi}f'(x)\cos x\,\mathrm{d}x\\&=\int_0^{\pi}f(x)\sin x\,\mathrm{d}x-\int_0^{\pi}\cos x\,\mathrm{d}f(x)\\&=\int_0^{\pi}f(x)\sin x\,\mathrm{d}x-\left[f(x)\cos x\right]_0^{\pi}-\int_0^{\pi}f(x)\sin x\,\mathrm{d}x=3.\end{aligned}$$

15.【证明】 $\Gamma(n+1)=-\int_0^{+\infty}x^n\mathrm{d}e^{-x}=\left[-x^n e^{-x}\right]_0^{+\infty}+n\int_0^{+\infty}x^{n-1}e^{-x}\mathrm{d}x$

$$=-\lim_{x\to+\infty}\frac{x^n}{e^x}+0+n\Gamma(n)=n\Gamma(n).$$

又 $\Gamma(1)=\int_0^{+\infty}e^{-x}\mathrm{d}x=-e^{-x}\Big|_0^{+\infty}=-(0-1)=1$,所以 $n\in\mathrm{N}^+$ 时有

$$\Gamma(n+1)=n\Gamma(n)=n(n-1)\Gamma(n-1)=\cdots=n(n-1)\cdots2\cdot1\Gamma(1)=n!.$$

16.【解】 被积函数 $x\sin\frac{1}{x}$在积分区域内连续,根据积分中值定理有

$$\int_n^{n+a}x\sin\frac{1}{x}\mathrm{d}x=a\xi_n\sin\frac{1}{\xi_n}\quad(n\leqslant\xi_n\leqslant n+a),$$

显然 $\lim\limits_{n\to\infty}\xi_n=\infty$,所以 $\lim\limits_{n\to\infty}\int_n^{n+a}x\sin\frac{1}{x}\mathrm{d}x=a\lim\limits_{n\to\infty}\xi_n\sin\frac{1}{\xi_n}=a$.

17.【解】 星形线的参数方程为 $x=a\cos^3t$,$y=a\sin^3t(0\leqslant t\leqslant 2\pi)$. 由对称性可知 Ω 的体积:

$$\begin{aligned}V-2\int_0^a(2y)^2\mathrm{d}x-8\int_0^a y^2\mathrm{d}x\\=8\int_{\pi/2}^0 a^2\sin^6t\cdot a\,\mathrm{d}\cos^3t=24a^3\int_0^{\pi/2}(1-\sin^2t)\sin^7t\,\mathrm{d}t\\=24a^3\left(\frac{6\cdot4\cdot2}{7\cdot5\cdot3}-\frac{8\cdot6\cdot4\cdot2}{9\cdot7\cdot5\cdot3}\right)=\frac{128}{105}a^3.\end{aligned}$$

18.【解】 设 $F(x)=xf(x)$,则 $F(x)$ 在 $[0,1]$ 连续可导,且 $F(1)=f(1)$. 又由 $f(1)=2\int_0^{\frac{1}{2}}xf(x)\mathrm{d}x$ 及积分中值定理可知,$\exists\,\eta\in\left[0,\frac{1}{2}\right]$,使 $f(1)=\eta f(\eta)$,即有 $F(1)=f(1)=\eta f(\eta)=F(\eta)$.

因此,由罗尔定理,$F(x)$ 在区间 $(0,1)$ 内至少存在一点 ξ 使得 $F'(\xi)=0$,即 $f(\xi)+\xi f'(\xi)=0$.

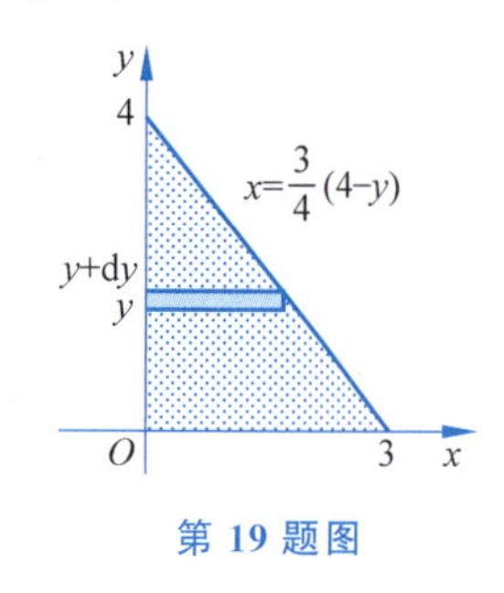

第 19 题图

19.【解】 如图建立坐标系,斜边直线方程为 $x=\frac{3}{4}(4-y)$. 取 y 为积分变量,面积微元 $\mathrm{d}A=x\mathrm{d}y=\frac{3}{4}(4-y)\mathrm{d}y$,对应质量微元 $\mathrm{d}M=\mu\mathrm{d}A=\mu\,\frac{3}{4}(4-y)\mathrm{d}y$,其重力方向移动距离为 y,于是功微元 $\mathrm{d}W=yg\,\mathrm{d}M=\frac{3\mu g}{4}y(4-y)\mathrm{d}y$,于是将钢板竖立克服重力做功 $W=\int_0^4\mathrm{d}W=\int_0^4\frac{3\mu g}{4}y(4-y)\mathrm{d}y=8\mu g(\mathrm{N})$.

20.【证明】 令 $F(x)=\int_a^x f(t)\mathrm{d}t$,则 $F(a)=0$ 且 $F'(x)=f(x)$. 令 $u=t+h$,得

$$\begin{aligned}\int_a^x f(t+h)\mathrm{d}t&=\int_{a+h}^{x+h}f(u)\mathrm{d}u\\&=\int_a^{x+h}f(u)\mathrm{d}u-\int_a^{a+h}f(u)\mathrm{d}u=F(x+h)-F(a+h),\end{aligned}$$

代入题中极限式,得

$$\begin{aligned}\lim_{h\to0}\frac{1}{h}\int_a^x[f(t+h)-f(t)]\mathrm{d}t&=\lim_{h\to0}\frac{F(x+h)-F(a+h)-F(x)}{h}\\&=\lim_{h\to0}\frac{F(x+h)-F(x)-[F(a+h)-F(a)]}{h}\\&=\lim_{h\to0}\frac{F(x+h)-F(x)}{h}-\lim_{h\to0}\frac{[F(a+h)-F(a)]}{h}\\&=F'(x)-F'(a)=f(x)-f(a).\end{aligned}$$

21.【解】 设切点为 $(t,\ln t)$,则切线方程为 $y=\ln t+\frac{1}{t}(x-t)$,其与直线 $x=1,x=\mathrm{e}$ 以及曲线 $y=\ln x$ 所围图形面积

$$A(t)=\int_1^{\mathrm{e}}\left(\ln t+\frac{1}{t}(x-t)-\ln x\right)\mathrm{d}x=(\mathrm{e}-1)\ln t+\frac{\mathrm{e}^2-1}{2t}-\mathrm{e},$$

令 $A'(t)=-\frac{\mathrm{e}^2-1}{2t^2}+\frac{\mathrm{e}-1}{t}=0$,得唯一驻点 $t=\frac{1+\mathrm{e}}{2}$.

当 $t\in\left(0,\frac{1+\mathrm{e}}{2}\right)$ 时,$A'(t)<0$;当 $t\in\left(\frac{1+\mathrm{e}}{2},+\infty\right)$ 时,$A'(t)>0$;从而 $t=\frac{1+\mathrm{e}}{2}$ 是唯一极小值点,也是最小值点,故切点为 $\left(\frac{1+\mathrm{e}}{2},\ln\frac{1+\mathrm{e}}{2}\right)$.

第四单元　一元积分学测验(B)

一、选择题(每小题 3 分,共 15 分)

1. 设 $F(x)=\int_{x}^{x+2\pi} e^{\sin t}\sin t\,dt$,则 $F(x)$(　　).

(A) 不是常数　　(B) 是大于零的常数

(C) 是小于零的常数　　(D) 等于 0

2. 若连续函数 $f(x)$ 满足关系 $f(x)=\int_{0}^{2x} f\left(\frac{t}{2}\right)dt+\ln 2$,则 $f(\ln 2)=$(　　).

(A) $\ln 2$　　(B) $2\ln 2$　　(C) $3\ln 2$　　(D) $4\ln 2$

3. 下列结论错误的是(　　).

(A) $\int_{-1}^{1}\frac{dx}{\sqrt{1-x^2}}$ 收敛　　(B) $\int_{-1}^{1}\frac{dx}{\sin x}$ 收敛

(C) $\int_{0}^{+\infty}\frac{dx}{x(x+1)}$ 发散　　(D) $\int_{e}^{+\infty}\frac{dx}{x\ln x}$ 发散

4. 设函数 $f(x)$在$[a,b]$上连续,且 $f(x)>0$,则函数 $F(x)=\int_{a}^{x} f(t)dt+\int_{b}^{x}\frac{1}{f(t)}dt$ 在(a,b) 内的零点个数为(　　).

(A) 0　　(B) 1　　(C) 2　　(D) 3

5. 函数 $F(x)=\int_{0}^{x}(t-t^2)\sin^{2n}t\,dt$ 在$(0,+\infty)$上(　　).

(A) 有无穷多个极值点　　(B) 在 $x=1$ 取最小值

(C) 在 $x=1$ 不取极值　　(D) 最大值不超过$\frac{1}{(2n+2)(2n+3)}$

二、填空题(每小题 3 分,共 15 分)

6. $\int\frac{x\ln x}{(1+x^2)^2}dx=$____________.

7. $\int\frac{x^5}{\sqrt{1+x^2}}dx=$____________.

8. 设 $f(x)=\int_{0}^{x}\frac{\sin t}{\pi-t}dt$,则$\int_{0}^{\pi} f(x)dx=$____________.

9. n 为正整数,则$\int_{0}^{n\pi}\sqrt{1-\sin 2x}\,dx=$____________.

10. 设 $f(x)$连续,且 $f(1)\neq f(0)$,当 $x\to 0$ 时,$\varphi(x)=\int_{0}^{1} f(x^2+t)dt$ 与 x^k 是同阶无穷小,则 $k=$____________.

三、解答题(共 70 分)

11. (6 分)求 $\lim\limits_{n\to\infty}\left(\frac{\cos\frac{\pi}{2n}}{\sqrt{n^2+1}}+\frac{\cos\frac{2\pi}{2n}}{\sqrt{n^2+2}}+\cdots+\frac{\cos\frac{n\pi}{2n}}{\sqrt{n^2+n}}\right)$.

12. (6 分)已知 $\lim\limits_{x\to\infty}\left(\dfrac{x-a}{x+a}\right)^{x}=\int_{a}^{+\infty}4x^{2}\mathrm{e}^{-2x}\mathrm{d}x$，求常数 a 的值.

13. (6 分)计算定积分 $\int_{0}^{\pi/2}\dfrac{x+\sin x}{1+\cos x}\mathrm{d}x$.

14. (6 分)试用定积分证明：球缺的体积为 $V=\pi h^{2}\left(R-\dfrac{h}{3}\right)$，其中，$R$ 为球的半径，h 为球缺的高.

15. (6 分)设在 $\left(0,\dfrac{\pi}{2}\right)$ 内的连续函数 $f(x)>0$，且 $f^{2}(x)=\int_{0}^{x}\dfrac{f(t)\tan t\,\mathrm{d}t}{\sqrt{1+2\tan^{2}t}}$. 求 $f(x)$ 的初等函数表达式.

16. (6 分)设 $f(x)$ 在任意有限区间上可积，且满足 $f(x+y)=f(x)+f(y)$，证明：$f(x)=f(1)x$.

17. (6 分)设函数 $f(x)=\dfrac{x}{1+\cos^{2}x}-\int_{-\pi}^{\pi}f(x)\sin x\,\mathrm{d}x$，求 $f(x)$ 的初等函数表达式.

18. (6 分)设 $f(x)$ 在 $[a,b]$ 上连续，且单调增加，证明：

$$\int_{a}^{b}xf(x)\mathrm{d}x\geqslant\frac{a+b}{2}\int_{a}^{b}f(x)\mathrm{d}x.$$

19. (6 分)设 $a>0$，$f'(x)$ 在 $[0,a]$ 上连续，证明：

$$f(0)\leqslant\frac{1}{a}\int_{0}^{a}|f(x)|\mathrm{d}x+\int_{0}^{a}|f'(x)|\mathrm{d}x.$$

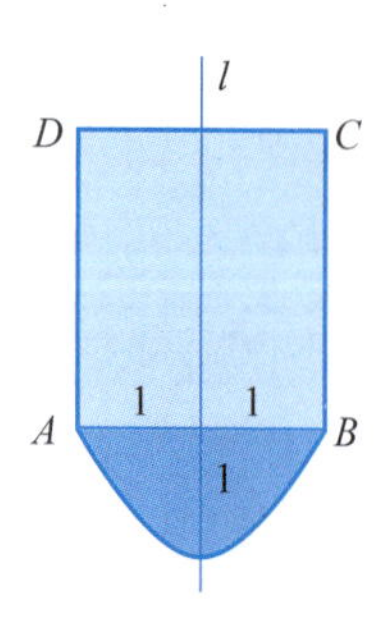

第 20 题图

20. (8 分)某闸门的形状与大小如图所示，其中直线 l 为对称轴，闸门的上部为矩形 $ABCD$，下部由二次抛物线与线段 AB 所围成. 当水面与闸门的上端相平时，欲使闸门矩形部分承受的水压力与闸门下部承受的水压力之比为 5∶4，闸门矩形部分的高 h 应为多少米？

21. (8 分)设偶函数 $f(t)$ 连续，且 $f(t)>0$，$F(x)=\int_{-a}^{a}|x-t|f(t)\mathrm{d}t$，$x\in[-a,a]$. (1)试证曲线 $y=F(x)$ 在 $[-a,a]$ 上是凹的；(2)求 $F(x)$ 的最小值点；(3)若 $F(x)$ 的最小值可表示为 $\mathrm{e}^{a^{2}}-a^{2}-1$，求满足条件的一个函数 $f(t)$.

第四单元　一元积分学测验(B)参考解答

一、选择题

【答案】 1. (B)　2. (D)　3. (B)　4. (B)　5. (D)

【参考解答】 1. 由于被积函数 $\mathrm{e}^{\sin t}\sin t$ 是周期为 2π 的周期函数，故由周期函数定积分的性质，有 $F(x)=\int_{0}^{2\pi}\mathrm{e}^{\sin t}\sin t\,\mathrm{d}t$，故正确选项为(B).

2. 对等式两端求导，得 $f'(x)=2f(x)$，凑微分得

$$\ln|f(x)|=2x+C_{1},\quad 即\ f(x)=C\mathrm{e}^{2x}.$$

在题设等式中令 $x=0$，得 $f(0)=\ln2$，故得 $C=\ln2$. 故 $f(x)=\mathrm{e}^{2x}\ln2$. 代入 $x=\ln2$，得

$f(\ln 2)=4\ln 2$. 故正确选项为(D).

3. 令 $x=\sin t$，则 $\int_{-1}^{1}\frac{\mathrm{d}x}{\sqrt{1-x^2}}=\int_{-\pi/2}^{\pi/2}\frac{\cos t\,\mathrm{d}t}{\cos t}=\pi$；$\sin x\sim x\,(x\to 0)$，故积分 $\int_{-1}^{1}\frac{\mathrm{d}x}{\sin x}$ 发散；$\frac{1}{x(x+1)}\sim\frac{1}{x}\,(x\to 0)$，故 $\int_{0}^{+\infty}\frac{\mathrm{d}x}{x(x+1)}$ 发散；由凑微分法得 $\int_{\mathrm{e}}^{+\infty}\frac{\mathrm{d}x}{x\ln x}=\ln(\ln x)\Big|_{\mathrm{e}}^{+\infty}=+\infty$. 故正确选项为(B).

4. 由于 $f(x)>0$，故有 $F'(x)=f(x)+\frac{1}{f(x)}\geqslant 2$，又

$$F(a)=\int_{b}^{a}\frac{1}{f(t)}\mathrm{d}t<0,\quad F(b)=\int_{a}^{b}f(t)\mathrm{d}t>0,$$

故由零值定理与函数的单调性知正确选项为(B).

5. 令 $F'(x)=(x-x^2)\sin^{2n}x=0$，在 $(0,+\infty)$ 内得 $x_0=1$，$x_k=k\pi$，$k\in\mathbb{Z}^+$. 又 $F''(x)=2n(x-x^2)\cos x\sin^{2n-1}x+(1-2x)\sin^{2n}x$，故

$$F''(1)=-\sin^{2n}1<0,$$

即 $x_0=1$ 为极大值点；当 $x>1$ 时，$x-x^2<0$，又 $\sin^{2n}x>0$，故 $F'(x)<0$，即 $x_k=k\pi$，$k\in\mathbb{Z}^+$ 不是极值点. 由定积分的几何意义可知

$$F(x)\leqslant\int_{0}^{1}(t-t^2)t^{2n}\mathrm{d}t=\frac{1}{2(n+1)(2n+3)},$$

即正确选项为(D).

二、填空题

【答案】 6. $\frac{x^2\ln x}{2(1+x^2)}-\frac{1}{4}\ln(1+x^2)+C$

7. $\frac{1}{5}(x^2+1)^{5/2}-\frac{2}{3}(x^2+1)^{3/2}+\sqrt{x^2+1}+C$

8. 2　9. $2\sqrt{2}n$　10. 2.

【参考解答】 6. 由于 $\left(\frac{1}{x^2+1}\right)'=-\frac{2x}{(x^2+1)^2}$，故

$$\begin{aligned}\int\frac{x\ln x}{(1+x^2)^2}\mathrm{d}x&=-\frac{1}{2}\int\ln x\,\mathrm{d}\frac{1}{x^2+1}=-\frac{1}{2}\left[\frac{\ln x}{x^2+1}-\int\frac{1}{x(x^2+1)}\mathrm{d}x\right]\\&=-\frac{\ln x}{2(x^2+1)}+\frac{1}{2}\int\left(\frac{1}{x}-\frac{x}{x^2+1}\right)\mathrm{d}x\\&=-\frac{\ln x}{2(x^2+1)}+\frac{1}{2}\left[\ln x-\frac{1}{2}\ln(x^2+1)\right]+C\\&=\frac{x^2\ln x}{2(x^2+1)}-\frac{1}{4}\ln(x^2+1)+C.\end{aligned}$$

7. 令 $x=\tan t$，则

$$\int\frac{x^5}{\sqrt{1+x^2}}\mathrm{d}x=\int\frac{\tan^5 t\cdot\sec^2 t}{\sec t}\mathrm{d}t=\int\tan^4 t\,\mathrm{d}\sec t$$

$$=\int(\sec^2 t-1)^2\mathrm{d}\sec t=\int(1-2\sec^2 t+\sec^4 t)\mathrm{d}\sec t$$

$$=\sec t-\frac{2}{3}\sec^3 t+\frac{1}{5}\sec^5 t+C$$

$$=\frac{1}{5}(x^2+1)^{5/2}-\frac{2}{3}(x^2+1)^{3/2}+\sqrt{x^2+1}+C.$$

8. 由定积分的分部积分法，得

$$\int_0^{\pi}f(x)\mathrm{d}x=\left[x\int_0^x\frac{\sin t}{\pi-t}\mathrm{d}t\right]_0^{\pi}-\int_0^{\pi}\frac{x\sin x}{\pi-x}\mathrm{d}x$$

$$=\pi\int_0^{\pi}\frac{\sin t}{\pi-t}\mathrm{d}t-\int_{\pi}^{0}\frac{(\pi-t)\sin t}{t}(-\mathrm{d}t)$$

$$=\pi\left(\int_{\pi}^{0}\frac{\sin t}{t}(-\mathrm{d}t)\right)-\pi\int_0^{\pi}\frac{\sin t}{t}\mathrm{d}t+\int_0^{\pi}\sin t\,\mathrm{d}t$$

$$=\int_0^{\pi}\sin t\,\mathrm{d}t=2.$$

9. 由 $1-\sin 2x=\sin^2 x+\cos^2 x-2\sin x\cos x=(\sin x-\cos x)^2$，得

$$\int_0^{n\pi}\sqrt{1-\sin 2x}\,\mathrm{d}x=\int_0^{n\pi}|\sin x-\cos x|\,\mathrm{d}x=\sqrt{2}\int_0^{n\pi}\left|\sin\left(x-\frac{\pi}{4}\right)\right|\mathrm{d}x$$

$$=\sqrt{2}n\left[-\int_0^{\pi/4}\sin\left(x-\frac{\pi}{4}\right)\mathrm{d}x+\int_{\pi/4}^{\pi}\sin\left(x-\frac{\pi}{4}\right)\mathrm{d}x\right]=2\sqrt{2}n.$$

10. 令 $x^2+t=u$，则 $\varphi(x)=\int_{x^2}^{1+x^2}f(u)\mathrm{d}u$. 由题设可知 $\lim\limits_{x\to 0}\frac{\varphi(x)}{x^k}=c\neq 0$，故由洛必达法则，得

$$\lim_{x\to 0}\frac{\int_{x^2}^{1+x^2}f(u)\mathrm{d}u}{x^k}=\lim_{x\to 0}\frac{2x\left[f(1+x^2)-f(x^2)\right]}{kx^{k-1}}$$

$$=\frac{2}{k}\lim_{x\to 0}\frac{f(1+x^2)-f(x^2)}{x^{k-2}}=c\neq 0.$$

由于 $f(x)$ 连续，且 $f(1)\neq f(0)$，故当且仅当 $k=2$ 时结论成立.

三、解答题

11. **【解】** 记 $u_n=\frac{\cos\frac{\pi}{2n}}{\sqrt{n^2+1}}+\frac{\cos\frac{2\pi}{2n}}{\sqrt{n^2+2}}+\cdots+\frac{\cos\frac{n\pi}{2n}}{\sqrt{n^2+n}}=\sum\limits_{k=1}^{n}\frac{\cos\frac{k\pi}{2n}}{\sqrt{n^2+k}}$，则

$$\frac{n}{\sqrt{n^2+n}}\left(\frac{1}{n}\sum_{k=1}^{n}\cos\frac{k\pi}{2n}\right)\leqslant u_n\leqslant\frac{n}{\sqrt{n^2+1}}\left(\frac{1}{n}\sum_{k=1}^{n}\cos\frac{k\pi}{2n}\right).$$

因为 $\lim\limits_{n\to\infty}\frac{n}{\sqrt{n^2+n}}=\lim\limits_{n\to\infty}\frac{n}{\sqrt{n^2+1}}=1$，且

$$\lim_{n\to\infty}\frac{1}{n}\sum_{k=1}^{n}\cos\frac{k\pi}{2n}=\lim_{n\to\infty}\sum_{k=1}^{n}\frac{1}{n}\cos\frac{k\pi}{2n}=\int_0^1\cos\frac{\pi x}{2}\mathrm{d}x=\frac{2}{\pi},$$

故由夹逼定理可知 $\lim\limits_{n\to\infty}\left(\dfrac{\cos\frac{\pi}{2n}}{\sqrt{n^2+1}}+\dfrac{\cos\frac{2\pi}{2n}}{\sqrt{n^2+2}}+\cdots+\dfrac{\cos\frac{n\pi}{2n}}{\sqrt{n^2+n}}\right)=\dfrac{2}{\pi}$.

12.【解】 左边极限 $\lim\limits_{x\to\infty}\left(\dfrac{x-a}{x+a}\right)^x=\lim\limits_{x\to\infty}\left(1-\dfrac{2a}{x+a}\right)^x=e^{-2a}$，右边积分由分部积分法，得

$$\int_a^{+\infty}4x^2e^{-2x}dx=-2\int_a^{+\infty}x^2de^{-2x}=-2x^2e^{-2x}\Big|_a^{+\infty}+4\int_a^{+\infty}xe^{-2x}dx$$

$$=2a^2e^{-2a}-2\int_a^{+\infty}xde^{-2x}=2a^2e^{-2a}-2xe^{-2x}\Big|_a^{+\infty}+2\int_a^{+\infty}e^{-2x}dx$$

$$=2a^2e^{-2a}+2ae^{-2a}-e^{-2x}\Big|_a^{+\infty}=e^{-2a}(2a^2+2a+1),$$

由已知等式得 $e^{-2a}=e^{-2a}(2a^2+2a+1)$，即 $2a^2+2a+1=1$，所以得 $a=0$ 或 $a=-1$.

13.【解】 $\displaystyle\int_0^{\pi/2}\frac{x+\sin x}{1+\cos x}dx=\int_0^{\pi/2}\frac{x}{1+\cos x}dx+\int_0^{\pi/2}\frac{\sin x}{1+\cos x}dx$，其中

$$\int_0^{\pi/2}\frac{\sin x}{1+\cos x}dx=-\int_0^{\pi/2}\frac{d(1+\cos x)}{1+\cos x}=-\ln(1+\cos x)\Big|_0^{\pi/2}=\ln 2,$$

$$\int_0^{\pi/2}\frac{x}{1+\cos x}dx=\int_0^{\pi/2}\frac{x\sec^2\frac{x}{2}dx}{2}=\int_0^{\pi/2}x\,d\left(\tan\frac{x}{2}\right)$$

$$=\left[x\tan\frac{x}{2}\right]\Big|_0^{\pi/2}-\int_0^{\pi/2}\tan\frac{x}{2}dx=\frac{\pi}{2}+2\left[\ln\cos\frac{x}{2}\right]\Big|_0^{\pi/2}=\frac{\pi}{2}-\ln 2,$$

所以 $\displaystyle\int_0^{\pi/2}\frac{x+\sin x}{1+\cos x}dx=\frac{\pi}{2}$.

14.【证明】 如图所示，在球缺过中线剖面建立坐标系，则球缺圆弧轮廓线方程为 $x^2+y^2=2Ry$.

取 y 为积分变量，$y\in[0,h]$，在 $[y,y+dy]$ 上的体积微元

$$dV=\pi x^2dy=\pi(2Ry-y^2)dy,$$

故球缺体积为 $V=\displaystyle\int_0^h\pi(2Ry-y^2)dy=\pi h^2\left(R-\frac{1}{3}h\right)$.

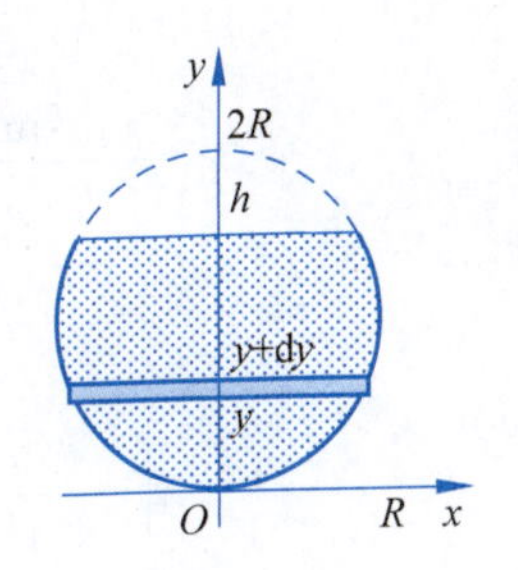

第 14 题图

15.【解】 已知等式 $f^2(x)=\displaystyle\int_0^x f(t)\frac{\tan t}{\sqrt{1+2\tan^2 t}}dt$ 两边对 x 求导：$2f(x)f'(x)=f(x)\dfrac{\tan x}{\sqrt{1+2\tan^2 x}}$，因 $f(x)>0$，故 $2f'(x)=\dfrac{\tan x}{\sqrt{1+2\tan^2 x}}$，两边积分，且考虑 $x\in\left(0,\dfrac{\pi}{2}\right)$ 有

$$2f(x)=\int\frac{\tan x\,dx}{\sqrt{1+2\tan^2 x}}=\int\frac{\sin x\,dx}{\sqrt{2-\cos^2 x}}=-\int\frac{d\cos x}{\sqrt{2-\cos^2 x}}=\arccos\frac{\cos x}{\sqrt{2}}+C,$$

显然 $f(0)=0$，故 $C=-\dfrac{\pi}{4}$，所以 $f(x)=\dfrac{1}{2}\arccos\dfrac{\cos x}{\sqrt{2}}-\dfrac{\pi}{8}$.

或：$2f(x)=-\int\frac{\mathrm{d}\cos x}{\sqrt{2-\cos^2 x}}=-\arcsin\frac{\cos x}{\sqrt{2}}+C$，且 $f(0)=0$，故 $C=\frac{\pi}{4}$，所以 $f(x)=-\frac{1}{2}\arcsin\frac{\cos x}{\sqrt{2}}+\frac{\pi}{8}$.

16.【证明】 因为 $f(x)$在任意有限区间上可积，等式 $f(x+y)=f(x)+f(y)$两边视 y 为定值，x 为变量，在$[0,x]$上取积分得

$$\int_0^x f(t+y)\mathrm{d}t=\int_0^x f(t)\mathrm{d}t+f(y)x,$$

即 $xf(y)=\int_0^x f(t+y)\mathrm{d}t-\int_0^x f(t)\mathrm{d}t=\int_y^{x+y} f(u)\mathrm{d}u-\int_0^x f(t)\mathrm{d}t$

$$=\int_0^{x+y} f(t)\mathrm{d}t-\int_0^y f(t)\mathrm{d}t-\int_0^x f(t)\mathrm{d}t,$$

根据对称性知 $xf(y)=\int_0^{x+y} f(t)\mathrm{d}t-\int_0^y f(t)\mathrm{d}t-\int_0^x f(t)\mathrm{d}t=yf(x)$.

于是当 $x,y\neq 0$ 时，$\frac{f(x)}{x}\equiv\frac{f(y)}{y}$，由 x,y 的任意性可得 $\frac{f(x)}{x}\equiv a$（常数），故 $f(x)=ax\ (x\neq 0)$.

等式 $f(x+y)=f(x)+f(y)$中取 $y=0$ 有 $f(x)=f(x)+f(0)$，于是 $f(0)=0$，所以 $f(x)=ax\ (x\in\mathbb{R})$. 于是 $f(1)=a\ (x\in\mathbb{R})$，综上有 $f(x)=f(1)x$.

17.【解】 记 $A=\int_{-\pi}^{\pi} f(x)\sin x\,\mathrm{d}x$，则 $f(x)=\frac{x}{1+\cos^2 x}-A$，$f(x)=\frac{x}{1+\cos^2 x}-A$ 两边同乘 $\sin x$ 并积分，有

$$A=\int_{-\pi}^{\pi} f(x)\sin x\,\mathrm{d}x=\int_{-\pi}^{\pi}\frac{x\sin x}{1+\cos^2 x}\mathrm{d}x-\int_{-\pi}^{\pi}A\sin x\,\mathrm{d}x$$

$$=2\int_0^{\pi}\frac{x\sin x}{1+\cos^2 x}\mathrm{d}x+0=2\int_0^{\pi}\frac{x\sin x}{1+\cos^2 x}\mathrm{d}x\ (\text{令 } t=\pi-x)$$

$$=2\int_{\pi}^{0}\frac{(\pi-t)\sin(\pi-t)}{1+\cos^2(\pi-t)}\mathrm{d}(\pi-t)=2\int_0^{\pi}\frac{(\pi-t)\sin t}{1+\cos^2 t}\mathrm{d}t=\pi\int_0^{\pi}\frac{\sin x}{1+\cos^2 x}\mathrm{d}x$$

$$=-\pi\int_0^{\pi}\frac{\mathrm{d}\cos x}{1+\cos^2 x}=-\pi\arctan(\cos x)\Big|_0^{\pi}=-\pi\left(-\frac{\pi}{4}-\frac{\pi}{4}\right)=\frac{\pi^2}{2},$$

所以 $f(x)=\frac{x}{1+\cos^2 x}-\frac{\pi^2}{2}$.

18.【证明】 令 $F(t)=\int_a^t xf(x)\mathrm{d}x-\frac{a+t}{2}\int_a^t f(x)\mathrm{d}x$，$t\in[a,b]$，易知，$F(t)$在$[a,b]$上连续，$(a,b)$内可导，$F(a)=0$.

$$F'(t)=\frac{t-a}{2}f(t)-\frac{1}{2}\int_a^t f(x)\mathrm{d}x=\frac{1}{2}\int_a^t f(t)\mathrm{d}x-\frac{1}{2}\int_a^t f(x)\mathrm{d}x$$

$$=\frac{1}{2}\int_a^t[f(t)-f(x)]\mathrm{d}x,$$

由于 $x\in[a,t]$，且 $f(x)$单调递增，所以 $f(t)\geqslant f(x)$，于是有 $F'(t)\geqslant 0$，所以 $F(t)$在$[a,t]$

上单调递增，于是有 $F(b)\geqslant F(a)=0(b\geqslant a)$，即有$\int_a^b xf(x)\mathrm{d}x\geqslant\frac{a+b}{2}\int_a^b f(x)\mathrm{d}x$ 成立.

或：由积分中值定理有$\frac{1}{2}\int_a^t f(x)\mathrm{d}x=\frac{1}{2}(t-a)f(\xi)$，$a\leqslant\xi\leqslant t$，于是

$$F'(t)=\frac{t-a}{2}f(t)-\frac{1}{2}\int_a^t f(x)\mathrm{d}x=\frac{t-a}{2}f(t)-\frac{t-a}{2}f(\xi)$$

$$=\frac{t-a}{2}[f(t)-f(\xi)]\geqslant 0.$$

19.**【证明】**　由积分中值定理有 $f(\xi)=\frac{1}{a}\int_0^a f(x)\mathrm{d}x$，　(1)

又$\int_0^\xi f'(x)\mathrm{d}x=f(\xi)-f(0)$，即 $f(0)=f(\xi)-\int_0^\xi f'(x)\mathrm{d}x$.　(2)

将式(1)代入式(2)，得 $f(0)=\frac{1}{a}\int_0^a f(x)\mathrm{d}x-\int_0^\xi f'(x)\mathrm{d}x$.

于是由绝对值不等式和积分绝对值不等式，得

$$f(0)\leqslant\left|\frac{1}{a}\int_0^a f(x)\mathrm{d}x-\int_0^\xi f'(x)\mathrm{d}x\right|\leqslant\frac{1}{a}\left|\int_0^a f(x)\mathrm{d}x\right|+\left|\int_0^\xi f'(x)\mathrm{d}x\right|$$

$$\leqslant\frac{1}{a}\int_0^a|f(x)|\mathrm{d}x+\int_0^\xi|f'(x)|\mathrm{d}x\leqslant\frac{1}{a}\int_0^a|f(x)|\mathrm{d}x+\int_0^a|f'(x)|\mathrm{d}x\ (a\geqslant\xi).$$

20.**【解】**　如图所示建立坐标系. 则抛物线的方程为 $y=x^2$. 取 y 为积分变量，闸门矩形部分承受的水压力为(其中 ρ 为水的密度，g 为重力加速度)

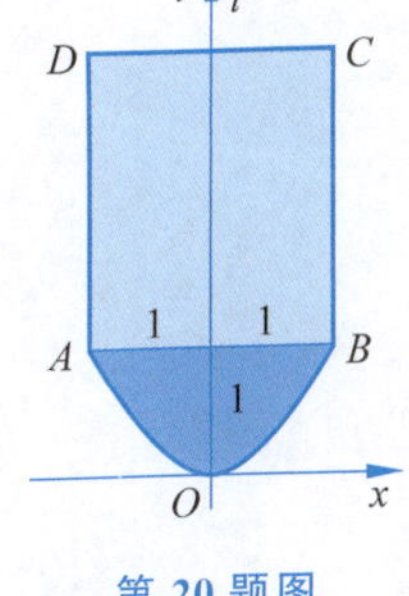

第 20 题图

$$P_1=2\int_1^{h+1}\rho g(h+1-y)\mathrm{d}y=2\rho g\left[(h+1)y-\frac{y^2}{2}\right]\Bigg|_1^{h+1}=\rho gh^2.$$

闸门下部承受的水压力为

$$P_2=2\int_0^1\rho g(h+1-y)\sqrt{y}\,\mathrm{d}y=2\rho g\left[\frac{2}{3}(h+1)y^{\frac{3}{2}}-\frac{2}{5}y^{\frac{5}{2}}\right]\Bigg|_0^1$$

$$=4\rho g\left(\frac{1}{3}h+\frac{2}{15}\right),$$

则由$\frac{P_1}{P_2}=\frac{5}{4}$，得$\frac{\rho gh^2}{4\rho g\left(\frac{1}{3}h+\frac{2}{15}\right)}=\frac{h^2}{4\left(\frac{1}{3}h+\frac{2}{15}\right)}=\frac{5}{4}$，解得 $h_1=2$，$h_2=-\frac{1}{3}$(舍去). 所以闸门矩形部分的高 h 应为 2m.

21.**【解】**　(1) $F(x)=\int_{-a}^a|x-t|f(t)\mathrm{d}t$

$$=\int_{-a}^x(x-t)f(t)\mathrm{d}t+\int_x^a(t-x)f(t)\mathrm{d}t$$

$$=x\int_{-a}^x f(t)\mathrm{d}t-\int_{-a}^x tf(t)\mathrm{d}t+\int_x^a tf(t)\mathrm{d}t-x\int_x^a f(t)\mathrm{d}t,$$

于是 $F'(x)=\int_{-a}^x f(t)\mathrm{d}t-\int_x^a f(t)\mathrm{d}t$，$F''(x)=2f(x)>0$，即曲线 $y=F(x)$ 在$[-a,a]$上是凹的.

(2) 因为 $f(t)$ 为偶函数，于是有 $\int_x^a f(t)\mathrm{d}t=-\int_{-x}^{-a} f(t)\mathrm{d}t$，于是

$$F'(x)=\int_{-a}^x f(t)\mathrm{d}t-\int_x^a f(t)\mathrm{d}t=\int_{-a}^x f(t)\mathrm{d}t+\int_{-x}^{-a} f(t)\mathrm{d}t=\int_{-x}^x f(t)\mathrm{d}t,$$

故 $F'(0)=0$，又 $F''(x)>0$ 可知 $F'(x)$ 严格单调递增，至多有一个零点，于是 $x=0$ 为 $F(x)$ 的唯一驻点，又在 $[-a,a]$ 上 $F(x)$ 为单谷函数，故唯一驻点 $x=0$ 处取得最小值.

(3) 由(2)知，$F_{\min}(0)=\int_{-a}^a |t| f(t)\mathrm{d}t=2\int_0^a tf(t)\mathrm{d}t$，故 $2\int_0^a tf(t)\mathrm{d}t=\mathrm{e}^{a^2}-a^2-1$，对 a 求导得 $2af(a)=2a\mathrm{e}^{a^2}-2a$，即得 $f(t)=\mathrm{e}^{t^2}-1$.

第五单元

常微分方程

练习 34　微分方程的基本概念

训练目的

1. 了解来自自然科学、社会科学、经济管理、工程技术以及军事指挥领域中的微分方程模型.

2. 理解微分方程的基本概念,理解微分方程的解、通解和特解等概念.

3. 了解微分方程的积分曲线.

基础练习

1. 已知下列微分方程:

① $t^2\dfrac{d^2u}{dt^2}+t\dfrac{du}{dt}+(t^2-1)u=0$.　　② $\dfrac{dy}{dx}=x^2+y^2$.

③ $xy'''+2y''+x^2y=0$.　　④ $\dfrac{d\rho}{d\theta}+\rho=\sin^2\theta$.

则四个微分方程的阶数依次为____________,其中________为线性微分方程.

【答案】 2 阶、1 阶、3 阶、1 阶,①③④.

2. 下列关于微分方程的表述正确的有________.

① 微分方程中所出现的未知函数的最高阶导数的阶数,称为微分方程的阶.

② 如果微分方程的解中含有任意常数的个数与微分方程的阶数相同且相互独立,则称此解为微分方程的通解.

③ 微分方程的通解是指微分方程解的全体.

④ 如果微分方程的解中含有任意常数,则称之为微分方程的通解.

⑤ 微分方程的不含任意常数的解称为特解.

⑥ 微分方程的解分为通解与特解两种形式.

【答案】 ①⑤.

3. 验证 $y=\ln(xy)$ 是方程 $x(y-1)y''+xy'^2+(y-2)y'=0$ 的解.

【参考解答】 等式 $y=\ln(xy)$ 两边同时对 x 求导得 $y'=\dfrac{y+xy'}{xy}$，即 $x(y-1)y'=y$，上式两边再对 x 求导并整理得 $x(y-1)y''+xy'^2+(y-2)y'=0$.

4. 验证 $y=2(\sin2x-\sin3x)$ 是方程 $\begin{cases} y''+4y=10\sin3x \\ y\big|_{x=0}=0, y'\big|_{x=0}=-2 \end{cases}$ 的特解.

【参考解答】 函数求导有 $y'=4\cos2x-6\cos3x$，$y''=-8\sin2x+18\sin3x$，代入方程有 $y''+4y=(-8\sin2x+18\sin3x)+8(\sin2x-\sin3x)=10\sin3x$，所以 $y=2(\sin2x-\sin3x)$ 满足方程.

又 $y\big|_{x=0}=2(\sin2x-\sin3x)\big|_{x=0}=0$，$y'\big|_{x=0}=(4\cos2x-6\cos3x)\big|_{x=0}=-2$，所以 $y=2(\sin2x-\sin3x)$ 满足初始条件，即 $y=2(\sin2x-\sin3x)$ 是方程 $\begin{cases} y''+4y=10\sin3x, \\ y|x=0=0, y'\big|_{x=0}=-2 \end{cases}$ 的特解.

5. 验证函数 $y=C_1e^{2x}+C_2e^{-2x}$ 是微分方程 $y''-4y=0$ 的解，并说明它是通解.

【参考解答】 函数求导有 $y'=2C_1e^{2x}-2C_2e^{-2x}$，$y''=4C_1e^{2x}+4C_2e^{-2x}$，于是 $y''-4y=4C_1e^{2x}+4C_2e^{-2x}-4(C_1e^{2x}+C_2e^{-2x})=0$，因此 $y=C_1e^{2x}+C_2e^{-2x}$ 是微分方程的解.

又因为方程为二阶微分方程，而 $y=C_1e^{2x}+C_2e^{-2x}$ 中含有两个相互独立的任意常数，故是其通解.

综合练习

6. 求下列曲线族所满足的微分方程：(1) $y=x+Cx^2$；(2) $y=C_1e^x+C_2xe^x$.

【参考解答】 (1) 由于 $y=x+Cx^2$ 含一个任意常数，故为一阶微分方程.

【方法1】 由于 $C=\dfrac{y}{x^2}-\dfrac{1}{x}$，两边对 x 求导得 $0=\dfrac{y'}{x^2}-\dfrac{2y}{x^3}+\dfrac{1}{x^2}$，化简得微分方程 $xy'-2y+x=0$.

【方法2】 $y=x+Cx^2$ 求导得 $y'=1+2Cx$，两式消去 C 并化简得微分方程 $xy'-2y+x=0$.

(2) 由于 $y=C_1e^x+C_2xe^x$ 中含有两个相互独立的任意常数，故为二阶微分方程.

由 $y'=C_1e^x+C_2e^x+C_2xe^x$，从而得 $y'-y=C_2e^x$，而 $y''-y'=C_2e^x$，由此得微分方程 $y''-2y'+y=0$.

7. 已知 $y=x^2+C_1\ln x+C_2$ 是某个微分方程的通解(其中 C_1,C_2 为任意常数)，试写出这个微分方程.

【参考解答】 由于通解表达式中含有两个相互独立的任意常数，故为二阶微分方程.

通解对 x 求一阶和二阶导数得到 $y'=2x+\dfrac{C_1}{x}$，$y''=2-\dfrac{C_1}{x^2}$，即 $xy''=2x-\dfrac{C_1}{x}$，消去参数 C_1 得到所求的微分方程 $xy''+y'=4x$.

8. 设曲线为在第一象限的一段凸弧，曲线与其在点 $P(x,y)$ 处的切线及 y 轴围成的面积为点 $P(x,y)$ 横坐标的立方，试写出该曲线满足的微分方程.

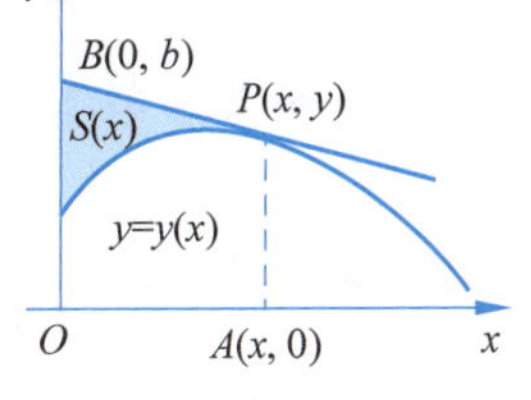

第 8 题图

【参考解答】 由题设可知曲线如图所示，曲线方程为 $y=y(x)$，$P(x,y)$ 处切线方程为

$$Y-y=y'(X-x),$$

切线在 y 轴上的截距为 $b=y-xy'$，

梯形 $OAPB$ 的面积为

$$A(x)=\frac{x}{2}(y+b)=\frac{x}{2}(2y-xy')=xy-\frac{x^2}{2}y',$$

于是 $S(x)=A(x)-\int_0^x y(x)\mathrm{d}x=xy-\dfrac{x^2}{2}y'-\int_0^x y(x)\mathrm{d}x=x^3$，上式两边对 x 求导得 $y+xy'-xy'-\dfrac{x^2}{2}y''-y=3x^2$，整理得曲线满足方程 $y''=-6\ (x>0)$.

9. 一伞兵自高空自由降落. 该伞兵和伞的总质量为 m，在降落过程中所受的空气阻力与伞的有效面积 A（常量）及下降速度 v 的平方的乘积成正比（比例系数为 k），试建立下降速度 v 与时间 t 满足的微分方程.

【参考解答】 取垂直向下为速度的正方向，从起跳时刻记为 $t=0$，于是 $v(0)=0$. 下降过程中所受的力为 $F=mg-kAv^2$. 由牛顿第二定律知 $F=ma=m\dfrac{\mathrm{d}v}{\mathrm{d}t}$，于是下降速度 v 与时间 t 满足微分方程 $\begin{cases}\dfrac{\mathrm{d}v}{\mathrm{d}t}=g-\dfrac{kAv^2}{m} \\ v(0)=0\end{cases}$.

10. （信息的传播）社会学家认识到一种称为社会扩散的现象，它是一段信息、技术革新或文化时尚在一个群体中的传播. 群体成员可分为两类：知道信息的人和不知道信息的人. 在群体大小固定且已知时，假设扩散率与知道该信息的人和不知道该信息的人的乘积成正比是合理的. 如果 x 表示有 N 个人的群体中知道该信息的人数，试建立社会扩散的数学模型，并预测信息传播得最快时 x 的值，回答有多少人最终知道该信息.

【参考解答】 由题设可知 $\dfrac{\mathrm{d}x}{\mathrm{d}t}=kx(N-x)$，其中 $k>0$ 为比例系数. 当 $x=\dfrac{N}{2}$ 时，$\dfrac{\mathrm{d}x}{\mathrm{d}t}=\dfrac{kN^2}{4}$ 达到最大. 由 $\dfrac{\mathrm{d}x}{\mathrm{d}t}=kx(N-x)>0$ 可知 $x(t)$ 严格单调递增，且有上确界 N，所以 $\lim\limits_{t\to\infty}x(t)=N$. 最终群体内全体人员 N 人都会知道信息.

考研与竞赛练习

1. (1) 已知 $y=\dfrac{x}{\ln x}$ 是微分方程 $y'=\dfrac{y}{x}+\varphi\left(\dfrac{x}{y}\right)$ 的解，则 $\varphi\left(\dfrac{x}{y}\right)$ 的表达式为(　　).

(A) $-\frac{y^2}{x^2}$　　(B) $\frac{y^2}{x^2}$　　(C) $-\frac{x^2}{y^2}$　　(D) $\frac{x^2}{y^2}$

(2) 若 $y=(1+x^2)^2-\sqrt{1+x^2}$，$y=(1+x^2)^2+\sqrt{1+x^2}$ 是微分方程 $y'+p(x)y=q(x)$ 的两个解，则 $q(x)=($　　$)$.

(A) $3x(1+x^2)$　　(B) $-3x(1+x^2)$　　(C) $\frac{x}{1+x^2}$　　(D) $-\frac{x}{1+x^2}$

【参考解答】 (1) 将 $y=\frac{x}{\ln x}$，$y'=\frac{\ln x-1}{\ln^2 x}$ 代入微分方程得 $\frac{\ln x-1}{\ln^2 x}=\frac{1}{\ln x}+\varphi(\ln x)$，即 $\varphi(\ln x)=-\frac{1}{\ln^2 x}$，令 $\ln x=u$，有 $\varphi(u)=-\frac{1}{u^2}$，以 $u=\frac{x}{y}$ 代入，得 $\varphi\left(\frac{x}{y}\right)=-\frac{y^2}{x^2}$. 所以正确选项为(A).

(2) 直接代入法. 将 $y=(1+x^2)^2-\sqrt{1+x^2}$ 代入微分方程可得

$$4x(1+x^2)-\frac{x}{\sqrt{1+x^2}}+p(x)\left[(1+x^2)^2-\sqrt{1+x^2}\right]=q(x), \tag{1}$$

而将 $y=(1+x^2)^2+\sqrt{1+x^2}$ 代入微分方程可得

$$4x(1+x^2)+\frac{x}{\sqrt{1+x^2}}+p(x)\left[(1+x^2)^2+\sqrt{1+x^2}\right]=q(x), \tag{2}$$

(1)、(2)两式消去 $p(x)$ 可得 $q(x)=3x(1+x^2)$，故正确选项为(A).

2. 以 $y=x^2-e^x$ 和 $y=x^2$ 为特解的一阶非齐次线性微分方程为________.

【参考解答】 令微分方程为 $y'+P(x)y=Q(x)$，代入两个解函数，化简整理得 $\begin{cases}(2x-e^x)+P(x)(x^2-e^x)=Q(x)\\ 2x+P(x)x^2=Q(x)\end{cases}$，解关于 P,Q 的方程组得 $P(x)=-1$，$Q(x)=2x-x^2$，所得微分方程为 $y'-y=2x-x^2$.

3. 求以曲线族 $y=\frac{ax+b}{x+c}$（其中 a,b,c 为自由参数）为通解的微分方程.

【参考解答】 改写曲线方程为 $(x+c)y=ax+b$，对其两端关于 x 求三次导数，得

$$y+(x+c)y'=a,\quad 2y'+(x+c)y''=0,\quad 3y''+(x+c)y'''=0,$$

由以上三式消去参数，得

$$3y''-\frac{2y'}{y''}y'''=0\quad 或\quad y'y'''=\frac{3}{2}(y'')^2.$$

4. 求平面上的圆周曲线族所满足的微分方程.

【参考解答】 设平面上的圆周曲线族为 $(x-\alpha)^2+(y-\beta)^2=\gamma^2$，等式两端连续对 x 求导三次，得

$$x-\alpha+(y-\beta)y'=0,\quad 1+(y-\beta)y''+y'^2=0,\quad (y-\beta)y'''+3y''y'=0,$$

消去参数得 $y'''(1+y'^2)-3y'y''^2=0$.

5. (导弹跟踪飞机问题)设在初始时刻 $t=0$ 时导弹位于坐标原点 $(0,0)$，飞机位于点 (a,b)，飞机沿着平行于 x 轴方向以常速 v_0 飞行. 导弹在时刻 t 的位置为点 (x,y)，且速度为常值 $v_1(v_1>v_0)$. 导弹在飞行过程中，按照制导系统始终指向飞机. 试建立导弹飞行的微分方程模型.

【参考解答】 设导弹的运行轨迹曲线为 $y=y(x)$. 从 $t=0$ 时刻开始，设经过时间 t 后，导弹达到 $P(x,y)$ 点，飞机到达 $M(a+v_0t,b)$ 点，如图所示.

因此导弹在该点的运动方向即为运动轨迹在该点的切线方向，因此有 $\dfrac{b-y}{a+v_0t-x}=y'$.

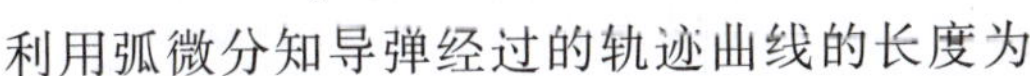

第 5 题图

利用弧微分知导弹经过的轨迹曲线的长度为

$$\Delta s \approx \mathrm{d}s=\sqrt{1+y'^2}\,\mathrm{d}x,$$

近似曲线段利用定积分计算得到长度为

$$v_1t=\int_0^x\sqrt{1+y'^2}\,\mathrm{d}x.$$

由上面两式消去时间 t 得 $b-y=y'\left(a+\dfrac{v_0}{v_1}\displaystyle\int_0^x\sqrt{1+y'^2}\,\mathrm{d}x-x\right)$，移项改写得 $\dfrac{b-y}{y'}-a+x=\dfrac{v_0}{v_1}\displaystyle\int_0^x\sqrt{1+y'^2}\,\mathrm{d}x$，对等式两端求导得 $\dfrac{-y'y'-(b-y)y''}{y'^2}+1=\dfrac{v_0}{v_1}\sqrt{1+y'^2}$，并且满足初始条件：$y(0)=0$，$y'(0)=\dfrac{b}{a}$. 整理即得导弹飞行的微分方程模型为

$$\begin{cases}\dfrac{-(b-y)y''}{y'^2}=\dfrac{v_0}{v_1}\sqrt{1+y'^2}\\ y(0)=0,y'(0)=\dfrac{b}{a}\end{cases}.$$

练习 35　一阶微分方程的解法

训练目的

1. 熟练掌握可分离变量方程、一阶线性微分方程的解法.
2. 掌握齐次方程、伯努利方程的解法. 会运用简单的变量替换解微分方程.
3. 了解常数变易法.

基础练习

1. 一阶齐次线性微分方程 $y'+p(x)y=0$ 的通解为 $y=$__________，利用常数变易法可设一阶非齐次线性微分方程 $y'+p(x)y=q(x)$ 的通解为 $y=$__________，代入方程可解得 $C(x)=$__________，于是一阶非齐次线性微分方程 $y'+p(x)y=q(x)$ 的通解公式为__________.

【答案】 $Ce^{-\int p(x)dx}$，$C(x)e^{-\int p(x)dx}$，

$\int p(x)e^{\int p(x)dx}dx+C$，$y=e^{-\int p(x)dx}\left[\int p(x)e^{\int p(x)dx}dx+C\right]$.

【参考解答】 一阶齐次线性微分方程 $y'+p(x)y=0$ 也为可分离变量方程，分离变量得 $\frac{dy}{y}=-p(x)dx$，两边积分得 $\ln|y|=-\int p(x)dx+\ln|C|$，整理得 $y'+p(x)y=0$ 的通解为 $y=Ce^{-\int p(x)dx}$. 利用常数变易法可设一阶非齐次线性微分方程 $y'+p(x)y=q(x)$ 的通解为 $y=C(x)e^{-\int p(x)dx}$，代入 $y'+p(x)y=q(x)$ 得

$$C'(x)e^{-\int p(x)dx}-C(x)p(x)e^{-\int p(x)dx}+C(x)p(x)e^{-\int p(x)dx}=p(x),$$

即有 $C'(x)=p(x)e^{\int p(x)dx}$，积分得 $C(x)=\int p(x)e^{\int p(x)dx}dx+C$，于是一阶非齐次线性微分方程 $y'+p(x)y=q(x)$的通解公式为

$$y=e^{-\int p(x)dx}\left[\int p(x)e^{\int p(x)dx}dx+C\right].$$

2. 指出下列微分方程类型，并求其通解.

(1) 方程$\frac{dy}{dx}=2xy$ 为__________，其通解为__________.

(2) 方程$\frac{dy}{dx}=(1+y^2)e^x$ 为__________，其通解为__________.

(3) 方程$(x^3+y^3)dx-3xy^2dy=0$ 为__________，其通解为__________.

(4) 方程 $y'+\frac{1}{x}y=\frac{\sin x}{x}$为__________，其通解为__________.

(5) 方程$\frac{dy}{dx}=\frac{1}{x+y}$为__________，其通解为__________.

(6) 方程$\frac{dy}{dx}+\frac{y}{x}+y^2\ln x=0$ 为__________，其通解为__________.

【参考解答】 (1) 为可分离变量方程(或一阶齐次线性微分方程)，分离变量得 $\frac{dy}{y}=2x\,dx$，两边积分得通解为 $\ln|y|=x^2+C$，即为 $y=Ce^{x^2}$.

(2) 为可分离变量方程，分离变量得 $\frac{dy}{1+y^2}=e^x dx$，两边积分得通解为 $\arctan y=e^x+C$，即为 $y=\tan(e^x+C)$.

(3) 原方程可化为 $\frac{dy}{dx}=\frac{x^3+y^3}{3xy^2}=\frac{1+\left(\frac{y}{x}\right)^3}{3\left(\frac{y}{x}\right)^2}$，为齐次方程. 令 $\frac{y}{x}=u$，则原方程可化为 $u+x\frac{du}{dx}=\frac{1+u^3}{3u^2}$，分离变量后可得 $\frac{3u^2}{1-2u^3}du=\frac{1}{x}dx$，即 $-\frac{1}{2}\ln(1-2u^3)=\ln|x|+$

$\ln|C'|$，解得 $2u^3=1-\frac{C}{x^2}$，再将 $u=\frac{y}{x}$ 代入后得方程的通解为 $x^3-2y^3=Cx$.

（4）方程为一阶非齐次线性方程，由求解公式得到方程通解为

$$y=e^{-\int\frac{dx}{x}}\left(\int\frac{\sin x}{x}e^{\int\frac{dx}{x}}dx+C\right)=\frac{1}{|x|}\left(\int\frac{\sin x}{x}|x|dx+C\right)=\frac{1}{x}(C-\cos x).$$

（5）方程可化为 $\frac{dx}{dy}-x=y$，可视为以 x 为因变量、y 为自变量的一阶非齐次线性方程，由求解公式得到方程通解为

$$x=e^{\int dy}\left(\int ye^{-\int dy}dy+C\right)=e^y(-ye^{-y}-e^{-y}+C)=Ce^y-y-1.$$

或者，方程可化为 $\frac{dx}{dy}=x+y$，令 $u=x+y$，则 $\frac{du}{dy}=\frac{dx}{dy}+1$，即有 $\frac{du}{dy}=u+1$，为可分离变量方程，分离变量得 $\frac{du}{u+1}=dy$，积分得 $\ln|1+u|=y+\ln|C|$，即 $1+u=Ce^y$，将 $u=x+y$ 代回，整理得方程通解为 $x=Ce^y-y-1$.

（6）方程两边同除以 y^2 后得到 $y^{-2}\frac{dy}{dx}+\frac{1}{x}y^{-1}=-\ln x$，为伯努利方程.

令 $z=\frac{1}{y}$，则方程化为 $\frac{dz}{dx}-\frac{1}{x}z=\ln x$，由一阶非齐次线性方程求解公式得

$$z=e^{\int\frac{dx}{x}}\left(\int(\ln x)e^{-\int\frac{dx}{x}}dx+C\right)=x\left(\int\frac{\ln x}{x}dx+C\right)=\frac{x}{2}((\ln x)^2+C),$$

将 $z=\frac{1}{y}$ 代入后得方程通解为 $xy[C+(\ln x)^2]=2$.

3. 求下列微分方程的初值问题的特解.

（1）$\cos y\,dx+(1+e^{-x})\sin y\,dy=0,\ y|_{x=0}=\frac{\pi}{4}$.

（2）$xy\frac{dy}{dx}=x^2+y^2,\ y|_{x=e}=2e$.

（3）$\frac{dy}{dx}-y\tan x=\sec x,\ y|_{x=0}=0$.

【参考解答】 （1）分离变量得 $-\frac{\sin y}{\cos y}dy=\frac{e^x}{1+e^x}dx$，两边积分得方程通解为 $\cos y=C(1+e^x)$，再将初值条件 $y\big|_{x=0}=\frac{\pi}{4}$ 代入通解中得 $C=\frac{\sqrt{2}}{4}$，因此所求的特解为 $\cos y=\frac{\sqrt{2}}{4}(e^x+1)$.

（2）原方程可化为 $\frac{dy}{dx}=\frac{y}{x}+\frac{x}{y}$，令 $u=\frac{y}{x}$，则 $\frac{dy}{dx}=u+x\frac{du}{dx}$，代入后得 $u\,du=\frac{dx}{x}$，两边积分得 $u^2=2\ln x+C$，再将 $u=\frac{y}{x}$ 代入通解中得方程通解为 $y^2=2x^2\ln x+Cx^2$，再将初值条件代入后得 $C=2$，因此所求的特解为 $y^2=2(\ln x+1)x^2$.

（3）由一阶线性微分方程通解公式得方程通解为

$$y=e^{\int\tan x\,dx}\left(\int\sec x\,e^{-\int\tan x\,dx}dx+C\right)=\sec x\left(\int dx+C\right)=(x+C)\sec x.$$

将初值条件 $y|_{x=0}=0$ 代入后得 $C=0$，因此所求特解为 $y=x\sec x$.

综合练习

4. 求下列微分方程的通解.

（1）$\dfrac{dy}{dx}=\sqrt{\dfrac{1-y^2}{1-x^2}}$.　　（2）$(1+2e^{x/y})dx+2e^{x/y}\left(1-\dfrac{x}{y}\right)dy=0$.

（3）$\dfrac{dy}{dx}=\dfrac{1}{x(1+x)y}$.

【参考解答】（1）当 $|x|<1,|y|<1$ 时，分离变量得 $\dfrac{dy}{\sqrt{1-y^2}}=\dfrac{dx}{\sqrt{1-x^2}}$，两边积分得方程通解为 $\arcsin y=\arcsin x+C$，即 $y=\sin(\arcsin x+C)$.

当 $|x|>1,|y|>1$ 时，分离变量得 $\dfrac{dy}{\sqrt{y^2-1}}=\dfrac{dx}{\sqrt{x^2-1}}$，两边积分得方程通解为 $\ln\left|y+\sqrt{y^2-1}\right|=\ln\left|x+\sqrt{x^2-1}\right|+\ln|C|$，即 $y+\sqrt{y^2-1}=C(x+\sqrt{x^2-1})$.

（2）原方程整理得 $\dfrac{dx}{dy}=\dfrac{2e^{x/y}\left(\dfrac{x}{y}-1\right)}{1+2e^{x/y}}$，令 $u=\dfrac{x}{y}$，则有 $u+y\dfrac{du}{dy}=\dfrac{2(u-1)e^u}{1+2e^u}$，即 $y\dfrac{du}{dy}=-\dfrac{u+2e^u}{1+2e^u}$，分离变量得 $\dfrac{1+2e^u}{u+2e^u}du=-\dfrac{dy}{y}$，两边积分得 $\ln|u+2e^u|=-\ln|y|+\ln|C|$，即 $y(u+2e^u)=C$，将 $u=\dfrac{x}{y}$ 代入后整理得方程通解为 $x+2ye^{x/y}=C$.

（3）视 x 为 y 的函数，方程化为 $\dfrac{dx}{dy}-yx=yx^2$，为伯努利方程，两边除以 x^2 得 $\dfrac{d\left(\dfrac{1}{x}\right)}{dy}+y\cdot\dfrac{1}{x}=-y$，由一阶非齐次线性微分方程通解公式得方程通解为

$$\frac{1}{x}=e^{-\int y\,dy}\left(\int -y\,e^{\int y\,dy}dy+C\right)=e^{-y^2/2}(-e^{y^2/2}+C)=Ce^{-y^2/2}-1.$$

5. 已知 $f(x)$ 在 $(-\infty,+\infty)$ 内有定义，且对任意的 x,y，都有 $f(x+y)=f(x)f(y)$，且 $f'(0)=2$，求 $f(x)$.

【参考解答】由已知有 $f(0)=f(0+0)=f(0)f(0)$，得 $f(0)=1$. 于是

$$f'(x)=\lim_{\delta\to0}\frac{f(x+\delta)-f(x)}{\delta}=\lim_{\delta\to0}\frac{f(x)f(\delta)-f(x)}{\delta}$$

$$=f(x)\lim_{\delta\to0}\frac{f(\delta)-f(0)}{\delta-0}=f(x)f'(0)=2f(x),$$

因此函数 $y=f(x)$ 满足微分方程 $\frac{\mathrm{d}y}{\mathrm{d}x}=2y$，且 $y\big|_{x=0}=1$.

方程分离变量得 $\frac{\mathrm{d}y}{y}=2\mathrm{d}x$，积分得方程通解为 $\ln|y|=2x+\ln|C|$，即 $y=Ce^{2x}$，代入初值条件 $y|_{x=0}=1$ 得 $C=1$，所以 $f(x)=e^{2x}$.

6. 设 $y(x)$ 是定义在 $(0,+\infty)$ 内的连续可导的函数，且当 $x>0$，满足 $x\int_0^x y(t)\mathrm{d}t=(x+1)\int_0^x ty(t)\mathrm{d}t$，求 $y(x)$.

【参考解答】 等式两边对 x 求导得 $xy(x)+\int_0^x y(t)\mathrm{d}t=(x+1)xy(x)+\int_0^x ty(t)\mathrm{d}t$，从而有 $\int_0^x y(t)\mathrm{d}t=x^2y(x)+\int_0^x ty(t)\mathrm{d}t$，两边再对 x 求导后得 $x^2y'=(1-3x)y$，分离变量得 $\frac{\mathrm{d}y}{y}=\left(\frac{1}{x^2}-\frac{3}{x}\right)\mathrm{d}x$，两边积分得 $\ln|y|=-\frac{1}{x}-3\ln|x|+\ln|C|$，整理得所求 $y(x)=\frac{C}{x^3}e^{-\frac{1}{x}}(x>0)$.

7. 设 $y=e^x$ 是微分方程 $xy'+p(x)y=x$ 的一个解，求此微分方程满足条件 $y\big|_{x=\ln 2}=0$ 的特解.

【参考解答】 将 $y=e^x$ 代入方程，得 $xe^x+p(x)e^x=x$，解得 $p(x)=xe^{-x}-x$. 代入方程得 $xy'+(xe^{-x}-x)y=x$，即 $y'+(e^{-x}-1)y=1$，为一阶线性微分方程，由通解计算公式得方程通解为

$$\begin{aligned} y&=e^{-\int(e^{-x}-1)\mathrm{d}x}\left(\int e^{\int(e^{-x}-1)\mathrm{d}x}\mathrm{d}x+C\right)=e^{e^{-x}+x}\left(\int e^{-e^{-x}-x}\mathrm{d}x+C\right)\\ &=e^{e^{-x}+x}\left(\int e^{-e^{-x}}\cdot e^{-x}\mathrm{d}x+C\right)=e^{e^{-x}+x}(e^{-e^{-x}}+C)=e^x+Ce^{e^{-x}+x}, \end{aligned}$$

由 $y\big|_{x=\ln 2}=0$ 得 $C=-e^{-1/2}$，于是所求的特解为 $y=e^x-e^{e^{-x}+x-\frac{1}{2}}$.

8. 设有微分方程 $y'+y=f(x)$，其中 $f(x)=\begin{cases}2, & 0\leqslant x\leqslant 1\\ 0, & x>1\end{cases}$. 试求此方程满足初始条件 $y|_{x=0}=0$ 的连续解.

【参考解答】 先求定解问题：$y'+y=2, 0\leqslant x\leqslant 1, y|_{x=0}=0$.

利用通解公式得 $y=e^{-\int\mathrm{d}x}\left(\int 2e^{\int\mathrm{d}x}\mathrm{d}x+C_1\right)=e^{-x}(2e^x+C_1)=2+C_1e^{-x}$，由初值条件得 $C_1=-2$，故有 $y=2-2e^{-x}(0\leqslant x\leqslant 1)$. 且 $y\big|_{x=1}=2-2e^{-1}$.

再解定解问题：$y'+y=0, x>1, y\big|_{x=1}=y(1)=2-2e^{-1}$，微分方程为一阶齐次线性方程，其通解为 $y=C_2e^{-x}(x\geqslant 1)$，代入初值，得 $C_2=2(e-1)$，故有 $y=2(e-1)e^{-x}(x\geqslant 1)$.

所以原问题的解为 $y=\begin{cases}2(1-e^{-x}), & 0\leqslant x\leqslant 1\\ 2(e-1)e^{-x}, & x\geqslant 1\end{cases}$.

9. 设曲线 $y=y(x)$ 上任意一点 $M(x,y)$ 处的切线在 y 轴上的截距等于 $M(x,y)$ 点处法线在 x 轴上的截距，求此曲线方程.

【参考解答】 曲线在 $M(x,y)$ 处的切线方程为 $Y-y=y'(X-x)$，令 $X=0$ 得切线在 y 轴上的截距为 $y-xy'$，法线方程为 $Y-y=-\frac{1}{y'}(X-x)$，令 $Y=0$ 得法线在 x 轴上的截距为 $x+yy'$，于是依题意得曲线满足方程 $y-xy'=x+yy'$，整理得 $y'=\frac{y-x}{y+x}$，为齐次方程，令 $u=\frac{y}{x}$，方程化为 $\frac{1+u}{1+u^2}\mathrm{d}u=-\frac{\mathrm{d}x}{x}$，两边积分得 $\arctan u+\frac{1}{2}\ln(1+u^2)=-\ln|x|+C$，将 $u=\frac{y}{x}$ 代回整理得曲线方程为 $\arctan\frac{y}{x}+\ln\sqrt{x^2+y^2}=C$.

考研与竞赛练习

1. 设函数 $f(x)$ 满足 $f(x+\Delta x)-f(x)=2xf(x)\Delta x+o(\Delta x)$，且 $f(0)=2$，则 $f(1)=$________.

【参考解答】 由 $f(x+\Delta x)-f(x)=2xf(x)\Delta x+o(\Delta x)$，可得

$$f'(x)=\lim_{\Delta x\to 0}\frac{f(x+\Delta x)-f(x)}{\Delta x}=\lim_{\Delta x\to 0}\left[2xf(x)+\frac{o(\Delta x)}{\Delta x}\right]=2xf(x),$$

即 $f(x)$ 满足微分方程 $f'(x)=2xf(x)$，该方程为可分离变量微分方程，分离变量可得

$$\frac{f'(x)}{f(x)}=2x\Rightarrow\ln|f(x)|=x^2+C_1\Rightarrow f(x)=\pm\mathrm{e}^{x^2+C_1}\Rightarrow f(x)=C\mathrm{e}^{x^2},$$

由于 $f(0)=2$，所以 $f(0)=C\mathrm{e}^0=2\Rightarrow C=2$，即 $f(x)=2\mathrm{e}^{x^2}$，从而 $f(1)=2\mathrm{e}$.

2. (1) 设函数 $f(x)$ 在定义域 I 上的导数大于零，若对任意的 $x_0\in I$，曲线 $y=f(x)$ 在点 $(x_0,f(x_0))$ 处切线与直线 $x=x_0$ 及 x 轴所围成的区域的面积恒为 4，且 $f(0)=2$，求 $f(x)$ 的表达式.

(2) 设 $y(x)$ 在区间 $\left(0,\frac{3}{2}\right)$ 内可导，且 $y(1)=0$，点 P 是曲线 L：$y=y(x)$ 上的任意一点，L 在点 P 处的切线与 y 轴相交于点 $(0,Y_P)$，法线与 x 轴相交于点 $(X_P,0)$，若 $X_P=Y_P$，求 L 上点的坐标 (x,y) 满足的方程.

【参考解答】 (1) 曲线在点 $(x_0,f(x_0))$ 处的切线方程为 $y=f(x_0)+f'(x_0)(x-x_0)$，取 $y=0$，可解得切线在 x 轴上的截距为 $x=x_0-\frac{f(x_0)}{f'(x_0)}$. 由已知条件可得 $\frac{1}{2}\cdot\frac{f^2(x_0)}{f'(x_0)}=4$，即 $f'(x_0)=\frac{1}{8}f^2(x_0)$. 令 $y=f(x)$，则问题转换为求解初值问题：$\begin{cases}y'=y^2/8\\y(0)=2\end{cases}$，方程为可分离变量的微分方程. 分离变量得 $\frac{\mathrm{d}y}{y^2}=\frac{\mathrm{d}x}{8}$，积分可得 $-\frac{1}{y}=\frac{x}{8}+C$. 由初始条件 $y(0)=2$，得 $C=-\frac{1}{2}$，所以 $-\frac{1}{y}=\frac{x}{8}-\frac{1}{2}$，即 $f(x)=\frac{8}{4-x}$.

(2) 曲线 $L: y=y(x)$ 在点 $P(x,y)$ 处的切线方程为 $Y-y=y'(X-x)$. 令 $X=0$,得 $Y_P=y-xy'$. 曲线 $L: y=y(x)$ 在点 $P(x,y)$ 处的法线方程为 $Y-y=-\frac{1}{y'}(X-x)$.

令 $Y=0$,得 $X_P=x+yy'$. 由题设有 $y-xy'=x+yy'$,整理得微分方程: $y'=\frac{y-x}{y+x}=\frac{y/x-1}{y/x+1}$,该方程为齐次微分方程,令 $u=\frac{y}{x}$,转换方程为 $\frac{1+u}{1+u^2}\mathrm{d}u=-\frac{1}{x}\mathrm{d}x$,两边积分得通解为 $\arctan u+\frac{\ln(1+u^2)}{2}=-\ln|x|+C$,因为 $x\in\left(0,\frac{3}{2}\right)$,所以 $\arctan\frac{y}{x}+\frac{1}{2}\ln\left(\frac{x^2+y^2}{x^2}\right)=-\ln x+C$,即有 $\arctan\frac{y}{x}+\frac{1}{2}\ln(x^2+y^2)=C$. 因为曲线过点 $(1,0)$,所以 $C=0$. 于是所求曲线为 $\arctan\frac{y}{x}+\frac{1}{2}\ln(x^2+y^2)=0$.

3. 已知微分方程 $y'+y=f(x)$,其中 $f(x)$ 是 $\mathbb{R}$ 上的连续函数. (1)若 $f(x)=x$,求微分方程的通解;(2)若 $f(x)$ 是周期为 T 函数,证明微分方程存在唯一的以 T 为周期的解.

【参考解答】 (1) 微分方程 $y'+y=x$ 为一阶非齐次线性微分方程,由公式得通解为

$$y=\mathrm{e}^{-\int\mathrm{d}x}\left[\int x\mathrm{e}^{\int\mathrm{d}x}\mathrm{d}x+C\right]=\mathrm{e}^{-x}\left[\int x\mathrm{e}^{x}\mathrm{d}x+C\right]$$
$$=\mathrm{e}^{-x}\left(\int x\mathrm{d}\mathrm{e}^{x}+C\right)=\mathrm{e}^{-x}(x\mathrm{e}^{x}-\mathrm{e}^{x}+C)=(x-1)+C\mathrm{e}^{-x}.$$

(2) 由一阶非齐次线性微分方程的通解计算公式有

$$y=\mathrm{e}^{-\int\mathrm{d}x}\left[\int f(x)\mathrm{e}^{\int\mathrm{d}x}\mathrm{d}x+C\right]=\mathrm{e}^{-x}\left[\int f(x)\mathrm{e}^{x}\mathrm{d}x+C\right],$$

由于 $\int f(x)\mathrm{e}^{x}\mathrm{d}x$ 表示一个原函数,于是可取为积分上限函数 $\int_0^x f(t)\mathrm{e}^{t}\mathrm{d}t$,从而通解可以表示为 $y(x)=\mathrm{e}^{-x}\left[\int_0^x f(t)\mathrm{e}^{t}\mathrm{d}t+C\right]$.

由题意设 $f(x)$ 是周期为 T 的周期函数,即有 $f(x+T)=f(x)$. 于是

$$y(x+T)=\mathrm{e}^{-(x+T)}\left[\int_0^{x+T}f(t)\mathrm{e}^{t}\mathrm{d}t+C\right]=\mathrm{e}^{-(x+T)}\left[\int_0^{T}f(t)\mathrm{e}^{t}\mathrm{d}t+\int_T^{x+T}f(t)\mathrm{e}^{t}\mathrm{d}t+C\right].$$

对于第二个积分换元,令 $t=T+u$,并且有

$$\int_T^{x+T}f(t)\mathrm{e}^{t}\mathrm{d}t=\int_0^{x}f(T+u)\mathrm{e}^{T+u}\mathrm{d}u=\int_0^{x}f(u)\mathrm{e}^{T+u}\mathrm{d}u=\mathrm{e}^{T}\int_0^{x}f(t)\mathrm{e}^{t}\mathrm{d}t,$$

于是以 T 为周期的解满足:

$$y(x+T)=\mathrm{e}^{-(x+T)}\left[\int_0^{T}f(t)\mathrm{e}^{t}\mathrm{d}t+\mathrm{e}^{T}\int_0^{x}f(t)\mathrm{e}^{t}\mathrm{d}t+C\right]$$
$$=\mathrm{e}^{-x}\left[\mathrm{e}^{-T}\int_0^{T}f(t)\mathrm{e}^{t}\mathrm{d}t+\int_0^{x}f(t)\mathrm{e}^{t}\mathrm{d}t+\mathrm{e}^{-T}C\right]$$
$$=\mathrm{e}^{-x}\left[\int_0^{x}f(t)\mathrm{e}^{t}\mathrm{d}t+\mathrm{e}^{-T}\int_0^{T}f(t)\mathrm{e}^{t}\mathrm{d}t+\mathrm{e}^{-T}C\right]$$

$$=y(x)=\mathrm{e}^{-x}\left[\int_0^x f(t)\mathrm{e}^t\mathrm{d}t+C\right],$$

即 C 需满足 $\mathrm{e}^{-T}\int_0^T f(t)\mathrm{e}^t\mathrm{d}t+\mathrm{e}^{-T}C=C$，可知有唯一的常数 $C=\dfrac{\int_0^T f(t)\mathrm{e}^t\mathrm{d}t}{\mathrm{e}^T-1}$. 即方程通解中存在唯一 $C=\dfrac{\int_0^T f(t)\mathrm{e}^t\mathrm{d}t}{\mathrm{e}^T-1}$，对应的解以 T 为周期.

4. 函数 $y=y(x)(x>0)$ 满足微分方程 $xy'-6y=-6$，且 $y(\sqrt{3})=10$. (1)求 $y(x)$；(2)P 为曲线 $y=y(x)$ 上一点，曲线 $y=y(x)$ 在点 P 的法线在 y 轴上的截距为 I_y，求使得 I_y 最小的点 P 的坐标.

【参考解答】 (1) 改写方程为 $y'-\dfrac{6}{x}y=-\dfrac{6}{x}$，由一阶线性微分方程通解计算公式得

$$y=\mathrm{e}^{\int\frac{6}{x}\mathrm{d}x}\left[\int\left(-\frac{6}{x}\right)\mathrm{e}^{-\int\frac{6}{x}\mathrm{d}x}\mathrm{d}x+C\right]=x^6\left(\frac{1}{x^6}+C\right)=1+Cx^6,$$

代入初值 $y(\sqrt{3})=10$，得 $C=\dfrac{1}{3}$. 故 $y(x)=1+\dfrac{x^6}{3}(x>0)$.

(2) 由(1)可知 $y'(x)=2x^5$，故过点 $P(x,y)$ 的法线方程为 $Y-y=-\dfrac{1}{2x^5}(X-x)$.

令 $X=0$，得 Y 轴上的截距 $I_y=1+\dfrac{x^6}{3}+\dfrac{1}{2x^4}(x>0)$. 令 $I_y'=2x^5-\dfrac{2}{x^5}=0$，得唯一驻点 $x=1$. 由于 $I_y''=10x^4+\dfrac{10}{x^6}>0$，故 $x=1$ 为函数的极小值点，也为最小值点，对应 P 的坐标为 $P\left(1,\dfrac{4}{3}\right)$，取得最大值为 $\max I_y=I_y(1)=\dfrac{11}{6}$.

5. 设 $y=y(x)$ 满足 $y'+\dfrac{1}{2\sqrt{x}}y=2+\sqrt{x}$，$y(1)=3$，求曲线 $y=y(x)$ 的渐近线.

【参考解答】 该方程为一阶线性微分方程，故由通解计算公式得方程通解为

$$\begin{aligned}y&=\mathrm{e}^{-\int\frac{\mathrm{d}x}{2\sqrt{x}}}\left[\int(2+\sqrt{x})\mathrm{e}^{\int\frac{\mathrm{d}x}{2\sqrt{x}}}\mathrm{d}x+C\right]=\mathrm{e}^{-\sqrt{x}}\left[\int(2\mathrm{e}^{\sqrt{x}}+\sqrt{x}\,\mathrm{e}^{\sqrt{x}})\mathrm{d}x+C\right]\\&=\mathrm{e}^{-\sqrt{x}}\left[2x\mathrm{e}^{\sqrt{x}}-2\int x(\mathrm{e}^{\sqrt{x}})'\mathrm{d}x+\int\sqrt{x}\,\mathrm{e}^{\sqrt{x}}\mathrm{d}x+C\right]\\&=\mathrm{e}^{-\sqrt{x}}(2x\mathrm{e}^{\sqrt{x}}+C)=2x+C\mathrm{e}^{-\sqrt{x}},\end{aligned}$$

由于 $y(1)=3$，从而 $C=\mathrm{e}$，即得曲线表达式为 $y=2x+\mathrm{e}^{1-\sqrt{x}}(x>0)$.

显然该函数无垂直渐近线. 由于 $\lim\limits_{x\to+\infty}y(x)=+\infty$，故该函数无水平渐近线. 又 $\lim\limits_{x\to+\infty}\dfrac{y}{x}=\lim\limits_{x\to+\infty}\dfrac{2x+\mathrm{e}^{1-\sqrt{x}}}{x}=2$，$\lim\limits_{x\to+\infty}(y-2x)=\lim\limits_{x\to+\infty}\left[2x+\mathrm{e}^{1-\sqrt{x}}-2x\right]=0$，故该函数描述的曲线有斜渐近线 $y=2x$.

【注】 微分方程的通解可以通过如下方式得到：由于$(e^{\sqrt{x}}y)'=(2+\sqrt{x})e^{\sqrt{x}}$，两边积分得

$$e^{\sqrt{x}}y=\int 2e^{\sqrt{x}}dx+\int\sqrt{x}e^{\sqrt{x}}dx=\int 2e^{\sqrt{x}}dx+2\int x d(e^{\sqrt{x}})=2xe^{\sqrt{x}}+C,$$

从而得 $y=2x+Ce^{-\sqrt{x}}$.

6. 求下列微分方程的通解.

(1) $\frac{dy}{dx}=(y-x)^2+2$.　　(2) $\frac{dy}{dx}=\frac{2x^3+3xy^2-7x}{3x^2y+2y^3-8y}$.

【参考解答】 (1) 令 $u=y-x$，则 $y=u(x)+x$，于是有$\frac{dy}{dx}=\frac{du}{dx}+1$，代入方程整理得$\frac{du}{dx}=u^2+1$，方程为可分离变量的微分方程，分离变量积分得$\int\frac{du}{u^2+1}=\int dx$，积分得 $\arctan u=x+C$，于是方程通解为 $\arctan(y-x)=x+C$，或改写为 $y=x+\tan(x+C)$.

(2) 改写微分方程，有$\frac{ydy}{xdx}=\frac{2x^2+3y^2-7}{3x^2+2y^2-8}\Rightarrow\frac{dy^2}{dx^2}=\frac{2x^2+3y^2-7}{3x^2+2y^2-8}$. 于是令 $x^2=u+2$，$y^2=v+1$，得$\frac{dv}{du}=\frac{2u+3v}{3u+2v}$，方程为齐次方程，令 $t=\frac{v}{u}$，则$\frac{dv}{du}=t+u\frac{dt}{du}$，代入得 $t+u\frac{dt}{du}=\frac{2+3t}{3+2t}\Rightarrow\frac{3+2t}{2(1-t^2)}dt=\frac{du}{u}$，两端积分得$\frac{3}{4}\ln\frac{1+t}{1-t}-\frac{1}{2}\ln(1-t^2)=\ln|u|+C$. 回代 $t=\frac{v}{u}=\frac{y^2-1}{x^2-2}$，得方程通解为$\frac{3}{4}\ln\frac{x^2+y^2-3}{x^2-y^2-1}-\frac{1}{2}\ln\left[1-\left(\frac{y^2-1}{x^2-2}\right)^2\right]=\ln|x^2-2|+C$.

练习 36　可降阶高阶微分方程的解法

训练目的

掌握 $y^{(n)}=f(x)$，$y''=f(x,y')$，$y''=f(y,y')$型微分方程的解法.

基础练习

1. 求下列方程的通解.

(1) $y'''=e^{2x}-\cos x$.　　(2) $xy''-y'=0$.

(3) $y''y-y'^2=0$.　　(4) $y''=y'^3+y'$.

【参考解答】 (1) 方程为 $y^{(n)}=f(x)$型. 连续积分三次得 $y''=\frac{e^{2x}}{2}-\sin x+C_1$，

$$y'=\frac{e^{2x}}{4}+\cos x+C_1x+C_2,\quad y=\frac{1}{8}e^{2x}+\sin x+C_1x^2+C_2x+C_3,$$

方程通解为 $y=\frac{1}{8}e^{2x}+\sin x+C_1x^2+C_2x+C_3$.

(2) 方程为 $y''=f(x,y')$型. 令 $y'=p(x)$，$y''=\frac{dp}{dx}$，方程化为 $x\frac{dp}{dx}=p$，分离变量得

$\frac{dp}{p}=\frac{dx}{x}(px\neq 0)$，积分得 $\ln|p|=\ln|x|+\ln|C_1|$，整理得 $y'=p=C_1x$，再积分得方程通解为 $y=C_1x^2+C_2$.

(3) 方程为 $y''=f(y,y')$ 型. 令 $y'=p(y)$，$y''=p\frac{dp}{dy}$，方程化为 $py\frac{dp}{dy}-p^2=0$，当 $p\neq 0$ 时分离变量有 $\frac{dp}{p}=\frac{dy}{y}$，积分得 $\ln|p|=\ln|y|+\ln|C_1|$，即有 $p=\frac{dy}{dx}=C_1y$，再分离变量得 $\frac{dy}{y}=C_1dx$，积分得 $\ln|y|=C_1x+\ln|C_2|$，整理得方程通解为 $y=C_2e^{C_1x}$（C_2 为任意常数，通解中包含解 $p=y'=0$）.

(4) 方程为 $y''=f(y,y')$ 型. 令 $y'=p(y)$，$y''=p\frac{dp}{dy}$，方程化为 $p\frac{dp}{dy}=p^3+p$.

当 $p\neq 0$ 时分离变量有 $\frac{dp}{1+p^2}=dy$，积分得 $\arctan p=y+C_1$，于是 $y'=p=\tan(y+C_1)$，再分离变量有 $\cot(y+C_1)dy=dx$，积分得方程通解为 $x=\ln|\sin(y+C_1)|+C_2$.

或：方程为 $y''=f(x,y')$ 型. 令 $y'=p(x)$，$y''=\frac{dp}{dx}$，方程化为 $\frac{dp}{dx}=p^3+p$，分离变量得 $\left(\frac{1}{p}-\frac{p}{1+p^2}\right)dp=dx$，积分得 $\ln\frac{p^2}{1+p^2}=2x+\ln C_1^2$，整理得 $y'=p=\frac{C_1e^x}{\sqrt{1-(C_1e^x)^2}}$，再积分得方程通解为 $y=\arcsin(C_1e^x)+C_2$.

2. 求下列微分方程的特解.

(1) $(1+x^2)y''=2xy'$ 满足初值条件 $y\big|_{x=0}=1$，$y'\big|_{x=0}=3$；

(2) $(1-x^2)y''-xy'=0$ 满足初值条件 $y\big|_{x=0}=0$，$y'\big|_{x=0}=1$；

(3) $xy''+xy'^2-y'=0$ 满足初值条件 $y\big|_{x=2}=2$，$y'\big|_{x=2}=1$；

(4) $2yy''-y'^2-y^2=0$ 满足初值条件 $y\big|_{x=0}=1$，$y'\big|_{x=0}=-1$.

【参考解答】 (1) 方程为 $y''=f(x,y')$ 型. 令 $y'=p(x)$，$y''=\frac{dp}{dx}$，代入方程后分离变量得 $\frac{dp}{p}=\frac{2x\,dx}{1+x^2}$，积分得 $\ln|p|=\ln(1+x^2)+\ln|C_1|$.

因此 $p=y'=C_1(1+x^2)$. 由初值条件 $y'\big|_{x=0}=3$ 得 $C_1=3$，于是有 $y'=3(1+x^2)$，积分得方程通解为 $y=x^3+3x+C_2$.

再由初值条件 $y\big|_{x=0}=1$ 得 $C_2=1$. 因此所求特解为 $y=x^3+3x+1$.

(2) 方程为 $y''=f(x,y')$ 型. 令 $y'=p(x)$，$y''=\frac{dp}{dx}$，代入方程后分离变量得 $\frac{dp}{p}=\frac{x\,dx}{1-x^2}$，积分得 $\ln|p|=-\frac{1}{2}\ln|1-x^2|+\ln|C_1|$.

因此 $y'=p=\frac{C_1}{\sqrt{1-x^2}}$. 由初值条件 $y'\big|_{x=0}=1$ 得 $C_1=1$，于是有 $y'=\frac{1}{\sqrt{1-x^2}}$，积分得

方程通解为 $y=\arcsin x+C_2$.

再由初值条件 $y\big|_{x=0}=0$ 得 $C_2=0$. 因此所求特解为 $y=\arcsin x$.

(3) 方程为 $y''=f(x,y')$ 型. 令 $y'=p(x)$, $y''=\dfrac{\mathrm{d}p}{\mathrm{d}x}$, 代入方程整理得 $p'-\dfrac{1}{x}p=-p^2$, 为伯努利方程, 可变形为 $\dfrac{\mathrm{d}(p^{-1})}{\mathrm{d}x}+\dfrac{1}{x}p^{-1}=1$.

由一阶线性微分方程通解公式有 $p^{-1}=\mathrm{e}^{\int\frac{-\mathrm{d}x}{x}}\left(\int\mathrm{e}^{\int\frac{\mathrm{d}x}{x}}\mathrm{d}x+C_1\right)=\dfrac{x}{2}+\dfrac{C_1}{x}$, 由初值条件 $y'\big|_{x=2}=1$ 得 $C_1=0$, 于是有 $y'=\dfrac{2}{x}$, 积分得方程通解为 $y=\ln x^2+C_2$.

再由初值条件 $y\big|_{x=2}=2$ 得 $C_2=2-\ln 4$. 因此所求特解为 $y=\ln x^2+2-\ln 4$.

(4) 方程为 $y''=f(y,y')$ 型. 令 $y'=p(y)$, $y''=p\dfrac{\mathrm{d}p}{\mathrm{d}y}$, 方程化为

$$2py\frac{\mathrm{d}p}{\mathrm{d}y}-p^2-y^2=0\Rightarrow\frac{2p\,\mathrm{d}p}{\mathrm{d}y}-\frac{1}{y}p^2=y\Rightarrow\frac{\mathrm{d}p^2}{\mathrm{d}y}-\frac{1}{y}p^2=y,$$

由一阶线性微分方程通解公式得 $p^2=\mathrm{e}^{\int\frac{\mathrm{d}y}{y}}\left(\int y\mathrm{e}^{\int-\frac{\mathrm{d}y}{y}}\mathrm{d}y+C_1\right)=y(y+C_1)$, 由初始条件 $y\big|_{x=0}=1$, $y'\big|_{x=0}=-1$ 可知 $C_1=0$, 且有 $y'=-y$.

分离变量得 $\dfrac{\mathrm{d}y}{y}=-\mathrm{d}x$, 积分得 $\ln|y|=-x+\ln|C_2|$, 即 $y=C_2\mathrm{e}^{-x}$, 由初值条件 $y|_{x=0}=1$, 得 $C_2=1$, 整理得所求特解为 $y=\mathrm{e}^{-x}$.

或: $2py\dfrac{\mathrm{d}p}{\mathrm{d}y}-p^2-y^2=0\Rightarrow\dfrac{\mathrm{d}p}{\mathrm{d}y}=\dfrac{1}{2}\left(\dfrac{p}{y}+\dfrac{y}{p}\right)$, 为齐次方程, 令 $u=\dfrac{p}{y}$, $u^2\neq1$ 时方程化为可分离变量方程 $\dfrac{2u}{1-u^2}\mathrm{d}u=\dfrac{1}{y}\mathrm{d}y$, 积分得 $-\ln|1-u^2|=\ln|y|-\ln|C_1|$, 将 $u=\dfrac{p}{y}$ 代回得 $y-\dfrac{p^2}{y}=C_1$, 由初始条件 $y\big|_{x=0}=1$, $y'\big|_{x=0}=-1$ 可知 $C_1=0$, 且有 $y'=-y$.

注: 可直接由 $u=\dfrac{p}{y}=-1$ 满足初始条件 $y\big|_{x=0}=1$, $y'\big|_{x=0}=-1$ 有 $y'=-y$.

综合练习

3. 求下列微分方程的特解.

(1) $y''+(y')^2=1$, 满足初值条件 $y|_{x=0}=0$, $y'|_{x=0}=0$.

(2) $(a-x)y''=k\sqrt{1+y'^2}$, 满足初值条件 $y(0)=0$, $y'(0)=0$, 其中 a, k 为常数.

【参考解答】 (1) 令 $y'=p(x)$, $y''=\dfrac{\mathrm{d}p}{\mathrm{d}x}$, 方程分离变量化为 $\dfrac{\mathrm{d}p}{1-p^2}=\mathrm{d}x$, 积分得 $\dfrac{1}{2}\ln\left|\dfrac{1+p}{1-p}\right|=x+C_1$, 由初值条件 $y'\big|_{x=0}=0$ 得 $C_1=0$, 于是整理得 $y'=p=\dfrac{\mathrm{e}^{2x}-1}{\mathrm{e}^{2x}+1}=\dfrac{\mathrm{e}^{x}-\mathrm{e}^{-x}}{\mathrm{e}^{x}+\mathrm{e}^{-x}}$, 再积分得方程通解为 $y=\ln(\mathrm{e}^x+\mathrm{e}^{-x})+C_2$, 由初值条件 $y\big|_{x=0}=0$ 得 $C_2=$

$-\ln 2$，因此所求特解为 $y=\ln\dfrac{e^x+e^{-x}}{2}=\ln\cosh x$.

或令 $y'=p(y)$，$y''=p\dfrac{dp}{dy}$，方程分离变量化为 $\dfrac{p\,dp}{1-p^2}=dy$，积分得 $\ln|1-p^2|=-2y+C_1$，由初值条件 $x=0,y=0,y'=0$ 得 $C_1=0$. 于是有 $p=\pm\sqrt{1-e^{-2y}}$. 分离变量得 $\dfrac{dy}{\sqrt{1-e^{-2y}}}=\pm dx$，即 $\dfrac{e^y dy}{\sqrt{e^{2y}-1}}=\pm dx$，积分得 $\ln(e^y+\sqrt{e^{2y}-1})=\pm x+C_2$，由初值条件 $y\big|_{x=0}=0$，得 $C_2=0$，整理得所求特解为 $e^y=\dfrac{e^{\pm x}+e^{\mp x}}{2}=\cosh x$，即 $y=\ln\cosh x$.

(2) 方程为 $y''=f(x,y')$ 型. 令 $y'=p(x)$，$y''=\dfrac{dp}{dx}$，原方程分离变量化为 $\dfrac{dp}{\sqrt{1+p^2}}=\dfrac{k\,dx}{a-x}$，积分得 $\ln(p+\sqrt{1+p^2})=-k\ln|a-x|+\ln|C_1|$，于是 $p+\sqrt{1+p^2}=\dfrac{C_1}{(a-x)^k}$，由 $y'(0)=0$ 得 $C_1=a^k$，整理分离变量得 $dy=\dfrac{1}{2}\left[\dfrac{a^k}{(a-x)^k}-\dfrac{(a-x)^k}{a^k}\right]dx$.

① 若 $k=1$，积分得 $y=-\dfrac{a}{2}\ln|a-x|+\dfrac{(a-x)^2}{4a}+C_2$，由 $y(0)=0$ 得 $C_2=\dfrac{a}{2}\ln|a|-\dfrac{a}{4}$，对应所求特解为 $y=-\dfrac{a}{2}\ln|a-x|+\dfrac{(a-x)^2}{4a}+\dfrac{a}{2}\ln|a|-\dfrac{a}{4}$；

② 若 $k=-1$，积分得 $y=\dfrac{a}{2}\ln|a-x|-\dfrac{(a-x)^2}{4a}+C_2$，由 $y(0)=0$ 得 $C_2=\dfrac{a}{4}-\dfrac{a}{2}\ln|a|$，对应所求特解为 $y=\dfrac{a}{2}\ln|a-x|-\dfrac{(a-x)^2}{4a}+\dfrac{a}{4}-\dfrac{a}{2}\ln|a|$；

③ 若 $k\neq\pm1$，积分得 $y=-\dfrac{a^k}{2(1-k)}(a-x)^{1-k}+\dfrac{1}{2a^k(1+k)}(a-x)^{1+k}+C_2$，由 $y(0)=0$ 得 $C_2=\dfrac{ak}{1-k^2}$，对应所求特解为 $y=-\dfrac{a^k}{2(1-k)}(a-x)^{1-k}+\dfrac{1}{2a^k(1+k)}(a-x)^{1+k}+\dfrac{ak}{1-k^2}$.

4. 设曲线的曲率等于常数 $\dfrac{1}{R}$，求曲线方程.

【参考解答】 设曲线方程为 $y=y(x)$，则其曲率为 $K=\dfrac{1}{R}=\dfrac{|y''|}{(1+y'^2)^{3/2}}$，于是曲线满足方程 $y''=\pm\dfrac{1}{R}(1+y'^2)^{3/2}$，令 $y'=p(y)$，则 $y''=p\dfrac{dp}{dy}$，上述方程化为 $p\dfrac{dp}{dy}=\pm\dfrac{1}{R}(1+p^2)^{3/2}$，分离变量得 $\dfrac{p\,dp}{(1+p^2)^{3/2}}=\pm\dfrac{dy}{R}$，积分得 $\dfrac{1}{\sqrt{1+p^2}}=\pm\dfrac{1}{R}(y-C_1)$. 于是有 $\dfrac{dy}{dx}=p=\pm\dfrac{\sqrt{R^2-(y-C_1)^2}}{y-C_1}$，分离变量有 $\dfrac{(y-C_1)dy}{\sqrt{R^2-(y-C_1)^2}}=\pm dx$，积分得 $\sqrt{R^2-(y-C_1)^2}=\mp(x-C_2)$，整理得所求曲线方程为 $(x-C_1)^2+(y-C_2)^2=R^2$.

5. 设函数 $y(x)(x\geqslant 0)$ 二阶可导且 $y'(x)>0, y(0)=1$. 过曲线 $y=y(x)$ 上任意一点 $P(x,y)$ 作该曲线的切线及 x 轴的垂线，上述两直线与 x 轴所围成的三角形的面积记为 S_1，区间 $[0,x]$ 上以 $y=y(x)$ 为曲边的曲边梯形面积记为 S_2，并设 $2S_1-S_2$ 恒为 1，求曲线 $y=y(x)$ 的方程.

【参考解答】 曲线 $y=y(x)$ 上在点 $P(x,y)$ 处的切线方程为 $Y-y=y'(x)(X-x)$，切线与 x 轴的交点为 $\left(x-\frac{y}{y'},0\right)$. 由于 $y'(x)>0, y(0)=1$ 可知 $y(x)\geqslant y(0)>0$，于是有 $S_1=\frac{y}{2}\left[x-\left(x-\frac{y}{y'}\right)\right]=\frac{y^2}{2y'}$，由定积分的几何意义可知 $S_2=\int_0^x y(t)\mathrm{d}t$.

由 $2S_1-S_2$ 有 $\frac{y^2}{y'}-\int_0^x y(t)\mathrm{d}t=1$，$y'(0)=1$，两边求导并整理得微分方程 $yy''=(y')^2$. 令 $y'=p(y), y''=p\frac{\mathrm{d}p}{\mathrm{d}y}$，代入方程分离变量得 $\frac{\mathrm{d}p}{p}=\frac{\mathrm{d}y}{y}$，积分得 $\ln|p|=\ln|y|+\ln|C_1|$，积分得 $\frac{\mathrm{d}y}{\mathrm{d}x}=p=C_1y$，由 $y(0)=1, y'(0)=1$ 得 $C_1=1$，再分离变量得 $\frac{\mathrm{d}y}{y}=\mathrm{d}x$，积分得 $\ln|y|=x+\ln|C_2|$，即 $y=C_2\mathrm{e}^x$，由 $y(0)=1$ 有 $C_2=1$，因此所求曲线方程为 $y=\mathrm{e}^x$.

考研与竞赛练习

1. 已知函数 $f(x)$ 可导，且 $f'(x)>0(x>0)$. 曲线 $y=f(x)(x\geqslant 0)$ 经过坐标原点 O，其上任意一点 M 处的切线与 x 轴相交于点 T，过点 M 作 MP 垂直于 x 轴于点 P，且曲线 $y=f(x)$，直线 MP 以及 x 轴所围成图形的面积与 $\triangle MTP$ 的面积比恒为 3∶2，求满足上述条件的曲线的方程.

【参考解答】 设 $M(x,f(x))$，则切线方程为 $Y-f(x)=f'(x)(X-x)$，当 $Y=0$，$X=x-\frac{f(x)}{f'(x)}$，且 $S_{\triangle MTP}=\frac{1}{2}f(x)\left[x-\left(x-\frac{f(x)}{f'(x)}\right)\right]=\frac{f^2(x)}{2f'(x)}$，由题意得 $\frac{\int_0^x f(t)\mathrm{d}t}{\frac{f^2(x)}{2f'(x)}}=\frac{3}{2}$，整理得 $\int_0^x f(t)\mathrm{d}t=\frac{3f^2(x)}{4f'(x)}$，且 $f(0)=0$，两端求导得 $\frac{3}{2}f''(x)f(x)=[f'(x)]^2$，且有 $f'(0)=0$. 方程为可降阶的微分方程，令 $f(x)=y, f'(x)=p, f''(x)=p\frac{\mathrm{d}p}{\mathrm{d}y}$，代入整理得 $\frac{3}{2}yp\frac{\mathrm{d}p}{\mathrm{d}y}=p^2$，分离变量解得 $y'=Cy^{\frac{2}{3}}$，由 $y\big|_{x=0}=0$ 有 $y'\big|_{y=0}=0$，因此 C 为任意常数均满足初值条件 $f'(0)=0$.

方程 $y'=Cy^{\frac{2}{3}}$ 分离变量积分得 $3y^{\frac{1}{3}}=Cx+C_1$，即 $y=\left(\frac{Cx+C_1}{3}\right)^3$，代入初值条件 $f(0)=0$，得 $C_1=0, y=Cx^3(x\geqslant 0)$，其中 $C\geqslant 0$ 为任意常数.

2. 在上半平面求一条向上凹的曲线，其上任一点 $P(x,y)$ 处的曲率等于此曲线在该点的法线段 PQ 长度的倒数（Q 是法线与 x 轴的交点），且曲线在点 $(1,1)$ 处的切线与 x 轴平行.

【参考解答】 设所求曲线为 $y=y(x)$,它在点 $P(x,y)$处的法线方程为

$$Y-y=-\frac{1}{y'}(X-x),\quad (y'\neq 0).$$

法线与 x 轴的交点坐标为$(x+yy',0)$. 于是可得该点到 x 轴之间的法线段 PQ 的长度为

$$\sqrt{(yy')^2+y^2}=y\sqrt{1+y'^2},$$

点 $P(x,y)$处的曲率 $K=\frac{|y''|}{(\sqrt{1+y'^2})^3}$,由已知条件有$\frac{y''}{(\sqrt{1+y'^2})^3}=\frac{1}{y\sqrt{1+y'^2}}$,整理得微分方程 $yy''=1+y'^2$. 由曲线在点$(1,1)$处的切线与 x 轴平行得满足初值条件 $y(1)=1$, $y'(1)=0$.

方程为可降阶的微分方程. 令 $y'=p(y)$,则 $y''=p\frac{dp}{dy}$,代入方程得可分离变量的微分方程:$yp\frac{dp}{dy}=1+p^2$,分离变量并积分得

$$\int\frac{p}{1+p^2}dp=\int\frac{dy}{y}\Rightarrow\frac{1}{2}\ln(p^2+1)=\ln|y|+C_1,$$

由 $y(1)=1>0, y'(1)=0$,代入得 $C_1=0$,于是有 $y'=\pm\sqrt{y^2-1}$.

再次分离变量得$\frac{dy}{\sqrt{y^2-1}}=\pm dx$,积分得 $\ln(y+\sqrt{y^2-1})=\pm x+C_2$. 代入 $y(1)=1$,得 $C_2=\pm1$,即 $\ln(y+\sqrt{y^2-1})=\pm(x-1)$.

因此所求曲线方程为 $y+\sqrt{y^2-1}=e^{\pm(x-1)}$,两端取倒数并分母有理化,整理得曲线为 $y=\frac{e^{x-1}+e^{-x+1}}{2}$.

3. 设对任意 $x>0$,曲线 $y=f(x)$ 上点$(x,f(x))$ 处的切线在 y 轴上的截距等于 $\frac{1}{x}\int_0^x f(t)dt$,求 $f(x)$的一般表达式.

【参考解答】 曲线在点$(x,f(x))$处的切线方程为 $Y-f(x)=f'(x)(X-x)$,令 $X=0$ 得 y 轴上的截距 $Y=f(x)-f'(x)x$,由题意得$\frac{1}{x}\int_0^x f(t)dt=f(x)-f'(x)x$,即 $\int_0^x f(t)dt=xf(x)-f'(x)x^2$.

两端求导整理得 $xf''(x)+f'(x)=0$,微分方程为可降阶微分方程. 令 $f'(x)=p(x)$,则 $f''(x)=\frac{dp}{dx}$,$x\frac{dp}{dx}+p=0$ 分离变量积分得 $p=\frac{C_1}{x}=f'(x)$,再积分得曲线一般表达式为 $f(x)=C_1\ln x+C_2$.

4. 求微分方程 $y''(x+y'^2)=y'$满足初始条件 $y(1)=y'(1)=1$ 的特解.

【参考解答】 设 $y'=p(x)$,则 $y''=\frac{dp}{dx}$,原方程化为$\frac{dp}{dx}(x+p^2)=p$,即$\frac{dx}{dp}-$

$\frac{1}{p}x=p$,为一阶线性微分方程,由一阶线性微分方程通解计算公式得

$$x=\mathrm{e}^{-\int\left(-\frac{1}{p}\right)\mathrm{d}p}\left(\int p\,\mathrm{e}^{\int\left(-\frac{1}{p}\right)\mathrm{d}p}\mathrm{d}p+C_1\right)=p(p+C_1),$$

由 $y'(1)=1$ 可得 $C_1=0$,于是有 $x=y'^2$,取 $y'=\sqrt{x}$. 再积分可得 $y=\frac{2}{3}x^{\frac{3}{2}}+C_2$,由 $y(1)=1$ 得 $C_2=\frac{1}{3}$,故所求特解为 $y=\frac{2}{3}x^{\frac{3}{2}}+\frac{1}{3}$.

5. 设函数 $y=f(x)$ 由参数方程 $\begin{cases}x=2t+t^2\\y=\psi(t)\end{cases}(t>-1)$ 所确定,其中 $\psi(t)$ 具有二阶导数,且 $\psi(1)=\frac{5}{2}$,$\psi'(1)=6$. 已知 $\frac{\mathrm{d}^2y}{\mathrm{d}x^2}=\frac{3}{4(1+t)}$,求函数 $\psi(t)$.

【参考解答】 根据题意得 $\frac{\mathrm{d}y}{\mathrm{d}x}=\frac{y'(t)}{x'(t)}=\frac{\psi'(t)}{2t+2}$,

$$\frac{\mathrm{d}^2y}{\mathrm{d}x^2}=\left[\frac{\psi'(t)}{2t+2}\right]'_x=\frac{\psi''(t)(2t+2)-2\psi'(t)}{(2t+2)^2}\cdot\frac{1}{2t+2}=\frac{3}{4(1+t)},$$

整理有 $\psi''(t)(t+1)-\psi'(t)=3(t+1)^2$,问题转换为求解初值问题:
$\begin{cases}\psi''(t)-\frac{\psi'(t)}{t+1}=3(t+1)\\\psi(1)=\frac{5}{2},\psi'(1)=6\end{cases}$,微分方程为可降阶微分方程,令 $p(t)=\psi'(t)$,即 $p'-\frac{1}{1+t}p=3(1+t)$,由一阶线性微分方程通解公式有

$$p(t)=\mathrm{e}^{\int\frac{\mathrm{d}t}{1+t}}\left(\int 3(1+t)\mathrm{e}^{-\int\frac{\mathrm{d}t}{1+t}}\mathrm{d}t+C_1\right)=(1+t)(3t+C_1),$$

代入初值条件,$p(1)=\psi'(1)=6$,所以 $C_1=0$,故有 $p(t)=\psi'(t)=3t(t+1)$,积分得 $\psi(t)=\int 3t(t+1)\mathrm{d}t=\frac{3}{2}t^2+t^3+C_2$,代入初值条件 $\psi(1)=\frac{5}{2}$ 得 $C_2=0$,所以 $\psi(t)=\frac{3}{2}t^2+t^3\ (t>-1)$.

6. 设函数 $y(x)$ 具有二阶导数,且曲线 l:$y=y(x)$ 与直线 $y=x$ 相切于原点,记 α 为曲线 l 在点 (x,y) 处切线的倾角,若 $\frac{\mathrm{d}\alpha}{\mathrm{d}x}=\frac{\mathrm{d}y}{\mathrm{d}x}$,求 $y(x)$ 的表达式.

【参考解答】 由题意有 $y(0)=0$,$y'(0)=1$. 又由导数的几何意义有 $\frac{\mathrm{d}y}{\mathrm{d}x}=\tan\alpha$,两边再对 x 求导得 $y''=\frac{\mathrm{d}^2y}{\mathrm{d}x^2}=\sec^2\alpha\cdot\frac{\mathrm{d}\alpha}{\mathrm{d}x}=(1+\tan^2\alpha)\frac{\mathrm{d}\alpha}{\mathrm{d}x}=(1+y'^2)y'$.

令 $y'=p(x)$,$y''=\frac{\mathrm{d}p}{\mathrm{d}x}$,则 $\frac{\mathrm{d}p}{\mathrm{d}x}=p(1+p^2)$,分离变量积分 $\int\frac{\mathrm{d}p}{p(1+p^2)}=\int\mathrm{d}x$,积分得 $\int\frac{\mathrm{d}p}{p}-\int\frac{p\,\mathrm{d}p}{p^2+1}=\int\mathrm{d}x\Rightarrow\ln\frac{p^2}{p^2+1}=2x+C_1'$,即 $p^2=\frac{1}{C_1\mathrm{e}^{-2x}-1}$. 由 $x=0$,$p=1$ 得 $C_1=2$,所以 $y'=\frac{1}{\sqrt{2\mathrm{e}^{-2x}-1}}$. 积分得

$$y=\int\frac{\mathrm{d}x}{\sqrt{2\mathrm{e}^{-2x}-1}}=\int\frac{\mathrm{e}^{x}\,\mathrm{d}x}{\sqrt{2-\mathrm{e}^{2x}}}=\arcsin\frac{\mathrm{e}^{x}}{\sqrt{2}}+C.$$

因为 $y(0)=0$，所以 $y(x)=\arcsin\dfrac{\sqrt{2}}{2}\mathrm{e}^{x}-\dfrac{\pi}{4}$.

练习 37　高阶线性微分方程解的结构

训练目的

1. 熟悉线性微分方程解的结构定理.
2. 了解降阶法与刘维尔公式.

基础练习

1. (1) 下列函数组在它们的定义区间上是线性无关的有__________.

① $y_1=\mathrm{e}^{x},y_2=\mathrm{e}^{-x}$　　② $\sin 2t,\cos t,\sin t$

③ $x^3-x+3,2x^2+x,2x+4$　　④ $\mathrm{e}^{t},t\mathrm{e}^{t},t^2\mathrm{e}^{t}$

(2) 设 y_1,y_2 是一阶非齐次线性微分方程 $y'+p(x)y=q(x)$ 的两个特解，若常数 λ,μ 使 $\lambda y_1+\mu y_2$ 是该方程的解，$\lambda y_1-\mu y_2$ 是该方程对应的齐次线性方程的解，则常数 $\lambda=$________，$\mu=$__________.

(3) 设线性无关的函数 y_1,y_2,y_3 都是微分方程 $y''+p(x)y'+q(x)y=f(x)$ 的解，C_1,C_2 均为任意常数，则该非齐次线性微分方程的通解可表示为________.

① $C_1y_1+C_2y_2+y_3$　　② $C_1y_1+C_2y_2-(1-C_1+C_2)y_3$

③ $C_1y_1+C_2y_2-(1-C_1-C_2)y_3$　　④ $C_1y_1+C_2y_2+(1-C_1-C_2)y_3$

(4) 已知 $y_1=x,y_2=x+\mathrm{e}^{x},y_3=1+x+\mathrm{e}^{x}$ 为常系数线性微分方程 $y''+py'+qy=f(x)$ 的解，则此方程的通解为__________.

【答案】 (1) ①②③④　(2) $\dfrac{1}{2},\dfrac{1}{2}$　(3) ④　(4) $y=C_1+C_2\mathrm{e}^{x}+x$

【参考解答】 (1) 略. (2) 由已知可知 $y_k'+p(x)y_k\equiv q(x)(k=1,2)$，且由 $\lambda y_1+\mu y_2$ 是 $y'+p(x)y=q(x)$ 的解，代入方程有

$$\begin{aligned}(\lambda y_1+\mu y_2)'+p(x)(\lambda y_1+\mu y_2)&=\lambda[y_1'+p(x)y_1]+\mu[y_2'+p(x)y_2]\\&=(\lambda+\mu)q(x)=q(x),\end{aligned}$$

注意到 $q(x)\neq 0$，故有

$$\lambda+\mu=1.\tag{1}$$

又由 $\lambda y_1-\mu y_2$ 是 $y'+p(x)y=0$ 的解，代入方程有

$$\begin{aligned}(\lambda y_1-\mu y_2)'+p(x)(\lambda y_1-\mu y_2)&=\lambda[y_1'+p(x)y_1]-\mu[y_2'+p(x)y_2]\\&=(\lambda-\mu)q(x)=0,\end{aligned}$$

注意到 $q(x)\neq 0$，故有

$$\lambda-\mu=0. \tag{2}$$

由式(1)(2)解得 $\lambda=\mu=\dfrac{1}{2}$.

(3) 由已知有 $y_k''+p(x)y_k'+q(x)y_k=f(x)(k=1,2,3)$，于是可知 y_1-y_3,y_2-y_3 是齐次线性微分方程 $y''+p(x)y'+q(x)y=0$ 的解. 且线性无关(否则存在非零常数 k，使得 $y_1-y_3=k(y_2-y_3)$，即 $y_1-ky_2+(k-1)y_3=0$，从而与 y_1,y_2,y_3 线性无关矛盾). 于是可得

$$y=C_1(y_1-y_3)+C_2(y_2-y_3)+y_3=C_1y_1+C_2y_2+(1-C_1-C_2)y_3$$

为非齐次线性微分方程的通解.

(4) 由非齐次线性方程的两个特解之差为相应的齐次线性微分方程的特解，从而有 $(1+x+e^x)-(x+e^x)=1,(x+e^x)-x=e^x$，且 1 与 e^x 线性无关. 因此，齐次线性微分方程的通解为 $y-C_1+C_2c^x+x$.

2. (1) 验证：函数 $y=C_1x^5+\dfrac{C_2}{x}-\dfrac{x^2}{9}\ln x$(其中 C_1,C_2 为任意常数)是线性微分方程 $x^2y''-3xy'-5y=x^2\ln x$ 的通解.

(2) 试求出以 $y_1=x,y_2=e^x$ 为特解的二阶齐次线性微分方程.

【参考解答】 (1) 记 $y_1=x^5$，则 $y_1'=5x^4,y_1''=20x^3$，于是 $x^2y_1''-3xy_1'-5y_1=0$，记 $y_2=\dfrac{1}{x}$，则 $y_2'=-\dfrac{1}{x^2},y_2''=\dfrac{2}{x^3}$，于是 $x^2y_2''-3xy_2'-5y_2=0$，且 $\dfrac{y_1}{y_2}\neq$ 常数，于是 $Y=C_1y_1+C_2y_2$ 是原方程对应齐次线性微分方程 $x^2y''-3xy'-5y=0$ 的通解.

又记 $y_3=-\dfrac{x^2}{9}\ln x$，则 $y_3'=-\dfrac{2x\ln x+x}{9},y_3''=-\dfrac{2\ln x+3}{9}$，于是 $x^2y_3''-3xy_3'-5y_3=x^2\ln x$，所以 $y_3=-\dfrac{x^2}{9}\ln x$ 是原非齐次线性微分方程的一个解. 于是 $y=C_1x^5+\dfrac{C_2}{x}-\dfrac{x^2}{9}\ln x$ 是 $x^2y''-3xy'-5y=x^2\ln x$ 的通解.

(2) 设二阶齐次线性微分方程为 $y''+\alpha(x)y'+\beta(x)y=0$，由 $y_1=x$ 及 $y_2=e^x$ 为方程的解，代入方程有 $\begin{cases}\alpha(x)+\beta(x)x=0\\1+\alpha(x)+\beta(x)=0\end{cases}$，解得 $\alpha(x)=-\dfrac{x}{x-1},\beta(x)=\dfrac{1}{x-1}$. 故 $y''-\dfrac{x}{x-1}y'+\dfrac{1}{x-1}y=0$. 因此所求的方程为 $(x-1)y''-xy'+y=0$.

综合练习

3. 求下列线性微分方程的通解.

(1) $y''-\dfrac{1}{x}y'+\dfrac{1}{x^2}y=0$(提示 $y=x$ 为方程的解).

(2) $xy''-y'-(x-1)y=0$(提示 $y=e^x$ 为方程的解).

【参考解答】 (1) 记 $y_1=x,p(x)=-\dfrac{1}{x}$，由刘维尔公式求出与 y_1 线性无关的另

一个特解 $y_2=x\int\frac{e^{\int\frac{1}{x}dx}}{x^2}dx=x\int\frac{1}{x}dx=x\ln x$，因此方程通解为 $y=x(C_1+C_2\ln x)$.

或：令 $y_2=u(x)x$，代入方程得 $u(x)$ 满足 $xu''+xu'=0$，令 $z=u'$，代入上式分离变量得 $\frac{dz}{z}=-\frac{dx}{x}$，积分取 $z=u'=\frac{1}{x}$，积分取 $u(x)=\ln x$，于是有 $y_2=u(x)y_1=x\ln x$，所以方程通解为 $y=x(C_1+C_2\ln x)$.

(2) 记 $y_1=e^x$ 为方程的一个特解，由刘维尔公式求出与 y_1 线性无关的另一个特解 y_2. 先标准化 $y''-\frac{1}{x}y'-\frac{x-1}{x}y=0$. 由刘维尔公式得到

$$y_2=y_1\int\frac{e^{-\int p(x)dx}}{y_1^2}dx=e^x\int\frac{e^{\int\frac{dx}{x}}}{e^{2x}}dx=e^x\int xe^{-2x}dx=-\frac{1}{4}(2x+1)e^{-x},$$

因此方程通解为 $y=C_1e^x+C_2(1+2x)e^{-x}$.

或：令 $y_2=u(x)e^x$，代入方程得 $u(x)$ 满足 $xu''+2xu'-u'=0$，令 $z=u'$，代入上式分离变量得 $\frac{1}{z}dz=\left(\frac{1}{x}-2\right)dx$，积分取 $z=u'=xe^{-2x}$，积分取 $u(x)=-\frac{e^{-2x}}{4}(2x+1)$，于是有 $y_2=u(x)y_1=-\frac{e^{-x}}{4}(2x+1)$，所以方程通解为 $y=C_1e^x+C_2(1+2x)e^{-x}$.

4. 已知 $y_1=e^{-x}$ 是方程 $(1+x^2)y''-2xy'+y(ax^2+bx+c)=0$ 的一个特解，求 a,b,c 的值，再求方程的通解.

【参考解答】 将 $y_1=e^{-x}$ 代入方程得 $(a+1)x^2+(b+2)x+c+1=0$，于是得 $a=-1,b=-2,c=-1$. 原方程变为 $(1+x^2)y''-2xy'-(x+1)^2y=0$.

设方程另一个与 y_1 线性无关的解为 $y_2(x)=u(x)e^{-x}$，代入原方程整理得 $(1+x^2)u''=2(1+x+x^2)u'$，再令 $v=u'$，则有 $(1+x^2)\frac{dv}{dx}=2(1+x+x^2)v$，分离变量可得 $\frac{dv}{v}=\frac{2(1+x+x^2)}{1+x^2}dx$，积分得 $u'=v=(1+x^2)e^{2x}$，再积分得 $u=\frac{e^{2x}}{4}(2x^2-2x+3)$，于是 $y_2(x)=\frac{e^x}{4}(2x^2-2x+3)$，因此所求方程的通解为 $y=C_1e^{-x}+C_2(2x^2-2x+3)e^x$.

注：也可由刘维尔公式有

$$y_2=y_1\int\frac{e^{-\int p(x)dx}}{y_1^2}dx=e^{-x}\int\frac{e^{\int\frac{2xdx}{1+x^2}}}{e^{-2x}}dx$$

$$=e^{-x}\int(1+x^2)e^{2x}dx=\frac{1}{4}(2x^2-2x+3)e^x.$$

考研与竞赛练习

1. 设非齐次线性微分方程 $y'+P(x)y=Q(x)$ 有两个不同的解 $y_1(x),y_2(x)$，C 为任意常数，则该方程的通解是(　　).

(A) $C[y_1(x)-y_2(x)]$　　(B) $y_1(x)+C[y_1(x)-y_2(x)]$

(C) $C[y_1(x)+y_2(x)]$　　(D) $y_1(x)+C[y_1(x)+y_2(x)]$

【参考解答】 由非齐次线性微分方程解的性质可知 $y_1(x)-y_2(x)$为对应齐次线性微分方程的解，故由非齐次微分方程通解结构定理知所求通解为 $y=y_1(x)+C[y_1(x)-y_2(x)]$，因此，正确选项为(B).

2. 已知 $y_1(x)=e^x$，$y_2(x)=u(x)e^x$ 是二阶微分方程

$$(2x-1)y''-(2x+1)y'+2y=0$$

的解，若 $u(-1)=e$，$u(0)=-1$，求 $u(x)$，并写出该微分方程的通解.

【参考解答】 因为 $y_2(x)=u(x)e^x$ 是原方程的解，所以

$$(2x-1)y_2''-(2x+1)y_2'+2y_2=0,$$

其中 $y_2'(x)=[u'(x)+u]e^x$，

$$y_2''(x)=[u''(x)+u']e^x+[u'(x)+u]e^x=(u''+2u'+u)e^x,$$

代入方程整理得$[(2x-1)u''(x)+(2x-3)u'(x)]e^x=0$，即

$$(2x-1)u''(x)+(2x-3)u'(x)=0,$$

这是一个可降阶的微分方程，令 $u'(x)=z(x)$，则原方程为$\dfrac{dz}{dx}=-\dfrac{2x-3}{2x-1}z$，分离变量得$\dfrac{dz}{z}=-\dfrac{2x-3}{2x-1}dx$，两边积分得

$$\ln|z|=-x+\ln|2x-1|,\quad 即\ u'=z=C_1(2x-1)e^{-x}.$$

于是有$u(x)=\int C_1(2x-1)e^{-x}dx=-C_1e^{-x}(2x+1)+C_2$，将$u(-1)=e$，$u(0)=-1$代入，得$\begin{cases}e=C_1e+C_2\\-1=-C_1+C_2\end{cases}$，解得$\begin{cases}C_1=1\\C_2=0\end{cases}$，所以 $u(x)=-(2x+1)e^{-x}$. 于是 $y_1(x)=e^x$，$y_2(x)=-(2x+1)$为原方程两个线性无关的解，所以原微分方程的通解为 $y=C_1e^x+C_2(2x+1)$.

3. 设微分方程 $y''+\dfrac{1}{x}y'-q(x)y=0$ 有两个特解 $y_1(x)$，$y_2(x)$，且 $y_1y_2=1$. 求此方程中的 $q(x)$，并求该微分方程的通解.

【参考解答】 将 $y_1(x)$，$y_2(x)$代入微分方程得 $q(x)=\dfrac{1}{y_1}\left(y_1''+\dfrac{y_1'}{x}\right)=\dfrac{1}{y_2}\left(y_2''+\dfrac{y_2'}{x}\right)$. 由题设可知 $y_2=\dfrac{1}{y_1}$，故 $y_2'=-\dfrac{y_1'}{y_1^2}$，$y_2''=-\dfrac{y_1y_1''-2y_1'^2}{y_1^3}$，代入 $q(x)$的第二式，得 $q(x)=\dfrac{1}{y_2}\left(y_2''+\dfrac{y_2'}{x}\right)=y_1\left(-\dfrac{y_1y_1''-2y_1'^2}{y_1^3}-\dfrac{1}{x}\dfrac{y_1'}{y_1^2}\right)$.

于是有 $y_1''+\dfrac{y_1'}{x}=y_1q(x)=y_1^2\left(-\dfrac{y_1y_1''-2y_1'^2}{y_1^3}-\dfrac{1}{x}\dfrac{y_1'}{y_1^2}\right)=-y_1''+\dfrac{2y_1'^2}{y_1}-\dfrac{y_1'}{x}$，移项整理得

$y_1(x)$满足 $y_1''+\frac{y_1'}{x}-\frac{y_1'^2}{y_1}=0$，容易看出 $y_1=x$，所以 $q(x)=\frac{1}{x^2}$，即方程为 $y''+\frac{1}{x}y'-\frac{1}{x^2}y=0$. 由题设可知 $y_2=\frac{1}{y_1}=\frac{1}{x}$ 也是原方程的解，且两函数线性无关，故原方程通解为 $y=C_1x+\frac{C_2}{x}$（C_1，C_2 为任意常数）.

4. 求微分方程 $y''-\frac{x+2}{x}y'+\frac{x+2}{x^2}y=x^2$ 的通解.

【参考解答】 易知 $y=x$ 是齐次线性微分方程 $y''-\frac{x+2}{x}y'+\frac{x+2}{x^2}y=0$ 的特解.

【方法 1】 令 $y=xu(x)$ 为原方程的解，其中 $u(x)$ 为待定函数，则

$$y'=u+xu',\quad y''=2u'+xu''$$

代入原非齐次线性微分方程，得 $u''-u'=x$. 该微分方程是以 u' 为函数的一阶线性微分方程，故由通解计算公式，得

$$u'=e^{\int dx}\left(\int xe^{-\int dx}dx+C_1\right)=e^x(e^{-x}(-x-1)+C_1)=C_1e^x-x-1.$$

积分得 $u(x)=-\frac{x^2}{2}-x+C_1e^x+C_2$，故原方程的通解为

$$y=xu(x)=C_1xe^x+C_2x-\frac{x^3}{2}-x^2.$$

【方法 2】 由刘维尔公式可知方程另一特解为 $y_2=x\int\frac{e^{\int(1+\frac{2}{x})dx}}{x^2}dx=xe^x$，故齐次线性微分方程的通解为 $y=C_1x+C_2xe^x$.

令 $y=xv_1+xe^xv_2$ 为 $y''-\frac{x+2}{x}y'+\frac{x+2}{x^2}y=x^2$ 的解，解方程组

$$\begin{cases}y_1v_1'+y_2v_2'=0\\ y_1'v_1'+y_2'v_2'=f(x)\end{cases}\Rightarrow\begin{cases}xv_1'+xe^xv_2'=0\\ v_1'+(e^x+xe^x)v_2'=x^2\end{cases}，得 v_1'=-x,v_2'=xe^{-x}.$$

积分得 $v_1=-\frac{x^2}{2}+C_1$，$v_2=e^{-x}(-x-1)+C_2$，于是得原微分方程的通解为 $y=C_1x+C_2xe^x-x-x^2-\frac{x^3}{2}$.

注：已知 y_1，y_2 是齐次线性微分方程

$$y''-p(x)y'+q(x)y=0 \tag{1}$$

线性无关的两个解，可设 $y^*=v_1y_1+v_2y_2$（v_1，v_2 为待定函数）为非齐次线性微分方程

$$y''-p(x)y'+q(x)y=f(x) \tag{2}$$

的解，则 $y^{*\prime}=v_1y_1'+v_2y_2'+v_1'y_1+v_2'y_2$，取 $v_1'y_1+v_2'y_2=0$，于是有

$$y^{*\prime\prime}=v_1'y_1'+v_2'y_2'+v_1y_1''+v_2y_2'',$$

代入方程(2)有

$$v_1'y_1'+v_2'y_2'+(y_1''-py_1'+py_1)v_1+(y_2''-py_2'+qy_2)v_2=f(x).$$

由 y_1，y_2 是方程（1）的解，得到 $v'_1y'_1+v'_2y'_2=f(x)$，于是待定 v_1，v_2 满足$\begin{cases}v'_1y_1+v'_2y_2=0\\ v'_1y'_1+v'_2y'_2=f(x)\end{cases}$.

5. 已知 $x_1(t)=2t$，$x_2(t)=(1+t)^2$ 是方程$(3t^3+t)\dfrac{d^2x}{dt^2}+2\dfrac{dx}{dt}-6tx=4-12t^2$ 的两个解，求此方程的通解.

【参考解答】 由线性微分方程解的结构性质可得相应齐次线性微分方程的一个解为

$$x_3(t)=x_2(t)-x_1(t)=1+t^2.$$

【方法 1】 记 $p(t)=\dfrac{2}{3t^3+t}$，由刘维尔公式得相应齐次线性微分方程的另一特解为

$$\begin{aligned}x_4(t)&=(1+t^2)\int\frac{e^{-\int p(t)dt}}{(1+t^2)^2}dt=(1+t^2)\int\frac{e^{-\int\frac{2dt}{3t^3+t}}}{(1+t^2)^2}dt\\&=(1+t^2)\int\frac{e^{\int\left(\frac{6t}{3t^2+1}-\frac{2}{t}\right)dt}}{(1+t^2)^2}dt=(1+t^2)\int\frac{\frac{1}{t^2}+3}{(1+t^2)^2}dt\\&=(1+t^2)\int\frac{3t^2+1}{(t^3+t)^2}dt=(1+t^2)\left(-\frac{1}{t^3+t}\right)=-\frac{1}{t},\end{aligned}$$

故由线性微分方程解的结构性质，得原非齐次线性微分方程的通解为

$$x(t)=C_1(t^2+1)-\frac{C_2}{t}+2t.$$

【方法 2】 令 $x(t)=(t^2+1)u(t)$为原非齐次线性方程的解，则

$$x'(t)=(t^2+1)u'+2tu,\quad x''(t)=(t^2+1)u''(t)+4tu'(t)+2u(t).$$

代入原非齐次线性方程得

$$2(6t^4+3t^2+1)u'(t)+t(3t^4+4t^2+1)u''(t)=4-12t^2,$$

方程可化为关于 $u'(t)$的一阶线性微分方程：

$$u''(t)+\frac{2(6t^4+3t^2+1)}{t(3t^4+4t^2+1)}u'(t)=\frac{4-12t^2}{t(3t^4+4t^2+1)}.$$

由于

$$\begin{aligned}\int P(t)dt&=\int\frac{2(6t^4+3t^2+1)}{t(3t^4+4t^2+1)}dt=\int\left[\frac{4t}{t^2+1}-\frac{6t}{3t^2+1}+\frac{2}{t}\right]dt\\&=2\ln(t^2+1)-\ln(3t^2+1)+2\ln t=\ln\frac{t^2(t^2+1)^2}{3t^2+1},\end{aligned}$$

于是由一阶线性微分方程通解公式有

$$\begin{aligned}u'(t)&=e^{-\int P(t)dt}\left[\int Q(t)e^{\int P(t)dt}dt+C'_1\right]\\&=\frac{3t^2+1}{t^2(t^2+1)^2}\left[\int\frac{4-12t^2}{t(3t^4+4t^2+1)}\frac{t^2(t^2+1)^2}{3t^2+1}dt+C'_1\right]\end{aligned}$$

$$=\frac{3t^2+1}{t^2(t^2+1)^2}\left[\int\frac{4t(1-3t^2)(t^2+1)}{(3t^2+1)^2}dt+C_1'\right]$$

$$=\frac{3t^2+1}{t^2(t^2+1)^2}\left(-\frac{2}{9}\frac{9t^4+3t^2+4}{3t^2+1}+C_1'\right)$$

$$=-\frac{2(9t^4+3t^2+4)}{9(t^3+t)^2}+C_1'\frac{3t^2+1}{(t^3+t)^2}.$$

对上式积分得 $u(t)=\dfrac{2t^2+C_1}{t^3+t}+C_2$，所以所求通解为

$$x(t)=(t^2+1)u(t)=(t^2+1)\left(\frac{2t^2+C_1}{t^3+t}+C_2\right)=2t+\frac{C_1}{t}+C_2(t^2+1).$$

注：$\displaystyle\int\frac{4t(t^2+1)(1-3t^2)}{(3t^2+1)^2}dt\xlongequal{t^2=u}-2\int\frac{3u^2+2u-1}{(3u+1)^2}du$

$$=-\frac{2}{3}\int\left(1-\frac{4}{(3u+1)^2}\right)du=-\frac{2}{3}\left[u+\frac{4}{3(3u+1)}+C\right]$$

$$=-\frac{2}{9}\left(\frac{9u^2+3u+4}{3u+1}+C\right)=-\frac{2}{9}\left(\frac{9t^4+3t^2+4}{3t^2+1}+C\right).$$

$$-\int\frac{2(9t^4+3t^2+4)}{9(t^3+t)^2}dt=-\frac{2}{9}\int\left[\frac{4}{t^2}+\frac{5(t^2-1)}{(t^2+1)^2}\right]dt$$

$$=-\frac{2}{9}\left[-\frac{4}{t}+5\int\frac{1-\frac{1}{t^2}}{\left(t+\frac{1}{t}\right)^2}dt\right]=-\frac{2}{9}\left[-\frac{4}{t}+5\int\frac{d\left(t+\frac{1}{t}\right)}{\left(t+\frac{1}{t}\right)^2}\right]$$

$$=\frac{2}{9}\left(\frac{4}{t}+\frac{5}{t+\frac{1}{t}}+C\right)=\frac{2}{9}\left(\frac{4}{t}+\frac{5t}{t^2+1}+C\right).$$

$$\int\frac{3t^2+1}{(t^3+t)^2}dt=\int\frac{1}{(t^3+t)^2}d(t^3+t)=-\frac{1}{t^3+t}+C.$$

练习 38 常系数线性微分方程的解法

训练目的

1. 掌握高阶常系数齐次线性微分方程的解法.

2. 掌握自由项为 $P_n(x)e^{\alpha x}$，$e^{\alpha x}[P_n(x)\cos\beta x+Q_l(x)\sin\beta x]$的高阶常系数非齐次线性微分方程的解法.

3. 了解欧拉方程的解法.

基础练习

1. 写出下列常系数齐次线性微分方程的通解.

(1) $4y''-8y'+5y=0$ 的通解为 $y=$________.

(2) $y''+y'-2y=0$ 的通解为 $y=$________.

(3) $y'''-2y''-3y'=0$ 的通解为 $y=$______.

(4) $y'''-3y''+9y'+13y=0$ 的通解为 $y=$______.

(5) $y^{(4)}+2y'''+4y''-2y'-5y=0$ 的通解为 $y=$______.

【参考解答】 (1) 特征方程为 $4r^2-8r+5=0$,特征根为 $r_{1,2}=1\pm\frac{1}{2}\mathrm{i}$,故方程通解为 $y=\mathrm{e}^x\left(C_1\cos\frac{1}{2}x+C_2\sin\frac{1}{2}x\right)$.

(2) 特征方程为 $r^2+r-2=0$,特征根为 $r_1=-2,r_2=1$,故方程通解为 $y=C_1\mathrm{e}^{-2x}+C_2\mathrm{e}^x$.

(3) 特征方程为 $r^3-2r^2-3r=0$,特征根为 $r_1=0,r_2=3,r_3=-1$,故方程通解为 $y=C_1+C_2\mathrm{e}^{3x}+C_3\mathrm{e}^{-x}$.

(4) 特征方程为 $r^3-3r^2+9r+13=0$,特征根为 $r_1=-1,r_{2,3}=2\pm3\mathrm{i}$,故方程通解为 $y=C_1\mathrm{e}^{-x}+\mathrm{e}^{2x}(C_2\cos3x+C_3\sin3x)$.

(5) 特征方程为 $r^4+2r^3+4r^2-2r-5=0$,特征根为 $r_{1,2}=\pm1,r_{3,4}=-1\pm2\mathrm{i}$,故方程通解为 $y=C_1\mathrm{e}^{-x}+C_2\mathrm{e}^x+\mathrm{e}^{-x}(C_3\cos2x+C_4\sin2x)$.

2. (1) 已知方程 $y''+2y'-3y=f(x)$,若 $f(x)=x\mathrm{e}^{-x}$,则可设方程有特解 $y^*=$______;若 $f(x)=\mathrm{e}^{-3x}$,则可设方程有特解 $y^*=$______;若 $f(x)=x\mathrm{e}^x\sin x$,则可设方程有特解 $y^*=$______.

(2) 已知方程 $y''-2y'+5y=f(x)$,若 $f(x)=x\mathrm{e}^x$,则可设方程有特解 $y^*=$______;若 $f(x)=x^2+2$,则可设方程有特解 $y^*=$______;若 $f(x)=x\mathrm{e}^x\sin2x$,则可设方程有特解 $y^*=$______.

【参考解答】 (1) 特征方程为 $r^2+2r-3=0$,特征根为 $r_1=1,r_2=-3$.

若 $f(x)=x\mathrm{e}^{-x}$,则 $\lambda=-1\neq r_{1,2}$,可设方程有特解 $y^*=(Ax+B)\mathrm{e}^{-x}$;

若 $f(x)=\mathrm{e}^{-3x}$,则 $\lambda=-3=r_2$,可设方程有特解 $y^*=Ax\mathrm{e}^{-3x}$;

若 $f(x)=x\mathrm{e}^x\sin x$,则可设方程有特解 $y^*=\mathrm{e}^x[(Ax+B)\cos x+(Dx+E)\sin x]$.

(2) 特征方程为 $r^2-2r+5=0$,特征根为 $r_{1,2}=1\pm2\mathrm{i}$.

若 $f(x)=x\mathrm{e}^x$,则 $\lambda=1\neq r_{1,2}$,可设方程有特解 $y^*=(Ax+B)\mathrm{e}^x$;

若 $f(x)=x^2+2$,则 $\lambda=0\neq r_{1,2}$,可设方程有特解 $y^*=Ax^2+Bx+C$;

若 $f(x)=x\mathrm{e}^x\sin2x$,则 $\lambda\pm\mu\mathrm{i}=1\pm2\mathrm{i}=r_{1,2}$.

可设方程有特解 $y^*=x\mathrm{e}^x[(Ax+B)\cos2x+(Dx+E)\sin2x]$.

3. 求满足下列初值问题的特解.

(1) $y''+4y'+29y=0,y\big|_{x=0}=0,y'\big|_{x=0}=15$;

(2) $y''+2y'+5y=\mathrm{e}^{-x}\cos x,y\big|_{x=0}=0,y'\big|_{x=0}=0$.

【参考解答】 (1) 特征方程为 $r^2+4r+29=0$,特征根为 $r_{1,2}=-2\pm5\mathrm{i}$,故方程通解为 $y=\mathrm{e}^{-2x}(C_1\cos5x+C_2\sin5x)$,由 $y\big|_{x=0}=0$ 有 $C_1=0$,于是 $y=C_2\mathrm{e}^{-2x}\sin5x$,$y'=$

$e^{-2x}C_2(-2\sin5x+5\cos5x)$，由 $y'\big|_{x=0}=15$ 得 $C_2=3$，于是所求方程特解为 $y=3e^{-2x}\sin5x$.

（2）特征方程为 $r^2+2r+5=0$，特征根为 $r_{1,2}=-1\pm2i$，对应齐次线性微分方程通解为 $Y=e^{-x}(C_1\cos2x+C_2\sin2x)$.

由于 $f(x)=e^{-x}\cos x$，故可设原方程有特解为 $y^*=e^{-x}(a\cos x+b\sin x)$，于是 $y^{*\prime}=e^{-x}[(b-a)\cos x-(b+a)\sin x]$，$y^{*\prime\prime}=e^{-x}(-2b\cos x+2a\sin x)$，代入原方程得 $3a\cos x+3b\sin x=\cos x$，于是 $a=\frac{1}{3}$，$b=0$，故特解 $y^*=\frac{e^{-x}}{3}\cos x$，于是方程的通解为 $y=Y+y^*=C_1e^{-x}\cos2x+C_2e^{-x}\sin2x+\frac{1}{3}e^{-x}\cos x$，将初值条件代入得 $C_1=-\frac{1}{3}$，$C_2=0$，于是所求方程特解为 $y=\frac{e^{-x}}{3}(\cos x-\cos2x)$.

综合练习

4. 求下列方程的通解.

（1）$y^{(4)}-6y'''+13y''=e^x+x$；（2）$y''+a^2y=\sin x$，其中常数 $a>0$.

【参考解答】 （1）特征方程为 $r^4-6r^3+13r^2=0$，特征根为 $r_{1,2}=0$，$r_{3,4}=3\pm2i$，故对应齐次线性方程的通解为 $Y=C_1+C_2x+e^{3x}(C_3\cos2x+C_4\sin2x)$.

设 $y^{(4)}-6y'''+13y''=e^x$ 的有特解 $y_1^*=Ae^x$，代入方程得 $A=\frac{1}{8}$，即 $y_1^*=\frac{e^x}{8}$. 设 $y^{(4)}-6y'''+13y''=x$ 有特解 $y_2^*=x^2(Bx+D)=Bx^3+Dx^2$，代入方程得 $B=\frac{1}{78}$，$D=\frac{3}{169}$，即 $y_2^*=\frac{x^2}{1014}(13x+18)$. 于是由叠加原理知原方程有特解 $y^*=\frac{1}{8}e^x+\frac{x^2}{1014}(13x+18)$，方程通解为

$$y=Y+y^*=C_1+C_2x+e^{3x}(C_3\cos2x+C_4\sin2x)+\frac{1}{8}e^x+\frac{x^2}{1014}(13x+18).$$

（2）特征方程为 $r^2+a^2=0$，特征根为 $r_{1,2}=\pm ai$，故对应齐次线性方程的通解为 $Y=C_1\cos ax+C_2\sin ax$.

若 $a\neq1$，设方程有特解 $y^*=A\cos x+B\sin x$，代入方程得 $A=0$，$B=\frac{1}{a^2-1}$，于是 $y^*=\frac{\sin x}{a^2-1}$. 故方程通解为 $y=Y+y^*=C_1\cos ax+C_2\sin ax+\frac{\sin x}{a^2-1}$.

若 $a=1$，设方程有特解 $y^*=x(A\cos x+B\sin x)$，代入方程得 $A=-\frac{1}{2}$，$B=0$，于是 $y^*=-\frac{x\cos x}{2}$. 故方程通解为 $y=Y+y^*=C_1\cos x+C_2\sin x-\frac{x\cos x}{2}$.

5. 利用变量替换 $x=e^t(t=\ln x)$，将欧拉方程 $x^3y''-x^2y'+xy=x^2+1$ 化为常系数线性微分方程，并求欧拉方程的通解.

【参考解答】 令 $x=\mathrm{e}^t$，即 $t=\ln x$，于是

$$y'=\frac{\mathrm{d}y}{\mathrm{d}x}=\frac{\mathrm{d}y}{\mathrm{d}t}\cdot\frac{\mathrm{d}t}{\mathrm{d}x}=\frac{1}{x}\frac{\mathrm{d}y}{\mathrm{d}t},$$

$$y''=-\frac{1}{x^2}\frac{\mathrm{d}y}{\mathrm{d}t}+\frac{1}{x}\cdot\frac{\mathrm{d}^2y}{\mathrm{d}t^2}\cdot\frac{\mathrm{d}t}{\mathrm{d}x}=\frac{1}{x^2}\left(\frac{\mathrm{d}^2y}{\mathrm{d}t^2}-\frac{\mathrm{d}y}{\mathrm{d}t}\right),$$

代入原方程化为二阶常系数线性方程

$$\frac{\mathrm{d}^2y}{\mathrm{d}t^2}-2\frac{\mathrm{d}y}{\mathrm{d}t}+y=\mathrm{e}^t+\mathrm{e}^{-t}.\tag{1}$$

对应齐次线性方程的特征方程为 $r^2-2r+1=0$，特征根为 $r_{1,2}=1$，从而对应齐次线性方程的通解为 $Y=\mathrm{e}^t(C_1+C_2t)$.

由线性叠加原理，设方程(1)特解为 $y^*=at^2\mathrm{e}^t+b\mathrm{e}^{-t}$，代入方程后解到 $a=\frac{1}{2}$，$b=\frac{1}{4}$，于是 $y^*=\frac{1}{2}t^2\mathrm{e}^t+\frac{1}{4}\mathrm{e}^{-t}$. 故方程(1)的通解为 $y=\mathrm{e}^t(C_1+C_2t)+\frac{1}{2}t^2\mathrm{e}^t+\frac{1}{4}\mathrm{e}^{-t}$，将 $t=\ln x$ 代回得原方程通解为 $y=x(C_1+C_2\ln x)+\frac{1}{2}x\ln^2x+\frac{1}{4x}$.

6. 设 $f(x)=\sin x-\int_0^x(x-t)f(t)\mathrm{d}t$，其中 $f(x)$ 为连续函数，求 $f(x)$.

【参考解答】 已知等式可化为 $f(x)=\sin x-x\int_0^x f(t)\mathrm{d}t+\int_0^x tf(t)\mathrm{d}t$，两边同时求导，得 $f'(x)=\cos x-\int_0^x f(t)\mathrm{d}t$，且有 $f(0)=0$，$f'(0)=1$.

再求导整理得 $f''(x)+f(x)=-\sin x$，方程为二阶常系数非齐次线性微分方程. 特征方程为 $r^2+1=0$，特征根为 $r_{1,2}=\pm\mathrm{i}$. 对应齐次线性微分方程的通解为 $Y=C_1\cos x+C_2\sin x$.

设原方程有特解为 $y^*=x(a\cos x+b\sin x)$，代入原方程解得 $a=\frac{1}{2}$，$b=0$，所以原方程的通解为 $y=C_1\cos x+C_2\sin x+\frac{1}{2}x\cos x$.

由 $f(0)=0$，$f'(0)=1$ 得 $C_1=0$，$C_2=\frac{1}{2}$，即得 $f(x)=\frac{1}{2}(\sin x+x\cos x)$.

7. 已知二阶常系数非齐次线性微分方程 $y''+\alpha y'+\beta y=\gamma\mathrm{e}^x$ 的一个特解为 $y=\mathrm{e}^{2x}+(1+x)\mathrm{e}^x$，试确定常数 α,β,γ 的值，并求该方程的通解.

【参考解答】【方法1】 由特解 $y=\mathrm{e}^{2x}+\mathrm{e}^x+x\mathrm{e}^x$ 的结构，可视为通解

$$y=C_1\mathrm{e}^x+C_2\mathrm{e}^{2x}+x\mathrm{e}^x,$$

取 $C_1=1$，$C_2=1$ 的解. 由此可知原方程的特征根 $r_1=1$，$r_2=2$，于是特征方程为 $(r-1)(r-2)=0$，即 $r^2-3r+2=0$，即 $\alpha=-3$，$\beta-2$，将 $y^*=x\mathrm{e}^x$ 代入方程 $y''-3y'+2y=\gamma\mathrm{e}^x$ 得 $(x+2)\mathrm{e}^x-3(x+1)\mathrm{e}^x+2x\mathrm{e}^x=\gamma\mathrm{e}^x\Leftrightarrow-\mathrm{e}^x=\gamma\mathrm{e}^x$，即 $\gamma=-1$，且原方程的通解为 $y=C_1\mathrm{e}^x+C_2\mathrm{e}^{2x}+x\mathrm{e}^x$.

【方法2】 直接将 $y=\mathrm{e}^{2x}+(1+x)\mathrm{e}^x$，$y'=2\mathrm{e}^{2x}+(2+x)\mathrm{e}^x$，$y''=4\mathrm{e}^{2x}+(3+x)\mathrm{e}^x$ 代入原方程得

$$(4+2\alpha+\beta)e^{2x}+(3+2\alpha+\beta)e^{x}+(1+\alpha+\beta)xe^{x}=\gamma e^{x},$$

比较同类项的系数得$\begin{cases}4+2\alpha+\beta=0\\3+2\alpha+\beta=\gamma\\1+\alpha+\beta=0\end{cases}$，解得 $\alpha=-3,\beta=2,\gamma=-1$，即原方程为 $y''-3y'+2y=-e^{-x}$，特征方程为 $r^2-3r+2=0$，特征根 $r_1=1,r_2=2$，故齐次线性方程的通解为 $Y=C_1e^x+C_2e^{2x}$.

由题设特解知，原方程的通解为

$$y=C_1e^x+C_2e^{2x}+[e^{2x}+(1+x)e^x]=C_3e^x+C_4e^{2x}+xe^x.$$

8. 设函数 $y=y(x)$ 满足微分方程 $y''-3y'+2y=2e^x$，且其图形在点(0,1)处的切线与曲线 $y=x^2-x+1$ 在该点的切线重合，求函数 $y(x)$.

【参考解答】 方程为二阶常系数线性微分方程，其特征方程为 $r^2-3r+2=0$，特征根为 $r_1=1,r_2=2$，故对应齐次线性微分方程的通解为 $Y=C_1e^x+C_2e^{2x}$.

设方程特解为 $y^*=Axe^x$，代入原方程得 $A=-2$，故原常系数非齐次线性微分方程的通解为 $y=Y+y^*=C_1e^x+C_2e^{2x}-2xe^x$.

由于图形在点(0,1)处的切线与曲线 $y=x^2-x+1$ 在该点的切线重合，所以有

$$y(0)=1,\quad y'(0)=(x^2-x+1)'_{x=0}=-1,$$

代入通解表达式，可得$\begin{cases}C_1+C_2=1\\C_1+2C_2=1\end{cases}$，由此可得$\begin{cases}C_1=1\\C_2=0\end{cases}$，所以

$$y(x)=e^x-2xe^x=e^x(1-2x).$$

考研与竞赛练习

1. 设 $y=y(x)$ 是二阶常系数微分方程 $y''+py'+qy=e^{3x}$ 满足初值条件 $y(0)=y'(0)=0$ 的特解，则当 $x\to0$ 时，函数$\dfrac{\ln(1+x^2)}{y(x)}$的极限(　　).

(A) 不存在　　(B) 等于 1　　(C) 等于 2　　(D) 等于 3

【参考解答】 由将 $x=0$ 及 $y(0)=y'(0)=0$ 代入微分方程，得 $y''(0)=1$. 并且由微分方程等式可知函数具有三阶以上导数. 由洛必达法则以及二阶导函数的连续性得 $\lim\limits_{x\to0}\dfrac{\ln(1+x^2)}{y(x)}=\lim\limits_{x\to0}\dfrac{x^2}{y(x)}=\lim\limits_{x\to0}\dfrac{2x}{y'(x)}=\lim\limits_{x\to0}\dfrac{2}{y''(x)}=2$，故正确选项为(C).

【注】 由以上结果可得 $y(x)$的二阶带皮亚诺余项的麦克劳林公式为

$$y(x)=y(0)+y'(0)x+y''(0)\frac{x^2}{2}+o(x^2)=\frac{x^2}{2}+o(x^2),$$

代入极限式得$\lim\limits_{x\to0}\dfrac{\ln(1+x^2)}{y(x)}=\lim\limits_{x\to0}\dfrac{x^2}{\dfrac{x^2}{2}+o(x^2)}=2.$

2. 求下列方程的通解.

(1) $y''+4y'+4y=e^{ax}\ (a\in\mathbb{R})$；(2) $y''-y'=\cos^2x+2^x$.

【参考解答】　(1) 特征方程为 $r^2+4r+4=0$,特征根为 $r_{1,2}=-2$,故对应齐次线性方程的通解为 $Y=e^{-2x}(C_1+C_2x)$.

若 $a=-2$,设方程有特解为 $y^*=Ax^2e^{-2x}$,代入方程得 $A=\frac{1}{2}$,于是 $y^*=\frac{1}{2}x^2e^{-2x}$.故方程通解为 $y=Y+y^*=e^{-2x}\left(C_1+C_2x+\frac{1}{2}x^2\right)$.

若 $a\neq-2$ 时,设方程有特解为 $y^*=Ae^{ax}$,代入方程得 $A=\frac{1}{(a+2)^2}$,于是 $y^*=\frac{e^{ax}}{(a+2)^2}$.故方程通解为 $y=Y+y^*=e^{-2x}(C_1+C_2x)+\frac{e^{ax}}{(a+2)^2}$.

(2) 特征方程为 $r^2-r=0$,特征根为 $r_1=0,r_2=1$,故对应齐次线性微分方程的通解为 $Y=C_1+C_2e^x$.

又自由项 $f(x)=\cos^2x+2^x=\frac{1}{2}+\frac{1}{2}\cos2x+e^{x\ln2}$,于是有设 $y''-y'=\frac{1}{2}$ 有特解 $y_1^*=Ax$,代入方程得 $A=-\frac{1}{2}$,$y_1^*=-\frac{x}{2}$.

设 $y''-y'=\frac{1}{2}\cos2x$ 有特解 $y_2^*=B\cos2x+D\sin2x$,代入方程得 $B=-\frac{1}{10}$,$D=-\frac{1}{20}$,$y_2^*=-\frac{2\cos2x+\sin2x}{20}$.

设 $y''-y'=e^{x\ln2}$ 有特解 $y_3^*=Ee^{x\ln2}=E2^x$,代入方程得 $E=\frac{1}{(\ln2)^2-\ln2}$,$y_3^*=\frac{2^x}{(\ln2)^2-\ln2}$.

于是由叠加原理知原方程有特解 $y^*=-\frac{x}{2}-\frac{2\cos2x+\sin2x}{20}+\frac{2^x}{(\ln2)^2-\ln2}$,方程通解为 $y=Y+y^*=C_1+C_2e^x-\frac{x}{2}-\frac{2\cos2x+\sin2x}{20}+\frac{2^x}{(\ln2)^2-\ln2}$.

3. 设函数 $f(x)$,$g(x)$满足,$f'(x)=g(x)$,$g'(x)=2e^x-f(x)$,且 $f(0)=0$,$g(0)=2$,求 $I=\int_0^\pi\left[\frac{g(x)}{1+x}-\frac{f(x)}{(1+x)^2}\right]dx$.

【参考解答】　由 $f'(x)=g(x)$,$g'(x)=2e^x-f(x)$,得

$$f''(x)+f(x)=2e^x,\quad f(0)=0,\quad f'(0)=2.$$

微分方程为二阶常系数线性微分方程,对应的齐次方程的特征方程为 $r^2+1=0$,特征根为 $r=\pm i$,通解为 $Y=C_1\cos x+C_2\sin x$.

设原方程有特解为 $y^*=ae^x$,代入原方程得 $a=1$,于是原非齐次线件微分方程的通解为 $f(x)=C_1\cos x+C_2\sin x+e^x$.

代入 $f(0)=0$,$f'(0)=2$,得 $C_1=-1$,$C_2=1$,即 $f(x)=\sin x-\cos x+e^x$.于是有

$$I=\int_0^{\pi}\frac{g(x)}{1+x}dx+\int_0^{\pi}f(x)d\left(\frac{1}{1+x}\right)=\int_0^{\pi}\frac{g(x)}{1+x}dx+\frac{f(x)}{1+x}\bigg|_0^{\pi}-\int_0^{\pi}\frac{f'(x)}{1+x}dx$$

$$=\frac{f(\pi)}{1+\pi}-f(0)+\int_0^{\pi}\frac{g(x)}{1+x}dx-\int_0^{\pi}\frac{g(x)}{1+x}dx=\frac{1+e^{\pi}}{1+\pi}.$$

4. 设函数 $y=y(x)$ 在 $(-\infty,+\infty)$ 内具有二阶导数,且 $y'\neq0$,$x=x(y)$ 是 $y=y(x)$ 的反函数. (1)试将 $x=x(y)$ 所满足的微分方程 $\frac{d^2x}{dy^2}+(y+\sin x)\left(\frac{dx}{dy}\right)^3=0$ 变换为 $y=y(x)$ 满足的微分方程;(2)求变换后的微分方程满足初始条件 $y(0)=0,y'(0)=\frac{3}{2}$ 的解.

【参考解答】 (1) 由反函数求导法可得

$$\frac{dx}{dy}=\frac{1}{y'},\quad \frac{d^2x}{dy^2}=\frac{d}{dy}\left(\frac{dx}{dy}\right)=\frac{d}{dx}\left(\frac{1}{y'}\right)\cdot\frac{dx}{dy}=\frac{-y''}{y'^2}\cdot\frac{1}{y'}=-\frac{y''}{y'^3}.$$

于是,原微分方程可化为二阶线性常系数非齐次微分方程

$$y''-y=\sin x. \tag{1}$$

(2) 对应齐次线性微分方程的特征方程为 $r^2-1=0$,特征值为 $r_{1,2}=\pm1$,所以齐次线性微分方程的通解为 $Y=C_1e^x+C_2e^{-x}$.

设非齐次线性微分方程的特解为 $y^*=A\cos x+B\sin x$,将其代入方程(1),整理并比较 $\cos x,\sin x$ 的系数得 $A=0,B=-\frac{1}{2}$,即 $y^*=-\frac{1}{2}\sin x$.

综上可得方程(1)的通解为 $y=Y+y^*=C_1e^x+C_2e^{-x}-\frac{1}{2}\sin x$.

代入初值条件 $y(0)=0,y'(0)=\frac{3}{2}$ 可得 $C_1=1,C_2=-1$,得所求特解为 $y=e^x-e^{-x}-\frac{1}{2}\sin x$.

5. 设函数 $y=y(x)$ 是区间 $(-\pi,\pi)$ 内过点 $\left(-\frac{\pi}{\sqrt2},\frac{\pi}{\sqrt2}\right)$ 的光滑曲线,当 $-\pi<x<0$ 时,曲线上任一点处的法线都过原点,当 $0\leqslant x<\pi$ 时,函数 $y(x)$ 满足 $y''+y+x=0$. 求 $y(x)$ 的表达式.

【参考解答】 (1) 曲线 $y=y(x)(-\pi<x<0)$ 在其上任意点 (x,y) 处的切线斜率为 $\frac{dy}{dx}$,由法线过原点知法线斜率为 $\frac{dy}{dx}$,所以 $\frac{dy}{dx}=-\frac{x}{y}$,解该微分方程得 $x^2+y^2=C$.

由初始条件 $y\left(-\frac{\pi}{\sqrt2}\right)=\frac{\pi}{\sqrt2}$ 得 $C=\pi^2$,所以 $y=\sqrt{\pi^2-x^2}\,(-\pi<x<0)$.

(2) 因为二阶线性常系数齐次微分方程 $y''+y=0$ 的通解为 $Y=C_1\cos x+C_2\sin x$,而 $y''+y=-x$ 有特解 $y^*=-x$,故 $y''+y=-x\,(0\leqslant x<\pi)$ 的通解为 $y=C_1\cos x+C_2\sin x-x$,且有 $y'=-C_1\sin x+C_2\cos x-1$.

由于曲线 $y=y(x)$ 是光滑的,所以 $y(x)$ 连续且可导,则 $y(x)$ 在点 $x=0$ 处连续且可

导，因此，由上式可得

$$y(0)=\lim_{x\to 0^-}y(x)=\lim_{x\to 0^-}\sqrt{\pi^2-x^2}=\pi,$$

$$y'(0)=y'_-(0)=\lim_{x\to 0^-}\frac{\sqrt{\pi^2-x^2}-\pi}{x}=0,$$

将其代入上式可得 $C_1=\pi$，$C_2=1$，故 $y=\pi\cos x+\sin x-x\,(0\leqslant x<\pi)$.

于是，所求函数为 $y=\begin{cases}\sqrt{\pi^2-x^2}, & -\pi<x<0\\ \pi\cos x+\sin x-x, & 0\leqslant x<\pi\end{cases}$.

6. 已知函数 $f(x)$ 满足方程组 $\begin{cases}f''(x)+f'(x)-2f(x)=0\\ f''(x)+f(x)=2e^x\end{cases}$，(1)求 $f(x)$ 的表达式；(2)求曲线 $y=f(x^2)\int_0^x f(-t^2)\,dt$ 的拐点.

【参考解答】 (1) 因为方程 $f''(x)+f'(x)-2f(x)=0$ 的特征方程为 $r^2+r-2=0$，特征根为 $r_1=-2$，$r_2=1$，通解为 $f(x)=C_1e^{-2x}+C_2e^x$.

将其代入方程 $f''(x)+f(x)=2e^x$，整理得 $5C_1e^{-2x}+2C_2e^x=2e^x$.

比较系数得 $C_1=0$，$C_2=1$，即 $f(x)=e^x$.

(2) 由(1)可得曲线方程为 $y=e^{x^2}\cdot\int_0^x e^{-t^2}\,dt$. 对其求一阶、二阶导数，得

$$y'=2xe^{x^2}\cdot\int_0^x e^{-t^2}\,dt+1,\quad y''=2(2x^2+1)e^{x^2}\int_0^x e^{-t^2}\,dt+2x,$$

令 $y''=0$ 可得 $x=0$，并且当 $x<0$，$y''<0$；$x>0$，$y''>0$，所以曲线有唯一的拐点 $(0,0)$.

练习 39　特殊微分方程解法举例

训练目的

了解几种特殊微分方程的解法.

基础练习

1. 求下列方程的通解.

(1) $\dfrac{dy}{dx}-\dfrac{y+1}{x+1}=x+1$.　(2) $y'y'''=3y''^2$.

(3) $xyy''+xy'^2=3yy'$.　(4) $(2x-1)^2y''-4(2x-1)y'+8y=8x$.

【参考解答】 (1) 令 $X=x+1$，$Y=y+1$，则 $dy=dY$，$dx=dX$，方程可化为 $\dfrac{dY}{dX}-\dfrac{Y}{X}=X$，由一阶非齐次线性微分方程通解公式有

$$Y=e^{\int\frac{dX}{X}}\left[\int X\cdot e^{-\int\frac{dX}{X}}dX+C'\right]=X\left(\int dX+C'\right)=X(X+C'),$$

将 $X=x+1,Y=y+1$ 代入上面通解得原方程通解为 $y=(x+1)(x+C)-1$.

(2)【方法 1】 令 $z=y'$,方程化为 $zz''=3(z')^2$,再令 $z'=p(z)$,则 $z''=p\dfrac{dp}{dz}$,方程化为 $zp\dfrac{dp}{dz}=3p^2\Rightarrow\dfrac{1}{p}dp=\dfrac{3}{z}dz$. 积分得 $\ln|p|=3\ln|z|+\ln|C_1|$,整理得 $z'=C_1z^3\Rightarrow\dfrac{dz}{dx}=C_1z^3\Rightarrow\dfrac{dz}{z^3}=C_1dx$,积分得 $-\dfrac{1}{2z^2}=C_1x+C_2\Rightarrow z=\pm\dfrac{1}{\sqrt{C_1x+C_2}}\Rightarrow dy=\pm\dfrac{dx}{\sqrt{C_1x+C_2}}$,再积分得方程通解为 $y=\pm\dfrac{2\sqrt{C_1x+C_2}}{C_1}+C_3$,整理得方程通解可化为 $x=C_1y^2+C_2y+C_3$.

【方法 2】 交换因变量与自变量地位. 将

$$y'(x)=\frac{1}{x'(y)},\quad y''(x)=-\frac{x''(y)}{x'^3(y)},\quad y'''(x)=\frac{3x''^2(y)-x'''(y)x'(y)}{x'^5(y)},$$

代入原方程化为 $\dfrac{1}{x'(y)}\cdot\dfrac{3x''^2(y)-x'''(y)x'(y)}{x'^5(y)}=3\dfrac{x''^2(y)}{x'^6(y)}\Rightarrow x'''(y)x'(y)=0$,即有 $x'''(y)=0$ 或 $x'(y)=0$(包含于第一个等式中),对 $x'''(y)=0$ 连续积分得原方程通解为 $x(y)=C_1y^2+C_2y+C_3$.

(3)【方法 1】 方程可变形为 $x(yy')'=3yy'$,令 $yy'=u$,方程化为 $x\dfrac{du}{dx}=3u$,分离变量得 $\dfrac{du}{u}=\dfrac{3dx}{x}$,积分得 $\ln|u|=3\ln|x|+\ln|C_1|\Rightarrow yy'=C_1x^3$,再分离变量得 $ydy=C_1x^3dx$,积分整理得方程通解为 $y^2=C_1x^4+C_2$.

【方法 2】 令 $u=y^2$,则有 $\dfrac{du}{dx}=2yy'$,$\dfrac{d^2u}{dx^2}=2(y')^2+2yy''$,代入原方程,方程化为 $xu''=3u'$,令 $u'=p(x)$,则有 $x\dfrac{dp}{dx}=3p$,用分离变量积分得 $\dfrac{dp}{p}=\dfrac{3dx}{x}$,积分得 $\ln|p|=3\ln|x|+\ln|C_1|\Rightarrow\dfrac{du}{dx}=C_1x^3$,积分整理得方程通解为 $u=y^2=C_1x^4+C_2$.

【方法 3】 分析方程三项的结构,由于 $(xyy')'=yy'+xy'^2+xyy''$,故原方程可以改写为 $(xyy')'=4yy'$,于是令 $xyy'=u(x)$,$yy'=\dfrac{u}{x}$,方程可化为可分离变量方程 $\dfrac{du}{dx}=4\dfrac{u}{x}\Rightarrow\dfrac{du}{u}=4\dfrac{dx}{x}$,积分得 $u=C_1x^4=xyy'$,再分离变量有 $C_1x^3dx=ydy$,积分得 $\dfrac{C_1}{4}x^4=\dfrac{1}{2}y^2+C_2$,于是方程通解为 $y^2=C_3x^4+C_4$.

(4) 令 $2x-1=t$,则 $\dfrac{dy}{dx}=\dfrac{dy}{dt}\dfrac{dt}{dx}=2\dfrac{dy}{dt}$,$\dfrac{d^2y}{dx^2}=4\dfrac{d^2y}{dt^2}$,代入原方程整理得欧拉方程 $t^2\dfrac{d^2y}{dt^2}-2t\dfrac{dy}{dt}+2y=t+1$,由欧拉方程的求解方法,令 $t=e^u$,$u=\ln t$,于是 $\dfrac{dy}{dt}=\dfrac{dy}{du}\cdot\dfrac{du}{dt}=\dfrac{1}{u}\dfrac{dy}{du}$,$\dfrac{d^2y}{dt^2}=-\dfrac{1}{u^2}\dfrac{dy}{du}+\dfrac{1}{u}\cdot\dfrac{d^2y}{du^2}\cdot\dfrac{du}{dt}=\dfrac{1}{u^2}\left(\dfrac{d^2y}{du^2}-\dfrac{dy}{du}\right)$,化为关于 u 变量的线性微分方程

$\frac{d^2y}{du^2}-3\frac{dy}{du}+2y=e^u+1.$

其特征方程为 $r^2-3r+2=0$，得特征根为 $r_1=1, r_2=2$. 对应齐次方程的通解为 $Y=C_1e^u+C_2e^{2u}$.

设非齐次线性微分方程有特解为 $y^*=Aue^u+B$，代入非齐次线性微分方程比较系数得 $A=-1, B=\frac{1}{2}$. 于是方程通解为

$$\begin{aligned}y&=Y+y^*=C_1e^u+C_2e^{2u}-ue^u+\frac{1}{2}=C_1t+C_2t^2-t\ln t+\frac{1}{2}\\&=C_1(2x-1)+C_2(2x-1)^2-(2x-1)\ln|2x-1|+\frac{1}{2}.\end{aligned}$$

综合练习

2. (1) 利用代换 $y=\frac{u}{\cos x}$ 将方程 $y''\cos x-2y'\sin x+3y\cos x=e^x$ 化简，并求出原方程的通解.

(2) 作适当代换将方程 $y''\sin x+2y'\cos x+3y\sin x=e^x$ 化简，并求出原方程的通解.

【参考解答】 (1) 由 $y=u\sec x$，得 $y'=u'\sec x+u\sec x\tan x$,

$$y''=u''\sec x+2u'\sec x\tan x+u\sec x\tan^2x+u\sec^3x,$$

代入原方程化为二阶常系数非齐次线性微分方程 $u''+4u=e^x$.

特征方程为 $r^2+4=0$，特征根为 $r=\pm 2i$，其通解为 $u=C_1\cos 2x+C_2\sin 2x$.

设 $u''+4u=e^x$ 特解为 $y^*=Ae^x$，代入可得 $A=\frac{1}{5}$.

于是得方程 $u''+4u=e^x$ 的通解为 $u=C_1\cos 2x+C_2\sin 2x+\frac{e^x}{5}$.

回代 $u=y\cos x$，得原方程的通解为 $y=\frac{C_1\cos 2x+C_2\sin 2x}{\cos x}+\frac{e^x}{5\cos x}$.

(2) 考察微分方程结构，令 $u=y\sin x$，则 $y=u\csc x$. 于是

$$y'=u'\csc x-u\cot x\csc x,$$

$$y''=-2u'\cot x\csc x+u''\csc x+u\csc^3x+u\cot^2x\csc x,$$

代入原方程化为二阶常系数非齐次线性微分方程 $u''+4u=e^x$.

特征方程为 $r^2+4=0$，特征根为 $r=\pm 2i$，其通解为 $u=C_1\cos 2x+C_2\sin 2x$.

设 $u''+4u=e^x$ 的特解为 $y^*=Ae^x$，代入可得 $A=\frac{1}{5}$.

于是得方程 $u''+4u=e^x$ 的通解为 $u=C_1\cos 2x+C_2\sin 2x+\frac{e^x}{5}$.

回代 $u=y\sin x$，得原方程的通解为

$$y=\frac{C_1\cos 2x+C_2\sin 2x}{\sin x}+\frac{e^x}{5\sin x}.$$

考研与竞赛练习

1. 求下列微分方程的通解.

(1) $(x+2)^2y''-2(x+2)y'+2y=x$;　　(2) $(y')^2+xy'-y=0$.

【参考解答】 (1) 令 $u=x+2$,方程化为欧拉方程 $u^2\dfrac{d^2y}{du^2}-2u\dfrac{dy}{du}+2y=u-2$.

令 $u=e^t$,即 $t=\ln u$,则 $\dfrac{dy}{du}=\dfrac{dy}{dt}\cdot\dfrac{dt}{du}=\dfrac{1}{u}\dfrac{dy}{dt}$,$\dfrac{d^2y}{du^2}=\dfrac{1}{u^2}\left(\dfrac{d^2y}{dt^2}-\dfrac{dy}{dt}\right)$,则方程为常系数线性方程$\dfrac{d^2y}{dt^2}-3\dfrac{dy}{dt}+2y=e^t-2$,特征根为 $r_1=1,r_2=2$.

令其特解为 $y^*=Ate^t+B$,代入方程得 $A=-1,B=-1$,故所求通解为

$$\begin{aligned}y&=C_1e^t+C_2e^{2t}-te^t-1=C_1u+C_2u^2-u\ln u-1\\&=C_1(x+2)+C_2(x+2)^2-(x+2)\ln|x+2|-1.\end{aligned}$$

(2)【方法1】 升阶法.对方程两端关于 x 求导得

$$2y'y''+y'+xy''-y'=0,\quad 即(2y'+x)y''=0.$$

因此得 $y''=0$ 或 $2y'+x=0$.

① $y''=0$:得 $y=C_1x+C_2$,其中 C_1,C_2 为任意常数,代入原方程得 $C_2=C_1^2$,即 $y=C_1x+C_1^2$.

② $2y'+x=0$:得 $y=-\dfrac{1}{4}x^2+C$,同样代入原方程,得 $C=0$,即方程的解为 $y=-\dfrac{1}{4}x^2$.

【注1】 如果仅仅求原方程的通解,则可视方程通解为 $y=C_1x+C_1^2$,即包含与微分方程阶数相同个数,且相互独立的任意常数的微分方程的解.而 $y=-\dfrac{1}{4}x^2$ 也是微分方程的解,但不包含在通解中,这样的解为微分方程的奇异解.求通解一般不需要考虑.

【注2】 微分方程$(2y'+x)y''=0$ 也为第二类可降解的微分方程,令 $y'=p(x)$,类似可得上述结论.

【注3】 对方程 $y'^2+xy'-y=0$ 两端关于 y 求导,也可得到二阶微分方程,即

$$2y'y''\frac{dx}{dy}+\frac{dx}{dy}y'+xy''\frac{dx}{dy}-1=0,$$

由于 $y'\dfrac{dx}{dy}=1$,所以$(2y'+x)y''=0$.

【方法2】 解以 y'为未知数的二次方程,得

$$y'=\frac{-x\pm\sqrt{x^2+4y}}{2},\tag{1}$$

做变换 $u^2=x^2+4y$,求关于 x 的导数,得 $uu'=x+2y'$.

由式(1)得 $y'=\dfrac{-x\pm u}{2}$.由两式消去 x,y',得$(u'\pm1)u=0$,即 $u=0$ 或 $u'=\pm1$.

① $u=0$：得 $y=-\frac{1}{4}x^2$；

② $u'=\pm1$：得 $u=\pm x+C_1$，即

$$y=\frac{u^2-x^2}{4}=\pm\frac{C_1}{2}x+\frac{C_1^2}{4}=Cx+C^2\left(C\triangleq\pm\frac{C_1}{2}\right).$$

2. 求在第一象限中的一条曲线，使其上每一点处的切线与两坐标轴所围成的三角形的面积均等于2.

【参考解答】 设所求的曲线方程为 $y=y(x)$，在点(x,y)的切线方程为

$$Y-y=y'(X-x),$$

其在 x 轴和 y 轴上的截距为 $a=x-\frac{y}{y'}$，$b=y-xy'$.

依题意得 $\left(x-\frac{y}{y'}\right)(y-xy')=\pm4$，整理得到微分方程

$$(y-xy')^2\pm4y'=0. \tag{1}$$

【方法1】 对方程两端对 x 求导得 $2(x^2y'-xy\pm2)y''=0$.

(1) $y''=0$，得 $y=C_1x+C_2$，代入方程(1)有 $4C_1+C_2^2=0$，于是 $y=-\frac{C^2}{4}x+C$；

(2) $x^2y'-xy\pm2=0$，可化为一阶线性微分方程 $y'-\frac{1}{x}y=\pm\frac{2}{x^2}$，其通解为

$$y=\mathrm{e}^{\int\frac{1}{x}\mathrm{d}x}\left(\int\pm\frac{2}{x^2}\mathrm{e}^{-\int\frac{1}{x}\mathrm{d}x}\mathrm{d}x+C\right)=Cx\pm\frac{1}{x}.$$

代入方程(1)有 $C=0$，于是有 $y=\pm\frac{1}{x}$，又曲线在第一象限，取曲线为 $y=\frac{1}{x}(x>0)$.

【方法2】 解$(y-xy')^2+4y'=0$ 关于 y 的方程，得 $y=xy'\pm2\sqrt{-y'}$. 这是克莱罗方程，可得通解为 $y=Cx+f(C)=Cx\pm2\sqrt{-C}$.

解方程组 $\begin{cases}x=-f'(p)=\dfrac{1}{\sqrt{-p}}\\ y=-pf'(p)+f(p)=p\dfrac{1}{\sqrt{-p}}\pm2\sqrt{-p}\end{cases}$.

消去 p，得特解 $xy=1$(包络). 由于题目只要求第一象限中的一条曲线，因此曲线可以取

$$y=\frac{1}{x}(x>0).$$

3. 求微分方程 $y''+y'-2y=\frac{\mathrm{e}^x}{1+\mathrm{e}^x}$ 的通解.

【参考解答】【方法1】 令 $u=y'+ay$，$u'+bu=y''+y'-2y$

代入原方程有 $u'+bu=y''+(a+b)y'+aby$，所以 $\begin{cases}a+b=1\\ab=-2\end{cases}$，解方程组得

$\begin{cases}a=-1\\b=2\end{cases}$ 或 $\begin{cases}a=2\\b=-1\end{cases}$.

取 $a=-1,b=2$，原方程对应一阶非齐次线性微分方程 $u'(x)+2u(x)=\dfrac{e^x}{1+e^x}$.

所以 $u(x)=e^{-\int 2dx}\left[\int \dfrac{e^x}{1+e^x}e^{\int 2dx}dx+C\right]=e^{-2x}\left[\int \dfrac{e^x}{1+e^x}e^{2x}dx+C\right]$，令 $t=e^x$，则

$$\int \frac{e^x}{1+e^x}e^{2x}dx=\int \frac{(e^x)^2}{1+e^x}de^x=\int \frac{t^2}{1+t}dt=\int \frac{t^2-1+1}{1+t}dt$$

$$=\int\left[t-1+\frac{1}{1+t}\right]dt=\frac{t^2}{2}-t+\ln(1+t)+C=\frac{e^{2x}}{2}-e^x+\ln(1+e^x)+C.$$

所以 $y'-y=u(x)=\dfrac{1}{2}-e^{-x}+e^{-2x}\ln(1+e^x)+Ce^{-2x}$.

再由非齐次的一阶线性微分方程通解计算公式：

$P(x)=-1,\quad e^{-\int P(x)dx}=e^x,\quad e^{\int P(x)dx}=e^{-x},$

$Q(x)=\dfrac{1}{2}-e^{-x}+e^{-2x}\ln(1+e^x)+C_1e^{-2x},$

$$\int Q(x)e^{\int P(x)dx}dx=\int\left[\frac{1}{2}e^{-x}-e^{-2x}+e^{-3x}\ln(1+e^x)+C_1e^{-3x}\right]dx$$

$$=-\frac{1}{2e^x}+\frac{1}{2e^{2x}}-\frac{C_1}{3e^{3x}}-\frac{\ln(1+e^x)}{3e^{3x}}-\frac{1}{6e^{2x}}+\frac{1}{3e^x}+\frac{x}{3}-\frac{\ln(1+e^x)}{3}+C_2$$

$$=-\frac{1}{6e^x}+\frac{1}{3e^{2x}}-\frac{C_1}{e^{3x}}-\frac{\ln(1+e^x)}{3e^{3x}}+\frac{x}{3}-\frac{\ln(1+e^x)}{3}+C_2,$$

其中 $I=\int e^{-3x}\ln(1+e^x)dx=\int \dfrac{\ln(1+e^x)}{e^{4x}}de^x$，令 $e^x=t$ 有

$$I=\int \frac{\ln(1+t)}{t^4}dt=-\frac{1}{3}\int \ln(1+t)d\left(\frac{1}{t^3}\right)=-\frac{1}{3}\frac{\ln(1+t)}{t^3}+\frac{1}{3}\int\frac{dt}{t^3(1+t)}$$

$$=-\frac{1}{3}\frac{\ln(1+t)}{t^3}+\frac{1}{3}\int\left(\frac{1}{t^3}-\frac{1}{t^2}-\frac{1}{t+1}+\frac{1}{t}\right)dt$$

$$=-\frac{1}{3}\frac{\ln(1+t)}{t^3}+\frac{1}{3}\left[-\frac{1}{2t^2}+\frac{1}{t}+\ln t-\ln(1+t)+C\right]$$

$$=-\frac{1}{3}\frac{\ln(1+e^x)}{e^{3x}}-\frac{1}{6e^{2x}}+\frac{1}{3e^x}+\frac{x}{3}-\frac{\ln(1+e^x)}{3}+C,$$

所以 $y(x)=e^{-\int P(x)dx}\left[\int Q(x)e^{\int P(x)dx}dx+C\right]$

$$=-\frac{1}{6}+\frac{1}{3e^x}-\frac{C_1}{e^{2x}}-\frac{\ln(1+e^x)}{3e^{2x}}+\frac{xe^x}{3}-\frac{e^x\ln(1+e^x)}{3}+C_2e^x.$$

【方法 2】 方程可化为 $y''+2y'-y'-2y=(y'+2y)'-(y'+2y)=\dfrac{e^x}{1+e^x}$，于是令 $v=$

$y'+2y$，方程化为一阶线性微分方程 $v'-v=\dfrac{e^x}{1+e^x}$，由通解公式有

$$y'+2y=v=e^{\int dx}\left[\int\frac{e^x}{1+e^x}e^{-\int dx}dx+C_1\right]=e^x\left[\int\frac{e^{-x}}{1+e^{-x}}dx+C_1\right]$$

$$=e^x[C_1-\ln(1+e^{-x})],$$

于是再由一阶线性微分方程通解公式有

$$y=e^{-\int 2dx}\left\{\int e^x[C_1-\ln(1+e^{-x})]e^{\int 2dx}dx+C_2\right\}=e^{-2x}\left\{\int[C_1e^{3x}-e^{3x}\ln(1+e^{-x})]dx+C_2\right\}$$

$$=\frac{C_1}{3}e^x-\frac{e^x\ln(1+e^x)}{3}+\frac{xe^x}{3}-\frac{1}{6}-\frac{1}{3e^x}-\frac{\ln(1+e^x)}{3e^{2x}}-\frac{C_2}{e^{2x}}.$$

其中

$$\int e^{3x}\ln(1+e^{-x})dx=\frac{e^{3x}}{3}\ln(1+e^{-x})+\frac{1}{3}\int\frac{e^{3x}dx}{1+e^x}$$

$$=\frac{e^{3x}}{3}\ln(1+e^{-x})+\frac{1}{3}\int\left(e^x+1+\frac{1}{1+e^x}\right)de^x$$

$$=\frac{e^{3x}\ln(1+e^x)}{3}-\frac{xe^{3x}}{3}+\frac{e^{2x}}{6}+\frac{e^x}{3}+\frac{\ln(1+e^x)}{3}+C.$$

4. 设 $f(x)$ 在 $[0,+\infty)$ 上是有界连续函数，证明：方程 $y''+14y'+13y=f(x)$ 的每一个解在 $[0,+\infty)$ 上都是有界函数.

【参考解答】 对应的齐次线性方程的通解为 $y=C_1e^{-x}+C_2e^{-13x}$.

又由 $y''+14y'+13y=f(x)$ 得 $(y''+y')+13(y'+y)=f(x)$.

令 $y_1=y'+y$，则 $y_1'+13y_1=f(x)$，解得 $y_1=e^{-13x}\left(\int_0^x f(t)e^{13t}dt+C_3\right)$.

同理，由 $y''+14y'+13y=f(x)$ 得 $(y''+13y')+(y'+13y)=f(x)$.

令 $y_2=y'+13y$，则 $y_2'+y_2=f(x)$，解得 $y_2=e^{-x}\left(\int_0^x f(t)e^t dt+C_4\right)$.

取 $C_3=C_4=0$，得 $\begin{cases}y'+y=e^{-13x}\int_0^x f(t)e^{13t}dt\\ y'+13y=e^{-x}\int_0^x f(t)e^t dt\end{cases}$.

由此解得原方程的一个特解为 $y^*=\dfrac{1}{12}e^{-x}\int_0^x f(t)e^t dt-\dfrac{1}{12}e^{-13x}\int_0^x f(t)e^{13t}dt$.

因此，原方程的通解为

$$y=C_1e^{-x}+C_2e^{-13x}+\frac{1}{12}e^{-x}\int_0^x f(t)e^t dt-\frac{1}{12}e^{-13x}\int_0^x f(t)e^{13t}dt.$$

因为 $f(x)$ 在 $[0,+\infty)$ 上有界，所以，存在 $M>0$，使得

$$|f(x)|\leqslant M,\quad 0\leqslant x<+\infty,$$

注意到当 $x\in[0,+\infty)$ 时，$0<e^{-x}\leqslant 1$，$0<e^{-13x}\leqslant 1$，所以

$$|y|\leqslant|C_1e^{-x}|+|C_2e^{-13x}|+\frac{1}{12}e^{-x}\left|\int_0^x f(t)e^t dt\right|+\frac{1}{12}e^{-13x}\left|\int_0^x f(t)e^{13t}dt\right|$$

$$\leqslant |C_1|+|C_2|+\frac{M}{12}\mathrm{e}^{-x}\int_0^x \mathrm{e}^t\,\mathrm{d}t+\frac{M}{12}\mathrm{e}^{-13x}\int_0^x \mathrm{e}^{13t}\,\mathrm{d}t$$

$$\leqslant |C_1|+|C_2|+\frac{M}{12}(1-\mathrm{e}^{-x})+\frac{M}{12\times 13}(1-\mathrm{e}^{-13x})$$

$$\leqslant |C_1|+|C_2|+\frac{M}{12}+\frac{M}{12\times 13}=|C_1|+|C_2|+\frac{7M}{78},$$

对方程每一个确定的解，常数 C_1,C_2 是固定的，所以，原方程的每一个解都是有界的.

5. 设函数 $y=y(x)$ 满足 $xy+\int_1^x[3y+t^2y''(t)]\mathrm{d}t=5\ln x$，$x\geqslant 1$ 且 $y'(1)=0$，求函数 $y(x)$ 的表达式.

【参考解答】 对已知等式两端令 $x=1$，得 $y(1)=0$. 对已知等式两端关于 x 求导得 $x^2y''+xy'+4y=\frac{5}{x}$，方程为欧拉方程.

令 $x=\mathrm{e}^t$，即 $t=\ln x$，于是 $y'=\frac{\mathrm{d}y}{\mathrm{d}x}=\frac{\mathrm{d}y}{\mathrm{d}t}\cdot\frac{\mathrm{d}t}{\mathrm{d}x}=\frac{1}{x}\frac{\mathrm{d}y}{\mathrm{d}t}$，

$$y''=-\frac{1}{x^2}\frac{\mathrm{d}y}{\mathrm{d}t}+\frac{1}{x}\cdot\frac{\mathrm{d}^2y}{\mathrm{d}t^2}\cdot\frac{\mathrm{d}t}{\mathrm{d}x}=\frac{1}{x^2}\left(\frac{\mathrm{d}^2y}{\mathrm{d}t^2}-\frac{\mathrm{d}y}{\mathrm{d}t}\right),$$

原方程化为 $\frac{\mathrm{d}^2y}{\mathrm{d}t^2}+4y=5\mathrm{e}^{-t}$. 对应齐次线性微分方程的特征根为 $r=\pm 2\mathrm{i}$.

令其特解为 $y^*=A\mathrm{e}^{-t}$，代入方程得 $A=1$，故所求通解为

$$y=C_1\cos 2t+C_2\sin 2t+\mathrm{e}^{-t}=C_1\cos(2\ln x)+C_2\sin(2\ln x)+\frac{1}{x},$$

代入初值条件，得 $C_1=-1,C_2=\frac{1}{2}$，故有 $y=-\cos(2\ln x)+\frac{1}{2}\sin(2\ln x)+\frac{1}{x}$.

练习 40 常微分方程的应用

训练目的

会根据实际问题建立微分方程模型，利用微分方程解决实际问题.

基础练习

1. 设单位质点在水平面内做直线运动，初速度 $v|_{t=0}=v_0$，已知阻力与速度成正比（比例系数为 1），则质点的运动速度函数 $v(t)$ 满足微分方程________，及初值条件________，解得 $v(t)=$________，且当 $t=$________时此质点的速度为 $\frac{v_0}{3}$.

【参考解答】 设质点的运动速度为 $v(t)$，则由牛顿第二定律，有 $m\frac{\mathrm{d}v}{\mathrm{d}t}=-v$. 又 $m=1$，所以 $v(t)$ 满足微分方程 $\frac{\mathrm{d}v}{\mathrm{d}t}=-v$，及初值条件 $v(0)=v_0$.

方程为可分离变量的微分方程,分离变量得$\frac{dv}{v}=-dt$,积分得$\ln|v|=-t+\ln|C|$,即有$v(t)=Ce^{-t}$,代入$v(0)=v_0$得$C=v_0$,所以$v(t)=v_0e^{-t}$.令$\frac{v_0}{3}=v_0e^{-t}$,解得$t=\ln 3$.

2. 在某一人群中推广新技术是通过其中已掌握新技术的人进行的.设该人群的总人数为N,在$t=0$时刻已掌握新技术的人数为x_0,在任意时刻t已掌握新技术的人数为$x(t)$(将$x(t)$视为连续可微变量),其变化率与已掌握新技术的人数和未掌握新技术的人数之积成正比,比例常数$k>0$,则函数$x(t)$满足微分方程________及初值条件________,解得$x(t)=$________,且$\lim\limits_{t\to+\infty}x(t)=$________.

【参考解答】 由已知可知$x(t)$满足微分方程$\frac{dx}{dt}=kx(N-x)(k>0)$,及初值条件$x(0)=x_0$.方程为可分离变量的微分方程,分离变量积分得$\int\frac{dx}{x(N-x)}=\int k\,dt$,即$\frac{1}{N}\int\left(\frac{1}{x}+\frac{1}{N-x}\right)dx=kt+C_1$,解得$\frac{x}{N-x}=Ce^{Nkt}$,代入初值$x(0)=x_0$,得$C=\frac{x_0}{N-x_0}$,整理得$x(t)=\frac{Nx_0e^{kNt}}{N-x_0+x_0e^{kNt}}$.于是$\lim\limits_{t\to+\infty}x(t)=\lim\limits_{x\to+\infty}\frac{Nx_0}{(N-x_0)e^{-kNt}+x_0}=N$.

3. 质量为10kg的物体悬挂于弹性系数为140N/m的弹簧下,它以1m/s的初始速度从平衡位置开始向上运动,运动中受外力$F(t)=5\sin t$及空气阻力$-90\frac{dx}{dt}$的作用.取平衡位置为原点,向上为x轴正方向建立坐标,t时刻物体位置为$x(t)$,则$x(t)$满足微分方程________,及初值条件________,解得$x(t)=$________.

【参考解答】 由牛顿第二定律得$m\frac{d^2x}{dt^2}=F(t)-90\frac{dx}{dt}-Kx$,整理得线性微分方程$\frac{d^2x}{dt^2}+9\frac{dx}{dt}+14x=\frac{1}{2}\sin t$,初值条件为$x(0)=0,x'(0)=1$,特征方程为$r^2+9r+14=0$,特征根为$r_1=-2,r_2=-7$,对应齐次线性方程通解为$X=C_1e^{-2t}+C_2e^{-7t}$.

设$x^*=A\cos t+B\sin t$为方程特解,代入方程有$A=-\frac{9}{500},B=\frac{13}{500}$,所以方程通解为$x(t)=C_1e^{-2t}+C_2e^{-7t}+\frac{-9\cos t+13\sin t}{500}$,代入初始条件$x(0)=0,x'(0)=1$得$C_1=\frac{11}{50}$,$C_2=-\frac{101}{500}$,于是物体运动方程为$x(t)=\frac{11}{50}e^{-2t}-\frac{101}{500}e^{-7t}+\frac{13\sin t-9\cos t}{500}$.

4. 某湖泊的水量为V,每年排入湖泊内含污染物A的污水量为$V/6$,流入湖泊内不含A的水量为$V/6$,流出湖泊的水量为$V/3$.已知1999年底湖水中A的含量为$5m_0$,超过国家规定指标,为治理污水,从2000年初起,限定排入湖泊中含A污水的浓度不超过m_0/V.问至多需经过多少年,湖泊中污染物A的含量降至m_0以内?(注:设湖水中A的浓度是均匀的.)

【参考解答】 设从 2000 年初($t=0$)开始，第 t 年湖泊中污染物 A 的总量为 $m(t)$，浓度为 $\frac{m}{V}$，则在时间间隔 $[t,t+\mathrm{d}t]$ 内，排入湖泊中 A 的量为 $\frac{m_0}{V}\cdot\frac{V}{6}\mathrm{d}t=\frac{m_0}{6}\mathrm{d}t$，流出湖泊的水中 A 的量为 $\frac{m}{V}\cdot\frac{V}{3}\mathrm{d}t=\frac{m}{3}\mathrm{d}t$. 因此时间间隔 $[t,t+\mathrm{d}t]$ 内湖泊中污染物中 A 总量 $m(t)$ 的改变量 $\mathrm{d}m=\left(\frac{m_0}{6}-\frac{m}{3}\right)\mathrm{d}t$，且满足初值条件 $m(0)=5m_0$.

方程为可分离变量方程，解得 $m=\frac{m_0}{2}-C\mathrm{e}^{-\frac{t}{3}}$. 代入初始条件得 $C=-\frac{9}{2}m_0$，即 $m(t)=\frac{m_0}{2}(1+9\mathrm{e}^{-t/3})$. 令 $m=m_0$，得 $t=6\ln 3$. 即至多需要经过 $6\ln 3$ 年，湖泊中污染物 A 的含量可降至 m_0 以内.

5. 小船从河边点 O 处出发驶向对岸(设两岸为平行直线)，设船速大小为 a，方向始终与河岸垂直，又设河宽为 h，河中任一点处的水流方向与河岸平行，流速大小 b 与该点到两岸距离的乘积成正比(比例系数为 $k>0$)，求小船的航行路线.

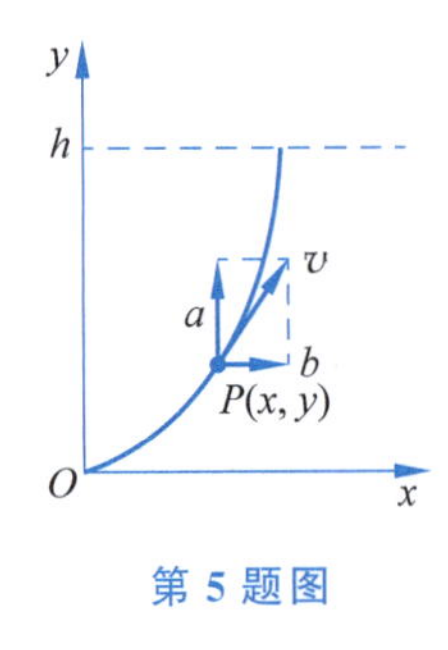

第 5 题图

【参考解答】 如图所示，设 t 时刻小船的位置为 $P(x,y)$，依题意可得 $\frac{\mathrm{d}x}{\mathrm{d}t}=ky(h-y)$，$\frac{\mathrm{d}y}{\mathrm{d}t}=a$，从而有 $\frac{\mathrm{d}x}{\mathrm{d}y}=\frac{k}{a}y(h-y)$，由分离变量积分得 $x=\frac{k}{a}\left(\frac{h}{2}y^2-\frac{y^3}{3}\right)+C$.

由已知有 $x|_{y=0}=0$，于是得 $C=0$，由此可得小船的航线路线为 $x=\frac{k}{a}\left(\frac{h}{2}-\frac{y}{3}\right)y^2$.

综合练习

6. 子弹以 400m/s 的速率水平射入厚为 20cm 的墙壁，在穿出的瞬间，子弹的速率为 100m/s. 墙对子弹的阻力与速率的平方成正比，求子弹穿过墙的时间.

【参考解答】 设子弹进墙的时刻为 $t=0$，设子弹在墙中的速度为 $v(t)$.

【方法 1】 由牛顿第二定律可得 $mc=-kv^2,(k>0)$，即 $\frac{\mathrm{d}v}{\mathrm{d}t}=-\frac{k}{m}v^2$，分离变量积分解得 $v=\frac{m}{kt+Cm}$，由 $v(0)=400$ 得 $C=\frac{1}{400}$，从而 $v=\frac{400m}{m+400kt}$.

因而子弹在墙中穿过的距离为 $S(t)=S(0)+\int_0^t v(t)\mathrm{d}t=\frac{m}{k}\ln\left(1+400\frac{k}{m}t\right)$，当 $v=100\text{m/s}$ 时，$s=0.2\text{m}$，求得 $\frac{k}{m}=5\ln 4$，因此 $v=\frac{400}{1+2000t\ln 4}$，$S(t)=\frac{1}{5\ln 4}\ln(1+2000t\ln 4)$，由 $S(t)=0.2$ 解得 $t=\frac{3}{2000\ln 4}\approx 0.0011(\text{s})$.

【方法 2】 设子弹在墙壁中经过的路程为 $x(t)$，由牛顿第二定律可得 $m\frac{dv}{dt}=-kv^2$ $(k>0)$，且 $\frac{dv}{dt}=\frac{dv}{dx}\frac{dx}{dt}=\frac{dv}{dx}v$ 从而 $m\frac{dv}{dx}=-kv$，解得 $v(x)=C_1e^{-kx/m}$，由 $v(0)=400$ 得 $C_1=400$，从而 $v(x)=400e^{-kx/m}$.

又由 $v(0.2)=100$ 得 $\frac{k}{m}=5\ln4$. 所以有 $v(x)=400e^{-(5\ln4)x}$，即有 $\frac{dx}{dt}=400e^{-(5\ln4)x}$，积分得 $\frac{e^{(5\ln4)x}}{5\ln4}=400t+C_2$，由 $x(0)=0$ 得 $C_2=\frac{1}{5\ln4}$，于是 $e^{(5\ln4)x}=(2000\ln4)t+1$.

当 $x=0.2$ 时，$t=\frac{3}{2000\ln4}\approx0.0011(s)$，即子弹穿过墙的时间为 $\frac{3}{2000\ln4}$s.

7. 一个离地面很高的物体，受地球引力作用由静止开始落向地面，求它落到地面时的速度和所需时间(不计空气阻力)$\left(提示：\int\sqrt{\frac{y}{l-y}}dy=-\sqrt{ly-y^2}-l\arccos\sqrt{\frac{y}{l}}+C\right)$.

【参考解答】 以地球球心为原点，竖直向上为 y 轴，如图所示.

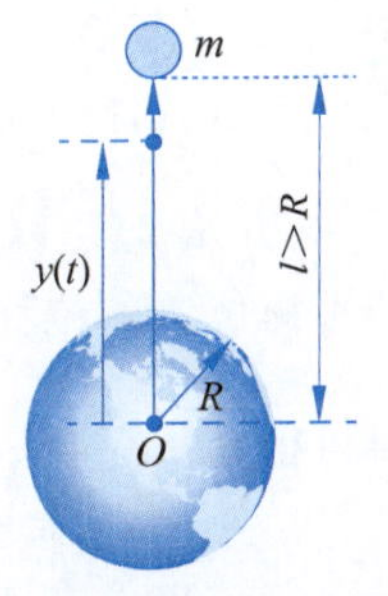

第 7 题图

设地球半径为 R，物体质量为 m，物体开始下落时与地球中心的距离为 $l(l>R)$，设 t 时刻物体所在位置为 $y=y(t)$，根据万有引力定律有(其中 G 为引力常数)

$$m\frac{d^2y}{dt^2}=-\frac{GmM}{y^2}\Rightarrow\frac{d^2y}{dt^2}=-\frac{GM}{y^2}.$$

因为当 $y=R$ 时，$\frac{d^2y}{dt^2}=-g$，故 $g=\frac{GM}{R^2}$，$GM=gR^2$，所以问题转换为求解初值问题

$$\begin{cases}\frac{d^2y}{dt^2}=-\frac{gR^2}{y^2},\\ y\big|_{t=0}=l,y'\big|_{t=0}=0.\end{cases}$$

令 $y'=v(y)$，则 $y''=v\frac{dv}{dy}$，代入方程分离变量得 $vdv=-\frac{gR^2}{y^2}dy$，积分得 $v^2=\frac{2gR^2}{y}+C_1$，代入初值条件 $y'\big|_{t=0}=v(l)=0$ 得 $C_1=-\frac{2gR^2}{l}$，于是得 $y'(t)=v=-R\sqrt{2g\left(\frac{1}{y}-\frac{1}{l}\right)}=-R\sqrt{\frac{2g}{l}}\sqrt{\frac{l-y}{y}}$.

分离变量：$-\frac{1}{R}\sqrt{\frac{l}{2g}}\int\sqrt{\frac{y}{l-y}}dy=\int dt$，对左端令 $y=l\cos^2u$ 积分得(或根据提示直接得)

$$t=\frac{1}{R}\sqrt{\frac{l}{2g}}\left(\sqrt{ly-y^2}+l\arccos\sqrt{\frac{y}{l}}\right)+C_2,$$

代入初值条件 $y\big|_{t=0}=l$ 得 $C_2=0$，故方程为 $t=\frac{1}{R}\sqrt{\frac{l}{2g}}\left(\sqrt{ly-y^2}+l\arccos\sqrt{\frac{y}{l}}\right)$.

令 $y=R$，得物体到达地面的时间为 $t=\frac{1}{R}\sqrt{\frac{l}{2g}}\left(\sqrt{lR-R^2}+l\arccos\sqrt{\frac{R}{l}}\right)$，落地时的速度为 $v(R)=-R\sqrt{2g\left(\frac{1}{R}-\frac{1}{l}\right)}=-\sqrt{\frac{2gR(l-R)}{l}}$.

8. 设有圆柱形浮筒，半径为 R，将其垂直放于水中，当稍向下压后突然放开，浮筒在水中上下振动的周期为 T，求浮筒的质量.

【参考解答】【方法 1】 设浮筒在放开后 t 时刻浸在水中部分的高为 y，浮筒受到重力 mg 及浮力 $\pi R^2\rho gy$ 的作用，由牛顿第二定律可得 $m\frac{\mathrm{d}^2y}{\mathrm{d}t^2}=mg-\pi R^2\rho gy$，整理得二阶常系数非齐次线性微分方程 $\frac{\mathrm{d}^2y}{\mathrm{d}t^2}+\frac{\pi}{m}R^2\rho gy=g$，特征根为 $r_{1,2}=\pm\sqrt{\frac{\pi\rho g}{m}}R\mathrm{i}$，有特解 $y^*=\frac{m}{\pi\rho R^2}$，方程通解为 $y=C_1\cos\sqrt{\frac{\pi\rho g}{m}}Rt+C_2\sin\sqrt{\frac{\pi\rho g}{m}}Rt+\frac{m}{\pi\rho R^2}$，其周期为 $T=\frac{2\pi}{R}\sqrt{\frac{m}{\pi\rho g}}$. 由此可求得其浮筒质量为 $m=\frac{\rho g}{4\pi}R^2T^2$.

【方法 2】 以浮筒平衡位置为原点，方向向下为坐标正方向，设浮筒在放开后 t 时刻离开平衡位置的位移为 x，则浮筒所受的力为位移 x 所产生的浮力 $-\pi R^2\rho gx$，由牛顿第二定律可得 $m\frac{\mathrm{d}^2x}{\mathrm{d}t^2}=-\pi R^2\rho gx$，求解后得到 $x=C_1\cos\sqrt{\frac{\pi\rho g}{m}}Rt+C_2\sin\sqrt{\frac{\pi\rho g}{m}}Rt$，其周期为 $T=\frac{2\pi}{R}\sqrt{\frac{m}{\pi\rho g}}$. 由此可得浮筒质量为 $m=\frac{\rho g}{4\pi}R^2T^2$.

考研与竞赛练习

1. 高为 H 的半球容器，底部有截面面积为 S 的小孔. 从盛满水开始，水从底部小孔流出，已知水面高度为 h 时小孔水流出的速度为 $0.62\sqrt{2gh}$，问多久水会流完？

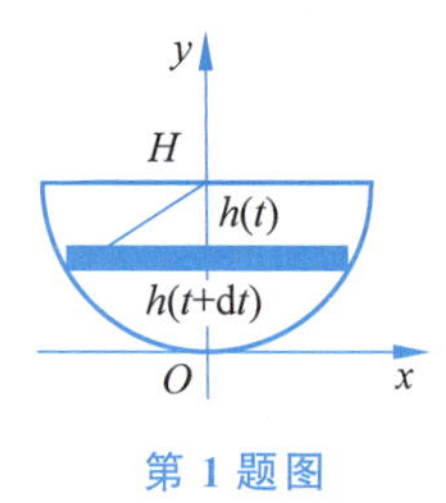

第 1 题图

【参考解答】 如图所示，以小孔位置为原点，通过球心向上的直线为 y 轴，水平为 x 轴. 设 t 时刻水面高度为 $h(t)$，水面圆的半径为 $r(t)$，在时间段 $[t,t+\mathrm{d}t]$，水面高度由 $h(t)$ 变成了 $h(t+\mathrm{d}t)$，这时间段内水的变化量为 $-\pi r^2(t)\mathrm{d}h=Sv(t)\mathrm{d}t=0.62S\sqrt{2gh}\,\mathrm{d}t\,(\mathrm{d}h<0)$.

由于 $r^2(t)=H^2-[H-h(t)]^2=h(t)[2H-h(t)]$，所以有 $\frac{\mathrm{d}h}{\mathrm{d}t}=-\frac{0.62S\sqrt{2g}}{\pi\sqrt{h}(2H-h)}$，为可分离变量微分方程，分离变量，两边分别积分有

$$-\int\pi\sqrt{h}(2H-h)\mathrm{d}h=\int 0.62S\sqrt{2g}\,\mathrm{d}t,$$

得 $-\frac{4}{3}Hh^{3/2}+\frac{2}{5}h^{5/2}=\frac{0.62S\sqrt{2g}}{\pi}t+C$，由 $h(0)=H$ 得 $C=-\frac{14}{15}H^{5/2}$，于是有

$$-\frac{4}{3}Hh^{3/2}+\frac{2}{5}h^{5/2}=\frac{0.62S\sqrt{2g}}{\pi}t-\frac{14}{15}H^{5/2}.$$

令 $h(t)=0$ 时，得 $t=\dfrac{140\pi}{93S\sqrt{2g}}H^{5/2}$.

2. 一个半球体状的雪堆，其体积融化的速率与半球面面积 S 成正比，比例系数 $K>0$. 假设在融化过程中雪堆始终保持半球体状，已知半径为 r_0 的雪堆在开始融化的 3h 内，融化了其体积的 $\frac{7}{8}$，问雪堆全部融化需要多长时间？

【参考解答】 设时刻 t 时雪球的半径为 r，雪堆体积 $V=\frac{2}{3}\pi r^3$，表面积 $S=2\pi r^2$.

从而有 $S=\sqrt[3]{18\pi V^2}$. 记 $V(0)=V_0$，则由题意可知 $\frac{dV}{dt}=-KS=-K\sqrt[3]{18\pi V^2}$，分离变量得 $\frac{dV}{V^{2/3}}=-\sqrt[3]{18\pi}K\,dt$，积分得 $3\sqrt[3]{V}=-\sqrt[3]{18\pi}Kt+C$，由 $V(0)=V_0$ 得 $C=3\sqrt[3]{V_0}$. 于是 $3\sqrt[3]{V}=3\sqrt[3]{V_0}-\sqrt[3]{18\pi}Kt$.

由题意可知 $V(3)=\frac{1}{8}V_0$，于是得 $\frac{3}{2}\sqrt[3]{V_0}=3(\sqrt[3]{V_0}-\sqrt[3]{18\pi}K)$，解得 $K=\dfrac{\sqrt[3]{V_0}}{2\sqrt[3]{18\pi}}$.

所以 $3\sqrt[3]{V}=\sqrt[3]{V_0}\left(3-\frac{1}{2}t\right)$. 令 $V=0$ 得 $t=6$，即雪球全部融化需要 6h.

3. 某种飞机在机场降落时，为了减少滑行距离，在触地的瞬间，飞机尾部张开减速伞以增大阻力，使飞机迅速减速并停下. 现有一质量为 9000kg 的飞机，着陆时的水平速度为 700km/h. 经测试，减速伞打开后，飞机所受的总阻力与飞机的速度成正比(比例系数为 $k=6.0\times10^6$)，问从着陆点算起，飞机滑行的距离是多少？

【参考解答】 **【方法 1】** 由题设，飞机的质量 $m=9000$kg，着陆时的水平速度 $v_0=700$km/h. 从飞机接触跑道开始计时，设 t 时刻飞机的滑行距离为 $x(t)$，速度为 $v(t)$. 根据牛顿第二定律及题意有 $m\frac{dv}{dt}=-kv$. 又 $\frac{dv}{dt}=\frac{dv}{dx}\cdot\frac{dx}{dt}=v\frac{dv}{dx}$，于是有 $dx=-\frac{m}{k}dv$，积分得 $x(t)=-\frac{m}{k}v+C$. 由于 $v(0)=v_0$，$x(0)=0$，故得 $C=\frac{m}{k}v_0$，从而 $x(t)=\frac{m}{k}(v_0-v(t))$.

当 $v(t)\to0$ 时，$x(t)\to\dfrac{mv_0}{k}=\dfrac{9000\times700}{6.0\times10^6}=1.05$(km)，所以飞机滑行的最长距离为 1.05km.

【方法 2】 根据牛顿第二定律，得 $m\frac{dv}{dt}=-kv$，所以 $\frac{dv}{v}=-\frac{k}{m}dt$.

两端积分得通解 $v=Ce^{-\frac{k}{m}t}$，代入初始条件 $v\big|_{t=0}=v_0$ 得 $C=v_0$.

故 $v(t)=v_0e^{-\frac{k}{m}t}$. 飞机滑行的最长距离为

$$x=\int_0^{+\infty}v(t)dt=-\frac{mv_0}{k}e^{-\frac{k}{m}t}\Big|_0^{+\infty}=\frac{mv_0}{k}=1.05(\text{km}),$$

或由$\frac{dx}{dt}=v_0e^{-\frac{k}{m}t}$，知$x(t)=\int_0^t v_0e^{-\frac{k}{m}t}dt=-\frac{mv_0}{k}\left(e^{-\frac{k}{m}t}-1\right)$，故最长距离为当$t\to\infty$时，$x(t)\to\frac{mv_0}{k}=1.05(\text{km})$.

【方法 3】 根据牛顿第二定律，得$m\frac{d^2x}{dt^2}=-k\frac{dx}{dt}$，即$\frac{d^2x}{dt^2}+\frac{k}{m}\frac{dx}{dt}=0$.

其特征方程为$r^2+\frac{k}{m}r=0$，解之得$r_1=0, r_2=-\frac{k}{m}$.

方程通解为$x=C_1+C_2e^{-\frac{k}{m}t}$，由$x\big|_{t=0}=0, v\big|_{t=0}=\frac{dx}{dt}\Big|_{t=0}=v_0$得$C_1=-C_2=\frac{mv_0}{k}$.

于是$x(t)=\frac{mv_0}{k}(1-e^{-\frac{k}{m}t})$，当$t\to+\infty$时，$x(t)\to\frac{mv_0}{k}=1.05(\text{km})$. 所以飞机滑行的最长距离为 1.05km.

4. 已知高温物体置于低温介质中，任一时刻物体温度对时间的变化率与该时刻物体和介质的温差成正比，现将一初始温度为 120℃的物体在 20℃的恒温介质中冷却，30min 后该物体温度降至 30℃，若要使物体的温度继续降至 21℃，还需冷却多长时间？

【参考解答】 设物体在t时刻温度为$x(t)$，物体温度对时间的变化率为$\frac{dx}{dt}$.

由题意可得$\frac{dx}{dt}=-k(x-20)$，其中$k>0$是比例系数.

分离变量得$\frac{dx}{x-20}=-k\,dt$，两端积分得$\ln(x-20)=-kt+C$.

将$x(0)=120, x(30)=30$代入得$C=2\ln10, k=\frac{\ln10}{30}$，所以物体温度$x(t)$与时间$t$的关系式为$\ln(x-20)=2\ln10-\frac{\ln10}{30}t$.

取$x=21$得$t=60$min. 因此，物体还需冷却 30min，温度才降至 21℃.

5. 设物体A从点$(0,1)$出发，以匀速v沿y轴正向运动，同一时刻，物体B从$(-1,0)$出发，速度大小为$2v$，方向指向A，试求物体B在y轴左侧的运动轨迹方程.

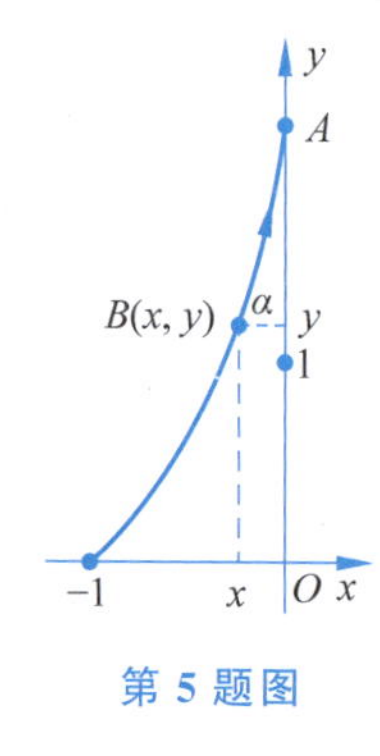

第 5 题图

【参考解答】 设物体B的运动轨迹为$y=y(x)$，t时刻物体B运动到点$B(x,y)$，如图所示.

此时物体A位于$(0,1+vt)$，由题意可知

$$y'=\frac{1+vt-y}{-x}\Rightarrow -xy'=1+vt-y, \tag{1}$$

由曲线弧长积分公式有$s=2vt=\int_{-1}^{x}\sqrt{1+y'^2}\,dx$，代入上式，消去$vt$得$-xy'=1+\frac{1}{2}\int_{-1}^{x}\sqrt{1+y'^2}\,dx-y$，对上式两端求导得$y''=-\frac{1}{2x}\sqrt{1+y'^2}$，(注：或式(1)两边对$x$求导得$y'+xy''=y'-v\frac{dt}{dx}$，又

$\frac{\mathrm{d}x}{\mathrm{d}t}=2v\cos\alpha=\frac{2v}{\sqrt{1+\tan^2\alpha}}=\frac{2v}{\sqrt{1+y'^2}}$，所以有 $y''=-\frac{1}{2x}\sqrt{1+y'^2}$)，于是问题转换为求解初值问题：$\begin{cases}y''=-\frac{1}{2x}\sqrt{1+y'^2}\\ y(-1)=0,y'(-1)=1\end{cases}$.

令 $y'=p(x)$，微分方程化为 $\frac{\mathrm{d}p}{\sqrt{1+p^2}}=-\frac{1}{2x}\mathrm{d}x\,(x<0)$，积分得 $\ln\left(p+\sqrt{1+p^2}\right)=\ln\left|\frac{C_1}{\sqrt{-x}}\right|$，即 $p+\sqrt{1+p^2}=\frac{C_1}{\sqrt{-x}}(C_1>0)$.

由 $p(-1)=y'(-1)=1$ 得 $C_1=1+\sqrt{2}$. 取倒数得 $-p+\sqrt{1+p^2}=\frac{\sqrt{-x}}{1+\sqrt{2}}$，两式相减得 $y'=p=\frac{1}{2}\left(\frac{1+\sqrt{2}}{\sqrt{-x}}-\frac{\sqrt{-x}}{1+\sqrt{2}}\right)$，两端积分得方程的通解为 $y=-(1+\sqrt{2})\sqrt{-x}-\frac{x\sqrt{-x}}{3(1+\sqrt{2})}+C_2$.

由初值条件 $y(-1)=0$ 得 $C_2=\frac{2}{3}(\sqrt{2}+2)$.

所求物体 B 在 y 轴左侧运动轨迹曲线方程为

$$y=\frac{2}{3}(\sqrt{2}+2)-(1+\sqrt{2})\sqrt{-x}-\frac{x\sqrt{-x}}{3(1+\sqrt{2})}\quad(-1\leqslant x<0).$$

第五单元　常微分方程测验(A)

一、选择题(每小题 3 分，共 15 分)

1. 设 y_1,y_2 是二阶齐次线性方程 $y''+p(x)y'+q(x)y=0$ 的两个特解，则由 y_1,y_2 可以构成该方程的通解的充分条件为(　　).

(A) $y_1y_2'-y_1'y_2=0$　　(B) $y_1y_2'-y_1'y_2\neq0$

(C) $y_1y_2'+y_1'y_2=0$　　(D) $y_1y_2'+y_1'y_2\neq0$

2. 已知 y_1,y_2,y_3 为方程 $y''+a_1(x)y'+a_2(x)y=f(x)$的三个线性无关的特解，$C_1$，$C_2,C_3$ 均为任意常数，则该方程的通解为(　　).

(A) $C_1y_1+C_2y_2$　　(B) $C_1y_1+C_2y_2+C_3y_3$

(C) $C_1y_1+C_2y_2+y_3$　　(D) $C_1(y_1-y_2)+C_2(y_1-y_3)+y_2$

3. 可设微分方程 $y''-2y'=x\mathrm{e}^{2x}$ 的一个特解的形式为(　　).

(A) $(Ax+B)\mathrm{e}^{2x}$　　(B) $Ax\mathrm{e}^{2x}$

(C) $Ax^2\mathrm{e}^{2x}$　　(D) $x(Ax+B)\mathrm{e}^{2x}$

4. 已知微分方程 $y''+p(x)y'+q(x)y=0$ 的一个非零特解 y_1，则另一个与 y_1 线性无关的特解为(　　).

(A) $y_1\int\frac{\mathrm{e}^{-\int p(x)\mathrm{d}x}}{y_1^2}\mathrm{d}x$　　(B) $y_1\int\frac{\mathrm{e}^{\int p(x)\mathrm{d}x}}{y_1^2}\mathrm{d}x$

(C) $y_1\int\frac{e^{\int p(x)dx}}{y_1}dx$ (D) $y_1\int\frac{e^{-\int p(x)dx}}{y_1}dx$

5. 设微分方程 $y''+qy=0$ 有当 $x\to+\infty$ 时趋于零的非零解，则(　　).

(A) $q>0$ (B) $q=0$ (C) $q<0$ (D) $q\leqslant 0$

二、填空题(每小题 3 分，共 15 分)

6. 曲线 $y=y(x)$ 上任意点 $P(x,y)$ 处的切线恒垂直于 P 点与原点连线 OP，则此曲线所满足的微分方程是________，其通解为________.

7. 通解为 $y=x\tan(x+C)$ 的微分方程为________.

8. 微分方程 $x\ln x\,dy+(y-\ln x)dx=0$ 满足条件 $y(e)=1$ 的特解为________.

9. 方程 $y'''-4y''+4y'=x$ 的通解为________.

10. 方程 $\frac{dy}{dx}=\frac{x}{x^2+y^2}$ 的通解为________.

三、解答题(共 70 分)

11. (6 分)求微分方程 $(x^3+y^3)dx-3xy^2dy=0$ 的通解.

12. (6 分)求微分方程 $y''+2ny'+k^2y=0$ 的通解，其中 n,k 为正常数.

13. (6 分)求微分方程 $y''+y=e^x+\cos x$ 的通解.

14. (6 分)求微分方程 $x^2\frac{d^2y}{dx^2}+4x\frac{dy}{dx}+2y=0(x>0)$ 的通解.

15. (6 分)一个质量为 m 的质点自离液面高 h 处自由下落(不计空气阻力)掉入液体中，假定质点在液体中所受阻力与速度 v 成正比，比例系数为 $k(k>0)$. 试建立质点在液体内下落的深度 y(从液面算起)关于运动速度 v 所满足的微分方程(不要求求解).

16. (6 分)一个 50L 的容器中盛有 10L 的水. 当 $t=0$ 时，每升含 1g 的盐水溶液以 4L/min 的速度注入，同时，搅拌均匀的液体以 2L/min 的速度流出. 求：(1)发生溢出所需要的时间；(2)刚发生溢出时，容器中的含盐量(提示：容器中含盐量的变化率等于盐的注入率减去流出率).

17. (8 分)设 $y(x)$ 在区间$[0,+\infty)$上具有连续导数，且满足关系式：

$$y(x)=-1+x+2\int_0^x(x-t)y(t)y'(t)dt,$$

求 $y(x)$.

18. (8 分)设曲线 L 位于 xOy 平面的第一象限内，L 上任一点 M 处的切线与 y 轴总相交，交点为 A. 已知 $|MA|=|OA|$，且 L 过点 $\left(\frac{3}{2},\frac{3}{2}\right)$，求 L 的方程.

19. (8 分)设曲线 $y=y(x)$，其中 $y(x)$ 是可导函数，且 $y(x)>0$. 已知曲线 $y=y(x)$ 与直线 $y=0,x=1$ 及 $x=t(t>1)$ 所围成的曲边梯形绕 x 轴旋转一周所得的立体体积是该曲边梯形面积的 πt 倍，求该曲线的方程.

20. (10 分)已知曲线 $y=f(x)(x>0)$ 是微分方程 $2y''+y'-y=(4-6x)e^{-x}$ 的一条积分曲线，此曲线通过原点且在原点处的切线的斜率为 0，试求：

(1) 曲线 $y=f(x)$ 到 x 轴的最大距离；(2) $\int_0^{+\infty}f(x)dx$.

第五单元　常微分方程测验(A)参考解答

一、选择题

【答案】 1. (B)　2. (D)　3. (D)　4. (A)　5. (C)

【参考解答】 1. y_1,y_2 能构成该微分方程通解的充分条件是它们二者线性无关,即 $\dfrac{y_1(x)}{y_2(x)}\neq k$,即 $\left[\dfrac{y_1(x)}{y_2(x)}\right]'\neq 0\Leftrightarrow\dfrac{y_1'(x)y_2(x)-y_1(x)y_2'(x)}{y_2^2(x)}\neq 0$,即分子不为零. 所以正确选项为(B).

2. 由于 y_1,y_2,y_3 线性无关,所以 y_1-y_2,y_1-y_3 为对应齐次线性微分方程的两个线性无关特解. 因为如果线性相关,存在有非零常数 k,使得

$$y_1-y_2=ky_1-ky_3\Rightarrow(k-1)y_1-y_2+ky_3=0,$$

从而与 y_1,y_2,y_3 线性无关矛盾. 所以根据线性方程解的结构特征,正确选项为(D).

3. 方程的特征根为 $r_1=0,r_2=2,f(x)=x\mathrm{e}^{2x}=\mathrm{e}^{\lambda x}P_m(x),\lambda=2$ 是单根,$m=1$,所以应该设特解为选项(D)的结构.

4. 应用刘维尔公式,假设 $y_2=u(x)\cdot y_1$ 是微分方程的另一个解,其中 $u(x)$ 为待定函数. 将 y_2 代入方程得

$$u(y_1''+py_1'+qy_1)+u'(2y_1'+py_1)+y_1u''=0,$$

由于 y_1 是齐次线性方程的一个解,故 $y_1''+py_1'+qy_1=0$. 于是上式简化为

$$u'(2y_1'+py_1)+y_1u''=0,$$

令 $z=u'$,则方程化为一阶微分方程 $z(2y_1'+py_1)+y_1z'=0$,分离变量得 $\dfrac{\mathrm{d}z}{z}=-\left[\dfrac{2y_1'}{y_1}+p(x)\right]\mathrm{d}x$,积分得 $\ln|z|=-\ln y_1^2-\int p(x)\mathrm{d}x$,于是 $z=\dfrac{\mathrm{e}^{-\int p(x)\mathrm{d}x}}{y_1^2}$,代入 $z=u'$,再积分可得 $u(x)=\int\dfrac{\mathrm{e}^{-\int p(x)\mathrm{d}x}}{y_1^2}\mathrm{d}x$,所以 $y_2=y_1(x)\int\dfrac{\mathrm{e}^{-\int p(x)\mathrm{d}x}}{y_1^2}\mathrm{d}x$ 是另一与 y_1 线性无关的特解,即正确选项为(A).

5. 方程对应的特征方程为 $r^2=-q$,所以当 $q<0$ 时,$r_{12}=\pm\sqrt{-q}$,其对应的两个特解为 $\mathrm{e}^{\pm\sqrt{-q}x}$,其中 $\lim\limits_{x\to+\infty}\mathrm{e}^{-\sqrt{-q}x}=0$ 满足条件. 当 $q=0$ 时,可得其通解为 $y=Ax+B$. 因此根据题目的答案,正确选项应该为(C).

二、填空题

【答案】 6. $y'=-\dfrac{x}{y},x^2+y^2=C(C>0)$　　7. $y'=\dfrac{y}{x}+x+\dfrac{y^2}{x}$

8. $\dfrac{1}{2}\left(\ln x+\dfrac{1}{\ln x}\right)$　　9. $y=C_1+C_2\mathrm{e}^{2x}+C_3x\mathrm{e}^{2x}+\dfrac{x^2}{8}+\dfrac{x}{4}$

10. $x^2+y^2+y+\dfrac{1}{2}=C\mathrm{e}^{2y}$

【参考解答】 6. 切线的斜率 $k=y'$，OP 的斜率为 $k_{OP}=\frac{y}{x}$，所以有 $y'=-\frac{x}{y}$.

该微分方程为可分离变量的微分方程，即 $y\mathrm{d}y=-x\mathrm{d}x$，

积分得方程通解为 $\int y\mathrm{d}y=-\int x\mathrm{d}x \Rightarrow x^2+y^2=C$.

7. 由 $y=x\tan(x+C)$ 为微分方程通解可知，微分方程为一阶微分方程，又有

$$y'=\tan(x+C)+x\sec^2(x+C)=\tan(x+C)+x[1+\tan^2(x+C)],$$

由两个等式消去 C，得 $y'=\frac{y}{x}+x\left(1+\left(\frac{y}{x}\right)^2\right)=\frac{y}{x}+x+\frac{y^2}{x}$.

8. **【法 1】** 将微分方程写成标准形式，有 $\frac{\mathrm{d}y}{\mathrm{d}x}+\frac{y}{x\ln x}=\frac{1}{x}$，该微分方程为一阶线性微分方程，从而由一阶线性微分方程通解计算公式(或由常数变易法)，有

$$\begin{aligned}y&=\mathrm{e}^{-\int\frac{1}{x\ln x}\mathrm{d}x}\left[\int\frac{1}{x}\mathrm{e}^{\int\frac{1}{x\ln x}\mathrm{d}x}\mathrm{d}x+C\right]\\&=\mathrm{e}^{-\ln|\ln x|}\left[\int\frac{1}{x}\mathrm{e}^{\ln|\ln x|}\mathrm{d}x+C\right]=\frac{1}{|\ln x|}\left[\int\frac{|\ln x|}{x}\mathrm{d}x+C\right],\end{aligned}$$

由于 $|\ln x|$ 取相同符号，所以同时为正与负，因此有

$$y=\frac{1}{\ln x}\left[\int\frac{\ln x}{x}\mathrm{d}x+C\right]=\frac{1}{\ln x}\left[\frac{1}{2}(\ln x)^2+C\right]=\frac{\ln x}{2}+\frac{C}{\ln x},$$

代入初始条件有 $1=\frac{\ln \mathrm{e}}{2}+\frac{C}{\ln \mathrm{e}}$，所以 $C=\frac{1}{2}$，即特解为 $y=\frac{\ln x}{2}+\frac{1}{2\ln x}$.

【法 2】 拆分微分项并由微分的计算公式得

$$\ln x\mathrm{d}y+\frac{y}{x}\mathrm{d}x-\frac{\ln x}{x}\mathrm{d}x=0,\quad 即\ \mathrm{d}(y\ln x)-\ln x\mathrm{d}\ln x=0,$$

于是得 $y\ln x=\frac{\ln^2 x}{2}+C$，即 $y=\frac{\ln x}{2}+\frac{C}{\ln x}$，代入初值得到一致结论.

9. 方程的特征方程为 $r^3-4r^2+4r=0$，有特征根 $r_1=0,r_{2,3}=2$，所以对应齐次线性微分方程的通解为 $C_1+(C_2+C_3x)\mathrm{e}^{2x}$.

由 $f(x)=x$，0 为特征根，所以可以设 $y^*=x(Ax+B)$ 为原方程特解，代入原方程并比较两端系数，可得 $A=\frac{1}{8}$，$B=\frac{1}{4}$，所以原方程通解为 $y=C_1+C_2\mathrm{e}^{2x}+C_3x\mathrm{e}^{2x}+\frac{x^2}{8}+\frac{x}{4}$.

10. 方程可化为 $\frac{\mathrm{d}x}{\mathrm{d}y}-x=\frac{y^2}{x}$，为以 y 为自变量，$n=-1$ 的伯努利方程.

方程化为 $\frac{\mathrm{d}x^2}{\mathrm{d}y}-2x^2=2y^2$，可视为 y 为自变量关于 x^2 的一阶线性微分方程，其通解为

$$\begin{aligned}x^2&=\mathrm{e}^{-\int(-2)\mathrm{d}y}\left[\int 2y^2\mathrm{e}^{\int(-2)\mathrm{d}y}\mathrm{d}y+C\right]=\mathrm{e}^{2y}\left[\int 2y^2\mathrm{e}^{-2y}\mathrm{d}y+C\right]\\&=\mathrm{e}^{2y}\left[-\int y^2\mathrm{d}\mathrm{e}^{-2y}+C\right]=\mathrm{e}^{2y}\left[-y^2\mathrm{e}^{-2y}+\int 2y\mathrm{e}^{-2y}\mathrm{d}y+C\right]\\&=\mathrm{e}^{2y}\left[-y^2\mathrm{e}^{-2y}-\int y\mathrm{d}\mathrm{e}^{-2y}+C\right]=\mathrm{e}^{2y}\left[-y^2\mathrm{e}^{-2y}-y\mathrm{e}^{-2y}+\int\mathrm{e}^{-2y}\mathrm{d}y+C\right]\end{aligned}$$

$$=e^{2y}\left[-y^2e^{-2y}-ye^{-2y}-\frac{1}{2}e^{-2y}+C\right]=-y^2-y-\frac{1}{2}+Ce^{2y},$$

即 $x^2=-y^2-y-\frac{1}{2}+Ce^{2y}\Leftrightarrow x^2+y^2+y+\frac{1}{2}=Ce^{2y}$.

三、解答题

11.【参考解答】 方程可化为$\frac{dy}{dx}=\frac{x^3+y^3}{3xy^2}=\frac{1+\left(\frac{y}{x}\right)^3}{3\left(\frac{y}{x}\right)^2}$,为齐次方程.

令 $u=\frac{y}{x}$,$\frac{dy}{dx}=u+x\frac{du}{dx}$,于是 $x\frac{du}{dx}+u=\frac{1+u^3}{3u^2}$,即 $\frac{3u^2}{1-2u^3}du=\frac{dx}{x}$,两边积分得 $-\frac{1}{2}\ln|1-2u^3|=\ln|x|+C_1$,即 $1-2u^3=\frac{C}{x^2}$,回代得 $x^3-2y^3=Cx$.

12.【参考解答】 特征方程为 $r^2+2nr+k^2=0$,特征根为 $r_{1,2}=-n\pm\sqrt{n^2-k^2}$,分三种情况讨论:

(1) $n>k$,特征根为两不等实根,通解为 $y=e^{-nx}(C_1e^{\sqrt{n^2-k^2}x}+C_2e^{-\sqrt{n^2-k^2}x})$;

(2) $n=k$,特征根为两相同实根,通解为 $y=(C_1+C_2x)e^{-nx}$;

(3) $n<k$,特征根为一对共轭复根,通解为

$$y=e^{-nx}(C_1\cos\sqrt{k^2-n^2}x+C_2\sin\sqrt{k^2-n^2}x).$$

13.【参考解答】 特征方程为 $r^2+1=0$,特征根为 $r=\pm i$,对应齐次线性微分方程的通解为 $Y=C_1\cos x+C_2\sin x$.

设 $y''+y=e^x$ 的特解为 $y_1^*=Ae^x$,代入方程可得 $y_1^*=\frac{e^x}{2}$,设 $y''+y=\cos x$ 的特解为 $y_2^*=x(a\cos x+b\sin x)$,代入方程可得 $y_2^*=\frac{1}{2}x\sin x$,根据叠加原理,方程通解为 $Y=C_1\cos x+C_2\sin x+\frac{e^x}{2}+\frac{1}{2}x\sin x$.

14.【参考解答】 方程为欧拉方程,令 $x=e^t$,$t=\ln x$,则 $\frac{dy}{dx}=\frac{1}{x}\frac{dy}{dt}$,$\frac{d^2y}{dx^2}=\frac{1}{x^2}\left(\frac{d^2y}{dt^2}-\frac{dy}{dt}\right)$,代入原方程化为$\frac{d^2y}{dt^2}+3\frac{dy}{dt}+2y=0$,其特征方程为 $r^2+3r+2=0$,特征根为 $r_1=-1$,$r_2=-2$,对应于 t 变量的通解为 $y=C_1e^{-t}+C_2e^{-2t}$,所以原方程通解为 $y=\frac{C_1}{x}+\frac{C_2}{x^2}$.

15.【参考解答】 由牛顿第二定律有 $m\frac{dv}{dt}=mg-kv$,又由于$\frac{dv}{dt}=\frac{dv}{dy}\cdot\frac{dy}{dt}=v\frac{dv}{dy}$,所以 $y=y(v)$所满足的微分方程为

$$\frac{dy}{dv}=\frac{mv}{mg-kv},\quad y(\sqrt{2gh})=0.$$

16.**【参考解答】** (1) 由 $10+(4-2)t=50$ 知 $t=20$，即发生溢出时间是 20min.

(2)**【方法 1】** 设 t 时刻容器中液体量为 $10+(4-2)t=10+2t$(L)，含盐量为 $Q(t)$(g)，液体盐水浓度为 $\frac{Q(t)}{10+2t}$(g/L)，$Q(t)$的变化率 $\frac{dQ}{dt}$ 等于盐的注入率减去盐的流出率.

盐的注入率为 4(g/min)，因此盐的流出率为 $\frac{2Q}{10+2t}$(g/L). 于是 $Q(t)$满足方程 $\frac{dQ}{dt}=4-\frac{2Q}{10+2t}$，即 $\frac{dQ}{dt}+\frac{Q}{5+t}=4$.

方程为一阶线性微分方程，由通解公式得通解为 $Q(t)=\frac{20t+2t^2}{5+t}+\frac{C}{5+t}$，并根据 $Q(0)=0$ 得 $C=0$，于是 $Q(t)=\frac{2(10t+t^2)}{5+t}$，由(1)知发生溢出时 $t=20$(min)的含盐量是 $Q(20)=48$(g).

【方法 2】 设 t 时刻容器中的含盐量为 $Q(t)$，在时间段 $[t,t+dt]$ 容器内盐的含量变化为 $dQ=4dt-\frac{2Q}{10+2t}dt$，即 $\frac{dQ}{dt}=4-\frac{2Q}{10+2t}$，余下同方法 1.

17.**【参考解答】** 两边同时求导数，得 $y'(x)=1+2\int_0^x y(t)y'(t)dt$，再求导得 $y''(x)=2y(x)y'(x)$，其中 $y(0)=-1$，$y'(0)=1$.

令 $y'=p(y)$，则 $y''=p\frac{dp}{dy}$，方程化为 $p\frac{dp}{dy}=2yp$，得 $p=0$ 或 $\frac{dp}{dy}=2y$. $p=0$ 与条件不符舍去.

由此可得 $p=y^2+C_1$，由 $y(0)=-1$，$y'(0)=1$ 得 $C_1=0$，即 $\frac{dy}{dx}=y^2$，分离变量积分得 $y=-\frac{1}{x+C_2}$，由初始条件得 $C_2=1$，所以 $y(x)$表达式为 $y=-\frac{1}{x+1}$.

18.**【参考解答】** 设 L 方程为 $L: y=y(x)$，L 上任一点 $M(x,y)$，则曲线 L 在点 M 的切线方程为 $Y-y=y'(X-x)$，故得 A 的坐标为 $(0,y-xy')$.

$$|MA|=\sqrt{(x-0)^2+(y-y+xy')^2}=\sqrt{x^2(1+y'^2)},$$

于是由 $|MA|=|OA|$，得 $|y-xy'|=\sqrt{x^2(1+y'^2)}$，化简后得 $2yy'-\frac{1}{x}y^2=-x$，令 $z=y^2$，得 $\frac{dz}{dx}-\frac{z}{x}=-x$，由一阶线性微分方程通解公式可得 $z=-x^2+Cx$，即 $y^2=Cx-x^2$.

由于在第一象限内，故 $y=\sqrt{Cx-x^2}$，再由经过点 $\left(\frac{3}{2},\frac{3}{2}\right)$，所以得 $C=3$.

因此曲线方程为 $y=\sqrt{3x-x^2}\ (0<x<3)$.

19.**【参考解答】** 曲边梯形面积 $A=\int_1^t y(x)dx$，旋转体体积 $V_x=\pi\int_1^t y^2(x)dx$.

由题意可得 $\pi\int_1^t y^2(x)dx=\pi t\int_1^t y(x)dx$，即 $\int_1^t y^2(x)dx=t\int_1^t y(x)dx$.

两边对 t 求导得 $y^2(t)=\int_1^t y(x)dx+ty(t)$，由 $y(x)>0$，令 $t=1$，得 $y(1)=1$.

再求导得 $2yy'=y+y+ty'$，即 $\frac{dt}{dy}+\frac{1}{2y}t=1$，该方程为以 t 为函数，y 为自变量的一阶线性微分方程，所以由通解计算公式得

$$t=e^{-\int\frac{1}{2y}dy}\left(\int 1\cdot e^{\int\frac{1}{2y}dy}dy+C\right)=\frac{2}{3}y+\frac{C}{\sqrt{y}},$$

代入 $y(1)=1$，得 $C=\frac{1}{3}$，所以曲线的方程为 $x=\frac{1}{3\sqrt{y}}+\frac{2}{3}y$.

20.**【参考解答】** 特征方程为 $2r^2+r-1=0$，特征根为 $r_1=-1, r_2=\frac{1}{2}$，对应齐次线性微分方程的通解为 $y=C_1e^{-x}+C_2e^{x/2}$.

设非齐次方程的特解为 $y^*=x(Ax+B)e^{-x}$，代入原方程得 $A=1, B=0$，所以 $y^*=x^2e^{-x}$，微分方程的通解为 $y=C_1e^{-x}+C_2e^{\frac{1}{2}x}+x^2e^{-x}$，代入初始条件 $y(0)=0$，$y'(0)=0$，得 $C_1=C_2=0$，所以曲线为 $y=x^2e^{-x}$.

(1) 曲线 $y=x^2e^{-x}$ 到 x 轴的最大距离，即为 $y=f(x)(x>0)$ 的最大值.

$y'=x(2-x)e^{-x}=0\Rightarrow x=2$ 为 $(0,+\infty)$ 内唯一驻点，$x\in(0,2)$ 时，$f'(x)>0$，$x\in(2,+\infty)$ 时，$f(x)<0$，所以 $y=f(x)(x>0)$ 在 $x=2$ 取到唯一极大值，也是最大值

$$\max f(x)=x^2e^{-x}\Big|_{x=2}=4e^{-2}.$$

(2) $$\int_0^{+\infty}x^2e^{-x}dx=-x^2e^{-x}\Big|_0^{+\infty}+\int_0^{+\infty}2xe^{-x}dx$$

$$=\int_0^{+\infty}2xe^{-x}dx=-2xe^{-x}\Big|_0^{+\infty}+\int_0^{+\infty}2e^{-x}dx=2.$$

第五单元　常微分方程测验(B)

一、选择题（每小题 3 分，共 15 分）

1. 下列微分方程为二阶微分方程的是(　　).

(A) $(y'')^2+x^2y'+x^2=0$　　(B) $y'^2+3xy=y^2$

(C) $xy'''+y''+x^2y=0$　　(D) $y'-y^2=\sin x$

2. 下列关于微分方程描述正确的是(　　).

(A) 若微分方程的解中包含与微分方程阶数相同个数的任意常数，则该解为微分方程的通解

(B) 微分方程的通解包含了微分方程的所有解

(C) 不是所有的微分方程都一定有通解

(D) 某个微分方程的两个特解的线性组合仍然是该微分方程的解

3. 若连续函数 $f(x)$ 满足 $f(x)=\int_0^{2x}f\left(\frac{t}{2}\right)dt+\ln 2$，则 $f(x)=$(　　).

(A) $e^x\ln 2$　　(B) $e^{2x}\ln 2$　　(C) $e^x+\ln 2$　　(D) $e^{2x}+\ln 2$

4. 方程 $y''+2y'+y=3^xe^{-x}$ 的一个特解应具有的形式是(　　).

(A) $y=ae^{-x}3^x$　　(B) $y=axe^{-x}3^x$

(C) $y=ax^2e^{-x}3^x$　　(D) $y=ax^2e^{-x}$

5. 已知函数 $y=y(x)$ 在任意点 x 处的增量 $\Delta y=\dfrac{y\Delta x}{1+x^2}+\alpha$，且当 $\Delta x\to 0$ 时，α 是 Δx 的高阶无穷小，$y(0)=\pi$，则 $y(1)=$（　　）.

(A) 2π　　(B) π　　(C) $e^{\pi/4}$　　(D) $\pi e^{\pi/4}$

二、填空题（每小题 3 分，共 15 分）

6. 以 $y=x^2+C_1\ln x+C_2$（其中 C_1, C_2 为任意常数）为通解的微分方程为__________.

7. 微分方程 $\dfrac{dy}{dx}=1+x+y^2+xy^2$ 的通解为__________.

8. 微分方程 $xy'=y(1+\ln y-\ln x)$ 的通解为__________.

9. 以 $y_1=x, y_2=e^x$ 为特解的二阶齐次线性微分方程为__________.

10. 设 $y_1=x, y_2=x+e^{2x}, y_3=x(1+e^{2x})$ 是二阶常系数线性非齐次方程的特解，则该方程的通解为__________.

三、解答题（共 70 分）

11. (6 分)求解 $y''+y'^2=1, y(0)=0, y'(0)=1$.

12. (6 分)已知 $f(x)$ 在 $(-\infty,+\infty)$ 内有定义且恒不为零，对任意的 x, y，都有 $f(x+y)=f(x)f(y)$，且 $f'(0)=3$，求 $f(x)$.

13. (6 分)设 $y=f(x)$ 是第一象限内连接点 $A(0,1)$，$B(1,0)$ 的一段连续曲线，$M(x,y)$ 为该曲线上任意一点，点 C 为 M 在 x 轴上的投影，O 为坐标原点. 若梯形 $OCMA$ 的面积与曲边三角形 CBM 的面积之和为 $\dfrac{x^3}{6}+\dfrac{1}{3}$，求 $f(x)$ 的表达式.

14. (6 分)设二阶常系数非齐次线性微分方程 $y''+ay'+by=(cx+d)e^{2x}$ 有特解 $y=2e^x+(x^2-1)e^{2x}$，不解方程，写出方程的通解(说明理由)，并求出常数 a, b, c, d.

15. (6 分)是否存在区间 $[-a,a]$ 上的连续函数 $p(x), q(x)$，使得 $y=x^2\sin x$ 是微分方程 $y''+p(x)y'+q(x)y=0$ 的特解？

16. (8 分)求微分方程 $\cos y\dfrac{dy}{dx}-\dfrac{1}{x}\sin y=e^x\sin^2 y$ 的通解.

17. (8 分)求 $y''+4y=3|\sin x|$ 在 $[-\pi,\pi]$ 上满足 $y\left(\dfrac{\pi}{2}\right)=0, y'\left(\dfrac{\pi}{2}\right)=1$ 的特解.

18. (8 分)从船上向海中沉放某种探测仪器，按探测要求，需确定仪器的下沉深度 y（从海平面算起）与下沉速度 v 之间的函数关系. 设仪器在重力作用下，从海平面由静止开始铅直下沉，在下沉过程中还受到阻力和浮力的作用. 设仪器的质量为 m，体积为 B，海水密度为 ρ，仪器所受的阻力与下沉速度成正比，比例系数为 $k(k>0)$. 试建立 y 与 v 所满足的微分方程，并求出函数关系式 $y=y(v)$.

19. (8 分)设某一海湾的海岸线呈直角形，设直角顶点为原点，海岸边界线为两坐标轴，则海水的流线为双曲线族 $xy=C$（C 为常数）. 有一条船在海湾内行驶，船身保持和水流方向成 30°角并指向海岸，试给出该船行驶的路线方程.

20. (8 分)设 a 为一正实数，求出所有可微函数 f：$(0,+\infty)\to(0,+\infty)$，使得对任意

$x>0$,满足方程 $f'\left(\frac{a}{x}\right)=\frac{x}{f(x)}$.

第五单元　常微分方程测验(B)参考解答

一、选择题

【答案】 1.(A)　2.(C)　3.(B)　4.(A)　5.(D)

【参考解答】 1. 由微分方程阶数的定义可得正确答案为(A).

2. (A)要求任意常数是相互独立的,(B)奇解不一定包含在通解中;(D)齐次线性微分方程的解的结构性质,对于非齐次也就不成立了,对于其他方程更不一定成立,所以正确选项为(C),并不是所有的微分方程都有通解.

3. $f(x)=\int_0^{2x} f\left(\frac{t}{2}\right)\mathrm{d}t+\ln 2$ 两边对 x 求导得 $f'(x)=2f(x)$,且有 $f(0)=\ln 2$,所以正确选项为(B).

4. 特征方程为 $r^2+2r+1=0$,特征根为 $r_{1,2}=-1$,自由项为 $f(x)=3^x\mathrm{e}^{-x}=\mathrm{e}^{(\ln 3-1)x}$,$\lambda=\ln 3-1\neq r_{1,2}$,所以选(A).

5. 由 $\Delta y=\frac{y\Delta x}{1+x^2}+\alpha\Rightarrow\frac{\Delta y}{\Delta x}=\frac{y}{1+x^2}+\frac{\alpha}{\Delta x}\Rightarrow\frac{\mathrm{d}y}{\mathrm{d}x}=\frac{y}{1+x^2}\Rightarrow\frac{\mathrm{d}y}{y}=\frac{\mathrm{d}x}{1+x^2}\Rightarrow\ln|y|=\arctan x+C\Rightarrow y=C\mathrm{e}^{\arctan x}$,由 $y(0)=\pi$,所以 $C=\pi$,因此 $y(1)=\pi\mathrm{e}^{\arctan 1}=\pi\mathrm{e}^{\frac{\pi}{4}}$.

二、填空题

【答案】 6. $xy''+y'=4x$　7. $y=\tan\left(\frac{1}{2}x^2+x+C\right)$　8. $y=x\mathrm{e}^{Cx}$

9. $y''-\frac{x}{x-1}y'+\frac{1}{x-1}y=0$　10. $y=(C_1+C_2x)\mathrm{e}^{2x}+x$

【参考解答】 6. 由于通解表达式中含有两个任意常数,故方程为二阶微分方程,y 对 x 求一阶和二阶导数得 $y'=2x+\frac{C_1}{x}$,$y''=2-\frac{C_1}{x^2}$,消去参数 C_1,C_2,得到所求的微分方程 $xy''+y'=4x$.

7. $\frac{\mathrm{d}y}{\mathrm{d}x}=1+x+y^2+xy^2=1+x+y^2(1+x)=(1+y^2)(1+x)$,该方程为可分离变量的微分方程,分量变量后得

$$\frac{\mathrm{d}y}{1+y^2}=(1+x)\mathrm{d}x\Rightarrow\arctan y=x+\frac{1}{2}x^2+C,\text{或 } y=\tan\left(\frac{1}{2}x^2+x+C\right).$$

8. $y'=\frac{y}{x}\left(1+\ln\frac{y}{x}\right)$为齐次方程,设 $z=\frac{y}{x}\Rightarrow y=zx\Rightarrow y'=z+xz'$,所以原微分方程化为 $z+xz'=z+z\ln z\Rightarrow xz'=z\ln z$,分量变量积分得

$$\frac{\mathrm{d}z}{z\ln z}=\frac{\mathrm{d}x}{x}\Rightarrow\int\frac{\mathrm{d}\ln z}{\ln z}=\int\frac{\mathrm{d}x}{x}\Rightarrow\ln|\ln z|=\ln|x|+\ln|C|$$

$$\Rightarrow Cx=\ln z\Rightarrow\frac{y}{x}=\mathrm{e}^{Cx}\Rightarrow y=x\mathrm{e}^{Cx}.$$

9. 设方程为 $y''+\alpha(x)y'+\beta(x)y=0$，将 $y_1=x,y_2=\mathrm{e}^x$ 代入后得到 $\alpha(x)=-\dfrac{x}{x-1}$，$\beta(x)=\dfrac{1}{x-1}$. 故：$y''-\dfrac{x}{x-1}y'+\dfrac{1}{x-1}y=0$.

10. 由线性微分方程解的结构可知 $y_2-y_1=\mathrm{e}^{2x}$，$y_3-y_1=x\mathrm{e}^{2x}$ 是齐次线性微分方程的两个线性无关的解，所以对应齐次线性方程的通解可以写成 $y=(C_1+C_2x)\mathrm{e}^{2x}$，非齐次线性微分方程的通解为 $y=(C_1+C_2x)\mathrm{e}^{2x}+x$.

三、解答题

11.【参考解答】 令 $p(y)=y'$，则 $y''=p\dfrac{\mathrm{d}p}{\mathrm{d}y}$，代入方程有 $p\dfrac{\mathrm{d}p}{\mathrm{d}y}+p^2=1\Rightarrow\dfrac{p\mathrm{d}p}{1-p^2}=\mathrm{d}y$，两边同时积分得 $\ln|1-p^2|=-2y+\ln|C_1|\Rightarrow1-p^2=C_1\mathrm{e}^{-2y}$. 由 $y(0)=0,y'(0)=1$ 得 $C_1=0$.

从而 $p=\pm1$，即 $y'=\pm1$. 因为 $y'(0)=1$，所以取 $\dfrac{\mathrm{d}y}{\mathrm{d}x}=1$，所以 $y=x+C_2$，由 $y(0)=0$ 得 $C_2=0$，所以 $y=x$ 即为所求.

12.【参考解答】 由 $f(x+y)=f(x)f(y)$，$f(0)=f(0+0)=f(0)f(0)$，得到 $f(0)=1$，因此

$$f'(x)=\lim_{\delta\to0}\frac{f(x+\delta)-f(x)}{\delta}=\lim_{\delta\to0}\frac{f(x)f(\delta)-f(x)}{\delta}$$
$$=f(x)\lim_{\delta\to0}\frac{f(\delta)-f(0)}{\delta-0}=f(x)f'(0)=3f(x),$$

求解初值问题 $f'(x)=3f(x)$，$f(0)=1$，微分方程为可分离变量的微分方程，分离变量积分得 $\dfrac{\mathrm{d}f(x)}{f(x)}=3\mathrm{d}x\Rightarrow\ln|f(x)|=3x+C_1\Rightarrow f(x)=C\mathrm{e}^{3x}$，代入初值条件可得 $C=1$，所以 $f(x)=\mathrm{e}^{3x}$.

13.【参考解答】 由题意得 $\dfrac{x}{2}[1+f(x)]+\displaystyle\int_x^1 f(t)\mathrm{d}t=\dfrac{x^3}{6}+\dfrac{1}{3}$.

两边关于 x 求导得 $1+f(x)+xf'(x)-2f(x)=x^2$，当 $x\neq0$ 时，得一阶线性微分方程 $f'(x)-\dfrac{1}{x}f(x)=\dfrac{x^2-1}{x}$，于是由一阶线性微分方程的通解公式得

$$f(x)=\mathrm{e}^{\int\frac{1}{x}\mathrm{d}x}\left(\int\frac{x^2-1}{x}\cdot\mathrm{e}^{-\int\frac{1}{x}\mathrm{d}x}\mathrm{d}x+C\right)=x^2+1+Cx.$$

又曲线过点 $B(1,0)$，代入得 $C=-2$，所以 $f(x)=x^2-2x+1=(x-1)^2$.

14.【参考解答】 二阶非齐次线性微分方程通解形式为 $y=C_1y_1+C_2y_2+y^*$，其中 y^* 为方程的一个特解，其形式为 $x^m(Ax+B)\mathrm{e}^{2x}$，y_1,y_2 为对应齐次线性微分方程的两个线性无关的解. 于是由 $y=2\mathrm{e}^x+(x^2-1)\mathrm{e}^{2x}=2\mathrm{e}^x-\mathrm{e}^{2x}+x^2\mathrm{e}^{2x}$ 为方程特解，对比可知，$\lambda=2$ 是特征根，于是另外一个特征根为 $r=1$，于是特征方程为 $(r-1)(r-2)=0$，即 $r^2-3r+2=0$，于是 $a=-3,b=2$.

将特解 $y^*=x^2\mathrm{e}^{2x}$ 代入方程 $y''-3y'+2y=(cx+d)\mathrm{e}^{2x}$ 得 $c=2,d=2$.

综上微分方程为 $y''-3y'+2y=2(x+1)\mathrm{e}^{2x}$，其通解为 $y=C_1\mathrm{e}^x+C_2\mathrm{e}^{2x}+x^2\mathrm{e}^{2x}$.

15.【参考解答】 将 $y=x^2\sin x$ 代入方程 $y''+p(x)y'+q(x)y=0$ 得

$$(2\sin x+4x\cos x-x^2\sin x)+p(x)(2x\sin x+x^2\cos x)+q(x)(x^2\sin x)=0.$$

当 $x\neq 0$ 时，上式两端除以 x 整理得

$$\frac{2\sin x}{x}+4\cos x+[2p(x)-x+xq(x)]\sin x+xp(x)\cos x=0.$$

由于 $p(x),q(x)$ 在 $[-a,a]$ 连续，于是令 $x\to 0$，上式左端极限值为 6，右端极限值为 0，得矛盾，故不存在 $[-a,a]$ 上连续函数 $p(x),q(x)$，使得 $y=x^2\sin x$ 是微分方程 $y''+p(x)y'+q(x)y=0$ 的特解.

16.【参考解答】 原方程等价于 $\frac{\mathrm{d}\sin y}{\mathrm{d}x}-\frac{1}{x}\sin y=\mathrm{e}^x\sin^2 y$，令 $z=\sin y$，得 $\frac{\mathrm{d}z}{\mathrm{d}x}-\frac{1}{x}z=\mathrm{e}^x z^2$，此为伯努利方程，两边同时除以 z^2，得

$$z^{-2}\frac{\mathrm{d}z}{\mathrm{d}x}-\frac{1}{x}z^{-1}=\mathrm{e}^x\Rightarrow -\frac{\mathrm{d}z^{-1}}{\mathrm{d}x}-\frac{1}{x}z^{-1}=\mathrm{e}^x,$$

令 $u=z^{-1}$ 得 $\frac{\mathrm{d}u}{\mathrm{d}x}+\frac{1}{x}u=-\mathrm{e}^x$，该方程为非齐次一阶线性方程，有

$$u(x)=\mathrm{e}^{-\int\frac{1}{x}\mathrm{d}x}\left(\int-\mathrm{e}^x\cdot\mathrm{e}^{\int\frac{1}{x}\mathrm{d}x}\mathrm{d}x+C\right)=\mathrm{e}^{-\ln|x|}\left(\int-\mathrm{e}^x\cdot\mathrm{e}^{\ln|x|}\mathrm{d}x+C\right)$$

$$=\frac{1}{|x|}\left(\int-\mathrm{e}^x\cdot|x|\mathrm{d}x+C\right)=-\frac{1}{x}\left(\int x\mathrm{d}\mathrm{e}^x+C\right)=-\frac{x\mathrm{e}^x-\mathrm{e}^x+C}{x}$$

即 $z=\frac{x}{\mathrm{e}^x-x\mathrm{e}^x+C}\Rightarrow\frac{x}{\mathrm{e}^x-x\mathrm{e}^x+C}=\sin y$，于是方程通解为 $\csc y=\frac{\mathrm{e}^x}{x}-\mathrm{e}^x+\frac{C}{x}$.

17.【参考解答】 将方程改写成分段函数表达式，则有

$$y''+4y=\begin{cases}-3\sin x, & -\pi\leqslant x<0\\ 3\sin x, & 0\leqslant x\leqslant\pi\end{cases}$$

对应的齐次线性微分方程的特征方程为 $r^2+4=0$，所以特征根为 $r_{1,2}=\pm 2\mathrm{i}$，因此对应齐次线性方程的通解为 $Y=C_1\cos 2x+C_2\sin 2x$.

在 $[-\pi,0]$ 上方程为 $y''+4y=-3\sin x$，特解可以设为 $y_1^*=A_1\cos x+B_1\sin x$，将其代入方程得 $A_1=0,B_1=-1$，所以特解为 $y_1^*=-\sin x$.

在 $[0,\pi]$ 上方程为 $y''+4y=3\sin x$，特解可以设为 $y_2^*=A_2\cos x+B_2\sin x$，将其代入方程得 $A_2=0,B_2=1$，所以特解为 $y_2^*=\sin x$.

所以原方程的通解为 $y=\begin{cases}C_1\cos 2x+C_2\sin 2x-\sin x, & -\pi\leqslant x<0\\ C_3\cos 2x+C_4\sin 2x+\sin x, & 0\leqslant x\leqslant\pi\end{cases}$.

由 $y\left(\frac{\pi}{2}\right)=0,y'\left(\frac{\pi}{2}\right)=1$ 可以确定 $C_3=1,C_4=-\frac{1}{2}$.

又由函数 $y(x)$ 在 $x=0$ 处连续且可导有

$$y(0-0)=C_1=f(0)=f(0+0)=C_3=1\Rightarrow C_1=1,$$

$$y'_-(0)=2C_2-1=y'_+(0)=2C_4+1=0\Rightarrow C_2=\frac{1}{2}.$$

所以所求的特解为 $y=\begin{cases}\cos 2x+\frac{1}{2}\sin 2x-\sin x, & -\pi\leqslant x<0\\ \cos 2x-\frac{1}{2}\sin 2x+\sin x, & 0\leqslant x\leqslant\pi\end{cases}$.

18.【参考解答】 取沉放点为原点 O，铅直向下为 y 轴正向建立坐标系.

由 $\frac{\mathrm{d}y}{\mathrm{d}t}=v$ 可得 $\frac{\mathrm{d}^2y}{\mathrm{d}t^2}=\frac{\mathrm{d}v}{\mathrm{d}t}=\frac{\mathrm{d}v}{\mathrm{d}y}\cdot\frac{\mathrm{d}y}{\mathrm{d}t}=v\frac{\mathrm{d}v}{\mathrm{d}y}$,

于是由题意及牛顿第二定律得 $\begin{cases}mv\frac{\mathrm{d}v}{\mathrm{d}y}=mg-B\rho g-kv\\ y(0)=0\end{cases}$. 记 $M=mg-B\rho g$,分离变量积分 $\int\mathrm{d}y=\int\frac{mv}{M-kv}\mathrm{d}v$ 得 $y=-\frac{m}{k}v-\frac{mM}{k^2}\ln(M-kv)+C$,由初始条件 $y(0)=0$,得 $C=\frac{mM}{k^2}\ln M$. 故所求的函数关系式为 $y(v)=-\frac{m}{k}v-\frac{mM}{k^2}\ln\left(1-\frac{kv}{M}\right)$,其中 $M=mg-B\rho g$.

19.【参考解答】 设船行驶的路线方程为 $y=y(x)$,$P(x,y)$ 是航线上任一点,该点处航线的切线的倾角为 α,则 $y'(x)=\tan\alpha$. 设水流在 $P(x,y)$ 点处切线的倾角为 β,由流线的方程 $xy=C$ 可得

$$\tan\beta=\left(\frac{C}{x}\right)'=-\frac{C}{x^2}=-\frac{C}{x}\cdot\frac{1}{x}=-\frac{y}{x}.$$

第 19 题图

由图易知,$\beta=\alpha+\frac{\pi}{6}$,于是有 $\tan\beta=\tan\left(\alpha+\frac{\pi}{6}\right)=\frac{\sqrt{3}\tan\alpha+1}{\sqrt{3}-\tan\alpha}$,综上 $y(x)$ 满足 $-\frac{y}{x}=\frac{\sqrt{3}y'+1}{\sqrt{3}-y'}\Rightarrow y'=\frac{-x-\sqrt{3}y}{\sqrt{3}x-y}=\frac{-1-\sqrt{3}\frac{y}{x}}{\sqrt{3}-\frac{y}{x}}$,为齐次微分方程,令 $\frac{y}{x}=u$,则 $y'=u+xu'$,方程化为 $xu'=\frac{u^2-2\sqrt{3}u-1}{\sqrt{3}-u}$,分离变量可得该微分方程的解为

$$-\frac{1}{2}\ln\left|-u^2+2\sqrt{3}u+1\right|=\ln|x|+C_1\Rightarrow\frac{1}{\sqrt{-u^2+2\sqrt{3}u+1}}=C_2x,$$

即 $x^2(-u^2+2\sqrt{3}u+1)=C$,代入 $u=\frac{y}{x}$,得船行驶的路线方程为 $-y^2+2\sqrt{3}xy+x^2=C$(C 为任意常数).

20.【参考解答】 由 $f'\left(\frac{a}{x}\right)=\frac{x}{f(x)}$ 有 $f(x)f'\left(\frac{a}{x}\right)=x$,对 x 做代换 $\frac{a}{x}$ 得 $f\left(\frac{a}{x}\right)f'(x)=\frac{a}{x}$.

设 $g(x)=f(x)f\left(\frac{a}{x}\right)$,则有 $g'(x)=f'(x)f\left(\frac{a}{x}\right)-\frac{a}{x^2}f(x)f'\left(\frac{a}{x}\right)=\frac{a}{x}-\frac{a}{x}\equiv 0$,所以有 $g(x)=b(x>0)$,其中 $b>0$ 为常数.

于是 $g(x)=f(x)f\left(\frac{a}{x}\right)=\frac{af(x)}{xf'(x)}=b$,即有 $\frac{f'(x)}{f(x)}=\frac{a}{bx}$,积分得 $\ln f(x)=\frac{a}{b}\ln x+\ln|C|$,所以 $f(x)=Cx^{\frac{a}{b}}(C>0)$.

代入 $f'\left(\frac{a}{x}\right)=\frac{x}{f(x)}$ 得 $C\cdot\frac{a}{b}\left(\frac{a}{x}\right)^{\frac{a}{b}-1}=\frac{x}{Cx^{\frac{a}{b}}}\Rightarrow C^2a^{\frac{a}{b}}=b$,所以 $f(x)=\sqrt{b}\left(\frac{x}{\sqrt{a}}\right)^{\frac{a}{b}}$,$b>0$.

高等数学练习册详解指导（上、下册）

苏 芳 王 焱 刘雄伟 张 雪 编著

清華大學出版社
北 京

内 容 简 介

本书是与国防科技大学理学院数学系编写、高等教育出版社出版的《高等数学(上、下册)》和《高等数学练习册》相配套的典型习题详细解答参考指导书. 本书组编的习题具有典型性、综合性和挑战性，共分 10 个单元，上册、下册分别包括 5 个单元. 每个练习包括基础练习、综合练习和考研与竞赛练习三部分.

本书同时包含题目和解答，对教材和练习册具有相对的独立性，主要是为大学生学习、复习高等数学、工科数学分析与微积分课程，报考全国硕士研究生招生考试、全国大学生数学竞赛和军队文职人员公开招考等提供一本从基础到提高的解题指导参考书，也可供讲授高等数学、工科数学分析和微积分课程的教师备课、布置作业、批改作业时参考.

图书在版编目（CIP）数据

高等数学练习册详解指导：上、下册/苏芳等编著. -- 北京：清华大学出版社，2025.3. -- ISBN 978-7-302-68754-2

Ⅰ. O13

中国国家版本馆 CIP 数据核字第 2025QN7114 号

责任编辑：文　怡
封面设计：王昭红
责任校对：李建庄
责任印制：刘　菲

出版发行：清华大学出版社
　　网　　址：https://www.tup.com.cn，https://www.wqxuetang.com
　　地　　址：北京清华大学学研大厦 A 座　　**邮　　编**：100084
　　社 总 机：010-83470000　　**邮　　购**：010-62786544
　　投稿与读者服务：010-62776969，c-service@tup.tsinghua.edu.cn
　　质量反馈：010-62772015，zhiliang@tup.tsinghua.edu.cn
　　课件下载：https://www.tup.com.cn，010-83470236
印 装 者：三河市铭诚印务有限公司
经　　销：全国新华书店
开　　本：185mm×260mm　　**印　　张**：43.5　　**字　　数**：1062 千字
版　　次：2025 年 5 月第 1 版　　**印　　次**：2025 年 5 月第 1 次印刷
印　　数：1～1500
定　　价：149.00 元(全两册)

产品编号：108486-01

前言

本书是与国防科技大学理学院数学系编写、高等教育出版社出版的《高等数学(上、下册)》和《高等数学练习册》相配套的典型习题详细解答参考指导书. 本书同时包含了题目和解答,对教材和练习册具有相对的独立性,主要是为大学生学习、复习高等数学、工科数学分析与微积分课程,报考全国硕士研究生招生考试、全国大学生数学竞赛和军队文职人员公开招考提供一本从基础到提高的解题指导参考书,也可供讲授高等数学、工科数学分析和微积分课程的教师备课、布置作业、批改作业时参考.

本书组编的习题具有典型性、综合性和挑战性,全书根据习题内容分布共分 10 个单元,上册、下册分别包括 5 个单元. 每个练习包括基础练习、综合练习和考研与竞赛练习三部分,涉及的题型是与课程相关的反复考试、重点考查的题型,得到的结论很多时候可以直接参考、借鉴使用. 基础练习与综合练习主要来源于配套的《高等数学(上、下册)》教材的课后练习和全国硕士研究生招生考试真题,主要考查与检验学生对基本概念、基本思想与基本解题方法的理解与掌握,培养数学思维能力; 考研与竞赛练习主要遴选自历届全国大学生数学竞赛初赛非数类竞赛真题与全国硕士研究生招生考试、数学分析考研真题,供学有余力的学生进一步深化相关内容的理解和强化训练效果,这部分练习对学生综合应用所学知识解决问题的能力提升,创新思维和综合应用能力的培养,对后续课程的学习、参加数学竞赛和考研都有很大的帮助作用.

本书中所有习题解答都力图详尽,不仅对每个习题都给出了完整、详细的解题思路与方法,在解答中,有的题目在解答之后还以注释的形式对相应题型的解法,或者解题中要注意的问题进行了归纳小结与提示. 习题给出的求解思路、方法具有很强的代表性,部分练习还给出了一题多解,从不同角度思考、探索求解思路,系统性地加强思想、方法和内容的联系,深化理解. 本书的练习实践,有助于学生进一步获得数学知识,为应用数学思想和方法,指导实践应用奠定必要的数学理论基础.

本书的编写得到了国防科技大学理学院数学系全体教师的大力支持和帮助,凝练了国防科技大学数学系教师多年的授课经验,同时广泛吸取了国内外一流大学的先进教学经验,参考了一些经典书籍给出的思想与方法,在此表示诚挚的感谢. 本书编写工作主要由苏芳、王焱、刘雄伟、张雪完成,由于编者水平有限,书中错误、疏漏在所难免,恳请读者批评指正.

编　者

2025 年 1 月

目录

第六单元　向量代数与空间解析几何 …… 333
练习 41　向量及其运算 …… 333
练习 42　平面与空间直线的方程 …… 342
练习 43　空间点、直线、平面之间的关系 …… 347
练习 44　曲面及其方程 …… 356
练习 45　空间曲线及其方程 …… 363
练习 46　向量值函数的导数与积分 …… 370
第六单元　向量代数与空间解析几何测验(A) …… 378
第六单元　向量代数与空间解析几何测验(A)参考解答 …… 380
第六单元　向量代数与空间解析几何测验(B) …… 384
第六单元　向量代数与空间解析几何测验(B)参考解答 …… 385
第七单元　多元函数的导数及其应用 …… 392
练习 47　多元函数的极限与连续 …… 392
练习 48　偏导数的概念及简单计算 …… 399
练习 49　全微分的概念及其应用 …… 404
练习 50　多元复合函数的偏导数计算 …… 411
练习 51　隐函数的求导 …… 420
练习 52　多元函数微分学的几何应用 …… 427
练习 53　方向导数与梯度　黑塞矩阵与泰勒公式 …… 433
练习 54　多元函数的极值与条件极值 …… 441
第七单元　多元函数的导数及其应用测验(A) …… 449
第七单元　多元函数的导数及其应用测验(A)参考解答 …… 451
第七单元　多元函数的导数及其应用测验(B) …… 456
第七单元　多元函数的导数及其应用测验(B)参考解答 …… 458
第八单元　重积分 …… 464
练习 55　重积分的概念与性质 …… 464
练习 56　直角坐标系下二重积分的计算 …… 472
练习 57　极坐标系下二重积分的计算 …… 480
练习 58　直角坐标系下三重积分的计算 …… 488
练习 59　柱面坐标系与球面坐标系下三重积分的计算 …… 495

*练习 60　重积分的换元法　含参变量的积分 …… 503
练习 61　重积分的应用 …… 512
第八单元　重积分测验(A) …… 519
第八单元　重积分测验(A)参考解答 …… 521
第八单元　重积分测验(B) …… 526
第八单元　重积分测验(B)参考解答 …… 528
第九单元　曲线积分与曲面积分 …… 534
练习 62　对弧长的曲线积分 …… 534
练习 63　对坐标的曲线积分 …… 539
练习 64　格林公式 …… 546
练习 65　积分与路径无关　全微分方程 …… 554
练习 66　对面积的曲面积分 …… 562
练习 67　对坐标的曲面积分 …… 569
练习 68　高斯公式　散度 …… 578
练习 69　斯托克斯公式　旋度 …… 587
第九单元　曲线积分与曲面积分测验(A) …… 595
第九单元　曲线积分与曲面积分测验(A)参考解答 …… 597
第九单元　曲线积分与曲面积分测验(B) …… 602
第九单元　曲线积分与曲面积分测验(B)参考解答 …… 604
第十单元　无穷级数 …… 611
练习 70　常数项级数敛散性的概念与性质 …… 611
练习 71　正项级数及其判别法 …… 619
练习 72　一般项数值级数的敛散性判别 …… 627
练习 73　幂级数的收敛域与和函数 …… 635
练习 74　函数的幂级数展开　幂级数的应用 …… 642
练习 75　周期为 2π 的函数的傅里叶级数展开 …… 651
练习 76　一般函数的傅里叶级数展开 …… 659
第十单元　无穷级数测验(数值级数) …… 668
第十单元　无穷级数测验(数值级数)参考解答 …… 669
第十单元　无穷级数测验(幂级数与傅里叶级数) …… 674
第十单元　无穷级数测验(幂级数与傅里叶级数)参考答案 …… 676

第六单元

向量代数与空间解析几何

练习 41　向量及其运算

训练目的

1. 熟悉空间直角坐标系，理解向量的概念及其坐标表示.
2. 掌握向量线性运算，数量积、向量积、混合积的运算，以及运算的意义.
3. 掌握两个向量垂直、平行，三个向量共面的条件.

基础练习

1. 填空题.

(1) 已知第Ⅴ卦限内点 M 到 x，y，z 三坐标轴的距离分别为 $5, 3\sqrt{5}, 2\sqrt{13}$，则 M 点的坐标为________.

(2) 向量 $\overrightarrow{AB}$ 的终点为 $B(3,-1,0)$，且向量 $\overrightarrow{AB}$ 在坐标轴上的投影依次为 $2,-3,4$，则始点 A 的坐标为____________.

(3) 已知两点 $M_1(4,\sqrt{2},1)$ 和 $M_2(3,0,2)$，则向量 $\overrightarrow{M_1M_2}$ 的模 $|\overrightarrow{M_1M_2}|=$________；方向余弦 $\cos\alpha=$________，$\cos\beta=$________，$\cos\gamma=$________；方向角 $\alpha=$________，$\beta=$________，$\gamma=$________.

(4) 设有一向量与 x 轴正向、y 轴正向的夹角相等，与 z 轴正向的夹角是前者的两倍，则与该向量同方向的单位向量为____________.

(5) 已知向量 $\boldsymbol{a}=(0,-1,3)$，$\boldsymbol{b}=(0,-3,0)$，则其中向量________垂直坐标面____________，向量____________垂直坐标轴____________；向量________平行坐标面____________，向量____________平行坐标轴____________.

(6) 已知向量 $\boldsymbol{a}=\alpha\boldsymbol{i}+4\boldsymbol{j}$ 和 $\boldsymbol{b}=4\boldsymbol{i}+3\boldsymbol{j}+\gamma\boldsymbol{k}$ 共线，则 $\alpha=$____________，$\gamma=$____________.

(7) 设 $\boldsymbol{m}=(3,5,-1)$，$\boldsymbol{n}=(2,2,3)$，$\boldsymbol{p}=(4,-1,-3)$，则向量 $\boldsymbol{\alpha}=4\boldsymbol{m}+3\boldsymbol{n}-\boldsymbol{p}$ 在 x 轴上的投影为________，在 y 轴上的投影向量为________.

(8) 已知 $\triangle ABC$ 的顶点 $A(2,-5,3)$ 及两边的向量 $\overrightarrow{AB}=(4,1,2)$，$\overrightarrow{BC}=(3,-2,5)$，则三角形顶点 B 的坐标为________，C 的坐标为________，第三边的向量 $\overrightarrow{CA}=$________.

(9) 设向量 $\boldsymbol{a}=\boldsymbol{i}+2\boldsymbol{j}-\boldsymbol{k}$，$\boldsymbol{b}=-\boldsymbol{i}+\boldsymbol{j}$，则 $\boldsymbol{a}\cdot\boldsymbol{b}=$________，$\boldsymbol{a}\times\boldsymbol{b}=$________；它们的夹角 θ 的正弦 $\sin\theta=$________，余弦 $\cos\theta=$________；与两已知向量都垂直的单位向量为________.

(10) 化简：$(2\boldsymbol{a}+\boldsymbol{b})\times(\boldsymbol{c}-\boldsymbol{a})+(\boldsymbol{b}+\boldsymbol{c})\times(\boldsymbol{a}+\boldsymbol{b})=$________，$(\boldsymbol{a}\times\boldsymbol{b})\cdot(\boldsymbol{a}\times\boldsymbol{b})+(\boldsymbol{a}\cdot\boldsymbol{b})(\boldsymbol{a}\cdot\boldsymbol{b})=$________.

(11) 设 $|\boldsymbol{a}|=a$，$|\boldsymbol{b}|=b$，$|\boldsymbol{c}|=c$，且 $\boldsymbol{a}+\boldsymbol{b}+\boldsymbol{c}=\boldsymbol{0}$，则 $\boldsymbol{a}\cdot\boldsymbol{c}+\boldsymbol{c}\cdot\boldsymbol{b}+\boldsymbol{a}\cdot\boldsymbol{b}=$________.

(12) 已知平行四边形的两对角线向量为 $\boldsymbol{a}=\boldsymbol{m}+2\boldsymbol{n}$ 和 $\boldsymbol{b}=2\boldsymbol{m}-4\boldsymbol{n}$，且 $|\boldsymbol{m}|=1$，$|\boldsymbol{n}|=2$，$\boldsymbol{m}$ 和 $\boldsymbol{n}$ 的夹角为 $\frac{\pi}{6}$，则平行四边形的面积等于________.

(13) 设 $\boldsymbol{c}=2\boldsymbol{a}+\boldsymbol{b}$，$\boldsymbol{d}=\lambda\boldsymbol{a}+\boldsymbol{b}$，其中 $|\boldsymbol{a}|=1$，$|\boldsymbol{b}|=2$，$\boldsymbol{a}\perp\boldsymbol{b}$，则当系数 $\lambda=$________时，向量 $\boldsymbol{c}$ 与 $\boldsymbol{d}$ 垂直；系数 $\lambda=$________时，以向量 $\boldsymbol{c}$ 与 $\boldsymbol{d}$ 为邻边的平行四边形面积为 6.

(14) 已知 $[\boldsymbol{abc}]=-3$，则 $(\boldsymbol{a}+\boldsymbol{b})\times(\boldsymbol{b}+\boldsymbol{c})\cdot(\boldsymbol{c}+\boldsymbol{a})=$________；以向量 $\boldsymbol{a}+\boldsymbol{b}$，$\boldsymbol{b}+\boldsymbol{c}$，$\boldsymbol{c}+\boldsymbol{a}$ 为邻边的四面体体积为________.

(15) 判定四点 $A(1,1,1)$，$B(4,5,6)$，$C(2,3,3)$，$D(10,15,17)$ 是否共面.________(是/否).

【参考解答】 (1) 设点 M 的坐标为 (x_0,y_0,z_0)，由题设可知

$$\sqrt{y_0^2+z_0^2}=5,\quad \sqrt{x_0^2+z_0^2}=3\sqrt{5},\quad \sqrt{x_0^2+y_0^2}=2\sqrt{13},$$

各式两端平方得

$$y_0^2+z_0^2=25,\quad x_0^2+z_0^2=45,\quad x_0^2+y_0^2=52,$$

解三个等式构成的方程组，得

$$x_0^2=36,\quad y_0^2=16,\quad z_0^2=9.$$

又点 M 位于第Ⅴ卦限，故 $x_0>0$，$y_0>0$，$z_0<0$. 所以 M 点的坐标为 $(6,4,-3)$.

(2) 设向量 $\overrightarrow{AB}$ 的始点 A 的坐标为 (x_0,y_0,z_0)，则

$$\overrightarrow{AB}=(3,-1,0)-(x_0,y_0,z_0)=(3-x_0,-1-y_0,-z_0).$$

又向量 $\overrightarrow{AB}$ 在坐标轴上的投影依次为 $2,-3,4$，故得

$$3-x_0=2,\quad -1-y_0=-3,\quad -z_0=4.$$

解三个等式构成的方程组，得始点 A 的坐标为 $(1,2,-4)$.

(3) 由于 $M_1(4,\sqrt{2},1)$ 和 $M_2(3,0,2)$，可得

$$\overrightarrow{M_1M_2}=(3,0,2)-(4,\sqrt{2},1)=(-1,-\sqrt{2},1).$$

于是可得 $|\overrightarrow{M_1M_2}|=\sqrt{(-1)^2+(-\sqrt{2})^2+1^2}=2$.

$$\cos\alpha=\frac{-1}{|\overrightarrow{M_1M_2}|}=-\frac{1}{2},\quad \cos\beta=\frac{-\sqrt{2}}{|\overrightarrow{M_1M_2}|}=-\frac{\sqrt{2}}{2},\quad \cos\gamma=\frac{1}{|\overrightarrow{M_1M_2}|}=\frac{1}{2}.$$

由于 $0\leqslant\alpha,\beta,\gamma\leqslant\pi$，故得方向角分别为 $\alpha=\frac{2\pi}{3},\beta=\frac{3\pi}{4},\gamma=\frac{\pi}{3}$.

(4) 设向量与 x 轴正向、y 轴正向、z 轴正向的夹角分别为 α,β,γ，则由题设可知 $\alpha=\beta$，$\gamma=2\alpha$. 又 $\cos^2\alpha+\cos^2\beta+\cos^2\gamma=1$，故得

$$\cos^2\alpha+\cos^2\alpha+\cos^2 2\alpha=2\cos^2\alpha+\cos^2 2\alpha=1+\cos 2\alpha+\cos^2 2\alpha=1,$$

解得 $\cos 2\alpha=0$ 或 $\cos 2\alpha=-1$. 由于 $0\leqslant\alpha,\beta,\gamma\leqslant\pi$，于是当 $\cos 2\alpha=0$ 时，$\alpha=\frac{\pi}{4}$，$\alpha=\frac{3\pi}{4}$（舍去），故得 $\alpha=\frac{\pi}{4}$. 此时 $\beta=\frac{\pi}{4},\gamma=\frac{\pi}{2}$，则与向量同方向的单位向量为

$$(\cos\alpha,\cos\beta,\cos\gamma)=\left(\frac{\sqrt{2}}{2},\frac{\sqrt{2}}{2},0\right).$$

当 $\cos 2\alpha=-1$ 时，$\alpha=\frac{\pi}{2},\beta=\frac{\pi}{2},\gamma=\pi$，则向量的单位向量为

$$(\cos\alpha,\cos\beta,\cos\gamma)=(0,0,-1).$$

(5) 由 $\boldsymbol{a}=(0,-1,3)$ 可知向径 $\boldsymbol{a}$ 位于 yOz 面上，由 $\boldsymbol{b}=(0,-3,0)$ 可知向径 $\boldsymbol{b}$ 位于 y 轴上并指向 y 轴的负半轴，故向量 $\boldsymbol{b}$ 垂直于 zOx 坐标面，向量 $\boldsymbol{a}$ 垂直于 x 坐标轴；向量 $\boldsymbol{a}$ 平行于 yOz 坐标面，向量 $\boldsymbol{b}$ 平行于 y 坐标轴.

(6) 由已知可知两向量的坐标描述形式分别为 $\boldsymbol{a}=(\alpha,4,0)$，$\boldsymbol{b}=(4,3,\gamma)$，则由两向量共线可知，存在 $\lambda\in\mathbb{R}$，使得 $\boldsymbol{a}=\lambda\boldsymbol{b}$，即

$$\alpha=\lambda\cdot 4,\quad 4=\lambda\cdot 3,\quad 0=\lambda\cdot\gamma.$$

由 $4=\lambda\cdot 3$ 得 $\lambda=\frac{4}{3}$. 故得 $\alpha=\frac{4}{3}\cdot 4=\frac{16}{3},\gamma=0$.

(7) 由向量的线性运算法则，得

$$\begin{aligned}\boldsymbol{\alpha}&=4\boldsymbol{m}+3\boldsymbol{n}-\boldsymbol{p}=4(3,5,-1)+3(2,2,3)-(4,-1,-3)\\&=(12+6-4,20+6+1,-4+9+3)=(14,27,8).\end{aligned}$$

故向量 $\boldsymbol{\alpha}$ 在 x 轴上的投影为 14，在 y 轴上的投影向量为 $27\boldsymbol{j}$ 或 $(0,27,0)$.

(8) 设 O 为原点，则 $\overrightarrow{OA}=(2,-5,3)$，则由

$$\overrightarrow{AB}=\overrightarrow{OB}-\overrightarrow{OA}=\overrightarrow{OB}-(2,-5,3)=(4,1,2),$$

得 $\overrightarrow{OB}=(4,1,2)+(2,-5,3)=(6,-4,5)$，即点 B 的坐标为 $(6,-4,5)$. 又由

$$\overrightarrow{BC}=\overrightarrow{OC}-\overrightarrow{OB}=\overrightarrow{OC}-(6,-4,5)=(3,-2,5),$$

解得 $\overrightarrow{OC}=(3,-2,5)+(6,-4,5)=(9,-6,10)$，即点 C 的坐标为 $(9,-6,10)$. 于是可得

$$\overrightarrow{CA}=\overrightarrow{OA}-\overrightarrow{OC}=(2,-5,3)-(9,-6,10)=(-7,1,-7).$$

(9) 由题设可知两向量的坐标描述形式为 $\boldsymbol{a}=(1,2,-1)$，$\boldsymbol{b}=(-1,1,0)$，故由数量积与向量积的坐标计算公式，得

$$\boldsymbol{a}\cdot\boldsymbol{b}=(1,2,-1)\cdot(-1,1,0)=-1+2+0=1,$$

$$\boldsymbol{a}\times\boldsymbol{b}=\begin{vmatrix}\boldsymbol{i}&\boldsymbol{j}&\boldsymbol{k}\\1&2&-1\\-1&1&0\end{vmatrix}=\boldsymbol{i}+\boldsymbol{j}+3\boldsymbol{k}=(1,1,3).$$

对于它们的夹角 θ，有

$$\cos\theta=\frac{\boldsymbol{a}\cdot\boldsymbol{b}}{|\boldsymbol{a}||\boldsymbol{b}|}=\frac{1}{\sqrt{6}\cdot\sqrt{2}}=\frac{1}{2\sqrt{3}},$$

故有 $\sin\theta=\sqrt{1-\cos^2\theta}=\sqrt{1-\frac{1}{12}}=\frac{\sqrt{11}}{2\sqrt{3}}$. 由于 $\boldsymbol{a}\times\boldsymbol{b}$ 与 $\boldsymbol{a},\boldsymbol{b}$ 均垂直，故与两已知向量都垂直的单位向量为 $\pm(1,1,3)^0=\pm\left(\frac{1}{\sqrt{11}},\frac{1}{\sqrt{11}},\frac{3}{\sqrt{11}}\right)$.

（10）由向量积的分配律，得

$$\begin{aligned}&(2\boldsymbol{a}+\boldsymbol{b})\times(\boldsymbol{c}-\boldsymbol{a})+(\boldsymbol{b}+\boldsymbol{c})\times(\boldsymbol{a}+\boldsymbol{b})\\=&2\boldsymbol{a}\times\boldsymbol{c}+\boldsymbol{b}\times\boldsymbol{c}-2\boldsymbol{a}\times\boldsymbol{a}-\boldsymbol{b}\times\boldsymbol{a}+\boldsymbol{b}\times\boldsymbol{a}+\boldsymbol{c}\times\boldsymbol{a}+\boldsymbol{b}\times\boldsymbol{b}+\boldsymbol{c}\times\boldsymbol{b},\end{aligned}$$

由于 $\boldsymbol{a}\times\boldsymbol{a}=0,\boldsymbol{b}\times\boldsymbol{b}=0$，又由向量积的反交换律，得

$$\text{原式}=2\boldsymbol{a}\times\boldsymbol{c}+\boldsymbol{b}\times\boldsymbol{c}-\boldsymbol{b}\times\boldsymbol{a}+\boldsymbol{b}\times\boldsymbol{a}-\boldsymbol{a}\times\boldsymbol{c}-\boldsymbol{b}\times\boldsymbol{c}=\boldsymbol{a}\times\boldsymbol{c}.$$

记 $\boldsymbol{a},\boldsymbol{b}$ 的夹角为 θ，则有

$$(\boldsymbol{a}\times\boldsymbol{b})\cdot(\boldsymbol{a}\times\boldsymbol{b})+(\boldsymbol{a}\cdot\boldsymbol{b})(\boldsymbol{a}\cdot\boldsymbol{b})=|\boldsymbol{a}\times\boldsymbol{b}|^2+|\boldsymbol{a}|^2|\boldsymbol{b}|^2\cos^2\theta.$$

由于 $|\boldsymbol{a}\times\boldsymbol{b}|^2=|\boldsymbol{a}|^2|\boldsymbol{b}|^2\sin^2\theta$，代入上式得最终结果为 $|\boldsymbol{a}|^2|\boldsymbol{b}|^2$.

（11）由 $\boldsymbol{a}+\boldsymbol{b}+\boldsymbol{c}=0$，故 $\boldsymbol{a}=-\boldsymbol{b}-\boldsymbol{c}$，于是

$$\begin{aligned}\boldsymbol{a}\cdot\boldsymbol{c}+\boldsymbol{c}\cdot\boldsymbol{b}+\boldsymbol{a}\cdot\boldsymbol{b}&=(-\boldsymbol{b}-\boldsymbol{c})\cdot\boldsymbol{c}+\boldsymbol{c}\cdot\boldsymbol{b}+(-\boldsymbol{b}-\boldsymbol{c})\cdot\boldsymbol{b}\\&=-\boldsymbol{b}\cdot\boldsymbol{c}-\boldsymbol{c}\cdot\boldsymbol{c}+\boldsymbol{c}\cdot\boldsymbol{b}-\boldsymbol{b}\cdot\boldsymbol{b}-\boldsymbol{c}\cdot\boldsymbol{b}\\&=-\boldsymbol{b}\cdot\boldsymbol{c}-\boldsymbol{c}\cdot\boldsymbol{c}-\boldsymbol{b}\cdot\boldsymbol{b}=-\boldsymbol{b}\cdot\boldsymbol{c}-c^2-b^2.\end{aligned}$$

类似可得

$$\boldsymbol{a}\cdot\boldsymbol{c}+\boldsymbol{c}\cdot\boldsymbol{b}+\boldsymbol{a}\cdot\boldsymbol{b}=-\boldsymbol{a}\cdot\boldsymbol{b}-a^2-b^2,$$

$$\boldsymbol{a}\cdot\boldsymbol{c}+\boldsymbol{c}\cdot\boldsymbol{b}+\boldsymbol{a}\cdot\boldsymbol{b}=-\boldsymbol{a}\cdot\boldsymbol{c}-a^2-c^2.$$

将上面的三个等式两端分别相加，即得

$$\boldsymbol{a}\cdot\boldsymbol{c}+\boldsymbol{c}\cdot\boldsymbol{b}+\boldsymbol{a}\cdot\boldsymbol{b}=-\frac{1}{2}(a^2+b^2+c^2).$$

（12）四边形相邻的两条边对应的向量可以取为 $\frac{\boldsymbol{b}}{2}-\frac{\boldsymbol{a}}{2}$ 与 $\frac{\boldsymbol{b}}{2}+\frac{\boldsymbol{a}}{2}$，则由向量积的几何意义和向量积的运算法则，得

$$\begin{aligned}S_{\square}&=\left|\left(\frac{\boldsymbol{b}}{2}-\frac{\boldsymbol{a}}{2}\right)\times\left(\frac{\boldsymbol{b}}{2}+\frac{\boldsymbol{a}}{2}\right)\right|=\left|\left(\frac{\boldsymbol{m}}{2}-3\boldsymbol{n}\right)\times\left(\frac{3\boldsymbol{m}}{2}-\boldsymbol{n}\right)\right|\\&=4|\boldsymbol{m}\times\boldsymbol{n}|=4|\boldsymbol{m}||\boldsymbol{n}|\sin(\boldsymbol{m},\boldsymbol{n})=4.\end{aligned}$$

（13）由 $\boldsymbol{a}\perp\boldsymbol{b}$，得 $\boldsymbol{a}\cdot\boldsymbol{b}=0$，若向量 $\boldsymbol{c}$ 与 $\boldsymbol{d}$ 垂直，则 $(2\boldsymbol{a}+\boldsymbol{b})\cdot(\lambda\boldsymbol{a}+\boldsymbol{b})=0$. 将该式展开并将 $|\boldsymbol{a}|=1,|\boldsymbol{b}|=2,\boldsymbol{a}\cdot\boldsymbol{b}=0$ 代入，得

$$2\lambda|\boldsymbol{a}|^2+2\boldsymbol{a}\cdot\boldsymbol{b}+\lambda\boldsymbol{b}\cdot\boldsymbol{a}+|\boldsymbol{b}|^2=2\lambda+4=0.$$

解得 $\lambda=-2$.

由 $\boldsymbol{a}\perp\boldsymbol{b}$，故两向量的夹角为 $\frac{\pi}{2}$，于是由以向量 $\boldsymbol{c}$ 与 $\boldsymbol{d}$ 为邻边的平行四边形面积为 6 得

$$\begin{aligned}|(2\boldsymbol{a}+\boldsymbol{b})\times(\lambda\boldsymbol{a}+\boldsymbol{b})|&=|(2\lambda\boldsymbol{a}\times\boldsymbol{a}+2\boldsymbol{a}\times\boldsymbol{b}+\lambda\boldsymbol{b}\times\boldsymbol{a}+\boldsymbol{b}\times\boldsymbol{b}|\\&=|(2-\lambda)\boldsymbol{a}\times\boldsymbol{b}|=|2-\lambda||\boldsymbol{a}||\boldsymbol{b}|\sin\frac{\pi}{2}=2|2-\lambda|=6.\end{aligned}$$

即 $|2-\lambda|=3$，解得 $\lambda=-1$ 或 5.

(14) 由题设可知 $(\boldsymbol{a}\times\boldsymbol{b})\cdot\boldsymbol{c}=(\boldsymbol{b}\times\boldsymbol{c})\cdot\boldsymbol{a}=(\boldsymbol{c}\times\boldsymbol{a})\cdot\boldsymbol{b}=-3$，故混合积中有两个向量相等时，则混合积等于 0. 将所求式子展开，得

$$\begin{aligned}(\boldsymbol{a}+\boldsymbol{b})\times(\boldsymbol{b}+\boldsymbol{c})\cdot(\boldsymbol{c}+\boldsymbol{a})&=(\boldsymbol{a}\times\boldsymbol{b}+\boldsymbol{a}\times\boldsymbol{c}+\boldsymbol{b}\times\boldsymbol{b}+\boldsymbol{b}\times\boldsymbol{c})\cdot(\boldsymbol{c}+\boldsymbol{a})\\&=(\boldsymbol{a}\times\boldsymbol{b}\cdot\boldsymbol{c}+\boldsymbol{a}\times\boldsymbol{c}\cdot\boldsymbol{c}+\boldsymbol{b}\times\boldsymbol{c}\cdot\boldsymbol{c})+\\&\quad(\boldsymbol{a}\times\boldsymbol{b}\cdot\boldsymbol{a}+\boldsymbol{a}\times\boldsymbol{c}\cdot\boldsymbol{a}+\boldsymbol{b}\times\boldsymbol{c}\cdot\boldsymbol{a})\\&=(\boldsymbol{a}\times\boldsymbol{b})\cdot\boldsymbol{c}+(\boldsymbol{b}\times\boldsymbol{c})\cdot\boldsymbol{a}=2(\boldsymbol{a}\times\boldsymbol{b})\cdot\boldsymbol{c}=-6.\end{aligned}$$

由混合积的几何意义可知以向量 $\boldsymbol{a}+\boldsymbol{b},\boldsymbol{b}+\boldsymbol{c},\boldsymbol{c}+\boldsymbol{a}$ 为邻边的四面体体积为

$$V=\frac{1}{6}|(\boldsymbol{a}+\boldsymbol{b})\times(\boldsymbol{b}+\boldsymbol{c})\cdot(\boldsymbol{c}+\boldsymbol{a})|=1.$$

(15) 四点构成三个向量，分别有

$$\overrightarrow{AB}=(4,5,6)-(1,1,1)=(3,4,5),$$
$$\overrightarrow{AC}=(2,3,3)-(1,1,1)=(1,2,2),$$
$$\overrightarrow{AD}=(10,15,17)-(1,1,1)=(9,14,16).$$

四点共面的充要条件是以上三向量的混合积等于零. 易得

$$(\overrightarrow{AB}\times\overrightarrow{AC})\cdot\overrightarrow{AD}=\begin{vmatrix}3&4&5\\1&2&2\\9&14&16\end{vmatrix}=0.$$

故四点共面.

2. 点 M 将两点 $P(3,2,1)$ 和 $Q(-2,1,4)$ 间的线段分成两部分，使其比为 $\dfrac{|PM|}{|MQ|}=\dfrac{1}{3}$，求分点 M 的坐标.

【参考解答】【法 1】 设点 M 的坐标为 (x,y,z)，则

$$\overrightarrow{PQ}=(-5,-1,3),\quad \overrightarrow{PM}=(x-3,y-2,z-1).$$

由 $\dfrac{|PM|}{|MQ|}=\dfrac{1}{3}$ 和两点间的距离计算公式，得

$$\frac{(x-3)^2+(y-2)^2+(z-1)^2}{(-2-x)^2+(1-y)^2+(4-z)^2}=\frac{1}{9}. \tag{1}$$

由于点 M 在 P,Q 两点所在的直线上，所以 $\overrightarrow{PQ}\parallel\overrightarrow{PM}$，从而有

$$\frac{x-3}{5}=\frac{y-2}{1}=\frac{z-1}{-3}=t.$$

将 x,y,z 用 t 表示，即 $x=3+5t,y=2+t,z=1-3t$. 将它们代入式(1)，得

$$\frac{35t^2}{(-t-1)^2+(3t+3)^2+(-5t-5)^2}=\frac{1}{9},$$

整理得 $8t^2=2t+1$. 解得 $t=-\dfrac{1}{4}$ 或 $\dfrac{1}{2}$. 由于点在两点之间，所以取 $t=-\dfrac{1}{4}$，得 M 点坐标为 $\left(\dfrac{7}{4},\dfrac{7}{4},\dfrac{7}{4}\right)$.

【法 2】 由$\dfrac{|PM|}{|MQ|}=\dfrac{1}{3}$得$|MQ|=3|PM|$. 由于点 M 在两点之间，故得 $\overrightarrow{MQ}=3\overrightarrow{PM}$.

设点 M 的坐标为(x,y,z)，则

$$\overrightarrow{PM}=(x-3,y-2,z-1),\quad \overrightarrow{MQ}=(-2-x,1-y,4-z).$$

于是由 $\overrightarrow{MQ}=3\overrightarrow{PM}$ 可得

$$(-2-x,1-y,4-z)=3(x-3,y-2,z-1),$$

即$-2-x=3x-9,1-y=3y-6,4-z=3z-3$，解得 $x=\dfrac{7}{4},y=\dfrac{7}{4},z=\dfrac{7}{4}$. 故点 M 的坐标为$\left(\dfrac{7}{4},\dfrac{7}{4},\dfrac{7}{4}\right)$.

综合练习

3. 已知向量 $\boldsymbol{a}=(2,-3,6),\boldsymbol{b}=(-1,2,-2)$，又向量 $\boldsymbol{c}$ 在向量 $\boldsymbol{a},\boldsymbol{b}$ 夹角的平分线上，且$|\boldsymbol{c}|=3\sqrt{42}$，求向量 $\boldsymbol{c}$.

【参考解答】【法 1】 $\boldsymbol{a},\boldsymbol{b}$ 向量的单位向量为

$$\boldsymbol{a}^0=\left(\frac{2}{7},-\frac{3}{7},\frac{6}{7}\right),\quad \boldsymbol{b}^0=\left(-\frac{1}{3},\frac{2}{3},-\frac{2}{3}\right).$$

由向量加法的三角形法，则 $\boldsymbol{c}\parallel(\boldsymbol{a}^0+\boldsymbol{b}^0)$，于是

$$\boldsymbol{c}=\lambda(\boldsymbol{a}^0+\boldsymbol{b}^0)=\lambda\left[\left(\frac{2}{7},-\frac{3}{7},\frac{6}{7}\right)+\left(-\frac{1}{3},\frac{2}{3},-\frac{2}{3}\right)\right]=\lambda\left(\frac{-1}{21},\frac{5}{21},\frac{4}{21}\right).$$

由$|\boldsymbol{c}|=3\sqrt{42}$，解$|\boldsymbol{c}|^2=378=\lambda^2\dfrac{2}{21}$，得 $\lambda=\pm63$. 故得 $\boldsymbol{c}=\pm(3,-15,-12)$.

【法 2】 设 $\boldsymbol{c}=(m,n,p)$，由 $\boldsymbol{c}$ 与 $\boldsymbol{a},\boldsymbol{b}$ 夹角相等知 $\cos(\boldsymbol{a},\boldsymbol{c})=\cos(\boldsymbol{b},\boldsymbol{c})$，于是由向量夹角余弦计算公式，得$\dfrac{2m-3n+6p}{3\sqrt{42}\cdot 7}=\dfrac{-m+2n-2p}{3\sqrt{42}\cdot 3}$. 整理得

$$13n-23n+32p=0. \tag{1}$$

由 $\boldsymbol{a},\boldsymbol{b},\boldsymbol{c}$ 三向量共面可知

$$[\boldsymbol{c}\ \boldsymbol{b}\ \boldsymbol{a}]=\begin{vmatrix} m & n & p \\ 2 & -3 & 6 \\ -1 & 2 & -2 \end{vmatrix}=-6m-2n+p=0. \tag{2}$$

又由$|\boldsymbol{c}|=3\sqrt{42}$得

$$m^2+n^2+p^2=378. \tag{3}$$

联立式(1)～(3)，解得 $m=\pm3,n=\mp15,p=\mp12$，所以 $\boldsymbol{c}=\pm(3,-15,-12)$.

4. 设有一质点开始时位于点 $P(1,2,-1)$处，现有一方向角分别为$\dfrac{\pi}{3},\dfrac{\pi}{3},\dfrac{\pi}{4}$，大小为 100N 的力 $\boldsymbol{F}$ 作用于此质点，求此质点自点 P 沿直线运动到点 $M(2,5,-1+3\sqrt{2})$时，$\boldsymbol{F}$ 所做的功.

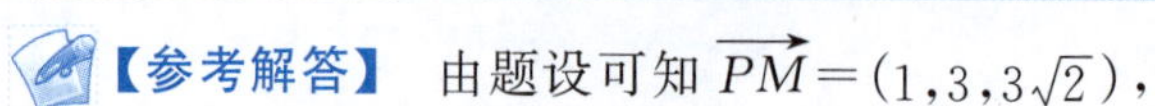

【参考解答】 由题设可知 $\overrightarrow{PM}=(1,3,3\sqrt{2})$，

$$\boldsymbol{F}=100\left(\cos\frac{\pi}{3},\cos\frac{\pi}{3},\cos\frac{\pi}{4}\right)=(50,50,50\sqrt{2}).$$

所以 $\boldsymbol{F}$ 所做的功为

$$W=\boldsymbol{F}\cdot\overrightarrow{PM}=50\cdot1+50\cdot3+50\sqrt{2}\cdot3\sqrt{2}=500.$$

5. 设向量 $\boldsymbol{a},\boldsymbol{b},\boldsymbol{c}$ 不共面，且 $\boldsymbol{d}=\alpha\boldsymbol{a}+\beta\boldsymbol{b}+\gamma\boldsymbol{c}$，如果 $\boldsymbol{a},\boldsymbol{b},\boldsymbol{c},\boldsymbol{d}$ 有公共起点.

(1) 问系数 α,β,γ 应满足什么条件，才能使向量 $\boldsymbol{a},\boldsymbol{b},\boldsymbol{c},\boldsymbol{d}$ 的终点在同一平面上？

(2) 如果 $\boldsymbol{a}=(1,2,1),\boldsymbol{b}=(0,3,1),\boldsymbol{c}=(2,0,3)$，判定向量 $\boldsymbol{a},\boldsymbol{b},\boldsymbol{c}$ 是否共面？

(3) 设 $\boldsymbol{d}=(-1,-3,1)$，由(2)求 α,β,γ，使得 $\boldsymbol{d}=\alpha\boldsymbol{a}+\beta\boldsymbol{b}+\gamma\boldsymbol{c}$，如果 $\boldsymbol{a},\boldsymbol{b},\boldsymbol{c},\boldsymbol{d}$ 有公共起点，它们是否共面？

【参考解答】 (1) 向量 $\boldsymbol{a},\boldsymbol{b},\boldsymbol{c},\boldsymbol{d}$ 的终点在同一平面上等价于 $\boldsymbol{b}-\boldsymbol{a},\boldsymbol{c}-\boldsymbol{a},\boldsymbol{d}-\boldsymbol{a}$ 三向量共面，也等价于三向量的混合积 $[\boldsymbol{b}-\boldsymbol{a}\quad\boldsymbol{c}-\boldsymbol{a}\quad\boldsymbol{d}\quad\boldsymbol{a}]=0$. 于是由数量积、向量积与混合积的运算性质，可得

$$\begin{aligned}[\boldsymbol{b}-\boldsymbol{a}\quad\boldsymbol{c}-\boldsymbol{a}\quad\boldsymbol{d}-\boldsymbol{a}]&=(\boldsymbol{b}-\boldsymbol{a})\times(\boldsymbol{c}-\boldsymbol{a})\cdot(\boldsymbol{d}-\boldsymbol{a})\\&=(\boldsymbol{b}\times\boldsymbol{c}-\boldsymbol{b}\times\boldsymbol{a}-\boldsymbol{a}\times\boldsymbol{c})\cdot((\alpha-1)\boldsymbol{a}+\beta\boldsymbol{b}+\gamma\boldsymbol{c})\\&=(\alpha-1)[\boldsymbol{b}\quad\boldsymbol{c}\quad\boldsymbol{a}]-\gamma[\boldsymbol{b}\quad\boldsymbol{a}\quad\boldsymbol{c}]-\beta[\boldsymbol{a}\quad\boldsymbol{c}\quad\boldsymbol{b}]\\&=(\alpha+\beta+\gamma-1)[\boldsymbol{a}\quad\boldsymbol{b}\quad\boldsymbol{c}]=0.\end{aligned}$$

由于 $\boldsymbol{a},\boldsymbol{b},\boldsymbol{c}$ 不共面，$[\boldsymbol{a}\quad\boldsymbol{b}\quad\boldsymbol{c}]\neq0$，因此当且仅当 $\alpha+\beta+\gamma-1=0$ 时，向量 $\boldsymbol{a},\boldsymbol{b},\boldsymbol{c},\boldsymbol{d}$ 的终点在同一平面上.

(2) 由三向量共面的充要条件，由于 $[\boldsymbol{a}\quad\boldsymbol{b}\quad\boldsymbol{c}]=\begin{vmatrix}1&2&1\\0&3&1\\2&0&3\end{vmatrix}=7\neq0$，故三向量不共面.

(3) 因为 $\boldsymbol{d}=\alpha\boldsymbol{a}+\beta\boldsymbol{b}+\gamma\boldsymbol{c}$，代入得方程组

$$\begin{cases}\alpha+2\gamma=-1\\2\alpha+3\beta=-3\\\alpha+\beta+3\gamma=1\end{cases}.$$

解此方程组，得 $\alpha=-3,\beta=1,\gamma=1$. 由于 $1-\alpha-\beta-\gamma=2\neq0$，故由(1)知有公共起点的四个向量不共面.

6. 设 $\boldsymbol{a}=(2,-1,-2),\boldsymbol{b}=(1,1,z)$，问 z 为何值时，向量 $\boldsymbol{a}$ 与 $\boldsymbol{b}$ 的夹角最小，并求此夹角的最小值.

【参考解答】 设向量 $\boldsymbol{a}$ 与 $\boldsymbol{b}$ 的夹角为 θ，则

$$\cos\theta=\frac{\boldsymbol{a}\cdot\boldsymbol{b}}{|\boldsymbol{a}||\boldsymbol{b}|}=\frac{1-2z}{3\sqrt{2+z^2}}\quad(\theta\in[0,\pi]).$$

由于 $\theta\in[0,\pi]$ 时，函数 $\cos\theta$ 单调递减，故夹角 θ 取最小值时即 $\cos\theta$ 取最大值. 令

$$\cos\theta-\frac{1-2z}{3\sqrt{2+z^2}}=k(z),$$

则 $k'(z)=-\dfrac{z+4}{3(2+z^2)^{3/2}}$. 令 $k'(z)=0$，得唯一驻点 $z=-4$，且当 $z<-4$ 时，$k'(z)>0$，当

$z>-4$ 时，$k'(z)<0$，故 $\cos\theta$ 在 $z=-4$ 取得极大值也是最大值 $\cos\theta=\frac{\sqrt{2}}{2}$，故最小夹角值为 $\theta_{\min}=\frac{\pi}{4}$.

考研与竞赛练习

1. 选择题.

(1) 设 $\boldsymbol{a},\boldsymbol{b},\boldsymbol{c}$ 为非零矢量，且 $\boldsymbol{a}\cdot\boldsymbol{b}=0,\boldsymbol{a}\times\boldsymbol{c}=0$，则有(　　)成立.

(A) $\boldsymbol{a}\parallel\boldsymbol{b}$ 且 $\boldsymbol{a}\perp\boldsymbol{c}$　　(B) $\boldsymbol{a}\perp\boldsymbol{b}$ 且 $\boldsymbol{b}\parallel\boldsymbol{c}$

(C) $\boldsymbol{a}\parallel\boldsymbol{c}$ 且 $\boldsymbol{b}\perp\boldsymbol{c}$　　(D) $\boldsymbol{a}\perp\boldsymbol{c}$ 且 $\boldsymbol{b}\parallel\boldsymbol{c}$

(2) 若非零向量 $\boldsymbol{a},\boldsymbol{b}$ 满足关系式 $|\boldsymbol{a}-\boldsymbol{b}|=|\boldsymbol{a}+\boldsymbol{b}|$，则必有(　　).

(A) $\boldsymbol{a}-\boldsymbol{b}=\boldsymbol{a}+\boldsymbol{b}$　　(B) $\boldsymbol{a}=\boldsymbol{b}$　　(C) $\boldsymbol{a}\cdot\boldsymbol{b}=0$　　(D) $\boldsymbol{a}\times\boldsymbol{b}=0$

【答案】 (1) 由 $\boldsymbol{a}\cdot\boldsymbol{b}=0$ 知 $\boldsymbol{a}\perp\boldsymbol{b}$，由 $\boldsymbol{a}\times\boldsymbol{c}=0$ 知 $\boldsymbol{a}\parallel\boldsymbol{c}$，也有 $\boldsymbol{b}\perp\boldsymbol{c}$，故正确选项为(C).

(2) 根据向量运算的三角形法则与平行四边形法则，由 $|\boldsymbol{a}-\boldsymbol{b}|=|\boldsymbol{a}+\boldsymbol{b}|$ 可知平行四边形的两条对角线相等，故平行四边形为矩形，从而两邻边垂直，即有 $\boldsymbol{a}\perp\boldsymbol{b}$，故 $\boldsymbol{a}\cdot\boldsymbol{b}=0$. 所以正确选项为(C).

2. 设 $\boldsymbol{a},\boldsymbol{b}$ 为两个非零向量，$|\boldsymbol{b}|=1,(\boldsymbol{a},\boldsymbol{b})=\frac{\pi}{3}$，计算极限 $\lim\limits_{x\to 0}\frac{|\boldsymbol{a}+x\boldsymbol{b}|-|\boldsymbol{a}|}{x}$.

【参考解答】 由向量的数量积运算律，得

$$\begin{aligned}\lim_{x\to 0}\frac{|\boldsymbol{a}+x\boldsymbol{b}|-|\boldsymbol{a}|}{x}&=\lim_{x\to 0}\frac{|\boldsymbol{a}+x\boldsymbol{b}|^2-|\boldsymbol{a}|^2}{x(|\boldsymbol{a}+x\boldsymbol{b}|+|\boldsymbol{a}|)}\\&=\lim_{x\to 0}\frac{(\boldsymbol{a}+x\boldsymbol{b})\cdot(\boldsymbol{a}+x\boldsymbol{b})-\boldsymbol{a}\cdot\boldsymbol{a}}{x(|\boldsymbol{a}+x\boldsymbol{b}|+|\boldsymbol{a}|)}=\lim_{x\to 0}\frac{2\boldsymbol{a}\cdot\boldsymbol{b}+x|\boldsymbol{b}|^2}{|\boldsymbol{a}+x\boldsymbol{b}|+|\boldsymbol{a}|}\\&=\frac{\boldsymbol{a}\cdot\boldsymbol{b}}{|\boldsymbol{a}|}=|\boldsymbol{b}|\cos(\boldsymbol{a},\boldsymbol{b})=\cos\frac{\pi}{3}=\frac{1}{2}.\end{aligned}$$

3. 已知向量 $\overrightarrow{AB}=\boldsymbol{a},\overrightarrow{AC}=\boldsymbol{b}$，$D$ 为直线 AC 上的点，且 $\angle ADB=\frac{\pi}{2}$.

(1) 证明 $\triangle BAD$ 的面积 $S_{\triangle BAD}=\frac{|\boldsymbol{a}\cdot\boldsymbol{b}||\boldsymbol{a}\times\boldsymbol{b}|}{2|\boldsymbol{b}|^2}$.

(2) 当 $\boldsymbol{a},\boldsymbol{b}$ 间的夹角为何值时，$\triangle BAD$ 的面积最大，并求最大面积值.

【参考解答】 (1) 由于 $\overrightarrow{AD}$ 为 $\overrightarrow{AB}$ 在 $\overrightarrow{AC}$ 上的投影向量，故有

$$\overrightarrow{AD}=(\boldsymbol{a})_{\boldsymbol{b}}\boldsymbol{b}^0=\frac{\boldsymbol{a}\cdot\boldsymbol{b}}{|\boldsymbol{b}|}\frac{\boldsymbol{b}}{|\boldsymbol{b}|}=\frac{\boldsymbol{a}\cdot\boldsymbol{b}}{|\boldsymbol{b}|^2}\boldsymbol{b}.$$

所以由向量积的几何意义得

$$S_{\triangle BAD}=\frac{1}{2}|\overrightarrow{AB}\times\overrightarrow{AD}|=\frac{1}{2}\left|\boldsymbol{a}\times\left(\frac{\boldsymbol{a}\cdot\boldsymbol{b}}{|\boldsymbol{b}|^2}\boldsymbol{b}\right)\right|=\frac{|\boldsymbol{a}\cdot\boldsymbol{b}||\boldsymbol{a}\times\boldsymbol{b}|}{2|\boldsymbol{b}|^2}.$$

(2) 令 $\boldsymbol{a},\boldsymbol{b}$ 间的夹角为 θ，由(1)得

$$S_{\triangle BAD}=\frac{|\boldsymbol{a}||\boldsymbol{b}||\cos\theta||\boldsymbol{a}||\boldsymbol{b}|\sin\theta}{2|\boldsymbol{b}|^2}=\frac{|\sin 2\theta|}{4}|\boldsymbol{a}|^2.$$

故当 $\theta=\frac{\pi}{4}$ 或 $\theta=\frac{3\pi}{4}$ 时，$\triangle BAD$ 的面积最大，最大值为 $S_{\max}=\frac{1}{4}|\boldsymbol{a}|^2$.

4. 设 $\boldsymbol{e}_1,\boldsymbol{e}_2,\boldsymbol{e}_3$ 不共面，证明：任一向量 $\boldsymbol{a}$ 可以表示成

$$\boldsymbol{a}=\frac{1}{[\boldsymbol{e}_1\ \ \boldsymbol{e}_2\ \ \boldsymbol{e}_3]}([\boldsymbol{a}\ \ \boldsymbol{e}_2\ \ \boldsymbol{e}_3]\boldsymbol{e}_1+[\boldsymbol{a}\ \ \boldsymbol{e}_3\ \ \boldsymbol{e}_1]\boldsymbol{e}_2+[\boldsymbol{a}\ \ \boldsymbol{e}_1\ \ \boldsymbol{e}_2]\boldsymbol{e}_3).$$

【参考证明】 $\boldsymbol{e}_1,\boldsymbol{e}_2,\boldsymbol{e}_3$ 不共面，即 $[\boldsymbol{e}_1\ \ \boldsymbol{e}_2\ \ \boldsymbol{e}_3]\neq 0$ 且任一个向量 $\boldsymbol{a}$ 可表示为

$$\boldsymbol{a}=k_1\boldsymbol{e}_1+k_2\boldsymbol{e}_2+k_3\boldsymbol{e}_3, \tag{1}$$

上式两边与 $\boldsymbol{e}_2,\boldsymbol{e}_3$ 取混合积得

$$[\boldsymbol{a}\ \ \boldsymbol{e}_2\ \ \boldsymbol{e}_3]=((k_1\boldsymbol{e}_1+k_2\boldsymbol{e}_2+k_3\boldsymbol{e}_3)\times\boldsymbol{e}_2)\cdot\boldsymbol{e}_3=k_1[\boldsymbol{e}_1\ \ \boldsymbol{e}_2\ \ \boldsymbol{e}_3]\Rightarrow k_1=\frac{[\boldsymbol{a}\ \ \boldsymbol{e}_2\ \ \boldsymbol{e}_3]}{[\boldsymbol{e}_1\ \ \boldsymbol{e}_2\ \ \boldsymbol{e}_3]}.$$

同理可得 $k_2=\frac{[\boldsymbol{a}\ \ \boldsymbol{e}_3\ \ \boldsymbol{e}_1]}{[\boldsymbol{e}_1\ \ \boldsymbol{e}_2\ \ \boldsymbol{e}_3]}$，$k_3=\frac{[\boldsymbol{a}\ \ \boldsymbol{e}_1\ \ \boldsymbol{e}_2]}{[\boldsymbol{e}_1\ \ \boldsymbol{e}_2\ \ \boldsymbol{e}_3]}$. 把 k_1,k_2,k_3 代入式(1)，得

$$\boldsymbol{a}=\frac{1}{[\boldsymbol{e}_1\ \ \boldsymbol{e}_2\ \ \boldsymbol{e}_3]}([\boldsymbol{a}\ \ \boldsymbol{e}_2\ \ \boldsymbol{e}_3]\boldsymbol{e}_1+[\boldsymbol{a}\ \ \boldsymbol{e}_3\ \ \boldsymbol{e}_1]\boldsymbol{e}_2+[\boldsymbol{a}\ \ \boldsymbol{e}_1\ \ \boldsymbol{e}_2]\boldsymbol{e}_3).$$

5. 设 $\boldsymbol{a},\boldsymbol{b},\boldsymbol{c}$ 不共面，且向量 $\boldsymbol{r}$ 满足 $\boldsymbol{a}\cdot\boldsymbol{r}=\alpha,\boldsymbol{b}\cdot\boldsymbol{r}=\beta,\boldsymbol{c}\cdot\boldsymbol{r}=\gamma$，则有

$$\boldsymbol{r}=\frac{1}{[\boldsymbol{a}\ \ \boldsymbol{b}\ \ \boldsymbol{c}]}[\alpha(\boldsymbol{b}\times\boldsymbol{c})+\beta(\boldsymbol{c}\times\boldsymbol{a})+\gamma(\boldsymbol{a}\times\boldsymbol{b})].$$

【参考证明】 由条件得 $(\beta\boldsymbol{a}-\alpha\boldsymbol{b})\cdot\boldsymbol{r}=0,(\gamma\boldsymbol{b}-\beta\boldsymbol{c})\cdot\boldsymbol{r}=0$，由此可知

$$\boldsymbol{r}\perp(\beta\boldsymbol{a}-\alpha\boldsymbol{b}),\quad \boldsymbol{r}\perp(\gamma\boldsymbol{b}-\beta\boldsymbol{c}).$$

于是由向量运算法则，得

$$\begin{aligned}\boldsymbol{r}&=\lambda[(\beta\boldsymbol{a}-\alpha\boldsymbol{b})\times(\gamma\boldsymbol{b}-\beta\boldsymbol{c})]=\lambda(\beta\boldsymbol{a}\times\gamma\boldsymbol{b}+\beta\boldsymbol{c}\times\beta\boldsymbol{a}+\alpha\boldsymbol{b}\times\beta\boldsymbol{c})\\&=\lambda[\beta\gamma(\boldsymbol{a}\times\boldsymbol{b})+\beta^2(\boldsymbol{c}\times\boldsymbol{a})+\alpha\beta(\boldsymbol{b}\times\boldsymbol{c})]\quad(\alpha\boldsymbol{b}\times\gamma\boldsymbol{b}=0),\end{aligned} \tag{1}$$

因 $\boldsymbol{a},\boldsymbol{b},\boldsymbol{c}$ 不共面，故 $[\boldsymbol{a}\ \ \boldsymbol{b}\ \ \boldsymbol{c}]\neq 0$. 又

$$\boldsymbol{a}\cdot\boldsymbol{r}=\alpha=\lambda(\beta\gamma(\boldsymbol{a}\times\boldsymbol{b})\cdot\boldsymbol{a}+\beta^2(\boldsymbol{c}\times\boldsymbol{a})\cdot\boldsymbol{a}+\alpha\beta(\boldsymbol{b}\times\boldsymbol{c})\cdot\boldsymbol{a})=\lambda\alpha\beta[\boldsymbol{a}\ \ \boldsymbol{b}\ \ \boldsymbol{c}],$$

故得 $\lambda=\frac{1}{\beta[\boldsymbol{a}\,\boldsymbol{b}\,\boldsymbol{c}]}$. 代入式(1)，即得

$$\begin{aligned}\boldsymbol{r}&=\frac{1}{\beta[\boldsymbol{a}\ \ \boldsymbol{b}\ \ \boldsymbol{c}]}[\beta\gamma(\boldsymbol{a}\times\boldsymbol{b})+\beta^2(\boldsymbol{c}\times\boldsymbol{a})+\alpha\beta(\boldsymbol{b}\times\boldsymbol{c})]\\&=\frac{1}{[\boldsymbol{a}\ \ \boldsymbol{b}\ \ \boldsymbol{c}]}[\alpha(\boldsymbol{b}\times\boldsymbol{c})+\beta(\boldsymbol{c}\times\boldsymbol{a})+\gamma(\boldsymbol{a}\times\boldsymbol{b})].\end{aligned}$$

6. 证明：$(\boldsymbol{a}\cdot\boldsymbol{b})^2+|\boldsymbol{a}\times\boldsymbol{b}|^2=|\boldsymbol{a}|^2|\boldsymbol{b}|^2$. 由此推导用三角形三边长 a,b,c 计算三角形的面积公式.

【参考证明】 由向量的数量积与向量积计算公式，有

$$\boldsymbol{a}\cdot\boldsymbol{b}=|\boldsymbol{a}||\boldsymbol{b}|\cos(\boldsymbol{a},\boldsymbol{b}),\quad |\boldsymbol{a}\times\boldsymbol{b}|=|\boldsymbol{a}||\boldsymbol{b}|\sin(\boldsymbol{a},\boldsymbol{b}),$$

代入题设等式的左侧，得

$$(\boldsymbol{a}\cdot\boldsymbol{b})^2+(\boldsymbol{a}\times\boldsymbol{b})^2=|\boldsymbol{a}|^2|\boldsymbol{b}|^2\cos^2(\boldsymbol{a},\boldsymbol{b})+|\boldsymbol{a}|^2|\boldsymbol{b}|^2\sin^2(\boldsymbol{a},\boldsymbol{b})=|\boldsymbol{a}|^2|\boldsymbol{b}|^2.$$

设边长为 a,b,c 的三角形对应的边上的向量依次为 $\overrightarrow{BC}=\boldsymbol{a},\overrightarrow{AC}=\boldsymbol{b},\overrightarrow{BA}=\boldsymbol{c}$，则

$$\boldsymbol{a}-\boldsymbol{b}=\boldsymbol{c},\quad S_{\triangle ABC}=\frac{1}{2}|\boldsymbol{a}\times\boldsymbol{b}|.$$

由上面证明的等式,得

$$S_{\triangle ABC}^2=\frac{1}{4}(\boldsymbol{a}\times\boldsymbol{b})^2=\frac{1}{4}[|\boldsymbol{a}|^2|\boldsymbol{b}|^2-(\boldsymbol{a}\cdot\boldsymbol{b})^2]=\frac{1}{4}[a^2b^2-(\boldsymbol{a}\cdot\boldsymbol{b})^2]$$

$$=\frac{1}{4}[ab+(\boldsymbol{a}\cdot\boldsymbol{b})][ab-(\boldsymbol{a}\cdot\boldsymbol{b})]$$

$$=\frac{1}{16}[a^2+2ab+b^2-(\boldsymbol{a}^2-2\boldsymbol{a}\cdot\boldsymbol{b}+\boldsymbol{b}^2)]\cdot[\boldsymbol{a}^2-2(\boldsymbol{a}\cdot\boldsymbol{b})+\boldsymbol{b}^2-(a^2-2ab+b^2)]$$

$$=\frac{1}{16}[(a+b)^2-(\boldsymbol{a}-\boldsymbol{b})^2][(\boldsymbol{a}-\boldsymbol{b})^2-(a-b)^2]$$

$$=\frac{1}{16}[(a+b)^2-c^2][c^2-(a-b)^2].$$

所以 $S_{\triangle ABC}=\frac{1}{4}\sqrt{[(a+b)^2-c^2][c^2-(a-b)^2]}.$

练习 42 平面与空间直线的方程

训练目的

1. 熟悉平面的一般式、点法式、截距式、三点式方程.
2. 熟悉空间直线的一般式、对称式、参数式方程.

基础练习

1. 指出下列平面的特性.(平行或垂直于坐标面,平行或垂直于坐标轴,是否过原点)

(1) $7x+5z+3=0$ ________. (2) $3y-2=0$ ________.

(3) $2x+2y-5=0$ ________. (4) $2x+5y-z=0$ ________.

【参考答案】 (1) 平面的法向量为 $\boldsymbol{n}=(7,0,5)$,故 $\boldsymbol{n}\perp\boldsymbol{j}$,即平面垂直于 zOx 平面,从而也平行于 y 轴.

(2) 平面的法向量为 $\boldsymbol{n}=(0,3,0)$,故平面平行于 zOx 平面,当然也平行于 x 轴和 z 轴,并且垂直于 y 轴.

(3) 平面的法向量为 $\boldsymbol{n}=(2,2,0)$,故 $\boldsymbol{n}\perp\boldsymbol{k}$,故平面垂直于 xOy 平面,从而也平行于 z 轴.

(4) 将原点坐标(0,0,0)代入等式恒成立,故平面为过原点的平面.

2. 写出满足下列条件的平面的方程.

(1) 平行于 zOx 平面,并经过点(2,−5,3)的平面的方程为________.

(2) 平行于 x 轴,并过点(4,0,−2)和(5,1,7)的平面的方程为________.

(3) 过三点(3,2,0),(−3,−1,4),(0,3,6)的平面的方程为________.

(4) 过点(−2,7,3)且平行于平面 $2x-3y+4z-2=0$ 的平面的方程为________.

(5) 过点(2,1,−1),且在 x 轴,y 轴上的截距分别为 2 和 1 的平面的方程为________.

【参考解答】 (1) 平行于 xOz 平面,故可设平面方程为 $y+D=0$. 代入点 $(2,-5,3)$,得 $D=5$,故平面的方程为 $y+5=0$.

(2) 平行于 x 轴,故可设平面方程为 $By+Cz+D=0$. 代入点 $(4,0,-2)$ 和 $(5,1,7)$,得 $B=-9C$,$D=2C$. 将 B,D 表达式代入所设方程并两端消去 C,得平面的方程为

$$9y-z-2=0.$$

(3) 平面的三点式方程为

$$\begin{vmatrix} x-3 & y-2 & z-0 \\ -3-3 & -1-2 & 4-0 \\ 0-3 & 3-2 & 6-0 \end{vmatrix}=0,$$

即 $22x-24y+15z-18=0$.

(4) 由平行于平面 $2x-3y+4z-2=0$ 知,所求平面的法向量可取为 $\boldsymbol{n}=(2,-3,4)$. 又过点 $(-2,7,3)$,由平面的点法式方程得平面方程为

$$2x-3y+4z+13=0.$$

(5) 由于平面在 x 轴,y 轴上的截距分别为 2 和 1,故可设平面的截距式方程为

$$\frac{x}{2}+\frac{y}{1}+\frac{z}{c}=1.$$

代入平面上已知点 $(2,1,-1)$ 的坐标,得 $c=1$. 故所求平面的方程为 $\frac{x}{2}+\frac{y}{1}+\frac{z}{1}=1$,即 $x+2y+2z-2=0$.

3. 写出满足下列条件的直线的方程.

(1) 过点 $M_0(0,-3,2)$ 且平行于 $\frac{x-2}{3}=\frac{y}{0}=\frac{2z-3}{-4}$ 的直线的方程为____________.

(2) 过两点 $A(3,-2,-1)$ 和 $B(5,4,5)$ 的直线的方程为____________.

(3) 过点 $A(3,2,1)$ 且垂直于平面 $4x-5y-8z+21=0$ 的直线的方程为____________.

(4) 过点 $A(3,2,-1)$ 且和 y 轴垂直相交的直线的方程为____________.

(5) 在平面 π: $x+y+z=0$ 上且与两直线

$$l_1:\begin{cases} x+y=1 \\ x-y+z=-1 \end{cases} \quad 和 \quad l_2:\begin{cases} 2x-y+z=1 \\ x+y-z=-1 \end{cases}$$

都相交的直线的方程为________________________.

【参考解答】 (1) 由于所求直线平行于直线 $\frac{x-2}{3}=\frac{y}{0}=\frac{2z-3}{-4}$,所以它的方向向量可以取为 $\boldsymbol{s}=(3,0,-2)$. 又过点 $M_0(0,-3,2)$,于是可得直线的对称式方程为

$$\frac{x}{3}=\frac{y+3}{0}=\frac{z-2}{-2}.$$

(2) 由于所求直线过两定点 $A(3,-2,-1)$ 和 $B(5,4,5)$,故可取直线的方向向量为 $\boldsymbol{s}=\overrightarrow{AB}=2(1,3,3)$. 于是可得直线的对称式方程为

$$\frac{x-3}{1}=\frac{y+2}{3}=\frac{z+1}{3} \quad 或 \quad \frac{x-5}{1}=\frac{y-4}{3}=\frac{z-5}{3}.$$

（3）由所求直线垂直平面 $4x-5y-8z+21=0$，可知直线的方向向量 $\boldsymbol{s}$ 平行于已知平面的法向量 $\boldsymbol{n}=(4,-5,-8)$. 又过点 $A(3,2,1)$，于是可得直线的对称式方程为

$$\frac{x-3}{4}=\frac{y-2}{-5}=\frac{z-1}{-8}.$$

（4）设直线与 y 轴的交点为 $N(0,b,0)$，则直线的方向向量 $\boldsymbol{s}\parallel\overrightarrow{NA}=(3,2-b,-1)$. 又直线与 y 轴垂直，所以有 $\boldsymbol{s}\cdot\boldsymbol{j}=0$. 由此可得 $2-b=0$，即 $b=2$，所以直线的方向向量可取为 $\boldsymbol{s}=(3,0,-1)$. 又过点 $A(3,2,-1)$，于是可得直线的对称式方程为

$$\frac{x-3}{-3}=\frac{y-2}{0}=\frac{z+1}{1}.$$

（5）解方程组 $\begin{cases}x+y+z=0\\x+y=1\\x-y+z=-1\end{cases}$，得平面 π 与直线 l_1 的交点为 $M\left(\frac{1}{2},\frac{1}{2},-1\right)$. 同理，解方程组 $\begin{cases}x+y+z=0\\2x-y+z=1\\x+y-z=-1\end{cases}$，得平面 π 与直线 l_2 的交点为 $N\left(0,-\frac{1}{2},\frac{1}{2}\right)$. 于是所求直线的方向向量可以取为 $\boldsymbol{s}=\overrightarrow{NM}=\frac{1}{2}(1,2,-3)$，所以直线的对称式方程为

$$\frac{x}{1}=\frac{y+\frac{1}{2}}{2}=\frac{z-\frac{1}{2}}{-3}.$$

4. 动点 M 的初始位置为 $M_0(5,-1,2)$，它沿着平行于 y 轴的方向移动，则它到达平面 $x-2y-3z+7=0$ 位置的点 M 的坐标为________.

【参考解答】 由于 M 从 $M_0(5,-1,2)$ 出发沿 y 轴方向移动，于是其坐标可设为 $(5,y,2)$，代入平面方程 $x-2y-3z+7=0$，得 $y=3$，即交点 M 坐标为 $(5,3,2)$.

综合练习

5. 一平面平分两点 $A(1,2,3)$ 和 $B(2,-1,4)$ 间的线段且和它垂直，求该平面的方程.

【参考解答】 **【法 1】** 由题设可知所求平面垂直于已知线段，故法向量可以取为

$$\boldsymbol{n}=\overrightarrow{AB}=(1,-3,1).$$

又平面过直线段 AB 中点 $\left(\frac{3}{2},\frac{1}{2},\frac{7}{2}\right)$，所以由平面的点法式方程可得平面方程为

$$2x-6y+2z-7=0.$$

【法 2】 设平面上的任意点为 $P(x,y,z)$，由于所求平面为线段 AB 的垂直平分面，故有 $PA=PB$. 于是由两点间的距离计算公式，得

$$\sqrt{(x-1)^2+(y-2)^2+(z-3)^2}=\sqrt{(x-2)^2+(y+1)^2+(z-4)^2},$$

化简整理得所求平面方程为

$$2x-6y+2z-7=0.$$

6. 已知直线的一般方程为 $\begin{cases}x-2y+z+3=0\\5x-8y+4z+30=0\end{cases}$，试将其化成对称式和参数式方程. 并说明此直线的位置特征.

【参考解答】　由于直线同时位于两个平面上，故都垂直于两平面的法向量，又两平面的法向量分别为 $\boldsymbol{n}_1=(1,-2,1)$，$\boldsymbol{n}_1=(5,-8,4)$，故直线的方向向量可以取为

$$\boldsymbol{s}=\boldsymbol{n}_1\times\boldsymbol{n}_1=\begin{vmatrix}\boldsymbol{i} & \boldsymbol{j} & \boldsymbol{k}\\ 1 & -2 & 1\\ 5 & -8 & 4\end{vmatrix}=\boldsymbol{j}+2\boldsymbol{k}.$$

在方程组中令 $y=0$，得 $x=-18,z=15$，即直线过点 $(-18,0,15)$. 于是可得直线的对称式方程为 $\frac{x+18}{0}=\frac{y}{1}=\frac{z-15}{2}$，参数方程为 $\begin{cases}x=-18\\ y=t\\ z=2t+15\end{cases}$.

由对称式方程转化直线一般方程为 $\begin{cases}x=-18\\ 2y-z+15=0\end{cases}$，于是可知此直线在平行于 yOz 平面的平面 $x=-18$ 上，故直线平行于坐标面 yOz.

7. 在直线 $\frac{x}{1}=\frac{y+7}{2}=\frac{z-3}{-1}$ 上求一点，使之与点 $M(3,2,6)$ 的距离最近.

【参考解答】　令题中的连等式为参数 t，可得直线的参数方程为

$$\begin{cases}x=t\\ y=2t-7\\ z=-t+3\end{cases}.$$

故可设直线上的点的坐标为 $P(t,2t-7,-t+3)$，故由两点间的距离计算公式，得

$$d_{PM}=\sqrt{(t-3)^2+(2t-7-2)^2+(-t+3-6)^2}=\sqrt{6t^2-36t+99}.$$

令 $f(t)=d^2=6t^2-36t+99$，则 $f'(t)=12t-36=0$，得唯一驻点 $t=3$，且 $f''(t)=12>0$，故 $f(t)$ 为单谷函数，唯一驻点处取到最小值，故所求点为 $(3,-1,0)$，最近距离为 $d_{\min}=\sqrt{f(3)}=3\sqrt{5}$.

【说明】　由于 $6t^2-36t+99=6(t-3)^2+45$，故可知当 $t=3$ 时，d_{PM} 最小，且最小值为 $d_{\min}=\sqrt{45}=3\sqrt{5}$.

考研与竞赛练习

1. 设一平面经过原点及点 $(6,-3,2)$，且与平面 $4x-y+2z=8$ 垂直，试求该平面的方程.

【参考解答】　由于平面过原点 $O(0,0,0)$ 与 $M_0(6,-3,2)$，故向量 $\overrightarrow{OM_0}=(6,-3,2)$ 在平面上. 由题设可知平面方程可以设为 $Ax+By+Cz=0$，则

$$\boldsymbol{n}\cdot\overrightarrow{OM_0}=(A,B,C)\cdot(6,-3,2)=6A-3B+2C=0,$$

由平面与已知平面垂直，故有

$$(A,B,C)\cdot(4,-1,2)=4A-B+2C=0.$$

由以上两个等式可以解得 $A=-\frac{2}{3}C,B=-\frac{2}{3}C$. 代入所求平面方程得

$$-\frac{2}{3}x-\frac{2}{3}y+z=0.$$

即所求平面方程为 $2x+2y-3z=0$.

2. 设直线 L 过点 $P(-3,5,-9)$ 且与直线 $L_1:\begin{cases}y=4x-7\\z=5x+10\end{cases}$ 和 $L_2:\begin{cases}y=3x+5\\z=2x-3\end{cases}$ 都相交，求直线 L 的方程.

【参考解答】【法 1】 过点 P 及 L_1 作平面 π_1，点 P 及 L_2 作平面 π_2，则两平面的交线即为所求直线 L. 取 $x=0,x=1$，得直线 L_1 上两点 $(0,-7,10),(1,-3,15)$；直线 L_2 上两点 $(0,5,-3),(1,8,-1)$，故由平面的三点式方程得 π_1 的方程为

$$\begin{vmatrix}x+3 & y-5 & z+9\\3 & -12 & 19\\4 & -8 & 24\end{vmatrix}=0,\quad 即\ 34x-y-6z+53=0.$$

也可得平面 π_2 的方程为

$$\begin{vmatrix}x+3 & y-5 & z+9\\3 & 0 & 6\\4 & 3 & 8\end{vmatrix}=0,\quad 即\ 2x-z-3=0.$$

故所求直线 L 的方程为

$$\begin{cases}34x-y-6z+53=0\\2x-z-3=0\end{cases}.$$

【法 2】 两已知直线参数方程为 $L_1:\begin{cases}x=t\\y=4t-7\\z=5t+10\end{cases}$ 与 $L_2:\begin{cases}x=t\\y=3t+5\\z=2t-3\end{cases}$，于是可设所求直线与两直线的交点为 $M(m,4m-7,5m+10),N(n,3n+5,2n-3)$. 于是 P,M,N 三点共线，因此有 $\overrightarrow{MP}\parallel\overrightarrow{NP}$，即有

$$\frac{m+3}{n+3}=\frac{4m-12}{3n}=\frac{5m+19}{2n+6},$$

得 $m=-\frac{13}{3},n=-\frac{66}{19}$. 于是所求直线方向向量

$$\boldsymbol{s}\parallel\overrightarrow{PM}=\left(-\frac{4}{3},-\frac{88}{3},-\frac{8}{3}\right)\parallel(1,22,2).$$

由此可得直线的对称式方程为

$$\frac{x+3}{1}=\frac{y-5}{22}=\frac{z+9}{2}.$$

3. 设相交于直线 L 的两个平面 π_1 和 π_2 的方程分别为

$$A_1x+B_1y+C_1z+D_1=0,\quad A_2x+B_2y+C_2z+D_2=0.$$

证明：平面 π 过直线 L（有轴平面束）当且仅当 π 的方程形如

$$\lambda(A_1x+B_1y+C_1z+D_1)+\mu(A_2x+B_2y+C_2z+D_2)=0,\tag{1}$$

其中 λ,μ 是不全为 0 的实数.

【参考证明】 必要性：设平面 π 过直线 L，在平面 π 上取一个点 $P_0(x_0,y_0,z_0)$ 且 P_0 不在直线 L 上，则 $P_0\notin\pi_1$、$P_0\notin\pi_2$ 至少有一个不成立，记

$$\lambda=A_2x_0+B_2y_0+C_2z_0+D_2,\quad \mu=-(A_1x_0+B_1y_0+C_1z_0+D_1),$$

则 λ,μ 不全为 0. 考虑方程

$$\lambda(A_1x+B_1y+C_1z+D_1)+\mu(A_2x+B_2y+C_2z+D_2)=0,\tag{2}$$

即 $(\lambda A_1+\mu A_2)x+(\lambda B_1+\mu B_2)y+(\lambda C_1+\mu C_2)z+(\lambda D_1+\mu D_2)=0$. 如果 $\lambda A_1+\mu A_2=0$，$\lambda B_1+\mu B_2=0$，$\lambda C_1+\mu C_2=0$，则

$$\lambda(A_1,B_1,C_1)=-\mu(A_2,B_2,C_2).\tag{3}$$

由于 λ,μ 不全为 0，因此从式(3)得 (A_1,B_1,C_1) 与 (A_2,B_2,C_2) 成比例，于是平面 π_1 与 π_2 平行或重合. 这与平面 π_1 和 π_2 相交矛盾. 所以式(2)是三元一次方程，从而它表示一个平面. 把点 P_0 的坐标代入方程(2)的左端得 $\lambda(-\mu)+\mu\lambda=0$，因此点 P_0 在方程(2)表示的平面上. 直线 L 上任一点的坐标满足平面 π_1 的方程和平面 π_2 的方程，从而满足方程(2). 因此方程(2)表示的平面经过点 P_0 和直线 L. 由于直线 L 和不在 L 上的一点 P_0 确定一个平面，因此方程(2)表示的平面就是平面 π.

充分性：设一个图形为方程(1)，其中 λ,μ 是不全为 0 的实数. 与必要性的证明中证明方程(2)是三元一次方程的方法完全一样，可以证明方程(1)是三元一次方程，从而它表示一个平面 π_3. 直线 L 上任一点的坐标适合平面 π_1 的方程和平面 π_2 的方程，从而适合方程(1)，因此平面 π_3 经过直线 L. 即平面 π_3 是经过直线 L 的平面，也就属于以 L 为轴的有轴平面束.

练习 43　空间点、直线、平面之间的关系

训练目的

1. 会求点到平面、点到直线的距离.
2. 会判断空间点、直线、平面之间的位置关系.
3. 会利用已知的点线面关系求平面和直线方程.
4. 了解过直线的平面束.

基础练习

1. (1) 点 $P(1,2,1)$ 到平面 $x+2y+2z=10$ 的距离 $d=$__________.

(2) 点 $P(1,2,3)$ 到直线 $\frac{x}{1}=\frac{y-4}{-3}=\frac{z-3}{-2}$ 的距离 $d=$__________.

【参考解答】 (1) 由点到平面的距离计算公式，得

$$d=\frac{|Ax_0+By_0+Cz_0+D|}{\sqrt{A^2+B^2+C^2}}=\frac{|1\cdot1+2\cdot2+2\cdot1-10|}{\sqrt{1^2+2^2+2^2}}=1.$$

(2)【法 1】 在直线上取点 $M(1,1,1)$，则由点到直线的距离计算公式，得

$$d=|\overrightarrow{MP}\times \boldsymbol{s}^0|=\left|(0,1,2)\times\left(\frac{1}{\sqrt{14}},\frac{-3}{\sqrt{14}},\frac{-2}{\sqrt{14}}\right)\right|=\frac{\sqrt{6}}{2}.$$

【法 2】 过点 P 作垂直于直线的平面 π，由平面的点法式方程可得该平面的方程为

$$(x-1)-3(y-2)-2(z-3)=0,$$

即 $x-3y-2z+11=0$. 直线的参数方程为

$$x=t,\quad y=4-3t,\quad z=3-2t.$$

将其代入平面 π 的方程，得 $t=\frac{1}{2}$. 将其代入直线的参数方程表达式，得垂足的坐标为 $Q\left(\frac{1}{2},\frac{5}{2},2\right)$. 点 P 到直线 L 的距离即为 PQ 的长度，故得点到直线的距离

$$d=|QP|=\frac{\sqrt{6}}{2}.$$

2. (1) 平面 π_1: $2x-3y+6z=12$ 和 π_2: $x+2y+2z=7$ 的夹角为________.

(2) 直线 l_1: $\begin{cases}x+2y+z-1=0\\x-2y+z+1=0\end{cases}$ 和 l_2: $\begin{cases}x-y-z-1=0\\x-y+2z+1=0\end{cases}$ 的夹角为________.

【参考解答】 (1) 两平面的夹角即为两平面法向量的夹角. 由两平面的方程可知

$$\boldsymbol{n}_1=(2,-3,6),\quad \boldsymbol{n}_2=(1,2,2).$$

于是可得 $\cos(\boldsymbol{n}_1,\boldsymbol{n}_2)=\frac{|\boldsymbol{n}_1\boldsymbol{n}_2|}{|\boldsymbol{n}_1||\boldsymbol{n}_2|}=\frac{8}{21}$，所以两平面夹角为 $\arccos\frac{8}{21}$.

(2) 两直线的夹角即为两直线方向向量的夹角. 两直线的方向向量为

$$\boldsymbol{s}_1=\begin{vmatrix}\boldsymbol{i}&\boldsymbol{j}&\boldsymbol{k}\\1&2&1\\1&-2&1\end{vmatrix}=4\boldsymbol{i}-4\boldsymbol{k},\quad \boldsymbol{s}_2=\begin{vmatrix}\boldsymbol{i}&\boldsymbol{j}&\boldsymbol{k}\\1&-1&-1\\1&-1&2\end{vmatrix}=-3\boldsymbol{i}-3\boldsymbol{j}.$$

于是可得 $\cos(\boldsymbol{s}_1,\boldsymbol{s}_2)=\frac{|\boldsymbol{s}_1\boldsymbol{s}_2|}{|\boldsymbol{s}_1||\boldsymbol{s}_2|}=\frac{1}{2}$，所以两直线的夹角为 $\frac{\pi}{3}$.

3. (1) 点 $(3,-1,-1)$ 关于平面 $x+2y+3z-40=0$ 的对称点的坐标为________.

(2) 点 $(3,1,-4)$ 关于直线 l: $\begin{cases}x-y-4z+9=0\\2x+y-2z=0\end{cases}$ 的对称点的坐标为________.

【参考解答】 (1) 过点 $(3,-1,-1)$ 且垂直于平面的直线的参数方程为

$$x=3+t,\quad y=-1+2t,\quad z=-1+3t.$$

将其代入平面方程，得 $t=3$. 代入直线的参数方程即得直线与平面的交点坐标为 $(6,5,8)$，该交点为两对称点的中点. 设所求对称点坐标为 (x_0,y_0,z_0)，故由中点计算公式，可得

$$6=\frac{3+x_0}{2},\quad 5=\frac{-1+y_0}{2},\quad 8=\frac{-1+z_0}{2}.$$

解得对称点坐标为 $(9,11,17)$.

(2) 由题设可知直线的方向向量 $\boldsymbol{s}$ 满足

$$\boldsymbol{s}\parallel(1,-1,-4)\times(2,1,-2)=(6,-6,3)\parallel(2,-2,1).$$

于是过点 $(3,1,-4)$ 且与直线垂直的平面法向量可取为 $\boldsymbol{n}=(2,-2,1)$，平面的方程为

$$2x-2y+z=0.$$

对直线的方程组令 $z=0$，可解得 $x=-3,y=6$. 故得直线的参数方程为

$$x=-3+2t,\quad y=6-2t,\quad z=t.$$

代入平面方程得垂足处 $t=2$，即交点为 $(1,2,2)$，为两对称点的中点. 设所求对称点坐标为 (x_0,y_0,z_0)，故由中点计算公式，可得

$$1=\frac{3+x_0}{2},\quad 2=\frac{1+y_0}{2},\quad 2=\frac{-4+z_0}{2},$$

解得对称点坐标为 $(-1,3,8)$.

4. (1) 点 $P(0,4,-1)$ 在平面 $\pi: x-y+3z+8=0$ 上的投影的坐标为________.

(2) 过直线 $\begin{cases}4x-y+3z-1=0\\x+5y-z+2=0\end{cases}$ 且与平面 $2x-y+5z-3=0$ 垂直的平面的方程为________，直线在平面上的投影直线的方程为________.

(3) 直线 $L: \frac{x}{4}=\frac{y-4}{3}=\frac{z+1}{-2}$ 在 xOy 平面上的投影直线 l_{xy} 的方程为________；在平面 $\pi: x-y+3z+8=0$ 上的投影直线 l 的方程为________.

【参考解答】 (1) 平面 π 的法向量可取为 $\boldsymbol{n}=(1,-1,3)$，则过点 $(0,4,-1)$ 且垂直于平面 π 的直线 L 参数方程为 $x=t,y=4-t,z=-1+3t$，代入平面 π 的方程得 $t=-\frac{1}{11}$. 故对应垂足的坐标为 $N\left(-\frac{1}{11},\frac{45}{11},-\frac{14}{11}\right)$，$N$ 即为 P 点在平面 π 上的投影.

(2) 设过直线的平面束方程为

$$4x-y+3z-1+\lambda(x+5y-z+2)=0,$$

它的法向量可取为 $\boldsymbol{n}=(4+\lambda,-1+5\lambda,3-\lambda)$. 由两平面垂直可得两平面的法向量垂直，故有

$$(4+\lambda,-1+5\lambda,3-\lambda)\cdot(2,-1,5)=0.$$

解得 $\lambda=3$. 代入平面束方程得所求垂直平面方程为 $7x+14y+5=0$. 直线在平面上的投影即过直线与平面垂直的平面与平面的交线，于是投影直线方程为

$$\begin{cases}2x-y+5z-3=0\\7x+14y+5=0\end{cases}.$$

(3) 直线 L 的一般式方程为 $\begin{cases}3x-4y+16=0\\2x+4z+3=0\end{cases}$，可知 l 在垂直于 xOy 平面的平面 $3x-4y+16=0$ 上，于是 L 在 xOy 平面上的投影方程为

$$l_{xy}:\begin{cases}3x-4y+16=0\\z=0\end{cases}.$$

直线 L 的参数方程为 $x=4t,y=4+3t,z=-1-2t$，代入平面 π 的方程可得 $t=\frac{1}{5}$，故得交点坐标为 $M\left(\frac{4}{5},\frac{23}{5},-\frac{7}{5}\right)$.

直线 L 上有点 $P(0,4,-1)$，平面 π 法向量 $\boldsymbol{n}=(1,-1,3)$，过点 P 垂直平面 π 的直线

l'参数方程为$x=t,y=4-t,z=-1+3t$，代入平面π的方程可得$t=-\frac{1}{11}$，从而可得对应垂足的坐标为$N\left(-\frac{1}{11},\frac{45}{11},-\frac{14}{11}\right)$. 于是过$M,N$的直线即为投影直线，方向向量为$\boldsymbol{s}\parallel\overrightarrow{MN}\parallel(7,4,-1)$，于是可得投影直线的对称式方程为

$$\frac{x-\frac{4}{5}}{7}=\frac{y-\frac{23}{5}}{4}=\frac{z+\frac{7}{5}}{-1},\quad 即\frac{5x-4}{7}=\frac{5y-23}{4}=\frac{5z+7}{-1}.$$

【注】 直线L与垂线l'所在平面π'垂直于平面π，其法向量满足

$$\boldsymbol{n}'\parallel\boldsymbol{s}\times\boldsymbol{n}=(4,3,-2)\times(1,-1,3)=(7,-14,-7)\parallel(1,-2,-1).$$

于是可得平面π'的方程为

$$(x-0)-2(y-4)-(z+1)=0,\quad 即\ x-2y-z+7=0.$$

所以投影直线的方程为

$$\begin{cases}x-2y-z+7=0\\x-y+3z+8=0\end{cases}.$$

5. 指出下列各组直线和平面的位置关系.

(1) $\frac{x+3}{-2}=\frac{y+4}{-7}=\frac{z}{3}$与$4x-2y-2z=0$ __________.

(2) $\frac{x}{3}=\frac{y}{-2}=\frac{z}{-7}$与$3x-2y-7z=0$ __________.

(3) $\frac{x-2}{3}=\frac{y+2}{1}=\frac{z-3}{-4}$与$x+y+z=3$ __________.

【参考解答】 记所给直线方向向量为$\boldsymbol{s}$，直线上有点P，所给平面法向量为$\boldsymbol{n}$，则

(1) 由于$\boldsymbol{s}=(-2,-7,3),\boldsymbol{n}=(4,-2,-2),\boldsymbol{s}\cdot\boldsymbol{n}=0$，且$P\notin\pi$，故直线与平面平行.

(2) 由于$\boldsymbol{s}=(3,-2,-7),\boldsymbol{n}=(3,-2,-7),\boldsymbol{s}\parallel\boldsymbol{n}$. 故直线与平面垂直.

(3) $\boldsymbol{s}=(3,1,-4),\boldsymbol{n}=(1,1,1),\boldsymbol{s}\cdot\boldsymbol{n}=0$，且$P\in\pi$. 故直线在平面上.

综合练习

6. 证明直线$l_1:\begin{cases}x=1+t\\y=-1+2t\\z=t\end{cases}$与$l_2:\begin{cases}x+y-3z+2=0\\x-y+z-4=0\end{cases}$平行，并求它们之间的距离.

【参考证明】 由题设可知$\boldsymbol{s}_1=(1,2,1),\boldsymbol{s}_2=\begin{vmatrix}\boldsymbol{i}&\boldsymbol{j}&\boldsymbol{k}\\1&1&-3\\1&-1&1\end{vmatrix}=(-2,-4,-2)$，故$\boldsymbol{s}_1\parallel\boldsymbol{s}_2$，所以两直线平行. 在$l_1$上取点$P_1(1,-1,0)$，$l_2$上取点$P_2(1,-3,0)$，利用点到直线的距离计算公式，得

$$d=\frac{|\overrightarrow{P_1P_2}\times\boldsymbol{s}|}{|\boldsymbol{s}|}=\left|(0,-2,0)\times\left(\frac{1}{\sqrt{6}},\frac{2}{\sqrt{6}},\frac{1}{\sqrt{6}}\right)\right|=\frac{2\sqrt{3}}{3}.$$

7. 一平面通过点(0,-1,0)和(0,0,1),且与 xOy 平面成$\frac{\pi}{3}$角,求其方程.

【参考解答】【法 1】 所求平面即过两点所在直线 L 与 xOy 平面成$\frac{\pi}{3}$的平面.直线 L 的方程为

$$\frac{x-0}{0-0}=\frac{y+1}{0+1}=\frac{z-0}{1-0}.$$

其一般式方程可写为$\begin{cases}x=0,\\ y-z+1=0.\end{cases}$ 故过直线 L 的平面束方程为

$$x+\lambda(y-z+1)=0.$$

其法向量可取为 $\boldsymbol{n}=(1,\lambda,-\lambda)$. 又 xOy 平面的法向量为 $\boldsymbol{k}=(0,0,1)$,于是由平面与 xOy 平面成$\frac{\pi}{3}$角得

$$\cos(\boldsymbol{n},\boldsymbol{k})=\cos\frac{\pi}{3}=\frac{1}{2}=\frac{|\boldsymbol{n}\cdot\boldsymbol{s}|}{|\boldsymbol{n}||\boldsymbol{s}|}=\frac{|-\lambda|}{\sqrt{1+2\lambda^2}}.$$

解得 $\lambda=\pm\frac{1}{\sqrt{2}}$. 于是所求平面方程为

$$\pm\sqrt{2}x+y-z+1=0.$$

【法 2】 设平面方程为 $Ax+By+Cz+D=0$,法向量取为 $\boldsymbol{n}=(A,B,C)$. 代入两个点的坐标,得 $-B+D=0,C+D=0$. 由此可得 $B=-C$. 由平面与 xOy 平面成$\frac{\pi}{3}$,即 $\boldsymbol{n}$ 与 xOy 面的法向量 $\boldsymbol{k}=(0,0,1)$成$\frac{\pi}{3}$角,得

$$\cos(\boldsymbol{n},\boldsymbol{k})=\cos\frac{\pi}{3}=\frac{1}{2}=\frac{|\boldsymbol{n}\cdot\boldsymbol{s}|}{|\boldsymbol{n}||\boldsymbol{s}|}=\frac{|C|}{\sqrt{A^2+2C^2}}.$$

解得 $A=\pm\sqrt{2}C$. 于是 $\boldsymbol{n}=(\pm\sqrt{2},-1,1)$,由平面的点法式方程得所求平面方程为

$$\pm\sqrt{2}x+y-z+1=0.$$

8. 已知直线 L 通过平面 $x+y-z-8=0$ 与直线 L_1: $\frac{x-1}{2}=\frac{y-2}{-1}=\frac{z+1}{2}$的交点,且与直线 L_2: $\frac{x}{2}=\frac{y-1}{1}=\frac{z}{1}$垂直相交,求直线 L 的方程.

【参考解答】 直线 L_1 的参数方程为 $x=1+2t,y=2-t,z=-1+2t$. 将它代入已知平面方程,解得 $t=-4$. 故得直线 L_1 与平面的交点为 $P(-7,6,-9)$. 由平面的点法式方程可得过点 P 且垂直于直线 L_2 的平面 π_1 方程为 $2x+y+z+17=0$. 直线 L_2 的参数方程为 $x=2t,y=1+t,z=t$,将其代入平面 π_1 的方程,得 $t=-3$,故平面 π_1 与直线 L_2 的交点为 $M(-6,-2,-3)$,故所求直线 L 即为过点 P,Q 的直线,它的对称式方程为

$$\frac{x+6}{1}=\frac{y+2}{-8}=\frac{z+3}{6}.$$

9. 求直线 $L_1:\begin{cases}x+2y+5=0\\2y-z-4=0\end{cases}$ 和 $L_2:\begin{cases}y=0\\x+2z+4=0\end{cases}$ 的公垂线 L 的方程.

【参考解答】【法 1】 设 L_1 与 L 所在平面为 π_1，L_2 与 L 所在平面为 π_2，则公垂线 L 为 π_1 与 π_2 的交线. 改写两直线的方程为

$$L_1:\begin{cases}x=-2y-5\\y=y\\z=2y-4\end{cases},\quad L_2:\begin{cases}x=-2z-4\\y=0\\z=z\end{cases}.$$

于是可得直线 L_1 的方向向量为 $\boldsymbol{s}_1=(-2,1,2)$，且过点 $P_1(-5,0,-4)$；L_2 的方向向量为 $\boldsymbol{s}_2=(-2,0,1)$，且过点 $P_2(-4,0,0)$. 公垂线同时垂直于两直线，故方向向量可取为

$$\boldsymbol{s}=\boldsymbol{s}_1\times\boldsymbol{s}_2=(-2,1,2)\times(2,0,-1)=(-1,2,-2).$$

过直线 L_1 作平行于 $\boldsymbol{s}$ 的平面 π_1，则其法向量可以取为

$$\boldsymbol{n}_1=\boldsymbol{s}\times\boldsymbol{s}_1=(-1,2,-2)\times(-2,1,2)=(6,6,3).$$

故由 $P_1(-5,0,-4)$ 及平面点法式方程，得平面 π_1 的方程为

$$2(x+5)+2y+(z+4)=0.$$

整理得 $2x+2y+z+14=0$. 过直线 L_2 作平行于 $\boldsymbol{s}$ 的平面 π_2，则其法向量可以取为

$$\boldsymbol{n}_2=\boldsymbol{s}\times\boldsymbol{s}_2=(-1,2,-2)\times(2,0,-1)=(-2,-5,-4).$$

故由 $P_2(-4,0,0)$ 及平面点法式方程，得平面 π_2 的方程为

$$-2(x+4)-5y-4z=0.$$

整理得 $2x+5y+4z+8=0$. 所以所求公垂线的方程为

$$L:\begin{cases}2x+2y+z+14=0\\2x+5y+4z+8=0\end{cases}.$$

【法 2】 两直线的参数方程可以写为

$$L_1:\begin{cases}x=-2y-5\\y=y\\z=2y-4\end{cases},\quad L_2:\begin{cases}x=-2z-4\\y=0\\z=z\end{cases}.$$

于是可设 L_1 上点为 $M(-2m-5,m,2m-4)$，L_2 上点为 $N(-2n-4,0,n)$，直线 MN 为公垂线 L，其方向向量可以取为

$$\boldsymbol{s}=\overrightarrow{MN}=(2m-2n+1,-m,n-2m+4).$$

于是 $\boldsymbol{s}\perp\boldsymbol{s}_1$，$\boldsymbol{s}\perp\boldsymbol{s}_2$，从而 $\boldsymbol{s}\parallel\boldsymbol{s}_1\times\boldsymbol{s}_2$. 又

$$\boldsymbol{s}_1\times\boldsymbol{s}_2=(-2,1,2)\times(-2,0,1)=(1,-2,2),$$

所以有 $\dfrac{2m-2n+1}{-1}=\dfrac{-m}{2}=\dfrac{n-2m+4}{-2}$，由此解得 $m=n=2$. 于是公垂线 L 过点 $N(-8,0,2)$，方向向量为 $\boldsymbol{s}=(-1,2,-2)$. 于是可得公垂线 L 的对称式方程为

$$\frac{x+8}{-1}=\frac{y}{2}=\frac{z-2}{-2}.$$

10. 设平面 π 垂直于平面 $z=0$，并通过从点 $P(1,-1,1)$ 到直线 $l:\begin{cases}x=0,\\y-z+1=0\end{cases}$ 的垂线 L，求平面 π 的方程.

【参考解答】【法 1】 直线 l 的方向向量为

$$\boldsymbol{s}=(1,0,0)\times(0,1,-1)=(0,1,1).$$

于是过 P 垂直直线 l 的平面方程为

$$\pi_1:(y+1)+(z-1)=0,\quad 即\ y+z=0.$$

联立 π_1 与 l 方程得垂足为 $N\left(0,-\dfrac{1}{2},\dfrac{1}{2}\right)$，于是直线 L 的方向向量为 $\overrightarrow{NP}=\left(1,-\dfrac{1}{2},\dfrac{1}{2}\right)$.

由已知可知平面 π 的法向量 $\boldsymbol{n}$ 垂直于 $\boldsymbol{k}=(0,0,1)$ 及 $\overrightarrow{NP}$，于是可取

$$\boldsymbol{n}=(0,0,1)\times\left(1,-\frac{1}{2},\frac{1}{2}\right)=\left(\frac{1}{2},1,0\right)=\frac{1}{2}(1,2,0).$$

于是由平面的点法式方程得平面 π 的方程为

$$(x-1)+2(y+1)=0,\quad 即\ x+2y+1=0.$$

【法 2】 由于平面垂直于平面 $z=0$，于是可设平面方程为 $Ax+By+D=0$. 由于平面过点(1,−1,1)，将其坐标代入平面方程，得 $A-B+D=0$. 直线方向向量可取为

$$\boldsymbol{s}=(1,0,0)\times(0,1,-1)=(0,1,1).$$

参数方程可写为 $\begin{cases}x=0\\y=t+1\\z=t+2\end{cases}$，过点(1,−1,1)垂直于直线的平面为 $y+z=0$，将参数表达式代入可得 $t=-\dfrac{3}{2}$，从而可知垂足为 $N\left(0,\dfrac{1}{2},-\dfrac{1}{2}\right)$. 代入平面方程得

$$-\frac{1}{2}B+D=0,\quad 即\ B=2D,A=D.$$

所以平面方程为 $x+2y+1=0$.

考研与竞赛练习

1. 求过 $L_1:\dfrac{x-1}{1}=\dfrac{y-2}{0}=\dfrac{z-3}{-1}$ 且平行于 $L_2:\dfrac{x+2}{2}=\dfrac{y-1}{1}=\dfrac{z}{1}$ 的平面的方程.

【参考解答】【法 1】 由已知条件可知，所求平面的法向量 $\boldsymbol{n}$ 既垂直于 L_1，又垂直于 L_2，所以平面的法向量可以取为

$$\boldsymbol{n}=(1,0,1)\times(2,1,1)=(1,-3,1).$$

又直线 L_1 上有点(1,2,3)，于是得所求平面的点法式方程为

$$(x-1)-3(y-2)+(z-3)=0,\quad 即\ x-3y+z+2=0.$$

【法 2】 L_1 的一般式方程可写为 $\begin{cases}y-2=0\\x+z-4=0\end{cases}$，过 L_1 的平面束方程为

$$x+z-4+\lambda(y-2)=0,$$

其法向量为 $\boldsymbol{n}=(1,\lambda,1)$. 由于平面平行于 L_2，所以有 $\boldsymbol{n}\perp\boldsymbol{s}_2$，即 $\boldsymbol{n}\cdot\boldsymbol{s}_2=0$. 代入坐标得 $(1,\lambda,1)\cdot(2,1,1)=0$，由此解得 $\lambda=-3$. 于是所求平面的方程为

$$x-3y+z+2=0.$$

2. 设直线 L 过点 $A(1,2,1)$ 且垂直于直线 $L_1:\dfrac{x-1}{3}=\dfrac{y}{2}=\dfrac{z+1}{1}$，又和直线 $L_2:\dfrac{x}{2}=y=\dfrac{z}{-1}$ 相交，求直线 L 的方程.

【参考解答】【法 1】 L_2 过原点 $O(0,0,0)$，则过点 A 与 L_2 的平面 π_2 的法向量可取为

$$\boldsymbol{n}=\boldsymbol{s}_2\times\overrightarrow{OA}=(2,1,-1)\times(1,2,1)=3(1,-1,1).$$

故直线 L 的方向向量可取为

$$\boldsymbol{s}=\boldsymbol{s}_1\times\boldsymbol{n}=(3,2,1)\times(1,-1,1)=(3,-2,-5).$$

于是得直线 L 的对称式方程为

$$\frac{x-1}{3}=\frac{y-2}{-2}=\frac{z-1}{-5}.$$

【方法 2】 L_2 的参数方程可写为 L_2：$x=2t,y=t,z=-t$，设直线 L 与 L_2 的交点为 $B(2t,t,-t)$，则 $\overrightarrow{AB}=(2t-1,t-2,-t-1)\perp L_1$，于是有

$$3(2t-1)+2(t-2)+(-t-1)=0,$$

解得 $t=\frac{8}{7}$. 于是 $B\left(\frac{16}{7},\frac{8}{7},-\frac{8}{7}\right)$，$\overrightarrow{AB}=\frac{3}{7}(3,-2,-5)\parallel(3,-2,-5)$. 所以直线 L 的对称式方程为

$$\frac{x-1}{3}=\frac{y-2}{-2}=\frac{z-1}{-5}.$$

3. 已知空间的两条直线 l_1：$\frac{x-4}{1}=\frac{y-3}{-2}=\frac{z-8}{1}$，$l_2$：$\frac{x+1}{7}=\frac{y+1}{-6}=\frac{z+1}{1}$.

(1) 证明 l_1 和 l_2 异面；

(2) 求 l_1 和 l_2 公垂线的标准方程；

(3) 求连接 l_1 上任一点和 l_2 上的任一点的线段的中点的轨迹的一般方程.

【参考解答】 (1) 直线 l_1 上有点 $A(4,3,8)$，方向向量为 $\boldsymbol{s}_1=(1,-2,1)$；直线 l_2 上有点 $B(-1,-1,-1)$，方向向量为 $\boldsymbol{s}_2=(7,-6,1)$. 由于 $[\boldsymbol{s}_1\quad \boldsymbol{s}_2\quad \overrightarrow{BA}]=\begin{vmatrix}1 & -2 & 1\\7 & -6 & 1\\5 & 4 & 9\end{vmatrix}\neq 0$，所以 l_1 和 l_2 异面.

(2) l_1 上点 $M(m+4,-2m+3,m+8)$ 与 l_2 上的点 $N(7n-1,-6n-1,n-1)$ 的连线的方向向量为

$$\overrightarrow{MN}=(-5+7n-m,-4-6n+2m,-9+n-m).$$

公垂线的方向向量可取为

$$\boldsymbol{s}=\boldsymbol{s}_1\times\boldsymbol{s}_2=(1,-2,1)\times(7,-6,1)=2(2,3,4).$$

于是由 $\overrightarrow{MN}\parallel\boldsymbol{s}$ 得

$$\frac{-5+7n-m}{2}=\frac{-4-6n+2m}{3}=\frac{-9+n-m}{4},$$

解得 $m=-1,n=0$. 故 $N(-1,-1,-1)$ 在公垂线上，从而公垂线的对称式方程为

$$\frac{x+1}{4}=\frac{y+1}{6}=\frac{z+1}{8}.$$

(3) l_1 上点 $M(m+4,-2m+3,m+8)$ 与 l_2 上的点 $N(7n-1,-6n-1,n-1)$ 的连线

的中点为$\left(\frac{3+m+7n}{2},\frac{2-2m-6n}{2},\frac{7+m+n}{2}\right)$. 即连线中点的轨迹参数方程为

$$x=\frac{3+m+7n}{2},\quad y=\frac{2-2m-6n}{2},\quad z=\frac{7+m+n}{2}.$$

消去参数 m,n,得轨迹平面方程为

$$2x+3y+4z-20=0.$$

4. 求通过直线 $L:\begin{cases}2x+y-3z+2=0\\5x+5y-4z+3=0\end{cases}$ 的两个相互垂直的平面 π_1,π_2,使其中一个平面过点 $M(4,-3,1)$.

【参考答案】 显然 M 点不在平面 $2x+y-3z+2=0$ 与 $5x+5y-4z+3=0$ 上,于是可设过直线 L 的平面束方程为

$$(2x+y-3z+2)+\lambda(5x+5y-4z+3)=0,$$

即$(2+5\lambda)x+(1+5\lambda)y-(3+4\lambda)z+2+3\lambda=0$. 设平面 π_1 过点 $M(4,-3,1)$,代入得 $\lambda=-1$,从而 π_1 的方程为 $3x+4y-z+1=0$. 设平面束中的平面 π_2 与 π_1 垂直,则 $3(2+5\lambda)+4(1+5\lambda)+1(3+4\lambda)=0$,解得 $\lambda=-\frac{1}{3}$,从而平面 π_2 的方程为 $x-2y-5z+3-0$.

5. 证明两直线 $L_1:\begin{cases}A_1x+B_1y+C_1z+D_1=0\\A_2x+B_2y+C_2z+D_2=0\end{cases}$ 和 $L_2:\begin{cases}A_3x+B_3y+C_3z+D_3=0\\A_4x+B_4y+C_4z+D_4=0\end{cases}$,

在同一平面上的充要条件是 $\Delta=\begin{vmatrix}A_1&B_1&C_1&D_1\\A_2&B_2&C_2&D_2\\A_3&B_3&C_3&D_3\\A_4&B_4&C_4&D_4\end{vmatrix}=0$.

【参考证明】 **必要性:** 设两直线在同一平面上,则该平面即属于过 L_1 的平面束,也属于过 L_2 的平面束,即存在不全为零的实数 λ_1,λ_2 与不全为零的实数 λ_3,λ_4,使得

$$\begin{aligned}&\lambda_1(A_1x+B_1y+C_1z+D_1)+\lambda_2(A_2x+B_2y+C_2z+D_2)\\&=\lambda_3(A_3x+B_3y+C_3z+D_3)+\lambda_4(A_4x+B_4y+C_4z+D_4).\end{aligned}\tag{1}$$

比较两端的系数,要使得上式成立,则有

$$\begin{cases}\lambda_1A_1+\lambda_2A_2-\lambda_3A_3-\lambda_4A_4=0\\\lambda_1B_1+\lambda_2B_2-\lambda_3B_3-\lambda_4B_4=0\\\lambda_1C_1+\lambda_2C_2-\lambda_3C_3-\lambda_4C_4=0\\\lambda_1D_1+\lambda_2D_2-\lambda_3D_3-\lambda_4D_4=0\end{cases},\tag{2}$$

将方程组视为以 $\lambda_1,\lambda_2,-\lambda_3,-\lambda_4$ 为未知数的齐次线性方程组,则它有非零解的充要条件为系数行列式等于 0,即 $\Delta=0$ 成立.

充分性: 设 $\Delta=0$,则方程组(2)有非零解,设解为 $\lambda_1^*,\lambda_2^*,\lambda_3^*,\lambda_4^*$,即有等式

$$\begin{aligned}&\lambda_1^*(A_1x+B_1y+C_1z+D_1)+\lambda_2^*(A_2x+B_2y+C_2z+D_2)\\&=\lambda_3^*(A_3x+B_3y+C_3z+D_3)+\lambda_4^*(A_4x+B_4y+C_4z+D_4)\end{aligned}\tag{3}$$

成立. 如果能够证明 λ_1^*,λ_2^* 不能同时为零,λ_3^*,λ_4^* 不能同时为零,则上式两侧分别表示过

L_1,L_2 的平面，等式成立则可以验证两直线共面.

假设 $\lambda_1^*=\lambda_2^*=0$，则方程组(2)等价于

$$\begin{cases}\lambda_3^* A_3+\lambda_4^* A_4=0\\ \lambda_3^* B_3+\lambda_4^* B_4=0\\ \lambda_3^* C_3+\lambda_4^* C_4=0\\ \lambda_3^* D_3+\lambda_4^* D_4=0\end{cases},$$

即 $\dfrac{A_3}{A_4}=\dfrac{B_3}{B_4}=\dfrac{C_3}{C_4}=\dfrac{D_3}{D_4}=-\dfrac{\lambda_4^*}{\lambda_3^*}$. 由此得 $\begin{cases}A_3x+B_3y+C_3z+D_3=0\\ A_4x+B_4y+C_4z+D_4=0\end{cases}$ 为两个重合的平面，不表示直线，与条件矛盾，即 λ_1^*,λ_2^* 不能同时为0；同理可证 λ_3^*,λ_4^* 不能同时为0. 所以存在不全为零的实数 λ_1^*,λ_2^* 和不全为零的实数 λ_3^*,λ_4^*，使得式(3)成立. 即有平面既属于过 L_1 的平面束，又属于过 L_2 的平面束，L_1,L_2 在该平面上，即两直线共面.

练习 44 曲面及其方程

训练目的

1. 了解曲面的一般方程与参数方程，了解用截痕法研究曲面的方法.
2. 熟练掌握旋转曲面与柱面的方程，掌握二次曲面及其标准方程.
3. 掌握简单曲面的图形草图绘制方法，会依据曲面方程想象曲面的图形.

基础练习

1. 曲面 $x^2+xy-yz-5y=0$ 与直线 $\begin{cases}x-3y-2=0\\ 10y-z+3=0\end{cases}$ 的交点的坐标为________.

【参考解答】 由直线方程可得 $\begin{cases}x=3y+2,\\ z=10y+3\end{cases}$，故得直线的参数方程为

$$x=3t+2,\quad y=t,\quad z=10t+3.$$

将参数表达成曲面方程，得 $t^2+3t+2=0$. 解方程得 $t_1=-1,t_2=-2$. 代入直线的参数方程表达式，得两交点坐标分别为 $(-1,-1,-7),(-4,-2,-17)$.

2. 一动点到点(1,0,0)的距离是它到平面 $x=4$ 的距离的一半，则此动点的轨迹方程为________，其形状为________.

【参考解答】 设动点为 $M(x,y,z)$，根据题意有

$$(x-1)^2+y^2+z^2=\frac{1}{4}(x-4)^2.$$

整理化简得轨迹方程为

$$\frac{3}{4}x^2+y^2+z^2=3.$$

由方程结构可知图形是一个绕 x 轴旋转的旋转椭球面.

3. 指出下列柱面在坐标面上的准线及母线平行的数轴，给出柱面的名称，作出柱面简图.

曲 面 方 程	准　　线	母线平行于	曲 面 名 称
$y=2$			
$x+y=2$			
$x^2+y^2=4x$			
$z=2-x^2$			
$z^2-y^2=1$			

【参考解答】

曲 面 方 程	准　　线	母线平行于	曲 面 名 称
$y=2$	xOy 平面上直线 $y-2$ 或 yOz 平面上直线 $y=2$	z 轴 x 轴	平面
$x+y=2$	xOy 平面上直线 $x+y=2$	z 轴	平面
$x^2+y^2=4x$	xOy 平面上圆周 $x^2+y^2=4x$	z 轴	圆柱面
$z=2-x^2$	zOx 平面上抛物线 $z=2-x^2$	y 轴	抛物柱面
$z^2-y^2=1$	yOz 平面上双曲线 $z^2-y^2=1$	x 轴	双曲柱面

简图依次如图所示.

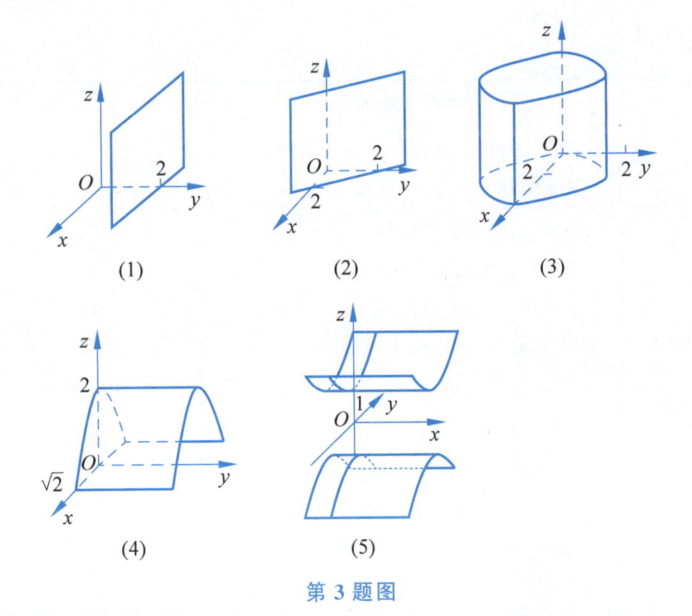

第 3 题图

4. 写出下列旋转曲面的方程.

(1) 将 xOy 平面上的抛物线 $y^2=4x$ 绕 x 轴旋转一周所成的曲面的方程为________；绕 y 轴旋转一周所成的曲面的方程为________.

(2) 将 zOx 平面上的直线 $z=2x$ 绕 x 轴旋转一周所成的曲面的方程为________；绕 z 轴旋转一周所成的曲面的方程为________.

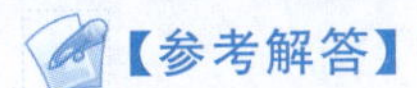
【参考解答】 (1) 绕 x 轴旋转一周所成的曲面的方程为

$$\left(\pm\sqrt{y^2+z^2}\right)^2=4x,\quad 即\ y^2+z^2=4x.$$

绕 y 轴旋转一周所成的曲面的方程为

$$y^2=4(\pm\sqrt{x^2+z^2}),\quad 即\ y^4=16(x^2+z^2).$$

（2）绕 x 轴旋转一周所成的曲面的方程为

$$\pm\sqrt{y^2+z^2}=2x,\quad 即\ y^2+z^2=4x^2.$$

绕 z 轴旋转一周所成的曲面的方程为

$$z=2(\pm\sqrt{x^2+y^2}),\quad 即\ z^2=4(x^2+y^2).$$

5. 指出下列旋转曲面的旋转轴，旋转母线是坐标面上的什么曲线，给出旋转曲面名称，画出曲面简图.

曲面方程	坐标面上的母线	旋转轴	曲面名称
$x^2+y^2-4z^2=0$			
$x^2+y^2-z^2=1$			
$x^2-y^2-z^2=1$			
$4x^2+y^2+4z^2=4$			
$x^2+y^2+z=4$			
$x^2+y^2=4$			

【参考解答】

曲面方程	坐标面上的母线	旋转轴	曲面名称
$x^2+y^2-4z^2=0$	yOz 平面上相交直线 $y^2-4z^2=0$ 或 zOx 平面上相交直线 $x^2-4z^2=0$	z 轴	圆锥面
$x^2+y^2-z^2=1$	yOz 平面上双曲线 $y^2-z^2=1$ 或 zOx 平面上双曲线 $x^2-z^2=1$	z 轴（虚轴）	旋转单叶双曲面
$x^2-y^2-z^2=1$	xOy 平面上双曲线 $x^2-y^2=1$ 或 zOx 平面上双曲线 $x^2-z^2=1$	x 轴（实轴）	旋转双叶双曲面
$4x^2+y^2+4z^2=4$	xOy 平面上椭圆 $4x^2+y^2=4$ 或 yOz 平面上椭圆 $y^2+4z^2=4$	y 轴（长轴）	旋转椭球面
$x^2+y^2+z=4$	yOz 平面上抛物线 $y^2+z=4$ 或 zOx 平面上抛物线 $x^2+z=4$	z 轴	旋转抛物面
$x^2+y^2=4$	yOz 平面上平行 z 轴直线 $y^2=4$ 或 zOx 平面上平行 z 轴直线 $x^2=4$	z 轴	圆柱面

简图依次如图所示.

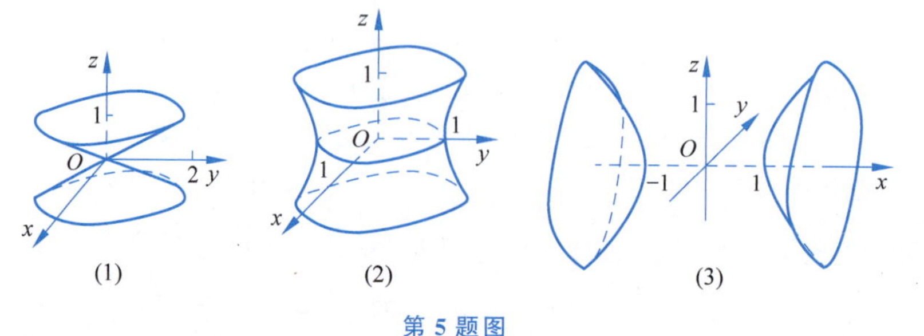

第 5 题图

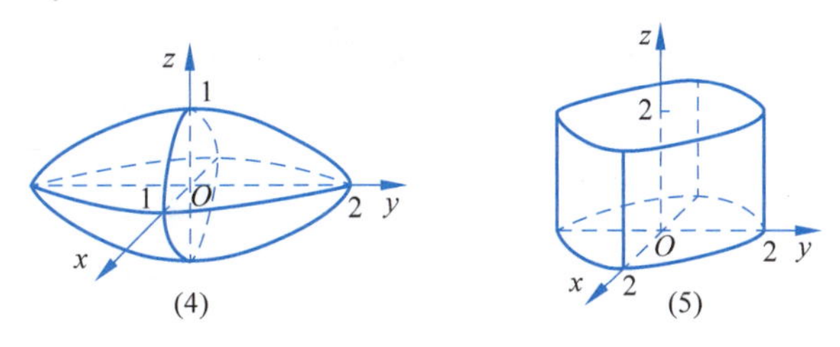

第 5 题图(续)

综合练习

6. 指出下列方程所表示的曲面及其图形特点，并指出哪些是旋转曲面，说明这些旋转曲面是怎样产生的，并绘制曲面简图.

(1) $x^2+y^2+z^2=4z$　　(2) $(x^2+y^2+z^2)^2=x^2+y^2$

(3) $x^2-y^4+z^2=0$　　(4) $z=y^2-x^2$

【参考解答】 (1) 方程表示球心在(0,0,2)、半径为 2 的球面，可以视为 yOz 平面上圆周 $y^2+z^2=4z$ 绕 z 轴旋转而成.

(2) 方程表示 yOz 平面上圆周 $y^2+z^2=y$(或 zOx 平面上圆周 $x^2+z^2=x$)绕 z 轴旋转而成的圆环面.

(3) 方程表示 yOz 平面上抛物线 $z=y^2$(或 xOy 平面上抛物线 $x=y^2$)绕 y 轴旋转而成的旋转抛物面.

(4) 方程表示的图形为双曲抛物面(马鞍面). 具体如图所示.

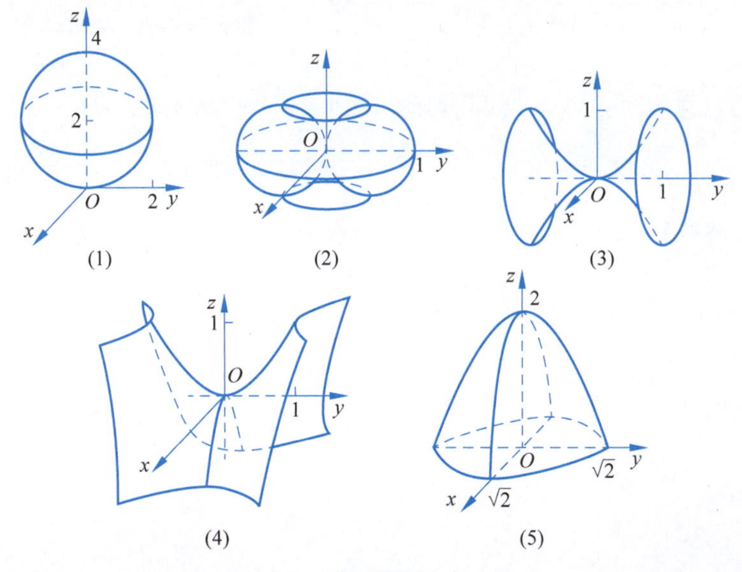

第 6 题图

7. 建立以 $M(2,-3,5)$ 为顶点，中心轴平行方向 $\boldsymbol{s}=(1,1,1)$，半顶角为 $\frac{\pi}{6}$ 的直圆锥面方程.

【参考解答】 设 $P(x,y,z)$ 为直圆锥面上任意一点，则 $\overrightarrow{MP}=(x-2,y+3,z-5)$ 与轴方向 $(1,1,1)$ 的角度固定为 $\frac{\pi}{6}$，故有 $\pm\frac{\overrightarrow{PM}\cdot\boldsymbol{s}}{|\overrightarrow{PM}||\boldsymbol{s}|}=\cos\frac{\pi}{6}=\frac{\sqrt{3}}{2}$，即

$$\frac{(x-2+y+3+z-5)^2}{[(x-2)^2+(y+3)^2+(z-5)^2]\cdot(1^2+1^2+1^2)}=\frac{3}{4}.$$

整理化简得圆锥面方程为

$$5x^2+5y^2+5z^2-8xy-8xz-8yz-4x+86y-58z+278=0.$$

8. 证明：到定直线及该直线上一定点的距离的平方和是常数的动点的轨迹是一个旋转曲面.

【参考证明】 将直线所在的方向设为 z 轴，直线上的定点为原点，建立空间直角坐标系. 设 $M(x,y,z)$ 为动点坐标，则 $M(x,y,z)$ 到 z 轴（定直线）的距离为 $\sqrt{x^2+y^2}$，到定点（原点）的距离为 $\sqrt{x^2+y^2+z^2}$，则根据题意有

$$x^2+y^2+x^2+y^2+z^2=C \quad (C\text{ 为常数}).$$

化简整理得动点轨迹方程为

$$2x^2+2y^2+z^2=C.$$

由方程结构可知轨迹图形是一个绕 z 轴旋转得到的旋转椭球面，即旋转曲面.

考研与竞赛练习

1. 椭球面 S_1 是 xOy 平面上椭圆 $\frac{x^2}{4}+\frac{y^2}{3}=1$ 绕 x 轴旋转而成，圆锥面 S_2 是由 xOy 平面上过点 $(4,0)$ 且与椭圆 $\frac{x^2}{4}+\frac{y^2}{3}=1$ 相切的直线 L 绕 x 轴旋转而成.

(1) 求 S_1 及 S_2 的方程；(2) 求 S_1 与 S_2 之间的立体体积.

【参考解答】 (1) 由已知可知 S_1 的方程为 $\frac{x^2}{4}+\frac{y^2+z^2}{3}=1$. 在 xOy 平面上，设 L 与椭圆的切点为 $M(x_0,y_0)$，则切线方程为 $\frac{x_0x}{4}+\frac{y_0y}{3}=1$. 由切线过点 $(4,0)$，代入切线方程可得 $x_0=1$，$y_0=\pm\frac{\sqrt{3}}{2}\sqrt{4-x_0^2}=\pm\frac{3}{2}$，因此切线方程为 $\frac{x}{4}\pm\frac{y}{2}=1$. 于是圆锥面 S_2 的方程为

$$\left(\frac{x}{4}-1\right)^2=\frac{y^2+z^2}{4},\quad \text{即}(x-4)^2-4y^2-4z^2=0.$$

(2)【法 1】 V_1 是由切线 $y=2\left(1-\frac{x}{4}\right)$，$x=1$ 与 $y=0(1\leqslant x\leqslant 4)$ 所围三角形绕 x 轴旋转而成的圆锥体的体积，则

$$V_1=\frac{1}{3}\cdot\pi\left(\frac{3}{2}\right)^2\cdot 3=\frac{9}{4}\pi.$$

V_2 是 $x=1$ 与椭圆弧 $\dfrac{x^2}{4}+\dfrac{y^2}{3}=1(1\leqslant x\leqslant 2)$所围平面图形绕 x 轴旋转而成的旋转体的体积,则由旋转体体积计算公式,得

$$V_2=\pi\int_1^2 y^2\mathrm{d}x=\pi\int_1^2 3\left(1-\frac{x^2}{4}\right)\mathrm{d}x=3\pi\left(1-\frac{7}{12}\right)=\frac{5}{4}\pi.$$

于是所求 S_1 与 S_2 之间的体积

$$V=V_1-V_2=\frac{9}{4}\pi-\frac{5}{4}\pi=\pi.$$

【法 2】 由旋转体体积公式直接可得

$$\begin{aligned}V&=\pi\int_1^2\left[\left(2-\frac{x}{2}\right)^2-\left(3-\frac{3}{4}x^2\right)\right]\mathrm{d}x+\pi\int_2^4\left(2-\frac{x}{2}\right)^2\mathrm{d}x\\&=\pi\left[\int_1^2(1-x)^2\mathrm{d}x+\int_2^4\left(4-2x+\frac{x^2}{4}\right)\mathrm{d}x\right]-\pi.\end{aligned}$$

2. 一动直线 L 沿三条直线

$$L_1:\frac{x}{2}=\frac{y-1}{0}=\frac{z}{-1},\quad L_2:\frac{x-2}{0}=\frac{y}{2}=\frac{z}{1},\quad L_3:\frac{x}{2}=\frac{y+1}{0}=\frac{z}{1}$$

滑动,求动直线 L 的轨迹方程.

【参考解答】 由题设知 L_1 过点 $P_1(0,1,0)$,方向向量为 $\boldsymbol{s}_1=(2,0,-1)$; L_2 过点 $P_2(2,0,0)$,方向向量为 $\boldsymbol{s}_2=(0,2,1)$; L_3 过点 $P_3(0,-1,0)$,方向向量为 $\boldsymbol{s}_3=(2,0,1)$.

设点 $M(x,y,z)$为动直线 L 上的任意一点,$\boldsymbol{s}=(l,m,n)$为该直线的方向向量. 由动直线 L 在已知三条已知直线上滑动,可知 L 与三条已知直线共面,由共面满足的条件可知

$$[\overrightarrow{P_1M}\,\boldsymbol{s}_1\,\boldsymbol{s}]=\begin{vmatrix}x & y-1 & z\\ 2 & 0 & -1\\ l & m & n\end{vmatrix}=0,$$

$$[\overrightarrow{P_2M}\,\boldsymbol{s}_2\,\boldsymbol{s}]=\begin{vmatrix}x-2 & y & z\\ 0 & 2 & 1\\ l & m & n\end{vmatrix}=0,$$

$$[\overrightarrow{P_3M}\,\boldsymbol{s}_3\,\boldsymbol{s}]=\begin{vmatrix}x & y+1 & z\\ 2 & 0 & 1\\ l & m & n\end{vmatrix}=0.$$

将三个行列式展开,整理得

$$\begin{cases}n(2-2y)+l(1-y)+m(x+2z)=0\\ m(2-x)+n(-4+2x)+l(y-2z)=0\\ n(-2-2y)+l(1+y)+m(-x+2z)=0\end{cases},$$

上面的齐次方程组关于 l,m,n 有非零解的必要条件是

$$\begin{vmatrix}1-y & x+2z & 2-2y\\ y-2z & 2-x & 2x-4\\ y+1 & 2z-x & -2y-2\end{vmatrix}=0.$$

计算整理该行列式可得曲面的方程为

$$4x^2-4x+8y^2-8yz-16z^2-8=0.$$

3. 有两条相互垂直相交的直线 L_1 和 L_2，其中 L_1 绕 L_2 做螺旋运动，即 L_1 一方面绕 L_2 作等速转动，另一方面又沿着 L_2 作等速直线运动，在运动中 L_1 保持与 L_2 垂直相交，这样由 L_1 滑过所形成的轨迹曲面称为**螺旋面**. 试建立螺旋面的方程.

【参考解答】 设 L_2 为 z 轴，建立直角坐标系 $O\text{-}xyz$，并设 L_1 的初始位置与 x 轴重合，转动角速度为 ω，直线运动速度为 v，则 t 秒后直线 L_1 转动角度为 ωt，移动距离为 vt，在直线 L_1 上取点 P，P 在 xOy 平面上投影为 N，记 $|ON|=u$，则 t 时刻点 $P(x,y,z)$ 的位置为

$$x=u\cos\omega t,\quad y=u\sin\omega t,\quad z=vt.$$

由于点 P 为直线 L_1 上任意点，可视 u,t 为参数，那么 L_1 的轨迹的参数式方程为

$$\begin{cases}x=u\cos\omega t\\ y=u\sin\omega t\\ z=vt\end{cases}\quad(u\geqslant 0,-\infty<t<+\infty).$$

4. 设 M 是以三个正半轴为母线的半圆锥面，求其方程.

【参考解答】 设圆锥面的轴线单位方向向量为 $\boldsymbol{s}=(m,n,l)$，则由已知可知 $\boldsymbol{s}$ 与数轴的单位向量 $\boldsymbol{i},\boldsymbol{j},\boldsymbol{k}$ 成相等锐角 θ，θ 为圆锥的半顶角. 于是有

$$\cos(\boldsymbol{s},\boldsymbol{i})=\cos(\boldsymbol{s},\boldsymbol{j})=\cos(\boldsymbol{s},\boldsymbol{k}).$$

由此可得 $m=n=l=\dfrac{\sqrt{3}}{3}$ 且 $\cos\theta=\dfrac{\sqrt{3}}{3}$. 设 $P(x,y,z)$ 为所求半圆锥面上的一点，则有 $\overrightarrow{OP}$ 与 $\boldsymbol{s}$ 所成的角为半顶角 θ，即有

$$\cos\theta=\frac{\overrightarrow{OP}\cdot\boldsymbol{s}}{|\overrightarrow{OP}|}=\frac{\sqrt{3}}{3}\frac{x+y+z}{\sqrt{x^2+y^2+z^2}}=\frac{\sqrt{3}}{3}.$$

整理化简以上等式，得所求半圆锥面的方程为

$$x+y+z=\sqrt{x^2+y^2+z^2}.$$

5. 求经过三条平行直线

$$L_1:x=y=z,\quad L_2:x-1=y=z+1,\quad L_3:x=y+1=z-1$$

的圆柱面的方程.

【参考答案】 由题设易知圆柱面母线的方向是 $\boldsymbol{s}=(1,1,1)$，且

$$P_1(0,0,0)\in L_1,\quad P_2(1,0,-1)\in L_2,\quad P_3(0,-1,1)\in L_3.$$

设 $P(x,y,z)$ 是圆柱面的轴 L_0 上的任意一点，则 P 到 L_1,L_2,L_3 的距离相等，即

$$\frac{|\boldsymbol{s}\times\overrightarrow{PP_1}|}{|\boldsymbol{s}|}=\frac{|\boldsymbol{s}\times\overrightarrow{PP_2}|}{|\boldsymbol{s}|}=\frac{|\boldsymbol{s}\times\overrightarrow{PP_3}|}{|\boldsymbol{s}|}.$$

代入坐标计算可得

$$\begin{cases}(z-y)^2+(x-z)^2+(y-x)^2=(z-y+1)^2+(x-z-2)^2+(y-x+1)^2\\ (z-y)^2+(x-z)^2+(y-x)^2=(z-y-2)^2+(x-z+1)^2+(y-x+1)^2\end{cases}.$$

整理得 L_0：$\begin{cases}x-z-1=0\\y-z+1=0\end{cases}$，对应的对称式方程为 $\dfrac{x-1}{1}=\dfrac{y+1}{1}=\dfrac{z}{1}$. 由方程可知 $P_0(1,-1,0)$ 为 L_0 上的点. 设 $M(x,y,z)$ 为所求圆柱面上任意一点，则 M,P_1 到 L_0 的距离相等，即 $\dfrac{|\boldsymbol{s}\times\overrightarrow{P_0M}|}{|\boldsymbol{s}|}=\dfrac{|\boldsymbol{s}\times\overrightarrow{P_0P_1}|}{|\boldsymbol{s}|}$. 代入坐标计算整理得所求圆柱面的方程为

$$x^2+y^2+z^2-xy-xz-yz-3x+3y=0.$$

6. 设 Γ 为椭圆抛物面 $z=3x^2+4y^2+1$. 从原点作 Γ 的切锥面. 求切锥面的方程.

【参考解答】 设 $P(x,y,z)$ 为切锥面上的任意一点(非原点)，则直线 OP 在所求锥面上，其参数方程为 $X=xt,Y=yt,Z=zt$. 考察直线 OP 与椭圆抛物面的交点，将直线方程代入椭圆抛物面方程，有

$$zt=(3x^2+4y^2)t^2+1,\quad 即(3x^2+4y^2)t^2-zt+1=0.$$

由于锥面与椭圆抛物面相切，于是视上式为关于 t 的二次方程仅有一个根，于是判别式满足

$$\Delta=z^2-4(3x^2+4y^2)=0.$$

即 $P(x,y,z)$ 坐标满足 $z^2-4(3x^2+4y^2)=0$ 时，锥面与椭圆抛物面相切，于是所求切锥面方程为 $z^2-12x^2-16y^2=0$.

练习 45　空间曲线及其方程

训练目的

1. 了解空间曲线的参数方程与一般方程.
2. 掌握求空间曲线在坐标平面上的投影的方法.
3. 理解并能绘制简单空间立体的图形及其在坐标面上的投影区域.
4. 了解曲面的参数方程.

基础练习

1. 指出下列方程所表示的曲线.

(1) $\begin{cases}(x-1)^2+(y+4)^2+z^2=25\\y+1=0\end{cases}$.　　(2) $\begin{cases}\dfrac{y^2}{9}-\dfrac{z^2}{4}=1\\x-2=0\end{cases}$.

(3) $\begin{cases}z=\dfrac{x^2}{3}+\dfrac{y^2}{3}\\x-2y=0\end{cases}$.　　(4) $\begin{cases}3x^2-y^2+5xz=0\\z=0\end{cases}$.

(1) 表示________，(2) 表示________，(3) 表示________，(4) 表示________.

【参考解答】 (1) 将 $y=-1$ 代入第一个方程，可化简方程组为

$$\begin{cases}(x-1)^2+z^2=16\\y=-1\end{cases}.$$

所以曲线是平面 $y=-1$ 上，圆心在 $(1,-1,0)$，半径为 4 的一个圆.

（2）曲线是母线平行 x 的双曲柱面与平面 $x=2$ 的交线，即为平面 $x=2$ 上的双曲线.

（3）将 $x=2y$ 代入第一方程，原方程组化简为 $\begin{cases} z=\dfrac{5y^2}{3} \\ x=2y \end{cases}$，所以曲线为椭圆抛物面与平面的交线，即为平面 $x-2y=0$ 上的抛物线.

（4）将 $z=0$ 代入第一个方程，方程组化简为 $\begin{cases} y=\pm\sqrt{3}x \\ z=0 \end{cases}$，故曲线为在 xOy 平面上的两条相交直线.

2. 写出椭球面 $\dfrac{x^2}{16}+\dfrac{y^2}{4}+z^2=1$ 与平面 $x+4z-1=0$ 的交线关于坐标面的投影柱面及投影曲线方程.

坐　标　面	投影柱面方程	投影曲线方程
xOy 平面		
yOz 平面		
zOx 平面		

【参考解答】

坐　标　面	投影柱面方程	投影曲线方程
xOy 平面	$2x^2+4y^2-2x-15=0$	$2x^2+4y^2-2x-15=0, z=0$
yOz 平面	$4y^2+32z^2-8z-15=0$	$4y^2+32z^2-8z-15=0, x=0$
zOx 平面	$x+4z-1=0$	$x+4z-1=0, y=0$ $\left(\dfrac{1-\sqrt{31}}{2}\leqslant x\leqslant\dfrac{1+\sqrt{31}}{2}\right)$

3. 将曲线方程 Γ：$\begin{cases} 2y^2+z^2+4x=z \\ y^2+3z^2-8x=12z \end{cases}$ 换成母线分别平行于 x 轴与 y 轴的柱面的交线的方程来表示.

【参考解答】 曲线方程消去 x 得曲线在 yOz 平面投影柱面方程为

$$5y^2+5z^2=14z.$$

曲线方程消去 y 得曲线在 xOz 平面投影柱面方程为

$$5z^2-20x=23z.$$

曲线落在上面两个母线分别平行于 x 轴与 y 轴的柱面上，联立得

$$\Gamma:\begin{cases} 5y^2+5z^2=14z \\ 5z^2-20x=23z \end{cases}.$$

4. 设直线 L 在 yOz 平面以及 zOx 平面上的投影曲线的方程分别为 $\begin{cases} 2y-3z=1 \\ x=0 \end{cases}$ 和 $\begin{cases} x+z=2 \\ y=0 \end{cases}$，求直线 L 在 xOy 平面上的投影曲线的方程.

【参考解答】　由已知知直线 L 落在柱面 $2y-3z=1$ 和 $x+z=2$ 上，于是直线 L 的方程为 $\begin{cases}2y-3z=1\\x+z=2\end{cases}$，消去 z 即得 L 在 xOy 平面上的投影曲线的方程为

$$\begin{cases}2y+3x=7\\z=0\end{cases}.$$

综合练习

5. 画出下列不等式所确定的空间立体的图形.

(1) $x^2+y^2\leqslant z\leqslant\sqrt{x^2+y^2}$.　　(2) $\sqrt{x^2+y^2}\leqslant z\leqslant\sqrt{2-x^2-y^2}$.

(3) $z\geqslant 0, x^2+y^2\leqslant 1, x+z\leqslant 2$.　　(4) $x^2+y^2\leqslant z\leqslant 4-x^2$.

【参考解答】

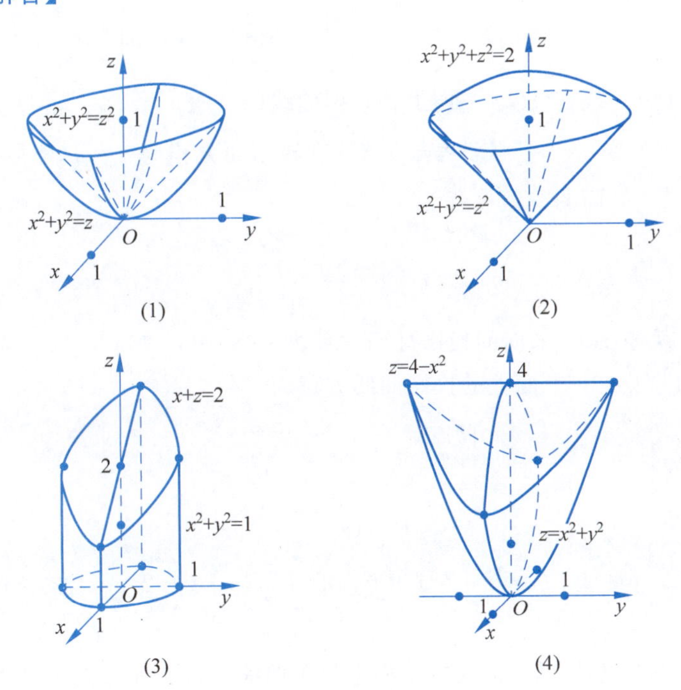

第 5 题图

6. 写出曲线 Γ：$\begin{cases}z=x^2\\x^2+y^2=1\end{cases}$ 的参数方程，在坐标面上的投影曲线的方程，并画出曲线的图形.

【参考解答】　由 $x^2+y^2=1$ 可得参数方程为

$$x=\cos t,\quad y=\sin t\quad(0\leqslant t\leqslant 2\pi).$$

故得曲线参数方程为

$$\Gamma:\begin{cases}x=\cos t\\y=\sin t\\z=\cos^2 t\end{cases}\quad(0\leqslant t\leqslant 2\pi).$$

由参数方程直接可得曲线在三个坐标面上的投影曲线方程分别为

$$\Gamma_{xy}:\begin{cases}x=\cos t\\ y=\sin t\ (0\leqslant t\leqslant 2\pi),\\ z=0\end{cases}\quad 即\begin{cases}x^2+y^2=1\\ z=0\end{cases}.$$

$$\Gamma_{zx}:\begin{cases}x=\cos t\\ y=0\qquad (0\leqslant t\leqslant 2\pi),\\ z=\cos^2 t\end{cases}\quad 即\begin{cases}z=x^2\\ y=0\end{cases}(-1\leqslant x\leqslant 1).$$

$$\Gamma_{yz}:\begin{cases}x=0\\ y=\sin t\ (0\leqslant t\leqslant 2\pi),\\ z=\cos^2 t\end{cases}\quad 即\begin{cases}z=1-y^2\\ x=0\end{cases}(-1\leqslant y\leqslant 1).$$

曲线的图形如图所示.

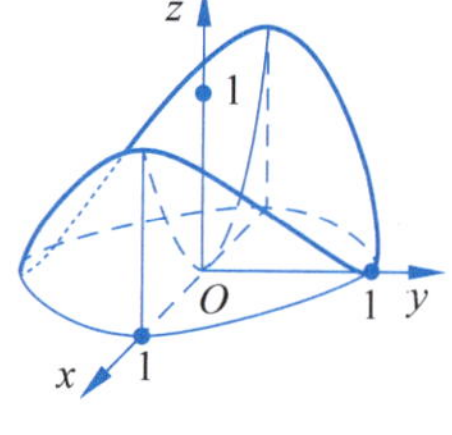

第6题图

7. 求曲线$\begin{cases}z=y^2\\ x=0\end{cases}$绕 z 轴旋转的曲面与平面 $x+y+z=1$ 的交线在 xOy 平面上的投影曲线的方程.

【参考解答】 旋转曲面方程为 $z=x^2+y^2$，则它与所给平面的交线方程为

$$\Gamma:\begin{cases}z=x^2+y^2\\ x+y+z=1\end{cases},$$

两式消去 z，得 Γ 关于 xOy 平面的投影柱面方程为 $x+y+x^2+y^2=1$，联立 xOy 平面的方程 $z=0$，得曲线 Γ 在 xOy 平面上的投影曲线方程为

$$\begin{cases}x+y+x^2+y^2=1\\ z=0\end{cases}.$$

8. 求曲线 $\Gamma:\begin{cases}x=\cos t\\ y=\sin t\ (0\leqslant t\leqslant 2\pi)\\ z=1\end{cases}$在平面 π：$x+y+z+2=0$ 上的投影曲线的方程.

【参考解答】【法1】 曲线在平面上投影曲线为过曲线垂直于平面 π 的投影柱面与平面的交线. 投影柱面的母线方向向量平行于平面的法向量，即有 $\boldsymbol{s}\parallel\boldsymbol{n}=(1,1,1)$.

设点 $M(\cos t,\sin t,1)$是曲线 Γ 上的任意一点，则过该点且方向向量为 $\boldsymbol{s}$ 的直线方程为

$$x-\cos t=y-\sin t=z-1.$$

消去参数 t 得

$$(x-z+1)^2+(y-z+1)^2=1.$$

所以曲线 Γ 在平面 π 上的投影曲线的方程为

$$\begin{cases}(x-z+1)^2+(y-z+1)^2=1\\ x+y+z+2=0\end{cases}.$$

【法2】 在平面上的投影即过曲线上点 $M(\cos t,\sin t,1)$垂直于平面的直线 L 在平面上垂足的轨迹. L 的参数方程为

$$X=\cos t+u,\quad Y=\sin t+u,\quad z=1+u,$$

代入平面方程得垂足满足 $\cos t+\sin t+3u+3=0$，即 $u=-\dfrac{\cos t+\sin t}{3}-1$. 因此垂足的坐标为

$$\left(\frac{2}{3}\cos t-\frac{1}{3}\sin t-1,\frac{2}{3}\sin t-\frac{1}{3}\cos t-1,-\frac{1}{3}\cos t-\frac{1}{3}\sin t\right).$$

于是可得投影曲线的参数方程为

$$x=\frac{2}{3}\cos t-\frac{1}{3}\sin t-1,\quad y=\frac{2}{3}\sin t-\frac{1}{3}\cos t-1,\quad z=-\frac{1}{3}\cos t-\frac{1}{3}\sin t.$$

9. (1) 证明：空间曲线 Γ：$x=x(t),y=y(t),z=z(t)$ 绕 z 轴旋转一周所得旋转曲面的参数方程为

$$x=\sqrt{x^2(t)+y^2(t)}\cos\theta,\quad y=\sqrt{x^2(t)+y^2(t)}\sin\theta,\quad z=z(t)(0\leqslant\theta\leqslant 2\pi).$$

(2) 求直线 L：$x=1,y=t,z=2t$ 绕 z 轴旋转一周所得旋转曲面的方程，并写出其图形的名称.

(3) 求直线 L：$\dfrac{x}{a}=\dfrac{y-b}{0}=\dfrac{z}{1}$ 绕 z 轴旋转一周所成曲面的方程，并讨论常数 a,b 的不同取值所对应的图形为何种类型的曲面.

【参考解答】 (1) 设旋转曲面上点 $P(x,y,z)$ 由曲线 Γ 上点 $M(x(t),y(t),z(t))$ 绕 z 轴旋转角度 θ 得到，于是有点 P 与 z 轴的距离为 $\sqrt{x^2(t)+y^2(t)}$，且有

$$x=\sqrt{x^2(t)+y^2(t)}\cos\theta,\quad y=\sqrt{x^2(t)+y^2(t)}\sin\theta\quad(0\leqslant\theta\leqslant 2\pi),$$

即得旋转曲面的参数方程为

$$x=\sqrt{x^2(t)+y^2(t)}\cos\theta,\quad y=\sqrt{x^2(t)+y^2(t)}\sin\theta,\quad z=z(t)\quad(0\leqslant\theta\leqslant 2\pi).$$

(2) 由(1)可知旋转曲面的参数方程为

$$x=\sqrt{1^2+t^2}\cos\theta,\quad y=\sqrt{1^2+t^2}\sin\theta,\quad z=2t.$$

消去参数 t,θ，得 $x^2+y^2-\dfrac{z^2}{4}=1$. 该方程对应的图形为旋转单叶双曲面.

(3) 直线的参数方程为 $x=at,y=b,z=t$，故所得旋转曲面的参数方程为

$$x=\sqrt{a^2t^2+b^2}\cos\theta,\quad y=\sqrt{a^2t^2+b^2}\sin\theta,\quad z=t.$$

消去参数 t,θ，得 $x^2+y^2-a^2z^2=b^2$. 若 $a=0,b=0$，方程为 $x^2+y^2=0$，则图形表示直线 z 轴；若 $a=0,b\neq0$，方程为 $x^2+y^2=b^2$，则图形表示圆柱面；若 $a\neq0,b=0$，方程为 $x^2+y^2=a^2z^2$，则图形表示圆锥面；若 $a\neq0,b\neq0$，则图形为旋转单叶双曲面.

考研与竞赛练习

1. 与直线 L：$x=y=-z$ 平行的光束照射到不透明球面 S：$x^2+y^2+z^2=2z$ 上，求球面在 xOy 平面上留下的阴影部分的边界曲线的方程.

【参考解答】【法 1】 球面 S 的方程为 $x^2+y^2+(z-1)^2=1$，球心为 $P(0,0,1)$，光线的方向向量为 $\boldsymbol{s}=(1,1,-1)$，过点 P 垂直于 $\boldsymbol{s}$ 的平面为 π：$x+y-z+1=0$. 于是平面

π 在球面 S 上截下的大圆的方程为

$$\Gamma: \begin{cases} x^2+y^2+(z-1)^2=1 \\ x+y-z+1=0 \end{cases}.$$

以 Γ 为准线，作一个母线平行于直线 L 的柱面，设 $M(x,y,z)$ 是柱面上任意一点，过 M 作平行于母线 L 的直线交 Γ 于点 $M_0(x_0,y_0,z_0)$，则 $\overrightarrow{M_0M} \parallel \boldsymbol{s}$，故有

$$\frac{x-x_0}{1}=\frac{y-y_0}{1}=\frac{z-z_0}{-1}.$$

令上式等于 t，得 $x_0=x-t, y_0=y-t, z_0=z-t$. 又 $M_0(x_0,y_0,z_0)$ 在曲线 Γ 上，故满足其方程，所以有

$$\begin{cases} (x-t)^2+(y-t)^2+(z+t-1)^2=1 \\ (x-t)+(y-t)-(z+t)+1=0 \end{cases}.$$

两式消去 t，得柱面方程为

$$x^2+y^2+z^2-xy+yz+xz-x-y-2z=\frac{1}{2}.$$

柱面与 xOy 平面的交线为所求阴影部分的边界曲线，其方程为

$$\begin{cases} x^2+y^2+z^2-xy+yz+xz-x-y-2z=\dfrac{1}{2} \\ z=0 \end{cases}.$$

将 $z=0$ 代入第一个方程，化简得所求曲线方程为

$$\begin{cases} x^2+y^2-xy-x-y=\dfrac{1}{2} \\ z=0 \end{cases}.$$

【法 2】 直线的方向向量为 $\boldsymbol{s}=(1,1,-1)$，球面 S 的方程为 $x^2+y^2+(z-1)^2=1$，球心坐标为 $P(0,0,1)$. 容易知道以球面边界的阴影区域边界曲面为圆柱面，圆柱面为到直线的距离等于球面半径 1 的点的集合. 球心 $P(0,0,1)$ 为圆柱面中心轴上的一点，所以根据点到直线的距离公式，设 $M(x,y,z)$ 是圆柱面上任意点，则

$$\frac{|\overrightarrow{PM}\times s|}{|s|}=\frac{|(x,y,x-1)\times(1,1,-1)|}{\sqrt{3}}=\frac{|(-y-z+1,x+z-1,x-y)|}{\sqrt{3}}=1.$$

计算并整理，得柱面方程为

$$(-y-z+1)^2+(x+z-1)^2+(x-y)^2=3.$$

柱面与 xOy 平面的交线为所求阴影部分的边界曲线，其方程为

$$\begin{cases} (-y-z+1)^2+(x+z-1)^2+(x-y)^2=3 \\ z=0 \end{cases}.$$

将 $z=0$ 代入第一个方程并化简，得所求曲线方程为

$$\begin{cases} x^2+y^2-xy-x-y=\dfrac{1}{2} \\ z=0 \end{cases}.$$

2. 求过两球面的交线 $\Gamma: \begin{cases} x^2+y^2+z^2=5 \\ (x-2)^2+(y-1)^2+z^2=1 \end{cases}$ 的正圆柱面（母线垂直于准线所在平面的柱面）的方程.

【参考解答】 由方程组两方程相减得 $4x+2y=9$. 因此正圆柱面的准线 C 的方程为

$$\begin{cases}x^2+y^2+z^2=5\\4x+2y=9\end{cases}.$$

因此,柱面的母线方向可以取为平面 $4x+2y=9$ 的法向量,即 $\boldsymbol{s}=(2,1,0)$. 柱面的准线为平面 π: $4x+2y=9$ 上的一个圆. 设该圆的半径为 r,圆心坐标为 $O'(x_0,y_0,z_0)$,容易得到原点到平面 π 的距离为 $d=\dfrac{9}{\sqrt{20}}$,故 $r=\sqrt{5-\dfrac{81}{20}}=\sqrt{\dfrac{19}{20}}$,且 O' 在两个球面的球心的连线上且在平面 π 上,故满足

$$\begin{cases}\dfrac{x_0-0}{2-0}=\dfrac{y_0-0}{1-0}=\dfrac{z_0-0}{0-0}\\4x_0+2y_0=9\end{cases}.$$

解方程组得 $O'\left(\dfrac{9}{5},\dfrac{9}{10},0\right)$. 圆柱面为到过 O' 且方向向量为 $\boldsymbol{s}=(2,1,0)$ 的直线上的距离等于 r 的点构成的曲面,即任取 $M(x,y,z)$ 为圆柱面上的点,则由点到直线的距离计算公式,可得

$$\frac{\left|\left(x-\dfrac{9}{5},y-\dfrac{9}{10},z-0\right)\times(2,1,0)\right|}{\sqrt{2^2+1^2+0^2}}=\sqrt{\frac{19}{20}}.$$

计算并整理得所求柱面的方程为

$$4(x-2y)^2+20z^2=19.$$

3. 由曲面 $\dfrac{x^2}{a^2}+\dfrac{y^2}{b^2}+\dfrac{z^2}{c^2}=1$ 中心引三条互相垂直的射线,分别交曲面于 P_1,P_2,P_3. 设 $|\overrightarrow{OP_1}|=r_1$,$|\overrightarrow{OP_2}|=r_2$,$|\overrightarrow{OP_3}|=r_3$,证明:$\dfrac{1}{r_1^2}+\dfrac{1}{r_2^2}+\dfrac{1}{r_3^2}=\dfrac{1}{a^2}+\dfrac{1}{b^2}+\dfrac{1}{c^2}$.

【参考证明】 设 $\alpha_i,\beta_i,\gamma_i(i=1,2,3)$ 分别为射线与三个坐标轴的夹角,则

$$\overrightarrow{OP_i}=(r_i\cos\alpha_i,r_i\cos\beta_i,r_i\cos\gamma_i)\quad(i=1,2,3).$$

因为 P_1,P_2,P_3 在椭球面上,所以

$$\frac{r_i^2\cos^2\alpha_i}{a^2}+\frac{r_i^2\cos^2\beta_i}{b^2}+\frac{r_i^2\cos^2\gamma_i}{c^2}=1\quad(i=1,2,3).$$

改写以上公式,有

$$\frac{\cos^2\alpha_i}{a^2}+\frac{\cos^2\beta_i}{b^2}+\frac{\cos^2\gamma_i}{c^2}=\frac{1}{r_i^2}\quad(i=1,2,3).\tag{1}$$

由于三条直线互相垂直,所以可以看作一个新坐标系的三个轴,于是 $\alpha_i,\beta_i,\gamma_i(i=1,2,3)$ 分别可视为是原坐标系中 x 轴、y 轴、z 轴与三个新坐标轴的夹角. 于是有

$$\cos^2\alpha_1+\cos^2\alpha_2+\cos^2\alpha_3=1,\quad \cos^2\beta_1+\cos^2\beta_2+\cos^2\beta_3=1,$$

$$\cos^2\gamma_1+\cos^2\gamma_2+\cos^2\gamma_3=1.$$

对式(1)中三等式左端相加并整理，即得

$$\frac{1}{a^2}+\frac{1}{b^2}+\frac{1}{c^2}=\frac{1}{r_1^2}+\frac{1}{r_2^2}+\frac{1}{r_3^2}.$$

4. 设圆锥面的顶点在原点，底面圆是平面 $x+y+z=3$ 上以点(1,1,1)为圆心且以 1 为半径的圆，试求圆锥面的方程.

【参考解答】 底面圆曲线可以视为平面与球心在(1,1,1)、半径为 1 的球面的交线，即可以表示为

$$\Gamma:\begin{cases}x+y+z=3\\(x-1)^2+(y-1)^2+(z-1)^2=1\end{cases}.$$

设 $P(x,y,z)$ 是锥面上任意一点，则 P 落在圆上点 $P_0(x_0,y_0,z_0)$ 与原点的连线上，即满足 $\frac{x}{x_0}=\frac{y}{y_0}=\frac{z}{z_0}$. 又 $P_0(x_0,y_0,z_0)$ 满足圆 Γ 的两个方程，联立

$$\begin{cases}x_0+y_0+z_0=3\\(x_0-1)^2+(y_0-1)^2+(z_0-1)^2=1\\\frac{x}{x_0}=\frac{y}{y_0}=\frac{z}{z_0}\end{cases},$$

消去 x_0,y_0,z_0，得锥面方程为

$$5x^2+5y^2+5z^2-8xy-8xz-8yz=0.$$

练习 46 向量值函数的导数与积分

训练目的

1. 理解向量值函数的概念、意义，向量值函数的极限与连续性，导数与微分的定义.
2. 会求向量值函数的极限，了解向量值函数的求导法则，会求向量值函数的导数.
3. 掌握空间曲线的切线与法平面方程.
4. 掌握求向量值函数的不定积分与定积分的方法.
5. 熟悉运动质点位置函数、速度、加速度之间的关系.

基础练习

1. (1) 向量值函数 $\boldsymbol{r}(t)=(3\sin t,4\sin t,3\cos t)$ 表示的曲线的几何形状是____________.

(2) 向量值函数 $\boldsymbol{r}(t)=(1+t,2+5t,-1+6t)(0\leqslant t\leqslant 1)$ 表示的曲线的几何形状是____________.

【参考解答】 (1) 由向量值函数可知曲线上点的坐标满足

$$\begin{cases}x^2+z^2=9\\4x-3y=0\end{cases}.$$

故曲线为圆柱面与平面的交线，其图形为椭圆曲线.

（2）由向量值函数知曲线的参数方程为

$$\begin{cases}x=1+t\\ y=2+5t\\ z=-1+6t\end{cases}\quad(0\leqslant t\leqslant 1),$$

且 $t=0$ 对应点 $A(1,2,-1)$，$t=1$ 对应点 $B(2,7,5)$，所以其图形为线段 AB.

2．求下列向量值函数的极限.

（1）$\lim\limits_{t\to 1}\left(\dfrac{1-t^2}{t-1},\dfrac{\sqrt{1+t}-1}{t},\dfrac{\sqrt{5-t}-2}{1-t}\right)=$______.

（2）$\lim\limits_{t\to 0}\left(\dfrac{1-\cos t}{t^2},\dfrac{e^t-1}{t},(1-t)^{2/t}\right)=$______.

（3）$\lim\limits_{t\to\infty}\left(\dfrac{\sin t}{t},e^{1/t},\arctan|t|\right)=$______.

【参考解答】　向量值函数的极限等于各分量的极限构成的向量.

（1）由于 $\lim\limits_{t\to 1}\dfrac{1-t^2}{t-1}=-2$，$\lim\limits_{t\to 1}\dfrac{\sqrt{1+t}-1}{t}=\sqrt{2}-1$，$\lim\limits_{t\to 1}\dfrac{\sqrt{5-t}-2}{1-t}=\dfrac{1}{4}$，所以

$$\lim_{t\to 1}\left(\frac{1-t^2}{t-1},\frac{\sqrt{1+t}-1}{t},\frac{\sqrt{5-t}-2}{1-t}\right)=\left(-2,\sqrt{2}-1,\frac{1}{4}\right).$$

（2）由于 $\lim\limits_{t\to 0}\dfrac{1-\cos t}{t^2}=\dfrac{1}{2}$，$\lim\limits_{t\to 0}\dfrac{e^t-1}{t}=1$，$\lim\limits_{t\to 0}(1-t)^{2/t}=e^{-2}$，所以

$$\lim_{t\to 0}\left(\frac{1-\cos t}{t^2},\frac{e^t-1}{t},(1-t)^{2/t}\right)=\left(\frac{1}{2},1,e^{-2}\right).$$

（3）由于 $\lim\limits_{t\to\infty}\dfrac{\sin t}{t}=0$，$\lim\limits_{t\to\infty}e^{1/t}=1$，$\lim\limits_{t\to\infty}\arctan|t|=\dfrac{\pi}{2}$，所以

$$\lim_{t\to\infty}\left(\frac{\sin t}{t},e^{1/t},\arctan|t|\right)=\left(0,1,\frac{\pi}{2}\right).$$

3．在军事作战仿真模拟中，若红方导弹和蓝方飞机的运动轨迹分别由向量值函数

$$\boldsymbol{r}_1(t)=(t^2,7t-12,t^2),\quad \boldsymbol{r}_2(t)=(4t-3,t^2,5t-6)\ (t\geqslant 0)$$

给出，则当 $t=1$ 时导弹与飞机的直线距离为______. 若双方都不改变当前操作，导弹______（“能”或“不能”）击中飞机.

【参考解答】　导弹与飞机间的距离为

$$d=|\boldsymbol{r}_2-\boldsymbol{r}_1|_{t=1}=|(1,1,-1)-(1,-5,1)|=|(0,6,-2)|=2\sqrt{10}.$$

若 $\boldsymbol{r}_2=\boldsymbol{r}_1$ 有解，即

$$t^2=4t-3,\quad 7t-12=t^2,\quad t^2=5t-6$$

有公共解，则导弹可击中飞机. 解得 $t=3$，故导弹能击中飞机.

4．下列向量值函数表示的曲线中为光滑曲线的有______.

① $\boldsymbol{r}(t)=(t^3,t^4,t^5)$　　② $\boldsymbol{r}(t)=(t^3+t,t^4,t^5)$

③ $\boldsymbol{r}(t)=(\cos^3 t,\sin^3 t)$　　④ $\boldsymbol{r}(t)=(t^3+t,t^2)$

【参考解答】 当在 t 的取值范围内恒有 $\boldsymbol{r}'(t)\neq 0$，则向量值函数表示的曲线为光滑曲线.

① 由于 $\boldsymbol{r}'(0)=(3t^2,4t^3,5t^4)_{t=0}=(0,0,0)$，所以曲线不光滑.

② 由于 $\boldsymbol{r}'(t)=(3t^2+1,4t^3,5t^4)\neq(0,0,0)$，所以曲线为光滑曲线.

③ 由于 $\boldsymbol{r}'\left(\frac{k\pi}{2}\right)=(-3\cos^2 t\sin t,3\sin^2 t\cos t)_{t=\frac{k\pi}{2}}=(0,0)$，所以曲线不光滑.

④ 由于 $\boldsymbol{r}'(t)=(3t^2+1,2t)\neq(0,0)$，所以曲线为光滑曲线.

即②④表示的曲线在其自然定义域范围内表示的曲线为光滑曲线.

5. 向量值函数 $\boldsymbol{r}(t)=(3t+1,\sqrt{3}t,t^2)$表示空间质点在时刻 t 的位置，则质点在起始时刻 $t=0$ 的速度$\boldsymbol{v}(0)=$________，加速度 $\boldsymbol{a}(0)=$________，此时速度与加速度之间的夹角 $\theta=$________(rad). 当 $t\to+\infty$时，速度与加速度之间的夹角 θ 趋于__________.

【参考解答】 由$\boldsymbol{v}(t)=\boldsymbol{r}'(t)=(3,\sqrt{3},2t)$，$\boldsymbol{a}(t)=\boldsymbol{v}'(t)=(0,0,2)$，故

$$\boldsymbol{v}(0)=(3,\sqrt{3},0),\quad \boldsymbol{a}(0)=(0,0,2).$$

所以 $t=0$ 时，有 $\cos\theta=\dfrac{\boldsymbol{v}(0)\cdot\boldsymbol{a}(0)}{|\boldsymbol{v}(0)||\boldsymbol{a}(0)|}=0$. 此时速度与加速度之间的夹角 $\theta=\dfrac{\pi}{2}$.

运动过程中 $t>0$，故有

$$\cos\theta=\frac{\boldsymbol{v}(t)\cdot\boldsymbol{a}(t)}{|\boldsymbol{v}(t)||\boldsymbol{a}(t)|}=\frac{2t}{\sqrt{12+4t^2}}=\frac{t}{\sqrt{3+t^2}}\to 1,\quad t\to+\infty.$$

又 $\theta\in[0,\pi]$，所以 $\lim\limits_{t\to+\infty}\theta=0$.

6. (1) 曲线 $\boldsymbol{r}(t)=\left(\dfrac{t}{1+t},\dfrac{1+t}{t},t^2\right)$在 $t=1$ 对应的点处的切线方程为__________，法平面方程为__________.

(2) 曲线 $\boldsymbol{r}(t)=(t,t^2,t^3)$在点__________处的切线平行于平面 $x+2y+z=4$.

【参考解答】 (1) 由于 $\boldsymbol{r}(1)=\left(\dfrac{1}{2},2,1\right)$，切向量

$$\boldsymbol{T}(1)=\boldsymbol{r}'(1)=\left(\frac{1}{(1+t)^2},-\frac{1}{t^2},2t\right)\Bigg|_{t=1}=\left(\frac{1}{4},-1,2\right)=\frac{1}{4}(1,-4,8).$$

故得切线方程为

$$\frac{x-\frac{1}{2}}{1}=\frac{y-2}{-4}=\frac{z-1}{8}.$$

法平面方程为

$$\left(x-\frac{1}{2}\right)-4(y-2)+8(z-1)=0,\quad 即\ 2x-8y+16z=1.$$

(2) 平面的法向量可以取为 $\boldsymbol{n}=(1,2,1)$，曲线的切向量可以取为

$$\boldsymbol{T}(t)=\boldsymbol{r}'(t)=(1,2t,3t^2).$$

由曲线切线平行已知平面知 $\boldsymbol{T}(t)\perp\boldsymbol{n}$，即

$$\boldsymbol{T}(t)\cdot\boldsymbol{n}=1+4t+3t^2=0.$$

解得 $t=-1$ 或 $t=-\frac{1}{3}$，故曲线在点 $(-1,1,-1)$ 和 $\left(-\frac{1}{3},\frac{1}{9},-\frac{1}{27}\right)$ 处的切线平行于平面 $x+2y+z=4$.

7. 计算下列向量值函数的积分.

(1) $\int(3\cos^3 t, t\sin t, \sec^2 t)\mathrm{d}t$.　　(2) $\int\left(\frac{1}{1+9t^2},\frac{1}{\sqrt{1-t^2}},\frac{t}{\sqrt{1-t^2}}\right)\mathrm{d}t$.

(3) $\int_0^1(\arcsin t, \mathrm{e}^{\sqrt{t}}, \sqrt{1-t^2})\mathrm{d}t$.

【参考解答】 向量组函数的积分等于各分量积分构成的向量.

(1) $\int 3\cos^3 t\,\mathrm{d}t=3\int(1-\sin^2 t)\mathrm{d}\sin t=3\sin t-\sin^3 t+C_1$,

$$\int t\sin t\,\mathrm{d}t=-\int t\,\mathrm{d}\cos t=-t\cos t+\sin t+C_2,\quad \int\sec^2 t\,\mathrm{d}t=\tan t+C_3,$$

所以 $\int(3\cos^3 t, t\sin t, \sec^2 t)\mathrm{d}t=(3\sin t-\sin^3 t, \sin t-t\cos t, \tan t)+\boldsymbol{C}$，其中 $\boldsymbol{C}=(C_1,C_2,C_3)$.

(2) $\int\frac{\mathrm{d}t}{1+9t^2}=\frac{1}{3}\arctan 3t+C_1$, $\int\frac{\mathrm{d}t}{\sqrt{1-t^2}}=\arcsin t+C_2$, $\int\frac{t\,\mathrm{d}t}{\sqrt{1-t^2}}=-\sqrt{1-t^2}+C_3$,

所以 $\int\left(\frac{1}{1+9t^2},\frac{1}{\sqrt{1-t^2}},\frac{t}{\sqrt{1-t^2}}\right)\mathrm{d}t=\left(\frac{1}{3}\arctan 3t, \arcsin t, -\sqrt{1-t^2}\right)+\boldsymbol{C}$，其中 $\boldsymbol{C}=(C_1,C_2,C_3)$.

(3) $\int_0^1\arcsin t\,\mathrm{d}t=t\arcsin t\Big|_0^1-\int_0^1\frac{t\,\mathrm{d}t}{\sqrt{1-t^2}}=\frac{\pi}{2}+\sqrt{1-t^2}\Big|_0^1=\frac{\pi}{2}-1$,

$$\int_0^1\mathrm{e}^{\sqrt{t}}\,\mathrm{d}t=2\int_0^1 u\mathrm{e}^u\,\mathrm{d}u=(2u\mathrm{e}^u-2\mathrm{e}^u)\Big|_0^1=2,\quad \int_0^1\sqrt{1-t^2}\,\mathrm{d}t=\frac{\pi}{4},$$

所以 $\int_0^1(\arcsin t, \mathrm{e}^{\sqrt{t}}, \sqrt{1-t^2})\mathrm{d}t=\left(\frac{\pi}{2}-1, 2, \frac{\pi}{4}\right)$.

综合练习

8. (1) 对于向量值函数 $\boldsymbol{r}(t)=(\sin t,\cos t,\sqrt{3})$，证明：$|\boldsymbol{r}(t)|$ 为定值且 $\boldsymbol{r}(t)\perp\boldsymbol{r}'(t)$.

(2) 设 $\boldsymbol{r}(t)$ 是可导的向量值函数，且 $\boldsymbol{r}'(t)\neq 0$，若 $|\boldsymbol{r}(t)|=C$（C 为常数），证明：$\boldsymbol{r}(t)$ 与 $\boldsymbol{r}'(t)$ 垂直.

【参考证明】 (1) 由于 $|\boldsymbol{r}(t)|=\sqrt{\sin^2 t+\cos^2 t+3}=2$，故 $|\boldsymbol{r}(t)|$ 为定值. 又 $\boldsymbol{r}'(t)=(\cos t,-\sin t,0)$，则

$$\boldsymbol{r}(t)\cdot\boldsymbol{r}'(t)=(\sin t,\cos t,\sqrt{3})\cdot(\cos t,-\sin t,0)=0,$$

所以 $\boldsymbol{r}(t)\perp\boldsymbol{r}'(t)$.

(2) **【法 1】** 因为 $\boldsymbol{r}(t)\cdot\boldsymbol{r}(t)=|\boldsymbol{r}(t)|^2=C^2$，于是由向量值函数导数的运算法则，得

$$0=\frac{\mathrm{d}}{\mathrm{d}t}[\boldsymbol{r}(t)\cdot\boldsymbol{r}(t)]=\boldsymbol{r}'(t)\cdot\boldsymbol{r}(t)+\boldsymbol{r}(t)\cdot\boldsymbol{r}'(t)=2\boldsymbol{r}(t)\cdot\boldsymbol{r}'(t),$$

即 $\boldsymbol{r}(t)\cdot\boldsymbol{r}'(t)=0$,所以 $\boldsymbol{r}(t)$与 $\boldsymbol{r}'(t)$垂直.

【法 2】 设 $\boldsymbol{r}(t)=(x(t),y(t),z(t))$,则

$$|\boldsymbol{r}(t)|=\sqrt{x^2(t)+y^2(t)+z^2(t)}=C.$$

又 $\boldsymbol{r}'(t)=(x'(t),y'(t),z'(t))$,于是

$$\begin{aligned}\boldsymbol{r}(t)\cdot\boldsymbol{r}'(t)&=x(t)x'(t)+y(t)y'(t)+z(t)z'(t)\\&=\frac{1}{2}[x^2(t)+y^2(t)+z^2(t)]'=\frac{1}{2}(C^2)'=0,\end{aligned}$$

所以 $\boldsymbol{r}(t)$与 $\boldsymbol{r}'(t)$垂直.

【注】 球面上任意光滑曲线上任意点处的切线与该点处半径垂直.球面上动点的运动方向与该点处半径垂直.

9. 设在时刻 t,物体在空间中的位置向量为 $\boldsymbol{r}(t)$,在变力 $\boldsymbol{F}(t)=-\dfrac{c}{|\boldsymbol{r}(t)|^3}\boldsymbol{r}(t)$(其中 c 是常数)的作用下运动.在物理学中,质量为 m 的物体在时刻 t 的角动量定义为 $\boldsymbol{L}(t)=\boldsymbol{r}(t)\times m\boldsymbol{v}(t)$,其中 $\boldsymbol{v}(t)$是物体在时刻 t 的速度.证明角动量是一个守恒量,即 $\boldsymbol{L}(t)$是一个不依赖时间的常向量.

【参考证明】 由向量值函数的求导运算法则,可得

$$\begin{aligned}\boldsymbol{L}'(t)&=\boldsymbol{r}'(t)\times m\boldsymbol{v}(t)+\boldsymbol{r}(t)\times m\boldsymbol{v}'(t)\\&=\boldsymbol{v}(t)\times m\boldsymbol{v}(t)+\boldsymbol{r}(t)\times m\boldsymbol{a}(t)=0+\boldsymbol{r}(t)\times\boldsymbol{F}(t)\\&=\boldsymbol{r}(t)\times\left[-\frac{c}{|\boldsymbol{r}(t)|^3}\boldsymbol{r}(t)\right]=0,\end{aligned}$$

所以角动量 $\boldsymbol{L}(t)$是一个不依赖时间的常向量.

10. 如图所示,一条河宽 100m,一艘划艇在时刻 $t=0$ 离开对岸朝着近岸以 20m/min 的速率行驶,方向垂直于河岸,水流在 (x,y)处的速度(单位:m/min)为 $\boldsymbol{v}=\left[-\dfrac{1}{250}(y-50)^2+10\right]\boldsymbol{i}$,其中 $0<y<100$.

(1) 设 $\boldsymbol{r}(0)=100\boldsymbol{j}$,求划艇的位置向量 $\boldsymbol{r}(t)$;

(2) 划艇在下游多远处靠岸?

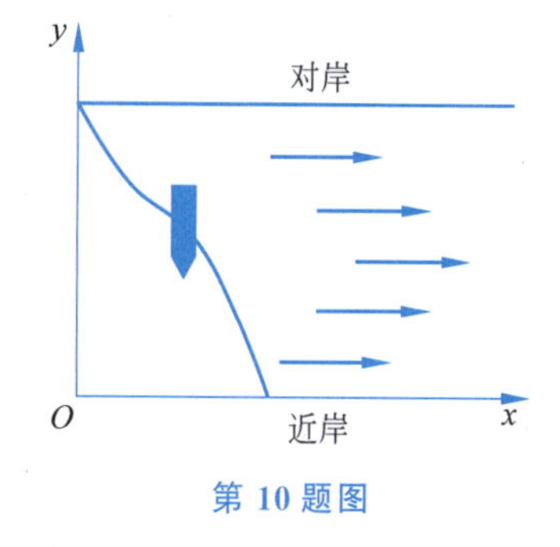

第 10 题图

【参考解答】 (1) 由题设可知 $y=100-20t$,故划艇的实际速度为

$$\begin{aligned}\boldsymbol{v}(t)&=\left(-\frac{(y-50)^2}{250}+10,-20\right)\\&=\left(-\frac{(50-20t)^2}{250}+10,-20\right).\end{aligned}$$

对上式求不定积分,得

$$\begin{aligned}\boldsymbol{r}(t)&=\int\left(-\frac{(50-20t)^2}{250}+10,-20\right)\mathrm{d}t\\&=\left(\frac{(5-2t)^3}{15}+10t,-20t\right)+\boldsymbol{C}.\end{aligned}$$

由 $\boldsymbol{r}(0)=(0,100)$，知 $\boldsymbol{C}=\left(-\frac{25}{3},100\right)$，所以

$$\boldsymbol{r}(t)=\left(4t^2-\frac{8}{15}t^3,100-20t\right).$$

(2) 划艇靠岸即 y 分量为零，令 $100-20t=0$，得 $t=5$，代入上面的第一个分量，得

$$x=\left[4t^2-\frac{8}{15}t^3\right]_{t=5}=\frac{100}{3}.$$

即划艇在下游 $\frac{100}{3}$ m 处靠岸.

考研与竞赛练习

1. 证明：$\lim\limits_{t\to a}\boldsymbol{r}(t)=\boldsymbol{b}$ 的充要条件为：对任意的 $\varepsilon>0$，存在实数 $\delta>0$，当 $0<|t-a|<\delta$ 时，$|\boldsymbol{r}(t)-\boldsymbol{b}|<\varepsilon$ 成立.

【参考证明】 设 $\boldsymbol{r}(t)=(x(t),y(t),z(t))$，$\boldsymbol{b}=(m,n,l)$，则

$$|\boldsymbol{r}(t)-\boldsymbol{b}|=\sqrt{(x(t)-m)^2+(y(t)-n)^2+(z(t)-l)^2}.$$

充分性：若对任意的 $\varepsilon>0$，存在实数 $\delta>0$，当 $0<|t-a|<\delta$ 时，$|\boldsymbol{r}(t)-\boldsymbol{b}|<\varepsilon$ 成立，即有 $(x(t)-m)^2+(y(t)-n)^2+(z(t)-l)^2<\varepsilon^2$ 成立，于是有

$$|x(t)-m|<\varepsilon,\quad |y(t)-n|<\varepsilon,\quad |z(t)-l|<\varepsilon,$$

即 $\lim\limits_{t\to a}x(t)=m$，$\lim\limits_{t\to a}y(t)=n$，$\lim\limits_{t\to a}z(t)=l$. 故得 $\lim\limits_{t\to a}\boldsymbol{r}(t)=\boldsymbol{b}$.

必要性：设 $\lim\limits_{t\to a}\boldsymbol{r}(t)=\boldsymbol{b}$，则有

$$\lim_{t\to a}x(t)=m,\quad \lim_{t\to a}y(t)=n,\quad \lim_{t\to a}z(t)=l.$$

于是对任意的 $\varepsilon>0$，存在 $\delta_1>0$，当 $0<|t-a|<\delta_1$ 时，有 $|x(t)-m|<\frac{\varepsilon}{\sqrt{3}}$；存在 $\delta_2>0$，当 $0<|t-a|<\delta_2$ 时，有 $|y(t)-n|<\frac{\varepsilon}{\sqrt{3}}$；存在 $\delta_3>0$，当 $0<|t-a|<\delta_3$ 时，有 $|z(t)-l|<\frac{\varepsilon}{\sqrt{3}}$.

取 $\delta=\min(\delta_1,\delta_2,\delta_3)$，则当 $0<|t-a|<\delta$ 时，

$$|x(t)-m|<\frac{\varepsilon}{\sqrt{3}},\quad |y(t)-n|<\frac{\varepsilon}{\sqrt{3}},\quad |z(t)-l|<\frac{\varepsilon}{\sqrt{3}}$$

同时成立，即有

$$|\boldsymbol{r}(t)-\boldsymbol{b}|=\sqrt{(x(t)-m)^2+(y(t)-n)^2+(z(t)-l)^2}<\varepsilon$$

成立.

2. 证明一元向量值函数中值定理：设向量值函数 $\boldsymbol{r}(t)=(f(t),g(t))$ 满足：(1) 在闭区间 $[a,b]$ 上连续；(2) 在开区间 (a,b) 上可导；(3) $\forall t\in(a,b)$，$\boldsymbol{r}'(t)\neq 0$；(4) $\boldsymbol{r}(a)\neq\boldsymbol{r}(b)$，则在 (a,b) 内至少存在一点 ξ，使得 $\boldsymbol{r}'(\xi)=\lambda[\boldsymbol{r}(b)-\boldsymbol{r}(a)]$，其中 $\lambda=\frac{|\boldsymbol{r}'(\xi)|}{|\boldsymbol{r}(b)-\boldsymbol{r}(a)|}$.

【参考证明】 不妨设 $g'(t)\neq 0, g(a)\neq g(b)$，则实值函数 $f(t), g(t)$ 满足柯西定理条件，从而在 (a,b) 内至少存在一点 ξ，使得 $\dfrac{f'(\xi)}{g'(\xi)}=\dfrac{f(b)-f(a)}{g(b)-g(a)}$ 成立. 令

$$f'(\xi)=\lambda(f(b)-f(a)),\quad g'(\xi)=\lambda(g(b)-g(a))(\lambda\neq 0),$$

于是有

$$\boldsymbol{r}'(\xi)=(f'(\xi),g'(\xi))=(\lambda(f(b)-f(a)),\lambda(g(b)-g(a)))=\lambda[\boldsymbol{r}(b)-\boldsymbol{r}(a)]$$

成立. 由于 $\boldsymbol{r}'(t)$ 向量是参数增大的方向，$\boldsymbol{r}(b)-\boldsymbol{r}(a)$ 也是 t 增值的方向，因此 $\lambda>0$，由 $\boldsymbol{r}(a)\neq\boldsymbol{r}(b)$，所以 $\lambda=\dfrac{|\boldsymbol{r}'(\xi)|}{|\boldsymbol{r}(b)-\boldsymbol{r}(a)|}$.

3. 在一高 400m，半顶角 $\theta=\dfrac{\pi}{6}$ 的圆锥形山包上，敌方火力点位于点 A 处，我方爆破手位于点 B 处，如图(1)所示，A 点位于 yOz 平面的圆锥母线上，距顶点 P 处的距离为 $100\sqrt{2}$ m，B 点位于 zOx 平面的圆锥面的母线上，距顶点 P 处的距离为 $100(1+\sqrt{3})$ m. 从 B 到 A 的最短距离是将圆锥面沿一条母线展开后的扇形面上 B，A 两点间的直线距离，试求从 B 到 A 的最短距离曲线的向量方程.

【参考答案】 图(2)(a)中锥面底圆半径为 r，母线长为 R，$|OP|=400$，路径上点 $C(x,y,z)$ 在 z 轴上投影为 D，底面圆弧 EF 对应圆心角为 γ. 图(2)(b)为圆锥面展开的扇形，其半径为 R，圆弧 EF 对应圆心角为 φ.

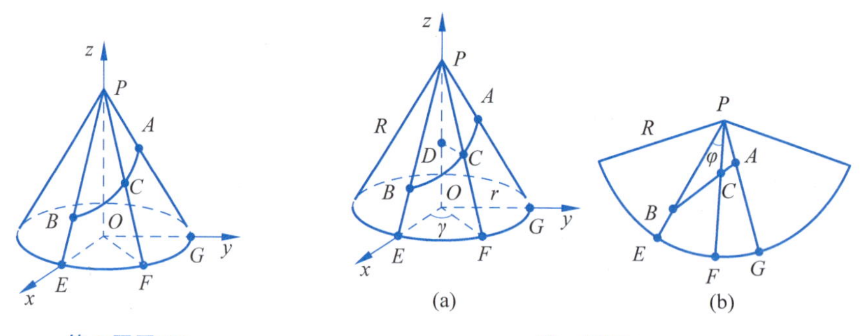

第 3 题图(1)　　第 3 题图(2)

由圆锥半顶角为 $\dfrac{\pi}{6}$ 可知 $\sin\dfrac{\pi}{6}=\dfrac{r}{R}=\dfrac{1}{2}\Rightarrow R=2r$. 又由 EF 的弧长 $\gamma\cdot r=\varphi\cdot R$，于是有 $\gamma=2\varphi$，扇形面上 $\angle BPA=\dfrac{\pi}{4}$. 在 $\triangle PAB$ 中，由余弦定理知

$$|AB|=\sqrt{|PA|^2+|PB|^2-2|PA|\cdot|PB|\cos\frac{\pi}{4}}=200.$$

又由正弦定理有

$$\frac{|PA|}{\sin\angle PBA}=\frac{|AB|}{\sin\angle BPA}\Rightarrow\angle PBA=\frac{\pi}{6}.$$

在 $\triangle PCA$ 中，$\angle PAB=\dfrac{7\pi}{12}$，$\angle PCA=\dfrac{\pi}{6}+\varphi$，由正弦定理，有

$$\frac{|PA|}{\sin\angle PCA}=\frac{|PC|}{\sin\angle PAB}\Rightarrow|PC|=\frac{100(1+\sqrt{3})}{\cos\varphi+\sqrt{3}\sin\varphi}.$$

又在圆锥面上有

$$|DC|=|PC|\sin\frac{\pi}{6}=\frac{50(1+\sqrt{3})}{\cos\varphi+\sqrt{3}\sin\varphi},$$

$$|PD|=|PC|\cos\frac{\pi}{6}=\frac{50(3+\sqrt{3})}{\cos\varphi+\sqrt{3}\sin\varphi}.$$

于是可得 C 点的参数方程为

$$\begin{cases} x=|DC|\cos\gamma=\dfrac{50(1+\sqrt{3})\cos2\varphi}{\cos\varphi+\sqrt{3}\sin\varphi} \\ y=|DC|\sin\gamma=\dfrac{50(1+\sqrt{3})\sin2\varphi}{\cos\varphi+\sqrt{3}\sin\varphi} \\ z=|OP|-|PD|=400-\dfrac{50(3+\sqrt{3})}{\cos\varphi+\sqrt{3}\sin\varphi} \end{cases}\quad\left(0\leqslant\varphi\leqslant\frac{\pi}{4}\right).$$

4. 设质量为 m 的质点的位置向量为 $\boldsymbol{r}(t)$，它的角动量为 $\boldsymbol{L}(t)=m\boldsymbol{r}(t)\times\boldsymbol{v}(t)$，转动力矩为 $\boldsymbol{M}(t)=m\boldsymbol{r}(t)\times\boldsymbol{a}(t)$. 试证明：$\boldsymbol{L}'(t)=\boldsymbol{M}(t)$.

【参考证明】 因为 $\boldsymbol{v}(t)=\boldsymbol{r}'(t)$，$\boldsymbol{a}(t)=\boldsymbol{v}'(t)$，故由向量值函数的求导运算法则，得

$$\begin{aligned}\boldsymbol{L}'(t)&=m(\boldsymbol{r}'(t)\times\boldsymbol{v}(t)+\boldsymbol{r}(t)\times\boldsymbol{v}'(t))=m(\boldsymbol{v}(t)\times\boldsymbol{v}(t)+\boldsymbol{r}(t)\times\boldsymbol{a}(t))\\&=m(\boldsymbol{r}(t)\times\boldsymbol{a}(t))=\boldsymbol{M}(t).\end{aligned}$$

5. 从牛顿万有引力定律知：若 $\boldsymbol{r}$ 是从质量为 M 的太阳中心到质量为 m 的行星中心的径向量，那么太阳对行星的引力为 $\boldsymbol{F}=-\dfrac{GmM}{|\boldsymbol{r}|^3}\boldsymbol{r}$. (1)求行星运动的加速度 $\boldsymbol{r}''$；(2)证明 $\boldsymbol{r}\times\boldsymbol{r}'$ 是常向量；(3)利用(2)的结果证明开普勒第二定律：连接太阳和行星的连线(矢径)在相同的时间内扫过的面积相等.

【参考解答】 (1) 由牛顿第二定律可知

$$\boldsymbol{F}=m\boldsymbol{a}=m\boldsymbol{r}''=-\frac{GmM}{|\boldsymbol{r}|^3}\boldsymbol{r},\quad 即\ \boldsymbol{r}''=-\frac{GM}{|\boldsymbol{r}|^3}\boldsymbol{r}.$$

(2) 由(1)知 $\boldsymbol{r}''\parallel\boldsymbol{r}$，因此 $\boldsymbol{r}\times\boldsymbol{r}''=0$. 于是

$$(\boldsymbol{r}\times\boldsymbol{r}')'=\boldsymbol{r}'\times\boldsymbol{r}'+\boldsymbol{r}\times\boldsymbol{r}''=0+0=0,$$

即 $\boldsymbol{r}\times\boldsymbol{r}'$ 是常向量.

(3) 由 $\boldsymbol{r}\times\boldsymbol{r}'$ 为常向量可知，$\boldsymbol{r}$ 与 $\boldsymbol{r}'$ 位于以此常向量为法线的定平面中，行星绕太阳的运动是平面运动. 记此平面为 xOy 平面，以太阳为原点，常向量 $\boldsymbol{r}\times\boldsymbol{r}'$ 方向为 z 轴正向，$\boldsymbol{r}$ 与 x 轴正向的夹角(即极角)为 θ，$|\boldsymbol{r}|=r$，$\boldsymbol{r}$ 的单位向量为 $\boldsymbol{r}^0$，则

$$\boldsymbol{r}^0=(\cos\theta,\sin\theta,0),\quad(\boldsymbol{r}^0)'=(-\sin\theta,\cos\theta,0)\frac{\mathrm{d}\theta}{\mathrm{d}t},$$

故 $\boldsymbol{r}=r\boldsymbol{r}^0=r(\cos\theta,\sin\theta,0)$，$\boldsymbol{r}'=r'\boldsymbol{r}^0+r(\boldsymbol{r}^0)'$. 于是

$$\boldsymbol{r}\times\boldsymbol{r}'=(r\boldsymbol{r}^0)\times(r'\boldsymbol{r}^0+r(\boldsymbol{r}^0)')=0+r^2\boldsymbol{r}^0\times(\boldsymbol{r}^0)'$$

$$=r^2(\cos\theta,\sin\theta,0)\times(-\sin\theta,\cos\theta,0)\frac{\mathrm{d}\theta}{\mathrm{d}t}$$

$$=r^2\frac{\mathrm{d}\theta}{\mathrm{d}t}(0,0,1),$$

由 $\boldsymbol{r}\times\boldsymbol{r}'$ 为常向量可知 $r^2\frac{\mathrm{d}\theta}{\mathrm{d}t}$ 是常量. 又在极坐标方程下，矢径 $\boldsymbol{r}$ 扫过的面积为

$$A=\frac{1}{2}\int_{\theta_0}^{\theta}r^2\mathrm{d}\theta,$$

故 $\frac{\mathrm{d}A}{\mathrm{d}t}=\frac{\mathrm{d}A}{\mathrm{d}\theta}\cdot\frac{\mathrm{d}\theta}{\mathrm{d}t}=\frac{1}{2}r^2\frac{\mathrm{d}\theta}{\mathrm{d}t}$，因此 $\frac{\mathrm{d}A}{\mathrm{d}t}$ 是一个常量，即有连接太阳和行星的连线（矢径）$\boldsymbol{r}$ 在相同的时间 t 内扫过的面积 A 相等，开普勒第二定律成立.

第六单元　向量代数与空间解析几何测验（A）

一、选择题（每小题 3 分，共 18 分）

1. 设 $\boldsymbol{A},\boldsymbol{B},\boldsymbol{C}$ 为非零向量，且 $\boldsymbol{A}\cdot\boldsymbol{B}=0$，$\boldsymbol{A}\times\boldsymbol{C}=\boldsymbol{0}$，则（　　）.

(A) $\boldsymbol{A}/\!/\boldsymbol{B}$ 且 $\boldsymbol{B}\perp\boldsymbol{C}$　　(B) $\boldsymbol{A}\perp\boldsymbol{B}$ 且 $\boldsymbol{B}/\!/\boldsymbol{C}$

(C) $\boldsymbol{A}/\!/\boldsymbol{C}$ 且 $\boldsymbol{B}\perp\boldsymbol{C}$　　(D) $\boldsymbol{A}\perp\boldsymbol{C}$ 且 $\boldsymbol{B}/\!/\boldsymbol{C}$

2. 设 $\boldsymbol{A},\boldsymbol{B},\boldsymbol{C}$ 为三个不共面的向量，则 $(\boldsymbol{A}\times\boldsymbol{B})\cdot\boldsymbol{C}$ 等于（　　）.

(A) $(\boldsymbol{A}\times\boldsymbol{C})\cdot\boldsymbol{B}$　(B) $(\boldsymbol{C}\times\boldsymbol{A})\cdot\boldsymbol{B}$　(C) $(\boldsymbol{B}\times\boldsymbol{A})\cdot\boldsymbol{C}$　(D) $(\boldsymbol{C}\times\boldsymbol{B})\cdot\boldsymbol{A}$

3. 过点(1,2,1)且垂直于平面 $10x-17y+z=10$ 的直线方程是（　　）.

(A) $\begin{cases}3x+2y+4z-11=0\\2x+y-3z-1=0\end{cases}$　　(B) $10x-17y+z+23=0$

(C) $\begin{cases}x=1+10t\\y=2+17t\\z=1+t\end{cases}$　　(D) $\frac{x+1}{10}=\frac{y+2}{-17}=\frac{z+1}{1}$

4. 直线 L_1：$\frac{x-1}{1}=\frac{y-5}{-2}=\frac{z+8}{1}$ 与直线 L_2：$\begin{cases}x-y=6\\2y+z=3\end{cases}$ 的夹角为（　　）.

(A) $\frac{\pi}{6}$　(B) $\frac{\pi}{4}$　(C) $\frac{\pi}{3}$　(D) $\frac{\pi}{2}$

5. 旋转曲面 $\frac{x^2}{9}+\frac{y^2}{9}-\frac{z^2}{9}=1$ 的旋转轴是（　　）.

(A) x 轴　　(B) y 轴

(C) z 轴　　(D) 直线 $x=y=z$

6. 以下方程描述的曲面不是直纹面的是（　　）.

(A) $z=xy$　　(B) $\frac{x^2}{2}+\frac{y^2}{3}-\frac{z^2}{4}=1$

(C) $x^2+y^2=z^2$　　(D) $\frac{x^2}{2}+\frac{y^2}{3}+\frac{z^2}{4}=1$

二、填空题（每小题 4 分，共 16 分）

7. 已知点 $M_1(-1,2,1)$，$M_2(2,-2,1)$ 和向量 $\boldsymbol{a}=(1,0,-1)$，则 $\overrightarrow{M_1M_2}$ 的方向余弦

$\cos\alpha=$________，$\cos\beta=$________，$\cos\gamma=$________；$\overrightarrow{M_1M_2}$ 在 $\boldsymbol{a}$ 上的投影为________.

8. 已知两直线 L_1：$\begin{cases}x=1+2t\\y=-1+2t\\z=1+\lambda t\end{cases}$ 与直线 L_2：$\dfrac{x-6}{2}=y=\dfrac{2z-3}{-2}$ 相交，则 $\lambda=$________，L_1 与 L_2 所确定的平面的方程为________________.

9. 设直线 L_1 与 L_2 的方程为 L_1：$\begin{cases}x+y+z+1=0\\2x-y+3z+4=0\end{cases}$，$L_2$：$\begin{cases}x=-1+2t\\y=-t\\z=2-2t\end{cases}$，则 L_1 与 L_2 公垂线的方向向量 $\boldsymbol{s}=$________；L_1 与 L_2 的距离 $d=$________.

10. 直线 L：$x=1+t,y=-2+2t,z=1+t$ 在 xOy 平面上的投影的方程为________________，在平面 π：$x-y+z=2$ 上的投影的方程为________________.

三、解答题(共 66 分)

11. (6 分)设 $2\boldsymbol{a}+5\boldsymbol{b}$ 与 $\boldsymbol{a}-\boldsymbol{b}$ 垂直，$2\boldsymbol{a}+3\boldsymbol{b}$ 与 $\boldsymbol{a}-5\boldsymbol{b}$ 垂直，其中 $\boldsymbol{a},\boldsymbol{b}$ 为非零向量，求 $\boldsymbol{a},\boldsymbol{b}$ 的夹角.

12. (6 分)一直线 L 过点 $A(1,0,5)$，并与平面 π：$3x-y+2z-15=0$ 平行，且与直线 L_1：$\dfrac{x-1}{4}=\dfrac{y-2}{2}=z$ 相交，求此直线 L 的方程.

13. (6 分)已知点 $A(1,0,1)$，$B(1,2,5)$，求过点 A,B 的直线绕 z 轴旋转所得旋转曲面的一般方程.

14. (6 分)试求点 $M_1(3,1,-4)$ 关于直线 L：$\begin{cases}x-y-4z+9=0\\2x+y-2z=0\end{cases}$ 的对称点 M_2 的坐标.

15. (6 分)已知点 $A(1,0,0)$ 和点 $B(0,2,1)$，试求 z 轴上一点 C，使得 $\triangle ABC$ 的面积最小.

16. (6 分)求空间曲线 Γ：$\begin{cases}x^2+y^2+z^2=4\\y=x\end{cases}$ 的参数方程及其在各坐标面上的投影曲线的方程.

17. (6 分)求以 L：$\begin{cases}F(x,y)=0\\z=0\end{cases}$ 为准线，母线平行于向量 $\boldsymbol{s}=(m,n,l)(l\neq 0)$ 的柱面的方程. 并写出准线为 L：$\begin{cases}x^2+2y^2=1\\z=0\end{cases}$，母线平行于向量 $\boldsymbol{s}=(1,2,1)$ 的斜椭圆柱面的方程.

18. (8 分)已知直线 L 过平面 π：$x+y-z-8=0$ 与直线 l_1：$\dfrac{x-1}{2}=\dfrac{y-2}{-1}=\dfrac{z+1}{2}$ 的交点，且与直线 l_2：$\dfrac{x}{2}=\dfrac{y-1}{1}=\dfrac{z}{1}$ 垂直相交，求直线 L 的方程.

19. (8 分)证明平面 $2x-12y-z+16=0$ 与双曲抛物面 $x^2-4y^2=2z$ 的交线是两条相交的直线，并写出它们的对称式方程.

20. (8 分)某人在悬挂式滑翔机上训练时，由于快速上升气流，有沿位置向量为

$$\boldsymbol{r}(t)=3\cos t\boldsymbol{i}\quad 3\sin t\boldsymbol{j}+t^2\boldsymbol{k}$$

的路径螺旋式上升. 求：(1)滑翔机的速度和加速度向量；(2)滑翔机在时刻 t 的速率；(3)滑翔机的速度和加速度向量相互垂直的时刻.

第六单元　向量代数与空间解析几何测验(A)参考解答

一、选择题

1.【参考解答】 由 $\boldsymbol{A}\cdot\boldsymbol{B}=0$ 知 $\boldsymbol{A}\perp\boldsymbol{B}$；由 $\boldsymbol{A}\times\boldsymbol{C}=0$ 知 $\boldsymbol{A}/\!/\boldsymbol{C}$，所以 $\boldsymbol{B}\perp\boldsymbol{C}$. 所以正确选项为(C).

2.【参考解答】 由混合积的坐标行列式计算公式可知混合积具有轮换性，即有

$$(\boldsymbol{A}\times\boldsymbol{B})\cdot\boldsymbol{C}=(\boldsymbol{B}\times\boldsymbol{C})\cdot\boldsymbol{A}=(\boldsymbol{C}\times\boldsymbol{A})\cdot\boldsymbol{B}.$$

所以正确选项为(B).

3.【参考解答】 由题设可知所求直线即为过点(1,2,1)，且以平面的法向量(10,−17,1)为方向向量的直线，故它的方程为

$$\frac{x-1}{10}=\frac{y-2}{-17}=\frac{z-1}{1}.$$

故直接判定可知(B)不正确，为一个三元一次方程表示的平面；(C)的方向向量为(10,17,1)，不为直线的方向向量. 将(1,2,1)代入(D)，等式不成立，故也不是正确选项. 而将(1,2,1)代入(A)的方程，可以验证点坐标满足两个方程，且两平面的法向量的向量积为

$$\begin{vmatrix}\boldsymbol{i} & \boldsymbol{j} & \boldsymbol{k}\\ 3 & 2 & 4\\ 2 & 1 & -3\end{vmatrix}=-10\boldsymbol{i}+17\boldsymbol{j}-\boldsymbol{k}=-(10,-17,1).$$

所以正确选项为(A).

4.【参考解答】 两直线的夹角即为两直线的方向向量的夹角，由题设可知

$$L_1:\boldsymbol{s}_1=(1,-2,1),\quad L_2:\boldsymbol{s}_2=(1,-1,0)\times(0,2,1)=(-1,-1,2).$$

记两直线的夹角为 θ，则

$$\cos\theta=\frac{|(1,-2,1)\cdot(-1,-1,2)|}{|(1,-2,1)||(-1,-1,2)|}=\frac{3}{6}=\frac{1}{2}.$$

故夹角 $\theta=\frac{\pi}{3}$. 所以正确选项为(C).

5.【参考解答】 方程可改写为 $\frac{x^2+y^2}{9}-\frac{z^2}{9}=1$，所以方程表示以 z 轴为旋转轴的旋转曲面. 即正确选项为(C).

6.【参考解答】 第一个方程为马鞍面，即双曲抛物面，为直纹面；第二个方程为单叶双曲面，为直纹面；第三个方程为圆锥面，为直纹面；第四个方程为椭球面，不是直纹面. 所以正确选项为(D).

二、填空题

7.【参考解答】 由已知可得

$$\overrightarrow{M_1M_2}=\overrightarrow{OM_2}-\overrightarrow{OM_1}=(2,-2,1)-(-1,2,1)=(3,-4,0).$$

由此可得

$$|\overrightarrow{M_1M_2}|=\sqrt{3^2+(-4)^2+0^2}=5,$$

$$(\cos\alpha,\cos\beta,\cos\gamma)=\frac{\overrightarrow{M_1M_2}}{|\overrightarrow{M_1M_2}|}=\left(\frac{3}{5},-\frac{4}{5},0\right).$$

故 $\cos\alpha=\frac{3}{5},\cos\beta=-\frac{4}{5},\cos\gamma=0$.

由于 $\boldsymbol{a}^0=\frac{\boldsymbol{a}}{|\boldsymbol{a}|}=\left(\frac{1}{\sqrt{2}},0,-\frac{1}{\sqrt{2}}\right)$，所以 $\overrightarrow{M_1M_2}$ 在 $\boldsymbol{a}$ 上的投影为

$$(\overrightarrow{M_1M_2})_{\boldsymbol{a}}=(3,-4,0)\cdot\boldsymbol{a}^0=(3,-4,0)\cdot\left(\frac{1}{\sqrt{2}},0,-\frac{1}{\sqrt{2}}\right)=\frac{3}{\sqrt{2}}.$$

8.【参考解答】 将 L_1 的三个参数表达式代入 L_2，得

$$\frac{1+2t-6}{2}=-1+2t=\frac{2+2\lambda t-3}{-2}.$$

解得 $\lambda=-3,t=-\frac{3}{2}$. L_1 与 L_2 所确定的平面的法向量垂直于两直线，故它的法向量可以取为两直线方向向量的向量积，其中 $\boldsymbol{s}_1=(2,2,-3),\boldsymbol{s}_2=(2,1,-1)$，故

$$\boldsymbol{n}=(2,2,-3)\times(2,1,-1)=(1,-4,-2).$$

又直线 L_1 在平面内，故它上面的点 $(1,-1,1)$ 也是平面内的点，故由平面的点法式方程，得所求平面方程为

$$(x-1)-4(y+1)-2(z-1)=0,\quad 即\ x-4y-2z-3=0.$$

9.【参考解答】 直线 L_1 的方向向量为 $\boldsymbol{s}_1=(1,1,1)\times(2,-1,3)=(4,-1,-3)$，直线 L_2 的方向向量为 $\boldsymbol{s}_1=(2,-1,-2)$，所以公垂线方向向量为

$$\boldsymbol{s}=(4,-1,-3)\times(2,-1,-2)=(-1,2,-2).$$

易知 L_1 上有点 $P_1(1,0,-2)$，L_2 上有点 $P_2(-1,0,2)$，于是 $\overrightarrow{P_1P_2}=(-2,0,4)$. 所以距离为两直线上各一点的连线在公垂线上的投影，所以 L_1 与 L_2 的距离为

$$d=|(\overrightarrow{P_1P_2})_s|=\left|(-2,0,4)\cdot\frac{(-1,2,-2)}{3}\right|=2.$$

10.【参考解答】 直线 L 在 xOy 平面上的投影方程为

$$L_{xy}:x=1+t,y=-2+2t,z=0,\quad 即\begin{cases}y=2x-4\\z=0\end{cases}.$$

【法 1】 设 L 的一般式方程为 $\begin{cases}2x-y-4=0\\x-z=0\end{cases}$，并令过 L 的平面束方程为

$$2x-y-4+\lambda(x-z)=(2+\lambda)x-y-\lambda z-4=0,$$

其法向量为 $\boldsymbol{n}=(2+\lambda,-1,-\lambda)$. 由投影平面垂直平面 π，有

$$(2+\lambda,-1,-\lambda)\cdot(1,-1,1)=2+\lambda+1-\lambda=0.$$

关于 λ 该方程无解. 而 $(1,0,-1)\cdot(1,-1,1)=0$，所以 $x-z=0$ 即投影平面，所以在 π 平面上的投影的直线方程为

$$\begin{cases}x-z=0\\x-y+z=2\end{cases}.$$

【法 2】 直线 L 方向向量 $\boldsymbol{s}=(1,2,1)$，平面 π 法向量 $\boldsymbol{n}=(1,-1,1)$，由于 $\boldsymbol{s}\cdot\boldsymbol{n}=0$，所以直线 L 平行平面 π. 将过直线 L 上点 $P(1,-2,1)$，垂直于平面 π 的直线 L_1 的参数方程表达式 $x=1+t,y=-2-t,z=1+t$，代入平面 π 方程得 $t=-\frac{2}{3}$，对应垂足坐标为

$N\left(\frac{1}{3},-\frac{4}{3},\frac{1}{3}\right)$. 于是直线 L 在平面 π 上的投影为过点 N、方向向量为 $\boldsymbol{s}$ 的直线,即投影的方程为 $\frac{x-\frac{1}{3}}{1}=\frac{y+\frac{4}{3}}{2}=\frac{z-\frac{1}{3}}{1}$.

三、解答题

11.【参考解答】 由已知两组向量相互垂直,有

$$(2\boldsymbol{a}+5\boldsymbol{b})\cdot(\boldsymbol{a}-\boldsymbol{b})=0,\quad (2\boldsymbol{a}+3\boldsymbol{b})\cdot(\boldsymbol{a}-5\boldsymbol{b})=0.$$

由数量积的运算法则,得

$$2|\boldsymbol{a}|^2+3|\boldsymbol{a}|\cdot|\boldsymbol{b}|\cos\theta-5|\boldsymbol{b}|^2=0,$$

$$2|\boldsymbol{a}|^2-7|\boldsymbol{a}|\cdot|\boldsymbol{b}|\cos\theta-15|\boldsymbol{b}|^2=0.$$

由两式相减和第一式乘以 3 减去第二式,分别得

$$10|\boldsymbol{a}|\cdot|\boldsymbol{b}|\cos\theta+10|\boldsymbol{b}|^2=0,\quad 即\ |\boldsymbol{a}|\cos\theta+|\boldsymbol{b}|=0;$$

$$4|\boldsymbol{a}|^2+16|\boldsymbol{a}|\cdot|\boldsymbol{b}|\cos\theta=0,\quad 即\ |\boldsymbol{a}|+4|\boldsymbol{b}|\cos\theta=0.$$

分别得 $\cos\theta=-\frac{|\boldsymbol{b}|}{|\boldsymbol{a}|}$,$\cos\theta=-\frac{|\boldsymbol{a}|}{4|\boldsymbol{b}|}$. 两式相乘,得 $\cos^2\theta=\frac{1}{4}$. 又 $-\frac{|\boldsymbol{b}|}{|\boldsymbol{a}|}<0$,故得 $\cos\theta=-\frac{1}{2}$,即夹角为 $\frac{2}{3}\pi$.

12.【参考解答】 直线 L_1 的参数方程为 $x=1+4t,y=2+2t,z=t$,故可设直线 L 与直线 L_1 的交点为 $B(1+4t,2+2t,t)$,则直线 L 方向向量可取为

$$\boldsymbol{s}=\overrightarrow{AB}=(4t,2+2t,t-5).$$

由于直线 L 与平面 π 平行,平面的法向量可取为 $\boldsymbol{n}=(3,-1,2)$,故 $\boldsymbol{s}\perp\boldsymbol{n}$,于是可得

$$(4t,2+2t,t-5)\cdot(3,-1,2)=12t-12=0.$$

解得 $t=1$,对应点 $B(5,4,1)$,且 $\boldsymbol{s}=4(1,1,-1)$. 于是可得所求直线的对称式方程为

$$L:\frac{x-1}{1}=\frac{y}{1}=\frac{z-5}{-1}.$$

13.【参考解答】 由直线的两点式方程可得过 A,B 的直线方程为

$$\frac{x-1}{0}=\frac{y}{2}=\frac{z-1}{4},\quad 即\ x=1,y=2t,z=1+4t.$$

由参数曲线绕 z 轴旋转所得旋转曲面的参数方程

$$x=\sqrt{x^2(t)+y^2(t)}\cos\theta,\quad y=\sqrt{x^2(t)+y^2(t)}\sin\theta,\quad z=z(t),$$

得 $x=\sqrt{1+4t^2}\cos\theta,y=\sqrt{1+4t^2}\sin\theta,z=1+4t$. 消去参数 t,θ,得旋转曲面的一般方程为 $x^2+y^2-\frac{(z-1)^2}{4}=1$,并可知该旋转曲面为单叶双曲面.

14.【参考解答】 见练习 43 基础练习的第 3(2)题.

15.【参考解答】 由于点 C 在 z 轴上,故可设点坐标为 $C(0,0,z)$,则由向量积的模的几何意义,可得$\triangle ABC$ 的面积为

$$S=\frac{|\overrightarrow{CA}\times\overrightarrow{CB}|}{2}=\frac{|(1,0,-z)\times(0,2,1-z)|}{2}$$

$$=\frac{|(2z,z-1,2)|}{2}=\frac{\sqrt{5z^2-2z+5}}{2}.$$

记 $h(z)=5z^2-2z+5$，则 $h'(z)=10z-2$，$h''(z)=10>0$. 令 $h'(z)=0$，得唯一驻点 $z=\frac{1}{5}$，于是 $h(z)$ 为单谷函数，在唯一驻点 $z=\frac{1}{5}$ 处取得最小值. 即当点 C 取为 $\left(0,0,\frac{1}{5}\right)$ 时，此时 $\triangle ABC$ 的面积取最小值.

16.【参考解答】 将 $y=x$ 代入第一个方程，则曲线 Γ 的方程可化为

$$\begin{cases}\dfrac{y^2}{2}+\dfrac{z^2}{4}=1\\ y=x\end{cases}.$$

于是从第一个方程出发，可得 Γ 的参数方程为

$$x=\sqrt{2}\cos t,\quad y=\sqrt{2}\cos t,\quad z=2\sin t\quad(0\leqslant t\leqslant 2\pi).$$

曲线在 xOy 平面上投影为 $\begin{cases}y=x\\ z=0\end{cases}$，$-\sqrt{2}\leqslant x\leqslant\sqrt{2}$；在 yOz 平面、zOx 平面上投影分别为

$$\begin{cases}2y^2+z^2=4\\ x=0\end{cases},\quad\begin{cases}2x^2+z^2=4\\ y=0\end{cases}.$$

17.【参考解答】 设柱面上任意点 $P(x,y,z)$，过 P 点的母线交准线于点 $M(a,b,0)$，则

$$\frac{x-a}{m}=\frac{y-b}{n}=\frac{z}{l}.$$

由上式可得 $a=x-\frac{mz}{l}$，$b=y-\frac{nz}{l}$. 又 M 点在 L 上，于是 $F(a,b)=0$，代入 a,b 所得的表达式，得柱面方程为

$$F\left(x-\frac{mz}{l},y-\frac{nz}{l}\right)=0.$$

当准线为 $L:\begin{cases}x^2+2y^2=1\\ z=0\end{cases}$，母线平行于 $\boldsymbol{s}=(1,2,1)$ 时，由以上结果可得斜椭圆柱面的方程为

$$(x-z)^2+2(y-2z)^2=1.$$

18.【参考解答】 见练习 43 综合练习的第 8 题.

19.【参考证明】 平面与双曲面抛物面的交线方程为

$$\begin{cases}2x-12y-z+16=0\\ x^2-4y^2=2z\end{cases}.$$

改写第二个方程，得 $\begin{cases}2x-12y-z+16=0\\ (x-2)^2=(2y-6)^2\end{cases}$. 该方程组等价于

$$\begin{cases}2x-12y-z+16=0\\ x-2=2y-6\end{cases}\quad\text{或}\quad\begin{cases}2x-12y-z+16=0\\ x-2=6-2y\end{cases},$$

$$\text{即}\begin{cases}2x-12y-z+16=0\\x-2y+4=0\end{cases}\quad\text{或}\quad\begin{cases}2x-12y-z+16=0\\x+2y-8=0\end{cases},$$

上面的两个方程组分别表示两条直线 L_1,L_2,$P_1(0,2,-8)$,$P_2(0,4,-32)$分别为两直线上的点,两直线的方向向量分别可以取为

$$\boldsymbol{s}_1=(1,-2,0)\times(2,-12,-1)=(2,1,-8),$$

$$\boldsymbol{s}_2=(2,-12,-1)\times(1,2,0)=(2,-1,16).$$

于是它们的对称式方程为

$$\frac{x}{2}=\frac{y-2}{1}=\frac{z+8}{-8}\quad\text{或}\quad\frac{x}{-2}=\frac{y-4}{1}=\frac{z+32}{-16}.$$

由于 L_1,L_2 两方向向量不平行,且同在平面 $2x-12y-z+16=0$ 上,所以相交.

20.【参考解答】 (1) 由题设可知滑翔机的速度向量为

$$\boldsymbol{v}(t)=\boldsymbol{r}'(t)=(-3\sin t,-3\cos t,2t).$$

所以滑翔机的加速度向量为

$$\boldsymbol{a}(t)=\boldsymbol{v}'(t)=(-3\cos t,3\sin t,2).$$

(2) 由(1)可得滑翔机在时刻 t 的速率

$$v(t)=|\boldsymbol{v}(t)|=\sqrt{9+4t^2}.$$

(3) 由$\boldsymbol{v}(t)\perp\boldsymbol{a}(t)$知$\boldsymbol{v}(t)\cdot\boldsymbol{a}(t)=0$,代入坐标得

$$9\sin t\cos t-9\sin t\cos t+4t=0,$$

解得 $t=0$,即当 $t=0$ 时滑翔机的速度和加速度向量相互垂直.

第六单元 向量代数与空间解析几何测验(B)

一、选择题(每小题 3 分,共 15 分)

1. 若非零向量 $\boldsymbol{a},\boldsymbol{b}$ 满足关系式$|\boldsymbol{a}-\boldsymbol{b}|=|\boldsymbol{a}+\boldsymbol{b}|$,则必有(　　).

(A) $\boldsymbol{a}-\boldsymbol{b}=\boldsymbol{a}+\boldsymbol{b}$　(B) $\boldsymbol{a}=\boldsymbol{b}$　(C) $\boldsymbol{a}\cdot\boldsymbol{b}=0$　(D) $\boldsymbol{a}\times\boldsymbol{b}=0$

2. 已知 $\boldsymbol{a}=(-2,-1,2)$,$\boldsymbol{b}=(1,-3,2)$,则$(\boldsymbol{a})_{\boldsymbol{b}}=$(　　).

(A) $\frac{5}{3}$　(B) 5　(C) 3　(D) $\frac{5}{\sqrt{14}}$

3. 直线$\frac{x-1}{-1}=\frac{y-1}{0}=\frac{z-1}{1}$与平面 $2x+y-z+4=0$ 的夹角为(　　).

(A) $\frac{\pi}{6}$　(B) $\frac{\pi}{3}$　(C) $\frac{\pi}{4}$　(D) $\frac{\pi}{2}$

4. 点(1,1,1)在平面 $x+2y-z+1=0$ 上的投影为(　　).

(A) $\left(\frac{1}{2},0,\frac{3}{2}\right)$　(B) $\left(-\frac{1}{2},0,-\frac{3}{2}\right)$

(C) $(1,-1,0)$　(D) $\left(\frac{1}{2},-1,-\frac{1}{2}\right)$

5. 方程 $x^2-2y^2+3z^2=-2$ 表示曲面类型和对称轴分别为(　　).

(A) 单叶双曲面,x 轴　(B) 双叶双曲面,x 轴

(C) 单叶双曲面,y 轴　　　　(D) 双叶双曲面,y 轴

二、填空题(每小题 3 分,共 15 分)

6. 已知 $|\boldsymbol{a}|=2,|\boldsymbol{b}|=\sqrt{2}$,且 $\boldsymbol{a}\cdot\boldsymbol{b}=2$,则 $|\boldsymbol{a}\times\boldsymbol{b}|=$________.

7. 已知向量 $\boldsymbol{a},\boldsymbol{b},\boldsymbol{c}$ 两两互相垂直,且 $|\boldsymbol{a}|=1$, $|\boldsymbol{b}|=\sqrt{2}$, $|\boldsymbol{c}|=3$,则 $|\boldsymbol{a}+\boldsymbol{b}-\boldsymbol{c}|=$________.

8. 旋转曲面 $z=2-\sqrt{x^2+y^2}$ 是由坐标面上曲线________绕________轴旋转一周而得的.

9. 空间曲线 $\begin{cases}x^2+y^2=1\\ z=x^2\end{cases}$ 在曲线上点 $P(1,0,1)$处的切线方程为________.

10. 当 $\lambda=$________时,直线 $2x=3y=z-1$ 平行于平面 $4x+\lambda y+z=0$.

三、解答题(共 70 分)

11. (6 分)求直线 $\begin{cases}x+y+z+1=0\\ 2x-y+3z+2=0\end{cases}$ 的对称式方程和参数方程.

12. (6 分)求过点 $M_0(1,0,1)$且与直线 L: $x-1=y+1=z-1$ 垂直相交的直线方程.

13. (6 分)化曲线的一般方程 $\begin{cases}z=\sqrt{4-x^2-y^2}\\ (x-1)^2+y^2=1\end{cases}$ 为参数方程.

14. (6 分)设 $|\boldsymbol{a}|=\sqrt{3},|\boldsymbol{b}|=1,(\boldsymbol{a},\boldsymbol{b})=\dfrac{\pi}{6}$,求以 $\boldsymbol{a}+2\boldsymbol{b}$ 与 $\boldsymbol{a}+\boldsymbol{b}$ 为邻边的平行四边形的面积.

15. (6 分)动点 M 到点 $M_0(0,0,5)$的距离等于它到 yOz 平面的距离的 2 倍,求动点 M 的轨迹方程,并指明轨迹的几何图形名称.

16. (8 分)求直线 L_1: $x-1=y=1-z$ 在平面 π: $x-y+2z-1=0$ 上的投影直线 L_0 的方程,并求 L_0 绕 y 轴旋转一周所成曲面的方程.

17. (8 分)已知两个平面 π_1: $x+2y-z+1=0$ 和 π_2: $2x-y+2z-1=0$,求:(1)这两个平面的夹角 θ 的余弦;(2)这两个平面的角平分面的方程.

18. (8 分)已知直线 L: $\begin{cases}x+2y-2=0\\ y-z+1=0\end{cases}$ 和平面 π: $x+y+z-1=0$,求:(1)直线 L 在平面 π 上的投影 L'的方程;(2)L 和 L'的夹角 θ.

19. (8 分)求与两直线 L_1: $y=0,z=c$ 与 L_2: $x=0,z=-c(c\neq0)$均相交,且与双曲线 Γ: $xy+c^2=0,z=0$ 也相交的动直线 L 所形成的曲面方程.

20. (8 分)试用不等式表示由曲面 $z=\sqrt{x^2+y^2}$,$x^2+y^2=1$ 与 $z=0$ 所围空间区域 Ω,及区域在三个坐标平面上的投影,并简要绘制空间区域的草图与投影区域的图形.

第六单元　向量代数与空间解析几何测验(B)参考解答

一、选择题

【参考解答】 1. 由已知等式和数量积,得

$$(\boldsymbol{a}-\boldsymbol{b})\cdot(\boldsymbol{a}-\boldsymbol{b})=(\boldsymbol{a}+\boldsymbol{b})\cdot(\boldsymbol{a}+\boldsymbol{b}),$$

整理化简可得 $4\boldsymbol{a}\cdot\boldsymbol{b}=0$,故正确选项为(C).

2. 根据向量投影的计算公式,得

$$(\boldsymbol{a})_b=\boldsymbol{a}\cdot\boldsymbol{b}^0=(-2,-1,2)\cdot\frac{(1,-3,2)}{\sqrt{14}}=\frac{5}{\sqrt{14}},$$

故正确选项为(D).

3. 由直线与平面的夹角计算公式,得

$$\sin\theta=\frac{|\boldsymbol{s}\cdot\boldsymbol{n}|}{|\boldsymbol{s}||\boldsymbol{n}|}=\frac{|(-1,0,1)\cdot(2,1,-1)|}{|(-1,0,1)||(2,1,-1)|}=\frac{\sqrt{3}}{2},$$

由于 $0\leqslant\theta\leqslant\frac{\pi}{2}$,所以夹角为 $\frac{\pi}{3}$. 故正确选项为(B).

4. 过点(1,1,1)且与平面 $x+2y-z+1=0$ 垂直的直线的参数方程为

$$x=1+t,\quad y=1+2t,\quad z=1-t,$$

代入平面方程,得 $1+2+6t=0$,即 $t=-\frac{1}{2}$. 将它代入直线的参数方程,得点(1,1,1)在平面上的投影点的坐标为 $x=\frac{1}{2},y=0,z=\frac{3}{2}$,故正确选项为(A).

5. 改写方程表达式,得 $-\frac{x^2}{2}+y^2-\frac{3z^2}{2}=1$,该方程表示的图形是对称轴为 y 轴的双叶双曲面,故正确选项为(D).

二、填空题

【参考解答】 6. 由数量积的计算公式,得

$$\boldsymbol{a}\cdot\boldsymbol{b}=|\boldsymbol{a}||\boldsymbol{b}|\cos(\boldsymbol{a},\boldsymbol{b})=2\sqrt{2}\cos(\boldsymbol{a},\boldsymbol{b})=2.$$

故得 $\cos(\boldsymbol{a},\boldsymbol{b})=\frac{1}{\sqrt{2}}$. 由于 $0\leqslant\boldsymbol{a},\boldsymbol{b}\leqslant\pi$,故 $\sin(\boldsymbol{a},\boldsymbol{b})=\frac{1}{\sqrt{2}}$. 于是可得

$$|\boldsymbol{a}\times\boldsymbol{b}|=|\boldsymbol{a}||\boldsymbol{b}|\sin(\boldsymbol{a},\boldsymbol{b})=2\sqrt{2}\cdot\frac{1}{\sqrt{2}}=2.$$

7.【法 1】 由向量 $\boldsymbol{a},\boldsymbol{b},\boldsymbol{c}$ 两两互相垂直,故 $\boldsymbol{a}\cdot\boldsymbol{b}=0,\boldsymbol{b}\cdot\boldsymbol{c}=0,\boldsymbol{c}\cdot\boldsymbol{a}=0$. 于是可得

$$\begin{aligned}|\boldsymbol{a}+\boldsymbol{b}-\boldsymbol{c}|^2&=(\boldsymbol{a}+\boldsymbol{b}-\boldsymbol{c})\cdot(\boldsymbol{a}+\boldsymbol{b}-\boldsymbol{c})\\&=\boldsymbol{a}\cdot\boldsymbol{a}+\boldsymbol{b}\cdot\boldsymbol{b}+\boldsymbol{c}\cdot\boldsymbol{c}+2\boldsymbol{a}\cdot\boldsymbol{b}-2\boldsymbol{a}\cdot\boldsymbol{c}-2\boldsymbol{b}\cdot\boldsymbol{c}\\&=|\boldsymbol{a}|^2+|\boldsymbol{b}|^2+|\boldsymbol{c}|^2=2,\end{aligned}$$

即 $|\boldsymbol{a}+\boldsymbol{b}-\boldsymbol{c}|=2\sqrt{3}$.

【法 2】 由于是填空题,故也可以考虑特殊法,令

$$\boldsymbol{a}=(1,0,0),\quad \boldsymbol{b}=(0,\sqrt{2},0),\quad \boldsymbol{c}=(0,0,3),$$

则 $\boldsymbol{a}+\boldsymbol{b}-\boldsymbol{c}=(1,\sqrt{2},-3)$,故

$$|\boldsymbol{a}+\boldsymbol{b}-\boldsymbol{c}|=\sqrt{1^2+(\sqrt{2})^2+(-3)^2}=2\sqrt{3}.$$

8. 由方程的结构可得该旋转曲面是由 yOz 平面上的射线 $\begin{cases}z=2-y\\x=0,y\geqslant0\end{cases}$ 绕 z 轴旋转生

成，或者是由 zOx 平面上的射线 $\begin{cases} z=2-x \\ y=0, x\geqslant 0 \end{cases}$ 绕 z 轴旋转生成.

9. 由空间曲线的方程容易得曲线的向量值函数为

$$\boldsymbol{r}(t)=(\cos t, \sin t, \cos^2 t), \quad \boldsymbol{r}'(t)=-(\sin t, -\cos t, 2\cos t\sin t).$$

点 P 对应的参数值为 $t=0$. 故可以取切线的方向向量为 $\boldsymbol{T}=\boldsymbol{r}'(0)=(0,1,0)$，所以切线的对称式方程为

$$\frac{x-1}{0}=\frac{y}{1}=\frac{z-1}{0}\left(\text{或}\begin{cases} x=1 \\ z=1 \end{cases}\right).$$

10. 直线的方向向量可取为 $\boldsymbol{s}=\left(\frac{1}{2},\frac{1}{3},1\right)$，平面的法向量可取为 $\boldsymbol{n}=(4,\lambda,1)$，直线与平面平行，则 $\boldsymbol{s}\perp\boldsymbol{n}$，即

$$\boldsymbol{s}\cdot\boldsymbol{n}=\left(\frac{1}{2},\frac{1}{3},1\right)\cdot(4,\lambda,1)=2+\frac{\lambda}{3}+1=0.$$

解得 $\lambda=-9$.

三、解答题

11.【参考解答】 取 $x_0=-1$ 代入直线方程，得 $y_0=z_0=0$，得直线上点 $M_0(-1,0,0)$. 两平面的法向量分别可以取为 $\boldsymbol{n}_1=(1,1,1)$，$\boldsymbol{n}_2=(2,-1,3)$，故直线方向向量可取为

$$\boldsymbol{s}=\boldsymbol{n}_1\times\boldsymbol{n}_2=(1,1,1)\times(2,-1,3)=(4,-1,-3).$$

于是直线的对称式方程、参数方程分别为

$$\frac{x+1}{4}=\frac{y}{-1}=\frac{z}{-3} \quad \text{和} \quad \begin{cases} x=-1+4t \\ y=-t \\ z=-3t \end{cases}.$$

12.【参考解答】【法 1】 直线 L 的参数方程为

$$x=1+t, \quad y=-1+t, \quad z=1+t.$$

设直线 L 上的任意一点 $M(1+t,-1+t,1+t)$，则 $\overrightarrow{M_0M}=(t,-1+t,t)$. 直线 L 的方向向量可取为 $\boldsymbol{s}=(1,1,1)$，由题意可知 $\overrightarrow{M_0M}\perp\boldsymbol{s}$，即

$$\boldsymbol{s}\cdot\overrightarrow{M_0M}=t-1+t+t=0,$$

得 $t=\frac{1}{3}$. 于是 $\overrightarrow{M_0M}=\left(\frac{1}{3},-\frac{2}{3},\frac{1}{3}\right)=\frac{1}{3}(1,-2,1)$. 所以所求直线的对称式方程为

$$\frac{x-1}{1}=\frac{y}{-2}=\frac{z-1}{1}.$$

【法 2】 过点 M_0 与直线 L 的平面为

$$(x-1)+(y-0)+(z-1)=0, \quad \text{即 } x+y+z-2=0.$$

直线 L 的参数方程为 $x=1+t$，$y=-1+t$，$z=1+t$，代入以上平面方程，得

$$1+t-1+t+1+t-2=0,$$

解得 $t=\frac{1}{3}$. 将其代入直线的参数方程，得对应的垂足交点为 $\left(\frac{4}{3},-\frac{2}{3},\frac{4}{3}\right)$. 所以由直线的两点式方程可得所求垂直相交的直线方程为

$$\frac{x-1}{\frac{4}{3}-1}=\frac{y}{-\frac{2}{3}-0}=\frac{z-1}{\frac{4}{3}-1},\quad 即\frac{x-1}{1}=\frac{y}{-2}=\frac{z-1}{1}.$$

13.【参考解答】 由第二方程,令 $x-1=\cos t, y=\sin t$,则

$$z=\sqrt{4-(1+\cos t)^2-\sin^2 t}=2\sin\frac{t}{2}\quad (0\leqslant t\leqslant 2\pi).$$

所以,所求空间曲线的参数方程为

$$\begin{cases}x=1+\cos t\\ y=\sin t\\ z=2\sin(t/2)\end{cases}\quad (0\leqslant t\leqslant 2\pi).$$

14.【参考解答】 由两向量的向量积的几何意义可得以 $\boldsymbol{a}+2\boldsymbol{b}$ 与 $\boldsymbol{a}+\boldsymbol{b}$ 为邻边的平行四边形的面积为

$$\begin{aligned}S&=|(\boldsymbol{a}+2\boldsymbol{b})\times(\boldsymbol{a}+\boldsymbol{b})|=|\boldsymbol{a}\times\boldsymbol{a}+\boldsymbol{a}\times\boldsymbol{b}+2\boldsymbol{b}\times\boldsymbol{a}+2\boldsymbol{b}\times\boldsymbol{b}|\\ &=|\boldsymbol{a}\times\boldsymbol{b}+2\boldsymbol{b}\times\boldsymbol{a}|=|\boldsymbol{b}\times\boldsymbol{a}|=|\boldsymbol{b}||\boldsymbol{a}|\sin(\boldsymbol{a},\boldsymbol{b})=\frac{\sqrt{3}}{2}.\end{aligned}$$

15.【参考解答】 设 $M(x,y,z)$,则

$$|MM_0|=\sqrt{x^2+y^2+(z-5)^2},$$

又 M 到 yOz 平面的距离 $d=|x|$. 由题意可得

$$\sqrt{x^2+y^2+(z-5)^2}=2|x|.$$

两端同时平方,整理可得动点的轨迹方程为

$$3x^2-y^2-(z-5)^2=0.$$

由方程可知动点形成的轨迹图形为圆锥面.

16.【参考解答】【法 1】 直线 L_1 的一般式可写为

$$\begin{cases}x-y-1=0\\ y+z-1=0\end{cases}.$$

易知平面 $y+z-1=0$ 与平面 π 不垂直,所以可设过直线 L_1 的平面束方程为

$$x-y-1+\lambda(y+z-1)=0,\quad 即\ x+(\lambda-1)y+\lambda z-1-\lambda=0.$$

平面束中的平面与 π 垂直,故两平面的法向量垂直,即

$$(1,\lambda-1,\lambda)\cdot(1,-1,2)=0.$$

解得 $\lambda=-2$. 直线 L_0 即为过直线 L_1 且与平面 π 垂直的平面与平面 π 的交线,故方程为

$$L_0:\begin{cases}x-y+2z-1=0\\ x-3y-2z+1=0\end{cases}.$$

设所求旋转曲面上任意一点 $M(x,y,z)$,由曲线 L_0 上的点 $M_0(x_0,y_0,z_0)$ 绕 y 轴旋转得到,于是 $x_0^2+z_0^2=x^2+z^2, y=y_0$. 由于点 $M_0(x_0,y_0,z_0)$ 在 L_0 上,故满足

$$x_0-y_0+2z_0-1=0,\quad x_0-3y_0-2z_0+1=0.$$

由以上关于 x_0,y_0,z_0 的四个等式消去 x_0,y_0,z_0,得旋转曲面方程为

$$4x^2-17y^2+4z^2+2y-1=0.$$

【法 2】 直线 L_1 上有点 $P(1,0,1)$,方向向量可取为 $\boldsymbol{s}_L=(1,1,1)$,平面 π 的法向量可

取为 $\boldsymbol{n}_\pi=(1,-1,2)$，则过直线 L_1 且垂直于平面 π 的平面 π_L 的法向量可取为

$$\boldsymbol{n}=\boldsymbol{s}_L\times\boldsymbol{n}_\pi=(1,1,-1)\times(1,-1,2)=(1,-3,-2).$$

由平面的点法式方程可得平面 π_L 的方程为

$$x-3y-2z+1=0.$$

所以直线 L_0 的方程为

$$L_0:\begin{cases}x-y+2z-1=0\\x-3y-2z+1=0\end{cases}.$$

由该方程组取 $y=0$，可得 $x=0,y=\frac{1}{2}$. 直线 L_0 的方向向量可以取为两平面法向量的向量积，即

$$\boldsymbol{s}=(1,-1,2)\times(1,-3,-2)=(8,4,-2),$$

故直线的参数方程为 $x=8t,y=4t,z=\frac{1}{2}-2t$，由此可得直线 L_0 绕 y 轴旋转所得旋转曲面的参数方程为

$$\begin{cases}x=\sqrt{(8t)^2+[(1-4t)/2]^2}\cos\theta\\y=4t\\z=\sqrt{(8t)^2+[(1-4t)/2]^2}\sin\theta\end{cases}\quad(0\leqslant\theta\leqslant2\pi).$$

消去参数 t,θ，得旋转曲面的一般方程为

$$4x^2-17y^2+4z^2+2y-1=0.$$

17.【参考解答】(1) 平面 π_1 和 π_2 的法向量分别可以取为

$$\boldsymbol{n}_1=(1,2,-1),\quad\boldsymbol{n}_2=(2,-1,2),$$

则两个平面的夹角 θ 的余弦为

$$\cos\theta=\frac{|\boldsymbol{n}_1\cdot\boldsymbol{n}_2|}{|\boldsymbol{n}_1|\cdot|\boldsymbol{n}_2|}=\frac{|2-2-2|}{\sqrt{6}\cdot\sqrt{9}}=\frac{2}{3\sqrt{6}}.$$

(2) 设 $M(x,y,z)$ 是角平分面上任一点，由 M 到 π_1 和 π_2 的距离相等，得

$$\frac{|x+2y-z+1|}{\sqrt{6}}=\frac{|2x-y+2z-1|}{3},$$

即 $\frac{x+2y-z+1}{\sqrt{6}}=\pm\frac{2x-y+2z-1}{3}$. 化简得所求角平分面的一般方程为

$$(3-2\sqrt{6})x+(6+\sqrt{6})y-(1+2\sqrt{6})z+3+\sqrt{6}=0,$$

或 $$(3+2\sqrt{6})x+(6-\sqrt{6})y-(1-2\sqrt{6})z+3-\sqrt{6}=0.$$

18.【参考解答】(1) 设过 L 的平面束方程为

$$\lambda(x+2y-2)+\mu(y-z+1)=0,$$

即 $\Pi:\lambda x+(2\lambda+\mu)y-\mu z-2\lambda+\mu=0$，其法向量可以取为

$$\boldsymbol{n}_0=(\lambda,2\lambda+\mu,-\mu).$$

由 $\Pi\perp\pi$，得 $\boldsymbol{n}_0\cdot\boldsymbol{n}=(\lambda,2\lambda+\mu,-\mu)\cdot(1,1,1)=0$，解得 $\lambda=0$. 于是可知过 L 的平面 $y-z+1=0$ 垂直于平面 π. 于是直线 L 在平面 π 上的投影直线方程为

$$L':\begin{cases} y-z+1=0 \\ x+y+z-1=0 \end{cases}.$$

（2）L 与 L' 的方向向量可分别取为

$\boldsymbol{s}=(1,2,0)\times(0,1,-1)=(-2,1,1)$，　$\boldsymbol{s}'=(0,1,-1)\times(1,1,1)=(2,-1,-1)$，

所以 L 和 L' 的夹角 θ 的余弦为

$$\cos\theta=\frac{|\boldsymbol{s}\cdot\boldsymbol{s}'|}{|\boldsymbol{s}|\cdot|\boldsymbol{s}'|}=\frac{|-4-1-1|}{\sqrt{6}\cdot\sqrt{6}}=1,$$

从而可知夹角为 $\arccos 1=0$.

【注】 由以上计算可知两直线平行，并且由于两直线的夹角范围取为 $\left[0,\frac{\pi}{2}\right]$，故直接可得两直线的夹角为 0.

19.**【参考解答】****【法 1】** 两直线的参数方程为

$$L_1: x=t, y=0, z=c,\quad L_2: x=0, y=s, z=-c,$$

则与两直线相交的动直线可以视为两直线上点 $(t,0,c)$，$(0,s,-c)$ 连成的直线，于是由两点式方程可得动直线方程为

$$L:\frac{x-t}{0-t}=\frac{y}{s}=\frac{z-c}{-c-c}. \tag{1}$$

直线 L 也与曲线 Γ 相交，令 $z=0$，可得 $\frac{x-t}{-t}=\frac{y}{s}=\frac{1}{2}$，即 $x=\frac{t}{2}$，$y=\frac{s}{2}$. 将其代入方程 $xy+c^2=0$，得

$$st+4c^2=0. \tag{2}$$

由式(1)、式(2)可以构成三个等式，消去两个参数 s,t，得动直线 L 生成曲面的方程为

$$xy=z^2-c^2\quad(c\neq 0).$$

【法 2】 易知 L 显然不在 $z=c$ 及 $z=-c$ 两平面上. 由 L_1、L_2 的方程可分别设它们与 L 相交所在的平面为

$$y+\lambda(z-c)=0,\quad x+\mu(z+c)=0.$$

于是动直线 L 的方程为

$$\begin{cases} y+\lambda(z-c)=0 \\ x+\mu(z+c)=0 \end{cases}.$$

由此可得 $xy=\lambda\mu(z^2-c^2)$. 又该直线与双曲线 Γ：$xy+c^2=0, z=0$ 有交点，代入则得 $-c^2=\lambda\mu(0^2-c^2)$，即 $\lambda\mu=1$. 所以动直线 L 生成的曲面的方程为

$$xy=z^2-c^2\quad(c\neq 0).$$

20.**【参考解答】** 方程 $z=\sqrt{x^2+y^2}$ 表示以原点为顶点，以 z 轴为旋转轴的上半锥面，方程 $x^2+y^2=1$ 表示以 xOy 平面上的圆周 $x^2+y^2=1$ 为准线，母线平行于 z 轴的圆柱面，方程 $z=0$ 表示 xOy 平面. 因此它们围成的区域为锥面下方，xOy 平面上方，圆柱面内侧的区域，即

$$\Omega:\begin{cases} x^2+y^2\leqslant 1 \\ 0\leqslant z\leqslant\sqrt{x^2+y^2} \end{cases}.$$

区域图形如图(a)所示. 在 xOy 坐标面上的投影区域为 D_{xy}：$\begin{cases}x^2+y^2\leqslant 1\\ z=0\end{cases}$，投影区域图形如图(b)所示. 在 yOz 坐标面上的投影区域为 D_{yz}：$\begin{cases}0\leqslant z\leqslant |y|\\ -1\leqslant y\leqslant 1\\ x=0\end{cases}$，投影区域图形如图(c)所示. 在 zOx 坐标面上的投影区域为 D_{zx}：$\begin{cases}0\leqslant z\leqslant |x|\\ -1\leqslant x\leqslant 1\\ y=0\end{cases}$，投影区域图形如图(d)所示.

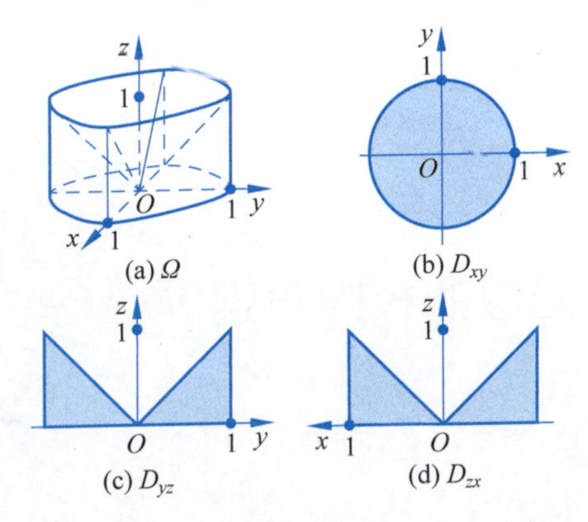

第 20 题图

第七单元

多元函数的导数及其应用

练习 47　多元函数的极限与连续

训练目的

1. 了解平面点集的基本知识.
2. 理解多元函数的基本概念，二元函数的几何意义及等值线，三元函数的等值面.
3. 掌握二元函数极限与连续的概念，二元函数极限存在性与函数连续性的讨论方法.
4. 了解有界闭区域上连续函数的性质.

基础练习

1. 下列点集中，__________为开集；__________为闭集；__________为区域；__________为有界集；__________为无界集.

① $\{(x,y)|x\neq 0,y\neq 0\}$；　② $\{(x,y)|0<x^2+y^2\leqslant 1\}$；

③ $\{(x,y)||x+y|>1\}$；　④ $\{(x,y)|x^2+(y-1)^2\geqslant 1,x^2+(y-2)^2\leqslant 4\}$.

【参考解答】 ①②③④点集如图所示.

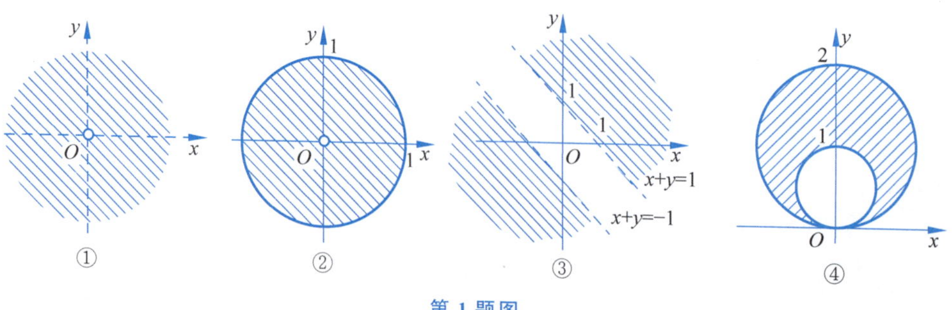

第 1 题图

因此，①③为开集；④为闭集；①②③④都不为区域；②④为有界集；①③为无界集.

2. 写出下列函数的定义域，并画出定义域图形，用阴影表示出来：

(1) 函数 $z=\ln(y^2-2x+1)$ 的定义域为________________；

(2) 函数 $z=\sqrt{x-\sqrt{y}}$ 的定义域为________________；

(3) 函数 $z=\ln(y-x)+\dfrac{\sqrt{x}}{\sqrt{1-x^2-y^2}}$ 的定义域为________________；

(4) 函数 $u=\arccos\dfrac{z}{\sqrt{x^2+y^2}}$ 的定义域为________________.

【参考解答】 (1) 函数的定义域为 $D=\{(x,y)\mid y^2>2x-1\}$；

(2) 函数的定义域为 $x-\sqrt{y}\geqslant 0$ 且 $y\geqslant 0$，故 $D=\{(x,y)\mid x\geqslant\sqrt{y},y\geqslant 0\}$；

(3) 函数的定义域为 $y-x>0,1-x^2-y^2>0$ 且 $x\geqslant 0$，故

$$D=\{(x,y)\mid y>x,x\geqslant 0,x^2+y^2<1\};$$

(4) 函数的定义域为 $\left|\dfrac{z}{\sqrt{x^2+y^2}}\right|\leqslant 1$ 且 $x^2+y^2\neq 0$，故有

$$D=\{(x,y)\mid z^2\leqslant x^2+y^2,x^2+y^2\neq 0\}.$$

各定义域图形如图所示.

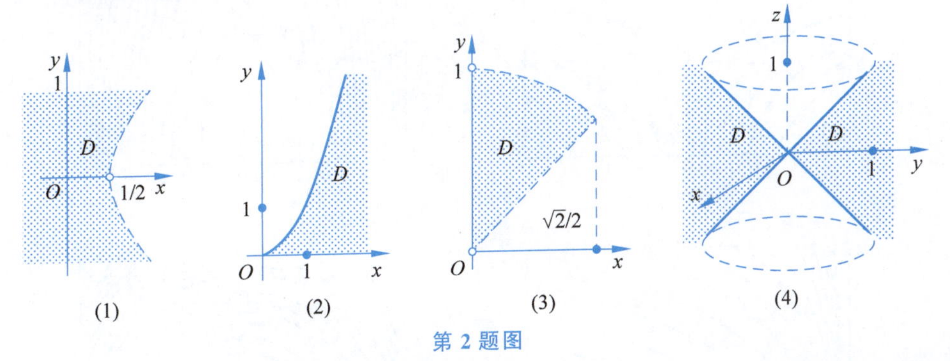

第 2 题图

3. 对于下列所给函数，分别画出至少对应四个不同高程（高程差为 1）的等值线图.

(1) $f(x,y)=x+y$；

(2) $f(x,y)=1-x^2-y^2$；

(3) $f(x,y)=\sqrt{x^2+2y^2}$；

(4) $f(x,y)=y-x^2$.

【参考解答】 (1)等值线为一系列斜率为 -1 的直线，如图(1)所示；(2)等值线为一系列同心圆，如图(2)所示.(3)等值线为一系列椭圆，如图(3)所示；(4)等值线为一系列向上的抛物线，如图(4)所示.

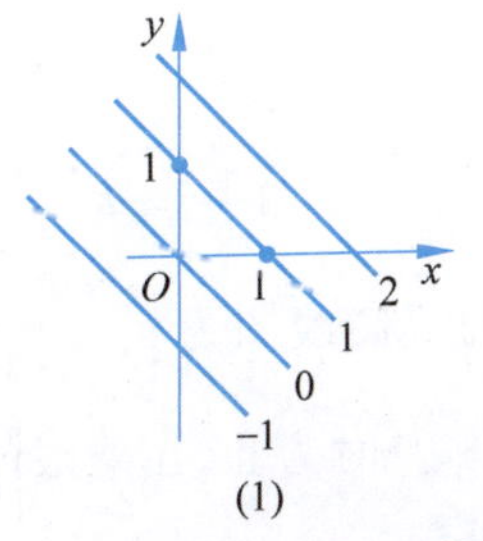

(2)

第 3 题图

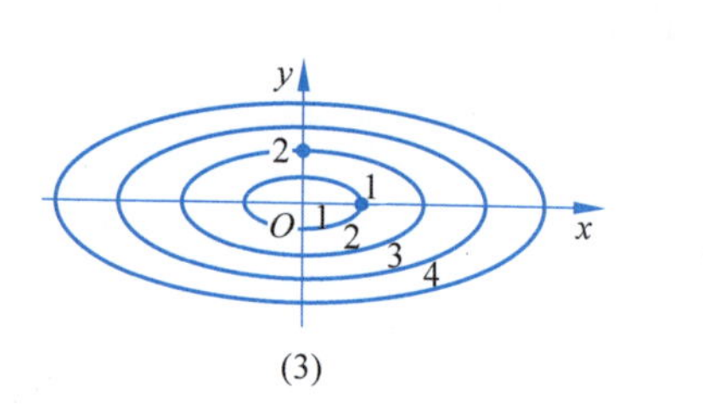

(3)

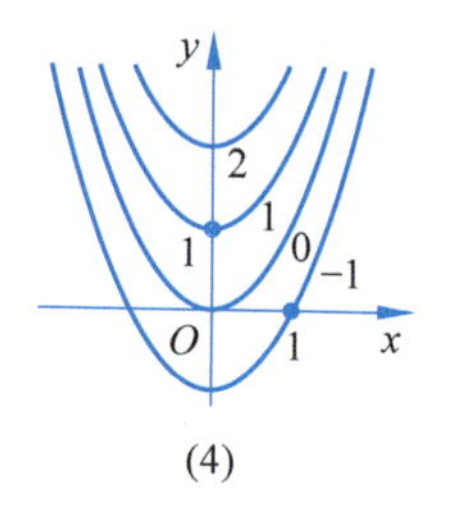

(4)

第 3 题图(续)

4. 设有三个函数 $f(x,y)=9x^2+y^2$, $g(x,y)=xy$, $h(x,y)=y-\ln x$,则它们的等高线分别依次对应下列等高线________. 余下的等高线可能是

① $z(x,y)=\sqrt{x^2+y^2}$, ② $z(x,y)=\sqrt{4-x^2-y^2}$, ③ $z(x,y)=x^2+y^2$

中的函数__________的等高线.

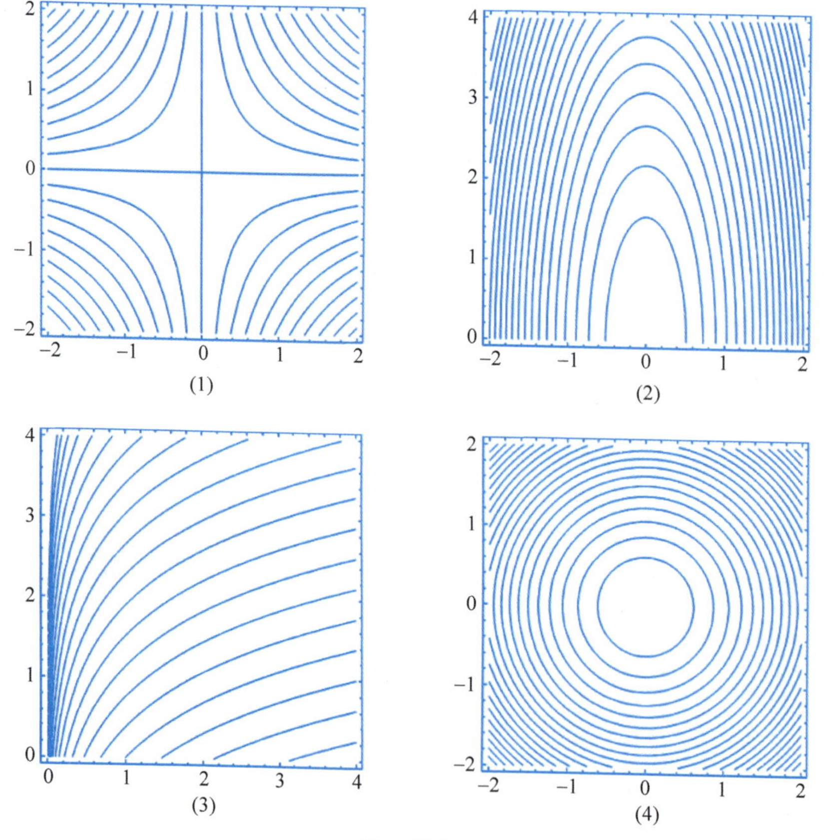

第 4 题图

【参考解答】 由于 $f(x,y)$的等高线图为$\begin{cases}z=0\\9x^2+y^2=k\end{cases}$,因此 $f(x,y)$的等高线图应为椭圆,即对应于图(2);同理可知 $g(x,y)$的等高线图为$\begin{cases}z=0\\xy=k\end{cases}$,因此 $g(x,y)$的等高线图应为当 $k>0$ 时为Ⅰ、Ⅲ象限的双曲线,当 $k<0$ 时为Ⅱ、Ⅳ象限的双曲线,当 $k=0$ 时为

x,y 轴,即对应于图(1); $h(x,y)$ 的等高线图为 $\begin{cases} z=0 \\ y-\ln x=k \end{cases}$,因此 $h(x,y)$ 的等高线是对数函数曲线,即对应于图(3);故对应的等高线图依次分别为(2)(1)(3).(4)图曲线为同心圆,且排列向外越来越密,排除①.又②的取值 $0\leqslant z(x,y)\leqslant 2$,排除②,故等高线(4)可能为函数③的等高线.

5. 求下列极限.

(1) $\lim\limits_{(x,y)\to(0,1)}\dfrac{1-xy}{x^2+y^2}$;　(2) $\lim\limits_{(x,y)\to(1,0)}\dfrac{\ln(x+e^y)}{\sqrt{x^2+y^2}}$;

(3) $\lim\limits_{(x,y)\to(0,0)}\dfrac{2-\sqrt{xy+4}}{xy}$;　(4) $\lim\limits_{(x,y)\to(2,0)}\dfrac{\sin(xy)}{y}$.

【参考解答】 (1) $\lim\limits_{(x,y)\to(0,1)}\dfrac{1-xy}{x^2+y^2}=\dfrac{1-0\cdot 1}{0^2+1^2}=1$;

(2) $\lim\limits_{(x,y)\to(1,0)}\dfrac{\ln(x+e^y)}{\sqrt{x^2+y^2}}=\dfrac{\ln(1+e^0)}{\sqrt{1^2+0^2}}=\ln 2$;

(3) $\lim\limits_{(x,y)\to(0,0)}\dfrac{2-\sqrt{xy+4}}{xy}=-\lim\limits_{(x,y)\to(0,0)}\dfrac{1}{2+\sqrt{xy+4}}=-\dfrac{1}{4}$;

(4) $\lim\limits_{(x,y)\to(2,0)}\dfrac{\sin(xy)}{y}=\lim\limits_{(x,y)\to(2,0)}\dfrac{xy}{y}=\lim\limits_{(x,y)\to(2,0)}x=2$.

综合练习

6. 求函数 $f(x,y)=\dfrac{\sqrt{4x-y^2}}{\ln(1-x^2-y^2)}$ 的定义域,作出定义域图形,并求极限 $\lim\limits_{(x,y)\to\left(\frac{1}{2},0\right)}f(x,y)$.

【参考解答】 函数的定义域为 $4x-y^2\geqslant 0, 1-x^2-y^2>0$ 且 $1-x^2-y^2\neq 1$,故有 $D=\{(x,y)\mid y^2\leqslant 4x, 0<x^2+y^2<1\}$.定义域图形如图所示.

$$\lim_{(x,y)\to\left(\frac{1}{2},0\right)}f(x,y)=f\left(\frac{1}{2},0\right)=\frac{\sqrt{2}}{\ln 3-2\ln 2}.$$

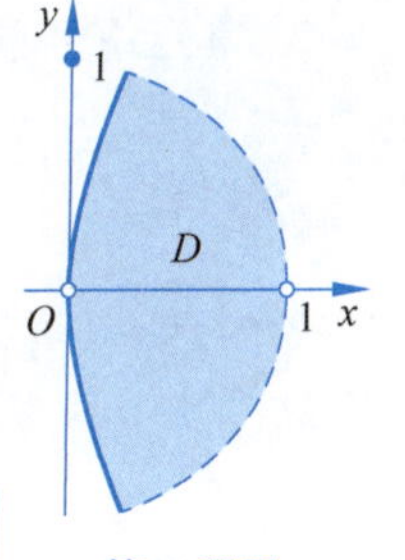

第6题图

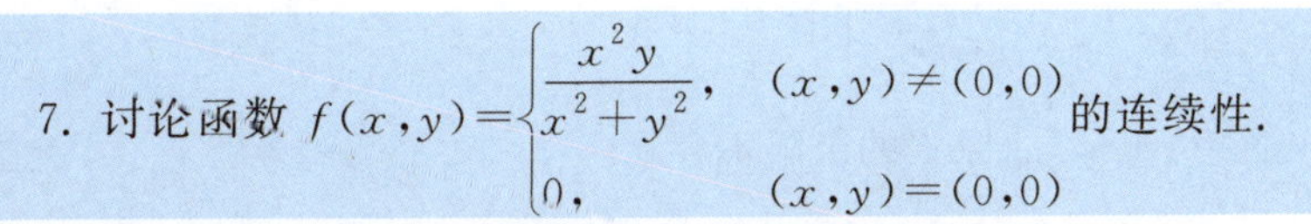
7. 讨论函数 $f(x,y)=\begin{cases} \dfrac{x^2y}{x^2+y^2}, & (x,y)\neq(0,0) \\ 0, & (x,y)=(0,0) \end{cases}$ 的连续性.

【参考解答】 当 $(x,y)\neq(0,0)$ 时函数为多元初等函数,故函数连续.由于

$$0\leqslant|f(x,y)|=\left|\frac{x^2y}{x^2+y^2}\right|\leqslant|y|\to 0\ ((x,y)\to(0,0)),$$

所以有 $\lim\limits_{(x,y)\to(0,0)}\dfrac{x^2y}{x^2+y^2}=0=f(0,0)$，所以函数在点$(0,0)$处连续. 综上可知函数 $f(x,y)$ 在整个平面区域上连续.

【注 1】 对于$(x,y)\neq(0,0)$时函数的连续性也可以直接利用定义判定. 由于 $x^2+y^2\neq0$，故可以直接使用极限运算法则，得

$$\lim_{\substack{\Delta x\to0\\ \Delta y\to0}} f(x+\Delta x,y+\Delta y)=\lim_{\substack{\Delta x\to0\\ \Delta y\to0}}\frac{(x+\Delta x)^2(y+\Delta y)}{(x+\Delta x)^2+(y+\Delta y)^2}=\frac{x^2y}{x^2+y^2}.$$

【注 2】 设 $x=\rho\cos\theta,y=\rho\sin\theta$，则

$$\lim_{(x,y)\to(0,0)}\frac{2xy^2}{x^2+y^2}=\lim_{\rho\to0}\left(\frac{2\rho^3\cos\theta\sin^2\theta}{\rho^2}\right)=2\lim_{\rho\to0}\rho\cos\theta\sin^2\theta=0=f(0,0).$$

所以函数在点$(0,0)$处连续.

8. 证明下列函数的极限不存在.

(1) $\lim\limits_{(x,y)\to(0,0)}\dfrac{\ln(1+xy)}{x(x+y)}$.　　(2) $\lim\limits_{(x,y)\to(0,0)}\dfrac{x^3y}{x^6+y^2}$.

【参考证明】 (1) 因为 $\lim\limits_{\substack{y=kx\\ x\to0}}\dfrac{\ln(1+xy)}{x(x+y)}=\lim\limits_{x\to0}\dfrac{\ln(1+kx^2)}{x^2(1+k)}=\lim\limits_{x\to0}\dfrac{k\cdot x^2}{x^2(1+k)}=\dfrac{k}{1+k}$，极限值与 k 的取值有关，所以二重极限 $\lim\limits_{(x,y)\to(0,0)}\dfrac{\ln(1+xy)}{x(x+y)}$不存在.

(2) 因为 $\lim\limits_{\substack{y=kx^3\\ x\to0}}\dfrac{x^3y}{x^6+y^2}=\lim\limits_{x\to0}\dfrac{kx^3\cdot x^3}{x^6+k^2x^6}=\dfrac{k}{1+k^2}$，极限值与 k 的取值有关，所以二重极限 $\lim\limits_{(x,y)\to(0,0)}\dfrac{x^3y}{x^6+y^2}$不存在.

考研与竞赛练习

1. 判定下列函数当$(x,y)\to(0,0)$时极限的存在性.

(1) $f(x,y)=\dfrac{1-\cos(x^2+y^2)}{(x^2+y^2)x^2y^2}$.　　(2) $f(x,y)=x\dfrac{\ln(1+xy)}{x+y}$.

【参考解答】 (1) 由于 $x^2y^2\leqslant\dfrac{1}{4}(x^2+y^2)^2$，令 $\rho=\sqrt{x^2+y^2}$，则

$$\left|\frac{1-\cos(x^2+y^2)}{(x^2+y^2)x^2y^2}\right|\geqslant\frac{4(1-\cos\rho^2)}{\rho^6}.$$

由于$\lim\limits_{\rho\to0}\dfrac{4(1-\cos\rho^2)}{\rho^6}=\lim\limits_{\rho\to0}\dfrac{2\rho^4}{\rho^6}=\infty$，故原式的极限不存在.

(2) 当$(x,y)\to(0,0)$时，$\ln(1+xy)\sim xy$，取路径为 $y=x^\alpha-x\ (\alpha>0)$，可得

$$\lim_{\substack{y=x^\alpha-x\\ x\to0}} x\frac{\ln(1+xy)}{x+y}=\lim_{x\to0}\frac{x^2(x^\alpha-x)}{x+(x^\alpha-x)}=\lim_{x\to0}(x^2-x^{3-\alpha})=\begin{cases}-1, & \alpha=3\\ 0, & \alpha<3\\ \infty, & \alpha>3\end{cases}$$

所以当$(x,y)\to(0,0)$时 $f(x,y)$的二重极限不存在.

2. 判断下列二元函数当$(x,y)\to(0,0)$时二重极限与累次极限的存在性.

(1) $f(x,y)=\dfrac{xy}{x^2+y^2}$.　　(2) $f(x,y)=\dfrac{x^2-y^2}{x^2+y^2}$.

(3) $f(x,y)=(x+y)\sin\dfrac{1}{x}\sin\dfrac{1}{y}$.

【参考解答】 (1) 由 $\lim\limits_{\substack{y=kx\\x\to 0}}\dfrac{xy}{x^2+y^2}=\lim\limits_{x\to 0}\dfrac{kx^2}{x^2+(kx)^2}=\dfrac{k}{1+k^2}$,故二重极限不存在.

由于$\lim\limits_{x\to 0}\lim\limits_{y\to 0}\dfrac{xy}{x^2+y^2}=0$,$\lim\limits_{y\to 0}\lim\limits_{x\to 0}\dfrac{xy}{x^2+y^2}=0$,所以两个累次极限都存在,并且相等.

(2) 由 $\lim\limits_{\substack{y=kx\\x\to 0}}\dfrac{x^2-y^2}{x^2+y^2}=\lim\limits_{x\to 0}\dfrac{x^2-(kx)^2}{x^2+(kx)^2}=\dfrac{1-k^2}{1+k^2}$,故二重极限不存在. 由于

$$\lim_{x\to 0}\lim_{y\to 0}\frac{x^2-y^2}{x^2+y^2}=\lim_{x\to 0}\frac{x^2}{x^2}=1,\quad \lim_{y\to 0}\lim_{x\to 0}\frac{x^2-y^2}{x^2+y^2}=\lim_{y\to 0}\frac{-y^2}{y^2}=-1,$$

所以两个累次极限都存在,但是不相等.

(3) 由于 $0\leqslant\left|(x+y)\sin\dfrac{1}{x}\sin\dfrac{1}{y}\right|\leqslant|x+y|\to 0((x,y)\to(0,0))$,于是由夹逼定理知二重极限存在,且$\lim\limits_{\substack{x\to 0\\y\to 0}}(x+y)\sin\dfrac{1}{x}\sin\dfrac{1}{y}=0$. 由于$\lim\limits_{x\to 0}\sin\dfrac{1}{x}$与$\lim\limits_{y\to 0}\sin\dfrac{1}{y}$都不存在,所以两种顺序的累次极限都不存在.

3. 求下列极限.

(1) $\lim\limits_{\substack{x\to 0\\y\to 0}}\dfrac{x(y-x)}{\sqrt{x^2+y^2}}$.　　(2) $\lim\limits_{\substack{x\to\infty\\y\to a}}\left(1+\dfrac{1}{xy}\right)^{\frac{x^2}{x+y}}(a\neq 0)$.

(3) $\lim\limits_{\substack{x\to 0\\y\to 0}}\dfrac{x^2y}{x^2+y^2}\sin\dfrac{1}{x^2+y^2}$.

【参考解答】 (1) 由于 $0\leqslant\left|\dfrac{x(y-x)}{\sqrt{x^2+y^2}}\right|=|y-x|\to 0((x,y)\to(0,0))$,所以由夹逼定理知原极限等于0.

(2) 改写函数表达式为$\left(1+\dfrac{1}{xy}\right)^{\frac{x^2}{x+y}}=\left[\left(1+\dfrac{1}{xy}\right)^{xy}\right]^{\frac{x}{y(x+y)}}$,由于

$$\lim_{\substack{x\to\infty\\y\to a}}\left(1+\frac{1}{xy}\right)^{xy}=\mathrm{e},\quad \lim_{\substack{x\to\infty\\y\to a}}\frac{x}{y(x+y)}=\frac{1}{a},$$

所以原式的极限$\lim\limits_{\substack{x\to\infty\\y\to a}}\left(1+\dfrac{1}{xy}\right)^{\frac{x^2}{x+y}}=\mathrm{e}^{\frac{1}{a}}$,

(3) **【法 1】** 由于 $0\leqslant\left|\dfrac{x^2y}{x^2+y^2}\sin\dfrac{1}{x^2+y^2}\right|=\dfrac{|x|}{2}\cdot\dfrac{|2xy|}{x^2+y^2}\leqslant\dfrac{|x|}{2}$,而$\lim\limits_{\substack{x\to 0\\y\to 0}}\dfrac{|x|}{2}=0$,所

以由夹逼定理知$\lim\limits_{\substack{x\to 0\\ y\to 0}}\dfrac{x^2y}{x^2+y^2}\sin\dfrac{1}{x^2+y^2}=0.$

【法 2】 由无穷小乘有界函数仍是无穷小的性质，因为$|xy|\leqslant\dfrac{1}{2}(x^2+y^2)$，所以

$$\left|\frac{xy}{x^2+y^2}\right|\leqslant\frac{1}{2},\quad \text{从而}\left|\frac{xy}{x^2+y^2}\cdot\sin\frac{1}{x^2+y^2}\right|\leqslant\frac{1}{2},$$

又因为$\lim\limits_{\substack{x\to 0\\ y\to 0}}x=0$，故

$$\lim_{\substack{x\to 0\\ y\to 0}}\frac{x^2y}{x^2+y^2}\sin\frac{1}{x^2+y^2}=\lim_{\substack{x\to 0\\ y\to 0}}\left(x\cdot\frac{xy}{x^2+y^2}\sin\frac{1}{x^2+y^2}\right)=0.$$

【法 3】 令$x=\rho\cos\theta,y=\rho\sin\theta,\rho=\sqrt{x^2+y^2}$，则当$x\to 0,y\to 0$时，$\rho\to 0^+$，因为

$$0\leqslant\left|\frac{x^2y}{x^2+y^2}\sin\frac{1}{x^2+y^2}\right|=\left|\frac{\rho^3\cos^2\theta\sin\theta}{\rho^2}\sin\frac{1}{\rho^2}\right|=\rho\left|\cos^2\theta\sin\theta\sin\frac{1}{\rho^2}\right|<\rho,$$

而$\lim\limits_{\substack{x\to 0\\ y\to 0}}\rho=\lim\limits_{\rho\to 0}\rho=0$，故由夹逼定理得

$$\lim_{\substack{x\to 0\\ y\to 0}}\frac{x^2y}{x^2+y^2}\sin\frac{1}{x^2+y^2}=0.$$

4. 考察函数$f(x,y)=\begin{cases}1-x, & y\geqslant 0\\ -2, & y<0\end{cases}$在直线$y=0$上的点的连续性.

【参考解答】 对直线$y=0$上的任意一点$(x_0,0)$，有

$$\lim_{\substack{x=x_0\\ y\to 0+0}}f(x,y)=\lim_{y\to 0+0}f(x_0,y)=1-x_0,\ \lim_{\substack{x=x_0\\ y\to 0-0}}f(x,y)=\lim_{y\to 0-0}f(x_0,y)=-2,$$

当$x_0\neq 3$时，则$\lim\limits_{\substack{y\to 0+0\\ x=x_0}}f(x,y)\neq\lim\limits_{\substack{y\to 0-0\\ x=x_0}}f(x,y)$，因此$\lim\limits_{(x,y)\to(x_0,0)}f(x,y)$不存在，从而知函数在直线$y=0$上点$(x,0)(x\neq 3)$不连续. 在点$(3,0)$处有$f(3,0)=-2$，则对于任意的$\varepsilon>0$，取$\delta=\varepsilon$，当$\sqrt{(x-3)^2+y^2}<\delta$时，有$|x-3|<\varepsilon$，即

$$|f(x,y)-(-2)|<\varepsilon$$

恒成立，其中

$$|f(x,y)-(-2)|=\begin{cases}0, & (x,y)\in\{(x,y)\mid(x-3)^2+y^2<\delta^2,y<0\}\\ |x-3|, & (x,y)\in\{(x,y)\mid(x-3)^2+y^2<\delta^2,y\geqslant 0\}\end{cases}.$$

所以有$\lim\limits_{(x,y)\to(3,0)}f(x,y)=f(3,0)$，即$f(x,y)$在直线$y=0$上点$(3,0)$处连续.

5. 设$F(x,y)=\dfrac{f(y-x)}{2x}$及$F(1,y)=\dfrac{y^2}{2}-y+5$. 求$F(x,y)$的表达式. 又$x_0>0$，$x_n=F(x_{n-1},2x_{n-1}),n=1,2,3,\cdots$，证明：当$n\to\infty$时，数列$\{x_n\}$的极限存在.

【参考证明】 由题设知$F(1,y)=\dfrac{f(y-1)}{2}=\dfrac{y^2}{2}-y+5$，由此解得

$$f(y-1)=(y-1)^2+9.$$

令 $u=y-1$,得 $f(u)=u^2+9$,所以 $F(x,y)=\dfrac{(y-x)^2+9}{2x}$. 于是可得

$$x_n=F(x_{n-1},2x_{n-1})=\frac{x_{n-1}^2+9}{2x_{n-1}}\geqslant 2\sqrt{\frac{x_{n-1}}{2}}\cdot\sqrt{\frac{9}{2x_{n-1}}}=3,\quad n=1,2,3,\cdots$$

由 $x_0>0$,由递推式可知 $x_n>0,n=1,2,3,\cdots$. 又

$$x_n-x_{n-1}=\frac{x_{n-1}^2+9}{2x_{n-1}}-x_{n-1}=\frac{9-x_{n-1}^2}{2x_{n-1}}\leqslant 0.$$

由此可知数列 $\{x_n\}$ 单调递减有下界,故由单调有界原理知数列 $\{x_n\}$ 存在.

练习 48　偏导数的概念及简单计算

训练目的

1. 理解多元函数偏导数的概念及其几何意义.
2. 掌握用定义判断偏导数存在性的方法.
3. 掌握简单的偏导数的计算.

基础练习

1. 设 $f(x,y)=x^2e^{y^2}+(x-1)\arcsin\dfrac{y}{x}$,则 $f(x,0)=$________,$f'_x(1,0)=$________; $f(1,y)=$________,$f'_y(1,0)=$________.

【参考解答】 $f(x,0)=x^2$,$f'_x(1,0)=\dfrac{\mathrm{d}f(x,0)}{\mathrm{d}x}\Big|_{x=1}=2x\Big|_{x=1}=2$; $f(1,y)=e^{y^2}$,

$$f'_y(1,0)=\frac{\mathrm{d}f(1,y)}{\mathrm{d}y}\Big|_{y=0}=2ye^{y^2}\Big|_{y=0}=0.$$

2. 曲线 $\begin{cases} z=\dfrac{x^2+y^2}{4}, \\ y=4 \end{cases}$ 在点(2,4,5)处的切线对 x 轴的倾角为________.

【参考解答】 设曲线在点(2,4,5)处的切线对于 x 轴的倾角是 α,则由偏导数的几何意义可知 $\tan\alpha=\dfrac{\partial z}{\partial x}\Big|_{x=2}=\dfrac{x}{2}\Big|_{x=2}=1$,从而 $\alpha=\dfrac{\pi}{4}$.

3. 求下列函数的一阶偏导数.

(1) $f(x,y)=\ln\tan\dfrac{y}{x}$,则 $f'_x(x,y)=$________,$f'_y(x,y)=$________.

(2) $f(x,y)=\sin\dfrac{x}{y}\cos\dfrac{y}{x}$,则 $f'_x(x,y)=$________,$f'_y(x,y)=$________.

(3) $f(x,y,z)=x^{y/z}$，则 $f'_x(x,y,z)=$______，$f'_y(x,y,z)=$______，$f'_z(x,y,z)=$______.

(4) 设 $z(x,y)=\int_x^{2y}e^{-t^2}dt$，则 $z'_x(x,y)=$______，$z'_y(x,y)=$______.

【参考解答】 (1) $f'_x(x,y)=\dfrac{1}{\tan\dfrac{y}{x}}\cdot\sec^2\dfrac{y}{x}\cdot\left(-\dfrac{y}{x^2}\right)=-\dfrac{2y}{x^2}\csc\dfrac{2y}{x}$,

$$f'_y(x,y)=\frac{1}{\tan\dfrac{y}{x}}\cdot\sec^2\frac{y}{x}\cdot\left(\frac{1}{x}\right)=\frac{2}{x}\csc\frac{2y}{x}.$$

(2) $f'_x(x,y)=\dfrac{1}{y}\cos\dfrac{x}{y}\cos\dfrac{y}{x}+\dfrac{y}{x^2}\sin\dfrac{x}{y}\sin\dfrac{y}{x}$,

$f'_y(x,y)=-\dfrac{x}{y^2}\cos\dfrac{x}{y}\cos\dfrac{y}{x}-\dfrac{1}{x}\sin\dfrac{x}{y}\sin\dfrac{y}{x}$.

(3) $f'_x(x,y,z)=\dfrac{y}{z}x^{\frac{y}{z}-1}$，$f'_y(x,y,z)=\dfrac{1}{z}x^{\frac{y}{z}}\ln x$，$f'_z(x,y,z)=-\dfrac{y}{z^2}x^{\frac{y}{z}}\ln x$.

(4) 利用变限函数求导数，知

$$z'_x(x,y)=\left(-\int_{2y}^{x}e^{-t^2}dt\right)'_x=-e^{-x^2},\quad z'_y(x,y)=\left(\int_x^{2y}e^{-t^2}dt\right)'_y=2e^{-4y^2}.$$

4. 设 $u=\dfrac{x-y}{x-z}$，则 $\dfrac{\partial u}{\partial x}+\dfrac{\partial u}{\partial y}+\dfrac{\partial u}{\partial z}=$______.

【参考解答】 $\dfrac{\partial u}{\partial x}=\dfrac{(x-z)-(x-y)}{(x-z)^2}=\dfrac{y-z}{(x-z)^2}$，$\dfrac{\partial u}{\partial y}=\dfrac{-1}{x-z}$，$\dfrac{\partial u}{\partial z}=\dfrac{x-y}{(x-z)^2}$，故

$$\frac{\partial u}{\partial x}+\frac{\partial u}{\partial y}+\frac{\partial u}{\partial z}=\frac{y-z}{(x-z)^2}+\frac{-1}{x-z}+\frac{x-y}{(x-z)^2}=0.$$

5. 求下列函数的各阶偏导数.

(1) 设 $z=\arctan\dfrac{x+y}{1-xy}$，则 $\dfrac{\partial z}{\partial x}=$______，$\dfrac{\partial^2 z}{\partial x^2}=$______，$\dfrac{\partial^2 z}{\partial x\partial y}=$______.

(2) 设 $z=x\ln(xy)$，则 $\dfrac{\partial^3 z}{\partial x^2\partial y}=$______，$\dfrac{\partial^3 z}{\partial x\partial y^2}=$______.

(3) 设 $u=\ln\sqrt{x^2+y^2+z^2}$，则 $\dfrac{\partial^2 u}{\partial x^2}+\dfrac{\partial^2 u}{\partial y^2}+\dfrac{\partial^2 u}{\partial z^2}=$______.

【参考解答】 (1) $\dfrac{\partial z}{\partial x}=\dfrac{1}{1+\left(\dfrac{x+y}{1-xy}\right)^2}\cdot\dfrac{(1-xy)+y(x+y)}{(1-xy)^2}=\dfrac{1}{1+x^2}$,

$$\frac{\partial^2 z}{\partial x^2}=-\frac{2x}{(1+x^2)^2},\ \frac{\partial^2 z}{\partial x\partial y}=0.$$

(2) $\dfrac{\partial z}{\partial x}=\ln(xy)+x\cdot\dfrac{y}{xy}=1+\ln(xy)$，$\dfrac{\partial^2 z}{\partial x^2}=\dfrac{1}{x}$,

$$\frac{\partial^2 z}{\partial x\partial y}=\frac{1}{y}=\frac{\partial^2 z}{\partial y\partial x},\frac{\partial^3 z}{\partial x\partial y^2}=-\frac{1}{y^2}.$$

(3) 设$\frac{\partial u}{\partial x}=\frac{x}{x^2+y^2+z^2},\frac{\partial^2 u}{\partial x^2}=\frac{-x^2+y^2+z^2}{(x^2+y^2+z^2)^2}$. 同理可得

$$\frac{\partial^2 u}{\partial y^2}=\frac{x^2+z^2-y^2}{(x^2+y^2+z^2)^2},\quad \frac{\partial^2 u}{\partial z^2}=\frac{x^2+y^2-z^2}{(x^2+y^2+z^2)^2},$$

从而有$\frac{\partial^2 u}{\partial^2 x}+\frac{\partial^2 u}{\partial^2 y}+\frac{\partial^2 u}{\partial^2 z}=\frac{1}{x^2+y^2+z^2}$.

综合练习

6. 已知$u=e^{ax+by}\cos cz$，问常数a,b,c满足什么关系时，函数满足拉普拉斯方程$\frac{\partial^2 u}{\partial x^2}+\frac{\partial^2 u}{\partial y^2}+\frac{\partial^2 u}{\partial z^2}=0$.

【参考解答】 由复合函数求导法则，可得

$$\frac{\partial u}{\partial x}=ae^{ax+by}\cos cz,\quad \frac{\partial u}{\partial y}=be^{ax+by}\cos cz,\quad \frac{\partial u}{\partial z}=-ce^{ax+by}\sin cz,$$

$$\frac{\partial^2 u}{\partial x^2}=a^2e^{ax+by}\cos cz,\quad \frac{\partial^2 u}{\partial y^2}=b^2e^{ax+by}\cos cz,\quad \frac{\partial^2 u}{\partial z^2}=-c^2e^{ax+by}\cos cz,$$

代入方程得$(a^2+b^2-c^2)e^{ax+by}\cos cz=0$. 要使得该式对任意$x,y,z$成立，则常数$a,b,c$应该满足$a^2+b^2-c^2=0$，即当$a,b,c$满足$a^2+b^2=c^2$时，函数$u$满足拉普拉斯方程.

7. 设$u=x^y y^x$，证明：$x\frac{\partial u}{\partial x}+y\frac{\partial u}{\partial y}=u(x+y+\ln u)$.

【参考证明】 对等式$u=x^y y^x$两边取对数，得

$$\ln u=y\ln x+x\ln y.$$

该式两边分别同时对x和y求导，得

$$\frac{1}{u}\cdot\frac{\partial u}{\partial x}=\frac{y}{x}+\ln y,\quad \frac{1}{u}\cdot\frac{\partial u}{\partial y}=\ln x+\frac{x}{y}.$$

将它们代入需要证明的等式的左侧表达式，得

$$x\frac{\partial u}{\partial x}+y\frac{\partial u}{\partial y}=ux\left(\frac{y}{x}+\ln y\right)+uy\left(\frac{x}{y}+\ln x\right)=u(x+y+\ln u).$$

即所证等式成立.

8. 已知$\frac{\partial z}{\partial x}=\frac{x^2+y^2}{x}$，$z(1,y)=\sin y$，求$z(x,y)(x>0)$.

【参考解答】 对$\frac{\partial z}{\partial x}=\frac{x^2+y^2}{x}$关于$x$求不定积分($y$视为常数)，得

$$z(x,y)=\int\frac{x^2+y^2}{x}dx=\frac{1}{2}x^2+y^2\ln x+C(y).$$

由 $z(1,y)=\sin y$，得

$$z(1,y)=\frac{1}{2}+y^2\ln 1+C(y)=\sin y,\quad \text{即 } C(y)=\sin y-\frac{1}{2}.$$

代入上面的不定积分结果，得

$$z(x,y)=\frac{1}{2}x^2+y^2\ln x+\sin y-\frac{1}{2}.$$

9. 证明函数 $f(x,y)=\begin{cases}\dfrac{2xy}{x^2+y^2}, & x^2+y^2\neq 0\\ 0, & x^2+y^2=0\end{cases}$ 在点(0,0)处不连续，但一阶偏导数存在.

【参考证明】 因为 $\lim\limits_{\substack{y=kx\\x\to 0}}\dfrac{2xy}{x^2+y^2}=\lim\limits_{x\to 0}\dfrac{2x\cdot kx}{x^2+(kx)^2}=\dfrac{2k}{1+k^2}$，极限值与 k 有关，因此极限 $\lim\limits_{\substack{x\to 0\\y\to 0}}\dfrac{2xy}{x^2+y^2}$ 不存在，从而函数 $f(x,y)$ 在点(0,0)处不连续.

由两个偏导数的定义可得

$$\lim_{x\to 0}\frac{f(x,0)-f(0,0)}{x-0}=\lim_{x\to 0}\frac{0-0}{x}=0=f'_x(0,0),$$

$$\lim_{y\to 0}\frac{f(0,y)-f(0,0)}{y-0}=\lim_{x\to 0}\frac{0-0}{y}=0=f'_y(0,0),$$

所以函数在点(0,0)处不连续，但两个一阶偏导数都存在.

考研与竞赛练习

1. 已知 $f(x,y)=e^{\sqrt{x^2+y^4}}$，则(　　).

(A) $f'_x(0,0)$，$f'_y(0,0)$ 都存在　　(B) $f'_x(0,0)$ 不存在，$f'_y(0,0)$ 存在

(C) $f'_x(0,0)$ 存在，$f'_y(0,0)$ 不存在　　(D) $f'_x(0,0)$，$f'_y(0,0)$ 都不存在

【参考解答】 由偏导数的定义，有

$$\lim_{x\to 0^+}\frac{f(x,0)-f(0,0)}{x}=\lim_{x\to 0^+}\frac{e^{\sqrt{x^2}}-1}{x}=\lim_{x\to 0^+}\frac{e^x-1}{x}=1,$$

$$\lim_{x\to 0^-}\frac{f(x,0)-f(0,0)}{x}=\lim_{x\to 0^-}\frac{e^{\sqrt{x^2}}-1}{x}=\lim_{x\to 0^-}\frac{e^{-x}-1}{x}=-1,$$

所以 $f'_x(0,0)$ 不存在.

$$\lim_{y\to 0}\frac{f(0,y)-f(0,0)}{y}=\lim_{y\to 0}\frac{e^{\sqrt{y^4}}-1}{y}=\lim_{y\to 0}\frac{e^{y^2}-1}{y}=\lim_{y\to 0}\frac{y^2}{y}=\lim_{y\to 0}y=0,$$

所以 $f'_y(0,0)$ 存在. 即正确选项为(B).

2. 设函数 $f(x,y)$ 可微，且对任意的 x,y 都有 $f'_x(x,y)>0$，$f'_y(x,y)<0$，则使不等式 $f(x_1,y_1)>f(x_2,y_2)$ 成立的一个充分条件是(　　).

(A) $x_1>x_2,y_1<y_2$　　(B) $x_1>x_2,y_1>y_2$

(C) $x_1<x_2,y_1<y_2$　　(D) $x_1<x_2,y_1>y_2$

【参考解答】 因为 $f'_x(x,y)>0$,所以固定 y,函数 $f(x,y)$是关于变量 x 单调增函数.即固定 $y=y_1$,当 $x_1>x_2$ 时有 $f(x_1,y_1)>f(x_2,y_1)$.又因为 $f'_y(x,y)<0$,所以固定 x,函数 $f(x,y)$关于变量 y 是单调减函数.即固定 $x=x_2$,当 $y_1<y_2$ 时有 $f(x_2,y_1)>f(x_2,y_2)$.所以当 $x_1>x_2,y_1<y_2$ 时,可得 $f(x_1,y_1)>f(x_2,y_2)$.即正确选项为(A).

3. 关于函数 $f(x,y)=\begin{cases}xy, & xy\neq 0\\ x, & y=0\\ y, & x=0\end{cases}$ 给出下列结论:(1)$\left.\dfrac{\partial f}{\partial x}\right|_{(0,0)}=1$;(2)$\left.\dfrac{\partial^2 f}{\partial x\partial y}\right|_{(0,0)}=1$;(3)$\lim\limits_{\substack{x\to 0\\ y\to 0}}f(x,y)=0$;(4)$\lim\limits_{y\to 0}\lim\limits_{x\to 0}f(x,y)=0$,其中正确的个数为(　　).

(A) 4　　(B) 3　　(C) 2　　(D) 1

【参考解答】 (1) $\left.\dfrac{\partial f}{\partial x}\right|_{(0,0)}=\lim\limits_{x\to 0}\dfrac{f(x,0)-f(0,0)}{x}=\lim\limits_{x\to 0}\dfrac{x-0}{x}=1$,结论正确.

(2) 当 $xy\neq 0$ 时,$\dfrac{\partial f}{\partial x}=y$,此时$\left.\dfrac{\partial^2 f}{\partial x\partial y}\right|_{(0,0)}=\lim\limits_{y\to 0}\dfrac{f'_x(0,y)-f'_x(0,0)}{y}=\lim\limits_{y\to 0}\dfrac{y-1}{y}=\infty$,所以$\left.\dfrac{\partial^2 f}{\partial x\partial y}\right|_{(0,0)}$不存在,结论错误.

(3) 当 $xy\neq 0$ 时,$\lim\limits_{\substack{x\to 0\\ y\to 0}}f(x,y)=\lim\limits_{\substack{x\to 0\\ y\to 0}}xy=0$;当 $y=0$ 时,$\lim\limits_{\substack{x\to 0\\ y\to 0}}f(x,y)=\lim\limits_{x\to 0}x=0$;当 $x=0$ 时,$\lim\limits_{\substack{x\to 0\\ y\to 0}}f(x,y)=\lim\limits_{y\to 0}y=0$,所以$\lim\limits_{\substack{x\to 0\\ y\to 0}}f(x,y)=0$,结论正确.

(4) 当 $xy\neq 0$ 时,$\lim\limits_{y\to 0}\lim\limits_{x\to 0}xy=\lim\limits_{y\to 0}0=0$;当 $y=0$ 时,$\lim\limits_{y\to 0}\lim\limits_{x\to 0}xy=\lim\limits_{y\to 0}0=0$;当 $x=0$ 时,$\lim\limits_{y\to 0}\lim\limits_{x\to 0}xy=\lim\limits_{y\to 0}0=0$,结论正确.

综上,正确选项为(B).

4. 已知 $f(x,y)=x^2\arctan\dfrac{y}{x}-y^2\arctan\dfrac{x}{y}$,求$\dfrac{\partial^2 f}{\partial x\partial y}$.

【参考解答】 直接由一元函数的求导运算法则,得

$$\frac{\partial f}{\partial x}=2x\arctan\frac{y}{x}+\frac{x^2}{1+\left(\frac{y}{x}\right)^2}\cdot\left(-\frac{y}{x^2}\right)-\frac{y^2}{1+\left(\frac{x}{y}\right)^2}\cdot\frac{1}{y}=2x\arctan\frac{y}{x}-y,$$

$$\frac{\partial^2 f}{\partial x\partial y}=\frac{2x}{1+\left(\frac{y}{x}\right)^2}\cdot\frac{1}{x}-1=\frac{x^2-y^2}{x^2+y^2}.$$

5. 证明函数 $f(x,y)=\begin{cases}xy\dfrac{x^2-y^2}{x^2+y^2}, & (x,y)\neq(0,0)\\ 0, & (x,y)=(0,0)\end{cases}$ 在点(0,0)处的两个混合偏导数不相等.

【参考证明】 当$(x,y)\neq(0,0)$时,

$$f'_x(x,y)=y\left[\frac{x^2-y^2}{x^2+y^2}+x\cdot\frac{4xy^2}{(x^2+y^2)^2}\right],$$

当$(x,y)=(0,0)$时,

$$f'_x(0,0)=\lim_{x\to 0}\frac{f(x,0)-f(0,0)}{x-0}=\lim_{x\to 0}\frac{0-0}{x}=0,$$

所以 $f'_x(x,y)=\begin{cases}y\left[\dfrac{x^2-y^2}{x^2+y^2}+x\cdot\dfrac{4xy^2}{(x^2+y^2)^2}\right], & (x,y)\neq(0,0)\\ 0, & (x,y)=(0,0)\end{cases}$. 于是可得

$$\lim_{y\to 0}\frac{f'_x(0,y)-f'_x(0,0)}{y-0}=\lim_{y\to 0}\frac{(-y)-0}{y-0}=-1=f''_{xy}(0,0).$$

同理可得 $f_y(x,y)=\begin{cases}x\left[\dfrac{x^2-y^2}{x^2+y^2}-y\cdot\dfrac{4xy^2}{(x^2+y^2)^2}\right], & (x,y)\neq(0,0)\\ 0, & (x,y)=(0,0)\end{cases}$,且有

$$\lim_{y\to 0}\frac{f'_y(x,0)-f'_y(0,0)}{x-0}=\lim_{y\to 0}\frac{x-0}{x-0}=1=f''_{yx}(0,0),$$

所以 $f''_{yx}(0,0)\neq f''_{xy}(0,0)$,结论得证.

6. 设 $f''_{xy}(x,y)$,$f''_{yx}(x,y)$都在点(x_0,y_0)处连续,证明:$f''_{xy}(x_0,y_0)=f''_{yx}(x_0,y_0)$.

【参考证明】 为了描述方便,记

$$W=f(x_0+\Delta x,y_0+\Delta y)-f(x_0+\Delta x,y_0)-f(x_0,y_0+\Delta y)+f(x_0,y_0),$$

令 $\varphi(x)=f(x,y_0+\Delta y)-f(x,y_0)$,则 $\varphi'(x)=f'_x(x,y_0+\Delta y)-f'_x(x,y_0)$,于是由拉格朗日中值定理,有

$$\begin{aligned}W&=\varphi(x_0+\Delta x)-\varphi(x_0)=\varphi'(x_0+\theta_1\Delta x)\Delta x\\&=[f'_x(x_0+\theta_1\Delta x,y_0+\Delta y)-f'_x(x_0+\theta_1\Delta x,y_0)]\Delta x\\&=f''_{xy}(x_0+\theta_1\Delta x,y_0+\theta_2\Delta y)\Delta x\Delta y\quad 其中\ 0<\theta_1,\theta_2<1.\end{aligned}$$

又令 $\psi(y)=f(x_0+\Delta x,y)-f(x_0,y)$,则 $\psi'(y)=f'_y(x_0+\Delta x,y)-f'_y(x_0,y)$,同样由拉格朗日中值定理可得

$$W=\psi(y_0+\Delta y)-\psi(y_0)=f'_{yx}(x_0+\theta_3\Delta x,y_0+\theta_4\Delta y)\Delta x\Delta y.$$

其中 $0<\theta_3,\theta_4<1$. 从而有

$$f''_{yx}(x_0+\theta_3\Delta x,y_0+\theta_4\Delta y)=f''_{xy}(x_0+\theta_1\Delta x,y_0+\theta_2\Delta y)\tag{1}$$

又由于 $f''_{xy}(x,y)$,$f''_{yx}(x,y)$在(x_0,y_0)处连续,故有

$$\lim_{\Delta x\to 0,\Delta y\to 0}f''_{yx}(x_0+\theta_3\Delta x,y_0+\theta_4\Delta y)=f''_{yx}(x_0,y_0),$$

$$\lim_{\Delta x\to 0,\Delta y\to 0}f''_{xy}(x_0+\theta_1\Delta x,y_0+\theta_2\Delta y)=f''_{xy}(x_0,y_0),$$

所以对式(1)两边取 $\Delta x\to 0,\Delta y\to 0$ 的极限得 $f''_{xy}(x_0,y_0)=f''_{yx}(x_0,y_0)$,即所证结论成立.

练习 49 全微分的概念及其应用

训练目的

1. 理解全微分的概念,了解全微分存在的必要条件与充分条件.

2. 掌握讨论函数在一点处是否可微的方法.
3. 会求简单函数的全微分.
4. 会利用全微分做近似计算.

基础练习

1. 考虑二元函数的下面4条性质.
① $f(x,y)$在点(x_0,y_0)处连续；② $f(x,y)$在点(x_0,y_0)处的两个偏导数连续；
③ $f(x,y)$在点(x_0,y_0)处可微；④ $f(x,y)$在点(x_0,y_0)处两个偏导数存在.
若用“$P\Rightarrow Q$”表示可由性质P推出Q,则有(　　).

(A) ②⇒③⇒①　　(B) ③⇒②⇒①
(C) ③⇒④⇒①　　(D) ③⇒①⇒④

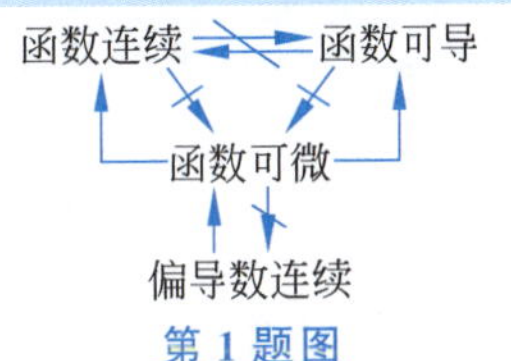

第1题图

【参考解答】 多元函数之间的关系如图所示,故正确选项为(A).

2. 已知函数$z=\ln(1+x^2+y^2)$,则$dz=$______$d(1+x^2+y^2)=$______$dx+$______dy,$dz\big|_{(1,2)}=$______.

【参考解答】 由全微分的形式不变性,有

$$dz=\frac{1}{1+x^2+y^2}d(1+x^2+y^2)=\frac{2x}{1+x^2+y^2}dx+\frac{2y}{1+x^2+y^2}dy,$$

于是 $dz\big|_{(1,2)}=\left(\dfrac{2x\,dx+2y\,dy}{1+x^2+y^2}\right)\bigg|_{(1,2)}=\dfrac{1}{3}(dx+2dy)$.

3. 已知函数$z=\dfrac{y}{x}$,当$x=2,y=1,\Delta x=0.1,\Delta y=-0.2$时的全增量$\Delta z=$______,全微分$dz=$______.

【参考解答】 记$z=f(x,y)$,则全增量为

$$\Delta z=f(2.1,0.8)-f(2,1)=\frac{0.8}{2.1}-\frac{1}{2}=-\frac{5}{42}.$$

又$\dfrac{\partial z}{\partial x}=-\dfrac{y}{x^2},\dfrac{\partial z}{\partial y}=\dfrac{1}{x}$,故全微分为

$$dz\big|_{(1,1)}=\left(-\frac{y}{x^2}dx+\frac{1}{x}dy\right)_{(2,1)}=-\frac{1}{4}\cdot 0.1+\frac{1}{2}\cdot(-0.2)=-0.125.$$

4. 求下列函数的全微分.

(1) $f(x,y)=e^{\sin\frac{y}{x}}$.　　(2) $f(x,y,z)=x^{y^2z}$.

【参考解答】 (1) 由$df(x,y)=f'_x(x,y)dx+f'_y(x,y)dy$,得

$$df=e^{\sin\frac{y}{x}}d\left(\sin\frac{y}{x}\right)=e^{\sin\frac{y}{x}}\cos\frac{y}{x}d\left(\frac{y}{x}\right)=e^{\sin\frac{y}{x}}\cos\frac{y}{x}\cdot\frac{x\,dy-y\,dx}{x^2}.$$

(2) 由$df(x,y,z)=f'_x dx+f'_y dy+f'_z dz$,由于

$$\frac{\partial f}{\partial x}=y^2z\cdot x^{y^2z-1}=x^{y^2z-1}y^2z,\quad \frac{\partial f}{\partial y}=x^{y^2z}\cdot(2yz\ln x)=2x^{y^2z}yz\ln x,$$

$$\frac{\partial f}{\partial z}=x^{y^2z}\cdot y^2\ln x=x^{y^2z}y^2\ln x,$$

故得 $\mathrm{d}f=x^{y^2z}\left(\frac{y^2z}{x}\mathrm{d}x+2yz\ln x\,\mathrm{d}y+y^2\ln x\,\mathrm{d}z\right)$.

综合练习

5. 计算下列近似值.

(1) $\sqrt{(1.02)^3+(1.97)^3}$.　　(2) $(1.97)^{1.02}(\ln 2\approx 0.693)$.

【参考解答】 (1) 设 $f(x,y)=\sqrt{x^3+y^3}$，则

$$f(x+\Delta x,y+\Delta y)-f(x,y)\approx \mathrm{d}f=f'_x(x,y)\mathrm{d}x+f'_y(x,y)\mathrm{d}y.$$

取 $x_0=1,y_0=2,\Delta x=0.02,\Delta y=-0.03$，则

$$f(1,2)=3,\quad f'_x(1,2)=\frac{1}{2},\quad f'_y(1,2)=2.$$

于是由 $f(x+\Delta x,y+\Delta y)\approx f(x,y)+f'_x(x,y)\mathrm{d}x+f'_y(x,y)\mathrm{d}y$，得

$$\sqrt{(1.02)^3+(1.97)^3}=f(1.02,1.97)\approx 3+\frac{1}{2}\cdot 0.02+2\cdot(-0.03)=2.95.$$

(2) 设 $f(x,y)=x^y$，取 $x_0=2,y_0=1,\Delta x=-0.03,\Delta y=0.02$，则

$$f(2,1)=2,\quad f'_x(2,1)=1,\quad f'_y(2,1)=2\ln 2,$$

于是 $f(x+\Delta x,y+\Delta y)\approx f(x,y)+f'_x(x,y)\mathrm{d}x+f'_y(x,y)\mathrm{d}y$，得

$$(1.97)^{1.02}=f(1.97,1.02)\approx 2+1\cdot(-0.03)+(2\ln 2)\cdot 0.02\approx 1.998.$$

6. 一个圆锥的底面圆半径和高度分别是10cm和25cm，这两个量的误差均为0.1cm，用微分的方法估计出该圆锥体体积的最大误差.

【参考解答】 设圆锥的底面圆半径和高度分别为 r 和 h，则体积 $V(r,h)=\frac{1}{3}\pi r^2h$，于是 $\mathrm{d}V=\frac{\pi}{3}(2rh\,\mathrm{d}r+r^2\mathrm{d}h)$. 取 $r=10,h=25,|\Delta r|=|\Delta h|=0.1$，则有

$$|\Delta V|\approx|\mathrm{d}V|=\frac{\pi r}{3}|2h\,\mathrm{d}r+r\,\mathrm{d}h|\leqslant\frac{\pi r}{3}(2h|\Delta r|+r|\Delta h|)=\frac{10\pi}{3}(50+10)\cdot 0.1=20\pi,$$

即估计计算该圆锥体的最大误差为 $20\pi\mathrm{cm}^3$.

7. 已知函数 $z=z(x,y)$ 的全微分为 $\mathrm{d}z=[12x^2-y\cos(xy)]\mathrm{d}x+[6y-x\cos(xy)]\mathrm{d}y$，求 $z(x,y)$ 的函数表达式.

【参考解答】【法1】 由已知条件知

$$\frac{\partial z}{\partial x}=12x^2-y\cos(xy),\quad \frac{\partial z}{\partial y}=6y-x\cos(xy),$$

将 $\frac{\partial z}{\partial x}$ 两端对 x 积分，得

$$z(x,y)=\int[12x^2-y\cos(xy)]\mathrm{d}x=4x^3-\sin(xy)+C(y),$$

则对其关于 y 求导,得

$$\frac{\partial z}{\partial y}=-x\cos(xy)+\varphi'(y)=6y-x\cos(xy),$$

于是有 $C'(y)=6y$,得 $C(y)=3y^2+C$. 于是得

$$z(x,y)=4x^3-\sin(xy)+3y^2+C.$$

【法 2】 依据微分的运算法则,改写全微分表达式,得

$$\begin{aligned}\mathrm{d}z&=[12x^2-y\cos(xy)]\mathrm{d}x+[6y-x\cos(xy)]\mathrm{d}y\\&=12x^2\mathrm{d}x+6y\mathrm{d}y-\cos(xy)[y\mathrm{d}x+x\mathrm{d}y]\\&=\mathrm{d}(4x^3)+\mathrm{d}(3y^2)-\cos(xy)\mathrm{d}(xy)\\&=\mathrm{d}(4x^3)+\mathrm{d}(3y^2)-\mathrm{d}[\sin(xy)]\\&=\mathrm{d}[4x^3+3y^2-\sin(xy)],\end{aligned}$$

所以 $z(x,y)=4x^3+3y^2-\sin(xy)+C$.

8. 证明函数 $f(x,y)=\begin{cases}(x^2+y^2)\sin\dfrac{1}{x^2+y^2}, & x^2+y^2\neq 0\\ 0, & x^2+y^2=0\end{cases}$ 在点(0,0)处:(1)函数连续;(2)偏导数存在;(3)偏导函数不连续;(4)函数可微.

【参考证明】 (1) 由于 $0\leqslant\left|(x^2+y^2)\sin\dfrac{1}{x^2+y^2}\right|\leqslant x^2+y^2\to 0\ ((x,y)\to(0,0))$,由夹逼定理知 $\lim\limits_{(x,y)\to(0,0)}f(x,y)=0=f(0,0)$,所以函数在点(0,0)处连续.

(2) 由偏导数的定义,由于

$$\lim_{\Delta x\to 0}\frac{f(\Delta x,0)-f(0,0)}{\Delta x}=\lim_{\Delta x\to 0}\frac{(\Delta x)^2\sin\dfrac{1}{(\Delta x)^2}}{\Delta x}=\lim_{\Delta x\to 0}(\Delta x)\sin\frac{1}{(\Delta x)^2}=0,$$

所以关于变量 x 的偏导数存在,且 $f'_x(0,0)=0$. 同理可得 $f'_y(0,0)=0$.

(3) 当 $x^2+y^2\neq 0$ 时,

$$f'_x(x,y)=2x\sin\frac{1}{x^2+y^2}-\frac{2x}{x^2+y^2}\cos\frac{1}{x^2+y^2}.$$

由于 $f'_x(0,0)=0$,故得

$$f'_x(x,y)=\begin{cases}2x\sin\dfrac{1}{x^2+y^2}-\dfrac{2x}{x^2+y^2}\cos\dfrac{1}{x^2+y^2}, & x^2+y^2\neq 0\\ 0, & x^2+y^2=0\end{cases}.$$

由于 $\lim\limits_{\substack{y=x\\x\to 0}}\dfrac{2x}{x^2+y^2}\cos\dfrac{1}{x^2+y^2}=\lim\limits_{x\to 0}\dfrac{1}{x}\cos\dfrac{1}{2x^2}$,此极限不存在;而

$$\lim_{\substack{x\to 0\\y\to 0}}2x\sin\frac{1}{x^2+y^2}=0,$$

所以 $(x,y)\to(0,0)$,于是 $f'_x(x,y)$ 的极限不存在,所以偏导函数 $f'_x(x,y)$ 在点(0,0)处不

连续. 由函数表达式的结构同理可证 $f'_y(x,y)$ 在点 $(0,0)$ 处不连续.

(4) 由 $f'_x(0,0)=0=f'_y(0,0)$，从而可得

$$\lim_{\substack{\Delta x\to 0\\ \Delta y\to 0}}\frac{[f(0+\Delta x,0+\Delta y)-f(0,0)]-[f'_x(0,0)\cdot\Delta x+f'_y(0,0)\cdot\Delta y]}{\sqrt{(\Delta x)^2+(\Delta y)^2}}$$

$$=\lim_{\substack{\Delta x\to 0\\ \Delta y\to 0}}\frac{((\Delta x)^2+(\Delta y)^2)\sin\dfrac{1}{(\Delta x)^2+(\Delta y)^2}}{\sqrt{(\Delta x)^2+(\Delta y)^2}}$$

$$=\lim_{\substack{\Delta x\to 0\\ \Delta y\to 0}}\sqrt{(\Delta x)^2+(\Delta y)^2}\sin\frac{1}{(\Delta x)^2+(\Delta y)^2}=0,$$

所以由全微分的定义可知函数 $f(x,y)$ 在点 $(0,0)$ 处可微.

考研与竞赛练习

1. 设连续函数 $z=f(x,y)$ 满足 $\lim\limits_{\substack{x\to 0\\ y\to 1}}\dfrac{f(x,y)-2x+y-2}{\sqrt{x^2+(y-1)^2}}=0$，则 $\mathrm{d}z|_{(0,1)}=$________.

【参考解析】【法 1】 特殊法. 直接令 $z=f(x,y)=2x-y+2$，则

$$\mathrm{d}z|_{(0,1)}=f'_x(0,1)\mathrm{d}x+f'_y(0,1)\mathrm{d}y=2\mathrm{d}x-\mathrm{d}y.$$

【注】 作为填空题，对于抽象函数相关的结果，可以直接应用满足条件的具体函数来计算.

【法 2】 定义法. 由极限四则运算法则和连续性可得

$$\lim_{\substack{x\to 0\\ y\to 1}}[f(x,y)-2x+y-2]=f(0,1)-1=0,\quad 即\ f(0,1)=1.$$

记 $\Delta x=x,\Delta y=y-1$，则极限式可以改写为

$$\lim_{\substack{x\to 0\\ y\to 1}}\frac{f(x,y)-f(0,1)-2x+(y-1)}{\sqrt{x^2+(y-1)^2}}$$

$$=\lim_{\substack{\Delta x\to 0\\ \Delta y\to 0}}\frac{[f(0+\Delta x,1+\Delta y)-f(0,1)]-(2\Delta x-\Delta y)}{\sqrt{(\Delta x)^2+(\Delta y)^2}}=0,$$

故由全微分的定义可得 $z=f(x,y)$ 在点 $(0,1)$ 处的全微分为

$$\mathrm{d}z|_{(0,1)}=2\Delta x-\Delta y\quad 或\quad \mathrm{d}z|_{(0,1)}=2\mathrm{d}x-\mathrm{d}y.$$

2. 设函数 $f(x,y)$ 具有一阶连续偏导数，且 $\mathrm{d}f(x,y)=y\mathrm{e}^y\mathrm{d}x+x(1+y)\mathrm{e}^y\mathrm{d}y$，$f(0,0)=0$，则 $f(x,y)=$________.

【参考解答】【法 1】 由全微分表达式可得

$$\frac{\partial f(x,y)}{\partial x}=y\mathrm{e}^y,\quad \frac{\partial f(x,y)}{\partial y}=x(1+y)\mathrm{e}^y.$$

对第一个式子两端关于 x 求不定积分，得

$$f(x,y)=\int\frac{\partial f(x,y)}{\partial x}\mathrm{d}x=\int y\mathrm{e}^y\mathrm{d}x=xy\mathrm{e}^y+C(y).$$

代入$\dfrac{\partial f(x,y)}{\partial y}=x(1+y)\mathrm{e}^{y}$，得

$$\frac{\partial f(x,y)}{\partial y}=x(1+y)\mathrm{e}^{y}+C'(y)=x(1+y)\mathrm{e}^{y},$$

故$C'(y)=0$，即$C(y)=C$. 所以$f(x,y)=xy\mathrm{e}^{y}+C$. 由$f(0,0)=0$得$C=0$，所以$f(x,y)=xy\mathrm{e}^{y}$.

【法2】 $(1+y)\mathrm{e}^{y}\mathrm{d}y=\mathrm{d}(y\mathrm{e}^{y})$，于是有

$$\mathrm{d}f(x,y)=y\mathrm{e}^{y}\mathrm{d}x+x\mathrm{d}(y\mathrm{e}^{y})=\mathrm{d}(xy\mathrm{e}^{y}),$$

所以$f(x,y)=xy\mathrm{e}^{y}+C$. 由于$f(0,0)=0$，代入可得$C=0$，所以$f(x,y)=xy\mathrm{e}^{y}$.

3. 函数$f(x,y)$在点$(0,0)$处可微，$f(0,0)=0$，向量

$$\boldsymbol{r}=(x,y,f(x,y)),\quad \boldsymbol{n}=\left(\frac{\partial f}{\partial x},\frac{\partial f}{\partial y},-1\right)_{(0,0)},$$

非零向量$\boldsymbol{\alpha}$与$\boldsymbol{n}$垂直，则（　　）.

(A) $\lim\limits_{(x,y)\to(0,0)}\dfrac{|\boldsymbol{n}\cdot\boldsymbol{r}|}{\sqrt{x^2+y^2}}$存在　　(B) $\lim\limits_{(x,y)\to(0,0)}\dfrac{|\boldsymbol{n}\times\boldsymbol{r}|}{\sqrt{x^2+y^2}}$存在

(C) $\lim\limits_{(x,y)\to(0,0)}\dfrac{|\boldsymbol{\alpha}\cdot\boldsymbol{r}|}{\sqrt{x^2+y^2}}$存在　　(D) $\lim\limits_{(x,y)\to(0,0)}\dfrac{|\boldsymbol{\alpha}\times\boldsymbol{r}|}{\sqrt{x^2+y^2}}$存在

【答案】 (A).

【参考解答】 因为$f(x,y)$在点$(0,0)$处可微，且$f(0,0)=0$，于是由全微分的定义，有

$$\begin{aligned}
&\lim_{(x,y)\to(0,0)}\frac{f(x,y)-f(0,0)-f'_x(0,0)x-f'_y(0,0)y}{\sqrt{x^2+y^2}}\\
=&\lim_{(x,y)\to(0,0)}\frac{f(x,y)-f'_x(0,0)x-f'_y(0,0)y}{\sqrt{x^2+y^2}}\\
=&\lim_{(x,y)\to(0,0)}\frac{(-f'_x(0,0),-f'_y(0,0),1)\cdot(x,y,f(x,y))}{\sqrt{x^2+y^2}}\\
=&\lim_{(x,y)\to(0,0)}\frac{-\boldsymbol{n}\cdot(x,y,f(x,y))}{\sqrt{x^2+y^2}}=0,
\end{aligned}$$

即$\lim\limits_{(x,y)\to(0,0)}\dfrac{|\boldsymbol{n}\cdot\boldsymbol{r}|}{\sqrt{x^2+y^2}}=0$，所以正确选项为(A).

4. 已知$z=\arctan\dfrac{x+y}{x-y}$，求$\mathrm{d}z$.

【参考解答】【法1】 由多元复合函数求导法则，得

$$\frac{\partial z}{\partial x}=\frac{\left(\dfrac{x+y}{x-y}\right)'_x}{1+\left(\dfrac{x+y}{x-y}\right)^2}=\frac{\dfrac{(x-y)-(x+y)}{(x-y)^2}}{\dfrac{(x+y)^2}{(x-y)^2}+1}=-\frac{y}{x^2+y^2},$$

$$\frac{\partial z}{\partial y}=\frac{\left(\frac{x+y}{x-y}\right)'_y}{1+\left(\frac{x+y}{x-y}\right)^2}=\frac{\frac{(x-y)+(x+y)}{(x-y)^2}}{\frac{(x+y)^2}{(x-y)^2}+1}=\frac{x}{x^2+y^2},$$

所以 $dz=\frac{\partial z}{\partial x}dx+\frac{\partial z}{\partial y}dy=-\frac{y}{x^2+y^2}dx+\frac{x}{x^2+y^2}dy$.

【法 2】 由全微分的形式不变性，得

$$dz=\frac{d\left(\frac{x+y}{x-y}\right)}{1+\left(\frac{x+y}{x-y}\right)^2}=\frac{\frac{(x-y)(dx+dy)-(x+y)(dx-dy)}{(x-y)^2}}{1+\left(\frac{x+y}{x-y}\right)^2}$$

$$=-\frac{y}{x^2+y^2}dx+\frac{x}{x^2+y^2}dy.$$

5. 若函数 $z=f(x,y)$ 的偏导数 $\frac{\partial z}{\partial x},\frac{\partial z}{\partial y}$ 在点 (x,y) 处连续，证明函数 $f(x,y)$ 在点 (x,y) 处可微.

【参考证明】 由已知条件及微分中值定理，有

$$\begin{aligned}\Delta z&=f(x+\Delta x,y+\Delta y)-f(x,y)\\&=[f(x+\Delta x,y+\Delta y)-f(x,y+\Delta y)]+[f(x,y+\Delta y)-f(x,y)]\\&=f'_x(x+\theta_1\Delta x,y+\Delta y)\Delta x+f'_y(x,y+\theta_2\Delta y)\Delta y\\&=[f'_x(x,y)+\alpha]\Delta x+[f'_y(x,y)+\beta]\Delta y\\&=f'_x(x,y)\Delta x+f'_y(x,y)\Delta y+\alpha\Delta x+\beta\Delta y,\end{aligned}$$

其中 $0<\theta_1,\theta_2<1$，$\lim\limits_{\substack{\Delta x\to 0\\ \Delta y\to 0}}\alpha=0$，$\lim\limits_{\substack{\Delta x\to 0\\ \Delta y\to 0}}\beta=0$. 由于

$$\left|\frac{\alpha\Delta x+\beta\Delta y}{\sqrt{(\Delta x)^2+(\Delta y)^2}}\right|\leqslant|\alpha|+|\beta|\to 0(\Delta x\to 0,\Delta y\to 0),$$

所以 $\Delta z=f'_x(x,y)\Delta x+f'_y(x,y)\Delta y+o(\sqrt{(\Delta x)^2+(\Delta y)^2})$. 于是由全微分的定义知，函数 $f(x,y)$ 在点 (x,y) 处可微.

6. 设 $f(x,y)$ 在区域 D 内可微，且 $\sqrt{\left(\frac{\partial f}{\partial x}\right)^2+\left(\frac{\partial f}{\partial y}\right)^2}\leqslant M$，$A(x_1,y_1)$，$B(x_2,y_2)$ 是 D 内两点，线段 AB 包含在 D 内，$|AB|$ 表示线段 AB 的长度. 证明：

$$|f(x_1,y_1)-f(x_2,y_2)|\leqslant M|AB|.$$

【参考证明】【法 1】 令 $\varphi(t)=f[x_1+(x_2-x_1)t,y_1+(y_2-y_1)t]$，显然函数 $\varphi(t)$ 在 $[0,1]$ 上可导，于是由拉格朗日中值定理，存在 $c\in(0,1)$，使得

$$\varphi(1)-\varphi(0)=\varphi'(c)=\frac{\partial f(u,v)}{\partial u}(x_2-x_1)+\frac{\partial f(u,v)}{\partial v}(y_2-y_1).$$

对上式取绝对值并由向量的数量积，得

$$|\varphi(1)-\varphi(0)|=|f(x_1,y_1)-f(x_2,y_2)|$$

$$
\begin{aligned}
&=\left|\frac{\partial f(u,v)}{\partial u}(x_2-x_1)+\frac{\partial f(u,v)}{\partial v}(y_2-y_1)\right| \\
&=\left|\left(\frac{\partial f(u,v)}{\partial u},\frac{\partial f(u,v)}{\partial v}\right)\cdot(x_2-x_1,y_2-y_1)\right| \\
&\leqslant\sqrt{\left[\frac{\partial f(u,v)}{\partial u}\right]^2+\left[\frac{\partial f(u,v)}{\partial v}\right]^2}\sqrt{(x_2-x_1)^2+(y_2-y_1)^2} \\
&\leqslant M\mid AB\mid.
\end{aligned}
$$

【法 2】 由于函数可微，则函数的偏导数存在，于是由拉格朗日中值定理，得

$$
\begin{aligned}
|f(x_1,y_1)-f(x_2,y_2)|&=|f(x_1,y_1)-f(x_1,y_2)+f(x_1,y_2)-f(x_2,y_2)| \\
&=|f'_y(x_1,\xi)(y_2-y_1)+f'_x(\eta,y_2)(x_2-x_1)| \\
&=|(f'_y(x_1,\xi),f'_x(\eta,y_2))\cdot(y_2-y_1,x_2-x_1)| \\
&=\sqrt{(f'_y(x_1,\xi))^2+(f'_x(\eta,y_2))^2}\cdot\sqrt{(y_2-y_1)^2+(x_2-x_1)^2} \\
&\leqslant M\mid AB\mid,
\end{aligned}
$$

其中 ξ 介于 y_1,y_2 之间，η 介于 x_1,x_2 之间.

练习 50　多元复合函数的偏导数计算

训练目的

熟练掌握多元复合函数一阶、二阶偏导数的计算.

基础练习

1. 设 $u=f(x,y,z)$，且 $z=\varphi\left(\frac{x}{y},\frac{y}{x}\right)$，其中 f,φ 具有一阶偏导数，求 $\mathrm{d}u$.

【参考解答】【法 1】 由全微分的形式不变性，得

$$
\begin{aligned}
\mathrm{d}u&=f'_1\mathrm{d}x+f'_2\mathrm{d}y+f'_3\mathrm{d}z \\
&=f'_1\mathrm{d}x+f'_2\mathrm{d}y+f'_3\cdot\left[\varphi'_1\cdot\mathrm{d}\left(\frac{x}{y}\right)+\varphi'_2\cdot\mathrm{d}\left(\frac{y}{x}\right)\right] \\
&=f'_1\mathrm{d}x+f'_2\mathrm{d}y+f'_3\cdot\left(\varphi'_1\cdot\frac{y\mathrm{d}x-x\mathrm{d}y}{y^2}+\varphi'_2\cdot\frac{x\mathrm{d}y-y\mathrm{d}x}{x^2}\right) \\
&=\left[f'_1+\left(\frac{1}{y}\varphi'_1-\frac{y}{x^2}\varphi'_2\right)f'_3\right]\mathrm{d}x+\left[f'_2+\left(\frac{1}{x}\varphi'_2-\frac{x}{y^2}\varphi'_1\right)f'_3\right]\mathrm{d}y.
\end{aligned}
$$

【法 2】 由复合函数求导法则，得

$$
\frac{\partial u}{\partial x}=f'_1+f'_3\cdot\varphi'_1\cdot\frac{1}{y}-f'_3\cdot\varphi'_2\cdot\frac{y}{x^2},
$$

$$
\frac{\partial u}{\partial y}=f'_2+f'_3\cdot\varphi'_1\cdot\left(-\frac{x}{y^2}\right)+f'_3\cdot\varphi'_2\cdot\frac{1}{x},
$$

所以由全微分计算公式，得

$$\begin{aligned}du&=\frac{\partial u}{\partial x}dx+\frac{\partial u}{\partial y}dy\\&=\left[f'_1+\left(\frac{1}{y}\varphi'_1-\frac{y}{x^2}\varphi'_2\right)f'_3\right]dx+\left[f'_2+\left(\frac{1}{x}\varphi'_2-\frac{x}{y^2}\varphi'_1\right)f'_3\right]dy.\end{aligned}$$

2. 设 $z=y\varphi[\cos(x-y)]$，其中 φ 可微，证明：$\dfrac{\partial z}{\partial x}+\dfrac{\partial z}{\partial y}=\dfrac{z}{y}$.

【参考证明】 由求导运算的乘法法则与复合函数求导法则，得

$$\frac{\partial z}{\partial x}=y\varphi'[\cos(x-y)]\cdot[-\sin(x-y)],$$

$$\frac{\partial z}{\partial y}=\varphi[\cos(x-y)]+y\varphi'[\cos(x-y)]\cdot\sin(x-y).$$

将上面计算得到的结果左右两端相加，得

$$\frac{\partial z}{\partial x}+\frac{\partial z}{\partial y}=\varphi[\cos(x-y)]=\frac{z}{y}.$$

3. 设 $z=x^2f\left(\dfrac{y}{x}\right)$，其中 f 为二阶可导函数，求 $\dfrac{\partial^2 z}{\partial x^2}$，$\dfrac{\partial^2 z}{\partial x\partial y}$.

【参考解答】 由求导运算的乘法法则与复合函数求导法则，得

$$\frac{\partial z}{\partial x}=2x\cdot f\left(\frac{y}{x}\right)+x^2\cdot f'\left(\frac{y}{x}\right)\cdot\frac{-y}{x^2}=2xf\left(\frac{y}{x}\right)-yf'\left(\frac{y}{x}\right),$$

$$\frac{\partial^2 z}{\partial x^2}=\frac{\partial}{\partial x}\left(\frac{\partial z}{\partial x}\right)=2f\left(\frac{y}{x}\right)-\frac{2y}{x}\cdot f'\left(\frac{y}{x}\right)+\frac{y^2}{x^2}f''\left(\frac{y}{x}\right),$$

$$\frac{\partial^2 z}{\partial x\partial y}=\frac{\partial}{\partial y}\left(\frac{\partial z}{\partial x}\right)=2xf'\left(\frac{y}{x}\right)\cdot\frac{1}{x}-f'\left(\frac{y}{x}\right)-\frac{y}{x}\cdot f''\left(\frac{y}{x}\right)=f'\left(\frac{y}{x}\right)-\frac{y}{x}f''\left(\frac{y}{x}\right).$$

4. 设 $z=f(x,u,v)$，$u=2x+y$，$v=xy$，其中 f 具有二阶连续偏导数，求 $\dfrac{\partial^2 z}{\partial x\partial y}$.

【参考解答】 由复合函数求导的链式法则，得

$$\frac{\partial z}{\partial x}=f'_1+f'_2\cdot\frac{\partial u}{\partial x}+f'_3\cdot\frac{\partial v}{\partial x}=f'_1+2f'_2+y\cdot f'_3,$$

$$\begin{aligned}\frac{\partial^2 z}{\partial x\partial y}&=\frac{\partial}{\partial y}\left(\frac{\partial z}{\partial x}\right)=(f''_{12}+f''_{13}\cdot x)+2(f''_{22}+f''_{23}\cdot x)+f'_3+y(f''_{32}+f''_{33}\cdot x)\\&=f'_3+f''_{12}+xf''_{13}+2f''_{22}+(2x+y)f''_{23}+xyf''_{33}.\end{aligned}$$

5. 设 $u(x,y)=y^2F(3x+2y)$，其中 F 具有一阶连续导数，证明：$u(x,y)$ 满足

$$3y\frac{\partial u}{\partial y}-2y\frac{\partial u}{\partial x}=6u.$$

【参考证明】 由求导运算的乘法法则与复合函数求导法则，得

$$\frac{\partial u}{\partial x}=3y^2F',\quad \frac{\partial u}{\partial y}=2yF+2y^2F',$$

将它们代入所需验证等式左端表达式，得

$$3y\frac{\partial u}{\partial y}-2y\frac{\partial u}{\partial x}=3y(2yF+2y^2F')-2y\cdot 3y^2F'=6y^2F=6u.$$

综合练习

6. 设 $u(x,y,z)$ 由三阶行列式定义为 $u(x,y,z)=\begin{vmatrix}1&1&1\\x&y&z\\x^2&y^2&z^2\end{vmatrix}$，证明：

$$\frac{\partial^2 u}{\partial x^2}+\frac{\partial^2 u}{\partial y^2}+\frac{\partial^2 u}{\partial z^2}=0.$$

【参考证明】 由行列式中表达式的结构可知，将行列式按第 1 列展开，则对行列式关于 x 变量求导，即为对行列式的第 1 列求导，从而有

$$\frac{\partial u}{\partial x}=\begin{vmatrix}0&1&1\\1&y&z\\2x&y^2&z^2\end{vmatrix},\quad \frac{\partial^2 u}{\partial x^2}=\begin{vmatrix}0&1&1\\0&y&z\\2&y^2&z^2\end{vmatrix}=2(z-y),$$

同理 $\frac{\partial^2 u}{\partial y^2}=\begin{vmatrix}1&0&1\\x&0&z\\x^2&2&z^2\end{vmatrix}=2(x-z)$，$\frac{\partial^2 u}{\partial z^2}=\begin{vmatrix}1&1&0\\x&y&0\\x^2&y^2&2\end{vmatrix}=2(y-x)$. 于是

$$\frac{\partial^2 u}{\partial x^2}+\frac{\partial^2 u}{\partial y^2}+\frac{\partial^2 u}{\partial z^2}=2(z-y)+2(x-z)+2(y-x)=0.$$

7. 设函数 $z=f(x,y)$ 在点 $(1,1)$ 处可微，且 $f(1,1)=1$，$\mathrm{d}z\big|_{(1,1)}=a\,\mathrm{d}x+b\,\mathrm{d}y$，$\varphi(x)=f(x,f(x,x))$，求 $\mathrm{d}[\varphi^3(x)]\big|_{x=1}$.

【参考解答】 由 $f(1,1)=1$ 可得

$$\varphi(1)=f(1,f(1,1))=f(1,1)=1,\quad f'_1(1,1)=a,\quad f'_2(1,1)=b.$$

于是由复合函数求导法则，得

$$\begin{aligned}\mathrm{d}[\varphi^3(x)]&=3\varphi^2(x)\mathrm{d}[\varphi(x)]=3\varphi^2(x)\mathrm{d}[f(x,f(x,x))]\\&=3\varphi^2(x)\Big[f'_1\mathrm{d}x+f'_2\mathrm{d}[f(x,x)]\Big]=3\varphi^2(x)[f'_1\mathrm{d}x+f'_2\cdot(f'_1\mathrm{d}x+f'_2\mathrm{d}x)]\\&=3\varphi^2(x)[f'_1+f'_2\cdot(f'_1+f'_2)]\,\mathrm{d}x.\end{aligned}$$

令 $x=1$，得

$$\begin{aligned}\mathrm{d}[\varphi^3(x)]\big|_{x=1}&=3\varphi^2(1)[f'_1(1,1)+f'_2(1,1)\cdot(f'_1(1,1)+f'_2(1,1))]\,\mathrm{d}x\\&=3[a+b(a+b)]\mathrm{d}x.\end{aligned}$$

8. 设 $f(x,y)$ 在某区域内具有一阶连续偏导数，且 $f(x,2x)=x$，$f'_x(x,2x)=x^2$，求 $f'_y(x,2x)$.

【参考解答】 等式 $f(x,2x)=x$ 两边对 x 求导，得

$$f'_x(x,2x)+2f'_y(x,2x)=1.$$

又 $f'_x(x,2x)=x^2$，故得 $f'_y(x,2x)=\dfrac{1}{2}(1-x^2)$.

9. 设函数 $f(u)$ 具有二阶连续导数，$z=f(e^x\sin y)$，且满足方程 $\dfrac{\partial^2 z}{\partial x^2}+\dfrac{\partial^2 z}{\partial y^2}=e^{2x}z$，求 $f(u)$ 的函数表达式.

【参考解答】 令 $u=e^x\sin y$，则由复合函数求导法法则，得

$$\frac{\partial z}{\partial x}=f'(u)e^x\sin y,\quad \frac{\partial z}{\partial y}=f'(u)e^x\cos y,$$

$$\frac{\partial^2 z}{\partial x^2}=f'(u)e^x\sin y+f''(u)e^{2x}\sin^2 y,$$

$$\frac{\partial^2 z}{\partial y^2}=-f'(u)e^x\sin y+f''(u)e^{2x}\cos^2 y.$$

代入题中的方程，由 $z=f(u)$，得

$$\frac{\partial^2 z}{\partial x^2}+\frac{\partial^2 z}{\partial y^2}=f''(u)e^{2x}=e^{2x}f(u),$$

即 $f''(u)-f(u)=0$. 这是一个二阶常系数齐次线性微分方程，特征方程为 $r^2-1=0$，特征根为 $r_{1,2}=\pm1$，所以微分方程的通解为 $f(u)=C_1e^u+C_2e^{-u}$，其中 C_1,C_2 为任意常数.

10. 设变换 $\begin{cases}u=x-2y\\v=x+ay\end{cases}$ 可将方程 $6\dfrac{\partial^2 z}{\partial x^2}+\dfrac{\partial^2 z}{\partial x\partial y}-\dfrac{\partial^2 z}{\partial y^2}=0$ 简化为 $\dfrac{\partial^2 z}{\partial u\partial v}=0$，其中 $z(x,y)$ 具有二阶连续偏导数，求常数 a.

【参考解答】 视函数关系为 $z=z(u,v)=z(x-2y,x+ay)$，由复合函数求导法则，得

$$\frac{\partial z}{\partial x}=\frac{\partial z}{\partial u}\cdot\frac{\partial u}{\partial x}+\frac{\partial z}{\partial v}\cdot\frac{\partial v}{\partial x}=\frac{\partial z}{\partial u}+\frac{\partial z}{\partial v},$$

$$\frac{\partial z}{\partial y}=\frac{\partial z}{\partial u}\cdot\frac{\partial u}{\partial y}+\frac{\partial z}{\partial v}\cdot\frac{\partial v}{\partial y}=-2\frac{\partial u}{\partial y}+a\frac{\partial v}{\partial y},$$

$$\frac{\partial^2 z}{\partial x^2}=\frac{\partial}{\partial x}\left(\frac{\partial z}{\partial x}\right)=\frac{\partial}{\partial x}\left(\frac{\partial z}{\partial u}+\frac{\partial z}{\partial v}\right)=\left(\frac{\partial^2 z}{\partial u^2}\cdot\frac{\partial u}{\partial x}+\frac{\partial^2 z}{\partial u\partial v}\cdot\frac{\partial v}{\partial x}\right)+\left(\frac{\partial^2 z}{\partial v\partial u}\cdot\frac{\partial u}{\partial x}+\frac{\partial^2 z}{\partial v^2}\cdot\frac{\partial v}{\partial x}\right)$$

$$=\frac{\partial^2 z}{\partial u^2}+2\frac{\partial^2 z}{\partial u\partial v}+\frac{\partial^2 z}{\partial v^2},$$

$$\frac{\partial^2 z}{\partial x\partial y}=\frac{\partial z}{\partial y}\left(\frac{\partial z}{\partial x}\right)=\frac{\partial}{\partial y}\left(\frac{\partial z}{\partial u}+\frac{\partial z}{\partial v}\right)=\left(\frac{\partial^2 z}{\partial u^2}\cdot\frac{\partial u}{\partial y}+\frac{\partial^2 z}{\partial u\partial v}\cdot\frac{\partial v}{\partial y}\right)+\left(\frac{\partial^2 z}{\partial v\partial u}\cdot\frac{\partial u}{\partial y}+\frac{\partial^2 z}{\partial v^2}\cdot\frac{\partial v}{\partial y}\right)$$

$$=-2\frac{\partial^2 z}{\partial u^2}+(a-2)\frac{\partial^2 z}{\partial u\partial v}+a\frac{\partial^2 z}{\partial v^2},$$

$$\frac{\partial^2 z}{\partial y^2}=\frac{\partial}{\partial y}\left(\frac{\partial z}{\partial y}\right)=\frac{\partial}{\partial y}\left(-2\frac{\partial z}{\partial u}+a\frac{\partial z}{\partial v}\right)$$

$$=-2\left(\frac{\partial^2 z}{\partial u^2}\cdot\frac{\partial u}{\partial y}+\frac{\partial^2 z}{\partial u\partial v}\cdot\frac{\partial v}{\partial y}\right)+a\left(\frac{\partial^2 z}{\partial v\partial u}\cdot\frac{\partial u}{\partial y}+\frac{\partial^2 z}{\partial v^2}\cdot\frac{\partial v}{\partial y}\right)$$

$$=4\frac{\partial^2 z}{\partial u^2}-4a\frac{\partial^2 z}{\partial u\partial v}+a^2\frac{\partial^2 z}{\partial v^2},$$

将上面的计算结果代入 $6\frac{\partial^2 z}{\partial x^2}+\frac{\partial^2 z}{\partial x\partial y}-\frac{\partial^2 z}{\partial y^2}=0$,整理化简得

$$6\frac{\partial^2 z}{\partial x^2}+\frac{\partial^2 z}{\partial x\partial y}-\frac{\partial^2 z}{\partial y^2}=(10+5a)\frac{\partial^2 z}{\partial u\partial v}+(6+a-a^2)\frac{\partial^2 z}{\partial v^2}.$$

由于以上等式最终得到的是$\frac{\partial^2 z}{\partial u\partial v}=0$,故必须满足

$$10+5a\neq 0,\quad 6+a-a^2=0,$$

即 $a\neq -2$,$a=-2$ 或 $a=3$. 故当常数 $a=3$ 时满足要求.

考研与竞赛练习

1. 选择题.

(1) 设函数 $f(x,y)$可微,且 $f(x+1,e^x)=x(x+1)^2$,$f(x,x^2)=2x^2\ln x$,则 $df(1,1)=$(　　).

(A) $dx+dy$　　(B) $dx-dy$　　(C) dy　　(D) $-dy$

【参考解答】 等式 $f(x+1,e^x)=x(x+1)^2$ 两端对 x 求导,得

$$f_1'(x+1,e^x)+e^x f_2'(x+1,e^x)=(x+1)^2+2x(x+1).$$

代入 $x=0$,得 $f_1'(1,1)+f_2'(1,1)=1$.

等式 $f(x,x^2)=2x^2\ln x$ 两端对 x 求导,得

$$f_1'(x,x^2)+2xf_2'(x,x^2)=4x\ln x+2x,$$

代入 $x=1$,得 $f_1'(1,1)+2f_2'(1,1)=2$.

解由上面两式构成的方程组,得 $f_1'(1,1)=0$,$f_2'(1,1)=1$,所以

$$df(1,1)=f_1'(1,1)dx+f_2'(1,1)dy=dy,$$

故正确选项为(C).

(2) 设函数 $f(u)$可导,$z=xyf\left(\frac{y}{x}\right)$,若 $x\frac{\partial z}{\partial x}+y\frac{\partial z}{\partial y}=y^2(\ln y-\ln x)$,则(　　).

(A) $f(1)=\frac{1}{2},f'(1)=0$　　(B) $f(1)=0,f'(1)=\frac{1}{2}$

(C) $f(1)=\frac{1}{2},f'(1)=1$　　(D) $f(1)=0,f'(1)=1$

【参考解答】 由求导的四则运算法则与复合函数求导法则,得

$$\frac{\partial z}{\partial x}=yf\left(\frac{y}{x}\right)+xyf'\left(\frac{y}{x}\right)\cdot\left(-\frac{y}{x^2}\right)=yf\left(\frac{y}{x}\right)-\frac{y^2}{x}f'\left(\frac{y}{x}\right),$$

$$\frac{\partial z}{\partial y}=xf\left(\frac{y}{x}\right)+xyf'\left(\frac{y}{x}\right)\cdot\frac{1}{x}=xf\left(\frac{y}{x}\right)+yf'\left(\frac{y}{x}\right).$$

代入题设等式左侧,得

$$x\frac{\partial z}{\partial x}+y\frac{\partial z}{\partial y}=2xyf\left(\frac{y}{x}\right)=y^2\ln\frac{y}{x}.$$

整理得 $f\left(\frac{y}{x}\right)=\frac{1}{2}\cdot\frac{y}{x}\ln\frac{y}{x}$. 从而可得

$$f(x)=\frac{1}{2}x\ln x,\quad f'(x)=\frac{1}{2}(\ln x+1).$$

代入 $x=1$,得 $f(1)=0$,$f'(1)=\frac{1}{2}$. 故正确选项为(B).

(3) 设函数 $f(t)$ 连续,令 $F(x,y)=\int_0^{x-y}(x-y-t)f(t)\mathrm{d}t$,则(　　).

(A) $\frac{\partial F}{\partial x}=\frac{\partial F}{\partial y},\frac{\partial^2 F}{\partial x^2}=\frac{\partial^2 F}{\partial y^2}$　　(B) $\frac{\partial F}{\partial x}=\frac{\partial F}{\partial y},\frac{\partial^2 F}{\partial x^2}=-\frac{\partial^2 F}{\partial y^2}$

(C) $\frac{\partial F}{\partial x}=-\frac{\partial F}{\partial y},\frac{\partial^2 F}{\partial x^2}=\frac{\partial^2 F}{\partial y^2}$　　(D) $\frac{\partial F}{\partial x}=-\frac{\partial F}{\partial y},\frac{\partial^2 F}{\partial x^2}=-\frac{\partial^2 F}{\partial y^2}$

【参考解答】 由积分的线性运算法则,得

$$F(x,y)=x\int_0^{x-y}f(t)\mathrm{d}t-y\int_0^{x-y}f(t)\mathrm{d}t-\int_0^{x-y}tf(t)\mathrm{d}t,$$

于是由变限积分求导公式与复合函数求导法则,得

$$\begin{aligned}\frac{\partial F}{\partial x}&=\int_0^{x-y}f(t)\mathrm{d}t+xf(x-y)-yf(x-y)-(x-y)f(x-y)\\&=\int_0^{x-y}f(t)\mathrm{d}t,\\\frac{\partial F}{\partial y}&=-xf(x-y)-\int_0^{x-y}f(t)\mathrm{d}t+yf(x-y)+(x-y)f(x-y)\\&=-\int_0^{x-y}f(t)\mathrm{d}t,\end{aligned}$$

于是可得 $\frac{\partial^2 F}{\partial x^2}=f(x-y)$,$\frac{\partial^2 F}{\partial y^2}=f(x-y)$. 故正确选项为(C).

(4) 设函数 $u(x,y)=\varphi(x+y)+\varphi(x-y)+\int_{x-y}^{x+y}\psi(t)\mathrm{d}t$,其中函数 φ 具有二阶导数,ψ 具有一阶导数,则必有(　　).

(A) $\frac{\partial^2 u}{\partial x^2}=-\frac{\partial^2 u}{\partial y^2}$　　(B) $\frac{\partial^2 u}{\partial x^2}=\frac{\partial^2 u}{\partial y^2}$　　(C) $\frac{\partial^2 u}{\partial x\partial y}=\frac{\partial^2 u}{\partial y^2}$　　(D) $\frac{\partial^2 u}{\partial x\partial y}=\frac{\partial^2 u}{\partial x^2}$

【参考解答】 由变限积分求导公式与复合函数求导法则,得

$$\frac{\partial u}{\partial x}=\varphi'(x+y)+\varphi'(x-y)+\psi(x+y)-\psi(x-y),$$

$$\frac{\partial u}{\partial y}=\varphi'(x+y)-\varphi'(x-y)+\psi(x+y)+\psi(x-y),$$

$$\frac{\partial^2 u}{\partial x^2}=\varphi''(x+y)+\varphi''(x-y)+\psi'(x+y)-\psi'(x-y),$$

$$\frac{\partial^2 u}{\partial x\partial y}=\varphi''(x+y)-\varphi''(x-y)+\psi'(x+y)+\psi'(x-y),$$

$$\frac{\partial^2 u}{\partial y^2}=\varphi''(x+y)+\varphi''(x-y)+\psi'(x+y)-\psi'(x-y),$$

所以$\frac{\partial^2 u}{\partial x^2}=\frac{\partial^2 u}{\partial y^2}$,故正确选项为(B).

2. 设$f(u,v)$具有连续偏导数,且满足$f'_u(u,v)+f'_v(u,v)=uv$.求$y(x)=\mathrm{e}^{-2x}f(x,x)$所满足的一阶微分方程,并求其通解.

【参考解答】 由复合函数求导的链式法则,得

$$\begin{aligned}y'(x)&=-2\mathrm{e}^{-2x}f(x,x)+\mathrm{e}^{-2x}f'_u(x,x)+\mathrm{e}^{-2x}f'_v(x,x)\\&=-2y+\mathrm{e}^{-2x}[f'_u(x,x)+f'_v(x,x)]=-2y+x^2\mathrm{e}^{-2x},\end{aligned}$$

于是所求微分方程为

$$y'+2y=x^2\mathrm{e}^{-2x}.$$

该方程是一阶线性微分方程,故由通解计算公式得$y=\mathrm{e}^{-\int 2\mathrm{d}x}\left(\int x^2\mathrm{e}^{-2x}\mathrm{e}^{\int 2\mathrm{d}x}\mathrm{d}x+C\right)=\mathrm{e}^{-2x}\left(\frac{1}{3}x^3+C\right)$,其中$C$为任意常数.

3. 设函数$f(u)$在$(0,+\infty)$内具有二阶导数,且$z=f(\sqrt{x^2+y^2})$满足

$$\frac{\partial^2 z}{\partial x^2}+\frac{\partial^2 z}{\partial y^2}=0.$$

(1) 验证$f''(u)+\frac{f'(u)}{u}=0$;(2) 若$f(1)=0,f'(1)=1$,求函数$f(u)$的表达式.

【参考解答】 (1) 记$u=\sqrt{x^2+y^2}$,则$\frac{\partial u}{\partial x}=\frac{x}{\sqrt{x^2+y^2}}=\frac{x}{u}$.由复合函数求导法则,得

$$\frac{\partial z}{\partial x}=f'(u)\cdot\frac{\partial u}{\partial x}=f'(u)\cdot\frac{x}{u},\quad \frac{\partial^2 z}{\partial x^2}=\frac{f''(u)}{u^2}x^2+f'(u)\cdot\left(\frac{1}{u}-\frac{x^2}{u^3}\right).$$

由函数的表达式结构,同理直接可得$\frac{\partial^2 z}{\partial y^2}=\frac{f''(u)}{u^2}y^2+f'(u)\cdot\left(\frac{1}{u}-\frac{y^2}{u^3}\right)$.于是有

$$\frac{\partial^2 z}{\partial x^2}+\frac{\partial^2 z}{\partial y^2}=\frac{f''(u)}{u^2}(x^2+y^2)+f'(u)\left(\frac{2}{u}-\frac{x^2+y^2}{u^3}\right)=f''(u)+\frac{f'(u)}{u}=0,$$

即有$f''(u)+\frac{f'(u)}{u}=0$.

(2)【法1】 将方程$f''(u)+\frac{f'(u)}{u}=0$分离变量,得$\frac{f''(u)}{f'(u)}=-\frac{1}{u}$,积分可得

$$\ln f'(u)=-\ln u+C_1.$$

由$f'(1)=1$得$C_1=0$,故$f'(u)=\frac{1}{u}$.再积分,得$f(u)=\ln u+C_2$.由$f(1)=1$得$C_2=0$,于是可得$f(u)=\ln u$.

【法 2】 改写微分方程 $f''(u)+\dfrac{f'(u)}{u}=0$，得

$$uf''(u)+f'(u)=0,\quad 即[uf'(u)]'=0.$$

所以有 $uf'(u)=C_1$. 由 $f'(1)=1$，得 $C_1=1$，故 $uf'(u)=1$，即 $f'(u)=\dfrac{1}{u}$. 余下过程同法 1.

4. 设函数 $u=f(x,y)$ 具有二阶连续偏导数，且满足 $4\dfrac{\partial^2 u}{\partial x^2}+12\dfrac{\partial^2 u}{\partial x\partial y}+5\dfrac{\partial^2 u}{\partial y^2}=0$，确定 a,b 的值，使上述等式在变换 $\xi=x+ay,\eta=x+by$ 下化简为 $\dfrac{\partial^2 u}{\partial\xi\partial\eta}=0$.

【参考解答】 视 $u=f(x,y)=u(\xi,\eta)=u(x+ay,x+by)$，由复合函数链式法则得

$$\frac{\partial u}{\partial x}=\frac{\partial u}{\partial \xi}\cdot\frac{\partial \xi}{\partial x}+\frac{\partial u}{\partial y}\cdot\frac{\partial \eta}{\partial x}=\frac{\partial u}{\partial \xi}+\frac{\partial u}{\partial \eta},\quad \frac{\partial u}{\partial y}=\frac{\partial u}{\partial \xi}\cdot\frac{\partial \xi}{\partial y}+\frac{\partial u}{\partial \eta}\frac{\partial \eta}{\partial y}=a\frac{\partial u}{\partial \xi}+b\frac{\partial u}{\partial \eta},$$

$$\begin{aligned}\frac{\partial^2 u}{\partial x^2}&=\frac{\partial}{\partial x}\left(\frac{\partial u}{\partial \xi}+\frac{\partial u}{\partial \eta}\right)=\frac{\partial^2 u}{\partial \xi^2}\cdot\frac{\partial \xi}{\partial x}+\frac{\partial^2 u}{\partial \xi\partial\eta}\cdot\frac{\partial \eta}{\partial x}+\frac{\partial^2 u}{\partial \eta^2}\cdot\frac{\partial \eta}{\partial x}+\frac{\partial^2 u}{\partial \xi\partial\eta}\cdot\frac{\partial \eta}{\partial x}\\&=\frac{\partial^2 u}{\partial \xi^2}+2\frac{\partial^2 u}{\partial \xi\partial\eta}+\frac{\partial^2 u}{\partial \eta^2},\end{aligned}$$

$$\begin{aligned}\frac{\partial^2 u}{\partial x\partial y}&=\frac{\partial}{\partial y}\left(\frac{\partial u}{\partial \xi}+\frac{\partial u}{\partial \eta}\right)=\frac{\partial^2 u}{\partial \xi^2}\cdot\frac{\partial \xi}{\partial y}+\frac{\partial^2 u}{\partial \xi\partial\eta}\cdot\frac{\partial \eta}{\partial y}+\frac{\partial^2 u}{\partial \eta^2}\cdot\frac{\partial \eta}{\partial y}+\frac{\partial^2 u}{\partial \xi\partial\eta}\cdot\frac{\partial \eta}{\partial y}\\&=a\frac{\partial^2 u}{\partial \xi^2}+(a+b)\frac{\partial^2 u}{\partial \xi\partial\eta}+b\frac{\partial^2 u}{\partial \eta^2},\end{aligned}$$

$$\begin{aligned}\frac{\partial^2 u}{\partial y^2}&=\frac{\partial}{\partial y}\left(a\frac{\partial u}{\partial \xi}+b\frac{\partial u}{\partial \eta}\right)=a\left(a\frac{\partial^2 u}{\partial \xi^2}+b\frac{\partial^2 u}{\partial \xi\partial\eta}\right)+b\left(a\frac{\partial^2 u}{\partial \eta^2}+a\frac{\partial^2 u}{\partial \xi\partial\eta}\right)\\&=a^2\frac{\partial^2 u}{\partial \xi^2}+b^2\frac{\partial^2 u}{\partial \eta^2}+2ab\frac{\partial^2 u}{\partial \xi\partial\eta},\end{aligned}$$

将以上结果代入等式左侧得

$$4\frac{\partial^2 u}{\partial x^2}+12\frac{\partial u^2}{\partial x\partial y}+5\frac{\partial^2 u}{\partial y^2}=(5a^2+12a+4)\frac{\partial^2 u}{\partial \xi^2}+(5b^2+12b+4)\frac{\partial^2 u}{\partial \eta^2}+$$

$$[12(a+b)+10ab+8]\frac{\partial^2 u}{\partial \xi\partial\eta}=0.$$

根据题意需要各系数满足

$$\begin{cases}5a^2+12a+4=0\\5b^2+12b+4=0\\12(a+b)+10ab+8\neq 0\end{cases},$$

解得 $a=-\dfrac{2}{5}$ 或 -2，$b=-\dfrac{2}{5}$ 或 -2. 故满足前两个等式的 a,b 取值为

$$\begin{cases}a=-2\\ b=-\dfrac{2}{5}\end{cases},\quad \begin{cases}a=-\dfrac{2}{5}\\ b=-2\end{cases},\quad \begin{cases}a=-2\\ b=-2\end{cases},\quad \begin{cases}a=-\dfrac{2}{5}\\ b=-\dfrac{2}{5}\end{cases},$$

当$\begin{cases}a=-2\\ b=-2\end{cases}$，$\begin{cases}a=-\dfrac{2}{5}\\ b=-\dfrac{2}{5}\end{cases}$时不满足第三个不等式，所以 a，b 的取值为

$$\begin{cases}a=-2\\ b=-\dfrac{2}{5}\end{cases},\quad \begin{cases}a=-\dfrac{2}{5}\\ b=-2\end{cases}.$$

5. 已知 $z=xf\left(\dfrac{y}{x}\right)+2y\varphi\left(\dfrac{x}{y}\right)$，其中 f，φ 均为二阶可微函数.

(1) 求$\dfrac{\partial z}{\partial x}$，$\dfrac{\partial^2 z}{\partial x\partial y}$；(2) 当 $f=\varphi$，且$\left.\dfrac{\partial^2 z}{\partial x\partial y}\right|_{x=a}=-by^2$ 时，求 $f(y)$.

【参考解答】 (1) 由求导的四则运算法则与复合函数求导的链式法则，得

$$\frac{\partial z}{\partial x}=f\left(\frac{y}{x}\right)+xf'\left(\frac{y}{x}\right)\left(-\frac{y}{x^2}\right)+2y\varphi'\left(\frac{x}{y}\right)\cdot\frac{1}{y}=f\left(\frac{y}{x}\right)-\frac{y}{x}f'\left(\frac{y}{x}\right)+2\varphi'\left(\frac{x}{y}\right),$$

$$\begin{aligned}\frac{\partial^2 z}{\partial x\partial y}&=f'\left(\frac{y}{x}\right)\cdot\frac{1}{x}-\frac{1}{x}f'\left(\frac{y}{x}\right)-\frac{y}{x}f''\left(\frac{y}{x}\right)\cdot\frac{1}{x}+2\varphi''\left(\frac{y}{x}\right)\cdot\left(-\frac{x}{y^2}\right)\\&=-\frac{y}{x^2}f''\left(\frac{y}{x}\right)-\frac{2x}{y^2}\varphi''\left(\frac{x}{y}\right).\end{aligned}$$

(2) 由(1)及 $f=\varphi$，且$\left.\dfrac{\partial^2 z}{\partial x\partial y}\right|_{x=a}=-by^2$，得

$$\frac{y}{a^2}f''\left(\frac{y}{a}\right)+\frac{2a}{y^2}f''\left(\frac{a}{y}\right)=by^2.$$

令$\dfrac{y}{a}=u$，得

$$\frac{u}{a}f''(u)+\frac{2}{au^2}f''\left(\frac{1}{u}\right)=a^2bu^2,\quad 即\ u^3f''(u)+2f''\left(\frac{1}{u}\right)=a^3bu^4.$$

令 $u=\dfrac{1}{v}$，得

$$2f''\left(\frac{1}{v}\right)+4v^3f''(v)=2a^3b\,\frac{1}{v},\quad 即\ 2f''\left(\frac{1}{u}\right)+4u^3f''(u)=2a^3b\,\frac{1}{u}.$$

由上面得到的两个式子，可以解得

$$f''(u)=\frac{a^3b}{3}\left(\frac{2}{u^4}-u\right).$$

对上式求两次不定积分，得

$$f(u)=\frac{a^3b}{3}\left(\frac{1}{3u^2}-\frac{u^3}{6}\right)+C_1u+C_2.$$

由变量符号描述的无关性,得

$$f(y)=\frac{a^3b}{3}\left(\frac{1}{3y^2}-\frac{y^3}{6}\right)+C_1y+C_2.$$

练习 51 隐函数的求导

训练目的

1. 了解隐函数存在定理.
2. 熟练掌握一个方程确定的隐函数的一阶、二阶偏导数的计算.
3. 掌握两个方程确定的隐函数的一阶偏导数的计算.

基础练习

1. 设有三元方程 $xy-z\ln y+e^{xz}=1$,根据隐函数存在定理,存在点(0,1,1)的一个邻域,在此邻域内该方程(　　).

(A) 只能确定一个具有连续偏导数的隐函数 $z=z(x,y)$

(B) 可确定两个具有连续偏导数的隐函数 $x=x(y,z)$ 和 $z=z(x,y)$

(C) 可确定两个具有连续偏导数的隐函数 $y=y(x,z)$ 和 $z=z(x,y)$

(D) 可确定两个具有连续偏导数的隐函数 $x=x(y,z)$ 和 $y=y(x,z)$

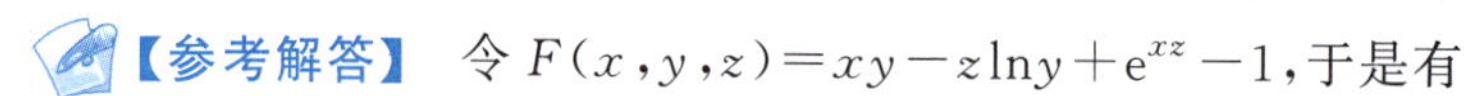

【参考解答】 令 $F(x,y,z)=xy-z\ln y+e^{xz}-1$,于是有

$$F'_x=y+e^{xz}z,\quad F'_y=x-\frac{z}{y},\quad F'_z=-\ln y+e^{xz}x,$$

且 $F'_x(0,1,1)=2, F'_y(0,1,1)=-1, F'_z(0,1,1)=0$. 于是由隐函数存在定理可知,方程可以确定相应的隐函数为 $x=x(y,z)$ 和 $y=y(x,z)$. 故正确选项为(D).

2. 设函数 $z=z(x,y)$ 由方程 $f(xy,z-2x)=0$ 确定,其中 f 具有一阶连续偏导数,求 $x\frac{\partial z}{\partial x}-y\frac{\partial z}{\partial y}$.

【参考解答】【法 1】 方程 $f(xy,z-2x)=0$ 两边分别对 x,y 求导,得

$$f'_1\cdot y+\left(\frac{\partial z}{\partial x}-2\right)f'_2=0,\quad xf'_1+\frac{\partial z}{\partial y}f'_2=0,$$

解得 $\frac{\partial z}{\partial x}=\frac{-yf'_1+2f'_2}{f'_2}$, $\frac{\partial z}{\partial y}=-\frac{xf'_1}{f'_2}$. 所以

$$x\cdot\frac{\partial z}{\partial x}-y\cdot\frac{\partial z}{\partial y}=\frac{-xyf'_1+2xf'_2}{f'_2}+\frac{xyf'_1}{f'_2}=2x.$$

【法 2】 对函数 $F(x,y,z)=f(xy,z-2x)$ 分别关于 x,y,z 求偏导数,得

$$F'_x=yf'_1-2f'_2,\quad F'_y=xf'_1,\quad F'_z=f'_2,$$

于是由隐函数求导公式有

$$\frac{\partial z}{\partial x}=-\frac{F'_x}{F'_z}=\frac{-yf'_1+2f'_2}{f'_2},\quad \frac{\partial z}{\partial y}=-\frac{F'_y}{F'_z}=-\frac{xf'_1}{f'_2}.$$

于是得 $x\cdot\frac{\partial z}{\partial x}-y\cdot\frac{\partial z}{\partial y}=2x$.

【法 3】 由全微分的形式不变性,对方程 $f(xy,z-2x)=0$ 两边求微分,得

$$(y\mathrm{d}x+x\mathrm{d}y)f'_1+(\mathrm{d}z-2\mathrm{d}x)f'_2=0.$$

整理得 $\mathrm{d}z=\frac{-yf'_1+2f'_2}{f'_2}\mathrm{d}x-\frac{xf'_1}{f'_2}\mathrm{d}y$. 取 $\mathrm{d}x=x,\mathrm{d}y=-y$,得

$$\frac{-yf'_1+2f'_2}{f'_2}x+\frac{xf'_1}{f'_2}y=2x.$$

3. 设 $x=x(y,z),y=y(x,z),z=z(x,y)$ 都是由方程 $F(x,y,z)=0$ 所确定的具有连续偏导数的函数,证明 $\frac{\partial x}{\partial y}\cdot\frac{\partial y}{\partial z}\cdot\frac{\partial z}{\partial x}=-1$.

【参考证明】 根据隐函数求导公式 $\frac{\partial x}{\partial y}=\frac{-F'_y}{F'_x},\frac{\partial y}{\partial z}=\frac{-F'_z}{F'_y},\frac{\partial z}{\partial x}=\frac{-F'_x}{F'_z}$,所以

$$\frac{\partial x}{\partial y}\cdot\frac{\partial y}{\partial z}\cdot\frac{\partial z}{\partial x}=\frac{-F'_y}{F'_x}\cdot\frac{-F'_z}{F'_y}\cdot\frac{-F'_x}{F'_z}=-1.$$

4. 设函数 $y=y(x),z=z(x)$ 由方程组 $\begin{cases}z=x^2+y^2\\x^2+2y^2+3z^2=20\end{cases}$ 所确定,求 $\frac{\mathrm{d}y}{\mathrm{d}x},\frac{\mathrm{d}z}{\mathrm{d}x}$.

【参考解答】 方程两边同时对 x 求导,视 $y=y(x),z=z(x)$,得

$$\begin{cases}\frac{\mathrm{d}z}{\mathrm{d}x}=2x+2y\cdot\frac{\mathrm{d}y}{\mathrm{d}x}\\x+2y\cdot\frac{\mathrm{d}y}{\mathrm{d}x}+3z\cdot\frac{\mathrm{d}z}{\mathrm{d}x}=0\end{cases},$$

解得 $\frac{\mathrm{d}z}{\mathrm{d}x}=\frac{x}{1+3z},\frac{\mathrm{d}y}{\mathrm{d}x}=\frac{-x-6xz}{2y\cdot(1+3z)}$.

5. 已知 $xy=xf(z)+yg(z),xf'(z)+yg'(z)\neq0$,其中 $z=z(x,y)$ 是 x 和 y 的函数. 求证:$[x-g(z)]\frac{\partial z}{\partial x}=[y-f(z)]\frac{\partial z}{\partial y}$.

【参考证明】 等式 $xy=xf(z)+yg(z)$ 两端分别同时对 x,y 求偏导数,得

$$y=f(z)+xf'(z)\frac{\partial z}{\partial x}+yg'(z)\frac{\partial z}{\partial x},$$

$$x=xf'(z)\frac{\partial z}{\partial y}+g(z)+yg'(z)\frac{\partial z}{\partial y}.$$

分别解得 $\frac{\partial z}{\partial x}=\frac{y-f(z)}{xf'(z)+yg'(z)},\frac{\partial z}{\partial y}=\frac{x-g(z)}{xf'(z)+yg'(z)}$. 于是可得

$$[x-g(z)]\frac{\partial z}{\partial x}=\frac{[x-g(z)][y-f(z)]}{xf'(z)+yg'(z)}=[y-f(z)]\frac{\partial z}{\partial y}.$$

综合练习

6. 设函数 $u=u(x,y),v=v(x,y)$ 由方程组 $\begin{cases}x=\mathrm{e}^u+u\sin v\\y=\mathrm{e}^u-u\cos v\end{cases}$ 确定,求 $\frac{\partial u}{\partial x},\frac{\partial u}{\partial y},\frac{\partial v}{\partial x},\frac{\partial v}{\partial y}$.

【参考解答】 方程组中的方程两边同时对 x 求导，得

$$\begin{cases}1=\mathrm{e}^u\cdot\dfrac{\partial u}{\partial x}+\dfrac{\partial u}{\partial x}\cdot\sin v+u\cos v\cdot\dfrac{\partial v}{\partial x},\\ 0=\mathrm{e}^u\cdot\dfrac{\partial u}{\partial x}-\dfrac{\partial u}{\partial x}\cdot\cos v+u\sin v\cdot\dfrac{\partial v}{\partial x}\end{cases}$$

解得 $\begin{cases}\dfrac{\partial u}{\partial x}=\dfrac{\sin v}{(\sin v-\cos v)\mathrm{e}^u+1}\\ \dfrac{\partial v}{\partial x}=\dfrac{\cos v-\mathrm{e}^u}{u[(\sin v-\cos v)\mathrm{e}^u+1]}\end{cases}$. 方程组中的方程两边同时再对 y 求导，得

$$\begin{cases}0=\mathrm{e}^u\cdot\dfrac{\partial u}{\partial y}+\dfrac{\partial u}{\partial y}\cdot\sin v+u\cos v\cdot\dfrac{\partial v}{\partial y},\\ 1=\mathrm{e}^u\cdot\dfrac{\partial u}{\partial y}-\dfrac{\partial u}{\partial y}\cdot\cos v+u\sin v\cdot\dfrac{\partial v}{\partial y}\end{cases}$$

解得 $\begin{cases}\dfrac{\partial u}{\partial y}=\dfrac{-\cos v}{(\sin v-\cos v)\mathrm{e}^u+1}\\ \dfrac{\partial v}{\partial y}=\dfrac{\mathrm{e}^u+\sin v}{u[(\sin v-\cos v)\mathrm{e}^u+1]}\end{cases}$.

7. 设 $z=f(u,v)$，且 $u+v=\varphi(xy)$，$u-v=\psi\left(\dfrac{x}{y}\right)$，其中 f,φ,ψ 可微，求 $\dfrac{\partial z}{\partial x},\dfrac{\partial z}{\partial y}$.

【参考解答】 由两个四元方程 $u+v=\varphi(xy)$，$u-v=\psi\left(\dfrac{x}{y}\right)$ 可确定两个二元函数，依题意取 $u=u(x,y)$，$v=v(x,y)$，于是题设中的两方程两边分别同时对 x,y 求导，得

$$\begin{cases}\dfrac{\partial u}{\partial x}+\dfrac{\partial v}{\partial x}=y\varphi'\\ \dfrac{\partial u}{\partial x}-\dfrac{\partial v}{\partial x}=\dfrac{1}{y}\psi'\end{cases},\quad \begin{cases}\dfrac{\partial u}{\partial y}+\dfrac{\partial v}{\partial y}=x\varphi'\\ \dfrac{\partial u}{\partial y}-\dfrac{\partial v}{\partial y}=-\dfrac{x}{y^2}\psi'\end{cases}.$$

分别解两个方程组，得

$$\frac{\partial u}{\partial x}=\frac{y^2\varphi'+\psi'}{2y},\quad \frac{\partial v}{\partial x}=\frac{y^2\varphi'-\psi'}{2y};$$

$$\frac{\partial u}{\partial y}=\frac{xy^2\varphi'-x\psi'}{2y^2},\quad \frac{\partial v}{\partial y}=\frac{xy^2\varphi'+x\psi'}{2y^2}.$$

于是由复合函数求导的链式法则，得

$$\begin{aligned}\frac{\partial z}{\partial x}&=f'_u\cdot\frac{\partial u}{\partial x}+f'_v\cdot\frac{\partial v}{\partial x}=f'_u\cdot\frac{y^2\varphi'+\psi'}{2y}+f'_v\cdot\frac{y^2\varphi'-\psi'}{2y}\\&=\frac{y\varphi'}{2}(f'_u+f'_v)+\frac{\psi'}{2y}(f'_u-f'_v).\end{aligned}$$

$$\begin{aligned}\frac{\partial z}{\partial y}&=f'_u\cdot\frac{\partial u}{\partial y}+f'_v\cdot\frac{\partial v}{\partial y}=f'_u\cdot\frac{xy^2\varphi'-x\psi'}{2y^2}+f'_v\cdot\frac{xy^2\varphi'+x\psi'}{2y^2}\\&=\frac{x\varphi'}{2}(f'_u+f'_v)-\frac{x\psi'}{2y^2}(f'_u-f'_v).\end{aligned}$$

8. 设 $u=xy^2z^3$，在点(1,1,1)处，

(1) 若 $z=z(x,y)$ 为由方程 $x^2+y^2+z^2-3xyz=0$ 确定的隐函数，求 $\left.\frac{\partial u}{\partial x}\right|_{(1,1,1)}$.

(2) 若 $y=y(z,x)$ 为由方程 $x^2+y^2+z^2-3xyz=0$ 确定的隐函数，求 $\left.\frac{\partial u}{\partial x}\right|_{(1,1,1)}$.

【参考解答】 (1) 对方程 $x^2+y^2+z^2-3xyz=0$ 两边关于 x 求导，得

$$2x+2z\cdot\frac{\partial z}{\partial x}-3y\left(z+x\cdot\frac{\partial z}{\partial x}\right)=0.$$

解得 $\left.\frac{\partial z}{\partial x}\right|_{(1,1,1)}=\left.\frac{2x-3yz}{3xy-2z}\right|_{(1,1,1)}=-1$. 于是可得

$$\left.\frac{\partial u}{\partial x}\right|_{(1,1,1)}=\left.\left(y^2z^3+3xy^2z^2\frac{\partial z}{\partial x}\right)\right|_{(1,1,1)}=-2.$$

(2) 对方程 $x^2+y^2+z^2-3xyz=0$ 两边关于 x 求导，得

$$2x+2y\cdot\frac{\partial y}{\partial x}-3z\left(y+x\cdot\frac{\partial y}{\partial x}\right)=0.$$

解得 $\left.\frac{\partial y}{\partial x}\right|_{(1,1,1)}=\left.\frac{2x-3yz}{3xz-2y}\right|_{(1,1,1)}=-1$. 于是可得

$$\left.\frac{\partial u}{\partial x}\right|_{(1,1,1)}=\left.\left(y^2z^3+2xyz^3\frac{\partial z}{\partial x}\right)\right|_{(1,1,1)}=-1.$$

9. 设函数 $z=z(x,y)$ 由方程 $\frac{x}{z}=\varphi\left(\frac{y}{z}\right)$ 所确定，其中 $\varphi(u)$ 具有二阶连续导数，证明：

(1) $x\frac{\partial z}{\partial x}+y\frac{\partial z}{\partial y}=z$；(2) $\frac{\partial^2 z}{\partial x^2}\frac{\partial^2 z}{\partial y^2}-\left(\frac{\partial^2 z}{\partial x\partial y}\right)^2=0$.

【参考证明】 (1) 记 $F(x,y,z)=\varphi\left(\frac{y}{z}\right)-\frac{x}{z}$，则

$$F'_x=-\frac{1}{z},\quad F'_y=\frac{1}{z}\varphi'\left(\frac{y}{z}\right),\quad F'_z=\frac{1}{z^2}\left(x-y\varphi'\left(\frac{y}{z}\right)\right),$$

于是由隐函数求导公式，得

$$\frac{\partial z}{\partial x}=-\frac{F'_x}{F'_z}=\frac{z}{x-y\varphi'},\quad \frac{\partial z}{\partial y}=-\frac{z\varphi'}{x-y\varphi'},$$

所以 $x\frac{\partial z}{\partial x}+y\frac{\partial z}{\partial y}=z$.

(2) 对(1)得到的结果等式两端分别关于 x,y 求偏导，得

$$\frac{\partial z}{\partial x}+x\frac{\partial^2 z}{\partial x^2}+y\frac{\partial^2 z}{\partial x\partial y}=\frac{\partial z}{\partial x},$$

$$x\frac{\partial^2 z}{\partial x\partial y}+\frac{\partial z}{\partial y}+y\frac{\partial^2 z}{\partial y^2}=\frac{\partial z}{\partial y},$$

整理化简即得 $x\frac{\partial^2 z}{\partial x^2}=-y\frac{\partial^2 z}{\partial x\partial y}$，$y\frac{\partial^2 z}{\partial y^2}=-x\frac{\partial^2 z}{\partial x\partial y}$. 两式相乘，得

$$xy\frac{\partial^2 z}{\partial x^2}\frac{\partial^2 z}{\partial y^2}=xy\left(\frac{\partial^2 z}{\partial x\partial y}\right)^2,\quad 即\frac{\partial^2 z}{\partial x^2}\frac{\partial^2 z}{\partial y^2}-\left(\frac{\partial^2 z}{\partial x\partial y}\right)^2=0.$$

10. 设 $u=f(x,y,z)$ 有连续的一阶偏导数,又函数 $y=y(x)$ 及 $z=z(x)$ 分别由方程 $e^{xy}-xy=2$ 和 $e^x=\int_0^{x-z}\frac{\sin t}{t}dt$ 所确定,求 $\frac{du}{dx}$.

【参考解答】 方程 $e^{xy}-xy=2$ 和 $e^x=\int_0^{x-z}\frac{\sin t}{t}dt$ 两边对 x 求导,得

$$(e^{xy}-1)\left(y+x\frac{dy}{dx}\right)=0,\quad e^x=\frac{\sin(x-z)}{x-z}\cdot\left(1-\frac{dz}{dx}\right).$$

解得 $\frac{dy}{dx}=-\frac{y}{x}(e^{xy}-1\neq 0)$,$\frac{dz}{dx}=1-\frac{e^x(x-z)}{\sin(x-z)}$. 于是

$$\frac{du}{dx}=f_1'+f_2'\cdot\frac{dy}{dx}+f_3'\cdot\frac{dz}{dx}=f_1'-\frac{y}{x}f_2'+\left[1-\frac{e^x(x-z)}{\sin(x-z)}\right]f_3'.$$

考研与竞赛练习

1. 填空题.

(1) 设函数 $f(u,v)$ 可微,$z=z(x,y)$ 由方程 $(x+1)z-y^2=x^2f(x-z,y)$ 确定,则 $dz|_{(0,1)}=$__________.

(2) 设 $z=z(x,y)$ 是由方程 $2\sin(x+2y-3z)=x+2y-3z$ 所确定的二元隐函数,则 $\frac{\partial z}{\partial x}+\frac{\partial z}{\partial y}=$________.

【参考解答】 (1)**【法 1】** 对方程两边分别关于 x,y 求导得

$$z+(x+1)z_x'=2xf(x-z,y)+x^2f_1'(x-z,y)(1-z_x'),\tag{1}$$

$$(x+1)z_y'-2y=x^2[f_1'(x-z,y)(-z_y')+f_2'(x-z,y)\cdot 1],\tag{2}$$

将 $x=0,y=1$ 代入原式可得 $z=1$. 将 $x=0,y=1,z=1$ 代入式(1)得 $1+z_x'=0$,解得 $z_x'=-1$;将 $x=0,y=1,z=1$ 代入式(2)得 $z_y'-2=0$,解得 $z_y'=2$. 所以

$$dz|_{(0,1)}=-dx+2dy.$$

【法 2】 对等式两端求微分,得

$$\begin{aligned}zdx+(x+1)dz-2ydy&=2xf(x-z,y)dx+x^2df(x-z,y)\\&=2xf(x-z,y)dx+x^2[f_1'\cdot(dx-dz)+f_2'\cdot dy],\end{aligned}$$

整理得

$$-[x^2f_1'+(x+1)]dz=[z-2xf(x-z,y)-x^2f_1']dx-(2y+x^2f_2')dy.$$

将 $x=0,y=1,z=1$ 代入得 $dz=-dx+2dy$.

【注】 在 $x=0$ 处,第二步对 f 的微分可以省略.

(2) 对方程两边分别关于 x 和 y 求偏导,得

$$2\left(1-3\frac{\partial z}{\partial x}\right)\cos(x+2y-3z)=1-3\frac{\partial z}{\partial x},$$

$$2\left(2-3\frac{\partial z}{\partial y}\right)\cos(x+2y-3z)=2-3\frac{\partial z}{\partial y}.$$

两式相加,得

$$[2\cos(x+2y-3z)-1]\left[\left(1-\left(\frac{\partial z}{\partial x}+\frac{\partial z}{\partial y}\right)\right]=0.\right.$$

若 $\cos(x+2y-3z)=\dfrac{1}{2}$,则 $x+2y-3z=2k\pi\pm\dfrac{\pi}{3}$,两边分别对 x,y 求导,得

$$1-3\frac{\partial z}{\partial x}=0,\quad 2-3\frac{\partial z}{\partial y}=0.$$

故得 $\dfrac{\partial z}{\partial x}=\dfrac{1}{3},\dfrac{\partial z}{\partial y}=\dfrac{2}{3}$,所以 $\dfrac{\partial z}{\partial x}+\dfrac{\partial z}{\partial y}=1$.

若 $\cos(x+2y-3z)\neq\dfrac{1}{2}$,则有 $1-\left(\dfrac{\partial z}{\partial x}+\dfrac{\partial z}{\partial y}\right)=0$,即 $\dfrac{\partial z}{\partial x}+\dfrac{\partial z}{\partial y}=1$.

综上可知 $\dfrac{\partial z}{\partial x}+\dfrac{\partial z}{\partial y}=1$.

2. 设 $u=f(x,y,z),\varphi(x^2,e^y,z)=0,y=\sin x$,其中 f,φ 都具有一阶连续偏导数,且 $\dfrac{\partial\varphi}{\partial z}\neq 0$,求 $\dfrac{du}{dx}$.

【参考解答】 **【法 1】** 由题意可知 $y=y(x),z=z(x)$,所以对三个等式两端直接由复合函数求导法对 x 求导得

$$\begin{cases}\dfrac{du}{dx}=f'_1+f'_2\dfrac{dy}{dx}+f'_3\dfrac{dz}{dx}\\ \varphi'_1\cdot 2x+\varphi'_2\cdot e^y\dfrac{dy}{dx}+\varphi'_3\cdot\dfrac{dz}{dx}=0.\\ \dfrac{dy}{dx}=\cos x\end{cases}$$

解得 $\dfrac{du}{dx}=f'_1+(\cos x)\cdot f'_2-\dfrac{2x\varphi'_1+\varphi'_2\cdot e^y\cos x}{\varphi'_3}\cdot f'_3$.

【法 2】 由 $y=\sin x$,有 $dy=\cos x\,dx$,由 $\varphi(x^2,e^y,z)=0$,有

$$2x\varphi'_1dx+e^y\varphi'_2dy+\varphi'_3dz=2x\varphi'_1dx+e^y\cos x\varphi'_2dx+\varphi'_3dz=0,$$

解得 $dz=-\dfrac{2x\varphi'_1+\varphi'_2\cdot e^y\cos x}{\varphi'_3}dx$. 又由 $u=f(x,y,z)$,可得

$$du=f'_1dx+f'_2dy+f'_3dz=\left(f'_1+(\cos x)\cdot f'_2-\frac{2x\varphi'_1+\varphi'_2\cdot e^y\cos x}{\varphi'_3}\cdot f'_3\right)dx,$$

所以 $\dfrac{du}{dx}=f'_1+(\cos x)\cdot f'_2-\dfrac{2x\varphi'_1+\varphi'_2\cdot e^y\cos x}{\varphi'_3}\cdot f'_3$.

3. 设 $u=f(x,y,z)$ 具有连续偏导数,$y=y(x)$ 和 $z=z(x)$ 分别由方程 $e^{xy}-y=0$ 和 $e^z-xz=0$ 确定,求 $\dfrac{du}{dx}$.

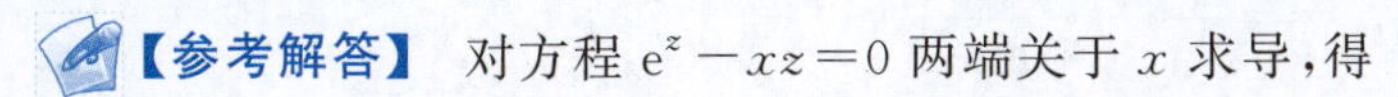

【参考解答】 对方程 $e^z-xz=0$ 两端关于 x 求导,得

$$e^z \frac{dz}{dx} - z - x\frac{dz}{dx} = 0, \quad 解得 \frac{dz}{dx} = \frac{z}{e^z - x}.$$

对方程 $e^{xy} - y = 0$ 两端关于 x 求导，得

$$e^{xy}\left(y + x\frac{dy}{dx}\right) - \frac{dy}{dx} = 0, \quad 解得 \frac{dy}{dx} = \frac{ye^{xy}}{1 - xe^{xy}} = \frac{y^2}{1 - xy}.$$

于是 $\frac{du}{dx} = f_1' + f_2' \cdot \frac{dy}{dx} + f_3' \cdot \frac{dz}{dx} = f_1' + \frac{y^2}{1-xy}f_2' + \frac{z}{e^z - x}f_3'$.

4. 设方程 $x^2 + y^2 - z = \varphi(x+y+z)$ 确定函数 $z = z(x,y)$，其中 φ 具有二阶导数且 $\varphi' \neq -1$. (1)求 dz；(2)记 $u(x,y) = \frac{1}{x-y}\left(\frac{\partial z}{\partial x} - \frac{\partial z}{\partial y}\right)$，求 $\frac{\partial u}{\partial x}$.

【参考解答】 (1)**【法 1】** 设 $F(x,y,z) = x^2 + y^2 - z - \varphi(x+y+z)$，则

$$F_x' = 2x - \varphi', \quad F_y' = 2y - \varphi', \quad F_z' = -1 - \varphi',$$

由隐函数偏导数计算公式，得

$$\frac{\partial z}{\partial x} = -\frac{F_x'}{F_z'} = \frac{2x - \varphi'}{1 + \varphi'}, \quad \frac{\partial z}{\partial y} = -\frac{F_y'}{F_z'} = \frac{2y - \varphi'}{1 + \varphi'}.$$

于是 $dz = \frac{\partial z}{\partial x}dx + \frac{\partial x}{\partial y}dy = \frac{1}{1+\varphi'}[(2x-\varphi')dx + (2y-\varphi')dy]$.

【法 2】 由全微分的形式不变性，在方程两边直接求微分，得

$$2x\,dx + 2y\,dy - dz = \varphi' \cdot (dx + dy + dz),$$

解得 $dz = \frac{2x-\varphi'}{1+\varphi'}dx + \frac{2y-\varphi'}{1+\varphi'}dy$.

(2) 由(1)可得 $\frac{\partial z}{\partial x} - \frac{\partial z}{\partial y} = \frac{2x-\varphi'}{1+\varphi'} - \frac{2y-\varphi'}{1+\varphi'} = \frac{2(x-y)}{1+\varphi'}$，所以

$$u(x,y) = \frac{1}{x-y}\left(\frac{\partial z}{\partial x} - \frac{\partial z}{\partial y}\right) = \frac{2}{1+\varphi'} = \frac{2}{1+\varphi'(x+y+z)}.$$

于是由 $\frac{\partial z}{\partial x} = \frac{2x-\varphi'}{1+\varphi'}$，可得

$$\frac{\partial u}{\partial x} = \frac{-2}{(1+\varphi')^2}\left(1 + \frac{\partial z}{\partial x}\right)\varphi'' = -\frac{2(2x+1)\varphi''}{(1+\varphi')^3}.$$

5. 设 $z = z(x,y)$ 是由方程 $F\left(z + \frac{1}{x}, z - \frac{1}{y}\right) = 0$ 所确定的隐函数，且具有连续的二阶偏导数，求证：$x^2\frac{\partial z}{\partial x} - y^2\frac{\partial z}{\partial y} = 1$ 和 $x^3\frac{\partial^2 z}{\partial x^2} + xy(x-y)\frac{\partial^2 z}{\partial x \partial y} - y^3\frac{\partial^2 z}{\partial y^2} + 2 = 0$.

【参考证明】 对方程两边分别关于 x, y 求导，得

$$\frac{\partial z}{\partial x}F_1' - \frac{1}{x^2}F_1' + \frac{\partial z}{\partial x}F_2' = 0, \quad F_1'\frac{\partial z}{\partial y} + F_2'\frac{\partial z}{\partial y} + F_2'\frac{1}{y^2} = 0.$$

由此可得 $\frac{\partial z}{\partial x} = \frac{F_1'}{x^2(F_1' + F_2')}$，$\frac{\partial z}{\partial y} = \frac{-F_2'}{y^2(F_1' + F_2')}$，所以

$$x^2\frac{\partial z}{\partial x}-y^2\frac{\partial z}{\partial y}=1.$$

上式分别对 x,y 求导，得

$$2x\frac{\partial z}{\partial x}+x^2\frac{\partial^2 z}{\partial x^2}-y^2\frac{\partial^2 z}{\partial y\partial x}=0,\quad x^2\frac{\partial^2 z}{\partial x\partial y}-2y\frac{\partial z}{\partial y}-y^2\frac{\partial^2 z}{\partial y^2}=0.$$

第一个等式乘以 x，第二个等式乘以 y，相加并借助于第一个等式的结论即得

$$x^3\frac{\partial^2 z}{\partial x^2}+xy(x-y)\frac{\partial^2 z}{\partial x\partial y}-y^3\frac{\partial^2 z}{\partial y^2}+2=0.$$

练习 52　多元函数微分学的几何应用

训练目的

1. 熟练掌握求曲面的切平面与法线方程的方法.
2. 熟练掌握求曲线的切线与法平面方程的方法.

基础练习

1. 求曲面 $e^z-z+xy=3$ 在点(2,1,0)处的切平面及法线方程.

【参考解答】 设 $F(x,y,z)=e^z-z+xy-3$，曲面在点(2,1,0)处的法向量可以取为

$$\boldsymbol{n}=(F'_x,F'_y,F'_z)_{(2,1,0)}=(y,x,e^z-1)_{(2,1,0)}=(1,2,0),$$

所以在点(2,1,0)处的切平面方程为

$$(x-2)+2(y-1)=0,\quad 即\ x+2y-4=0,$$

法线方程为 $\dfrac{x-2}{1}=\dfrac{y-1}{2}=\dfrac{z}{0}$.

2. 求椭球面 $x^2+2y^2+z^2=1$ 上平行于平面 $x-y+2z=0$ 的切平面方程.

【参考解答】 已知平面的法向量为(1,−1,2). 设 $F(x,y,z)=x^2+2y^2+z^2-1$，则椭球面在点 $P(x,y,z)$ 处的切平面的法向量可以取为

$$\boldsymbol{n}=(F'_x,F'_y,F'_z)=(2x,4y,2z).$$

由切平面平行于已知平面，故有 $\boldsymbol{n}/\!/(1,-1,2)$，于是有

$$\begin{cases}\dfrac{x}{1}=\dfrac{2y}{-1}=\dfrac{z}{2}\\ x^2+2y^2+z^2=1\end{cases}.$$

解得 $P\left(\pm\dfrac{\sqrt{22}}{11},\mp\dfrac{\sqrt{22}}{22},\pm\dfrac{2\sqrt{22}}{11}\right)$. 于是切平面方程为

$$\left(x\mp\frac{\sqrt{22}}{11}\right)-\left(y\pm\frac{\sqrt{22}}{22}\right)+2\cdot\left(z\mp\frac{2\sqrt{22}}{11}\right)=0,$$

即 $x-y+2z\pm\frac{\sqrt{22}}{2}=0$.

3. 求曲线 $x=\frac{t}{1+t},y=\frac{1+t}{t},z=t^2$ 在对应于 $t=1$ 的点处的切线和法平面方程.

【参考解答】 将 $t=1$ 代入曲线的参数方程表达式，得对应曲线上点的坐标为 $M\left(\frac{1}{2},2,1\right)$，在 M 点处切线的方向向量可以取为

$$\boldsymbol{s}=(x'(t),y'(t),z'(t))_{t=1}=\left(\frac{1}{(1+t)^2},-\frac{1}{t^2},2t\right)_{t=1}=\frac{1}{4}(1,-4,8).$$

故切线方程为 $\frac{x-\frac{1}{2}}{1}=\frac{y-2}{-4}=\frac{z-1}{8}$；法平面方程为

$$\left(x-\frac{1}{2}\right)-4(y-2)+8(z-1)=0,\quad 即\ 2x-8y+16z-1=0.$$

4. 求曲线 $\begin{cases}2x^2+y^2+z^2=45\\x^2+2y^2=z\end{cases}$ 在点$(-2,1,6)$处的切线和法平面方程.

【参考解答】【法 1】 曲面 $2x^2+y^2+z^2=45$ 在点$(-2,1,6)$处的切平面的法向量可以取为

$$\boldsymbol{n}=(4x,2y,2z)_{(-2,1,6)}=-2(4,-1,-6),$$

所以切平面方程为 $4x-y-6z+45=0$. 曲面 $x^2+2y^2=z$ 在点$(-2,1,6)$处的切平面法向量可以取为

$$\boldsymbol{n}=(2x,4y,-1)_{(-2,1,6)}=-(4,-4,1),$$

所以切平面方程为 $4x-4y+z+6=0$. 于是所求切线方程为

$$\begin{cases}4x-y-6z+45=0\\4x-4y+z+6=0\end{cases},$$

所以切线的方向向量可以取为

$$\boldsymbol{s}=(4,-1,-6)\times(4,-4,1)=-(25,28,12),$$

于是点$(-2,1,6)$处的法平面方程为

$$25(x+2)+28(y-1)+12(z-6)=0,\quad 即\ 25x+28y+12z-50=0.$$

【法 2】 对方程组 $\begin{cases}2x^2+y^2+z^2=45\\x^2+2y^2=z\end{cases}$ 两边关于 x 求导数，得

$$\begin{cases}4x+2y\frac{\mathrm{d}y}{\mathrm{d}x}+2z\frac{\mathrm{d}z}{\mathrm{d}x}=0\\2x+4y\frac{\mathrm{d}y}{\mathrm{d}x}-\frac{\mathrm{d}z}{\mathrm{d}x}=0\end{cases}.$$

代入点$(-2,1,6)$的坐标，得

$$\begin{cases}-4+\dfrac{dy}{dx}+6\dfrac{dz}{dx}=0\\ -4+4\dfrac{dy}{dx}-\dfrac{dz}{dx}=0\end{cases},\quad 解得\begin{cases}\dfrac{dy}{dx}=\dfrac{28}{25}\\ \dfrac{dz}{dx}=\dfrac{12}{25}\end{cases}.$$

所以切线的方向向量可以取为 $\boldsymbol{s}=\left(1,\dfrac{dy}{dx},\dfrac{dz}{dx}\right)=\dfrac{1}{25}(25,28,12)$. 所以所求切线的方程为 $\dfrac{x+2}{25}=\dfrac{y-1}{28}=\dfrac{z-6}{12}$；法平面方程为

$$25(x+2)+28(y-1)+12(z-6)=0,\quad 即\ 25x+28y+12z-50=0.$$

综合练习

5. 求椭球面 $x^2+2y^2+3z^2=21$ 上某点 M 处的切平面 π 的方程,使平面 π 过已知直线 L：$\dfrac{x-6}{2}=\dfrac{y-3}{1}=\dfrac{2z-1}{-2}$.

【参考解答】 令 $F(x,y,z)=x^2+2y^2+3z^2-21$,曲面在 $M(x_0,y_0,z_0)$ 的法向量可以取为

$$\boldsymbol{n}=(F'_x,F'_y,F'_z)=2(x_0,2y_0,3z_0).$$

故过点 M 的切平面 π 的方程为

$$2x_0(x-x_0)+4y_0(y-y_0)+6z_0(z-z_0)=0.$$

由于 M 点位于椭球面上,故有

$$x_0^2+2y_0^2+3z_0^2=21. \tag{1}$$

于是切平面方程可整理为

$$x_0x+2y_0y+3z_0z=21.$$

由直线 L 的方程可知直线过点 $P\left(6,3,\dfrac{1}{2}\right)$,且方向向量可取为 $\boldsymbol{s}=(2,1,-1)$. 由于平面 π 过直线 L,所以 $\boldsymbol{s}\perp\boldsymbol{n}$,从而可得

$$\boldsymbol{s}\cdot\boldsymbol{n}=2x_2+2y_0-3z_0=0, \tag{2}$$

由点 P 也位于平面 π 上,故有

$$6x_0+6y_0+\frac{3}{2}z_0=21, \tag{3}$$

联立方程(1)～(3),解得 $x_0=3,y_0=0,z_0=2$ 或 $x_0=1,y_0=2,z_0=2$. 故对应所求切平面 π 的方程为

$$\pi_1: x+2z=7 \quad 或 \quad \pi_2: x+4y+6z=21.$$

6. 设 L：$\begin{cases}x+y+b=0\\ x+ay-z-3=0\end{cases}$ 在平面 π 上,而平面 π 与曲面 $z=x^2+y^2$ 相切于点 $(1,-2,5)$,求 a,b 的值.

【参考解答】 曲面在点 $(1,-2,5)$ 处的切平面法向量可取为

$$\boldsymbol{n}=(2x,2y,-1)_{(1,-2,5)}=(2,-4,-1),$$

所以切平面方程为

$$2(x-1)-4(y+2)-(z-5)=0,\quad 即\ 2x-4y-z-5=0.$$

【法 1】 由直线 L 的方程可得其参数方程为

$$\begin{cases}x=x\\ y=-x-b\\ z=(1-a)x-3-ab\end{cases},$$

将它们代入切平面方程，得

$$2x+4x+4b-x+3+ax+ab-5\equiv 0.$$

从而可得 $5+a=0,4b+ab-2=0$，解得 $a=-5,b=-2$.

【法 2】 在直线上取点 $(-b,0,-b-3)$，代入平面方程，得 $-b-2=0$，解得 $b=-2$. 再在直线上取点 $(0,-b,-ab-3)$，同样代入平面方程，得 $ab+4b-2=0$. 再由 $b=-2$，故得 $a=-5$.

7. 证明曲面 $F(x-my,z-ny)=0$ 的所有切平面恒与定直线平行，其中 $F(u,v)$ 可微.

【参考证明】 曲面上任一点 (x,y,z) 处的法向量可取为

$$\boldsymbol{n}=(F_1',-mF_1'-nF_2',F_2').$$

由于 $(F_1',-mF_1'-nF_2',F_2')\cdot(m,1,n)=0$，所以曲面上任意一点处的切平面恒与方向向量取为 $\boldsymbol{s}=(m,1,n)$ 的直线平行，故所证结论成立.

8. 证明：旋转曲面 $z=f(\sqrt{x^2+y^2})$ 上任意一点处的法线与旋转轴相交，其中 $f'(u)$ 连续且不等于零.

【参考证明】 由旋转曲面表达式可知，旋转轴为 z 轴. 设 $P(x_0,y_0,z_0)$ 为旋转曲面上任意一点，则该点处的法线的方向向量可取为

$$\boldsymbol{s}=(z_x',z_y',-1)=\left(\frac{x_0}{\sqrt{x_0^2+y_0^2}}f'(\sqrt{x_0^2+y_0^2}),\frac{y_0}{\sqrt{x_0^2+y_0^2}}f'(\sqrt{x_0^2+y_0^2}),-1\right).$$

于是法线方程为

$$\frac{x-x_0}{\dfrac{x_0}{\sqrt{x_0^2+y_0^2}}f'(\sqrt{x_0^2+y_0^2})}=\frac{y-y_0}{\dfrac{y_0}{\sqrt{x_0^2+y_0^2}}f'(\sqrt{x_0^2+y_0^2})}=\frac{z-z_0}{-1},$$

令法线方程中的 $x=y=0$，得

$$\frac{\sqrt{x_0^2+y_0^2}}{f'(\sqrt{x_0^2+y_0^2})}=\frac{\sqrt{x_0^2+y_0^2}}{f'(\sqrt{x_0^2+y_0^2})}=z-z_0,$$

于是可知 z 轴上点 $\left(0,0,f(\sqrt{x_0^2+y_0^2})+\dfrac{\sqrt{x_0^2+y_0^2}}{f'(\sqrt{x_0^2+y_0^2})}\right)$ 满足法线方程，即法线与 z 轴相交于点 $\left(0,0,f(\sqrt{x_0^2+y_0^2})+\dfrac{\sqrt{x_0^2+y_0^2}}{f'(\sqrt{x_0^2+y_0^2})}\right)$，从而可知题设中的旋转曲面上任意一点处的法线与旋转轴相交.

9. 试证曲面$\sqrt{x}+\sqrt{y}+\sqrt{z}=\sqrt{a}\ (a>0)$在任意点处的切平面在各坐标轴上的截距之和等于$a$.

【参考证明】 设$P(x_0,y_0,z_0)$为曲面上任意一点,则P点处切平面的法向量可取为

$$\boldsymbol{n}=\frac{1}{2}\left(\frac{1}{\sqrt{x_0}},\frac{1}{\sqrt{y_0}},\frac{1}{\sqrt{z_0}}\right).$$

于是切平面方程为

$$\frac{1}{\sqrt{x_0}}(x-x_0)+\frac{1}{\sqrt{y_0}}(y-y_0)+\frac{1}{\sqrt{z_0}}(z-z_0)=0,$$

整理得$\frac{1}{\sqrt{x_0}}x+\frac{1}{\sqrt{y_0}}y+\frac{1}{\sqrt{z_0}}z-\sqrt{a}=0$. 其截距式方程为

$$\frac{1}{\sqrt{a}\sqrt{x_0}}x+\frac{1}{\sqrt{a}\sqrt{y_0}}y+\frac{1}{\sqrt{a}\sqrt{z_0}}z=1,$$

于是可知切平面在坐标轴上的截距分别为$\sqrt{a}\sqrt{x_0}$,$\sqrt{a}\sqrt{y_0}$,$\sqrt{a}\sqrt{z_0}$,于是它们的和为

$$\sqrt{a}\sqrt{x_0}+\sqrt{a}\sqrt{y_0}+\sqrt{a}\sqrt{z_0}=\sqrt{a}(\sqrt{x_0}+\sqrt{y_0}+\sqrt{z_0})=a.$$

10. 定义两个曲面在交线上某点的交角为两曲面在该点的法线的夹角. 证明:球面$x^2+y^2+z^2=R^2$与锥面$x^2+y^2-k^2z^2=0(k>0)$正交$\left(\text{即交角为}\frac{\pi}{2}\right)$.

【参考证明】 设$P(x_0,y_0,z_0)$为两曲面交线上任意一点,则在P点处球面的法线方向向量可取为$\boldsymbol{s}_1=2(x_0,y_0,z_0)$;锥面的法线方向向量可取为$\boldsymbol{s}_2=2(x_0,y_0,-k^2z_0)$. 由于$P$在球面与锥面上,故满足球面与锥面的方程,于是可得

$$\boldsymbol{s}_1\cdot\boldsymbol{s}_2=x_0^2+y_0^2-k^2z_0^2=0,$$

所以两法线垂直,即交角为$\frac{\pi}{2}$,两曲面正交.

考研与竞赛练习

1. 设$f(x,y)$在点$(0,0)$的某邻域内有定义,且$f'_x(0,0)=3$,$f'_y(0,0)=1$,则(　　).

(A) $\mathrm{d}z\big|_{(0,0)}=3\mathrm{d}x+\mathrm{d}y$

(B) 曲面$z=f(x,y)$在点$(0,0,f(0,0))$处的法向量平行于$(3,1,1)$

(C) 曲线$\begin{cases}z=f(x,y)\\y=0\end{cases}$在点$(0,0,f(0,0))$处的切向量平行于$(1,0,3)$

(D) 曲线$\begin{cases}z=f(x,y)\\y=0\end{cases}$在点$(0,0,f(0,0))$处的切向量平行于$(3,0,1)$

【参考解答】 由于函数偏导数存在,不一定可微,故可排除(A);曲面$z=f(x,y)$在$(0,0,f(0,0))$处的法向量应该为

$$\pm(f'_x,f'_y,-1)=\pm(-3,-1,1),$$

从而排除(B)；曲线$\begin{cases} z=f(x,y) \\ y=0 \end{cases}$的参数方程为$\begin{cases} x=x \\ y=0 \\ z=f(x,0) \end{cases}$，所以在点$(0,0,f(0,0))$处的切向量为$\pm(1,0,f'_x(0,0))=\pm(1,0,3)$，故正确选项为(C).

2. 过点(1,0,0)与(0,1,0)且与$z=x^2+y^2$相切的平面方程为(　　).

(A) $z=0$ 与 $x+y-z=1$　　(B) $z=0$ 与 $2x+2y-z=2$

(C) $y=x$ 与 $x+y-z=1$　　(D) $y=x$ 与 $2x+2y-z=2$

【参考解答】 曲面$z=x^2+y^2$上任意一点(x,y,z)处的切平面方程的法向量可取为$\boldsymbol{n}=(2x,2y,-1)$. 设所求切点坐标为$(x_0,y_0,x_0^2+y_0^2)$，则切平面的方程为

$$2x_0(x-x_0)+2y_0(y-y_0)-[z-(x_0^2+y_0^2)]=0,$$

即$2x_0x+2y_0y-z-(x_0^2+y_0^2)=0$. 又平面经过两点(1,0,0)与(0,1,0)，将两点的坐标代入切平面方程，得$\begin{cases} 2x_0-(x_0^2+y_0^2)=0 \\ 2y_0-(x_0^2+y_0^2)=0 \end{cases}$，解方程组，得

$$x_0=y_0=0,\quad x_0=y_0=1.$$

所以对应切平面为$z=0$或$2x+2y-z=2$. 故正确选项为(B).

【注】 也可以使用排除法，直接用点的坐标是否满足平面方程，平面的法向量应该具有描述形式$\pm(2x,2y,-1)$来确定正确选项.

3. 设$a,b,c,\mu>0$，曲面$xyz=\mu$与曲面$\frac{x^2}{a^2}+\frac{y^2}{b^2}+\frac{z^2}{c^2}=1$相切，则$\mu=$________.

【参考解答】 设两曲面相切的切点为(x,y,z)，切平面的法向量为$\boldsymbol{n}$，则由曲面方程$xyz=\mu$可知，切平面的法向量$\boldsymbol{n}$可以取为

$$\boldsymbol{n}=(yz,zx,xy)=\left(\frac{xyz}{x},\frac{xyz}{y},\frac{xyz}{z}\right)=\left(\frac{\mu}{x},\frac{\mu}{y},\frac{\mu}{z}\right).$$

而由曲面$\frac{x^2}{a^2}+\frac{y^2}{b^2}+\frac{z^2}{c^2}=1$，切平面的法向量$\boldsymbol{n}$也可以取为

$$\boldsymbol{n}=\left(\frac{2x}{a^2},\frac{2y}{b^2},\frac{2z}{c^2}\right)=2\left(\frac{x}{a^2},\frac{y}{b^2},\frac{z}{c^2}\right).$$

于是由向量平行可得$\frac{\mu}{x}=\frac{x}{a^2}\lambda,\frac{\mu}{y}=\frac{y}{b^2}\lambda,\frac{\mu}{z}=\frac{z}{c^2}\lambda$，即$\frac{\mu}{\lambda}=\frac{x^2}{a^2}=\frac{y^2}{b^2}=\frac{z^2}{c^2}$. 又由于$\frac{x^2}{a^2}+\frac{y^2}{b^2}+\frac{z^2}{c^2}=1$，所以$\frac{x^2}{a^2}=\frac{y^2}{b^2}=\frac{z^2}{c^2}=\frac{1}{3}$，即$\frac{xyz}{abc}=\frac{1}{3\sqrt{3}}$. 从而可得$xyz=\frac{abc}{3\sqrt{3}}$. 又$xyz=\mu$，所以$\mu=\frac{abc}{3\sqrt{3}}$.

4. 证明：曲面$f\left(\frac{x-a}{z-c},\frac{y-b}{z-c}\right)=0$上任一点处的切平面过某一定点，其中$f(u,v)$为可微函数.

【参考证明】 设$P_0(x_0,y_0,z_0)$为曲面上任意一点，令$F=f\left(\frac{x-a}{z-c},\frac{y-b}{z-c}\right)$，则

$$F'_x=\frac{f'_1}{z_0-c},\quad F_y=\frac{f'_2}{z_0-c},\quad F_z=-\frac{(x_0-a)f'_1+(y_0-b)f'_2}{(z_0-c)^2}.$$

于是曲面上点 P_0 处切平面的法向量可取为

$$\boldsymbol{n}=(F'_x,F'_y,F'_z)=\left(\frac{f'_1}{z_0-c},\frac{f'_2}{z_0-c},-\frac{(x_0-a)f'_1+(y_0-b)f'_2}{(z_0-c)^2}\right),$$

则切平面方程为

$$\frac{f'_1}{z_0-c}(x-x_0)+\frac{f'_2}{z_0-c}(y-y_0)-\frac{(x_0-a)f'_1+(y_0-b)f'_2}{(z_0-c)^2}(z-z_0)=0.$$

当取 $x=a,y=b,z=c$ 时，上式恒成立．即曲面上任意一点 $P_0(x_0,y_0,z_0)$的切平面都经过点(a,b,c)．

5．证明曲面 $z+\sqrt{x^2+y^2+z^2}=x^3f\left(\frac{y}{x}\right)$上任意点处的切平面在 z 轴上的截距与切点到坐标原点的距离之比为常数，并求此常数．

【参考证明】 记 $r=\sqrt{x^2+y^2+z^2}$，则 r 表示点(x,y,z)到原点的距离．令

$$F(x,y,z)=z+r-x^3f\left(\frac{y}{x}\right),$$

则曲面上任一点(x,y,z)处的法向量可取为

$$\boldsymbol{n}=(F'_x,F'_y,F'_z)=\left(\frac{x}{r}-3x^2f+xyf',\frac{y}{r}-x^2f',1+\frac{z}{r}\right),$$

则该点处的切平面的方程为

$$F'_x(X-x)+F'_y(Y-y)+F'_z(Z-z)=0.$$

令 $X=0,Y=0$，得切平面在 z 轴上的截距为

$$Z=\frac{xF'_x+yF'_y+zF'_z}{F'_z}=\frac{x^2-3rx^3f+x^2yrf'+y^2-x^2yrf'+rz+z^2}{r+z}$$

$$=\frac{r^2-3r(z+r)+rz}{r+z}=\frac{-2r(z+r)}{r+z}=-2r.$$

于是有$\frac{Z}{r}=-2$，即截距与切点到坐标原点的距离之比为-2．

练习 53　方向导数与梯度　黑塞矩阵与泰勒公式

训练目的

1．理解方向导数与梯度的概念．
2．掌握求方向导数与梯度的方法．
3．了解黑赛矩阵及泰勒公式．

基础练习

1．(1) 函数 $z=x^2+y^2$ 在点(1,2)处的梯度$\nabla z(1,2)=$__________，沿从点(1,2)到点$(2,2+\sqrt{3})$的方向的方向导数 $D\Big|_{(1,2)}=$__________．在(1,2)点处方向导数最大的方向的单位向量为 $\boldsymbol{e}=$________，最大的方向导数值为 $D_{\max}=$________．

（2）函数 $u=xy^2+z^3-xyz$ 在点(1,1,2)处的梯度 $\nabla u(1,1,2)=$________沿方向角为 $\alpha=\frac{\pi}{3},\beta=\frac{\pi}{4},\gamma=\frac{\pi}{3}$ 的方向的方向导数 $D\big|_{(1,1,2)}=$________. 在点(1,1,2)处方向导数最大的方向的单位向量为 $\boldsymbol{e}=$________，最大的方向导数值为 $D_{\max}=$________.

【参考解答】 (1) 由梯度的定义，有

$$\nabla z(1,2)=(z'_x,z'_y)\big|_{(1,2)}=(2x,2y)\big|_{(1,2)}=(2,4).$$

点(1,2)到点 $(2,2+\sqrt{3})$ 的向量为 $\boldsymbol{s}=(1,\sqrt{3})$，单位向量为 $\boldsymbol{s}^0=\left(\frac{1}{2},\frac{\sqrt{3}}{2}\right)$. 于是由可微函数的方向导数计算公式，得

$$D\big|_{(1,2)}=\nabla z(1,2)\cdot\boldsymbol{s}^0=2\cdot\frac{1}{2}+4\cdot\frac{\sqrt{3}}{2}=1+2\sqrt{3}.$$

沿梯度方向的方向导数最大，故 $\boldsymbol{e}=\left(\frac{1}{\sqrt{5}},\frac{2}{\sqrt{5}}\right)$. 方向导数的最大值为梯度的模，所以

$$D_{\max}=|\nabla z(1,2)|=|(2,4)|=2\sqrt{5}.$$

(2) 由梯度的定义，有

$$\nabla u(1,1,2)=\left(\frac{\partial u}{\partial x},\frac{\partial u}{\partial y},\frac{\partial u}{\partial z}\right)_{(1,1,2)}=(y^2-yz,2xy-xz,3z^2-xy)_{(1,1,2)}=(-1,0,11).$$

方向角为 $\alpha=\frac{\pi}{3},\beta=\frac{\pi}{4},\gamma=\frac{\pi}{3}$ 的单位向量为

$$\boldsymbol{e}=\left(\cos\frac{\pi}{3},\cos\frac{\pi}{4},\cos\frac{\pi}{3}\right)=\left(\frac{1}{2},\frac{\sqrt{2}}{2},\frac{1}{2}\right),$$

于是由可微函数的方向导数计算公式，得

$$D\big|_{(1,1,2)}=\nabla(1,1,2)\cdot\boldsymbol{e}=(-1)\cdot\frac{1}{2}+11\cdot\frac{1}{2}=5.$$

沿梯度方向的方向导数最大，于是 $\boldsymbol{e}=\left(-\frac{1}{\sqrt{122}},0,\frac{11}{\sqrt{122}}\right)$. 方向导数的最大值为梯度的模，即 $D_{\max}=|\nabla u(1,1,2)|=|(-1,0,11)|=\sqrt{122}$.

2. (1) 函数 $u=x^2+2y^2+3z^2+xy+3x-2y-6z$ 在点(1,1,1)处的梯度 $\nabla u(1,1,1)=$________，黑塞矩阵 $\nabla^2u(1,1,1)=$________，在点________处的梯度 $\nabla u=0$.

(2) 函数 $f(x,y)=2x^2-xy-y^2-6x-3y+5$ 在点(1,−2)处的梯度 $\nabla f(1,-2)=$________，黑塞矩阵 $\nabla^2f(1,-2)=$________，二阶泰勒公式展开式为 $f(x,y)=$________.

(3) 函数 $f(x,y)=\mathrm{e}^x\ln(1+y)$ 在点(0,0)处的梯度 $\nabla f(0,0)=$________，黑塞矩阵 $\nabla^2f(0,0)=$________，带皮亚诺余项的二阶泰勒公式为 $f(x,y)=$________.

极限 $\lim\limits_{\substack{x\to0\\y\to0}}\dfrac{\mathrm{e}^x\ln(1+y)-y-xy+\frac{1}{2}y^2}{x^2+y^2}=$________，$\lim\limits_{\substack{x\to0\\y\to0}}\dfrac{\mathrm{e}^x\ln(1+y)-y}{y^2-2xy}$________.

【参考解答】 (1) 对函数 u 关于 x,y 变量分别求一阶、二阶偏导数，得

$$u'_x=2x+y+3,\quad u'_y=4y+x-2,\quad u'_z=6z-6,$$

$$u''_{xx}=2,\quad u''_{yy}=4,\quad u''_{zz}=6,\quad u''_{xy}=u''_{yx}=1,\quad u''_{xz}=u''_{zx}=0,\quad u''_{yz}=u''_{zy}=0.$$

于是在点(1,1,1)处的梯度为

$$\nabla u(1,1,1)=(u'_x,u'_y,u'_z)_{(1,1,1)}=(6,3,0),$$

黑塞矩阵为

$$\nabla^2 u(1,1,1)=\begin{pmatrix}u''_{xx} & u''_{xy} & u''_{xz}\\ u''_{yx} & u''_{yy} & u''_{yz}\\ u''_{zx} & u''_{zy} & u''_{zz}\end{pmatrix}=\begin{pmatrix}2 & 1 & 0\\ 1 & 4 & 0\\ 0 & 0 & 6\end{pmatrix}.$$

令 $\nabla u=(u'_x,u'_y,u'_z)=(2x+y+3,4y+x-2,6z-6)=(0,0,0)$，解方程组

$$\begin{cases}2x+y+3=0\\ 4y+x-2=0,\\ 6z-6=0\end{cases}$$

得 $x=-2,y=1,z=1$，即所求点为 $(-2,1,1)$.

(2) 对函数 $f(x,y)$ 关于 x,y 变量分别求一阶、二阶偏导数，得

$$f'_x=4x-y-6,\quad f'_y=-x-2y-3,\quad f''_{xx}=4,\quad f''_{xy}=f''_{yx}=-1,\quad f''_{yy}=-2.$$

于是在点 $(1,-2)$ 处的梯度为

$$\nabla f(1,-2)=(f'_x,f'_y)_{(1,-2)}=(0,0).$$

黑塞矩阵为

$$\nabla^2 f(1,-2)=\begin{pmatrix}f''_{xx} & f''_{xy}\\ f''_{yx} & f''_{yy}\end{pmatrix}_{(1,-2)}=\begin{pmatrix}4 & -1\\ -1 & -2\end{pmatrix}.$$

由于函数本身为二次多项式，故其二阶泰勒公式展开式为

$$\begin{aligned}f(x,y)&=f(1,-2)+\nabla f(1,-2)\begin{pmatrix}x-1\\ y+2\end{pmatrix}+\frac{1}{2}(x-1,y+2)\,\nabla^2 f(1,-2)\begin{pmatrix}x-1\\ y+2\end{pmatrix}\\ &=5+(0,0)\begin{pmatrix}x-1\\ y+2\end{pmatrix}+\frac{1}{2}(x-1,y+2)\begin{pmatrix}4 & -1\\ -1 & -2\end{pmatrix}\begin{pmatrix}x-1\\ y+2\end{pmatrix}\\ &=5+2(x-1)^2-(x-1)(y+2)-(y+2)^2.\end{aligned}$$

(3) 对函数 $f(x,y)$ 关于 x,y 变量分别求一阶、二阶偏导数，得

$$f'_x=\mathrm{e}^x\ln(1+y),\quad f'_y=\frac{\mathrm{e}^x}{1+y},$$

$$f''_{xx}=\mathrm{e}^x\ln(1+y),\quad f''_{xy}=f''_{yx}=\frac{\mathrm{e}^x}{1+y},\quad f''_{yy}=\frac{-\mathrm{e}^x}{(1+y)^2}.$$

在点(0,0)处梯度为

$$\nabla f(0,0)=(f'_x,f'_y)_{(1,-2)}=(0,1).$$

黑塞矩阵为

$$\nabla^2 f(0,0)-\begin{pmatrix}f''_{xx} & f''_{xy}\\ f''_{yx} & f''_{yy}\end{pmatrix}_{(0,0)}-\begin{pmatrix}0 & 1\\ 1 & -1\end{pmatrix},$$

带皮亚诺余项的二阶泰勒公式为

$$f(x,y)=f(0,0)+\nabla f(0,0)\begin{pmatrix}x\\y\end{pmatrix}+\frac{1}{2}(x,y)\nabla^2 f(0,0)\begin{pmatrix}x\\y\end{pmatrix}+o(x^2+y^2)$$

$$=0+(0,1)\begin{pmatrix}x\\y\end{pmatrix}+\frac{1}{2}(x,y)\begin{pmatrix}0&1\\1&-1\end{pmatrix}\begin{pmatrix}x\\y\end{pmatrix}+o(x^2+y^2)$$

$$=y+xy-\frac{1}{2}y^2+o(x^2+y^2).$$

因此有 $e^x\ln(1+y)-y=o(\sqrt{x^2+y^2})$，

$$e^x\ln(1+y)-\left(y+xy-\frac{1}{2}y^2\right)=o(x^2+y^2),$$

将它们代入所求极限式，得

$$\lim_{\substack{x\to0\\y\to0}}\frac{e^x\ln(1+y)-y-xy+\frac{1}{2}y^2}{x^2+y^2}=\lim_{\substack{x\to0\\y\to0}}\frac{o(x^2+y^2)}{x^2+y^2}=0.$$

$$\lim_{\substack{x\to0\\y\to0}}\frac{e^x\ln(1+y)-y}{y^2-2xy}=\lim_{\substack{x\to0\\y\to0}}\frac{xy-\frac{1}{2}y^2+o(x^2+y^2)}{y^2-2xy}=-\frac{1}{4}.$$

3. (1) 设函数 $z=f(x,y)$ 可微，曲线 C 为过点 $P(x_0,y_0)$ 的等值线，则在点 P 处，函数的梯度 $\nabla f(x_0,y_0)$ 与等值线 C 的法向量 $\boldsymbol{N}$ ________，与等值线 C 的切向量 $\boldsymbol{T}$ ________(平行、垂直、没有联系).

(2) 设函数 $u=f(x,y,z)$ 可微，曲面 Σ 为过点 $P(x_0,y_0,z_0)$ 的等值面，则在点 P 处，函数的梯度 $\nabla f(x_0,y_0,z_0)$ 与等值面 Σ 的法向量 $\boldsymbol{N}$ ________(平行、垂直、没有联系).

【参考解答】 (1) 函数 $z=f(x,y)$ 在 P 点处的梯度为

$$\nabla f(x_0,y_0)=(f'_x(x_0,y_0),f'_y(x_0,y_0)),$$

过 P 的等值线方程为 C：$f(x,y)=f(x_0,y_0)$，故在 P 点处的法向量可取为

$$\boldsymbol{N}=(f'_x(x_0,y_0),f'_y(x_0,y_0)),$$

所以在点 P 处函数的梯度 $\nabla f(x_0,y_0)$ 与等值线 C 的法向量 $\boldsymbol{N}$ 平行. 在点 P 处函数的梯度 $\nabla f(x_0,y_0)$ 与等值线 C 的切向量 $\boldsymbol{T}$ 相互垂直.

(2) 函数 $u=f(x,y,z)$ 在 P 点处的梯度为

$$\nabla f(x_0,y_0,z_0)=(f'_x(x_0,y_0,z_0),f'_y(x_0,y_0,z_0),f'_z(x_0,y_0,z_0)),$$

过 P 的等值面方程为 Σ：$f(x,y,z)=f(x_0,y_0,z_0)$，故在 P 点的法向量可取为

$$\boldsymbol{N}=(f'_x(x_0,y_0,z_0),f'_y(x_0,y_0,z_0),f'_z(x_0,y_0,z_0)),$$

所以在点 P 处函数的梯度 $\nabla f(x_0,y_0,z_0)$ 与等值面 Σ 的法向量 $\boldsymbol{N}$ 平行.

综合练习

4. 设 $f(x,y)$ 是具有二阶连续偏导数的二元函数，考虑 $A(1,3)$，$B(3,3)$，$C(1,7)$，$D(6,15)$，若 $f(x,y)$ 在点 A 处沿 $\overrightarrow{AB}$ 的方向导数为 3，沿 $\overrightarrow{AC}$ 的方向导数为 26，求 $f(x,y)$ 在点 A 处沿 $\overrightarrow{AD}$ 的方向导数.

【参考解答】 由已知得 $\overrightarrow{AB}=(2,0)$，$\overrightarrow{AC}=(0,4)$，$\overrightarrow{AD}=(5,12)$，三个方向上的单位向量分别为 $\boldsymbol{s}_B=(1,0)$，$\boldsymbol{s}_C=(0,1)$，$\boldsymbol{s}_D=\left(\frac{5}{13},\frac{12}{13}\right)$。由于函数可微，故在点 A 处沿 $\overrightarrow{AB}$ 的方向导数为

$$D_{\overrightarrow{AB}}=(f'_x,f'_y)\cdot(1,0)=f'_x=3.$$

沿 $\overrightarrow{AC}$ 的方向导数为

$$D_{\overrightarrow{AC}}=(f'_x,f'_y)\cdot(0,1)=f'_y=26.$$

所以沿 $\overrightarrow{AD}$ 的方向导数为

$$D_{\overrightarrow{AD}}=(f'_x,f'_y)\cdot\left(\frac{5}{13},\frac{12}{13}\right)=(3,26)\cdot\left(\frac{5}{13},\frac{12}{13}\right)=\frac{327}{13}.$$

5. 求函数 $z=\ln(x+y)$ 在抛物线 $y^2=4x$ 上点 $(1,2)$ 处沿着抛物线在该点处与 x 轴正向夹角大于 $\frac{\pi}{2}$ 的切线方向的方向导数.

【参考解答】 抛物线 $y^2=4x$ 上点 $(1,2)$ 处的切向量可取为

$$\boldsymbol{T}=-\left(1,\frac{\mathrm{d}y}{\mathrm{d}x}\right)_{(1,2)}=-\left(1,\frac{2}{y}\right)_{(1,2)}=-(1,1).$$

故 $\boldsymbol{T}^0=\left(-\frac{1}{\sqrt{2}},-\frac{1}{\sqrt{2}}\right)$. 故所求方向导数为

$$\begin{aligned}\frac{\partial z}{\partial T}&=(f'_x(1,2),f'_y(1,2))\cdot\boldsymbol{T}^0=\left(\frac{1}{x+y},\frac{1}{x+y}\right)_{(1,2)}\cdot\left(-\frac{1}{\sqrt{2}},-\frac{1}{\sqrt{2}}\right)\\&=\left(\frac{1}{3},\frac{1}{3}\right)\cdot\left(-\frac{1}{\sqrt{2}},-\frac{1}{\sqrt{2}}\right)=-\frac{\sqrt{2}}{3}.\end{aligned}$$

6. 求函数 $z=1-\left(\frac{x^2}{a^2}+\frac{y^2}{b^2}\right)$ 在点 $\left(\frac{a}{\sqrt{2}},\frac{b}{\sqrt{2}}\right)$ 处沿曲线 $\frac{x^2}{a^2}+\frac{y^2}{b^2}=1$ 在此点的内法线方向的方向导数.

【参考解答】 曲线 $\frac{x^2}{a^2}+\frac{y^2}{b^2}=1$ 的法向量可以取为平行于 $\left(\frac{2x}{a^2},\frac{2y}{b^2}\right)$ 的向量，故在点 $\left(\frac{a}{\sqrt{2}},\frac{b}{\sqrt{2}}\right)$ 指向内侧的法向量可取为 $\boldsymbol{n}=-(b,a)$，单位化为 $\boldsymbol{n}^0=-\frac{1}{\sqrt{a^2+b^2}}(b,a)$. 由于函数可微，故其方向导数为

$$\begin{aligned}\frac{\partial z}{\partial n}&=\left(\frac{\partial z}{\partial x},\frac{\partial z}{\partial y}\right)_{\left(\frac{a}{\sqrt{2}},\frac{b}{\sqrt{2}}\right)}\cdot\boldsymbol{n}^0=-\frac{1}{\sqrt{a^2+b^2}}\left(-\frac{2x}{a^2},-\frac{2y}{b^2}\right)_{\left(\frac{a}{\sqrt{2}},\frac{b}{\sqrt{2}}\right)}\cdot(b,a)\\&=\frac{1}{\sqrt{a^2+b^2}}\left(\frac{\sqrt{2}}{a},\frac{\sqrt{2}}{b}\right)\cdot(b,a)=\sqrt{2}\,\frac{\sqrt{a^2+b^2}}{ab}.\end{aligned}$$

7. 设 $u=u(x,y,z)$ 由方程 $\frac{x^2}{a^2+u}+\frac{y^2}{b^2+u}+\frac{z^2}{c^2+u}=1$ 所确定，证明：$|\nabla u|^2=2(\boldsymbol{r}\cdot\nabla u)$，其中 $\boldsymbol{r}=(x,y,z)$，a,b,c 为常数.

【参考证明】 设 $F(x,y,z,u)=\dfrac{x^2}{a^2+u}+\dfrac{y^2}{b^2+u}+\dfrac{z^2}{c^2+u}-1$，则

$$F'_x=\frac{2x}{a^2+u},\quad F'_y=\frac{2y}{b^2+u},\quad F'_z=\frac{2z}{c^2+u},$$

$$F'_u=-\left(\frac{x^2}{(a^2+u)^2}+\frac{y^2}{(b^2+u)^2}+\frac{z^2}{(c^2+u)^2}\right),$$

记 $\dfrac{x^2}{(a^2+u)^2}+\dfrac{y^2}{(b^2+u)^2}+\dfrac{z^2}{(c^2+u)^2}=K$，根据隐函数偏导数求导公式，得

$$\frac{\partial u}{\partial x}=-\frac{F'_x}{F'_u}=\frac{1}{K}\frac{2x}{a^2+u},\qquad \frac{\partial u}{\partial y}=-\frac{F'_y}{F'_u}=\frac{1}{K}\frac{2y}{b^2+u},\qquad \frac{\partial u}{\partial z}=-\frac{F'_x}{F'_u}=\frac{1}{K}\frac{2z}{c^2+u}.$$

于是 $\nabla u=\left(\dfrac{\partial u}{\partial x},\dfrac{\partial u}{\partial y},\dfrac{\partial u}{\partial z}\right)=\dfrac{1}{K}\left(\dfrac{2x}{a^2+u},\dfrac{2y}{b^2+u},\dfrac{2z}{c^2+u}\right)$，所以

$$|\nabla u|^2=\frac{1}{K^2}\left(\frac{4x^2}{(a^2+u)^2}+\frac{4y^2}{(b^2+u)^2}+\frac{4z^2}{(c^2+u)^2}\right)=\frac{4}{K},$$

$$\boldsymbol{r}\cdot\nabla u=\frac{1}{K}\left(\frac{2x^2}{a^2+u}+\frac{2y^2}{b^2+u}+\frac{2z^2}{c^2+u}\right)=\frac{2}{K},$$

所以 $|\nabla u|^2=2(\boldsymbol{r}\cdot\nabla u)$ 成立.

8. 一个蚂蚁在高处觅食时，一不小心掉到一块被烤热的石片上. 假设通过建立适当的坐标系后，石片上温度分布函数为 $f(x,y)=100-x^2-4y^2$，蚂蚁落点位于点 $(1,-2)$ 处，蚂蚁为了免受高温的煎熬，希望沿着温度降低最快的方向逃跑到安全凉爽的地方. 试确定其最佳逃跑路线的轨迹方程.

【参考解答】 设路线方程为 $y=y(x)$. 由题意可知路线的切线方向为温度函数下降最快的方向，即温度函数的梯度的反方向，所以梯度与曲线切线的方向向量平行. 路线的切线的方向向量可以取为 $\boldsymbol{T}=\left(1,\dfrac{\mathrm{d}y}{\mathrm{d}x}\right)$，温度函数的梯度为 $\nabla f=(-2x,-8y)$，故由 $\boldsymbol{T}\parallel\nabla f$ 得 $\dfrac{\mathrm{d}x}{-2x}=\dfrac{\mathrm{d}y}{-8y}$. 从而可知路线 $y=y(x)$ 为一阶微分方程初值问题

$$\begin{cases}\dfrac{\mathrm{d}y}{\mathrm{d}x}=\dfrac{4y}{x}\\ y(1)=-2\end{cases},$$

的解函数. 将方程分离变量并积分，有 $\displaystyle\int\frac{\mathrm{d}y}{y}=\int 4\frac{\mathrm{d}x}{x}$，积分得

$$\ln|y|=4\ln|x|+\ln|C|,$$

即 $y=Cx^4$. 代入初值条件得 $C=-2$，于是得蚂蚁最佳逃跑路线的轨迹方程为

$$y=-2x^4.$$

考研与竞赛练习

1. 设 $f(x,y)$ 具有一阶偏导数，且在任意的 (x,y) 都有 $\dfrac{\partial f(x,y)}{\partial x}>0$，$\dfrac{\partial f(x,y)}{\partial y}<0$，则（　　）.

(A) $f(0,0)>f(1,1)$　　　　(B) $f(0,0)<f(1,1)$

(C) $f(0,1)>f(1,0)$　　　　(D) $f(0,1)<f(1,0)$

【参考解答】 **【法 1】** 由$\dfrac{\partial f(x,y)}{\partial x}>0,\dfrac{\partial f(x,y)}{\partial y}<0$,由偏导数的意义可知,在点$(x,y)$处沿着 x 轴方向函数单调递增,沿着 y 轴方向函数单调递减.因此,$f(0,1)<f(0,0)<f(1,0)$,所以正确选项为(D).

【法 2】 由二元函数在原点处的 0 阶泰勒公式,或者说二元函数的拉格朗日中值定理,有

$$f(x,y)=f(0,0)+f'_x(\xi,\eta)x+f'_y(\xi,\eta)y,$$

所以 $f(0,1)=f(0,0)+f'_y(\xi,\eta),f(1,0)=f(0,0)+f'_x(\xi,\eta)$.于是由$\dfrac{\partial f(x,y)}{\partial x}>0$,$\dfrac{\partial f(x,y)}{\partial y}<0$,可知 $f(0,1)<f(0,0)<f(1,0)$.即正确选项为(D).

2. 设 $f(x,y)=\begin{cases}\dfrac{x^2y^2}{(x^2+y^2)^{3/2}}, & x^2+y^2\neq 0\\ 0, & x^2+y^2=0\end{cases}$,试证明:函数 $f(x,y)$在点$(0,0)$处沿任意方向 $\boldsymbol{e}_{\mathrm{u}}=(\cos\alpha,\cos\beta)$的方向导数存在,两个偏导数都存在,但不可微.

【参考解答】 由方向导数的定义,由于

$$\lim_{t\to 0^+}\frac{f(0+t\cos\alpha,0+t\cos\beta)-f(0,0)}{t}=\lim_{t\to 0^+}\frac{t^2\cos^2\alpha\cdot t^2\cos^2\beta}{(t^2\cos^2\alpha+t^2\cos^2\beta)^{3/2}\cdot t}=\cos^2\alpha\cdot\cos^2\beta,$$

故函数 $f(x,y)$在点$(0,0)$处沿任意方向 $\boldsymbol{e}_{\mathrm{u}}$ 的方向导数存在.

由于 $f(x,0)=f(0,y)=0$,直接由偏导数的定义,可得

$$\lim_{x\to 0}\frac{f(x,0)-f(0,0)}{x}=\lim_{x\to 0}\frac{0-0}{x}=0=f'_x(0,0),$$

类似可得 $f'_y(0,0)=0$.即函数 $f(x,y)$在点$(0,0)$处的两个偏导数都存在.

$$\lim_{\substack{\Delta x\to 0\\ \Delta y\to 0}}\frac{\Delta f-[f'_x(0,0)\Delta x+f'_y(0,0)\Delta y]}{\sqrt{(\Delta x)^2+(\Delta y)^2}}$$

$$=\lim_{\substack{\Delta x\to 0\\ \Delta y\to 0}}\frac{f(0+\Delta x,0+\Delta y)-f(0,0)}{\sqrt{(\Delta x)^2+(\Delta y)^2}}=\lim_{\substack{\Delta x\to 0\\ \Delta y\to 0}}\frac{(\Delta x)^2(\Delta y)^2}{[(\Delta x)^2+(\Delta y)^2]^2}=\lim_{\substack{\Delta x\to 0\\ \Delta y\to 0}}\left[\frac{\Delta x\Delta y}{(\Delta x)^2+(\Delta y)^2}\right]^2.$$

由于 $\lim\limits_{\substack{\Delta y=k\Delta x\\ \Delta x\to 0}}\dfrac{\Delta x\Delta y}{(\Delta x)^2+(\Delta y)^2}=\dfrac{k}{1+k^2}$,即该极限不存在.所以上面式子中的极限也不存在,故由全微分的定义知函数 $f(x,y)$在点$(0,0)$处不可微.

3. 设函数 $f(x,y)$在点$(0,0)$的某邻域内具有二阶连续偏导数,且$\lim\limits_{\substack{x\to 0\\ y\to 0}}\dfrac{f(x,y)-xy}{(x^2+y^2)^2}=1$,求 $f(0,0)$及 $f(x,y)$在点$(0,0)$的一阶、二阶偏导数的值.

【参考解答】 由于函数具有二阶连续偏导数,故函数可微且连续,于是由已知极限式可知

$$\lim_{(x,y)\to(0,0)}[f(x,y)-xy]=0=f(0,0).$$

又由函数极限、极限值与无穷小的关系，可得

$$f(x,y)=xy+(x^2+y^2)^2+o((x^2+y^2)^2)=xy+o(x^2+y^2).$$

又 $f(x,y)$ 的二阶带皮亚诺余项的麦克劳林公式为

$$f(x,y)=f(0,0)+xf'_x(0,0)+yf'_y(0,0)+$$
$$\frac{1}{2}[x^2f''_{xx}(0,0)+2xyf''_{xy}(0,0)+y^2f''_{yy}(0,0)]+o(x^2+y^2).$$

两式比较即得 $f'_x(0,0)=f_y(0,0)=0, f''_{xx}(0,0)=f''_{yy}(0,0)=0, f''_{xy}(0,0)=1.$

4. 设二元函数 $f(x,y)$ 可微，$\boldsymbol{m},\boldsymbol{n}$ 是两个给定的方向，它们之间的夹角为 $\theta\in(0,\pi)$，证明：$[f'_x(x,y)]^2+[f'_y(x,y)]^2\leqslant\frac{2}{\sin^2\theta}[(D_{\mathrm{m}}f(x,y))^2+(D_{\mathrm{n}}f(x,y))^2]$.

【参考证明】 设 $\boldsymbol{m}$ 与 x 轴正向的夹角为 α，则 $\boldsymbol{n}$ 与 x 轴正向的夹角为 $\alpha+\theta$，于是

$$D_m f(x,y)=f'_x(x,y)\cos\alpha+f'_y(x,y)\sin\alpha,$$
$$D_n f(x,y)=f'_x(x,y)\cos(\theta+\alpha)+f'_y(x,y)\sin(\theta+\alpha).$$

解关于 f'_x, f'_y 的方程组得

$$f'_x(x,y)=\frac{D_nf(x,y)\sin\alpha-D_mf(x,y)\sin(\theta+\alpha)}{\cos(\theta+\alpha)\sin\alpha-\cos\alpha\sin(\theta+\alpha)}$$
$$=\frac{D_mf(x,y)\sin(\theta+\alpha)-D_nf(x,y)\sin\alpha}{\sin\theta},$$

$$f'_y(x,y)=\frac{D_mf(x,y)\cos(\theta+\alpha)-D_nf(x,y)\cos\alpha}{\cos(\theta+\alpha)\sin\alpha-\cos\alpha\sin(\theta+\alpha)}$$
$$=\frac{D_nf(x,y)\cos\alpha-D_mf(x,y)\cos(\theta+\alpha)}{\sin\theta}.$$

上式两端平方相加，整理得

$$[f'_x(x,y)]^2+[f'_y(x,y)]^2$$
$$=\frac{1}{\sin^2\theta}[(D_mf(x,y))^2+(D_nf(x,y))^2-2D_mf(x,y)D_nf(x,y)\cos\theta]$$
$$\leqslant\frac{1}{\sin^2\theta}[(D_mf(x,y))^2+(D_nf(x,y))^2+2|D_mf(x,y)||D_nf(x,y)|]$$
$$\leqslant\frac{2}{\sin^2\theta}[(D_mf(x,y))^2+(D_nf(x,y))^2].$$

故所证不等式成立.

5. 设 $f(x,y)=\frac{1}{\sqrt{x^2-2xy+1}}$，证明：存在 $\theta(0<\theta<1)$，使得

$$1-\sqrt{2}=\sqrt{2}(1-3\theta)(1-2\theta+3\theta^2)^{-3/2}.$$

【参考证明】 改写所证等式为

$$\frac{1}{\sqrt{2}}-1=(1-3\theta)(1-2\theta+3\theta^2)^{-3/2}.$$

由于 $f(1,0)-f(0,1)=\dfrac{1}{\sqrt{2}}-1$，所以在包含两点的区域 D：$x^2+y^2\leqslant 1$ 内

$$f'_x=-\frac{x-y}{(x^2-2xy+1)^{3/2}},\quad f'_y=\frac{x}{(x^2-2xy+1)^{3/2}}$$

连续，则由二元函数的微分中值定理，存在 $\theta(0<\theta<1)$，使得

$$\begin{aligned}\frac{1}{\sqrt{2}}-1&=f(1,0)-f(0,1)=f'_x(0+\theta,1-\theta)(1-0)+f'_y(0+\theta,1-\theta)(0-1)\\&=-\frac{\theta-(1-\theta)}{[\theta^2-2\theta(1-\theta)+1]^{3/2}}-\frac{\theta}{[\theta^2-2\theta(1-\theta)+1]^{3/2}}\\&=(1-3\theta)(1-2\theta+3\theta^2)^{-3/2}.\end{aligned}$$

练习 54　多元函数的极值与条件极值

训练目的

1. 理解二元函数的极值，掌握二元函数极值的必要条件，了解二元函数极值的充分条件，会求二元函数的极值.

2. 理解条件极值的概念，掌握利用拉格朗日乘子法求解条件极值问题的方法.

3. 掌握求解一些较简单的最大值与最小值应用问题.

基础练习

1. 指出下列函数在点(0,0)处的极值的情况(取极大值、极小值、不取极值，或不能确定).

(1) 函数 $f(x,y)=x^2+xy$ 在点(0,0)处________________.

(2) 函数 $f(x,y)=2x^2-3x^2y+y^2$ 在点(0,0)处________________.

(3) 函数 $f(x,y)=x^2+y^4$ 在点(0,0)处________________.

(4) 函数 $f(x,y)=2x^4-3x^2y+y^2$ 在点(0,0)处________________.

(5) 函数 $f(x,y)=x^2+ay^2$(a 为常数) 在点(0,0)处________________.

【参考解答】

(1) $f'_x(0,0)=(2x+y)\big|_{(0,0)}=0$，$f'_y(0,0)=x\big|_{(0,0)}=0$，所以点(0,0)为驻点，且

$$A=f''_{xx}(0,0)=2,\quad B=f''_{xy}(0,0)=1,\quad C=f''_{yy}(0,0)=0,$$

故 $AC-B^2=-1<0$，所以 $f(x,y)$在点(0,0)处不取极值.

(2) $f'_x(0,0)=(4x-6xy)\big|_{(0,0)}=0$，$f'_y(0,0)=(2y-3x^2)\big|_{(0,0)}=0$，所以点(0,0)为驻点，且 $A=f''_{xx}(0,0)=(4,-6y)\big|_{(0,0)}=4$，$B=f''_{xy}(0,0)=(-6x)\big|_{(0,0)}=0$，$C=f''_{yy}(0,0)=2$，故 $AC-B^2=8>0$，且 $A>0$，所以 $f(x,y)$在点(0,0)处取极小值.

(3) 由 $f(x,y)$的表达式可知 $f(x,y)\geqslant 0$，$f(0,0)-0$，于是 $f(x,y)$在点(0,0)处取最小值，即取极小值.

(4) 由于 $f(x,y)=2x^4-3x^2y+y^2=(x^2-y)(2x^2-y)$，$f(0,0)=0$，于是在点(0,0)

的半径小于 1 的邻域内,当 $x^2<y<2x^2$ 时,$f(x,y)<0$,当 $y>2x^2$ 或 $y<x^2$ 时,$f(x,y)>0$,因此函数 $f(x,y)$ 在点(0,0)处不取极值.

(5) $f'_x(0,0)=2x\big|_{(0,0)}=0$,$f'_y(0,0)=ay\big|_{(0,0)}=0$,所以点(0,0)为驻点,且

$$A=f''_{xx}(0,0)=2,\quad B=f''_{xy}(0,0)=0,\quad C=f''_{yy}(0,0)=a,$$

故 $AC-B^2=2a$,因此当 $a>0$ 时,函数 $f(x,y)$ 在点(0,0)处取极小值;当 $a<0$ 时,函数 $f(x,y)$ 在点(0,0)处不取极值;当 $a=0$ 时,有 $f(x,y)=x^2\geqslant 0$,函数 $f(x,y)$ 在点(0,0)处取极小值. 因此函数 $f(x,y)$ 在点(0,0)处是否取极值与参数 a 的取值有关.

2. 求函数 $f(x,y)=x^4+y^4-x^2-2xy-y^2$ 的极大值、极小值和鞍点.

【参考解答】 由 $\begin{cases}f'_x=4x^3-2x-2y=0\\ f'_y=4y^3-2y-2x=0\end{cases}$,得驻点(0,0),(1,1),(−1,−1). 又

$$A=f''_{xx}=12x^2-2,\quad B=f''_{xy}=-2,\quad C=f''_{yy}=12y^2-2,$$

故在(0,0)处,$A=-2,B=-2,C=-2,AC-B^2=0$,直接判定失败. 由于在(0,0)邻域内,$f(k,k)=2k^4\geqslant 0$,$f(k,-k)=2k^2(k^2-2)\leqslant 0(k<\sqrt{2})$,所以由极值的定义知,在点(0,0)函数不取极值,故点(0,0)是鞍点. 在点(1,1),(−1,−1)处,

$$A=10,\quad B=-2,\quad C=10,\quad AC-B^2>0,$$

所以(1,1),(−1,−1)两点都为极小值点,且极小值为 $f(1,1)=f(-1,-1)=-1$.

3. 求函数 $z=x^2+y^2-12x+16y$ 在区域 $x^2+y^2\leqslant 25$ 上的最大值和最小值.

【参考解答】 由 $\begin{cases}z'_x=2x-12=0\\ z'_y=2y+16=0\end{cases}$,得点(6,−8),但不在 $x^2+y^2<25$ 之内,所以 $x^2+y^2<25$ 内无极值点,由于函数在区域内连续,故必存在最大值与最小值,所以最值必定在 $x^2+y^2=25$ 上取得. 由拉格朗日乘数法,令

$$F(x,y,\lambda)=x^2+y^2-12x+16y+\lambda(x^2+y^2-25),$$

解方程组 $\begin{cases}F'_x=2x-12+2\lambda x=0\\ F'_y=2y+16+2\lambda y=0\\ F'_\lambda=x^2+y^2-25=0\end{cases}$,得(3,−4),(−3,4),比较两点的函数值,得

$$z_{\min}=z(3,-4)=-75,\quad z_{\max}=z(-3,4)=125.$$

综合练习

4. 求函数 $z=x^2-xy+y^2$ 在区域 $|x|+|y|\leqslant 1$ 上的最大值和最小值.

【参考解答】 由 $\begin{cases}z'_x=2x-y=0\\ z'_y=2y-x=0\end{cases}$,得在 $|x|+|y|\leqslant 1$ 内的驻点(0,0),$z(0,0)=0$.

由拉格朗日乘数法,在 $x+y=1(0<x<1)$ 上,令

$$F(x,y,\lambda)=x^2-xy+y^2+\lambda(x+y-1),$$

解方程组 $\begin{cases}F'_x=2x-y+\lambda=0\\ F'_y=2y-x+\lambda=0\\ F'_\lambda=x+y-1=0\end{cases}$,得 $\left(\frac{1}{2},\frac{1}{2}\right)$. 同理,在另外三条边界上可得 $\left(\frac{1}{2},-\frac{1}{2}\right)$,$\left(-\frac{1}{2},\frac{1}{2}\right)$,$\left(-\frac{1}{2},-\frac{1}{2}\right)$. 它们对应函数值为

$$z\left(\frac{1}{2},\frac{1}{2}\right)=z\left(-\frac{1}{2},-\frac{1}{2}\right)=\frac{1}{4},\quad z\left(-\frac{1}{2},\frac{1}{2}\right)=z\left(\frac{1}{2},-\frac{1}{2}\right)=\frac{3}{4}.$$

又在边界四个端点处有 $z(1,0)=z(-1,0)=z(0,1)=z(0,-1)=1$，比较以上所有函数值可得 $z_{\max}=1, z_{\min}=0$.

5. 求函数 $f(x,y)=1-x^2-y^2(x^2+y^2\leqslant 1)$ 在条件 $x^2+y^2-2(x+y)+1=0$ 下的极值，并用图形说明它是极大值还是极小值.

【参考解答】 由拉格朗日乘数法，令 $F(x,y,\lambda)=1-x^2-y^2+\lambda(x^2+y^2-2x-2y+1)$，解方程组

$$\begin{cases}F'_x=-2x+\lambda(2x-2)=0\\F'_y=-2y+\lambda(2y-2)=0\\F'_\lambda=x^2+y^2-2x-2y+1=0\end{cases},$$

在 $x^2+y^2\leqslant 1$ 内得 $P\left(\frac{2-\sqrt{2}}{2},\frac{2-\sqrt{2}}{2}\right)$. 由题意，如图所示，在条件限制下，点在 $\overset{\frown}{AB}$ 上，易知 $\overset{\frown}{AB}$ 上点到原点 O 距离最小值在 P 点取得，即 x^2+y^2 最小，于是 z 最大，所以在点 P 取极大值 $f\left(\frac{2-\sqrt{2}}{2},\frac{2-\sqrt{2}}{2}\right)=2(\sqrt{2}-1)$.

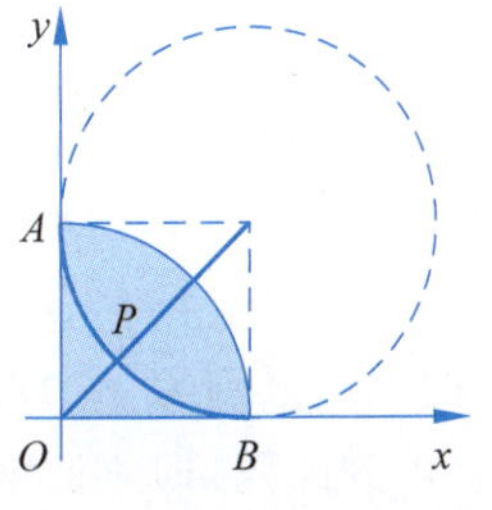

第 5 题图

6. 求空间曲线 $\begin{cases}2x-3y+z=0\\2x^2+3y^2+z^2=30\end{cases}$ 上竖坐标 z 的最大值和最小值.

【参考解答】【法 1】 由空间曲线方程知曲线上的点坐标满足 $z=3y-2x$，且有

$$2x^2+3y^2+(3y-2x)^2=30,$$

即 $x^2+2y^2-2xy-5=0$. 由此可知，最值问题即为求 $z=3y-2x$ 在条件 $x^2+2y^2-2xy-5=0$ 下的极值. 于是由拉格朗日乘数法，令

$$F(x,y,\lambda)=3y-2x+\lambda(x^2+2y^2-2xy-5),$$

解方程组 $\begin{cases}F'_x=-2+\lambda(2x-2y)=0\\F'_y=3+\lambda(4y-2x)=0\\F'_\lambda=x^2+2y^2-2xy-5=0\end{cases}$，得 $(1,-1),(-1,1)$. 比较两点的函数值，知 $z_{\max}=z(-1,1)=5, z_{\min}=z(1,-1)=-5$.

【法 2】 问题即求在条件 $2x-3y+z=0$ 和 $2x^2+3y^2+z^2-30=0$ 下 z 的最值. 于是由拉格朗日乘数法，令

$$F(x,y,z,\lambda)=z+\lambda(2x-3y+z)+\mu(2x^2+3y^2+z^2-30),$$

解方程组 $\begin{cases}F'_x=2\lambda+4\mu x=0\\F'_y=-3\lambda+6\mu y=0\\F'_z=1+\lambda+2\mu z=0\\F'_\lambda=2x-3y+z=0\\F'_\mu=2x^2+3y^2+z^2-30=0\end{cases}$，得 $(1,-1),(-1,1)$. 比较两点的函数值，知

$$z_{max}=z(-1,1)=5, \quad z_{min}=z(1,-1)=-5.$$

7. 过点 $P(1,2)$ 引抛物线 $y=x^2$ 的弦，证明当此弦与抛物线围成的面积为最小时，此弦被点 P 等分.

【参考证明】 设弦与抛物线的交点坐标为 (m,m^2)，(n,n^2) $(m<n)$，则弦所在直线方程为 $y-m^2=\dfrac{n^2-m^2}{n-m}(x-m)$，即 $y=(m+n)(x-m)+m^2$. 由直线过点 $P(1,2)$，代入直线方程，得 $m+n-mn=2$. 于是由定积分的几何意义，得弦与抛物线围成的面积为

$$S(m,n)=\int_m^n[(m+n)(x-m)+m^2-x^2]\mathrm{d}x=\frac{1}{6}(m-n)^3.$$

弦与抛物线围成的面积为最小的问题即求函数 $S(m,n)$ 在条件 $m+n-mn-2=0$ 下的极值. 于是由拉格朗日乘数法，令

$$F(m,n,\lambda)=(m-n)^3+\lambda(m+n-mn-2),$$

解方程组 $\begin{cases}F'_m=3(m-n)^2+\lambda(1-n)=0\\F'_n=-3(m-n)^2+\lambda(1-m)=0\\F'_\lambda=m+n-mn-2=0\end{cases}$，得 $m=0,n=2$. 由最小面积的存在性知，当弦的两端点分别为 $(0,0)$，$(2,4)$ 时抛物线与弦所围成的面积最小，此时 $P(1,2)$ 为此弦的中点，等分此弦. 即所证结论成立.

8. 一座体积为 $4000\mathrm{m}^3$ 的长方体的建筑物，以热量散失最少为标准设计. 设建筑物东面和西面的墙以每天 10 单位/m^2 的速率散热，南面和北面的墙散热速率是每天 8 单位/m^2，地板和屋顶的散热速率分别是每天 1 单位/m^2 和 5 单位/m^2.

(1) 写出散热量作为侧面墙的长度的函数的表达式，并指出其定义域；

(2) 求使得散热量最小的建筑物尺寸；

(3) 若要求每面墙长至少为 30m，高至少为 4m，请再次设计建筑物尺寸使得散热量最少.

【参考解答】 (1) 设高 z，东西墙长 x，南北墙 y，则 $z=\dfrac{4000}{xy}$. 则每天的散热量为

$$F(x,y)=20xz+16yz+6xy=\frac{80000}{y}+\frac{64000}{x}+6xy \quad (x>0,y>0).$$

(2) 令 $F'_x=-\dfrac{64000}{x^2}+6y=0, F'_y=-\dfrac{80000}{y^2}+6x=0$，解得唯一驻点

$$x=4\sqrt[3]{\frac{400}{3}}, \quad y=5\sqrt[3]{\frac{400}{3}}.$$

由此可得 $z=\dfrac{3}{2}\sqrt[3]{\dfrac{400}{3}}$. 由实际问题必有最小值可知，最小值在此驻点处取到，即设计尺寸为东西墙长 $x=4\sqrt[3]{\dfrac{400}{3}}$ m，南北墙长 $y=5\sqrt[3]{\dfrac{400}{3}}$ m，高 $\dfrac{3}{2}\sqrt[3]{\dfrac{400}{3}}$ m 时，散热量最小.

(3) 由题设所给限制条件可知，$x\geqslant30$，$y\geqslant30$，$xy\leqslant100$，即 (x,y) 所在范围在如图所示的三角形闭区域中. 由于(2)中所得驻点 $x<30$，因此在三角形区域内部不取极值，最小值在

边界上取得. 当 $x=30$ 时,

$$F(30,y)=\frac{80000}{y}+\frac{64000}{30}+180y\left(30\leqslant y\leqslant\frac{100}{3}\right),$$

令 $\frac{\mathrm{d}F(30,y)}{\mathrm{d}y}=180-\frac{80000}{y^2}=0$, 得 $y=\frac{20\sqrt{10}}{3}<30$, 故最值在两端点处取到.

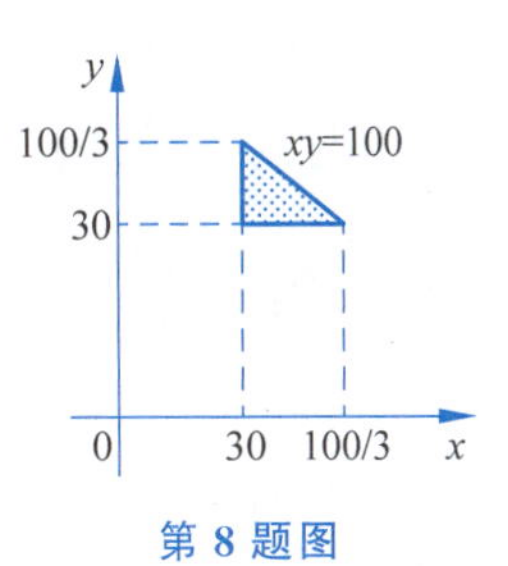

第 8 题图

当 $y=30$ 时,

$$F(x,30)=\frac{80000}{30}+\frac{64000}{x}+180x\left(30\leqslant x\leqslant\frac{100}{3}\right),$$

令 $\frac{\mathrm{d}F(x,30)}{\mathrm{d}x}=180-\frac{64000}{x^2}=0$, 得 $x=\frac{20\sqrt{8}}{3}<30$, 故最值在两端点处取到.

当 $xy=100\left(30\leqslant x\leqslant\frac{100}{3}\right)$ 时, 考察在条件 $xy-100=0$ 下

$$F(x,y)=\frac{80000}{y}+\frac{64000}{x}+6xy=\frac{80000x+64000y}{xy}+6xy$$

的极值. 由拉格朗日乘数法, 令 $L(x,y,\lambda)=800x+640y+\lambda(xy-100)$, 解方程组

$$\begin{cases}L'_x=800+\lambda y=0\\ L'_y=640+\lambda x=0,\\ L'_\lambda=xy-100=0\end{cases}$$

得 $x=\frac{20\sqrt{5}}{5}<30$, $y=5\sqrt{5}$, 故最值在端点处取得. 比较三角形区域的三个顶点处的函数值:

$$F(30,30)=10200,\quad F\left(\frac{100}{3},30\right)=\frac{31760}{3},\quad F\left(30,\frac{100}{3}\right)=\frac{31600}{3},$$

可知在条件限制下, 设计尺寸为东西墙长 30m, 南北墙长 30m, 高 $\frac{40}{9}$m 时, 散热量最小.

考研与竞赛练习

1. 选择题.

(1) 设可微函数 $f(x,y)$ 在点 (x_0,y_0) 处取得极小值, 则下列结论正确的是(　　).

(A) $f(x_0,y)$ 在 $y=y_0$ 处的导数等于零　(B) $f(x_0,y)$ 在 $y=y_0$ 处的导数大于零

(C) $f(x_0,y)$ 在 $y=y_0$ 处的导数小于零　(D) $f(x_0,y)$ 在 $y=y_0$ 处的导数不存在

【参考解答】 可微函数 $f(x,y)$ 在点 (x_0,y_0) 取得极小值, 根据取极值的必要条件知 $f'_y(x_0,y_0)=0$, 即 $f(x_0,y)$ 在 $y=y_0$ 处的导数等于零, 即正确选项为(A).

(2) 已知函数 $f(x,y)$ 在点 $(0,0)$ 的某邻域内连续, 且 $\lim\limits_{\substack{x\to0\\y\to0}}\frac{f(x,y)-xy}{(x^2+y^2)^2}=1$, 则(　　).

(A) 点 $(0,0)$ 不是 $f(x,y)$ 的极值点

(B) 点 $(0,0)$ 是 $f(x,y)$ 的极大值点

(C) 点 $(0,0)$ 是 $f(x,y)$ 的极小值点

(D) 根据所给条件无法判断点$(0,0)$是否为$f(x,y)$的极值点

【参考解答】【法 1】 直接令$f(x,y)=(x^2+y^2)^2+xy$，于是$f(0,0)=0$. 对于任意的$0<\delta<\frac{1}{2}$，在$(0,0)$的δ邻域内有

$$f(x,x)=(2x^2)^2+x^2>0,\quad f(x,-x)=x^2(4x^2-1)<0,$$

所以$f(0,0)$不是$f(x,y)$的极值，故正确选项为(A).

【法 2】 由题设条件可得$\lim\limits_{\substack{x\to 0\\y\to 0}}[f(x,y)-xy]=\lim\limits_{\substack{x\to 0\\y\to 0}}f(x,y)-\lim\limits_{\substack{x\to 0\\y\to 0}}xy=f(0,0)=0$，于是当$(x,y)\to(0,0)$时，可得

$$f(x,y)=xy+o(x^2+y^2).$$

故由二元函数的泰勒公式可得

$$f'_x(0,0)=f'_y(0,0)=0,\quad A=f''_{xx}(0,0)=0,\quad B=f''_{xy}(0,0)=\frac{1}{2},\quad C=f''_{yy}(0,0)=0.$$

于是有$AC-B^2=-\frac{1}{4}<0$，所以$f(x,y)$在$(0,0)$不取极值，故正确选项为(A).

(3) 设函数$z=f(x,y)$的全微分为$\mathrm{d}z=x\mathrm{d}x+y\mathrm{d}y$，则点$(0,0)$(　　).

(A) 不是$f(x,y)$的连续点　　(B) 不是$f(x,y)$的极值点

(C) 是$f(x,y)$的极大值点　　(D) 是$f(x,y)$的极小值点

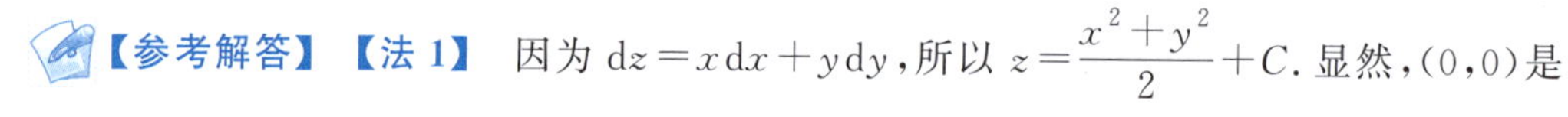

【参考解答】【法 1】 因为$\mathrm{d}z=x\mathrm{d}x+y\mathrm{d}y$，所以$z=\frac{x^2+y^2}{2}+C$. 显然，$(0,0)$是函数$f(x,y)$的极小值点，即正确选项为(D).

【法 2】 由题设可知$f'_x(x,y)=x$，$f'_y(x,y)=y$. 代入原点坐标值，可得点$(0,0)$为函数的驻点. 又因为

$$A=f''_{xx}(0,0)=1>0,\quad B=f''_{xy}(0,0)=0,\quad C=f''_{yy}(0,0)=1,$$

故得$AC-B^2=1>0$，所以点$(0,0)$是函数$f(x,y)$的极小值点. 即正确选项为(D).

(4) 设函数$u(x,y)$在有界闭区域D上连续，在D的内部具有二阶连续偏导数，且满足$\frac{\partial^2 u}{\partial x\partial y}\neq 0$及$\frac{\partial^2 u}{\partial x^2}+\frac{\partial^2 u}{\partial y^2}=0$，则(　　).

(A) $u(x,y)$的最大值和最小值都在D的边界上取得

(B) $u(x,y)$的最大值和最小值都在D的内部取得

(C) $u(x,y)$的最大值在D的内部取得，最小值在D的边界上取得

(D) $u(x,y)$的最小值在D的内部取得，最大值在D的边界上取得

【参考解答】 因为$u(x,y)$在有界闭区域D上连续，所以$u(x,y)$在D上存在最大值与最小值，且最值可能在D的边界上或内部取得. 由已知条件可得在D的内部

$$\Delta=\frac{\partial^2 u}{\partial x^2}\cdot\frac{\partial^2 u}{\partial y^2}-\left(\frac{\partial^2 u}{\partial x\partial y}\right)^2=-\left[\left(\frac{\partial^2 u}{\partial x^2}\right)^2+\left(\frac{\partial^2 u}{\partial x\partial y}\right)^2\right]<0,$$

故由二元函数极值判定法，可知$u(x,y)$在D的内部没有极值，从而也没有最值. 因此，$u(x,y)$的最值在D的边界上取得，即正确选项为(A).

2. 当 $x\geqslant 0,y\geqslant 0$ 时，$x^2+y^2\leqslant k\mathrm{e}^{x+y}$ 恒成立，则 k 的取值范围为________.

【参考解答】 由 $x^2+y^2\leqslant k\mathrm{e}^{x+y}$ 恒成立可知

$$k\geqslant[(x^2+y^2)\mathrm{e}^{-(x+y)}]_{\max}.$$

记 $f(x,y)=(x^2+y^2)\mathrm{e}^{-(x+y)}$，解方程组

$$\begin{cases}f'_x=(2x-x^2-y^2)\mathrm{e}^{-(x+y)}=0\\ f'_y=(2y-x^2-y^2)\mathrm{e}^{-(x+y)}=0\end{cases},$$

得两点(0,0)，(1,1)，且 $f(0,0)=0,f(1,1)=2\mathrm{e}^{-2}$. 又对任意的 y，有

$$\lim_{x\to+\infty}f(x,y)=\lim_{x\to+\infty}(x^2+y^2)\mathrm{e}^{-(x+y)}=0,$$

对任意的 x，有

$$\lim_{y\to+\infty}f(x,y)=\lim_{y\to+\infty}(x^2+y^2)\mathrm{e}^{-(x+y)}=0,$$

所以函数 $f(x,y)$ 只能在点(0,0)，(1,1)，x 轴正向，y 轴正向取得最大值.

在 x 轴上，$f(x,0)=x^2\mathrm{e}^{-x}$，令 $\dfrac{\mathrm{d}f(x,0)}{\mathrm{d}x}=(2x-x^2)\mathrm{e}^{-x}=0$，得 $x=2$，

于是点(2,0)可能是最大值点，同理点(0,2)也可能是最大值点，且

$$f(2,0)=f(0,2)=4\mathrm{e}^{-2}.$$

比较得 $f(x,y)_{\max}=4\mathrm{e}^{-2}$，故 $k\geqslant 4\mathrm{e}^{-2}$.

3. 已知函数 $f(x,y)$ 满足 $f''_{xy}(x,y)=2(y+1)\mathrm{e}^x$，$f'_x(x,0)=(x+1)\mathrm{e}^x$，$f(0,y)=y^2+2y$，求 $f(x,y)$ 的极值.

【参考解答】 $f''_{xy}(x,y)=2(y+1)\mathrm{e}^x$ 两边对 y 积分，得

$$f'_x(x,y)=\int 2(y+1)\mathrm{e}^x\,\mathrm{d}y=(y+1)^2\mathrm{e}^x+C_1(x).$$

又 $f'_x(x,0)=(x+1)\mathrm{e}^x$，代入得 $C_1(x)=x\mathrm{e}^x$，所以

$$f'_x(x,y)=(y+1)^2\mathrm{e}^x+x\mathrm{e}^x.$$

上式两边关于 x 积分，得

$$f(x,y)=(y+1)^2\mathrm{e}^x+\int x\mathrm{e}^x\,\mathrm{d}x=\mathrm{e}^x(y^2+2y+x)+C_2(y).$$

由 $f(0,y)=y^2+2y$，代入得 $C_2(y)=0$，所以

$$f(x,y)=(y^2+2y+x)\mathrm{e}^x.$$

解方程组 $\begin{cases}f'_x=(y^2+2y)\mathrm{e}^x+\mathrm{e}^x+x\mathrm{e}^x=0\\ f'_y=(2y+2)\mathrm{e}^x=0\end{cases}$，得 $\begin{cases}x=0\\ y=-1\end{cases}$. 又

$$f''_{xx}=(y^2+2y)\mathrm{e}^x+2\mathrm{e}^x+x\mathrm{e}^x,\quad f''_{xy}=2(y+1)\mathrm{e}^x,\quad f''_{yy}=2\mathrm{e}^x,$$

于是对点(0,−1)，有

$$A=f''_{xx}(0,-1)=1>0,\quad B=f''_{xy}(0,-1)=0,\quad C=f''_{yy}(0,-1)=2,$$

于是可得 $AC-B^2>0$. 所以函数在(0,−1)取得极小值，且极小值为 $f(0,-1)=-1$.

4. 已知函数 $z=z(x,y)$ 由方程 $(x^2+y^2)z+\ln z+2(x+y+1)=0$ 确定，求 $z=z(x,y)$ 的极值.

【参考解答】 方程两边同时关于 x 求导，得

$$2xz+(x^2+y^2)\frac{\partial z}{\partial x}+\frac{1}{z}\cdot\frac{\partial z}{\partial x}+2=0, \tag{1}$$

令 $\frac{\partial z}{\partial x}=0$，有 $xz+1=0$. 再对方程两边关于 y 求导，得

$$2yz+(x^2+y^2)\frac{\partial z}{\partial y}+\frac{1}{z}\cdot\frac{\partial z}{\partial y}+2=0, \tag{2}$$

令 $\frac{\partial z}{\partial y}=0$，则 $yz+1=0$.

由 $\begin{cases}xz+1=0\\ yz+1=0\end{cases}$ 解得 $\begin{cases}x=y\\ z=-\dfrac{1}{x}\end{cases}$，代入原方程得 $\begin{cases}x=y=-1\\ z=1\end{cases}$. 于是可知点 $(-1,-1)$ 为函数 $z=z(x,y)$ 的驻点，且 $z(-1,-1)=1$.

式(1)两边关于 x 求导，得

$$2z+2x\frac{\partial z}{\partial x}+2x\frac{\partial z}{\partial x}+(x^2+y^2)\frac{\partial^2 z}{\partial x^2}+\frac{1}{z}\frac{\partial^2 z}{\partial x^2}-\frac{1}{z^2}\left(\frac{\partial z}{\partial x}\right)^2=0,$$

于是在驻点 $(-1,-1)$ 处有 $A=\left.\frac{\partial^2 z}{\partial x^2}\right|_{(-1,-1)}=-\frac{2}{3}$；

式(1)两边关于 y 求导，得

$$2x\frac{\partial z}{\partial y}+2y\frac{\partial z}{\partial x}+(x^2+y^2)\frac{\partial^2 z}{\partial x\partial y}-\frac{1}{z^2}\cdot\frac{\partial z}{\partial x}\cdot\frac{\partial z}{\partial y}+\frac{1}{z}\frac{\partial^2 z}{\partial x\partial y}=0,$$

于是在驻点 $(-1,-1)$ 处有 $B=\left.\frac{\partial^2 z}{\partial x\partial y}\right|_{(-1,-1)}=0$；

式(2)两边关于 y 求导，得

$$2z+2y\frac{\partial z}{\partial y}+2y\frac{\partial z}{\partial y}+(x^2+y^2)\frac{\partial^2 z}{\partial y^2}+\frac{1}{z}\frac{\partial^2 z}{\partial y^2}-\frac{1}{z^2}\left(\frac{\partial z}{\partial y}\right)^2=0,$$

于是在驻点 $(-1,-1)$ 处有 $C=\left.\frac{\partial^2 z}{\partial y^2}\right|_{(-1,-1)}=-\frac{2}{3}$. 所以在驻点 $(-1,-1)$ 处有

$$AC-B^2>0,\quad A<0,$$

故 $(-1,-1)$ 是极大值点，且极大值为 $z(-1,-1)=1$.

5. 设二元函数 $f(x,y)$ 在平面上有连续的二阶偏导数，对任意角度 α，定义一元函数 $g_\alpha(t)=f(t\cos\alpha,t\sin\alpha)$，若对任何 α 都有 $\frac{\mathrm{d}g_\alpha(0)}{\mathrm{d}t}=0$ 且 $\frac{\mathrm{d}^2 g_\alpha(0)}{\mathrm{d}t^2}>0$，证明：$f(0,0)$ 是 $f(x,y)$ 的极小值.

【参考证明】 根据二元函数极值判定极小值的充分条件，如果 $f(x,y)$ 在点 $(0,0)$ 处满足梯度向量为零向量，即 $\nabla f(0,0)=(f'_x(0,0),f'_y(0,0))=0$，及黑塞矩阵 $\begin{pmatrix}f''_{xx} & f''_{xy}\\ f''_{yx} & f''_{yy}\end{pmatrix}_{(0,0)}$ 正定，则函数 $f(x,y)$ 在原点 $(0,0)$ 取到极小值，$f(0,0)$ 是 $f(x,y)$ 的极

小值.

对函数 $g_\alpha(t)$关于 t 求导,得

$$\begin{aligned} g'_\alpha(t) &= f'_x(t\cos\alpha, t\sin\alpha)\cdot\cos\alpha + f'_y(t\cos\alpha, t\sin\alpha)\cdot\sin\alpha \\ &= (f'_x(t\cos\alpha, t\sin\alpha), f'_y(t\cos\alpha, t\sin\alpha))\cdot(\cos\alpha, \sin\alpha) \\ &= \nabla f(t\cos\alpha, t\sin\alpha)\cdot(\cos\alpha, \sin\alpha), \end{aligned}$$

由对任何 α 都有$\left.\dfrac{\mathrm{d}g_\alpha(t)}{\mathrm{d}t}\right|_{t=0}=0$ 可知$|\nabla f(0,0)|=0$,即有 $f'_x(0,0)=0, f'_y(0,0)=0$,因此点$(0,0)$是二元函数 $f(x,y)$的驻点.继续对函数 $g_\alpha(t)$关于 t 求导,得

$$\begin{aligned} g''_\alpha(t) &= \cos\alpha\cdot[f''_{xx}\cdot\cos\alpha + f''_{xy}\cdot\sin\alpha] + \sin\alpha\cdot[f''_{yx}\cdot\cos\alpha + f''_{yy}\cdot\sin\alpha] \\ &= (\cos\alpha, \sin\alpha)\begin{pmatrix} f''_{xx}\cdot\cos\alpha + f''_{xy}\cdot\sin\alpha \\ f''_{yx}\cdot\cos\alpha + f''f''_{yy}\cdot\sin\alpha \end{pmatrix} = (\cos\alpha, \sin\alpha)\begin{pmatrix} f''_{xx} & f''_{xy} \\ f''_{yx} & f''_{yy} \end{pmatrix}\begin{pmatrix} \cos\alpha \\ \sin\alpha \end{pmatrix}, \end{aligned}$$

由对任何 α,$\left.\dfrac{\mathrm{d}^2 g_\alpha(t)}{\mathrm{d}t^2}\right|_{t=0}>0$,即

$$(\cos\alpha, \sin\alpha)\begin{pmatrix} f''_{xx}(0,0) & f''_{xy}(0,0) \\ f''_{xy}(0,0) & f''_{yy}(0,0) \end{pmatrix}\begin{pmatrix} \cos\alpha \\ \sin\alpha \end{pmatrix} > 0.$$

由此可知这是一个正定二次型,并且矩阵为实对称矩阵,所以矩阵为正定矩阵.所以驻点$(0,0)$为函数 $f(x,y)$极小值点,$f(0,0)$是 $f(x,y)$的极小值.

第七单元　多元函数的导数及其应用测验(A)

一、填空题(每小题 3 分,共 15 分)

1. 二重极限 $\lim\limits_{(x,y)\to(0,0)}\dfrac{xy^2}{x^2+y^2}$的值为__________.

2. 设函数 $f(x,y)$具有一阶连续偏导数,$f(1,1)=1, f'_x(1,1)=a, f'_y(1,1)=b$,则函数 $u(x)=f(x,f(x,x))$在 $x=1$ 处的微分为________.

3. 若方程 $y-nz=f(x-mz)$确定函数 $z=z(x,y)$,其中 m,n 为常数,函数 $f(u)$可微,且 $f'\neq\dfrac{n}{m}$,则 $m\dfrac{\partial z}{\partial x}+n\dfrac{\partial z}{\partial y}=$__________.

4. 函数 $f(x,y,z)=x^2y+x-z$ 过点$(1,-1,0)$的等值面在该点处的切平面方程为__________.

5. 设 $f(x), g(x)$是可微函数,且满足 $u(x,y)=f(2x+5y)+g(2x-5y)$,$u(x,0)=\sin 2x$,$u'_y(x,0)=0$,则 $u(x,y)=$________.

二、选择题(每小题 3 分,共 15 分)

6. 函数 $f(x,y)$在点(x_0,y_0)处存在偏导数是函数 $f(x,y_0)$和 $f(x_0,y)$分别在 x_0 和 y_0 处连续的(　　).

(A) 充分条件　　(B) 必要条件

(C) 充分必要条件　　(D) 既非充分也非必要条件

7. 函数 $f(x,y,z)=x^2+y^2-z^2$ 的等值面不可能是(　　).

(A) 圆锥面 (B) 单叶双曲面

(C) 双叶双曲面 (D) 椭圆抛物面

8. 已知函数 $z=f(x,y)$ 具有一阶连续偏导数，$P(x_0,y_0,z_0)$ 为曲面 S：$z=f(x,y)$ 上一点(如图所示)，则(　　).

(A) $f'_x(x_0,y_0)>0, f'_y(x_0,y_0)>0$

(B) $f'_x(x_0,y_0)>0, f'_y(x_0,y_0)<0$

(C) $f'_x(x_0,y_0)<0, f'_y(x_0,y_0)>0$

(D) $f'_x(x_0,y_0)<0, f'_y(x_0,y_0)<0$

9. 设图为函数 $f(x,y)$ 的等值线图，则下列偏导数中最接近 0 的是(　　).

(A) $f'_x(3,1)$ (B) $f'_y(3,1)$ (C) $f'_x(5,2)$ (D) $f'_y(5,2)$

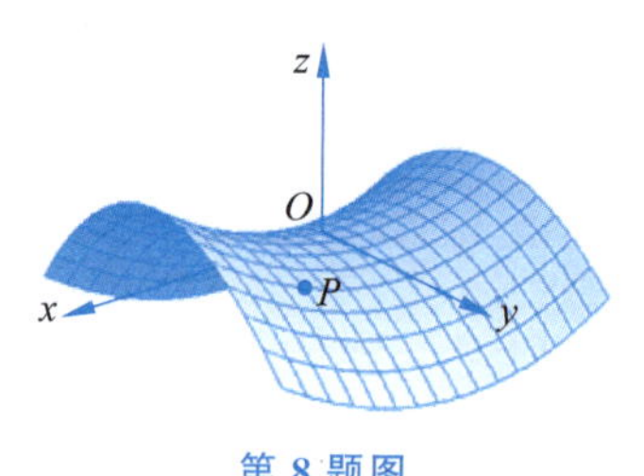

第 8 题图

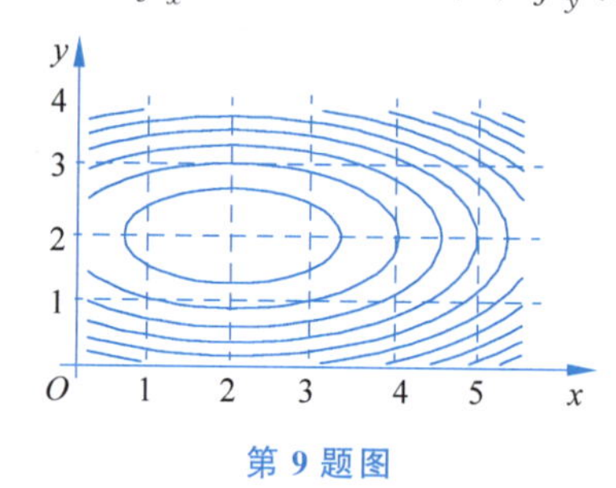

第 9 题图

10. 设函数 $f(x,y)=2x^2+ax+xy^2+2y$ 在点 $(1,-1)$ 处取极值，则常数 a 的值与该极值点的类型为(　　).

(A) -5 与极小值 (B) -5 与极大值

(C) 5 与极小值 (D) 5 与极大值

三、解答题(共 70 分)

11. (6 分)设 $z=f(2x-y, y\sin x)$，其中 $f(u,v)$ 具有二阶连续偏导数，求 $\dfrac{\partial^2 z}{\partial x\partial y}$.

12. (6 分)设函数 $w=f(x,y,z)$，其中 f 具有二阶连续偏导数，$z=z(x,y)$ 由方程 $z^5-5xy+5z=1$ 所确定，求 $\dfrac{\partial w}{\partial x}, \dfrac{\partial^2 w}{\partial x^2}$.

13. (6 分)已知 $z=f(x,y)$，$x=\varphi(y,z)$，其中 f,φ 均为可微函数，求 $\dfrac{\mathrm{d}z}{\mathrm{d}x}$.

14. (6 分)求曲线 $\begin{cases}2x^2+y^2+z^2=45\\ x^2+2y^2=z\end{cases}$，在点 $P(-2,1,6)$ 处的切线方程.

15. (6 分)设 $\boldsymbol{n}$ 是曲面 $z=x^2+\dfrac{y^2}{2}$ 在点 $P(1,2,3)$ 处指向外侧的法向量，求函数 $u=\dfrac{\sqrt{3x^2+3y^2+z^2}}{x}$ 在点 P 处沿方向 $\boldsymbol{n}$ 的方向导数.

16. (8 分)一条鲨鱼在发现血腥味时，总是沿血腥味最浓的方向追寻. 在海面上进行实验表明，如果把坐标原点放在血源处，在海平面上建立直角坐标系，那么点 (x,y) 处血液的浓度(每百份水中所含血的份数)的近似值为 $C(x,y)=\mathrm{e}^{-\frac{x^2+2y^2}{10^4}}$. 求鲨鱼从 (x_0,y_0) 出发向血源前进的路线.

17. (8分)求函数 $f(x,y)=\ln(1+x+y)$ 在点 $(0,0)$ 处的二阶带皮亚诺余项的泰勒公式,并求极限 $\lim\limits_{(x,y)\to(0,0)}\dfrac{f(x,y)+xy-x-y}{x^2+y^2}$.

18. (8分)设 $f(x,y)=\begin{cases}(x^2+y^2)\cos\dfrac{1}{\sqrt{x^2+y^2}}, & x^2+y^2\neq 0,\\ 0, & x^2+y^2=0\end{cases}$,问函数 $f(x,y)$ 在点 $(0,0)$ 处:(1)偏导数是否存在?(2)偏导数是否连续?(3)是否可微?并说明理由.

19. (8分)设函数 $f(x,y,z)=x^2+y^z$.(1)求函数沿曲线 $x=t,y=2t^2-1,z=t^3$ 在点 $M(1,1,1)$ 处沿参变量增大方向的切向量方向的方向导数;(2)求函数在点 $M(1,1,1)$ 处的梯度与(1)中切向量方向的导数夹角 θ.

20. (8分)现欲建造一底面为矩形、容积为 1800m^3 的斜顶柱体仓库,形状及尺寸如图所示(单位:m),不考虑仓库墙及顶的厚度.由于仓库顶造价较高,所以希望顶的面积尽量小些.设底面矩形的边长为 a,b(单位:m).(1)写出仓库顶面所在平面的方程(用 a,b 表示);(2)问:当 a,b 为何值时,顶面的面积最小?

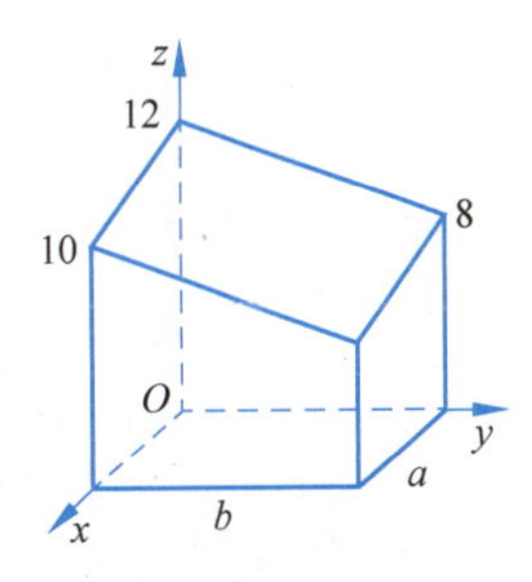

第 20 题图

第七单元　多元函数的导数及其应用测验(A)参考解答

一、填空题

【参考解答】 1. 由于 $0\leqslant\left|\dfrac{xy^2}{x^2+y^2}\right|\leqslant|x|$,于是由夹逼定理知极限为0.

2. 由全微分的形式不变性,有

$$\begin{aligned}\mathrm{d}u&=f'_x(x,f(x,x))\mathrm{d}x+f'_y(x,f(x,x))\mathrm{d}f(x,x)\\&=f'_x(x,f(x,x))\mathrm{d}x+f'_y(x,f(x,x))[f'_x(x,x)\mathrm{d}x+f'_y(x,x)\mathrm{d}x],\end{aligned}$$

将 $f(1,1)=1,f'_x(1,1)=a$ 且 $f'_y(1,1)=b$ 代入,得

$$\mathrm{d}u\Big|_{x=1}=\{f'_x(1,f(1,1))+f'_y(1,f(1,1))[f'_x(1,1)+f'_y(1,1)]\}\mathrm{d}x=(a+ab+b^2)\mathrm{d}x.$$

3. 记 $F(x,y,z)=f(x-mz)-y+nz$,则

$$F'_x=f',\quad F'_y=-1,\quad F'_z=-mf'+n.$$

故由隐函数求导公式,得

$$m\frac{\partial z}{\partial x}+n\frac{\partial z}{\partial y}=m\left(-\frac{F'_x}{F'_z}\right)+n\left(-\frac{F'_y}{F'_z}\right)=\frac{-mf'+n}{-mf'+n}=1.$$

4. 令 $f(x,y,z)=x^2y+x-z$,则 $f(1,-1,0)=0$,故过点 $(1,-1,0)$ 的等值面方程为

$$x^2y+x-z=0.$$

等值面在该点处的法向量可以取为

$$\boldsymbol{n}=(2xy+1,x^2,-1)\Big|_{(1,-1,0)}=(-1,1,-1),$$

于是切平面方程为

$$-(x-1)+(y+1)-z=0,\quad 即\ x-y+z-2=0.$$

5. 由 $u(x,0)=\sin 2x$，得

$$u(x,0)=f(2x)+g(2x)=\sin 2x,\quad 即\ f'(2x)+g'(2x)=\cos 2x. \tag{1}$$

$u(x,y)=f(2x+5y)+g(2x-5y)$ 两端关于 y 求导，得

$$u'_y(x,y)=5f'(2x+5y)-5g'(2x-5y).$$

又由 $u'_y(x,0)=0$，得

$$u'_y(x,0)=f'(2x)-g'(2x)=0. \tag{2}$$

将式(1)、式(2)相加，得 $f'(2x)=\dfrac{\cos 2x}{2}$，所以

$$f'(x)=\frac{\cos x}{2},\quad g'(x)=\frac{\cos x}{2}.$$

对它们分别求不定积分，得

$$f(x)=\frac{\sin x}{2}+C_1,\quad g(x)=\frac{\sin x}{2}+C_2.$$

于是可得 $f(2x)+g(2x)=\sin 2x+C_1+C_2$. 由前面可知 $f(2x)+g(2x)=\sin 2x$，故得 $C_1+C_2=0$. 所以

$$u(x,y)=f(2x+5y)+g(2x-5y)=\frac{\sin(2x+5y)}{2}+\frac{\sin(2x-5y)}{2}=\sin 2x\cos 5y.$$

二、选择题

【参考解答】 6. 函数 $f(x,y)$ 在点 (x_0,y_0) 处的偏导数即一元函数 $f(x,y_0)$ 在 x_0 对 x 的导数和 $f(x_0,y)$ 在 y_0 对 y 的导数，由可导必连续可知，正确选项为(A).

7. 函数的等值面方程为 $x^2+y^2-z^2=m$，当 $m>0$ 时，等值面为单叶双曲面，当 $m=0$ 时，等值面为锥面，当 $m<0$ 时，等值面为双叶双曲面，故正确选项为(D).

8. 从图形上可知，曲线 $\begin{cases}z=f(x,y)\\ y=y_0\end{cases}$ 在 P 点处 x 增大 z 增大，故 $f'_x(x_0,y_0)>0$，曲线 $\begin{cases}z=f(x,y)\\ x=x_0\end{cases}$ 在 P 点处 y 增大 z 减小，故 $f'_y(x_0,y_0)<0$，故正确选项为(B).

9. 由于函数在某点处的梯度垂直于过该点的等值线，且梯度 $\nabla f=(f'_x(x,y),f'_y(x,y))$，于是由等值线图可知，$\nabla f(5,2)$ 最接近水平，因此 $f'_y(5,2)$ 最接近 0. 故正确选项为(D).

10. 可微函数的极值点处梯度为 0，即有

$$f'_x(1,1)=(4x+a+y^2)\big|_{(1,-1)}=5+a=0,\quad f'_y(1,1)=0,$$

所以 $a=-5$. 又

$$A=f''_{xx}(1,-1)=4,\quad B=f''_{xy}(1,-1)=2y\big|_{(1,-1)}=-2,$$

$$C=f''_{yy}(1,-1)=2x\big|_{(1,-1)}=2,$$

因此 $AC-B^2=4>0$，且 $A>0$，所以取极小值. 故正确选项为(A).

三、解答题

11. **【参考解答】** 直接由多元复合函数求导的链式法则，得

$$\frac{\partial z}{\partial x}=2f'_1+y\cos x\cdot f'_2,$$

$$\frac{\partial^2 z}{\partial x\partial y}=2(-f''_{11}+f''_{12}\sin x)+f'_2\cos x+(-f''_{21}+\sin x f''_{22})y\cos x$$
$$=f'_2\cos x-2f''_{11}+(2\sin x-y\cos x)f''_{12}+y\sin x\cos x f''_{22}.$$

12.【参考解答】 方程 $z^5-5xy+5z=1$ 两边关于 x 求导，得

$$5z^4z'_x-5y+5z'_x=0,$$

解得 $z'_x=\dfrac{y}{1+z^4}$. 于是

$$w'_x=f'_1+f'_3\cdot z'_x=f'_1+f'_3\cdot\frac{y}{1+z^4}.$$

上式两端关于变量 x 求导，得

$$w''_{xx}=f''_{11}+f''_{13}\cdot\frac{y}{1+z^4}+\left(f''_{13}+f''_{33}\cdot\frac{y}{1+z^4}\right)\cdot\frac{y}{1+z^4}-\frac{4y^2z^3}{(1+z^4)^3}\cdot f'_3$$
$$=-\frac{4y^2z^3}{(1+z^4)^3}f'_3+f''_{11}+\frac{2y}{1+z^4}f''_{13}+\left(\frac{y}{1+z^4}\right)^2f''_{33}.$$

13.【参考解答】 $\begin{cases}z=f(x,y)\\x=\varphi(y,z)\end{cases}$ 两边同时关于 x 求导(此时 y 和 z 均为 x 的函数)，得

$$\begin{cases}\dfrac{dz}{dx}=\dfrac{\partial f}{\partial x}+\dfrac{\partial f}{\partial y}\cdot\dfrac{dy}{dx}\\[2ex]1=\dfrac{\partial\varphi}{\partial y}\cdot\dfrac{dy}{dx}+\dfrac{\partial\varphi}{\partial z}\cdot\dfrac{dz}{dx}\end{cases}.$$

由此可以解得 $\dfrac{dz}{dx}=\dfrac{\dfrac{\partial f}{\partial y}+\dfrac{\partial f}{\partial x}\cdot\dfrac{\partial\varphi}{\partial y}}{\dfrac{\partial\varphi}{\partial y}+\dfrac{\partial\varphi}{\partial z}\cdot\dfrac{\partial f}{\partial y}}$.

14.【参考解答】【法 1】 曲面 $2x^2+y^2+z^2=45$ 在点 $(-2,1,6)$ 处的切平面的法向量可以取为

$$\boldsymbol{n}=(4x,2y,2z)_{(-2,1,6)}=-2(4,-1,-6),$$

所以切平面方程为 $4x-y-6z+45=0$. 曲面 $x^2+2y^2=z$ 在点 $(-2,1,6)$ 处的切平面法向量可以取为

$$\boldsymbol{n}=(2x,4y,-1)_{(-2,1,6)}=-(4,-4,1),$$

所以切平面方程为 $4x-4y+z+6=0$. 所求切线为两切平面的交线，故方程为

$$\begin{cases}4x-y-6z+45=0\\4x-4y+z+6=0\end{cases}.$$

【法 2】 方程组 $\begin{cases}2x^2+y^2+z^2=45\\x^2+2y^2=z\end{cases}$ 两边关于 x 求导，得

$$\begin{cases}4x+2y\dfrac{dy}{dx}+2z\dfrac{dz}{dx}=0\\[2ex]2x+4y\dfrac{dy}{dx}-\dfrac{dz}{dx}=0\end{cases}.$$

代入点$(-2,1,6)$的坐标，得

$$\begin{cases}-4+\dfrac{dy}{dx}+6\dfrac{dz}{dx}=0\\ -4+4\dfrac{dy}{dx}-\dfrac{dz}{dx}=0\end{cases}，\quad 解得\begin{cases}\dfrac{dy}{dx}=\dfrac{28}{25}\\ \dfrac{dz}{dx}=\dfrac{12}{25}\end{cases}.$$

所以切线的方向向量可以取为$\boldsymbol{s}=\left(1,\dfrac{dy}{dx},\dfrac{dz}{dx}\right)=\dfrac{1}{25}(25,28,12)$. 所以所求切线的方程为

$\dfrac{x+2}{25}=\dfrac{y-1}{28}=\dfrac{z-6}{12}$.

15.【参考解答】 令$F(x,y,z)=x^2+\dfrac{y^2}{2}-z$，其指向外侧的法向量可以取为

$$\boldsymbol{n}^0\big|_P=(2x,y,-1)^0\big|_P=\frac{1}{3}(2,2,-1).$$

又$\dfrac{\partial u}{\partial x}\bigg|_P=\left(-\dfrac{1}{x^2}\sqrt{3x^2+3y^2+z^2}+\dfrac{3}{\sqrt{3x^2+3y^2+z^2}}\right)\bigg|_P=-\dfrac{21}{\sqrt{24}}$,

$$\frac{\partial u}{\partial y}\bigg|_P=\frac{3y}{x\sqrt{3x^2+3y^2+z^2}}\bigg|_P=\frac{6}{\sqrt{24}},\quad \frac{\partial u}{\partial z}\bigg|_P=\frac{z}{x\sqrt{3x^2+3y^2+z^2}}\bigg|_P=\frac{3}{\sqrt{24}}.$$

于是所求的方向导数为

$$\frac{\partial u}{\partial n}\bigg|_P=\frac{\partial u}{\partial x}\bigg|_P\cdot\cos\alpha+\frac{\partial u}{\partial y}\bigg|_P\cdot\cos\beta+\frac{\partial u}{\partial z}\bigg|_P\cdot\cos\gamma=-\frac{11}{\sqrt{24}}.$$

16.【参考解答】 设鲨鱼行进的路线方程为$y=y(x)$，由已知可知鲨鱼行进路线的切向方向平行于梯度方向，路线上任意点(x,y)处的切线的方向向量可以取为

$$\boldsymbol{T}=\left(1,\frac{dy}{dx}\right)=\frac{1}{dx}(dx,dy).$$

由$\dfrac{\partial C}{\partial x}=-\dfrac{2x}{10^4}e^{-\frac{x^2+2y^2}{10^4}}=-\dfrac{2x}{10^4}C,\dfrac{\partial C}{\partial y}=-\dfrac{4y}{10^4}e^{-\frac{x^2+2y^2}{10^4}}=-\dfrac{4y}{10^4}C$可知血液的浓度函数的梯度为$\nabla C=-\dfrac{2C}{10^4}(x,2y)$. 由$\boldsymbol{T}\parallel\nabla C$，得$\dfrac{dy}{dx}=\dfrac{2y}{x}$. 分离变量得微分方程通解为$y=\lambda x^2$. 又路线过点$(x_0,y_0)$，故$\lambda=\dfrac{y_0}{x_0^2}$. 所以鲨鱼从$(x_0,y_0)$出发向血源前进的路线为$y=\dfrac{y_0}{x_0^2}x^2$.

17.【参考解答】 由$f(x,y)=\ln(1+x+y)$易得$f(0,0)=0$,

$$f'_x(0,0)=f'_y(0,0)=\frac{1}{1+x+y}\bigg|_{(0,0)}=1.$$

$$f''_{xx}(0,0)=f''_{xy}(0,0)=f''_{yy}(0,0)=\frac{-1}{(1+x+y)^2}\bigg|_{(0,0)}=-1.$$

由此可得$\nabla f(0,0)=(0,0),\nabla^2 f(0,0)=\begin{pmatrix}-1&-1\\-1&-1\end{pmatrix}$，于是函数的二阶带皮亚诺余项的泰勒公式为

$$f(x,y)=f(0,0)+\nabla f(0,0)\begin{pmatrix}x\\y\end{pmatrix}+\frac{1}{2}(x,y)\,\nabla^2 f(0,0)\begin{pmatrix}x\\y\end{pmatrix}+o(x^2+y^2)$$

$$=0+(1,1)\begin{pmatrix}x\\y\end{pmatrix}+\frac{1}{2}(x,y)\begin{pmatrix}-1&-1\\-1&-1\end{pmatrix}\begin{pmatrix}x\\y\end{pmatrix}+o(x^2+y^2)$$

$$=x+y-\frac{1}{2}x^2-xy-\frac{1}{2}y^2+o(x^2+y^2).$$

由上面 $f(x,y)$ 的泰勒公式,可得

$$f(x,y)+xy-x-y=-\frac{1}{2}(x^2+y^2)+o(x^2+y^2),$$

将其代入极限式,得

$$\lim_{(x,y)\to(0,0)}\frac{f(x,y)+xy-x-y}{x^2+y^2}=\lim_{(x,y)\to(0,0)}\frac{-\frac{1}{2}(x^2+y^2)+o(x^2+y^2)}{x^2+y^2}=-\frac{1}{2}.$$

18.【参考解答】 (1) 由偏导数的定义,有

$$\lim_{\Delta x\to 0}\frac{f(0+\Delta x,0)-f(0,0)}{\Delta x}=\lim_{\Delta x\to 0}(\Delta x)\cos\frac{1}{\sqrt{(\Delta x)^2}}=0=f'_x(0,0),$$

同理可得 $f'_y(0,0)=0$,所以两个偏导数都存在.

(2) 当 $x^2+y^2\neq 0$ 时,有

$$f'_x(x,y)=\frac{x}{\sqrt{x^2+y^2}}\sin\frac{1}{\sqrt{x^2+y^2}}+2x\cos\frac{1}{\sqrt{x^2+y^2}}.$$

由于 $\lim\limits_{\substack{y=x\\x\to 0}}\frac{x}{\sqrt{x^2+y^2}}\sin\frac{1}{\sqrt{x^2+y^2}}=\lim\limits_{x\to 0}\frac{x}{|2x|}\sin\frac{1}{|2x|}$,极限不存在,而

$$\lim_{\substack{x\to 0\\y\to 0}}2x\cos\frac{1}{\sqrt{x^2+y^2}}=0,$$

故 $\lim\limits_{\substack{x\to 0\\y\to 0}}\left(\frac{x}{\sqrt{x^2+y^2}}\sin\frac{1}{\sqrt{x^2+y^2}}+2x\cos\frac{1}{\sqrt{x^2+y^2}}\right)$ 不存在. 所以 $f'_x(x,y)$ 在原点处不连续;同理可以验证 $f'_y(x,y)$ 也在原点处不连续.

(3) 由可微的定义,因为

$$\lim_{\substack{\Delta x\to 0\\\Delta y\to 0}}\frac{[f(0+\Delta x,0+\Delta y)-f(0,0)]-[f'_x(0,0)\Delta x+f'_y(0,0)\Delta y]}{\sqrt{(\Delta x)^2+(\Delta y)^2}}$$

$$=\lim_{\substack{\Delta x\to 0\\\Delta y\to 0}}\sqrt{(\Delta x)^2+(\Delta y)^2}\cos\frac{1}{\sqrt{(\Delta x)^2+(\Delta y)^2}}=0,$$

所以函数 $f(x,y)$ 在点 $(0,0)$ 处可微.

19.【参考解答】 (1) 曲线上点 $M(1,1,1)$ 对应的参数值为 $t=1$,故在该点处参变量增大方向的切向量可取为

$$\boldsymbol{u}=(x'(t),y'(t),z(1))_M=(1,4t,3t)_{t=1}=(1,4,3),$$

其对应的单位向量为 $\boldsymbol{u}^0=\left(\frac{1}{\sqrt{26}},\frac{4}{\sqrt{26}},\frac{3}{\sqrt{26}}\right)$. 而函数在点 M 处的梯度为

$$\nabla f(1,1,1)=(f'_x,f'_y,f'_z)_{(1,1,1)}=(2x,zy^{z-1},y^z\ln y)_{(1,1,1)}=(2,1,0).$$

所求方向导数为

$$D_u f(1,1,1)=\nabla f(1,1,1)\cdot \boldsymbol{u}^0=(2,1,0)\cdot\left(\frac{1}{\sqrt{26}},\frac{4}{\sqrt{26}},\frac{3}{\sqrt{26}}\right)=\frac{6}{\sqrt{26}}.$$

(2) 由于$\nabla f(1,1,1)=(2,1,0)$,$\boldsymbol{u}=(1,4,3)$,故

$$\cos\theta=\frac{|\nabla f(1,1,1)\cdot \boldsymbol{u}|}{|\nabla f(1,1,1)|\cdot|\boldsymbol{u}|}=\frac{(2,1,0)\cdot(1,4,3)}{\sqrt{5}\cdot\sqrt{26}}=\frac{6}{\sqrt{130}},$$

故两者的夹角 $\theta=\arccos\dfrac{6}{\sqrt{130}}$.

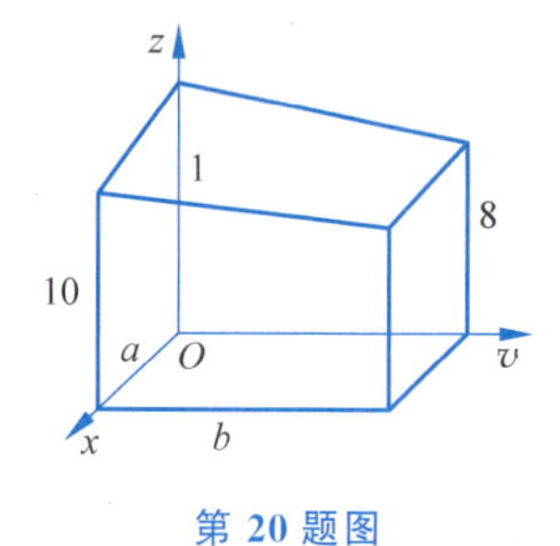

第 20 题图

20.【参考解答】 (1) 由图易知仓库顶面所在平面上三点$(0,0,12)$,$(a,0,10)$,$(0,b,8)$,从而仓库顶面所在平面的方程为

$$\begin{vmatrix} x-0 & y-0 & z-12 \\ a-0 & 0-0 & 10-12 \\ 0-0 & b-0 & 8-12 \end{vmatrix}=0,\text{化简可得 } z=12-\frac{2}{a}x-\frac{4}{b}y.$$

(2) 易知仓库的体积为

$$V(a,b)=\int_0^a dx\int_0^b\left(12-\frac{2}{a}x-\frac{4}{b}y\right)dy=9ab,$$

由已知条件有 $9ab=1800$,即 $ab=200$. 另外,斜顶面积为

$$S=\int_0^a dx\int_0^b\sqrt{1+\left(-\frac{2}{a}\right)^2+\left(-\frac{4}{b}\right)^2}\,dy=ab\sqrt{1+\frac{4}{a^2}+\frac{16}{b^2}}$$

$$=200\sqrt{1+\frac{4}{a^2}+\frac{16}{b^2}}\geqslant 200\sqrt{1+2\cdot\frac{2}{a}\cdot\frac{4}{b}}=120\sqrt{3}.$$

所以当$\dfrac{2}{a}=\dfrac{4}{b}$,即 $b=2a$ 时,S 取最小值 $120\sqrt{3}$,此时 $a=10$,$b=20$.

第七单元　多元函数的导数及其应用测验(B)

一、填空题(每小题 3 分,共 15 分)

1. 若 $f\left(x+y,\dfrac{y}{x}\right)=x^2-y^2$,则 $f'_2(1,0)=$________.

2. 设 $f(x,y,z)=\dfrac{x\cos y-2y\cos z+3z\cos x}{1+\sin x+\sin y+\sin z}$,则 $df\big|_{(0,0,0)}=$________.

3. 函数 $z(x,y)=\displaystyle\int_0^{x+2y}e^{-\frac{t^2}{2}}dt$ 在点 $P(0,1)$ 处的最大的方向导数值为________.

4. 由曲线$\begin{cases}4x^2+2y^2=12\\ z=0\end{cases}$绕 y 轴旋转一周所得到的旋转曲面在点 $P(0,2,1)$处指向内侧的单位法向量为________.

5. 曲线 $x=t,y=t^2,z=t^3$ 的一条切线与平面 $z=1-3x+3y$ 平行,该切线的方程为________.

二、选择题(每小题 3 分,共 15 分)

6. 函数 $f(x,y)$在点(x_0,y_0)处连续的一个充分条件是(　　).

(A) $\lim\limits_{(x,y)\to(x_0,y_0)} f(x,y)$存在

(B) $\lim\limits_{x\to x_0}\lim\limits_{y\to y_0} f(x,y)$和$\lim\limits_{y\to y_0}\lim\limits_{x\to x_0} f(x,y)$都存在

(C) 在点(x_0,y_0)的某个邻域内，函数$f(x,y)$的两个偏导数$f'_x(x,y)$和$f'_y(x,y)$都存在

(D) 在点(x_0,y_0)的某个邻域内，函数$f(x,y)$的两个偏导数$f'_x(x,y)$和$f'_y(x,y)$都有界

7. 设函数$f(x,y)$在点$(0,0)$的某邻域内有定义，且$f'_x(0,0)=3$，$f'_y(0,0)=1$，则(　　).

(A) $\mathrm{d}z\Big|_{(0,0)}=3\mathrm{d}x+\mathrm{d}y$

(B) 曲面$z=f(x,y)$在点$(0,0,f(0,0))$处的法向量为$(3,1,1)$

(C) 曲线$\begin{cases}z=f(x,y)\\x=0\end{cases}$在点$(0,0,f(0,0))$处的切向量为$(0,0,1)$

(D) 曲线$\begin{cases}z=f(x,y)\\x=0\end{cases}$在点$(0,0,f(0,0))$处的切向量为$(0,1,3)$

8. 设有3个电阻分别为R_1,R_2,R_3，且$R_1>R_2>R_3$，并联后的总电阻记为R，其计算公式为$\dfrac{1}{R}=\dfrac{1}{R_1}+\dfrac{1}{R_2}+\dfrac{1}{R_3}$，则3个分电阻的微小改变对并联后的总电阻影响最大者为(　　).

(A) R_1　　(B) R_2

(C) R_3　　(D) 3个电阻的影响均相同

9. 设曲面$z=f(x,y)$在点M处的切平面方程为$x-y-z+3=0$，且下列图形之一为该曲面在点M附近的等值线图，图中点P为点M在xOy平面上的投影，1,2,3,4分别为z的取值，则该曲面对应的等值线图为(　　).

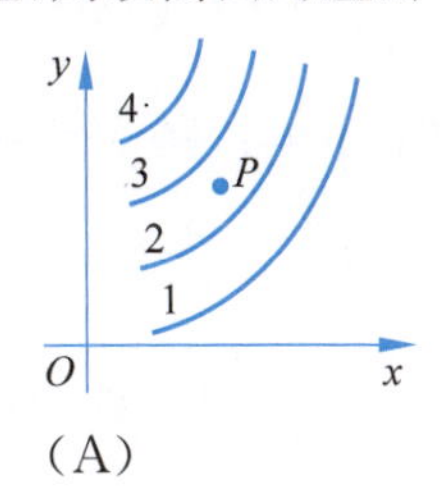

(A)

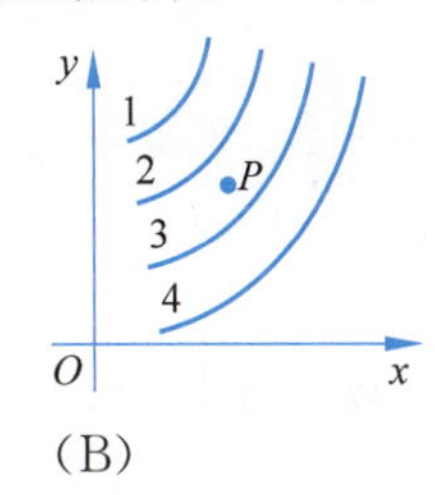

(B)

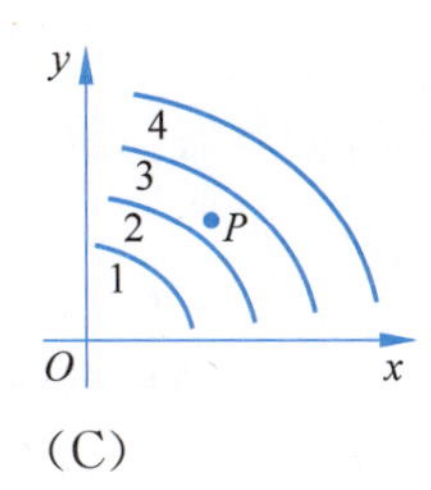

(C)

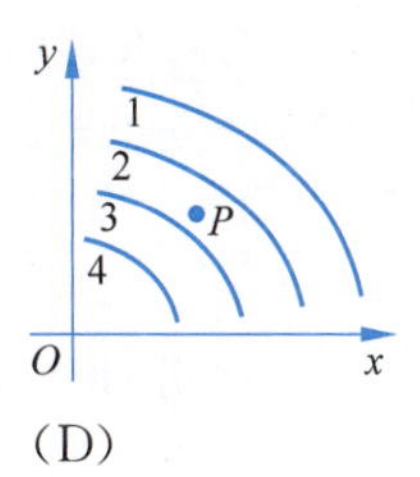

(D)

10. 已知函数$f(x,y)$在点$(0,0)$的某个邻域内连续，且$\lim\limits_{(x,y)\to(0,0)}\dfrac{f(x,y)-4xy}{x^2+y^2}=1$，则(　　).

(A) 点$(0,0)$是$f(x,y)$的极大值点

(B) 点$(0,0)$是$f(x,y)$的极小值点

(C) 点$(0,0)$不是$f(x,y)$的极值点

(D) 所给条件不足以判定点$(0,0)$是否为$f(x,y)$的极值点

三、解答题(共70分)

11. (6分)设$y=f(x,z)$，而z是由方程$g(x-2z,xy)=0$所确定的x,y的函数，其中f,g为可微函数，求$\dfrac{\mathrm{d}z}{\mathrm{d}x}$.

12.（6分）设 $f(x,y)$ 具有二阶连续偏导数，且为二次齐次函数，即对任意实数 t，都有 $f(tx,ty)=t^2f(x,y)$，试证：$x^2\dfrac{\partial^2 f(x,y)}{\partial x^2}+2xy\dfrac{\partial^2 f(x,y)}{\partial x\partial y}+y^2\dfrac{\partial^2 f(x,y)}{\partial y^2}=2f(x,y)$.

13.（6分）设 $u=f(x,y,z)$ 有连续偏导数，且

$$x=r\sin\theta\cos\varphi,\quad y=r\sin\theta\sin\varphi,\quad z=r\cos\varphi,$$

证明：若 $x\dfrac{\partial u}{\partial x}+y\dfrac{\partial u}{\partial y}+z\dfrac{\partial u}{\partial z}=0$，则 u 与 r 无关.

14.（6分）在曲面 $3x^2+y^2+z^2=16$ 上求一点，使曲面在此点处的切平面平行于直线

$$L_1:\frac{x-3}{4}=\frac{y-6}{5}=\frac{z+1}{8}\quad 和\quad L_2:x=y=z.$$

15.（6分）设函数 $z=z(x,y)$ 由方程 $\dfrac{x}{z}=\varphi\left(\dfrac{y}{z}\right)$ 所确定，其中 $\varphi(u)$ 具有二阶连续导数. 试证明：(1) $x\dfrac{\partial z}{\partial x}+y\dfrac{\partial z}{\partial y}=z$；(2) $\dfrac{\partial^2 z}{\partial x^2}\cdot\dfrac{\partial^2 z}{\partial y^2}=\left(\dfrac{\partial^2 z}{\partial x\partial y}\right)^2$.

16.（8分）求二元函数 $f(x,y)=x^2y(4-x-y)$ 在由直线 $x+y=6$，x 轴和 y 轴所围成的闭区域 D 内的极值和闭区域 D 上的最值.

17.（8分）设 $z=xf(u)$，$u=\dfrac{x}{y}$，其中 $f(u)$ 可微，(1) 证明：$x\dfrac{\partial z}{\partial x}+y\dfrac{\partial z}{\partial y}=z$；

(2) 如果 $x\dfrac{\partial z}{\partial x}-y\dfrac{\partial z}{\partial y}=0$，求 $f(u)$ 的表达式.

18.（8分）设函数 $u=F(x,y,z)$ 在条件 $\varphi(x,y,z)=0$ 和 $\psi(x,y,z)=0$ 之下在点 $P_0(x_0,y_0,z_0)$ 取得条件极值 m，其中函数 $F(x,y,z)$，$\varphi(x,y,z)$，$\psi(x,y,z)$ 均具有一阶不同时为零的连续偏导数，证明：曲面 $F(x,y,z)=m$，$\varphi(x,y,z)=0$ 和 $\psi(x,y,z)=0$ 在点 P_0 处的法线共面.

19.（8分）设 $z=f(x,y)$ 具有二阶连续偏导数，变换 $u=x-2y$，$v=x+ay$ 可把方程 $6\dfrac{\partial^2 z}{\partial x^2}+\dfrac{\partial^2 z}{\partial x\partial y}-\dfrac{\partial^2 z}{\partial y^2}=0$ 简化为 $\dfrac{\partial^2 z}{\partial u\partial v}=0$，求常数 a.

20.（8分）设函数 $z=f(x,y)$ 具有一阶连续偏导数，且 $f(1,0)=f(0,1)$. 证明：在单位圆上至少存在两点满足方程 $yf'_x-xf'_y=0$.

第七单元　多元函数的导数及其应用测验(B)参考解答

一、填空题

【参考解答】 1.【法1】 由 $x+y=1$，$\dfrac{y}{x}=0$ 有 $x=1$，$y=0$. 等式两边对 x 求导，得

$$f'_1\left(x+y,\frac{y}{x}\right)-\frac{y}{x^2}f'_2\left(x+y,\frac{y}{x}\right)=2x.$$

将 $x=1$，$y=0$ 代入得 $f'_1(1,0)=2$. 等式两边对 y 求导，得

$$f'_1\left(x+y,\frac{y}{x}\right)+\frac{1}{x}f'_2\left(x+y,\frac{y}{x}\right)=-2y,$$

将 $x=1,y=0$ 代入得 $f_1'(1,0)+f_2'(1,0)=0$,所以 $f_2'(1,0)=-2$.

【法 2】　令 $x+y=u,\dfrac{y}{x}=v$,解得 $x=\dfrac{u}{v+1},y=\dfrac{uv}{v+1}$,所以

$$f(u,v)=\frac{u^2}{(v+1)^2}-\frac{u^2v^2}{(v+1)^2}=\frac{u^2(1-v)}{v+1}.$$

从而可得 $f_2'(u,v)=-\dfrac{2u^2}{(v+1)^2}$,即 $f_2'(1,0)=-2$.

2. 由 $f(x,0,0)=\dfrac{x}{1+\sin x}$,得

$$f_x'(0,0,0)=\left.\frac{1+\sin x-x\cos x}{(1+\sin x)^2}\right|_{x=0}=1.$$

类似地,由 $f(0,y,0)=\dfrac{-2y}{1+\sin y},f(0,0,z)=\dfrac{3z}{1+\sin z}$,得

$$f_y'(0,0,0)=(-2)\cdot\left.\frac{1+\sin y-y\cos y}{(1+\sin y)^2}\right|_{x=0}=-2,$$

$$f_z'(0,0,0)=3\cdot\left.\frac{1+\sin z-z\cos z}{(1+\sin z)^2}\right|_{z=0}=3.$$

所以 $\mathrm{d}f\big|_{(0,0,0)}=\mathrm{d}x-2\mathrm{d}y+3\mathrm{d}z$.

3. 最大的方向导数值即为梯度的模,由于

$$\left.\frac{\partial z}{\partial x}\right|_{(0,1)}=\left.\mathrm{e}^{-\frac{(x+2y)^2}{2}}\right|_{(0,1)}=\mathrm{e}^{-2},\quad \left.\frac{\partial z}{\partial y}\right|_{(0,1)}=\left.2\mathrm{e}^{-\frac{(x+2y)^2}{2}}\right|_{(0,1)}=2\mathrm{e}^{-2},$$

最大的方向导数值为 $\nabla z(0,1)=(\mathrm{e}^{-2},2\mathrm{e}^{-2})$ 的模,即

$$|\nabla z(0,1)|=|(\mathrm{e}^{-2},2\mathrm{e}^{-2})|=\frac{\sqrt{5}}{\mathrm{e}^2}.$$

4. 曲线绕 y 轴旋转一周所得的旋转曲面方程为

$$4(x^2+z^2)+2y^2-12=0,$$

设 $F(x,y,z)=4(x^2+z^2)+2y^2-12$,则曲面在 P 处的法向量 $\boldsymbol{n}$ 可取为

$$\boldsymbol{n}=(F_x',F_y',F_z')_{(0,\sqrt{3},\sqrt{2})}=(8x,4y,8z)_{(0,2,1)}=8(0,1,1),$$

所以指向内侧方向的单位法向量为 $\boldsymbol{n}^0=\left(0,-\dfrac{\sqrt{2}}{2},-\dfrac{\sqrt{2}}{2}\right)$.

5. 曲线的切向量可取为

$$\boldsymbol{T}(t)=(t,t^2,t^3)_t'=(1,2t,3t^2),$$

已知平面的法向量为 $\boldsymbol{n}=(-3,3,-1)$,由于切线与平面平行,所以切向量与平面的法向量垂直,则 $\boldsymbol{T}(t)\cdot\boldsymbol{n}=0$,于是

$$(1,2t,3t^2)\cdot(-3,3,-1)=-3+6t-3t^2=0,$$

解得 $t=1$. 所以切点坐标为(1,1,1),该点的切向量可取为 $\boldsymbol{T}(1)=(1,2,3)$. 由直线的对称式方程,可得切线方程为 $\dfrac{x-1}{1}=\dfrac{y-1}{2}=\dfrac{z-1}{3}$.

二、选择题

【参考解答】　6.【法 1】　由排除法可知(A)(B)(C)不正确,故正确选项为(D).

【法 2】 由 $\Delta f=f(x_0+\Delta x,y_0+\Delta y)-f(x_0,y_0)$

$$=f(x_0+\Delta x,y_0+\Delta y)-f(x_0,y_0+\Delta y)+f(x_0,y_0+\Delta y)-f(x_0,y_0)$$

$$=f'_x(x_0+\theta_1\Delta x,y_0+\Delta y)\Delta x+f'_y(x_0,y_0+\theta_2\Delta y)\Delta y,$$

其中$(0<\theta_1,\theta_2<1)$，由于 $f'_x(x,y)$和 $f'_y(x,y)$都有界，故当 $\Delta x\to 0,\Delta y\to 0$ 时，$\Delta f\to 0$，因此函数 $f(x,y)$在点(x_0,y_0)处连续. 故正确选项为(D).

7. 偏导数存在不一定可微，法平面不一定存在，故(A)(B)不正确. 曲线$\begin{cases}z=f(x,y)\\y=0\end{cases}$的参数方程为$\begin{cases}x=t\\y=0\\z=f(t,0)\end{cases}$，所以它的切向量可取为$(1,0,f'_x(x,0))=(1,0,3)$，故正确选项为(C).

8. 对等式$\dfrac{1}{R}=\dfrac{1}{R_1}+\dfrac{1}{R_2}+\dfrac{1}{R_3}$两端取微分，可得

$$\frac{1}{R^2}\mathrm{d}R=\frac{1}{R_1^2}\mathrm{d}R_1+\frac{1}{R_2^2}\mathrm{d}R_2+\frac{1}{R_3^2}\mathrm{d}R_3,$$

由 $R_1>R_2>R_3$，故有$\dfrac{1}{R_1^2}<\dfrac{1}{R_2^2}<\dfrac{1}{R_3^2}$，所以 R_3 的微小改变对总电阻影响最大. 即正确选项为(C).

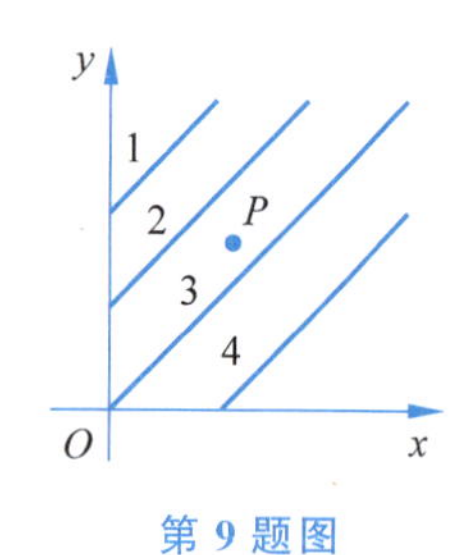

第 9 题图

9. 曲面在 M 点的切平面为曲面在该点处的局部近似，切平面方程为 $z=x-y+3$，其在点 M 附近的等值线图如图所示，故正确选项为(B).

10. 由$\lim\limits_{\substack{x\to 0\\y\to 0}}\dfrac{f(x,y)-4xy}{x^2+y^2}=1$，有

$$f(x,y)=x^2+4xy+y^2+o((x^2+y^2)^2),$$

所以由泰勒展开式的唯一性可得

$$f(0,0)=0,\quad \nabla f(0,0)=(0,0),\quad \nabla^2 f(0,0)=\begin{pmatrix}2&4\\4&2\end{pmatrix}.$$

由 $2\cdot 2-4\cdot 4<0$ 知$\nabla^2 f(0,0)$不定，所以点$(0,0)$不是 $f(x,y)$的极值点，故正确选项为(C).

三、解答题

11.【参考解答】 事实上两个关系式 $y=f(x,z)$，$g(x-2z,xy)=0$ 可以确定 y,z 均为 x 的函数，两关系式两边分别对 x 求导，得

$$\begin{cases}\dfrac{\mathrm{d}y}{\mathrm{d}x}=f'_1+f'_2\cdot\dfrac{\mathrm{d}z}{\mathrm{d}x}\\ g'_1\cdot\left(1-2\dfrac{\mathrm{d}z}{\mathrm{d}x}\right)+g'_2\cdot\left(y+x\dfrac{\mathrm{d}y}{\mathrm{d}x}\right)=0\end{cases},$$

解得$\dfrac{\mathrm{d}z}{\mathrm{d}x}=\dfrac{g'_1+yg'_2+xg'_2\cdot f'_1}{2g'_1-xg'_2\cdot f'_2}$.

12.【参考证明】 对 $f(tx,ty)=t^2f(x,y)$关于 t 求导，得

$$xf'_1(tx,ty)+yf'_2(tx,ty)=2tf(x,y),$$

再对上式关于 t 求导，得

$$x^2f''_{11}(tx,ty)+xyf''_{12}(tx,ty)+xyf''_{21}(tx,ty)+y^2f''_{22}(tx,ty)=2f(x,y).$$

由于 $f(x,y)$ 具有连续的二阶偏导数，整理上式得

$$x^2f''_{11}(tx,ty)+2xyf''_{12}(tx,ty)+y^2f''_{22}(tx,ty)=2f(x,y).$$

由于上式对于任意的 t 成立，所以取 $t=1$ 时上式也恒成立，即有

$$x^2f''_{11}(x,y)+2xyf''_{12}(x,y)+y^2f''_{22}(x,y)=2f(x,y).$$

所以所证等式成立.

13.【参考证明】 u 与 r 无关，即 u 关于 r 的导数等于 0. 由于

$$\begin{aligned}\frac{\partial u}{\partial r}&=\frac{\partial u}{\partial x}\frac{\partial x}{\partial r}+\frac{\partial u}{\partial y}\frac{\partial y}{\partial r}+\frac{\partial u}{\partial z}\frac{\partial z}{\partial r}\\&=\frac{\partial u}{\partial x}\sin\theta\cos\theta+\frac{\partial u}{\partial y}\sin\theta\sin\theta+\frac{\partial u}{\partial z}\cos\varphi\\&=\frac{1}{r}\left(x\frac{\partial u}{\partial x}+y\frac{\partial u}{\partial y}+z\frac{\partial u}{\partial z}\right)=0.\end{aligned}$$

所以 u 与 r 无关.

14.【参考解答】 设所求切点为 (x_0,y_0,z_0)，则曲面在该点的法向量可取为

$$\boldsymbol{n}=2(3x_0,y_0,z_0).$$

又切平面与两直线平行，于是法向量

$$\boldsymbol{n}\parallel\boldsymbol{s}_1\times\boldsymbol{s}_2=(4,5,8)\times(1,1,1)=(-3,4,-1).$$

于是 $\frac{3x_0}{-3}=\frac{y_0}{4}=\frac{z_0}{-1}\triangleq t$，即 $x_0=-t,y_0=4t,z_0=-t$，将其代入曲面方程，得 $3t^2+16t^2+t^2=16$，解得 $t=\pm\frac{2}{\sqrt5}$，所以所求点为

$$\left(-\frac{2}{\sqrt5},\frac{8}{\sqrt5},-\frac{2}{\sqrt5}\right)\quad 或\quad\left(\frac{2}{\sqrt5},-\frac{8}{\sqrt5},\frac{2}{\sqrt5}\right).$$

15.【参考证明】 (1) 方程 $\frac{x}{z}=\varphi\left(\frac{y}{z}\right)$ 两边分别对 x,y 求偏导，得

$$\frac{1}{z}-\frac{x}{z^2}\cdot\frac{\partial z}{\partial x}=\left(-\frac{y}{z^2}\cdot\frac{\partial z}{\partial x}\right)\varphi',\quad \frac{-x}{z^2}\cdot\frac{\partial z}{\partial y}=\left(\frac{1}{z}-\frac{y}{z^2}\cdot\frac{\partial z}{\partial y}\right)\varphi',$$

解得 $\frac{\partial z}{\partial x}=\frac{z}{x-y\varphi'},\frac{\partial z}{\partial y}=\frac{-z\varphi'}{x-y\varphi'}$. 于是可得 $x\frac{\partial z}{\partial x}+y\frac{\partial z}{\partial y}=z$.

(2) 方程 $x\frac{\partial z}{\partial x}+y\frac{\partial z}{\partial y}=z$ 两边分别对 x 和 y 求偏导，得

$$\frac{\partial z}{\partial x}+x\frac{\partial^2 z}{\partial x^2}+y\frac{\partial^2 z}{\partial y\partial x}=\frac{\partial z}{\partial x},\quad x\frac{\partial^2 z}{\partial x\partial y}+\frac{\partial z}{\partial y}+y\frac{\partial^2 z}{\partial y^2}=\frac{\partial z}{\partial y},$$

即 $x\frac{\partial^2 z}{\partial x^2}=-y\frac{\partial^2 z}{\partial y\partial x},y\frac{\partial^2 z}{\partial y^2}=-x\frac{\partial^2 z}{\partial x\partial y}$，于是可得

$$\frac{\partial^2 z}{\partial x^2}\cdot\frac{\partial^2 z}{\partial y^2}=\left(\frac{\partial^2 z}{\partial x\partial y}\right)^2.$$

16.【参考解答】 令 $\begin{cases} f'_x(x,y)=2xy(4-x-y)-x^2y=0 \\ f'_y(x,y)=x^2(4-x-y)-x^2y=0 \end{cases}$,得 $x=0(0\leqslant y\leqslant 6)$,及点 $(4,0)$,$(2,1)$.因为点 $(4,0)$ 及线段 $x=0$ 在 D 的边界上,故 D 内仅有点 $(2,1)$ 可能是极值点.又

$$f''_{xx}=8y-6xy-2y^2,\quad f''_{xy}=8x-3x^2-4xy,\quad f''_{yy}=-2x^2,$$

代入点坐标,得

$$A=f''_{xx}(2,1)=-6<0,\quad B=f''_{xy}(2,1)=-4,\quad C=f''_{yy}(2,1)=-8.$$

于是由 $A<0$,$AC-B^2=32>0$,可知点 $(2,1)$ 是极大值点,且极大值为 $f(2,1)=4$.

在边界 $x=0(0\leqslant y\leqslant 6)$ 和 $y=0(0\leqslant x\leqslant 6)$ 上,有 $f(x,y)=0$.在边界 $x+y=6$ 上,将 $y=6-x$ 代入 $f(x,y)$ 中,得

$$g(x)=2x^3-12x^2(0\leqslant x\leqslant 6).$$

令 $g'(x)=6x^2-24x=0$,得 $x=0$,$x=4$,相应点为 $(0,6)$,$(4,2)$.对应函数值为

$$f(0,6)=0,\quad f(4,2)=-64,$$

比较三个函数值及数轴上的函数值,得最大值为 $f(2,1)=4$,最小值为 $f(4,2)=-64$.

17.【参考证明】 (1) 由于 $\dfrac{\partial z}{\partial x}=f+\dfrac{x}{y}f'$,$\dfrac{\partial z}{\partial y}=-\dfrac{x^2}{y^2}f'$,于是

$$x\frac{\partial z}{\partial x}+y\frac{\partial z}{\partial y}=xf+\frac{x^2}{y}f'-\frac{x^2}{y}f'=xf=z.$$

(2) 由 $x\dfrac{\partial z}{\partial x}-y\dfrac{\partial z}{\partial y}=0$ 得 $x\dfrac{\partial z}{\partial x}-y\dfrac{\partial z}{\partial y}=xf+\dfrac{x^2}{y}f'+\dfrac{x^2}{y}f'=0$,即有

$$f\left(\frac{x}{y}\right)+\frac{2x}{y}f'\left(\frac{x}{y}\right)=0.$$

令 $w=f(u)$ 得可分离变量方程 $w+2u\dfrac{\mathrm{d}w}{\mathrm{d}u}=0$.分离变量积分得

$$w^2=\frac{C}{u},\quad 即\ f(u)=\pm\sqrt{\frac{C}{u}}.$$

18.【参考证明】 由拉格朗日乘子法,令

$$L(x,y,z,\lambda,\mu)=F(x,y,z)+\lambda\varphi(x,y,z)+\mu\psi(x,y,z),$$

由于函数 $F(x,y,z)$,$\varphi(x,y,z)$,$\psi(x,y,z)$ 均有一阶不同时为零的连续偏导数,所以关于点 $P_0(x_0,y_0,z_0)$ 有如下三个等式成立:

$$\begin{cases} F'_x(x_0,y_0,z_0)+\lambda\varphi'_x(x_0,y_0,z_0)+\mu\psi'_x(x_0,y_0,z_0)=0 \\ F'_y(x_0,y_0,z_0)+\lambda\varphi'_y(x_0,y_0,z_0)+\mu\psi'_y(x_0,y_0,z_0)=0, \\ F'_z(x_0,y_0,z_0)+\lambda\varphi'_z(x_0,y_0,z_0)+\mu\psi'_z(x_0,y_0,z_0)=0 \end{cases}\tag{1}$$

又三个曲面的法向量分别可以取为

$$\boldsymbol{n}_1=(F'_x,F'_y,F'_z),\quad \boldsymbol{n}_2=(\varphi'_x,\varphi'_y,\varphi'_z),\quad \boldsymbol{n}_3=(\psi'_x,\psi'_y,\psi'_z),$$

由式(1)可知 $\boldsymbol{n}_1+\lambda\boldsymbol{n}_2+\mu\boldsymbol{n}_3=0$,因此三个法向量共面.又三条法线都过公共点 P_0,因此三条法线共面.

19.【参考解答】 视函数关系为 $z=f(x,y)=z(u,v)=z(u(x,y),v(x,y))$,其中 $z=z(u,v)$ 具有二阶连续的偏导数.于是

$$\frac{\partial z}{\partial x}=\frac{\partial z}{\partial u}\cdot\frac{\partial u}{\partial x}+\frac{\partial z}{\partial v}\cdot\frac{\partial v}{\partial x}=\frac{\partial z}{\partial u}+\frac{\partial z}{\partial v},$$

$$\frac{\partial z}{\partial y}=\frac{\partial z}{\partial u}\cdot\frac{\partial u}{\partial y}+\frac{\partial z}{\partial v}\cdot\frac{\partial v}{\partial y}=-2\frac{\partial z}{\partial u}+a\frac{\partial z}{\partial v},$$

$$\frac{\partial^2 z}{\partial x^2}=\frac{\partial}{\partial x}\left(\frac{\partial z}{\partial u}+\frac{\partial z}{\partial v}\right)=\left(\frac{\partial^2 z}{\partial u^2}\frac{\partial u}{\partial x}+\frac{\partial^2 z}{\partial u\partial v}\frac{\partial v}{\partial x}\right)+\left(\frac{\partial^2 z}{\partial v\partial u}\frac{\partial u}{\partial x}+\frac{\partial^2 z}{\partial^2 v}\frac{\partial v}{\partial x}\right)$$

$$=\frac{\partial^2 z}{\partial u^2}+2\frac{\partial^2 z}{\partial u\partial v}+\frac{\partial^2 z}{\partial^2 v},$$

$$\frac{\partial^2 z}{\partial x\partial y}=\frac{\partial}{\partial y}\left(\frac{\partial z}{\partial u}+\frac{\partial z}{\partial v}\right)=\left(\frac{\partial^2 z}{\partial u^2}\frac{\partial u}{\partial y}+\frac{\partial^2 z}{\partial u\partial v}\frac{\partial v}{\partial y}\right)+\left(\frac{\partial^2 z}{\partial v\partial u}\frac{\partial u}{\partial y}+\frac{\partial^2 z}{\partial^2 v}\frac{\partial v}{\partial y}\right)$$

$$=-2\frac{\partial^2 z}{\partial u^2}+(a-2)\frac{\partial^2 z}{\partial u\partial v}+a\frac{\partial^2 z}{\partial^2 v},$$

$$\frac{\partial^2 z}{\partial y^2}=\frac{\partial}{\partial y}\left(-2\frac{\partial z}{\partial u}+a\frac{\partial z}{\partial v}\right)$$

$$=-2\left(\frac{\partial^2 z}{\partial u^2}\frac{\partial u}{\partial y}+\frac{\partial^2 z}{\partial u\partial v}\frac{\partial v}{\partial y}\right)+a\left(\frac{\partial^2 z}{\partial v\partial u}\frac{\partial u}{\partial y}+\frac{\partial^2 z}{\partial^2 v}\frac{\partial v}{\partial y}\right)$$

$$=-2\left(-2\frac{\partial^2 z}{\partial u^2}+a\frac{\partial^2 z}{\partial u\partial v}\right)+a\left(-2\frac{\partial^2 z}{\partial v\partial u}+a\frac{\partial^2 z}{\partial^2 v}\right)$$

$$=4\frac{\partial^2 z}{\partial u^2}-4a\frac{\partial^2 z}{\partial u\partial v}+a^2\frac{\partial^2 z}{\partial^2 v},$$

由上面计算得到的结果，得

$$6\frac{\partial^2 z}{\partial x^2}+\frac{\partial^2 z}{\partial x\partial y}-\frac{\partial^2 z}{\partial y^2}=6\left(\frac{\partial^2 z}{\partial u^2}+2\frac{\partial^2 z}{\partial u\partial v}+\frac{\partial^2 z}{\partial^2 v}\right)+\left(-2\frac{\partial^2 z}{\partial u^2}+(a-2)\frac{\partial^2 z}{\partial u\partial v}+a\frac{\partial^2 z}{\partial^2 v}\right)-$$

$$\left(4\frac{\partial^2 z}{\partial u^2}-4a\frac{\partial^2 z}{\partial u\partial v}+a^2\frac{\partial^2 z}{\partial^2 v}\right)=0,$$

整理得$(10+5a)\frac{\partial^2 z}{\partial u\partial v}+(6+a-a^2)\frac{\partial^2 z}{\partial^2 v}=0$. 所以当

$$10+5a\neq 0,\quad 6+a-a^2=0,$$

即 $a=3$ 时，则可使变换满足要求.

20. **【参考证明】** 在单位圆上，令 $g(t)=f(\cos t,\sin t)$，则 $g(t)$一阶连续可导. 易得

$$g(0)=f(1,0),\quad g\left(\frac{\pi}{2}\right)=f(0,1),\quad g(2\pi)=f(1,0)\Rightarrow g(0)=g\left(\frac{\pi}{2}\right)=g(2\pi).$$

对 $g(t)$分别在区间$\left[0,\frac{\pi}{2}\right]$和$\left[\frac{\pi}{2},2\pi\right]$上应用罗尔定理知，存在 $\xi_1\in\left(0,\frac{\pi}{2}\right)$，$\xi_2\in\left(\frac{\pi}{2},2\pi\right)$，使得 $g'(\xi_1)=0$，$g'(\xi_2)=0$. 记

$$(x_1,y_1)=(\cos\xi_1,\sin\xi_1),\quad (x_2,y_2)=(\cos\xi_2,\sin\xi_2),$$

由于 $g'(t)=-\sin t f'_x(\cos t,\sin t)+\cos t f'_y(\cos t,\sin t)$，故有

$$y_i f'_x(x_i,y_i)-x_i f'_y(x_i,y_i)=0\quad (i=1,2).$$

即在单位圆上至少存在两点满足方程 $yf'_x-xf'_y=0$.

第八单元

重　积　分

练习 55　重积分的概念与性质

训练目的

1. 理解二重积分和三重积分的概念.
2. 了解重积分的区域可加性、保号性、保序性,并会利用这些性质解决简单问题.
3. 熟悉积分区域的对称性和被积函数的奇偶性运用.
4. 了解重积分的几何意义与物理意义.

基础练习

1. 试绘出下列平面区域的图形.

(1) 由 $y=x^2+1, y=2x, x=0$ 所围成.　(2) $x\leqslant y\leqslant\sqrt{2rx-x^2}, 0\leqslant x\leqslant r$.

【参考解答】 (1)图形如图(1)所示. (2)图形如图(2)所示.

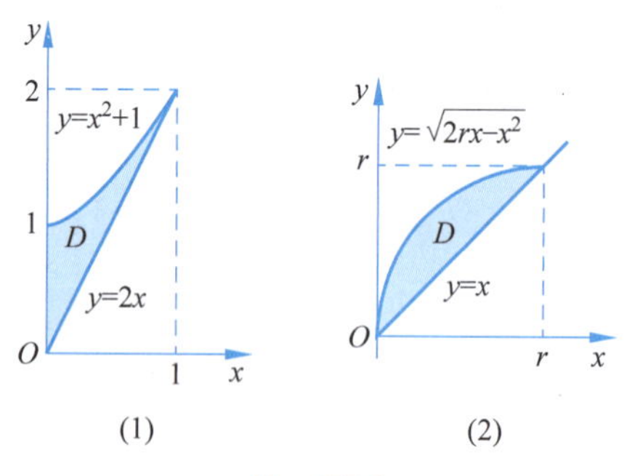

第 1 题图

2. 试绘出下列空间区域的图形.

(1) $r^2\leqslant x^2+y^2+z^2\leqslant R^2, x\geqslant 0, y\geqslant 0, z\geqslant 0(0<r<R)$.

(2) $z=x^2+y^2$ 与 $z^2=x^2+y^2$ 所围成.

【参考解答】 (1)图形如图(1)所示.(2)图形如图(2)所示.

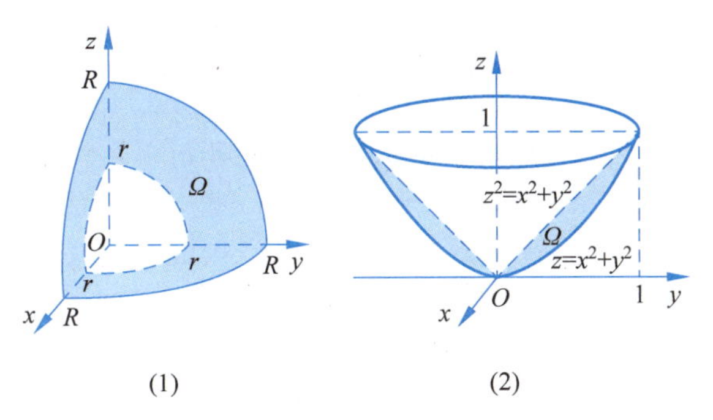

第 2 题图

3. 用二重积分表示以下立体的体积 V.

(1) 以曲面 $z=x^2y$ 为顶，xOy 平面上正方形区域 D：$0\leqslant x\leqslant 1, 0\leqslant y\leqslant 1$ 为底的曲顶柱体的体积 $V=$__________.

(2) 以曲面 $z=\sin xy$ 为顶，底为 xOy 平面上 $\frac{1}{4}$ 圆形区域 D：$x^2+y^2\leqslant 1$ 在第二象限的部分与 x 轴，y 轴所围成的图形为底的曲顶柱体的体积 $V=$__________.

(3) 由曲面 $z=\sin xy$，圆柱面 $x^2+y^2=1$ 以及 xOy 坐标面围成的立体的体积 $V=$__________.

【参考解答】 (1) $V=\iint\limits_D x^2y\,\mathrm{d}\sigma$.

(2) 因为在 D 内 $\sin xy\leqslant 0$，所以 $V=\iint\limits_D|\sin xy|\,\mathrm{d}\sigma=-\iint\limits_D\sin xy\,\mathrm{d}\sigma$.

(3) $V=\iint\limits_{x^2+y^2\leqslant 1}|\sin xy|\,\mathrm{d}\sigma$.

4. (1) 设积分区域 D 由圆 $(x-2)^2+(y-1)^2=1$ 所围成，且 $I_k=\iint\limits_D(x+y)^k\,\mathrm{d}\sigma\ (k=1,2,3)$，则(　　).

(A) $I_3>I_2>I_1$　　(B) $I_1>I_2>I_3$

(C) $I_2>I_1>I_3$　　(D) $I_3>I_1>I_2$

(2) 设积分区域 D 是顶点坐标分别为(1,0),(1,1),(2,0)的三角形闭区域，

$$I_k=\iint\limits_D[\ln(x+y)]^k\,\mathrm{d}\sigma\quad(k=1,2,3),$$

则(　　).

(A) $I_3>I_2>I_1$　　(B) $I_1>I_2>I_3$

(C) $I_2>I_1>I_3$　　(D) $I_3>I_1>I_2$

(3) 设 $I_1=\iint\limits_D\cos\sqrt{x^2+y^2}\,\mathrm{d}\sigma$，$I_2=\iint\limits_D\cos(x^2+y^2)\,\mathrm{d}\sigma$，$I_3=\iint\limits_D\cos(x^2+y^2)^2\,\mathrm{d}\sigma$，其中 $D=\{(x,y)\mid x^2+y^2\leqslant 1\}$，则(　　).

(A) $I_3>I_2>I_1$ (B) $I_1>I_2>I_3$

(C) $I_2>I_1>I_3$ (D) $I_3>I_1>I_2$

【参考解答】 (1) 在积分区域 D 内,$1<x<3,0<y<2$,所以 $1<x+y<5$. 于是有 $1<x+y<(x+y)^2<(x+y)^3$,故由二重积分的性质知 $I_1<I_2<I_3$,所以正确选项为(A).

(2) 在积分区域 D 内,$1<x+y<2$,于是 $0<\ln(x+y)<1$,故

$$[\ln(x+y)]^3<[\ln(x+y)]^2<\ln(x+y),$$

即 $I_3<I_2<I_1$. 所以正确选项为(B).

(3) 在积分区域 $D=\{(x,y)\mid x^2+y^2\leqslant 1\}$ 内,当 $0<x^2+y^2<1$ 时,有

$$0<(x^2+y^2)^2<x^2+y^2<\sqrt{x^2+y^2}<1<\frac{\pi}{2}.$$

由于 $\cos x$ 在 $\left(0,\frac{\pi}{2}\right)$ 上为单调减函数,则有

$$0<\cos\sqrt{x^2+y^2}<\cos(x^2+y^2)<\cos(x^2+y^2)^2,$$

因此 $I_1<I_2<I_3$,所以正确选项为(A).

5. 利用二重积分的性质估计下列积分的值.

(1) $I=\iint\limits_D xy(x+y)\mathrm{d}\sigma$, 其中 $D=\{(x,y)\mid 0\leqslant x\leqslant 1,0\leqslant y\leqslant 1\}$.

(2) $I=\iint\limits_D (x^2+4y^2+9)\mathrm{d}\sigma$, 其中 $D=\{(x,y)\mid x^2+y^2\leqslant 4\}$.

【参考解答】 (1) 因在区域 D 内 $0\leqslant xy(x+y)\leqslant 2$,且 D 的面积为 1, 故 $0\leqslant \iint\limits_D xy(x+y)\mathrm{d}\sigma\leqslant 2$.

(2) 因在区域 D 内 $9\leqslant x^2+4y^2+9\leqslant 4(x^2+y^2)+9\leqslant 4\times 4+9=25$,且 D 的面积为 4π, 故 $36\pi\leqslant\iint\limits_D (x^2+4y^2+9)\mathrm{d}\sigma\leqslant 100\pi$.

综合练习

6. (1) 设 $f(x)$是连续的奇函数,$g(x)$是连续的偶函数,对于区域

$$D=\{(x,y)\mid 0\leqslant x\leqslant 1,-\sqrt{x}\leqslant y\leqslant\sqrt{x}\},$$

下列结论正确的是( ).

(A) $\iint\limits_D f(y)g(x)\mathrm{d}x\mathrm{d}y=0$ (B) $\iint\limits_D f(x)g(y)\mathrm{d}x\mathrm{d}y=0$

(C) $\iint\limits_D [f(x)+g(y)]\mathrm{d}x\mathrm{d}y=0$ (D) $\iint\limits_D [f(y)+g(x)]\mathrm{d}x\mathrm{d}y=0$

(2) 设 D 是 xOy 平面上以点$(1,1)$,$(-1,1)$和$(-1,-1)$为顶点的三角区域,D_1 是 D 在第一象限的部分, 则$\iint\limits_D (xy+\cos x\sin y)\mathrm{d}x\mathrm{d}y$ 等于( ).

(A) $2\iint\limits_{D_1}(\cos x\sin y)\mathrm{d}x\mathrm{d}y$　　(B) $2\iint\limits_{D_1}xy\mathrm{d}x\mathrm{d}y$

(C) $4\iint\limits_{D_1}(xy+\cos x\sin y)\mathrm{d}x\mathrm{d}y$　　(D) 0

【参考解答】 (1) 积分区域如图(1)所示,关于 x 轴对称,则被积函数为关于 y 变量的奇函数时积分为 0. 由题设可知函数 $f(y)g(x)$ 是关于 y 变量的奇函数,则积分 $\iint\limits_{D}f(y)g(x)\mathrm{d}x\mathrm{d}y=0$,故正确选项为(A).

(2) 如图(2)所示,$\triangle OAB$ 所围成的区域记为 D_2,$\triangle OBC$ 所围成的区域记为 D_3. 由于 xy 关于 x 是奇函数,积分域 D_2 关于 y 轴对称,所以

$$\iint\limits_{D_2}xy\mathrm{d}x\mathrm{d}y=0.$$

同理 $\iint\limits_{D_3}xy\mathrm{d}x\mathrm{d}y=0$.

由于 $\cos x\sin y$ 是 y 的奇函数,D_3 关于 x 轴对称,则

$$\iint\limits_{D_3}\cos x\sin y\mathrm{d}x\mathrm{d}y=0.$$

又 $\cos x\sin y$ 是 x 的偶函数,D_2 关于 y 轴对称,所以

$$\iint\limits_{D_2}\cos x\sin y\mathrm{d}x\mathrm{d}y=2\iint\limits_{D_1}\cos x\sin y\mathrm{d}x\mathrm{d}y.$$

综上可得 $\iint\limits_{D}(xy+\cos x\sin y)\mathrm{d}x\mathrm{d}y=2\iint\limits_{D_1}(\cos x\sin y)\mathrm{d}x\mathrm{d}y$,所以正确选项为(A).

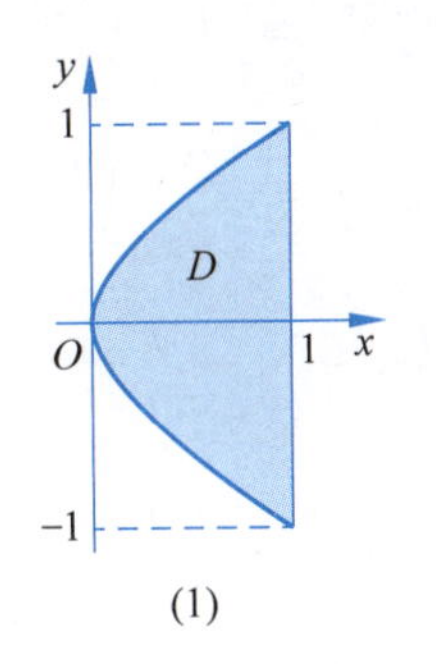

(1)

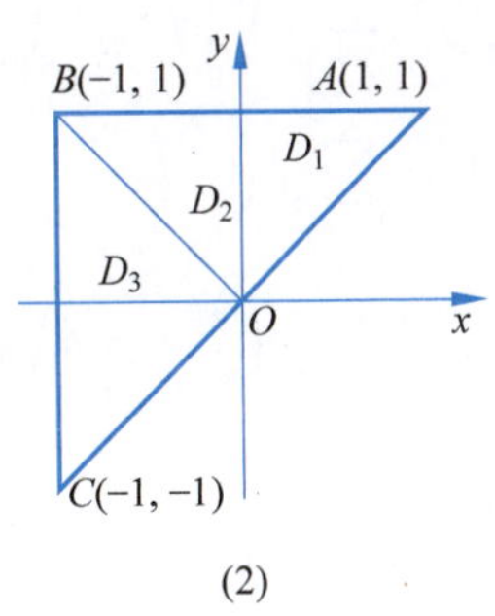

(2)

第 6 题图

7. 设 $f(x,y,z)$ 为空间有界闭区域 Ω 上的非负连续函数,证明:$\iiint\limits_{\Omega}f(x,y,z)\mathrm{d}V=0$ 当且仅当 $f(x,y,z)\equiv 0((x,y,z)\in\Omega)$.

【参考证明】 充分性:若 $f(x,y,z)\equiv 0$,由定义显然有 $\iiint\limits_{\Omega}f(x,y,z)\mathrm{d}V=0$.

必要性:用反证法. 假设 $f(x,y,z)$ 在闭区域 Ω 上不恒为 0,则由 $f(x,y,z)$ 为非负连续函数可知,必存在一点 $P_0(x_0,y_0,z_0)$,$f(P_0)=\mu>0$,保号性,存在区域 $U(P_0,\delta)\in\Omega$,

当$(x,y,z)\in U(P_0,\delta)$时，有$f(x,y,z)>0$. 设V_δ是$U(P_0,\delta)$的体积，由重积分的中值定理，必存在点$(\xi,\eta,\zeta)\in U(P_0,\delta)$，使得

$$\iiint\limits_{U(P_0,\delta)} f(x,y,z)\mathrm{d}V=f(\xi,\eta,\zeta)V_\delta>0,$$

这与$\iiint\limits_{\Omega} f(x,y,z)\mathrm{d}V=0$矛盾，故假设不成立，因此$f(x,y,z)\equiv 0,(x,y,z)\in\Omega$.

原命题得证.

8. 设函数$f(x,y)$连续，且$f(-x,-y)=-f(x,y)$，证明$\iint\limits_D f(x,y)\mathrm{d}\sigma=0$，其中$D=\{(x,y)\mid -a\leqslant x\leqslant a,-b\leqslant y\leqslant b\}(a,b>0$为常数).

【参考证明】 因为$f(x,y)$在D内连续，所以可积. 用直线网$x=\pm\dfrac{ai}{n},y=\pm\dfrac{bj}{n}(i,j=0,1,\cdots,n-1)$分割$D$，则每个小区域的面积均为$\sigma_{ij}=\dfrac{ab}{n^2}$. 记$D$在四个象限的部分分别为

$$D_1=\{(x,y)\mid 0\leqslant x\leqslant a,0\leqslant y\leqslant b\},$$
$$D_2=\{(x,y)\mid -a\leqslant x\leqslant 0,0\leqslant y\leqslant b\},$$
$$D_3=\{(x,y)\mid -a\leqslant x\leqslant 0,-b\leqslant y\leqslant 0\},$$
$$D_4=\{(x,y)\mid 0\leqslant x\leqslant a,-b\leqslant y\leqslant 0\},$$

由积分对区域的可加性与积分的定义，得

$$\begin{aligned}\iint\limits_D f(x,y)\mathrm{d}\sigma&=\iint\limits_{D_1+D_3} f(x,y)\mathrm{d}\sigma+\iint\limits_{D_2+D_4} f(x,y)\mathrm{d}\sigma\\&=\left[\lim_{n\to\infty}\sum_{i,j=1}^{n} f\left(\frac{i}{n}a,\frac{j}{n}b\right)\frac{ab}{n^2}+\lim_{n\to\infty}\sum_{i,j=1}^{n} f\left(-\frac{i}{n}a,-\frac{j}{n}b\right)\frac{ab}{n^2}\right]+\\&\quad\left[\lim_{n\to\infty}\sum_{i,j=1}^{n} f\left(-\frac{i}{n}a,\frac{j}{n}b\right)\frac{ab}{n^2}+\lim_{n\to\infty}\sum_{i,j=1}^{n} f\left(\frac{i}{n}a,-\frac{j}{n}b\right)\frac{ab}{n^2}\right]\\&=\lim_{n\to\infty}\sum_{i,j=1}^{n}\left[f\left(\frac{i}{n}a,\frac{j}{n}b\right)+f\left(-\frac{i}{n}a,-\frac{j}{n}b\right)\right]\frac{ab}{n^2}+\\&\quad\lim_{n\to\infty}\sum_{i,j=1}^{n}\left[f\left(-\frac{i}{n}a,\frac{j}{n}b\right)+f\left(\frac{i}{n}a,-\frac{j}{n}b\right)\right]\frac{ab}{n^2}=0+0=0.\end{aligned}$$

从而证得$\iint\limits_D f(x,y)\mathrm{d}\sigma=0$.

9. 设D：$x^2+y^2\leqslant r^2$，计算$\lim\limits_{r\to 0^+}\dfrac{1}{\pi r^2}\iint\limits_D \mathrm{e}^{x^2-y^2}\cos(x+y)\mathrm{d}x\mathrm{d}y$.

【参考解答】 因为被积函数$\mathrm{e}^{x^2-y^2}\cos(x+y)$在$D$上连续，故由二重积分中值定理，至少存在一点$(\xi,\eta)\in D$，使得

$$\frac{1}{\pi r^2}\iint\limits_D \mathrm{e}^{x^2-y^2}\cos(x+y)\mathrm{d}\sigma=\mathrm{e}^{\xi^2-\eta^2}\cos(\xi+\eta).$$

当 $r\to0^+$ 时，$(\xi,\eta)\to(0,0)$，于是由函数的连续性，得

$$\lim_{r\to0^+}\frac{1}{\pi r^2}\iint_D e^{x^2-y^2}\cos(x+y)d\sigma=\lim_{(\xi,\eta)\to(0,0)}e^{\xi^2-\eta^2}\cos(\xi+\eta)=1.$$

考研与竞赛练习

1. (1) 设 D_k 是圆域 $D=\{(x,y)\mid x^2+y^2\leqslant1\}$ 的第 k 象限的部分，记 $I_k=\iint\limits_{D_k}(y-x)dxdy(k=1,2,3,4)$，则(　　).

(A) $I_1>0$　(B) $I_2>0$　(C) $I_3>0$　(D) $I_4>0$

(2) 设 $J_i=\iint\limits_{D_i}\sqrt[3]{x-y}\,dxdy(i=1,2,3)$，其中 $D_1=\{(x,y)\mid0\leqslant x\leqslant1,0\leqslant y\leqslant1\}$，$D_2=\{(x,y)\mid0\leqslant x\leqslant1,0\leqslant y\leqslant\sqrt{x}\}$，$D_3=\{(x,y)\mid0\leqslant x\leqslant1,x^2\leqslant y\leqslant1\}$，则(　　).

(A) $J_1<J_2<J_3$　(B) $J_3<J_1<J_2$　(C) $J_2<J_3<J_1$　(D) $J_2<J_1<J_3$

(3) 已知积分区域 $D=\left\{(x,y)\mid|x|+|y|\leqslant\frac{\pi}{2}\right\}$，记 $I_1=\iint\limits_D\sqrt{x^2+y^2}d\sigma$，$I_2=\iint\limits_D\sin\sqrt{x^2+y^2}d\sigma$，$I_3=\iint\limits_D(1-\cos\sqrt{x^2+y^2})d\sigma$，比较 I_1,I_2,I_3 的大小(　　).

(A) $I_3<I_2<I_1$　(B) $I_1<I_2<I_3$　(C) $I_2<I_1<I_3$　(D) $I_2<I_3<I_1$

(4) 如图所示，正方形区域 $\{(x,y)\mid|x|\leqslant1,|y|\leqslant1\}$ 被其对角线划分为四个区域 $D_k(k=1,2,3,4)$，$I_k=\iint\limits_{D_k}y\cos x\,dxdy$，则 $\max\limits_{1\leqslant k\leqslant4}\{I_k\}=$(　　).

(A) I_1　(B) I_2

(C) I_3　(D) I_4

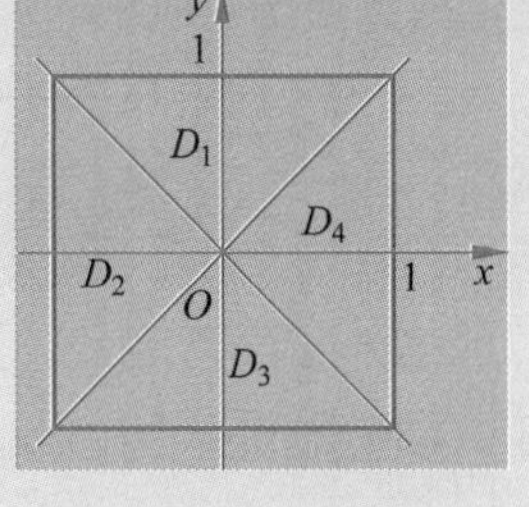

第1(4)题图

(5) 设区域 $D=\{(x,y)\mid x^2+y^2\leqslant4,x\geqslant0,y\geqslant0\}$，$f(x)$ 为 D 上的正值连续函数，a,b 为常数，则 $\iint\limits_D\frac{a\sqrt{f(x)}+b\sqrt{f(y)}}{\sqrt{f(x)}+\sqrt{f(y)}}d\sigma=$(　　).

(A) $ab\pi$　(B) $\frac{ab}{2}\pi$　(C) $(a+b)\pi$　(D) $\frac{a+b}{2}\pi$

(6) $\lim\limits_{n\to\infty}\sum\limits_{i=1}^{n}\sum\limits_{j=1}^{n}\frac{n}{(n+i)(n^2+j^2)}=$(　　).

(A) $\int_0^1dx\int_0^x\frac{1}{(1+x)(1+y^2)}dy$　(B) $\int_0^1dx\int_0^x\frac{1}{(1+x)(1+y)}dy$

(C) $\int_0^1dx\int_0^1\frac{1}{(1+x)(1+y)}dy$　(D) $\int_0^1dx\int_0^1\frac{1}{(1+x)(1+y^2)}dy$

【参考解答】 (1) 因为当 $(x,y)\in D_2$ 时，$y-x>0$，所以由二重积分保号性可得

$I_2>0$，故正确选项为(B).

【注】 由 D_1,D_3 关于直线 $y=x$ 对称，且被积函数 $f(x,y)$ 满足 $f(y,x)=-f(x,y)$，故 $I_1=I_3=0$. 当 $(x,y)\in D_4$ 时，$y-x<0$，所以由二重积分保号性可得 $I_4<0$.

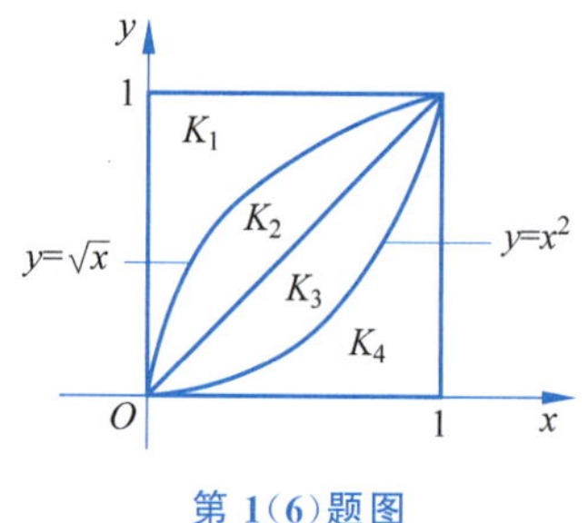

第 1(6) 题图

(2) 由函数 $f(x,y)=\sqrt[3]{x-y}$ 满足 $f(x,y)=-f(y,x)$，且 $x>y$ 时 $f(x,y)>0$，$x<y$ 时 $f(x,y)<0$，若积分区域 D 关于直线 $y=x$ 对称，则

$$\iint_D \sqrt[3]{x-y}\,\mathrm{d}x\mathrm{d}y=0.$$

于是可知 $J_1=0$. 如图所示，将区域分割为四个部分，于是由积分对积分区域的可加性，得

$$J_2=\iint_{D_2}\sqrt[3]{x-y}\,\mathrm{d}x\mathrm{d}y=\iint_{K_2\cup K_3}\sqrt[3]{x-y}\,\mathrm{d}x\mathrm{d}y+\iint_{K_4}\sqrt[3]{x-y}\,\mathrm{d}x\mathrm{d}y$$

$$=0+\iint_{K_4}\sqrt[3]{x-y}\,\mathrm{d}x\mathrm{d}y>0.$$

$$J_3=\iint_{D_3}\sqrt[3]{x-y}\,\mathrm{d}x\mathrm{d}y=\iint_{K_1}\sqrt[3]{x-y}\,\mathrm{d}x\mathrm{d}y+\iint_{K_2\cup K_3}\sqrt[3]{x-y}\,\mathrm{d}x\mathrm{d}y$$

$$=\iint_{K_1}\sqrt[3]{x-y}\,\mathrm{d}x\mathrm{d}y+0<0.$$

故正确选项为(B).

(3) 令 $u=\sqrt{x^2+y^2}$，由于 $|x|+|y|\leqslant\frac{\pi}{2}$，可得 $0\leqslant u\leqslant\frac{\pi}{2}$，并有 $\sin u<u$，即 $\sin\sqrt{x^2+y^2}<\sqrt{x^2+y^2}$，所以 $I_2<I_1$. 令

$$g(u)=1-\cos u-\sin u,$$

则 $g'(u)=\sin u-\cos u$，$g''(u)=\cos u+\sin u>0$，从而可知函数 $g(u)$ 为单谷函数，最大值在端点处取得，又 $g(0)=g\left(\frac{\pi}{2}\right)=0$，故 $g(u)\leqslant 0$，即 $\sin u\geqslant 1-\cos u\geqslant 0$，所以 $I_2>I_3$. 综上可得 $I_3<I_2<I_1$，故正确选项为(A).

【注】 $\sin u+\cos u-1=\sqrt{2}\sin\left(u+\frac{\pi}{4}\right)-1$，当 $0\leqslant u\leqslant\frac{\pi}{2}$，则

$$\frac{\pi}{4}\leqslant u+\frac{\pi}{4}\leqslant\frac{3\pi}{4},\frac{\sqrt{2}}{2}\leqslant\sin u\leqslant 1,\quad 即\sqrt{2}\sin\left(u+\frac{\pi}{4}\right)-1\geqslant 0.$$

所以由积分的保号性知 $I_2>I_3$.

(4) 因为在 D_1 上，$y\cos x\geqslant 0$ 且不恒为零，所以 $I_1>0$. 因为 D_2,D_4 均关于 x 轴对称，且 $y\cos x$ 关于 y 均为奇函数，所以 $I_2=I_4=0$. 因为在 D_3 上，$y\cos x\leqslant 0$ 且不恒为零，所以 $I_3<0$. 于是，$\max\limits_{1\leqslant k\leqslant 4}\{I_k\}=I_1$. 故正确选项为(A).

(5) 积分区域具有轮换对称性，所以

$$\iint_D \frac{a\sqrt{f(x)}+b\sqrt{f(y)}}{\sqrt{f(x)}+\sqrt{f(y)}}\mathrm{d}\sigma=\iint_D \frac{a\sqrt{f(y)}+b\sqrt{f(x)}}{\sqrt{f(y)}+\sqrt{f(x)}}\mathrm{d}\sigma$$
$$=\frac{1}{2}\iint_D\left[\frac{a\sqrt{f(x)}+b\sqrt{f(y)}}{\sqrt{f(x)}+\sqrt{f(y)}}+\frac{a\sqrt{f(y)}+b\sqrt{f(x)}}{\sqrt{f(y)}+\sqrt{f(x)}}\right]\mathrm{d}\sigma$$
$$=\frac{a+b}{2}\iint_D\mathrm{d}\sigma=\frac{a+b}{2}\cdot\frac{\pi}{4}\cdot 2^2=\frac{a+b}{2}\pi,$$

故正确选项为(D).

(6) 因为 $f(x,y)=\dfrac{1}{(1+x)(1+y^2)}$ 在平面区域

$$D=\{(x,y)\mid 0\leqslant x\leqslant 1,0\leqslant y\leqslant 1\}$$

上连续，所以二重积分 $\iint_D f(x,y)\mathrm{d}\sigma$ 存在. 用直线

$$x=\frac{i}{n},y=\frac{j}{n}\quad(i,j=1,2,3,\cdots,n-1)$$

分割 D 为 n^2 个小正方形区域，则由二重积分的定义，有

$$\iint_D f(x,y)\mathrm{d}\sigma=\lim_{n\to\infty}\sum_{i=1}^{n}\sum_{j=1}^{n}\frac{1}{(1+i/n)(1+j^2/n^2)}\cdot\frac{1}{n^2}$$
$$=\lim_{n\to\infty}\sum_{i=1}^{n}\sum_{j=1}^{n}\frac{n}{(n+i)(n^2+j^2)}.$$

故正确选项为(D).

2. 判断积分 $I=\iint_D\sqrt[3]{1-x^2-y^2}\,\mathrm{d}\sigma$ 的正负号，其中 D：$x^2+y^2\leqslant 4$.

【参考解答】 将积分区域用圆 $x^2+y^2=1$，$x^2+y^2=3$ 从内到外分割为三部分，分别记作 D_1,D_2,D_3，则由积分对积分区域的可加性，有

$$I=\iint_{D_1}\sqrt[3]{1-x^2-y^2}\,\mathrm{d}\sigma-\iint_{D_2}\sqrt[3]{x^2+y^2-1}\,\mathrm{d}\sigma-\iint_{D_3}\sqrt[3]{x^2+y^2-1}\,\mathrm{d}\sigma$$
$$<\iint_{D_1}\mathrm{d}\sigma-\iint_{D_3}\sqrt[3]{3-1}\,\mathrm{d}\sigma=\pi-\sqrt[3]{2}\pi(4-3)=\pi(1-\sqrt[3]{2})<0.$$

即 $I<0$，积分值为负值.

3. 计算 $\lim\limits_{n\to\infty}\sum\limits_{i=1}^{n}\sum\limits_{j=1}^{2n}\dfrac{2}{n^2}\cdot\left[\dfrac{2i+j}{n}\right]$，这里 $[x]$ 是不超过 x 的最大整数.

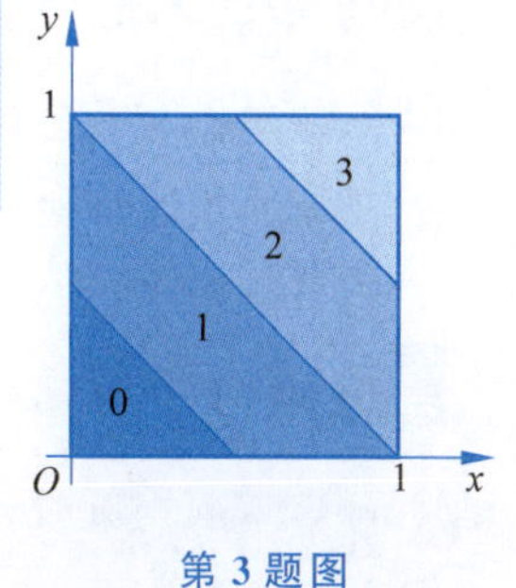

第 3 题图

【参考解答】 根据求和的项数改写极限式，有

$$I=\lim_{n\to\infty}4\sum_{i=1}^{n}\sum_{j=1}^{2n}\left[2\frac{i}{n}+2\frac{j}{2n}\right]\frac{1}{n}\frac{1}{2n},$$

取 D：$0\leqslant x\leqslant 1,0\leqslant y\leqslant 1$，如图所示，则上式可以视为对 D 的 x 轴上区间 n 等分，y 轴上区间 $2n$ 等分的积分和，即 $I=4\iint_D[2x+2y]\mathrm{d}\sigma$.

分割积分区域改写被积函数,有$[2x+2y]=\begin{cases}0, & 0\leqslant 2x+2y<1\\ 1, & 1\leqslant 2x+2y<2\\ 2, & 2\leqslant 2x+2y<3\\ 3, & 3\leqslant 2x+2y<4\end{cases}$,所以各区域上的积分即为计算各区域的面积,根据对称性,三角形和梯形的面积分别为$\frac{1}{8}$,$\frac{3}{8}$,所以$I=4\left(0\times\frac{1}{8}+1\times\frac{3}{8}+2\times\frac{3}{8}+3\times\frac{1}{8}\right)=4\times\frac{12}{8}=6$.

4. 设Ω为$x^2+y^2+z^2\leqslant 1$,证明:$\frac{4\sqrt[3]{2}}{3}\pi\leqslant\iiint\limits_{\Omega}\sqrt[3]{x+2y-2z+5}\,\mathrm{d}V\leqslant\frac{8}{3}\pi$.

【参考解答】 设$f(x,y,z)=x+2y-2z+5$,问题转换为求函数$f(x,y,z)$在闭区域Ω上的最大值与最小值. 由$\nabla f=(1,2,-2)\neq 0$,故在区域内不存在极值点.

下面求f在$x^2+y^2+z^2=1$上的最值. 由拉格朗日乘数法,令

$$L(x,y,z,\lambda)=x+2y-2z+5+\lambda(x^2+y^2+z^2-1),$$

解方程组$\begin{cases}L'_x=1+2\lambda x=0\\ L'_y=2+2\lambda y=0\\ L'_z=-2+2\lambda z=0\\ L'_\lambda=x^2+y^2+z^2-1=0\end{cases}$,得驻点为$\left(\frac{1}{3},\frac{2}{3},\frac{-2}{3}\right)$,$\left(\frac{-1}{3},\frac{-2}{3},\frac{2}{3}\right)$.

代入函数表达式,得$f\left(\frac{1}{3},\frac{2}{3},\frac{-2}{3}\right)=8$,$f\left(\frac{-1}{3},\frac{-2}{3},\frac{2}{3}\right)=2$. 由闭区域上连续函数必有最值,并且$f$与$\sqrt[3]{f}$有相同极值点,故$\sqrt[3]{x+2y-2z+5}$在$\Omega$上的最大值为$\sqrt[3]{8}=2$,最小值为$\sqrt[3]{2}$. 又球体的体积为$\frac{4}{3}\pi$,所以由积分估值定理,得

$$\frac{4\sqrt[3]{2}}{3}\pi\leqslant\iiint\limits_{\Omega}\sqrt[3]{x+2y-2z+5}\,\mathrm{d}V\leqslant\frac{8}{3}\pi.$$

练习 56 直角坐标系下二重积分的计算

训练目的

1. 熟练掌握直角坐标系下二重积分化为二次积分的方法.
2. 掌握直角坐标系下二重积分的计算方法.
3. 会利用交换二次积分的积分次序进行计算.

基础练习

1. 计算下列二重积分.

(1) $\iint\limits_{D}xy\cos(xy^2)\,\mathrm{d}x\,\mathrm{d}y$,其中$D=\left\{(x,y)\,|\,0\leqslant x\leqslant\frac{\pi}{4},0\leqslant y\leqslant 2\right\}$.

(2) $\iint\limits_D x\sin(x-y)\mathrm{d}\sigma$，其中 D 是顶点分别为 $(0,0)$，$(\pi,0)$，(π,π) 的三角形闭区域.

(3) $\iint\limits_D \mathrm{e}^{x+y}\mathrm{d}\sigma$，其中 $D=\{(x,y)\mid |x|+|y|\leqslant 1\}$.

(4) $\iint\limits_D y(1+x\mathrm{e}^{\frac{x^2+y^2}{2}})\mathrm{d}\sigma$，其中 D 为直线 $y=x$，$y=-1$ 及 $x=1$ 所围成的区域.

(5) $\iint\limits_D x\mathrm{e}^{-y^2}\mathrm{d}\sigma$，其中 D 是由曲线 $y=4x^2$ 和 $y=9x^2$ 所围成的第一象限内的区域.

【参考解答】 积分区域如图所示.

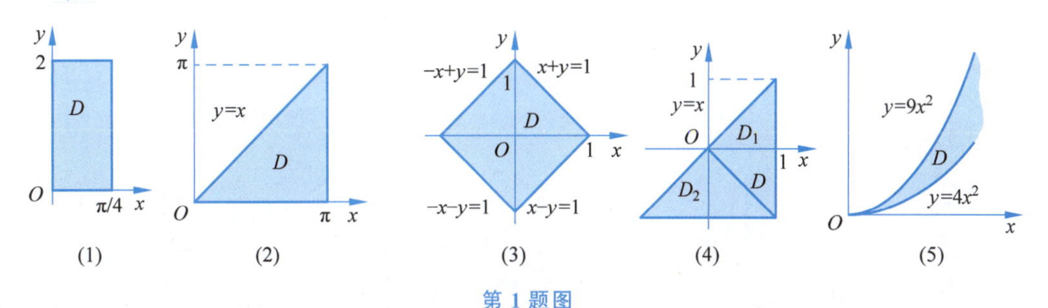

第 1 题图

(1) $I=\dfrac{1}{2}\int_0^{\pi/4}\mathrm{d}x\int_0^2\cos(xy^2)\mathrm{d}(xy^2)=\dfrac{1}{2}\int_0^{\pi/4}[\sin(xy^2)]_0^2\mathrm{d}x$

$=\dfrac{1}{2}\int_0^{\pi/4}\sin 4x\,\mathrm{d}x=-\dfrac{1}{8}\cos 4x\Big|_0^{\pi/4}=\dfrac{1}{4}.$

(2) $I=\int_0^{\pi}x\,\mathrm{d}x\int_0^x\sin(x-y)\mathrm{d}y=\int_0^{\pi}x[\cos(x-y)]_0^x\mathrm{d}x$

$=\int_0^{\pi}(x-x\cos x)\mathrm{d}x=\dfrac{\pi^2}{2}-[x\sin x+\cos x]_0^{\pi}=\dfrac{\pi^2}{2}+2.$

(3) $I=\int_{-1}^0\mathrm{e}^x\mathrm{d}x\int_{-x-1}^{x+1}\mathrm{e}^y\mathrm{d}y+\int_0^1\mathrm{e}^x\mathrm{d}x\int_{x-1}^{-x+1}\mathrm{e}^y\mathrm{d}y$

$=\int_{-1}^0(\mathrm{e}^{2x+1}-\mathrm{e}^{-1})\mathrm{d}x+\int_0^1(\mathrm{e}-\mathrm{e}^{2x-1})\mathrm{d}x=\left[\dfrac{1}{2}\mathrm{e}^{2x+1}-\dfrac{x}{\mathrm{e}}\right]_{-1}^0+\left[\mathrm{e}x-\dfrac{1}{2}\mathrm{e}^{2x-1}\right]_0^1$

$=\mathrm{e}-\dfrac{1}{\mathrm{e}}.$

(4) $I=\iint\limits_D y\,\mathrm{d}\sigma+\iint\limits_D xy\mathrm{e}^{\frac{x^2+y^2}{2}}\mathrm{d}\sigma=I_1+I_2$，其中

$$I_1=\int_{-1}^1\mathrm{d}x\int_{-1}^x y\,\mathrm{d}y=\int_0^1(x^2-1)\mathrm{d}x=-\frac{2}{3}.$$

为计算 I_2，用直线 $y=-x$ 将 D 分为两部分 D_1，D_2，则 $xy\mathrm{e}^{\frac{x^2+y^2}{2}}$ 既是关于 x 的奇函数也是关于 y 的奇函数，所以由二重积分奇倍偶零的计算性质，有

$$I_2=\iint\limits_{D_1}xy\mathrm{e}^{\frac{x^2+y^2}{2}}\mathrm{d}x\mathrm{d}y+\iint\limits_{D_2}xy\mathrm{e}^{\frac{x^2+y^2}{2}}\mathrm{d}x\mathrm{d}y=0+0=0,$$

所以 $I=I_1+I_2=-\dfrac{2}{3}+0=-\dfrac{2}{3}$.

(5) $I=\int_0^{+\infty}\mathrm{e}^{-y^2}\mathrm{d}y\int_{\sqrt{y}/3}^{\sqrt{y}/2}x\,\mathrm{d}x=\dfrac{5}{72}\int_0^{+\infty}y\mathrm{e}^{-y^2}\mathrm{d}y=-\dfrac{5\mathrm{e}^{-y^2}}{144}\Bigg|_0^{+\infty}=\dfrac{5}{144}$.

2. 改变下列二次积分的次序.

(1) $\int_1^{\mathrm{e}}\mathrm{d}x\int_0^{\ln x}f(x,y)\mathrm{d}y=$____________________.

(2) $\int_0^{\pi}\mathrm{d}x\int_{-\sin\frac{x}{2}}^{\sin x}f(x,y)\mathrm{d}y=$____________________.

【参考解答】 两个二次积分对应二重积分的积分区域如图所示.

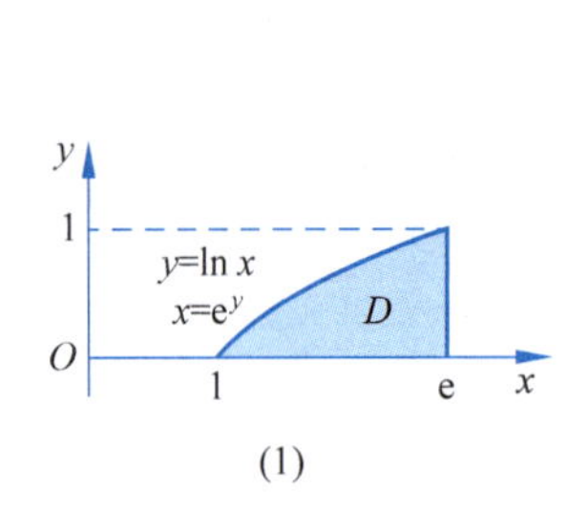

(1)

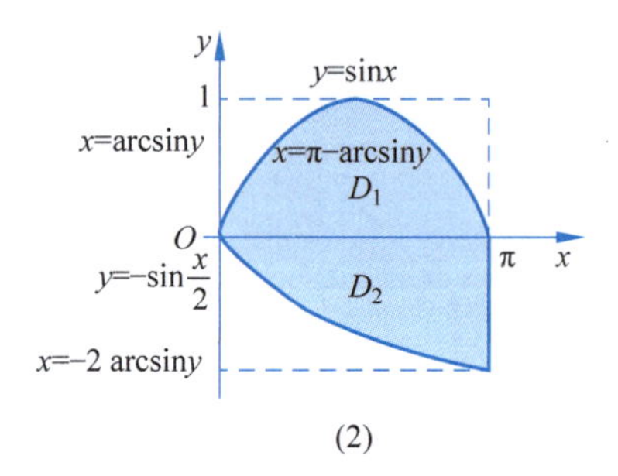

(2)

第 2 题图

(1) $I=\iint\limits_D f(x,y)\mathrm{d}x\mathrm{d}y=\int_0^1\mathrm{d}y\int_{\mathrm{e}^y}^{\mathrm{e}}f(x,y)\mathrm{d}x$.

(2) $I=\iint\limits_{D_1}f(x,y)\mathrm{d}x\mathrm{d}y+\iint\limits_{D_2}f(x,y)\mathrm{d}x\mathrm{d}y$

$=\int_0^1\mathrm{d}y\int_{\arcsin y}^{\pi-\arcsin y}f(x,y)\mathrm{d}x+\int_{-1}^0\mathrm{d}y\int_{-2\arcsin y}^{\pi}f(x,y)\mathrm{d}x$.

综合练习

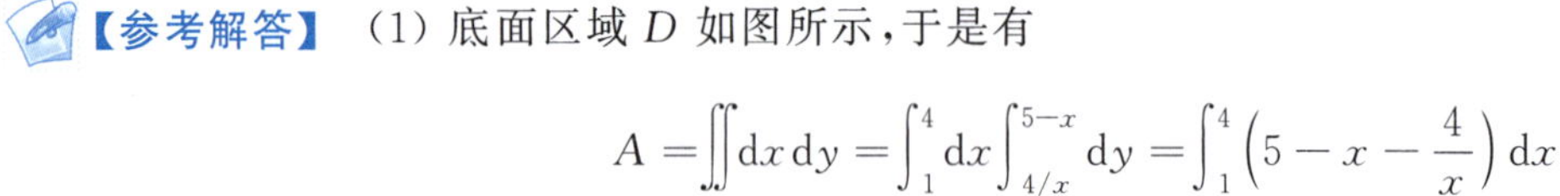

3. 已知立体由柱面 $xy=4$ 与平面 $x+y-5=0$, $z=3x+2y$, $z=0$ 所围成. 求：(1)立体在 xOy 平面的底面的面积 A；(2)立体的体积 V.

【参考解答】 (1) 底面区域 D 如图所示，于是有

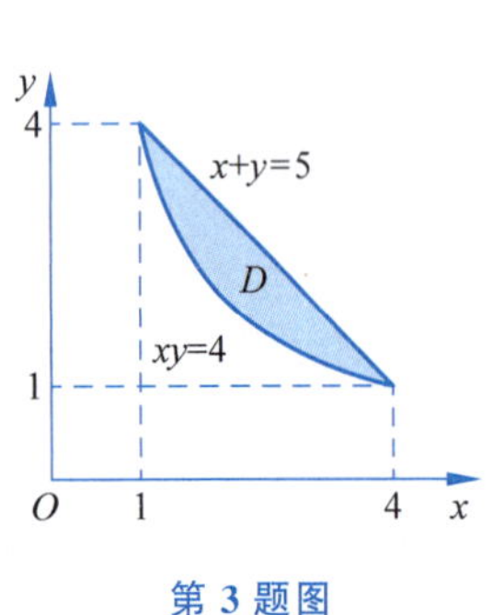

第 3 题图

$$A=\iint\limits_D\mathrm{d}x\mathrm{d}y=\int_1^4\mathrm{d}x\int_{4/x}^{5-x}\mathrm{d}y=\int_1^4\left(5-x-\frac{4}{x}\right)\mathrm{d}x$$

$$=\left(5x-\frac{x^2}{2}-4\ln x\right)\Bigg|_1^4=\frac{15}{2}-8\ln 2.$$

(2) 立体以 D 为底，平面 $z=3x+2y$ 为顶，于是

$$V=\iint\limits_D(3x+2y)\mathrm{d}x\mathrm{d}y=\int_1^4\mathrm{d}x\int_{4/x}^{5-x}(3x+2y)\mathrm{d}y$$

$$=\int_1^4(3xy+y^2)\Big|_{4/x}^{5-x}\mathrm{d}x=\int_1^4\left(13+5x-2x^2-\frac{16}{x^2}\right)\mathrm{d}x$$

$$=\left(13x+\frac{5}{2}x^2-\frac{2}{3}x^3+\frac{16}{x}\right)\Big|_1^4=\frac{45}{2}.$$

4. 计算下列二次积分.

(1) $\int_1^5 dy\int_y^5 \frac{1}{y\ln x}dx$.　　(2) $\int_1^2 dx\int_{\sqrt{x}}^x \sin\frac{\pi x}{2y}dy+\int_2^4 dx\int_{\sqrt{x}}^2 \sin\frac{\pi x}{2y}dy$.

【参考解答】 (1) 二次积分对应二重积分的积分区域如图所示. 直接计算较为困难,交换积分次序得

$$I=\int_1^5\frac{dx}{\ln x}\int_1^x\frac{1}{y}dy=\int_1^5\frac{1}{\ln x}[\ln y]_1^x dx=\int_1^5 dx=4.$$

(2) 二次积分对应二重积分的积分区域如图所示. 直接计算较为困难,交换积分次序得

$$I=\int_1^2 dy\int_y^{y^2}\sin\frac{\pi x}{2y}dx=-\int_1^2\frac{2y}{\pi}\cos\frac{\pi}{2}y\,dy$$

$$=-\frac{8}{\pi^3}\int_{\pi/2}^{\pi}t\cos t\,dt=\frac{4}{\pi^3}(2+\pi).$$

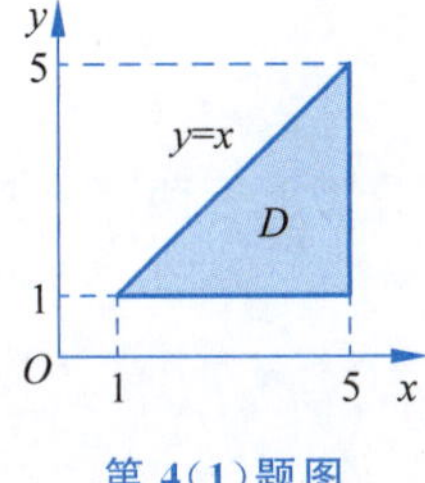

第 4(1)题图

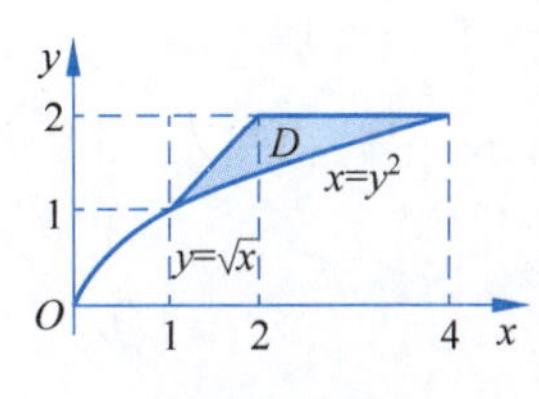

第 4(2)题图

5. 计算下列二重积分.

(1) $I=\iint\limits_D e^{\max\{b^2x^2,a^2y^2\}}d\sigma$, 其中 $D=\{(x,y)\mid |x|\leqslant a,|y|\leqslant b\}$.

(2) $I=\iint\limits_D |y-x^2|d\sigma$, 其中 $D=\{(x,y)\mid -1\leqslant x\leqslant 1,0\leqslant y\leqslant 2\}$.

【参考解答】 两个二次积分对应二重积分的积分区域如图所示.

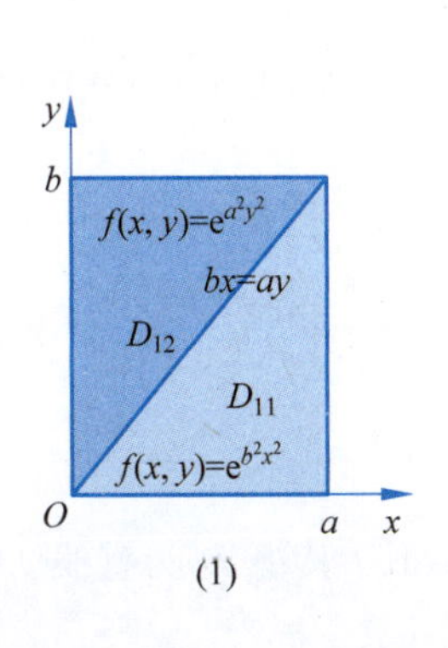

(1)

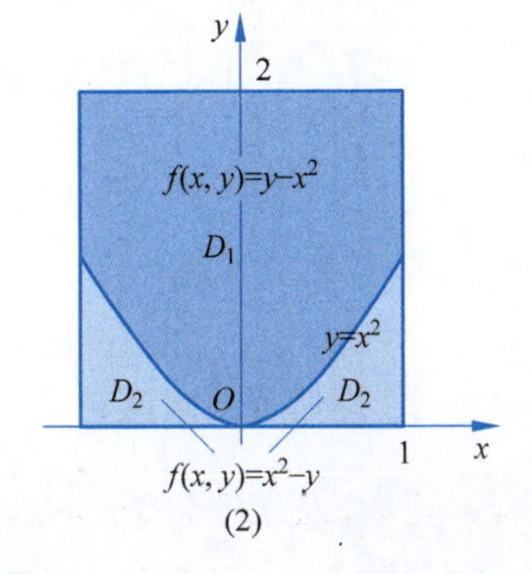

(2)

第 5 题图

（1）由于被积函数关于 x 和 y 都为偶函数，积分区域关于 x 轴、y 轴均对称，记

$$D_1=\{(x,y)\mid 0\leqslant x\leqslant a,0\leqslant y\leqslant b\},$$

$$D_{11}=\left\{(x,y)\mid 0\leqslant x\leqslant a,0\leqslant y\leqslant \frac{b}{a}x\right\},$$

$$D_{12}=\left\{(x,y)\mid 0\leqslant x\leqslant a,\frac{b}{a}x\leqslant y\leqslant b\right\},$$

由积分对区域的可加性，得

$$\begin{aligned}I_1&=\iint_{D_1}\mathrm{e}^{\max\{b^2x^2,a^2y^2\}}\mathrm{d}\sigma=\iint_{D_{11}}\mathrm{e}^{b^2x^2}\mathrm{d}\sigma+\iint_{D_{12}}\mathrm{e}^{a^2y^2}\mathrm{d}\sigma\\&=\int_0^a\mathrm{e}^{b^2x^2}\mathrm{d}x\int_0^{\frac{b}{a}x}\mathrm{d}y+\int_0^b\mathrm{e}^{a^2y^2}\mathrm{d}y\int_0^{\frac{a}{b}y}\mathrm{d}x\\&=\frac{1}{2ab}\int_0^a\mathrm{e}^{b^2x^2}\mathrm{d}(b^2x^2)+\frac{1}{2ab}\int_0^b\mathrm{e}^{a^2y^2}\mathrm{d}(a^2y^2)\\&=\frac{1}{2ab}\left(\mathrm{e}^{b^2x^2}\Big|_0^a+\mathrm{e}^{a^2y^2}\Big|_0^b\right)=\frac{1}{ab}(\mathrm{e}^{a^2b^2}-1),\end{aligned}$$

于是有 $I=4I_1=\dfrac{4}{ab}(\mathrm{e}^{a^2b^2}-1)$.

（2）如图（2）所示，用抛物线 $y=x^2$ 将积分区域 D 分为上下两部分 D_1 与 D_2，则

$$\begin{aligned}I&=\iint_{D_1}(y-x^2)\mathrm{d}\sigma+\iint_{D_2}(x^2-y)\mathrm{d}\sigma\\&=\int_{-1}^1\mathrm{d}x\int_{x^2}^2(y-x^2)\mathrm{d}y+\int_{-1}^1\mathrm{d}x\int_0^{x^2}(x^2-y)\mathrm{d}y\\&=\int_{-1}^1\left(2-2x^2+\frac{1}{2}x^4\right)\mathrm{d}x+\frac{1}{2}\int_{-1}^1x^4\mathrm{d}x=\frac{43}{15}+\frac{1}{5}=\frac{46}{15}.\end{aligned}$$

6. 证明 $\displaystyle\int_a^b\mathrm{d}y\int_a^y(y-x)^nf(x)\mathrm{d}x=\frac{1}{n+1}\int_a^b(b-x)^{n+1}f(x)\mathrm{d}x$，其中 n 为正整数，$f(x)$ 为连续函数，且 $a<b$.

【参考证明】 等号左边二次积分对应的二重积分的积分区域如图所示. 交换积分次序，得

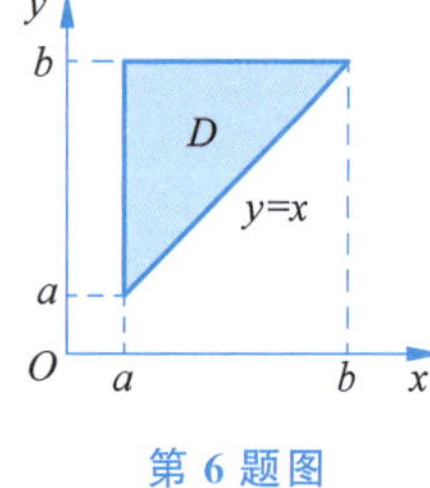

第 6 题图

$$\begin{aligned}\int_a^b\mathrm{d}y\int_a^y(y-x)^nf(x)\mathrm{d}x&=\int_a^bf(x)\mathrm{d}x\int_x^b(y-x)^n\mathrm{d}y\\&=\frac{1}{n+1}\int_a^bf(x)[(y-x)^{n+1}]_x^b\mathrm{d}x\\&=\frac{1}{n+1}\int_a^b(b-x)^{n+1}f(x)\mathrm{d}x,\end{aligned}$$

即所证等式成立.

7. 设 $f(x,y)$ 连续，且 $f(x,y)=xy+\iint_D f(u,v)\mathrm{d}u\mathrm{d}v$，其中 D 为直线 $y=0,y=x^2$ 以及 $x=1$ 所围成的平面区域，求 $f(x,y)$.

【参考解答】 积分区域如图所示. 令 $a=\iint\limits_D f(u,v)\mathrm{d}u\mathrm{d}v$，则 $f(x,y)=xy+a$. 对等式两端在 D 上积分，得

$$a=\int_0^1\mathrm{d}x\int_0^{x^2}(xy+a)\mathrm{d}y=\int_0^1\left(\frac{x^5}{2}-ax^2\right)\mathrm{d}x=\frac{1}{12}+\frac{a}{3},$$

由此解得 $a=\frac{1}{8}$，即所求函数为 $f(x,y)=xy+\frac{1}{8}$.

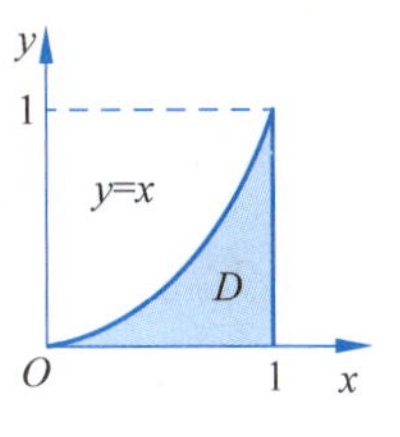

第 7 题图

考研与竞赛练习

1. (1) 已知函数 $f(t)=\int_1^{t^2}\mathrm{d}x\int_{\sqrt{x}}^{t}\sin\frac{x}{y}\mathrm{d}y$，则 $f'\left(\frac{\pi}{2}\right)=$________.

(2) 已知函数 $f(x)=\begin{cases}\mathrm{e}^x, & 0\leqslant x\leqslant 1\\ 0, & \text{其他}\end{cases}$，则 $\int_{-\infty}^{+\infty}\mathrm{d}x\int_{-\infty}^{+\infty}f(x)f(y-x)\mathrm{d}y=$________.

(3) 已知 $\int_0^{+\infty}\frac{\sin x}{x}\mathrm{d}x=\frac{\pi}{2}$，则 $\int_0^{+\infty}\mathrm{d}x\int_0^{+\infty}\frac{\sin x\sin(x+y)}{x(x+y)}\mathrm{d}y=$________.

【参考解答】 (1) 二次积分对应二重积分的积分区域如图所示，交换积分次序，得

$$f(t)=\int_1^t\mathrm{d}y\int_1^{y^2}\sin\frac{x}{y}\mathrm{d}x=\int_1^t y\left(\cos\frac{1}{y}-\cos y\right)\mathrm{d}y.$$

由变限积分求导公式得 $f'(t)=t\cos\frac{1}{t}-t\cos t$，所以

$$f'\left(\frac{\pi}{2}\right)=\frac{\pi}{2}\cos\frac{2}{\pi}.$$

(2) 如图所示，由题设可知被积函数在区域

$$D=\{(x,y)\mid 0\leqslant x\leqslant 1,0\leqslant y-x\leqslant 1\}$$

上有 $f(x)f(y-x)=\mathrm{e}^x\cdot\mathrm{e}^{y-x}=\mathrm{e}^y$，在区域 D 以外的部分，$f(x)f(y-x)=0$. 于是

$$\int_{-\infty}^{+\infty}\mathrm{d}x\int_{-\infty}^{+\infty}f(x)f(y-x)\mathrm{d}y=\int_0^1\mathrm{d}x\int_x^{1+x}\mathrm{e}^y\mathrm{d}y=(\mathrm{e}-1)\int_0^1\mathrm{e}^x\mathrm{d}x$$
$$=(\mathrm{e}-1)^2.$$

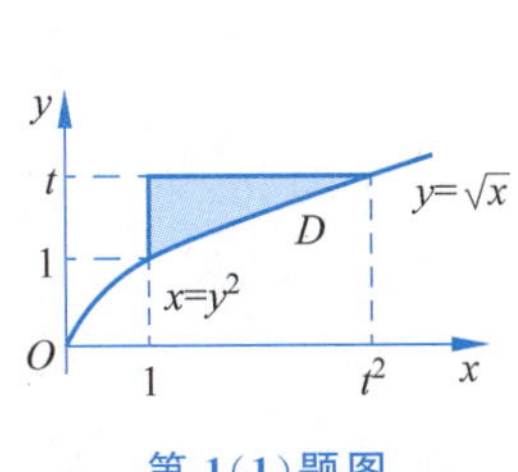

第 1(1) 题图

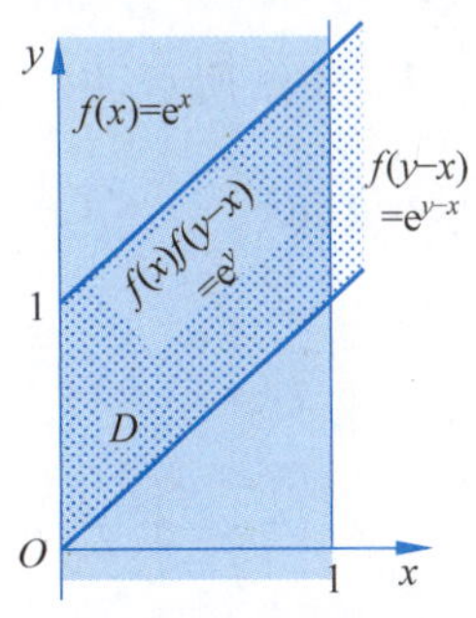

第 1(2) 题图

(3) 令 $u=x+y$，则

$$I=\int_0^{+\infty}\frac{\sin x}{x}\mathrm{d}x\int_0^{+\infty}\frac{\sin(x+y)}{x+y}\mathrm{d}y=\int_0^{+\infty}\frac{\sin x}{x}\mathrm{d}x\int_x^{+\infty}\frac{\sin u}{u}\mathrm{d}u$$

$$=\int_0^{+\infty}\frac{\sin x}{x}\mathrm{d}x\left(\int_0^{+\infty}\frac{\sin u}{u}\mathrm{d}u-\int_0^{x}\frac{\sin u}{u}\mathrm{d}u\right)$$

$$=\left(\int_0^{+\infty}\frac{\sin x}{x}\mathrm{d}x\right)^2-\int_0^{+\infty}\frac{\sin x}{x}\mathrm{d}x\int_0^{x}\frac{\sin u}{u}\mathrm{d}u$$

$$=\frac{\pi^2}{4}-\int_0^{+\infty}\frac{\sin x}{x}\left(\int_0^{x}\frac{\sin u}{u}\mathrm{d}u\right)\mathrm{d}x.$$

又令 $F(x)=\int_0^{x}\frac{\sin u}{u}\mathrm{d}u$,则 $F'(x)=\frac{\sin x}{x}$, $\lim\limits_{x\to+\infty}F(x)=\frac{\pi}{2}$,于是得

$$\int_0^{+\infty}\frac{\sin x}{x}\left(\int_0^{x}\frac{\sin u}{u}\mathrm{d}u\right)\mathrm{d}x=\int_0^{+\infty}F(x)F'(x)\mathrm{d}x=\frac{F^2(x)}{2}\bigg|_0^{+\infty}=\frac{\pi^2}{8},$$

所以 $I=\frac{\pi^2}{4}=\frac{\pi^2}{4}-\frac{\pi^2}{8}=\frac{\pi^2}{8}$.

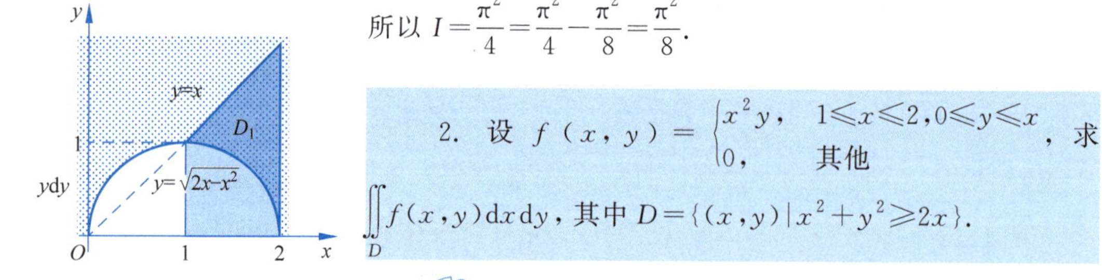

第 2 题图

2. 设 $f(x,y)=\begin{cases}x^2y, & 1\leqslant x\leqslant 2,0\leqslant y\leqslant x\\ 0, & 其他\end{cases}$,求 $\iint\limits_D f(x,y)\mathrm{d}x\mathrm{d}y$,其中 $D=\{(x,y)\mid x^2+y^2\geqslant 2x\}$.

【参考解答】 由题意可知,被积函数在区域 D_1(见图)上积分,则 $D_1=\{(x,y)\mid 1\leqslant x\leqslant 2,\sqrt{2x-x^2}\leqslant y\leqslant x\}$,所以

$$\iint\limits_D f(x,y)\mathrm{d}x\mathrm{d}y=\iint\limits_{D_1}x^2y\mathrm{d}x\mathrm{d}y=\int_1^2 x^2\mathrm{d}x\int_{\sqrt{2x-x^2}}^{x}y\mathrm{d}y$$

$$=\int_1^2 x^2\cdot\frac{y^2}{2}\bigg|_{\sqrt{2x-x^2}}^{x}\mathrm{d}x=\int_1^2(x^4-x^3)\mathrm{d}x=\frac{49}{20}.$$

3. 设函数 $f(x)$ 在 $[0,1]$ 有连续导数,$f(0)=1$,且满足

$$\iint\limits_{D_t}f'(x+y)\mathrm{d}x\mathrm{d}y=\iint\limits_{D_t}f(t)\mathrm{d}x\mathrm{d}y,$$

其中 $D_t=\{(x,y)\mid 0\leqslant y\leqslant t-x,0\leqslant x\leqslant t\}(0<t\leqslant 1)$,求 $f(x)$ 的表达式.

【参考解答】 如图所示,由二重积分的直角坐标累次积分公式得

$$\iint\limits_{D_t}f'(x+y)\mathrm{d}x\mathrm{d}y=\int_0^t\mathrm{d}x\int_0^{t-x}f'(x+y)\mathrm{d}y$$

$$=\int_0^t f(x+y)\Big|_0^{t-x}\mathrm{d}x=\int_0^t[f(t)-f(x)]\mathrm{d}x$$

$$=tf(t)-\int_0^t f(x)\mathrm{d}x,$$

$$\iint\limits_{D_t}f(t)\mathrm{d}x\mathrm{d}y=f(t)\iint\limits_{D_t}\mathrm{d}x\mathrm{d}y=\frac{1}{2}t^2f(t),$$

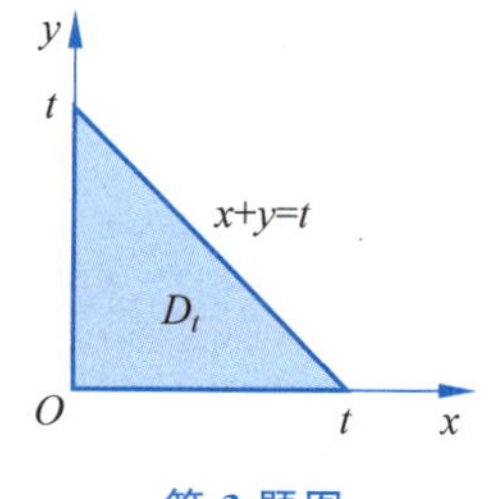

第 3 题图

由题设可得 $\frac{1}{2}t^2f(t)=tf(t)-\int_0^t f(x)\mathrm{d}x$. 对等式两端关于 t 求导,整理得

$$f'(t)(2-t)=2f(t).$$

分离变量可得$\dfrac{f'(t)}{f(t)}=\dfrac{2}{2-t}$,积分整理得通解为

$$\ln f(t)=-2\ln(2-t)+C.$$

由初始条件 $f(0)=1$,可得 $C=2\ln 2$. 所以

$$f(t)=\frac{4}{(2-t)^2}, \quad 即\ f(x)=\frac{4}{(2-x)^2}(0\leqslant x\leqslant 1).$$

4. 已知 $f(x)$在$\left[0,\dfrac{3\pi}{2}\right]$上连续,在$\left(0,\dfrac{3\pi}{2}\right)$内是函数$\dfrac{\cos x}{2x-3\pi}$的一个原函数,且 $f(0)=0$.

(1)求 $f(x)$在区间$\left[0,\dfrac{3\pi}{2}\right]$上的平均值.(2)证明 $f(x)$在区间$\left(0,\dfrac{3\pi}{2}\right)$内存在唯一零点.

【参考解答】 (1) 由于 $f(0)=0$,从而可以取 $f(y)=\displaystyle\int_0^y \frac{\cos x}{2x-3\pi}\mathrm{d}x$,函数在区间内的平均值就是区间上的积分除以区间长度,即

$$\bar{f}=\frac{1}{\dfrac{3\pi}{2}-0}\int_0^{3\pi/2}\left[\int_0^y \frac{\cos x}{2x-3\pi}\mathrm{d}x\right]\mathrm{d}y=\frac{2}{3\pi}\int_0^{3\pi/2}\left[\int_0^y \frac{\cos x}{2x-3\pi}\mathrm{d}x\right]\mathrm{d}y,$$

交换积分次序有

$$\begin{aligned}\bar{f}&=\frac{2}{3\pi}\cdot\int_0^{3\pi/2}\left[\int_0^y \frac{\cos x}{2x-3\pi}\mathrm{d}x\right]\mathrm{d}y=\frac{2}{3\pi}\int_0^{3\pi/2}\mathrm{d}x\int_x^{3\pi/2}\frac{\cos x}{2x-3\pi}\mathrm{d}y\\&=\frac{2}{3\pi}\cdot\int_0^{3\pi/2}\frac{\cos x}{2x-3\pi}\left(\frac{3\pi}{2}-x\right)\mathrm{d}x=\frac{2}{3\pi}\cdot\left(-\frac{1}{2}\left[\sin x\right]_0^{3\pi/2}\right)=\frac{2}{3\pi}\cdot\frac{1}{2}=\frac{1}{3\pi}.\end{aligned}$$

(2) 由于 $f(x)$在$\left[0,\dfrac{3\pi}{2}\right]$上连续,$f'(x)=\dfrac{\cos x}{2x-3\pi}$,$x\in\left(0,\dfrac{3\pi}{2}\right)$,因此,当 $0<x<\dfrac{\pi}{2}$时,$f'(x)<0$,函数单调减少,于是 $f(x)<f(0)=0$,所以函数在$\left(0,\dfrac{\pi}{2}\right)$内无零点,且有$f\left(\dfrac{\pi}{2}\right)<0$. 当$\dfrac{\pi}{2}<x<\dfrac{3\pi}{2}$时,$f'(x)>0$,函数单调递增,函数在$\left(\dfrac{\pi}{2},\dfrac{3\pi}{2}\right)$内至多只有一个零点. 由积分中值定理,存在 $x_0\in\left(0,\dfrac{3\pi}{2}\right)$,使得 $f(x_0)=\bar{f}=\dfrac{1}{3\pi}>0$,又 $0<x<\dfrac{\pi}{2}$时,$f(x)<0$,故 $x_0\in\left(\dfrac{\pi}{2},\dfrac{3\pi}{2}\right)$. 所以由闭区间$\left[\dfrac{\pi}{2},x_0\right]$上连续函数的零值定理知,存在 $\xi\in\left(\dfrac{\pi}{2},x_0\right)\subset\left(0,\dfrac{3\pi}{2}\right)$,使得 $f(\xi)=0$. 综上可知所证结论成立.

5. 已知函数 $f(x,y)$具有二阶连续偏导数,且

$$f(1,y)=0,\quad f(x,1)=0,\quad \iint_D f(x,y)\mathrm{d}x\mathrm{d}y=a,$$

其中 $D=\{(x,y)\mid 0\leqslant x\leqslant 1,0\leqslant y\leqslant 1\}$,计算二重积分

$$I=\iint_D xyf''_{xy}(x,y)\mathrm{d}x\mathrm{d}y.$$

【参考解答】 由已知条件 $f(1,y)=0, f(x,1)=0$ 可得 $f'_y(1,y)=0, f'_x(x,1)=0$. 由题设可知

$$I=\int_0^1 x\,\mathrm{d}x\int_0^1 y f''_{xy}(x,y)\,\mathrm{d}y, \tag{1}$$

由分部积分法,有

$$\begin{aligned}\int_0^1 y f''_{xy}(x,y)\,\mathrm{d}y &= \int_0^1 y\,\mathrm{d}f'_x(x,y)=[y f'_x(x,y)]\Big|_0^1-\int_0^1 f'_x(x,y)\,\mathrm{d}y\\ &= f'_x(x,1)-\int_0^1 f'_x(x,y)\,\mathrm{d}y=-\int_0^1 f'_x(x,y)\,\mathrm{d}y,\end{aligned} \tag{2}$$

将式(2)代入式(1),并交换二次积分顺序,得

$$\begin{aligned} I &= -\int_0^1 x\,\mathrm{d}x\int_0^1 f'_x(x,y)\,\mathrm{d}y=-\int_0^1 \mathrm{d}y\int_0^1 x f'_x(x,y)\,\mathrm{d}x\\ &= -\int_0^1 \mathrm{d}y\int_0^1 x\,\mathrm{d}f(x,y)=-\int_0^1\left\{[x f(x,y)]\Big|_0^1-\int_0^1 f(x,y)\,\mathrm{d}x\right\}\mathrm{d}y\\ &= \int_0^1 \mathrm{d}y\int_0^1 f(x,y)\,\mathrm{d}x=\iint_D f(x,y)\,\mathrm{d}x\,\mathrm{d}y=a.\end{aligned}$$

练习 57 极坐标系下二重积分的计算

训练目的

1. 熟练掌握将二重积分化为极坐标系下二次积分的方法.
2. 熟练掌握极坐标系下二重积分的计算.
3. 会将极坐标系下的二次积分与直角坐标系下的二次积分进行转化.

基础练习

1. 计算下列二重积分.

(1) $\iint\limits_D e^{x^2+y^2}\,\mathrm{d}\sigma$, 其中 D 是由圆周 $x^2+y^2=4$ 所围成的闭区域.

(2) $\iint\limits_D \ln(1+x^2+y^2)\,\mathrm{d}\sigma$, 其中 D 是由圆周 $x^2+y^2=1$ 及坐标轴所围成的在第一象限内的闭区域.

(3) $\iint\limits_D \arctan\dfrac{y}{x}\,\mathrm{d}\sigma$, 其中 D 是由圆周 $x^2+y^2=4, x^2+y^2=1$ 及直线 $y=0, y=x$ 所围成的在第一象限内的闭区域.

(4) $\iint\limits_D \sqrt{a^2-x^2-y^2}\,\mathrm{d}\sigma$, 其中 D 为双纽线 $(x^2+y^2)^2=a^2(x^2-y^2)$ $(a>0)$ 的右半部分所围成的闭区域.

【参考解答】 (1) 积分区域如图(1)所示.

$$I=\int_0^{2\pi}\mathrm{d}\theta\int_0^2 \mathrm{e}^{\rho^2}\cdot\rho\mathrm{d}\rho=2\pi\left[\frac{1}{2}\mathrm{e}^{\rho^2}\right]_0^2=2\pi\cdot\frac{1}{2}(\mathrm{e}^4-1)=\pi(\mathrm{e}^4-1).$$

(2) 积分区域如图(2)所示.

$$I=\int_0^{\pi/2}\mathrm{d}\theta\int_0^1\ln(1+\rho^2)\rho\mathrm{d}\rho=\frac{\pi}{4}\int_0^1\ln(1+\rho^2)\mathrm{d}(1+\rho^2)$$

$$=\frac{\pi}{4}\left[(1+\rho^2)\ln(1+\rho^2)-\rho^2\right]_0^1=\frac{\pi}{4}(2\ln2-1).$$

(3) 积分区域如图(3)所示.

$$I=\int_0^{\pi/4}\mathrm{d}\theta\int_1^2\arctan(\tan\theta)\rho\mathrm{d}\rho=\int_0^{\pi/4}\theta\mathrm{d}\theta\int_1^2\rho\mathrm{d}\rho=\frac{3\pi^2}{64}.$$

(4) 积分区域如图(4)所示.

$$I=2\int_0^{\pi/4}\mathrm{d}\theta\int_0^{a\sqrt{\cos2\theta}}\sqrt{a^2-\rho^2}\cdot\rho\mathrm{d}\rho=-\int_0^{\pi/4}\mathrm{d}\theta\int_0^{a\sqrt{\cos2\theta}}\sqrt{a^2-\rho^2}\,\mathrm{d}(a^2-\rho^2)$$

$$=-\frac{2}{3}\int_0^{\pi/4}\left[(a^2-\rho^2)^{\frac{3}{2}}\right]_0^{a\sqrt{\cos2\theta}}\mathrm{d}\theta=-\frac{2a^3}{3}\int_0^{\pi/4}(2\sqrt{2}\sin^3\theta-1)\mathrm{d}\theta$$

$$=\int_0^{\pi/4}\frac{2}{3}a^3(1-2\sqrt{2}\sin^3\theta)\mathrm{d}\theta=\frac{\pi a^3}{6}+\frac{4\sqrt{2}a^3}{3}\int_0^{\pi/4}(1-\cos^2\theta)\mathrm{d}\cos\theta$$

$$=a^3\left(\frac{\pi}{6}+\frac{10-8\sqrt{2}}{9}\right).$$

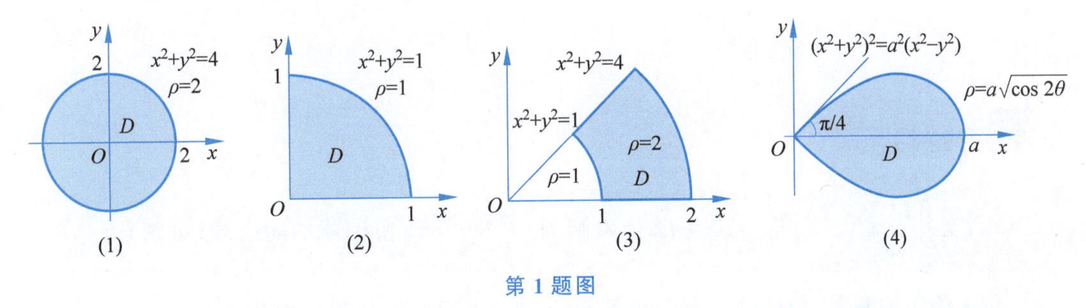

第 1 题图

2. 将下列直角坐标系的二次积分化为极坐标系下先 ρ 后 θ 的二次积分.

(1) $\int_0^1\mathrm{d}x\int_{x^2}^{x}f(\sqrt{x^2+y^2})\mathrm{d}y=$______________.

(2) $\int_0^1\mathrm{d}x\int_{1-x}^{\sqrt{1-x^2}}f\left(\frac{x}{y}\right)\mathrm{d}y=$______________.

【参考解答】 二次积分的积分区域如图所示.

(1) $I=\int_0^{\pi/4}\mathrm{d}\theta\int_0^{\tan\theta\sec\theta}f(\rho)\rho\mathrm{d}\rho.$

(2) $I=\int_0^{\pi/2}\mathrm{d}\theta\int_{\frac{1}{\sin\theta+\cos\theta}}^{1}f(\cot\theta)\rho\mathrm{d}\rho.$

3. 把下列积分化为极坐标形式,并计算积分值.

(1) $\int_0^a\mathrm{d}x\int_0^x\sqrt{x^2+y^2}\,\mathrm{d}y.$ (2) $\int_0^{2a}\mathrm{d}x\int_0^{\sqrt{2ax-x^2}}(x^2+y^2)\mathrm{d}y.$

【参考解答】 (1) 二次积分对应的二重积分的积分区域 D 如图(1)所示.

$$\int_0^a \mathrm{d}x\int_0^x \sqrt{x^2+y^2}\,\mathrm{d}y=\int_0^{\pi/4}\mathrm{d}\theta\int_0^{a\sec\theta}\rho\cdot\rho\,\mathrm{d}\rho=\frac{1}{3}a^3\int_0^{\pi/4}\sec^3\theta\,\mathrm{d}\theta=\frac{1}{6}a^3[\sqrt{2}+\ln(\sqrt{2}+1)].$$

(2) 二次积分对应的二重积分的积分区域 D 如图(2)所示.

$$\int_0^{2a}\mathrm{d}x\int_0^{\sqrt{2ax-x^2}}(x^2+y^2)\,\mathrm{d}y=\int_0^{\pi/2}\mathrm{d}\theta\int_0^{2a\cos\theta}\rho^2\cdot\rho\,\mathrm{d}\rho=\int_0^{\pi/2}4a^4\cos^4\theta\,\mathrm{d}\theta=\frac{3}{4}\pi a^4.$$

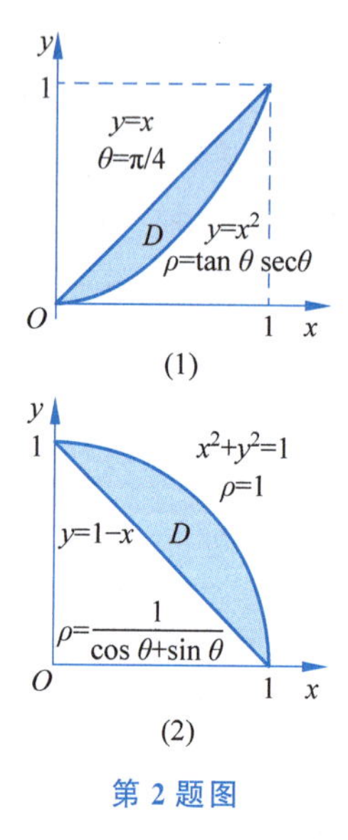

第 2 题图

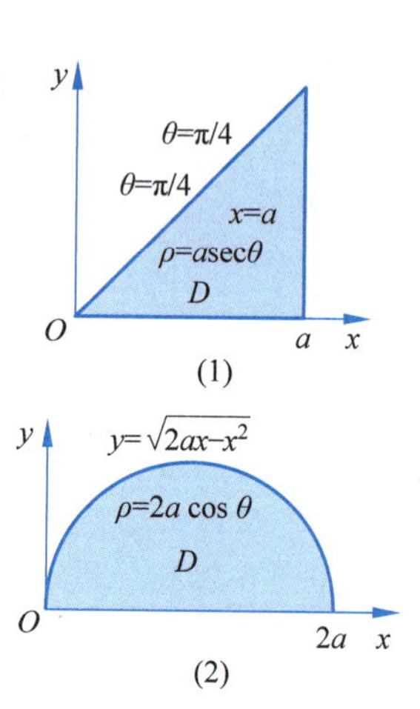

第 3 题图

综合练习

4. 计算 $\iint\limits_D\left(\frac{x^2}{a^2}+\frac{y^2}{b^2}\right)\mathrm{d}\sigma$，其中 D 是由圆周 $x^2+y^2=1$ 所围成的闭区域(见图).

【参考解答】【法 1】 在极坐标系下将二重积分转化为二次积分，得

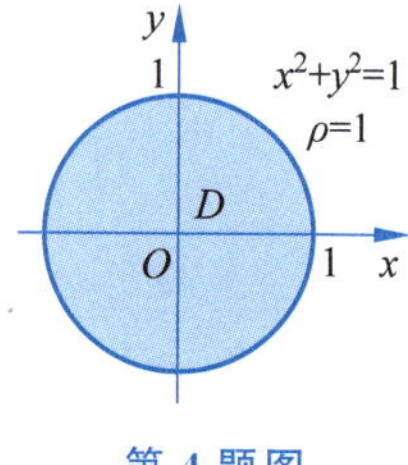

第 4 题图

$$I=\int_0^{2\pi}\mathrm{d}\theta\int_0^1\left(\frac{\rho^2\cos^2\theta}{a^2}+\frac{\rho^2\sin^2\theta}{b^2}\right)\cdot\rho\,\mathrm{d}\rho=\frac{1}{4}\int_0^{2\pi}\left(\frac{\cos^2\theta}{a^2}+\frac{\sin^2\theta}{b^2}\right)\mathrm{d}\theta$$

$$=\frac{1}{4}\int_0^{2\pi}\left(\frac{1+\cos2\theta}{2a^2}+\frac{1-\cos2\theta}{2b^2}\right)\mathrm{d}\theta$$

$$=\frac{1}{4}\left[\left(\frac{1}{2a^2}+\frac{1}{2b^2}\right)x+\left(\frac{1}{4a^2}-\frac{1}{4b^2}\right)\sin2\theta\right]_0^{2\pi}=\frac{\pi}{4}\left(\frac{1}{a^2}+\frac{1}{b^2}\right).$$

【法 2】 由于积分区域 D 关于直线 $y=x$ 对称，因此

$$\iint\limits_D x^2\,\mathrm{d}\sigma=\iint\limits_D y^2\,\mathrm{d}\sigma.$$

于是由二重积分的极坐标计算方法，得

$$\iint\limits_D\left(\frac{x^2}{a^2}+\frac{y^2}{b^2}\right)\mathrm{d}\sigma=\iint\limits_D\left(\frac{x^2}{a^2}+\frac{x^2}{b^2}\right)\mathrm{d}\sigma=\left(\frac{1}{a^2}+\frac{1}{b^2}\right)\iint\limits_D x^2\,\mathrm{d}\sigma$$

$$=\frac{1}{2}\left(\frac{1}{a^2}+\frac{1}{b^2}\right)\iint\limits_D(x^2+y^2)\mathrm{d}\sigma$$

$$=2\left(\frac{1}{a^2}+\frac{1}{b^2}\right)\int_0^{\pi/2}\mathrm{d}\theta\int_0^1\rho^2\cdot\rho\mathrm{d}\rho=\frac{\pi}{4}\left(\frac{1}{a^2}+\frac{1}{b^2}\right).$$

5. 证明：$\iint\limits_D f(\sqrt{x^2+y^2})\mathrm{d}x\mathrm{d}y=2\pi\int_0^1 xf(x)\mathrm{d}x$，其中 $D=\{(x,y)\mid x^2+y^2\leqslant 1\}$.

【参考证明】 在极坐标系下将左端二重积分转化为二次积分(见图)，得

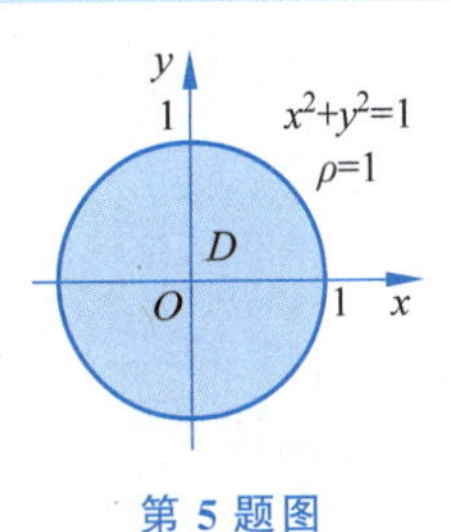

第 5 题图

$$\iint\limits_D f(\sqrt{x^2+y^2})\mathrm{d}\sigma=\int_0^{2\pi}\mathrm{d}\theta\int_0^1 f(\rho)\cdot\rho\mathrm{d}\rho=2\pi\int_0^1 f(\rho)\cdot\rho\mathrm{d}\rho$$

$$=2\pi\int_0^1 xf(x)\mathrm{d}x.$$

即所证等式成立.

6. 设 $f(x)$在$(-\infty,+\infty)$上连续，且满足

$$f(t)=2\iint\limits_{x^2+y^2\leqslant t^2}(x^2+y^2)f\left(\sqrt{x^2+y^2}\right)\mathrm{d}x\mathrm{d}y+t^4,$$

求 $f(x)$.

【参考解答】 当 $t>0$ 时，将二重积分转化为极坐标系下的二次积分，得

$$f(t)=2\int_0^{2\pi}\mathrm{d}\theta\int_0^t\rho^3 f(\rho)\mathrm{d}\rho+t^4=2\pi\int_0^t\rho^3 f(\rho)\mathrm{d}\rho+t^4.$$

两边同时对 t 求导，得

$$f'(t)=4\pi t^3 f(t)+4t^3=4t^3[\pi f(t)+1].$$

分离变量，得$\dfrac{f'(t)}{\pi f(t)+1}=4t^3$，两边同时积分，得

$$\frac{1}{\pi}\ln[\pi f(t)+1]=t^4+C.$$

令题设中的积分等式 $t=0$，得 $f(0)=0$，代入上面得到的函数表达式，得 $C=0$，于是

$$f(t)=\frac{1}{\pi}(\mathrm{e}^{\pi t^4}-1)(t>0).$$

同时注意到，$f(t)$是偶函数，且 $f(0)=0$，所以对一切 t 有 $f(t)=\dfrac{1}{\pi}(\mathrm{e}^{\pi t^4}-1)$.

7. 计算$\iint\limits_D|y+\sqrt{3}x|\mathrm{d}\sigma$，其中 $D=\{(x,y)\mid x^2+y^2\leqslant 1\}$.

【参考解答】 积分区域如图所示. 用直线 $y=-\sqrt{3}x$ 将 D 分为两个部分 D_1，D_2，于是由积分对区域的可加性，得

$$\iint\limits_D\left|y+\sqrt{3}x\right|\mathrm{d}\sigma=\iint\limits_{D_1}\left(y+\sqrt{3}x\right)\mathrm{d}\sigma+\iint\limits_{D_2}-\left(y+\sqrt{3}x\right)\mathrm{d}\sigma$$

$$=\int_{-\pi/3}^{2\pi/3}(\sin\theta+\sqrt{3}\cos\theta)\mathrm{d}\theta\int_0^1\rho^2\mathrm{d}\rho-\int_{2\pi/3}^{5\pi/3}(\sin\theta+\sqrt{3}\cos\theta)\mathrm{d}\theta\int_0^1\rho^2\mathrm{d}\rho$$

$$=\left[(\sqrt{3}\sin\theta-\cos\theta)\Big|_{-\pi/3}^{2\pi/3}\right]\left[\frac{\rho^3}{3}\Big|_0^1\right]-\left[(\sqrt{3}\sin\theta-\cos\theta)\Big|_{2\pi/3}^{5\pi/3}\right]\left[\frac{\rho^3}{3}\Big|_0^1\right]$$

$$=\frac{4}{3}+\frac{4}{3}=\frac{8}{3}.$$

8. 求由曲面 $z=x^2+2y^2$ 及 $z=6-2x^2-y^2$ 所围立体的体积.

【参考解答】 两曲面所围区域图形如图所示. 由

$$\begin{cases}z=x^2+2y^2\\z=6-2x^2-y^2\end{cases},$$

消去 z，得 $x^2+y^2=2$. 于是可知立体在 xOy 平面上的投影区域为 D：$x^2+y^2\leqslant 2$. 所以所围立体的体积为

$$V=\iint_D[(6-2x^2-y^2)-(x^2+2y^2)]\mathrm{d}x\mathrm{d}y=\iint_D(6-3x^2-3y^2)\mathrm{d}x\mathrm{d}y$$

$$=\int_0^{2\pi}\mathrm{d}\theta\int_0^{\sqrt{2}}(6-3\rho^2)\rho\mathrm{d}\rho=2\pi\left(3\rho^2-\frac{3}{4}\rho^4\right)\Big|_0^{\sqrt{2}}=6\pi.$$

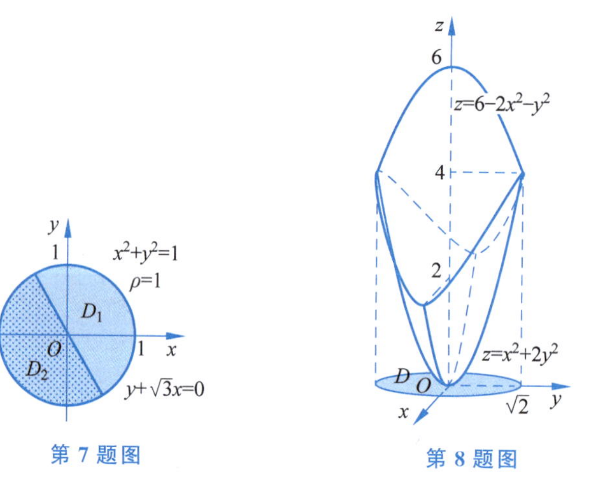

第 7 题图　　第 8 题图

9. 一个火山的形状可以用曲面 $z=h\mathrm{e}^{-\frac{\sqrt{x^2+y^2}}{4h}}$ $(h>0)$表示，火山爆发后，有体积为 V 的熔岩黏附在山上，使得火山具有和原来一样的形状，求火山高度 h 变化的百分比.

【参考解答】 火山在 xOy 平面上的投影区域为整个坐标平面. 因此，高度为 h 时的体积为

$$V(h)=\iint_D h\mathrm{e}^{-\frac{\sqrt{x^2+y^2}}{4h}}\mathrm{d}\sigma=h\int_0^{2\pi}\mathrm{d}\theta\int_0^{+\infty}\mathrm{e}^{-\frac{\rho}{4h}}\rho\mathrm{d}\rho=2\pi h\cdot 16h^2=32\pi h^3.$$

设火山爆发后黏附体积为 V 时的高度为 h'，则

$$32\pi h^3+V=32\pi h'^3,$$

解得 $h'=\sqrt[3]{h^3+\dfrac{V}{32\pi}}$. 因此火山高度增加的百分比为

$$\frac{h'-h}{h}\times 100\%=\left(\frac{1}{h}\sqrt[3]{h^3+\frac{V}{32\pi}}-1\right)\times 100\%.$$

考研与竞赛练习

1. (1) 累次积分$\int_0^{\pi/2}\mathrm{d}\theta\int_0^{\cos\theta}f(\rho\cos\theta,\rho\sin\theta)\rho\mathrm{d}\rho=($　　$)$.

(A) $\int_0^1\mathrm{d}y\int_0^{\sqrt{y-y^2}}f(x,y)\mathrm{d}x$　　(B) $\int_0^1\mathrm{d}y\int_0^{\sqrt{1-y^2}}f(x,y)\mathrm{d}x$

(C) $\int_0^1\mathrm{d}x\int_0^1 f(x,y)\mathrm{d}y$　　(D) $\int_0^1\mathrm{d}x\int_0^{\sqrt{x-x^2}}f(x,y)\mathrm{d}y$

(2) 设函数 $f(u)$ 连续,区域 $D=\{(x,y)\mid x^2+y^2\leqslant 2y\}$,则$\iint\limits_D f(xy)\mathrm{d}x\mathrm{d}y$ 等于(　　).

(A) $\int_{-1}^1\mathrm{d}x\int_{-\sqrt{1-x^2}}^{\sqrt{1-x^2}}f(xy)\mathrm{d}y$　　(B) $2\int_0^2\mathrm{d}y\int_0^{\sqrt{2y-y^2}}f(xy)\mathrm{d}x$

(C) $\int_0^{\pi}\mathrm{d}\theta\int_0^{2\sin\theta}f(\rho^2\sin\theta\cos\theta)\mathrm{d}\rho$　　(D) $\int_0^{\pi}\mathrm{d}\theta\int_0^{2\sin\theta}f(\rho^2\sin\theta\cos\theta)\rho\mathrm{d}\rho$

(3) 设函数 f 连续,若 $F(u,v)=\iint\limits_{D_{uv}}\frac{f(x^2+y^2)}{\sqrt{x^2+y^2}}\mathrm{d}x\mathrm{d}y$,其中

$$D_{uv}:x^2+y^2=1,x^2+y^2=u^2,y=0,y=x\tan v(u>1,v>0),$$

则$\frac{\partial F}{\partial u}=($　　$)$.

(A) $vf(u^2)$　　(B) $\frac{v}{u}f(u^2)$　　(C) $vf(u)$　　(D) $\frac{v}{u}f(u)$

【参考解答】 (1) 由直角坐标与极坐标之间的变换关系 $x=\rho\cos\theta,y=\rho\sin\theta$,可得边界曲线方程为 $x=0,y=0$, $x^2+y^2=x$,即为圆 $x^2+y^2=x$ 的上半圆域(见图).

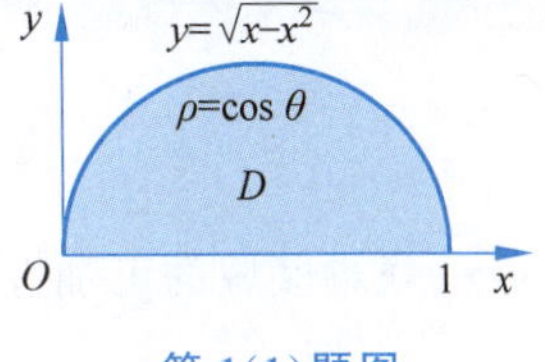

第 1(1)题图

所以直角坐标下的累次积分表达式为

$$\int_0^1\mathrm{d}x\int_0^{\sqrt{x-x^2}}f(x,y)\mathrm{d}y,$$

故正确选项为(D).

(2) 积分区域 D 是以点$(0,1)$为圆心、1 为半径的圆域(见图). 在极坐标系下,将 $x=\rho\cos\theta,y=\rho\sin\theta$ 代入直角坐标方程,得 $\rho=2\sin\theta$,所以极坐标下可以描述为

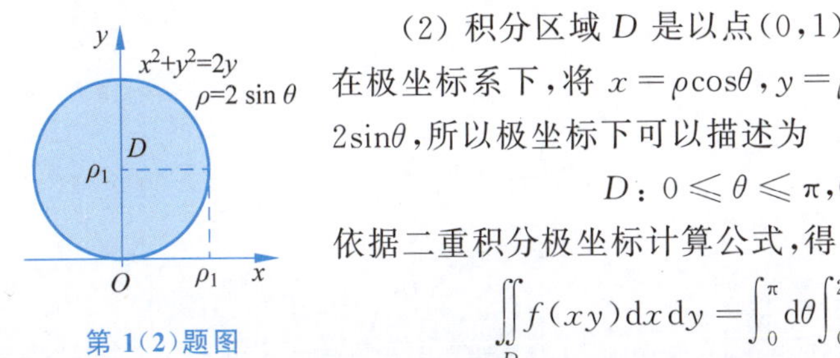

第 1(2)题图

$$D:0\leqslant\theta\leqslant\pi,0\leqslant\rho\leqslant 2\sin\theta,$$

依据二重积分极坐标计算公式,得

$$\iint\limits_D f(xy)\mathrm{d}x\mathrm{d}y=\int_0^{\pi}\mathrm{d}\theta\int_0^{2\sin\theta}f(\rho^2\sin\theta\cos\theta)\rho\mathrm{d}\rho,$$

故正确选项为(D).

(3) 如图所示，由二重积分极坐标计算公式，得

$$F(u,v)=\iint\limits_{D_{uv}}\frac{f(x^2+y^2)}{\sqrt{x^2+y^2}}\mathrm{d}\sigma=\int_0^v\mathrm{d}\theta\int_1^u\frac{f(\rho^2)}{\rho}\cdot\rho\mathrm{d}\rho$$

$$=v\int_1^u f(\rho^2)\mathrm{d}\rho,$$

所以$\frac{\partial F}{\partial u}=vf(u^2)$，故正确选项为(A).

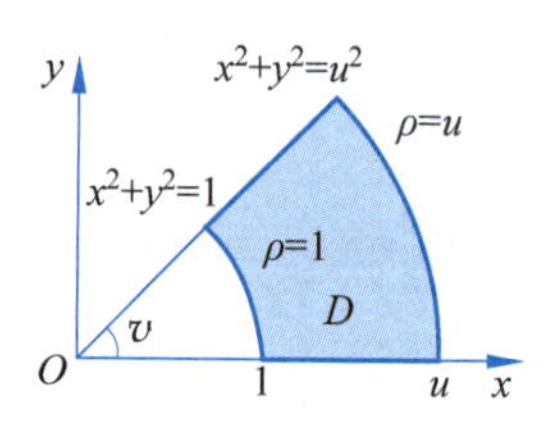

第 1(3) 题图

2. 记 $D=\{(x,y)\mid x^2+y^2\leqslant\pi\}$，则

$$\iint\limits_D(\sin x^2\cos y^2+x\sqrt{x^2+y^2})\mathrm{d}x\mathrm{d}y=\underline{\qquad\qquad}.$$

【参考解答】 如图所示，由于积分区域 D 关于 y 轴及直线 $y=x$ 对称，又函数 $x\sqrt{x^2+y^2}$ 关于 x 变量为奇函数，故$\iint\limits_D x\sqrt{x^2+y^2}\mathrm{d}x\mathrm{d}y=0$. 于是

$$I=\iint\limits_D\sin x^2\cos y^2\mathrm{d}x\mathrm{d}y=\iint\limits_D\sin y^2\cos x^2\mathrm{d}x\mathrm{d}y$$

$$=\frac{1}{2}\iint\limits_D(\sin x^2\cos y^2+\sin y^2\cos x^2)\mathrm{d}x\mathrm{d}y$$

$$=\frac{1}{2}\iint\limits_D\sin(x^2+y^2)\mathrm{d}x\mathrm{d}y=\frac{1}{2}\int_0^{2\pi}\mathrm{d}\theta\int_0^{\sqrt{\pi}}\rho\sin\rho^2\mathrm{d}\rho=\frac{\pi}{2}(-\cos\rho^2)\Big|_0^{\sqrt{\pi}}=\pi.$$

3. 设 $D=\{(x,y)\mid x^2+y^2\leqslant\sqrt{2},x\geqslant0,y\geqslant0\}$，$[1+x^2+y^2]$表示不超过 $1+x^2+y^2$ 的最大整数. 计算二重积分$\iint\limits_D xy[1+x^2+y^2]\mathrm{d}x\mathrm{d}y$.

【参考解答】 如图，将区域分割成两部分，并记

$$D_1=\{(x,y)\mid 0\leqslant x^2+y^2<1,x\geqslant0,y\geqslant0\},$$

$$D_2=\{(x,y)\mid 1\leqslant x^2+y^2\leqslant\sqrt{2},x\geqslant0,y\geqslant0\},$$

则由积分对区域的可加性，得

$$\iint\limits_D xy[1+x^2+y^2]\mathrm{d}x\mathrm{d}y=\iint\limits_{D_1}xy\mathrm{d}x\mathrm{d}y+2\iint\limits_{D_2}xy\mathrm{d}x\mathrm{d}y$$

$$=\int_0^{\pi/2}\sin\theta\cos\theta\mathrm{d}\theta\int_0^1\rho^3\mathrm{d}\rho+2\int_0^{\pi/2}\sin\theta\cos\theta\mathrm{d}\theta\int_1^{\sqrt[4]{2}}\rho^3\mathrm{d}\rho$$

$$=\frac{1}{8}+\frac{1}{4}=\frac{3}{8}.$$

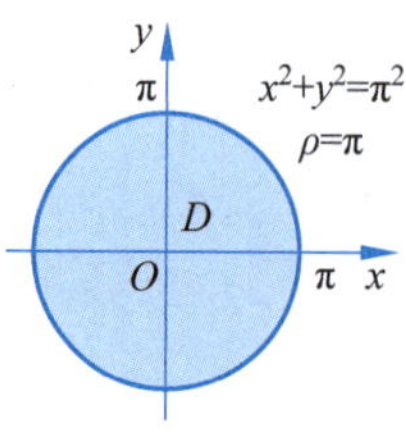

第 2 题图

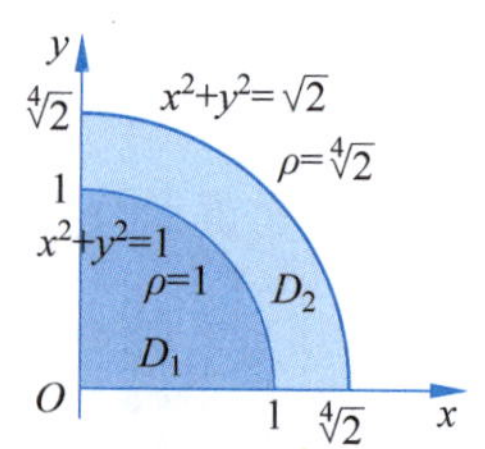

第 3 题图

4. 计算二重积分

$$I=\iint_D \rho^2\sin\theta\sqrt{1-\rho^2\cos 2\theta}\,\mathrm{d}\rho\mathrm{d}\theta,$$

其中，$D=\left\{(\rho,\theta)\mid 0\leqslant\rho\leqslant\sec\theta,0\leqslant\theta\leqslant\dfrac{\pi}{4}\right\}$.

【参考解答】 积分区域如图所示. 将积分转换为直角坐标系下的积分计算，由于被积函数的表达式可以改写为

$$\rho\sin\theta\sqrt{1-\rho^2\cos^2\theta+\rho^2\sin^2\theta}\cdot\rho\mathrm{d}\rho\mathrm{d}\theta,$$

故由 $x=\rho\cos\theta,y=\rho\sin\theta$，得

$$\begin{aligned}
I&=\iint_D y\sqrt{1-x^2+y^2}\,\mathrm{d}x\mathrm{d}y=\int_0^1\mathrm{d}x\int_0^x y\sqrt{1-x^2+y^2}\,\mathrm{d}y\\
&=\frac{1}{2}\int_0^1\mathrm{d}x\int_0^x\sqrt{1-x^2+y^2}\,\mathrm{d}(1-x^2+y^2)=\frac{1}{3}\int_0^1\left[(1-x^2+y^2)^{3/2}\Big|_0^x\right]\mathrm{d}x\\
&=\frac{1}{3}\int_0^1[1-(1-x^2)^{3/2}]\mathrm{d}x=\int_0^1\frac{1}{3}\mathrm{d}x-\frac{1}{3}\int_0^1(1-x^2)^{3/2}\mathrm{d}x\,(x=\sin t)\\
&=\frac{1}{3}-\frac{1}{3}\int_0^{\pi/2}\cos^4 t\,\mathrm{d}t=\frac{1}{3}-\frac{\pi}{16}.
\end{aligned}$$

5. 已知平面区域 $D=\{(x,y)\mid |x|\leqslant y,(x^2+y^2)^3\leqslant y^4\}$，求 $I=\displaystyle\iint_D\frac{x+y}{\sqrt{x^2+y^2}}\mathrm{d}x\mathrm{d}y$.

【参考解答】 积分区域 D 如图所示. 图形关于 y 轴对称，边界曲线 $(x^2+y^2)^3=y^4$ 的极坐标方程为 $\rho=\sin^2\theta$，于是由二重积分的极坐标计算方法，得

$$\begin{aligned}
I&=2\iint_{D_1}\frac{y}{\sqrt{x^2+y^2}}\mathrm{d}x\mathrm{d}y=2\int_{\pi/4}^{\pi/2}\mathrm{d}\theta\int_0^{\sin^2\theta}\frac{\rho\sin\theta}{\rho}\rho\mathrm{d}\rho\\
&=\int_{\pi/4}^{\pi/2}\sin\theta[\rho^2]_0^{\sin^2\theta}\mathrm{d}\theta=\int_{\pi/4}^{\pi/2}\sin^5\theta\mathrm{d}\theta=-\int_{\pi/4}^{\pi/2}\sin^4\theta\mathrm{d}\cos\theta\\
&=-\int_{\pi/4}^{\pi/2}(1-\cos^2\theta)^2\mathrm{d}\cos\theta=\frac{1}{2}\int_0^{\sqrt{2}/2}(1-2t^2+t^4)\mathrm{d}t\\
&=\left[\frac{t^5}{5}-\frac{2t^3}{3}+t\right]\Bigg|_0^{\sqrt{2}/2}=\frac{43}{120\sqrt{2}}.
\end{aligned}$$

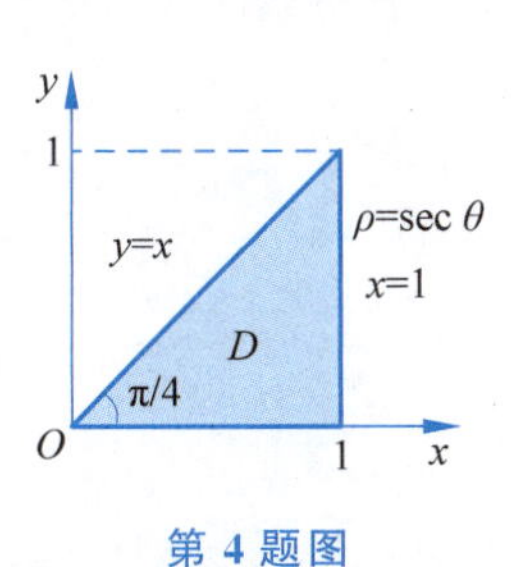

第 4 题图

第 5 题图

6. 设 $f(x,y)$ 在区域 D：$x^2+y^2\leqslant 1$ 上具有二阶连续导数，

$$f''^2_{xx}+2f''^2_{xy}+f''^2_{yy}\leqslant M.$$

若 $f(0,0)=f'_x(0,0)=f'_y(0,0)=0$，证明：

$$\left|\iint_D f(x,y)\mathrm{d}x\mathrm{d}y\right| \leqslant \frac{\pi\sqrt{M}}{4}.$$

【参考证明】 为描述方便，记 $u=f''_{xx}(\theta x,\theta y)$，$v=f''_{xy}(\theta x,\theta y)$，$w=f''_{yy}(\theta x,\theta y)$. 将 $f(x,y)$ 在点 $(0,0)$ 泰勒展开，得

$$f(x,y)=f(0,0)+\nabla f(0,0)\begin{pmatrix}x\\y\end{pmatrix}+\frac{1}{2}(x,y)\begin{pmatrix}f''_{xx} & f''_{xy}\\ f''_{yx} & f''_{yy}\end{pmatrix}_{(\theta x,\theta y)}\begin{pmatrix}x\\y\end{pmatrix}$$

$$=\frac{1}{2}(ux^2+2vxy+wy^2),$$

又 $|ux^2+2vxy+wy^2|=|(u,\sqrt{2}v,w)\cdot(x^2,\sqrt{2}xy,y^2)|\leqslant$
$|(u,\sqrt{2}v,w)|\cdot|(x^2,\sqrt{2}xy,y^2)|=\sqrt{u^2+2v^2+w^2}\cdot(x^2+y^2)\leqslant\sqrt{M}(x^2+y^2)$,

所以 $|f(x,y)|\leqslant\frac{1}{2}\sqrt{M}(x^2+y^2)$. 将该不等式两端在 D 上积分，得

$$\left|\iint_{x^2+y^2\leqslant 1} f(x,y)\mathrm{d}x\mathrm{d}y\right|\leqslant\frac{\sqrt{M}}{2}\iint_{x^2+y^2\leqslant 1}(x^2+y^2)\mathrm{d}x\mathrm{d}y=\frac{\sqrt{M}}{2}\int_0^{2\pi}\mathrm{d}\theta\int_0^1\rho^3\mathrm{d}\rho=\frac{\pi\sqrt{M}}{4}.$$

即所需验证的不等式成立.

练习 58 直角坐标系下三重积分的计算

训练目的

1. 会将三重积分化为直角坐标系下的三次积分.
2. 掌握直角坐标系下三重积分计算的投影法和截面法.
3. 会交换简单三次积分的积分次序.

基础练习

1. 将三重积分 $I=\iiint_\Omega f(x,y,z)\mathrm{d}V$ 化为直角坐标系下的累次积分表达式，其中积分区域分别是：

(1) 由曲面 $z=x^2+y^2$ 及平面 $z=1$ 所围成的闭区域.

(2) 由平面 $x=z$，$z=1$ 及柱面 $x^2+y^2=1$ 所围成的闭区域.

(3) 由曲面 $z=x^2+2y^2$ 及平面 $z=2-x^2$ 所围成的闭区域.

(4) 由曲面 $cz=xy(c>0)$，$\frac{x^2}{a^2}+\frac{y^2}{b^2}=1$，$z=0$ 所围成的第Ⅰ卦限内的闭区域.

【参考解答】 积分区域如图所示.

(1) $I=\int_{-1}^{1}\mathrm{d}x\int_{-\sqrt{1-x^2}}^{\sqrt{1-x^2}}\mathrm{d}y\int_{x^2+y^2}^{1}f(x,y,z)\mathrm{d}z$.

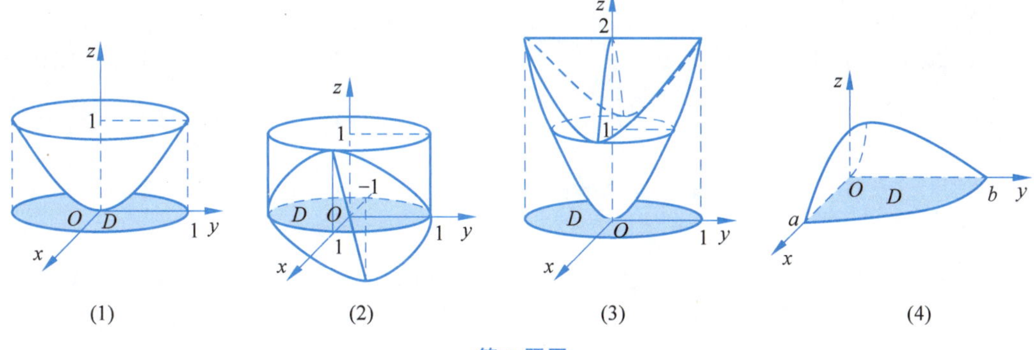

第 1 题图

(2) $I=\int_{-1}^{1}\mathrm{d}x\int_{-\sqrt{1-x^2}}^{\sqrt{1-x^2}}\mathrm{d}y\int_{x}^{1}f(x,y,z)\mathrm{d}z$.

(3) 由 $x^2+2y^2=2-x^2$，$x^2+y^2=1$，故 Ω 在 xOy 平面上的投影区域为 D：$x^2+y^2\leqslant 1$，于是

$$I=\int_{-1}^{1}\mathrm{d}x\int_{-\sqrt{1-x^2}}^{\sqrt{1-x^2}}\mathrm{d}y\int_{x^2+2y^2}^{2-x^2}f(x,y,z)\mathrm{d}z.$$

(4) 由题设可知 Ω 在 xOy 平面上的投影区域为 D：$\frac{x^2}{a^2}+\frac{y^2}{b^2}\leqslant 1$，$x\geqslant 0$，$y\geqslant 0$，所以

$$I=\int_{0}^{a}\mathrm{d}x\int_{0}^{b\sqrt{1-\frac{x^2}{a^2}}}\mathrm{d}y\int_{0}^{\frac{xy}{c}}f(x,y,z)\mathrm{d}z.$$

2. (1) 设有空间区域 Ω_1：$x^2+y^2+z^2\leqslant R^2$，$z\geqslant 0$ 及 Ω_2：$x^2+y^2+z^2\leqslant R^2$，$x\geqslant 0$，$y\geqslant 0$，$z\geqslant 0$，则(　　).

(A) $\iiint\limits_{\Omega_1}x\mathrm{d}V=4\iiint\limits_{\Omega_2}x\mathrm{d}V$　　(B) $\iiint\limits_{\Omega_1}y\mathrm{d}V=4\iiint\limits_{\Omega_2}y\mathrm{d}V$

(C) $\iiint\limits_{\Omega_1}z\mathrm{d}V=4\iiint\limits_{\Omega_2}z\mathrm{d}V$　　(D) $\iiint\limits_{\Omega_1}xyz\mathrm{d}V=4\iiint\limits_{\Omega_2}xyz\mathrm{d}V$

(2) 设有空间区域 Ω：$x^2+y^2+z^2\leqslant R^2$，$z\geqslant 0$，则(　　).

(A) $\iiint\limits_{\Omega}f(x,y)\mathrm{d}V=\iiint\limits_{\Omega}f(y,x)\mathrm{d}V$　　(B) $\iiint\limits_{\Omega}f(y,z)\mathrm{d}V=\iiint\limits_{\Omega}f(z,y)\mathrm{d}V$

(C) $\iiint\limits_{\Omega}f(x,z)\mathrm{d}V=\iiint\limits_{\Omega}f(z,x)\mathrm{d}V$　　(D) 以上都不正确

【参考解答】 (1) 由于 Ω_1 关于 yOz，zOx 平面对称，所以关于 x 或 y 为奇函数的积分在其上的积分都为 0，而在 Ω_2 上以上被积函数都大于 0 且不恒等于 0，所以在 Ω_2 上的积分均大于 0，所以(A)、(B)、(D)都不正确，而 z 关于 x，y 变量都为偶函数，所以(C)正确，故正确选项为(C).

(2) 由于积分区域 Ω 关于坐标 x，y 具有轮换对称，故正确选项为(A).

3. 计算下列重积分.

(1) $\iiint\limits_{\Omega} z\mathrm{d}V$，其中 Ω 是锥面 $z=\frac{h}{R}\sqrt{x^2+y^2}$ 与平面 $z=h$ $(R>0,h>0)$ 所围成的闭区域.

(2) $\iiint\limits_{\Omega} xy^2z^3\mathrm{d}V$，其中 Ω 是由曲面 $z=xy$ 与平面 $y=x,x=1,z=0$ 所围成的闭区域.

(3) $\iiint\limits_{\Omega} \frac{z\ln(1+x^2+y^2+z^2)}{1+x^2+y^2+z^2}\mathrm{d}V$，其中 Ω 是由球面 $x^2+y^2+z^2=1$ 所围成的闭区域.

(4) 计算 $\iiint\limits_{\Omega} xz\mathrm{d}V$，其中 Ω 是由平面 $x=0,z=0,z=y,y=1$ 及抛物柱面 $y=\sqrt{x}$ 所围成的闭区域.

【参考解答】 (1) 积分区域如图所示，考虑用先二后一的截面法，则用平面 $z=z$ 截立体所得截面区域为 D_z：$x^2+y^2\leqslant\left(\frac{R}{h}z\right)^2$，于是

$$I=\int_0^h z\mathrm{d}z\iint\limits_{D_z}\mathrm{d}x\mathrm{d}y=\int_0^h z\pi\left(\frac{R}{h}z\right)^2\mathrm{d}z=\frac{\pi}{4}h^2R^2.$$

(2) 积分区域如图所示，

$$I=\int_0^1 x\mathrm{d}x\int_0^x y^2\mathrm{d}y\int_0^{xy}z^3\mathrm{d}z=\frac{1}{4}\int_0^1 x\mathrm{d}x\int_0^x y^2[z^4]_0^{xy}\mathrm{d}y$$
$$=\frac{1}{4}\int_0^1 x^5\mathrm{d}x\int_0^x y^6\mathrm{d}y=\frac{1}{364}.$$

(3) 由对称性知 $I=0$.

(4) 积分区域如图所示，

$$I=\int_0^1 x\mathrm{d}x\int_{\sqrt{x}}^1\mathrm{d}y\int_0^y z\mathrm{d}z=\frac{1}{2}\int_0^1 x\mathrm{d}x\int_{\sqrt{x}}^1 y^2\mathrm{d}y=\frac{1}{6}\int_0^1 x(1-x^{3/2})\mathrm{d}x=\frac{1}{28}.$$

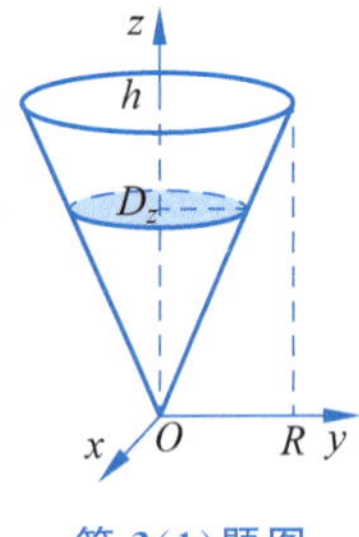

第 3(1)题图

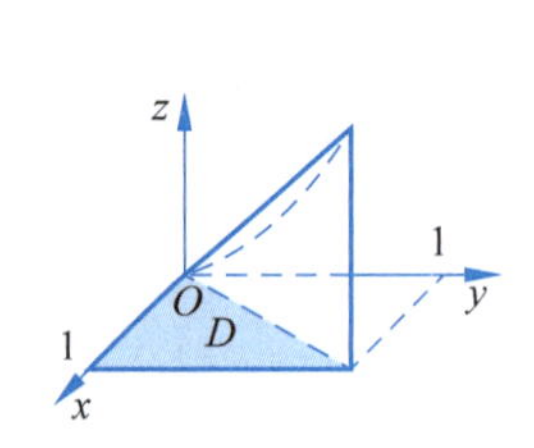

第 3(2)题图

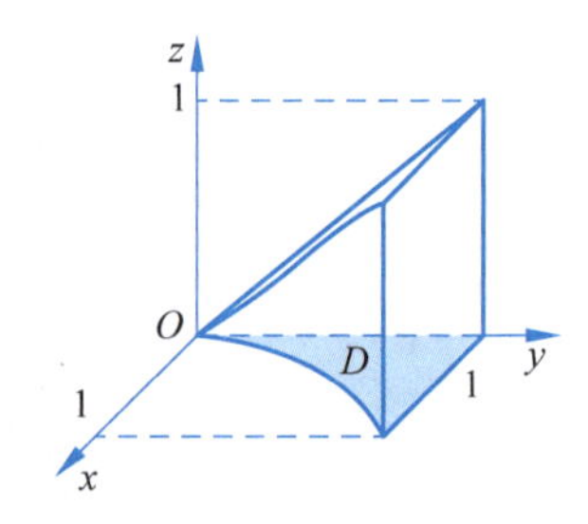

第 3(4)题图

综合练习

4. 计算 $\iiint\limits_{\Omega} f(x,y,z)\mathrm{d}V$，其中 $\Omega=\left\{(x,y,z)\,|\,\frac{x^2}{a^2}+\frac{y^2}{b^2}+\frac{z^2}{c^2}\leqslant1\right\}$.

(1) $f(x,y,z)=1$； (2) $f(x,y,z)=z$； (3) $f(x,y,z)=x+y+z$；

(4) $f(x,y,z)=z^2$；(5) $f(x,y,z)=\frac{x^2}{a^2}+\frac{y^2}{b^2}+\frac{z^2}{c^2}$；　(6) $f(x,y,z)=(x+y+z)^2$.

【参考解答】 (1) 由截面法可得

$$\iiint_{\Omega} \mathrm{d}V=2\int_0^c \mathrm{d}z \iint_{\frac{x^2}{a^2}+\frac{y^2}{b^2}\leqslant 1-\frac{z^2}{c^2}} \mathrm{d}x\,\mathrm{d}y=2\int_0^c \mathrm{d}\pi\cdot ab\cdot\left(1-\frac{z^2}{c^2}\right)\mathrm{d}z=\frac{4}{3}\pi abc.$$

(2) 由积分区域关于 xOy 平面对称，被积函数为关于 z 的奇函数，所以 $\iiint_{\Omega} z\,\mathrm{d}V=0$.

(3) 由积分区域关于三个坐标面都对称，故由被积函数的奇偶性得

$$\iiint_{\Omega}(x+y+z)\mathrm{d}V=\iiint_{\Omega} x\,\mathrm{d}V+\iiint_{\Omega} y\,\mathrm{d}V+\iiint_{\Omega} z\,\mathrm{d}V=0.$$

(4) 由截面法可得

$$\iiint_{\Omega} z^2\mathrm{d}V=2\int_0^c z^2\mathrm{d}z \iint_{\frac{x^2}{a^2}+\frac{y^2}{b^2}\leqslant 1-\frac{z^2}{c^2}} \mathrm{d}x\,\mathrm{d}y=2\pi ab\int_0^c z^2\left(1-\frac{z^2}{c^2}\right)\mathrm{d}z=\frac{4}{15}\pi abc^3.$$

(5) 类比(4)，可得 $\iiint_{\Omega} x^2\mathrm{d}V=\frac{4}{15}\pi a^3bc$，$\iiint_{\Omega} y^2\mathrm{d}V=\frac{4}{15}\pi ab^3c$. 于是

$$\begin{aligned}\iiint_{\Omega}\left(\frac{x^2}{a^2}+\frac{y^2}{b^2}+\frac{z^2}{c^2}\right)\mathrm{d}V&=\frac{1}{a^2}\iiint_{\Omega} x^2\mathrm{d}V+\frac{1}{b^2}\iiint_{\Omega} y^2\mathrm{d}V+\frac{1}{c^2}\iiint_{\Omega} z^2\mathrm{d}V\\&=\frac{1}{a^2}\cdot\frac{4}{15}\pi a^3bc+\frac{1}{b^2}\cdot\frac{4}{15}\pi ab^3c+\frac{1}{c^2}\cdot\frac{4}{15}\pi abc^3=\frac{4}{5}\pi abc.\end{aligned}$$

(6) $\iiint_{\Omega}(x+y+z)^2\mathrm{d}V=\iiint_{\Omega}(x^2+y^2+z^2+2xy+2yz+2xz)\mathrm{d}V$. 又由积分区域关于三个坐标面都对称，故由被积函数的奇偶性，得

$$\iiint_{\Omega} xy\,\mathrm{d}V=\iiint_{\Omega} yz\,\mathrm{d}V=\iiint_{\Omega} xz\,\mathrm{d}V=0.$$

于是由(4)的结论得

$$\iiint_{\Omega}(x+y+z)^2\mathrm{d}V=\iiint_{\Omega}(x^2+y^2+z^2)\mathrm{d}V=\frac{4}{15}\pi abc(a^2+b^2+c^2).$$

5. 求由曲面 $z=xy$ 及平面 $x+y+z=1$，$y=0$，$x=0$ 所围成的立体的体积.

【参考解答】 由 $\begin{cases}z=xy\\x+y+z=1\end{cases}$ 得 $y=\frac{1-x}{1+x}$，于是，所求体积在 xOy 平面上投影区域为 D(如图所示)，且介于曲面 $z=xy$ 及平面 $x+y+z=1$ 之间.

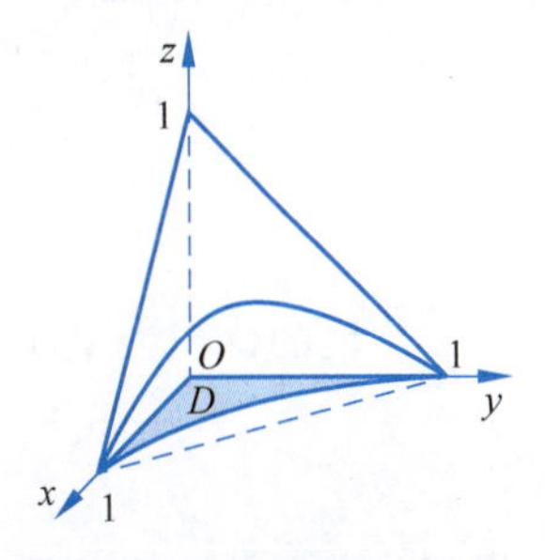

第 5 题图

【法 1】 由二重积分立体体积计算公式，得

$$V=\int_0^1\mathrm{d}x\int_0^{\frac{1-x}{1+x}}(1-x-y-xy)\mathrm{d}y=2\ln2-\frac{5}{4}.$$

【法 2】 由三重积分的几何意义，有

$$V=\int_0^1 dx\int_0^{\frac{1-x}{1+x}} dy\int_{xy}^{1-x-y} dz=2\ln 2-\frac{5}{4}.$$

6. 计算$\int_0^1 dx\int_0^{1-x} dy\int_0^{1-x-y}(1-y)e^{-(1-y-z)^2}dz$.

【参考解答】 三次积分对应的积分区域如图所示.积分区域投影到 yOz 平面,交换积分次序,选取积分次序 $x\to z\to y$,有

$$\begin{aligned}\int_0^1 dx\int_0^{1-x} dy\int_0^{1-x-y}(1-y)e^{-(1-y-z)^2}dz&=\iiint\limits_{\Omega}(1-y)e^{-(1-y-z)^2}dV\\&=\iint\limits_D dy\,dz\int_0^{1-y-z}(1-y)e^{-(1-y-z)^2}dx\\&=\iint\limits_D(1-y)e^{-(1-y-z)^2}(1-y-z)dy\,dz\\&=\int_0^1 dy\int_0^{1-y}(1-y)e^{-(1-y-z)^2}(1-y-z)dz\\&=\frac{1}{2}\int_0^1(1-y)(1-e^{-(1-y)^2})dy=\frac{1}{4}-\frac{1}{4}e^{-(1-y)^2}\Big|_0^1\\&=\frac{1}{4e}.\end{aligned}$$

7. 现有一沙堆,其底在 xOy 平面内,为由抛物线 $x^2+y=6$ 与直线 $y=x$ 所围成的区域.沙堆在点(x,y)的高度为 x^2,试用二重积分和三重积分表示沙堆的体积,并求出该体积.

【参考解答】 沙堆在 xOy 平面上占据的区域如图所示.

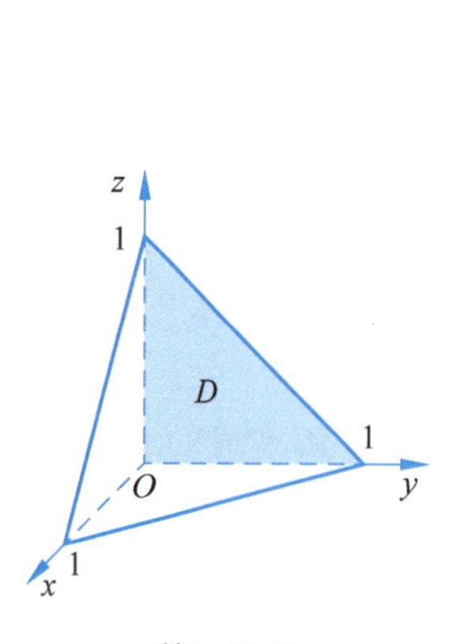

第 6 题图

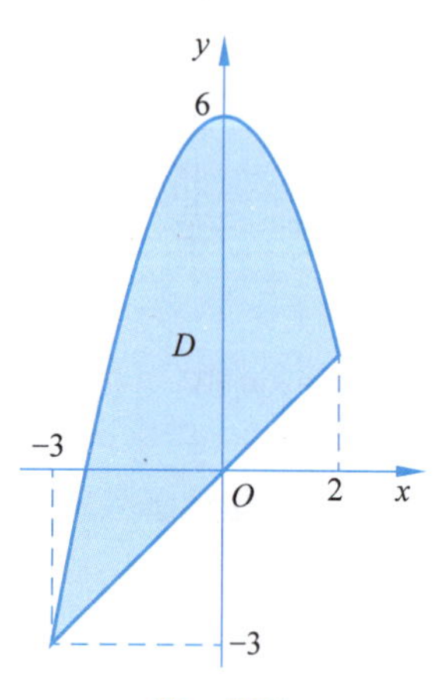

第 7 题图

设沙堆的体积为 V,则其二重积分表示及计算过程为

$$V=\iint\limits_D x^2\,dx\,dy=\int_{-3}^{2}dx\int_x^{6-x^2}x^2\,dy=\frac{125}{4}.$$

三重积分表示及计算过程为

$$V=\iiint_{\Omega}\mathrm{d}V=\int_{-3}^{2}\mathrm{d}x\int_{x}^{6-x^2}\mathrm{d}y\int_{0}^{x^2}\mathrm{d}z=\int_{-3}^{2}\mathrm{d}x\int_{x}^{6-x^2}x^2\mathrm{d}y=\frac{125}{4}.$$

考研与竞赛练习

1. 记曲面 $z^2=x^2+y^2$ 和 $z=\sqrt{4-x^2-y^2}$ 围成的空间区域为 V，试计算三重积分 $\iiint_V z\mathrm{d}V$.

【参考解答】【法 1】 两曲面的交线为 $\begin{cases}z^2=x^2+y^2\\ z=\sqrt{4-x^2-y^2}\end{cases}$，整理得 $\begin{cases}x^2+y^2=2\\ z=\sqrt{2}\end{cases}$. 于是可知立体在 xOy 平面上的投影区域 $D_{xy}=\{(x,y)\mid x^2+y^2\leqslant 2\}$，所以由三重积分先一后二的投影法，得

$$\iiint_V z\mathrm{d}V=\iint_{D_{xy}}\mathrm{d}x\mathrm{d}y\int_{\sqrt{x^2+y^2}}^{\sqrt{4-x^2-y^2}}z\mathrm{d}z=\iint_{D_{xy}}[2-(x^2+y^2)]\mathrm{d}x\mathrm{d}y$$

$$=\int_0^{2\pi}\mathrm{d}\theta\int_0^{\sqrt{2}}(2-\rho^2)\rho\mathrm{d}\rho=2\pi.$$

【法 2】 空间区域 V 可由平面 $z=\sqrt{2}$ 分成上下两个部分，分别表示为

$$V_1:\sqrt{2}\leqslant z\leqslant\sqrt{4-x^2-y^2},(x,y)\in D_{xy},$$

即 $\sqrt{2}\leqslant z\leqslant 2,x^2+y^2\leqslant 4-z^2$.

$$V_2:\sqrt{x^2+y^2}\leqslant z\leqslant\sqrt{2},(x,y)\in D_{xy},$$

即 $0\leqslant z\leqslant\sqrt{2},x^2+y^2\leqslant z^2$. 用平行于 xOy 平面的平面截 V 所得曲面均为圆面，于是由积分对区域的可加性和三重积分先二后一截面法，得

$$\iiint_V z\mathrm{d}V=\iiint_{V_1}z\mathrm{d}V+\iiint_{V_2}z\mathrm{d}V$$

$$=\int_{\sqrt{2}}^{2}z\mathrm{d}z\iint_{x^2+y^2\leqslant 4-z^2}\mathrm{d}x\mathrm{d}y+\int_0^{\sqrt{2}}z\mathrm{d}z\iint_{x^2+y^2\leqslant z^2}\mathrm{d}x\mathrm{d}y$$

$$=\pi\int_{\sqrt{2}}^{2}z(4-z^2)\mathrm{d}z+\pi\int_0^{\sqrt{2}}z^3\mathrm{d}z=\pi+\pi=2\pi.$$

2. 设 Ω 为 $x^2+y^2+z^2\leqslant 3$. 证明：$28\sqrt{3}\pi\leqslant\iiint_{\Omega}(x+y-z+10)\mathrm{d}V\leqslant 52\sqrt{3}\pi$.

【参考证明】 设 $f(x,y,z)=x+y-z+10$，问题转换为求函数 $f(x,y,z)$ 在闭区域 Ω 上的最大最小值. 由 $\nabla f=(1,1,-1)\neq 0$，故在区域内不存在最值点. 下面求 f 在 $x^2+y^2+z^2\leqslant 3$ 上的最值. 由拉格朗日乘数法，令

$$L(x,y,z,\lambda)=x+y-z+10+\lambda(x^2+y^2+z^2-3),$$

解方程组 $\begin{cases}L'_x=1+2\lambda x=0\\ L'_y=1+2\lambda y=0\\ L'_z=-1+2\lambda z=0\\ L'_\lambda=x^2+y^2+z^2-3=0\end{cases}$，得驻点 $P_1(1,1,-1)$，$P_2(-1,-1,1)$，代入函数表达

式，得 $f(P_1)=13$，$f(P_2)=7$，则 $f(P_1)=13$ 为 f 在 Ω 上的最大值，$f(P_2)=7$ 为 f 在 Ω 上的最小值. 又球体的体积为 $4\sqrt{3}\pi$，所以由估值定理，得

$$28\sqrt{3}\pi \leqslant \iiint\limits_{\Omega}(x+y-z+10)\mathrm{d}V \leqslant 52\sqrt{3}\pi.$$

3. 计算三重积分 $I=\iiint\limits_{\Omega}(x+y+z)^2\mathrm{d}V$，其中 Ω：$x^2+y^2+z^2\leqslant 1$.

【参考解答】 积分区域为球心在原点，半径为 1 的单位球. 容易知道它关于三个坐标面都对称，且具有轮换对称性. 又被积函数

$$(x+y+z)^2=x^2+y^2+z^2+2xy+2xz+2yz,$$

故由三重积分偶倍奇零的计算性质，得

$$\iiint\limits_{\Omega}xy\,\mathrm{d}V=\iiint\limits_{\Omega}yz\,\mathrm{d}V=\iiint\limits_{\Omega}zx\,\mathrm{d}V=0.$$

又由积分区域的轮换对称性，得

$$\iiint\limits_{\Omega}x^2\mathrm{d}V=\iiint\limits_{\Omega}y^2\mathrm{d}V=\iiint\limits_{\Omega}z^2\mathrm{d}V.$$

利用以上性质和三重积分先二后一的截面法，得

$$\begin{aligned}I&=\iiint\limits_{\Omega}(x^2+y^2+z^2)\mathrm{d}V=3\iiint\limits_{\Omega}z^2\mathrm{d}V\\&=3\int_{-1}^{1}\mathrm{d}z\iint\limits_{x^2+y^2\leqslant 1-z^2}z^2\mathrm{d}x\mathrm{d}y=3\pi\int_{-1}^{1}z^2(1-z^2)\mathrm{d}z\\&=3\pi\cdot\left[\frac{z^3}{3}-\frac{z^5}{5}\right]_{-1}^{1}=3\pi\cdot\frac{4}{15}=\frac{4\pi}{5}.\end{aligned}$$

4. 计算 $I=\iiint\limits_{\Omega}(x+y)\mathrm{d}V$，其中 Ω 是由曲面 $y=-\sqrt{1-x^2-z^2}$，$x^2+z^2=1$，$y=1$ 所围成的闭区域.

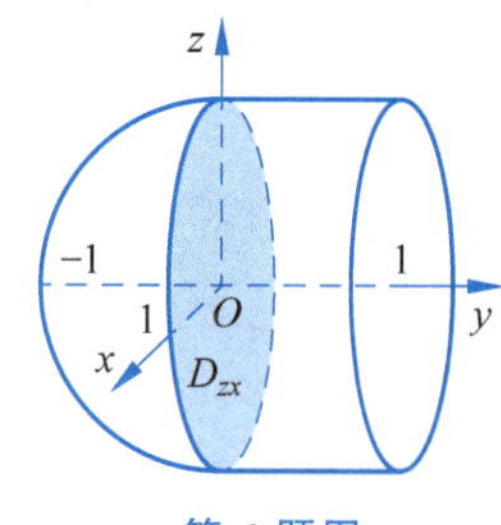

第 4 题图

【参考解答】【法 1】 积分区域如图所示，则积分区域关于 yOz 平面对称，x 关于 x 变量为奇函数，故

$$\iiint\limits_{\Omega}x\,\mathrm{d}V=0,\quad I=\iiint\limits_{\Omega}y\,\mathrm{d}V.$$

积分区域为简单的 ZX-型区域，且可以描述为

$$-\sqrt{1-x^2-z^2}\leqslant y\leqslant 1,\ (x,y)\in D_{zx}，其中\ D_{zx}：x^2+z^2\leqslant 1.$$

由三重积分先一后二投影法和二重积分极坐标计算方法，得

$$\begin{aligned}I&=\iint\limits_{D_{zx}}\mathrm{d}\sigma\int_{-\sqrt{1-x^2-z^2}}^{1}y\,\mathrm{d}y=\frac{1}{2}\iint\limits_{D_{zx}}(x^2+z^2)\mathrm{d}z\mathrm{d}x\\&=\frac{1}{2}\int_{0}^{2\pi}\mathrm{d}\theta\int_{0}^{1}\rho^2\cdot\rho\,\mathrm{d}\rho=\pi\cdot\left[\frac{\rho^4}{4}\right]_{0}^{1}=\frac{\pi}{4}.\end{aligned}$$

【法 2】 由于被积函数为 y，用平行于 zOx 平面的平面截积分区域截得为圆域，故可以考虑截面法计算. 积分区域被 zOx 平面分割为左右两部分 Ω_1,Ω_2，则有

$$
\begin{aligned}
I&=\iiint\limits_{\Omega} y\,\mathrm{d}V=\iiint\limits_{\Omega_1} y\,\mathrm{d}V+\iiint\limits_{\Omega_2} y\,\mathrm{d}V\\
&=\int_{-1}^{0} y\,\mathrm{d}y\iint\limits_{x^2+z^2\leqslant 1-y^2}\mathrm{d}x\,\mathrm{d}y+\int_{0}^{1} y\,\mathrm{d}y\iint\limits_{x^2+z^2\leqslant 1}\mathrm{d}x\,\mathrm{d}y\\
&=\int_{-1}^{0} y\cdot\pi(1-y^2)\,\mathrm{d}y+\int_{0}^{1} y\cdot\pi\,\mathrm{d}y=\pi\left(\frac{y^2}{2}-\frac{y^4}{4}\right)\Bigg|_{-1}^{0}+\pi\cdot\frac{y^2}{2}\Bigg|_{0}^{1}=-\frac{\pi}{4}+\frac{\pi}{2}=\frac{\pi}{4}.
\end{aligned}
$$

5. 设 $f(x)$ 为$[0,1]$上的连续函数，证明：

$$
\int_0^1\mathrm{d}x\int_x^1\mathrm{d}y\int_x^y f(x)f(y)f(z)\,\mathrm{d}z=\frac{1}{6}\left[\int_0^1 f(t)\,\mathrm{d}t\right]^3.
$$

【参考证明】 设 $F(x)=\int_0^x f(t)\,\mathrm{d}t$，则

$$
\begin{aligned}
&\int_0^1\mathrm{d}x\int_x^1\mathrm{d}y\int_x^y f(x)f(y)f(z)\,\mathrm{d}z\\
=&\int_0^1 f(x)\,\mathrm{d}x\int_x^1 f(y)\,\mathrm{d}y\int_x^y f(z)\,\mathrm{d}z\\
=&\int_0^1 f(x)\,\mathrm{d}x\int_x^1 f(y)[F(y)-F(x)]\,\mathrm{d}y\\
=&\int_0^1 f(x)\,\mathrm{d}x\left[\int_x^1 f(y)F(y)\,\mathrm{d}y-F(x)\int_x^1 f(y)\,\mathrm{d}y\right]\\
=&\int_0^1 f(x)\,\mathrm{d}x\left[\int_x^1 F(y)\,\mathrm{d}F(y)-F(x)(F(1)-F(x))\right]\\
=&\int_0^1 f(x)\left[\left(\frac{1}{2}F^2(1)-\frac{1}{2}F^2(x)\right)+F^2(x)-F(1)F(x)\right]\mathrm{d}x\\
=&\frac{F^2(1)}{2}\int_0^1 f(x)\,\mathrm{d}x+\frac{1}{2}\int_0^1 F^2(x)\,\mathrm{d}F(x)-F(1)\cdot\int_0^1 F(x)\,\mathrm{d}F(x)\\
=&\frac{1}{2}\left(\int_0^1 f(x)\,\mathrm{d}x\right)^3+\frac{1}{6}F^3(x)\Bigg|_0^1-F(1)\cdot\frac{1}{2}F^2(x)\Bigg|_0^1=\frac{1}{6}\left[\int_0^1 f(x)\,\mathrm{d}x\right]^3.
\end{aligned}
$$

得证.

练习 59 柱面坐标系与球面坐标系下三重积分的计算

训练目的

1. 了解柱面坐标系与球面坐标系.
2. 掌握柱面坐标系下三重积分计算的投影法与截面法.
3. 会利用球面坐标计算三重积分.

基础练习

1. 用柱面坐标计算三重积分 $\iiint\limits_{\Omega}(x^2+y^2)\,\mathrm{d}V$，其中 Ω 是由：

(1) 曲面 $x^2+y^2=2z$ 及 $x^2+y^2+z^2=4z$ 所围成的闭区域(含有 z 轴的部分).

(2) 曲面 $x^2+y^2=2z$ 及平面 $z=2,z=1$ 所围成的闭区域.

【参考解答】 (1) 积分区域如图所示,可用柱面坐标变量描述为

$$\Omega:0\leqslant\theta\leqslant 2\pi,0\leqslant\rho\leqslant 2,\frac{1}{2}\rho^2\leqslant z\leqslant 2+\sqrt{4-\rho^2},$$

则由三重积分的柱坐标计算方法,得

$$\iiint\limits_{\Omega}(x^2+y^2)\mathrm{d}V=\int_0^{2\pi}\mathrm{d}\theta\int_0^2\rho^3\mathrm{d}\rho\int_{\rho^2/2}^{2+\sqrt{4-\rho^2}}\mathrm{d}z=2\pi\int_0^2\rho^3\left(2+\sqrt{4-\rho^2}-\frac{\rho^2}{2}\right)\mathrm{d}\rho$$

$$=-\frac{\pi}{2}\int_0^2\rho^2(4-\rho^2+2\sqrt{4-\rho^2})\mathrm{d}(4-\rho^2)$$

$$=\frac{\pi}{2}\int_0^4(4-u)(u+2\sqrt{u})\mathrm{d}u=\frac{208\pi}{15}.$$

(2) 积分区域如图所示,可用柱面坐标变量描述为

$$\Omega:1\leqslant z\leqslant 2,D_z:0\leqslant\rho\leqslant\sqrt{2z},$$

则由三重积分的柱坐标计算方法,得

$$\iiint\limits_{\Omega}(x^2+y^2)\mathrm{d}V=\int_1^2\mathrm{d}z\iint\limits_{D_z}\rho^2\cdot\rho\mathrm{d}\rho\mathrm{d}\theta$$

$$=\int_1^2\mathrm{d}z\int_0^{2\pi}\mathrm{d}\theta\int_0^{\sqrt{2z}}\rho^2\cdot\rho\mathrm{d}\rho=2\pi\int_1^2 z^2\mathrm{d}z=\frac{14\pi}{3}.$$

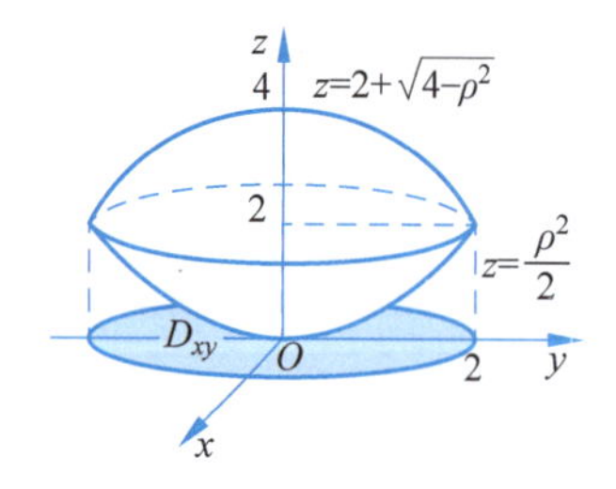

第 1(1)题图

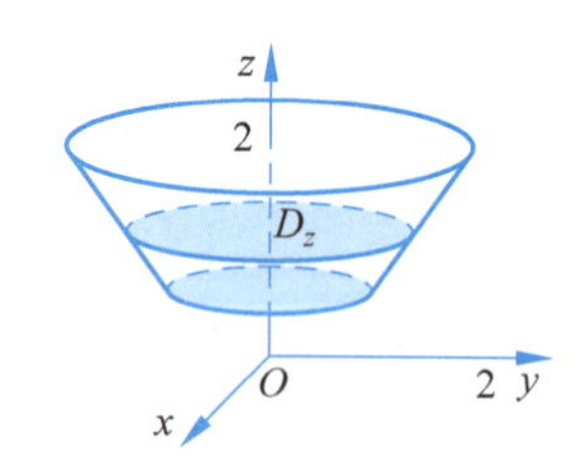

第 1(2)题图

2. 用球面坐标计算下列三重积分.

(1) $\iiint\limits_{\Omega}\sqrt{x^2+y^2+z^2}\,\mathrm{d}V$,其中 Ω 是由球面 $x^2+y^2+z^2=z$ 所围成的闭区域.

(2) $\iiint\limits_{\Omega}z\,\mathrm{d}V$,其中 Ω 是由不等式 $x^2+y^2+(z-a)^2\leqslant a^2,x^2+y^2\leqslant z^2$ 所确定的闭区域.

(3) $\iiint\limits_{\Omega}x^2\,\mathrm{d}V$,其中 Ω 是由球面 $x^2+y^2+z^2=1$ 所围成的闭区域.

【参考解答】 (1) 积分区域如图所示,可用球面坐标变量描述为

$$\Omega:0\leqslant\theta\leqslant 2\pi,0\leqslant\varphi\leqslant\frac{\pi}{2},0\leqslant r\leqslant\cos\varphi,$$

则由三重积分的球面坐标计算公式，得

$$I=\int_0^{2\pi}\mathrm{d}\theta\int_0^{\pi/2}\mathrm{d}\varphi\int_0^{\cos\varphi}r\cdot r^2\sin\varphi\mathrm{d}r=2\pi\int_0^{\frac{\pi}{2}}\frac{1}{4}\cos^4\varphi\cdot\sin\varphi\mathrm{d}\varphi=\frac{\pi}{10}.$$

(2) 积分区域如图所示，可用球面坐标变量描述为

$$\Omega: 0\leqslant\theta\leqslant 2\pi, 0\leqslant\varphi\leqslant\frac{\pi}{4}, 0\leqslant r\leqslant 2a\cos\varphi,$$

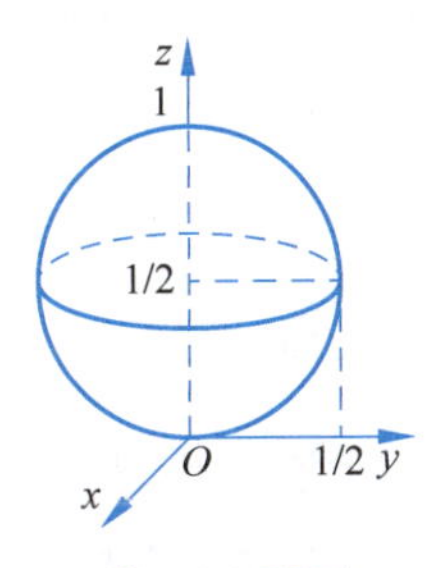

第 2(1)题图

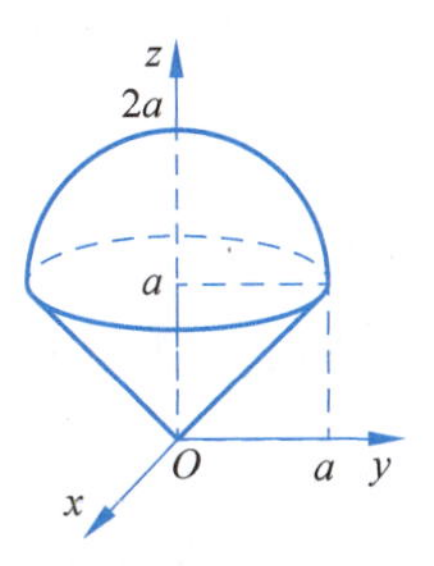

第 2(2)题图

则由三重积分的球面坐标计算公式，得

$$I=\int_0^{2\pi}\mathrm{d}\theta\int_0^{\pi/4}\sin\varphi\mathrm{d}\varphi\int_0^{2a\cos\varphi}r\cos\varphi\cdot r^2\mathrm{d}r$$

$$=2\pi\int_0^{\pi/4}4a^4\cos^5\varphi\sin\varphi\mathrm{d}\varphi=-\frac{4\pi a^4}{3}\cos^6\varphi\Big|_0^{\pi/4}=\frac{7}{6}\pi a^4.$$

(3) 【法 1】 积分区域在第Ⅰ卦限部分如图所示，可用球面坐标变量描述为

$$\Omega_1: 0\leqslant\theta\leqslant\frac{\pi}{2}, 0\leqslant\varphi\leqslant\frac{\pi}{2}, 0\leqslant r\leqslant 1,$$

则由三重积分的球面坐标计算公式，得

$$I=8\iiint_{\Omega_1}x^2\mathrm{d}V=8\int_0^{\pi/2}\mathrm{d}\theta\int_0^{\pi/2}\sin\varphi\mathrm{d}\varphi\int_0^1 r^2\cdot r^2\cos^2\theta\sin^2\varphi\mathrm{d}r$$

$$=8\int_0^{\pi/2}\cos^2\theta\mathrm{d}\theta\int_0^{\pi/2}\sin^3\varphi\mathrm{d}\varphi\int_0^1 r^4\mathrm{d}r=\frac{4\pi}{15}.$$

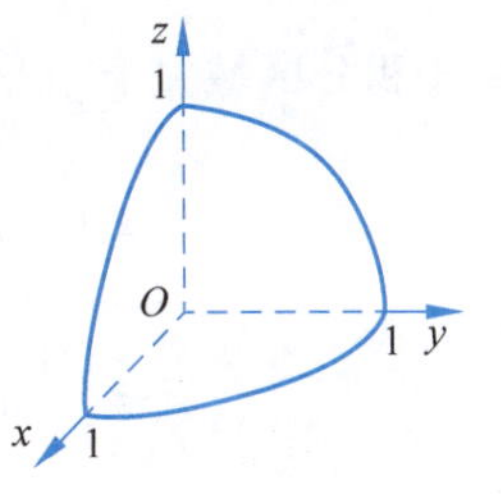

第 2(3)题图

【法 2】 由于积分区域关于坐标 x,y,z 有轮换对称性，故有

$$\iiint_\Omega x^2\mathrm{d}V=\iiint_\Omega y^2\mathrm{d}V=\iiint_\Omega z^2\mathrm{d}V,$$

则由三重积分的球面坐标计算公式，得

$$\iiint_\Omega x^2\mathrm{d}V=\frac{1}{3}\iiint_\Omega(x^2+y^2+z^2)\mathrm{d}V=\frac{8}{3}\iiint_{\Omega_1}(x^2+y^2+z^2)\mathrm{d}V$$

$$=\frac{8}{3}\int_0^{\pi/2}\mathrm{d}\theta\int_0^{\pi/2}\sin\varphi\mathrm{d}\varphi\int_0^1 r^2\cdot r^2\mathrm{d}r=\frac{4\pi}{15}.$$

综合练习

3. 选择适当的坐标计算下列三重积分.

(1) $\iiint_\Omega xy\mathrm{d}V$，其中 Ω 为由柱面 $x^2+y^2=1$ 及平面 $z=1,z=0,x=0,y=0$ 所围成的在第Ⅰ卦限内的闭区域.

(2) $\iiint\limits_{\Omega} z\mathrm{d}V$，其中 Ω 为由曲面 $z=\sqrt{2-x^2-y^2}$ 及 $z=x^2+y^2$ 所围成的闭区域.

(3) $\iiint\limits_{\Omega}(x+y)^2\mathrm{d}V$，其中 Ω 是由不等式 $0<a\leqslant\sqrt{x^2+y^2+z^2}\leqslant A, z\geqslant\sqrt{x^2+y^2}$ 所确定的闭区域.

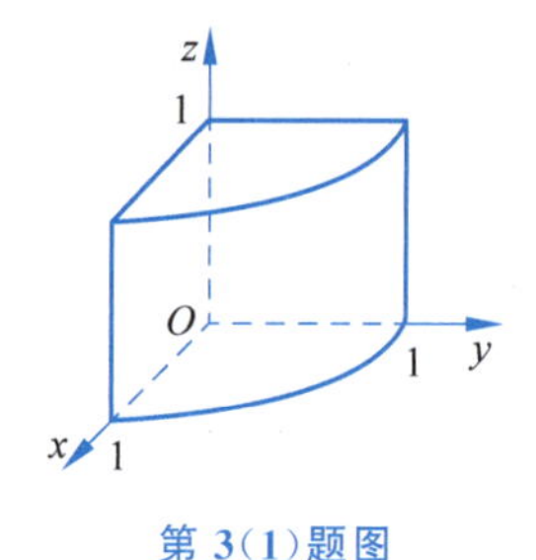

第 3(1)题图

【参考解答】 (1) 积分区域如图所示，可用柱面坐标变量描述为

$$\Omega: 0\leqslant\theta\leqslant\frac{\pi}{2}, 0\leqslant\rho\leqslant 1, 0\leqslant z\leqslant 1,$$

则由三重积分的柱面坐标计算公式，得

$$I=\int_0^{\pi/2}\mathrm{d}\theta\int_0^1\mathrm{d}\rho\int_0^1\rho\cos\theta\cdot\rho\sin\theta\cdot\rho\mathrm{d}z=\frac{1}{8}.$$

(2) 积分区域如图所示，可用柱面坐标变量描述为

$$\Omega: 0\leqslant\theta\leqslant 2\pi, 0\leqslant\rho\leqslant 1, \rho^2\leqslant z\leqslant\sqrt{2-\rho^2},$$

则由三重积分的柱面坐标计算公式，得

$$\begin{aligned}I&=\int_0^{2\pi}\mathrm{d}\theta\int_0^1\rho\mathrm{d}\rho\int_{\rho^2}^{\sqrt{2-\rho^2}}z\mathrm{d}z=\frac{1}{2}\int_0^{2\pi}\mathrm{d}\theta\int_0^1\rho(2-\rho^2-\rho^4)\mathrm{d}\rho\\&=\pi\int_0^1(2\rho-\rho^3-\rho^5)\mathrm{d}\rho=\frac{7\pi}{12}.\end{aligned}$$

(3) 积分区域如图所示，可用球面坐标变量描述为

$$\Omega: 0\leqslant\theta\leqslant 2\pi, 0\leqslant\varphi\leqslant\frac{\pi}{4}, a\leqslant r\leqslant A,$$

由于积分区域关于 yOz 平面对称，故 $\iiint\limits_{\Omega}2xy\mathrm{d}V=0$，于是由三重积分的球面坐标计算公式，得

$$\begin{aligned}I&=\iiint\limits_{\Omega}(x+y)^2\mathrm{d}V=\iiint\limits_{\Omega}(x^2+y^2+2xy)\mathrm{d}V=\iiint\limits_{\Omega}(x^2+y^2)\mathrm{d}V\\&=\int_0^{2\pi}\mathrm{d}\theta\int_0^{\pi/4}\sin\varphi\mathrm{d}\varphi\int_a^A r^2\cdot r^2\sin^2\varphi\mathrm{d}r\\&=2\pi\int_0^{\pi/4}\frac{1}{5}(A^5-a^5)\sin^3\varphi\mathrm{d}\varphi=\frac{\pi(A^5-a^5)}{30}(8-5\sqrt{2}).\end{aligned}$$

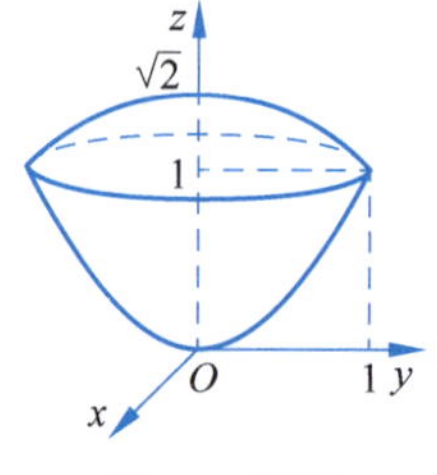

第 3(2)题图

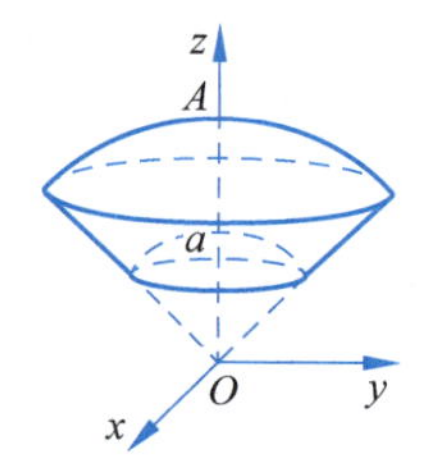

第 3(3)题图

4. 设函数 $f(u)$ 具有连续导数，且 $f(0)=0, f'(0)=2$，Ω 是由不等式 $x^2+y^2+z^2\leqslant t^2$ 所确定的闭区域，求 $\lim\limits_{t\to 0}\frac{1}{\pi t^4}\iiint\limits_{\Omega}f(\sqrt{x^2+y^2+z^2})\mathrm{d}V$.

【参考解答】 由三重积分的球面坐标计算公式,有

$$\iiint\limits_{\Omega} f(\sqrt{x^2+y^2+z^2})\,\mathrm{d}V=\int_0^{2\pi}\mathrm{d}\theta\int_0^{\pi}\mathrm{d}\varphi\int_0^{t} r^2 f(r)\sin\varphi\,\mathrm{d}r$$

$$=4\pi\int_0^{t} r^2 f(r)\,\mathrm{d}r.$$

代入所求极限式,得

$$\lim_{t\to 0}\frac{1}{\pi t^4}\iiint\limits_{\Omega} f(\sqrt{x^2+y^2+z^2})\,\mathrm{d}V$$

$$=\lim_{t\to 0}\frac{4\pi}{\pi t^4}\int_0^{t} r^2 f(r)\,\mathrm{d}r=\lim_{t\to 0}\frac{4t^2 f(t)}{4t^3}=\lim_{t\to 0}\frac{f(t)-f(0)}{t-0}=f'(0)=2.$$

5. 已知曲面方程为$(x^2+y^2+z^2)^2=a^2(x^2+y^2-z^2)(a>0)$,(1)写出曲面的球面坐标方程;(2)作出曲面的草图;(3)写出曲面所围成立体的体积的三次积分计算式.

【参考解答】 (1) 令 $x=r\sin\varphi\cos\theta, y=r\sin\varphi\sin\theta, z=r\cos\varphi$,则曲面的球面坐标方程为

$$r^2=a^2(\sin^2\varphi-\cos^2\varphi)=-a^2\cos 2\varphi;$$

(2) 曲面可视为 yOz 平面上的双纽线$(y^2+z^2)^2=a^2(y^2-z^2)(a>0)$绕 z 轴旋转一周而得,所围立体图形如图所示.

(3) 由曲面的球面坐标方程可知 $\cos 2\varphi\leqslant 0$,故$\frac{\pi}{4}\leqslant\varphi\leqslant\frac{3\pi}{4}$,从而所求立体的体积为

$$V=\int_0^{2\pi}\mathrm{d}\theta\int_{\pi/4}^{3\pi/4}\mathrm{d}\varphi\int_0^{a\sqrt{-\cos 2\varphi}} r^2\sin\varphi\,\mathrm{d}r.$$

第 5 题图

【注】 由旋转曲面的方程可知其关于三个坐标面都对称,故所求立体体积为

$$V=8\int_0^{\pi/2}\mathrm{d}\theta\int_{\pi/4}^{\pi/2}\mathrm{d}\varphi\int_0^{a\sqrt{-\cos 2\varphi}} r^2\sin\varphi\,\mathrm{d}r.$$

6. 证明 $\iiint\limits_{x^2+y^2+z^2\leqslant 1} f(z)\,\mathrm{d}x\,\mathrm{d}y\,\mathrm{d}z=\pi\int_{-1}^{1} f(u)(1-u^2)\,\mathrm{d}u.$

【参考解答】 考虑柱面坐标变换 $x=r\cos\theta, y=r\sin\theta, z=z$,则由三重积分的柱面坐标计算公式,有

$$\iiint\limits_{x^2+y^2+z^2\leqslant 1} f(z)\,\mathrm{d}z=\int_0^{2\pi}\mathrm{d}\theta\int_{-1}^{1}\mathrm{d}z\int_0^{\sqrt{1-z^2}} f(z)r\,\mathrm{d}r$$

$$=2\pi\int_{-1}^{1} f(z)\,\frac{1-z^2}{2}\mathrm{d}z=\pi\int_{-1}^{1} f(u)(1-u^2)\,\mathrm{d}u,$$

即所证等式成立.

7. 设有一内壁形状为 $z=x^2+y^2$ 的容器,原来盛有 $8\pi\mathrm{cm}^3$ 的水,后来又注入 $64\pi\mathrm{cm}^3$ 的水,问水面比原来升高了多少?

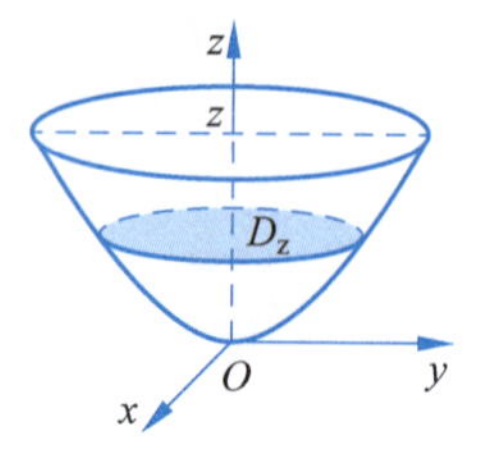

第7题图

【参考解答】 高度为 z,形状为 $z=x^2+y^2$ 的容器体积为

$$V=\int_0^z \mathrm{d}z \iint_{x^2+y^2\leqslant z} \mathrm{d}x\mathrm{d}y=\int_0^z \pi z\mathrm{d}z=\frac{\pi}{2}z^2.$$

设原水面高度为 z_1,则由题意有 $\frac{\pi}{2}z_1^2=8\pi$,解得 $z_1=4(\mathrm{cm})$.

设第二次注入水后高度为 z_2,则 $\frac{\pi}{2}z_2^2=(64+8)\pi$,解得 $z_2=12(\mathrm{cm})$. 于是水面上升 $12-4=8(\mathrm{cm})$.

考研与竞赛练习

1. 设函数 $f(x)$ 连续且恒大于零,

$$F(t)=\frac{\iiint\limits_{\Omega(t)} f(x^2+y^2+z^2)\mathrm{d}V}{\iint\limits_{D(t)} f(x^2+y^2)\mathrm{d}\sigma},\quad G(t)=\frac{\iint\limits_{D(t)} f(x^2+y^2)\mathrm{d}\sigma}{\int_{-t}^{t} f(x^2)\mathrm{d}x},$$

其中 $\Omega(t)=\{(x,y,z)\mid x^2+y^2+z^2\leqslant t^2\}$, $D(t)=\{(x,y)\mid x^2+y^2\leqslant t^2\}$.

(1) 讨论 $F(t)$ 在区间 $(0,+\infty)$ 内的单调性. (2) 证明当 $t>0$ 时, $F(t)>\frac{2}{\pi}G(t)$.

【参考解答】 (1) 利用三重积分的球坐标计算公式,得

$$\iiint\limits_{\Omega(t)} f(x^2+y^2+z^2)\mathrm{d}V=\int_0^{2\pi}\mathrm{d}\theta\int_0^{\pi}\sin\varphi\mathrm{d}\varphi\int_0^t r^2 f(r^2)\mathrm{d}r=4\pi\int_0^t r^2 f(r^2)\mathrm{d}r.$$

利用二重积分的极坐标计算公式,得

$$\iint\limits_{D(t)} f(x^2+y^2)\mathrm{d}\sigma=\int_0^{2\pi}\mathrm{d}\theta\int_0^t rf(r^2)\mathrm{d}r=2\pi\int_0^t rf(r^2)\mathrm{d}r.$$

利用定积分偶倍奇零的计算性质,有

$$\int_{-t}^{t} f(x^2)\mathrm{d}x=2\int_0^t f(x^2)\mathrm{d}x=2\int_0^t f(r^2)\mathrm{d}r.$$

将以上计算结果代入题设中函数 $F(t)$, $G(t)$ 的定义式,得

$$F(t)=\frac{2\int_0^t r^2 f(r^2)\mathrm{d}r}{\int_0^t rf(r^2)\mathrm{d}r},\quad G(t)=\frac{\pi\int_0^t rf(r^2)\mathrm{d}r}{\int_0^t f(r^2)\mathrm{d}r}.$$

因为对任意的 $t\in(0,+\infty)$,

$$F'(t)=2\cdot\frac{t^2 f(t^2)\int_0^t rf(r^2)\mathrm{d}r-\int_0^t r^2 f(r^2)\mathrm{d}r\cdot tf(t^2)}{\left[\int_0^t rf(r^2)\mathrm{d}r\right]^2}$$

$$=\frac{2tf(t^2)}{\left[\int_0^t rf(r^2)\mathrm{d}r\right]^2}\cdot\int_0^t r(t-r)f(r^2)\mathrm{d}r>0,$$

所以 $F(t)$ 在区间 $(0,+\infty)$ 内是严格单调递增的.

(2) 由 $F(t)$,$G(t)$可知,证明 $F(t)>\frac{2}{\pi}G(t)$只需证

$$\int_0^t r^2 f(r^2)\mathrm{d}r\int_0^t f(r^2)\mathrm{d}r-\left[\int_0^t rf(r^2)\mathrm{d}r\right]^2>0(t>0).$$

作辅助函数

$$g(t)=\int_0^t r^2 f(r^2)\mathrm{d}r\int_0^t f(r^2)\mathrm{d}r-\left[\int_0^t rf(r^2)\mathrm{d}r\right]^2(0\leqslant t<+\infty),$$

则 $g'(t)=f(t^2)\int_0^t (t-r)^2 f(r^2)\mathrm{d}r>0$, $g(0)=0$,所以 $g(t)$在$(0,+\infty)$内单调递增,即当 $t>0$ 时,$g(t)>0$. 因此,当 $t>0$ 时,$F(t)>\frac{2}{\pi}G(t)$.

2. 设 $f(x)$为连续函数,Ω 是由抛物面 $z=x^2+y^2$ 和球面 $x^2+y^2+z^2=t^2(t>0)$所围成的含 z 轴正半轴的部分. 定义 $F(t)=\iiint\limits_{\Omega}f(x^2+y^2+z^2)\mathrm{d}V$,求 $F'(t)$.

【参考解答】【法 1】 由$\begin{cases}x^2+y^2+z^2=t^2\\z=x^2+y^2\end{cases}$,得$\begin{cases}x^2+y^2=\dfrac{\sqrt{1+4t^2}-1}{2}\\z=\dfrac{\sqrt{1+4t^2}-1}{2}\end{cases}$. 记 $R(t)=\frac{\sqrt{1+4t^2}-1}{2}$,则 Ω 在 xOy 平面上的投影为 $x^2+y^2\leqslant R(t)$. 在曲线 Γ:$\begin{cases}z=x^2+y^2\\x^2+y^2+z^2=t^2\end{cases}$上任取一点 $P(x,y,z)$,则 $\overrightarrow{OP}$ 与 z 轴正向的夹角为

$$\varphi(t)=\arccos\frac{z}{t}=\arccos\frac{R(t)}{t},\quad 即有 \cos\varphi(t)=\frac{R(t)}{t}.$$

取 $\Delta t>0$,对于固定的 $t>0$,考虑积分差 $F(t+\Delta t)-F(t)$,这是一个在厚度为 Δt 的球壳上的积分,其中 $\varphi(t)$由积分的连续性和积分中值定理知,存在 $\alpha(\Delta t)$,$\varphi(t+\Delta t)\leqslant\alpha(\Delta t)\leqslant\theta(t)$,使得

$$\begin{aligned}F(t+\Delta t)-F(t)&=\int_0^{2\pi}\mathrm{d}\varphi\int_0^{\alpha(\Delta t)}\mathrm{d}\theta\int_t^{t+\Delta t}f(r^2)r^2\sin\theta\mathrm{d}r\\&=2\pi(1-\cos\alpha(\Delta t))\int_t^{t+\Delta t}f(r^2)r^2\mathrm{d}r,\end{aligned}$$

当 $\Delta t\to0^+$ 时,有

$$\lim_{\Delta t\to0^+}\frac{\int_t^{t+\Delta t}f(r^2)r^2\mathrm{d}r}{\Delta t}=\lim_{\Delta t\to0^+}\frac{\int_t^{t+\Delta t}f(r^2)r^2\mathrm{d}r-\int_t^t f(r^2)r^2\mathrm{d}r}{\Delta t}=f(t^2)t^2.$$

由于 $\lim\limits_{\Delta t\to0^+}\cos\alpha(\Delta t)=\cos\varphi(t)=\frac{R(t)}{t}$,所以

$$\begin{aligned}\lim_{\Delta t\to0^+}\frac{F(t+\Delta t)-F(t)}{\Delta t}&=2\pi\lim_{\Delta t\to0^+}\frac{\int_t^{t+\Delta t}f(r^2)r^2\mathrm{d}r}{\Delta t}(1-\cos\alpha(\Delta t))\\&=2\pi t^2 f(t^2)\cdot\left(1-\frac{R(t)}{t}\right)=\pi(2t+1-\sqrt{1+4t^2})tf(t^2),\end{aligned}$$

即右导数为

$$F'_{+}(t)=\pi(2t+1-\sqrt{1+4t^2})tf(t^2).$$

当 $\Delta t<0$ 时，考虑 $F(t+\Delta t)-F(t)$ 可得到同样的左导数，因此

$$F'(t)=\pi(2t+1-\sqrt{1+4t^2})tf(t^2).$$

【法 2】 令 $x=\rho\cos\theta, y=\rho\sin\theta, z=z$，则区域 Ω 利用柱面坐标可表示为

$$\Omega: 0\leqslant\theta\leqslant 2\pi, 0\leqslant\rho\leqslant R(t), \rho^2\leqslant z\leqslant\sqrt{t^2-\rho^2},$$

其中 $R(t)$ 满足 $R^2(t)+R^4(t)=t^2$，$R(t)=\dfrac{\sqrt{1+4t^2}-1}{2}$，于是有

$$\begin{aligned}F(t)&=\int_0^{2\pi}d\theta\int_0^{R(t)}\rho d\rho\int_{\rho^2}^{\sqrt{t^2-\rho^2}}f(\rho^2+z^2)dz\\&=2\pi\int_0^{R(t)}\left[\int_{\rho^2}^{\sqrt{t^2-\rho^2}}f(\rho^2+z^2)dz\right]\rho d\rho,\end{aligned}$$

故 $F'(t)=2\pi\left[R\int_{R^2}^{\sqrt{t^2-R^2}}f(R^2+z^2)dz\dfrac{dR}{dt}+\int_0^R\rho f(t^2)\dfrac{t}{\sqrt{t^2-\rho^2}}d\rho\right]$，注意到 $\sqrt{t^2-R^2}=R^2$，因此第一个积分为 0，所以

$$\begin{aligned}F'(t)&=2\pi tf(t^2)\int_0^{R(t)}\frac{\rho}{\sqrt{t^2-\rho^2}}d\rho=-2\pi tf(t^2)\sqrt{t^2-\rho^2}\Big|_0^{R(t)}\\&=2\pi tf(t^2)[t-\sqrt{t^2-R^2(t)}]=2\pi tf(t^2)[t-R^2(t)],\end{aligned}$$

即 $F'(t)=\pi tf(t^2)(2t+1-\sqrt{1+4t^2})$.

3. 计算三重积分 $\iiint\limits_{\Omega}\dfrac{xyz}{x^2+y^2}dV$，其中 Ω 是由曲面 $(x^2+y^2+z^2)^2=2xy$ 围成的区域在第Ⅰ卦限的部分.

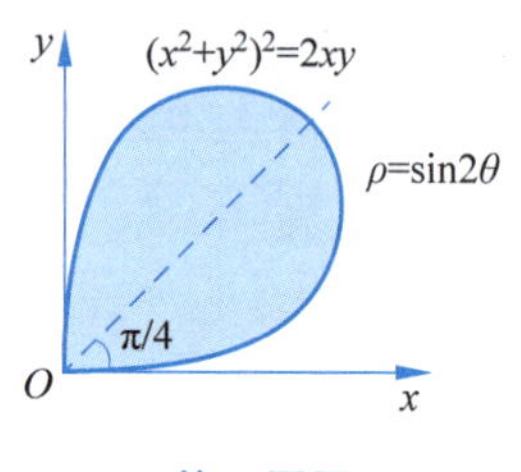

第 3 题图

【参考解答】 曲面与 xOy 平面交线为 $(x^2+y^2)^2=2xy$，交线的极坐标方程为 $\rho=\sqrt{\sin2\theta}$，在第一象限的图形如图所示. 曲面的球坐标方程为 $r=\sin\varphi\sqrt{\sin2\theta}$，所以由三重积分的球面坐标计算公式，并利用对称性，得

$$\begin{aligned}I&=\int_0^{\pi/2}d\theta\int_0^{\pi/2}d\varphi\int_0^{\sin\varphi\sqrt{\sin2\theta}}\frac{\rho^3\sin^2\varphi\cos\theta\sin\theta\cos\varphi}{\rho^2\sin^2\varphi}\rho^2\sin\varphi d\rho\\&=\int_0^{\pi/2}\sin\theta\cos\theta d\theta\int_0^{\pi/2}\sin\varphi\cos\varphi d\varphi\int_0^{\sin\varphi\sqrt{\sin2\theta}}\rho^3 d\rho\\&=\frac{1}{8}\int_0^{\pi/2}\sin^3 2\theta d\theta\int_0^{\pi/2}\sin^5\varphi\cos\varphi d\varphi\\&=\frac{1}{48}\int_0^{\pi/2}\sin^3 2x dx=-\frac{1}{96}\left(\cos2x-\frac{\cos^3 2x}{3}\right)\Big|_0^{\pi/2}=\frac{1}{72}.\end{aligned}$$

4. 计算三重积分 $I=\iiint\limits_{\Omega}(x^2+y^2)dV$，其中 Ω 是由

$$x^2+y^2+(z-2)^2\geqslant 4, x^2+y^2+(z-1)^2\leqslant 9$$

及 $z\geqslant 0$ 所围成的空间区域.

【参考解答】【法 1】 如图所示，考虑区域的特殊性，采用容易计算的整体减去容易计算的部分来完成计算，从而分成三部分来讨论.

第 4 题法 1 图

第一部分：整个大球 Ω_1 的积分，采用球坐标换元，令

$$x=r\sin\varphi\cos\theta,\ y=r\sin\varphi\sin\theta,\ z=1+r\cos\varphi,$$

则 Ω_1：$0\leqslant r\leqslant 3, 0\leqslant\varphi\leqslant\pi, 0\leqslant\theta\leqslant 2\pi$. 于是由三重积分的球面坐标计算公式，得

$$I_1=\iiint\limits_{\Omega_1}(x^2+y^2)\mathrm{d}V=\int_0^{2\pi}\mathrm{d}\theta\int_0^{\pi}\mathrm{d}\varphi\int_0^3 r^2\sin^2\varphi\cdot r^2\sin\varphi\mathrm{d}r=\frac{648\pi}{5}.$$

第二部分：小球 Ω_2 的积分，采用球坐标换元，令

$$x=r\sin\varphi\cos\theta,\quad y=r\sin\varphi\sin\theta,\quad z=2+r\cos\varphi,$$

则 Ω_2：$0\leqslant r\leqslant 2, 0\leqslant\varphi\leqslant\pi, 0\leqslant\theta\leqslant 2\pi$. 于是由三重积分的球面坐标计算公式，得

$$I_2=\iiint\limits_{\Omega_2}(x^2+y^2)\mathrm{d}V=\int_0^{2\pi}\mathrm{d}\theta\int_0^{\pi}\mathrm{d}\varphi\int_0^2 r^2\sin^2\varphi\cdot r^2\sin\varphi\mathrm{d}r=\frac{256\pi}{15}.$$

第三部分：大球 $z=0$ 下部分的积分 Ω_3，令

$$x=\rho\cos\theta,\quad \rho=r\sin\theta,\quad z=z,$$

则 Ω_3：$0\leqslant r\leqslant 2\sqrt{2}, 0\leqslant\theta\leqslant 2\pi, 1-\sqrt{9-\rho^2}\leqslant z\leqslant 0$. 于是由三重积分的柱面坐标计算公式，得

$$I_3=\iiint\limits_{\Omega_3}(x^2+y^2)\mathrm{d}V=\int_0^{2\pi}\mathrm{d}\theta\int_0^{2\sqrt{2}}\rho^2\cdot\rho\mathrm{d}\rho\int_{1-\sqrt{9-\rho^2}}^{0}\mathrm{d}z=\frac{136\pi}{5}.$$

所以积分为 $I=I_1-I_2-I_3=\frac{648}{5}\pi-\frac{256}{15}\pi-\frac{136}{5}\pi=\frac{256}{3}\pi$.

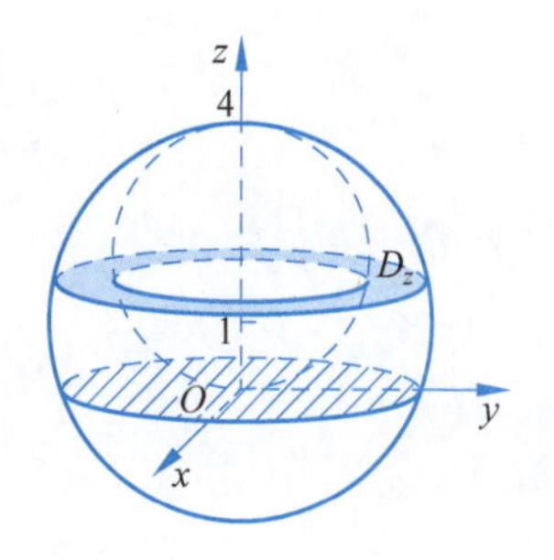

第 4 题法 2 图

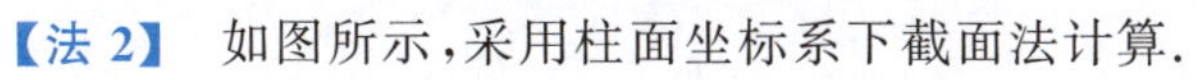

【法 2】 如图所示，采用柱面坐标系下截面法计算.

用平行于 xOy 平面的平面截 Ω，截得截面为

$$D_z: 4z-z^2\leqslant x^2+y^2\leqslant 8+6z-2z^2\ (0\leqslant z\leqslant 4)$$

即 D_z: $\sqrt{4z-z^2}\leqslant\rho\leqslant\sqrt{8+6z-2z^2}\ (0\leqslant z\leqslant 4)$,

于是由先二后一的截面法，得

$$I=\iiint\limits_{\Omega}(x^2+y^2)\mathrm{d}V=\int_0^4\mathrm{d}z\iint\limits_{D_z}\rho^2\cdot\rho\mathrm{d}\rho\mathrm{d}\theta=\int_0^4\mathrm{d}z\int_0^{2\pi}\mathrm{d}\theta\int_{\sqrt{4z-z^2}}^{\sqrt{8+6z-2z^2}}\rho^3\mathrm{d}\rho$$

$$=\frac{\pi}{2}\int_0^4(64+32z-28z^2+4z^3)\mathrm{d}z=\frac{256}{3}\pi.$$

*练习 60　重积分的换元法　含参变量的积分

训练目的

1. 会通过作简单的变换计算重积分.

2. 了解含参变量积分的极限和连续性.

3. 会求简单含参变量积分的导数.

4. 了解运用对参数的微分法求积分的方法.

基础练习

1. 作适当变换,计算下列重积分.

(1) $\iint\limits_D x^2y^2\,dx\,dy$,其中 D 是由两条双曲线 $xy=1$ 和 $xy=2$ 与直线 $y=x$ 和 $y=4x$ 所围成的在第一象限内的闭区域.

(2) $\iint\limits_D e^{\frac{y}{x+y}}\,dx\,dy$,其中 $D=\{(x,y)\mid x+y\leqslant 1,x\geqslant 0,y\geqslant 0\}$.

(3) $\iiint\limits_\Omega (x+y-z)(-x+y+z)(x-y+z)\,dV$,其中

$\Omega=\{(x,y,z)\mid 0\leqslant x+y-z\leqslant 1,0\leqslant -x+y+z\leqslant 1,0\leqslant x-y+z\leqslant 1\}$.

【参考解答】 (1) 令 $u=xy,v=\dfrac{y}{x}$,则区域变换为

$$D_{uv}=\{(u,v)\mid 1\leqslant u\leqslant 2,1\leqslant v\leqslant 4\},$$

且 $x^2y^2=u^2$,又 $\left|\dfrac{\partial(u,v)}{\partial(x,y)}\right|=\left\|\begin{matrix} y & x \\ -y/x^2 & 1/x \end{matrix}\right\|=\dfrac{2y}{x}=2v$,即 $\left|\dfrac{\partial(x,y)}{\partial(u,v)}\right|=\dfrac{1}{2v}$. 于是由二重积分换元计算公式,得

$$\iint\limits_D x^2y^2\,dx\,dy=\iint\limits_{D_{uv}} u^2\left|\frac{\partial(x,y)}{\partial(u,v)}\right|du\,dv$$

$$=\iint\limits_{D_{uv}}\frac{u^2}{2v}du\,dv=\frac{1}{2}\int_1^2 u^2\,du\int_1^4\frac{1}{v}dv=\frac{7}{3}\ln 2.$$

(2) 令 $u=x+y,v=y$,则 $x=u-v,y=v$,则区域变换为

$$D_{uv}=\{(u,v)\mid 0\leqslant u\leqslant 1,0\leqslant v\leqslant u\},$$

且 $e^{\frac{y}{x+y}}=e^{\frac{v}{u}}$. 又 $\left|\dfrac{\partial(x,y)}{\partial(u,v)}\right|=\left\|\begin{matrix} 1 & -1 \\ 0 & 1 \end{matrix}\right\|=1$,于是由二重积分换元计算公式,得

$$\iint\limits_D e^{\frac{y}{x+y}}\,dx\,dy=\iint\limits_{D_{uv}} e^{\frac{v}{u}}\left|\frac{\partial(x,y)}{\partial(u,v)}\right|du\,dv=\iint\limits_{D_{uv}} e^{\frac{v}{u}}\,du\,dv$$

$$=\int_0^1 du\int_0^u e^{\frac{v}{u}}\,dv=\int_0^1 u(e-1)\,du=\frac{e-1}{2}.$$

(3) 令 $u=x+y-z,v=-x+y+z,w=x-y+z$,则区域变换为

$$\Omega_{uvw}:0\leqslant u\leqslant 1,0\leqslant v\leqslant 1,0\leqslant w\leqslant 1,$$

又 $\left|\dfrac{\partial(u,v,w)}{\partial(x,y,z)}\right|=\left\|\begin{matrix} 1 & 1 & -1 \\ -1 & 1 & 1 \\ 1 & -1 & 1 \end{matrix}\right\|=4\Rightarrow\left|\dfrac{\partial(x,y,z)}{\partial(u,v,w)}\right|=\dfrac{1}{4}$,于是由三重积分换元计算公式,得

$$\iiint\limits_{\Omega}(x+y-z)(-x+y+z)(x-y+z)\mathrm{d}V=\iiint\limits_{\Omega_{uvw}}uvw\left|\frac{\partial(x,y,z)}{\partial(u,v,w)}\right|\mathrm{d}V$$

$$=\frac{1}{4}\int_0^1 u\mathrm{d}u\int_0^1 v\mathrm{d}v\int_0^1 w\mathrm{d}w=\frac{1}{4}\left(\int_0^1 u\mathrm{d}u\right)^3=\frac{1}{32}.$$

2. 求由直线 $x+y=c,x+y=d,y=ax,y=bx(0<c<d,0<a<b)$ 所围成的闭区域 D 的面积.

【参考解答】　闭区域 D 如图(1)所示. 令 $u=x+y$，$v=\dfrac{y}{x}$，由此可得区域为 $D_{uv}: c\leqslant u\leqslant d, a\leqslant v\leqslant b$，如图(2)所示.

又 $\left|\dfrac{\partial(u,v)}{\partial(x,y)}\right|=\left\|\begin{matrix}1 & 1\\ -y/x^2 & 1/x\end{matrix}\right\|=\dfrac{x+y}{x^2}=\dfrac{(1+v)^2}{u}$，即 $\left|\dfrac{\partial(x,y)}{\partial(u,v)}\right|=\dfrac{u}{(1+v)^2}$，所以由二重积分的几何意义知所求面积为

$$A=\iint\limits_{D}\mathrm{d}x\mathrm{d}y=\iint\limits_{D_{uv}}\left|\frac{\partial(x,y)}{\partial(u,v)}\right|\mathrm{d}u\mathrm{d}v=\iint\limits_{D_{uv}}\frac{u}{(1+v)^2}\mathrm{d}u\mathrm{d}v$$

$$=\int_a^b\frac{\mathrm{d}v}{(1+v)^2}\int_c^d u\mathrm{d}u=\frac{(b-a)(d^2-c^2)}{2(1+a)(1+b)}.$$

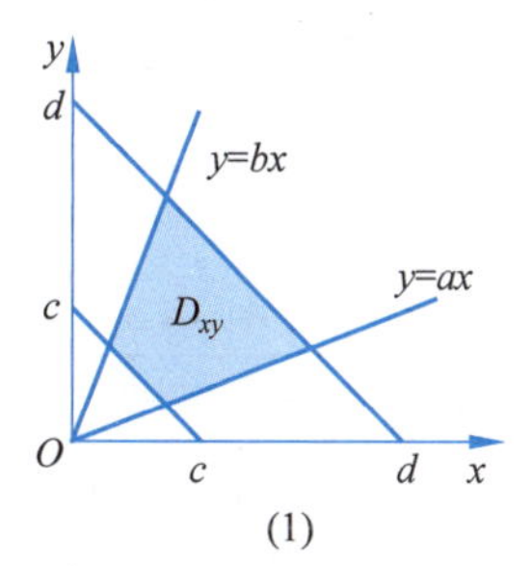

(1)

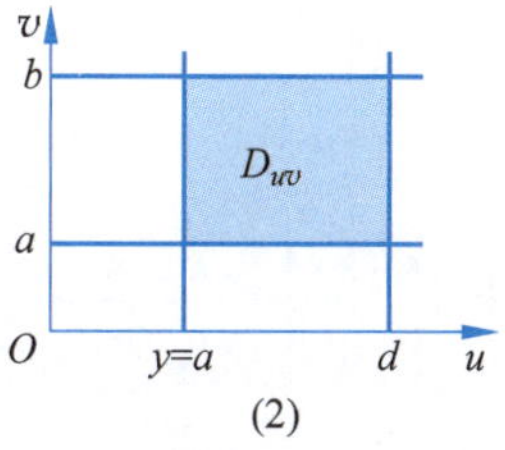

(2)

第 2 题图

3. 求下列含参变量的积分所确定的函数的极限.

(1) $\lim\limits_{\alpha\to 0}\int_0^2 x^2\cos\alpha x\,\mathrm{d}x$.　　(2) $\lim\limits_{\alpha\to 0}\int_0^{1+\alpha}\dfrac{\mathrm{d}x}{1+x^2+\alpha^2}$.

【参考解答】　(1) $\lim\limits_{\alpha\to 0}\int_0^2 x^2\cos\alpha x\,\mathrm{d}x=\int_0^2 x^2\mathrm{d}x=\dfrac{8}{3}$.

(2) $\lim\limits_{\alpha\to 0}\int_0^{1+\alpha}\dfrac{\mathrm{d}x}{1+x^2+\alpha^2}=\int_0^1\dfrac{\mathrm{d}x}{1+x^2}=\arctan x\Big|_0^1=\dfrac{\pi}{4}$.

4. 求下列函数的导数.

(1) $\varphi(x)=\int_0^{x^2}\mathrm{e}^{-xy^2}\mathrm{d}y$.　　(2) $I(y)=\int_y^{y^2}\dfrac{\cos xy}{x}\mathrm{d}x$.

【参考解答】　(1) 由含参积分求导公式，得

$$\varphi'(x)=\int_x^{x^2}(\mathrm{e}^{-xy^2})'_x\mathrm{d}y+\mathrm{e}^{-x^5}\cdot(x^2)'-\mathrm{e}^{-x^3}\cdot(x)'$$

$$=-\int_x^{x^2}y^2\mathrm{e}^{-xy^2}\mathrm{d}y+2x\mathrm{e}^{-x^5}-\mathrm{e}^{-x^3}.$$

(2) 由含参积分求导公式，得

$$I'(y)=-\int_y^{y^2}\left(\frac{\cos xy}{x}\right)'_y\mathrm{d}x+\frac{\cos y^3}{y^2}\cdot(y^2)'_y-\frac{\cos y^2}{y}\cdot(y)'_y$$

$$=-\int_y^{y^2}\frac{x\sin xy}{x}\mathrm{d}x+\frac{\cos y^3}{y^2}\cdot 2y-\frac{\cos y^2}{y}$$

$$=-\int_{y}^{y^2}\sin xy\,\mathrm{d}x+\frac{2\cos y^3-\cos y^2}{y}=\frac{\cos xy}{y}\bigg|_{y}^{y^2}+\frac{2\cos y^3-\cos y^2}{y}$$

$$=\frac{\cos y^3-\cos y^2}{y}+\frac{2\cos y^3-\cos y^2}{y}=\frac{3\cos y^3-2\cos y^2}{y}.$$

5．应用对参数的微分法，求积分 $I=\int_0^{\pi/2}\ln\frac{1+a\cos x}{1-a\cos x}\cdot\frac{\mathrm{d}x}{\cos x}(|a|<1)$.

【参考解答】 设 $\varphi(y)=\int_0^{\pi/2}\ln\frac{1+y\cos x}{1-y\cos x}\cdot\frac{\mathrm{d}x}{\cos x}(|a|\leqslant|y|<1)$，则 $\varphi(0)=0$，

$$\varphi(a)=\int_0^{\pi/2}\ln\frac{1+a\cos x}{1-a\cos x}\cdot\frac{\mathrm{d}x}{\cos x}.$$

又 $\left(\frac{1}{\cos x}\ln\frac{1+y\cos x}{1-y\cos x}\right)'_y=\frac{2}{1-y^2\cos^2 x}$，于是

$$\varphi'(y)=\int_0^{\pi/2}\frac{2}{1-y^2\cos^2 x}\mathrm{d}x=\int_0^{\pi/2}\frac{2\mathrm{d}(\tan x)}{(1-y^2)+\tan^2 x}$$

$$=\frac{2}{\sqrt{1-y^2}}\left[\arctan\frac{\tan x}{\sqrt{1-y^2}}\right]_0^{\pi/2}=\frac{2}{\sqrt{1-y^2}}\cdot\frac{\pi}{2}=\frac{\pi}{\sqrt{1-y^2}},$$

所以 $\int_0^{\pi/2}\ln\frac{1+a\cos x}{1-a\cos x}\cdot\frac{\mathrm{d}x}{\cos x}=\varphi(a)-\varphi(0)=\int_0^a\varphi'(y)\mathrm{d}y$

$$=\int_0^a\frac{\pi}{\sqrt{1-y^2}}\mathrm{d}y=\pi\arcsin y\bigg|_0^a=\pi\arcsin a.$$

综合练习

6．设 $D=\{(x,y)\mid x^2+y^2\leqslant 1\}$，且 $a^2+b^2\neq 0$，证明：

$$\iint_D f(ax+by+c)\mathrm{d}x\mathrm{d}y=2\int_{-1}^{1}\sqrt{1-u^2}\,f(u\sqrt{a^2+b^2}+c)\mathrm{d}u.$$

【参考证明】 比较等式两端，作变换 $u\sqrt{a^2+b^2}=ax+by$，即 $u=\frac{ax+by}{\sqrt{a^2+b^2}}$，考虑到 D 的边界曲线为 $x^2+y^2=1$，故令 $v=\frac{bx-ay}{\sqrt{a^2+b^2}}$，这样就有 $u^2+v^2=1$，于是 D 转化为 $D_{uv}=\{(u,v)\mid u^2+v^2\leqslant 1\}$. 又由 u,v 的表达式可解得

$$x=\frac{au+bv}{\sqrt{a^2+b^2}},\quad y=\frac{bu-at}{\sqrt{a^2+b^2}},$$

因此雅可比式

$$|J|=\left|\frac{\partial(x,y)}{\partial(u,v)}\right|=\left\|\begin{matrix}\frac{a}{\sqrt{a^2+b^2}} & \frac{b}{\sqrt{a^2+b^2}}\\ \frac{b}{\sqrt{a^2+b^2}} & \frac{-a}{\sqrt{a^2+b^2}}\end{matrix}\right\|=|-1|=1,$$

于是由二重积分换元公式，得

$$\iint\limits_{D}(ax+by+c)\mathrm{d}x\mathrm{d}y=\iint\limits_{D_{uv}}f(u\sqrt{a^2+b^2}+c)\cdot 1\mathrm{d}u\mathrm{d}v$$
$$=\int_{-1}^{1}\mathrm{d}u\int_{-\sqrt{1-u^2}}^{\sqrt{1-u^2}}f(u\sqrt{a^2+b^2}+c)\mathrm{d}v$$
$$=2\int_{-1}^{1}\sqrt{1-u^2}f(u\sqrt{a^2+b^2}+c)\mathrm{d}u.$$

7. 计算$\int_0^1\frac{x^b-x^a}{\ln x}\sin\left(\ln\frac{1}{x}\right)\mathrm{d}x$，$b>a>0$.

【参考解答】【法 1】 由于$\int_a^b x^y\mathrm{d}y=\frac{x^b-x^a}{\ln x}$，故有

$$I=-\int_0^1\mathrm{d}x\int_a^b x^y\sin(\ln x)\mathrm{d}y=-\int_a^b\mathrm{d}y\int_0^1 x^y\sin(\ln x)\mathrm{d}x.$$

其中$-\int_0^1 x^y\sin(\ln x)\mathrm{d}x=\left[\frac{x^{y+1}[\cos\ln x-(y+1)\sin\ln x]}{1+(y+1)^2}\right]\Bigg|_0^1=\frac{1}{1+(y+1)^2}$，代入积分式，得

$$I=\int_a^b\frac{1}{1+(y+1)^2}\mathrm{d}y=\arctan(y+1)\Big|_a^b=\arctan(b+1)-\arctan(a+1).$$

【注】 由换元与分部积分可得关于 x 积分的原函数. 由于

$$F(x)=\int_0^1 x^y\sin\left(\ln\frac{1}{x}\right)\mathrm{d}x=-\int_0^1 x^y\sin(\ln x)\mathrm{d}x,$$

故令 $u=\ln x$，则由分部积分法，得

$$F(x)=-\int\mathrm{e}^{u(y+1)}\sin u\,\mathrm{d}u=-\frac{1}{y+1}\int\sin u\,\mathrm{d}(\mathrm{e}^{u(y+1)})$$
$$=-\frac{1}{y+1}\left[\mathrm{e}^{u(y+1)}\sin u-\int\mathrm{e}^{u(y+1)}\cos u\,\mathrm{d}u\right]$$
$$=-\frac{\mathrm{e}^{u(y+1)}\sin u}{y+1}+\frac{1}{(y+1)^2}\int\cos u\,\mathrm{d}(\mathrm{e}^{u(y+1)})$$
$$=-\frac{\mathrm{e}^{u(y+1)}\sin u}{y+1}+\frac{\mathrm{e}^{u(y+1)}\cos u}{(y+1)^2}+\frac{1}{(y+1)^2}\int\mathrm{e}^{u(y+1)}\sin u\,\mathrm{d}u,$$

从而解得

$$F(x)=\frac{\mathrm{e}^{u(y+1)}[\cos u-(y+1)\sin u]}{1+(y+1)^2}+C=\frac{x^{y+1}[\cos\ln x-(y+1)\sin\ln x]}{1+(y+1)^2}+C.$$

【法 2】 设 $I(y)=\int_0^1\frac{x^y}{\ln x}\sin\left(\ln\frac{1}{x}\right)\mathrm{d}x=-\int_0^1\frac{x^y\sin(\ln x)}{\ln x}\mathrm{d}x$，$0<a\leqslant y\leqslant b$，则

$$I'(y)=-\int_0^1 x^y\sin(\ln x)\mathrm{d}x=-\frac{1}{y+1}\int_0^1\sin(\ln x)\mathrm{d}(x^{y+1})$$
$$=-\frac{x^{y+1}}{y+1}\sin(\ln x)\Big|_0^1+\frac{1}{y+1}\int_0^1 x^y\cos(\ln x)\mathrm{d}x=\frac{1}{(y+1)^2}\int_0^1\cos(\ln x)\mathrm{d}(x^{y+1})$$
$$=\frac{x^{y+1}}{(y+1)^2}\cos(\ln x)\Big|_0^1+\frac{1}{(y+1)^2}\int_0^1 x^y\sin(\ln x)\mathrm{d}x=\frac{1}{(y+1)^2}-\frac{1}{(y+1)^2}I'(y),$$

故得 $I'(y)=\dfrac{1}{1+(y+1)^2}$，于是

$$\int_0^1 \frac{x^b-x^a}{\ln x}\sin\left(\ln\frac{1}{x}\right)\mathrm{d}x=I(b)-I(a)=\int_a^b I'(y)\mathrm{d}y=\int_a^b\frac{\mathrm{d}y}{1+(y+1)^2}$$

$$=\arctan(y+1)\Big|_a^b=\arctan(b+1)-\arctan(a+1).$$

8. 设 $f(x)$在$[a,b]$上连续，证明：$y(x)=\dfrac{1}{k}\int_c^x f(t)\sin k(x-t)\mathrm{d}t$（其中 $x,c\in[a,b]$）满足微分方程 $y''+k^2y=f(x)$.

【参考证明】 令 $g(x,t)=f(t)\sin k(x-t)$，则

$$g'_x(x,t)=kf(t)\cos k(x-t),\quad g''_{xx}(x,t)=-k^2f(t)\sin k(x-t),$$

它们都在$[a,b]\times[a,b]$上连续，则

$$y'(x)=\int_c^x f(t)\cos k(x-t)\mathrm{d}t,\quad y''(x)=-k\int_c^x f(t)\sin k(x-t)\mathrm{d}t+f(x),$$

代入微分方程等式左侧，得

$$y''+k^2y=-k\int_c^x f(t)\sin k(x-t)\mathrm{d}t+f(x)+k\int_c^x f(t)\sin k(x-t)\mathrm{d}t=f(x).$$

考研与竞赛练习

1. 设有界区域 D 是由圆周 $x^2+y^2=1$ 和直线 $y=x$ 及 x 轴所围成的第一象限部分，计算二重积分 $I=\iint\limits_D \mathrm{e}^{(x+y)^2}(x^2-y^2)\mathrm{d}x\mathrm{d}y$.

【参考解答】【法 1】 由二重积分的极坐标计算方法，得

$$I=\int_0^{\pi/4}\mathrm{d}\theta\int_0^1 \mathrm{e}^{\rho^2(1+\sin2\theta)}\rho^3\cos2\theta\mathrm{d}\rho$$

$$=\frac{1}{2}\int_0^{\pi/4}\frac{\cos2\theta}{(1+\sin2\theta)^2}\mathrm{d}\theta\int_0^1 \mathrm{e}^{\rho^2(1+\sin2\theta)}\rho^2(1+\sin2\theta)\mathrm{d}((1+\sin2\theta)\rho^2)$$

$$=\frac{1}{2}\int_0^{\pi/4}\frac{\cos2\theta}{(1+\sin2\theta)^2}\left[\mathrm{e}^{\rho^2(1+\sin2\theta)}(\rho^2(1+\sin2\theta)-1)\right]_0^1\mathrm{d}\theta$$

$$=\frac{1}{2}\int_0^{\pi/4}\frac{(\mathrm{e}^{1+\sin2\theta}\sin2\theta+1)\cos2\theta}{(1+\sin2\theta)^2}\mathrm{d}\theta$$

$$=\frac{1}{4}\int_0^{\pi/4}\frac{\mathrm{e}^{1+\sin2\theta}\sin2\theta+1}{(1+\sin2\theta)^2}\mathrm{d}(\sin2\theta)=\frac{1}{4}\int_0^1\frac{t\mathrm{e}^{1+t}+1}{(1+t)^2}\mathrm{d}t\,(\sin2\theta=t)$$

$$=\frac{\mathrm{e}}{4}\int_0^1\frac{t\mathrm{e}^t}{(1+t)^2}\mathrm{d}t+\frac{1}{4}\int_0^1\frac{1}{(1+t)^2}\mathrm{d}t$$

$$=\frac{\mathrm{e}}{4}\left[\frac{\mathrm{e}^t}{1+t}\right]_0^1+\frac{1}{4}\left[-\frac{1}{t+1}\right]_0^1=\frac{\mathrm{e}}{4}\left(\frac{\mathrm{e}}{2}-1\right)+\frac{1}{4}\left(-\frac{1}{2}+1\right)=\frac{1}{8}(\mathrm{e}-1)^2,$$

其中由分部积分法可得

$$\int\frac{t\mathrm{e}^t}{(1+t)^2}\mathrm{d}t=-\int t\mathrm{e}^t\mathrm{d}\left(\frac{1}{1+t}\right)=-\frac{t\mathrm{e}^t}{1+t}+\int\mathrm{e}^t\mathrm{d}t=\frac{\mathrm{e}^t}{t+1}+C.$$

【法 2】 令 $x+y=u, x-y=v$，则 $x=\frac{u+v}{2}, y=\frac{u-v}{2}$，于是可得雅克比行列式的绝对值为 $|J|=\left\|\frac{\partial(x,y)}{\partial(u,v)}\right\|=\frac{1}{2}$，且边界曲线转换为

$$v=0, v=-u, u^2+v^2=2,$$

故其极坐标取值范围为 D_{uv}：$0\leqslant\theta\leqslant\frac{3\pi}{4}, 0\leqslant\rho\leqslant\sqrt{2}$，于是有

$$\begin{aligned}
I&=\frac{1}{2}\iint\limits_{D_{uv}} uv\mathrm{e}^{u^2}\,\mathrm{d}u\,\mathrm{d}v=\frac{1}{2}\int_0^{\sqrt{2}}\mathrm{d}\rho\int_0^{3\pi/4}\rho^3\cos\theta\sin\theta\,\mathrm{e}^{\rho^2\cos^2\theta}\,\mathrm{d}\theta\\
&=-\frac{1}{4}\int_0^{\sqrt{2}}\mathrm{d}\rho\int_0^{3\pi/4}\rho\mathrm{e}^{\rho^2\cos^2\theta}\,\mathrm{d}(\rho^2\cos^2\theta)\\
&=-\frac{1}{4}\int_0^{\sqrt{2}}\left[\rho\mathrm{e}^{\rho^2\cos^2\theta}\right]_0^{3\pi/4}\mathrm{d}\rho=-\frac{1}{4}\int_0^{\sqrt{2}}(\mathrm{e}^{\rho^2}-\mathrm{e}^{\rho^2/2})\rho\,\mathrm{d}\rho\\
&=-\frac{1}{4}\int_0^{\sqrt{2}}\mathrm{e}^{\rho^2}\rho\,\mathrm{d}\rho+\frac{1}{4}\int_0^{\sqrt{2}}\mathrm{e}^{\rho^2/2}\rho\,\mathrm{d}\rho\\
&=-\frac{1}{4}\left[\mathrm{e}^{\rho^2/2}\right]_0^{\sqrt{2}}+\frac{1}{8}\left[\mathrm{e}^{\rho^2}\right]_0^{\sqrt{2}}=\frac{1-\mathrm{e}}{4}+\frac{1}{8}(\mathrm{e}^2-1)=\frac{(\mathrm{e}-1)^2}{8}.
\end{aligned}$$

2. 计算 $\iint\limits_{D}\frac{(x+y)\ln\left(1+\frac{y}{x}\right)}{\sqrt{1-x-y}}\mathrm{d}x\,\mathrm{d}y$，其中区域 D 是由直线 $x+y=1$ 与两坐标轴所围成的三角形区域.

【参考答案】【法 1】 令 $x+y=u, x=v$，则 $x=v, y=u-v$，于是

$$\left|\frac{\partial(x,y)}{\partial(u,v)}\right|=\left\|\begin{matrix}0&1\\1&-1\end{matrix}\right\|=1,$$

积分区域边界线转化为 $v=0, u=1, u-v=0$，于是

$$D_{uv}: 0<u\leqslant 1, 0\leqslant v\leqslant u,$$

因此由二重积分换元计算公式，得

$$\begin{aligned}
\iint\limits_{D}\frac{(x+y)\ln\left(1+\frac{y}{x}\right)}{\sqrt{1-x-y}}\mathrm{d}x\,\mathrm{d}y&=\iint\limits_{D_{uv}}\frac{u\ln\left(\frac{u}{v}\right)}{\sqrt{1-u}}\left|\frac{\partial(x,y)}{\partial(u,v)}\right|\mathrm{d}u\,\mathrm{d}v\\
&=\int_0^1\frac{u}{\sqrt{1-u}}\mathrm{d}u\int_0^u(\ln u-\ln v)\,\mathrm{d}v\\
&=\int_0^1\frac{u}{\sqrt{1-u}}\left[(v\ln u-v\ln v+v)\Big|_0^u\right]\mathrm{d}u\ \ (\lim_{v\to0^+}v\ln v=0)\\
&=\int_0^1\frac{u^2}{\sqrt{1-u}}\mathrm{d}u=2\int_0^1(1-t^2)^2\,\mathrm{d}t=\frac{16}{15}.\ (令\sqrt{1-u}=t)
\end{aligned}$$

【法 2】 令 $x=\rho\cos\theta, y=\rho\sin\theta$，代入被积函数，则由二重积分极坐标计算公式，得

$$I=\int_0^{\pi/2}\mathrm{d}\theta\int_0^{\frac{1}{\cos\theta+\sin\theta}}\frac{\rho(\cos\theta+\sin\theta)\ln(1+\tan\theta)}{\sqrt{1-\rho\cos\theta-\rho\sin\theta}}\rho\,\mathrm{d}\rho$$

$$=\frac{16}{15}\int_0^{\pi/2}\frac{\ln(1+\tan\theta)}{(\cos\theta+\sin\theta)^2}\mathrm{d}\theta=\frac{16}{15},$$

其中的计算为：令 $\rho(\cos\theta+\sin\theta)=t$，有

$$\int_0^{\frac{1}{\cos\theta+\sin\theta}}\frac{\rho(\cos\theta+\sin\theta)}{\sqrt{1-\rho\cos\theta-\rho\sin\theta}}\rho\mathrm{d}\rho=\frac{1}{(\cos\theta+\sin\theta)^2}\int_0^1\frac{t^2}{\sqrt{1-t}}\mathrm{d}t=\frac{16}{15(\cos\theta+\sin\theta)^2}.$$

$$\int_0^{\pi/2}\frac{\ln(1+\tan\theta)}{(\cos\theta+\sin\theta)^2}\mathrm{d}\theta=\int_0^{\pi/2}\frac{\ln(1+\tan\theta)}{\cos^2\theta(1+\tan\theta)^2}\mathrm{d}\theta=\int_0^{\pi/2}\frac{\ln(1+\tan\theta)}{(1+\tan\theta)^2}\mathrm{d}(1+\tan\theta)$$

$$=\int_1^{+\infty}\frac{\ln t}{t^2}\mathrm{d}t=\left[-\frac{\ln t}{t}-\frac{1}{t}\right]_1^{+\infty}=1.$$

3. 某物体所在的空间区域为 $\Omega=\{(x,y,z)\mid x^2+y^2+2z^2\leqslant x+y+2z\}$，密度函数为 $x^2+y^2+z^2$，求该物体的质量.

【参考解答】 空间区域 Ω 为 $\left(x-\frac{1}{2}\right)^2+\left(y-\frac{1}{2}\right)^2+2\left(z-\frac{1}{2}\right)^2\leqslant 1$，令

$$u=x-\frac{1}{2},\quad v=y-\frac{1}{2},\quad w=\sqrt{2}\left(z-\frac{1}{2}\right),$$

得 $x=u+\frac{1}{2}$，$y=v+\frac{1}{2}$，$z=\frac{w}{\sqrt{2}}+\frac{1}{2}$. 于是积分区域 Ω_{uvw}：$u^2+v^2+w^2\leqslant 1$，且

$$\left|\frac{\partial(x,y,z)}{\partial(u,v,w)}\right|=\left\|\begin{matrix}1&0&0\\0&1&0\\0&0&1/\sqrt{2}\end{matrix}\right\|=\frac{1}{\sqrt{2}},$$

密度函数为 $x^2+y^2+z^2=u^2+u+v^2+v+\frac{w^2}{2}+\frac{w}{\sqrt{2}}+\frac{3}{4}$，于是由三重积分的换元法公式，得

$$M=\iiint\limits_{\Omega}(x^2+y^2+z^2)\mathrm{d}V=\iiint\limits_{\Omega_{uvw}}F(u,v,w)\left|\frac{\partial(x,y,z)}{\partial(u,v,w)}\right|\mathrm{d}V$$

$$=\frac{1}{\sqrt{2}}\iiint\limits_{\Omega_{uvw}}\left(u^2+u+v^2+v+\frac{w^2}{2}+\frac{w}{\sqrt{2}}+\frac{3}{4}\right)\mathrm{d}V,$$

由于 Ω_{uvw}：$u^2+v^2+w^2\leqslant 1$ 关于三个坐标面都对称，且对三个坐标具有轮换对称性，于是

$$\iiint\limits_{\Omega_{uvw}}\left(u+v+\frac{w}{\sqrt{2}}\right)\mathrm{d}V=0,\ \iiint\limits_{\Omega_{uvw}}\frac{3}{4}\mathrm{d}V=\frac{3}{4}\cdot\frac{4\pi}{3}=\pi,$$

$$\iiint\limits_{\Omega_{uvw}}u^2\mathrm{d}V=\iiint\limits_{\Omega_{uvw}}v^2\mathrm{d}V=\iiint\limits_{\Omega_{uvw}}w^2\mathrm{d}V,$$

所以

$$\iiint\limits_{\Omega_{uvw}}\left(u^2+v^2+\frac{w^2}{2}\right)\mathrm{d}V=\frac{5}{2}\iiint\limits_{\Omega_{uvw}}u^2\mathrm{d}V=\frac{5}{6}\iiint\limits_{\Omega_{uvw}}(u^2+v^2+w^2)\mathrm{d}V$$

$$=\frac{5}{6}\int_0^{2\pi}\mathrm{d}\theta\int_0^{\pi}\mathrm{d}\varphi\int_0^1 r^2\cdot r^2\sin\varphi\mathrm{d}r=\frac{\pi}{3}\left[-\cos\varphi\right]_0^{\pi}\times\left[r^5\right]_0^1=\frac{2\pi}{3},$$

综上计算可得 $M=\frac{1}{\sqrt{2}}\left(\frac{2\pi}{3}+\pi\right)=\frac{5\sqrt{2}\pi}{6}$.

4. 设 $F(x,y)=\int_{x/y}^{xy}(x-yz)f(z)\mathrm{d}z$，其中 f 为可微函数，求 $F''_{xy}(x,y)$.

【参考解答】 由含参积分求导公式，得

$$F'_x=\int_{x/y}^{xy}f(z)\mathrm{d}z+y(x-xy^2)f(xy)-\frac{1}{y}(x-x)f\left(\frac{x}{y}\right)$$
$$=\int_{x/y}^{xy}f(z)\mathrm{d}z+y(x-xy^2)f(xy)=\int_{x/y}^{xy}f(z)\mathrm{d}z+yx(1-y^2)f(xy),$$
$$F''_{xy}=xf(xy)+\frac{x}{y^2}f\left(\frac{x}{y}\right)+x(1-3y^2)f(xy)+x^2y(1-y^2)f'(xy)$$
$$=(2x-3xy^2)f(xy)+\frac{x}{y^2}f\left(\frac{x}{y}\right)+x^2y(1-y^2)f'(xy).$$

5. 利用含参积分求导方法求积分 $I(\alpha)=\int_0^{\pi}\ln(1-2\alpha\cos x+\alpha^2)\mathrm{d}x$.

【参考解答】 当 $\alpha=1$ 时，有

$$I(1)=\int_0^{\pi}\ln(2-2\cos x)\mathrm{d}x=\int_0^{\pi}\left(2\ln2+2\ln\sin\frac{x}{2}\right)\mathrm{d}x$$
$$=2\pi\ln2+2\int_0^{\pi}\ln\sin\frac{x}{2}\mathrm{d}x\left(t=\frac{x}{2}\right)$$
$$=2\pi\ln2+4\int_0^{\pi}\ln\sin t\,\mathrm{d}t=2\pi\ln2+4\left(-\frac{\pi}{2}\ln2\right)=0,$$

当 $\alpha=-1$ 时，类似可得 $I(-1)=\int_0^{\pi}\ln(2+2\cos x)\mathrm{d}x=0$.

当 $|\alpha|\neq1$ 时，则

$$I'(\alpha)=\int_0^{\pi}(\ln(1-2\alpha\cos x+\alpha^2))'_\alpha\mathrm{d}x=\int_0^{\pi}\frac{2\alpha-2\cos x}{1-2\alpha\cos x+\alpha^2}\mathrm{d}x$$
$$=\int_0^{\pi}\left(\frac{1}{\alpha}+\frac{\alpha^2-1}{\alpha}\cdot\frac{1}{1-2\alpha\cos x+\alpha^2}\right)\mathrm{d}x$$
$$=\frac{\pi}{\alpha}+\frac{\alpha^2-1}{\alpha}\int_0^{+\infty}\frac{2\mathrm{d}t}{(1-\alpha)^2+(1+\alpha)^2t^2}$$
$$=\frac{\pi}{\alpha}+\frac{\alpha^2-1}{\alpha}\int_0^{\pi}\frac{\mathrm{d}x}{1-2\alpha\cos x+\alpha^2}\left(t=\tan\frac{x}{2}\right)$$
$$=\frac{\pi}{\alpha}+\frac{\alpha^2-1}{\alpha}\cdot\frac{2}{\alpha^2-1}\arctan\frac{\alpha+1}{\alpha-1}t\Big|_0^{+\infty}.$$

从而可知，当 $|\alpha|<1$ 时，$I'(\alpha)=\frac{\pi}{\alpha}-\frac{\pi}{\alpha}=0$，故 $I(\alpha)=C$. 又 $I(1-0)=I(1)=0$，所以 $I(\alpha)=0$；

当 $|\alpha|>1$ 时，$I'(\alpha)=\frac{\pi}{\alpha}+\frac{\pi}{\alpha}=\frac{2\pi}{\alpha}$，得 $I(\alpha)=2\pi\ln|\alpha|$. 综上可得

$$\int_0^{\pi}\ln(1-2\alpha\cos x+\alpha^2)\mathrm{d}x=\begin{cases}0, & |\alpha|\leqslant 1\\ \pi\ln\alpha^2, & |\alpha|>1\end{cases}.$$

6. 设 $f(x)$ 为连续函数，$F(x)=\int_0^h\left[\int_0^h f(x+\xi+\eta)\mathrm{d}\eta\right]\mathrm{d}\xi$，求 $F''(x)$.

【参考解答】 令 $x+\xi+\eta=u$，则 $F(x)=\int_0^h\left[\int_{x+\xi}^{x+\xi+h}f(u)\mathrm{d}u\right]\mathrm{d}\xi$，于是

$$F'(x)=\int_0^h f(x+\xi+h)\mathrm{d}\xi-\int_0^h f(x+\xi)\mathrm{d}\xi.$$

在第一项中令 $x+\xi+h=v$，在第二项中令 $x+\xi=v$，得

$$F'(x)=\int_{x+h}^{x+2h}f(v)\mathrm{d}v-\int_x^{x+h}f(v)\mathrm{d}v,$$

于是 $F''(x)=f(x+2h)-2f(x+h)+f(x)$.

练习 61 重积分的应用

训练目的

1. 了解重积分中的微元思想.
2. 会利用重积分求物体的面积、体积和形心.
3. 会利用重积分求物体的质量、质心、转动惯量及两物体之间的引力.

基础练习

1. (1) 求由 $y=\sqrt{2px}$，$x=x_0$，$y=0(p>0)$ 所围成的均匀薄片的形心.

(2) 求由 $r^2\leqslant x^2+y^2\leqslant R^2$，$y\geqslant 0$ 所围成的半圆环形均匀平面薄片的形心.

(3) 求由 $z^2=x^2+y^2$，$z=1$ 围成的均匀立体的形心.

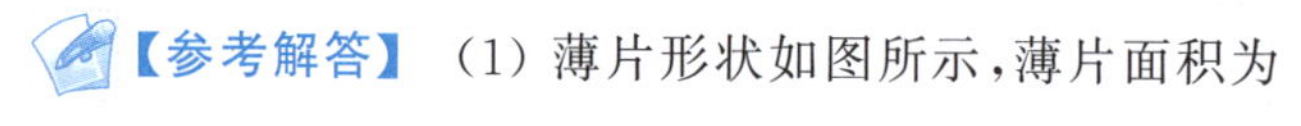

【参考解答】 (1) 薄片形状如图所示，薄片面积为

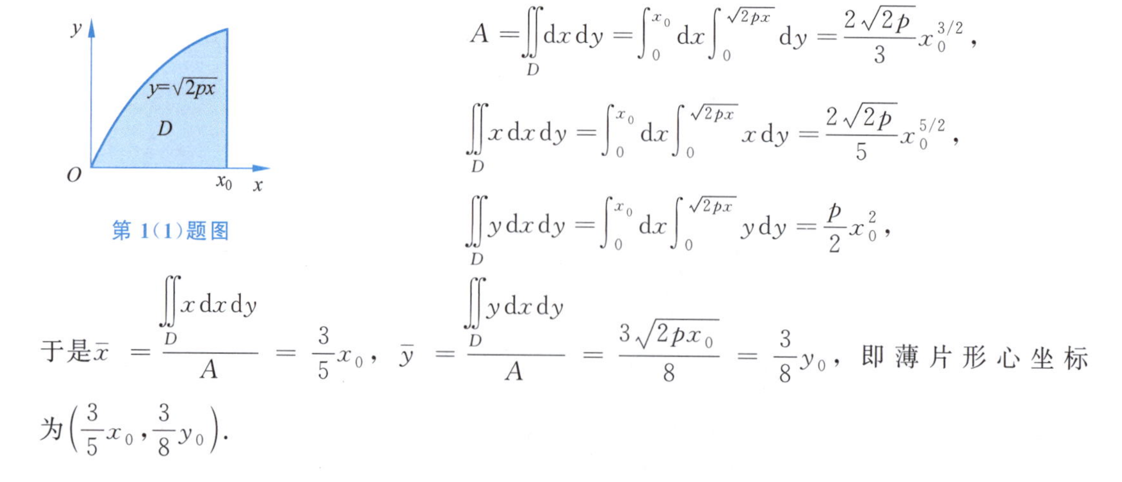

第 1(1)题图

$$A=\iint_D\mathrm{d}x\mathrm{d}y=\int_0^{x_0}\mathrm{d}x\int_0^{\sqrt{2px}}\mathrm{d}y=\frac{2\sqrt{2p}}{3}x_0^{3/2},$$

$$\iint_D x\mathrm{d}x\mathrm{d}y=\int_0^{x_0}\mathrm{d}x\int_0^{\sqrt{2px}}x\mathrm{d}y=\frac{2\sqrt{2p}}{5}x_0^{5/2},$$

$$\iint_D y\mathrm{d}x\mathrm{d}y=\int_0^{x_0}\mathrm{d}x\int_0^{\sqrt{2px}}y\mathrm{d}y=\frac{p}{2}x_0^2,$$

于是 $\bar{x}=\dfrac{\iint_D x\mathrm{d}x\mathrm{d}y}{A}=\dfrac{3}{5}x_0$，$\bar{y}=\dfrac{\iint_D y\mathrm{d}x\mathrm{d}y}{A}=\dfrac{3\sqrt{2px_0}}{8}=\dfrac{3}{8}y_0$，即薄片形心坐标为 $\left(\dfrac{3}{5}x_0,\dfrac{3}{8}y_0\right)$.

(2) 薄片形状如图所示,由对称性可知 $\bar{x}=0$,薄片面积为

$$A=\frac{1}{2}(\pi R^2-\pi r^2)=\frac{\pi}{2}(R^2-r^2),$$

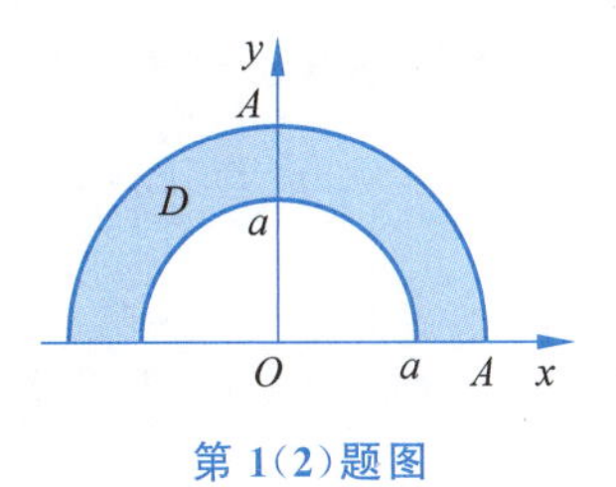

第 1(2)题图

$$\text{又}\iint_D y\,\mathrm{d}x\,\mathrm{d}y=\int_0^{\pi}\mathrm{d}\theta\int_r^R\rho^2\sin\theta\,\mathrm{d}\rho=\frac{2}{3}(R^3-r^3),$$

于是 $\bar{y}=\dfrac{\iint\limits_D y\,\mathrm{d}x\,\mathrm{d}y}{A}=\dfrac{R^3-r^3}{R^2-r^2}\cdot\dfrac{4}{3\pi}$,即薄片形心坐标为 $\left(0,\dfrac{R^3-r^3}{R^2-r^2}\cdot\dfrac{4}{3\pi}\right)$.

(3) 立体形状如图所示,由对称性 $\bar{x}=\bar{y}=0$,立体体积为

$$V=\iiint_{\Omega}\mathrm{d}V=\int_0^1\mathrm{d}z\iint_{x^2+y^2\leqslant z^2}\mathrm{d}x\,\mathrm{d}y=\int_0^1\pi z^2\,\mathrm{d}z=\frac{\pi}{3},$$

$$\iiint_{\Omega}z\,\mathrm{d}V=\int_0^1 z\,\mathrm{d}z\iint_{x^2+y^2\leqslant z^2}\mathrm{d}x\,\mathrm{d}y=\int_0^1\pi z^3\,\mathrm{d}z=\frac{\pi}{4},$$

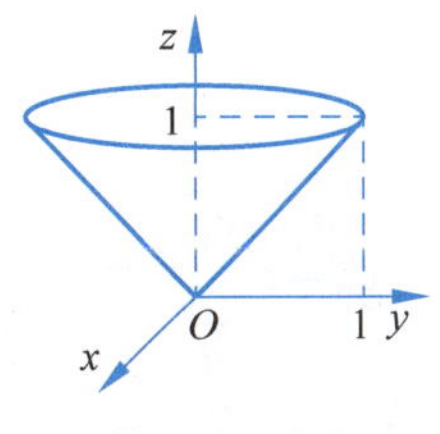

第 1(3)题图

于是 $\bar{z}=\dfrac{\iiint\limits_{\Omega}z\,\mathrm{d}V}{V}=\dfrac{3}{4}$,即均匀立体的形心为 $\left(0,0,\dfrac{3}{4}\right)$.

2. 设半面薄片所占的区域 D 是由抛物线 $y=x^2$ 及直线 $y=x$ 所围成,在点 (x,y) 处的面密度 $\rho(x,y)=x^2y$,求该薄片的质心.

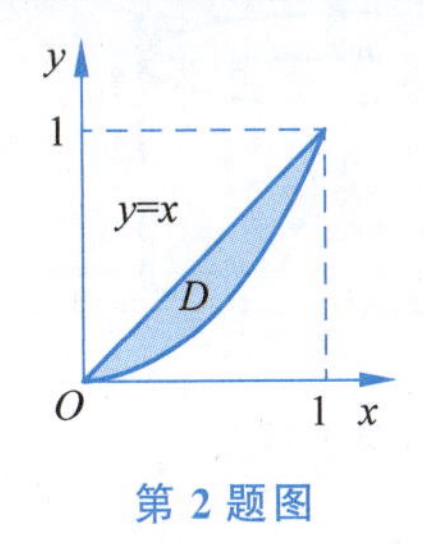

第 2 题图

【参考解答】 薄片所占平面区域 D 如图所示,即

$$D:0\leqslant x\leqslant 1,\ x^2\leqslant y\leqslant x.$$

故薄片质量为

$$M=\iint_D\rho(x,y)\mathrm{d}\sigma=\int_0^1 x^2\mathrm{d}x\int_{x^2}^x y\,\mathrm{d}y=\frac{1}{2}\int_0^1(x^4-x^6)\mathrm{d}x=\frac{1}{35},$$

$$\iint_D x\rho(x,y)\mathrm{d}\sigma=\int_0^1 x^3\mathrm{d}x\int_{x^2}^x y\,\mathrm{d}y=\frac{1}{2}\int_0^1(x^5-x^7)\mathrm{d}x=\frac{1}{48},$$

$$\iint_D y\rho(x,y)\mathrm{d}\sigma=\int_0^1 x^2\mathrm{d}x\int_{x^2}^x y^2\,\mathrm{d}y=\frac{1}{3}\int_0^1(x^5-x^8)\mathrm{d}x=\frac{1}{54},$$

于是质心坐标为

$$\bar{x}=\frac{\iint\limits_D x\rho(x,y)\mathrm{d}\sigma}{M}=\frac{35}{48},\quad \bar{y}=\frac{\iint\limits_D y\rho(x,y)\mathrm{d}\sigma}{M}=\frac{35}{54},$$

因此所求平面薄片的质心为 $\left(\dfrac{35}{48},\dfrac{35}{54}\right)$.

3. 设均匀薄片(密度 $\rho(x,y)=\rho$)所占区域由 $y^2=4ax$,$y=2a$ 及 y 轴围成,求薄片对两坐标轴及原点的转动惯量 I_x,I_y,I_O.

【参考解答】 平面薄片所占平面区域 D 如图所示，于是

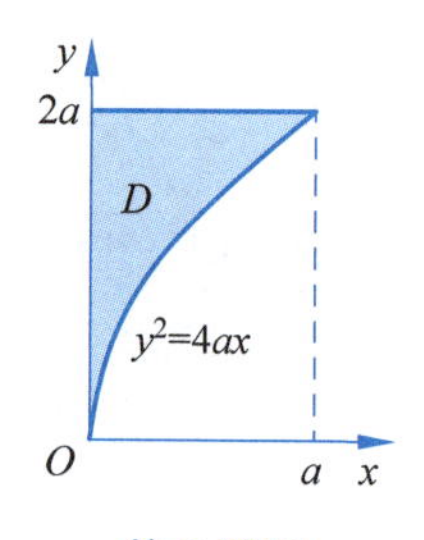

第 3 题图

$$I_x=\iint_D y^2\rho\,\mathrm{d}\sigma=\rho\int_0^{2a}y^2\mathrm{d}y\int_0^{y^2/4a}\mathrm{d}x=\frac{8}{5}\rho a^4,$$

$$I_y=\iint_D x^2\rho\,\mathrm{d}\sigma=\rho\int_0^{2a}\mathrm{d}y\int_0^{y^2/4a}x^2\mathrm{d}x=\frac{2}{21}\rho a^4,$$

$$I_O=I_x+I_y=\frac{8}{5}\rho a^4+\frac{2}{21}\rho a^4=\frac{178}{105}\rho a^4.$$

4. 求一半径为 R 的均匀圆盘在挖去两个互相相切的半径为 $\frac{R}{2}$ 的小圆后对盘心的转动惯量.

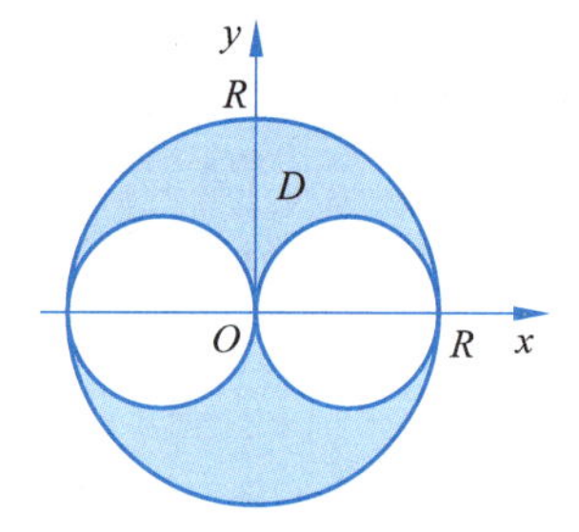

第 4 题图

【参考解答】 设圆盘面密度为常数 μ. 如图所示建立坐标系，盘面所占平面区域为 D，关于两坐标轴对称. 因此有

$$I_O=\iint_D(x^2+y^2)\mu\,\mathrm{d}\sigma=4\mu\int_0^{\pi/2}\mathrm{d}\theta\int_{R\cos\theta}^{R}\rho^3\mathrm{d}\rho$$

$$=\mu R^4\int_0^{\pi/2}(1-\cos^4\theta)\mathrm{d}\theta=\frac{5\pi\mu}{16}R^4,$$

所以盘面对盘心的转动惯量为 $\frac{5\pi\mu}{16}R^4$.

5. 求底面半径为 a，高为 h 的均匀圆柱体对于过中心轴的转动惯量(密度 $\rho=1$).

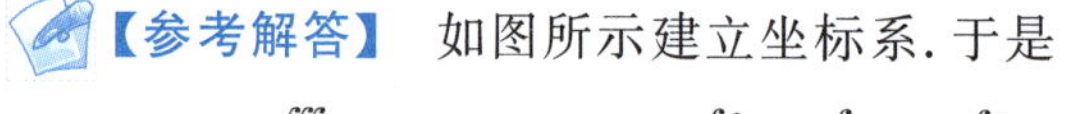
【参考解答】 如图所示建立坐标系. 于是

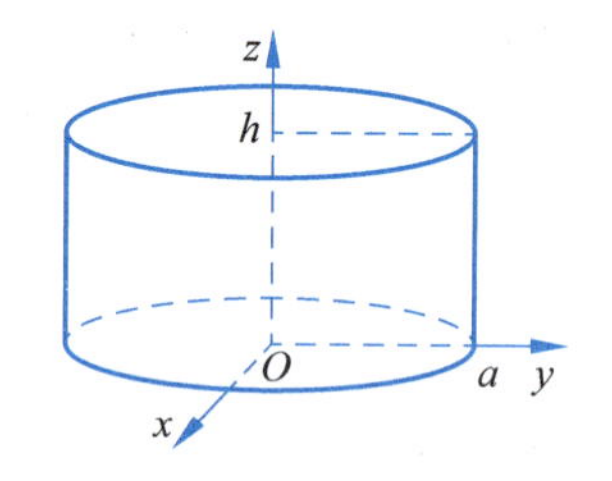

第 5 题图

$$I_z=\iiint_\Omega(x^2+y^2)\mathrm{d}V=\int_0^{2\pi}\mathrm{d}\theta\int_0^a\rho\,\mathrm{d}\rho\int_0^h\rho^2\mathrm{d}z$$

$$=2\pi h\int_0^a\rho^3\mathrm{d}\rho=\frac{\pi h}{2}a^4=\frac{M}{2}a^2,$$

因此所求转动惯量为 $\frac{M}{2}a^2$，其中 $M=\pi a^2h$ 为该圆柱体的质量.

综合练习

6. 球体 $x^2+y^2+z^2\leqslant 2Rz$ 内，各点处的体密度等于该点到坐标原点距离的平方，试求该球体的质心.

【参考解答】 如图所示，球体所占区域为 $x^2+y^2+z^2\leqslant 2Rz$，即 $x^2+y^2+(z-R)^2\leqslant R^2$.

由对称性知 $\bar{x}=\bar{y}=0$. 又由 $\mu(x,y,z)=x^2+y^2+z^2$ 得

$$M=\iiint_\Omega(x^2+y^2+z^2)\mathrm{d}V=\int_0^{2\pi}\mathrm{d}\theta\int_0^{\pi/2}\sin\varphi\,\mathrm{d}\varphi\int_0^{2R\cos\varphi}r^4\mathrm{d}r=\frac{64\pi R^5}{5}\int_0^{\pi/2}\sin\varphi\cos^5\varphi\,\mathrm{d}\varphi=\frac{32\pi R^5}{15},$$

$$\iiint_\Omega z(x^2+y^2+z^2)\mathrm{d}V=\int_0^{2\pi}\mathrm{d}\theta\int_0^{\pi/2}\sin\varphi\,\mathrm{d}\varphi\int_0^{2R\cos\varphi}r\cos\varphi\cdot r^4\mathrm{d}r=\frac{64\pi R^6}{3}\int_0^{\pi/2}\sin\varphi\cos^7\varphi\,\mathrm{d}\varphi=\frac{8\pi R^6}{3},$$

于是有$\bar{z}=\dfrac{\iiint\limits_{\Omega} z(x^2+y^2+z^2)\mathrm{d}V}{M}=\dfrac{5R}{4}$，所以质心为$\left(0,0,\dfrac{5}{4}R\right)$.

7. 一均匀物体（密度ρ为常数）占有的闭区域Ω由曲面$z=x^2+y^2$和平面$z=0$，$|x|=a$，$|y|=a$所围成.（1）求物体的体积；（2）求物体的质心；（3）求物体关于z轴的转动惯量.

【参考解答】（1）Ω如图所示.由对称性可知

$$V=4\int_0^a \mathrm{d}x\int_0^a \mathrm{d}y\int_0^{x^2+y^2}\mathrm{d}z=4\int_0^a \mathrm{d}x\int_0^a (x^2+y^2)\mathrm{d}y$$
$$=4\int_0^a \left(ax^2+\frac{a^2}{3}\right)\mathrm{d}x=4\left(\frac{a^4}{3}+\frac{a^4}{3}\right)=\frac{8}{3}a^4.$$

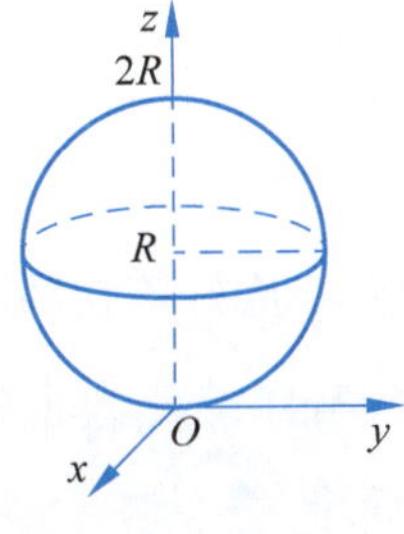

第6题图

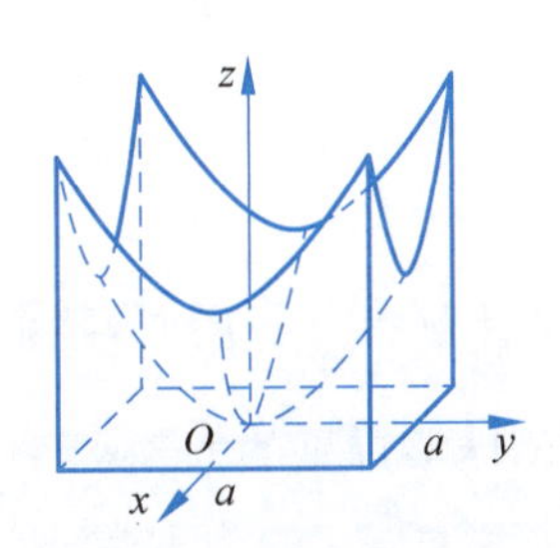

第7题图

（2）均匀物体质心即形心.由对称性可知$\bar{x}=\bar{y}=0$，且有

$$\bar{z}=\frac{1}{V}\iiint\limits_{\Omega} z\mathrm{d}V=\frac{4}{V}\int_0^a \mathrm{d}x\int_0^a \mathrm{d}y\int_0^{x^2+y^2} z\mathrm{d}z$$
$$=\frac{2}{V}\int_0^a \mathrm{d}x\int_0^a (x^4+2x^2y^2+y^4)\mathrm{d}y=\frac{2}{V}\int_0^a \left(ax^4+\frac{2a^3}{3}x^2+\frac{a^5}{5}\right)\mathrm{d}x$$
$$=\frac{2}{V}\cdot\frac{27}{45}a^6=\frac{7}{15}a^2,$$

所以质心为$\left(0,0,\dfrac{7}{15}a^2\right)$.

（3）$$I_z=\iiint\limits_{\Omega}\rho(x^2+y^2)\mathrm{d}V=4\rho\int_0^a \mathrm{d}x\int_0^a \mathrm{d}y\int_0^{x^2+y^2}(x^2+y^2)\mathrm{d}z$$
$$=4\rho\int_0^a \mathrm{d}x\int_0^a (x^4+2x^2y^2+y^4)\mathrm{d}y=4\rho\cdot\frac{28}{45}a^6=\frac{112}{45}\rho a^6.$$

8. 求密度均匀的半圆环对位于圆心的一单位质点的引力，其中半圆环的内、外半径分别为r、R.

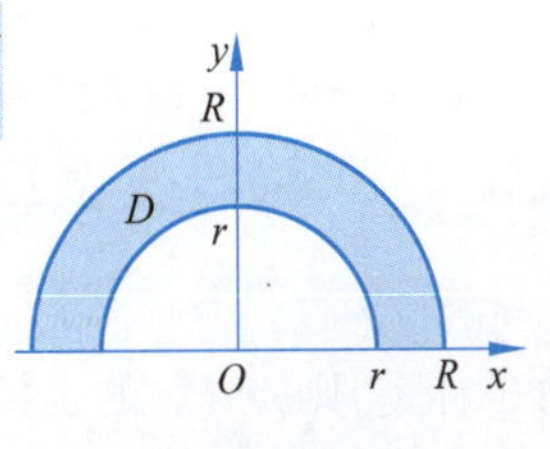

第8题图

【参考解答】如图所示建立坐标系.设圆环对质点的引力为$\boldsymbol{F}=(F_x,F_y)$，由题意可知$F_x=0$，

$$F_y=\iint\limits_{D}\frac{G\mu}{x^2+y^2}\cdot\frac{y}{\sqrt{x^2+y^2}}\mathrm{d}x\mathrm{d}y=G\mu\int_0^{\pi}\mathrm{d}\theta\int_r^R \frac{\rho\sin\theta}{\rho^3}\cdot\rho\mathrm{d}\rho$$

$$=G\mu\int_0^{\pi}\sin\theta\mathrm{d}\theta\int_r^R\frac{1}{\rho}\mathrm{d}\rho=2G\mu\ln\frac{R}{r},$$

故半圆环对位于圆心的一单位质点的引力为 $\boldsymbol{F}=\left(0,2G\mu\ln\frac{R}{r}\right)$.

9. 在某一生产过程中,在均匀半圆形薄片的直径上,要接上一个一边与直径等长的均匀矩形薄片,为了使整个均匀薄片的质心恰好落在圆心上,问接上去的均匀矩形薄片的另一边长度应是多少?

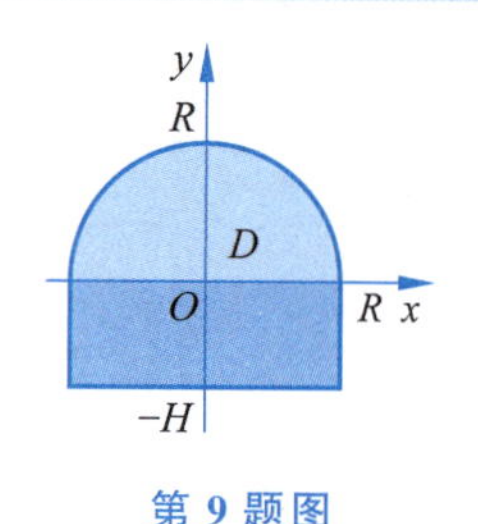

第 9 题图

【参考解答】 如图所示,设半圆形的半径为 R,所求矩形另一边的长度为 H,又设密度为 $\rho=1$,由对称性可知,$\bar{x}=0$,由题意,$\bar{y}=0$,即有

$$\iint_D y\mathrm{d}x\mathrm{d}y=\int_{-R}^{R}\mathrm{d}x\int_{-H}^{\sqrt{R^2-x^2}}y\mathrm{d}y=\frac{1}{2}\int_{-R}^{R}(R^2-H^2-x^2)\mathrm{d}x$$
$$=\frac{2}{3}R^3-H^2R=0,$$

解得 $H=\sqrt{\frac{2}{3}}R$,故当 $H=\sqrt{\frac{2}{3}}R$ 时,整个均匀薄片的质心恰好落在圆心上.

10. 半径为 R 的球形行星的大气密度为 $\mu=\mu_0\mathrm{e}^{-ch}$,其中 h 为行星表面上方的高度,μ_0 为行星表面上的大气密度,$c>0$ 为常数,求行星大气的质量.

【参考解答】 以球心为原点建立坐标系,由题意可知,行星的大气密度为

$$\mu(x,y,z)=\mu_0\mathrm{e}^{-c(\sqrt{x^2+y^2+z^2}-R)},$$

且$\sqrt{x^2+y^2+z^2}\to+\infty$,则行星大气的质量为

$$M=\iiint_{\Omega}\mu_0\mathrm{e}^{-c(\sqrt{x^2+y^2+z^2}-R)}\mathrm{d}V$$
$$=\mu_0\int_0^{2\pi}\mathrm{d}\theta\int_0^{\pi}\sin\varphi\mathrm{d}\varphi\int_R^{+\infty}\mathrm{e}^{-c(r-R)}r^2\cdot\mathrm{d}r$$
$$=4\pi\mu_0\mathrm{e}^{cR}\int_R^{+\infty}\mathrm{e}^{-cr}r^2\mathrm{d}r=4\pi\mu_0\left(\frac{R^2}{c}+\frac{2R}{c^2}+\frac{2}{c^3}\right),$$

其中

$$\int_R^{+\infty}\mathrm{e}^{-cr}r^2\mathrm{d}r=-\frac{1}{c}\left[r^2\mathrm{e}^{-cr}\Big|_R^{+\infty}-\int_R^{+\infty}\mathrm{e}^{-cr}\cdot2r\mathrm{d}r\right]=\left(\frac{R^2}{c}+\frac{2R}{c^2}+\frac{2}{c^3}\right)\mathrm{e}^{-cr}.$$

考研与竞赛练习

1. 设有一半径为 R 的球体,P_0 是此球表面上的一个定点,球体上任一点的密度与该点到 P_0 距离的平方成正比(比例系数 $k>0$),求球体的重心位置.

【参考解答】 记球体为 Ω,以球心为坐标原点 O,射线 OP_0 为 x 的正半轴建立直角坐标系,则点 P_0 的坐标为$(R,0,0)$,球面的方程为 $x^2+y^2+z^2=R^2$,球体密度函数为

$$\mu(x,y,z)=k[(x-R)^2+y^2+z^2].$$

由对称性得 $\bar{y}=0,\bar{z}=0$. 球体的质量为

$$M=\iiint_{\Omega}\mu(x,y,z)\mathrm{d}V=k\iiint_{\Omega}[(x-R)^2+y^2+z^2]\mathrm{d}V$$

$$=k\iiint_{\Omega}(x^2+y^2+z^2)\mathrm{d}V+k\iiint_{\Omega}R^2\mathrm{d}V$$

$$=8k\int_0^{\pi/2}\mathrm{d}\theta\int_0^{\pi/2}\mathrm{d}\varphi\int_0^R r^2\cdot r^2\sin\varphi\mathrm{d}r+\frac{4}{3}\pi kR^5=\frac{32}{15}\pi kR^5,$$

$$\iiint_{\Omega}x\mu(x,y,z)\mathrm{d}V=k\iiint_{\Omega}x[(x-R)^2+y^2+z^2]\mathrm{d}V$$

$$=-2kR\iiint_{\Omega}x^2\mathrm{d}V=-\frac{2kR}{3}\iiint_{\Omega}(x^2+y^2+z^3)\mathrm{d}V=-\frac{8}{15}\pi kR^6,$$

于是 $\bar{x}=\dfrac{\iiint_{\Omega}x\mu(x,y,z)\mathrm{d}V}{M}=-\dfrac{R}{4}$, 所以球体 Ω 的重心位置为 $\left(-\dfrac{R}{4},0,0\right)$.

【注】 根据坐标系建立的不同,重心位置会有所不同.

2. 设直线 L 过 $A(1,0,0),B(0,1,1)$ 两点, L 绕 z 轴旋转一周得到曲面 Σ, Σ 与平面 $z=0,z=2$ 所围成的立体为 Ω. (1)求曲面 Σ 的方程; (2)求 Ω 的形心坐标.

【参考解答】 (1) 直线 L 的方向向量取为 $\boldsymbol{s}=\overrightarrow{AB}=(-1,1,1)$, 直线的标准方程为 $\dfrac{x-1}{-1}=\dfrac{y}{1}=\dfrac{z}{1}$, 由此可得其参数方程为 $x=1-t,y=t,z=t$, 所以绕 z 轴旋转一周得到曲面 Σ 的参数方程为

$$x=\sqrt{(1-t)^2+t^2}\cos\theta,\quad y=\sqrt{(1-t)^2+t^2}\sin\theta,\quad z=t,$$

消去参数 θ,t, 得曲面 Σ 的方程为

$$x^2+y^2=(1-z)^2+z^2.$$

(2) 由 Ω 关于 yOz,xOz 坐标面均对称, 于是可得 $\bar{x}=\bar{y}=0$. 由于积分区域可以描述为

$$\Omega: 0\leqslant z\leqslant 2, x^2+y^2\leqslant(1-z)^2+z^2,$$

因此由三重积分先二后一的截面法得

$$V=\iiint_{\Omega}\mathrm{d}V=\int_0^2\mathrm{d}z\iint_{x^2+y^2\leqslant(1-z)^2+z^2}\mathrm{d}x\mathrm{d}y=\pi\int_0^2(2z^2-2z+1)\mathrm{d}z=\frac{10}{3}\pi,$$

$$\iiint_{\Omega}z\mathrm{d}V=\int_0^2 z\mathrm{d}z\iint_{x^2+y^2\leqslant(1-z)^2+z^2}\mathrm{d}x\mathrm{d}y=\pi\int_0^2 z(2z^2-2z+1)\mathrm{d}z=\frac{14}{3}\pi,$$

于是 $\bar{z}=\dfrac{\iiint_{\Omega}z\mathrm{d}V}{V}=\dfrac{7}{5}$, 即 Ω 的形心坐标为 $\left(0,0,\dfrac{7}{5}\right)$.

3. 设 Ω 是由锥面 $x^2+(y-z)^2=(1-z)^2(0\leqslant z\leqslant 1)$ 与平面 $z=0$ 所围成的锥体, 求 Ω 的形心坐标.

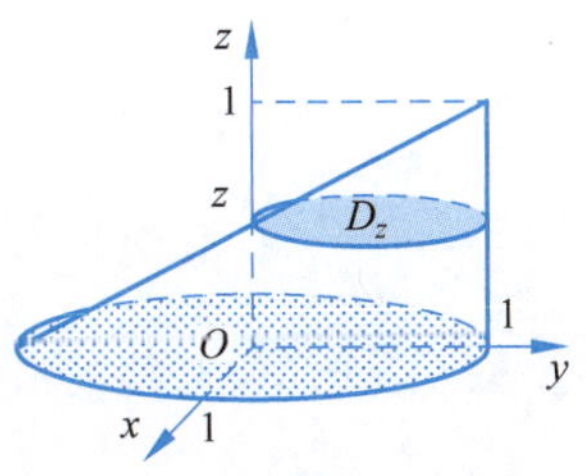

第 3 题图

【参考解答】 **【法 1】** 由于图形关于 yOz 平面对称,

所以 $\bar{x}=0$. 由先二后一截面法，$\forall z\in[0,1]$，对应截面区域为 D_z：$x^2+(y-z)^2\leqslant(1-z)^2$，即位于平面 $z=z$ 上圆心在 $(0,z,z)$，半径为 $1-z$ 的圆（见图），则有

$$V=\iiint_{\Omega}\mathrm{d}V=\int_0^1\mathrm{d}z\iint_{D_z}\mathrm{d}x\mathrm{d}y=\int_0^1\pi(1-z)^2\mathrm{d}z=\pi\left[-\frac{1}{3}(1-z)^3\right]_0^1=\frac{\pi}{3},$$

$$\iiint_{\Omega}z\mathrm{d}V=\int_0^1\mathrm{d}z\iint_{D_z}z\mathrm{d}x\mathrm{d}y=\int_0^1 z[\pi(1-z)^2]\mathrm{d}z=\pi\int_0^1(z^3-2z^2+z)\mathrm{d}z=\frac{\pi}{12},$$

$$\iiint_{\Omega}y\mathrm{d}V=\int_0^1\mathrm{d}z\iint_{D_z}y\mathrm{d}x\mathrm{d}y=\int_0^1\mathrm{d}z\int_0^{2\pi}\mathrm{d}\theta\int_0^{1-z}(z+\rho\sin\theta)\rho\mathrm{d}\rho=\int_0^1\mathrm{d}z\int_0^{2\pi}\left[\frac{1}{2}\rho^2z+\frac{1}{3}\rho^3\sin\theta\right]_0^{1-z}\mathrm{d}\theta$$

$$=\int_0^1\mathrm{d}z\int_0^{2\pi}\left[\frac{1}{2}(1-z)^2z+\frac{1}{3}(1-z)^3\sin\theta\right]\mathrm{d}\theta$$

$$=\int_0^1\left[\frac{1}{2}(1-z)^2z\theta\right]_0^{2\pi}\mathrm{d}z=\pi\int_0^1(1-z)^2z\mathrm{d}z=\frac{\pi}{12},$$

于是 $\bar{y}=\dfrac{\iiint_{\Omega}y\mathrm{d}V}{V}=\dfrac{1}{4}$，$\bar{z}=\dfrac{\iiint_{\Omega}z\mathrm{d}V}{V}=\dfrac{1}{4}$，即形心坐标为 $\left(0,\dfrac{1}{4},\dfrac{1}{4}\right)$.

【法 2】 由于图形关于 yOz 平面对称，所以 $\bar{x}=0$. 令 $x=u$，$y-z=v$，$1-z=w$，则 Ω：$\to\Omega_{uvw}$：$u^2+v^2=w^2(0\leqslant w\leqslant 1)$，且

$$x=u,y=v+1-w,z=1-w,\quad\left|\frac{\partial(x,y,z)}{\partial(u,v,w)}\right|=\left\|\begin{matrix}1&0&0\\0&1&-1\\0&0&-1\end{matrix}\right\|=1,$$

于是由重积分换元公式，得

$$V=\iiint_{\Omega}\mathrm{d}V=\iiint_{\Omega_{uvw}}\mathrm{d}V=\int_0^1\mathrm{d}w\iint_{u^2+v^2\leqslant w^2}\mathrm{d}u\mathrm{d}v=\int_0^1\pi w^2\mathrm{d}w=\frac{\pi}{3},$$

$$\iiint_{\Omega}y\mathrm{d}V=\iiint_{\Omega_{uvw}}(v+1-w)\mathrm{d}u\mathrm{d}v\mathrm{d}w=\iiint_{\Omega_{uvw}}(1-w)\mathrm{d}u\mathrm{d}v\mathrm{d}w$$

$$=\int_0^1(1-w)\mathrm{d}w\iint_{u^2+v^2\leqslant w^2}\mathrm{d}u\mathrm{d}v=\int_0^1\pi(1-w)w^2\mathrm{d}w=\frac{\pi}{12},$$

$$\iiint_{\Omega}z\mathrm{d}V=\iiint_{\Omega_{uvw}}(1-w)\mathrm{d}u\mathrm{d}v\mathrm{d}w=\frac{\pi}{12},$$

于是 $\bar{y}=\dfrac{\iiint_{\Omega}y\mathrm{d}V}{V}=\dfrac{1}{4}$，$\bar{z}=\dfrac{\iiint_{\Omega}z\mathrm{d}V}{V}=\dfrac{1}{4}$，即形心坐标为 $\left(0,\dfrac{1}{4},\dfrac{1}{4}\right)$.

4. 设 l 是过原点，方向为 (α,β,γ)（其中 $\alpha^2+\beta^2+\gamma^2=1$）的直线，均匀椭球体 $\dfrac{x^2}{a^2}+\dfrac{y^2}{b^2}+\dfrac{z^2}{c^2}\leqslant 1$（其中 $0<c<b<a$，密度为 1）绕 l 旋转. (1) 求其转动惯量；(2) 求其转动惯量关于方向 (α,β,γ) 的最大值和最小值.

【参考答案】 (1) 记 $\Omega=\left\{(x,y,z)\mid\dfrac{x^2}{a^2}+\dfrac{y^2}{b^2}+\dfrac{z^2}{c^2}\leqslant 1\right\}$，设旋转轴 l 的方向向量为

$\boldsymbol{s}=(\alpha,\beta,\gamma)$，椭球内任意点 $P(x,y,z)$ 的径向量为 $\boldsymbol{r}$，则点 P 到旋转轴 l 距离的平方为

$$d^2=|\boldsymbol{r}\times\boldsymbol{s}|^2=(1-\alpha^2)x^2+(1-\beta^2)y^2+(1-\gamma^2)z^2-2\alpha\beta xy-2\beta\gamma yz-2\alpha\gamma xz,$$

由积分区域的对称性可知

$$\iiint\limits_{\Omega}(2\alpha\beta xy+2\beta\gamma yz+2\alpha\gamma xz)\mathrm{d}V=0,$$

$$\iiint\limits_{\Omega}x^2\mathrm{d}V=\int_{-a}^{a}x^2\mathrm{d}x\iint\limits_{\frac{y^2}{b^2}+\frac{z^2}{c^2}\leqslant 1-\frac{x^2}{a^2}}\mathrm{d}\sigma=\pi ab\int_{-a}^{a}x^2\left(1-\frac{x^2}{a^2}\right)\mathrm{d}x=\frac{4a^3bc\pi}{15},$$

同理可得 $\iiint\limits_{\Omega}y^2\mathrm{d}V=\frac{4ab^3c\pi}{15}$，$\iiint\limits_{\Omega}z^2\mathrm{d}V=\frac{4abc^3\pi}{15}$. 由转动惯量的定义，有

$$I_l=\iiint\limits_{\Omega}d^2\mathrm{d}V=\frac{4abc\pi}{15}[(1-\alpha^2)a^2+(1-\beta^2)b^2+(1-\gamma^2)c^2].$$

(2) 考虑函数 $V(\alpha,\beta,\gamma)=(1-\alpha^2)a^2+(1-\beta^2)b^2+(1-\gamma^2)c^2$ 在 $\alpha^2+\beta^2+\gamma^2=1$ 约束条件下的条件极值. 由拉格朗日乘数法，设

$$L(\alpha,\beta,\gamma,\lambda)=(1-\alpha^2)a^2+(1-\beta^2)b^2+(1-\gamma^2)c^2+\lambda(\alpha^2+\beta^2+\gamma^2-1),$$

令 $L'_\alpha(\alpha,\beta,\gamma,\lambda)=L'_\beta(\alpha,\beta,\gamma,\lambda)=L'_\gamma(\alpha,\beta,\gamma,\lambda)=L'_\lambda(\alpha,\beta,\gamma,\lambda)=0$，解得驻点坐标为 $Q_1(\pm1,0,0)$，$Q_2(0,\pm1,0)$，$Q_3(0,0,\pm1)$，对应

$$I(Q_1)=\frac{4abc\pi}{15}(b^2+c^2),\quad I(Q_2)=\frac{4abc\pi}{15}(a^2+c^2),\quad I(Q_3)=\frac{4abc\pi}{15}(a^2+b^2).$$

比较可知，绕 z 轴(短轴)的转动惯量最大，并且有 $I_{\max}=\frac{4abc\pi}{15}(a^2+b^2)$. 绕 x 轴(长轴)的转动惯量最小，并且有 $I_{\min}=\frac{4abc\pi}{15}(b^2+c^2)$.

5. 求高为 H、底半径为 R 且密度均匀的圆柱体对圆柱底面中心一单位质点的引力.

【参考解答】 如图所示，以圆柱体底面中心为原点，过中心轴向上为 z 轴建立直角坐标系，则

$$\Omega: x^2+y^2\leqslant R^2, 0\leqslant z\leqslant H.$$

由对称性知引力为 $\boldsymbol{F}=(F_x,F_y,F_z)=(0,0,F_z)$，其中

$$F_z=\iiint\limits_{\Omega}\frac{G\mu z\mathrm{d}V}{(x^2+y^2+z^2)^{3/2}}=\int_0^{2\pi}\mathrm{d}\theta\int_0^R\rho\mathrm{d}\rho\int_0^H\frac{G\mu z}{\sqrt{(\rho^2+z^2)^3}}\mathrm{d}z$$

$$=2\pi G\mu\int_0^R\left(1-\frac{\rho}{\sqrt{\rho^2+H^2}}\right)\mathrm{d}\rho=2\pi G\mu(R+H-\sqrt{R^2+H^2}),$$

所以所求引力为 $\boldsymbol{F}=(0,0,2\pi G\mu(R+H-\sqrt{R^2+H^2}))$.

第 5 题图

第八单元　重积分测验(A)

一、填空题(每小题 3 分，共 15 分)

1. 设 D 由 $y=\sqrt{x}$ 和 $y=x^2$ 所围成，则 $\iint\limits_{D}x\sqrt{y}\,\mathrm{d}\sigma=$________.

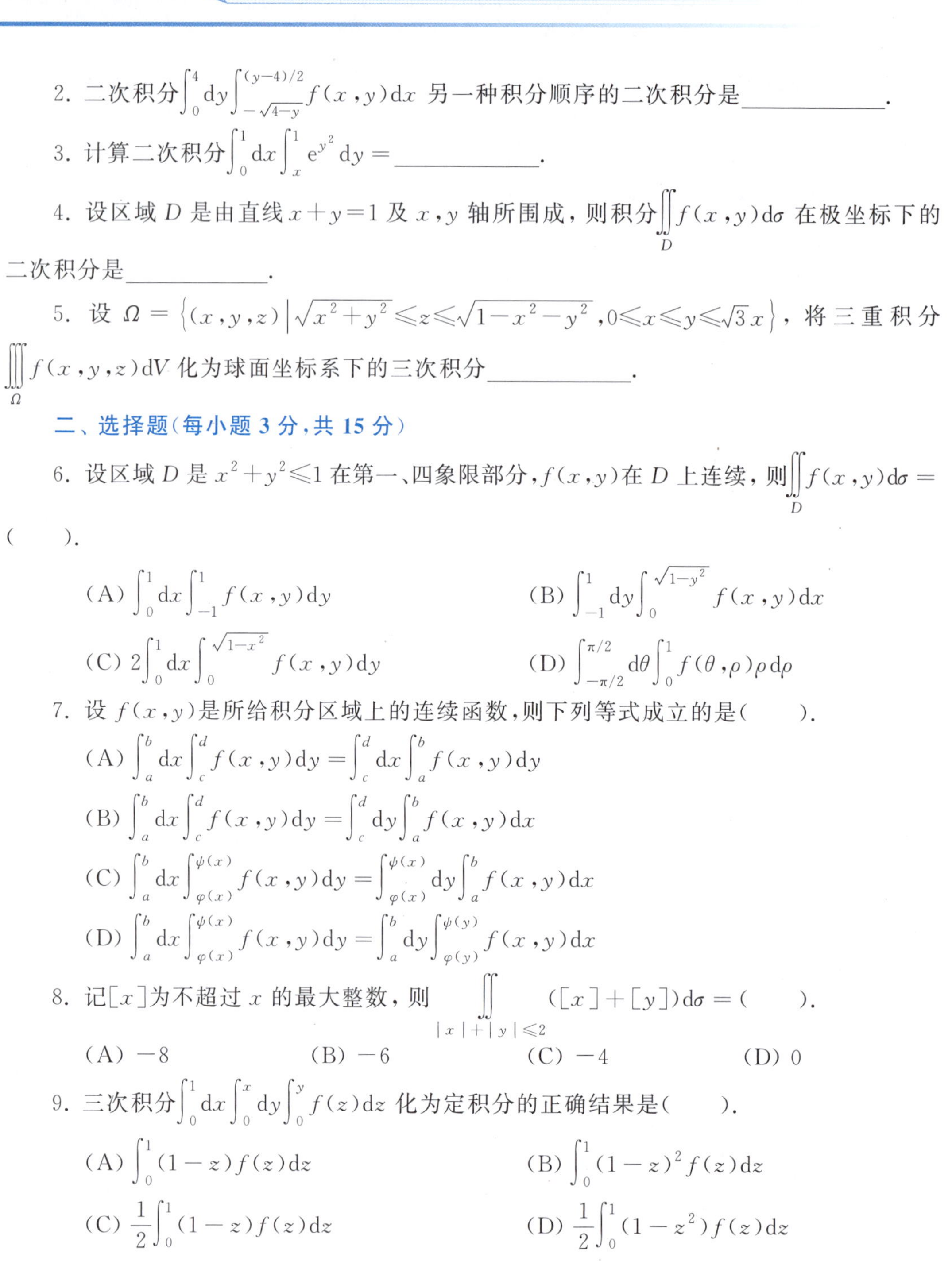

2. 二次积分$\int_0^4 \mathrm{d}y\int_{-\sqrt{4-y}}^{(y-4)/2} f(x,y)\mathrm{d}x$ 另一种积分顺序的二次积分是__________.

3. 计算二次积分$\int_0^1 \mathrm{d}x\int_x^1 \mathrm{e}^{y^2}\mathrm{d}y=$__________.

4. 设区域 D 是由直线 $x+y=1$ 及 x,y 轴所围成，则积分$\iint\limits_D f(x,y)\mathrm{d}\sigma$ 在极坐标下的二次积分是__________.

5. 设 $\Omega=\left\{(x,y,z)\,\middle|\,\sqrt{x^2+y^2}\leqslant z\leqslant\sqrt{1-x^2-y^2},0\leqslant x\leqslant y\leqslant\sqrt{3}x\right\}$，将三重积分$\iiint\limits_\Omega f(x,y,z)\mathrm{d}V$ 化为球面坐标系下的三次积分__________.

二、选择题（每小题 3 分，共 15 分）

6. 设区域 D 是 $x^2+y^2\leqslant1$ 在第一、四象限部分，$f(x,y)$在 D 上连续，则$\iint\limits_D f(x,y)\mathrm{d}\sigma=$（　　）.

(A) $\int_0^1 \mathrm{d}x\int_{-1}^1 f(x,y)\mathrm{d}y$　　(B) $\int_{-1}^1 \mathrm{d}y\int_0^{\sqrt{1-y^2}} f(x,y)\mathrm{d}x$

(C) $2\int_0^1 \mathrm{d}x\int_0^{\sqrt{1-x^2}} f(x,y)\mathrm{d}y$　　(D) $\int_{-\pi/2}^{\pi/2}\mathrm{d}\theta\int_0^1 f(\theta,\rho)\rho\,\mathrm{d}\rho$

7. 设 $f(x,y)$是所给积分区域上的连续函数，则下列等式成立的是（　　）.

(A) $\int_a^b \mathrm{d}x\int_c^d f(x,y)\mathrm{d}y=\int_c^d \mathrm{d}x\int_a^b f(x,y)\mathrm{d}y$

(B) $\int_a^b \mathrm{d}x\int_c^d f(x,y)\mathrm{d}y=\int_c^d \mathrm{d}y\int_a^b f(x,y)\mathrm{d}x$

(C) $\int_a^b \mathrm{d}x\int_{\varphi(x)}^{\psi(x)} f(x,y)\mathrm{d}y=\int_{\varphi(x)}^{\psi(x)} \mathrm{d}y\int_a^b f(x,y)\mathrm{d}x$

(D) $\int_a^b \mathrm{d}x\int_{\varphi(x)}^{\psi(x)} f(x,y)\mathrm{d}y=\int_a^b \mathrm{d}y\int_{\varphi(y)}^{\psi(y)} f(x,y)\mathrm{d}x$

8. 记$[x]$为不超过 x 的最大整数，则$\iint\limits_{|x|+|y|\leqslant2}([x]+[y])\mathrm{d}\sigma=$（　　）.

(A) -8　　(B) -6　　(C) -4　　(D) 0

9. 三次积分$\int_0^1 \mathrm{d}x\int_0^x \mathrm{d}y\int_0^y f(z)\mathrm{d}z$ 化为定积分的正确结果是（　　）.

(A) $\int_0^1 (1-z)f(z)\mathrm{d}z$　　(B) $\int_0^1 (1-z)^2 f(z)\mathrm{d}z$

(C) $\frac{1}{2}\int_0^1 (1-z)f(z)\mathrm{d}z$　　(D) $\frac{1}{2}\int_0^1 (1-z^2)f(z)\mathrm{d}z$

10. 质量分布均匀（设密度为 μ）的立方体占有空间区域 $\Omega=\{(x,y,z)\mid 0\leqslant x\leqslant1,0\leqslant y\leqslant1,0\leqslant z\leqslant1\}$，该立方体对 z 轴的转动惯量 $I_z=$（　　）.

(A) $\frac{1}{3}\mu$　　(B) $\frac{2}{3}\mu$　　(C) μ　　(D) $\frac{4}{3}\mu$

三、解答题（共 70 分）

11. （6 分）计算$\iint\limits_D |x-y|\mathrm{d}\sigma$，$D=\{(x,y)\mid x^2+y^2\leqslant1,x\geqslant0,y\geqslant0\}$.

12.（6 分）计算 $I=\int_{1/4}^{1/2}\mathrm{d}y\int_{1/2}^{\sqrt{y}}\mathrm{e}^{y/x}\,\mathrm{d}x+\int_{1/2}^{1}\mathrm{d}y\int_{y}^{\sqrt{y}}\mathrm{e}^{y/x}\,\mathrm{d}x$.

13.（6 分）计算由曲线 $y=\mathrm{e}^x$，$y=\mathrm{e}^{2x}$，$x=1$ 所围成的图形区域的面积.

14.（6 分）计算三重积分 $I=\iiint\limits_{\Omega}z\,\mathrm{d}V$，其中 Ω 由锥面 $z=\dfrac{h}{R}\sqrt{x^2+y^2}$ 与平面 $z=h$ $(R>0,h>0)$所围成.

15.（6 分）求由平面 $x=0$，$y=0$，$x+y=1$ 所围成的柱体被平面 $z=0$ 及抛物柱面 $z=2-x^2$ 所截得的立体的体积.

16.（8 分）设球体 $x^2+y^2+z^2\leqslant R^2$ 内任一点(x,y,z)处的体密度为 $\mu=(x+y+z)^2$，试求该球体的质量.

17.（8 分）在底半径为 R，高为 H 的圆锥体上，拼加一个同半径共底的半球，要使得整个立体的重心落在球心上，求 R 和 H 的关系（设立体的密度为 μ）.

18.（8 分）设平面区域 D 在 x 轴和 y 轴上投影区间的长度分别为 l_x 和 l_y，(α,β)为 D 内任意一点，证明：$\left|\iint\limits_{D}(x-\alpha)(y-\beta)\mathrm{d}\sigma\right|\leqslant\dfrac{l_x^2l_y^2}{4}$.

19.（8 分）设函数 $f(t)$在$[0,+\infty)$上可导，且满足

$$f(t)=\mathrm{e}^{\pi t^2}+\iint\limits_{D}f(\sqrt{x^2+y^2})\mathrm{d}\sigma,$$

其中 $D=\{(x,y)\mid x^2+y^2\leqslant t^2\}$. 求 $f(t)$.

20.（8 分）证明：由曲面$(z-a)\varphi(x)+(z-b)\varphi(y)=0(a>0,b>0,\varphi$ 为任意的正值函数$)$，$x^2+y^2=c^2(c>0)$及 $z=0$ 所围成的立体的体积为 $V=\dfrac{\pi}{2}c^2(a+b)$.

第八单元　重积分测验(A)参考解答

一、填空题

【参考解答】 1.【法 1】 积分区域 D 如图所示，积分区域可以描述为 $D=\{(x,y)\mid 0\leqslant x\leqslant 1,x^2\leqslant y\leqslant\sqrt{x}\}$，于是可得

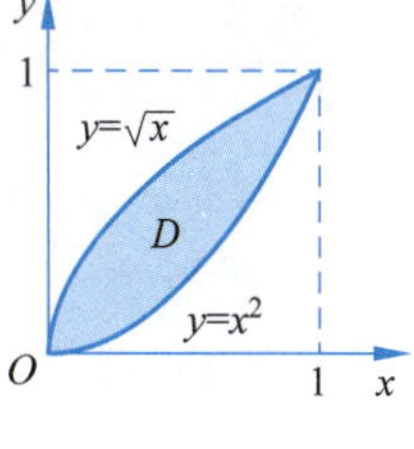

第 1 题图

$$\iint\limits_{D}x\sqrt{y}\,\mathrm{d}\sigma=\int_0^1\mathrm{d}x\int_{x^2}^{\sqrt{x}}x\sqrt{y}\,\mathrm{d}y=\int_0^1\left[x\,\frac{2y^{3/2}}{3}\right]_{x^2}^{\sqrt{x}}\mathrm{d}x$$

$$=\int_0^1\left[\frac{2x^{7/4}}{3}-\frac{2}{3}x^4\right]\mathrm{d}x=\left[\frac{8x^{11/4}}{33}-\frac{2}{15}x^5\right]_0^1=\frac{6}{55}.$$

【法 2】 积分区域可以描述为 $D=\{(x,y)\mid 0\leqslant y\leqslant 1,y^2\leqslant x\leqslant\sqrt{y}\}$，于是可得

$$\iint\limits_{D}x\sqrt{y}\,\mathrm{d}\sigma=\int_0^1\sqrt{y}\,\mathrm{d}y\int_{y^2}^{\sqrt{y}}x\,\mathrm{d}x=\frac{1}{2}\int_0^1(y^{3/2}-y^{9/2})\mathrm{d}y=\frac{6}{55}.$$

2. 二次积分对应的二重积分的积分区域如图所示，

$$D=\left\{(x,y)\mid 0\leqslant y\leqslant 4,-\sqrt{4-y}\leqslant x\leqslant\frac{1}{2}(y-4)\right\},$$

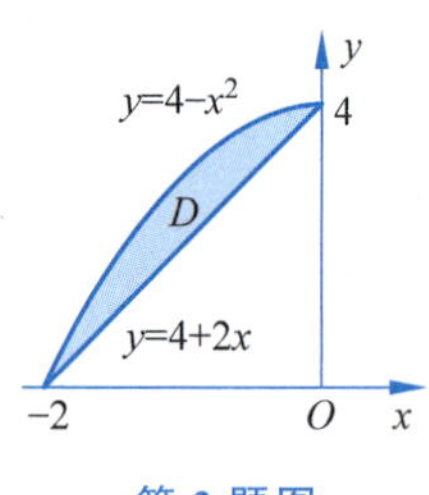

第 2 题图

$$=\{(x,y)\mid -2\leqslant x\leqslant 0, 4+2x\leqslant y\leqslant 4-x^2\},$$

于是$\int_0^4 \mathrm{d}y\int_{-\sqrt{4-y}}^{\frac{1}{2}(y-4)} f(x,y)\mathrm{d}x=\int_{-2}^0 \mathrm{d}x\int_{4+2x}^{4-x^2} f(x,y)\mathrm{d}y.$

3. 被积函数 e^{y^2} 对变量 y 积分原函数不为初等函数，考虑交换积分次序，由题目的累次积分表达式，二次积分对应二重积分的积分区域为（如图所示）$D=\{(x,y)\mid 0\leqslant x\leqslant 1, x\leqslant y\leqslant 1\}$，交换积分次序，有

$$I=\int_0^1 \mathrm{e}^{y^2}\mathrm{d}y\int_0^y \mathrm{d}x=\int_0^1 y\mathrm{e}^{y^2}\mathrm{d}y=\left[\frac{1}{2}\mathrm{e}^{y^2}\right]_0^1=\frac{\mathrm{e}-1}{2}.$$

4. 积分区域 D 如图所示，极坐标下有

$$D=\left\{(\rho,\theta)\mid 0\leqslant\theta\leqslant\frac{\pi}{2}, 0\leqslant\rho\leqslant\frac{1}{\cos\theta+\sin\theta}\right\},$$

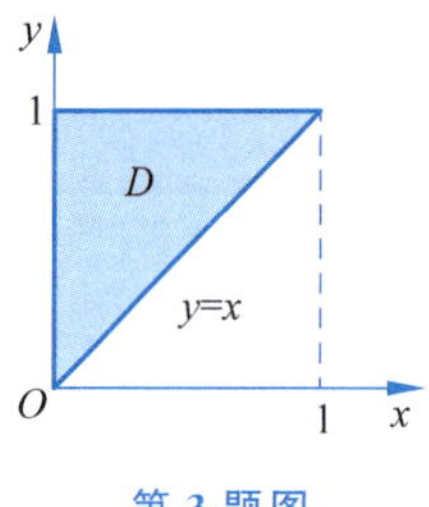

第 3 题图

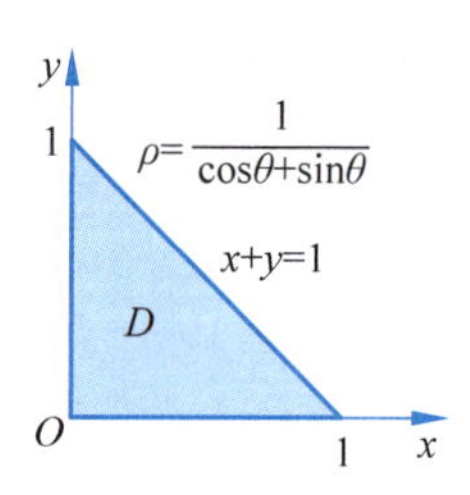

第 4 题图

于是由二重积分极坐标计算公式，得

$$\iint_D f(x,y)\mathrm{d}\sigma=\int_0^{\pi/2}\mathrm{d}\theta\int_0^{\frac{1}{\sin\theta+\cos\theta}} f(\rho\cos\theta,\rho\sin\theta)\rho\mathrm{d}\rho.$$

5. 积分区域 Ω 如图所示，

$$\Omega=\left\{(\theta,\varphi,r)\,\middle|\,\frac{\pi}{4}\leqslant\theta\leqslant\frac{\pi}{3}, 0\leqslant\varphi\leqslant\frac{\pi}{4}, 0\leqslant r\leqslant 1\right\},$$

由三重积分球面坐标计算公式，得

$$\iiint_\Omega f(x,y,z)\mathrm{d}V=\int_{\pi/4}^{\pi/3}\mathrm{d}\theta\int_0^{\pi/4}\mathrm{d}\varphi\int_0^1 F(\theta,\varphi,r)\mathrm{d}r,$$

其中 $F(\theta,\varphi,r)=f(r\sin\varphi\cos\theta, r\sin\varphi\sin\theta, r\cos\varphi)r^2\sin\varphi.$

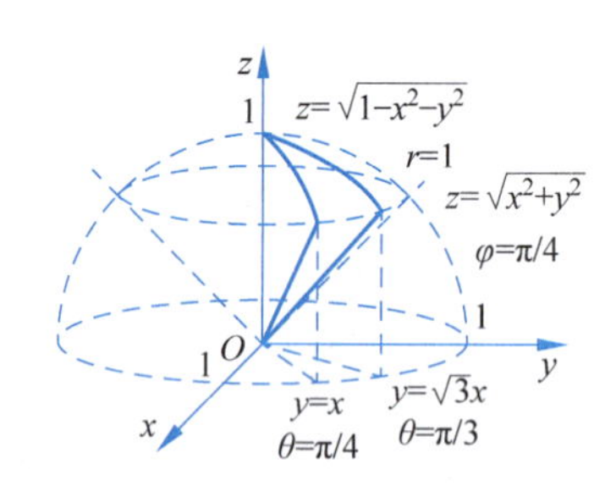

第 5 题图

二、选择题

【参考解答】 6. 积分区域

$$D=\left\{(x,y)\,\middle|\,-1\leqslant y\leqslant 1, 0\leqslant x\leqslant\sqrt{1-y^2}\right\},$$

所以积分的累次积分表达式为

$$\iint_D f(x,y)\mathrm{d}\sigma=\int_{-1}^1 \mathrm{d}y\int_0^{\sqrt{1-y^2}} f(x,y)\mathrm{d}x.$$

故正确选项为(B). 其中(A)对应的二重积分的积分区域为矩形区域，(B)中需要被积函数是关于 y 的偶函数才成立，(D)被积函数应该为 $f(\rho\cos\theta,\rho\sin\theta)\rho$.

7. 显然(C)不成立；直接令 $f(x,y)=x$, $\varphi(x)=0$, $\psi(x)=x$ 可以验证(A)(D)不成立.

故正确选项为(B).

8. 积分区域 D 以及被积函数在积分区域中取值如图所示，于是

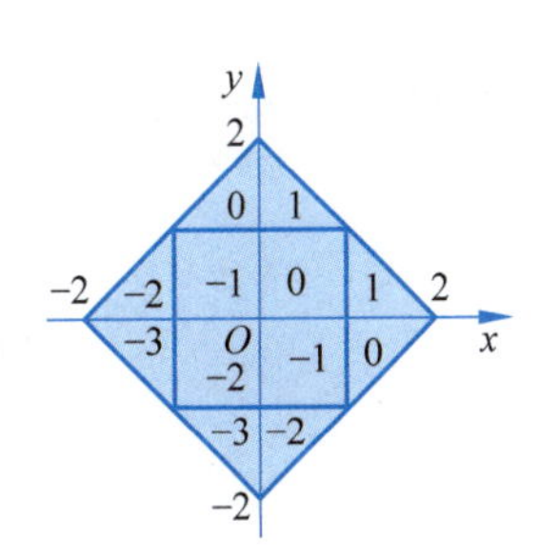

第 8 题图

$$\iint_D([x]+[y])\mathrm{d}\sigma = 1\cdot 1+0\cdot 2+(-1)\cdot 2+(-2)\cdot 2+(-3)\cdot 1$$
$$=-8.$$

9. 三次积分对应的三重积分的积分区域 Ω 如图所示，用平行于 xOy 平面截积分区域 Ω 截面为直角梯形，高为 $1-y=1-z$，上底为 $x=y=z$，下底为 1，故截面 D_z 面积为 $\frac{1}{2}(1-z^2)$，于是由先二后一截面法得

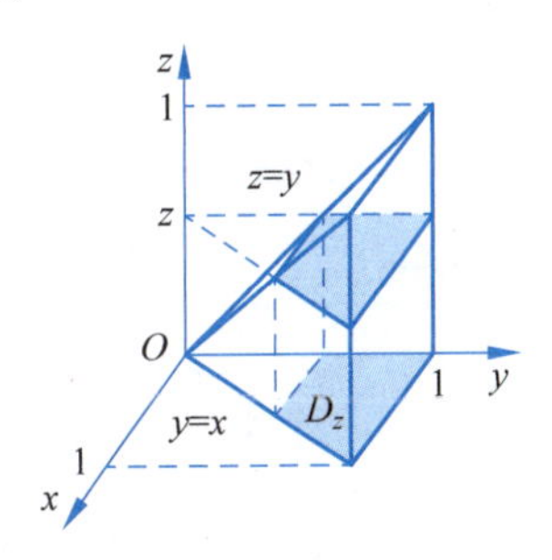

第 9 题图

$$\int_0^1\mathrm{d}x\int_0^x\mathrm{d}y\int_0^y f(z)\mathrm{d}z = \iiint_\Omega f(z)\mathrm{d}V = \int_0^1 f(z)\mathrm{d}z\iint_{D_z}\mathrm{d}\sigma$$
$$=\frac{1}{2}\int_0^1(1-z^2)f(z)\mathrm{d}z,$$

故正确选项为(D).

10. 质量为 m，坐标为 (x,y,z) 的质点到 z 轴的转动惯量为

$$I_z = \iiint_\Omega \mu(x^2+y^2)\mathrm{d}V = \mu\int_0^1\mathrm{d}x\int_0^1\mathrm{d}y\int_0^1(x^2+y^2)\mathrm{d}z$$
$$=\mu\int_0^1 x^2\mathrm{d}x\int_0^1\mathrm{d}y+\mu\int_0^1\mathrm{d}x\int_0^1 y^2\mathrm{d}y=\frac{\mu}{3}+\frac{\mu}{3}=\frac{2\mu}{3},$$

故正确选项为(B).

三、解答题

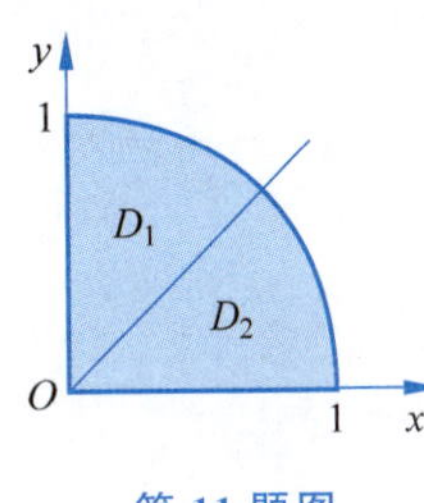

第 11 题图

11. **【参考解答】** 积分区域 D 如图所示，用直线 $y=x$ 将积分区域分为 D_1,D_2 两部分，在 D_1 上 $|x-y|=y-x$，在 D_2 上 $|x-y|=x-y$. 于是由二重积分的极坐标计算方法，得

$$I_1=\iint_{D_1}(y-x)\mathrm{d}\sigma=\int_{\pi/4}^{\pi/2}\mathrm{d}\theta\int_0^1\rho(\sin\theta-\cos\theta)\rho\mathrm{d}\rho=\frac{1}{3}(\sqrt{2}-1),$$
$$I_2=\iint_{D_2}(x-y)\mathrm{d}\sigma=\int_0^{\pi/4}\mathrm{d}\theta\int_0^1\rho(\cos\theta-\sin\theta)\rho\mathrm{d}\rho=\frac{1}{3}(\sqrt{2}-1),$$

所以 $I=\iint_D|x-y|\mathrm{d}\sigma=I_1+I_2=\frac{2}{3}(\sqrt{2}-1)$.

12. **【参考解答】** 由于被积函数 $\mathrm{e}^{y/x}$ 关于 x 的原函数不是初等函数，所以考虑交换积分次序. 设两个二次积分分别对应二重积分的积分区域为 D_1、D_2，如图所示，则

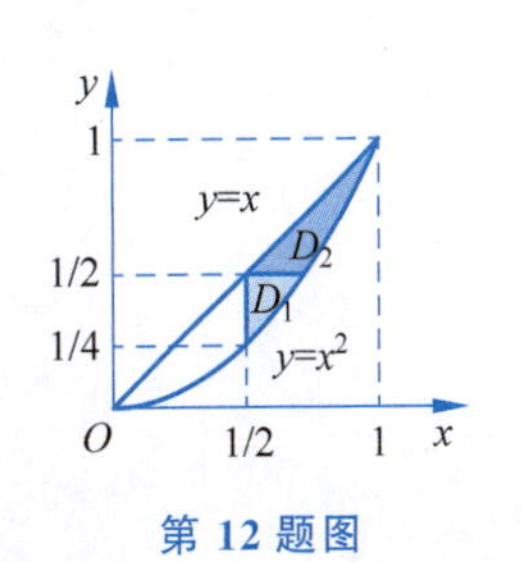

第 12 题图

$$D_1=\left\{(x,y)\ \middle|\ \frac{1}{4}\leqslant y\leqslant\frac{1}{2},\frac{1}{2}\leqslant x\leqslant\sqrt{y}\right\},$$
$$D_2=\left\{(x,y)\ \middle|\ \frac{1}{2}\leqslant y\leqslant 1,y\leqslant x\leqslant\sqrt{y}\right\},$$

于是 $D=D_1\cup D_2=\left\{(x,y)\mid \frac{1}{2}\leqslant x\leqslant 1,x^2\leqslant y\leqslant x\right\}$，所以有

$$I=\int_{1/2}^{1}\mathrm{d}x\int_{x^2}^{x}\mathrm{e}^{y/x}\mathrm{d}y=\int_{1/2}^{1}\left[x\mathrm{e}^{y/x}\right]_{x^2}^{x}\mathrm{d}x$$

$$=\int_{1/2}^{1}(\mathrm{e}x-x\mathrm{e}^x)\mathrm{d}x=\left[\frac{\mathrm{e}x^2}{2}+\mathrm{e}^x(1-x)\right]\Bigg|_{1/2}^{1}$$

$$=\frac{1}{8}(3\mathrm{e}-4\sqrt{\mathrm{e}}).$$

第 13 题图

13.【参考解答】 围成的图形如图所示，

$$A=\iint_D\mathrm{d}\sigma=\int_0^1\mathrm{d}x\int_{\mathrm{e}^x}^{\mathrm{e}^{2x}}\mathrm{d}y=\int_0^1(\mathrm{e}^{2x}-\mathrm{e}^x)\mathrm{d}x=\frac{1}{2}\mathrm{e}^2-\mathrm{e}+\frac{1}{2}.$$

14.【参考解答】 积分区域 Ω 如图所示，它可以描述为

$$\Omega: 0\leqslant z\leqslant h, D_z: x^2+y^2\leqslant\frac{R^2}{h^2}z^2,$$

于是由三重积分计算的先二后一截面法，得

$$I=\int_0^h z\mathrm{d}z\iint_{x^2+y^2\leqslant\frac{R^2}{h^2}z^2}\mathrm{d}\sigma=\int_0^h z\left(\pi z^2\frac{R^2}{h^2}\right)\mathrm{d}z=\frac{\pi}{4}R^2h^2.$$

15.【参考解答】 如图所示，立体为以 xOy 平面上三角形区域 D 为底，抛物柱面为顶的曲顶柱体，故体积为

$$V=\iint_D(2-x^2)\mathrm{d}\sigma=\int_0^1(2-x^2)\mathrm{d}x\int_0^{1-x}\mathrm{d}y$$

$$=\int_0^1(2-x^2)(1-x)\mathrm{d}x=\frac{11}{12}.$$

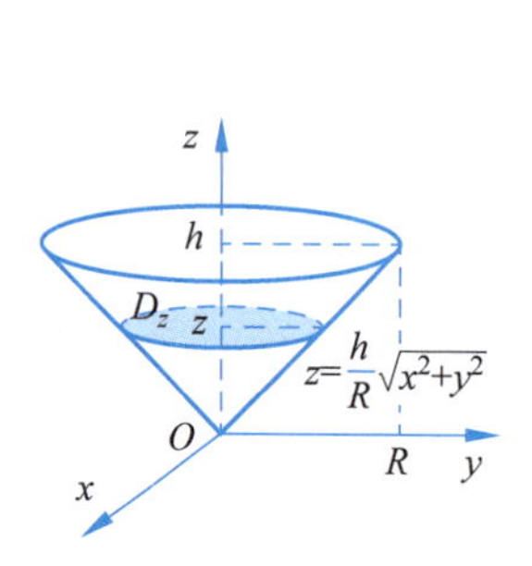

第 14 题图

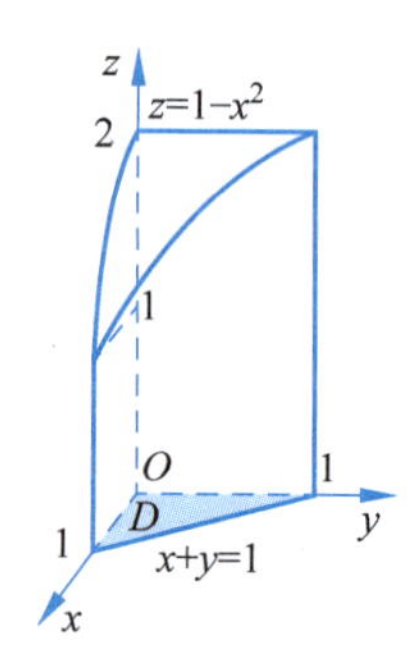

第 15 题图

16.【参考解答】 根据三重积分的物理意义，有

$$M=\iiint_\Omega\mu\mathrm{d}V=\iiint_\Omega(x+y+z)^2\mathrm{d}V$$

$$=\iiint_\Omega\left[(x^2+y^2+z^2)+2(xy+yz+zx)\right]\mathrm{d}V$$

$$=\iiint_\Omega(x^2+y^2+z^2)\mathrm{d}V=\int_0^{2\pi}\mathrm{d}\theta\int_0^{\pi}\sin\varphi\mathrm{d}\varphi\int_0^R r^2\cdot r^2\mathrm{d}\theta$$

$$=2\pi\cdot 2\cdot\frac{R^5}{5}=\frac{4}{5}\pi R^5.$$

【注】 其中 $xy+yz+zx$ 的积分由于球体关于三个坐标面都对称，由“偶倍奇零”的计算性质直接得积分为 0.

17.【参考解答】 如图所示建立坐标系，原点在球心，它们共同的底为 xOy 平面. 半球面方程为 $z=\sqrt{R^2-x^2-y^2}$，锥面方程为 $z=\frac{H}{R}\sqrt{x^2+y^2}-H$，由对称性，立体重心落在 z 轴上，从而有

$$\bar{x}=\frac{1}{M}\iiint\limits_{\Omega}x\mu\,\mathrm{d}V=\frac{\iiint\limits_{\Omega}x\,\mathrm{d}V}{\iiint\limits_{\Omega}\mathrm{d}V}=0.$$

第 17 题图

于是由三重积分的柱面坐标计算公式，有

$$\iiint\limits_{\Omega}z\,\mathrm{d}V=\int_0^{2\pi}\mathrm{d}\theta\int_0^R\rho\,\mathrm{d}\rho\int_{\frac{H}{R}\rho-H}^{\sqrt{R^2-\rho^2}}z\,\mathrm{d}z$$

$$=\pi\int_0^R\rho\left[R^2-\rho^2-\left(\frac{H}{R}\rho-H\right)^2\right]\mathrm{d}\rho=\frac{\pi R^2}{12}(3R^2-H^2)=0,$$

故得 $H=\sqrt{3}R$.

18.【参考证明】 设 D 在 x 轴和 y 轴上投影区间分别为 $[a,b]$ 和 $[c,d]$，记 $D'=[a,b]\times[c,d]$，则由积分的性质，有

$$\left|\iint\limits_D(x-\alpha)(y-\beta)\mathrm{d}\sigma\right|\leqslant\iint\limits_D|x-\alpha||y-\beta|\mathrm{d}\sigma$$

$$\leqslant\iint\limits_{D'}|x-\alpha||y-\beta|\mathrm{d}\sigma=\int_a^b|x-\alpha|\mathrm{d}x\int_c^d|y-\beta|\mathrm{d}y,$$

又 $\int_a^b|x-\alpha|\mathrm{d}x=\int_a^\alpha(\alpha-x)\mathrm{d}x+\int_\alpha^b(x-\alpha)\mathrm{d}x=\frac{1}{2}(\alpha-a)^2+\frac{1}{2}(b-\alpha)^2$，由 $a\leqslant\alpha\leqslant b$ 知，$(\alpha-a)^2+(b-\alpha)^2\leqslant(b-a)^2=l_x^2$，即有

$$\int_a^b|x-\alpha|\mathrm{d}x\leqslant\frac{l_x^2}{2}.$$

同理可得 $\int_c^d|y-\beta|\mathrm{d}y\leqslant\frac{l_y^2}{2}$. 综上可得 $\left|\iint\limits_D(x-\alpha)(y-\beta)\mathrm{d}\sigma\right|\leqslant\frac{l_x^2l_y^2}{4}$.

19.【参考解答】 由二重积分的极坐标计算公式，有

$$\iint\limits_D f(\sqrt{x^2+y^2})\mathrm{d}\sigma=\int_0^{2\pi}\mathrm{d}\theta\int_0^t f(\rho)\rho\,\mathrm{d}\rho=2\pi\int_0^t f(\rho)\rho\,\mathrm{d}\rho,$$

代入题设等式，得 $f(t)=\mathrm{e}^{\pi t^2}+2\pi\int_0^t f(\rho)\rho\,\mathrm{d}\rho$. 对该方程两边关于 t 求导，得

$$f'(t)=2\pi t\mathrm{e}^{\pi t^2}+2\pi tf(t),\quad 即\ f'(t)-2\pi tf(t)=2\pi t\mathrm{e}^{\pi t^2}.$$

于是由一阶非齐次线性微分方程通解计算公式，得

$$f(t)=\mathrm{e}^{\int 2\pi t\,\mathrm{d}t}\left(\int 2\pi t\,\mathrm{e}^{\pi t^2}\mathrm{e}^{\int -2\pi t\,\mathrm{d}t}\mathrm{d}t+C\right)$$

$$=\mathrm{e}^{\pi t^2}\left(2\pi\int t\,\mathrm{e}^{\pi t^2}\cdot\mathrm{e}^{-\pi t^2}\mathrm{d}t+C\right)=\mathrm{e}^{\pi t^2}(\pi t^2+C).$$

令题设等式中 $t=0$,得 $f(0)=1$,代入上面得到的通解,得 $C=1$. 所以

$$f(t)=(1+\pi t^2)\mathrm{e}^{\pi t^2}\ (t\geqslant 0).$$

20.【参考证明】 曲面 Σ 的方程可以改写为 $z=\dfrac{a\varphi(x)+b\varphi(y)}{\varphi(x)+\varphi(y)}>0$,所以立体为以 xOy 平面上圆形区域 D:$x^2+y^2\leqslant c^2$ 为底,曲面 Σ 为顶的立体. 所以

$$V=\iint_D \frac{a\varphi(x)+b\varphi(y)}{\varphi(x)+\varphi(y)}\mathrm{d}\sigma.$$

又由于积分区域 D 对坐标 x,y 有轮换对称性,所以

$$V=\frac{1}{2}\iint_D\left(\frac{a\varphi(x)+b\varphi(y)}{\varphi(x)+\varphi(y)}+\frac{a\varphi(y)+b\varphi(x)}{\varphi(y)+\varphi(x)}\right)\mathrm{d}\sigma$$

$$=\frac{1}{2}\iint_D(a+b)\mathrm{d}\sigma=\frac{\pi}{2}c^2(a+b).$$

即所需验证的结论成立.

第八单元 重积分测验(B)

一、填空题(每小题 3 分,共 15 分)

1. 在直角坐标系下交换积分的次序 $\int_0^1\mathrm{d}x\int_{-\sqrt{x}}^{\sqrt{x}}f(x,y)\mathrm{d}y+\int_1^4\mathrm{d}x\int_{x-2}^{\sqrt{x}}f(x,y)\mathrm{d}y=$ ________.

2. 二次积分 $\int_0^{\pi}\mathrm{d}y\int_y^{\pi}\frac{\sin x}{x}\mathrm{d}x=$ ________.

3. 比较大小:$\iint_D(x^2-y^2)\mathrm{d}\sigma$ ________ $\iint_D\sqrt{x^2-y^2}\,\mathrm{d}\sigma$,其中 D 为 $(x-2)^2+y^2\leqslant 1$.

4. 将直角坐标系下的三次积分化为柱面坐标系下的三次积分

$$\int_{-1}^{1}\mathrm{d}x\int_{-\sqrt{1-x^2}}^{\sqrt{1-x^2}}\mathrm{d}y\int_{1-\sqrt{1-x^2-y^2}}^{1+\sqrt{1-x^2-y^2}}f(x,y,z)\mathrm{d}z=\underline{\qquad\qquad}.$$

5. 设区域 Ω 由曲面 $z=xy$ 及平面 $x+y=1,z=0$ 所围成,则按 $z\to y\to x$ 的积分顺序,$\iiint_\Omega f(x,y,z)\mathrm{d}V$ 的三次积分是________.

二、选择题(每小题 3 分,共 15 分)

6. 设 $I=\lim\limits_{n\to\infty}\dfrac{1}{n^2}\sum\limits_{i=1}^{n}\sum\limits_{j=1}^{n}\mathrm{e}^{\frac{i^2+4j^2}{n^2}}$,则利用二重积分可以将 I 表示为( ).

(A) $\iint_D \mathrm{e}^{x^2+4y^2}\mathrm{d}\sigma$,其中 D:$0\leqslant x\leqslant 1,0\leqslant y\leqslant 1$

(B) $\iint\limits_D e^{x^2+4y^2}d\sigma$，其中 $D: 0\leqslant x\leqslant 1, 0\leqslant y\leqslant x$

(C) $\iint\limits_D e^{x^2+y^2}d\sigma$，其中 $D: 0\leqslant x\leqslant 1, 0\leqslant y\leqslant 2$

(D) $\iint\limits_D e^{x^2+y^2}d\sigma$，其中 $D: 0\leqslant x\leqslant 1, 0\leqslant y\leqslant 2x$

7. 设区域 D 是第二象限的一个有界闭区域，且 $0<y<1$，则下列积分大小顺序为(　　)，其中 $I_1=\iint\limits_D x^3 y\,d\sigma, I_2=\iint\limits_D x^3 y^2 d\sigma, I_3=\iint\limits_D x^3\sqrt{y}\,d\sigma$.

(A) $I_1\leqslant I_2\leqslant I_3$　　(B) $I_2\leqslant I_1\leqslant I_3$　　(C) $I_3\leqslant I_2\leqslant I_1$　　(D) $I_3\leqslant I_1\leqslant I_2$

8. 累次积分 $\int_0^{\pi/2}d\theta\int_0^{\cos\theta}f(\rho\cos\theta,\rho\sin\theta)\rho\,d\rho$ 又可写成(　　)形式.

(A) $\int_0^1 dx\int_0^1 f(x,y)dy$　　(B) $\int_0^1 dy\int_0^{\sqrt{1-y^2}}f(x,y)dx$

(C) $\int_0^1 dx\int_0^{\sqrt{x-x^2}}f(x,y)dy$　　(D) $\int_0^1 dy\int_0^{\sqrt{y-y^2}}f(x,y)dx$

9. 设 D 为矩形区域 $0\leqslant x\leqslant\pi, 0\leqslant y\leqslant\pi$，则 $\iint\limits_D \sin x\sin y\max\{x,y\}d\sigma=$(　　).

(A) π　　(B) $\frac{5}{4}\pi$　　(C) $\frac{5}{3}\pi$　　(D) $\frac{5}{2}\pi$

10. 三次积分 $\int_0^2 dx\int_0^{\sqrt{2x-x^2}}dy\int_0^R z\sqrt{x^2+y^2}\,dz=$(　　).

(A) $\frac{7}{9}R^2$　　(B) $\frac{8}{9}R^2$　　(C) R^2　　(D) $\frac{10}{9}R^2$

三、解答题(共 70 分)

11. (6 分)计算 $\iiint\limits_\Omega x\,dV$，其中 D 是以 $O(0,0), A(1,2), B(2,1)$ 为顶点的三角形区域.

12. (6 分)计算 $\iint\limits_D(|x|+|y|)d\sigma$，其中 $D=\{(x,y)\,|\,|x|+|y|\leqslant 1\}$.

13. (6 分)计算 $\iint\limits_{x^2+y^2\leqslant a^2}(x^2-2\sin x+3y+4)d\sigma$.

14. (6 分)计算 $I=\iint\limits_D(x\sin\alpha+y\cos\alpha)^2 d\sigma$，其中 $D=\left\{(x,y)\,\middle|\,\frac{x^2}{a^2}+\frac{y^2}{b^2}\leqslant 1\right\}$，$\alpha$ 为常数.

15. (6 分)已知 $\int_0^{2/\pi}dx\int_0^{\pi}xf(\sin y)dy=1$，求 $\int_0^{\pi/2}f(\cos x)dx$.

16. (8 分)计算 $\iiint\limits_\Omega(x^2+my^2+nz^2)dV$，其中 m,n 为常数，

$$\Omega=\{(x,y,z)\,|\,x^2+y^2+z^2\leqslant a^2\}.$$

17. (8 分)证明：由 $x=a, x=b, y=f(x)$ 以及 x 轴围成的平面图形绕 x 轴旋转一周所形成的立体对 x 轴的转动惯量(密度为 $\mu=1$)为 $I_x=\frac{\pi}{2}\int_a^b f^4(x)dx$，其中 $f(x)$ 为连续的

正值函数.

18. (8分)设函数 $f(x)$ 在区间$[0,1]$上连续,证明

$$\int_0^1 dx\int_x^1 dy\int_x^y f(x)f(y)f(z)dz=\frac{1}{3!}\left[\int_0^1 f(t)dt\right]^3.$$

19. (8分)曲面 $x^2+y^2+az=4a^2$ 将球体 $x^2+y^2+z^2\leqslant 4az$ 分成两部分,求这两部分的体积比.

20. (8分)证明:曲面 $z=4+x^2+y^2$ 上任一点处的切平面与曲面 $z=x^2+y^2$ 所围成的立体的体积为定值.

第八单元　重积分测验(B)参考解答

一、填空题

【参考解答】 1. 由两个累次积分表达式知,对应二重积分的积分区域 D_1,D_2 可描述为

$$D_1=\{(x,y)\mid 0\leqslant x\leqslant 1,-\sqrt{x}\leqslant y\leqslant\sqrt{x}\},$$

$$D_2=\{(x,y)\mid 1\leqslant x\leqslant 4,x-2\leqslant y\leqslant\sqrt{x}\}.$$

两个积分的积分区域图形如图所示,并且可以描述为

$$D=D_1\cup D_2=\{(x,y)\mid -1\leqslant y\leqslant 2,y^2\leqslant x\leqslant y+2\},$$

所以有 $I=\int_{-1}^2 dy\int_{y^2}^{y+2} f(x,y)dx$.

2. 被积函数关于 x 变量的原函数不为初等函数,考虑交换积分次序. 累次积分对应的二重积分的积分区域 D 如图所示,故可描述为

$$D=\{(x,y)\mid 0\leqslant y\leqslant\pi,y\leqslant x\leqslant\pi\}$$
$$=\{(x,y)\mid 0\leqslant x\leqslant\pi,0\leqslant y\leqslant x\},$$

交换积分次序,有

$$I=\int_0^\pi\frac{\sin x}{x}dx\int_0^x dy=\int_0^\pi\frac{\sin x}{x}\cdot x\,dx=\int_0^\pi\sin x\,dx=[-\cos x]_0^\pi=2.$$

3. 曲线$(x-2)^2+y^2=1$,$x^2-y^2=1$ 的位置关系如图所示. 于是可知积分区域 D 在曲线 $x^2-y^2=1$ 的右侧,在 D 内,$x^2-y^2\geqslant 1$,于是 $x^2-y^2\geqslant\sqrt{x^2-y^2}\geqslant 0$,所以由积分的保序性,有

$$\iint_D(x^2-y^2)d\sigma\geqslant\iint_D\sqrt{x^2-y^2}\,d\sigma.$$

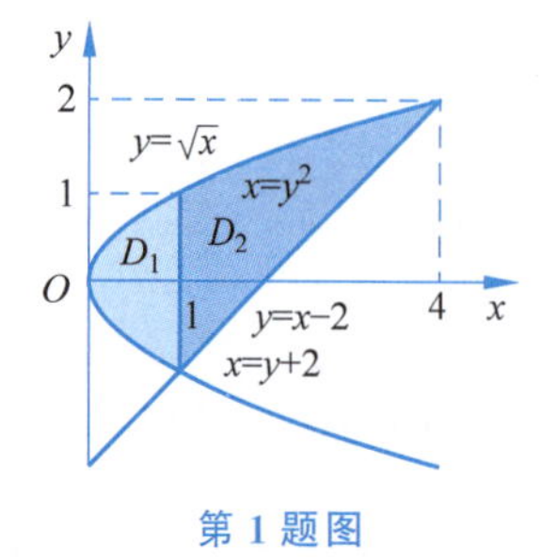

第 1 题图

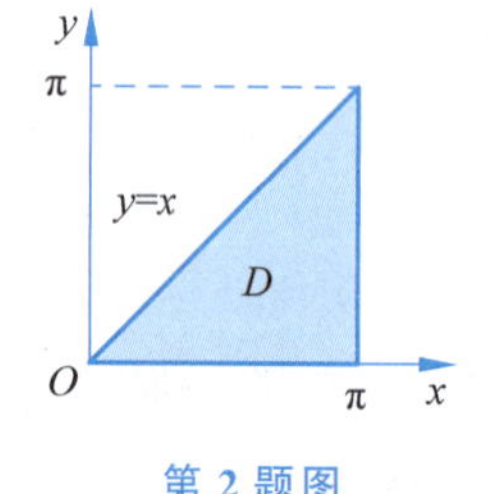

第 2 题图

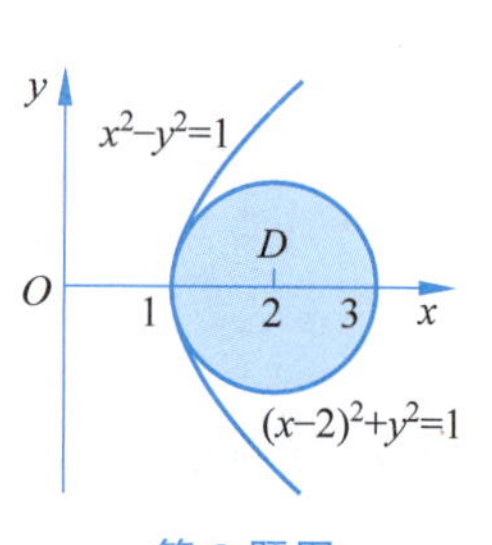

第 3 题图

4. 由三次积分表达式可知其对应的三重积分的积分区域 Ω 是由球面 $x^2+y^2+(z-1)^2=1$ 围成的立体区域，球面用柱面坐标变量可以描述为 $\rho^2+(z-1)^2=1$，Ω 在 xOy 平面的投影区域为 $D_{xy}=\{(\theta,\rho)\mid 0\leqslant\theta\leqslant 2\pi, 0\leqslant\rho\leqslant 1\}$，所以柱面坐标系下的三次积分为

$$I=\int_0^{2\pi}\mathrm{d}\theta\int_0^1\rho\mathrm{d}r\rho\int_{1-\sqrt{1-\rho^2}}^{1+\sqrt{1-\rho^2}}f(\rho\cos\theta,\rho\sin\theta,z)\mathrm{d}z.$$

5. 积分区域 Ω 如图所示. 上顶面为曲面 $z=xy$，下底面为 $z=0$，在 xOy 平面的投影区域 D_{xy} 可视为 X-型区域，于是 Ω 可描述为

$$\Omega=\{(x,y,z)\mid 0\leqslant x\leqslant 1, 0\leqslant y\leqslant 1-x, 0\leqslant z\leqslant xy\},$$

所以积分的累次积分表达式为

$$\iiint\limits_{\Omega}f(x,y,z)\mathrm{d}V=\int_0^1\mathrm{d}x\int_0^{1-x}\mathrm{d}y\int_0^{xy}f(x,y,z)\mathrm{d}z.$$

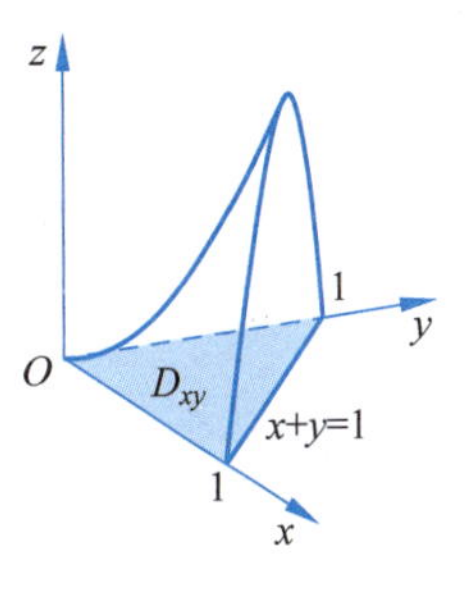

第 5 题图

二、选择题

【参考解答】 6. 由于函数 $\mathrm{e}^{x^2+4y^2}$ 连续，故由二重积分的定义，有

$$I=\lim_{n\to\infty}\sum_{i=1}^{n}\sum_{j=1}^{n}\mathrm{e}^{\left(\frac{i}{n}\right)^2+4\left(\frac{j}{n}\right)^2}\cdot\frac{1}{n^2}=\iint\limits_{D}\mathrm{e}^{x^2+4y^2}\mathrm{d}\sigma,$$

其中 D：$0\leqslant x\leqslant 1, 0\leqslant y\leqslant 1$，故正确选项为(A).

7. 因为 $0<y<1$，所以 $y^2\leqslant y\leqslant\sqrt{y}$，又因为在第二象限 $x^3<0$，所以在区域 D 上有 $x^3\sqrt{y}\leqslant x^3y\leqslant x^3y^2$，故正确选项为(D).

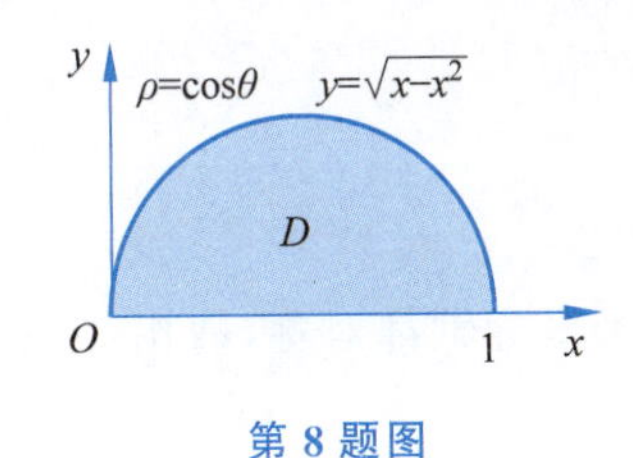

第 8 题图

8. 由极坐标系下的累次积分可知对应二重积分的积分区域为

$$D=\{(\theta,\rho)\mid 0\leqslant\theta\leqslant\pi/2, 0\leqslant\rho\leqslant\cos\theta\},$$

积分区域图形如图所示. 所以积分可以表示为

$$\int_0^1\mathrm{d}x\int_0^{\sqrt{x-x^2}}f(x,y)\mathrm{d}y,$$

故正确选项为(C).

9. 积分区域 D 如图所示，关于 $y=x$ 对称，且函数也关于 x,y 变量对称，用直线 $y=x$ 将积分区域分为两部分 D_1,D_2，则

$$\begin{aligned}\iint\limits_{D}\sin x\sin y\max\{x,y\}\mathrm{d}\sigma&=2\iint\limits_{D_1}y\sin x\sin y\mathrm{d}\sigma\\&=2\int_0^{\pi}\sin x\mathrm{d}x\int_x^{\pi}y\sin y\mathrm{d}y\\&=2\int_0^{\pi}\sin x[\sin y-y\cos y]_x^{\pi}\mathrm{d}x\\&=2\int_0^{\pi}[-\sin^2x+\pi\sin x+x\sin x\cos x]\mathrm{d}x\\&=2\left[-\frac{x}{2}+\frac{3}{8}\sin 2x-\frac{1}{4}x\cos 2x-\pi\cos x\right]_0^{\pi}=\frac{5\pi}{2},\end{aligned}$$

故正确选项为(D).

10. 三次积分 $I=\dfrac{R^2}{2}\int_0^2 \mathrm{d}x\int_0^{\sqrt{2x-x^2}}\sqrt{x^2+y^2}\,\mathrm{d}y$，以上二次积分对应二重积分的积分区域如图所示，$D$：$0\leqslant x\leqslant 2, 0\leqslant y\leqslant\sqrt{2x-x^2}$. 故由二重积分的极坐标计算公式，可得

$$I=\frac{R^2}{2}\int_0^{\pi/2}\mathrm{d}\theta\int_0^{2\cos\theta}\rho^2\,\mathrm{d}\rho=\frac{8R^2}{6}\int_0^{\pi/2}\cos^3\theta\,\mathrm{d}\theta=\frac{8R^2}{6}\cdot\frac{2}{3}=\frac{8R^2}{9},$$

故正确选项为(B).

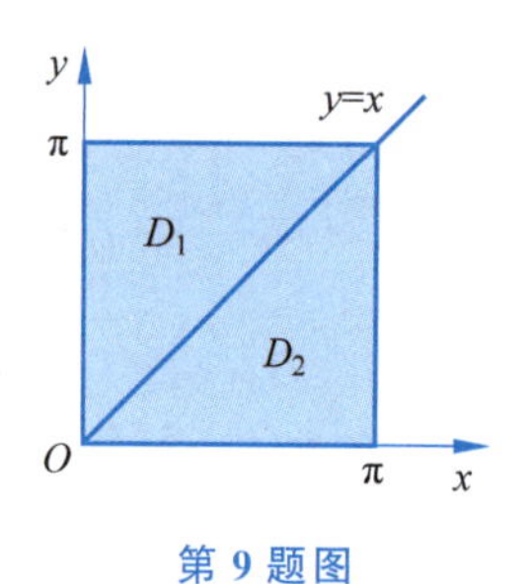

第 9 题图

第 10 题图

三、解答题

11. 【参考解答】 由直线的两点式方程，可得三条边界线方程为

$$y=2x, y=\frac{x}{2}, y=3-x,$$

积分区域如图所示. 于是积分为

$$\iint_D x\,\mathrm{d}\sigma=\int_0^1 x\,\mathrm{d}x\int_{x/2}^{2x}\mathrm{d}y+\int_1^2 x\,\mathrm{d}x\int_{x/2}^{3-x}\mathrm{d}y$$

$$=\int_0^1\frac{3}{2}x^2\,\mathrm{d}x+\int_1^2\left(3x-\frac{3}{2}x^2\right)\mathrm{d}x=\frac{3}{2}.$$

12. 【参考解答】 积分区域如图所示，由于积分区域关于两个坐标轴都对称，故由二重积分偶倍奇零的计算性质，有

$$\iint_D(|x|+|y|)\,\mathrm{d}\sigma\mathrm{d}\sigma=4\iint_{D_1}(|x|+|y|)\,\mathrm{d}\sigma=4\int_0^1\mathrm{d}x\int_0^{1-x}(x+y)\,\mathrm{d}y=2\int_0^1(1-x^2)\,\mathrm{d}x=\frac{4}{3}.$$

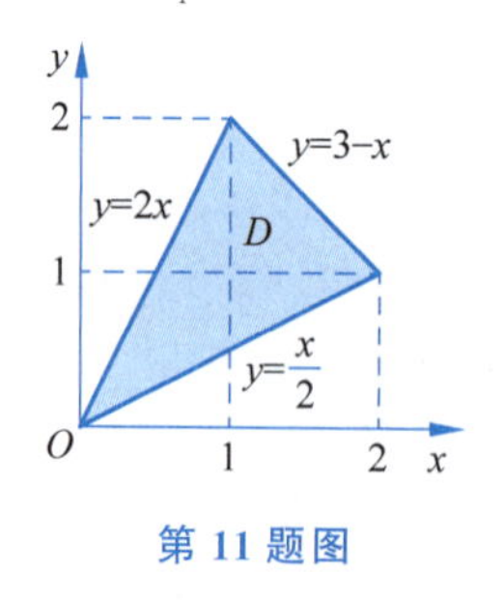

第 11 题图

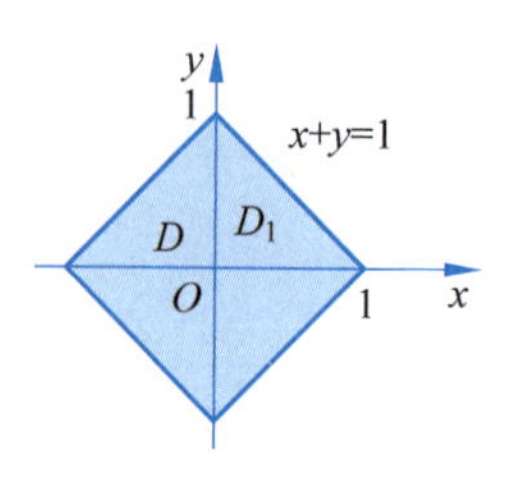

第 12 题图

13. 【参考解答】 积分区域为圆域 D：$x^2+y^2\leqslant a^2$，关于两个坐标轴及 $y=x$ 都对称，于是由积分偶倍奇零的计算性质与积分区域的轮换对称性，得

$$I=\iint_D x^2\,\mathrm{d}\sigma+0+0+\iint_D 4\,\mathrm{d}\sigma=\frac{1}{2}\iint_D(x^2+y^2)\,\mathrm{d}\sigma+4\pi a^2$$

$$=\frac{1}{2}\int_0^{2\pi}\mathrm{d}\theta\int_0^a\rho^3\mathrm{d}\rho+4\pi a^2=\frac{\pi a^4}{4}+4\pi a^2.$$

14.【参考解答】【法 1】 令 $x=au,y=bv$，则 $D\to D'$：$u^2+v^2=1$，且 $\left|\frac{\partial(x,y)}{\partial(u,v)}\right|=\left\|\begin{matrix}a&0\\0&b\end{matrix}\right\|=ab$. 于是由二重积分的换元公式和积分区域 D' 的对称性，有

$$\begin{aligned}I&=ab\iint_{D'}(ua\sin\alpha+vb\cos\alpha)^2\mathrm{d}u\mathrm{d}v\\&=a^3b\sin^2\alpha\iint_{D'}u^2\mathrm{d}u\mathrm{d}v+ab^3\cos^2\alpha\iint_{D'}v^2\mathrm{d}u\mathrm{d}v\\&=a^3b\sin^2\alpha\iint_{D'}\frac{u^2+v^2}{2}\mathrm{d}u\mathrm{d}v+ab^3\cos^2\alpha\iint_{D'}\frac{v^2+u^2}{2}\mathrm{d}u\mathrm{d}v\\&=\frac{ab}{2}(a^2\sin^2\alpha+b^2\cos^2\alpha)\iint_{D'}(u^2+v^2)\mathrm{d}u\mathrm{d}v\\&=\frac{ab}{2}(a^2\sin^2\alpha+b^2\cos^2\alpha)\int_0^{2\pi}\mathrm{d}\theta\int_0^1\rho^3\mathrm{d}\rho=\frac{ab\pi}{4}(a^2\sin^2\alpha+b^2\cos^2\alpha).\end{aligned}$$

【法 2】 令 $x=a\rho\cos\theta,y=b\rho\sin\theta$，则 $D\to D'$：$0\leqslant\theta\leqslant2\pi,\rho\leqslant1$，且

$$\left|\frac{\partial(x,y)}{\partial(\rho,\theta)}\right|=\left\|\begin{matrix}a\cos\theta&-\rho a\sin\theta\\b\sin\theta&\rho b\cos\theta\end{matrix}\right\|=ab\rho,$$

于是由二重积分的换元公式，得

$$\begin{aligned}I&=\iint_D(x^2\sin^2\alpha+2xy\sin\alpha\cos\alpha+y^2\cos^2\alpha)^2\mathrm{d}\sigma\\&=\iint_D(x^2\sin^2\alpha+y^2\cos^2\alpha)^2\mathrm{d}\sigma=\iint_{D'}(x^2\sin^2\alpha+y^2\cos^2\alpha)\mathrm{d}\sigma\\&=a^3b\sin^2\alpha\int_0^{2\pi}\cos^2\theta\mathrm{d}\theta\int_0^1\rho^3\mathrm{d}\rho+ab^3\cos^2\alpha\int_0^{2\pi}\sin^2\theta\mathrm{d}\theta\int_0^1\rho^3\mathrm{d}\rho\\&=\frac{ab\pi}{4}(a^2\sin^2\alpha+b^2\cos^2\alpha).\end{aligned}$$

15.【参考解答】 由于被积函数可分离变量，故得

$$\int_0^{2/\pi}\mathrm{d}x\int_0^{\pi}xf(\sin y)\mathrm{d}y=\int_0^{2/\pi}x\mathrm{d}x\int_0^{\pi}f(\sin y)\mathrm{d}y=\frac{2}{\pi^2}\int_0^{\pi}f(\sin y)\mathrm{d}y=1,$$

于是 $\int_0^{\pi}f(\sin y)\mathrm{d}y=\frac{\pi^2}{2}$. 令 $y=\frac{\pi}{2}-x$，得

$$\int_0^{\pi}f(\sin y)\mathrm{d}y=-\int_{\pi/2}^{-\pi/2}f(\cos x)\mathrm{d}x=\int_{-\pi/2}^{\pi/2}f(\cos x)\mathrm{d}x=2\int_0^{\pi/2}f(\cos x)\mathrm{d}x,$$

所以 $\int_0^{\pi/2}f(\cos x)\mathrm{d}x=\frac{\pi^2}{4}$.

16.【参考解答】 由于积分区域 Ω 对坐标 x,y,z 具有轮换对称性，于是有

$$\iiint_\Omega x^2\mathrm{d}V=\iiint_\Omega y^2\mathrm{d}V=\iiint_\Omega z^2\mathrm{d}V=\frac{1}{3}\iiint_\Omega(x^2+y^2+z^2)\mathrm{d}V,$$

所以由三重积分的球面坐标计算方法，得

$$\iiint\limits_{\Omega}(x^2+my^2+nz^2)\mathrm{d}V=\frac{1+m+n}{3}\iiint\limits_{\Omega}(x^2+y^2+z^2)\mathrm{d}V$$

$$=\frac{1}{3}(1+m+n)\int_0^{2\pi}\mathrm{d}\theta\int_0^{\pi}\mathrm{d}\varphi\int_0^a r^2\cdot r^2\sin\varphi\mathrm{d}r$$

$$=\frac{1}{3}(1+m+n)2\pi\cdot\frac{1}{5}a^5\cdot\int_0^{\pi}\sin\varphi\mathrm{d}\varphi=\frac{4\pi}{15}(1+m+n)a^5.$$

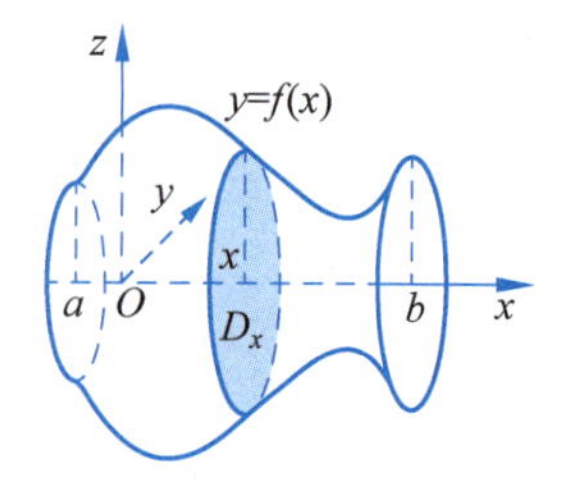

第 17 题图

17. **【参考解答】** 如图所示，旋转曲面方程为 $y^2+z^2=f^2(x)$，围成的立体记做 Ω，则所求转动惯量为

$$I_x=\iiint\limits_{\Omega}(y^2+z^2)\mathrm{d}V.$$

利用三重积分先二后一的截面法，有

$$I_x=\int_a^b\mathrm{d}x\iint\limits_{D_x}(y^2+z^2)\mathrm{d}y\mathrm{d}z$$

$$=\int_a^b\mathrm{d}x\int_0^{2\pi}\mathrm{d}\theta\int_0^{|f(x)|}\rho^2\cdot\rho\mathrm{d}\rho=\frac{\pi}{2}\int_a^b f^4(x)\mathrm{d}x.$$

18. **【参考证明】** 令 $F(u)=\int_0^u f(t)\mathrm{d}t$，则 $F'(u)=f(u)$，$F(0)=0$. 对等式左边的累次积分逐次积分，得

$$\int_0^1\mathrm{d}x\int_x^1\mathrm{d}y\int_x^y f(x)f(y)f(z)\mathrm{d}z$$

$$=\int_0^1\mathrm{d}x\int_x^1[f(x)f(y)F(z)]\Big|_x^y\mathrm{d}y$$

$$=\int_0^1\mathrm{d}x\int_x^1 f(x)f(y)[F(y)-F(x)]\mathrm{d}y$$

$$=\int_0^1 f(x)\mathrm{d}x\int_x^1[F(y)-F(x)]\mathrm{d}(F(y)-F(x))$$

$$=\frac{1}{2}\int_0^1 f(x)[F(y)-F(x)]^2\Big|_x^1\mathrm{d}x=\frac{1}{2}\int_0^1 f(x)[F(1)-F(x)]^2\mathrm{d}x$$

$$=-\frac{1}{6}[F(1)-F(x)]^3\Big|_0^1=\frac{1}{6}F^3(1)=\frac{1}{3!}\left(\int_0^1 f(t)\mathrm{d}t\right)^3.$$

19. **【参考解答】** 如图所示，记抛物面内侧部分的球体为 Ω_1，抛物面外侧部分的球体为 Ω_2. 两个曲面方程组成的方程组消去 z，可得 $x^2+y^2=3a^2$，于是 Ω_1 在 xOy 平面上的投影区域为

$$D_1: x^2+y^2\leqslant 3a^2.$$

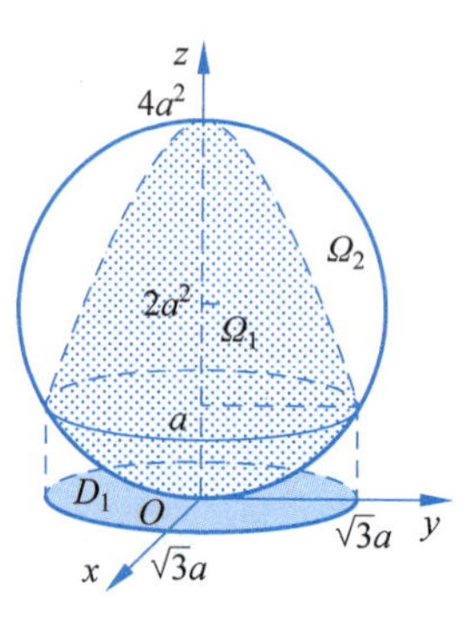

第 19 题图

于是 Ω_1 的体积为

$$V_1=\iiint\limits_{\Omega_1}\mathrm{d}V=\iint\limits_{D_1}\mathrm{d}\sigma\int_{2a-\sqrt{4a^2-(x^2+y^2)}}^{4a-(x^2+y^2)/2}\mathrm{d}z$$

$$=\iint\limits_{D_1}\left[2a+\sqrt{4a^2-(x^2+y^2)}-\frac{1}{a}(x^2+y^2)\right]\mathrm{d}\sigma$$

$$=\int_0^{2\pi}\mathrm{d}\theta\int_0^{\sqrt{3}a}\left[2a+\sqrt{4a^2-\rho^2}-\frac{1}{a}\rho^2\right]\rho\mathrm{d}\rho$$

$$=2\pi\left[a\rho^2-\frac{1}{4a}\rho^4-\frac{1}{3}(4a^2-\rho^2)^{3/2}\right]\Bigg|_0^{\sqrt{3}a}=\frac{37}{6}\pi a^3.$$

Ω_2 的体积 $V_2=\frac{4}{3}\pi\cdot(2a)^3-V_1=\frac{27}{6}\pi a^3$，所以两部分的体积之比为

$$V_1:V_2=37:27.$$

20.**【参考证明】** 记 $F(x,y,z)=4+x^2+y^2-z$，曲面上任一点 $P_0(x_0,y_0,z_0)$ 处的切平面的法向量可以取为 $\boldsymbol{n}=(F'_x,F'_y,F'_z)_{P_0}=(2x_0,2y_0,-1)$，对应的切平面方程为

$$2x_0(x-x_0)+2y_0(y-y_0)-(z-z_0)=0,$$

由于 $z_0=4+x_0^2+y_0^2$，代入上式化简后，有

$$z=2x_0x+2y_0y+4-x_0^2-y_0^2, \tag{1}$$

由式(1)和方程 $z=x^2+y^2$ 消去 z，得立体在 xOy 平面上的投影区域为

$$D:(x-x_0)^2+(y-y_0)^2\leqslant 4,$$

于是所求立体的体积为

$$V=\iint_D[(2x_0x+2y_0y+4-x_0^2-y_0^2)-(x^2+y^2)]\mathrm{d}\sigma$$

$$=\iint_D[4-(x-x_0)^2-(y-y_0)^2]\mathrm{d}\sigma\ (令\ x-x_0=u,y-y_0=v)$$

$$=\iint_{u^2+v^2\leqslant 4}(4-u^2-v^2)\,\mathrm{d}\sigma=\int_0^{2\pi}\mathrm{d}\theta\int_0^2(4-\rho^2)\rho\mathrm{d}\rho=8\pi.$$

第九单元

曲线积分与曲面积分

练习 62　对弧长的曲线积分

训练目的

1. 理解对弧长的曲线积分的概念和性质.
2. 掌握对弧长的曲线积分的计算方法.
3. 会求曲线型构件的长度、质量、质心、转动惯量、引力等.

基础练习

1. (1) 曲线 $y=\ln\cos x$ 的弧长微元 $\mathrm{d}s=$____________,对应 $0\leqslant x\leqslant\frac{\pi}{4}$ 的一段弧的长度 $s=$____________.

(2) 星形线 $x=a\cos^3 t, y=a\sin^3 t\,(a>0)$ 的弧长微元 $\mathrm{d}s=$____________,其全长 $s=$____________.

(3) 空间曲线 $x=3t, y=3t^2, z=2t^3$ 的弧长微元 $\mathrm{d}s=$____________,其从点 $O(0,0,0)$ 到点 $A(3,3,2)$ 的弧长 $s=$____________.

【参考解答】 (1) 由函数 $y=f(x)$ 描述的曲线的弧长微元计算公式,得

$$\mathrm{d}s=\sqrt{1+y'^2}\,\mathrm{d}x=\sqrt{1+(\tan x)^2}\,\mathrm{d}x=\sec x\,\mathrm{d}x\,(0\leqslant x\leqslant\pi/4).$$

由弧长计算公式,对应 $0\leqslant x\leqslant\frac{\pi}{4}$ 的一段弧的长度为

$$s=\int_0^{\pi/4}\sqrt{1+y'^2}\,\mathrm{d}x=\int_0^{\pi/4}\sec x\,\mathrm{d}x=\ln|\sec x+\tan x|\Big|_0^{\pi/4}=\ln(\sqrt{2}+1).$$

(2) 由参数方程描述的曲线的弧长微元计算公式,得

$$\mathrm{d}s=\sqrt{x'^2(t)+y'^2(t)}\,\mathrm{d}t=\sqrt{(-3a\cos^2 t\sin t)^2+(3a\sin^2 t\cos t)^2}=3a\sin t\cos t\,\mathrm{d}t.$$

由弧长计算公式并根据对称性,得

$$s=4\int_0^{\pi/2}\sqrt{x'^2(t)+y'^2(t)}\,\mathrm{d}t=4\int_0^{\pi/2}3a\sin t\cos t\,\mathrm{d}t=6a.$$

(3) 由参数方程描述的曲线的弧长微元计算公式,得

$$\mathrm{d}s=\sqrt{x'^2(t)+y'^2(t)+z'^2(t)}\,\mathrm{d}t=\sqrt{3^2+(6t)^2+(6t^2)^2}=3(2t^2+1)\mathrm{d}t.$$

由弧长计算公式,得

$$s=\int_0^1\sqrt{x'^2(t)+y'^2(t)+z'^2(t)}\,\mathrm{d}t=\int_0^1 3(2t^2+1)\mathrm{d}t=5.$$

2. 设 L 是圆周 $x^2+y^2=1$ 在第一象限内的部分,计算 $\int_L(3x+2y)\mathrm{d}s$.

【参考解答】 圆周的参数方程可写为

$$x=\cos t,y=\sin t,x\in[0,2\pi],$$

于是,由参数方程描述的曲线的弧长微元计算公式,得

$$I=\int_0^{\pi/2}(3\cos t+2\sin t)\sqrt{x'^2(t)+y'^2(t)}\,\mathrm{d}t=\int_0^{\pi/2}(3\cos t+2\sin t)\mathrm{d}t=5.$$

综合练习

3. 计算 $\int_C(x+y+z)^2\mathrm{d}s$,其中曲线 C 为球面 $x^2+y^2+z^2=a^2$ 与锥面 $x^2+y^2=z^2$ 的交线.

【参考解答】 如图所示,积分曲线 C 为半径为 $\frac{a}{\sqrt{2}}$ 的两个圆周,且关于三个坐标面均对称. 利用对弧长的曲线积分偶倍奇零的计算性质及被积函数定义在积分曲线上,得

$$\int_C(x+y+z)^2\mathrm{d}s=\int_C[(x^2+y^2+z^2)+2(xy+yz+zx)]\mathrm{d}s=a^2\int_C\mathrm{d}s+0=2\sqrt{2}\pi a^3.$$

4. 计算 $\int_C e^{\sqrt{x^2+y^2}}\mathrm{d}s$,其中 C 是圆周 $x^2+y^2=a^2$,直线 $y=x$ 及 x 轴在第一象限中所围成图形的边界.

【参考解答】 如图所示,C 分为三段 C_1,C_2,C_3.

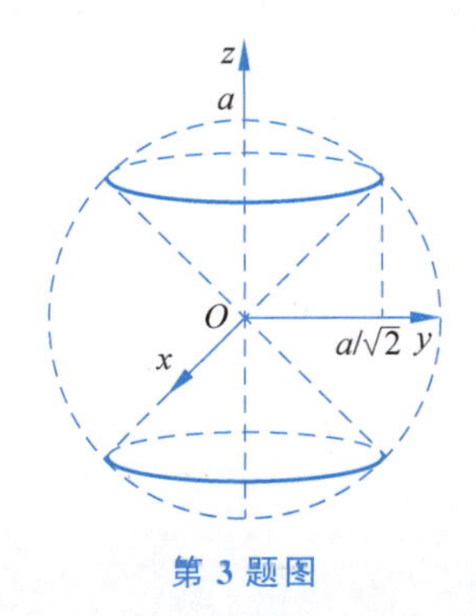

第 3 题图

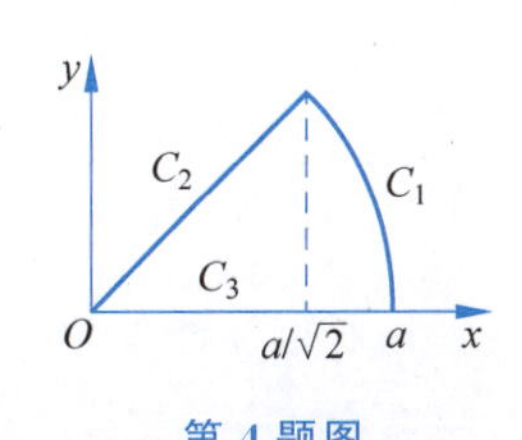

第 4 题图

在 C_1 上,C_1: $\rho=a,0\leqslant\theta\leqslant\pi/4,\mathrm{d}s=\sqrt{\rho^2+\rho'^2}\,\mathrm{d}\theta=a\,\mathrm{d}\theta$,于是

$$I_1=\int_{C_1} e^{\sqrt{x^2+y^2}}ds=\int_0^{\pi/4} e^{\rho}\sqrt{\rho^2+\rho'^2}d\theta=\frac{\pi}{4}ae^a.$$

在 C_2 上，C_2：$y=x, 0\leqslant x\leqslant\frac{\sqrt{2}}{2}a, ds=\sqrt{1+y'^2}dx=\sqrt{2}dx$，于是

$$I_2=\int_{C_2} e^{\sqrt{x^2+y^2}}ds=\int_0^{\sqrt{2}a/2} e^{\sqrt{2}x}\sqrt{1+y'^2}dx=\int_0^{\sqrt{2}a/2} e^{\sqrt{2}x}\sqrt{2}dx=e^a-1.$$

在 C_3 上，C_3：$x=t, y=0, 0\leqslant t\leqslant a, ds=\sqrt{x'^2(t)+y'^2(t)}dt=dt$，于是

$$I_3=\int_{C_3} e^{\sqrt{x^2+y^2}}ds=\int_0^a e^t dt=e^a-1,$$

所以由积分对积分曲线的可加性，得

$$\int_C e^{\sqrt{x^2+y^2}}ds=\left(\int_{C_1}+\int_{C_2}+\int_{C_3}\right)e^{\sqrt{x^2+y^2}}ds=I_1+I_2+I_3=2(e^a-1)+\frac{\pi}{4}ae^a.$$

5. 设 $f(x)$ 为连续函数，Ω 为曲面 Σ_1：$z=x^2+y^2$ 与 Σ_2：$z=t(t>0)$ 所围成的立体，L 为曲面 Σ_1 与 Σ_2 的交线，已知对任意实数 $t>0$，都有

$$\iiint_\Omega f(z)dV=\pi f(t)+\oint_L (x^2+y^2)^{3/2}ds,$$

求函数 $f(x)$ 的表达式.

【参考解答】 对于三重积分，由先二后一截面法，有

$$\iiint_\Omega f(z)dV=\int_0^t dz\iint_{x^2+y^2\leqslant z} dxdy=\int_0^t \pi z f(z)dz.$$

曲线 L 的参数方程为 $x=\sqrt{t}\cos\theta, y=\sqrt{t}\sin\theta, z=t, 0\leqslant\theta\leqslant 2\pi$，且

$$ds=\sqrt{x'^2(\theta)+y'^2(\theta)+z'^2(\theta)}=\sqrt{t}d\theta,\quad x^2+y^2=z=t,$$

故由对弧长的曲线积分的参数方程直接计算法，得

$$\oint_L (x^2+y^2)^{3/2}ds=\int_0^{2\pi} t^{3/2}\cdot t^{1/2}d\theta=2\pi t^2.$$

于是由题设中的已知等式，得

$$\int_0^t \pi z f(z)dz=\pi f(t)+2\pi t^2,\quad 且\ f(0)=0.$$

方程两边对 t 求导，整理得一阶线性微分方程

$$f'(t)-tf(t)=-4t,\quad 即\ f'(x)-xf(x)=-4x.$$

由一阶线性微分方程通解计算公式，得

$$f(x)=e^{\int x dx}\left[\int(-4x)e^{-\int x dx}dx+C\right]=e^{x^2/2}\left[4\int(-x)e^{-x^2/2}dx+C\right]$$
$$=e^{x^2/2}[4e^{-x^2/2}+C],$$

由 $f(0)=0$ 得 $C=-4$，所以 $f(x)=4(1-e^{x^2/2})$.

6. 设圆柱螺线 $x=\cos t, y=\sin t, z=t\left(0\leqslant t\leqslant\frac{\pi}{2}\right)$ 的密度分布与 x,y 无关而与 z 成正比，求这一段螺线的质量、质心和对 z 轴的转动惯量.

【参考解答】 由已知可知密度函数为 $\rho(x,y,z)=kz$（其中 $k>0$ 为常数），在圆柱螺线上

$$\mathrm{d}s=\sqrt{(-\sin t)^2+(\cos t)^2+1}\,\mathrm{d}t=\sqrt{2}\,\mathrm{d}t,$$

于是题设中的螺线的质量为

$$m=\int_C\rho(x,y,z)\mathrm{d}s=\sqrt{2}k\int_0^{\pi/2}t\,\mathrm{d}t=\frac{\sqrt{2}k}{8}\pi^2.$$

由质心计算公式，可得质心各坐标分别为

$$\bar{x}=\frac{1}{m}\int_C x\rho(x,y,z)\mathrm{d}s=\frac{8}{\pi^2\sqrt{2}k}\int_0^{\pi/2}\cos t\cdot\sqrt{2}kt\,\mathrm{d}t=\frac{8}{\pi^2}\left(\frac{\pi}{2}-1\right),$$

$$\bar{y}=\frac{1}{m}\int_C y\rho(x,y,z)\mathrm{d}s=\frac{8}{\pi^2}\int_0^{\pi/2}t\sin t\,\mathrm{d}t=\frac{8}{\pi^2},$$

$$\bar{z}=\frac{1}{m}\int_C z\rho(x,y,z)\mathrm{d}s=\frac{8}{\pi^2}\int_0^{\pi/2}t^2\mathrm{d}t=\frac{\pi}{3},$$

所以质心为 $\left(\frac{8}{\pi^2}\left(\frac{\pi}{2}-1\right),\frac{8}{\pi^2},\frac{\pi}{3}\right)$. 对 z 轴的转动惯量则为

$$I_z=\int_C(x^2+y^2)\rho(x,y,z)\mathrm{d}s=\int_0^{\pi/2}kt\cdot\sqrt{2}\,\mathrm{d}t=\frac{\sqrt{2}k\pi^2}{8}.$$

考研与竞赛练习

1. 设 L 为椭圆 $\frac{x^2}{4}+\frac{y^2}{3}=1$，其周长记为 a，则 $I=\oint_L(2xy+3x^2+4y^2)\mathrm{d}s$ ____________.

【参考解答】 由于被积函数定义在积分曲线上，且积分曲线关于 x 轴对称，而 $2xy$ 关于 y 为奇函数，所以由对弧长的曲线积分偶倍奇零性质，得

$$I=\oint_L 2xy\,\mathrm{d}s+12\oint_L\frac{x^2}{4}+\frac{y^2}{3}\mathrm{d}s=0+12\oint_L 1\mathrm{d}s=12a.$$

2. 求八分之一球面 $x^2+y^2+z^2=R^2,x\geqslant0,y\geqslant0,z\geqslant0$ 的边界曲线的重心，设曲线的线密度 $\rho=1$.

【参考解答】 曲线在 xOy 平面内的弧段 L_1：$x=R\cos t,y=R\sin t,z=0$，于是 $\mathrm{d}s=\sqrt{(-R\sin t)^2+(R\cos t)^2+0}\,\mathrm{d}t=R\mathrm{d}t$，由曲线的对称性可知，整个边界曲线的质量为

$$M=3\int_{L_1}\mathrm{d}s=3\int_0^{\pi/2}R\,\mathrm{d}t=\frac{3}{2}\pi R.$$

又 $\int_L x\,\mathrm{d}s=2\int_{L_1}x\,\mathrm{d}s=2R\int_0^{\pi/2}R\cos t\,\mathrm{d}t=2R^2=\int_L y\,\mathrm{d}s=\int_L z\,\mathrm{d}s$，所以由重心计算公式，得

$$\bar{x}=\frac{\oint_L x\,\mathrm{d}s}{M}=\frac{2R^2}{3\pi R/2}=\frac{4R}{3\pi}=\bar{y}=\bar{z},$$ 即所求重心的坐标为 $\left(\frac{4R}{3\pi},\frac{4R}{3\pi},\frac{4R}{3\pi}\right)$.

3. 曲线 S 为 $x^2+y^2+z^2=1$ 与 $x+y+z=0$ 的交线，求 $\oint_S xy\mathrm{d}s$.

【参考解答】 积分曲线 S 是半径为 R 的圆周，整理两个方程构成的方程组，得

$$S:\begin{cases}xy+yz+zx=-\dfrac{1}{2},\\ x+y+z=0\end{cases}$$

由积分曲线具有轮换对称性，故有 $\oint_S xy\mathrm{d}s=\oint_S yz\mathrm{d}s=\oint_S zx\mathrm{d}s$，于是

$$\oint_S xy\mathrm{d}s=\frac{1}{3}\oint_S(xy+yz+zx)\mathrm{d}s=\frac{1}{3}\oint_S\left(-\frac{1}{2}\right)\mathrm{d}s=-\frac{\pi}{3}.$$

4. 设曲线 C：$x^2+xy+y^2=a^2$ 的长度为 L，求 $I=\int_C\dfrac{a\sin(\mathrm{e}^x)+b\sin(\mathrm{e}^y)}{\sin(\mathrm{e}^x)+\sin(\mathrm{e}^y)}\mathrm{d}s$.

【参考解答】 由于积分曲线具有轮换对称性，从而

$$\int_C\frac{a\sin(\mathrm{e}^x)+b\sin(\mathrm{e}^y)}{\sin(\mathrm{e}^x)+\sin(\mathrm{e}^y)}\mathrm{d}s=\int_C\frac{a\sin(\mathrm{e}^y)+b\sin(\mathrm{e}^x)}{\sin(\mathrm{e}^y)+\sin(\mathrm{e}^x)}\mathrm{d}s,$$

把上式右侧两个积分相加，得

$$\begin{aligned}I&=\frac{1}{2}\int_C\frac{a\sin(\mathrm{e}^x)+b\sin(\mathrm{e}^y)+a\sin(\mathrm{e}^y)+b\sin(\mathrm{e}^x)}{\sin(\mathrm{e}^x)+\sin(\mathrm{e}^y)}\mathrm{d}s\\&=\frac{1}{2}\int_C(a+b)\mathrm{d}s=\frac{a+b}{2}\int_C\mathrm{d}s=\frac{a+b}{2}L.\end{aligned}$$

5. 计算 $I=\oint_\Gamma(x^2+z^2)\mathrm{d}s$，其中 Γ 为平面 $x+y+z=0$ 与球面 $(x-1)^2+(y+1)^2+z^2=a^2(a>0)$ 的交线.

【参考解答】 视积分为求密度为 $\rho=x^2+z^2$ 圆弧形物体的质量 M，即

$$I=\oint_\Gamma(x^2+z^2)\mathrm{d}s=M.$$

令 $X=x-1,Y=y+1,Z=z$，则 $x=X+1,y=Y-1,z=Z$，在坐标平移后，弧长 $\mathrm{d}s$ 不变，但密度在新的坐标系下为 $\rho=(X+1)^2+Z^2$. 平移后的曲线方程为

$$\Gamma':\begin{cases}X^2+Y^2+Z^2=a^2\\ X+Y+Z=0\end{cases},$$

利用 Γ' 对坐标 (X,Y,Z) 的轮换对称性，Γ' 为大圆，其周长为 $2\pi a$，可得

$$\begin{aligned}I=M&=\oint_{\Gamma'}[(X+1)^2+Z^2]\mathrm{d}s=\oint_{\Gamma'}(X^2+Z^2+2X+1)\mathrm{d}s\\&=\frac{2}{3}\oint_{\Gamma'}(X^2+Y^2+Z^2)\mathrm{d}s+2\cdot 0+\oint_{\Gamma'}\mathrm{d}s\\&=\frac{2a^2}{3}\oint_{\Gamma'}\mathrm{d}s+2\pi a=\frac{2\pi a}{3}(2a^2+3).\end{aligned}$$

练习 63　对坐标的曲线积分

训练目的

1. 理解对坐标的曲线积分的概念与性质.
2. 掌握直接求对坐标的曲线积分的计算方法.
3. 了解两类曲线积分之间的关系,会将两类曲线积分相互转化.
4. 会计算变力沿曲线做功及向量场沿闭曲线的环流量.

基础练习

1. 计算下列对坐标的曲线积分.

(1) L 是抛物线 $y=x^2$ 上从点 $O(0,0)$ 到 $A(2,4)$ 的一段弧,则 $\int_L(y-x)\mathrm{d}x+2x\mathrm{d}y=$ ________.

(2) L 是椭圆 $\frac{x^2}{a^2}+\frac{y^2}{b^2}=1(a>0,b>0)$ 在第一象限内从点 $A(0,b)$ 到 $B(a,0)$ 的一段弧,则 $\int_L y\mathrm{d}x-x\mathrm{d}y=$ ____________.

(3) Γ 是等距螺旋线 $x=a\cos t,y=a\sin t,z=t$ 从 $A(a,0,0)$ 到 $B(a,0,2\pi)$ 的一段,则 $\oint_\Gamma x\mathrm{d}x+y\mathrm{d}y+\mathrm{d}z=$ ________.

【参考解答】 (1) 由对坐标的曲线积分的直接计算法,得

$$I=\int_0^2(x^2-x)\mathrm{d}x+2x\mathrm{d}(x^2)=\int_0^2(x^2-x+4x^2)\mathrm{d}x=\frac{34}{3}.$$

(2) 椭圆的参数方程可以写为 $x=a\cos t,y=b\sin t,t:\frac{\pi}{2}\to0$,于是由对坐标的曲线积分的直接计算法,得

$$I=\int_{\pi/2}^0 b\sin t\,\mathrm{d}(a\cos t)-a\cos t\,\mathrm{d}(b\sin t)=\int_0^{\pi/2}ab\,\mathrm{d}t=\frac{ab\pi}{2}.$$

(3) 由对坐标的曲线积分的直接计算法,得

$$I=\int_0^{2\pi}a\cos t\,\mathrm{d}(a\cos t)+a\sin t\,\mathrm{d}(a\sin t)+\mathrm{d}t=\int_0^{2\pi}\mathrm{d}t=2\pi.$$

2. 计算 $\oint_{ABCDA}\frac{\mathrm{d}x+\mathrm{d}y}{|x|+|y|}$,其中 $ABCDA$ 是以 $A(1,0)$,$B(0,1)$,$C(-1,0)$,$D(0,-1)$ 为顶点的正方形边界.

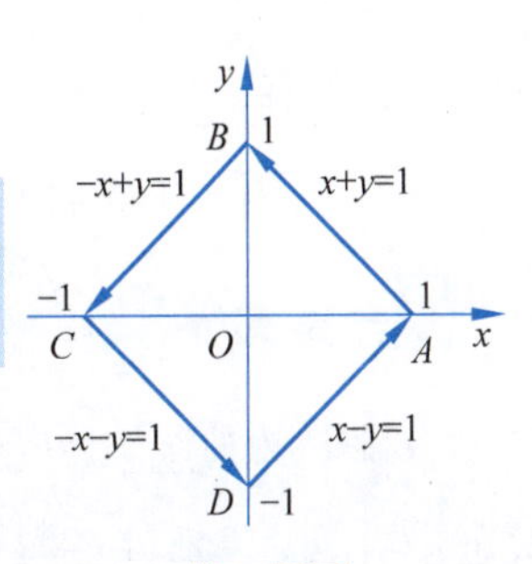

第 2 题图

【参考解答】 积分曲线如图所示,将积分曲线分割为四段.

在线段 AB 上: $\mathrm{d}y=-\mathrm{d}x,x:1\to0$,

在线段 BC 上：$dy=dx, x: 0\to -1$，

在线段 CD 上：$dy=-dx, x: -1\to 0$，

在线段 DA 上：$dy=dx, x: 0\to 1$，

于是由积分对积分曲线的可加性，并且由对坐标的曲线积分的直接计算法，得

$$\oint_{ABCDA}\frac{dx+dy}{|x|+|y|}=\left(\int_{AB}+\int_{BC}+\int_{CD}+\int_{DA}\right)(dx+dy)$$

$$=\int_1^0(1-1)dx+\int_0^{-1}(1+1)dx+\int_{-1}^0(1-1)dx+\int_0^1(1+1)dx=0.$$

3. 设 $I(\alpha)=\int_{(0,0)}^{(1,1)}xy\,dx+(y-x)dy$ 为沿曲线 $y=x^\alpha(\alpha>0)$ 从点 $(0,0)$ 到点 $(1,1)$ 的曲线积分，求 $I(\alpha)$.

【参考解答】 当 $\alpha\neq\frac{1}{2}$ 时，由对坐标的曲线积分的直接计算法，得

$$I(\alpha)=\int_0^1[x^{1+\alpha}+(x^\alpha-x)\cdot(\alpha x^{\alpha-1})]dx=\int_0^1[x^{1+\alpha}+\alpha x^{2\alpha-1}-\alpha x^\alpha]dx$$

$$=\left[\frac{x^{2+\alpha}}{2+\alpha}+\frac{1}{2}x^{2\alpha}-\frac{\alpha}{\alpha+1}x^{\alpha+1}\right]\Bigg|_0^1=\frac{1}{\alpha+1}+\frac{1}{\alpha+2}-\frac{1}{2}.$$

当 $\alpha=\frac{1}{2}$ 时，则有

$$I\left(\frac{1}{2}\right)=\int_0^1\left[x^{3/2}+(x^{1/2}-x)\cdot\left(\frac{1}{2}x^{-1/2}\right)\right]dx=\int_0^1\left[x^{3/2}+\frac{1}{2}-\frac{1}{2}x^{1/2}\right]dx=\frac{17}{30}.$$

综上可得 $I(\alpha)=\frac{1}{\alpha+1}+\frac{1}{\alpha+2}-\frac{1}{2}$.

4. 求向量场 $\boldsymbol{A}=y\boldsymbol{i}+x\boldsymbol{j}+z\boldsymbol{k}$ 沿曲线 Γ：$\begin{cases}x^2+y^2+z^2=2R^2\\x^2+y^2+z^2=2Rz\end{cases}$ 从 z 轴正向看为逆时针方向的环流量.

【参考解答】 由环流量计算公式，得所求环流量为

$$I=\oint_\Gamma\boldsymbol{A}\cdot d\boldsymbol{s}=\oint_\Gamma y\,dx+x\,dy+z\,dz.$$

改写曲线的方程，有 $\begin{cases}x^2+y^2=R^2\\z=R\end{cases}$，故曲线 Γ 可化为参数方程

$$x=R\cos t, y=R\sin t, z=R, t: 0\to 2\pi.$$

在曲线 Γ 上有 $x^2+y^2+z^2=2R^2$，$dz=0$，于是所求环流量为

$$I=\oint_\Gamma y\,dx+x\,dy=\int_0^{2\pi}R\sin t\,d(R\cos t)+R\cos t\,d(R\sin t)=0.$$

综合练习

5. 设 Γ 为曲线 $x=t, y=t^2, z=t^3$ 上相应于 t 从 0 变到 1 的曲线弧，把对坐标的曲线积分 $I=\int_\Gamma dx+2x\,dy+3y\,dz$ 化成对弧长的曲线积分，并分别利用两种积分的计算方法计算积分值.

【参考解答】（1）曲线 Γ 的切向量可以取为

$$\boldsymbol{T}=(x'(t),y'(t),z'(t))=(1,2t,3t^2)=(1,2x,3y),$$

且 $|\boldsymbol{T}|=\sqrt{1+4x^2+9y^2}$，由于方向为参变量增大的方向，于是单位切向量取为

$$\boldsymbol{T}^0=(\cos\alpha,\cos\beta,\cos\gamma)=\frac{1}{\sqrt{1+4x^2+9y^2}}(1,2x,3y).$$

由两类曲线积分之间的关系，得

$$\begin{aligned}I&=\int_\Gamma \mathrm{d}x+2x\mathrm{d}y+3y\mathrm{d}z=\int_\Gamma(1\cdot\cos\alpha+2x\cdot\cos\beta+3y\cdot\cos\gamma)\mathrm{d}s\\&=\int_\Gamma\frac{1+2x\cdot 2x+3y\cdot 3y}{\sqrt{1+4x^2+9y^2}}\mathrm{d}s=\int_\Gamma\sqrt{1+4x^2+9y^2}\,\mathrm{d}s.\end{aligned}$$

（2）由对坐标的曲线积分直接计算法，直接将参数表达式代入被积表达式，得

$$I=\int_\Gamma \mathrm{d}x+2x\mathrm{d}y+3y\mathrm{d}z=\int_0^1(1+4t^2+9t^4)\mathrm{d}t=\frac{62}{15}.$$

（3）由 $\mathrm{d}s=\sqrt{x'^2(t)+y'^2(t)+z'^2(t)}\,\mathrm{d}t=\sqrt{1+4t^2+9t^4}\,\mathrm{d}t$，于是由对弧长的曲线积分的直接计算法，得

$$\begin{aligned}I&=\int_\Gamma\sqrt{1+4x^2+9y^2}\,\mathrm{d}s=\int_0^1\sqrt{1+4t^2+9t^4}\cdot\sqrt{1+4t^2+9t^4}\,\mathrm{d}t\\&=\int_0^1(1+4t^2+9t^4)\mathrm{d}t=\frac{62}{15}.\end{aligned}$$

6．在变力 $\boldsymbol{F}=yz\boldsymbol{i}+zx\boldsymbol{j}+xy\boldsymbol{k}$ 的作用下，质点由原点沿直线运动到椭球面 $\frac{x^2}{a^2}+\frac{y^2}{b^2}+\frac{z^2}{c^2}=1$ 第Ⅰ卦限的点 $M(\xi,\eta,\zeta)$，问：当 ξ,η,ζ 取何值时，力 $\boldsymbol{F}$ 所做的功 W 最大？并求出 W 的最大值.

【参考解答】直线段 OM 的参数方程为 $x=\xi t,y=\eta t,z=\zeta t,t:0\to1$，所做的功由对坐标的曲线积分的物理意义和直接参数方程计算法，得

$$W=\int_{OM}\boldsymbol{F}\cdot\mathrm{d}\boldsymbol{s}=\int_{OM}yz\mathrm{d}x+zx\mathrm{d}y+xy\mathrm{d}z=\xi\eta\zeta\int_0^1 3t^2\mathrm{d}t=\xi\eta\zeta.$$

问题即为求 $W=\xi\eta\zeta$ 在条件 $\frac{\xi^2}{a^2}+\frac{\eta^2}{b^2}+\frac{\zeta^2}{c^2}=1(\xi\geqslant0,\eta\geqslant0,\zeta\geqslant0)$ 下的最大值. 由拉格朗日乘子法，设

$$L(\xi,\eta,\zeta)=\xi\eta\zeta+\lambda\left(1-\frac{\xi^2}{a^2}-\frac{\eta^2}{b^2}-\frac{\zeta^2}{c^2}\right),$$

解方程组 $\begin{cases}L'_\xi=\eta\zeta-\dfrac{2\lambda}{a^2}\xi=0\\L'_\eta=\xi\zeta-\dfrac{2\lambda}{b^2}\eta=0\\L'_\zeta=\xi\eta-\dfrac{2\lambda}{c^2}\zeta=0\\L'_\lambda=1-\dfrac{\xi^2}{a^2}-\dfrac{\eta^2}{b^2}-\dfrac{\zeta^2}{c^2}=0\end{cases}$，对前三个方程，分别乘以 ξ,η,ζ，当 $\lambda\neq0$ 时，得

$\frac{\xi^2}{a^2}=\frac{\eta^2}{b^2}=\frac{\zeta^2}{c^2}$，代入第四个方程解得 $\xi=\frac{a}{\sqrt{3}}, \eta=\frac{b}{\sqrt{3}}, \zeta=\frac{c}{\sqrt{3}}$，于是

$$W=\frac{1}{3\sqrt{3}}abc=\frac{\sqrt{3}}{9}abc.$$

当 $\lambda=0$ 时，$W=0$.

由问题的实际意义知存在最大值，所以所求点为 $\left(\frac{\sqrt{3}}{3}a,\frac{\sqrt{3}}{3}b,\frac{\sqrt{3}}{3}c\right)$ 时，所做的功最大，最大值为 $W=\frac{\sqrt{3}}{9}abc$.

【注】 考察最大值时，由不等式 $\sqrt[3]{xyz}\leqslant\frac{1}{3}(x+y+z)$，有

$$(\xi\eta\zeta)^{2/3}=(abc)^{2/3}\sqrt[3]{\left(\frac{\xi}{a}\right)^2\left(\frac{\eta}{b}\right)^2\left(\frac{\zeta}{c}\right)^2}\leqslant\frac{(abc)^{2/3}}{3}\left[\left(\frac{\xi}{a}\right)^2+\left(\frac{\eta}{b}\right)^2+\left(\frac{\zeta}{c}\right)^2\right]=\frac{(abc)^{2/3}}{3}.$$

因此，$\xi\eta\zeta\leqslant\frac{\sqrt{3}}{9}abc$，仅当 $\frac{\xi}{a}=\frac{\eta}{b}=\frac{\zeta}{c}$ 成立时等号成立，代入椭圆面方程，解得

$$\xi=\frac{\sqrt{3}}{3}a,\quad \eta=\frac{\sqrt{3}}{3}b,\quad \zeta=\frac{\sqrt{3}}{3}c,$$

即所求点为 $\left(\frac{\sqrt{3}}{3}a,\frac{\sqrt{3}}{3}b,\frac{\sqrt{3}}{3}c\right)$ 时，所做的功最大，最大值为 $W=\frac{\sqrt{3}}{9}abc$.

7. 一粒子沿光滑曲线 C：$y=f(x)$ 从点 $(a,f(a))$ 移动到点 $(b,f(b))$. 移动粒子的力 $\boldsymbol{F}$ 的大小为常数 k，而且总指向从原点向外的方向. 证明力所做的功为

$$\int_C \boldsymbol{F}\cdot\boldsymbol{T}\mathrm{d}s=k\left[\sqrt{b^2+f^2(b)}-\sqrt{a^2+f^2(a)}\right].$$

【参考证明】 由已知条件知 $\boldsymbol{F}=k\left(\frac{x}{\sqrt{x^2+y^2}},\frac{y}{\sqrt{x^2+y^2}}\right)$，$\boldsymbol{T}\mathrm{d}s=(\mathrm{d}x,\mathrm{d}y)$，于是

$$\begin{aligned}W&=\int_\Gamma \boldsymbol{F}\cdot\boldsymbol{T}\mathrm{d}s=\int_C\frac{kx\mathrm{d}x}{\sqrt{x^2+y^2}}+\frac{ky\mathrm{d}y}{\sqrt{x^2+y^2}}\\&=\int_a^b\left[\frac{kx}{\sqrt{x^2+f^2(x)}}+\frac{kf(x)f'(x)}{\sqrt{x^2+f^2(x)}}\right]\mathrm{d}x=k\int_a^b\frac{x+f(x)f'(x)}{\sqrt{x^2+f^2(x)}}\mathrm{d}x\\&=\frac{k}{2}\int_a^b\frac{\mathrm{d}(x^2+f^2(x))}{\sqrt{x^2+f^2(x)}}=k\sqrt{x^2+f^2(x)}\Big|_a^b=k\left[\sqrt{b^2+f^2(b)}-\sqrt{a^2+f^2(a)}\right].\end{aligned}$$

8. 质点 P 沿着以 A,B 为直径的半圆周，从点 $A(1,2)$ 运动到点 $B(3,4)$ 的过程中受变力 $\boldsymbol{F}$ 作用(如图所示)，$\boldsymbol{F}$ 的大小等于点 P 与原点 O 之间的距离，其方向垂直于线段 OP 且与 y 轴正向的夹角小于 $\pi/2$，求变力 $\boldsymbol{F}$ 对质点 P 所做的功.

【参考解答】 由已知条件知变力 $\boldsymbol{F}$ 的大小为

$$\boldsymbol{F}=\sqrt{x^2+y^2}\cdot\left(\frac{-y}{\sqrt{x^2+y^2}},\frac{x}{\sqrt{x^2+y^2}}\right)=(-y,x),$$

所做的功为

$$W=\int_L \boldsymbol{F}\cdot \mathrm{d}\boldsymbol{s}=\int_L -y\mathrm{d}x+x\mathrm{d}y.$$

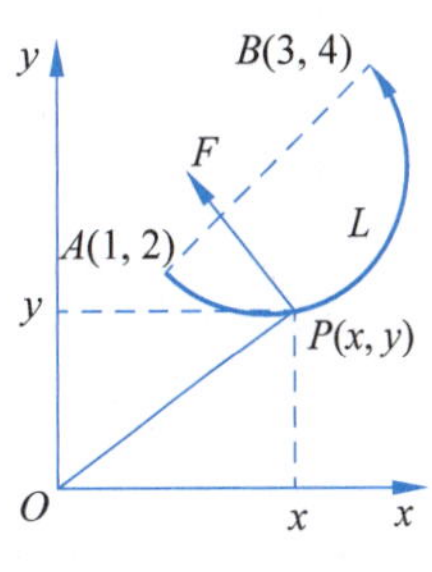

第 8 题图

圆弧 L 的参数方程可写为

$$x=2+\sqrt{2}\cos\theta,\quad y=3+\sqrt{2}\sin\theta,\quad \theta:-\frac{3\pi}{4}\to\frac{\pi}{4},$$

所以由对坐标的曲线积分的直接计算法,得

$$\begin{aligned}W&=\int_{-3\pi/4}^{\pi/4}\left[\sqrt{2}(3+\sqrt{2}\sin\theta)\sin\theta+\sqrt{2}(2+\sqrt{2}\cos\theta)\cos\theta\right]\mathrm{d}\theta\\&=\int_{-3\pi/4}^{\pi/4}\left[\sqrt{2}(3\sin\theta+2\cos\theta)+2(\sin^2\theta+\cos^2\theta)\right]\mathrm{d}\theta=2(\pi-1).\end{aligned}$$

考研与竞赛练习

1. 在过点 $O(0,0)$ 和 $A(\pi,0)$ 的曲线族 $y=a\sin x(a>0)$ 中,求一条曲线 L,使沿该曲线从 O 到 A 的积分 $\int_L (1+y^3)\mathrm{d}x+(2x+y)\mathrm{d}y$ 的值最小.

【参考解答】 由对坐标的曲线积分的直接计算法,得

$$\begin{aligned}I(a)&=\int_0^{\pi}[1+a^3\sin^3x+(2x+a\sin x)a\cos x]\mathrm{d}x\\&=\pi+a^3\int_0^{\pi}\sin^3x\mathrm{d}x+2a\int_0^{\pi}x\cos x\mathrm{d}x+\frac{a^2}{2}\int_0^{\pi}\sin2x\mathrm{d}x\\&=\pi+a^3\int_0^{\pi}(\cos^2x-1)\mathrm{d}\cos x+2a\int_0^{\pi}x\mathrm{d}\sin x+\frac{a^2}{4}\int_0^{\pi}\sin2x\mathrm{d}2x\\&=\pi+a^3\left[\frac{1}{3}\cos^3x-\cos x\right]_0^{\pi}+2a[x\sin x+\cos x]_0^{\pi}+\frac{a^2}{4}[-\cos2x]_0^{\pi}\\&=\pi+\frac{4}{3}a^3-4a,\end{aligned}$$

令 $I'(a)=4(a^2-1)=0$,得 $a=1(a=-1$ 舍去),且 $I''(1)=8>0$. 于是 $I(a)$ 为在 $(0,+\infty)$ 的单谷函数,$a=1$ 是区间内唯一驻点,所以 $I(a)$ 在 $a=1$ 处取到最小值,于是所求曲线为 $y=\sin x(0\leqslant x\leqslant\pi)$.

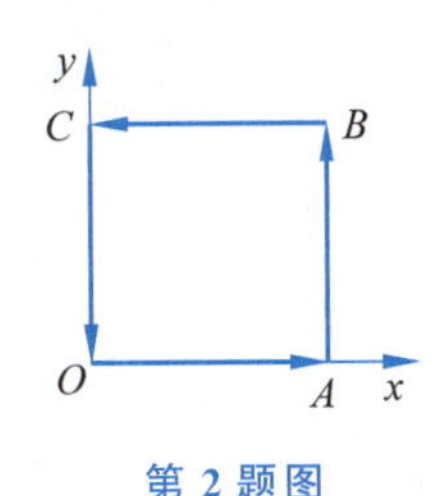

第 2 题图

2. 已知平面区域 $D=\{(x,y)\mid 0\leqslant x\leqslant\pi,0\leqslant y\leqslant\pi\}$,$L$ 为 D 的正向边界. 试证:

(1) $\oint_L xe^{\sin y}\mathrm{d}y-ye^{-\sin x}\mathrm{d}x=\oint_L xe^{-\sin y}\mathrm{d}y-ye^{\sin x}\mathrm{d}x$.

(2) $\oint_L xe^{\sin y}\mathrm{d}y-ye^{-\sin x}\mathrm{d}x\geqslant 2\pi^2$.

【参考证明】 (1) 如图所示,分四段直接计算.

$$OA: x=t,y=0,t:0\to\pi \quad AB: x=\pi,y=t,t:0\to\pi$$
$$BC: x=t,y=\pi,t:\pi\to0 \quad CO: x=0,y=t,t:\pi\to0$$

由对坐标的曲线积分的直接计算法,得

$$\oint_L xe^{\sin y}dy - ye^{-\sin x}dx = \left(\int_{OA}+\int_{AB}+\int_{BC}+\int_{CO}\right)xe^{\sin y}dy - ye^{-\sin x}dx$$
$$= \int_{OA}(-y)e^{-\sin x}dx + \int_{AB}xe^{\sin y}dy + \int_{BC}(-y)e^{-\sin x}dx + \int_{CO}xe^{\sin y}dy$$
$$= 0 + \int_0^{\pi}\pi e^{\sin t}dt + \int_{\pi}^{0}(-\pi)e^{-\sin t}dt + 0 = \pi\int_0^{\pi}(e^{\sin t}+e^{-\sin t})dt,$$

$$\oint_L xe^{-\sin y}dy - ye^{\sin x}dx = \left(\int_{OA}+\int_{AB}+\int_{BC}+\int_{CO}\right)xe^{-\sin y}dy - ye^{\sin x}dx$$
$$= \int_{OA}(-y)e^{\sin x}dx + \int_{AB}xe^{-\sin y}dy + \int_{BC}(-y)e^{\sin x}dx + \int_{CO}xe^{-\sin y}dy$$
$$= 0 + \int_0^{\pi}\pi e^{\sin t}dt + \int_{\pi}^{0}(-\pi)e^{-\sin t}dt + 0 = \pi\int_0^{\pi}(e^{\sin t}+e^{-\sin t})dt,$$

所以 $\oint_L xe^{\sin y}dy - ye^{-\sin x}dx = \oint_L xe^{-\sin y}dy - ye^{\sin x}dx$.

(2) 因为 $e^{\sin x}+e^{-\sin t}\geqslant 2$,所以由(1)可得

$$\oint_L xe^{\sin y}dy - ye^{-\sin x}dx = \pi\int_0^{\pi}(e^{\sin t}+e^{-\sin t})dx \geqslant 2\pi^2.$$

3. 设 $I_a(r)=\oint_C \frac{y\,dx - x\,dy}{(x^2+y^2)^a}$,其中 a 为常数,曲线 C 为正向椭圆 $x^2+xy+y^2=r^2$,求 $\lim\limits_{r\to+\infty} I_a(r)$.

【参考解答】 令 $x=\frac{u-v}{\sqrt{2}}$,$y=\frac{u+v}{\sqrt{2}}$,则有 $x^2+y^2=u^2+v^2$,且

$$y\,dx - x\,dy = v\,du - u\,dv.$$

曲线 C 变为 uOv 平面上正向椭圆 Γ: $\frac{3u^2}{2}+\frac{v^2}{2}=r^2$,再作变换

$$u=\sqrt{\frac{2}{3}}r\cos\theta,\quad v=\sqrt{2}r\sin\theta,$$

则 $v\,du - u\,dv = -\frac{2}{\sqrt{3}}r^2 d\theta$,且

$$u^2+v^2=(2\cos^2\theta/3+2\sin^2\theta)r^2,\quad \theta: 0\to 2\pi,$$

所以由对坐标的曲线积分的直接计算法,得

$$I_a(r)=\oint_C\frac{y\,dx - x\,dy}{(x^2+y^2)^a}=\oint_\Gamma\frac{v\,du-u\,dv}{(u^2+v^2)^a}$$
$$=-\frac{2r^{2(1-a)}}{\sqrt{3}}\int_0^{2\pi}\frac{d\theta}{(2\cos^2\theta/3+2\sin^2\theta)^a}=-\frac{2r^{2(1-a)}}{\sqrt{3}}J_a,$$

其中 $J_a=\int_0^{2\pi}\frac{d\theta}{(2\cos^2\theta/3+2\sin^2\theta)^a}$,$0<J_a<+\infty$. 因此,当 $a>1$ 时,$\lim\limits_{r\to+\infty}I_a(r)=\lim\limits_{r\to+\infty}\left(-\frac{2r^{2(1-a)}}{\sqrt{3}}J_a\right)=0$,当 $a<1$ 时,$\lim\limits_{r\to+\infty}I_a(r)=\lim\limits_{r\to+\infty}\left(-\frac{2r^{2(1-a)}}{\sqrt{3}}J_a\right)=-\infty$,当 $a=1$ 时,$\lim\limits_{r\to+\infty}I_a(r)=-\frac{2}{\sqrt{3}}J_1=-2\pi$.

对于其中的积分，有

$$\int\frac{\mathrm{d}\theta}{2\cos^2\theta/3+2\sin^2\theta}=\frac{\sqrt{3}}{2}\int\frac{\mathrm{d}(\sqrt{3}\tan\theta)}{1+(\sqrt{3}\tan\theta)^2}=\frac{\sqrt{3}}{2}\arctan(\sqrt{3}\tan\theta)+C,$$

$$J_1=\int_0^{2\pi}\frac{\mathrm{d}\theta}{2\cos^2\theta/3+2\sin^2\theta}=\int_0^{\pi/2}+\int_{\pi/2}^{\pi}+\int_{\pi}^{3\pi/2}+\int_{3\pi/2}^{2\pi}$$

$$=\frac{\sqrt{3}}{2}\left[\arctan(\sqrt{3}\tan\theta)\Big|_0^{(\pi/2)^-}+\arctan(\sqrt{3}\tan\theta)\Big|_{(\pi/2)^+}^{\pi}\right.$$

$$\left.\arctan(\sqrt{3}\tan\theta)\Big|_{\pi}^{(3\pi/2)^-}+\arctan(\sqrt{3}\tan\theta)\Big|_{(3\pi/2)^+}^{2\pi}\right]$$

$$=\frac{\sqrt{3}}{2}\left(\frac{\pi}{2}+\frac{\pi}{2}+\frac{\pi}{2}+\frac{\pi}{2}\right)=\sqrt{3}\pi.$$

所求极限为 $\lim\limits_{r\to+\infty}I_a(r)=\begin{cases}-\infty, & a<1\\ -2\pi, & a=1.\\ 0, & a>1\end{cases}$

4. 计算 $I=\oint_\Gamma\left|\sqrt{3}y-x\right|\mathrm{d}x-5z\mathrm{d}z$，其中 Γ：$\begin{cases}x^2+y^2+z^2=8\\ x^2+y^2=2z\end{cases}$ 从 z 轴正向往坐标原点看取逆时针方向.

【参考解答】【法 1】 改写曲线方程可得参数方程为

$$x=2\cos\theta,\quad y=2\sin\theta,\quad z=2,\quad \theta:-\frac{5}{6}\pi\to\frac{7\pi}{6}.$$

由于曲线上 $z=2$，故在积分曲线上，$\mathrm{d}z=0$. 记 θ：$-\frac{5}{6}\pi\to\frac{\pi}{6}$ 时对应积分曲线 Γ_1，在 Γ_1 上 $\sqrt{3}y-x\leqslant0$，记 θ：$\frac{\pi}{6}\to\frac{7\pi}{6}$ 时对应积分曲线 Γ_2，在 Γ_2 上 $\sqrt{3}y-x\geqslant0$，于是

$$I_1=\oint_{\Gamma_1}\left|\sqrt{3}y-x\right|\mathrm{d}x=-2\int_{-5\pi/6}^{\pi/6}(2\cos\theta-2\sqrt{3}\sin\theta)\sin\theta\mathrm{d}\theta\,(t=\theta+\pi)$$

$$=-2\int_{\pi/6}^{7\pi/6}(-2\cos t+2\sqrt{3}\sin t)(-\sin t)\mathrm{d}t$$

$$=2\int_{\pi/6}^{7\pi/6}(2\sqrt{3}\sin\theta-2\cos\theta)\sin\theta\mathrm{d}\theta,$$

$$I_2=\oint_{\Gamma_2}\left|\sqrt{3}y-x\right|\mathrm{d}x=-2\int_{\pi/6}^{7\pi/6}(2\sqrt{3}\sin\theta-2\cos\theta)\sin\theta\mathrm{d}\theta,$$

所以 $I=I_1+I_2=0$.

【法 2】 积分曲线方程可表示为 $\begin{cases}z=2\\ x^2+y^2=4\end{cases}$，由于曲线上 $z=2$，积分定义在积分曲线上，故 $\mathrm{d}z=0$. 于是

$$I=\oint_\Gamma\left|\sqrt{3}y-x\right|\mathrm{d}x=\oint_C\left|\sqrt{3}y-x\right|\mathrm{d}x,$$

其中 C 为 xOy 平面上的圆 $x^2+y^2=4$，取逆时针方向. C 上 (x,y) 处的逆时针单位切向量

$\boldsymbol{T}=\left(-\frac{y}{2},\frac{x}{2}\right)$,于是 $\mathrm{d}x=-\frac{y}{2}\mathrm{d}s$,由此有

$$I=\oint_C |\sqrt{3}y-x|\left(-\frac{y}{2}\right)\mathrm{d}s.$$

由于积分曲线关于原点对称,且被积函数 $f(x,y)=|\sqrt{3}y-x|\left(-\frac{y}{2}\right)$关于 x,y 变量为奇函数,即满足 $f(-x,-y)=-f(x,y)$,故由对弧长的曲线积分偶倍奇零的计算性质得 $I=0$.

练习 64 格林公式

训练目的

1. 理解格林公式(特别注意格林公式成立的条件),了解向量场中的格林公式.
2. 掌握利用格林公式计算曲线积分的方法.
3. 了解利用格林公式计算平面区域面积的方法.

基础练习

1. 下列运用格林公式进行的计算中,正确的有(　　).

① 设闭区域 D 由分段光滑的闭曲线 L 所围成,函数 $P(x,y),Q(x,y)$在 D 上有一阶连续偏导数,则

$$\oint_L P(x,y)\mathrm{d}x+Q(x,y)\mathrm{d}y=\iint_D\left(\frac{\partial Q}{\partial x}-\frac{\partial P}{\partial y}\right)\mathrm{d}\sigma,$$

② 设 D 是由曲线 $L:x=2\cos t,y=3\sin t(0\leqslant t\leqslant 2\pi)$所围成的闭区域,函数 $P(x,y)=-\frac{y}{x^2+y^2},Q(x,y)=\frac{x}{x^2+y^2}$,因为$\frac{\partial P}{\partial y}=\frac{\partial Q}{\partial x}=\frac{y^2-x^2}{(x^2+y^2)^2}$,所以由格林公式有

$$\oint_L P(x,y)\mathrm{d}x+Q(x,y)\mathrm{d}y=\iint_D\left(\frac{\partial Q}{\partial x}-\frac{\partial P}{\partial y}\right)\mathrm{d}\sigma.$$

③ 设 L 为半圆弧 $x^2+y^2=a^2(x\geqslant 0)$,则由格林公式有

$$\int_L(x^2y\cos x+2xy\sin x-y^2\mathrm{e}^x)\mathrm{d}x+(x^2\sin x-2y\mathrm{e}^x)\mathrm{d}y=0,$$

④ 设 L 为正向星形线 $x^{2/3}+y^{2/3}=a^{2/3}(a>0)$,则由格林公式有

$$\int_L(x^2y\cos x+2xy\sin x-y^2\mathrm{e}^x)\mathrm{d}x+(x^2\sin x-2y\mathrm{e}^x)\mathrm{d}y=0,$$

⑤ 设 L 是椭圆$\frac{x^2}{a^2}+\frac{y^2}{b^2}=1$ 的正向边界,则由格林公式有

$$\oint_C(x+y)\mathrm{d}x-(x-y)\mathrm{d}y=2\pi ab.$$

⑥ 设 D 为 xOy 平面的有界闭区域,其边界 L 为光滑或分段光滑曲线,则区域 D 的面积

$$A=\frac{1}{2}\oint_L y\mathrm{d}x-x\mathrm{d}y.$$

【参考解答】 仅④正确. ①错误. L 应是闭区域 D 的正向边界. ②错误. 被积函数 $P(x,y)$,$Q(x,y)$在 L 围成的区域内点(0,0)处偏导数不存在,不满足格林公式条件. ③错误. L 不是闭曲线,不能直接用格林公式. ④ 正确. 满足格林公式的条件,因此由 $\frac{\partial Q}{\partial x}=2x\sin x+x^2\cos x-2ye^x=\frac{\partial P}{\partial y}$ 有 $I=\iint\limits_D\left(\frac{\partial Q}{\partial x}-\frac{\partial P}{\partial y}\right)\mathrm{d}\sigma=0$, 其中 D 为星形线围成的闭区域. ⑤错误. 由于

$$\frac{\partial Q}{\partial x}-\frac{\partial P}{\partial y}=\frac{\partial(-x+y)}{\partial x}-\frac{\partial(x+y)}{\partial y}=-1-1=-2,$$

L 是椭圆的正向边界,于是

$$I=-2\iint\limits_D\mathrm{d}\sigma=-2A=-2\pi ab.$$

⑥ 错误. 没有明确 L 的方向,另外 L 取正向时, $\frac{1}{2}\oint_L y\mathrm{d}x-x\mathrm{d}y=-A$.

2. 将 $I=\oint_C\sqrt{x^2+y^2}\,\mathrm{d}x+y[xy+\ln(x+\sqrt{x^2+y^2})]\mathrm{d}y$ 化为曲线 C 所围区域 D 上的二重积分, 式中的 C 取逆时针方向, 且 D 不含原点, 则 $I=$__________.

【参考解答】 由于$\frac{\partial Q}{\partial x}=y^2+\frac{y}{\sqrt{x^2+y^2}}$, $\frac{\partial P}{\partial y}=\frac{y}{\sqrt{x^2+y^2}}$,所以由格林公式有

$$I=\iint\limits_D\left(y^2+\frac{y}{\sqrt{x^2+y^2}}-\frac{y}{\sqrt{x^2+y^2}}\right)\mathrm{d}\sigma=\iint\limits_D y^2\mathrm{d}\sigma.$$

3. 计算 $I=\int_C(e^x\sin 2y-y)\mathrm{d}x+(2e^x\cos 2y-x^2)\mathrm{d}y$, 其中

(1) C 是单位圆周 $x^2+y^2=1$,取逆时针方向.

(2) C 是圆周 $x^2+y^2=2x$,取逆时针方向.

(3) C 是单位圆 $x^2+y^2=1$ 从点 $A(1,0)$到点 $B(-1,0)$的上半圆周.

【参考解答】 记 $P(x,y)=e^x\sin 2y-y$, $Q(x,y)=2e^x\cos 2y-x^2$,于是

$$\frac{\partial Q}{\partial x}-\frac{\partial P}{\partial y}=(2e^x\cos 2y-2x)-(2e^x\cos 2y-1)=1-2x.$$

(1) 记 $x^2+y^2=1$ 围成圆域为 D_1,于是由格林公式有

$$I=\iint\limits_{D_1}(1-2x)\mathrm{d}\sigma=\pi,$$

其中由于 D_1 关于 y 轴对称, 所以$\iint\limits_{D_1}x\,\mathrm{d}\sigma=0$.

(2) 记 $x^2+y^2=2x$ 围成圆域为 D_2,其形心为(1,0),面积为 π. 于是由格林公式有

$$I=\iint\limits_{D_2}(1-2x)\mathrm{d}\sigma=\pi-2\pi=-\pi,$$

其中$\iint\limits_{D_2}x\,\mathrm{d}\sigma=\bar{x}\cdot A=\pi$.

(3) 如图所示，连接 B 和 A，直线段

$$BA: x=x, y=0, x: -1\to 1,$$

与上半圆周 C 围成半圆域 D_3，且为正向边界，于是由格林公式及对坐标的曲线积分的直接计算法，得

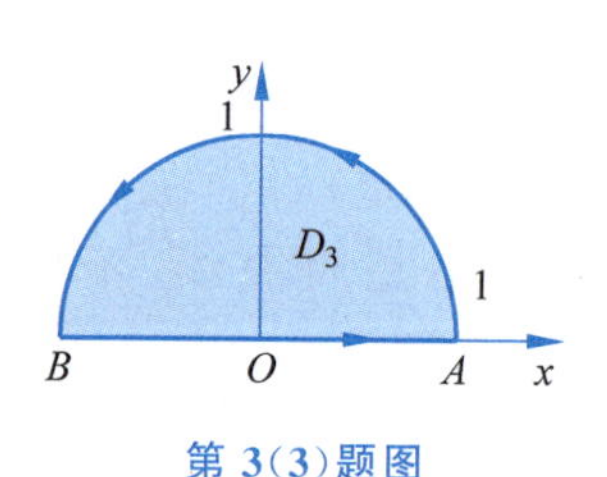

第 3(3) 题图

$$I=\left(\oint_{C+BA}-\int_{BA}\right)(e^x\sin 2y-y)dx+(2e^x\cos 2y-x^2)dy$$

$$=\iint_{D_3}\left(\frac{\partial Q}{\partial x}-\frac{\partial P}{\partial y}\right)d\sigma-\int_{BA}(e^x\sin 2y-y)dx$$

$$=\iint_{D_3}(1-2x)d\sigma-\int_{-1}^{1}0dy=\frac{\pi}{2}-0=\frac{\pi}{2},$$

其中由于 D_3 关于 y 轴对称，所以 $\iint_{D_3}x\,d\sigma=0$.

4. 利用曲线积分求星形线 $x=a\cos^3 t, y=a\sin^3 t, 0\leqslant t\leqslant 2\pi$ 所围成图形的面积.

【参考解答】 由格林公式可得曲线围成图形的面积为

$$A=\oint_L x\,dy=a^2\int_0^{2\pi}\cos^3 t\cdot(3\sin^2 t\cos t)dt=3a^2\int_{-\pi}^{\pi}\cos^4 t\sin^2 t\,dt$$

$$=6a^2\int_0^{\pi}\cos^4 t\sin^2 t\,dt=12a^2\int_0^{\pi/2}\cos^4 t\sin^2 t\,dt$$

$$=12a^2\int_0^{\pi/2}(\cos^4 t-\cos^6 t)dt=\frac{3}{8}a^2\pi.$$

【注】 曲线积分的取法不唯一，比如也有

$$A=\frac{1}{2}\oint_L x\,dy-y\,dx=\frac{3a^2}{2}\int_0^{2\pi}\cos^2 t\sin^2 t\,dt=\frac{3a^2}{2}\int_{-\pi}^{\pi}\cos^2 t\sin^2 t\,dt$$

$$=3a^2\int_0^{\pi}\cos^2 t\sin^2 t\,dt=6a^2\int_0^{\pi/2}(\sin^2 t-\sin^4 t)dt=\frac{3}{8}a^2\pi.$$

综合练习

5. 计算 $I=\int_C(e^y+y)dx+xe^y dy$，其中 C 是半径为 r 的圆在第一象限从点 $A(0,r)$ 到 $B(r,0)$ 的部分.

【参考解答】 如图所示，补直线段 $\overline{BO}$: $x=x, y=0, x: r\to 0$, $\overline{OA}$: $x=0, y=y, y: 0\to r$，于是 $C+\overline{BO}+\overline{OA}$ 为四分之一圆域的顺时针边界，且

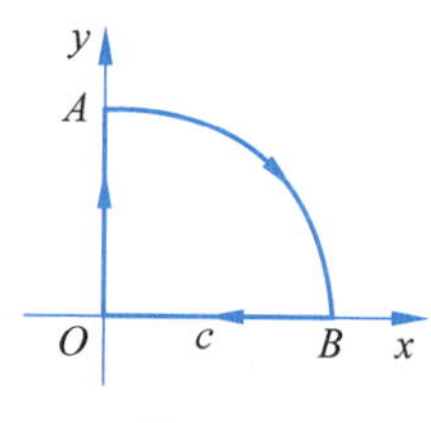

第 5 题图

$$\int_{\overline{BO}}(e^y+y)dx=\int_r^0 e^0 dx=-r, \int_{\overline{OA}}xe^y dy=0,$$

$$\frac{\partial Q}{\partial x}-\frac{\partial P}{\partial y}=e^y-(e^y+1)=-1.$$

于是由格林公式有

$$I=\oint_{C+\overline{BO}+\overline{OA}}(e^y+y)dx+xe^y dy-\int_{\overline{BO}}(e^y+y)dx-\int_{\overline{OA}}xe^y dy$$

$$=-\iint_D\left(\frac{\partial Q}{\partial x}-\frac{\partial P}{\partial y}\right)\mathrm{d}\sigma-(-r)-0=\iint_D\mathrm{d}\sigma+r=\frac{\pi r^2}{4}+r.$$

6. 计算 $I=\oint_L(x+y)^2\mathrm{d}x-(x^2+y^2)\mathrm{d}y$，其中 L 是三角形 $A(1,1)\to B(3,2)\to C(2,5)$ 的边界.

【参考解答】【法 1】 记三角形围成的区域为 D，$P=(x+y)^2$，$Q=-(x^2+y^2)$，于是 $\frac{\partial Q}{\partial x}-\frac{\partial P}{\partial y}=2x-2(x+y)=-4x-2y$，所以由格林公式，得

$$I=\iint_D(-4x-2y)\mathrm{d}\sigma=-4\iint_D x\,\mathrm{d}\sigma-2\iint_D y\,\mathrm{d}\sigma.$$

又由向量叉积模的几何意义可知三角形的面积为

$$S=\frac{1}{2}|\overrightarrow{AB}\times\overrightarrow{AC}|=\frac{1}{2}|(2,1,0)\times(1,4,0)|=\frac{1}{2}|(0,0,7)|=\frac{7}{2}.$$

三角形的形心坐标为

$$\bar{x}=\frac{1+3+2}{3}=2,\quad \bar{y}=\frac{1+2+5}{3}=\frac{8}{3}.$$

于是有 $\iint_D x\,\mathrm{d}\sigma=\bar{x}S=7$，$\iint_D y\,\mathrm{d}\sigma=\bar{y}S=\frac{28}{3}$，因此

$$I=-4\iint_D x\,\mathrm{d}\sigma-2\iint_D y\,\mathrm{d}\sigma=-28-\frac{56}{3}=-46\frac{2}{3}.$$

【法 2】 三角形三条边 AB，BC，CA 的方程分别为

$$y=\frac{1}{2}(x+1),\ y=-3x+11,\ y=4x-3.$$

以顶点 C 作 x 轴的垂线，分 D 为两个部分 D_1，D_2，从而有

$$\begin{aligned}I&=\iint_D(-4x-2y)\mathrm{d}\sigma=\iint_{D_1}(-4x-2y)\mathrm{d}\sigma+\iint_{D_2}(-4x-2y)\mathrm{d}\sigma\\&=\int_1^2\mathrm{d}x\int_{(x+1)/2}^{4x-3}(-4x-2y)\mathrm{d}y+\int_2^3\mathrm{d}x\int_{(x+1)/2}^{-3x+11}(-4x-2y)\mathrm{d}y\\&=\int_1^2\left(-\frac{119}{4}x^2+\frac{77}{2}x-\frac{35}{4}\right)\mathrm{d}x+\int_2^3\left(\frac{21}{4}x^2+\frac{49}{2}x-\frac{483}{4}\right)\mathrm{d}x\\&=-\frac{245}{12}-\frac{105}{4}=-46\frac{2}{3}.\end{aligned}$$

7. 证明：若 L 为平面上封闭曲线，$\boldsymbol{m}$ 为任意方向向量，则 $\oint_L\cos(\boldsymbol{m},\boldsymbol{n})\mathrm{d}s=0$，其中 $\boldsymbol{n}$ 为曲线 L 的外法线方向.

【参考证明】 设 $\boldsymbol{m}=(a,b)$，曲线 L 的外法线方向 $\boldsymbol{n}=(\mathrm{d}y,-\mathrm{d}x)$，于是

$$\oint_L\cos(\boldsymbol{m},\boldsymbol{n})\mathrm{d}s=\oint_L\frac{\boldsymbol{m}\cdot\boldsymbol{n}}{|\boldsymbol{m}|\cdot|\boldsymbol{n}|}\mathrm{d}s=\frac{1}{\sqrt{a^2+b^2}}\oint_L(a,b)\cdot(\mathrm{d}y,-\mathrm{d}x)$$

$$=\frac{1}{\sqrt{a^2+b^2}}\oint_L -b\,dx+a\,dy=\frac{1}{\sqrt{a^2+b^2}}\iint_D(0-0)\,d\sigma=0.$$

8. 已知 L 是平面上任意一条不经过原点的简单闭曲线，问常数 a 等于何值时，曲线积分 $\oint_L \frac{x\,dx-ay\,dy}{x^2+y^2}=0$. 并说明理由.

【参考解答】 记 $P(x,y)=\frac{x}{x^2+y^2}$，$Q(x,y)=\frac{-ay}{x^2+y^2}$，则当 $x\neq0$ 且 $y\neq0$ 时，有

$$\frac{\partial Q}{\partial x}=\frac{2axy}{(x^2+y^2)^2},\ \frac{\partial P}{\partial y}=\frac{-2xy}{(x^2+y^2)^2}.$$

不妨设 L 取逆时针方向，围成的区域为 D.

(1) 当 $(0,0)\notin D$ 时，$\frac{\partial Q}{\partial x}$，$\frac{\partial P}{\partial y}$ 在 D 内连续，当 $a=-1$ 时，$\frac{\partial Q}{\partial x}=\frac{\partial P}{\partial y}$，由格林公式有

$$I=\iint_D\frac{2axy+2xy}{(x^2+y^2)^2}\,d\sigma=0.$$

(2) 当 $(0,0)\in D$ 时，作 l：$x=\varepsilon\cos t$，$y=\varepsilon\sin t$，t：$0\to2\pi$，使得 l 在 D 内，D' 为 L 与 l^- 所围区域，则

$$\begin{aligned}I&=\int_{L+l^-}\frac{x\,dx-ay\,dy}{x^2+y^2}-\int_{l^-}\frac{x\,dx-ay\,dy}{x^2+y^2}\\&=\iint_{D'}\frac{2axy+2xy}{(x^2+y^2)^2}\,d\sigma+\int_0^{2\pi}(-\cos t\sin t-a\sin t\cos t)\,dt\\&=\iint_{D'}\frac{2axy-2xy}{(x^2+y^2)^2}\,d\sigma+0,\end{aligned}$$

当 $a=-1$ 时，有 $I=0$.

综上，当 $a=-1$ 时，有 $I=0$.

9. 设 G 是平面上光滑闭曲线 C 所围成的区域，函数 $u=u(x,y)$ 在 $G+C$ 上具有二阶连续偏导数，$\frac{\partial u}{\partial \boldsymbol{n}}$ 为沿此闭曲线 C 的外法线的方向导数. 证明：

$$\iint_G\left[\left(\frac{\partial u}{\partial x}\right)^2+\left(\frac{\partial u}{\partial y}\right)^2\right]d\sigma=-\iint_G u\left(\frac{\partial^2 u}{\partial x^2}+\frac{\partial^2 u}{\partial y^2}\right)d\sigma+\oint_C u\frac{\partial u}{\partial \boldsymbol{n}}\,ds.$$

【参考证明】 设曲线 C 正向切向量为 $\boldsymbol{T}=(\cos\alpha,\cos\beta)$，则由两类曲面积分的关系可知 $\cos\alpha\,ds=dx$，$\cos\beta\,ds=dy$，且曲线的外法向量为 $\boldsymbol{n}=(\cos\beta,-\cos\alpha)$，于是

$$\oint_C u\frac{\partial u}{\partial \boldsymbol{n}}\,ds=\oint_C u\left[\frac{\partial u}{\partial x}\cos\beta-\frac{\partial u}{\partial y}\cos\alpha\right]ds=\oint_C\left(-u\frac{\partial u}{\partial y}\right)dx+u\frac{\partial u}{\partial x}dy.$$

记 $P=-u\frac{\partial u}{\partial y}$，$Q=u\frac{\partial u}{\partial x}$，则由格林公式得

$$\oint_C u\frac{\partial u}{\partial \boldsymbol{n}}\,ds=\iint_G\left[\frac{\partial}{\partial x}\left(u\frac{\partial u}{\partial x}\right)+\frac{\partial}{\partial y}\left(u\frac{\partial u}{\partial y}\right)\right]d\sigma$$

$$=\iint_G\left[u\frac{\partial^2 u}{\partial x^2}+\left(\frac{\partial u}{\partial x}\right)^2+u\frac{\partial^2 u}{\partial y^2}+\left(\frac{\partial u}{\partial y}\right)^2\right]\mathrm{d}\sigma$$

$$=\iint_G\left(u\frac{\partial^2 u}{\partial x^2}+\frac{\partial^2 u}{\partial y^2}\right)\mathrm{d}\sigma+\iint_G\left[\left(\frac{\partial u}{\partial x}\right)^2+\left(\frac{\partial u}{\partial y}\right)^2\right]\mathrm{d}\sigma,$$

最后移项即得

$$\iint_G\left[\left(\frac{\partial u}{\partial x}\right)^2+\left(\frac{\partial u}{\partial y}\right)^2\right]\mathrm{d}\sigma=-\iint_G u\left(\frac{\partial^2 u}{\partial x^2}+\frac{\partial^2 u}{\partial y^2}\right)\mathrm{d}\sigma+\oint_c u\frac{\partial u}{\partial \boldsymbol{n}}\mathrm{d}s.$$

考研与竞赛练习

1. 设 $L_1: x^2+y^2=1, L_2: x^2+y^2=2, L_3: x^2+2y^2=2, L_4: 2x^2+y^2=2$ 为四条逆时针方向的平面曲线，记 $I_i=\oint_{L_i}\left(y+\frac{y^3}{6}\right)\mathrm{d}x+\left(2x-\frac{x^3}{3}\right)\mathrm{d}y\,(i=1,2,3,4)$，则有 $\max\{I_1,I_2,I_3,I_4\}=(\quad)$.

(A) I_1　　(B) I_2　　(C) I_3　　(D) I_4

【参考解答】 设 D_i 是闭曲线 $L_i(i=1,2,3,4)$ 所围成的平面区域，则由格林公式，得

$$I_i=\iint_{D_i}\left(\frac{\partial Q}{\partial x}-\frac{\partial P}{\partial y}\right)\mathrm{d}\sigma=\iint_{D_i}\left(1-x^2-\frac{y^2}{2}\right)\mathrm{d}\sigma\,(i=1,2,3,4),$$

二重积分被积函数 $f(x,y)=1-x^2-\frac{y^2}{2}$ 在区域 $D_4: x^2+\frac{y^2}{2}<1$（图中阴影部分）内 $1-x^2-\frac{y^2}{2}\geqslant 0$，在区域 $\overline{D_4}: x^2+\frac{y^2}{2}>1$ 上 $1-x^2-\frac{y^2}{2}<0$，比较 D_i 内被积函数的正负，及 D_i 的位置关系，可知 $\max\{I_1,I_2,I_3,I_4\}=I_4$，故正确选项为(D).

第 1 题图

2. 设 L 为 $x^2+y^2=2x(y\geqslant 0)$ 上从 $O(0,0)$ 到 $A(2,0)$ 的一段弧，连续函数 $f(x)$ 满足 $f(x)=x^2+\int_L y[f(x)+\mathrm{e}^x]\mathrm{d}x+(\mathrm{e}^x-xy^2)\mathrm{d}y$，求 $f(x)$.

【参考解答】 设 $\int_L y[f(x)+\mathrm{e}^x]\mathrm{d}x+(\mathrm{e}^x-xy^2)\mathrm{d}y=a$，则 $f(x)=x^2+a$. 于是

$$\frac{\partial Q}{\partial x}-\frac{\partial P}{\partial y}=(\mathrm{e}^x-y^2)-(x^2+a+\mathrm{e}^x)=-(x^2+y^2+a).$$

添加辅助线 $\overline{AO}$：$x=x, y=0, x: 2\to 0$，记两曲线围成的半圆域为 D，由格林公式，有

$$a=\int_L y[f(x)+\mathrm{e}^x]\mathrm{d}x+(\mathrm{e}^x-xy^2)\mathrm{d}y$$

$$=\left(\oint_{L+\overline{AO}}-\oint_{\overline{AO}}\right)y[f(x)+\mathrm{e}^x]\mathrm{d}x+(\mathrm{e}^x-xy^2)\mathrm{d}y$$

$$=-\iint_D\left(\frac{\partial Q}{\partial x}-\frac{\partial P}{\partial y}\right)\mathrm{d}\sigma-0=\iint_D(x^2+y^2)\mathrm{d}\sigma+a\iint_D\mathrm{d}\sigma=\int_0^{\pi/2}\mathrm{d}\theta\int_0^{2\cos\theta}\rho^2\cdot\rho\mathrm{d}\rho+\frac{\pi}{2}a$$

$$=\int_0^{\pi/2}4\cos^4\theta\mathrm{d}\theta+\frac{\pi}{2}a=\frac{3}{4}\pi+\frac{\pi}{2}a.$$

解得 $a=\frac{3\pi}{2(2-\pi)}$，于是得 $f(x)=x^2+\frac{3\pi}{2(2-\pi)}$.

3. 设在上半平面 $D=\{(x,y)\mid y>0\}$ 内，函数 $f(x,y)$ 具有一阶连续偏导数，且对任意的 $t>0$ 都有 $f(tx,ty)=t^{-2}f(x,y)$. 证明：对 D 内的任意分段光滑的有向简单闭曲线 L，都有 $\oint_L yf(x,y)\mathrm{d}x-xf(x,y)\mathrm{d}y=0$.

【参考证明】 对 $f(tx,ty)=t^{-2}f(x,y)(t>0)$ 两边关于 t 求导，得

$$xf'_1(tx,ty)+yf'_2(tx,ty)=-2t^{-3}f(x,y).$$

取 $t=1$ 得，$xf'_x(x,y)+yf'_y(x,y)=-2f(x,y)$.

又设 $P=yf(x,y)$，$Q=-xf(x,y)$，则有

$$\frac{\partial Q}{\partial x}=-f(x,y)-xf'_x(x,y),\quad \frac{\partial P}{\partial y}=f(x,y)+yf'_y(x,y),$$

得 $\frac{\partial Q}{\partial x}-\frac{\partial P}{\partial y}=-[2f(x,y)+xf'_x(x,y)+yf'_y(x,y)]=0$. 于是由格林公式，得

$$\oint_L yf(x,y)\mathrm{d}x-xf(x,y)\mathrm{d}y=\iint_D\left(\frac{\partial Q}{\partial x}-\frac{\partial P}{\partial y}\right)\mathrm{d}\sigma=0.$$

4. 设 C 是圆周 $(x-1)^2+(y-1)^2=1$ 的边界曲线的正向，$f(x)$ 为大于零的连续函数. 证明：$\oint_C xf(y)\mathrm{d}y-\frac{y}{f(x)}\mathrm{d}x\geqslant 2\pi$.

【参考证明】 记 D 为 C 所围圆域，则由格林公式，有

$$\oint_C xf(y)\mathrm{d}y-\frac{y}{f(x)}\mathrm{d}x=\iint_D\left[f(y)+\frac{1}{f(x)}\right]\mathrm{d}\sigma.$$

又区域 D 对坐标 x,y 具有轮换对称性，故 $\iint_D f(y)\mathrm{d}\sigma=\iint_D f(x)\mathrm{d}\sigma$. 因 $f(x)$ 为大于零的连续函数，则 $f(x)+\frac{1}{f(x)}\geqslant 2\sqrt{f(x)\cdot\frac{1}{f(x)}}=2$，所以由积分的保序性，得

$$\oint_C xf(y)\mathrm{d}y-\frac{y}{f(x)}\mathrm{d}x=\iint_D\left[f(x)+\frac{1}{f(x)}\right]\mathrm{d}\sigma\geqslant 2\iint_D\mathrm{d}\sigma=2\pi.$$

5. 设 D 是由极坐标方程曲线 C：$\rho=1+\cos\theta$ 所围成的闭区域，面积为 A. 曲线 C 取逆时针方向. 函数 $u=u(x,y)$ 在 D 上具有二阶连续偏导数，且 $u''_{xx}+u''_{yy}=1$. 证明：$\oint_C\frac{\partial u}{\partial \boldsymbol{n}}\mathrm{d}s=A$，其中 $\frac{\partial u}{\partial \boldsymbol{n}}$ 是 u 沿 C 的外法线的方向导数，并求此积分值.

【参考证明】 曲线 C 逆时针方向的单位切向量为 $\boldsymbol{T}^0=(\cos\alpha,\cos\beta)$，于是单位外法向量 $\boldsymbol{n}^0=(\cos\beta,-\cos\alpha)$，且 $(\mathrm{d}x,\mathrm{d}y)=(\cos\alpha,\cos\beta)\mathrm{d}s$，所以

$$\oint_C \frac{\partial u}{\partial \boldsymbol{n}}\mathrm{d}s=\oint_C\left(\frac{\partial u}{\partial x}\cos\beta-\frac{\partial u}{\partial y}\cos\alpha\right)\mathrm{d}s=\oint_C \frac{\partial u}{\partial x}\mathrm{d}y-\frac{\partial u}{\partial y}\mathrm{d}x.$$

于是由格林公式，得

$$\oint_C \frac{\partial u}{\partial \boldsymbol{n}}\mathrm{d}s=\oint_C \frac{\partial u}{\partial x}\mathrm{d}y-\frac{\partial u}{\partial y}\mathrm{d}x=\iint_D\left(\frac{\partial^2 u}{\partial x^2}+\frac{\partial^2 u}{\partial y^2}\right)\mathrm{d}\sigma=\iint_D\mathrm{d}\sigma=A.$$

记 D_1 为区域 D 在 x 轴上方的部分，则由区域 D 的对称性，得

$$\oint_C \frac{\partial u}{\partial \boldsymbol{n}}\mathrm{d}s=\iint_D\mathrm{d}\sigma=2\int_0^{\pi}\mathrm{d}\theta\int_0^{1+\cos\theta}\rho\,\mathrm{d}\rho=\int_0^{\pi}(1+\cos\theta)^2\mathrm{d}\theta=\frac{3}{2}\pi.$$

6. 设函数 $f(x,y)$ 在区域 D：$x^2+y^2\leqslant 1$ 上有二阶连续偏导数，且

$$\frac{\partial^2 f}{\partial x^2}+\frac{\partial^2 f}{\partial y^2}=\mathrm{e}^{-(x^2+y^2)}.$$

证明：$\iint_D\left(x\frac{\partial f}{\partial x}+y\frac{\partial f}{\partial y}\right)\mathrm{d}\sigma=\frac{\pi}{2\mathrm{e}}$.

【参考解答】【法 1】 利用极坐标将左侧二重积分化为二次积分，有

$$\iint_D\left(x\frac{\partial f}{\partial x}+y\frac{\partial f}{\partial y}\right)\mathrm{d}\sigma=\int_0^1\rho\,\mathrm{d}\rho\int_0^{2\pi}[\rho\cos\theta\cdot f'_x+\rho\sin\theta\cdot f'_y]\mathrm{d}\theta. \tag{1}$$

又沿逆时针 L_ρ：$x=\rho\cos\theta, y=\rho\sin\theta, \theta$：$0\to 2\pi$ 的曲线积分为

$$\oint_{L_\rho}-f'_y\mathrm{d}x+f'_x\mathrm{d}y=\int_0^{2\pi}(f'_y\cdot\rho\sin\theta+f'_x\cdot\rho\cos\theta)\mathrm{d}\theta, \tag{2}$$

记 D_ρ 为 L_ρ 包围的区域，于是由格林公式可知

$$\begin{aligned}\oint_{L_\rho}-f'_y\mathrm{d}x+f'_x\mathrm{d}y&=\iint_{D_\rho}\left(\frac{\partial^2 f}{\partial x^2}+\frac{\partial^2 f}{\partial y^2}\right)\mathrm{d}\sigma=\iint_{D_\rho}(\mathrm{e}^{-(x^2+y^2)})\mathrm{d}\sigma\\&=\int_0^{2\pi}\mathrm{d}\theta\int_0^{\rho}\mathrm{e}^{-\rho^2}\cdot\rho\,\mathrm{d}\rho=\pi(-\mathrm{e}^{-\rho^2})\Big|_0^{\rho}=\pi(1-\mathrm{e}^{-\rho^2}),\end{aligned} \tag{3}$$

结合式(1)～式(3)得

$$\iint_D\left(x\frac{\partial f}{\partial x}+y\frac{\partial f}{\partial y}\right)\mathrm{d}\sigma=\int_0^1\pi(1-\mathrm{e}^{-\rho^2})\rho\,\mathrm{d}\rho=\frac{\pi}{2}(\rho^2+\mathrm{e}^{-\rho^2})\Big|_0^1=\frac{\pi}{2\mathrm{e}}.$$

【法 2】 设 $P(x,y)=-\frac{x^2+y^2}{2}f'_y, Q(x,y)=\frac{x^2+y^2}{2}f'_x$，则

$$\begin{aligned}\frac{\partial Q}{\partial x}-\frac{\partial P}{\partial y}&=xf'_x+\frac{x^2+y^2}{2}f''_{xx}+yf'_y+\frac{x^2+y^2}{2}f''_{yy},\\&=xf'_x+yf'_y+\frac{x^2+y^2}{2}(f''_{xx}+f''_{yy}).\end{aligned}$$

于是由格林公式，有

$$\oint_{\partial D}\frac{x^2+y^2}{2}\cdot f'_x\mathrm{d}y-\frac{x^2+y^2}{2}\cdot f'_y\mathrm{d}x=\iint_D(xf'_x+yf'_y)\mathrm{d}\sigma+\iint_D\frac{x^2+y^2}{2}(f''_{xx}+f''_{yy})\mathrm{d}\sigma, \tag{4}$$

又边界 ∂D 为 $x^2+y^2=1$，因此

$$\oint_{\partial D}\frac{x^2+y^2}{2}\cdot f'_x\mathrm{d}y-\frac{x^2+y^2}{2}\cdot f'_y\mathrm{d}x=\frac{1}{2}\oint_{\partial D}(f'_x\mathrm{d}y-f'_y\mathrm{d}x)$$

$$=\frac{1}{2}\iint_D(f''_{xx}+f''_{yy})\mathrm{d}\sigma$$

$$=\frac{1}{2}\iint_D\mathrm{e}^{-(x^2+y^2)}\mathrm{d}\sigma=\frac{1}{2}\int_0^{2\pi}\mathrm{d}\theta\int_0^1\mathrm{e}^{-\rho^2}\cdot\rho\mathrm{d}\rho$$

$$=-\frac{\pi}{2}\mathrm{e}^{-\rho^2}\Big|_0^1=\frac{\pi}{2}-\frac{\pi}{2\mathrm{e}}.$$

又$\iint\limits_D\frac{x^2+y^2}{2}\mathrm{e}^{-(x^2+y^2)}\mathrm{d}\sigma=\frac{1}{2}\int_0^{2\pi}\mathrm{d}\theta\int_0^1\rho^3\mathrm{e}^{-\rho^2}\mathrm{d}\rho=-\frac{\pi}{2\mathrm{e}^{\rho^2}}[\rho^2+1]_0^1=\frac{\pi}{2}-\frac{\pi}{\mathrm{e}}$,于是由式(4)可得

$$\iint_D\left(x\frac{\partial f}{\partial x}+y\frac{\partial f}{\partial y}\right)\mathrm{d}\sigma=\oint_{\partial D}\frac{x^2+y^2}{2}\cdot f'_x\mathrm{d}y-\frac{x^2+y^2}{2}\cdot f'_y\mathrm{d}x-\iint_D\frac{x^2+y^2}{2}(f''_{xx}+f''_{yy})\mathrm{d}\sigma$$

$$=\left(\frac{\pi}{2}-\frac{\pi}{2\mathrm{e}}\right)-\left(\frac{\pi}{2}-\frac{\pi}{\mathrm{e}}\right)=\frac{\pi}{2\mathrm{e}}.$$

练习 65 积分与路径无关 全微分方程

训练目的

1. 了解保守场的概念以及平面内对坐标的曲线积分与路径无关的条件,并会利用此条件改变积分路径求对坐标的曲线积分.

2. 会判断一阶微分方程是否为全微分方程,掌握求解全微分方程的方法,会求二元函数全微分的原函数,了解积分因子在解微分方程中的运用.

基础练习

1. 设函数 $Q(x,y)=\frac{x}{y^2}$,如果对上半平面($y>0$)内的任意有向光滑闭曲线 C 都有 $\oint_C P(x,y)\mathrm{d}x+Q(x,y)\mathrm{d}y=0$,那么函数 $P(x,y)$ 可取为( ).

(A) $y-\frac{x^2}{y^3}$　　(B) $\frac{1}{y}-\frac{x^2}{y^3}$　　(C) $\frac{1}{x}-\frac{1}{y}$　　(D) $x-\frac{1}{y}$

【参考解答】 由题意可知,在上半平面积分与路径无关,于是由积分与路径无关的等价描述可知$\frac{\partial P}{\partial y}=\frac{\partial Q}{\partial x}$,即有$\frac{\partial P}{\partial y}=\frac{1}{y^2}$,所以 $P(x,y)=\int\frac{\partial P}{\partial y}\mathrm{d}y=-\frac{1}{y}+C(x)$,符合此结构的选项只有(C)和(D),由于积分与路径无关在整个上半平面都成立,所以 $x=0$ 也有意义,而选项(C)在 $x=0$ 处无定义,故正确选项为(D).

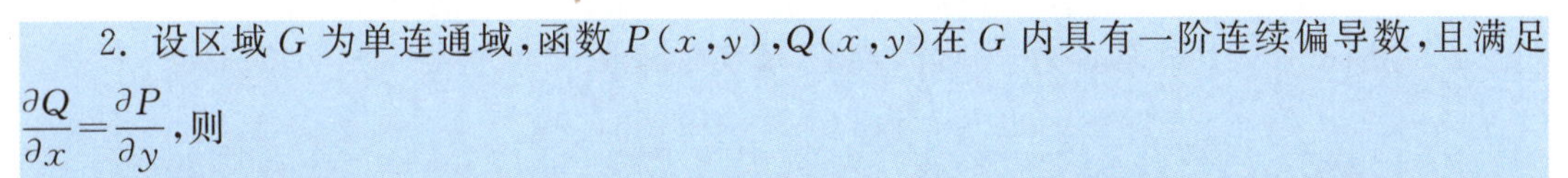

2. 设区域 G 为单连通域，函数 $P(x,y),Q(x,y)$ 在 G 内具有一阶连续偏导数，且满足 $\frac{\partial Q}{\partial x}=\frac{\partial P}{\partial y}$，则

(1) 曲线积分 $\int_L P(x,y)\mathrm{d}x+Q(x,y)\mathrm{d}y$ ＿＿＿＿＿＿，其中 L 为 G 内任意曲线.

(2) 曲线积分 $\oint_C P(x,y)\mathrm{d}x+Q(x,y)\mathrm{d}y$ ＿＿＿＿＿＿，其中 C 为 G 内任意闭曲线.

(3) $P(x,y)\mathrm{d}x+Q(x,y)\mathrm{d}y$ 是函数 $u(x,y)=$ ＿＿＿＿＿＿的全微分，$u(x,y)$ 称为微分式 $P(x,y)\mathrm{d}x+Q(x,y)\mathrm{d}y$ 的＿＿＿＿＿＿.

(4) 向量场 $\mathbf{A}=(P(x,y),Q(x,y))$ 为某函数 $u(x,y)$ 的＿＿＿＿＿＿场，$u(x,y)$ 称为此向量场的＿＿＿＿函数，$u(x,y)=$ ＿＿＿＿＿＿＿＿. 若向量场为力场，则此向量场称为＿＿＿＿＿＿场，力场做功＿＿＿＿＿＿.

(5) 方程 $P(x,y)\mathrm{d}x+Q(x,y)\mathrm{d}y=0$ 为＿＿＿＿＿＿方程，其通解为＿＿＿＿＿＿.

【参考解答】 (1) 与路径无关；(2) 等于 0；

(3) $u(x,y)=\int_{(a,b)}^{(x,y)}P(x,y)\mathrm{d}x+Q(x,y)\mathrm{d}y$，其中 (a,b) 为 G 内任意一点；$u(x,y)$ 称为微分式 $P(x,y)\mathrm{d}x+Q(x,y)\mathrm{d}y$ 的原函数；

(4) 梯度；势；$u(x,y)=\int_{(a,b)}^{(x,y)}P(x,y)\mathrm{d}x+Q(x,y)\mathrm{d}y+C$，其中 (a,b) 为 G 内一点；保守力；与路径无关；(5) 全微分；$\int_{(a,b)}^{(x,y)}P(x,y)\mathrm{d}x+Q(x,y)\mathrm{d}y=C$，其中 (a,b) 为 G 内一点.

3. 验证下列积分与路径无关，并求它们的值.

(1) $\int_{(2,1)}^{(1,2)}\frac{y\mathrm{d}x-x\mathrm{d}y}{x^2}$，沿任何右半平面的路线.

(2) $\int_{(2,1)}^{(1,2)}f(x)\mathrm{d}x+g(y)\mathrm{d}y$，其中，$f,g$ 为连续函数，F,G 分别为 f,g 的一个原函数.

【参考解答】

(1) 当 $x>0$ 时，$\frac{\partial Q}{\partial x}=\frac{1}{x^2}=\frac{\partial P}{\partial y}$，所以积分与路径无关. 取积分路径为折线段：$(2,1)\to(1,1)\to(1,2)$，于是积分为

$$\int_{(2,1)}^{(1,2)}\frac{y\mathrm{d}x-x\mathrm{d}y}{x^2}=\int_{(2,1)}^{(1,1)}\frac{y\mathrm{d}x}{x^2}+\int_{(1,1)}^{(1,2)}\frac{-x\mathrm{d}y}{x^2}=\int_2^1\frac{\mathrm{d}x}{x^2}+\int_1^2(-1)\mathrm{d}y=-\frac{1}{2}-1=-\frac{3}{2}.$$

(2) 由于 $\frac{\partial Q}{\partial x}=0=\frac{\partial P}{\partial y}$，所以积分与路径无关. 取积分路径为折线段：$(2,1)\to(1,1)\to(1,2)$，于是积分为

$$\begin{aligned}\int_{(2,1)}^{(1,2)}f(x)\mathrm{d}x+g(y)\mathrm{d}y&=\int_{(2,1)}^{(1,1)}f(x)\mathrm{d}x+\int_{(1,1)}^{(1,2)}g(y)\mathrm{d}y\\&=\int_2^1 f(x)\mathrm{d}x+\int_1^2 g(y)\mathrm{d}y=F(1)-F(2)+G(2)-G(1).\end{aligned}$$

4. 判断下列表达式是否为全微分，若是，求其原函数.

(1) $e^x[e^y(x-y+2)+y]dx+e^x[e^y(x-y)+1]dy$.

(2) $f(x^2+y^2)x\,dx+f(x^2+y^2)y\,dy$，其中函数 $f(u)$ 连续，$F(u)$ 为 $f(u)$ 的一个原函数.

【参考解答】 (1) 因为$\dfrac{\partial Q}{\partial x}=e^{x+y}(x-y+1)+e^x=\dfrac{\partial P}{\partial y}$，所以表达式为全微分. 取积分路径为$(0,0)\to(u,0)\to(u,v)$，则

$$\begin{aligned}F(u,v)&=\int_{(0,0)}^{(u,v)}e^x[e^y(x-y+2)+y]dx+e^x[e^y(x-y)+1]dy\\&=\int_0^u e^x(x+2)dx+\int_0^v e^u[e^y(u-y)+1]dy\\&=(u+1)e^u-1+ue^u(e^v-1)-e^u[(v-1)e^v+1]+ve^u\\&=e^{u+v}(u-v+1)+ve^u-1,\end{aligned}$$

所以所求原函数为 $F(x,y)=e^{x+y}(x-y+1)+ye^x+C$.

(2) 因为$\dfrac{\partial Q}{\partial x}=2xyf'(x^2+y^2)=\dfrac{\partial P}{\partial y}$，所以表达式为全微分. 取积分路径为$(0,0)\to(u,0)\to(u,v)$，则

$$\begin{aligned}F(u,v)&=\int_{(0,0)}^{(u,v)}f(x^2+y^2)x\,dx+f(x^2+y^2)y\,dy\\&=\int_0^u f(x^2)x\,dx+\int_0^v f(x^2+y^2)y\,dy\\&=\frac{1}{2}[G(u^2)-G(0)]+\frac{1}{2}[G(u^2+v^2)-G(u^2)]=\frac{1}{2}G(u^2+v^2)-\frac{1}{2}G(0),\end{aligned}$$

故所求原函数为 $F(x,y)=\dfrac{1}{2}G(x^2+y^2)+C$.

5. 求解下列微分方程.

(1) $(x-y^2)dx-2xy\,dy=0$.　　(2) $\dfrac{dy}{dx}=\dfrac{2x-y+1}{x+y^2+3}$.

【参考解答】 (1) 由于$\dfrac{\partial Q}{\partial x}=\dfrac{\partial P}{\partial y}=-2y$，所以方程为全微分方程. 又

$$(x-y^2)dx-2xy\,dy=x\,dx-(y^2dx+2xy\,dy)=d\left(\frac{x^2}{2}\right)-d(xy^2)=d\left(\frac{x^2}{2}-xy^2\right)=0,$$

故方程通解为$\dfrac{1}{2}x^2-xy^2=C$.

(2) 方程变形为$(2x-y+1)dx-(x+y^2+3)dy=0$，由于$\dfrac{\partial Q}{\partial x}=-1=\dfrac{\partial P}{\partial y}$，所以方程为全微分方程，取积分路径为$(0,0)\to(u,0)\to(u,v)$计算积分，有

$$\begin{aligned}F(u,v)&=\int_0^u(2x+1)dx+\int_0^v-(u+y^2+3)dy+C\\&=u^2+u-uv-\frac{1}{3}v^3-3v+C,\end{aligned}$$

故方程通解为 $x^2+x-xy-\frac{1}{3}y^3-3y=C$.

综合练习

6. 计算下列对坐标的曲线积分.

(1) $\int_L (x^2+2xy-y^2)\mathrm{d}x+(x^2-2xy-y^2)\mathrm{d}y$，其中 L 为曲线 $y=\sin x$ 从(0,0)到(π,0)的一段.

(2) $\int_L \mathrm{e}^x(x+y)\mathrm{d}x+(\mathrm{e}^x+y)\mathrm{d}y$，其中 L 为曲线 $y=\sqrt{x}$ 从(0,0)到(1,1)的一段.

【参考解答】 (1) 由于 $\frac{\partial Q}{\partial x}=2x-2y=\frac{\partial P}{\partial y}$，所以积分与路径无关，取直线段

$$l: x=x, y=0, x: 0\to\pi.$$

于是由对坐标的曲线积分的直接计算法，得 $I=\int_0^{\pi}x^2\mathrm{d}x=\frac{\pi^3}{3}$.

(2) 由于 $\frac{\partial Q}{\partial x}=\mathrm{e}^x=\frac{\partial P}{\partial y}$，所以积分与路径无关，取折线 OAB，

$$\overline{OA}: x=x, y=0, x: 0\to 1, \overline{AB}: x=1, y=y, y: 0\to 1,$$

于是由对坐标的曲线积分的直接计算法，得

$$I=\int_{\overline{OA}}+\int_{\overline{AB}}=\int_0^1 x\mathrm{e}^x\mathrm{d}x+\int_0^1(\mathrm{e}+y)\mathrm{d}y$$

$$=\left(x\mathrm{e}^x-\mathrm{e}^x\right)\Big|_0^1+\left(\mathrm{e}y+\frac{y^2}{2}\right)\Big|_0^1=\mathrm{e}+\frac{3}{2}.$$

7. 利用积分因子求微分方程 $(1+xy)y\mathrm{d}x+(1-xy)x\mathrm{d}y=0$ 的通解.

【参考解答】 由 $\frac{\partial P}{\partial y}=1+2xy$，$\frac{\partial Q}{\partial x}=1-2xy$，故方程不为全微分方程. 改写微分方程为 $\mathrm{d}(xy)+x^2y^2\left(\frac{\mathrm{d}x}{x}-\frac{\mathrm{d}y}{y}\right)=0$，方程两边乘以积分因子 $\frac{1}{x^2y^2}$，得

$$\frac{\mathrm{d}(xy)}{(xy)^2}+\frac{\mathrm{d}x}{x}-\frac{\mathrm{d}y}{y}=0.$$

即 $\mathrm{d}\left(-\frac{1}{xy}\right)+\mathrm{d}(\ln|x|)-\mathrm{d}(\ln|y|)=0$，所以方程通解为

$$-\frac{1}{xy}+\ln\left|\frac{x}{y}\right|=C_1,\quad 即\frac{x}{y}=C\mathrm{e}^{\frac{1}{xy}}.$$

8. 设 $f(x)$ 具有二阶连续导数，且满足 $\oint_C\left[\frac{\ln x}{x}-\frac{1}{x}f'(x)\right]y\mathrm{d}x+f'(x)\mathrm{d}y=0$，其中 C 为 xOy 平面第一象限内任一条闭曲线，已知 $f(1)=f'(1)=0$，求 $f(x)$.

【参考解答】 由 $\oint_C\left[\frac{\ln x}{x}-\frac{1}{x}f'(x)\right]y\mathrm{d}x+f'(x)\mathrm{d}y=0$ 可知 $\frac{\partial Q}{\partial x}=\frac{\partial P}{\partial y}$，又

$$\frac{\partial Q}{\partial x}=f''(x),\quad \frac{\partial P}{\partial y}=\frac{\ln x}{x}-\frac{1}{x}f'(x),$$

于是有 $f''(x)=\frac{\ln x}{x}-\frac{1}{x}f'(x)$. 方程为可降阶方程，令 $f'(x)=p$，$f''(x)=\frac{\mathrm{d}p}{\mathrm{d}x}$，得 $\frac{\mathrm{d}p}{\mathrm{d}x}+\frac{1}{x}p=\frac{\ln x}{x}$. 由一阶线性微分方程的通解公式，得

$$f'(x)=p=\mathrm{e}^{-\int\frac{\mathrm{d}x}{x}}\left[\int\frac{\ln x}{x}\mathrm{e}^{\int\frac{\mathrm{d}x}{x}}+C_1\right]=\ln x-1+\frac{C_1}{x}.$$

由 $f'(1)=0$ 得 $C_1=1$，于是 $f'(x)=\frac{1}{x}+\ln x-1$，再积分得

$$f(x)=x\ln x-2x+\ln x+C_2.$$

由 $f(1)=0$，得 $C_2=2$，所以 $f(x)=x\ln x-2x+\ln x+2$.

9. 设函数 $Q(x,y)$ 在 xOy 平面上具有一阶连续偏导数，曲线积分 $\int_L 2xy\mathrm{d}x+Q(x,y)\mathrm{d}y$ 与路径无关，并且对任意 t 恒有

$$\int_{(0,0)}^{(t,1)}2xy\mathrm{d}x+Q(x,y)\mathrm{d}y=\int_{(0,0)}^{(1,t)}2xy\mathrm{d}x+Q(x,y)\mathrm{d}y,$$

求 $Q(x,y)$.

【参考解答】 由曲线积分与路径无关，有 $\frac{\partial P}{\partial y}=\frac{\partial Q}{\partial x}$，即 $\frac{\partial Q}{\partial x}=2x$. 积分得

$$Q(x,y)=x^2+C(y),\quad 其中\ C(y)\ 待定.$$

代入积分等式，分别取折线路径

$$(0,0)\to(t,0)\to(t,1),\quad (0,0)\to(1,0)\to(1,t),$$

计算 $\int_{(0,0)}^{(t,1)}2xy\mathrm{d}x+Q(x,y)\mathrm{d}y=\int_{(0,0)}^{(1,t)}2xy\mathrm{d}x+Q(x,y)\mathrm{d}y$ 两边曲线积分，得

$$\int_{(0,0)}^{(t,1)}2xy\mathrm{d}x+Q(x,y)\mathrm{d}y=\int_0^1[t^2+C(y)]\mathrm{d}y=t^2+\int_0^1C(y)\mathrm{d}y,$$

$$\int_{(0,0)}^{(1,t)}2xy\mathrm{d}x+Q(x,y)\mathrm{d}y=\int_0^t[1^2+C(y)]\mathrm{d}y=t+\int_0^tC(y)\mathrm{d}y,$$

从而有 $t^2+\int_0^1C(y)\mathrm{d}y=t+\int_0^tC(y)\mathrm{d}y$，两边同时关于 t 求导，则 $2t=1+C(t)$，即 $C(y)=2y-1$，所以 $Q(x,y)=x^2+2y-1$.

考研与竞赛练习

1. 设曲线积分 $\int_L[f(x)-\mathrm{e}^x]\sin y\mathrm{d}x-f(x)\cos y\mathrm{d}y$ 与路径无关，其中 $f(x)$ 具有一阶连续导数，且 $f(0)=0$，则 $f(x)=($ $)$.

(A) $\frac{\mathrm{e}^{-x}-\mathrm{e}^x}{2}$ (B) $\frac{\mathrm{e}^x-\mathrm{e}^{-x}}{2}$ (C) $\frac{\mathrm{e}^x+\mathrm{e}^{-x}}{2}-1$ (D) $1-\frac{\mathrm{e}^x+\mathrm{e}^{-x}}{2}$

【参考解答】 由曲线积分与路径无关可知

$$\frac{\partial}{\partial y}((f(x)-\mathrm{e}^x)\sin y)=\frac{\partial}{\partial x}(-f(x)\cos y).$$

整理得 $f'(x)+f(x)=\mathrm{e}^x$，即 $[\mathrm{e}^xf(x)]'=\mathrm{e}^{2x}$，两端积分得

$$e^x f(x)=\frac{e^{2x}}{2}+C,\quad 即\ f(x)=e^{-x}\left(\frac{1}{2}e^{2x}+C\right).$$

代入 $f(0)=0$ 得 $C=-\frac{1}{2}$，所以 $f(x)=\frac{e^x-e^{-x}}{2}$，故正确选项为(B).

2. 设函数 $f(x,y)$ 满足 $\frac{\partial f(x,y)}{\partial x}=(2x+1)e^{2x-y}$，且 $f(0,y)=y+1$，L_t 是从点(0,0)到点$(1,t)$的光滑曲线，计算曲线积分 $I(t)=\int_{L_t}\frac{\partial f(x,y)}{\partial x}dx+\frac{\partial f(x,y)}{\partial y}dy$，并求 $I(t)$ 的最小值.

【参考解答】 在等式 $\frac{\partial f(x,y)}{\partial x}=(2x+1)e^{2x-y}$ 两边关于 x 积分，得

$$\begin{aligned}f(x,y)&=\int(2x+1)e^{2x-y}dx=e^{-y}\int 2xe^{2x}dx+\int e^{2x}dx\\&=e^{-y}\left(xe^{2x}-\int e^{2x}dx+\int e^{2x}dx\right)+\varphi(y)=xe^{2x-y}+\varphi(y).\end{aligned}$$

由 $f(0,y)=y+1$，得 $\varphi(y)=y+1$，因此

$$f(x,y)=xe^{2x-y}+y+1.$$

又 $\frac{\partial f(x,y)}{\partial y}=-xe^{2x-y}+1$，所以

$$I(t)=\int_{L_t}\frac{\partial f(x,y)}{\partial x}dx+\frac{\partial f(x,y)}{\partial y}dy=\int_{L_t}(2x+1)e^{2x-y}dx+(1-xe^{2x-y})dy,$$

令 $P=(2x+1)e^{2x-y}$，$Q=1-xe^{2x-y}$，则有 $\frac{\partial P}{\partial y}=-(2x+1)e^{2x-y}=\frac{\partial Q}{\partial x}$，因此曲线积分与路径无关. 选择先平行于 x 轴再平行于 y 轴的折线从(0,0)到$(1,t)$，得

$$\begin{aligned}I(t)&=\int_{(0,0)}^{(1,0)}(2x+1)e^{2x-y}dx+\int_{(1,0)}^{(1,t)}(1-xe^{2x-y})dy\\&=\int_0^1(2x+1)e^{2x}dx+\int_0^t(1-e^{2-y})dy=e^2+t+e^{2-t}-e^2=t+e^{2-t}.\end{aligned}$$

于是 $I'(t)=1-e^{2-t}$，$I''(t)=e^{2-t}>0$. 令 $I'(t)=0$，得 $t=2$. 因此函数 $I(t)$ 为单谷函数，在唯一驻点 $t=2$ 处取到最小值，且最小值为 $I(2)=2+1=3$.

3. 设 $D\subset\mathbb{R}^2$ 是有界单连通闭区域，$I(D)=\iint\limits_D(4-x^2-y^2)d\sigma$ 取得最大值的积分区域记作 D_1. (1)求 $I(D_1)$ 的值；(2) 计算 $\int_{\partial D_1}\frac{(xe^{x^2+4y^2}+y)dx+(4ye^{x^2+4y^2}-x)dy}{x^2+4y^2}$，其中 ∂D_1 是 D_1 的正向边界.

【参考解答】 (1) 由二重积分的几何意义知，$I(D)$ 取到最大值当且仅当被积函数 $f(x,y)$ 在 D 上满足 $\begin{cases}f(x,y)\geqslant 0, & (x,y)\in D\\ f(x,y)\leqslant 0, & (x,y)\notin D\end{cases}$，故 $D_1: x^2+y^2\leqslant 4$. 由二重积分的极坐标计算公式，得

$$I(D_1)=\int_0^{2\pi}\mathrm{d}\theta\int_0^2(4-\rho^2)\rho\mathrm{d}\rho=2\pi\left[2\rho^2-\frac{\rho^4}{4}\right]_0^2=8\pi.$$

(2) 令 $P=\frac{xe^{x^2+4y^2}+y}{x^2+4y^2}, Q=\frac{4ye^{x^2+4y^2}-x}{x^2+4y^2}$,于是有

$$\frac{\partial P}{\partial y}=\frac{8(x^2+4y^2-1)xye^{x^2+4y^2}+x^2-4y^2}{(x^2+4y^2)^2}=\frac{\partial Q}{\partial x},$$

所以曲线积分与路径无关.取路径为 $L: x^2+4y^2=4$,其参数方程为

$$x=2\cos t,\quad y=\sin t, t: 0\to 2\pi,$$

代入积分式,得

$$\begin{aligned}&\int_{\partial D_1}\frac{(xe^{x^2+4y^2}+y)\mathrm{d}x+(4ye^{x^2+4y^2}-x)\mathrm{d}y}{x^2+4y^2}\\&=\frac{1}{4}\oint_L(xe^4+y)\mathrm{d}x+(4ye^4-x)\mathrm{d}y\\&=\frac{1}{4}\int_0^{2\pi}[(2e^4\cos t+\sin t)(-2\sin t)+(4e^4\sin t-2\cos t)\cos t]\mathrm{d}t\\&=\frac{1}{4}\int_0^{2\pi}(-2)\mathrm{d}t=-\pi.\end{aligned}$$

4. 设函数 $f(x)$在$(-\infty,+\infty)$内具有一阶连续导数,L 是上半平面$(y>0)$内的有向分段光滑曲线,起点为(a,b),终点为(c,d),记

$$I=\int_L\frac{1+y^2f(xy)}{y}\mathrm{d}x+\frac{x(y^2f(xy)-1)}{y^2}\mathrm{d}y.$$

(1) 证明曲线积分 I 与路径 L 无关.(2) 当 $ab=cd$ 时,求 I 的值.

【参考解答】 (1) 记 $P(x,y)=\frac{1+y^2f(xy)}{y}, Q(x,y)=\frac{x(y^2f(xy)-1)}{y^2}$,则

$$\frac{\partial P}{\partial y}=-\frac{1}{y^2}+f(xy)+xyf'(xy),\quad \frac{\partial Q}{\partial x}=-\frac{1}{y^2}+f(xy)+xyf'(xy),$$

所以$\frac{\partial P}{\partial y}=\frac{\partial Q}{\partial x}$(当 $y>0$),故在上半平面$(y>0)$该曲线积分与路径无关.

(2) **【法 1】** 由于积分与路径无关,取路径为$(a,b)\to(c,b)\to(c,d)$的折线段,于是有

$$\begin{aligned}I&=\int_a^c\frac{1+b^2f(bx)}{b}\mathrm{d}x+c\int_b^d\frac{y^2f(cy)-1}{y^2}\mathrm{d}y\\&=\frac{c}{d}-\frac{a}{b}+\int_a^c bf(bx)\mathrm{d}x+\int_b^d cf(cy)\mathrm{d}y\\&=\frac{c}{d}-\frac{a}{b}+\int_a^c f(bx)\mathrm{d}bx+\int_b^d f(cy)\mathrm{d}cy\\&=\frac{c}{d}-\frac{a}{b}+\int_{ab}^{bc}f(t)\mathrm{d}t+\int_{bc}^{cd}f(t)\mathrm{d}t=\frac{c}{d}-\frac{a}{b}+2\int_{ab}^{cd}f(t)\mathrm{d}t,\end{aligned}$$

当 $ab=cd$ 时,$\int_{ab}^{cd}f(t)\mathrm{d}t=0$,由此可得 $I=\frac{c}{d}-\frac{a}{b}$.

【法 2】 由(1)可知积分与路径无关,又因 $ab=cd$,记 $k=ab$,取路径 $xy=k$,点(a,b)

与点(c,d)都在此路径上，于是将$x=\dfrac{k}{y}$代入原积分，得

$$I=\int_b^d\left[\frac{1+y^2f(k)}{y}\left(-\frac{k}{y^2}\right)+\frac{k(y^2f(k)-1)}{y^3}\right]dy$$

$$=\int_b^d\left(-\frac{2k}{y^3}\right)dy=\frac{k}{y^2}\Big|_b^d=\frac{cd}{d^2}-\frac{ab}{b^2}=\frac{c}{d}-\frac{a}{b}.$$

5. 设函数$\varphi(y)$具有连续导数，在围绕原点的任意分段光滑简单闭曲线L上，曲线积分$\oint_L\dfrac{\varphi(y)dx+2xydy}{2x^2+y^4}$的值恒为常数.(1)证明：$\oint_C\dfrac{\varphi(y)dx+2xydy}{2x^2+y^4}=0$，其中曲线$C$为右半平面$x>0$内的任意分段光滑简单闭曲线；(2)求函数$\varphi(y)$的表达式.

【参考证明】 (1) 如图所示，在C上任意取两点M,N，作绕原点的闭曲线$MQNRM$，同时也可以得到另一条绕原点的闭曲线$MQNPM$，于是由已知可知

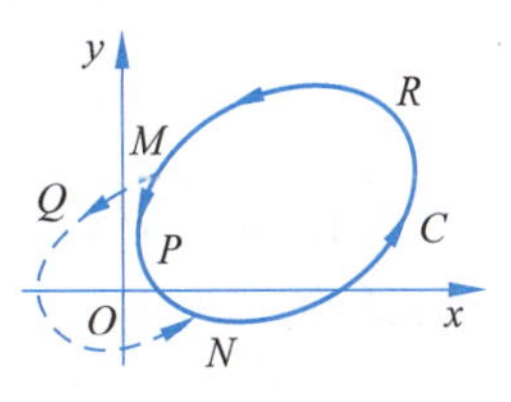

第9题图

$$\oint_{MQNRM}\frac{\varphi(y)dx+2xydy}{2x^2+y^4}=\oint_{MQNPM}\frac{\varphi(y)dx+2xydy}{2x^2+y^4}=A.$$

所以有

$$\oint_C=\oint_{NRM}+\oint_{MPN}=\left(\oint_{MQNRM}-\int_{MQN}\right)-\left(\oint_{MQNPM}-\int_{MQN}\right)=A-A=0.$$

(2) 记$P=\dfrac{\varphi(y)}{2x^2+y^4}$，$Q=\dfrac{2xy}{2x^2+y^4}$，$P,Q$在单连通区域$x>0$内具有一阶连续偏导数，由(1)知，曲线积分$\int_L\dfrac{\varphi(y)dx+2xydy}{2x^2+y^4}$在该区域内与路径无关，故当$x>0$时，总有$\dfrac{\partial Q}{\partial x}=\dfrac{\partial P}{\partial y}$.又

$$\frac{\partial Q}{\partial x}=\frac{2y(2x^2+y^4)-4x\times 2xy}{(2x^2+y^4)^2}=\frac{-4x^2y+2y^5}{(2x^2+y^4)^2},$$

$$\frac{\partial P}{\partial y}=\frac{\varphi'(y)(2x^2+y^4)-4\varphi(y)y^3}{(2x^2+y^4)^2}=\frac{2x^2\varphi'(y)+\varphi'(y)y^4-4\varphi(y)y^3}{(2x^2+y^4)^2},$$

比较上述两式的右端，得

$$\begin{cases}\varphi'(y)=-2y\\ \varphi'(y)y^4-4\varphi(y)y^3=2y^5\end{cases},$$

解得$\varphi(y)=-y^2$.

6. 设函数$f(t)$在$t\neq 0$时一阶连续可导，且$f(1)=0$，L为任一不与直线$y=\pm x$相交的分段光滑曲线.求函数$f(x^2-y^2)$，使得曲线积分

$$\int_L y[2-f(x^2-y^2)]dx+xf(x^2-y^2)dy$$

与路径无关的.

【参考解答】 令$P(x,y)=y[2-f(x^2-y^2)]$，$Q(x,y)=xf(x^2-y^2)$，于是

$$\frac{\partial P}{\partial y}=2-f(x^2-y^2)+2y^2f'(x^2-y^2),$$

$$\frac{\partial Q}{\partial x}=f(x^2-y^2)+2x^2f'(x^2-y^2),$$

由积分与路径无关的条件$\frac{\partial P}{\partial y}=\frac{\partial Q}{\partial x}$，代入结果整理得

$$(x^2-y^2)f'(x^2-y^2)+f(x^2-y^2)-1=0.$$

令 $x^2-y^2=u$，有 $uf'(u)+f(u)-1=0$，分离变量得 $\frac{\mathrm{d}f(u)}{1-f(u)}=\frac{1}{u}\mathrm{d}u$，两端积分得 $\frac{1}{1-f(u)}=C_1u$，即 $f(u)=1+\frac{C}{u}$. 由 $f(1)=0$，得 $C=-1$，所以

$$f(x^2-y^2)=1-\frac{1}{x^2-y^2}.$$

【注】 微分方程 $uf'(u)+f(u)-1=0$ 的通解可通过改写微分方程为$[uf(u)]'=1$，得到通解为 $uf(u)=u+C$.

练习 66 对面积的曲面积分

训练目的

1. 理解对面积的曲面积分的概念和性质，了解曲面面积微元的思想.
2. 掌握对面积的曲面积分的计算方法.
3. 会求曲面构件的长度、质量、质心、转动惯量、引力等.

基础练习

1. 设 Σ：$x^2+y^2+z^2=a^2$，计算下列对面积的曲面积分.

$I_1=\iint\limits_{\Sigma}(x^2+y^2+z^2)\mathrm{d}S=$________；$I_2=\iint\limits_{\Sigma}(x+y+z)\mathrm{d}S=$________；

$I_3=\iint\limits_{\Sigma}(x+y+z)^2\mathrm{d}S=$________；$I_4=\iint\limits_{\Sigma}x^2\mathrm{d}S=$________；

$I_5=\iint\limits_{\Sigma}(z+1)^2\mathrm{d}S=$________.

【参考解答】 $I_1=a^2\iint\limits_{\Sigma}\mathrm{d}S=4\pi a^4$；由于积分曲面关于三个坐标面都对称，由偶倍奇零的计算性质，得

$$I_2=\iint\limits_{\Sigma}x\,\mathrm{d}S_2+\iint\limits_{\Sigma}y\,\mathrm{d}S+\iint\limits_{\Sigma}z\,\mathrm{d}S=0+0+0=0,$$

$$I_3=\iint\limits_{\Sigma}(x+y+z)^2\mathrm{d}S$$

$$=\iint_{\Sigma}(x^2+y^2+z^2)\mathrm{d}S+2\iint_{\Sigma}(xy+yz+zx)\mathrm{d}S=I_1+0=4\pi a^4,$$

由于积分曲面 Σ：$x^2+y^2+z^2=a^2$ 关于坐标 x,y,z 具有轮换对称性，因此

$$\iint_{\Sigma}x^2\mathrm{d}S=\iint_{\Sigma}y^2\mathrm{d}S=\iint_{\Sigma}z^2\mathrm{d}S,$$

于是可得

$$I_4=\iint_{\Sigma}x^2\mathrm{d}S=\frac{1}{3}\iint_{\Sigma}(x^2+y^2+z^2)\mathrm{d}S=\frac{4}{3}\pi a^4,$$

$$I_5=\iint_{\Sigma}\left(\frac{x^2+y^2+z^2}{3}+2z+1\right)\mathrm{d}S=\frac{4}{3}\pi a^4+0+4\pi a^2=4\pi a^2\left(1+\frac{a^2}{3}\right).$$

2. 计算下列对面积的曲面积分.

(1) $\iint_{\Sigma}z\mathrm{d}S$，其中 Σ 是由 $z=x^2+y^2(0\leqslant z\leqslant 1)$ 所确定的曲面.

(2) $\iint_{\Sigma}xy(1-z)\mathrm{d}S$，其中 Σ 是平面 $x+y+z=1$ 及三个坐标面围成的四面体表面.

(3) $\oiint_{\Sigma}(x^2+y^2+z^2)\mathrm{d}S$，其中 Σ 是 $z=\sqrt{R^2-x^2-y^2}$ 及曲面 $z=R-\sqrt{R^2-x^2-y^2}$ 所围成的立体的表面.

(4) $\oiint_{\Sigma}(x+|y|)\mathrm{d}S$，其中曲面 Σ 为 $|x|+|y|+|z|=1$.

【参考解答】 (1) 曲面 Σ 第Ⅰ卦限内部分记做 Σ_1，则 Σ_1 在 xOy 平面上投影区域为

$$D_{xy}: x^2+y^2\leqslant 1, x\geqslant 0, y\geqslant 0,$$

且 $\mathrm{d}S=\sqrt{1+z_x'^2+z_y'^2}\mathrm{d}\sigma=\sqrt{1+4x^2+4y^2}\mathrm{d}\sigma$. 由于被积函数关于 x,y 均为偶函数，积分曲面关于 yOz,zOx 都对称，因此有

$$\iint_{\Sigma}z\mathrm{d}S=4\iint_{\Sigma_1}z\mathrm{d}S=4\iint_{D_{xy}}(x^2+y^2)\sqrt{1+4(x^2+y^2)}\mathrm{d}\sigma$$

$$=4\int_0^{\pi/2}\mathrm{d}\theta\cdot\int_0^1\rho^3\sqrt{1+4\rho^2}\mathrm{d}\rho=2\pi\int_0^1\rho^3\sqrt{1+4\rho^2}\mathrm{d}\rho=\frac{1+25\sqrt{5}}{60}\pi.$$

(2) 如图所示，在四个面上分别计算.

由于 Σ_2：$x=0$，因此 $I_2=\iint_{\Sigma_2}xy(z-1)\mathrm{d}S=0$.

由于 Σ_3：$y=0$，因此 $I_3=\iint_{\Sigma_3}xy(z-1)\mathrm{d}S=0$.

由于 Σ_1：$z=0$，D_1：$0\leqslant x\leqslant 1, 0\leqslant y\leqslant 1-x$，$\mathrm{d}S=\mathrm{d}\sigma$，

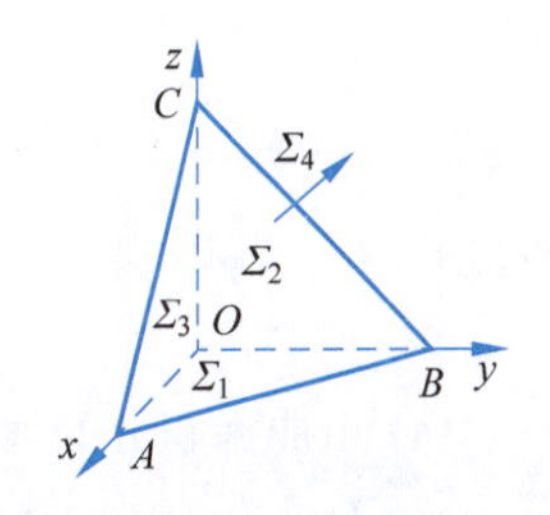

第 2(2) 题图

因此 $I_1=\iint\limits_{\Sigma_1}xy(z-1)\mathrm{d}S=-\iint\limits_{D_1}xy\mathrm{d}\sigma=-\int_0^1 x\mathrm{d}x\int_0^{1-x}y\mathrm{d}y=-\frac{1}{24}$.

由于 Σ_4：$z=1-x-y$，D_4：$0\leqslant x\leqslant 1, 0\leqslant y\leqslant 1-x$，$\mathrm{d}S=\sqrt{3}\,\mathrm{d}\sigma$，因此

$$I_4=\iint\limits_{\Sigma_4}xy(z-1)\mathrm{d}S=-\iint\limits_{D_4}xy(x+y)\sqrt{3}\,\mathrm{d}\sigma$$

$$=-\sqrt{3}\int_0^1\mathrm{d}x\int_0^{1-x}(x^2y+xy^2)\mathrm{d}y=-\frac{\sqrt{3}}{30}.$$

所以 $\iint\limits_{\Sigma}xy(1-z)\mathrm{d}S=I_1+I_2+I_3+I_4=-\frac{1}{24}-\frac{\sqrt{3}}{30}$.

（3）两曲面交线 $\begin{cases}z=\sqrt{R^2-x^2-y^2}\\ z=R-\sqrt{R^2-x^2-y^2}\end{cases}$ 在 xOy 平面上投影曲线为 $x^2+y^2=\frac{3R^2}{4}$，其中 Σ_1：$z=\sqrt{R^2-x^2-y^2}$，D_{xy}：$x^2+y^2\leqslant\frac{3R^2}{4}$，且

$$\mathrm{d}S=\sqrt{1+\left(\frac{-x}{\sqrt{R^2-x^2-y^2}}\right)^2+\left(\frac{-y}{\sqrt{R^2-x^2-y^2}}\right)^2}\,\mathrm{d}\sigma=\frac{R\,\mathrm{d}\sigma}{\sqrt{R^2-x^2-y^2}},$$

因此可得

$$I_1=\iint\limits_{\Sigma_1}(x^2+y^2+z^2)\mathrm{d}S=R^3\iint\limits_{x^2+y^2\leqslant\frac{3}{4}R^2}\frac{\mathrm{d}\sigma}{\sqrt{R^2-x^2-y^2}}$$

$$=R^3\int_0^{2\pi}\mathrm{d}\theta\int_0^{\sqrt{3}R/2}\frac{\rho\,\mathrm{d}\rho}{\sqrt{R^2-\rho^2}}=\pi R^4.$$

又 Σ_2：$z=R-\sqrt{R^2-x^2-y^2}$，D_{xy}：$x^2+y^2\leqslant\frac{3R^2}{4}$，且

$$\mathrm{d}S=\sqrt{1+\left(\frac{x}{\sqrt{R^2-x^2-y^2}}\right)^2+\left(\frac{y}{\sqrt{R^2-x^2-y^2}}\right)^2}\,\mathrm{d}\sigma=\frac{R\,\mathrm{d}\sigma}{\sqrt{R^2-x^2-y^2}},$$

因此可得

$$I_2=\iint\limits_{\Sigma_2}(x^2+y^2+z^2)\mathrm{d}S=2R^2\iint\limits_{x^2+y^2\leqslant\frac{3}{4}R^2}\frac{(R-\sqrt{R^2-x^2-y^2})}{\sqrt{R^2-x^2-y^2}}\mathrm{d}\sigma$$

$$=2R^2\int_0^{2\pi}\mathrm{d}\theta\int_0^{\sqrt{3}R/2}\left(\frac{R\rho}{\sqrt{R^2-\rho^2}}-1\right)\mathrm{d}\rho=\frac{\pi R^4}{2}.$$

所以 $\oiint\limits_{\Sigma}(x^2+y^2+z^2)\mathrm{d}S=\iint\limits_{\Sigma_1}+\iint\limits_{\Sigma_2}(x^2+y^2+z^2)\mathrm{d}S=I_1+I_2=\frac{3\pi}{2}R^4$.

（4）由曲面积分的线性运算性质可得 $I=\oiint\limits_{\Sigma}x\mathrm{d}S+\oiint\limits_{\Sigma}|y|\mathrm{d}S$. 因为 Σ 关于 yOz 平面对称，所以 $\oiint\limits_{\Sigma}x\mathrm{d}S=0$. 又积分曲面 Σ 对坐标 x,y,z 具有轮换对称性，所以

$$\oiint_{\Sigma}|y|\mathrm{d}S=\oiint_{\Sigma}|x|\mathrm{d}S=\oiint_{\Sigma}|z|\mathrm{d}S=\frac{1}{3}\oiint_{\Sigma}(|x|+|y|+|z|)\mathrm{d}S=\frac{1}{3}\oiint_{\Sigma}\mathrm{d}S$$

$$=\frac{8}{3}\cdot\frac{\sqrt{3}}{4}(\sqrt{2})^2=\frac{4}{3}\sqrt{3}.$$

综合练习

3. 曲面 $z=13-x^2-y^2$ 将球面 $x^2+y^2+z^2=25$ 分成上、中、下三部分，求这三部分曲面面积之比.

【参考解答】 曲面与球面的交线分别为 $\begin{cases}x^2+y^2=9\\z=4\end{cases}$ 和 $\begin{cases}x^2+y^2=16\\z=-3\end{cases}$，这两个圆将球面分成上、中、下三部分，依次为 $\Sigma_1,\Sigma_2,\Sigma_3$，其中

$$\Sigma_1: z=\sqrt{25-x^2-y^2}, D_{xy}: x^2+y^2\leqslant 9, \mathrm{d}S=\frac{5\mathrm{d}\sigma}{\sqrt{25-x^2-y^2}},$$

$$A_1=\iint_{\Sigma_1}\mathrm{d}S=\iint_{D_1}\frac{5}{\sqrt{25-x^2-y^2}}\mathrm{d}\sigma=\int_0^{2\pi}\mathrm{d}\theta\int_0^3\frac{\rho}{\sqrt{25-\rho^2}}\mathrm{d}\rho=10\pi;$$

$$\Sigma_3: z=-\sqrt{25-x^2-y^2}, D_{xy}: x^2+y^2\leqslant 16, \mathrm{d}S=\frac{5\mathrm{d}\sigma}{\sqrt{25-x^2-y^2}},$$

$$A_3=\iint_{\Sigma_3}\mathrm{d}S=\iint_{D_3}\frac{5}{\sqrt{25-x^2-y^2}}\mathrm{d}\sigma=\int_0^{2\pi}\mathrm{d}\theta\int_0^4\frac{\rho}{\sqrt{25-\rho^2}}\mathrm{d}\rho=20\pi;$$

由球面面积 $A=100\pi$，于是 $A_2=100\pi-A_1-A_3=70\pi$，所以上、中、下三部分面积之比为 $A_1:A_2:A_3=1:7:2$.

4. (1) 设 $y=f(x)$ 为区间 $[a,b]$ 上的正连续函数，将其对应的曲线段绕 x 轴旋转一周得到旋转曲面 Σ. 试用微元法推导：旋转曲面 Σ 的面积为 $S=2\pi\int_L f(x)\mathrm{d}s$；并进一步证明公式 $S=2\pi\int_a^b f(x)\sqrt{1+f'^2(x)}\mathrm{d}x$. (2) 求半径为 R、高度为 h 的球冠的面积.

【参考解答】 (1) 如图所示，取 x 为积分变量，在区间 $[x,x+\mathrm{d}x]$ 上对应面积微元为圆环细条，圆环半径为 $y=f(x)$，宽度为 $\mathrm{d}s=\sqrt{1+f'^2(x)}\mathrm{d}x$，于是面积微元可取为 $\mathrm{d}S=2\pi f(x)\mathrm{d}s=2\pi f(x)\sqrt{1+f'^2(x)}\mathrm{d}x$，所以旋转曲面面积为

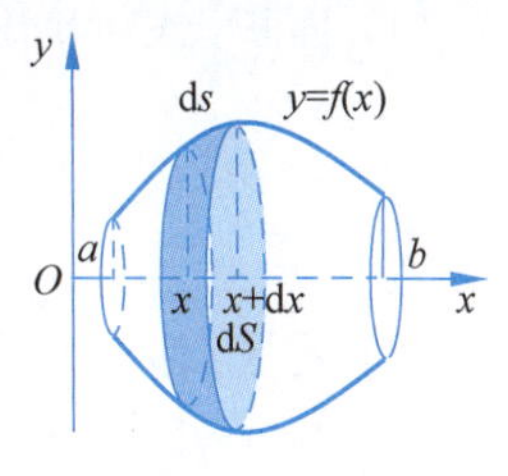

第 4(1)题图

$$S=2\pi\int_L f(x)\mathrm{d}s=2\pi\int_a^b f(x)\sqrt{1+f'^2(x)}\mathrm{d}x.$$

(2) 设球面由 $y=\sqrt{R^2-x^2}$ 绕 x 轴旋转而成，于是球冠面积为

$$S=2\pi\int_{R-h}^{R}\sqrt{R^2-x^2}\cdot\sqrt{1+\left(\frac{-x}{\sqrt{R^2-x^2}}\right)^2}\mathrm{d}x=2\pi\int_{R-h}^{R}R\mathrm{d}x=2\pi Rh.$$

5.（1）设以 xOy 平面上光滑曲线 L 为准线，母线平行于 z 轴的柱面，被两曲面 $z=z_1(x,y),z=z_2(x,y)(z_1(x,y)\leqslant z_2(x,y))$ 截下一部分，试用微元法推导：截下部分柱面的面积 $S=\int_L[z_2(x,y)-z_1(x,y)]\mathrm{d}s$.（2）求椭圆柱面 $\frac{x^2}{5}+\frac{y^2}{9}=1(z\geqslant 0,y\geqslant 0)$ 被平面 $z=y$ 所截下的部分的面积，其中

$$\int\sqrt{a^2+x^2}\,\mathrm{d}x=\frac{x\sqrt{a^2+x^2}+a^2\ln(x+\sqrt{a^2+x^2})}{2}+C.$$

【参考解答】（1）如图所示，面积微元可视为矩形细条，一边长为 $\mathrm{d}s$，一边长为 $z_2(x,y)-z_1(x,y)$，于是

$$\mathrm{d}S=[z_2(x,y)-z_1(x,y)]\mathrm{d}s.$$

两曲面截下的部分柱面面积为这样的面积微元在曲线 L 上累加，即有 $S=\int_L[z_2(x,y)-z_1(x,y)]\mathrm{d}s$.

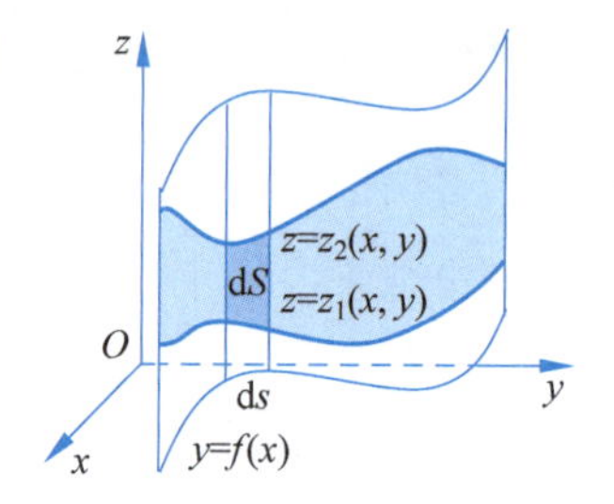

第 5(1) 题图

（2）椭圆柱面被平面截下部分的面积 $S=\int_L(y-0)\mathrm{d}s=\int_L y\mathrm{d}s$，其中 L 为 xOy 一段椭圆弧：$x=\sqrt{5}\cos t,y=3\sin t,0\leqslant t\leqslant\pi$. 又

$$\mathrm{d}s=\sqrt{x'^2(t)+y'^2(t)}\,\mathrm{d}t=\sqrt{5\sin^2 t+9\cos^2 t}\,\mathrm{d}t=\sqrt{5+4\cos^2 t}\,\mathrm{d}t,$$

所以由对弧长的曲线积分的直接计算法，得

$$S=\int_L y\mathrm{d}s=\int_0^{\pi}3\sin t\sqrt{5+4\cos^2 t}\,\mathrm{d}t=6\int_0^1\sqrt{5+4u^2}\,\mathrm{d}u=3\left(3+\frac{5\ln 5}{4}\right).$$

6. 设密度函数为 $\mu=z$ 的曲面 $z=\sqrt{x^2+y^2}$ 被曲面 $x^2+y^2=x$ 割下部分为 Σ，求曲面薄片 Σ 的：(1)面积；(2)质量；(3)质心；(4)对 z 轴的转动惯量.

【参考解答】 薄片 Σ：$z=\sqrt{x^2+y^2}$，$\mathrm{d}S=\sqrt{1+z_x'^2+z_y'^2}\,\mathrm{d}\sigma=\sqrt{2}\,\mathrm{d}\sigma$，在 xOy 平面投影区域为 D_{xy}：$x^2+y^2\leqslant x$，用极坐标变量可以描述为 $-\frac{\pi}{2}\leqslant\theta\leqslant\frac{\pi}{2},0\leqslant\rho\leqslant\cos\theta$.

（1）面积：
$$A=\iint_{\Sigma}\mathrm{d}S=\sqrt{2}\iint_D\mathrm{d}\sigma=\sqrt{2}\int_{-\pi/2}^{\pi/2}\mathrm{d}\theta\int_0^{\cos\theta}\rho\mathrm{d}\rho$$
$$=\sqrt{2}\int_0^{\pi/2}\cos^2\theta\mathrm{d}\theta=\frac{\sqrt{2}\pi}{4}.$$

（2）质量：
$$M=\iint_{\Sigma}\mu\mathrm{d}S=\iint_{\Sigma}z\mathrm{d}S=\sqrt{2}\iint_D\sqrt{x^2+y^2}\,\mathrm{d}\sigma$$
$$=\sqrt{2}\int_{-\pi/2}^{\pi/2}\mathrm{d}\theta\int_0^{\cos\theta}\rho^2\mathrm{d}\rho=\frac{2\sqrt{2}}{3}\int_0^{\pi/2}\cos^3\theta\mathrm{d}\theta=\frac{4\sqrt{2}}{9}.$$

（3）由于
$$\iint_{\Sigma}x\mu\mathrm{d}S=\sqrt{2}\iint_D x\sqrt{x^2+y^2}\,\mathrm{d}\sigma=\sqrt{2}\int_{-\pi/2}^{\pi/2}\cos\theta\mathrm{d}\theta\int_0^{\cos\theta}\rho^3\mathrm{d}\rho$$
$$=\frac{\sqrt{2}}{2}\int_0^{\pi/2}\cos^5\theta\mathrm{d}\theta=\frac{4\sqrt{2}}{15},$$

又 D 关于 x 轴对称，被积函数为 y 的奇函数，得

$$\iint_{\Sigma} y\mu \mathrm{d}S=\sqrt{2}\iint_{D} y\sqrt{x^2+y^2}\,\mathrm{d}\sigma=0.$$

$$\iint_{\Sigma} z\mu \mathrm{d}S=\sqrt{2}\iint_{D}(x^2+y^2)\mathrm{d}\sigma=\sqrt{2}\int_{-\pi/2}^{\pi/2}\mathrm{d}\theta\int_0^{\cos\theta}\rho^3\mathrm{d}\rho=\frac{\sqrt{2}}{2}\int_0^{\pi/2}\cos^4\theta\mathrm{d}\theta=\frac{3\sqrt{2}}{32}\pi.$$

于是质心坐标为

$$\bar{x}=\frac{\iint_{\Sigma} x\mu \mathrm{d}S}{M}=\frac{3}{5},\quad \bar{y}=\frac{\iint_{\Sigma} y\mu \mathrm{d}S}{M}=0,\quad \bar{z}=\frac{\iint_{\Sigma} z\mu \mathrm{d}S}{M}=\frac{27\pi}{128}.$$

即薄片质心为$\left(\frac{3}{5},0,\frac{27\pi}{128}\right)$.

(4) 关于 z 轴的转动惯量为

$$\begin{aligned}I_z&=\iint_{\Sigma}(x^2+y^2)\mu \mathrm{d}S=\sqrt{2}\iint_{D}(x^2+y^2)^{3/2}\mathrm{d}\sigma=\sqrt{2}\int_{-\pi/2}^{\pi/2}\mathrm{d}\theta\int_0^{\cos\theta}\rho^4\mathrm{d}\rho\\&=\frac{2\sqrt{2}}{5}\int_0^{\pi/2}\cos^5\theta\mathrm{d}\theta=\frac{16\sqrt{2}}{75}.\end{aligned}$$

考研与竞赛练习

1. 计算 $I=\iint_{\Sigma}\frac{\mathrm{d}S}{\lambda-z}(\lambda>R)$，其中 Σ 为球面 $x^2+y^2+z^2=R^2$.

【参考解答】 作球面坐标变换：$x=r\sin\varphi\cos\theta$，$y=r\sin\varphi\sin\theta$，$z=r\cos\varphi$，则 Σ：$r=R$，$0\leqslant\theta\leqslant 2\pi$，$0\leqslant\varphi\leqslant\pi$，$\mathrm{d}S=R^2\sin\varphi\mathrm{d}\theta\mathrm{d}\varphi$ 且 $z=R\cos\varphi$，于是在球坐标下计算曲面积分，得

$$I=\int_0^{2\pi}\mathrm{d}\theta\int_0^{\pi}\frac{R^2\sin\varphi}{\lambda-R\cos\varphi}\mathrm{d}\varphi=2\pi R\int_0^{\pi}\frac{\mathrm{d}(\lambda-R\cos\varphi)}{\lambda-R\cos\varphi}=2\pi R\ln\frac{\lambda+R}{\lambda-R}.$$

2. 设薄片物体 S 是圆锥面 $z=\sqrt{x^2+y^2}$ 被柱面 $z^2=2x$ 割下的有限部分，其上任一点密度为 $\mu(x,y,z)=9\sqrt{x^2+y^2+z^2}$，记圆锥与柱面的交线为 C.(1)求 C 在 xOy 平面上的投影曲线的方程；(2)求 S 的质量 M.

【参考解答】 (1) 圆锥面与柱面的交线方程为：$z=\sqrt{x^2+y^2}$，$z^2=2x$，消去 z 得曲线 C 关于 xOy 平面的投影柱面方程：$x^2+y^2=2x$，所以 C 在 xOy 平面上的投影曲线的方程为 $x^2+y^2=2x$，$z=0$.

(2) 由曲面积分的物理意义知 S 的质量 M 为

$$M=\iint_{\Sigma}\mu(x,y,z)\mathrm{d}S=9\iint_{\Sigma}\sqrt{x^2+y^2+z^2}\,\mathrm{d}S=9\sqrt{2}\iint_{\Sigma}\sqrt{x^2+y^2}\,\mathrm{d}S.$$

割下的圆锥面在 xOy 平面上的投影区域为 D：$x^2+y^2\leqslant 2x$，曲面方程为 $z=\sqrt{x^2+y^2}$，于是 $\mathrm{d}S=\sqrt{1+z_x'^2+z_y'^2}\mathrm{d}\sigma=\sqrt{1+\left(\frac{x}{\sqrt{x^2+y^2}}\right)^2+\left(\frac{y}{\sqrt{x^2+y^2}}\right)^2}\mathrm{d}\sigma=\sqrt{2}\,\mathrm{d}\sigma$. 所以质量

$$M=18\iint_{D}\sqrt{x^2+y^2}\,\mathrm{d}\sigma=18\int_{-\pi/2}^{\pi/2}\mathrm{d}\theta\int_{0}^{2\cos\theta}\rho\cdot\rho\,\mathrm{d}\rho$$

$$=48\int_{-\pi/2}^{\pi/2}\cos^3\theta\,\mathrm{d}\theta=96\int_{0}^{\pi/2}\cos^3\theta\,\mathrm{d}\theta=96\cdot\frac{2}{3}=64.$$

3. 证明：$\oiint\limits_{\Sigma}(x+y+z+\sqrt{3}a)\mathrm{d}S\geqslant 12\pi a^3\ (a>0)$，其中 Σ 为球面

$$(x-a)^2+(y-a)^2+(z-a)^2=a^2.$$

【参考证明】 由于球面的面积为 $4\pi a^2$，即 $\oiint\limits_{\Sigma}\mathrm{d}S=4\pi a^2$，故所证不等式等价于

$$\oiint\limits_{\Sigma}(x+y+z+\sqrt{3}a-3a)\mathrm{d}S\geqslant 0.$$

下面利用拉格朗日乘数法求 $f(x,y,z)=x+y+z+\sqrt{3}a-3a$ 在球面 Σ 上的最值.

令 $L(x,y,z,\lambda)=x+y+z+\sqrt{3}a-3a+\lambda[(x-a)^2+(y-a)^2+(z-a)^2-a^2]$，解方程组 $\begin{cases}L'_x=1+2\lambda(x-a)=0\\L'_y=1+2\lambda(y-a)=0\\L'_z=1+2\lambda(z-a)=0\\L'_\lambda=(x-a)^2+(y-a)^2+(z-a)^2-a^2=0\end{cases}$，由前面的三个方程可得 $x=y=z$，代入第四个方程，得 $3(x-a)^2=a^2$，即 $x=a\pm\dfrac{a}{\sqrt{3}}$，由此可得两个可能的极值点，也就是驻点坐标，

$$P_1\left(a+\frac{a}{\sqrt{3}},a+\frac{a}{\sqrt{3}},a+\frac{a}{\sqrt{3}}\right),P_2\left(a-\frac{a}{\sqrt{3}},a-\frac{a}{\sqrt{3}},a-\frac{a}{\sqrt{3}}\right).$$

由于函数为具有连续偏导数的函数，图形为光滑曲面，并且由于函数变量取值范围分布在一个半径为 a 的球面上，所以一定存在有最大值与最小值，不仅存在，而且它的最大值和最小值都只能在驻点取到. 容易计算得

$$f(P_1)=3a+\frac{3a}{\sqrt{3}}+\sqrt{3}a-3a=2\sqrt{3}a,\quad f(P_2)=3a-\frac{3a}{\sqrt{3}}+\sqrt{3}a-3a=0.$$

所以 $f_{\min}=0$，$f_{\max}=2\sqrt{3}a$. 于是由积分的保序性或者估值定理，得

$$\oiint\limits_{\Sigma}(x+y+z+\sqrt{3}a-3a)\mathrm{d}S\geqslant 0,$$

即所证不等式成立.

4. 设函数 $f(x)$ 连续，a,b,c 为常数，Σ 是单位球面 $x^2+y^2+z^2=1$. 证明：

$$\iint_{\Sigma}f(ax+by+cz)\mathrm{d}S=2\pi\int_{-1}^{1}f(\sqrt{a^2+b^2+c^2}\,u)\mathrm{d}u.$$

【参考证明】 当 a,b,c 都为零时，

$$\iint_{\Sigma}f(ax+by+cz)\mathrm{d}S=4\pi f(0)=2\pi\int_{-1}^{1}f\left(\sqrt{a^2+b^2+c^2}\,u\right)\mathrm{d}u,$$

等式成立. 当 a,b,c 不全为 0 时，考察平行平面族：

$$P_u: ax+by+cz-\sqrt{a^2+b^2+c^2}\,u=0,$$

其中 u 为参数，则原点到平面 P_u 的距离为

$$D=\frac{\left|\sqrt{a^2+b^2+c^2}\,u\right|}{\sqrt{a^2+b^2+c^2}}=|u|.$$

因此当 $-1<u<1$ 时，平面 P_u 与球面相交，当 $u=\pm1$ 时，平面 P_u 与球面相切.

如图所示，取 u 为积分变量，$u\in[-1,1]$，在区间 $[u,u+\mathrm{d}u]$ 上，对应两平行平面 P_u 和 $P_{u+\mathrm{d}u}$ 在单位球面 Σ 截得圆环形细条，

第 4 题图

于是在此细条上满足 P_u，因此有

$$f(ax+by+cz)=f(\sqrt{a^2+b^2+c^2}\,u),$$

圆环形细长条的半径为 $\sqrt{1-u^2}$，周长为 $2\pi\sqrt{1-u^2}$，宽是 $\mathrm{d}s=\dfrac{\mathrm{d}u}{\sqrt{1-u^2}}$，于是圆环形细条的面积元素为 $\mathrm{d}S=2\pi\sqrt{1-u^2}\,\mathrm{d}s=2\pi\mathrm{d}u$，综上即得 $\iint\limits_{\Sigma}f(ax+by+cz)\mathrm{d}S=2\pi\int_{-1}^{1}f\left(\sqrt{a^2+b^2+c^2}\,u\right)\mathrm{d}u$.

5. 计算积分 $I=\int_0^{2\pi}\mathrm{d}\varphi\int_0^{\pi}\mathrm{e}^{\sin\theta(\cos\varphi-\sin\varphi)}\sin\theta\mathrm{d}\theta$.

【参考解答】 设球面 Σ：$x^2+y^2+z^2=1$，由球面的参数方程为

$$x=\sin\theta\cos\varphi,\quad y=\sin\theta\sin\varphi,\quad z=\cos\theta,$$

球面上面积微元 $\mathrm{d}S=\sin\theta\mathrm{d}\theta\mathrm{d}\varphi$，所以所求积分可化为第一型曲面积分

$$I=\iint\limits_{\Sigma}\mathrm{e}^{x-y}\mathrm{d}S.$$

设平面 P_t：$x-y=\sqrt{2}t$，其中 t 为平面 P_t 到球心即原点的距离，$-1\leqslant t\leqslant1$. 用平面 P_t 分割球面 Σ，球面在平面 P_t，$P_{t+\mathrm{d}t}$ 之间的部分形如圆台外表面状，其面积为 $\mathrm{d}S$，由于 $\mathrm{d}S$ 半径为 $r_t=\sqrt{1-t^2}$，圆台侧边弧长 $\mathrm{d}s=\dfrac{\mathrm{d}t}{\sqrt{1-t^2}}$，于是

$$\mathrm{d}S=2\pi r_t\cdot\mathrm{d}s=2\pi\sqrt{1-t^2}\cdot\mathrm{d}s=2\pi\mathrm{d}t,$$

被积函数在其上为 $\mathrm{e}^{x-y}=\mathrm{e}^{\sqrt{2}t}$，于是

$$I=\int_{-1}^{1}\mathrm{e}^{\sqrt{2}t}2\pi\mathrm{d}t=\frac{2\pi}{\sqrt{2}}\mathrm{e}^{\sqrt{2}t}\Big|_{-1}^{1}=\sqrt{2}\pi(\mathrm{e}^{\sqrt{2}}-\mathrm{e}^{-\sqrt{2}}).$$

练习 67　对坐标的曲面积分

训练目的

1. 理解对坐标的曲面积分的概念与性质.

2. 掌握直接求对坐标的曲面积分的计算方法.

3. 了解两类曲面积分之间的关系，会将两类曲面积分相互转化.

4. 会计算向量场流向曲面一侧的流量.

基础练习

1. 下列计算中正确的有________.

① 如果光滑曲面 Σ 在 xOy 平面上的投影是一条曲线，函数 $R(x,y,z)$ 在 Σ 上连续，则 $\iint\limits_{\Sigma} R(x,y,z)\mathrm{d}x\mathrm{d}y=0$.

② 设曲面 Σ: $y=y(x,z),(z,x)\in D_{zx}$，函数 $Q(x,y,z)$ 在 Σ 上连续，若曲面 Σ 的法向量 $\boldsymbol{n}$ 与 z 轴的正向成锐角，则 $\iint\limits_{\Sigma} Q(x,y,z)\mathrm{d}z\mathrm{d}x=\iint\limits_{D_{zx}} Q(x,y(x,z),z)\mathrm{d}z\mathrm{d}x$.

③ 设 Σ 为球面 $x^2+y^2+z^2=1$，其法向量指向外侧，则 $\iint\limits_{\Sigma} z\mathrm{d}x\mathrm{d}y=0$.

④ 设 Σ 是柱面 $x^2+y^2=1$ 介于 $z=0$ 和 $z=1$ 之间部分的外侧，则对坐标的曲面积分

$$\iint\limits_{\Sigma} P(x,y,z)\mathrm{d}x\mathrm{d}y+Q(x,y,z)\mathrm{d}z\mathrm{d}x=\iint\limits_{\Sigma} yQ(x,y,z)\mathrm{d}S.$$

【参考解答】 ①正确. ②错误. 若曲面 Σ 的法向量 $\boldsymbol{n}$ 与 y 轴的正向成锐角，运算式成立.

③ 错误. 记 Σ_1 为上半球面，方程为 $z=\sqrt{1-x^2-y^2}$，取上侧，Σ_2 为下半球面，方程为 $z=-\sqrt{1-x^2-y^2}$，取下侧，上下球面在 xOy 平面的投影都是 D_{xy}: $x^2+y^2\leqslant 1$，于是

$$\begin{aligned}\iint\limits_{\Sigma} z\mathrm{d}x\mathrm{d}y&=\iint\limits_{\Sigma_1} z\mathrm{d}x\mathrm{d}y+\iint\limits_{\Sigma_2} z\mathrm{d}x\mathrm{d}y\\&=\iint\limits_{D_{xy}}\sqrt{1-x^2-y^2}\,\mathrm{d}\sigma-\iint\limits_{D_{xy}}-\sqrt{1-x^2-y^2}\,\mathrm{d}\sigma\\&=2\iint\limits_{D_{xy}}\sqrt{1-x^2-y^2}\,\mathrm{d}\sigma=8\int_0^{\pi/2}\mathrm{d}\theta\int_0^1\sqrt{1-\rho^2}\cdot\rho\mathrm{d}\rho=\frac{4\pi}{3}.\end{aligned}$$

④ 正确. 由于柱面指向外侧的单位法向量可以取为 $\boldsymbol{n}=(x,y,0)=(\cos\alpha,\cos\beta,\cos\gamma)$，又 $(\mathrm{d}y\mathrm{d}z,\mathrm{d}z\mathrm{d}x,\mathrm{d}x\mathrm{d}y)=(\cos\alpha,\cos\beta,\cos\gamma)\mathrm{d}S$，于是有

$$\iint\limits_{\Sigma} P(x,y,z)\mathrm{d}x\mathrm{d}y+Q(x,y,z)\mathrm{d}z\mathrm{d}x=\iint\limits_{\Sigma} yQ(x,y,z)\mathrm{d}S.$$

2. 计算曲面积分 $\iint\limits_{\Sigma} x^2\mathrm{d}y\mathrm{d}z+(2z+1)\mathrm{d}x\mathrm{d}y$，其中曲面 Σ: $z=x^2+y^2(0\leqslant z\leqslant 1)$ 在第Ⅰ卦限部分，方向取下侧.

【参考解答】 曲面 Σ 在 yOz 平面的投影区域为 D_{yz}: $0\leqslant y\leqslant 1,y^2\leqslant z\leqslant 1$，且取前侧，曲面 Σ 在 xOy 平面的投影区域为 D_{xy}: $x^2+y^2\leqslant 1,x\geqslant 0,y\geqslant 0$，可用极坐标变量描述

为 $0\leqslant\theta\leqslant\frac{\pi}{2}$，$0\leqslant\rho\leqslant1$，且取下侧，于是由对坐标的曲面积分的直接计算法，得

$$\begin{aligned}\iint_{\Sigma}x^2\mathrm{d}y\mathrm{d}z+(2z+1)\mathrm{d}x\mathrm{d}y&=\iint_{D_{yz}}(z-y^2)\mathrm{d}y\mathrm{d}z-\iint_{D_{xy}}[2(x^2+y^2)+1]\mathrm{d}x\mathrm{d}y\\&=\int_0^1\mathrm{d}y\int_{y^2}^1(z-y^2)\mathrm{d}z-\int_0^{\pi/2}\mathrm{d}\theta\int_0^1(2\rho^2+1)\cdot\rho\mathrm{d}\rho\\&=\int_0^1\left(\frac{1}{2}-y^2+\frac{y^4}{2}\right)\mathrm{d}y-\frac{\pi}{2}=\frac{4}{15}-\frac{\pi}{2}.\end{aligned}$$

3. 求向量 $\boldsymbol{r}=x\boldsymbol{i}+y\boldsymbol{j}+z\boldsymbol{k}$ 的流量.

(1)穿过圆锥体 $x^2+y^2\leqslant z^2(0\leqslant z\leqslant h)$的外侧表面.(2)穿过该圆锥体的顶面上侧.

【参考解答】 (1) 记圆锥面为 Σ_1：$x^2+y^2=z^2$，D_{xy}：$x^2+y^2\leqslant h^2$，取下侧. 设 $F(x,y,z)=x^2+y^2-z^2=0$，则 Σ_1 指向下侧的法向量平行于$(x,y,-z)$，其单位法向量为 $\boldsymbol{n}=\left(\frac{x}{\sqrt{x^2+y^2+z^2}},\frac{y}{\sqrt{x^2+y^2+z^2}},\frac{-z}{\sqrt{x^2+y^2+z^2}}\right)$，于是流向 Σ_1 下侧的流量为

$$\Phi_1=\oiint_{\Sigma_1}\boldsymbol{r}\cdot\mathrm{d}\boldsymbol{S}=\oiint_{\Sigma_1}\boldsymbol{r}\cdot\boldsymbol{n}\mathrm{d}S=\oiint_{\Sigma}\frac{x^2+y^2-z^2}{\sqrt{x^2+y^2+z^2}}\mathrm{d}S=0.$$

(2) 记圆锥形顶面为 Σ：$z=h$，D_{xy}：$x^2+y^2\leqslant h^2$，取上侧，其单位法向量为 $\boldsymbol{n}=(0,0,1)$，于是穿过该圆锥体的顶面上侧的流量为

$$\Phi_2=\oiint_{\Sigma_1}\boldsymbol{r}\cdot\mathrm{d}\boldsymbol{S}=\oiint_{\Sigma_2}\boldsymbol{r}\cdot\boldsymbol{n}\mathrm{d}S=\oiint_{\Sigma_2}z\mathrm{d}x\mathrm{d}y=\iint_{D_{xy}}h\mathrm{d}\sigma=\pi h^3.$$

4. 把对坐标的曲面积分$\iint_{\Sigma}P(x,y,z)\mathrm{d}y\mathrm{d}z+Q(x,y,z)\mathrm{d}z\mathrm{d}x+R(x,y,z)\mathrm{d}x\mathrm{d}y$ 化成对面积的曲面积分，其中：(1) Σ 是平面 $3x+2y+2\sqrt{3}z=6$ 在第Ⅰ卦限的部分的上侧.

(2) Σ 是抛物面 $z=8-(x^2+y^2)$在 xOy 平面上方的部分的上侧.

【参考解答】 (1) 平面 $3x+2y+2\sqrt{3}z=6$ 指向上侧的单位法向量为 $\boldsymbol{n}=\frac{1}{5}(3,2,2\sqrt{3})$，于是$(\mathrm{d}y\mathrm{d}z,\mathrm{d}z\mathrm{d}x,\mathrm{d}x\mathrm{d}y)=\boldsymbol{n}\mathrm{d}S=\frac{1}{5}(3,2,2\sqrt{3})\mathrm{d}S$，从而有

$$\iint_{\Sigma}P\mathrm{d}y\mathrm{d}z+Q\mathrm{d}z\mathrm{d}x+R\mathrm{d}x\mathrm{d}y=\iint_{\Sigma}(p,Q,R)\cdot\boldsymbol{n}\mathrm{d}S=\iint_{\Sigma}\frac{1}{5}(3P+2Q+2\sqrt{3}R)\mathrm{d}S.$$

(2) 抛物面 $z=8-(x^2+y^2)$指向上侧的单位法向量为

$$\boldsymbol{n}=\frac{1}{\sqrt{1+z_x'^2+z_y'^2}}(-z_x',-z_y',1)=\frac{1}{\sqrt{1+4x^2+4y^2}}(2x,2y,1),$$

于是$(\mathrm{d}y\mathrm{d}z,\mathrm{d}z\mathrm{d}x,\mathrm{d}x\mathrm{d}y)=\boldsymbol{n}\mathrm{d}S=\frac{1}{\sqrt{1+4x^2+4y^2}}(2x,2y,1)\mathrm{d}S$，从而有

$$\iint_{\Sigma}P\mathrm{d}y\mathrm{d}z+Q\mathrm{d}z\mathrm{d}x+R\mathrm{d}x\mathrm{d}y=\iint_{\Sigma}(p,Q,R)\cdot\boldsymbol{n}\mathrm{d}S=\iint_{\Sigma}\frac{2xP+2yQ+R}{\sqrt{1+4x^2+4y^2}}\mathrm{d}S.$$

综合练习

5. 计算$\iint\limits_{\Sigma}\frac{e^z}{\sqrt{x^2+y^2}}dxdy$，其中Σ是由锥面$z=\sqrt{x^2+y^2}$及平面$z=1,z=2$所围成的立体表面的外侧.

【参考解答】 记$\Sigma=\Sigma_1+\Sigma_2+\Sigma_3$，其中$\Sigma_1$：$z=2,D_{xy}$：$x^2+y^2\leqslant4$，即$0\leqslant\theta\leqslant2\pi$，$0\leqslant\rho\leqslant2$，取上侧；$\Sigma_2$：$z=\sqrt{x^2+y^2}$，$D_{xy}$：$1\leqslant x^2+y^2\leqslant4$，即$0\leqslant\theta\leqslant2\pi,1\leqslant\rho\leqslant2$，取下侧；$\Sigma_3$：$z=1,D_{xy}$：$x^2+y^2\leqslant1$，即$0\leqslant\theta\leqslant2\pi,0\leqslant\rho\leqslant1$，取下侧；于是由对坐标的曲面积分的直接计算法，得

$$\iint\limits_{\Sigma_1}\frac{e^z}{\sqrt{x^2+y^2}}dxdy=\iint\limits_{D_{xy}}\frac{e^2d\sigma}{\sqrt{x^2+y^2}}=e^2\int_0^{2\pi}d\theta\int_0^2\frac{1}{\rho}\cdot\rho d\rho=4\pi e^2,$$

$$\iint\limits_{\Sigma_2}\frac{e^z dxdy}{\sqrt{x^2+y^2}}=-\iint\limits_{D_{xy}}\frac{e^{\sqrt{x^2+y^2}}d\sigma}{\sqrt{x^2+y^2}}=-\int_0^{2\pi}d\theta\int_1^2 e^\rho d\rho=2\pi(e-e^2),$$

$$\iint\limits_{\Sigma_3}\frac{e^z}{\sqrt{x^2+y^2}}dxdy=-\iint\limits_{D_{xy}}\frac{e d\sigma}{\sqrt{x^2+y^2}}=-e\int_0^{2\pi}d\theta\int_0^1\frac{1}{\rho}\cdot\rho d\rho=-2\pi e,$$

所以$\iint\limits_{\Sigma}\frac{e^z}{\sqrt{x^2+y^2}}dxdy=\iint\limits_{\Sigma_1+\Sigma_2+\Sigma_3}\frac{e^z}{\sqrt{x^2+y^2}}dxdy=2\pi e^2$.

6. 求向量$\boldsymbol{A}=\boldsymbol{i}+z\boldsymbol{j}+\frac{e^z}{\sqrt{x^2+y^2}}\boldsymbol{k}$穿过由$z=\sqrt{x^2+y^2}$，$z=1$及$z=2$所围成圆台的外侧面(不包括上、下底)的流量.

【参考解答】【法1】 圆台外侧面为Σ：$z=\sqrt{x^2+y^2}$，$dS=\sqrt{2}dxdy$在xOy平面上投影区域为D_{xy}：$1\leqslant x^2+y^2\leqslant4$，即$0\leqslant\theta\leqslant2\pi,1\leqslant\rho\leqslant2$，指向外侧的单位法向量为$\boldsymbol{n}=\frac{1}{\sqrt{2}}\left(\frac{x}{\sqrt{x^2+y^2}},\frac{y}{\sqrt{x^2+y^2}},-1\right)$，于是由对面积的曲面积分的直接计算法，得

$$\Phi=\iint\limits_{\Sigma}A\cdot\boldsymbol{n}dS=\iint\limits_{\Sigma}\frac{1}{\sqrt{2}}\frac{x+yz-e^z}{\sqrt{x^2+y^2}}dS=\frac{1}{\sqrt{2}}\iint\limits_{\Sigma}\frac{-e^z dS}{\sqrt{x^2+y^2}}$$

$$=\iint\limits_{D_{xy}}\frac{-e^{\sqrt{x^2+y^2}}}{\sqrt{x^2+y^2}}d\sigma=\int_0^{2\pi}d\theta\int_1^2 e^\rho d\rho=2\pi(e-e^2).$$

其中积分曲面关于yOz，zOx对称，x,y的奇函数积分为0.

【法2】 圆台外侧面为Σ：$z=\sqrt{x^2+y^2}$，指向外侧的单位法向量为

$$\boldsymbol{n}=\frac{1}{\sqrt{2}}\left(\frac{x}{\sqrt{x^2+y^2}},\frac{y}{\sqrt{x^2+y^2}},-1\right)=(\cos\alpha,\cos\beta,\cos\gamma),$$

由于

$$dydz=\frac{\cos\alpha}{\cos\gamma}dxdy=\frac{-x}{\sqrt{x^2+y^2}}dxdy,$$

$$\mathrm{d}z\,\mathrm{d}x=\frac{\cos\beta}{\cos\gamma}\mathrm{d}x\,\mathrm{d}y=\frac{-y}{\sqrt{x^2+y^2}}\mathrm{d}x\,\mathrm{d}y,$$

所以由两类曲面积分之间的关系和对坐标的曲面积分的直接计算法，得

$$\Phi=\iint_{\Sigma}\boldsymbol{A}\cdot\mathrm{d}\boldsymbol{S}=\iint_{\Sigma}\mathrm{d}y\,\mathrm{d}z+z\,\mathrm{d}z\,\mathrm{d}x+\frac{\mathrm{e}^z\,\mathrm{d}x\,\mathrm{d}y}{\sqrt{x^2+y^2}}=-\iint_{\Sigma}\frac{x+zy-\mathrm{e}^z}{\sqrt{x^2+y^2}}\mathrm{d}x\,\mathrm{d}y$$

$$=\iint_{D_{xy}}\frac{x+y\sqrt{x^2+y^2}-\mathrm{e}^{\sqrt{x^2+y^2}}}{\sqrt{x^2+y^2}}\mathrm{d}\sigma=-\int_0^{2\pi}\mathrm{d}\theta\int_1^2\frac{\mathrm{e}^{\rho}\rho}{\rho}\mathrm{d}\rho=2\pi(\mathrm{e}-\mathrm{e}^2).$$

考研与竞赛练习

1. 设有流速场$\boldsymbol{v}=(0,yz,z^2)$，求穿过曲面$\Sigma$的流量. 这里$\Sigma$为柱面$y^2+z^2=1(z\geqslant0)$被平面$x=0$和$x=1$截下的部分，法向量指向上侧.

【参考解答】【法 1】 由通过曲面的流量计算公式知所求流量为

$$\Phi=\iint_{\Sigma}\boldsymbol{v}\cdot\mathrm{d}\boldsymbol{S}=\iint_{\Sigma}0\,\mathrm{d}y\,\mathrm{d}z+yz\,\mathrm{d}z\,\mathrm{d}x+z^2\,\mathrm{d}x\,\mathrm{d}y=\iint_{\Sigma}yz\,\mathrm{d}z\,\mathrm{d}x+z^2\,\mathrm{d}x\,\mathrm{d}y.$$

记Σ_1: $y=\sqrt{1-z^2}$，取右侧；Σ_2: $y=-\sqrt{1-z^2}$，取右侧；D_{zx}: $0\leqslant x\leqslant1,0\leqslant z\leqslant1$.
于是由对坐标的曲面积分的直接计算法，得

$$\begin{aligned}\Phi_1&=\iint_{\Sigma_1}yz\,\mathrm{d}z\,\mathrm{d}x+\iint_{\Sigma_2}yz\,\mathrm{d}z\,\mathrm{d}x\\&=\iint_{D_{zx}}z\sqrt{1-z^2}\,\mathrm{d}\sigma-\iint_{D_{zx}}z(-\sqrt{1-z^2})\,\mathrm{d}\sigma\\&=2\iint_{D_{zx}}z\sqrt{1-z^2}\,\mathrm{d}\sigma=2\int_0^1\mathrm{d}x\int_0^1z\sqrt{1-z^2}\,\mathrm{d}z\\&=-\int_0^1\sqrt{1-z^2}\,\mathrm{d}(1-z^2)=\frac{2}{3}.\end{aligned}$$

记Σ: $z=\sqrt{1-y^2}$，$0\leqslant x\leqslant1,-1\leqslant y\leqslant1$，取上侧，得

$$\Phi_2=\iint_{\Sigma}z^2\,\mathrm{d}x\,\mathrm{d}y=\iint_{D_{xy}}(1-y^2)\,\mathrm{d}x\,\mathrm{d}y=\int_0^1\mathrm{d}x\int_{-1}^1(1-y^2)\,\mathrm{d}y=\frac{4}{3},$$

所以流过曲面指定侧的流量为$\Phi=\Phi_1+\Phi_2=2$.

【法 2】 直接由定义中的流量计算公式得

$$\Phi=\iint_{\Sigma}\boldsymbol{v}\cdot\mathrm{d}\boldsymbol{S}=\iint_{\Sigma}\boldsymbol{v}\cdot\boldsymbol{n}\,\mathrm{d}S,$$

其中$\boldsymbol{n}$为曲面Σ上单位法向量. 由Σ的方程$y^2+z^2=1$知$\boldsymbol{n}=(0,y,z)$，且曲面Σ可表示为Σ: $z=\sqrt{1-y^2}$，D_{xy}: $0\leqslant x\leqslant1,-1\leqslant y\leqslant1$，其中$\mathrm{d}S=\sqrt{1+z_x'^2+z_y'^2}\,\mathrm{d}\sigma=\dfrac{1}{\sqrt{1-y^2}}\mathrm{d}x\,\mathrm{d}y$.

代入积分式，得

$$\Phi=\iint_{\Sigma}\boldsymbol{v}\cdot\boldsymbol{n}\,\mathrm{d}S=\iint_{\Sigma}(0,yz,z^2)\cdot(0,y,z)\,\mathrm{d}S=\iint_{\Sigma}z(y^2+z^2)\,\mathrm{d}S$$

$$=\iint_{\Sigma} z\,\mathrm{d}S=\iint_{D_{xy}}\sqrt{1-y^2}\frac{1}{\sqrt{1-y^2}}\mathrm{d}\sigma=\iint_{D_{xy}}\mathrm{d}\sigma=2.$$

2. 设 $\Sigma: z=\sqrt{1-x^2-y^2}$，$\gamma$ 是其外法线与 z 轴正向夹成的锐角，计算

$$I=\iint_{\Sigma} z^2\cos\gamma\,\mathrm{d}S.$$

【参考解答】【法 1】 由曲面的方程，可得曲面与 z 轴正向夹成的锐角单位法向量为 $\boldsymbol{n}=(x,y,z)$，且 $\mathrm{d}S=\sqrt{1+z_x'^2+z_y'^2}\mathrm{d}x\mathrm{d}y=\frac{1}{\sqrt{1-x^2-y^2}}\mathrm{d}x\mathrm{d}y$，在 xOy 平面的投影区域为 $D_{xy}: x^2+y^2\leqslant 1$，故由对面积的曲面积分直接计算法，得

$$I=\iint_{\Sigma} z^2\cos\gamma\,\mathrm{d}S=\iint_{D_{xy}}(1-x^2-y^2)^{3/2}\frac{\mathrm{d}x\mathrm{d}y}{\sqrt{1-x^2-y^2}}$$

$$=\iint_{D_{xy}}(1-x^2-y^2)\mathrm{d}x\mathrm{d}y=\int_0^{2\pi}\mathrm{d}\theta\int_0^1(1-\rho^2)\rho\,\mathrm{d}\rho=\frac{\pi}{2}.$$

【法 2】 由两类曲面积分的关系，得

$$I=\iint_{\Sigma} z^2\cos\gamma\,\mathrm{d}S=\iint_{\Sigma} z^2\mathrm{d}x\mathrm{d}y=\iint_{D_{xy}}(1-x^2-y^2)\mathrm{d}x\mathrm{d}y$$

$$=\int_0^{2\pi}\mathrm{d}\theta\int_0^1(1-\rho^2)\rho\,\mathrm{d}\rho=\frac{\pi}{2}.$$

3. 设 $\Sigma: \frac{x^2}{a^2}+\frac{y^2}{b^2}+\frac{z^2}{c^2}=1$ 取外侧，计算 $I=\oiint_{\Sigma}\frac{\mathrm{d}y\mathrm{d}z}{x}+\frac{\mathrm{d}z\mathrm{d}x}{y}+\frac{\mathrm{d}x\mathrm{d}y}{z}$.

【参考解答】【法 1】 由三个被积函数与椭球面方程的结构特征，考察其中一个积分即可得到其余两个积分值. 记 $I_1=\oiint_{\Sigma}\frac{\mathrm{d}x\mathrm{d}y}{z}$. 设 $\Sigma_1: z=c\sqrt{1-\frac{x^2}{a^2}-\frac{y^2}{b^2}}$，取上侧，投影区域为 $D_{xy}: \frac{x^2}{a^2}+\frac{y^2}{b^2}\leqslant 1$. 由于椭球面关于 xOy 平面都对称，$\frac{1}{z}$ 关于 z 为奇函数，由广义极坐标变换，令 $x=a\rho\cos\theta$，$y=b\rho\sin\theta$，得

$$I_1=\oiint_{\Sigma}\frac{\mathrm{d}x\mathrm{d}y}{z}=2\iint_{\Sigma_1}\frac{\mathrm{d}x\mathrm{d}y}{z}=\frac{2}{c}\iint_{D_{xy}}\frac{\mathrm{d}x\mathrm{d}y}{\sqrt{1-\frac{x^2}{a^2}-\frac{y^2}{b^2}}}$$

$$=\frac{2ab}{c}\int_0^{2\pi}\mathrm{d}\theta\int_0^1\frac{\rho}{\sqrt{1-\rho^2}}\mathrm{d}\rho=\frac{4\pi}{c^2}abc.$$

根据以上结果直接可得 $\oiint_{\Sigma}\frac{\mathrm{d}y\mathrm{d}z}{x}=\frac{4\pi}{a^2}abc$，$\oiint_{\Sigma}\frac{\mathrm{d}z\mathrm{d}x}{y}=\frac{4\pi}{b^2}abc$，所以

$$I=4\pi abc\left(\frac{1}{a^2}+\frac{1}{b^2}+\frac{1}{c^2}\right).$$

【法 2】 椭球面上点 (x,y,z) 处的单位法向量为

$$\boldsymbol{n}=\frac{1}{r}\left(\frac{x}{a^2},\frac{y}{b^2},\frac{z}{c^2}\right)=(\cos\alpha,\cos\beta,\cos\gamma),\quad \text{其中 } r=\sqrt{\frac{x^2}{a^4}+\frac{y^2}{b^4}+\frac{z^2}{c^4}}.$$

于是由两类曲面积分之间的关系，有

$$I=\oiint_{\Sigma}\left(\frac{\cos\alpha}{x}+\frac{\cos\beta}{y}+\frac{\cos\gamma}{z}\right)\mathrm{d}S=\left(\frac{1}{a^2}+\frac{1}{b^2}+\frac{1}{c^2}\right)\oiint_{\Sigma}\frac{1}{r}\mathrm{d}S.$$

记上半椭球面 $\Sigma_1: z=c\sqrt{1-\frac{x^2}{a^2}-\frac{y^2}{b^2}}, D_{xy}: \frac{x^2}{a^2}+\frac{y^2}{b^2}\leqslant 1$，则

$$\mathrm{d}S=\sqrt{1+z_x'^2+z_y'^2}\,\mathrm{d}\sigma=c\frac{\sqrt{\frac{x^2}{a^4}+\frac{y^2}{b^4}+\frac{z^2}{c^4}}}{\sqrt{1-\frac{x^2}{a^2}-\frac{y^2}{b^2}}}\mathrm{d}\sigma=\frac{cr\,\mathrm{d}\sigma}{\sqrt{1-\frac{x^2}{a^2}-\frac{y^2}{b^2}}},$$

于是由对面积的曲面积分的直接计算法，得

$$\iint_{\Sigma}\frac{\mathrm{d}S}{r}=2\iint_{\Sigma_1}\frac{\mathrm{d}S}{r}=2\iint_{D}\frac{c\,\mathrm{d}\sigma}{\sqrt{1-\frac{x^2}{a^2}-\frac{y^2}{b^2}}}=2\int_0^{2\pi}\mathrm{d}\theta\int_0^1\frac{abc\rho\,\mathrm{d}\rho}{\sqrt{1-\rho^2}}=4\pi abc.$$

所以 $I=4\pi abc\left(\frac{1}{a^2}+\frac{1}{b^2}+\frac{1}{c^2}\right)$.

4. 计算 $\iint_{\Sigma}\frac{ax\,\mathrm{d}y\mathrm{d}z+(z+a)^2\mathrm{d}x\mathrm{d}y}{(x^2+y^2+z^2)^{1/2}}$，其中 Σ 为下半球面 $z=-\sqrt{a^2-x^2-y^2}$ 的上侧，a 为大于零的常数.

【参考解答】 由积分变量定义在积分曲面上得 $I=\iint_{\Sigma}x\,\mathrm{d}y\mathrm{d}z+\frac{(z+a)^2}{a}\mathrm{d}x\mathrm{d}y$.

【法 1】 直接计算法. 由图形的对称性和被积函数的奇偶性，可得

$$I=2\iint_{\Sigma_1}x\,\mathrm{d}y\mathrm{d}z+\frac{1}{a}\iint_{\Sigma}(z+a)^2\mathrm{d}x\mathrm{d}y=2I_1+\frac{1}{a}I_2,$$

其中 $\Sigma_1: x=\sqrt{a^2-y^2-z^2}\ (z\leqslant 0)$，取方向向后，$D_{yz}: -\sqrt{a^2-y^2}\leqslant z\leqslant 0, -1\leqslant y\leqslant 1$，即 $\pi\leqslant\theta\leqslant 2\pi, 0\leqslant\rho\leqslant a$；$D_{xy}: x^2+y^2\leqslant a^2$，即 $0\leqslant\theta\leqslant 2\pi, 0\leqslant\rho\leqslant a$.

于是由对坐标的曲面积分直接法，得

$$I_1=-\iint_{D}\sqrt{a^2-y^2-z^2}\,\mathrm{d}y\mathrm{d}z=-\int_{\pi}^{2\pi}\mathrm{d}\theta\int_0^a\sqrt{a^2-\rho^2}\,\rho\,\mathrm{d}\rho$$

$$=\frac{1}{2}\int_{\pi}^{2\pi}\mathrm{d}\theta\int_0^a\sqrt{a^2-\rho^2}\,\mathrm{d}(a^2-\rho^2)=\frac{\pi}{3}\left[(a^2-\rho^2)^{3/2}\right]_0^a=-\frac{\pi a^3}{3},$$

$$I_2=\iint_{D}\left(a-\sqrt{a^2-x^2-y^2}\right)^2\mathrm{d}x\mathrm{d}y$$

$$=\int_0^{2\pi}\mathrm{d}\theta\int_0^a\left(2a^2-\rho^2-2a\sqrt{a^2-\rho^2}\right)\rho\,\mathrm{d}\rho$$

$$=2\pi\left[a^2\rho^2-\frac{\rho^4}{4}+\frac{2}{3}a(a^2-\rho^2)^{3/2}\right]_0^a=\frac{\pi a^4}{6}.$$

所以 $I=2I_1+\frac{1}{a}I_2=2\left(-\frac{\pi a^3}{3}\right)+\frac{1}{a}\left(\frac{\pi a^4}{6}\right)=-\frac{\pi a^3}{2}$.

【法 2】 由两类曲面积分之间的关系，转换为同一类型对坐标的曲面积分计算. 与曲面方向一致的法向量 $\boldsymbol{n}=(\cos\alpha,\cos\beta,\cos\gamma)=(x,y,z)$，又 $x^2+y^2+z^z=a^2$，因此有 $\boldsymbol{n}=\left(-\frac{x}{a},-\frac{y}{a},-\frac{z}{a}\right)$. 由面积微元与投影微元的关系可得

$$\mathrm{d}y\mathrm{d}z=\frac{\cos\alpha}{\cos\gamma}\mathrm{d}x\mathrm{d}y=\frac{x}{z}\mathrm{d}x\mathrm{d}y,$$

于是

$$\begin{aligned}I&=\iint_{\Sigma}\left[\frac{x^2}{z}+\frac{(z+a)^2}{a}\right]\mathrm{d}x\mathrm{d}y\\&=\iint_{D}\frac{x^2}{-\sqrt{a^2-x^2-y^2}}\mathrm{d}x\mathrm{d}y+\frac{1}{a}\iint_{D}(a-\sqrt{a^2-x^2-y^2})^2\mathrm{d}x\mathrm{d}y.\end{aligned}$$

其中第二个积分法 1 已经计算出来，为 $I_2=\frac{\pi a^3}{6}$.

$$\begin{aligned}I_1&=\iint_{D}\frac{x^2}{-\sqrt{a^2-x^2-y^2}}\mathrm{d}x\mathrm{d}y=-\frac{1}{2}\iint_{D}\frac{x^2+y^2}{\sqrt{a^2-x^2-y^2}}\mathrm{d}x\mathrm{d}y\\&=-\frac{1}{2}\int_0^{2\pi}\mathrm{d}\theta\int_0^a\frac{\rho^2}{\sqrt{a^2-\rho^2}}\rho\mathrm{d}\rho=\frac{\pi}{2}\int_0^a\frac{\rho^2-a^2+a^2}{\sqrt{a^2-\rho^2}}\mathrm{d}(a^2-\rho^2)\\&=\frac{\pi}{2}\left(-\frac{2}{3}(a^2-\rho^2)^{3/2}+2a^2\sqrt{a^2-\rho^2}\right)\Big|_0^a=-\frac{2}{3}a^3\pi,\end{aligned}$$

所以 $I=-\frac{2\pi a^3}{3}+\frac{\pi a^3}{6}=-\frac{\pi a^3}{2}$.

5. 设 Σ 是球面 $x^2+y^2+z^2=1$ 的外侧，计算 $I=\iint_{\Sigma}\frac{2\mathrm{d}y\mathrm{d}z}{x\cos^2x}+\frac{\mathrm{d}z\mathrm{d}x}{\cos^2y}-\frac{\mathrm{d}x\mathrm{d}y}{z\cos^2z}$.

【参考解答】【法 1】 记 $\Sigma_1: z=\sqrt{1-x^2-y^2}$，$D_{xy}: x^2+y^2\leqslant 1$，取上侧. 由积分曲面关于三个坐标面都对称，被积函数 $\frac{1}{\cos^2y}$ 关于 y 为偶函数，有 $\iint_{\Sigma}\frac{\mathrm{d}z\mathrm{d}x}{\cos^2y}=0$. $\frac{1}{z\cos^2z}$ 关于 z 为奇函数，有 $\iint_{\Sigma}\frac{\mathrm{d}x\mathrm{d}y}{z\cos^2z}=2\iint_{\Sigma_1}\frac{\mathrm{d}x\mathrm{d}y}{z\cos^2z}$. 又积分曲面具有轮换对称性，故 $\iint_{\Sigma}\frac{2\mathrm{d}y\mathrm{d}z}{x\cos^2x}=\iint_{\Sigma}\frac{2\mathrm{d}x\mathrm{d}y}{z\cos^2z}$，因此有

$$\begin{aligned}I&=2\iint_{\Sigma_1}\frac{\mathrm{d}x\mathrm{d}y}{z\cos^2z}=2\iint_{D_{xy}}\frac{\mathrm{d}\sigma}{\sqrt{1-x^2-y^2}\cos^2\sqrt{1-x^2-y^2}}\\&=2\int_0^{2\pi}\mathrm{d}\theta\int_0^1\frac{\rho\mathrm{d}\rho}{\sqrt{1-\rho^2}\cos^2\sqrt{1-\rho^2}}=-4\pi\int_0^1\sec^2\sqrt{1-\rho^2}\,\mathrm{d}\sqrt{1-\rho^2}\\&=-2\pi\tan\sqrt{1-\rho^2}\Big|_0^1=4\pi\tan 1.\end{aligned}$$

【法 2】 球面的外侧单位法向量为 $\boldsymbol{n}=(x,y,z)$，则对坐标的曲面积分可以转换为对面

积的曲面积分，有

$$I=\oiint_{\Sigma}\left(\frac{2}{x\cos^2 x},\frac{1}{\cos^2 y},-\frac{1}{z\cos^2 z}\right)\cdot(x,y,z)\mathrm{d}S$$

$$=\oiint_{\Sigma}\left(\frac{2}{\cos^2 x}+\frac{y}{\cos^2 y}-\frac{1}{\cos^2 z}\right)\mathrm{d}S.$$

由于球面关于三个坐标面都对称，并且具有轮换对称性，故有

$$\oiint_{\Sigma}\frac{y}{\cos^2 y}\mathrm{d}S=0,\quad \oiint_{\Sigma}\frac{\mathrm{d}S}{\cos^2 x}=\oiint_{\Sigma}\frac{\mathrm{d}S}{\cos^2 z},\quad \oiint_{\Sigma}\frac{\mathrm{d}S}{\cos^2 z}=2\oiint_{\Sigma_1}\frac{\mathrm{d}S}{\cos^2 z},$$

其中 $\Sigma_1: z=\sqrt{1-x^2-y^2}$，$D_{xy}: x^2+y^2\leqslant 1$. 由对面积的曲面积分的直接计算法和上面的结果，得

$$I=\oiint_{\Sigma}\frac{1}{\cos^2 z}\mathrm{d}S=2\oiint_{\Sigma_1}\frac{\mathrm{d}S}{\cos^2 z}=2\iint_{D_{xy}}\frac{1}{\cos^2\sqrt{1-x^2-y^2}}\frac{\mathrm{d}x\mathrm{d}y}{\sqrt{1-x^2-y^2}}$$

$$=2\int_0^{2\pi}\mathrm{d}\theta\int_0^1\frac{\rho\mathrm{d}\rho}{\sqrt{1-\rho^2}\cos^2\sqrt{1-\rho^2}}=4\pi\int_0^1\sec^2\theta\mathrm{d}\theta=4\pi\tan 1.$$

6. 设 Σ 为曲面 $z=\sqrt{x^2+y^2}$ $(1\leqslant x^2+y^2\leqslant 4)$ 的下侧，$f(x)$ 为连续函数，计算
$\iint_{\Sigma}[xf(xy)+2x-y]\mathrm{d}y\mathrm{d}z+[yf(xy)+2y+x]\mathrm{d}z\mathrm{d}x+[zf(xy)+z]\mathrm{d}x\mathrm{d}y.$

【参考解答】 曲面 Σ 在 xOy 平面的投影为

$$D_{xy}: 1\leqslant x^2+y^2\leqslant 4\Rightarrow 0\leqslant\theta\leqslant 2\pi, 1\leqslant\rho\leqslant 2.$$

【法 1】 将积分都转换为 $\mathrm{d}x\mathrm{d}y$ 的积分. 由于曲面法向量

$$\boldsymbol{n}=(z'_x,z'_y,-1)=\left(\frac{x}{\sqrt{x^2+y^2}},\frac{y}{\sqrt{x^2+y^2}},-1\right),$$

于是有 $\mathrm{d}y\mathrm{d}z=-\dfrac{x}{\sqrt{x^2+y^2}}\mathrm{d}x\mathrm{d}y$，$\mathrm{d}z\mathrm{d}x=-\dfrac{y}{\sqrt{x^2+y^2}}\mathrm{d}x\mathrm{d}y$，代入积分表达式得

$$I=\iint_{\Sigma}\left\{[xf(xy)+2x-y]\left(\frac{-x}{\sqrt{x^2+y^2}}\right)+\right.$$

$$\left.[yf(xy)+2y+x]\left(\frac{-y}{\sqrt{x^2+y^2}}\right)+[zf(xy)+z]\right\}\mathrm{d}x\mathrm{d}y$$

$$=\iint_{\Sigma}\{\sqrt{x^2+y^2}[-2-f(xy)]+z[f(xy)+1]\}\mathrm{d}x\mathrm{d}y$$

$$=-\iint_{D_{xy}}\{\sqrt{x^2+y^2}[-2-f(xy)]+\sqrt{x^2+y^2}[f(xy)+1]\}\mathrm{d}\sigma$$

$$=\iint_{D_{xy}}\sqrt{x^2+y^2}\mathrm{d}\sigma=\int_0^{2\pi}\mathrm{d}\theta\int_1^2\rho^2\mathrm{d}\rho=\frac{14\pi}{3}.$$

【法 2】 将对坐标的曲面积分转换为对面积的曲面积分. 曲面指向下侧的单位法向量为

$$\boldsymbol{n}=\frac{1}{\sqrt{1+z_x'^2+z_y'^2}}(z_x',z_y',-1)=\frac{1}{\sqrt{2}}\left(\frac{x}{\sqrt{x^2+y^2}},\frac{y}{\sqrt{x^2+y^2}},-1\right).$$

于是由两类曲面积分之间的关系$(\mathrm{d}y\mathrm{d}z,\mathrm{d}z\mathrm{d}x,\mathrm{d}x\mathrm{d}y)=\boldsymbol{n}\mathrm{d}S$，得

$$\begin{aligned}I&=\iint_{\Sigma}\left\{\frac{x}{\sqrt{2}\sqrt{x^2+y^2}}[xf(xy)+2x-y]+\right.\\&\quad\left.\frac{y}{\sqrt{2}\sqrt{x^2+y^2}}[yf(xy)+2y+x]-\frac{1}{\sqrt{2}}[zf(xy)+z]\right\}\mathrm{d}S\\&=\frac{1}{\sqrt{2}}\iint_{\Sigma}[f(xy)(\sqrt{x^2+y^2}-z)+2\sqrt{x^2+y^2}-z]\mathrm{d}S\\&=\frac{1}{\sqrt{2}}\iint_{\Sigma}\sqrt{x^2+y^2}\,\mathrm{d}S=\iint_{D_{xy}}\sqrt{x^2+y^2}\,\mathrm{d}\sigma=\int_0^{2\pi}\mathrm{d}\theta\int_1^2\rho^2\mathrm{d}\rho=\frac{14\pi}{3},\end{aligned}$$

其中，$\mathrm{d}S=\sqrt{1+z_x'^2+z_y'^2}\,\mathrm{d}x\mathrm{d}y=\sqrt{2}\,\mathrm{d}x\mathrm{d}y$.

练习 68 高斯公式 散度

训练目的

1. 理解高斯公式(特别注意高斯公式成立的条件)，了解向量场中的高斯公式.
2. 掌握利用高斯公式计算曲面积分的方法.
3. 了解向量场散度和无源场的概念，了解散度与流量的关系.

基础练习

1. 已知Σ是由平面$x=0,y=0,z=0,x=a,y=a,z=a$所围成的立体的表面的外侧.计算下列曲面积分.

(1) $\iint_{\Sigma}yz\mathrm{d}y\mathrm{d}z+xz\mathrm{d}z\mathrm{d}x+xy\mathrm{d}x\mathrm{d}y$.　　(2) $\iint_{\Sigma}x^2\mathrm{d}y\mathrm{d}z+y^2\mathrm{d}z\mathrm{d}x+z^2\mathrm{d}x\mathrm{d}y$.

【参考解答】 设Σ包围的有界区域为Ω，则

(1) 由于$\frac{\partial P}{\partial x}+\frac{\partial Q}{\partial y}+\frac{\partial R}{\partial z}=0$，由高斯公式得

$$\iint_{\Sigma}yz\mathrm{d}y\mathrm{d}z+xz\mathrm{d}z\mathrm{d}x+xy\mathrm{d}x\mathrm{d}y=\iiint_{\Omega}0\mathrm{d}V=0.$$

(2) 由于$\frac{\partial P}{\partial x}+\frac{\partial Q}{\partial y}+\frac{\partial R}{\partial z}=2x+2y+2z$，由高斯公式并由积分区域的轮换对称性，得

$$\begin{aligned}&\iint_{\Sigma}x^2\mathrm{d}y\mathrm{d}z+y^2\mathrm{d}z\mathrm{d}x+z^2\mathrm{d}x\mathrm{d}y\\&=2\iiint_{\Omega}(x+y+z)\mathrm{d}V=6\iiint_{\Omega}z\mathrm{d}V=6\int_0^a\mathrm{d}x\int_0^a\mathrm{d}y\int_0^a z\mathrm{d}z=3a^4.\end{aligned}$$

【注】 利用立体的形心公式，有

$$\iiint_{\Omega} z\mathrm{d}V=\bar{x}\cdot V_{\Omega}=\frac{a}{2}\cdot a^3=\frac{a^4}{2}.$$

2. 计算$\iint_{\Sigma} xz\mathrm{d}y\mathrm{d}z+yz\mathrm{d}z\mathrm{d}x+z\sqrt{x^2+y^2}\mathrm{d}x\mathrm{d}y$，其中 Σ 是球面 $x^2+y^2+z^2=a^2$，$x^2+y^2+z^2=4a^2$ 及上半锥面 $x^2+y^2=z^2$ 所围成的含 z 轴上半轴的立体表面的外侧.

【参考解答】 记 $P=xz,Q=yz,R=z\sqrt{x^2+y^2}$，$\Sigma$ 包围的有界区域为 Ω，所求的曲面积分为 I，则由高斯公式，并由三重积分的球坐标计算方法，得

$$I=\iiint_{\Omega}\left(\frac{\partial P}{\partial x}+\frac{\partial Q}{\partial y}+\frac{\partial R}{\partial z}\right)\mathrm{d}V=\iiint_{\Omega}(z+z+\sqrt{x^2+y^2})\mathrm{d}V$$

$$=\int_0^{2\pi}\mathrm{d}\theta\int_0^{\pi/4}\sin\varphi\mathrm{d}\varphi\int_a^{2a}(2r\cos\varphi+r\sin\varphi)r^2\mathrm{d}r=\frac{15}{8}\pi a^4\left(1+\frac{\pi}{2}\right).$$

3. 计算曲面积分$\iint_{\Sigma} x^3\mathrm{d}y\mathrm{d}z+y^3\mathrm{d}z\mathrm{d}x+z^3\mathrm{d}x\mathrm{d}y$，其中 Σ 是曲面 $z=x^2+y^2$ 介于平面 $z=4,z=1$ 之间部分的下侧.

【参考解答】 积分曲面不是封闭曲面，如图所示，补平面块：

$$\Sigma_1:\ z=1,x^2+y^2\leqslant 1,\text{取下侧},$$

$$\Sigma_2:\ z=4,x^2+y^2\leqslant 4,\text{取上侧},$$

则在封闭曲面 $\Sigma+\Sigma_1+\Sigma_2$ 及所围区域 Ω 上应用高斯公式，得

$$I=\left(\oiint_{\Sigma+\Sigma_1+\Sigma_2}-\iint_{\Sigma_1}-\iint_{\Sigma_2}\right)x^3\mathrm{d}y\mathrm{d}z+y^3\mathrm{d}z\mathrm{d}x+z^3\mathrm{d}x\mathrm{d}y$$

$$=3\iiint_{\Omega}(x^2+y^2+z^2)\mathrm{d}V-\iint_{\Sigma_1}1^3\cdot\mathrm{d}x\mathrm{d}y-\iint_{\Sigma_2}4^3\cdot\mathrm{d}x\mathrm{d}y$$

$$=3\int_1^4\mathrm{d}z\int_0^{2\pi}\mathrm{d}\theta\int_0^{\sqrt{z}}(\rho^2+z^2)\rho\mathrm{d}\rho+\iint_{D_1}\mathrm{d}x\mathrm{d}y-64\iint_{D_2}\mathrm{d}x\mathrm{d}y$$

$$=\frac{891}{4}\pi+\pi-128\pi=\frac{383\pi}{2}.$$

第 3 题图

其中 $D_1:x^2+y^2\leqslant 1,D_2:x^2+y^2\leqslant 4$.

4. 已知向量场 $\boldsymbol{F}=(z^2-x)\boldsymbol{i}-xy\boldsymbol{j}+3z\boldsymbol{k}$，(1)求向量场 $\boldsymbol{F}$ 的散度；(2)求向量场 $\boldsymbol{F}$ 通过曲面 Σ 的流量，其中 Σ 为由曲面 $z=4-y^2$ 与平面 $x=0,x=3,z=0$ 所围成区域 Ω 的表面.

【参考解答】 (1) 向量场 $\boldsymbol{F}=(P,Q,R)=((z^2-x),-xy,3z)$的散度为

$$\mathrm{div}\boldsymbol{F}=\frac{\partial P}{\partial x}+\frac{\partial Q}{\partial y}+\frac{\partial R}{\partial z}=-1-x+3=2-x.$$

(2) 通过 Σ 的流量为

$$\Phi=\oiint_{\Sigma}\boldsymbol{F}\cdot\mathrm{d}\boldsymbol{S}=\iiint_{\Omega}\mathrm{div}\boldsymbol{F}\mathrm{d}V=\iiint_{\Omega}(2-x)\mathrm{d}V$$

$$=\int_0^3(2-x)\mathrm{d}x\int_{-2}^2\mathrm{d}y\int_0^{4-y^2}\mathrm{d}z=16.$$

5. 设数量场 $u=\ln\sqrt{x^2+y^2+z^2}$，求 $\mathrm{div}(\mathrm{grad}u)$.

【参考解答】 令 $r=x^2+y^2+z^2$，则 $u=\frac{1}{2}\ln r$，由梯度计算公式，得

$$\mathrm{grad}u=\left(\frac{\partial u}{\partial x},\frac{\partial u}{\partial y},\frac{\partial u}{\partial z}\right)=\left(\frac{x}{r},\frac{y}{r},\frac{z}{r}\right),$$

由散度计算公式，得

$$\begin{aligned}\mathrm{div}(\mathrm{grad}u)&=\frac{\partial}{\partial x}\left(\frac{\partial u}{\partial x}\right)+\frac{\partial u}{\partial y}\left(\frac{\partial u}{\partial y}\right)+\frac{\partial u}{\partial z}\left(\frac{\partial u}{\partial z}\right)\\&=\left(\frac{1}{r}-\frac{2x^2}{r^2}\right)+\left(\frac{1}{r}-\frac{2y^2}{r^2}\right)+\left(\frac{1}{r}-\frac{2z^2}{r^2}\right)=\frac{3}{r}-\frac{2(x^2+y^2+z^2)}{r^2}\\&=\frac{3}{r}-\frac{2}{r}=\frac{1}{r}=\frac{1}{x^2+y^2+z^2}.\end{aligned}$$

6. 证明：由曲面 Σ 所包围的立体的体积等于

$$V=\frac{1}{3}\iint_{\Sigma}(x\cos\alpha+y\cos\beta+z\cos\gamma)\mathrm{d}S,$$

其中 $\cos\alpha,\cos\beta,\cos\gamma$ 是曲面 Σ 的外法线向量的方向余弦.

【参考证明】 由两类曲面积分之间的联系及高斯公式有

$$\begin{aligned}\iint_{\Sigma}(x\cos\alpha+y\cos\beta+z\cos\gamma)\mathrm{d}S&=\iint_{\Sigma}x\mathrm{d}z\mathrm{d}x+y\mathrm{d}z\mathrm{d}x+z\mathrm{d}x\mathrm{d}y\\&=\iiint_{\Omega}\left(\frac{\partial P}{\partial x}+\frac{\partial Q}{\partial y}+\frac{\partial R}{\partial z}\right)\mathrm{d}V=3\iiint_{\Omega}\mathrm{d}V=3V,\end{aligned}$$

即 $V=\frac{1}{3}\iint_{\Sigma}(x\cos\alpha+y\cos\beta+z\cos\gamma)\mathrm{d}S$.

综合练习

7. 计算 $I=\iint_{\Sigma}[(z^n-y^n)\cos\alpha+(x^n-z^n)\cos\beta+(y^n-x^n)\cos\gamma]\mathrm{d}S$，其中 Σ 是上半球面 $x^2+y^2+z^2=a^2(z\geqslant0)$，$\alpha,\beta,\gamma$ 为球面外法线向量的方向角.

【参考解答】 作辅助平面块 Σ_1：$z=0,x^2+y^2\leqslant a^2$，取下侧，则利用两类曲面积分之间的关系、对坐标的曲面积分的直接计算法和高斯公式，得

$$\begin{aligned}I&=\iint_{\Sigma}(z^n-y^n)\mathrm{d}y\mathrm{d}z+(x^n-z^n)\mathrm{d}z\mathrm{d}x+(y^n-x^n)\mathrm{d}x\mathrm{d}y\\&=\oiint_{\Sigma+\Sigma_1}-\iint_{\Sigma}(z^n-y^n)\mathrm{d}y\mathrm{d}z+(x^n-z^n)\mathrm{d}z\mathrm{d}x+(y^n-x^n)\mathrm{d}x\mathrm{d}y\\&=\iiint_{\Omega}\left(\frac{\partial P}{\partial x}+\frac{\partial Q}{\partial y}+\frac{\partial R}{\partial z}\right)\mathrm{d}V-\iint_{\Sigma}(y^n-x^n)\mathrm{d}x\mathrm{d}y\end{aligned}$$

$$=\iiint\limits_{\Omega} 0\mathrm{d}V+\iint\limits_{x^2+y^2\leqslant a^2}(y^n-x^n)\mathrm{d}\sigma=0.$$

上式二重积分由于积分区域关于 x,y 坐标对称，得

$$\iint\limits_{x^2+y^2\leqslant a^2} y^n\mathrm{d}\sigma=\iint\limits_{x^2+y^2\leqslant a^2} x^n\mathrm{d}\sigma\Rightarrow\iint\limits_{x^2+y^2\leqslant a^2}(y^n-x^n)\mathrm{d}\sigma=0.$$

即所求积分 $I=0$.

8. 设 Ω 是一空间区域，Σ 是区域 Ω 的边界曲面，函数 $u(x,y,z)$，$v(x,y,z)$ 在区域 Ω 上有连续的二阶偏导数，求证：

$$\iiint\limits_{\Omega} u\Delta v\mathrm{d}V=\oint\!\!\!\oint\limits_{\Sigma} u\frac{\partial v}{\partial \boldsymbol{n}}\mathrm{d}S-\iiint\limits_{\Omega}\left(\frac{\partial u}{\partial x}\frac{\partial v}{\partial x}+\frac{\partial u}{\partial y}\frac{\partial v}{\partial y}+\frac{\partial u}{\partial z}\frac{\partial v}{\partial z}\right)\mathrm{d}V,$$

其中 $\Delta v=\dfrac{\partial^2 v}{\partial x^2}+\dfrac{\partial^2 v}{\partial y^2}+\dfrac{\partial^2 v}{\partial z^2}$，$\dfrac{\partial v}{\partial \boldsymbol{n}}$ 代表 v 沿 Σ 的外法线方向 $\boldsymbol{n}$ 的方向导数.

【参考证明】 设曲面的外法线方向 $\boldsymbol{n}$ 与坐标轴夹角分别为 α,β,γ，则

$$\frac{\partial v}{\partial \boldsymbol{n}}=\frac{\partial v}{\partial x}\cos\alpha+\frac{\partial v}{\partial y}\cos\beta+\frac{\partial v}{\partial z}\cos\gamma.$$

于是由高斯公式，得

$$\begin{aligned}\oint\!\!\!\oint\limits_{\Sigma} u\frac{\partial v}{\partial \boldsymbol{n}}\mathrm{d}S&=\oint\!\!\!\oint\limits_{\Sigma} u\left(\frac{\partial v}{\partial x}\cos\alpha+\frac{\partial v}{\partial y}\cos\beta+\frac{\partial v}{\partial z}\cos\gamma\right)\mathrm{d}S\\&=\oint\!\!\!\oint\limits_{\Sigma} u\frac{\partial v}{\partial x}\mathrm{d}y\mathrm{d}z+u\frac{\partial v}{\partial y}\mathrm{d}z\mathrm{d}x+u\frac{\partial v}{\partial z}\mathrm{d}x\mathrm{d}y\\&=\iiint\limits_{\Omega}\left[\frac{\partial}{\partial x}\left(u\frac{\partial v}{\partial x}\right)+\frac{\partial}{\partial y}\left(u\frac{\partial v}{\partial y}\right)+\frac{\partial}{\partial z}\left(u\frac{\partial v}{\partial z}\right)\right]\mathrm{d}V\\&=\iiint\limits_{\Omega}\left[\left(\frac{\partial u}{\partial x}\frac{\partial v}{\partial x}+\frac{\partial u}{\partial y}\frac{\partial v}{\partial y}+\frac{\partial u}{\partial z}\frac{\partial v}{\partial z}\right)+u\left(\frac{\partial^2 v}{\partial x^2}+\frac{\partial^2 v}{\partial y^2}+\frac{\partial^2 v}{\partial z^2}\right)\right]\mathrm{d}V\\&=\iiint\limits_{\Omega}\left(\frac{\partial u}{\partial x}\frac{\partial v}{\partial x}+\frac{\partial u}{\partial y}\frac{\partial v}{\partial y}+\frac{\partial u}{\partial z}\frac{\partial v}{\partial z}\right)\mathrm{d}V+\iiint\limits_{\Omega} u\Delta v\mathrm{d}V,\end{aligned}$$

移项即得结论.

9. 计算曲面积分 $I=\oint\!\!\!\oint\limits_{\Sigma}\dfrac{x\mathrm{d}y\mathrm{d}z+y\mathrm{d}z\mathrm{d}x+z\mathrm{d}x\mathrm{d}y}{(x^2+y^2+z^2)^{3/2}}$，其中 Σ 是不经过原点的光滑或分片光滑的有向闭曲面，方向指向外侧.

【参考解答】 设 $r=\sqrt{x^2+y^2+z^2}$，$P=\dfrac{x}{r^3}$，$Q=\dfrac{y}{r^3}$，$R=\dfrac{z}{r^3}$，当 $(x,y,z)\neq(0,0,0)$ 时，有

$$\frac{\partial P}{\partial x}=\frac{1}{r^3}-\frac{3x^2}{r^5},\quad \frac{\partial Q}{\partial y}=\frac{1}{r^3}-\frac{3y^2}{r^5},\quad \frac{\partial R}{\partial z}=\frac{1}{r^3}-\frac{3z^2}{r^5},$$

于是 $\dfrac{\partial P}{\partial x}+\dfrac{\partial Q}{\partial y}+\dfrac{\partial R}{\partial z}=0$. 记封闭曲面 Σ 围成的空间区域为 Ω，于是当 $(0,0,0)\notin\Omega$ 时，由高斯

公式得 $I=0$.

当 $(0,0,0)\in\Omega$ 时，在封闭曲面 Σ 内作小球面 Σ_0：$x^2+y^2+z^2=\varepsilon^2$，取内侧，介于 Σ，Σ_0 之间的空间区域为 Ω'，于是在 Ω' 上满足高斯公式，即有

$$\iint\limits_{\Sigma+\Sigma_0}\frac{x\,\mathrm{d}y\,\mathrm{d}z+y\,\mathrm{d}z\,\mathrm{d}x+z\,\mathrm{d}x\,\mathrm{d}y}{(x^2+y^2+z^2)^{3/2}}=\iiint\limits_{\Omega'}0\,\mathrm{d}V=0.$$

从而由被积函数定义在积分曲面上和高斯公式，得

$$\begin{aligned}I&=\iint\limits_{\Sigma}\frac{x\,\mathrm{d}y\,\mathrm{d}z+y\,\mathrm{d}z\,\mathrm{d}x+z\,\mathrm{d}x\,\mathrm{d}y}{(x^2+y^2+z^2)^{3/2}}=-\iint\limits_{\Sigma_0}\frac{x\,\mathrm{d}y\,\mathrm{d}z+y\,\mathrm{d}z\,\mathrm{d}x+z\,\mathrm{d}x\,\mathrm{d}y}{(x^2+y^2+z^2)^{3/2}}\\&=-\frac{1}{\varepsilon^3}\iint\limits_{\Sigma_0}x\,\mathrm{d}y\,\mathrm{d}z+y\,\mathrm{d}z\,\mathrm{d}x+z\,\mathrm{d}x\,\mathrm{d}y\\&=\frac{3}{\varepsilon^3}\iiint\limits_{\Omega}\mathrm{d}V=\frac{3}{\varepsilon^3}\cdot\frac{4\pi\varepsilon^3}{3}=4\pi.\end{aligned}$$

10. 利用高斯公式推证阿基米德原理：浸没在液体中的物体所受液体压力的合力（即浮力）的方向铅直向上，大小等于此物体所排开的液体所受的重力.

【参考解答】 取水平面为 xOy 平面，z 轴垂直向下，设液体密度为 ρ，物体 Ω 由封闭曲面 Σ 围成，Σ 上的有向面积微元为 $\mathrm{d}\boldsymbol{S}$（指向表面外侧），则在 $\mathrm{d}\boldsymbol{S}$ 上对应的压力为

$$\mathrm{d}\boldsymbol{P}=-\rho z\,\mathrm{d}\boldsymbol{S}=(-\rho z\,\mathrm{d}y\,\mathrm{d}z,-\rho z\,\mathrm{d}z\,\mathrm{d}x,-\rho z\,\mathrm{d}x\,\mathrm{d}y)=(\mathrm{d}F_x,\mathrm{d}F_y,\mathrm{d}F_z),$$

于是由高斯公式得

$$F_x=\oiint\limits_{\Sigma}-\rho z\,\mathrm{d}y\,\mathrm{d}z=\iiint\limits_{\Omega}0\,\mathrm{d}V=0,\quad F_y=\oiint\limits_{\Sigma}-\rho z\,\mathrm{d}z\,\mathrm{d}x=\iiint\limits_{\Omega}0\,\mathrm{d}V=0,$$

$$F_z=\oiint\limits_{\Sigma}-\rho z\,\mathrm{d}x\,\mathrm{d}y=\iiint\limits_{\Omega}-\rho\,\mathrm{d}V=-\rho V,$$

其中 V 为物体的体积. 所以在液体中的物体所受液体压力的合力方向铅直向上，大小等于该物体所排开水的重力.

考研与竞赛练习

1. 计算 $\iint\limits_{\Sigma}-y\,\mathrm{d}z\,\mathrm{d}x+(z+1)\,\mathrm{d}x\,\mathrm{d}y$，其中 Σ 是圆柱面 $x^2+y^2=4$ 被平面 $x+z=2$ 和 $z=0$ 所截出部分的外侧.

【参考解答】 【法 1】 利用高斯公式计算. 如图所示，记 Σ_1：$x+z=2,x^2+y^2\leqslant 4$，取上侧；Σ_2：$z=0,x^2+y^2\leqslant 4$，取下侧. Σ,Σ_1,Σ_2 围成空间区域记为 Ω，并记 $Q=-y,R=z+1$，则由高斯公式，得

第 1 题图

$$\begin{aligned}\iint\limits_{\Sigma}-y\,\mathrm{d}z\,\mathrm{d}x+(z+1)\,\mathrm{d}x\,\mathrm{d}y&=\left(\oiint\limits_{\Sigma+\Sigma_1+\Sigma_2}-\iint\limits_{\Sigma_1}-\iint\limits_{\Sigma_2}\right)-y\,\mathrm{d}z\,\mathrm{d}x+(z+1)\,\mathrm{d}x\,\mathrm{d}y\\&=\iiint\limits_{\Omega}\left(\frac{\partial Q}{\partial y}+\frac{\partial R}{\partial z}\right)\mathrm{d}V-\iint\limits_{\Sigma_1}(z+1)\,\mathrm{d}x\,\mathrm{d}y-\iint\limits_{\Sigma_2}(z+1)\,\mathrm{d}x\,\mathrm{d}y\end{aligned}$$

$$=\iiint\limits_{\Omega}(-1+1)\mathrm{d}V-\iint\limits_{D_{xy}}(2-x+1)\mathrm{d}x\mathrm{d}y+\iint\limits_{D_{xy}}(0+1)\mathrm{d}x\mathrm{d}y$$

$$=0+\iint\limits_{D_{xy}}(x-2)\mathrm{d}x\mathrm{d}y=-8\pi.$$

【法 2】 记 Σ'：$y=\sqrt{4-x^2}$，D_{zx}：$-2\leqslant x\leqslant 2,0\leqslant z\leqslant 2-x$，取右侧，由对坐标的曲面积分的直接计算法和对坐标的曲面积分偶零奇倍的计算性质，得

$$\iint\limits_{\Sigma}-y\mathrm{d}z\mathrm{d}x+(z+1)\mathrm{d}x\mathrm{d}y=-2\iint\limits_{\Sigma'}y\mathrm{d}z\mathrm{d}x$$

$$=-2\iint\limits_{D_{zx}}\sqrt{4-x^2}\,\mathrm{d}\sigma=-2\int_{-2}^{2}\sqrt{4-x^2}\,\mathrm{d}x\int_{0}^{2-x}\mathrm{d}z$$

$$=-4\int_{-2}^{2}\sqrt{4-x^2}\,\mathrm{d}x+2\int_{-2}^{2}x\sqrt{4-x^2}\,\mathrm{d}x=-8\pi+0=-8\pi.$$

2. 计算曲面积分$\oint\!\!\!\oint\limits_{S}\dfrac{x\mathrm{d}y\mathrm{d}z+z^2\mathrm{d}x\mathrm{d}y}{x^2+y^2+z^2}$，其中 S 是由曲面 $x^2+y^2=R^2$ 及两平面 $z=R$，$z=-R(R>0)$所围成立体表面的外侧.

【参考解答】【法 1】 记 $P=\dfrac{x}{x^2+y^2+z^2}$，$Q=0$，$R=\dfrac{z^2}{x^2+y^2+z^2}$，则在$(x,y,z)\neq(0,0,0)$处有

$$\frac{\partial P}{\partial x}+\frac{\partial Q}{\partial y}+\frac{\partial R}{\partial z}=\frac{y^2+z^2-x^2+2z(x^2+y^2)}{(x^2+y^2+z^2)^2}.$$

作辅助球面 Σ：$x^2+y^2+z^2=R^2$，方向指向内侧，记 Σ 与 S 围成空间区域为 Ω，则 Ω 关于坐标面都对称，也关于坐标 x,y 具有轮换对称性，于是由高斯公式，得

$$I_1=\oint\!\!\!\oint\limits_{S+\Sigma}\frac{x\mathrm{d}y\mathrm{d}z+z^2\mathrm{d}x\mathrm{d}y}{x^2+y^2+z^2}=\iiint\limits_{\Omega}\frac{y^2+z^2-x^2+2z(x^2+y^2)}{(x^2+y^2+z^2)^2}\mathrm{d}V$$

$$=\iiint\limits_{\Omega}\frac{z^2}{(x^2+y^2+z^2)^2}\mathrm{d}V=2\int_{0}^{R}z^2\mathrm{d}z\iint\limits_{R^2-z^2\leqslant x^2+y^2\leqslant R^2}\frac{\mathrm{d}x\mathrm{d}y}{(x^2+y^2+z^2)^2}$$

$$=2\int_{0}^{R}z^2\mathrm{d}z\int_{0}^{2\pi}\mathrm{d}\theta\int_{\sqrt{R^2-z^2}}^{R}\frac{\rho}{(\rho^2+z^2)^2}\mathrm{d}\rho$$

$$=4\pi\int_{0}^{R}z^2\left(\frac{1}{2R^2}-\frac{1}{2(R^2+z^2)}\right)\mathrm{d}z=\frac{\pi}{6}(3\pi-8)R.$$

对于 Σ 上的积分，同样应用高斯公式可得

$$I_2=\oint\!\!\!\oint\limits_{\Sigma}\frac{x\mathrm{d}y\mathrm{d}z+z^2\mathrm{d}x\mathrm{d}y}{x^2+y^2+z^2}=\frac{1}{R^2}\oint\!\!\!\oint\limits_{\Sigma}x\mathrm{d}y\mathrm{d}z+z^2\mathrm{d}x\mathrm{d}y$$

$$=-\frac{1}{R^2}\iiint\limits_{\Omega}(1+2z)\mathrm{d}V=-\frac{1}{R^2}\cdot\frac{4\pi}{3}R^3=-\frac{4\pi R}{3},$$

于是$\oint\!\!\!\oint\limits_{S}\dfrac{x\mathrm{d}y\mathrm{d}z+z^2\mathrm{d}x\mathrm{d}y}{x^2+y^2+z^2}=I_1-I_2=\dfrac{\pi^2}{2}R.$

【注】（1）不能直接用高斯公式.（2）由于 Ω 关于坐标 x,y 具有轮换对称性，因此有

$$\iiint_{\Omega}\frac{y^2}{(x^2+y^2+z^2)^2}\mathrm{d}V=\iiint_{\Omega}\frac{x^2}{(x^2+y^2+z^2)^2}\mathrm{d}V.$$

（3）由于 Ω 关于坐标面 xOy 对称，因此有

$$\iiint_{\Omega}\frac{2z(x^2+y^2)}{(x^2+y^2+z^2)^2}\mathrm{d}V=0.$$

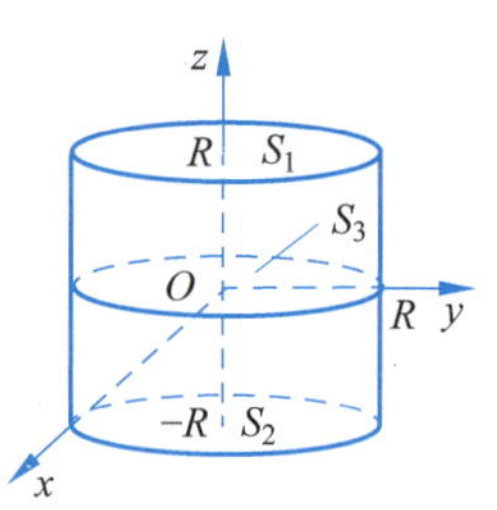

第 2 题图

【法 2】 如图所示. 记曲面的四个部分分别为：S_1：$z=R$，D_{xy}：$x^2+y^2\leqslant R^2$，取上侧；S_2：$z=-R$，D_{xy}：$x^2+y^2\leqslant R^2$，取下侧；S_3：$x=\sqrt{R^2-y^2}$，D_{yz}：$|y|\leqslant R$，$|z|\leqslant R$，取右侧；S_4：$x=-\sqrt{R^2-y^2}$，D_{yz}：$|y|\leqslant R$，$|z|\leqslant R$，取左侧. 则由曲面积分的直接计算法，得

$$I_1=\iint_{S_1}\frac{x\mathrm{d}y\mathrm{d}z+z^2\mathrm{d}x\mathrm{d}y}{x^2+y^2+z^2}=\iint_{S_1}\frac{R^2\mathrm{d}x\mathrm{d}y}{x^2+y^2+R^2}=\iint_{D_{xy}}\frac{R^2\mathrm{d}x\mathrm{d}y}{x^2+y^2+R^2},$$

$$I_2=\iint_{S_2}\frac{x\mathrm{d}y\mathrm{d}z+z^2\mathrm{d}x\mathrm{d}y}{x^2+y^2+z^2}=\iint_{S_1}\frac{R^2\mathrm{d}x\mathrm{d}y}{x^2+y^2+R^2}=\iint_{D_{xy}}\frac{-R^2\mathrm{d}x\mathrm{d}y}{x^2+y^2+R^2},$$

于是 $I_1+I_2=0$.

$$I_3=\iint_{S_3}\frac{x\mathrm{d}y\mathrm{d}z+z^2\mathrm{d}x\mathrm{d}y}{x^2+y^2+z^2}=\iint_{S_3}\frac{\sqrt{R^2-y^2}\mathrm{d}y\mathrm{d}z}{R^2+z^2}=\iint_{D_{yz}}\frac{\sqrt{R^2-y^2}\mathrm{d}y\mathrm{d}z}{R^2+z^2}$$

$$=\int_{-R}^{R}\sqrt{R^2-y^2}\mathrm{d}y\int_{-R}^{R}\frac{\mathrm{d}z}{R^2+z^2}=\frac{\pi}{2}R^2\cdot\frac{1}{R}\arctan\frac{z}{R}\Big|_{-R}^{R}=\frac{\pi^2}{4},$$

$$I_4=\iint_{S_4}\frac{x\mathrm{d}y\mathrm{d}z+z^2\mathrm{d}x\mathrm{d}y}{x^2+y^2+z^2}=\iint_{S_4}\frac{-\sqrt{R^2-y^2}\mathrm{d}y\mathrm{d}z}{R^2+z^2}=\iint_{D_{yz}}\frac{\sqrt{R^2-y^2}\mathrm{d}y\mathrm{d}z}{R^2+z^2}$$

$$=\int_{-R}^{R}\sqrt{R^2-y^2}\mathrm{d}y\int_{-R}^{R}\frac{\mathrm{d}z}{R^2+z^2}=\frac{\pi}{2}R^2\cdot\frac{1}{R}\arctan\frac{z}{R}\Big|_{-R}^{R}=\frac{\pi^2}{4},$$

于是 $I_3+I_3=\frac{\pi^2R}{2}$. 所求曲面积分

$$\oiint_{S}\frac{x\mathrm{d}y\mathrm{d}z+z^2\mathrm{d}x\mathrm{d}y}{x^2+y^2+z^2}=I_1+I_2+I_3+I_4=\frac{\pi^2R}{2}.$$

3. 设 Σ 是曲面 $1-\frac{z}{5}=\frac{(x-2)^2}{16}+\frac{(y-1)^2}{9}(z\geqslant0)$ 取上侧，计算

$$I=\iint_{\Sigma}\frac{x\mathrm{d}y\mathrm{d}z+y\mathrm{d}z\mathrm{d}x+z\mathrm{d}x\mathrm{d}y}{(x^2+y^2+z^2)^{3/2}}.$$

【参考解答】 记 $P=\frac{x}{(x^2+y^2+z^2)^{3/2}}$，$Q=\frac{y}{(x^2+y^2+z^2)^{3/2}}$，$R=\frac{z}{(x^2+y^2+z^2)^{3/2}}$ 则 $\frac{\partial P}{\partial x}+\frac{\partial Q}{\partial y}+\frac{\partial R}{\partial z}=0$. 如图所示，取足够小的上半圆面 Σ_1：$z=$

$\sqrt{\varepsilon^2-x^2-y^2}$，取下侧使其包含在 Σ 内，Σ_2：$z=0$，为 xOy 平面上夹在 Σ,Σ_1 之间的部分，取下侧，则由高斯公式，得

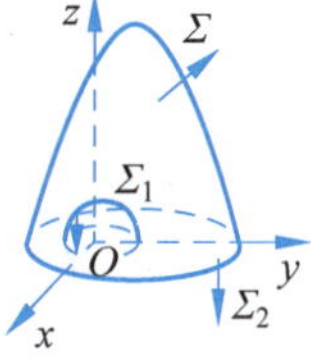

第 3 题图

$$I=\left(\oint\!\!\!\oint_{\Sigma+\Sigma_1+\Sigma_2}-\iint_{\Sigma_1}-\iint_{\Sigma_2}\right)\frac{x\,\mathrm{d}y\,\mathrm{d}z+y\,\mathrm{d}z\,\mathrm{d}x+z\,\mathrm{d}x\,\mathrm{d}y}{(x^2+y^2+z^2)^{3/2}}$$

$$=\iiint_{\Omega}0\cdot\mathrm{d}V-\frac{1}{\varepsilon^3}\iint_{\Sigma_1}x\,\mathrm{d}y\,\mathrm{d}z+y\,\mathrm{d}z\,\mathrm{d}x+z\,\mathrm{d}x\,\mathrm{d}y-\iint_{\Sigma_2}\frac{0\cdot\mathrm{d}x\,\mathrm{d}y}{(x^2+y^2)^{3/2}}=2\pi.$$

上式第二项添加辅助面 Σ'：$z=0,x^2+y^2\leqslant\varepsilon^2$，取上侧，再利用高斯公式，得

$$\iint_{\Sigma_1}x\,\mathrm{d}y\,\mathrm{d}z+y\,\mathrm{d}z\,\mathrm{d}x+z\,\mathrm{d}x\,\mathrm{d}y=-\iiint_{\Omega_1}3\mathrm{d}V-0=-2\pi.$$

4. 设 Σ 是一个光滑封闭曲面，方向朝外，对于对坐标的曲面积分

$$I=\iint_{\Sigma}(x^3-x)\mathrm{d}y\,\mathrm{d}z+(2y^3-y)\mathrm{d}z\,\mathrm{d}x+(3z^3-z)\mathrm{d}z\,\mathrm{d}x,$$

试确定曲面 Σ，使得积分 I 的值最小，并求该最小值.

【参考解答】 设 Σ 围成的空间区域为 Ω，则由高斯公式，有

$$I=\iiint_{\Omega}(3x^2+6y^2+9z^2-3)\mathrm{d}V=3\iiint_{\Omega}(x^2+2y^2+3z^2-1)\mathrm{d}V.$$

为了使得 I 达到最小，就是要求 Ω 是使得 $x^2+2y^2+3z^2-1\leqslant0$ 的最大空间区域，即

$$\Omega=\{(x,y,z)\mid x^2+2y^2+3z^2\leqslant1\},$$

所以 Ω 是一个椭球形区域，Σ 为椭球面 $x^2+2y^2+3z^2=1$ 时，积分 I 最小. 为了求该最小值，做变换 $x=u,y=\dfrac{v}{\sqrt2},z=\dfrac{w}{\sqrt3},\dfrac{\partial(x,y,z)}{\partial(u,v,w)}=\dfrac{1}{\sqrt6}$，则由三重积分换元法，得

$$I=\frac{3}{\sqrt6}\iiint_{u^2+v^2+w^2\leqslant1}(u^2+v^2+w^2-1)\mathrm{d}V$$

$$=\frac{3}{\sqrt6}\int_0^{2\pi}\mathrm{d}\theta\int_0^{\pi}\sin\varphi\,\mathrm{d}\varphi\int_0^1(r^2-1)r^2\mathrm{d}r=-\frac{4\sqrt6}{15}\pi.$$

5. 若对于 $\mathbb{R}^3$ 中半空间 $\{(x,y,z)\in R^3\mid x>0\}$ 内任意有向光滑封闭曲面 S，都有

$$\iint_S xf'(x)\mathrm{d}y\,\mathrm{d}z+y(xf(x)-f'(x))\mathrm{d}z\,\mathrm{d}x-xz(\sin x+f'(x))\mathrm{d}x\,\mathrm{d}y=0,$$

其中 f 在 $(0,+\infty)$ 内二阶导数连续，且 $\lim\limits_{x\to0^+}f(x)=\lim\limits_{x\to0^+}f'(x)=0$，求 $f(x)$.

【参考解答】 记 $P=xf'(x),Q=y(xf(x)-f'(x)),R=-xz(\sin x+f'(x))$，则 $\dfrac{\partial P}{\partial x}+\dfrac{\partial Q}{\partial y}+\dfrac{\partial R}{\partial z}=xf''(x)-xf'(x)+xf(x)-x\sin x$，由题设可知

$$\frac{\partial P}{\partial x}+\frac{\partial Q}{\partial y}+\frac{\partial R}{\partial z}=0,\quad 即\ f''(x)-f'(x)+f(x)-\sin x.$$

该常系数非齐次线性微分方程的特征方程 $r^2-r+1=0$ 的特征根为 $r_{1,2}=\dfrac{1\pm\sqrt3}{2}$，于是该

方程对应的齐次线性方程的通解为

$$Y=\mathrm{e}^{x/2}\left(C_1\cos\frac{\sqrt{3}}{2}x+C_2\sin\frac{\sqrt{3}}{2}x\right).$$

令原方程特解为 $y^*=a\cos x+b\sin x$,代入原方程得 $y^*=\cos x$,故原方程的通解为

$$f(x)=\mathrm{e}^{x/2}\left(C_1\cos\frac{\sqrt{3}}{2}x+C_2\sin\frac{\sqrt{3}}{2}x\right)+\cos x,$$

其中 C_1,C_2 为任意常数.

由已知 $\lim\limits_{x\to0^+}f(x)=\lim\limits_{x\to0^+}f'(x)=0$,可得 $C_1=-1,C_2=\frac{1}{\sqrt{3}}$,即

$$f(x)=\mathrm{e}^{x/2}\left(-\cos\frac{\sqrt{3}}{2}x+\frac{1}{\sqrt{3}}\sin\frac{\sqrt{3}}{2}x\right)+\cos x.$$

6. 4 次齐次函数 $f(x,y,z)=a_1x^4+a_2y^4+a_3z^4+3a_4x^2y^2+3a_5y^2z^2+3a_6x^2z^2$,计算曲面积分 $\oiint\limits_{\Sigma}f(x,y,z)\mathrm{d}S$,其中 Σ: $x^2+y^2+z^2=1$.

【参考解答】 由 $f(x,y,z)$ 为 4 次齐次函数,对 $\forall t\in\mathbb{R}$,恒有 $f(tx,ty,tz)=t^4f(x,y,z)$,在上式两边关于 t 求导,得

$$xf_1'(tx,ty,tz)+yf_2'(tx,ty,tz)+zf_3'(tx,ty,tz)=4t^3f(x,y,z).$$

取 $t=1$ 得

$$xf_x'(x,y,z)+yf_y'(x,y,z)+zf_z'(x,y,z)=4f(x,y,z).$$

设曲面 Σ 上点 (x,y,z) 处的单位外法向量 $\boldsymbol{n}=(\cos\alpha,\cos\beta,\cos\gamma)=(x,y,z)$,记 Ω: $x^2+y^2+z^2\leqslant1$,于是由两类曲面积分之间的关系及高斯公式,得

$$\begin{aligned}\oiint\limits_{\Sigma}f(x,y,z)\mathrm{d}S&=\frac{1}{4}\oiint\limits_{\Sigma}(xf_x'(x,y,z)+yf_y'(x,y,z)+zf_z'(x,y,z))\mathrm{d}S\\&=\frac{1}{4}\oiint\limits_{\Sigma}(f'\cos\alpha_x+f_y'\cos\beta+f_z'\cos\gamma)\mathrm{d}S\\&=\frac{1}{4}\oiint\limits_{\Sigma}f_x'\mathrm{d}y\mathrm{d}z+f_y'\mathrm{d}z\mathrm{d}x+f_z'\mathrm{d}x\mathrm{d}y\\&=\frac{1}{4}\iiint\limits_{\Omega}[f_{xx}''(x,y,z)+f_{yy}''(x,y,z)+f_{zz}''(x,y,z)]\mathrm{d}V\\&=\frac{3}{2}\iiint\limits_{\Omega}[x^2(2a_1+a_4+a_6)+y^2(2a_2+a_4+a_5)+z^2(2a_3+a_5+a_6)]\mathrm{d}V\\&=\sum_{i=1}^{6}a_i\iiint\limits_{\Omega}(x^2+y^2+z^2)\mathrm{d}V\\&=\sum_{i=1}^{6}a_i\int_0^{2\pi}\mathrm{d}\theta\int_0^{\pi}\sin\varphi\mathrm{d}\varphi\int_0^1r^2r^2\mathrm{d}r=\frac{4\pi}{5}\sum_{i=1}^{6}a_i.\end{aligned}$$

【注】 由于 Ω 上坐标 x,y,z 具有轮换对称性,故有

$$\iiint_{\Omega} x^{2} \mathrm{d}V=\iiint_{\Omega} y^{2} \mathrm{d}V=\iiint_{\Omega} z^{2} \mathrm{d}V.$$

练习 69　斯托克斯公式　旋度

训练目的

1. 了解斯托克斯公式，了解向量场中的斯托克斯公式.

2. 掌握利用斯托克斯公式将曲线积分转化为曲面积分计算的方法.

3. 了解向量场旋度和无旋场的概念，了解旋度与环流量的关系.

4. 了解空间曲线积分与路径无关的条件，了解空间向量场为保守场的条件，了解曲线积分的基本定理.

基础练习

1. 下列表述中正确的有________.

① 设 Σ 是由光滑曲线 Γ 所张成的光滑曲面，函数 $P(x,y,z)$，$Q(x,y,z)$，$R(x,y,z)$ 在包含曲面 Σ 在内的一个空间区域内具有一阶连续偏导数，则必有

$$\oint_{\Gamma} P \mathrm{d}x+Q \mathrm{d}y+R \mathrm{d}z=\iint_{\Sigma}\begin{vmatrix}\mathrm{d}y \mathrm{d}z & \mathrm{d}z \mathrm{d}x & \mathrm{d}x \mathrm{d}y \\ \dfrac{\partial}{\partial x} & \dfrac{\partial}{\partial y} & \dfrac{\partial}{\partial z} \\ P & Q & R\end{vmatrix}.$$

② 在斯托克斯公式中，曲面积分的值与所张成的分片光滑积分曲面的形状无关.

③ 利用两类曲面积分之间的关系，斯托克斯公式可写成如下形式：

$$\oint_{\Gamma} P \mathrm{d}x+Q \mathrm{d}y+R \mathrm{d}z=\iint_{\Sigma}\begin{vmatrix}\cos\alpha & \cos\beta & \cos\gamma \\ \dfrac{\partial}{\partial x} & \dfrac{\partial}{\partial y} & \dfrac{\partial}{\partial z} \\ P & Q & R\end{vmatrix} \mathrm{d}S,$$

其中$(\cos\alpha,\cos\beta,\cos\gamma)$为曲面 Σ 指定侧的单位法向量.

④ 设有向量场 $\boldsymbol{A}(x,y,z)=(P(x,y,z),Q(x,y,z),R(x,y,z))$，其中函数 $P(x,y,z)$，$Q(x,y,z)$，$R(x,y,z)$具有一阶连续偏导数，则向量场 $\boldsymbol{A}(x,y,z)$的旋度 $\operatorname{rot}\boldsymbol{A}$ 为

$$\left(\frac{\partial Q}{\partial x}-\frac{\partial P}{\partial y}, \frac{\partial R}{\partial y}-\frac{\partial Q}{\partial z}, \frac{\partial P}{\partial z}-\frac{\partial R}{\partial x}\right).$$

⑤ 若向量场 $\boldsymbol{A}$ 为无旋场，则沿向量场中任意封闭曲线的环流量为 0.

⑥ 若力场 $\boldsymbol{F}=(P,Q,R)$为无旋场，则向量场内曲线积分$\int_{\Gamma} P \mathrm{d}x+Q \mathrm{d}y+R \mathrm{d}z$ 与路径无关，仅与起点、终点有关.

【参考解答】　表述正确的有②③⑤⑥. ①错误. 积分曲线 Γ 的方向与积分曲面 Σ 的侧应满足右手法则. ④错误. 应为$\left(\dfrac{\partial R}{\partial y}-\dfrac{\partial Q}{\partial z}, \dfrac{\partial P}{\partial z}-\dfrac{\partial R}{\partial x}, \dfrac{\partial Q}{\partial x}-\dfrac{\partial P}{\partial y}\right)$.

2. 计算下列曲线积分.

(1) $\oint_C y\mathrm{d}x+z\mathrm{d}y+x\mathrm{d}z$，其中 C 为球面 $x^2+y^2+z^2=a^2$ 与平面 $x+y+z=0$ 的交线，从 x 轴的正方向看时，圆周曲线取逆时针方向.

(2) 计算 $\oint_C (y+z)\mathrm{d}x+(z+x)\mathrm{d}y+(x+y)\mathrm{d}z$，其中 C 是椭圆（取参数 t 增大的方向）$x=a\sin^2 t$，$y=2a\sin t\cos t$，$z=a\cos^2 t\,(0\leqslant t\leqslant\pi)$.

(3) $\int_{AB}(x^2-yz)\mathrm{d}x+(y^2-xz)\mathrm{d}y+(z^2-xy)\mathrm{d}z$，其中 AB 是螺旋线 $x=a\cos\varphi$，$y=a\sin\varphi$，$z=\dfrac{h}{2\pi}\varphi$ 从点 $A(a,0,0)$ 到点 $B(a,0,h)$ 的一段.

【参考解答】 (1) 设曲面 Σ：$x+y+z=0$ 为在球面 $x^2+y^2+z^2=a^2$ 内的大圆面，取其前侧，则单位法向量为 $\boldsymbol{n}=(\cos\alpha,\cos\beta,\cos\gamma)=\left(\dfrac{1}{\sqrt{3}},\dfrac{1}{\sqrt{3}},\dfrac{1}{\sqrt{3}}\right)$，于是由斯托克斯公式得

$$I=\iint_{\Sigma}\begin{vmatrix}\cos\alpha & \cos\beta & \cos\gamma\\ \partial/\partial x & \partial/\partial y & \partial/\partial z\\ y & z & x\end{vmatrix}\mathrm{d}S=\frac{1}{\sqrt{3}}\iint_{\Sigma}\begin{vmatrix}1 & 1 & 1\\ \partial/\partial x & \partial/\partial y & \partial/\partial z\\ y & z & x\end{vmatrix}\mathrm{d}S$$

$$=-\sqrt{3}\iint_{\Sigma}\mathrm{d}S=-\sqrt{3}\pi a^2.$$

(2) 记 $\boldsymbol{A}=(y+z,z+x,x+y)$，则

$$\mathrm{rot}\boldsymbol{A}=\begin{vmatrix}\boldsymbol{i} & \boldsymbol{j} & \boldsymbol{k}\\ \partial/\partial x & \partial/\partial y & \partial/\partial z\\ y+z & z+x & x+y\end{vmatrix}=(0,0,0).$$

于是向量场 $\boldsymbol{A}$ 为无旋场，在封闭曲线上的曲线积分为 0，所以

$$\oint_C (y+z)\mathrm{d}x+(z+x)\mathrm{d}y+(x+y)\mathrm{d}z=0.$$

(3) 记 $\boldsymbol{A}=(x^2-yz,y^2-zx,z^2-xy)$，则

$$\mathrm{rot}\boldsymbol{A}=\begin{vmatrix}\boldsymbol{i} & \boldsymbol{j} & \boldsymbol{k}\\ \partial/\partial x & \partial/\partial y & \partial/\partial z\\ x^2-yz & y^2-zx & z^2-xy\end{vmatrix}=(0,0,0).$$

于是向量场 $\boldsymbol{A}$ 为保守场，曲线积分与路径无关，改变积分路径，取直线

$$AB: x=a,y=0,z=zz: 0\to h,$$

于是由对坐标的曲线积分的直接计算法，得

$$I=\int_{AB}(x^2-yz)\mathrm{d}x+(y^2-zx)\mathrm{d}y+(z^2-xy)\mathrm{d}z=\int_0^h z^2\mathrm{d}z=\frac{h^3}{3}.$$

3. 确定下列向量场是否为保守场，若是，求其势函数.

(1) $\boldsymbol{F}=(xz-y,x^2y+z^3,3xz^2-xy)$.

(2) $\boldsymbol{F}=(yz(2x+y+z),xz(x+2y+z),xy(x+y+2z))$.

【参考解答】（1）由于 $\operatorname{rot}\boldsymbol{F}=\begin{vmatrix}\boldsymbol{i} & \boldsymbol{j} & \boldsymbol{k}\\ \partial/\partial x & \partial/\partial y & \partial/\partial z\\ xz-y & x^2y+z^3 & 3xz^2-xy\end{vmatrix}\neq(0,0,0)$，所以 $\boldsymbol{F}$ 不是保守场.

（2）由于 $\operatorname{rot}\boldsymbol{A}=\begin{vmatrix}\boldsymbol{i} & \boldsymbol{j} & \boldsymbol{k}\\ \partial/\partial x & \partial/\partial y & \partial/\partial z\\ yz(2x+y+z) & xz(x+2y+z) & xy(x+y+2z)\end{vmatrix}=(0,0,0)$，所以 $\boldsymbol{F}$ 是保守场. 势函数 $u(x,y,z)$ 计算如下：

$$\begin{aligned}u(x,y,z)&=\int_{(0,0,0)}^{(x,y,z)} yz(2x+y+z)\mathrm{d}x+xz(x+2y+z)\mathrm{d}y+xy(x+y+2z)\mathrm{d}z+C\\&=\int_{(0,0,0)}^{(x,0,0)} yz(2x+y+z)\mathrm{d}x+\int_{(x,0,0)}^{(x,y,0)} zx(x+2y+z)\mathrm{d}y+\\&\quad\int_{(x,y,0)}^{(x,y,z)} xy(x+y+2z)\mathrm{d}z+C\\&=\int_0^z xy(x+y+2z)\mathrm{d}z+C=x^2yz+xy^2z+xyz^2+C.\end{aligned}$$

或凑全微分，有

$$\begin{aligned}&yz(2x+y+z)\mathrm{d}x+xz(x+2y+z)\mathrm{d}y+xy(x+y+2z)\mathrm{d}z\\=&(x+y+z)(yz\mathrm{d}x+zx\mathrm{d}y+xy\mathrm{d}z)+xyz(\mathrm{d}x+\mathrm{d}y+\mathrm{d}z)\\=&(x+y+z)\mathrm{d}(xyz)+xyz\mathrm{d}(x+y+z)\\=&\mathrm{d}[(x+y+z)(xyz)],\end{aligned}$$

因此势函数为 $u(x,y,z)=xyz(x+y+z)+C$.

综合练习

4. 计算 $\oint_C (y^2-z^2)\mathrm{d}x+(z^2-x^2)\mathrm{d}y+(x^2-y^2)\mathrm{d}z$，其中 C 是用平面 $x+y+z=\frac{3}{2}a$ 截立体 $0<x<a,0<y<a,0<z<a$ 的表面所得的截痕，从 x 轴的正向看依逆时针方向进行.

【参考解答】如图所示，平面截立方体为封闭折线 $ABCDEFA$，张成边长为 $\frac{\sqrt{2}}{2}a$ 的正六边形平面块 Σ，取其上侧，法向量的方向余弦为 $\cos\alpha=\cos\beta=\cos\gamma=\frac{1}{\sqrt{3}}$，$\Sigma$ 在 xOy 平面上投影区域为 D_{xy}，面积为 $\frac{3\sqrt{3}}{4}a^2$，于是由斯托克斯公式有

第 4 题图

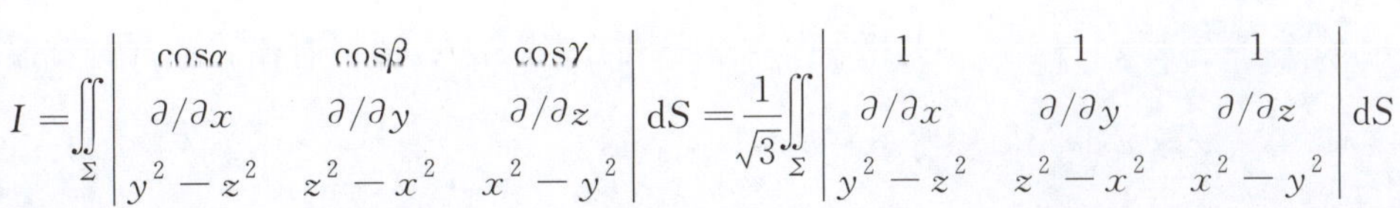

$$I=\iint_\Sigma\begin{vmatrix}\cos\alpha & \cos\beta & \cos\gamma\\ \partial/\partial x & \partial/\partial y & \partial/\partial z\\ y^2-z^2 & z^2-x^2 & x^2-y^2\end{vmatrix}\mathrm{d}S=\frac{1}{\sqrt{3}}\iint_\Sigma\begin{vmatrix}1 & 1 & 1\\ \partial/\partial x & \partial/\partial y & \partial/\partial z\\ y^2-z^2 & z^2-x^2 & x^2-y^2\end{vmatrix}\mathrm{d}S$$

$$=\frac{1}{\sqrt{3}}\iint_{\Sigma}(-2y-2z-2z-2x-2x-2y)\mathrm{d}S$$

$$=-\frac{4}{\sqrt{3}}\iint_{\Sigma}(x+y+z)\mathrm{d}S=-\frac{6a}{\sqrt{3}}\iint_{\Sigma}\mathrm{d}S=-\frac{9}{2}a^3.$$

5. 证明:向量场 $\boldsymbol{F}(x,y,z)=(P(x,y,z),Q(x,y,z),R(x,y,z))$ 的旋度的散度恒为零,其中函数 P,Q,R 具有二阶连续偏导数.

【参考证明】 向量场 $\boldsymbol{F}(x,y,z)$ 的旋度为

$$\mathrm{rot}\boldsymbol{F}=\begin{vmatrix}\boldsymbol{i} & \boldsymbol{j} & \boldsymbol{k}\\ \partial/\partial x & \partial/\partial y & \partial/\partial z\\ P & Q & R\end{vmatrix}=\left(\frac{\partial R}{\partial y}-\frac{\partial Q}{\partial z},\frac{\partial P}{\partial z}-\frac{\partial R}{\partial x},\frac{\partial Q}{\partial x}-\frac{\partial P}{\partial y}\right),$$

由于函数 P,Q,R 具有二阶连续偏导数,于是旋度 $\mathrm{rot}\boldsymbol{F}$ 的散度为

$$\mathrm{div}(\mathrm{rot}\boldsymbol{F})=\frac{\partial}{\partial x}\left(\frac{\partial R}{\partial y}-\frac{\partial Q}{\partial z}\right)+\frac{\partial}{\partial y}\left(\frac{\partial P}{\partial z}-\frac{\partial R}{\partial x}\right)+\frac{\partial}{\partial z}\left(\frac{\partial Q}{\partial x}-\frac{\partial P}{\partial y}\right)$$

$$=\frac{\partial^2 R}{\partial y\partial x}-\frac{\partial^2 Q}{\partial z\partial x}+\frac{\partial^2 P}{\partial z\partial y}-\frac{\partial^2 R}{\partial x\partial y}+\frac{\partial^2 Q}{\partial x\partial z}-\frac{\partial^2 P}{\partial y\partial z}=0.$$

6. 设 $F(u)$ 为 $f(u)$ 的一个原函数,证明:曲线积分

$$\int_{(x_1,y_1,z_1)}^{(x_2,y_2,z_2)}f(x+y+z)(\mathrm{d}x+\mathrm{d}y+\mathrm{d}z)=F(x_2+y_2+z_2)-F(x_1+y_1+z_1).$$

【参考证明】 由于 $\mathrm{rot}\boldsymbol{A}=\begin{vmatrix}\boldsymbol{i} & \boldsymbol{j} & \boldsymbol{k}\\ \partial/\partial x & \partial/\partial y & \partial/\partial z\\ f(x,y,z) & f(x,y,z) & f(x,y,z)\end{vmatrix}=(0,0,0)$,所以积分与路径无关,选取折线 $(x_1,y_1,z_1)\to(x_2,y_1,z_1)\to(x_2,y_2,z_1)\to(x_2,y_2,z_2)$,于是有

$$\int_{(x_1,y_1,z_1)}^{(x_2,y_2,z_2)}f(x+y+z)(\mathrm{d}x+\mathrm{d}y+\mathrm{d}z)$$

$$=\int_{x_1}^{x_2}f(x,y_1,z_1)\mathrm{d}x+\int_{y_1}^{y_2}f(x_2,y,z_1)\mathrm{d}y+\int_{z_1}^{z_2}f(x_2,y_2,z)\mathrm{d}z$$

$$=[F(x_2,y_1,z_1)-F(x_1,y_1,z_1)]+[F(x_2,y_2,z_1)-F(x_2,y_1,z_1)]+[F(x_2,y_2,z_2)-F(x_2,y_2,z_1)]$$

$$=F(x_2+y_2+z_2)-F(x_1+y_1+z_1).$$

【注】 令 $u=x+y+z$,则由曲线积分的基本定理,有

$$\int_{(x_1,y_1,z_1)}^{(x_2,y_2,z_2)}f(x+y+z)(\mathrm{d}x+\mathrm{d}y+\mathrm{d}z)=\int_{u_1}^{u_2}f(u)\mathrm{d}u=F(u_2)-F(u_1)$$

$$=F(x_2+y_2+z_2)-F(x_1+y_1+z_1).$$

考研与竞赛练习

1. 设 L 是柱面 $x^2+y^2=1$ 与平面 $z=x+y$ 的交线,从 z 轴正向往 z 轴负向看取为逆时针方向,求 $\oint_L xz\mathrm{d}x+x\mathrm{d}y+\frac{y^2}{2}\mathrm{d}z$.

【参考解答】【法 1】 设曲面 $\Sigma: z=x+y, D_{xy}: x^2+y^2\leqslant 1$，则指向上侧的单位法向量为 $\boldsymbol{n}=(\cos\alpha,\cos\beta,\cos\gamma)=\left(-\frac{1}{\sqrt{3}},-\frac{1}{\sqrt{3}},\frac{1}{\sqrt{3}}\right)$，相应的面积元素为

$$\mathrm{d}S=\sqrt{1+z_x'^2+z_y'^2}\,\mathrm{d}\sigma=\sqrt{3}\,\mathrm{d}\sigma,$$

于是由斯托克斯公式，有

$$I=\iint_{\Sigma}\begin{vmatrix}\cos\alpha & \cos\beta & \cos\gamma\\ \partial/\partial x & \partial/\partial y & \partial/\partial z\\ xz & x & y^2/2\end{vmatrix}\mathrm{d}S=\frac{1}{\sqrt{3}}\iint_{\Sigma}\begin{vmatrix}-1 & -1 & 1\\ \partial/\partial x & \partial/\partial y & \partial/\partial z\\ xz & x & y^2/2\end{vmatrix}\mathrm{d}S$$

$$=-\frac{1}{\sqrt{3}}\iint_{\Sigma}(x+y-1)\mathrm{d}S=-\iint_{D_{xy}}(x+y-1)\mathrm{d}\sigma=-(0+0-\pi)=\pi.$$

【法 2】 积分曲线 L 的参数方程为

$$x=\cos t,\quad y=\sin t,\quad z=\cos t+\sin t\,(t: 0\to 2\pi),$$

则由对坐标的曲线积分的直接计算法，得

$$I=\int_0^{2\pi}\left[\cos t\cdot(\cos t+\sin t)\cdot(-\sin t)+\cos^2 t+\frac{1}{2}\sin^2 t\cdot(-\sin t+\cos t)\right]\mathrm{d}t$$

$$=\int_0^{2\pi}\left[-\cos^2 t\sin t-\cos t\sin^2 t+\cos^2 t-\frac{1}{2}\sin^3 t+\frac{1}{2}\cos t\sin^2 t\right]\mathrm{d}t$$

$$=\int_0^{2\pi}\cos^2 t\,\mathrm{d}t=\int_0^{2\pi}\frac{\cos 2t+1}{2}\mathrm{d}t=\pi.$$

2. 计算 $I=\oint_L (y^2-z^2)\mathrm{d}x+(2z^2-x^2)\mathrm{d}y+(3x^2-y^2)\mathrm{d}z$，其中 L 是平面 $x+y+z=2$ 与柱面 $|x|+|y|=1$ 的交线，从 z 轴正向看去 L 为逆时针方向.

【参考解答】 取平面块 $\Sigma: z=2-x-y, D_{xy}: |x|+|y|\leqslant 1$，则指向上侧的单位法向量为 $\boldsymbol{n}=(\cos\alpha,\cos\beta,\cos\gamma)=\left(\frac{1}{\sqrt{3}},\frac{1}{\sqrt{3}},\frac{1}{\sqrt{3}}\right)$，相应的面积元素为

$$\mathrm{d}S=\sqrt{1+z_x'^2+z_y'^2}\,\mathrm{d}\sigma=\sqrt{3}\,\mathrm{d}\sigma,$$

于是由斯托克斯公式，有

$$I=\frac{1}{\sqrt{3}}\iint_{\Sigma}\begin{vmatrix}1 & 1 & 1\\ \partial/\partial x & \partial/\partial y & \partial/\partial z\\ y^2-z^2 & 2z^2-x^2 & 3x^2-y^2\end{vmatrix}\mathrm{d}S=-\frac{2}{\sqrt{3}}\iint_{\Sigma}(4x+2y+3z)\mathrm{d}S$$

$$=-2\iint_{D_{xy}}(x-y+6)\mathrm{d}\sigma=-12\iint_{D}\mathrm{d}x\mathrm{d}y=-24.$$

3. 设 L 是曲面 $\Sigma: 4x^2+y^2+z^2=1, x\geqslant 0, y\geqslant 0, z\geqslant 0$ 的边界，曲面方向朝上，曲线 L 的方向与曲面的正法向量满足右手法则，计算曲线积分

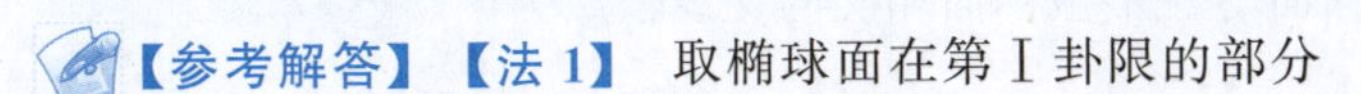

$$I=\oint_L (yz^2-\cos z)\mathrm{d}x+2xz^2\mathrm{d}y+(2xyz+x\sin z)\mathrm{d}z.$$

【参考解答】【法 1】 取椭球面在第Ⅰ卦限的部分

$$z=\sqrt{1-4x^2-y^2},D_{xy}: 4x^2+y^2\leqslant 1,x\geqslant 0,y\geqslant 0,\text{取上侧},$$

于是由斯托克斯公式,得

$$I=\iint_{\Sigma}\begin{vmatrix} \mathrm{d}y\mathrm{d}z & \mathrm{d}z\mathrm{d}x & \mathrm{d}x\mathrm{d}y \\ \partial/\partial x & \partial/\partial y & \partial/\partial z \\ yz^2-\cos z & 2xz^2 & 2xyz+x\sin z \end{vmatrix}$$

$$=\iint_{\Sigma}-2xz\mathrm{d}y\mathrm{d}z+0\mathrm{d}z\mathrm{d}x+z^2\mathrm{d}x\mathrm{d}y=\iint_{\Sigma}(z^2-8x^2)\mathrm{d}x\mathrm{d}y$$

$$=\iint_{D_{xy}}(1-12x^2-y^2)\mathrm{d}\sigma=0.$$

对于其中的二重积分 $\iint_{D_{xy}}(1-12x^2-y^2)\mathrm{d}\sigma$，令 $\begin{cases}x=\dfrac{1}{2}\rho\cos\theta\\ y=\rho\sin\theta\end{cases}$,则

$$D'=\left\{(\rho,\theta)\mid 0\leqslant\theta\leqslant\frac{\pi}{2},0\leqslant r\leqslant 1\right\},\quad \text{且 } J=\frac{\partial(x,y)}{\partial(\rho,\theta)}=\frac{1}{2}\rho,$$

于是由二重积分的换元法,得

$$I=-\frac{1}{2}\int_0^{\pi/2}\mathrm{d}\theta\int_0^1(3\cos^2\theta+\sin^2\theta)\cdot\rho^3\mathrm{d}\rho+\frac{1}{2}\int_0^{\pi/2}\mathrm{d}\theta\int_0^1\rho\mathrm{d}\rho$$

$$=-\frac{1}{2}\times\frac{1}{4}\times\left(3\times\frac{\pi}{4}+\frac{\pi}{4}\right)+\frac{\pi}{8}=0.$$

【法 2】 取椭球面在第Ⅰ卦限的部分

$$z=\sqrt{1-4x^2-y^2},D_{xy}: 4x^2+y^2\leqslant 1,x\geqslant 0,y\geqslant 0,\text{取上侧},$$

则 $\boldsymbol{n}=\dfrac{1}{\sqrt{16x^2+y^2+z^2}}(4x,y,z)=\dfrac{1}{\sqrt{12x^2+1}}(4x,y,z)$,对应的方向余弦为

$$\cos\alpha=\frac{4x}{\sqrt{1+12x^2}},\quad \cos\beta=\frac{y}{\sqrt{1+12x^2}},\quad \cos\gamma=\frac{z}{\sqrt{1+12x^2}},$$

$$\mathrm{d}S=\sqrt{1+z_x'^2+z_y'^2}\mathrm{d}\sigma=\frac{\sqrt{1+12x^2}}{z}\mathrm{d}\sigma,$$

于是由斯托克斯公式,有

$$I=\iint_{\Sigma}\begin{vmatrix} \cos\alpha & \cos\beta & \cos\gamma \\ \partial/\partial x & \partial/\partial y & \partial/\partial z \\ yz^2-\cos z & 2xz^2 & 2xyz+x\sin z \end{vmatrix}\mathrm{d}S$$

$$=\frac{1}{\sqrt{1+2x^2}}\iint_{\Sigma}\begin{vmatrix} 4x & y & z \\ \partial/\partial x & \partial/\partial y & \partial/\partial z \\ yz^2-\cos z & 2xz^2 & 2xyz+x\sin z \end{vmatrix}\mathrm{d}S$$

$$=\iint_{\Sigma}\frac{-8x^2z+z^3}{\sqrt{1+12x^2}}\mathrm{d}S=\iint_{D_{xy}}(1-12x^2-y^2)\mathrm{d}\sigma=0.$$

【法 3】 分段直接计算.曲面与三个坐标面相交的交线依次为

$$L_1: 4x^2+y^2=1, z=0 \Rightarrow x=\frac{1}{2}\cos t, y=\sin t, z=0 \quad t: 0\to\frac{\pi}{2},$$

$$L_2: y^2+z^2=1, x=0 \Rightarrow x=0, y=\cos t, z=\sin t \quad t: 0\to\frac{\pi}{2},$$

$$L_3: 4x^2+z^2=1, y=0 \Rightarrow x=\frac{1}{2}\sin t, y=0, z=\cos t \quad t: 0\to\frac{\pi}{2},$$

分别在三条曲线上计算曲线积分，得

$$I_1=\int_{L_1}(yz^2-\cos z)\mathrm{d}x=\int_0^{\pi/2}(-1)\mathrm{d}\left(\frac{1}{2}\cos t\right)=\frac{1}{2},$$

$$I_2=\int_{L_2}0\mathrm{d}y+0\mathrm{d}z=0,$$

$$\begin{aligned}I_3&=\int_{L_3}(-\cos z)\mathrm{d}x+x\sin z\mathrm{d}z=\frac{1}{2}\int_0^{\pi/2}[-\cos(\cos t)]\mathrm{d}(\sin t)+\sin t\sin(\cos t)\mathrm{d}(\cos t)\\&=-\frac{1}{2}\int_0^{\pi/2}\cos(\cos t)\mathrm{d}(\sin t)+\sin t\mathrm{d}[\cos(\cos t)]\\&=-\frac{1}{2}[\sin t\cos(\cos t)]_0^{\pi/2}=-\frac{1}{2},\end{aligned}$$

所以 $I=I_1+I_2+I_3=0$.

4. 设曲线 Γ 为曲线 $x^2+y^2+z^2=1, x+z=1, x\geqslant0, y\geqslant0, z\geqslant0$ 上从点 $A(1,0,0)$ 到点 $B(0,0,1)$ 的一段. 求曲线积分 $I=\int_\Gamma y\mathrm{d}x+z\mathrm{d}y+x\mathrm{d}z$.

【参考解答】【法 1】 利用积分曲线的参数方程直接计算. 曲线 Γ 方程可化简为

$$\begin{cases}4\left(x-\frac{1}{2}\right)^2+2y^2=1\\x+z=1\end{cases},$$

故曲线的参数方程为 $x=\frac{1+\cos t}{2}, y=\frac{\sqrt{2}}{2}\sin t, z=\frac{1-\cos t}{2}\, t: 0\to\pi$. 于是由对坐标的曲线积分的直接计算法，得

$$\begin{aligned}I&=\int_0^\pi\left[\frac{\sqrt{2}}{2}\sin t\left(-\frac{1}{2}\sin t\right)+\left(\frac{1}{2}-\frac{1}{2}\cos t\right)\left(\frac{\sqrt{2}}{2}\cos t\right)+\left(\frac{1}{2}+\frac{1}{2}\cos t\right)\left(\frac{1}{2}\sin t\right)\right]\mathrm{d}t\\&=\frac{1}{4}\int_0^\pi[\sin t+\sqrt{2}\cos t+\sin t\cos t-\sqrt{2}]\mathrm{d}t=\frac{1}{2}-\frac{\pi\sqrt{2}}{4}.\end{aligned}$$

【法 2】 曲线 Γ 方程可以整理得 $\begin{cases}4\left(x-\frac{1}{2}\right)^2+2y^2=1\\x+z=1\end{cases}$，连接 BA 的直线

$$\Gamma_1: x=t, y=0, z=1-t, 0\leqslant t\leqslant1,$$

则由对坐标的曲线积分的直接计算法，得

$$I'=\int_{\Gamma_1}y\mathrm{d}x+z\mathrm{d}y+x\mathrm{d}z=\int_0^1 t\mathrm{d}(1-t)=-\frac{1}{2}.$$

记 Γ,Γ_1 张成平面 Σ：$z=1-x$，D_{xy}：$4\left(x-\frac{1}{2}\right)^2+2y^2\leqslant 1, y\geqslant 0$，取上侧，单位法向量 $\boldsymbol{n}=(\cos\alpha,\cos\beta,\cos\gamma)=\frac{1}{\sqrt{2}}(1,0,1)$，$\mathrm{d}S=\sqrt{1+z_x'^2+z_y'^2}\,\mathrm{d}\sigma=\sqrt{2}\,\mathrm{d}\sigma$. 于是由斯托克斯公式，得

$$I_1=\oint_{\Gamma+\Gamma_1} y\mathrm{d}x+z\mathrm{d}y+x\mathrm{d}z=\iint_{\Sigma}\begin{vmatrix}\cos\alpha & \cos\beta & \cos\gamma\\ \partial/\partial x & \partial/\partial y & \partial/\partial z\\ y & z & x\end{vmatrix}\mathrm{d}S$$

$$=\frac{1}{\sqrt{2}}\iint_{\Sigma}\begin{vmatrix}1 & 0 & 1\\ \partial/\partial x & \partial/\partial y & \partial/\partial z\\ y & z & x\end{vmatrix}\mathrm{d}S=\frac{1}{\sqrt{2}}\iint_{\Sigma}(-1-1)\mathrm{d}S=-\sqrt{2}\iint_{\Sigma}\mathrm{d}S$$

$$=-2\iint_{D_{xy}}\mathrm{d}\sigma=-2\cdot\frac{\pi}{2}\cdot\frac{1}{2}\cdot\frac{1}{\sqrt{2}}=-\frac{\pi}{2\sqrt{2}},$$

因此有 $I=I_1-I'=\frac{1}{2}-\frac{\pi}{2\sqrt{2}}$.

5. 设 Γ 为空间分段光滑的闭曲线，$f(x),g(x),h(x)$ 连续，证明：

$$\oint_{\Gamma}(f(x)-yz)\mathrm{d}x+(g(y)-xz)\mathrm{d}y+(h(z)-xy)\mathrm{d}z=0.$$

【参考证明】 由于 $f(x),g(x),h(x)$ 连续，故分别存在函数 $F(x),G(x),H(x)$，使得 $\mathrm{d}F(x)=f(x)$，$\mathrm{d}G(x)=g(x)$，$\mathrm{d}H(x)=h(x)$. 于是

$$\begin{aligned}&(f(x)-yz)\mathrm{d}x+(g(y)-xz)\mathrm{d}y+(h(z)-xy)\mathrm{d}z\\ =&f(x)\mathrm{d}x+g(y)\mathrm{d}y+h(z)\mathrm{d}z-(yz\mathrm{d}x+xz\mathrm{d}y+xy\mathrm{d}z)\\ =&\mathrm{d}F(x)+\mathrm{d}G(y)+\mathrm{d}H(z)-\mathrm{d}(xyz)=\mathrm{d}[F(x)+G(y)+H(z)-xyz],\end{aligned}$$

故曲线积分与路径无关，在任意光滑闭曲线上的积分为 0，即所证等式成立.

6. 已知 $\boldsymbol{a},\boldsymbol{b}$ 为常向量，$\boldsymbol{a}\times\boldsymbol{b}=(1,1,1)$，$\boldsymbol{r}=(x,y,z)$，$\boldsymbol{A}=(\boldsymbol{a}\cdot\boldsymbol{r})\boldsymbol{b}$.

(1) 证明：$\mathrm{rot}\boldsymbol{A}=\boldsymbol{a}\times\boldsymbol{b}$.

(2) 求向量场 $\boldsymbol{A}$ 沿闭曲线 Γ：$\begin{cases}x^2+y^2+z^2=1\\ x+y+z=0\end{cases}$（从 z 轴正向看依逆时针方向）的环流量.

【参考解答】 (1) 令 $\boldsymbol{a}=(a_1,a_2,a_3)$，$\boldsymbol{b}=(b_1,b_2,b_3)$，则

$\boldsymbol{a}\cdot\boldsymbol{r}=a_1x+a_2y+a_3z$，

$$\begin{aligned}\boldsymbol{A}&=(\boldsymbol{a}\cdot\boldsymbol{r})\boldsymbol{b}=(a_1x+a_2y+a_3z)\cdot(b_1,b_2,b_3)\\ &=((a_1x+a_2y+a_3z)b_1,(a_1x+a_2y+a_3z)b_2,(a_1x+a_2y+a_3z)b_3),\end{aligned}$$

$$\mathrm{rot}(\boldsymbol{a}\cdot\boldsymbol{r})\boldsymbol{b}=\begin{vmatrix}\boldsymbol{i} & \boldsymbol{j} & \boldsymbol{k}\\ \partial/\partial x & \partial/\partial y & \partial/\partial z\\ (a_1x+a_2y+a_3z)b_1 & (a_1x+a_2y+a_3z)b_2 & (a_1x+a_2y+a_3z)b_3\end{vmatrix}$$

$$=(a_2b_3-a_3b_2,a_3b_1-a_1b_3,a_1b_2-a_2b_1)=\boldsymbol{a}\times\boldsymbol{b}.$$

(2) 令 Σ：$x+y+z=0(x^2+y^2+z^2\leqslant 1)$ 是半径为 1 的圆面，取上侧，曲面指向上侧的

法向量的单位向量为 $\boldsymbol{n}=(\cos\alpha,\cos\beta,\cos\gamma)=\left(\frac{1}{\sqrt{3}},\frac{1}{\sqrt{3}},\frac{1}{\sqrt{3}}\right)$，于是由环流量计算公式，得

$$\Phi=\oint_{\Gamma}(\boldsymbol{a}\cdot\boldsymbol{r})\boldsymbol{b}\cdot\mathrm{d}\boldsymbol{r}=\iint_{\Sigma}\mathrm{rot}(\boldsymbol{a}\cdot\boldsymbol{r})\boldsymbol{b}\cdot\mathrm{d}\boldsymbol{S}=\iint_{\Sigma}(\boldsymbol{a}\times\boldsymbol{b})\cdot\mathrm{d}\boldsymbol{S}$$

$$=\iint_{\Sigma}(1,1,1)\cdot(\cos\alpha+\cos\beta+\cos\gamma)\mathrm{d}S=\sqrt{3}\iint_{\Sigma}\mathrm{d}S=\sqrt{3}\pi.$$

第九单元　曲线积分与曲面积分测验(A)

一、填空题(每小题 3 分，共 15 分)

1. 向量场 $\boldsymbol{u}(x,y,z)=(xy^2,ye^z,x\ln(1+z^2))$ 在点 $P(1,1,0)$ 处的散度 $\mathrm{div}\boldsymbol{u}=$________.

2. 设 L 为椭圆 $\frac{x^2}{4}+\frac{y^2}{3}=1$，其周长为 a，则 $\oint_L(2xy+3x^2+4y^2)\mathrm{d}s=$________.

3. 设曲线 L 为曲线 $y^2=x$ 从点 $A(1,-1)$ 到点 $B(1,1)$ 的一段，则 $\int_L xy\mathrm{d}x=$

________.

4. 向量场 $\boldsymbol{v}(x,y)=(x,y)$ 通过场中逆时针单位圆 L：$x^2+y^2=1$ 的流量为________.

5. 设 Σ：$x^2+y^2+z^2=R^2$，则 $\iint_{\Sigma}(ax+by+cz+\gamma)^2\mathrm{d}S=$________.

二、选择题(每小题 3 分，共 15 分)

6. 设 L：$x^2+y^2=1(y\geqslant 0)$，取逆时针方向，其中 L_1 为曲线 L 的右半部分；Σ：$x^2+y^2+z^2=1(x\geqslant 0,y\geqslant 0)$，取外侧，其中 Σ_1 为曲面 Σ 的上半部分，下列结论描述正确的是(　　).

(A) 如果 $f(-x,y)=f(x,y)$，则 $\int_L f(x,y)\mathrm{d}y=2\int_{L_1}f(x,y)\mathrm{d}y$

(B) 如果 $f(-x,y)=-f(x,y)$，则 $\int_L f(x,y)\mathrm{d}x=2\int_{L_1}f(x,y)\mathrm{d}x$

(C) 如果 $f(x,y,-z)=-f(x,y,z)$，则 $\iint_{\Sigma}f(x,y,z)\mathrm{d}y\mathrm{d}z=2\iint_{\Sigma_1}f(x,y,z)\mathrm{d}y\mathrm{d}z$

(D) 如果 $f(x,y,-z)=-f(x,y,z)$，则 $\iint_{\Sigma}f(x,y,z)\mathrm{d}x\mathrm{d}y=2\iint_{\Sigma_1}f(x,y,z)\mathrm{d}x\mathrm{d}y$

7. 下列结论一定正确的是(　　).

(A) 利用积分曲线的参数方程将对弧长的曲线积分化为定积分计算时，定积分的下限一定小于上限

(B) 利用积分曲线的参数方程将对坐标的曲线积分化为定积分计算时，定积分的下限一定小于上限

(C) 设曲面 Σ：$z=0,(x,y)\in D$，则 $\iint_{\Sigma}f(x,y,z)\mathrm{d}x\mathrm{d}y=\iint_D f(x,y,0)\mathrm{d}x\mathrm{d}y$

(D) 在两类曲线积分的关系式 $\int_L P\mathrm{d}x + Q\mathrm{d}y = \int_L (P\cos\alpha + Q\cos\beta)\mathrm{d}s$ 中，$(\cos\alpha,\cos\beta)$ 为曲线上点 (x,y) 处的单位切向量

8. 若 $(x^4+4xy^3)\mathrm{d}x+(ax^2y^2-5y^4)\mathrm{d}y$（$a$ 为常数）为全微分，则其原函数是(　　).

(A) $\frac{x^5}{5}+3x^2y^2-y^5+C$　　(B) $\frac{x^5}{5}+4x^2y^2-5y^4+C$

(C) $\frac{x^5}{5}+2x^2y^3-y^5+C$　　(D) $\frac{x^5}{5}+2x^2y^3-5y^4+C$

9. 设 Σ：$x^2+y^2+z^2=a^2(z\geqslant 0)$，$\Sigma_1$ 为 Σ 在第Ⅰ卦限中的部分，则有(　　).

(A) $\iint\limits_{\Sigma} x\mathrm{d}S=4\iint\limits_{\Sigma_1} x\mathrm{d}S$　　(B) $\iint\limits_{\Sigma} y\mathrm{d}S=4\iint\limits_{\Sigma_1} y\mathrm{d}S$

(C) $\iint\limits_{\Sigma} z\mathrm{d}S=4\iint\limits_{\Sigma_1} z\mathrm{d}S$　　(D) $\iint\limits_{\Sigma} xyz\mathrm{d}S=4\iint\limits_{\Sigma_1} xyz\mathrm{d}S$

10. 设曲线 L：$f(x,y)=1$（$f(x,y)$ 具有一阶连续偏导数）过第二象限内的点 M 和第四象限内的点 N，Γ 为 L 上从点 M 到点 N 的一段弧，则下列积分小于零的是(　　).

(A) $\int_\Gamma f(x,y)\mathrm{d}x$　　(B) $\int_\Gamma f(x,y)\mathrm{d}y$

(C) $\int_\Gamma f(x,y)\mathrm{d}s$　　(D) $\int_\Gamma f'_x(x,y)\mathrm{d}x + f'_y(x,y)\mathrm{d}y$

三、解答题（共 70 分）

11. (6 分) 求心形线 $\rho=a(1+\cos\theta)$ 的全长，其中 $a>0$ 是常数.

12. (6 分) 计算曲面积分 $\iint\limits_{\Sigma} z\mathrm{d}S$，其中 Σ 为锥面 $z=\sqrt{x^2+y^2}$ 在柱体 $x^2+y^2\leqslant 2x$ 内的部分.

13. (6 分) 计算曲面积分 $I=\iint\limits_{\Sigma} x(8y+1)\mathrm{d}y\mathrm{d}z+2(1-y^2)\mathrm{d}z\mathrm{d}x-4yz\mathrm{d}x\mathrm{d}y$，其中 Σ 是由曲线 $\begin{cases} z=\sqrt{y-1}, \\ x=0 \end{cases}$ $(1\leqslant y\leqslant 3)$ 绕 y 轴旋转一周所成的曲面，它的法向量与 y 轴正向的夹角恒大于 $\frac{\pi}{2}$.

14. (6 分) 计算曲线积分 $\oint_C (z-y)\mathrm{d}x+(x-z)\mathrm{d}y+(x-y)\mathrm{d}z$，其中 C 是曲线 $\begin{cases} x^2+y^2=1 \\ x-y+z=2 \end{cases}$，从 z 轴正向往 z 轴负向看 C 的方向是顺时针.

15. (6 分) 计算曲线积分 $I=\oint_L \frac{x\mathrm{d}y-y\mathrm{d}x}{4x^2+y^2}$，其中 L 是以点 $(1,0)$ 为中心，$R(R>1)$ 为半径的圆周，取逆时针方向.

16. (8 分) 求变力 $\boldsymbol{F}=(x+y-xy,x-y+y^2)$ 将质点从原点 $O(0,0)$ 沿曲线 $y=\sin x$ 移到点 $A(\pi,0)$ 所做的功.

17. (8 分) 设 $P(x,y,z)$，$Q(x,y,z)$，$R(x,y,z)$ 在曲面 Σ 上连续，M 为函数

$\sqrt{P^2+Q^2+R^2}$ 在 Σ 上的最大值，S 表示曲面 Σ 的面积. 证明：

$$\left|\iint_{\Sigma} P\mathrm{d}y\mathrm{d}z+Q\mathrm{d}z\mathrm{d}x+R\mathrm{d}x\mathrm{d}y\right| \leqslant MS.$$

18. (8分)设对于半空间 $x>0$ 内任意的光滑有向封闭曲面 Σ，都有

$$\iint_{\Sigma} xf(x)\mathrm{d}y\mathrm{d}z-xyf(x)\mathrm{d}z\mathrm{d}x-\mathrm{e}^{2x}z\mathrm{d}x\mathrm{d}y=0,$$

其中函数 $f(x)$ 在 $(0,+\infty)$ 内具有一阶连续导数，且 $\lim\limits_{x\to0^+}f(x)=1$，求 $f(x)$.

19. (8分)求在 xOy 平面上具有一阶连续偏导数的函数 $Q(x,y)$，使得曲线积分 $\int_L 2xy\mathrm{d}x+Q(x,y)\mathrm{d}y$ 与路径无关，并对任意的 t，恒有

$$\int_{(0,0)}^{(t,1)} 2xy\mathrm{d}x+Q(x,y)\mathrm{d}y=\int_{(0,0)}^{(1,t)} 2xy\mathrm{d}x+Q(x,y)\mathrm{d}y.$$

20. (8分)已知平面区域 $D=\{(x,y)\mid 0\leqslant x\leqslant\pi,0\leqslant y\leqslant\pi\}$，$L$ 为 D 的正向边界. 试证：

(1) $\oint_L x\mathrm{e}^{\sin y}\mathrm{d}y-y\mathrm{e}^{-\sin x}\mathrm{d}x=\oint_L x\mathrm{e}^{-\sin y}\mathrm{d}y-y\mathrm{e}^{\sin x}\mathrm{d}x$. (2) $\oint_L x\mathrm{e}^{\sin y}\mathrm{d}y-y\mathrm{e}^{-\sin x}\mathrm{d}x\geqslant 2\pi^2$.

第九单元　曲线积分与曲面积分测验(A)参考解答

一、填空题

【参考解答】 1. 记 $\boldsymbol{u}(x,y,z)=(P,Q,R)=(xy^2,y\mathrm{e}^z,x\ln(1+z^2))$，于是

$$\mathrm{div}\boldsymbol{u}(1,1,0)=\left(\frac{\partial P}{\partial x}+\frac{\partial Q}{\partial y}+\frac{\partial R}{\partial z}\right)\bigg|_{(1,1,0)}=\left(y^2+\mathrm{e}^z+\frac{2xz}{1+z^2}\right)\bigg|_{(1,1,0)}=2.$$

2. 曲线积分的被积函数定义在积分曲线上，所以满足曲线的方程，并且对弧长的曲线积分具有偶倍奇零的性质. 于是有

$$\oint_L(2xy+3x^2+4y^2)\mathrm{d}s=\oint_L 2xy\mathrm{d}s+12\oint_L\left(\frac{x^2}{4}+\frac{y^2}{3}\right)\mathrm{d}s=0+12a=12a.$$

3. 【法1】 取 y 为参数，则 L：$x=y^2$，y：$-1\to1$，所以

$$\int_L xy\mathrm{d}x=\int_{-1}^1 y^2y(y^2)'\mathrm{d}y=2\int_{-1}^1 y^4\mathrm{d}y=\frac{4}{5}.$$

【法2】 取 x 为参数，则曲线分为两段 L：$AO+OB$，则有

$$AO：y=-\sqrt{x},x：1\to0,OB：y=\sqrt{x},x：0\to1,$$

所以 $\int_L xy\mathrm{d}x=\int_{AO}xy\mathrm{d}x+\int_{OB}xy\mathrm{d}x$

$$=\int_1^0 x(-\sqrt{x})\mathrm{d}x+\int_0^1 x\sqrt{x}\mathrm{d}x=2\int_0^1 x^{3/2}\mathrm{d}x=\frac{4}{5}.$$

4. 曲线 L：$x=\cos t$，$y=\sin t$，t：$0\to2\pi$，于是流量为

$$\oint_L\boldsymbol{v}\cdot\boldsymbol{n}\mathrm{d}s=\oint_L -Q(x,y)\mathrm{d}x+P(x,y)\mathrm{d}y=\oint_L -y\mathrm{d}x+x\mathrm{d}y$$

$$=\int_0^{2\pi}(\sin^2t+\cos^2t)\mathrm{d}t=2\pi.$$

5. 由于积分区域关于三个坐标面都对称，因此被积函数展开式中所有包含有变量 1 次方项的积分都等于 0，且积分曲面 Σ 关于坐标 x,y,z 具有轮换对称性，因此有

$$\iint_{\Sigma} x^2 \mathrm{d}S = \iint_{\Sigma} y^2 \mathrm{d}S = \iint_{\Sigma} z^2 \mathrm{d}S,$$

又被积函数定义在积分曲面上，于是可得

$$\begin{aligned}I &= \iint_{\Sigma}(ax+by+cz+\gamma)^2 \mathrm{d}S = \iint_{\Sigma}(a^2x^2+b^2y^2+c^2z^2+\gamma^2)\mathrm{d}S \\ &= \frac{a^2+b^2+c^2}{3}\iint_{\Sigma}(x^2+y^2+z^2)\mathrm{d}S + \gamma^2\iint_{\Sigma}\mathrm{d}S \\ &= \left(\frac{a^2+b^2+c^2}{3}R^2+\gamma^2\right)\iint_{\Sigma}\mathrm{d}S = \frac{4\pi R^2}{3}[(a^2+b^2+c^2)R^2+3\gamma^2].\end{aligned}$$

二、选择题

【参考解答】 6. (A) 直接取 $f(x,y)=x^2$，则

$$\int_L f(x,y)\mathrm{d}y = \int_0^{\pi}\cos^2 t \cdot \cos t\,\mathrm{d}t = 0,$$

$$\int_{L_1} f(x,y)\mathrm{d}y = \int_0^{\pi/2}\cos^2 t \cdot \cos t\,\mathrm{d}t = \frac{2}{3},$$

所以选项(A)错误.

(B) 直接取 $f(x,y)=x$，则

$$\int_L f(x,y)\mathrm{d}y = \int_0^{\pi}\cos t \cdot (-\sin t)\mathrm{d}t = 0,$$

$$\int_{L_1} f(x,y)\mathrm{d}y = \int_0^{\pi/2}\cos t \cdot (-\sin t)\mathrm{d}t = -\frac{1}{2},$$

所以选项(B)错误.

(C)(D)取 $f(x,y,z)=z$，则$\iint_{\Sigma} z\,\mathrm{d}y\mathrm{d}z = \iint_{D_{yz}} z\,\mathrm{d}y\mathrm{d}z$. 由于 D_{yz} 关于 y 轴对称，z 为奇函数，所以积分等于 0，故选项(C)错误. 记 Σ_2 为曲面 Σ 的下半部分，则

$$\begin{aligned}\iint_{\Sigma} z\,\mathrm{d}x\mathrm{d}y &= \iint_{\Sigma_1} z\,\mathrm{d}x\mathrm{d}y + \iint_{\Sigma_2} z\,\mathrm{d}x\mathrm{d}y \\ &= \iint_{D_{xy}}\sqrt{1-x^2-y^2}\,\mathrm{d}x\mathrm{d}y - \iint_{D_{xy}}(-\sqrt{1-x^2-y^2})\mathrm{d}x\mathrm{d}y \\ &= 2\iint_{D_{xy}}\sqrt{1-x^2-y^2}\,\mathrm{d}x\mathrm{d}y = 2\iint_{\Sigma_1} z\,\mathrm{d}x\mathrm{d}y,\end{aligned}$$

故正确选项为(D).

7. (A)正确；(B)下限为起点对应的参数值，上限为终点对应的参数值，所以不一定下限小于上限；(C)曲面的方向不确定，结论不一定成立，如果曲面取为向上的方向，则成立，否则为负的二重积分的值；(D)要使得结论一定成立，$(\cos\alpha,\cos\beta)$必须取为与曲线同向的向量. 故正确选项为(A).

8. 如果微分式为全微分，则必有

$$\frac{\partial(x^4+4xy^3)}{\partial y}=12xy^2=\frac{\partial(ax^2y^2-5y^4)}{\partial x}=2axy^2,$$

解得 $a=6$. 又由微分的运算性质可得

$$\begin{aligned}(x^4+4xy^3)\mathrm{d}x+(6x^2y^2-5y^4)\mathrm{d}y&=x^4\mathrm{d}x+4xy^3\mathrm{d}x+6x^2y^2\mathrm{d}y-5y^4\mathrm{d}y\\&=\mathrm{d}\frac{x^5}{5}+\mathrm{d}(2x^2y^3)-\mathrm{d}y^5=\mathrm{d}\left(\frac{x^5}{5}+2x^2y^3-y^5+C\right),\end{aligned}$$

故正确选项为(C).

9. 由对面积的曲面积分偶倍奇零的计算性质,图形关于 yOz,zOx 平面对称,所以(A)(B)(D)左侧的积分等于 0,右侧积分都大于 0,故正取选项为(C).

10. 记 $M(x_1,y_1)$,$N(x_2,y_2)$,$x_1<0$,$x_2>0$,$y_1>0$,$y_2<0$,于是可得

(A) $\int_\Gamma f(x,y)\mathrm{d}x=\int_\Gamma \mathrm{d}x=\int_{x_1}^{x_2}\mathrm{d}x=x_2-x_1>0$.

(B) $\int_\Gamma f(x,y)\mathrm{d}y=\int_\Gamma \mathrm{d}y=\int_{y_1}^{y_2}\mathrm{d}y=y_2-y_1<0$.

(C) $\int_\Gamma f(x,y)\mathrm{d}s=\int_\Gamma \mathrm{d}s=l>0$,其中 l 为 Γ 的长度.

(D) $\int_\Gamma f'_x(x,y)\mathrm{d}x+f'_y(x,y)\mathrm{d}y=\int_\Gamma \mathrm{d}f(x,y)=f(x,y)\Big|_{(x_1,y_1)}^{(x_2,y_2)}=f(x_2,y_2)-f(x_1,y_1)=1-1=0$.

故正确选项为(B).

三、解答题

11. **【参考解答】** 由曲线长度的极坐标方程计算公式,有

$$\mathrm{d}s=a\sqrt{(1+\cos\theta)^2+(-\sin\theta)^2}\,\mathrm{d}\theta=2a\left|\cos\frac{\theta}{2}\right|\mathrm{d}\theta,$$

并记 L_1 为心形线在 x 轴上方部分,则由对称性得

$$s=2\int_{L_1}\mathrm{d}s=2\int_0^{\pi}2a\cos\frac{\theta}{2}\mathrm{d}\theta=\left[-8a\sin\frac{\theta}{2}\right]_0^{\pi}=8a.$$

12. **【参考解答】** 积分曲面为 Σ: $z=\sqrt{x^2+y^2}$,D_{xy}: $x^2+y^2\leqslant 2x$,且

$$\mathrm{d}S=\sqrt{1+z_x'^2+z_y'^2}\,\mathrm{d}\sigma=\sqrt{2}\,\mathrm{d}\sigma,$$

于是由对面积的曲面积分计算公式和二重积分的极坐标计算方法,得

$$\begin{aligned}\iint_\Sigma z\,\mathrm{d}S&=\iint_D\sqrt{x^2+y^2}\cdot\sqrt{2}\,\mathrm{d}\sigma=\sqrt{2}\int_{-\pi/2}^{\pi/2}\mathrm{d}\theta\int_0^{2\cos\theta}\rho^2\mathrm{d}\rho\\&=\frac{16}{3}\sqrt{2}\int_0^{\pi/2}\cos^3\theta\,\mathrm{d}\theta=\frac{16}{3}\sqrt{2}\cdot\frac{2}{3}=\frac{32}{9}\sqrt{2}.\end{aligned}$$

13. **【参考解答】** 曲面 Σ 的方程为 $z^2+x^2=y-1(1\leqslant y\leqslant 3)$,补圆片 Σ_1: $y=3$,$x^2+z^2\leqslant 2$,方向取右侧. 设 Σ 和 Σ_1 所围成区域为 Ω,则由高斯公式得

$$\begin{aligned}I&=\oiint_{\Sigma+\Sigma_1}-\iint_{\Sigma_1}=\iiint_\Omega(8y+1-4y-4y)\mathrm{d}V-\iint_{\Sigma_1}2(1-y^2)\mathrm{d}z\mathrm{d}x\\&=\int_1^3\mathrm{d}y\iint_{x^2+z^2\leqslant y-1}\mathrm{d}z\mathrm{d}x+16\iint_{x^2+z^2\leqslant 2}\mathrm{d}z\mathrm{d}x=\pi\int_1^3(y-1)\mathrm{d}y+32\pi\end{aligned}$$

$$=\pi\left(\frac{1}{2}y^2-y\right)\Big|_1^3+32\pi=2\pi+32\pi=34\pi.$$

14.【参考解答】【法 1】 易得曲线的参数方程为

$$C: x=\cos\theta, y=\sin\theta, z=2-\cos\theta+\sin\theta, \theta: 2\pi\to 0,$$

故由对坐标的曲线积分的直接计算法，得

$$\oint_C (z-y)\mathrm{d}x+(x-z)\mathrm{d}y+(x-y)\mathrm{d}z$$

$$=-\int_{2\pi}^{0}[2(\sin\theta+\cos\theta)-2\cos 2\theta-1]\mathrm{d}\theta$$

$$=-\left[2(-\cos\theta+\sin\theta)-\sin 2\theta-\theta\right]_{2\pi}^{0}=-2\pi.$$

【法 2】 设 $\Sigma: x-y+z=2, D_{xy}: x^2+y^2\leqslant 1$，取下侧，则由斯托克斯公式，有

$$I=\iint_{\Sigma}\begin{vmatrix}\mathrm{d}y\mathrm{d}z & \mathrm{d}z\mathrm{d}x & \mathrm{d}x\mathrm{d}y\\ \partial/\partial x & \partial/\partial y & \partial/\partial y\\ z-y & x-z & x-y\end{vmatrix}=\iint_{\Sigma}2\mathrm{d}x\mathrm{d}y=-\iint_{D_{xy}}\mathrm{d}\sigma=-2\pi.$$

15.【参考解答】 令 $P(x,y)=\dfrac{-y}{4x^2+y^2}, Q(x,y)=\dfrac{x}{4x^2+y^2}$，则

$$\frac{\partial P}{\partial y}=\frac{y^2-4x^2}{(4x^2+y^2)^2}=\frac{\partial Q}{\partial x}, (x,y)\neq(0,0).$$

【法 1】 在 L 围成的区域 D 内作半径足够小的圆周

$$C: x=\frac{\delta}{2}\cos\theta, y=\delta\sin\theta, \theta: 0\to 2\pi,$$

L 与 C 围成区域 D'，则 $(0,0)\notin D'$，由格林公式，得

$$\iint_{L+C^-}\frac{x\mathrm{d}y-y\mathrm{d}x}{4x^2+y^2}=\iint_{D'}\left(\frac{\partial Q}{\partial x}-\frac{\partial P}{\partial y}\right)\mathrm{d}\sigma=0,$$

于是由对坐标的曲线积分的直接计算法，得

$$\oint_L\frac{x\mathrm{d}y-y\mathrm{d}x}{4x^2+y^2}=\oint_C\frac{x\mathrm{d}y-y\mathrm{d}x}{4x^2+y^2}=\frac{1}{2}\int_0^{2\pi}\frac{\delta^2}{\delta^2}\mathrm{d}\theta=\pi.$$

【法 2】 由于 $\dfrac{\partial P}{\partial y}=\dfrac{\partial Q}{\partial x}, (x,y)\neq(0,0)$，故积分与路径无关. 取 $C: 4x^2+y^2=1$，方向取逆时针方向，于是由格林公式，得

$$I=\oint_C x\mathrm{d}y-y\mathrm{d}x=2\iint_{4x^2+y^2\leqslant 1}\mathrm{d}\sigma=2\pi\cdot\frac{1}{2}\cdot 1=\pi.$$

16.【参考解答】 设变力所做的功为 W，记 L 为原点 $O(0,0)$ 沿曲线 $y=\sin x$ 到点 $A(\pi,0)$ 的曲线段，则

$$W=\int_L(x+y-xy)\mathrm{d}x+(x-y+y^2)\mathrm{d}y.$$

令 L_1 为 $A(\pi,0)$ 到 $O(0,0)$ 的直线段，则由格林公式，有

$$\oint_{L+L_1}(x+y-xy)\mathrm{d}x+(x-y+y^2)\mathrm{d}y=-\iint_D\left(\frac{\partial Q}{\partial x}-\frac{\partial P}{\partial y}\right)\mathrm{d}\sigma$$

$$=\iint_D(1-(1-x))\mathrm{d}\sigma=-\iint_D x\,\mathrm{d}\sigma=-\int_0^{\pi}\mathrm{d}x\int_0^{\sin x}x\,\mathrm{d}y$$

$$=-\int_0^{\pi}x\sin x\,\mathrm{d}x=(x\cos x-\sin x)\Big|_0^{\pi}=-\pi.$$

因此所求功为

$$W=\oint_{L+L_1}(x+y-xy)\mathrm{d}x+(x-y+y^2)\mathrm{d}y-\int_{L_1}(x+y-xy)\mathrm{d}x$$

$$=-\pi-\int_{\pi}^{0}x\,\mathrm{d}x=\frac{\pi^2}{2}-\pi.$$

17.【参考解答】 设 $\boldsymbol{n}=(\cos\alpha,\cos\beta,\cos\gamma)$ 为曲面 Σ 选定侧的单位法向量，则由两类曲面积分之间的关系，得

$$\left|\iint_{\Sigma}P\,\mathrm{d}y\mathrm{d}z+Q\,\mathrm{d}z\mathrm{d}x+R\,\mathrm{d}x\mathrm{d}y\right|$$

$$=\left|\iint_{\Sigma}(P\cos\alpha+Q\cos\beta+R\cos\gamma)\mathrm{d}S\right|\leqslant\iint_{\Sigma}|(P,Q,R)\cdot\boldsymbol{n}|\,\mathrm{d}S$$

$$\leqslant\iint_{\Sigma}|(P,Q,R)|\,\mathrm{d}S=\iint_{\Sigma}\sqrt{P^2+Q^2+R^2}\,\mathrm{d}S\leqslant M\iint_{\Sigma}\mathrm{d}S=MS.$$

18.【参考解答】 记 Σ 围成的区域为 Ω，则由已知条件及高斯公式，得

$$\frac{\partial P}{\partial x}+\frac{\partial Q}{\partial y}+\frac{\partial R}{\partial z}=xf'(x)+f(x)-xf(x)-\mathrm{e}^{2x}=0\ (x>0),$$

整理得方程为一阶线性非齐次微分方程

$$f'(x)+\left(\frac{1}{x}-1\right)f(x)=\frac{1}{x}\mathrm{e}^{2x}\ (x>0).$$

由一阶线性非齐次微分方通解计算公式，得

$$f(x)=\mathrm{e}^{\int\left(1-\frac{1}{x}\right)\mathrm{d}x}\left(\int\frac{\mathrm{e}^{2x}}{x}\cdot\mathrm{e}^{\int\left(\frac{1}{x}-1\right)\mathrm{d}x}\mathrm{d}x+C\right)$$

$$=\frac{\mathrm{e}^x}{x}\left(\int\mathrm{e}^x\,\mathrm{d}x+C\right)=\frac{\mathrm{e}^x}{x}(\mathrm{e}^x+C).$$

由于 $\lim\limits_{x\to0^+}f(x)=\lim\limits_{x\to0^+}\dfrac{\mathrm{e}^{2x}+C\mathrm{e}^x}{x}=1$，所以 $C=-1$，即 $f(x)=\dfrac{\mathrm{e}^x}{x}(\mathrm{e}^x-1)$.

19.【参考解答】 由曲线积分与路径无关的条件，则 $\dfrac{\partial Q(x,y)}{\partial x}=\dfrac{\partial(2xy)}{\partial y}=2x$，得 $Q(x,y)=x^2+C(y)$，其中 $C(y)$ 为待定函数. 又

$$\int_{(0,0)}^{(t,1)}2xy\,\mathrm{d}x+Q(x,y)\mathrm{d}y=\int_0^1[t^2+C(y)]\mathrm{d}y=t^2+\int_0^1C(y)\mathrm{d}y,$$

$$\int_{(0,0)}^{(1,t)}2xy\,\mathrm{d}x+Q(x,y)\mathrm{d}y=\int_0^t[1^2+C(y)]\mathrm{d}y=t+\int_0^tC(y)\mathrm{d}y,$$

从而有 $t^2+\int_0^1C(y)\mathrm{d}y=t+\int_0^tC(y)\mathrm{d}y$，两边同时关于 t 求导，则

$$2t=1+C(t),\quad 即\ C(y)=2y-1,$$

所以 $Q(x,y)=x^2+2y-1$.

20.【参考证明】(1)【法 1】 由格林公式,有

$$\oint_L x e^{\sin y} dy - y e^{-\sin x} dx = \iint_D (e^{\sin y} + e^{-\sin x}) d\sigma,$$

$$\oint_L x e^{-\sin y} dy - y e^{\sin x} dx = \iint_D (e^{-\sin y} + e^{\sin x}) d\sigma,$$

由于积分区域 D 关于坐标 x,y 具有轮换对称性,所以$\iint_D f(x,y)d\sigma = \iint_D f(y,x)d\sigma$,于是结论成立.

【法 2】 由对坐标的曲线积分的直接计算法,对两端的积分将积分路径分段计算可得

$$\oint_L x e^{\sin y} dy - y e^{-\sin x} dx = \int_0^\pi \pi e^{\sin y} dy - \int_\pi^0 \pi e^{-\sin x} dx = \pi\int_0^\pi (e^{\sin x} + e^{-\sin x}) dx,$$

$$\oint_L x e^{-\sin y} dy - y e^{\sin x} dx = \int_0^\pi \pi e^{-\sin y} dy - \int_\pi^0 \pi e^{\sin x} dx = \pi\int_0^\pi (e^{\sin x} + e^{-\sin x}) dx.$$

即所证等式成立.

(2) 由(1),得

$$\begin{aligned}\oint_L x e^{\sin y} dy - y e^{-\sin y} dx &= \iint_D (e^{\sin y} + e^{-\sin x}) d\sigma \\ &= \iint_D e^{\sin y} d\sigma + \iint_D e^{-\sin x} d\sigma \\ &= \iint_D e^{\sin x} d\sigma + \iint_D e^{-\sin x} d\sigma \\ &= \iint_D (e^{\sin x} + e^{-\sin x}) d\sigma \geqslant \iint_D 2 d\sigma = 2\pi^2.\end{aligned}$$

第九单元 曲线积分与曲面积分测验(B)

一、填空题(每小题 3 分,共 15 分)

1. 曲线 L:$\begin{cases} x^2+y^2+z^2=a^2 \\ x+y+z=0 \end{cases}$,则$\int_L (x^2+y-z)ds =$________.

2. 分段光滑的封闭曲线 C 围成的有界闭区域面积为 S,$\boldsymbol{n}$ 为 C 的外法线向量,则$\oint_C [x\cos(\boldsymbol{n},\boldsymbol{i}) + y\cos(\boldsymbol{n},\boldsymbol{j})]ds =$________.

3. $\int_{|x|+|y|=1} x^2 y dx + x y^2 dy =$____________.

4. $\iint\limits_{x^2+y^2+z^2=2ax} (x^2+y^2+z^2) dS =$________.

5. 设数量场 $u(x,y,z)$ 有二阶连续偏导数,则 $\mathrm{rot}(\mathrm{grad}u)=$________.

二、选择题(每小题 3 分,共 15 分)

6. 已知$\dfrac{(x+ay)dx+ydy}{(x+y)^2}$为某函数的全微分,则 $a=$(   ).

(A) -1　　(B) 0　　(C) 1　　(D) 2

7. 下列解法中正确的有(　　).

① 曲线 L：$(x-1)^2+y^2=2$ 取逆时针方向，因为 $\frac{\partial Q}{\partial x}=\frac{x^2-y^2}{2(x^2+y^2)}=\frac{\partial P}{\partial y}$，$D$ 为 L 围成的区域，所以 $\oint_L \frac{y\mathrm{d}x-x\mathrm{d}y}{2(x^2+y^2)}=\iint\limits_D\left(\frac{\partial Q}{\partial x}-\frac{\partial P}{\partial y}\right)\mathrm{d}\sigma=0$.

② 曲面 Σ：$x^2+y^2+z^2=R^2$ 取外侧，其中 Ω 为球面围成的空间区域，则有

$$\oiint\limits_{\Sigma} x^3\mathrm{d}y\mathrm{d}z+y^3\mathrm{d}z\mathrm{d}x+z^3\mathrm{d}x\mathrm{d}y=3\iiint\limits_{\Omega}(x^2+y^2+z^2)\mathrm{d}V$$

$$=3\int_0^{2\pi}\mathrm{d}\theta\int_0^{\pi}\sin\varphi\mathrm{d}\varphi\int_0^R r^4\mathrm{d}r=\frac{12}{5}\pi R^5.$$

③ 曲面 Σ 是圆柱面 $x^2+y^2=R^2$ 介于平面 $z=0$ 和 $z=H$ 之间的部分，因为圆柱面在 xOy 平面上的投影为一圆周，所以有 $\iint\limits_{\Sigma}\frac{\mathrm{d}S}{x^2+y^2+z^2}=0$.

④ 曲面 Σ 是半球面 $x^2+y^2+z^2=R^2(y\geqslant 0)$ 的外侧，则由对称性，有 $\iint\limits_{\Sigma}z\mathrm{d}S=0$，同理 $\iint\limits_{\Sigma}z\mathrm{d}x\mathrm{d}y=0$.

(A) ①②③④　　(B) ②③④　　(C) ②　　(D) ③④

8. 设 $\boldsymbol{A}=(x,y,z)$，而 $\boldsymbol{n}$ 为光滑闭曲面 Σ 的外侧单位法向量，则 Σ 所围成的闭区域 Ω 的体积 V 可以表示为(　　).

(A) $\oiint\limits_{\Sigma}\boldsymbol{A}\cdot\boldsymbol{n}\mathrm{d}S$　　(B) $\oiint\limits_{\Sigma}\boldsymbol{n}\cdot\boldsymbol{n}\mathrm{d}S$　　(C) $\oiint\limits_{\Sigma}y\mathrm{d}y\mathrm{d}z$　　(D) $\oiint\limits_{\Sigma}z\mathrm{d}x\mathrm{d}y$

9. 设 C 是圆周 $x^2+y^2=a^2(a>0)$，取顺时针方向，则 $\oint_C\frac{x\mathrm{d}y-y\mathrm{d}x}{x^2+y^2}=$(　　).

(A) 2π　　(B) 0　　(C) -2π　　(D) 与 a 有关

10. 设 Σ 是平面 $x+y+z=4$ 和圆柱面 $x^2+y^2=1$ 的交线，则 $\iint\limits_{\Sigma}y\mathrm{d}S$ 的值是(　　).

(A) 0　　(B) $\frac{4\sqrt{3}}{3}$　　(C) $4\sqrt{3}$　　(D) π

三、解答题(共 70 分)

11. (6 分) 计算 $I=\int_L(y-z)\mathrm{d}x+(z-x)\mathrm{d}y+(x-y)\mathrm{d}z$，其中 L 为圆柱面 $x^2+y^2=a^2$ 和平面 $\frac{x}{a}+\frac{z}{h}=1(a>0,h>0)$ 的交线，从 x 轴正向看取逆时针方向.

12. (6 分) 曲线积分 $\int_L[\mathrm{e}^x+2f(x)]y\mathrm{d}x-f(x)\mathrm{d}y$ 与路径无关，且 $f(1)=1$，求

$$I=\int_{(0,0)}^{(1,1)}[\mathrm{e}^x+2f(x)]y\mathrm{d}x-f(x)\mathrm{d}y.$$

13. (6 分)设 L 为沿圆 $x^2+y^2=a^2(a>0)$ 从 $(0,a)$ 依逆时针到点 $(0,-a)$ 的半圆周，

计算积分 $I=\int_L \frac{y^2}{\sqrt{a^2+x^2}}dx+[ax+2y\ln(x+\sqrt{a^2+x^2})]dy$.

14. (6分)设 $f(u)$ 具有连续导数,Σ 由球面 $x^2+y^2+z^2=a^2$,$x^2+y^2+z^2=4a^2$ 与锥面 $x^2-y^2+z^2=0(y\geqslant 0)$ 围成. 计算

$$I=\oiint_{\Sigma} xy\,dy\,dz+\left[\frac{1}{z}f\left(\frac{y}{z}\right)+y\sqrt{x^2+z^2}\right]dz\,dx+\left[\frac{1}{y}f\left(\frac{y}{z}\right)+yz\right]dx\,dy.$$

15. (6分) 计算 $\iint_{\Sigma}(x^3+az^2)dy\,dz+(y^3+ax^2)dz\,dx+(z^3+ay^2)dx\,dy$,其中 Σ 为上半球面 $z=\sqrt{a^2-x^2-y^2}$ 的上侧.

16. (8分)已知 C 为不经过原点的简单光滑闭曲线,且取逆时针方向. 计算曲线积分 $\oint_C \frac{y\,dx-x\,dy}{ax^2+by^2}$,其中 a,b 为大于零的常数.

17. (8分)设 Σ 为椭球面 $\frac{x^2}{2}+\frac{y^2}{2}+z^2=1$ 的上半部分,点 $P(x,y,z)\in\Sigma$,π 为 Σ 在点 P 处的切平面,$\rho(x,y,z)$ 为点 $O(0,0,0)$ 到平面 π 的距离,求 $I=\iint_{\Sigma}\frac{z}{\rho(x,y,z)}dS$.

18. (8分)设 P 为椭球面 S:$x^2+y^2+z^2-yz=1$ 上的动点,若 S 在点 P 处的切平面与 xOy 平面垂直,求点 P 的轨迹 C,并计算曲面积分

$$I=\iint_{\Sigma}\frac{(x+\sqrt{3})|y-2z|}{\sqrt{4+y^2+z^2-4yz}}dS,$$

其中 Σ 是椭球面 S 位于曲线 C 上方的部分.

19. (8分)设二元函数 $f(x,y)$ 连续,且满足

$$f(x,y)=x^2\oint_L f(x,y)ds+xy\iint_D f(x,y)d\sigma-1,$$

其中 D 为圆周 L:$x^2+y^2=1$ 所围成的闭区域. (1)试求 $f(x,y)$ 的表达式;(2)证明:$\oint_L yf(x,y)dx+xf(x,y)dy=\frac{\pi}{2}\oint_L f(x,y)ds$,其中 L 为逆时针方向.

20. (8分)设 $f(x,y)$ 和 $g(x,y)$ 在闭区域 D 上有二阶连续偏导数,L 为 D 的正向边界.

(1) 证明:$\iint_D f\frac{\partial g}{\partial x}d\sigma=\oint_L fg\,dy-\iint_D g\frac{\partial f}{\partial x}d\sigma$,$\iint_D f\frac{\partial g}{\partial y}d\sigma=-\oint_L fg\,dx-\iint_D g\frac{\partial f}{\partial y}d\sigma$.

(2) 若 D 为 $x^2+y^2\leqslant 1$,且在 D 上恒有 $\frac{\partial^2 f}{\partial x^2}+\frac{\partial^2 f}{\partial y^2}=e^{-(x^2+y^2)}$,求 $\iint_D\left(x\frac{\partial f}{\partial x}+y\frac{\partial f}{\partial y}\right)d\sigma$.

第九单元　曲线积分与曲面积分测验(B)参考解答

一、填空题

【参考解答】 1. 由于积分曲线 L 关于坐标 x,y,z 具有轮换对称性,因此有

$$\int_L x^2ds=\int_L y^2ds=\int_L z^2ds,\quad \int_L x\,ds=\int_L y\,ds=\int_L z\,ds.$$

又被积函数定义在积分曲线上，所以可得

$$\int_L (x^2+y-z)\mathrm{d}s=\frac{1}{3}\int_L (x^2+y^2+z^2)\mathrm{d}s=\frac{1}{3}\int_L a^2\mathrm{d}s=\frac{2\pi a^3}{3}.$$

2. 由于 $\boldsymbol{n}$ 为曲线的外法线方向，设曲线的逆时针方向的切向量为 $\boldsymbol{T}$，则有

$$\cos(\boldsymbol{n},\boldsymbol{j})=-\cos(\boldsymbol{T},\boldsymbol{i}),\cos(\boldsymbol{n},\boldsymbol{i})=\cos(\boldsymbol{T},\boldsymbol{j}),$$

代入积分式，则由两类曲线积分之间的关系，并由格林公式得

$$\begin{aligned}\oint_C[x\cos(\boldsymbol{n},\boldsymbol{i})+y\cos(\boldsymbol{n},\boldsymbol{j})]\mathrm{d}s&=\oint_C[x\cos(\boldsymbol{T},\boldsymbol{j})-y\cos(\boldsymbol{T},\boldsymbol{i})]\mathrm{d}s\\&=\oint_C x\mathrm{d}y-y\mathrm{d}x=\iint_D 2\mathrm{d}\sigma=2S.\end{aligned}$$

3. 记 $P=x^2y,Q=xy^2$，则$\dfrac{\partial Q}{\partial x}-\dfrac{\partial P}{\partial y}=y^2-x^2$，所以由格林公式，有

$$\int_{|x|+|y|=1}x^2y\mathrm{d}x+xy^2\mathrm{d}y=\pm\iint_{|x|+|y|\leqslant 1}(y^2-x^2)\mathrm{d}\sigma=0,$$

其中由于二重积分的积分区域$|x|+|y|\leqslant 1$关于坐标 x,y 具有轮换对称性，所以

$$\iint_D y^2\mathrm{d}\sigma=\iint_D x^2\mathrm{d}\sigma,\quad 即\iint_D(y^2-x^2)\mathrm{d}\sigma=0.$$

4. 由被积函数定义在积分曲面上和曲面图形的形心计算公式，得

$$I=2a\iint_{x^2+y^2+z^2=2ax}x\mathrm{d}S=2a\bar{x}\cdot 4\pi a^2=8\pi a^4.$$

其中 $\bar{x}$ 为球面形心横坐标，即

$$\bar{x}=\frac{\iint_{x^2+y^2+z^2=2ax}x\mathrm{d}S}{\iint_{x^2+y^2+z^2=2ax}\mathrm{d}S}=\frac{\iint_{x^2+y^2+z^2=2ax}x\mathrm{d}S}{4\pi a^2}=a.$$

5. 由梯度计算公式，得 $\mathrm{grad}u=\left(\dfrac{\partial u}{\partial x},\dfrac{\partial u}{\partial y},\dfrac{\partial u}{\partial z}\right)$，再由旋度计算公式，得

$$\begin{aligned}\mathrm{rot}(\mathrm{grad}u)&=\begin{vmatrix}\boldsymbol{i}&\boldsymbol{j}&\boldsymbol{k}\\\partial/\partial x&\partial/\partial y&\partial/\partial z\\\partial u/\partial x&\partial u/\partial y&\partial u/\partial z\end{vmatrix}\\&=\left(\left(\frac{\partial^2u}{\partial y\partial z}-\frac{\partial^2u}{\partial z\partial y}\right),\left(\frac{\partial^2u}{\partial x\partial z}-\frac{\partial^2u}{\partial z\partial x}\right),\left(\frac{\partial^2u}{\partial x\partial y}-\frac{\partial^2u}{\partial y\partial x}\right)\right)=(0,0,0).\end{aligned}$$

二、选择题

【参考解答】 6. 如果微分式为某个函数的全微分，则有$\dfrac{\partial P}{\partial y}=\dfrac{\partial Q}{\partial x}$. 由于

$$\frac{\partial P}{\partial y}=\frac{a(x+y)^2-2(x+y)(x+ay)}{(x+y)^4}=\frac{ax-ay-2x}{(x+y)^3},$$

$$\frac{\partial Q}{\partial x}=\frac{-y\cdot 2(x+y)}{(x+y)^4}=\frac{-2y}{(x+y)^3},$$

所以$\dfrac{ax-ay-2x}{(x+y)^3}=\dfrac{-2y}{(x+y)^3}$,即 $ax-ay-2x=-2y$,解得 $a=2$. 故正确选项为(D).

7. ① 错误. 积分区域 D 包含了原点,两个偏导数在原点处没定义,不能直接用格林公式.

② 正确. 利用高斯公式与球坐标系下的三重积分计算方法.

③ 错误. 由于曲面为非简单的 XY-型曲面,也不能分割成一些简单的 XY-型区域的并,所以不能将曲面积分转换为投影到 xOy 平面上的二重积分计算. 可以考虑投影到 yOz 平面,并利用积分区域关于 yOz 对称且被积函数是 x 的偶函数,有

$$\iint_{\Sigma}\frac{\mathrm{d}S}{x^2+y^2+z^2}=\iint_{D_{yz}}\frac{\mathrm{d}\sigma}{R^2+z^2}>0.$$

④ 错误. 其中$\iint_{\Sigma}z\,\mathrm{d}S=0$ 正确,$\iint_{\Sigma}z\,\mathrm{d}x\,\mathrm{d}y=0$ 错误. 对面积的曲面积分可以利用偶倍奇零的性质. 对坐标的曲面积分需要考察积分曲面的方向,上下两部分的曲面方向正好相反,一个向上,一个向下,积分计算中正好两个负号抵消,从而可得它的性质为奇倍偶零,因此积分为(其中 Σ_1 为 Σ 右半部分):

$$\iint_{\Sigma}z\,\mathrm{d}x\,\mathrm{d}y=2\iint_{\Sigma_1}z\,\mathrm{d}x\,\mathrm{d}y=2\int_0^{\pi}\mathrm{d}\theta\int_0^R\sqrt{R^2-\rho^2}\,\rho\,\mathrm{d}\rho=\frac{2\pi R^3}{3}.$$

综上,故正确选项为(C).

8. 由高斯公式可得 $\oiint_{\Sigma}z\,\mathrm{d}x\,\mathrm{d}y=\iiint_{\Omega}(0+0+1)\mathrm{d}V=V$, 故正确选项为(D).

9. 不能直接用格林公式,被积函数定义在积分曲线上,有

$$\oint_C\frac{x\,\mathrm{d}y-y\,\mathrm{d}x}{x^2+y^2}=\frac{1}{a^2}\oint_C x\,\mathrm{d}y-y\,\mathrm{d}x=-\frac{1}{a^2}\iint_{x^2+y^2\leqslant a^2}2\,\mathrm{d}\sigma=-2\pi.$$

故正确选项为(C).

【注】 在应用格林公式时,注意为顺时针方向,故结果多一个负号.

10. 积分曲面 Σ 可以表示为 $z=4-x-y$, D_{xy}: $x^2+y^2\leqslant 1$,故

$$\mathrm{d}S=\sqrt{1+z_x'^2+z_y'^2}\,\mathrm{d}\sigma=\sqrt{3}\,\mathrm{d}\sigma,$$

所以由对面积的曲面积分的直接计算法, 可得$\iint_{\Sigma}y\,\mathrm{d}S=\sqrt{3}\iint_{D}y\,\mathrm{d}\sigma=0$, 故正确选项为(A).

三、解答题

11. **【参考解答】** **【法 1】** 由圆柱面的方程容易写得曲线的参数方程为

$$L: x=a\cos t, y=a\sin t, z=h(1-\cos t), t: 0\to 2\pi,$$

于是由对坐标的曲线积分的直接计算法,得

$$\begin{aligned}I&=\int_0^{2\pi}\{[a\sin t-h(1-\cos t)]\cdot(-a\sin t)+[h(1-\cos t)-a\cos t]\cdot\\&\quad a\cos t+(a\cos t-a\sin t)\cdot h\sin t\}\mathrm{d}t\\&=-2\pi a(a+h).\end{aligned}$$

【法 2】 设 Σ: $z=h-\dfrac{h}{a}x$, D_{xy}: $x^2+y^2\leqslant a^2$,取上侧,则 Σ 单位法向量为

$$\boldsymbol{n}=(\cos\alpha,\cos\beta,\cos\gamma)=\frac{ah}{\sqrt{a^2+h^2}}\left(\frac{1}{a},0,\frac{1}{h}\right),$$

于是由斯托克斯公式,得

$$I=\iint_{\Sigma}\begin{vmatrix}\mathrm{d}y\mathrm{d}z & \mathrm{d}z\mathrm{d}x & \mathrm{d}x\mathrm{d}y\\ \partial/\partial x & \partial/\partial y & \partial/\partial z\\ y-z & z-x & x-y\end{vmatrix}=-2\iint_{\Sigma}\mathrm{d}y\mathrm{d}z+\mathrm{d}z\mathrm{d}x+\mathrm{d}x\mathrm{d}y$$

$$=-2\iint_{\Sigma}\left(\frac{\cos\alpha}{\cos\gamma}+\frac{\cos\beta}{\cos\gamma}+1\right)\mathrm{d}x\mathrm{d}y=-2\iint_{\Sigma}\left(\frac{h}{a}+1\right)\mathrm{d}x\mathrm{d}y$$

$$=-2\iint_{D}\left(\frac{h}{a}+1\right)\mathrm{d}\sigma=-2\pi a(h+a).$$

12.【参考解答】 取积分路径为$(0,0)\to(1,0)\to(1,1)$,得

$$I=\int_0^1[\mathrm{e}^x+2f(x)]0\mathrm{d}x-\int_0^1 f(1)\mathrm{d}y=-\int_0^1 f(1)\mathrm{d}y=-1.$$

13.【参考解答】 作辅助线C:$x=0,y=y,y:-a\to a$,记与L围成左半圆形区域为D,且$P=\dfrac{y^2}{\sqrt{a^2+x^2}}$,$Q=ax+2y\ln(x+\sqrt{a^2+x^2})$,则$\dfrac{\partial Q}{\partial x}-\dfrac{\partial P}{\partial y}=a$,于是由格林公式,得

$$I=\left(\int_{L+C}-\int_C\right)\frac{y^2}{\sqrt{a^2+x^2}}\mathrm{d}x+[ax+2y\ln(x+\sqrt{a^2+x^2})]\mathrm{d}y$$

$$=\iint_D\left(\frac{\partial Q}{\partial x}-\frac{\partial P}{\partial y}\right)\mathrm{d}\sigma+\int_C 2ay\mathrm{d}y=a\iint_D\mathrm{d}\sigma+2\ln a\int_{-a}^{a}y\mathrm{d}y=\frac{\pi a^3}{2}.$$

14.【参考解答】 记$\dfrac{\partial P}{\partial x}=y$,$\dfrac{\partial Q}{\partial y}=\dfrac{1}{z^2}f'\left(\dfrac{y}{z}\right)+\sqrt{x^2+z^2}$,$\dfrac{\partial R}{\partial z}=-\dfrac{1}{z^2}f'\left(\dfrac{y}{z}\right)+y$,则由高斯公式,得

$$I=\iiint_{\Omega}\left(\frac{\partial P}{\partial x}+\frac{\partial Q}{\partial y}+\frac{\partial R}{\partial z}\right)\mathrm{d}V=\iiint_{\Omega}(2y+\sqrt{x^2+z^2})\mathrm{d}V$$

$$=\int_0^{2\pi}\mathrm{d}\theta\int_0^{\pi/4}\sin\varphi\mathrm{d}\varphi\int_a^{2a}(2r\cos\varphi+r\sin\varphi)r^2\mathrm{d}r$$

$$=\frac{15}{2}\pi a^4\int_0^{\pi/4}(\sin 2\varphi+\sin^2\varphi)\mathrm{d}\varphi=\frac{15}{16}\pi a^4(2+\pi).$$

【注】 其中以y轴构建球面坐标系.

15.【参考解答】 作辅助面Σ_1:$z=0,x^2+y^2\leqslant a^2$,取下侧,Ω为Σ与Σ_1所围成的空间区域,则由高斯公式并对三重积分利用球面坐标计算公式,得

$$\oiint_{\Sigma+\Sigma_1}(x^3+az^2)\mathrm{d}y\mathrm{d}z+(y^3+ax^2)\mathrm{d}z\mathrm{d}x+(z^3+ay^2)\mathrm{d}x\mathrm{d}y$$

$$=\iiint_{\Omega}(x^2+y^2+z^2)\mathrm{d}V=3\int_0^{2\pi}\mathrm{d}\theta\int_0^{\pi/2}\sin\varphi\mathrm{d}\varphi\int_0^a r^4\mathrm{d}r=\frac{6}{5}\pi a^5,$$

对于Σ_1上对坐标的曲面积分由直接计算法,得

$$\iint_{\Sigma_1}(x^3+az^2)\mathrm{d}y\mathrm{d}z+(y^3+ax^2)\mathrm{d}z\mathrm{d}x+(z^3+ay^2)\mathrm{d}x\mathrm{d}y$$

$$=\iint_{\Sigma_1} ay^2\mathrm{d}x\mathrm{d}y,$$

$$=-\iint_{x^2+y^2\leqslant a^2} ay^2\mathrm{d}\sigma=-a\int_0^{2\pi}\sin^2\theta\mathrm{d}\theta\int_0^a\rho^3\mathrm{d}\rho=-\frac{1}{4}\pi a^5,$$

于是可得 $I=\oiint\limits_{\Sigma+\Sigma_1}-\iint\limits_{\Sigma_1}=\frac{6}{5}\pi a^5-\left(-\frac{1}{4}\pi a^5\right)=\frac{29}{20}\pi a^5$.

16.【参考解答】 记闭曲线 C 围成闭区域 D，令 $P=\frac{y}{ax^2+by^2}$，$Q=\frac{-x}{ax^2+by^2}$，则当 $(x,y)\neq(0,0)$ 时，$\frac{\partial P}{\partial y}=\frac{ax^2-by^2}{(ax^2+by^2)^2}=\frac{\partial Q}{\partial x}$. 若 $(0,0)\notin D$，由格林公式有

$$\oint_L\frac{y\mathrm{d}x-x\mathrm{d}y}{ax^2+by^2}=\iint_D\left(\frac{\partial Q}{\partial x}-\frac{\partial P}{\partial y}\right)\mathrm{d}\sigma=0.$$

若 $(0,0)\in D$，在 D 内作逆时针小椭圆 C_ε：$ax^2+by^2=\varepsilon^2(\varepsilon>0)$，$D_\varepsilon$ 为 C 与 C_ε^- 围成的闭区域，则由格林公式，得

$$\oint_C\frac{y\mathrm{d}x-x\mathrm{d}y}{ax^2+by^2}=\oint_{C+C_\varepsilon^-}\frac{y\mathrm{d}x-x\mathrm{d}y}{ax^2+by^2}-\oint_{C_\varepsilon^-}\frac{y\mathrm{d}x-x\mathrm{d}y}{ax^2+by^2}$$

$$=\iint_{D_\varepsilon}0\mathrm{d}\sigma-\oint_{C_\varepsilon^-}\frac{y\mathrm{d}x-x\mathrm{d}y}{ax^2+by^2}=\oint_{C_\varepsilon}\frac{y\mathrm{d}x-x\mathrm{d}y}{ax^2+by^2}$$

$$=\frac{1}{\varepsilon^2}\oint_{C_\varepsilon}y\mathrm{d}x-x\mathrm{d}y=\frac{1}{\varepsilon^2}\iint_{ax^2+by^2\leqslant\varepsilon^2}(-2)\mathrm{d}\sigma=-\frac{2\pi}{\varepsilon^2}\sqrt{\frac{\varepsilon^2}{a}\cdot\frac{\varepsilon^2}{b}}=-\frac{2\pi}{\sqrt{ab}}.$$

17.【参考解答】 点 P 处的法向量为 $\boldsymbol{n}=(x,y,2z)$，从而可得该点处的切平面 π 的方程为

$$xX+yY+2zZ-2=0.$$

于是可得原点到 π 的距离为

$$\rho(x,y,z)=\frac{|-2|}{\sqrt{x^2+y^2+4z^2}}=\frac{2}{\sqrt{4-x^2-y^2}}.$$

又 Σ：$z=\sqrt{1-\frac{x^2}{2}-\frac{y^2}{2}}$，$D_{xy}$：$x^2+y^2\leqslant 2$，且 $z_x'=-\frac{x}{2z}$，$z_y'=-\frac{y}{2z}$，于是

$$\mathrm{d}S=\sqrt{1+z_x'^2+z_y'^2}\mathrm{d}\sigma=\frac{\sqrt{4-x^2-y^2}}{2z}\mathrm{d}\sigma=\frac{1}{z\rho(x,y,z)}\mathrm{d}\sigma,$$

所以由对面积的曲面积分的直接计算法，得

$$I=\iint_\Sigma\frac{z}{\rho(x,y,z)}\mathrm{d}S=\iint_\Sigma\frac{\mathrm{d}\sigma}{\rho^2(x,y,z)}$$

$$=\frac{1}{4}\iint_D(4-x^2-y^2)\mathrm{d}\sigma=\frac{1}{4}\int_0^{2\pi}\mathrm{d}\theta\int_0^{\sqrt{2}}(4-\rho^2)\rho\mathrm{d}\rho=\frac{3\pi}{2}.$$

18.【参考解答】 椭球面 S 在点 P 处的法向量可取为 $\boldsymbol{n}=(2x,2y-z,2z-y)$，由题设可知 $\boldsymbol{n}$ 垂直于 $\boldsymbol{k}=(0,0,1)$，则 $\boldsymbol{n}\cdot\boldsymbol{k}=2z-y=0$，所以点 P 的轨迹 C 的方程为

$$\begin{cases}2z-y=0\\x^2+y^2+z^2-yz=1\end{cases},\quad 即\begin{cases}2z-y=0\\4x^2+3y^2=4\end{cases}.$$

于是可知曲面 Σ 在 xOy 平面的投影区域为 D：$4x^2+3y^2\leqslant 4$. 曲面 Σ 为曲面 S 的一部分，因此其方程仍为 $x^2+y^2+z^2-yz=1$. 记 $F(x,y,z)=x^2+y^2+z^2-yz-1$,则

$$F'_x=2x,\quad F'_y=2y-z,\quad F'_z=2z-y,$$

由此得 $\dfrac{\partial z}{\partial x}=-\dfrac{F'_x}{F'_z}=\dfrac{2x}{y-2z}$, $\dfrac{\partial z}{\partial y}=-\dfrac{F'_y}{F'_z}=\dfrac{2y-z}{y-2z}$,于是

$$\mathrm{d}S=\sqrt{1+\left(\frac{\partial z}{\partial x}\right)^2+\left(\frac{\partial z}{\partial y}\right)^2}\,\mathrm{d}\sigma=\frac{\sqrt{4+y^2+z^2-4yz}}{|y-2z|}\mathrm{d}\sigma,$$

所以由对面积的曲面积分的直接计算法,得

$$I=\iint_D\frac{(x+\sqrt{3})|y-2z|}{\sqrt{4+y^2+z^2-4yz}}\cdot\frac{\sqrt{4+y^2+z^2-4yz}}{|y-2z|}\mathrm{d}\sigma=\iint_D(x+\sqrt{3})\mathrm{d}\sigma$$

$$=\iint_D x\,\mathrm{d}\sigma+\sqrt{3}\iint_D\mathrm{d}\sigma=0+\sqrt{3}\pi\cdot1\cdot\frac{2}{\sqrt{3}}=2\pi.$$

19. **【参考解答】** (1) 记 $a=\oint_L f(x,y)\mathrm{d}s$, $b=\iint_D f(x,y)\mathrm{d}\sigma$, 则

$$f(x,y)=ax^2+bxy-1.$$

依题意可得

$$b=\iint_D f(x,y)\mathrm{d}\sigma=a\iint_D x^2\mathrm{d}\sigma+b\iint_D xy\,\mathrm{d}\sigma-\pi=\frac{\pi}{4}a-\pi,$$

$$a=\oint_L f(x,y)\mathrm{d}s=a\oint_L x^2\mathrm{d}s+b\oint_L xy\,\mathrm{d}s-2\pi=\pi a-2\pi,$$

解得 $a=\dfrac{2\pi}{\pi-1}$, $b=\dfrac{2\pi-\pi^2}{2\pi-2}$,所以

$$f(x,y)=\frac{2\pi}{\pi-1}x^2-\frac{\pi^2-2\pi}{2\pi-2}xy-1.$$

(2) 由 $f(x,y)=ax^2+bxy-1$,则 $f'_x(x,y)=2ax+by$, $f'_y(x,y)=bx$,于是

$$x\frac{\partial f}{\partial x}-y\frac{\partial f}{\partial y}=2ax^2.$$

由格林公式可得

$$\oint_L yf(x,y)\mathrm{d}x+xf(x,y)\mathrm{d}y=\iint_D\left[\frac{\partial(xf)}{\partial x}-\frac{\partial(yf)}{\partial y}\right]\mathrm{d}\sigma$$

$$=\iint_D\left(x\frac{\partial f}{\partial x}-y\frac{\partial f}{\partial y}\right)\mathrm{d}\sigma=2a\iint_D x^2\mathrm{d}\sigma=a\iint_D(x^2+y^2)\mathrm{d}\sigma$$

$$=a\int_0^{2\pi}\mathrm{d}\theta\int_0^1\rho^3\mathrm{d}\rho=\frac{\pi}{2}a=\frac{\pi}{2}\oint_L f(x,y)\mathrm{d}s.$$

即所需验证的等式成立.

20. **【参考证明】** (1) 由格林公式,有

$$\oint_L fg\,\mathrm{d}y=\iint_D \frac{\partial(fg)}{\partial x}\mathrm{d}\sigma=\iint_D\left(g\frac{\partial f}{\partial x}+f\frac{\partial g}{\partial x}\right)\mathrm{d}\sigma,$$

$$\oint_L fg\,\mathrm{d}x=-\iint_D \frac{\partial(fg)}{\partial u}\mathrm{d}\sigma=-\iint_D\left(g\frac{\partial f}{\partial y}+f\frac{\partial g}{\partial y}\right)\mathrm{d}\sigma,$$

移项直接可得所需验证的等式.

(2)【法 1】 视 $x=\frac{\partial}{\partial x}\left(\frac{x^2+y^2}{2}\right)$, $y=\frac{\partial}{\partial y}\left(\frac{x^2+y^2}{2}\right)$,则由(1)可得

$$\begin{aligned}\iint_D\left(x\frac{\partial f}{\partial x}+y\frac{\partial f}{\partial y}\right)\mathrm{d}\sigma&=\oint_L\frac{x^2+y^2}{2}\frac{\partial f}{\partial x}\mathrm{d}y-\iint_D\frac{x^2+y^2}{2}\frac{\partial^2 f}{\partial x^2}\mathrm{d}\sigma-\\&\quad\left(\oint_L\frac{x^2+y^2}{2}\frac{\partial f}{\partial y}\mathrm{d}x+\iint_D\frac{x^2+y^2}{2}\frac{\partial^2 f}{\partial y^2}\mathrm{d}\sigma\right)\\&=\oint_L\frac{x^2+y^2}{2}\left(\frac{\partial f}{\partial x}\mathrm{d}y-\frac{\partial f}{\partial y}\mathrm{d}x\right)-\iint_D\frac{x^2+y^2}{2}\left(\frac{\partial^2 f}{\partial x^2}+\frac{\partial^2 f}{\partial y^2}\right)\mathrm{d}\sigma\\&=\frac{1}{2}\iint_D\left(\frac{\partial^2 f}{\partial x^2}+\frac{\partial^2 f}{\partial y^2}\right)\mathrm{d}\sigma-\iint_D\frac{x^2+y^2}{2}\left(\frac{\partial^2 f}{\partial x^2}+\frac{\partial^2 f}{\partial y^2}\right)\mathrm{d}\sigma\\&=\frac{1}{2}\iint_D(1-x^2-y^2)\mathrm{e}^{-(x^2+y^2)}\mathrm{d}\sigma=\frac{1}{2}\int_0^{2\pi}\mathrm{d}\theta\int_0^1(1-\rho^2)\mathrm{e}^{\rho^2}\cdot\rho\mathrm{d}\rho=\frac{\pi}{2\mathrm{e}}.\end{aligned}$$

【法 2】 将二重积分化为极坐标下二次积分,有

$$\begin{aligned}\iint_D\left(x\frac{\partial f}{\partial x}+y\frac{\partial f}{\partial y}\right)\mathrm{d}x\mathrm{d}y&=\int_0^{2\pi}\mathrm{d}\theta\int_0^1\left(\rho\cos\theta\frac{\partial f}{\partial x}+\rho\sin\theta\frac{\partial f}{\partial y}\right)\rho\mathrm{d}\rho\\&=\int_0^1\rho\mathrm{d}\rho\int_0^{2\pi}\left(\rho\cos\theta\frac{\partial f}{\partial x}+\rho\sin\theta\frac{\partial f}{\partial y}\right)\mathrm{d}\theta.\end{aligned}\tag{1}$$

在正向圆周 L_ρ: $x^2+y^2=\rho^2$ 上, $x=\rho\cos\theta$, $y=\rho\sin\theta$ θ: $0\to 2\pi$,于是 $\mathrm{d}x=-\rho\sin\theta\mathrm{d}\theta$, $\mathrm{d}y=\rho\cos\theta\mathrm{d}\theta$. 改写积分式,得

$$\begin{aligned}\int_0^{2\pi}\left(\rho\cos\theta\frac{\partial f}{\partial x}+\rho\sin\theta\frac{\partial f}{\partial y}\right)\mathrm{d}\theta&=\oint_{L_\rho}\frac{\partial f}{\partial x}\mathrm{d}y-\frac{\partial f}{\partial y}\mathrm{d}x\\&=\iint_{x^2+y^2\leqslant\rho^2}\left(\frac{\partial^2 f}{\partial x^2}+\frac{\partial^2 f}{\partial y^2}\right)\mathrm{d}\sigma=\int_0^{2\pi}\mathrm{d}\theta\int_0^\rho\mathrm{e}^{-r^2}\cdot r\mathrm{d}r=\pi(1-\mathrm{e}^{-\rho^2}),\end{aligned}\tag{2}$$

将式(2)结果代入式(1),得

$$\iint_D\left(x\frac{\partial f}{\partial x}+y\frac{\partial f}{\partial y}\right)\mathrm{d}x\mathrm{d}y=\int_0^1\pi(1-\mathrm{e}^{-\rho^2})\rho\mathrm{d}\rho=\frac{\pi}{2\mathrm{e}}.$$

第十单元

无 穷 级 数

练习 70 常数项级数敛散性的概念与性质

训练目的

1. 理解无穷级数收敛与发散,收敛级数的和的概念,会利用部分和的极限判断级数的敛散性.

2. 掌握级数收敛的必要条件和收敛级数的性质,会利用这些条件和性质判断级数的敛散性.

3. 熟悉几何级数的敛散性.

基础练习

1. 下列命题中正确的有________________.

① 如果级数 $\sum_{n=1}^{\infty} a_n$ 和 $\sum_{n=1}^{\infty} b_n$ 都收敛,则级数 $\sum_{n=1}^{\infty}(a_n+b_n)$ 也收敛

② 如果级数 $\sum_{n=1}^{\infty} a_n$ 收敛, $\sum_{n=1}^{\infty} b_n$ 发散,则级数 $\sum_{n=1}^{\infty}(a_n+b_n)$ 收敛

③ 如果级数 $\sum_{n=1}^{\infty} a_n$ 收敛, $\sum_{n=1}^{\infty} b_n$ 发散,则级数 $\sum_{n=1}^{\infty}(a_n+b_n)$ 发散

④ 如果级数 $\sum_{n=1}^{\infty} a_n$ 和 $\sum_{n=1}^{\infty} b_n$ 都发散,则级数 $\sum_{n=1}^{\infty}(a_n+b_n)$ 也发散

【参考解答】 ①③. 由收敛级数的性质可知①正确. ②不正确. ③正确. 假设 $\sum_{n=1}^{\infty}(a_n+b_n)$ 收敛,则 $b_n=(a_n+b_n)-a_n$,而 $\sum_{n=1}^{\infty}(a_n+b_n)$ 和 $\sum_{n=1}^{\infty} a_n$ 均收敛,故由收敛级数的性质知级数 $\sum_{n=1}^{\infty} b_n$ 收敛,这与已知矛盾,故假设不成立,即 $\sum_{n=1}^{\infty}(a_n+b_n)$ 发散. ④不正

确. 例如取 $a_n=(-1)^n, b_n=(-1)^{n-1}$，显然 $\sum_{n=1}^{\infty} a_n$ 与 $\sum_{n=1}^{\infty} b_n$ 都发散，但 $\sum_{n=1}^{\infty}(a_n+b_n)=0$ 收敛.

2. 下列命题中正确的有________.

① 若 $\sum_{n=1}^{\infty} u_n$ 收敛，则 $\sum_{n=1}^{\infty}(u_{2n-1}+u_{2n})$ 收敛

② 若 $\sum_{n=1}^{\infty} u_n$ 收敛，则 $\sum_{n=1}^{\infty}(u_{2n-1}-u_{2n})$ 收敛

③ 若 $\sum_{n=1}^{\infty}(u_{2n-1}+u_{2n})$ 收敛，则 $\sum_{n=1}^{\infty} u_n$ 收敛

④ 若 $\sum_{n=1}^{\infty} u_n$ 收敛，则 $\sum_{n=1}^{\infty} u_{n+1000}$ 收敛

【参考解答】 ①④. 由收敛级数的性质可知①④正确. ②不正确. 取 $u_n=\dfrac{(-1)^{n-1}}{n}$，则 $\sum_{n=1}^{\infty} u_n$ 收敛，但由于 $\sum_{n=1}^{\infty}\dfrac{1}{n}$ 发散，于是 $\sum_{n=1}^{\infty}(u_{2n-1}-u_{2n})=\sum_{n=1}^{\infty}\left(\dfrac{1}{2n-1}+\dfrac{1}{2n}\right)$ 发散.

③ 不正确. 例如 $\sum_{n=1}^{\infty}(-1)^n$ 发散，但 $\sum_{n=1}^{\infty}(u_{2n-1}+u_{2n})=0$ 收敛.

3. 下列级数中收敛的有________.

① $-\dfrac{8}{9}+\dfrac{8^2}{9^2}-\dfrac{8^3}{9^3}+\cdots$　② $\dfrac{1}{3}+\dfrac{1}{6}+\dfrac{1}{9}+\dfrac{1}{12}+\cdots$

③ $1!+2!+3!+\cdots$　④ $\left(\dfrac{1}{2}+\dfrac{1}{3}\right)+\left(\dfrac{1}{2^2}+\dfrac{1}{3^2}\right)+\cdots+\left(\dfrac{1}{2^n}+\dfrac{1}{3^n}\right)+\cdots$

【参考解答】 ①④. ①这是一个几何级数，其公比 $|q|=\dfrac{8}{9}<1$，故该几何级数收敛.

② $\dfrac{1}{3}+\dfrac{1}{6}+\dfrac{1}{9}+\dfrac{1}{12}+\cdots=\dfrac{1}{3}\sum_{n=1}^{\infty}\dfrac{1}{n}$，因调和级数 $\sum_{n=1}^{\infty}\dfrac{1}{n}$ 发散，由级数的性质知此级数发散.

③ 因 $\lim_{n\to\infty} a_n=\lim_{n\to\infty} n!=+\infty\neq 0$，由收敛级数的必要性知此级数发散.

④ 由于几何级数 $\sum_{n=1}^{\infty}\dfrac{1}{2^n}$ 和 $\sum_{n=1}^{\infty}\dfrac{1}{3^n}$ 均收敛，故由级数的性质知此级数 $\sum_{n=1}^{\infty}\left(\dfrac{1}{2^n}+\dfrac{1}{3^n}\right)$ 收敛，且其和为 $\sum_{n=1}^{\infty}\left(\dfrac{1}{2^n}+\dfrac{1}{3^n}\right)=1+\dfrac{1}{2}=\dfrac{3}{2}$.

4. 级数 $\sum_{n=1}^{\infty}\dfrac{1}{4n^2-1}$ 的部分和数列 $S_n=$________，和 $S=\sum_{n=1}^{\infty}\dfrac{1}{4n^2-1}=$________. 级数 $\sum_{n=1}^{\infty}\dfrac{n}{(n+1)!}$ 的部分和数列 $S_n=$________，和 $S=\sum_{n=1}^{\infty}\dfrac{n}{(n+1)!}=$________.

【参考解答】 由部分和数列的定义，对于级数 $\sum\limits_{n=1}^{\infty}\frac{1}{4n^2-1}$，$S_n=\sum\limits_{k=1}^{n}\frac{1}{4k^2-1}$，且

$$\sum_{n=1}^{\infty}\frac{1}{4n^2-1}=\lim_{n\to\infty}\frac{1}{2}\sum_{k=1}^{n}\left(\frac{1}{2k-1}-\frac{1}{2k+1}\right)=\lim_{n\to\infty}\frac{1}{2}\left(1-\frac{1}{2n+1}\right)=\frac{1}{2}.$$

类似对于 $\sum\limits_{n=1}^{\infty}\frac{n}{(n+1)!}$，有 $S_n=\sum\limits_{k=1}^{n}\frac{k}{(k+1)!}$，且

$$\sum_{n=1}^{\infty}\frac{n}{(n+1)!}=\lim_{n\to\infty}\sum_{k=1}^{n}\left(\frac{1}{k!}-\frac{1}{(k+1)!}\right)=\lim_{n\to\infty}\left(1-\frac{1}{(n+1)!}\right)=1.$$

5. 若 $\lim\limits_{n\to\infty}\frac{u_{n+1}}{u_n}>1$，证明级数 $\sum\limits_{n=1}^{\infty}u_n$ 发散.

【参考证明】 由 $\lim\limits_{n\to\infty}\frac{u_{n+1}}{u_n}>1$ 可知，存在 $N\in\mathbb{Z}^+$，当 $n>N$ 时有 $\frac{u_{n+1}}{u_n}>1$. 不妨设 $u_n>0$，于是有 $u_{n+1}>u_n>0$，从而有 $\lim\limits_{n\to\infty}u_n\neq 0$，所以级数 $\sum\limits_{n=1}^{\infty}u_n$ 发散.

6. 已知级数 $\sum\limits_{n=1}^{\infty}(-1)^{n-1}a_n=2$，$\sum\limits_{n=1}^{\infty}a_{2n-1}=5$，问级数 $\sum\limits_{n=1}^{\infty}a_n$ 是否收敛？ 若收敛，求级数的和.

【参考解答】 记 $a_{2n-1}-a_{2n}=u_n$，$v_n=a_{2n-1}$，由题设可知 $\sum\limits_{n=1}^{\infty}u_n$，$\sum\limits_{n=1}^{\infty}v_n$ 收敛，于是 $\sum\limits_{n=1}^{\infty}(v_n-u_n)=\sum\limits_{n=1}^{\infty}a_{2n}$ 收敛，其和为 $\sum\limits_{n=1}^{\infty}a_{2n}=\sum\limits_{n=1}^{\infty}v_n-\sum\limits_{n=1}^{\infty}u_n=3$，于是 $\sum\limits_{n=1}^{\infty}a_n=\sum\limits_{n=1}^{\infty}(u_n+2v_n)$ 收敛，其和为 $\sum\limits_{n=1}^{\infty}a_n=\sum\limits_{n=1}^{\infty}u_n+2\sum\limits_{n=1}^{\infty}v_n=8$.

7. 设级数 $\sum\limits_{n=1}^{\infty}(a_{2n-1}+a_{2n})$ 收敛于 S，且 $\lim\limits_{n\to\infty}a_n=0$，证明：级数 $\sum\limits_{n=1}^{\infty}a_n$ 收敛于 S.

【参考证明】 设 $\sum\limits_{n=1}^{\infty}a_n$ 的部分和为 S_n，则 $\sum\limits_{n=1}^{\infty}(a_{2n-1}+a_{2n})$ 的部分和 $T_n=S_{2n}$. 因 $\sum\limits_{n=1}^{\infty}(a_{2n-1}+a_{2n})$ 收敛于 S，即有 $\lim\limits_{n\to\infty}T_n=S$，所以 $\lim\limits_{n\to\infty}S_{2n}=S$. 又

$$\lim_{n\to\infty}S_{2n+1}=\lim_{n\to\infty}(S_{2n}+a_{2n+1})=\lim_{n\to\infty}S_{2n}+\lim_{n\to\infty}a_{2n+1}=S.$$

于是由拉链原理知 $\lim\limits_{n\to\infty}S_n=S$，所以由级数收敛定义知级数 $\sum\limits_{n=1}^{\infty}a_n$ 收敛于 S.

综合练习

8. 我们可以把无限循环小数 $0.\dot{3}$ 表示成无穷级数：$0.\dot{3}=3\left(\frac{1}{10}+\frac{1}{10^2}+\frac{1}{10^3}+\cdots\right)$.

(1) 试将 $0.\dot{9}$ 表示成无穷级数，并由此说明 $0.\dot{9}=1$ 成立.

(2) 先将 $0.\dot{7}\dot{1}$ 及 $0.\dot{1}2\dot{3}$ 表示成无穷级数，再将它们表示成分数.

【参考解答】 (1) $\sum_{n=1}^{\infty}\frac{1}{10^n}$为公比为$\frac{1}{10}$的几何级数，其和为$\sum_{n=1}^{\infty}\frac{1}{10^n}=\frac{0.1}{1-0.1}=\frac{1}{9}$. 因此

$$0.\dot{9}=9\left(\frac{1}{10}+\frac{1}{10^2}+\frac{1}{10^3}+\cdots\right)=9\sum_{n=1}^{\infty}\frac{1}{10^n}=1.$$

(2) 基于以上循环小数的描述形式，类似可得

$$0.\dot{7}\dot{1}=71\left(\frac{1}{10^2}+\frac{1}{10^4}+\frac{1}{10^6}+\cdots\right)=71\sum_{n=1}^{\infty}\frac{1}{10^{2n}}=71\cdot\frac{0.01}{1-0.01}=\frac{71}{99}.$$

$$0.\dot{1}2\dot{3}=123\left(\frac{1}{10^3}+\frac{1}{10^6}+\frac{1}{10^9}+\cdots\right)=123\sum_{n=1}^{\infty}\frac{1}{10^{3n}}=123\cdot\frac{0.001}{1-0.001}=\frac{41}{333}.$$

9. 用合适的方法判定下列级数的敛散性，若收敛求其和.

(1) $\left(\frac{1}{6}-\frac{8}{9}\right)+\left(\frac{1}{6^2}+\frac{8^2}{9^2}\right)+\left(\frac{1}{6^3}-\frac{8^3}{9^3}\right)+\left(\frac{1}{6^4}+\frac{8^4}{9^4}\right)+\cdots$

(2) $\frac{1}{1\cdot 6}+\frac{1}{6\cdot 11}+\frac{1}{11\cdot 16}+\cdots+\frac{1}{(5n-4)(5n+1)}+\cdots$

(3) $\sum_{n=1}^{\infty}(\sqrt{n+1}-\sqrt{n})$

(4) $\frac{1}{1\cdot 2\cdot 3}+\frac{1}{2\cdot 3\cdot 4}+\frac{1}{3\cdot 4\cdot 5}+\cdots$

【参考解答】 (1) 级数即$\sum_{n=1}^{\infty}\left[\frac{1}{6^n}+\left(-\frac{8}{9}\right)^n\right]$，两个几何级数$\sum_{n=1}^{\infty}\frac{1}{6^n}$和$\sum_{n=1}^{\infty}\left(-\frac{8}{9}\right)^n$的公比的绝对值分别为$\left|\frac{1}{6}\right|<1,\left|-\frac{8}{9}\right|<1$，故两级数均收敛，从而可知原级数收敛且

$$\sum_{n=1}^{\infty}\left[\frac{1}{6^n}+\left(-\frac{8}{9}\right)^n\right]=\frac{1}{6}\cdot\frac{1}{1-\frac{1}{6}}+\left(-\frac{8}{9}\cdot\frac{1}{1+\frac{8}{9}}\right)=\frac{1}{5}-\frac{8}{17}=-\frac{23}{85}.$$

(2) 由$\frac{1}{(5n-4)(5n+1)}=\frac{1}{5}\left(\frac{1}{5n-4}-\frac{1}{5n+1}\right)$，可得级数的部分和为

$$\begin{aligned}S_n&=\frac{1}{1\cdot 6}+\frac{1}{6\cdot 11}+\frac{1}{11\cdot 16}+\cdots+\frac{1}{(5n-4)(5n+1)}\\&=\frac{1}{5}\left(1-\frac{1}{6}+\frac{1}{6}-\frac{1}{11}+\cdots+\frac{1}{5n-4}-\frac{1}{5n+1}\right)=\frac{1}{5}\left(1-\frac{1}{5n+1}\right),\end{aligned}$$

于是$\lim\limits_{n\to\infty}S_n=\frac{1}{5}$，故由级数收敛的定义知原级数收敛，且其和为$\frac{1}{5}$.

(3) 由级数的通项表达式可得级数的部分和数列为

$$S_n=(\sqrt{2}-1)+(\sqrt{3}-\sqrt{2})+\cdots+(\sqrt{n+1}-\sqrt{n})=\sqrt{n+1}-1,$$

则$\lim\limits_{n\to\infty}S_n=+\infty$，所以由级数收敛的定义知该级数发散.

(4) 因$\frac{1}{n(n+1)(n+2)}=\frac{1}{2}\left(\frac{1}{n}-\frac{2}{n+1}+\frac{1}{n+2}\right)$,于是级数的部分和数列为

$$\begin{aligned}S_n&=\frac{1}{1\cdot 2\cdot 3}+\frac{1}{2\cdot 3\cdot 4}+\cdots+\frac{1}{n(n+1)(n+2)}\\&=\frac{1}{2}\left(1-\frac{2}{2}+\frac{1}{3}+\frac{1}{2}-\frac{2}{3}+\frac{1}{4}+\frac{1}{3}-\frac{2}{4}+\frac{1}{5}+\cdots+\frac{1}{n}-\frac{2}{n+1}+\frac{1}{n+2}\right)\\&=\frac{1}{2}\left(\frac{1}{2}-\frac{1}{n+1}+\frac{1}{n+2}\right)=\frac{1}{4},\end{aligned}$$

所以$\lim\limits_{n\to\infty}S_n=\lim\limits_{n\to\infty}\frac{1}{2}\left(\frac{1}{2}-\frac{1}{n+1}+\frac{1}{n+2}\right)=\frac{1}{4}$,从而由级数收敛的定义知原级数收敛,且其和为$\frac{1}{4}$.

10. 如图所示,从边长为1的等边三角形曲线C_1开始,在每边中间三分之一的线段上作朝外的等边三角形,并去掉老的边上的中间三分之一的线段的内部,得到的曲线为曲线C_2.然后,在曲线C_2的每边中间三分之一的线段上作朝外的等边三角形,并去掉老的边上的中间三分之一的线段的内部,得到曲线C_3.重复上述过程,得到平面曲线的无穷序列.序列的极限称为科赫雪花曲线.

(1) 记$a_n(n=2,3,\cdots)$是由曲线C_{n-1}生成C_n时,曲线C_n所围闭区域新增加的面积,试写出a_n的通项公式,证明级数$\sum\limits_{n=2}^{\infty}a_n$收敛,并求科赫雪花曲线所围成的面积.

(2) 问:科赫雪花曲线的长度是有限的吗?证明你的结论.

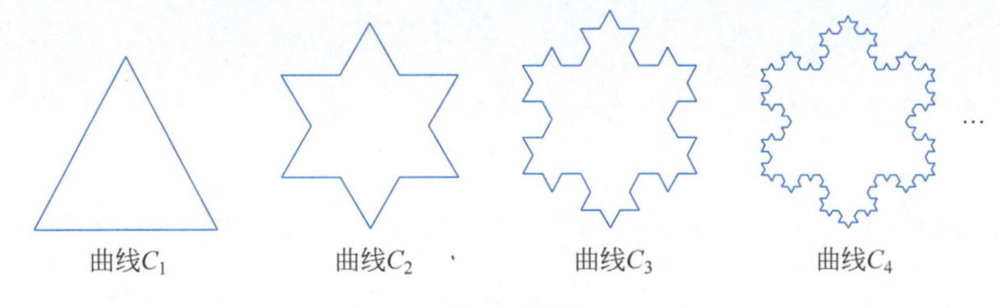

第10题图

【参考解答】 (1) 由曲线C_{n-1}生成C_n时,增加$3\cdot 4^{n-2}$个边长为$\frac{1}{3^{n-1}}$的三角形,所以新增加的面积为

$$a_n=3\cdot 4^{n-2}\cdot\frac{\sqrt{3}}{4}\cdot\frac{1}{3^{2(n-1)}}=\frac{\sqrt{3}}{12}\left(\frac{4}{9}\right)^{n-2},\quad n=2,3,\cdots,$$

由于a_n是公比为$\frac{4}{9}$的等比数列,公比为小于1的正数,所以增加的面积等于每个小三角形上扩展的面积之和,对应级数$\sum\limits_{n=2}^{\infty}a_n$收敛,且$\sum\limits_{n=2}^{\infty}a_n=\frac{\sqrt{3}}{12}\sum\limits_{n=2}^{\infty}\left(\frac{4}{9}\right)^{n-2}=\frac{3\sqrt{3}}{20}$. 所以所求面积为$\frac{\sqrt{3}}{4}+\frac{3\sqrt{3}}{20}=\frac{2\sqrt{3}}{5}$.

（2）否. 曲线 C_n 由 $3\cdot 4^{n-1}$ 段长度为 $\frac{1}{3^{n-1}}$ 的线段组成，所以曲线 C_n 的长度为 $L_n=3\cdot\left(\frac{4}{3}\right)^{n-1}$，于是 $\lim\limits_{n\to\infty}L_n=\infty$，所以科赫雪花曲线的长度是无限的.

考研与竞赛练习

1. 设 $\sum\limits_{n=1}^{\infty}a_n$ 收敛，试证 $\lim\limits_{n\to\infty}\frac{1}{n}\sum\limits_{k=1}^{n}ka_k=0$.

【参考证明】 设 $S_n=\sum\limits_{k=1}^{n}a_k$，由于 $\sum\limits_{n=1}^{\infty}a_n$ 收敛，记 $\lim\limits_{n\to\infty}S_n=S$. 又

$$\begin{aligned}\sum_{k=1}^{n}ka_k&=a_1+2a_2+3a_3+\cdots+na_n\\&=S_1+2(S_2-S_1)+3(S_3-S_2)+\cdots+n(S_n-S_{n-1})\\&=-S_1-S_2-S_3-\cdots-S_{n-1}+nS_n,\end{aligned}$$

所以 $\frac{1}{n}\sum\limits_{k=1}^{n}ka_k=-\frac{1}{n}(S_1+S_2+S_3+\cdots+S_{n-1}+S_n)+\frac{S_n}{n}+S_n$. 于是由柯西数列极限命题（均值极限），得

$$\begin{aligned}\lim_{n\to\infty}\frac{1}{n}\sum_{k=1}^{n}ka_k&=-\lim_{n\to\infty}\frac{S_1+S_2+\cdots+S_{n-1}+S_n}{n}+\lim_{n\to\infty}\frac{S_n}{n}+\lim_{n\to\infty}S_n\\&=-S+0+S=0.\end{aligned}$$

2. 已知级数 $\sum\limits_{n=1}^{\infty}a_n(a_n>0)$ 发散，证明：$\sum\limits_{n=1}^{\infty}\frac{a_n}{(a_1+1)(a_2+1)\cdots(a_n+1)}=1$.

【参考证明】 级数的部分和数列为

$$\begin{aligned}S_n&=\frac{a_1}{a_1+1}+\frac{a_2}{(a_1+1)(a_2+1)}+\cdots+\frac{a_n}{(a_1+1)(a_2+1)\cdots(a_n+1)}\\&=\left(1-\frac{1}{a_1+1}\right)+\left(\frac{1}{(a_1+1)}-\frac{1}{(a_1+1)(a_2+1)}\right)+\cdots+\\&\quad\left[\frac{1}{(a_1+1)(a_2+1)\cdots(a_{n-1}+1)}-\frac{1}{(a_1+1)(a_2+1)\cdots(a_n+1)}\right]\\&=1-\frac{1}{(a_1+1)(a_2+1)\cdots(a_n+1)}.\end{aligned}$$

因为 $a_n>0$ 且级数 $\sum\limits_{n=1}^{\infty}a_n$ 发散，所以其部分和数列 $T_n=\sum\limits_{k=1}^{n}a_k$ 单调递增且无上界（若有上界，则有 $\lim\limits_{n\to\infty}T_n$ 存在，$\sum\limits_{n=1}^{\infty}a_n$ 收敛），所以 $\sum\limits_{n=1}^{\infty}a_n=+\infty$. 于是有

$$(a_1+1)(a_2+1)\cdots(a_n+1)>a_1+a_2+\cdots+a_n\to+\infty.$$

由此可知 $\lim\limits_{n\to\infty}\frac{1}{(a_1+1)(a_2+1)\cdots(a_n+1)}=0$，得 $\lim\limits_{n\to\infty}S_n=1$. 即有

$$\sum_{n=1}^{\infty}\frac{a_n}{(a_1+1)(a_2+1)\cdots(a_n+1)}=1.$$

3. 设 $a_n>0$，$S_n=a_1+a_2+\cdots+a_n$，级数 $\sum\limits_{n=1}^{\infty}a_n=\infty$. 试证：$\sum\limits_{n=1}^{\infty}\frac{a_n}{S_n}$ 发散.

【参考证明】 记 $S_n=\sum\limits_{k=1}^{n}a_k$，$T_n=\sum\limits_{k=1}^{n}\frac{a_k}{S_k}$，可知 S_n 单调递增且 $\lim\limits_{n\to\infty}S_n=+\infty$，于是可得

$$T_{n+p}-T_n=\sum_{k=n+1}^{n+p}\frac{a_k}{S_k}\geqslant\frac{1}{S_{n+p}}\sum_{k=n+1}^{n+p}a_k=\frac{S_{n+p}-S_n}{S_{n+p}}=1-\frac{S_n}{S_{n+p}}.$$

由于 $\lim\limits_{n\to\infty}S_n=+\infty$，故 $\forall n\in\mathbb{N}^+$，存在 $P\in\mathbb{N}^+$，当 $p>P$ 时有 $S_{n+p}>2S_n$，即有 $\frac{S_n}{S_{n+p}}<\frac{1}{2}$，于是有 $T_{n+p}-T_n=\sum\limits_{k=n+1}^{n+p}\frac{a_k}{S_k}\geqslant1-\frac{S_n}{S_{n+p}}>\frac{1}{2}$ 成立，所以由柯西收敛原理知级数 $\sum\limits_{n=1}^{\infty}\frac{a_n}{S_n}$ 发散.

4. 设 $\{a_n\}$ 与 $\{b_n\}$ 均为正实数列，满足 $a_1=b_1=1$ 且 $b_n=a_nb_{n-1}-2$，$n=2,3,\cdots$. 又设 $\{b_n\}$ 为有界数列，证明级数 $\sum\limits_{n=1}^{\infty}\frac{1}{a_1a_2\cdots a_n}$ 收敛，并求该级数的和.

【参考证明】 由 $\{b_n\}$ 有界可知，存在 $M>0$，使得当 $n\geqslant1$ 时，恒有 $0<b_n\leqslant M$.

又由已知 $a_1=b_1=1$ 及 $b_n=a_nb_{n-1}-2$，可得 $a_n=\left(1+\frac{2}{b_n}\right)\frac{b_n}{b_{n-1}}$. 所以当 $n\geqslant2$ 时，有 $a_1a_2\cdots a_n=\left(1+\frac{2}{b_2}\right)\left(1+\frac{2}{b_3}\right)\cdots\left(1+\frac{2}{b_n}\right)b_n\geqslant b_n\left(1+\frac{2}{M}\right)^{n-1}$，因此

$$0<\frac{b_n}{a_1a_2\cdots a_n}\leqslant\left(1+\frac{2}{M}\right)^{-n+1}\to0\ (n\to\infty).$$

故由夹逼定理知 $\lim\limits_{n\to\infty}\frac{b_n}{a_1a_2\cdots a_n}=0$. 于是可得

$$\lim_{n\to\infty}S_n=\lim_{n\to\infty}\sum_{k=1}^{n}\frac{1}{a_1a_2\cdots a_k}=\lim_{n\to\infty}\left(\frac{1}{a_1}+\sum_{k=2}^{n}\frac{1}{a_1a_2\cdots a_k}\frac{a_kb_{k-1}-b_k}{2}\right)$$

$$=\lim_{n\to\infty}\left[1+\frac{1}{2}\sum_{k=2}^{n}\left(\frac{b_{k-1}}{a_1a_2\cdots a_{k-1}}-\frac{b_k}{a_1a_2\cdots a_k}\right)\right]=\lim_{n\to\infty}\left(\frac{3}{2}-\frac{b_n}{2a_1a_2\cdots a_n}\right)=\frac{3}{2}.$$

所以级数 $\sum\limits_{n=1}^{\infty}\frac{1}{a_1a_2\cdots a_n}$ 收敛，且其和为 $\frac{3}{2}$.

5. 利用柯西收敛原理判定下列级数的敛散性.

(1) $\sum\limits_{n=1}^{\infty}\frac{1}{n^2}$.　　(2) $\sum\limits_{n=1}^{\infty}\frac{\sin nx}{2^n}$.　　(3) $\sum\limits_{n=0}^{\infty}\left(\frac{1}{3n+1}+\frac{1}{3n+2}-\frac{1}{3n+3}\right)$.

【参考解答】 (1) 记 $S_n=\sum\limits_{k=1}^{n}\frac{1}{k^2}$，因为对任何正整数 p，有

$$
\begin{aligned}
|S_{n+p}-S_p| &= |u_{n+1}+u_{n+2}+\cdots+u_{n+p}| \\
&= \frac{1}{(n+1)^2}+\frac{1}{(n+2)^2}+\cdots+\frac{1}{(n+p)^2} \\
&< \frac{1}{n(n+1)}+\frac{1}{(n+1)(n+2)}+\cdots+\frac{1}{(n+p-1)(n+p)} \\
&= \left(\frac{1}{n}-\frac{1}{n+1}\right)+\left(\frac{1}{n+1}-\frac{1}{n+2}\right)+\cdots+\left(\frac{1}{n+p-1}-\frac{1}{n+p}\right) \\
&= \frac{1}{n}-\frac{1}{n+p}<\frac{1}{n},
\end{aligned}
$$

所以对于任意给定的正数 ε，取正整数 $N\geqslant\frac{1}{\varepsilon}$，则当 $n>N$ 时，对任何正整数 p，都有

$$|u_{n+1}+u_{n+2}+\cdots+u_{n+p}|<\varepsilon.$$

故由柯西收敛原理知 $\lim\limits_{n\to\infty}S_n$ 存在，即级数 $\sum\limits_{n=1}^{\infty}\frac{1}{n^2}$ 收敛.

（2）记 $S_n=\sum\limits_{k=1}^{n}\frac{\sin kx}{2^k}$，因为对任何正整数 p，有

$$
\begin{aligned}
|S_{n+p}-S_n| &= |u_{n+1}+u_{n+2}+\cdots+u_{n+p}| \\
&= \left|\frac{\sin(n+1)x}{2^{n+1}}+\frac{\sin(n+2)x}{2^{n+2}}+\cdots+\frac{\sin(n+p)x}{2^{n+p}}\right| \\
&\leqslant \frac{1}{2^{n+1}}+\frac{1}{2^{n+2}}+\cdots+\frac{1}{2^{n+p}}=\frac{1}{2^{n+1}}\cdot\frac{1-\frac{1}{2^p}}{1-\frac{1}{2}}<\frac{1}{2^n}.
\end{aligned}
$$

所以对任意给定的正数 ε，取正整数 $N\geqslant\log_2\frac{1}{\varepsilon}$，当 $n>N$ 时，对一切正整数 p，都有 $|S_{n+p}-S_n|<\varepsilon$，故由柯西收敛原理知 $\lim\limits_{n\to\infty}S_n$ 存在，即级数 $\sum\limits_{n=1}^{\infty}\frac{\sin nx}{2^n}$ 收敛.

（3）记 $S_n=\sum\limits_{k=0}^{n}\left(\frac{1}{3n+1}+\frac{1}{3n+2}-\frac{1}{3n+3}\right)$，由于

$$u_n=\frac{1}{3n+1}+\left(\frac{1}{3n+2}-\frac{1}{3n+3}\right)>\frac{1}{3n+1}\geqslant\frac{1}{4n},$$

故对 $\varepsilon_0=\frac{1}{8}$，不论 n 取什么正整数，取 $p=n$ 时，总有

$$
\begin{aligned}
|S_{2n}-S_n| &= u_{n+1}+u_{n+2}+\cdots+u_{2n} \\
&\geqslant \frac{1}{4}\left(\frac{1}{n+1}+\frac{1}{n+2}+\cdots+\frac{1}{2n}\right)>\frac{1}{4}\left(\frac{1}{2n}+\frac{1}{2n}+\cdots+\frac{1}{2n}\right)=\frac{1}{8}.
\end{aligned}
$$

所以由柯西收敛原理知 $\lim\limits_{n\to\infty}S_n$ 不存在，即级数 $\sum\limits_{n=0}^{\infty}\left(\frac{1}{3n+1}+\frac{1}{3n+2}-\frac{1}{3n+3}\right)$ 发散.

练习 71　正项级数及其判别法

训练目的

1. 了解正项级数收敛的充要条件.

2. 理解正项级数敛散性判别的比较判别法；熟悉几何级数与 p-级数的敛散性，会用比较判别法的两种形式判别级数的敛散性.

3. 掌握正项级数敛散性判别的比值判别法、根值判别法，会用比值判别法、根值判别法判断级数的敛散性.

基础练习

1. 利用比较法判定下列级数中收敛的有____________.

① $\sin\frac{\pi}{2}+\sin\frac{\pi}{2^2}+\sin\frac{\pi}{2^3}+\cdots$　② $\sum\limits_{n=1}^{\infty}\frac{1}{5^n}\frac{3n^3+2n^2}{4n^3+1}$

③ $\sum\limits_{n=1}^{\infty}\frac{1}{(a+n-1)(a+n)(a+n+1)}(a>0)$　④ $\sum\limits_{n=1}^{\infty}\frac{1}{n\sqrt[n]{n}}$

⑤ $\sum\limits_{n=1}^{\infty}\frac{1}{n}\arctan\frac{n}{n+1}$　⑥ $\sum\limits_{n=1}^{\infty}\frac{\sqrt{n+\sqrt{n}}}{n^2+1}$

【参考解答】　①②③⑥.

① 由于 $0<\sin\frac{\pi}{2^n}\leqslant\frac{\pi}{2^n}$，且几何级数 $\sum\limits_{n=1}^{\infty}\frac{\pi}{2^n}$ 收敛，故原级数收敛.

② 由于 $\lim\limits_{n\to\infty}\left(\frac{1}{5^n}\cdot\frac{3n^3+2n^2}{4n^3+1}\right)\Big/\left(\frac{1}{5^n}\right)=\frac{3}{4}$，又几何级数 $\sum\limits_{n=1}^{\infty}\frac{1}{5^n}$ 收敛，故原级数收敛.

③ 由于 $\lim\limits_{n\to\infty}\left(\frac{1}{(a+n-1)(a+n)(a+n+1)}\right)\Big/\frac{1}{n^3}=1$，而级数 $\sum\limits_{n=1}^{\infty}\frac{1}{n^3}$ 收敛，故原级数收敛.

④ 由于 $\lim\limits_{n\to\infty}\frac{1}{n\sqrt[n]{n}}\Big/\frac{1}{n}=\lim\limits_{n\to\infty}\frac{1}{\sqrt[n]{n}}=1$，又级数 $\sum\limits_{n=1}^{\infty}\frac{1}{n}$ 发散，故原级数发散.

⑤ 由于 $\lim\limits_{n\to\infty}\left(\frac{1}{n}\cdot\arctan\frac{n}{n+1}\right)\Big/\frac{1}{n}=\frac{\pi}{4}$，又级数 $\sum\limits_{n=1}^{\infty}\frac{1}{n}$ 发散，故原级数发散.

⑥ 由于 $\lim\limits_{n\to\infty}\frac{\sqrt{n+\sqrt{n}}}{n^2+1}\Big/\frac{1}{n^{3/2}}=\lim\limits_{n\to\infty}\sqrt{1+\frac{1}{\sqrt{n}}}\Big/\left(1+\frac{1}{n^2}\right)=1$，又 $\sum\limits_{n=1}^{\infty}\frac{1}{n^{3/2}}$ 收敛，故原级数收敛.

2. 利用比值法或根植法判别下列级数中收敛的有____________.

① $\frac{3}{2}+\frac{4}{2^2}+\frac{5}{2^3}+\frac{6}{2^4}+\cdots$　② $\sum\limits_{n=1}^{\infty}\frac{2^n\cdot n!}{n^n}$

③ $\sum\limits_{n=1}^{\infty}\frac{2^n}{n^2+1}$　④ $\sum\limits_{n=1}^{\infty}\frac{(n!)^2}{(2n)!}$　⑤ $\sum\limits_{n=1}^{\infty}\left(\frac{n}{2n+1}\right)^n$

【参考解答】 ①②④⑤. ① 记 $a_n=\frac{n+2}{2^n}$，则

$$\lim_{n\to\infty}\frac{a_{n+1}}{a_n}=\lim_{n\to\infty}\frac{n+3}{2^{n+1}}\Big/\frac{n+2}{2^n}=\frac{1}{2}\lim_{n\to\infty}\frac{n+3}{n+2}=\frac{1}{2}<1,$$

故由比值判别法知原级数收敛.

② 记 $a_n=\frac{2^n\cdot n!}{n^n}$，则

$$\lim_{n\to\infty}\frac{a_{n+1}}{a_n}=\lim_{n\to\infty}\frac{2^{n+1}\cdot(n+1)!}{(n+1)^{n+1}}\Big/\frac{2^n\cdot n!}{n^n}=\lim_{n\to\infty}\frac{2}{\left(1+\frac{1}{n}\right)^n}=\frac{2}{\mathrm{e}}<1,$$

故由比值判别法知原级数收敛.

③ 记 $a_n=\frac{2^n}{n^2+1}$，则

$$\lim_{n\to\infty}\frac{a_{n+1}}{a_n}=\lim_{n\to\infty}\frac{2^{n+1}}{(n+1)^2+1}\Big/\frac{2^n}{n^2+1}=\lim_{n\to\infty}\frac{2\cdot(n^2+1)}{(n+1)^2+1}=2>1,$$

故由比值判别法知原级数发散.

④ 记 $a_n=\frac{(n!)^2}{(2n)!}$，则

$$\lim_{n\to\infty}\frac{a_{n+1}}{a_n}=\lim_{n\to\infty}\frac{((n+1)!)^2}{(2(n+1))!}\Big/\frac{(n!)^2}{(2n)!}=\lim_{n\to\infty}\frac{(n+1)^2}{(2n+2)(2n+1)}=\frac{1}{4}<1,$$

故由比值判别法知原级数收敛.

⑤ 即 $a_n=\left(\frac{n}{2n+1}\right)^n$，则

$$\lim_{n\to\infty}\sqrt[n]{\left(\frac{n}{2n+1}\right)^n}=\lim_{n\to\infty}\frac{n}{2n+1}=\frac{1}{2}<1,$$

故由根值判别法知原级数收敛.

3. 如果级数 $\sum_{n=1}^{\infty}a_n$ 的部分和 $S_n=5-\frac{n}{2^n}$，则当 $n>1$ 时，a_n 的通项公式 a_n 为________，级数 $\sum_{n=1}^{\infty}a_n$ 为________（收敛或发散），级数的和 $S=\lim_{n\to\infty}S_n=$________，$\lim_{n\to\infty}\frac{n}{2^n}=$________.

【参考解答】 显然 $a_1=S_1=\frac{9}{2}$，$a_n=S_n-S_{n-1}=\frac{n-2}{2^n}(n>1)$. 由于

$$\lim_{n\to\infty}\frac{a_{n+1}}{a_n}=\lim_{n\to\infty}\frac{n-1}{n-2}\cdot\frac{2^n}{2^{n+1}}=\frac{1}{2}<1,$$

故级数 $\sum_{n=1}^{\infty}a_n$ 收敛. 由于 $\lim_{n\to\infty}a_n=\lim_{n\to\infty}\frac{n-2}{2^n}=0$，即 $\lim_{n\to\infty}\frac{n}{2^n}=0$，于是可得级数的和 $S=\lim_{n\to\infty}S_n=\lim_{n\to\infty}\left(5-\frac{n}{2^n}\right)=5$，故原级数收敛且和为 $\sum_{n=1}^{\infty}a_n=5$.

4. 设 $\sum_{n=1}^{\infty} a_n$ 为正项级数，下列结论中正确的是(　　).

(A) 若 $\lim_{n\to\infty} na_n=0$，则级数 $\sum_{n=1}^{\infty} a_n$ 收敛

(B) 若级数 $\sum_{n=1}^{\infty} a_n$ 收敛，则 $\lim_{n\to\infty} n^2 a_n=0$

(C) 若存在非零常数 λ，使得 $\lim_{n\to\infty} na_n=\lambda$，则级数 $\sum_{n=1}^{\infty} a_n$ 发散

(D) 若级数 $\sum_{n=1}^{\infty} a_n$ 发散，则存在非零常数 λ，使得 $\lim_{n\to\infty} na_n=\lambda$

【参考解答】【法 1】 由于 $a_n\geqslant 0(n=1,2,\cdots)$，而 $\lambda\neq 0$，从而有

$$\lim_{n\to\infty} na_n=\lim_{n\to\infty}\frac{a_n}{1/n}=\lambda>0,$$

故知级数 $\sum_{n=1}^{\infty} a_n$ 与调和级数 $\sum_{n=1}^{\infty}\frac{1}{n}$ 同敛散. 由于 $\sum_{n=1}^{\infty}\frac{1}{n}$ 发散，所以级数 $\sum_{n=1}^{\infty} a_n$ 发散，故正确选项为(C).

【法 2】 排除法. 取 $a_n=\frac{1}{n\ln n}$，则 $\lim_{n\to\infty} na_n=0$，但 $\sum_{n=1}^{\infty} a_n=\sum_{n=1}^{\infty}\frac{1}{n\ln n}$ 发散，排除(A)，(D)；又取 $a_n=\frac{1}{n\sqrt{n}}$，则级数 $\sum_{n=1}^{\infty} a_n$ 收敛，但 $\lim_{n\to\infty} n^2 a_n=\infty$，排除(B)，故正确选项为(C).

综合练习

5. 用合适的方法判定下列级数的敛散性.

(1) $\sum_{n=1}^{\infty}\frac{\sqrt{n+1}-\sqrt{n}}{n}$　　(2) $\sum_{n=1}^{\infty}(\sqrt[n]{a}-1)(a>0)$

(3) $\sum_{n=1}^{\infty}\frac{3+(-1)^n}{2^{n+1}}$　　(4) $\sum_{n=1}^{\infty}\ln\left(1+\frac{1}{n}\right)$

(5) $\sum_{n=2}^{\infty}\frac{1}{(\ln n)^n}$　　(6) $\sum_{n=1}^{\infty}\frac{n^{n+\frac{1}{n}}}{\left(n+\frac{1}{n}\right)^n}$

(7) $\sum_{n=1}^{\infty}\frac{n+(-1)^n}{2^n}$　　(8) $\sum_{n=1}^{\infty}\frac{1!+2!+\cdots+n!}{n!}$

(9) $\sum_{n=1}^{\infty}\frac{1}{\sqrt{n}-(-1)^n}$　　(10) $\sum_{n=1}^{\infty}\frac{\sqrt{n+1}-\sqrt{n}}{n^{\lambda}}(\lambda>0)$

【参考解答】 (1) 由于 $a_n=\frac{\sqrt{n+1}-\sqrt{n}}{n}=\frac{1}{n(\sqrt{n+1}+\sqrt{n})}<\frac{1}{2n^{3/2}}$，又 $\sum_{n=1}^{\infty}\frac{1}{n^{3/2}}$ 收敛，故由比较判别法知原级数收敛.

（2）当 $a=1$ 时，对应级数为 $\sum\limits_{n=1}^{\infty}0$，级数收敛；当 $a>1$ 时，级数 $\sum\limits_{n=1}^{\infty}(\sqrt[n]{a}-1)$ 为正项级数，记 $a_n=\sqrt[n]{a}-1$，则

$$\lim_{n\to\infty}\frac{a_n}{1/n}=\lim_{n\to\infty}\frac{a^{1/n}-1}{1/n}=\lim_{n\to\infty}\frac{e^{(\ln a)/n}-1}{1/n}=\ln a,$$

又 $\sum\limits_{n=1}^{\infty}\frac{1}{n}$ 发散，所以由比较判别法知此时级数发散；当 $0<a<1$ 时，级数 $\sum\limits_{n=1}^{\infty}(\sqrt[n]{a}-1)$ 为负项级数，考察 $\sum\limits_{n=1}^{\infty}(1-\sqrt[n]{a})$，由于

$$\lim_{n\to\infty}\frac{-a_n}{1/n}=\lim_{n\to\infty}\frac{1-a^{1/n}}{1/n}=-\lim_{n\to\infty}\frac{e^{(\ln a)/n}-1}{1/n}=-\ln a,$$

又 $\sum\limits_{n=1}^{\infty}\frac{1}{n}$ 发散，故由比较判别法知此时级数发散，综上级数当 $a=1$ 时收敛，当 $a>0,a\neq 1$ 时发散.

（3）由于 $a_n=\frac{3+(-1)^n}{2^{n+1}}\leqslant\frac{4}{2^{n+1}}=\frac{1}{2^{n-1}}$，又 $\sum\limits_{n=1}^{\infty}\frac{1}{2^{n-1}}$ 收敛，故由比较判别法知原级数收敛.

（4）**【法 1】** 由于 $\lim\limits_{n\to\infty}\ln\left(1+\frac{1}{n}\right)\Big/\frac{1}{n}=1$，又 $\sum\limits_{n=1}^{\infty}\frac{1}{n}$ 发散，故由比较判别法知原级数发散.

【法 2】 级数的部分和数列为 $S_n=\sum\limits_{k=1}^{n}\ln\left(1+\frac{1}{k}\right)=\sum\limits_{k=1}^{n}[\ln(1+k)-\ln k]=\ln(1+n)$，由此可知部分和 S_n 无界，故原级数发散.

（5）由于当 $n>e^2$ 时，有 $\frac{1}{(\ln n)^n}<\frac{1}{2^n}$，又 $\sum\limits_{n=1}^{\infty}\frac{1}{2^n}$ 收敛，所以由比较判别法知原级数收敛.

（6）由于 $\lim\limits_{n\to\infty}\sqrt[n]{n}\Big/\left(1+\frac{1}{n^2}\right)^n=\frac{1}{e^0}=1\neq 0$，不满足级数收敛的必要条件，故原级数发散.

（7）由于 $\sum\limits_{n=1}^{\infty}\frac{n+(-1)^n}{2^n}=\sum\limits_{n=1}^{\infty}\left[\frac{n}{2^n}+\left(-\frac{1}{2}\right)^n\right]$，又

$$\lim_{n\to\infty}\frac{\frac{n+1}{2^{n+1}}}{\frac{n}{2^n}}=\lim_{n\to\infty}\frac{1}{2}\cdot\frac{n+1}{n}=\frac{1}{2}<1,$$

于是由比值判别法知 $\sum\limits_{n=1}^{\infty}\frac{n}{2^n}$ 收敛. 又由几何级数的敛散性知级数 $\sum\limits_{n=1}^{\infty}\left(-\frac{1}{2}\right)^n$ 收敛，所以原级数 $\sum\limits_{n=1}^{\infty}\frac{n+(-1)^n}{2^n}$ 收敛.

（8）显然 $\frac{1!+2!+\cdots+n!}{n!}\geqslant 1$，故 $\lim\limits_{n\to\infty}\frac{1!+2!+\cdots+n!}{n!}\neq 0$，从而由级数收敛的必要条

件知原级数发散.

(9) 由于 $\lim\limits_{n\to\infty}\dfrac{\dfrac{1}{\sqrt{n}-(-1)^n}}{\dfrac{1}{\sqrt{n}}}=\lim\limits_{n\to\infty}\dfrac{1}{1-\dfrac{(-1)^n}{\sqrt{n}}}=1$，而级数 $\sum\limits_{n=1}^{\infty}\dfrac{1}{\sqrt{n}}$ 发散，故由比较判别法知原级数发散.

(10) 由于 $\lim\limits_{n\to\infty}\dfrac{\dfrac{\sqrt{n+1}-\sqrt{n}}{n^{\lambda}}}{\dfrac{1}{n^{\lambda+\frac{1}{2}}}}=\lim\limits_{n\to\infty}\dfrac{\sqrt{n}}{\sqrt{n+1}+\sqrt{n}}=\dfrac{1}{2}$，故原级数与 $\sum\limits_{n=1}^{\infty}\dfrac{1}{n^{\lambda+\frac{1}{2}}}$ 同敛散性，从而可知当 $\lambda+\dfrac{1}{2}>1$，即 $\lambda>\dfrac{1}{2}$ 时原级数收敛；当 $\lambda+\dfrac{1}{2}\leqslant 1$，即 $0<\lambda\leqslant\dfrac{1}{2}$ 时原级数发散.

6. 问当常数 a 为何值时，级数 $\sum\limits_{n=1}^{\infty}\dfrac{a^{2n}}{1+a^{2n}}$ 收敛?

【参考解答】 级数 $\sum\limits_{n=1}^{\infty}\dfrac{a^{2n}}{1+a^{2n}}$ 为正项级数，当 $a=0$ 时，对应级数 $\sum\limits_{n=1}^{\infty}0$ 收敛；当 $|a|>1$ 时，$\lim\limits_{n\to\infty}a_n=\lim\limits_{n\to\infty}\dfrac{1}{\dfrac{1}{a^{2n}}+1}=1$，级数发散；当 $|a|=1$ 时，对应级数为 $\sum\limits_{n=1}^{\infty}\dfrac{1}{2}$，级数发散；当 $0<|a|<1$ 时，由于

$$\lim_{n\to\infty}\frac{\dfrac{a^{2(n+1)}}{1+a^{2(n+1)}}}{\dfrac{a^{2n}}{1+a^{2n}}}=\lim_{n\to\infty}a^2\cdot\frac{1+a^{2n}}{1+a^{2n+2}}=a^2<1,$$

故由比值判别法知原级数收敛. 综上，当 $|a|<1$ 时，此级数收敛.

7. (1) 设正项级数 $\sum\limits_{n=1}^{\infty}a_n$ 收敛，证明：$\sum\limits_{n=1}^{\infty}\dfrac{a_n}{1+a_n}$ 收敛.

(2) 设正项级数 $\sum\limits_{n=1}^{\infty}a_n$ 发散，问：$\sum\limits_{n=1}^{\infty}\dfrac{a_n}{1+a_n}$ 是否发散？并说明理由.

【参考证明】 (1) 由 $a_n\geqslant 0$ 知，$0\leqslant\dfrac{a_n}{1+a_n}\leqslant a_n$，故由比较判别法知 $\sum\limits_{n=1}^{\infty}\dfrac{a_n}{1+a_n}$ 收敛.

(2) 记 $b_n=\dfrac{a_n}{1+a_n}$，则 $a_n=\dfrac{1}{1-b_n}-1=\dfrac{b_n}{1-b_n}$，若 $\sum\limits_{n=1}^{\infty}b_n$ 收敛，则由级数收敛的必要条件可知 $\lim\limits_{n\to\infty}b_n=0$，所以 $\lim\limits_{n\to\infty}\dfrac{\dfrac{b_n}{1-b_n}}{b_n}=1$，故 $\sum\limits_{n=1}^{\infty}\dfrac{b_n}{1-b_n}=\sum\limits_{n=1}^{\infty}a_n$ 收敛，与题设矛盾，所以 $\sum\limits_{n=1}^{\infty}\dfrac{a_n}{1+a_n}$ 一定发散.

8. 设 $a_n=\frac{a^n}{n!}$, $n=1,2,\cdots$, 其中 $a>0$ 为常数. 试通过证明级数 $\sum\limits_{n=1}^{\infty}\frac{a^n}{n!}$ 收敛说明 $\lim\limits_{n\to\infty}a_n=0$.

【参考证明】 由于 $\lim\limits_{n\to\infty}\dfrac{\frac{a^{n+1}}{(n+1)!}}{\frac{a^n}{n!}}=\lim\limits_{n\to\infty}\frac{a}{n+1}=0<1$，故由比值判别法知级数 $\sum\limits_{n=1}^{\infty}\frac{a^n}{n!}$ 收敛，于是由级数收敛的必要条件知 $\lim\limits_{n\to\infty}a_n=\lim\limits_{n\to\infty}\frac{a^n}{n!}=0$.

9. 证明库默尔(Kummer)判别法：假设 $a_n>0, b_n>0(n=1,2,\cdots)$.

(1) 若存在 $\alpha>0$，使得 $\frac{b_n}{b_{n+1}}a_n-a_{n+1}\geqslant\alpha(n=1,2,\cdots)$，则级数 $\sum\limits_{n=1}^{\infty}b_n$ 收敛.

(2) 若 $\sum\limits_{n=1}^{\infty}\frac{1}{a_n}$ 发散，且 $\frac{b_n}{b_{n+1}}a_n-a_{n+1}\leqslant 0(n=1,2,\cdots)$，则级数 $\sum\limits_{n=1}^{\infty}b_n$ 发散.

【参考证明】 (1) 已知不等式可改写为 $b_na_n-b_{n+1}a_{n+1}\geqslant\alpha b_{n+1}>0$，从而可知数列 $\{b_na_n\}$ 单调递减且大于 0，所以由单调有界原理知数列 $\{b_na_n\}$ 收敛.

考察级数 $\sum\limits_{n=1}^{\infty}(b_na_n-b_{n+1}a_{n+1})$. 其部分和数列为

$$S_n=\sum_{k=1}^{n}(b_ka_k-b_{k+1}a_{k+1})=a_1b_1-a_{n+1}b_{n+1},$$

由数列 $\{b_na_n\}$ 收敛可知 S_n 收敛，因此 $\sum\limits_{n=1}^{\infty}(b_na_n-b_{n+1}a_{n+1})$ 收敛，故由比较判别法知 $\sum\limits_{n=1}^{\infty}\alpha b_n$ 收敛，即 $\sum\limits_{n=1}^{\infty}b_n$ 收敛.

(2) 题设不等式可改写为 $\frac{a_n}{a_{n+1}}\leqslant\frac{b_{n+1}}{b_n}(n=1,2,\cdots)$ 且 $a_n>0, b_n>0$，于是 $n>1$ 时，有 $\frac{a_1}{a_2}\cdot\frac{a_2}{a_3}\cdot\cdots\cdot\frac{a_{n-1}}{a_n}\leqslant\frac{b_2}{b_1}\cdot\frac{b_3}{b_2}\cdot\cdots\cdot\frac{b_n}{b_{n-1}}$，从而 $\frac{a_1}{a_n}\leqslant\frac{b_n}{b_1}$，即 $\frac{1}{a_n}\leqslant\frac{b_n}{a_1b_1}$.

又 $\sum\limits_{n=1}^{\infty}\frac{1}{a_n}$ 发散，故由比较判别法知 $\sum\limits_{n=1}^{\infty}\frac{b_n}{a_1b_1}$ 发散，所以 $\sum\limits_{n=1}^{\infty}b_n$ 也发散.

考研与竞赛练习

1. (1) 试证明比值判别法的不等式形式：设 $\sum\limits_{n=1}^{\infty}a_n$ 为正项级数，若 $\frac{a_{n+1}}{a_n}\leqslant r<1, n=1,2,\cdots$，其中 r 为正常数，则 $\sum\limits_{n=1}^{\infty}a_n$ 收敛；若 $\frac{a_{n+1}}{a_n}\geqslant 1, n=1,2,\cdots$，则 $\sum\limits_{n=1}^{\infty}a_n$ 发散. (2) 叙述根值判别法的不等式形式，并证明之.

【参考证明】 (1) 由于 $a_n\geqslant 0$ 且 $\frac{a_{n+1}}{a_n}\leqslant r<1$，故有 $a_{n+1}\leqslant ra_n$，于是

$$a_n \leqslant ra_{n-1} \leqslant r^2 a_{n-2} \leqslant \cdots \leqslant r^n a_1.$$

又 $0<r<1$，故级数 $\sum\limits_{n=1}^{\infty} a_1 r^n$ 收敛，从而级数 $\sum\limits_{n=1}^{\infty} a_n$ 收敛. 若 $\dfrac{a_{n+1}}{a_n}>1$，则 $\{a_n\}$ 单调递增且 $a_n \geqslant 0$，从而 $\lim\limits_{n\to\infty} a_n \neq 0$，故级数 $\sum\limits_{n=1}^{\infty} a_n$ 发散.

(2) 根值判别法的不等式形式：设 $\sum\limits_{n=1}^{\infty} a_n$ 为正项级数，若 $\sqrt[n]{a_n} \leqslant r<1, n=1,2,\cdots$，其中 r 为正常数，则 $\sum\limits_{n=1}^{\infty} a_n$ 收敛；若 $\sqrt[n]{a_n} \geqslant 1, n=1,2,\cdots$，则 $\sum\limits_{n=1}^{\infty} a_n$ 发散.

证明： 由于 $a_n \geqslant 0$ 且 $\sqrt[n]{a_n} \leqslant r<1, n=1,2,\cdots$，故 $a_n \leqslant r^n$，又 $0<r<1$，故级数 $\sum\limits_{n=1}^{\infty} r^n$ 收敛，从而级数 $\sum\limits_{n=1}^{\infty} a_n$ 收敛；若 $\sqrt[n]{a_n} \geqslant 1, n=1,2,\cdots$，则显然 $a_n \geqslant 1$，从而 $\lim\limits_{n\to\infty} a_n \neq 0$，故级数 $\sum\limits_{n=1}^{\infty} a_n$ 发散.

2. 设数列 $\{a_n\}$ 满足 $a_1=1, a_{n+1}=\dfrac{a_n}{(n+1)(a_n+1)}, n \geqslant 1$. 求极限 $\lim\limits_{n\to\infty} n!\,a_n$.

【参考解答】 由题设可知 $a_n>0\,(n \geqslant 1)$. 由 $a_1=1, a_n=\dfrac{a_{n-1}}{n(a_{n-1}+1)}$，有

$$\begin{aligned}\frac{1}{a_n}&=n\left(1+\frac{1}{a_{n-1}}\right)=n+n\cdot\frac{1}{a_{n-1}}=n+n\left((n-1)+(n-1)\cdot\frac{1}{a_{n-2}}\right)\\&=n+n(n-1)+n(n-1)\cdot\frac{1}{a_{n-2}}=n+n(n-1)+\cdots+n(n-1)\cdots2\cdot\left(1+\frac{1}{a_1}\right)\\&=\frac{n!}{(n-1)!}+\frac{n!}{(n-2)!}+\cdots+\frac{n!}{1!}+\frac{n!}{1!}\,\frac{1}{a_1}=n!\sum_{k=0}^{n-1}\frac{1}{k!},\end{aligned}$$

由此可得 $\dfrac{1}{n!\,a_n}=\sum\limits_{k=0}^{n-1}\dfrac{1}{k!}$. 又 $\lim\limits_{n\to\infty}\sum\limits_{k=0}^{n-1}\dfrac{1}{k!}=\sum\limits_{k=0}^{\infty}\dfrac{1}{k!}=\mathrm{e}$，于是

$$\lim_{n\to\infty} n!\,a_n=\frac{1}{\mathrm{e}}.$$

3. 设数列 $\{a_n\},\{b_n\}$ 满足 $0<a_n<\dfrac{\pi}{2}, 0<b_n<\dfrac{\pi}{2}, \cos a_n-a_n=\cos b_n$，且级数 $\sum\limits_{n=1}^{\infty} b_n$ 收敛. (1) 证明 $\lim\limits_{n\to\infty} a_n=0$. (2) 证明级数 $\sum\limits_{n=1}^{\infty}\dfrac{a_n}{b_n}$ 收敛.

【参考证明】 (1) 因为 $\sum\limits_{n=1}^{\infty} b_n$ 收敛，所以由级数收敛的必要条件可得 $\lim\limits_{n\to\infty} b_n=0$.

【法 1】 由已知条件可得 $\cos a_n-\cos b_n=a_n>0$，即 $\cos a_n>\cos b_n$，再由 $\cos x$ 在 $\left(0,\dfrac{\pi}{2}\right)$ 内单调递减可知 $0<a_n<b_n$. 于是由夹逼定理得 $\lim\limits_{n\to\infty} a_n=0$.

【法 2】 因为 $0<a_n<b_n$，且 $\sum_{n=1}^{\infty} b_n$ 收敛，所以由比较判别法可知 $\sum_{n=1}^{\infty} a_n$ 收敛，于是由级数收敛的必要条件得 $\lim_{n\to\infty} a_n=0$.

(2)【法 1】 当 $n\to\infty$ 时，$1-\cos b_n\sim\frac{1}{2}b_n^2$，$1-\cos a_n+a_n\sim a_n$，所以 $a_n\sim\frac{1}{2}b_n^2$，$\frac{a_n}{b_n}\sim\frac{1}{2}b_n$，于是 $\lim_{n\to\infty}\frac{\frac{a_n}{b_n}}{b_n}=\frac{1}{2}$，从而由比较判别法知 $\sum_{n=1}^{\infty}\frac{a_n}{b_n}$ 与 $\sum_{n=1}^{\infty} b_n$ 具有相同的敛散性. 又 $\sum_{n=1}^{\infty} b_n$ 收敛，所以 $\sum_{n=1}^{\infty}\frac{a_n}{b_n}$ 收敛.

【法 2】 由拉格朗日中值定理，有

$$a_n=\cos a_n-\cos b_n=-(a_n-b_n)\sin\xi_n<b_n(b_n-a_n)(0<a_n<\xi_n<b_n),$$

所以 $0<\frac{a_n}{b_n}<b_n-a_n$，由 $\sum_{n=1}^{\infty} a_n$，$\sum_{n=1}^{\infty} b_n$ 收敛可得 $\sum_{n=1}^{\infty}\frac{a_n}{b_n}$ 收敛.

【法 3】 由和差化积公式及不等式 $\sin x<x\left(0<x<\frac{\pi}{2}\right)$，得

$$0<\frac{a_n}{b_n}=\frac{\cos a_n-\cos b_n}{b_n}=\frac{2\sin\frac{a_n+b_n}{2}\sin\frac{b_n-a_n}{2}}{b_n}$$

$$<\frac{2\cdot\frac{a_n+b_n}{2}\cdot\frac{b_n-a_n}{2}}{b_n}=\frac{b_n^2-a_n^2}{2b_n}<\frac{b_n^2}{2b_n}=\frac{1}{2}b_n,$$

而 $\sum_{n=1}^{\infty} b_n$ 收敛，所以 $\sum_{n=1}^{+\infty}\frac{b_n}{2}$ 收敛，因此由比较判别法可得 $\sum_{n=1}^{\infty}\frac{a_n}{b_n}$ 收敛.

4. 设 x_n 是方程 $x=\tan x$ 的正根（按递增顺序排列）. 证明级数 $\sum_{n=1}^{\infty}\frac{1}{x_n^2}$ 收敛.

【参考证明】 容易知道方程 $x=\tan x$ 的根 $x_n\in\left((n-1)\pi,n\pi-\frac{\pi}{2}\right)(n=1,2,\cdots)$，故当 $n>1$ 时，有 $x_n>(n-1)\pi$，从而有 $x_n^2>(n-1)^2\pi^2$，由此得

$$\frac{1}{x_n^2}<\frac{1}{(n-1)^2\pi^2}<\frac{1}{(n-1)^2}(n>1).$$

由 $\sum_{n=1}^{\infty}\frac{1}{n^2}$ 收敛，故级数 $\sum_{n=1}^{\infty}\frac{1}{x_n^2}$ 收敛.

5. 设 $a_1=3$，$a_{n+1}=\frac{1}{2}a_n+\frac{1}{a_n}$，$n=1,2,\cdots$.

(1) 证明 $\lim_{n\to\infty} a_n$ 存在，并求极限值.

(2) 证明：对于任意实数 p，级数 $\sum_{n=1}^{\infty} n^p\left(\frac{a_n}{a_{n+1}}-1\right)$ 收敛.

【参考证明】 (1) 易知 $a_n\geqslant 0, n=1,2,\cdots$，且

$$a_{n+1}=\frac{1}{2}a_n+\frac{1}{a_n}\geqslant 2\sqrt{\frac{1}{2}a_n\cdot\frac{1}{a_n}}=\sqrt{2},\quad n=1,2,\cdots,$$

所以 $a_{n+1}-a_n=\frac{1}{2}a_n+\frac{1}{a_n}-a_n=\frac{2-a_n^2}{2a_n}\leqslant 0$，即 $\{a_n\}$ 单调递减. 于是 $\{a_n\}$ 为单调递减有下界的数列，故由单调有界原理知 $\lim\limits_{n\to\infty}a_n$ 存在，记 $\lim\limits_{n\to\infty}a_n=a$，由保号性定理知 $a\geqslant 0$. 对递推式两端取极限，得 $a=\frac{1}{2}a+\frac{1}{a}$，即 $\frac{2-a^2}{2a}=0$，解得 $a=\sqrt{2}$.

(2) 由(1)可知 $a_n-a_{n+1}=\frac{a_{n-1}-a_n}{2}+\left(\frac{1}{a_{n-1}}-\frac{1}{a_n}\right)\leqslant\frac{a_{n-1}-a_n}{2}\leqslant\cdots\leqslant\frac{a_1-a_2}{2^{n-1}}$，于是 $n^p\left(\frac{a_n}{a_{n+1}}-1\right)\leqslant n^p(a_n-a_{n+1})\leqslant\frac{n^p}{2^{n-1}}(a_1-a_2)$. 又

$$\lim_{n\to\infty}\frac{(n+1)^p}{2^n}\frac{2^{n-1}}{n^p}=\frac{1}{2}\lim_{n\to\infty}\left(1+\frac{1}{n}\right)^p=\frac{1}{2}<1,$$

故由比值判别法知，对于任意实数 p，级数 $\sum\limits_{n=1}^{\infty}\frac{n^p}{2^{n-1}}$ 收敛. 再由比较判别法可知，级数 $\sum\limits_{n=1}^{\infty}n^p\left(\frac{a_n}{a_{n+1}}-1\right)$ 收敛.

练习 72　一般项数值级数的敛散性判别

训练目的

1. 掌握交错级数收敛判定的莱布尼兹判别法.

2. 掌握任意项级数绝对收敛与条件收敛的概念，以及绝对收敛与收敛的关系，会判断任意项级数是绝对收敛还是条件收敛.

基础练习

1. 交错级数 $\sum\limits_{n=1}^{\infty}(-1)^{n-1}a_n(a_n>0)$ 收敛的必要条件是______，充分条件是______，其发散的充分条件是________.

① $\lim\limits_{n\to\infty}a_n=0$　② $\lim\limits_{n\to\infty}a_n\neq 0$　③ $\lim\limits_{n\to\infty}a_n=0$ 且数列 $\{a_n\}$ 单调递减

④ $\lim\limits_{n\to\infty}\frac{a_{n+1}}{a_n}<1$　⑤ $\lim\limits_{n\to\infty}\frac{a_{n+1}}{a_n}>1$　⑥ $\lim\limits_{n\to\infty}\sqrt[n]{a_n}<1$　⑦ $\lim\limits_{n\to\infty}\sqrt[n]{a_n}>1$

【答案】 ①，③④⑥，②⑤⑦.

【参考解答】 ① $\lim\limits_{n\to\infty}a_n=0$ 为级数收敛的必要条件，因此② $\lim\limits_{n\to\infty}a_n\neq 0$ 是级数发散的充分条件；③由交错级数收敛的莱布尼兹判别法知，$\lim\limits_{n\to\infty}a_n=0$ 且数列 $\{a_n\}$ 单调递减为

题中交错级数收敛的充分条件；④⑥若满足 $\lim\limits_{n\to\infty}\dfrac{a_{n+1}}{a_n}<1$ 或 $\lim\limits_{n\to\infty}\sqrt[n]{a_n}<1$ 可知，正项级数 $\sum\limits_{n=1}^{\infty}a_n(a_n>0)$ 收敛，则题中交错级数绝对收敛，于是级数收敛，所以④⑥为题中交错级数收敛的充分条件；⑤⑦若满足 $\lim\limits_{n\to\infty}\dfrac{a_{n+1}}{a_n}>1$ 或 $\lim\limits_{n\to\infty}\sqrt[n]{a_n}>1$，则有 $\lim\limits_{n\to\infty}a_n\neq 0$，级数发散，所以⑤⑦是级数发散的充分条件.

2. 下列级数中条件收敛的有________，绝对收敛的有________，发散的是________.

① $\sum\limits_{n=1}^{\infty}(-1)^n\dfrac{n}{2n+1}$　② $\sum\limits_{n=1}^{\infty}(-1)^{n-1}\dfrac{1}{\sqrt[n]{n}}$　③ $\sum\limits_{n=2}^{\infty}(-1)^n\dfrac{n}{n^3-1}$

④ $\sum\limits_{n=1}^{\infty}\dfrac{(-1)^{n-1}}{\ln(1+n)}$　⑤ $\sum\limits_{n=1}^{\infty}(-1)^{n^2}\dfrac{1}{4n+1}$　⑥ $\sum\limits_{n=1}^{\infty}\dfrac{\cos n\pi}{n^{3/4}}$

⑦ $\sum\limits_{n=1}^{\infty}(-1)^n\dfrac{1}{2^n+1}$　⑧ $\sum\limits_{n=1}^{\infty}(-1)^n\left(1+\dfrac{1}{n}\right)^{n^2}$　⑨ $\sum\limits_{n=1}^{\infty}\dfrac{2^n-n^2}{3^n}$.

【答案】 ④⑤⑥，③⑦⑨，①②⑧.

【参考解答】 ① 由于 $\lim\limits_{n\to\infty}|a_n|=\lim\limits_{n\to\infty}\dfrac{n}{2n+1}=\dfrac{1}{2}$，故原级数的通项不趋于零，所以此级数发散.

② 由于 $\lim\limits_{n\to\infty}|a_n|=\lim\limits_{n\to\infty}\dfrac{1}{\sqrt[n]{n}}=1$，故原级数的通项不趋于零，所以此级数发散.

③ 由 $|a_n|=\dfrac{n}{n^3-1}<\dfrac{1}{n^2+1}$ 及级数 $\sum\limits_{n=1}^{\infty}\dfrac{1}{n^2+1}$ 收敛，知 $\sum\limits_{n=2}^{\infty}\left|(-1)^n\dfrac{n}{n^3-1}\right|$ 收敛，故此级数绝对收敛.

④ 由于 $\left\{\dfrac{1}{\ln(n+1)}\right\}$ 单调递减，且 $\lim\limits_{n\to\infty}\dfrac{1}{\ln(n+1)}=0$，故此交错级数收敛，又由 $\dfrac{1}{\ln(n+1)}>\dfrac{1}{n+1}$ 及 $\sum\limits_{n=2}^{\infty}\dfrac{1}{n+1}$ 发散知级数 $\sum\limits_{n=1}^{\infty}\left|\dfrac{(-1)^{n-1}}{\ln(1+n)}\right|$ 发散，所以此级数条件收敛.

⑤ 此级数即 $\sum\limits_{n=1}^{\infty}(-1)^n\dfrac{1}{4n+1}$，该级数为交错级数，由于 $\sum\limits_{n=1}^{\infty}|a_n|=\sum\limits_{n=1}^{\infty}\dfrac{1}{4n+1}$ 发散，而 $\left\{\dfrac{1}{4n+1}\right\}$ 单调递减且 $\lim\limits_{n\to\infty}\dfrac{1}{4n+1}=0$，所以此级数条件收敛.

⑥ 此级数即 $\sum\limits_{n=1}^{\infty}\dfrac{(-1)^n}{n^{3/4}}$，该级数为交错级数，由于 $\sum\limits_{n=1}^{\infty}|a_n|=\sum\limits_{n=1}^{\infty}\dfrac{1}{n^{3/4}}$ 为 p 级数，且 $p=\dfrac{3}{4}<1$，故 $\sum\limits_{n=1}^{\infty}|a_n|$ 发散，又 $\left\{\dfrac{1}{n^{3/4}}\right\}$ 单调递减，且 $\lim\limits_{n\to\infty}\dfrac{1}{n^{3/4}}=0$，故此级数收敛. 所以此级数条件收敛.

⑦ 考虑 $\sum\limits_{n=1}^{\infty}|a_n|=\sum\limits_{n=1}^{\infty}\dfrac{1}{2^n+1}$，由于 $\dfrac{1}{2^n+1}<\dfrac{1}{2^n}$，而 $\sum\limits_{n=2}^{\infty}\dfrac{1}{2^n}$ 收敛，故 $\sum\limits_{n=2}^{\infty}\dfrac{1}{2^n+1}$ 收敛，所以此级数绝对收敛.

⑧ 由于 $\lim\limits_{n\to\infty}\sqrt[n]{\left(1+\frac{1}{n}\right)^{n^2}}=\lim\limits_{n\to\infty}\left(1+\frac{1}{n}\right)^n=\mathrm{e}$，于是 $\lim\limits_{n\to\infty}\left(1+\frac{1}{n}\right)^{n^2}\neq0$，故原级数的通项不可能趋于零，所以此级数发散.

⑨ 当 $n>2$ 时，$\frac{2^n-n^2}{3^n}>0$，于是 $\sum\limits_{n=3}^{\infty}\left|\frac{2^n-n^2}{3^n}\right|=\sum\limits_{n=1}^{\infty}\frac{2^n-n^2}{3^n}$. 又级数 $\sum\limits_{n=1}^{\infty}\frac{2^n}{3^n}$ 是公比为 $\frac{2}{3}$ 的几何级数，故收敛；又 $\lim\limits_{n\to\infty}\frac{(n+1)^2}{3^{n+1}}\cdot\frac{3^n}{n^2}=\frac{1}{3}<1$，由比值判别法知级数 $\sum\limits_{n=1}^{\infty}\frac{n^2}{3^n}$ 收敛，于是 $\sum\limits_{n=3}^{\infty}\frac{2^n-n^2}{3^n}$ 收敛，故 $\sum\limits_{n=3}^{\infty}\left|\frac{2^n-n^2}{3^n}\right|$ 收敛，所以此级数绝对收敛.

综合练习

3. (1) 设级数 $\sum\limits_{n=1}^{\infty}a_n$ 收敛，问 $\sum\limits_{n=1}^{\infty}a_n^2$ 敛散性如何？试研究 $\sum\limits_{n=1}^{\infty}\frac{(-1)^{n-1}}{\sqrt{n}}$ 与 $\sum\limits_{n=1}^{\infty}\frac{(-1)^{n-1}}{n}$.

(2) 如果正项级数 $\sum\limits_{n=1}^{\infty}a_n$ 收敛，问：$\sum\limits_{n=1}^{\infty}a_n^2$ 是否一定收敛？说明理由.

(3) 设级数 $\sum\limits_{n=1}^{\infty}a_n$ 收敛，且 $\lim\limits_{n\to\infty}\frac{a_n}{b_n}=1$，问可否断定级数 $\sum\limits_{n=1}^{\infty}b_n$ 也收敛？试研究 $\sum\limits_{n=1}^{\infty}\frac{(-1)^n}{\sqrt{n}}$ 和 $\sum\limits_{n=1}^{\infty}\left[\frac{(-1)^n}{\sqrt{n}}+\frac{1}{n}\right]$.

【参考解答】 (1) 级数 $\sum\limits_{n=1}^{\infty}a_n$ 收敛，则 $\sum\limits_{n=1}^{\infty}a_n^2$ 可能收敛，也可能发散. 例如，交错级数 $\sum\limits_{n=1}^{\infty}\frac{(-1)^{n-1}}{\sqrt{n}}$ 收敛，但 $\sum\limits_{n=1}^{\infty}\left(\frac{(-1)^{n-1}}{\sqrt{n}}\right)^2=\sum\limits_{n=1}^{\infty}\frac{1}{n}$ 为调和级数，发散. 又如交错级数 $\sum\limits_{n=1}^{\infty}\frac{(-1)^{n-1}}{n}$ 收敛，$\sum\limits_{n=1}^{\infty}\left(\frac{(-1)^{n-1}}{n}\right)^2=\sum\limits_{n=1}^{\infty}\frac{1}{n^2}$ 也收敛.

(2) 若正项级数 $\sum\limits_{n=1}^{\infty}a_n$ 收敛，则 $\sum\limits_{n=1}^{\infty}a_n^2$ 一定收敛. 事实上，由于正项级数 $\sum\limits_{n=1}^{\infty}a_n$ 收敛，则 $\lim\limits_{n\to\infty}a_n=0$，故 $\lim\limits_{n\to\infty}\frac{a_n^2}{a_n}=\lim\limits_{n\to\infty}a_n=0$，由正项级数比较判别法知 $\sum\limits_{n=1}^{\infty}a_n^2$ 收敛.

(3) 由 $\sum\limits_{n=1}^{\infty}a_n$ 收敛，且 $\lim\limits_{n\to\infty}\frac{a_n}{b_n}=1$，$\sum\limits_{n=1}^{\infty}b_n$ 不一定收敛. 例如，取级数

$$\sum_{n=1}^{\infty}a_n=\sum_{n=1}^{\infty}\frac{(-1)^n}{\sqrt{n}},\quad \sum_{n=1}^{\infty}b_n=\sum_{n=1}^{\infty}\left[\frac{(-1)^n}{\sqrt{n}}+\frac{1}{n}\right],$$

则 $\sum\limits_{n=1}^{\infty}a_n$ 收敛，且 $\lim\limits_{n\to\infty}\frac{b_n}{a_n}=\lim\limits_{n\to\infty}\left(1+(-1)^n\frac{1}{n^{\frac{3}{2}}}\right)=1$. 但由 $\sum\limits_{n=1}^{\infty}\frac{(-1)^n}{\sqrt{n}}$ 收敛，$\sum\limits_{n=1}^{\infty}\frac{1}{n}$ 发散，可知 $\sum\limits_{n=1}^{\infty}b_n$ 发散.

4. 判定下列结论是否正确，如果正确，请给出证明；否则，举例说明.

(1) 设级数 $\sum_{n=1}^{\infty} a_n$ 与 $\sum_{n=1}^{\infty} b_n$ 都绝对收敛，则 $\sum_{n=1}^{\infty}(a_n+b_n)$ 也绝对收敛.

(2) 设级数 $\sum_{n=1}^{\infty} a_n$ 与 $\sum_{n=1}^{\infty} b_n$ 都条件收敛，则 $\sum_{n=1}^{\infty}(a_n+b_n)$ 也条件收敛.

(3) 设级数 $\sum_{n=1}^{\infty} a_n$ 绝对收敛，$\sum_{n=1}^{\infty} b_n$ 条件收敛，则 $\sum_{n=1}^{\infty}(a_n+b_n)$ 条件收敛.

【参考解答】 (1) 正确. 事实上，已知 $\sum_{n=1}^{\infty}|a_n|$，$\sum_{n=1}^{\infty}|b_n|$ 收敛，则由 $|a_n+b_n|\leqslant|a_n|+|b_n|$ 可知 $\sum_{n=1}^{\infty}|a_n+b_n|$ 收敛，即 $\sum_{n=1}^{\infty}(a_n+b_n)$ 绝对收敛.

(2) 不一定. 例如，$\sum_{n=1}^{\infty}(-1)^{n-1}\frac{1}{n}$，$\sum_{n=1}^{\infty}(-1)^{n}\frac{1}{n}$ 条件收敛，但 $\sum_{n=1}^{\infty}\left((-1)^{n-1}\frac{1}{n}+(-1)^{n}\frac{1}{n}\right)=\sum_{n=1}^{\infty}0$，显然绝对收敛.

(3) 正确. 事实上，由 $\sum_{n=1}^{\infty} a_n$，$\sum_{n=1}^{\infty} b_n$ 收敛，易知 $\sum_{n=1}^{\infty}(a_n+b_n)$ 收敛；而由 $\sum_{n=1}^{\infty}|a_n|$ 收敛，$\sum_{n=1}^{\infty}|b_n|$ 发散，可知 $\sum_{n=1}^{\infty}(|a_n|-|b_n|)$ 发散，于是 $\sum_{n=1}^{\infty}\big||a_n|-|b_n|\big|$ 发散. 又由 $|a_n+b_n|\geqslant\big||a_n|-|b_n|\big|$，可知 $\sum_{n=1}^{\infty}|a_n+b_n|$ 发散. 故 $\sum_{n=1}^{\infty}(a_n+b_n)$ 条件收敛.

5. 设级数 $\sum_{n=1}^{\infty} a_n$ 收敛，证明级数 $\sum_{n=1}^{\infty}\left(\frac{2\sin a_n-1}{3}\right)^n$ 收敛.

【参考证明】 由 $\sum_{n=1}^{\infty} a_n$ 收敛，可知 $\lim\limits_{n\to\infty} a_n=0$. 记 $b_n=\left(\frac{2\sin a_n-1}{3}\right)^n$，则

$$\lim_{n\to\infty}\sqrt[n]{|b_n|}=\lim_{n\to\infty}\sqrt[n]{\left|\frac{2\sin a_n-1}{3}\right|^n}=\lim_{n\to\infty}\left|\frac{2\sin a_n-1}{3}\right|=\frac{1}{3}<1.$$

故由根值判别法知 $\sum_{n=1}^{\infty}\left|\left(\frac{2\sin a_n-1}{3}\right)^n\right|$ 收敛，所以级数 $\sum_{n=1}^{\infty}\left(\frac{2\sin a_n-1}{3}\right)^n$ 收敛.

6. 已知级数 $\sum_{n=1}^{\infty}(a_{n+1}-a_n)$ 收敛，$\sum_{n=1}^{\infty} b_n$ 绝对收敛，试证明级数 $\sum_{n=1}^{\infty} a_n b_n$ 收敛.

【参考证明】 由 $\sum_{n=1}^{\infty}(a_{n+1}-a_n)$ 收敛，可知其部分和数列极限存在，即

$$\lim_{n\to\infty} S_n=\lim_{n\to\infty}\sum_{k=1}^{n}(a_{k+1}-a_k)=\lim_{n\to\infty}(a_{n+1}-a_1)$$

存在，得 $\lim\limits_{n\to\infty} a_n$ 存在，从而数列 $\{a_n\}$ 有界，记 $|a_n|\leqslant M(M\geqslant0)$，则有 $|a_n b_n|\leqslant M|b_n|$，又 $\sum_{n=1}^{\infty}|b_n|$ 收敛，由正项级数的比较判别法知 $\sum_{n=1}^{\infty}|a_n b_n|$ 收敛，所以 $\sum_{n=1}^{\infty} a_n b_n$ 收敛.

7. 设级数 $\sum_{n=1}^{\infty} a_n$ 条件收敛,证明级数 $\sum_{n=1}^{\infty} \frac{|a_n|+a_n}{2}$ 与 $\sum_{n=1}^{\infty} \frac{|a_n|-a_n}{2}$ 均发散.

【参考证明】 记 $b_n=\frac{|a_n|+a_n}{2}, c_n=\frac{|a_n|-a_n}{2}$,假设 $\sum_{n=1}^{\infty} b_n=\sum_{n=1}^{\infty} \frac{|a_n|+a_n}{2}$ 收敛,则 $\sum_{n=1}^{\infty}|a_n|=\sum_{n=1}^{\infty}(2b_n-a_n)$ 收敛,即 $\sum_{n=1}^{\infty} a_n$ 绝对收敛,与题设矛盾,假设不成立,即 $\sum_{n=1}^{\infty} \frac{|a_n|+a_n}{2}$ 发散. 同理可证 $\sum_{n=1}^{\infty} \frac{|a_n|-a_n}{2}$ 发散.

8. 讨论级数 $\sum_{n=1}^{\infty} n!\left(\frac{x}{n}\right)^n$ 的敛散性.

【参考解答】 记 $u_n=n!\left(\frac{x}{n}\right)^n$,则

$$\lim_{n\to\infty} \frac{|u_{n+1}|}{|u_n|}=\lim_{n\to\infty}\left|\frac{(n+1)!}{n!}\left(\frac{x}{n+1}\right)^{n+1}\left(\frac{n}{x}\right)^n\right|=\lim_{n\to\infty}|x|\left(1+\frac{1}{n}\right)^{-n}=\frac{|x|}{\mathrm{e}}.$$

于是,当 $\frac{|x|}{\mathrm{e}}<1$,即 $|x|<\mathrm{e}$ 时,级数 $\sum_{n=1}^{\infty} n!\left(\frac{x}{n}\right)^n$ 绝对收敛;当 $\frac{|x|}{\mathrm{e}}>1$,即 $|x|\geqslant \mathrm{e}$ 时,存在 N,当 $n>N$ 时有 $\frac{|u_{n+1}|}{|u_n|}>1$,即 $|u_{n+1}|>|u_n|$,所以 $\lim_{n\to\infty} u_n \neq 0$,级数 $\sum_{n=1}^{\infty} n!\left(\frac{x}{n}\right)^n$ 发散. 当 $|x|=\mathrm{e}$ 时,由 $\left(1+\frac{1}{n}\right)^n<\mathrm{e}$,有

$$\left|\frac{u_{n+1}}{u_n}\right|=(n+1)!\left(\frac{\mathrm{e}}{n+1}\right)^{n+1} \cdot \frac{1}{n!}\left(\frac{n}{\mathrm{e}}\right)^n=\frac{\mathrm{e}}{\left(1+\frac{1}{n}\right)^n}>1,$$

于是 $\{|u_n|\}$ 单调递增,所以有 $\lim_{n\to\infty} u_n \neq 0$,由此级数 $\sum_{n=1}^{\infty} n!\left(\frac{\mathrm{e}}{n}\right)^n, \sum_{n=1}^{\infty} n!\left(\frac{-\mathrm{e}}{n}\right)^n$ 不满足级数收敛的必要条件,级数发散.

考研与竞赛练习

1. 判定通项如下的级数 $\sum_{n=1}^{\infty} u_n$ 的敛散性.

(1) $u_n=\sin(\sqrt{n^2+a^2}\pi)(a>0)$. (2) $u_n=\frac{\pi}{2}-\arcsin\frac{n}{n+1}$.

【参考解答】 (1) 由正弦函数的周期性及性质,有

$$\begin{aligned}\sin(\sqrt{n^2+a^2}\pi)&=(-1)^{n-1}\sin\left(n\pi-\sqrt{n^2+a^2}\pi\right)\\&=(-1)^n\sin\frac{a^2\pi}{n+\sqrt{n^2+a^2}},\end{aligned}$$

从而可知,存在某个 $N\in\mathbb{Z}^+$,当 $n>N$ 时,$0<v_n=\frac{a^2\pi}{n+\sqrt{n^2+a^2}}<\frac{\pi}{2}$,对应 $\sin v_n>0$. 于是

可视 $\sum_{n=1}^{\infty}u_n$ 为交错级数，又由 $v_n=\dfrac{a^2\pi}{n+\sqrt{n^2+a^2}}$ 单调递减趋于 0，可知 $\sin\dfrac{a^2\pi}{n+\sqrt{n^2+a^2}}$ 单调递减趋于 0，于是由交错级数的莱布尼兹判别法知原级数收敛.

(2) 对 $u_n=\dfrac{\pi}{2}-\arcsin\dfrac{n}{n+1}$ 两端取余弦，有 $\cos u_n=\sin\left(\arcsin\dfrac{n}{n+1}\right)$. 由 $0<\dfrac{n}{n+1}<1$，所以 $\cos u_n=\dfrac{n}{n+1}$，由此可得

$$1-\cos u_n=1-\frac{n}{n+1}=\frac{1}{n+1}.$$

因此当 $n\to\infty$ 时有，$1-\cos u_n\sim\dfrac{u_n^2}{2}\sim\dfrac{1}{n+1}$，即 $u_n\sim\sqrt{\dfrac{2}{n+1}}$，于是级数 $\sum_{n=1}^{\infty}u_n$ 与级数 $\sum_{n=1}^{\infty}\sqrt{\dfrac{2}{n+1}}$ 具有相同的敛散性，由 p-级数的敛散性可知原级数发散.

2. 判定下列级数的敛散性，如果收敛，指出是绝对收敛还是条件收敛.

(1) $\sum_{n=2}^{\infty}\dfrac{(-1)^n}{\sqrt{n}+(-1)^n}$.

(2) $\sum_{n=1}^{\infty}(-1)^{n+1}\left(\dfrac{1}{u_n}+\dfrac{1}{u_{n+1}}\right)$，其中 $u_n\neq0, n=1,2,\cdots$ 且 $\lim\limits_{n\to\infty}\dfrac{n}{u_n}=1$.

(3) $\sum_{n=1}^{\infty}(-1)^n\dfrac{1}{2^n}\left(1+\dfrac{1}{n}\right)^{n^2}$.

(4) $1-\dfrac{1}{2^\alpha}+\dfrac{1}{3}-\dfrac{1}{4^\alpha}+\cdots+\dfrac{1}{2n-1}-\dfrac{1}{(2n)^\alpha}+\cdots$，其中 $\alpha>0$.

【参考解答】 (1) 改写通项表达式，有

$$\frac{(-1)^n}{\sqrt{n}+(-1)^n}=\frac{(-1)^n\left[\sqrt{n}-(-1)^n\right]}{n-1}=(-1)^n\frac{\sqrt{n}}{n-1}-\frac{1}{n-1},$$

其中 $\sum_{n=2}^{\infty}(-1)^n\dfrac{\sqrt{n}}{n-1}$ 为交错级数，满足莱布尼兹判别法条件，级数收敛；$\sum_{n=2}^{\infty}\dfrac{1}{n-1}$ 为调和级数，级数发散，故原级数发散.

(2) 由 $\lim\limits_{n\to\infty}\dfrac{n}{u_n}=1$ 知 $\lim\limits_{n\to\infty}\dfrac{1}{u_n}=0$，且存在 $N>0$，当 $n>N$ 时 $u_n>0$. 级数的部分和为

$$S_n=\sum_{k=1}^{n}(-1)^{k+1}\left(\frac{1}{u_k}+\frac{1}{u_{k+1}}\right)=\frac{1}{u_1}+\frac{(-1)^{n+1}}{u_{n+1}}.$$

于是 $\lim\limits_{n\to\infty}S_n=\dfrac{1}{u_1}$，所以级数 $\sum_{n=1}^{\infty}(-1)^{n+1}\left(\dfrac{1}{u_n}+\dfrac{1}{u_{n+1}}\right)$ 收敛. 又

$$\lim_{n\to\infty}\frac{\dfrac{1}{u_n}+\dfrac{1}{u_{n+1}}}{\dfrac{1}{n}}=\lim_{n\to\infty}\left(\frac{n}{u_n}+\frac{n}{u_{n+1}}\right)=\lim_{n\to\infty}\left(\frac{n}{u_n}+\frac{n+1}{u_{n+1}}\frac{n}{n+1}\right)=2,$$

故由比较判别法知级数$\sum_{n=1}^{\infty}\left|(-1)^{n+1}\left(\frac{1}{u_n}+\frac{1}{u_{n+1}}\right)\right|$发散，故原级数条件收敛.

(3) 记$u_n=\frac{1}{2^n}\left(1+\frac{1}{n}\right)^{n^2}$，则$\sqrt[n]{u_n}=\frac{1}{2}\left(1+\frac{1}{n}\right)^n\to\frac{e}{2}>1(n\to\infty)$，可知$\lim_{n\to\infty}u_n\neq 0$，不满足级数收敛的必要条件，故所给级数发散.

(4) 根据参数α的取值，分三种情况讨论.

① 当$\alpha=1$时，级数为$\sum_{n=1}^{\infty}(-1)^n\frac{1}{n}$，由莱布尼兹判别法知级数收敛.

② 当$\alpha>1$时，考察级数$\left(1-\frac{1}{2^\alpha}\right)+\left(\frac{1}{3}-\frac{1}{4^\alpha}\right)+\cdots+\left(\frac{1}{2n-1}-\frac{1}{(2n)^\alpha}\right)+\cdots$. 由$\sum_{n=1}^{\infty}\frac{1}{2n-1}$发散，而$\sum_{n=1}^{\infty}\frac{1}{2^\alpha n^\alpha}$收敛，知级数$\sum_{n=1}^{\infty}\left(\frac{1}{2n-1}-\frac{1}{(2n)^\alpha}\right)$发散，故原级数发散.

③ 当$0<\alpha<1$时，考察级数

$$1-\left(\frac{1}{2^\alpha}-\frac{1}{3}\right)-\left(\frac{1}{4^\alpha}-\frac{1}{5}\right)-\cdots-\left(\frac{1}{(2n)^\alpha}-\frac{1}{2n+1}\right)\cdots=1-\sum_{n=1}^{\infty}\left(\frac{1}{(2n)^\alpha}-\frac{1}{2n+1}\right).$$

由于$0<\alpha<1$，于是$\frac{1}{(2n)^\alpha}-\frac{1}{2n+1}>0$，级数$\sum_{n=1}^{\infty}\left(\frac{1}{(2n)^\alpha}-\frac{1}{2n+1}\right)$为正项级数，且$\frac{1}{(2n)^\alpha}-\frac{1}{2n+1}\sim\frac{1}{(2n)^\alpha}(n\to\infty)$，于是由$\sum_{n=1}^{\infty}\frac{1}{(2n)^\alpha}(0<\alpha<1)$发散可知，级数$\sum_{n=1}^{\infty}\left(\frac{1}{(2n)^\alpha}-\frac{1}{2n+1}\right)$发散，所以原级数发散. 综上可知此级数仅当$\alpha=1$时收敛.

3. 设正项数列$\{a_n\}$单调减少，且级数$\sum_{n-1}^{\infty}(-1)^n a_n$发散，试问级数$\sum_{n=1}^{\infty}\left(\frac{1}{a_n+1}\right)^n$是否收敛？ 并说明理由.

【参考解答】 级数$\sum_{n=1}^{\infty}\left(\frac{1}{a_n+1}\right)^n$收敛. 由已知可知$a_n\geqslant 0$，且单调递减有下界，故$\lim_{n\to\infty}a_n$存在，记$\lim_{n\to\infty}a_n=a\geqslant 0$. 若$a=0$，则由莱布尼兹定理知$\sum_{n=1}^{\infty}(-1)^n a_n$收敛，与题设矛盾，故$a>0$，且由数列单调递减有$a_n\geqslant a$.

【法 1】 因$\frac{1}{a_n+1}\leqslant\frac{1}{a+1}<1$，从而$\left(\frac{1}{a_n+1}\right)^n\leqslant\left(\frac{1}{a+1}\right)^n$. 由于几何级数$\sum_{n=1}^{\infty}\left(\frac{1}{a+1}\right)^n$收敛，所以由比较判别法知正项级数$\sum_{n=1}^{\infty}\left(\frac{1}{a_n+1}\right)^n$收敛.

【法 2】 令$b_n=\left(\frac{1}{a_n+1}\right)^n$，则$\lim_{n\to\infty}\sqrt[n]{b_n}=\lim_{n\to\infty}\frac{1}{a_n+1}=\frac{1}{a+1}<1$，所以由正项级数的根值判别法可知级数$\sum_{n=1}^{\infty}\left(\frac{1}{a_n+1}\right)^n$收敛.

4. 设 $a>0,b>0,x_1>0,x_2=a+\dfrac{b}{x_1},\cdots,x_n=a+\dfrac{b}{x_{n-1}},n=2,3,\cdots$，证明数列 $\{x_n\}$ 极限存在，并求极限.

【参考证明】【法 1】 由题设中递推公式显然有 $x_n>a>0$，于是

$$x_n=a+\frac{b}{x_{n-1}}<a+\frac{b}{a},$$

所以数列 $\{x_n\}$ 既有上界又有下界. 又

$$x_{n+2}-x_n=\frac{b(x_{n-1}-x_{n+1})}{x_{n-1}x_{n+1}}=\frac{b^2(x_n-x_{n-2})}{x_{n-2}x_{n-1}x_nx_{n+1}},\quad n=3,4,\cdots,$$

由此可知数列偶数项子数列 $\{x_{2n}\}$ 与奇数项子数列 $\{x_{2n-1}\}$ 分别为单调递增或单调递减数列，又数列既有上界又有下界，于是由单调有界原理知，数列 $\{x_{2n}\}$，$\{x_{2n-1}\}$ 都收敛. 记 $\lim\limits_{n\to\infty}x_{2n}=A,\lim\limits_{n\to\infty}x_{2n-1}=B$，对递推式两边取极限，有

$$A=a+\frac{b}{B},\quad B=a+\frac{b}{A},$$

解得 $A=B=\dfrac{a+\sqrt{4b+a^2}}{2}\left(A=B=\dfrac{a-\sqrt{4b+a^2}}{2}\text{由极限保号性舍去}\right)$. 由拉链原理知原数列收敛，且有 $\lim\limits_{n\to\infty}x_n=\dfrac{a+\sqrt{4b+a^2}}{2}$.

【法 2】 由题设中的递推公式，得

$$x_{n+1}-x_n=\frac{b}{x_n}-\frac{b}{x_{n-1}}=b\cdot\frac{x_{n-1}-x_n}{x_nx_{n-1}}=\frac{b}{b+ax_{n-1}}(x_{n-1}-x_n).$$

当 $n\geqslant2$ 时，由题设可知 $x_n>a$，于是

$$|x_{n+1}-x_n|=\frac{1}{1+\left(\frac{a}{b}\right)x_{n-1}}|x_{n-1}-x_n|<\frac{1}{1+\left(\frac{a^2}{b}\right)}|x_n-x_{n-1}|,$$

故有 $\dfrac{|x_{n+1}-x_n|}{|x_n-x_{n-1}|}<\dfrac{1}{1+\left(\frac{a^2}{b}\right)}<1$，由比值判别法不等式形式知级数 $\sum\limits_{n=1}^{\infty}|x_{n+1}-x_n|$ 收敛，所以级数 $\sum\limits_{n=1}^{\infty}(x_{n+1}-x_n)$ 收敛，其对应的部分和数列通项为 $S_n=x_{n+1}-x_1$，故级数 $\sum\limits_{n=1}^{\infty}(x_{n+1}-x_n)$ 收敛与数列 $\{x_n\}$ 收敛等价，所以数列 $\{x_n\}$ 收敛. 设 $\lim\limits_{n\to\infty}x_n=A$，则由递推式两边 $n\to\infty$ 求极限得

$$A=a+\frac{b}{A},\quad \text{即 } A=\frac{a+\sqrt{4b+a^2}}{2}.$$

5. 设有交错级数 $\sum\limits_{n=1}^{\infty}(-1)^nu_n(u_n>0,n=1,2,\cdots)$，如果存在常数 $\mu,\lambda(\mu,\lambda>0)$，$0<p<1$ 且 $\lim\limits_{n\to+\infty}n^p\left(\dfrac{u_n}{u_{n+1}}-\lambda\right)=\mu$，证明：当 $\lambda>1$ 时，级数收敛；当 $\lambda<1$ 时，级数发散.

【参考证明】 由已知条件的极限可得

$$n^p\left(\frac{u_n}{u_{n+1}}-\lambda\right)=\mu+\alpha,\quad \lim_{n\to+\infty}\alpha=0.$$

于是$\frac{u_n}{u_{n+1}}=\lambda+\frac{\mu}{n^p}+\frac{\alpha}{n^p}$,由于$\mu$为常数,$0<p<1$,得$\lim\limits_{n\to\infty}\frac{u_n}{u_{n+1}}=\lambda$,所以$\lim\limits_{n\to+\infty}\frac{u_{n+1}}{u_n}=\frac{1}{\lambda}$. 当$\lambda>1$时,$\frac{1}{\lambda}<1$,从而由正项级数的比值判别法,可知级数$\sum\limits_{n=1}^{\infty}u_n$收敛,级数$\sum\limits_{n=1}^{\infty}(-1)^n u_n$绝对收敛,所以交错级数$\sum\limits_{n=1}^{\infty}(-1)^n u_n$收敛. 当$\lambda<1$时,$\frac{1}{\lambda}>1$,所以必定存在$N\in\mathbb{Z}^+$,当$n>N$时,$u_{n+1}>u_n$,数列$\{u_n\}$为递增数列,$\lim\limits_{n\to+\infty}u_n\neq 0$不趋于0,由级数收敛的必要条件,可知原级数发散.

练习 73　幂级数的收敛域与和函数

训练目的

1. 了解函数项级数的收敛域及和函数的概念.
2. 理解幂级数收敛半径的概念,掌握幂级数的收敛半径、收敛区间及收敛域的求法.
3. 了解幂级数在其收敛区间内的一些基本性质(和函数连续、逐项求导与逐项积分等).
4. 会求一些幂级数在收敛域内的和函数,并会由此求出某些数项级数的和.

基础练习

1. 若$\sum\limits_{n=1}^{\infty}a_n(x-1)^n$在$x=-1$处条件收敛,则此级数在$x=2$处________,在$x=0$处________,在$x=3$处________,在$x=4$处________.

① 条件收敛　② 绝对收敛　③ 发散　④ 收敛性不能确定

【参考解答】 ②,②,④,③. 由题设可知,当$|x-1|<|-1-1|=2$时,级数$\sum\limits_{n=1}^{\infty}a_n(x-1)^n$绝对收敛,当$|x-1|>|-1-1|=2$时,该级数发散,即级数的收敛区间为$(-1,3)$,所以此级数在$x=2$处绝对收敛,在$x=0$处绝对收敛,在$x=3$处收敛性不能确定,在$x=4$处发散.

2. 设幂级数$\sum\limits_{n=0}^{\infty}a_n x^n$的收敛半径为3,则幂级数$\sum\limits_{n=1}^{\infty}na_n x^{n+1}$收敛区间为________,幂级数$\sum\limits_{n=1}^{\infty}\frac{a_n}{n}(x-1)^{n+1}$的收敛区间为________.

【参考解答】 $(-3,3)$,$(-2,4)$. 由于幂级数逐项求导不改变级数的收敛半径,因此级数$\sum_{n=1}^{\infty} na_n x^{n-1}=\sum_{n=1}^{\infty}(a_n x^n)'$收敛半径为3. 又由$\sum_{n=1}^{\infty} na_n x^{n+1}=x^2\sum_{n=1}^{\infty} na_n x^{n-1}$可知，其收敛半径为3，故收敛区间为$(-3,3)$. 由级数$\sum_{n=0}^{\infty} a_n x^n$收敛半径为3，可知级数$\sum_{n=1}^{\infty} a_n x^{n-1}$收敛半径也为3. 由幂级数逐项积分不改变级数的收敛半径，令$x-1=t$，有$\sum_{n=1}^{\infty}\frac{a_n}{n}(x-1)^{n+1}=\sum_{n=1}^{\infty}\frac{a_n}{n}t^{n+1}=t\sum_{n=1}^{\infty}\frac{a_n}{n}t^n=t\sum_{n=1}^{\infty}\int_0^t a_n t^{n-1}\mathrm{d}t$，因此级数$\sum_{n=1}^{\infty}\frac{a_n}{n}t^{n+1}$的收敛区间为$(-3,3)$，于是$\sum_{n=1}^{\infty}\frac{a_n}{n}(x-1)^{n+1}$的收敛区间为$(-2,4)$.

3. 求下列幂级数的收敛域.

(1) $\frac{2}{2}x+\frac{2^2}{5}x^2+\frac{2^3}{10}x^3+\cdots+\frac{2^n}{n^2+1}x^n+\cdots$

(2) $\frac{x}{2}+\frac{x^2}{2\cdot 4}+\frac{x^3}{2\cdot 4\cdot 6}+\cdots+\frac{x^n}{2\cdot 4\cdot 6\cdot\cdots\cdot(2n)}+\cdots$

(3) $\sum_{n=1}^{\infty}(-1)^n\frac{x^{2n+1}}{2n+1}$　　(4) $\sum_{n=1}^{\infty}\frac{(x-5)^n}{\sqrt{n}}$

【参考解答】 (1) 因为$\rho=\lim_{n\to\infty}\left|\frac{a_{n+1}}{a_n}\right|=\lim_{n\to\infty}\frac{n^2+1}{2^n}\cdot\frac{2^{n+1}}{(n+1)^2+1}=2$，所以级数的收敛半径$R=\frac{1}{2}$. 又当$x=-\frac{1}{2}$时，级数$\sum_{n=1}^{\infty}\frac{(-1)^n}{n^2+1}$收敛，当$x=\frac{1}{2}$时，级数$\sum_{n=1}^{\infty}\frac{1}{n^2+1}$也收敛，所以此级数收敛域为$\left[-\frac{1}{2},\frac{1}{2}\right]$.

(2) 因为$\rho=\lim_{n\to\infty}\left|\frac{a_{n+1}}{a_n}\right|=\lim_{n\to\infty}\frac{2\cdot 4\cdot 6\cdot\cdots\cdot(2n)}{2\cdot 4\cdot 6\cdot\cdots\cdot(2n)(2n+2)}=0$，所以收敛半径$R=\infty$，所以此幂级数的收敛域为$(-\infty,+\infty)$.

(3) 因为$\lim_{n\to\infty}\left|\frac{u_{n+1}}{u_n}\right|=\lim_{n\to\infty}\left|\frac{2n+1}{x^{2n+1}}\cdot\frac{x^{2n+3}}{2n+3}\right|=|x|^2$，所以当$|x|^2<1$时，级数绝对收敛，当$|x|^2>1$时，级数发散，所以收敛半径$R=1$. 又当$x=-1,x=1$时，分别对应级数$\sum_{n=1}^{\infty}\frac{(-1)^{n+1}}{2n+1}$，$\sum_{n=1}^{\infty}\frac{(-1)^n}{2n+1}$均收敛，所以此级数的收敛域为$[-1,1]$.

(4) 令$t=x-5$，先考虑级数$\sum_{n=1}^{\infty}\frac{t^n}{\sqrt{n}}$. 因为$\rho=\lim_{n\to\infty}\left|\frac{a_{n+1}}{a_n}\right|=\lim_{n\to\infty}\frac{\sqrt{n}}{\sqrt{n+1}}=1$，所以级数$\sum_{n=1}^{\infty}\frac{t^n}{\sqrt{n}}$收敛半径$R=1$. 又当$t=-1$时，级数$\sum_{n=1}^{\infty}\frac{(-1)^n}{\sqrt{n}}$收敛，当$t=1$时级数$\sum_{n=1}^{\infty}\frac{1}{\sqrt{n}}$发散，则级数$\sum_{n=1}^{\infty}\frac{t^n}{\sqrt{n}}$的收敛域为$[-1,1)$，所以原级数的收敛域为$[4,6)$.

4. 利用逐项求导或逐项积分求下列级数的和函数.

(1) $\sum_{n=1}^{\infty} nx^{n-1}$　(2) $\sum_{n=1}^{\infty} \frac{x^{2n+1}}{2n+1}$　(3) $\sum_{n=0}^{\infty} (-1)^n \frac{x^{2n+1}}{2n+1}$　(4) $\sum_{n=0}^{\infty} \frac{x^{4n}}{4n+1}$

【参考解答】 (1) 此级数收敛域为$(-1,1)$. 级数的和函数为

$$S(x)=\sum_{n=1}^{\infty} nx^{n-1}=\sum_{n=1}^{\infty}(x^n)'=\left(\sum_{n=1}^{\infty}x^n\right)'=\left(\frac{x}{1-x}\right)'=\frac{1}{(1-x)^2}\quad(-1<x<1).$$

(2) 此级数的收敛域为$(-1,1)$. 级数的和函数为

$$S(x)=\sum_{n=1}^{\infty}\frac{x^{2n+1}}{2n+1}=\sum_{n=1}^{\infty}\int_0^x x^{2n}\mathrm{d}x=\int_0^x\left(\sum_{n=1}^{\infty}x^{2n}\right)\mathrm{d}x$$

$$=\int_0^x \frac{x^2}{1-x^2}\mathrm{d}x=-x+\frac{1}{2}\ln\frac{1+x}{1-x}\quad(-1<x<1).$$

(3) 此级数收敛域为$[-1,1]$. 级数的和函数为

$$S(x)=\sum_{n=0}^{\infty}\frac{(-1)^n x^{2n+1}}{2n+1}=\sum_{n=0}^{\infty}(-1)^n\int_0^x x^{2n}\mathrm{d}x=\int_0^x\left(\sum_{n=0}^{\infty}(-1)^n x^{2n}\right)\mathrm{d}x$$

$$=\int_0^x\frac{1}{1+x^2}\mathrm{d}x=\arctan x\quad(-1\leqslant x\leqslant 1).$$

(4) 此级数收敛域为$(-1,1)$. 记级数的和函数为$S(x)$,则$S(0)=1$. 当$x\neq 0$时,有

$$S(x)=\sum_{n=0}^{\infty}\frac{x^{4n}}{4n+1}=\frac{1}{x}\sum_{n=0}^{\infty}\frac{x^{4n+1}}{4n+1}=\frac{1}{x}\sum_{n=0}^{\infty}\int_0^x x^{4n}\mathrm{d}x=\frac{1}{x}\int_0^x\left(\sum_{n=0}^{\infty}x^{4n}\right)\mathrm{d}x$$

$$=\frac{1}{x}\int_0^x\frac{1}{1-x^4}\mathrm{d}x=\frac{1}{2x}\int_0^x\left(\frac{1}{1-x^2}+\frac{1}{1+x^2}\right)\mathrm{d}x=\frac{1}{4x}\ln\frac{1+x}{1-x}+\frac{1}{2x}\arctan x,$$

综上得级数的和函数为

$$S(x)=\begin{cases}\frac{1}{4x}\ln\frac{1+x}{1-x}+\frac{\arctan x}{2x}, & x\in(-1,0)\cup(0,1)\\ 1, & x=0\end{cases}.$$

综合练习

5. 确定函数项级数的收敛域.

(1) $\sum_{n=1}^{\infty}(\ln x)^n$　(2) $\sum_{n=1}^{\infty}\frac{x^n}{(1+x)(1+x^2)\cdots(1+x^n)}(x\neq -1)$

【参考解答】 (1) 由于 $\lim\limits_{n\to\infty}\left|\frac{u_{n+1}(x)}{u_n(x)}\right|=\lim\limits_{n\to\infty}\left|\frac{(\ln x)^{n+1}}{(\ln x)^n}\right|=|\ln x|$,所以当$|\ln x|<1$,即$\frac{1}{\mathrm{e}}<x<\mathrm{e}$时,级数收敛;当$|\ln x|>1$,即$x>\mathrm{e}$或$0<x<\frac{1}{\mathrm{e}}$时,级数发散;当$x=\mathrm{e}$时,对应级数$\sum_{n=1}^{\infty}1$发散;当$x=\frac{1}{\mathrm{e}}$时,对应级数$\sum_{n=1}^{\infty}(-1)^n$发散. 故原级数的收敛域为$\left(\frac{1}{\mathrm{e}},\mathrm{e}\right)$.

（2）由于 $\lim\limits_{n\to\infty}\left|\dfrac{u_{n+1}(x)}{u_n(x)}\right|=\lim\limits_{n\to\infty}|x|\dfrac{1}{|1+x^{n+1}|}=\begin{cases}0, & |x|>1\\ |x|, & |x|<1\\ \dfrac{1}{2}, & x=1\end{cases}$，当 $x=-1$ 时，极限不存在. 所以原级数的收敛域为 $D=\{x\,|\,x\in\mathbb{R},x\neq-1\}$.

6. 求幂级数 $\sum\limits_{n=1}^{\infty}\dfrac{(-1)^n}{n\cdot 2^n}(x-1)^{3n}$ 的收敛域与和函数.

【参考解答】 令 $t=\dfrac{(x-1)^3}{2}$，考察级数 $\sum\limits_{n=1}^{\infty}\dfrac{(-1)^n}{n}t^n$. 由于

$$\lim_{n\to\infty}\left|\frac{u_{n+1}(t)}{u_n(t)}\right|=\lim_{n\to\infty}\left|\frac{t^{n+1}}{(n+1)}\cdot\frac{n}{t^n}\right|=|t|,$$

于是可知，当 $|t|<1$ 时，级数 $\sum\limits_{n=1}^{\infty}\dfrac{(-1)^n}{n\cdot 2^n}t^{3n}$ 绝对收敛；当 $|t|>1$ 时，级数 $\sum\limits_{n=1}^{\infty}\dfrac{(-1)^n}{n\cdot 2^n}t^{3n}$ 发散；当 $t=-1$ 时，对应级数 $\sum\limits_{n=1}^{\infty}\dfrac{1}{n}$ 发散；当 $t=1$ 时，对应级数 $\sum\limits_{n=1}^{\infty}\dfrac{(-1)^n}{n}$ 收敛. 故级数 $\sum\limits_{n=1}^{\infty}\dfrac{(-1)^n}{n}t^n$ 的收敛域为 $(-1,1]$，记其和函数为 $S_1(t)$，则有

$$S_1(t)=\sum_{n=1}^{\infty}\frac{(-1)^n}{n}t^n=\sum_{n=1}^{\infty}(-1)^n\int_0^t t^{n-1}\mathrm{d}t=\int_0^t\Big(\sum_{n=1}^{\infty}(-1)^n t^{n-1}\Big)\mathrm{d}t$$
$$=\int_0^t\frac{-1}{1+t}\mathrm{d}t=-\ln(1+t).$$

因此级数 $\sum\limits_{n=1}^{\infty}\dfrac{(-1)^n}{n\cdot 2^n}(x-1)^{3n}$ 的收敛域为 $(-\sqrt[3]{2}+1,\sqrt[3]{2}+1]$，记其收敛域内的和函数为 $S(t)$，则

$$S(x)=\sum_{n=1}^{\infty}\frac{(-1)^n}{n\cdot 2^n}(x-1)^{3n}=S_1\left(\frac{(x-1)^3}{2}\right)=-\ln\left(1+\frac{(x-1)^3}{2}\right).$$

7. 求下列级数的和.

（1）$\sum\limits_{n=0}^{\infty}(-1)^n\dfrac{n^2-n+1}{2^n}$ （2）$1+\dfrac{1}{3!}+\dfrac{1}{5!}+\dfrac{1}{7!}+\cdots$

【参考解答】 （1）考察幂级数 $\sum\limits_{n=0}^{\infty}(-1)^n(n^2-n+1)x^n$，其收敛域为 $(-1,1)$. 设在收敛域内其和函数为 $S(x)$，于是

$$S(x)=\sum_{n=0}^{\infty}(-1)^n(n^2-n+1)x^n=\sum_{n=0}^{\infty}[(-1)^n n(n-1)x^n+x^n].$$

记 $S_1(x)=\sum\limits_{n=2}^{\infty}[(-1)^n n(n-1)x^n$，$S_2(x)=\sum\limits_{n=0}^{\infty}(-1)^n x^n\ (-1<x<1)$，则

$$S_2(x)=\sum_{n=0}^{\infty}(-1)^n x^n=\sum_{n=0}^{\infty}(-x)^n=\frac{1}{1+x}\quad(-1<x<1),$$

$$S_1(x)=\sum_{n=2}^{\infty}[(-1)^n n(n-1)x^n]=x^2\sum_{n=2}^{\infty}[(-1)^n x^n]''$$

$$=x^2\left[\sum_{n=2}^{\infty}(-1)^n x^n\right]''=x^2\left(\frac{x^2}{1+x}\right)''=\frac{x^2}{2(1+x)^3}\quad(-1<x<1).$$

于是 $S(x)=S_1(x)+S_2(x)=\dfrac{x^2}{2(1+x)^3}+\dfrac{1}{1+x}(-1<x<1)$，可得

$$\sum_{n=0}^{\infty}(-1)^n\frac{n^2-n+1}{2^n}=S\left(\frac{1}{2}\right)=\frac{22}{27}.$$

(2) 因为 $e^x=1+x+\dfrac{x^2}{2!}+\dfrac{x^3}{3!}+\cdots+\dfrac{x^n}{n!}+\cdots-\infty<x<+\infty$，

$$e^{-x}=1-x+\frac{x^2}{2!}-\frac{x^3}{3!}+\cdots+(-1)^n\frac{x^n}{n!}+\cdots-\infty<x<+\infty,$$

两式相减，得

$$e^x-e^{-x}=2x+\frac{2x^3}{3!}+\cdots+\frac{2x^{2n-1}}{(2n-1)!}+\cdots-\infty<x<+\infty,$$

取 $x=1$，得 $1+\dfrac{1}{3!}+\dfrac{1}{5!}+\dfrac{1}{7!}+\cdots=\dfrac{e-e^{-1}}{2}$.

8. (1) 验证函数 $y(x)=1+\dfrac{x^3}{3!}+\dfrac{x^6}{6!}+\cdots+\dfrac{x^{3n}}{(3n)!}+\cdots(-\infty<x<+\infty)$满足微分方程 $y''+y'+y=e^x$. (2) 利用(1)的结果求幂级数 $\sum\limits_{n=0}^{\infty}\dfrac{x^{3n}}{(3n)!}$ 的和函数.

【参考解答】 (1) 幂级数 $\sum\limits_{n=0}^{\infty}\dfrac{x^{3n}}{(3n)!}$ 的收敛域为$(-\infty,+\infty)$. 在收敛域内，有

$$y'=\frac{x^2}{2!}+\frac{x^5}{5!}+\cdots+\frac{x^{3n-1}}{(3n-1)!}+\cdots,\quad y''=x+\frac{x^4}{4!}+\cdots+\frac{x^{3n-2}}{(3n-2)!}+\cdots,$$

相加即得 $y''+y'+y=e^x$.

(2) (1)中的微分方程为常系数非齐次线性微分方程，其特征方程为 $r^2+r+1=0$，特征根为 $r_{1,2}=-\dfrac{1}{2}\pm\dfrac{\sqrt{3}}{2}i$，故对应的齐次线性微分方程的通解为

$$Y=e^{-\frac{x}{2}}\left(C_1\cos\frac{\sqrt{3}}{2}x+C_2\sin\frac{\sqrt{3}}{2}x\right).$$

设非齐次微分方程有特解 $y^*=Ae^x$，代入原方程得 $A=\dfrac{1}{3}$，所以原方程的通解为

$$y(x)=e^{-\frac{x}{2}}\left(C_1\cos\frac{\sqrt{3}x}{2}+C_2\sin\frac{\sqrt{3}x}{2}\right)+\frac{1}{3}e^x.$$

又由(1)可知 $y(0)=1,y'(0)=0$. 代入通解，得 $C_1=\dfrac{2}{3},C_2=0$，所以所求和函数为

$$y(x)=\sum_{n=0}^{\infty}\frac{x^{3n}}{(3n)!}=\frac{2}{3}e^{-\frac{x}{2}}\cos\frac{\sqrt{3}}{2}x+\frac{e^x}{3}\quad(-\infty<x<+\infty).$$

考研与竞赛练习

1. 求下列幂级数的收敛域及和函数.

(1) $\sum\limits_{n=0}^{\infty}(n+1)(n+3)x^n$.　　(2) $\sum\limits_{n=1}^{\infty}(-1)^{n-1}\left[1+\dfrac{1}{n(2n-1)}\right]x^{2n}$.

(3) $\sum\limits_{n=0}^{\infty}\dfrac{(-4)^n+1}{4^n(2n+1)}x^{2n}$.　　(4) $\sum\limits_{n=0}^{\infty}\dfrac{n^3+2}{(n+1)!}(x-1)^n$.

【参考解答】 (1) 令 $a_n=(n+1)(n+3)(n=1,2,3,\cdots)$，则收敛半径为

$$R=\lim_{n\to\infty}\left|\frac{a_n}{a_{n+1}}\right|=\lim_{n\to\infty}\frac{(n+1)(n+3)}{(n+2)(n+4)}=1.$$

当 $x=-1$ 时，$\sum\limits_{n=0}^{\infty}(-1)^n(n+1)(n+3)$ 发散；当 $x=1$ 时，$\sum\limits_{n=1}^{\infty}(n+1)(n+3)$ 发散，所以幂级数的收敛域为$(-1,1)$. 设和函数 $S(x)=\sum\limits_{n=0}^{\infty}(n+1)(n+3)x^n$，逐项积分，得

$$\int_0^x S(x)\mathrm{d}x=\sum_{n=0}^{\infty}(n+3)x^{n+1}=\sum_{n=0}^{\infty}(n+2)x^{n+1}+\sum_{n=0}^{\infty}x^{n+1},$$

其中 $S_2(x)=\sum\limits_{n=0}^{\infty}x^{n+1}=\dfrac{x}{1-x}(-1<x<1)$.

$$S_1(x)=\sum_{n=0}^{\infty}(n+2)x^{n+1}=\sum_{n=0}^{\infty}(x^{n+2})'=\left(\sum_{n=0}^{\infty}x^{n+2}\right)'$$

$$=\left(\frac{x^2}{1-x}\right)'=\frac{2x-x^2}{(1-x)^2}\quad(-1<x<1).$$

于是$\int_0^x S(x)\mathrm{d}x=\dfrac{2x-x^2}{(1-x)^2}+\dfrac{x}{1-x}=\dfrac{3x-2x^2}{(1-x)^2}(-1<x<1)$. 两端求导，得

$$S(x)=\left[\frac{3x-2x^2}{(1-x)^2}\right]'=\frac{(3-4x)(1-x)^2-(3x-2x^2)\cdot 2(1-x)\cdot(-1)}{(1-x)^4}$$

$$=\frac{(3-4x)(1-x)+2(3x-2x^2)}{(1-x)^3}=\frac{3-x}{(1-x)^3}\quad(-1<x<1).$$

(2) 因为 $\lim\limits_{n\to\infty}\left|\dfrac{u_{n+1}(x)}{u_n(x)}\right|=\lim\limits_{n\to\infty}\dfrac{(n+1)(2n+1)+1}{(n+1)(2n+1)}\cdot\dfrac{n(2n-1)}{n(2n-1)+1}x^2=x^2$，所以当 $x^2<1$ 时，级数绝对收敛，当 $x^2>1$ 时，级数发散，故级数的收敛半径为 1，又 $\lim\limits_{n\to\infty}u_n(\pm1)\neq0$，故对应级数发散，所以此幂级数的收敛域为$(-1,1)$.

记 $S_1(x)=\sum\limits_{n=1}^{\infty}\dfrac{(-1)^{n-1}}{2n(2n-1)}x^{2n}$，$x\in(-1,1)$，且 $S_1(0)=0$，则 $S_1'(x)=\sum\limits_{n=1}^{\infty}\dfrac{(-1)^{n-1}}{2n-1}x^{2n-1}$，$x\in(-1,1)$，且 $S'(0)=0$，

$$S_1''(x)=\sum_{n=1}^{\infty}(-1)^{n-1}x^{2n-2}=\frac{1}{1+x^2},\quad x\in(-1,1).$$

所以 $S_1'(x)=\int_0^x S_1''(t)\mathrm{d}t=\int_0^x \frac{1}{1+t^2}\mathrm{d}t=\arctan x$，则

$$S_1(x)=\int_0^x S_1'(t)\mathrm{d}t=\int_0^x \arctan t\,\mathrm{d}t=x\arctan x-\frac{1}{2}\ln(1+x^2),$$

又 $S_2=\sum_{n=1}^{\infty}(-1)^{n-1}x^{2n}=\frac{x^2}{1+x^2}$，$x\in(-1,1)$，从而原级数的和函数为

$$S(x)=2S_1(x)+S_2(x)=2x\arctan x-\ln(1+x^2)+\frac{x^2}{1+x^2},\quad x\in(-1,1).$$

(3) 由于 $\lim_{n\to\infty}\left|\frac{u_{n+1}(x)}{u_n(x)}\right|=\lim_{n\to\infty}\left|\frac{(-4)^{n+1}+1}{4^{n+1}(2n+3)}\cdot\frac{4^n(2n+1)}{(-4)^n+1}\right|x^2=x^2$，所以当 $x^2<1$ 时，级数绝对收敛；当 $x^2>1$ 时，级数发散，因此级数的收敛半径为 1. 当 $x=\pm1$ 时，对应级数 $\sum_{n=0}^{\infty}\frac{(-4)^n+1}{4^n(2n+1)}=\sum_{n=0}^{\infty}\left[\frac{(-1)^n}{2n+1}+\frac{1}{4^n(2n+1)}\right]$ 收敛，故级数的收敛域为 $[-1,1]$. 记级数在收敛域内和函数为 $S(x)$，考察级数

$$S_1(x)=\sum_{n=0}^{\infty}\frac{(-1)^n}{2n+1}x^{2n},\quad S_2=\sum_{n=0}^{\infty}\frac{x^{2n}}{4^n(2n+1)}\quad(-1\leqslant x\leqslant 1).$$

当 $x\neq0$ 时，在收敛域内，有

$$S_1(x)=\sum_{n=0}^{\infty}\frac{(-1)^n}{2n+1}x^{2n}=\frac{1}{x}\sum_{n=0}^{\infty}\frac{(-1)^n}{2n+1}x^{2n+1}=\frac{1}{x}\int_0^x\sum_{n=0}^{\infty}(-1)^n t^{2n}\mathrm{d}t$$

$$=\frac{1}{x}\int_0^x\sum_{n=0}^{\infty}(-t^2)^n\mathrm{d}t=\frac{1}{x}\int_0^x\frac{1}{1+t^2}\mathrm{d}t=\frac{\arctan x}{x}.$$

$$S_2(x)=\sum_{n=0}^{\infty}\frac{x^{2n}}{4^n(2n+1)}=\frac{1}{x}\sum_{n=0}^{\infty}\frac{x^{2n+1}}{4^n(2n+1)}=\frac{1}{x}\int_0^x\sum_{n=0}^{\infty}\frac{t^{2n}}{4^n}\mathrm{d}t$$

$$=\frac{1}{x}\int_0^x\sum_{n=0}^{\infty}\left(\frac{t^2}{4}\right)^n\mathrm{d}t=\frac{1}{x}\int_0^x\frac{4}{4-t^2}\mathrm{d}t=\frac{1}{x}\ln\left|\frac{x+2}{x-2}\right|.$$

于是可得

$$S(x)=S_1(x)+S_2(x)=\frac{1}{x}\left(\arctan x+\ln\left|\frac{x+2}{x-2}\right|\right),\quad x\neq0.$$

当 $x=0$ 时，$S(x)=2$. 故所求级数的和函数为

$$S(x)=\begin{cases}\frac{1}{x}\left(\arctan x+\ln\frac{2+x}{2-x}\right), & [-1,0)\cup(0,1]\\ 2, & x=0\end{cases}.$$

(4) 由于 $\lim_{n\to\infty}\left|\frac{u_{n+1}(x)}{u_n(x)}\right|=\lim_{n\to\infty}\frac{(n+1)^3+2}{(n+1)(n^3+2)}|x-1|=0$，所以级数收敛域为 $(-\infty,+\infty)$. 又 $n\geqslant2$ 时，有

$$\frac{n^3+2}{(n+1)!}=\frac{(n+1)n(n-1)+(n+1)+1}{(n+1)!}=\frac{1}{(n-2)!}+\frac{1}{n!}+\frac{1}{(n+1)!},$$

且幂级数 $\sum_{n=2}^{\infty}\frac{(x-1)^n}{(n-2)!}$，$\sum_{n=0}^{\infty}\frac{(x-1)^n}{n!}$，$\sum_{n=0}^{\infty}\frac{(x-1)^n}{(n+1)!}$ 的收敛域都为 $(-\infty,+\infty)$，于是有

$$\sum_{n=0}^{\infty}\frac{n^3+2}{(n+1)!}(x-1)^n=\sum_{n=2}^{\infty}\frac{(x-1)^n}{(n-2)!}+\sum_{n=0}^{\infty}\frac{(x-1)^n}{n!}+\sum_{n=0}^{\infty}\frac{(x-1)^n}{(n+1)!}.$$

依据 e^x 的幂级数展开式，有

$$S_1(x)=\sum_{n=2}^{\infty}\frac{(x-1)^n}{(n-2)!}=(x-1)^2\sum_{n=0}^{\infty}\frac{(x-1)^n}{n!}=(x-1)^2e^{x-1},$$

$$S_2(x)=\sum_{n=0}^{\infty}\frac{(x-1)^n}{n!}=e^{x-1},$$

当 $x\neq 1$ 时，

$$S_3(x)=\sum_{n=0}^{\infty}\frac{(x-1)^n}{(n+1)!}=\frac{1}{x-1}\sum_{n=0}^{\infty}\frac{(x-1)^{n+1}}{(n+1)!}=\frac{1}{x-1}\sum_{n=1}^{\infty}\frac{(x-1)^n}{n!}=\frac{e^{x-1}-1}{x-1},$$

当 $x=1$ 时，$S_3(1)=1$. 综合以上讨论，最终幂级数的和函数为

$$S(x)=S_1(x)+S_2(x)+S_3(x)=\begin{cases}(x^2-2x+2)e^{x-1}+\dfrac{e^{x-1}-1}{x-1}, & x\neq 1\\ 2, & x=1\end{cases}.$$

2. 已知 $f_n(x)$ 满足 $f_n'(x)=f_n(x)+x^{n-1}e^x$（$n$ 为正整数），且 $f_n(1)=\dfrac{e}{n}$，求函数项级数 $\sum\limits_{n=1}^{\infty}f_n(x)$ 之和.

【参考解答】 已知等式是关于函数 $f_n(x)$ 的一阶线性非齐次微分方程

$$f_n'(x)-f_n(x)=x^{n-1}e^x$$

的解，由通解计算公式，得

$$f_n(x)=e^{\int dx}\left(\int x^{n-1}e^{-\int dx}dx+C\right)=e^x\left(\frac{x^n}{n}+C\right).$$

由 $f_n(1)=\dfrac{e}{n}$，得 $C=0$，故 $f_n(x)=\dfrac{x^n e^x}{n}$. 所以函数项级数为

$$\sum_{n=1}^{\infty}f_n(x)=\sum_{n=1}^{\infty}\frac{x^n e^x}{n}=e^x\sum_{n=1}^{\infty}\frac{x^n}{n}.$$

考察级数 $\sum\limits_{n=1}^{\infty}\dfrac{x^n}{n}$，容易计算得到其收敛域为[−1,1)，当 $x\in[-1,1)$ 时，有

$$S(x)=\sum_{n=1}^{\infty}\frac{x^n}{n}=\sum_{n=1}^{\infty}\int_0^x x^{n-1}dx$$

$$=\int_0^x\left(\sum_{n=1}^{\infty}x^{n-1}\right)dx=\int_0^x\frac{dx}{1-x}=-\ln(1-x).$$

所以当 $-1\leqslant x<1$ 时，有 $\sum\limits_{n=1}^{\infty}f_n(x)=e^xS(x)=-e^x\ln(1-x)$.

练习 74 函数的幂级数展开 幂级数的应用

训练目的

1. 了解函数展开成泰勒级数的条件，熟悉函数的泰勒级数的展开式.
2. 熟悉常见函数的麦克劳林展开式，会利用它们将一些简单函数间接展开为幂级数.

3. 会利用函数的幂级数展开式解决有关的问题(例如：求定积分,解微分方程,近似计算等).

基础练习

1. 将下列函数展开成 x 的幂级数,并指出幂级数的收敛域.

(1) $\ln(e+x)$.　(2) $\sin^2 x$.　(3) $\int_0^x e^{-t^2}dt$.

(4) $\arctan x$.　(5) $\int_0^x \frac{\sin t}{t}dt$.　(6) $\frac{x}{\sqrt{1+x^2}}$.

【参考解答】 (1) 由 $\ln(e+x)=1+\ln\left(1+\frac{x}{e}\right)$ 和 $\ln(1+x)$ 的幂级数,得

$$\ln(e+x)=1+\sum_{n=0}^{\infty}\frac{(-1)^n}{n+1}\left(\frac{x}{e}\right)^{n+1}=1+\sum_{n=0}^{\infty}\frac{(-1)^n}{(n+1)e^{n+1}}x^{n+1}\ (-e<x\leqslant e).$$

(2) 由 $\sin^2 x=\frac{1}{2}(1-\cos 2x)$ 和 $\cos x$ 的幂级数,得

$$\sin^2 x=\frac{1}{2}-\frac{1}{2}\sum_{n=0}^{\infty}\frac{(-1)^n 2^{2n}}{(2n)!}x^{2n}\quad(-\infty<x<+\infty).$$

(3) 由 $e^{-t^2}=\sum_{n=0}^{\infty}(-1)^n\frac{t^{2n}}{n!}\ (-\infty<t<+\infty)$,根据幂级数逐项可积的性质,得

$$\int_0^x e^{-t^2}dt=\sum_{n=0}^{\infty}(-1)^n\int_0^x\frac{t^{2n}}{n!}dt=\sum_{n=0}^{\infty}(-1)^n\frac{x^{2n+1}}{n!(2n+1)}\quad(-\infty<x<+\infty).$$

(4) 由 $\arctan x=\int_0^x\frac{dx}{1+x^2}$ 和 $\frac{1}{1+x^2}$ 的幂级数,得

$$\arctan x=\int_0^x\frac{dx}{1+x^2}=\int_0^x\left[\sum_{n=0}^{\infty}(-1)^n x^{2n}\right]dx$$

$$=\sum_{n=0}^{\infty}(-1)^n\int_0^x x^{2n}dx=\sum_{n=0}^{\infty}(-1)^n\frac{x^{2n+1}}{2n+1},\quad x\in[-1,1].$$

(5) 由 $\sin x$ 的幂级数,可得

$$\int_0^x\frac{\sin t}{t}dt=\int_0^x\frac{1}{t}\sum_{n=0}^{\infty}\frac{(-1)^n}{(2n+1)!}t^{2n+1}dt=\int_0^x\sum_{n=0}^{\infty}\frac{(-1)^n}{(2n+1)!}t^{2n}dt$$

$$=\sum_{n=0}^{\infty}\frac{(-1)^n}{(2n+1)!}\int_0^x t^{2n}dt=\sum_{n=0}^{\infty}\frac{(-1)^n x^{2n+1}}{(2n+1)(2n+1)!}\quad(-\infty<x<+\infty).$$

(6) 由 $(1+x)^{\alpha}$ 的幂级数,可得

$$\frac{x}{\sqrt{1+x^2}}=x(1+x^2)^{-1/2}$$

$$=x\left[1-\frac{x^2}{2}+(-1)^2\frac{\frac{1}{2}\cdot\frac{3}{2}}{2!}x^4+\cdots+(-1)^n\frac{\frac{1}{2}\cdot\frac{3}{2}\cdot\cdots\cdot\frac{2n-1}{2}}{n!}x^{2n}+\cdots\right]$$

$$=\sum_{n=0}^{\infty}(-1)^n\frac{(2n-1)!!}{2^n\cdot n!}x^{2n+1}\quad(-1<x<1).$$

2. 将下列函数展开成$(x-1)$的幂级数，并求$f^{(n)}(1)$.

(1) $f(x)=\dfrac{x-1}{4-x}$.　　(2) $f(x)=\dfrac{1}{x^2+4x+3}$.　　(3) $f(x)=\dfrac{1}{x^2}$.

【参考解答】 (1) 由于$f(x)=\dfrac{x-1}{3-(x-1)}=\dfrac{1}{3}\cdot\dfrac{x-1}{1-\dfrac{x-1}{3}}=\dfrac{1}{3}(x-1)\dfrac{1}{1-\dfrac{x-1}{3}}$和$\dfrac{1}{1-x}=\sum\limits_{n=0}^{\infty}x^n$，$|x|<1$，得

$$f(x)=\frac{x-1}{3}\sum_{n=0}^{\infty}\left(\frac{x-1}{3}\right)^n=\sum_{n=0}^{\infty}\frac{1}{3^{n+1}}(x-1)^{n+1}=\sum_{n=1}^{\infty}\frac{1}{3^n}(x-1)^n.$$

由$-1<\dfrac{x-1}{3}<1$得收敛域为$(-2,4)$. 根据幂级数系数，有$f^{(n)}(1)=\dfrac{n!}{3^n}$.

(2) 由于$f(x)=\dfrac{1}{2}\left(\dfrac{1}{x+1}-\dfrac{1}{x+3}\right)=\dfrac{1}{2}\left(\dfrac{1}{2}\dfrac{1}{1+\dfrac{x-1}{2}}-\dfrac{1}{4}\dfrac{1}{1+\dfrac{x-1}{4}}\right)$和$\dfrac{1}{1-x}=\sum\limits_{n=0}^{\infty}x^n$，$|x|<1$，得

$$f(x)=\frac{1}{2}\left[\frac{1}{2}\sum_{n=0}^{\infty}(-1)^n\left(\frac{x-1}{2}\right)^n-\frac{1}{4}\sum_{n=0}^{\infty}(-1)^n\left(\frac{x-1}{4}\right)^n\right]$$

$$=\sum_{n=0}^{\infty}(-1)^n\left(\frac{1}{2^{n+2}}-\frac{2}{4^{n+2}}\right)(x-1)^n.$$

收敛域为$-1<\dfrac{x-1}{2}<1$且$-1<\dfrac{x-1}{4}<1$，整理得收敛域为$(-1,3)$. 根据幂级数系数，有$f^{(n)}(1)=n!\left[(-1)^n\left(\dfrac{1}{2^{n+2}}-\dfrac{2}{4^{n+1}}\right)\right]=(-1)^n n!\left(\dfrac{1}{2^{n+2}}-\dfrac{2}{4^{n+1}}\right)$.

(3) 由$f(x)=-\left(\dfrac{1}{x}\right)'=-\left(\dfrac{1}{1+(x-1)}\right)'$和$\dfrac{1}{1-x}=\sum\limits_{n=0}^{\infty}x^n$，$|x|<1$，得

$$f(x)=-\left(\sum_{n=0}^{\infty}(-1)^n(x-1)^n\right)'=\sum_{n=1}^{\infty}(-1)^{n-1}n(x-1)^{n-1}$$

$$=\sum_{n=0}^{\infty}(-1)^n(n+1)(x-1)^n\quad(0<x<4).$$

根据幂级数系数，有$f^{(n)}(1)=n![(-1)^n(n+1)]=(-1)^n(n+1)!$.

3. 将函数$f(x)=\cos x$展开成$\left(x+\dfrac{\pi}{3}\right)$的幂级数.

【参考解答】 因为$\cos x=\cos\left(x+\dfrac{\pi}{3}-\dfrac{\pi}{3}\right)=\dfrac{1}{2}\cos\left(x+\dfrac{\pi}{3}\right)+\dfrac{\sqrt{3}}{2}\sin\left(x+\dfrac{\pi}{3}\right)$，所以

$$\cos x=\frac{1}{2}\sum_{n=0}^{\infty}(-1)^n\frac{\left(x+\frac{\pi}{3}\right)^{2n}}{(2n)!}+\frac{\sqrt{3}}{2}\sum_{n=0}^{\infty}(-1)^n\frac{\left(x+\frac{\pi}{3}\right)^{2n+1}}{(2n+1)!}$$

$$=\sum_{n=0}^{\infty}(-1)^n\left[\frac{\left(x+\frac{\pi}{3}\right)^{2n}}{2(2n)!}+\frac{\sqrt{3}\left(x+\frac{\pi}{3}\right)^{2n+1}}{2(2n+1)!}\right],\quad x\in(-\infty,+\infty).$$

综合练习

4. 将 $f(x)=\arctan\dfrac{1-2x}{1+2x}$ 展开成 x 的幂级数，导出一个求圆周率 π 的公式.

【参考解答】 由于 $f'(x)=-\dfrac{2}{4x^2+1}$，故由 $\dfrac{1}{1-x}=\sum\limits_{n=0}^{\infty}x^n$，$|x|<1$，得

$$f'(x)=-2\sum_{n=0}^{\infty}(-4x^2)^n=\sum_{n=0}^{\infty}(-1)^{n+1}2^{2n+1}x^{2n}\left(|x|<\frac{1}{2}\right).$$

又 $f(0)=\arctan 1=\dfrac{\pi}{4}$，所以上式两边在 $[0,x]$ 上积分，得

$$f(x)=f(0)+\int_0^x\left(\sum_{n=0}^{\infty}(-1)^{n+1}2^{2n+1}x^{2n}\right)\mathrm{d}x=\frac{\pi}{4}+\sum_{n=0}^{\infty}(-1)^{n+1}2^{2n+1}\int_0^x x^{2n}\,\mathrm{d}x$$

$$=\frac{\pi}{4}+\sum_{n=0}^{\infty}(-1)^{n+1}\frac{2^{2n+1}}{2n+1}x^{2n+1}\quad\left(|x|<\frac{1}{2}\right).$$

当 $x=\pm\dfrac{1}{2}$ 时，右端对应级数 $\pm\sum\limits_{n=0}^{\infty}\dfrac{(-1)^{n+1}}{2n+1}$ 收敛，所以

$$f(x)=\frac{\pi}{4}+\sum_{n=0}^{\infty}(-1)^{n+1}\frac{2^{2n+1}}{2n+1}x^{2n+1}\quad\left(|x|\leqslant\frac{1}{2}\right).$$

令 $x=\dfrac{1}{2}$，得 $0=f\left(\dfrac{1}{2}\right)=\dfrac{\pi}{4}-\sum\limits_{n=0}^{\infty}\dfrac{(-1)^n}{2n+1}$，于是有 $\pi=4\sum\limits_{n=0}^{\infty}\dfrac{(-1)^n}{2n+1}$.

5. 设 y 由隐函数方程 $\int_0^x e^{-t^2}\,\mathrm{d}t=ye^{-x^2}$ 确定，(1)证明：y 满足微分方程 $y'-2xy=1$；(2)把 y 展为 x 的幂级数，并指出它的收敛域.

【参考证明】 (1) 对题设中的等式两边同时求导，得

$$e^{-x^2}=-2xe^{-x^2}y+e^{-x^2}y',$$

因 $e^{-x^2}\neq 0$，故 y 满足微分方程 $y'-2xy=1$.

(2) 将(1)中的微分方程两边逐阶求导，得

$$y''=2xy'+2y,\quad y'''=2xy''+4y',\quad y^{(4)}=2xy'''+6y,\cdots,$$

一般的，有 $y^{(n)}=2xy^{(n-1)}+2(n-1)y^{(n-2)}\ (n\geqslant 2)$，于是有

$$y^{(n)}(0)=2(n-1)y^{(n-2)}(0)\ (n\geqslant 2).$$

又当 $x=0$ 时，由 $\int_0^x e^{-x^2}\,\mathrm{d}x=e^{-x^2}y$ 知，$y(0)=0$，$y'(0)=1$，于是

$$y^{(2n)}(0)=2(2n-1)y^{(2n-2)}(0)=\cdots=2^n(2n-1)!!\,y(0)=0,$$

$$y^{(2n+1)}(0)=2(2n)y^{(2n-1)}(0)=\cdots=2^n(2n)!!\,y'(0)=2^n(2n)!!,$$

所以 $y=\sum\limits_{n=0}^{\infty}\dfrac{f^{(n)}(0)}{n!}x^n=\sum\limits_{n=0}^{\infty}\dfrac{2^n(2n)!!}{(2n+1)!}x^{2n+1}=\sum\limits_{n=0}^{\infty}\dfrac{2^n}{(2n+1)!!}x^{2n+1}$. 由于

$$\lim_{n\to\infty}\left|\frac{u_{n+1}(x)}{u_n(x)}\right|=\lim_{n\to\infty}\left|\frac{2^{n+1}x^{2n+3}}{(2n+3)!!}\cdot\frac{(2n+1)!!}{2^n x^{2n+1}}\right|=0<1,$$

故级数收敛域为$(-\infty,+\infty)$.

6. 用级数法求解微分方程 $xy''+y'+xy=0, y|_{x=0}=1$.

【参考解答】 设方程存在幂级数形式的解 $y=\sum\limits_{k=0}^{\infty}C_kx^k$，$x\in(-R,R)$，于是

$$y'=\sum_{k=1}^{\infty}kC_kx^{k-1}=\sum_{k=0}^{\infty}(k+1)C_{k+1}x^k=C_1+\sum_{k=0}^{\infty}(k+2)C_{k+2}x^{k+1},$$

$$y''=\sum_{k=2}^{\infty}k(k-1)C_kx^{k-2}=\sum_{k=0}^{\infty}(k+2)(k+1)C_{k+2}x^k,$$

将 y,y',y''的级数形式代入原方程，得

$$x\sum_{k=0}^{\infty}(k+2)(k+1)C_{k+2}x^k+C_1+\sum_{k=0}^{\infty}(k+2)C_{k+2}x^{k+1}+x\sum_{k=0}^{\infty}C_kx^k=0.$$

整理得 $C_1+\sum\limits_{k=0}^{\infty}[(k+2)^2C_{k+2}+C_k]x^{k+1}=0$，比较两端系数，得

$$C_1=0, C_{k+2}=-\frac{C_k}{(k+2)^2}0, k=0,1,2,\cdots,\quad 且\ C_0=y\Big|_{x=0}=1.$$

由于 $C_1=0$，得 $C_{2n+1}=0$，

$$C_{2n}=\frac{-C_{2k-2}}{(2n)^2}=\frac{(-1)^2C_{2k-4}}{(2n)^2(2n-2)^2}=\cdots=\frac{(-1)^n}{(n!)^2}\cdot\frac{1}{2^{2n}}C_0$$

$$=\frac{(-1)^n}{(n!)^2}\cdot\frac{1}{2^{2n}}\quad(n=1,2,\cdots).$$

因此方程的幂级数解为

$$y=\sum_{k=0}^{\infty}C_kx^k=\sum_{n=0}^{\infty}C_{2n}x^{2n}=\sum_{n=0}^{\infty}\frac{(-1)^n}{(n!)^2}\left(\frac{x}{2}\right)^{2n},\quad |x|<+\infty.$$

7. 距离地球表面 h 处质量为 m 的物体受到的重力为 $F=\dfrac{mgR^2}{(R+h)^2}$，式中 R 为地球半径，g 是重力加速度.(1)将 F 表示为$\dfrac{h}{R}$的幂级数；(2)观察当 h 远小于地球半径 R 时，我们可以使用级数的第一项近似 F，即我们经常使用的表达式 $F\approx mg$. 使用交错级数估计当近似式 $F\approx mg$ 的误差在 0.01 以内时，h 的取值范围(选用 $R=6400\text{km}$).

【参考解答】 (1) 由于

$$\left(\frac{1}{1+x}\right)^2=-\left(\frac{1}{1+x}\right)'=-\left(\sum_{n=0}^{\infty}(-x)^n\right)'$$

$$=\sum_{n=1}^{\infty}(-1)^{n-1}nx^{n-1}$$

$$=\sum_{n=0}^{\infty}(-1)^n(n+1)x^n\ (|x|<1),$$

可得 $F=\dfrac{mgR^2}{(R+h)^2}=mg\left(\dfrac{1}{1+h/R}\right)^2$

$$=mg\left(1-2\frac{h}{R}+3\left(\frac{h}{R}\right)^2-\cdots+(-1)^{n-1}n\left(\frac{h}{R}\right)^{n-1}+\cdots\right)\quad\left(\left|\frac{h}{R}\right|<1\right).$$

(2) 用近似公式 $F\approx mg$ 时,由交错级数收敛的莱布尼兹定理可知误差

$$|R_1(x)|=\left|mg\left[-2\frac{h}{R}+3\left(\frac{h}{R}\right)^2-4\left(\frac{h}{R}\right)^3\cdots+(-1)^{n-1}n\left(\frac{h}{R}\right)^{n-1}+\cdots\right)\right|\leqslant\frac{2mgh}{R}.$$

于是由 $2mg\dfrac{h}{R}<\dfrac{1}{100}$,推得 $h<\dfrac{R}{200mg}=\dfrac{32}{mg}$. 即当 $h<\dfrac{32}{mg}$时,近似计算公式 $F\approx mg$ 误差在 0.01 以内.

考研与竞赛练习

1. 已知 $\cos 2x-\dfrac{1}{(1+x)^2}=\sum\limits_{n=0}^{\infty}a_nx^n\ (-1<x<1)$,求 a_n.

【参考解答】 由于 $\cos x=\sum\limits_{n=0}^{\infty}(-1)^n\dfrac{1}{(2n)!}x^{2n}$,所以

$$\cos 2x=\sum_{n=0}^{\infty}(-1)^n\frac{1}{(2n)!}(2x)^{2n}=\sum_{n=0}^{\infty}(-1)^n\frac{2^{2n}}{(2n)!}x^{2n}.$$

由 $\dfrac{1}{1+x}=\sum\limits_{n=0}^{\infty}(-1)^nx^n\ (-1<x<1)$,两端求导,得

$$\left(\frac{1}{1+x}\right)'=-\frac{1}{(x+1)^2}=\left[\sum_{n=0}^{\infty}(-1)^nx^n\right]'=\sum_{n=1}^{\infty}(-1)^nnx^{n-1},$$

所以

$$\cos 2x-\frac{1}{(1+x)^2}=\sum_{n=0}^{\infty}(-1)^n\frac{2^{2n}}{(2n)!}x^{2n}+\sum_{n=0}^{\infty}(-1)^{n+1}(n+1)x^n=\sum_{n=0}^{\infty}a_nx^n.$$

根据展开式的唯一性,比较系数得

$$a_n=\begin{cases}2k, & n=2k-1\\ \dfrac{(-1)^k2^{2k}}{(2k)!}-(2k+1), & n=2k\end{cases}.$$

2. 设 $f(x)=\dfrac{1}{1-x-x^2}$,$a_n=\dfrac{1}{n!}f^{(n)}(0)$,证明:级数 $\sum\limits_{n=0}^{\infty}\dfrac{a_{n+1}}{a_n\cdot a_{n+2}}$ 收敛,并求其和.

【参考证明】 由于 $f(x)=\dfrac{1}{1-x-x^2}$,因此 $f(x)(1-x-x^2)=1$. 又

$$f(x)=\sum_{n=0}^{\infty}\frac{f^{(n)}(0)}{n!}x^n=\sum_{n=0}^{\infty}a_nx^n,$$

故有

$$(1-x-x^2)\sum_{n=0}^{\infty}a_nx^n=\sum_{n=0}^{\infty}a_nx^n-\sum_{n=0}^{\infty}a_nx^{n+1}-\sum_{n=0}^{\infty}a_nx^{n+2}$$

$$=a_0+a_1x+\sum_{n=2}^{\infty}a_nx^n-(a_0x+\sum_{n=2}^{\infty}a_{n-1}x^n)-\sum_{n=2}^{\infty}a_{n-2}x^n$$

$$=a_0+(a_1-a_0)x+\sum_{n=2}^{\infty}(a_n-a_{n-1}-a_{n-2})x^n=1,$$

比较两端系数,得 $a_0=a_1=1, a_n=a_{n-1}+a_{n-2}=0(n\geqslant 2)$. 于是可得

$$a_2=a_1+a_0\geqslant 2,\quad a_3=a_2+a_1\geqslant 3.$$

由数学归纳法可知 $a_n\geqslant n$. 因此有 $\lim\limits_{n\to\infty}a_n=\infty, \lim\limits_{n\to\infty}\frac{1}{a_n}=0$.

设 $S_n=\sum\limits_{k=0}^{n}\frac{a_{k+1}}{a_k\cdot a_{k+2}}$, 则

$$S_n=\sum_{k=0}^{n}\frac{a_{k+2}-a_k}{a_k\cdot a_{k+2}}=\sum_{k=0}^{n}\left(\frac{1}{a_k}-\frac{1}{a_{k+2}}\right)=\sum_{k=0}^{n}\left[\left(\frac{1}{a_k}-\frac{1}{a_{k+1}}\right)+\left(\frac{1}{a_{k+1}}-\frac{1}{a_{k+2}}\right)\right]$$

$$=\left[\left(\frac{1}{a_0}-\frac{1}{a_1}\right)+\left(\frac{1}{a_1}-\frac{1}{a_2}\right)\right]+\cdots+\left[\left(\frac{1}{a_n}-\frac{1}{a_{n+1}}\right)+\left(\frac{1}{a_{n+1}}-\frac{1}{a_{n+2}}\right)\right]$$

$$=\frac{1}{a_0}-\frac{1}{a_{n+1}}+\frac{1}{a_1}-\frac{1}{a_{n+2}}=2-\frac{1}{a_{n+1}}-\frac{1}{a_{n+2}},$$

所以 $\lim\limits_{n\to\infty}S_n=\lim\limits_{n\to\infty}\left(2-\frac{1}{a_{n+1}}-\frac{1}{a_{n+2}}\right)=2$. 即级数 $\sum\limits_{n=0}^{\infty}\frac{a_{n+1}}{a_n\cdot a_{n+2}}$ 收敛且和为 2.

3. 设 $f(x)=\sum\limits_{n=1}^{\infty}\frac{x^n}{n^2}, 0<x<1$,

(1) 证明: $f(x)+f(1-x)+\ln x\ln(1-x)=\frac{\pi^2}{6}$;

(2) 计算 $I=\int_0^1\frac{\ln x}{2-x}\mathrm{d}x$.

【参考证明】 (1) 设 $F(x)=f(x)+f(1-x)+\ln x\ln(1-x)$, 则

$$F'(x)=f'(x)-f'(1-x)+\frac{\ln(1-x)}{x}+\frac{\ln x}{x-1}.$$

由题设可知 $f'(x)=\sum\limits_{n=1}^{\infty}\frac{x^{n-1}}{n}, f'(1-x)=\sum\limits_{n=1}^{\infty}\frac{(1-x)^{n-1}}{n}$. 根据函数的麦克劳林展开式可知 $\frac{\ln(1-x)}{x}=-\sum\limits_{n=1}^{\infty}\frac{x^{n-1}}{n}$, 且

$$\frac{\ln x}{x-1}=\frac{\ln[1+(x-1)]}{x-1}=\sum_{n=1}^{\infty}\frac{(-1)^{n-1}(x-1)^{n-1}}{n}=\sum_{n=1}^{\infty}\frac{(1-x)^{n-1}}{n}.$$

于是有 $F'(x)=0$, 所以 $F(x)\equiv C(x\in(0,1))$. 又 $f(0)=0, f(1)=\sum\limits_{n=1}^{\infty}\frac{1}{n^2}=\frac{\pi^2}{6}$,

$$\lim_{x\to 0^+}\ln x\ln(1-x)=\lim_{x\to 0^+}(-x\ln x)=\lim_{t\to+\infty}\frac{\ln t}{t}=0,$$

而 $\sum\limits_{n=1}^{\infty}\frac{x^n}{n^2}$ 在 $x=1$ 处收敛, 故 $f(x)$ 在 $x=1$ 处左连续, $f(1-x)$ 在 $x=0$ 处右连续, 可知 $F(x)$ 在 $x=0$ 处右连续. 因此 $\lim\limits_{x\to 0^+}F(x)=C=0+\frac{\pi^2}{6}+0=\frac{\pi^2}{6}$, 得 $C=\frac{\pi^2}{6}$, 即 $f(x)+f(1-x)+$

$\ln x\ln(1-x)=\dfrac{\pi^2}{6}$.

(2) 令 $t=2-x$，则

$$I=\int_1^2\frac{\ln(2-t)}{t}\mathrm{d}t=\int_1^2\frac{1}{t}\left[\ln 2+\ln\left(1-\frac{t}{2}\right)\right]\mathrm{d}t=\ln^2 2+\int_1^2\frac{1}{t}\ln\left(1-\frac{t}{2}\right)\mathrm{d}t.$$

对于其中的积分单独计算，得

$$\int_1^2\frac{1}{t}\ln\left(1-\frac{t}{2}\right)\mathrm{d}t=-\int_1^2\left(\sum_{n=1}^{\infty}\frac{t^{n-1}}{n\cdot 2^n}\right)\mathrm{d}t=-\sum_{n=1}^{\infty}\left(\int_1^2\frac{t^{n-1}}{n\cdot 2^n}\mathrm{d}t\right)$$

$$=\sum_{n=1}^{\infty}\left(\frac{1}{n^2 2^n}-\frac{1}{n^2}\right)=\sum_{n=1}^{\infty}\frac{1}{n^2 2^n}-\sum_{n=1}^{\infty}\frac{1}{n^2}=\frac{\pi^2}{12}-\frac{\ln^2 2}{2}-\frac{\pi^2}{6},$$

其中 $\sum\limits_{n=1}^{\infty}\dfrac{1}{n^2 2^n}$ 的和利用(1)，令 $x=\dfrac{1}{2}$，得 $\sum\limits_{n=1}^{\infty}\dfrac{1}{n^2 2^n}=f\left(\dfrac{1}{2}\right)$. 又

$$f\left(\frac{1}{2}\right)+f\left(1-\frac{1}{2}\right)+\ln\frac{1}{2}\ln\left(1-\frac{1}{2}\right)=\frac{\pi^2}{6},$$

解得 $f\left(\dfrac{1}{2}\right)=\dfrac{\pi^2}{12}-\dfrac{\ln^2 2}{2}$，代入得 $I=\dfrac{\ln^2 2}{2}-\dfrac{\pi^2}{12}$.

4. 设 $f(x)$ 为多项式函数，满足 $\dfrac{f'(x)}{f(x)}=-\sum\limits_{n=0}^{\infty}c_n x^n$，$f(x)=0$ 仅有正实根，证明：$c_n>0(n\geqslant 0)$，极限 $\lim\limits_{n\to+\infty}\dfrac{1}{\sqrt[n]{c_n}}$ 存在，且等于 $f(x)=0$ 的最小实根.

【参考证明】 不妨设 $f(x)=0$ 的全部根为 $0<a_1<a_2<\cdots<a_k$，于是 $f(x)=A(x-a_1)^{r_1}\cdots(x-a_k)^{r_k}$，其中 r_i 为对应根 a_i 的重数.

$$f'(x)=Ar_1(x-a_1)^{r_1-1}\cdots(x-a_k)^{r_k}+\cdots+Ar_k(x-a_1)^{r_1}\cdots(x-a_k)^{r_k-1},$$

$$=f(x)\left(\frac{r_1}{x-a_1}+\cdots+\frac{r_k}{x-a_k}\right),$$

所以 $-\dfrac{f'(x)}{f(x)}=-\left(\dfrac{r_1}{x-a_1}+\cdots+\dfrac{r_k}{x-a_k}\right)=\dfrac{r_1}{a_1}\dfrac{1}{1-\dfrac{x}{a_1}}+\cdots+\dfrac{r_k}{a_k}\dfrac{1}{1-\dfrac{x}{a_k}}$，于是当 $|x|<a_1$ 时，有

$$-\frac{f'(x)}{f(x)}=\frac{r_1}{a_1}\sum_{n=0}^{\infty}\left(\frac{x}{a_1}\right)^n+\cdots+\frac{r_k}{a_k}\sum_{n=0}^{\infty}\left(\frac{x}{a_k}\right)^n=\sum_{n=0}^{\infty}\left(\frac{r_1}{a_1^{n+1}}+\cdots+\frac{r_k}{a_k^{n+1}}\right)x^n.$$

由幂级数的唯一性及 $-\dfrac{f'(x)}{f(x)}=\sum\limits_{n=0}^{\infty}c_n x^n$ 可知，$c_n=\dfrac{r_1}{a_1^{n+1}}+\cdots+\dfrac{r_k}{a_k^{n+1}}>0$，

$$\sqrt[n]{c_n}=\mathrm{e}^{\frac{\ln c_n}{n}}=\mathrm{e}^{\frac{1}{n}\ln\left(c_1\cdot\frac{c_2}{c_1}\cdot\cdots\cdot\frac{c_n}{c_{n-1}}\right)}=\mathrm{e}^{\frac{\ln c_1}{n}+\frac{1}{n}\left(\ln\frac{c_2}{c_1}+\cdots+\ln\frac{c_n}{c_{n-1}}\right)}.$$

又 $\dfrac{c_n}{c_{n-1}}=\dfrac{\dfrac{r_1}{a_1^{n+1}}+\cdots+\dfrac{r_k}{a_k^{n+1}}}{\dfrac{r_1}{a_1^n}+\cdots+\dfrac{r_k}{a_k^n}}=\dfrac{1}{a_1}\cdot\dfrac{r_1+\cdots+\left(\dfrac{a_1}{a_k}\right)^{n+1}r_k}{r_1+\cdots+\left(\dfrac{a_1}{a_k}\right)^n r_k}$，得

$$\lim_{n\to\infty}\frac{c_n}{c_{n-1}}=\frac{1}{a_1}\cdot\frac{r_1+0+\cdots+0}{r_1+0+\cdots+0}=\frac{1}{a_1}.$$

于是由数列极限的平均值定理,有

$$\lim_{n\to\infty}\frac{1}{n}\left(\ln\frac{c_2}{c_1}+\cdots+\ln\frac{c_n}{c_{n-1}}\right)=\lim_{n\to\infty}\frac{n-1}{n}\frac{1}{n-1}\left(\ln\frac{c_2}{c_1}+\cdots+\ln\frac{c_n}{c_{n-1}}\right)=\ln\frac{1}{a_1}.$$

因此 $\lim\limits_{n\to\infty}\sqrt[n]{c_n}=e^{0+\ln\frac{1}{a_1}}=\frac{1}{a_1}$,即 $\lim\limits_{n\to\infty}\frac{1}{\sqrt[n]{c_n}}=a_1$ 为 $f(x)$的最小正根.

5. 已知$\frac{(1+x)^n}{(1-x)^3}=\sum\limits_{i=0}^{\infty}a_ix^i$,$|x|<1$,$n$ 为正整数,求$\sum\limits_{i=0}^{n-1}a_i$.

【参考解答】 由于$\frac{(1+x)^n}{(1-x)^3}=\sum\limits_{i=0}^{\infty}a_ix^i$,$\frac{1}{1-x}=\sum\limits_{i=0}^{\infty}x$,$|x<1|$,于是

$$\frac{(1+x)^n}{(1-x)^3}\frac{1}{1-x}=\left(\sum_{i=0}^{\infty}a_ix^i\right)\left(\sum_{i=0}^{\infty}x^i\right)=\sum_{i=0}^{\infty}\left[\left(\sum_{j=0}^{i}a_j\right)x^i\right],$$

由此可知$\sum\limits_{i=0}^{n-1}a_i$ 恰为$\frac{(1+x)^n}{(1-x)^3}\frac{1}{1-x}$展开式中 x^{n-1} 的系数. 由二项式定理,有

$$\frac{(1+x)^n}{(1-x)^4}=\frac{(2-(1-x))^n}{(1-x)^4}=\sum_{i=0}^{n}(-1)^iC_n^i2^{n-i}(1-x)^{i-4}.$$

于是$\frac{(1+x)^n}{(1-x)^3}\frac{1}{1-x}$展开成$x$ 的幂级数时,x^{n-1} 项含在$\sum\limits_{i=0}^{3}(-1)^iC_n^i2^{n-i}(1-x)^{i-4}$ 展开成 x 的幂级数表达式中,又

$$\begin{aligned}&\sum_{i=0}^{3}(-1)^iC_n^i2^{n-i}(1-x)^{i-4}\\
&=2^n(1-x)^{-4}-n2^{n-1}(1-x)^{-3}+\frac{n(n-1)}{2}2^{n-2}(1-x)^{-2}-\\
&\quad\frac{n(n-1)(n-2)}{6}2^{n-3}(1-x)^{-1}\\
&=\frac{2^n}{3!}\left(\frac{1}{1-x}\right)'''-\frac{n2^{n-1}}{2!}\left(\frac{1}{1-x}\right)''+\frac{n(n-1)2^{n-2}}{2}\left(\frac{1}{1-x}\right)'-\\
&\quad\frac{n(n-1)(n-2)2^{n-3}}{6}\cdot\frac{1}{1-x}\\
&=\frac{2^n}{3!}\left(\sum_{n=0}^{\infty}x^n\right)'''-\frac{n2^{n-1}}{2!}\left(\sum_{n=0}^{\infty}x^n\right)''+\frac{n(n-1)2^{n-2}}{2}\left(\sum_{n=0}^{\infty}x^n\right)'-\\
&\quad\frac{n(n-1)(n-2)2^{n-3}}{6}\cdot\sum_{n=0}^{\infty}x^n\\
&=\frac{2^n}{3!}\left(\sum_{n=3}^{\infty}n(n-1)(n-2)x^{n-3}\right)-\frac{n2^{n-1}}{2!}\left(\sum_{n=2}^{\infty}n(n-1)x^{n-2}\right)+\\
&\quad\frac{n(n-1)2^{n-2}}{2}\left(\sum_{n=1}^{\infty}nx^{n-1}\right)-\frac{n(n-1)(n-2)2^{n-3}}{6}\cdot\sum_{n=0}^{\infty}x^n\\
&=\frac{2^n}{3!}\sum_{n=0}^{\infty}(n+1)(n+2)(n+3)x^n-\frac{n2^{n-1}}{2!}\sum_{n=0}^{\infty}(n+1)(n+2)x^n+\end{aligned}$$

$$\frac{n(n-1)2^{n-2}}{2}\sum_{n=0}^{\infty}(n+1)x^n-\frac{n(n-1)(n-2)2^{n-3}}{6}\cdot\sum_{n=0}^{\infty}x^n.$$

于是 x^{n-1} 项的系数为

$$\frac{(n+2)(n+1)n2^n}{3!}-\frac{(n+1)n^2 2^{n-1}}{2!}+\frac{n^2(n-1)2^{n-2}}{2}-\frac{n(n-1)(n-2)2^{n-3}}{6}$$

$$=\frac{n(n+2)(n+7)}{3}2^{n-4},$$

所以 $\sum_{i=0}^{n-1}a_i=\frac{n(n+2)(n+7)}{3}2^{n-4}$.

6. 设正数列 $\{a_n\}$ 单调递减且趋于零，$f(x)=\sum_{n=1}^{\infty}a_n^n x^n$，证明：若级数 $\sum_{n=1}^{\infty}a_n$ 发散，则积分 $\int_1^{+\infty}\frac{\ln f(x)}{x^2}\mathrm{d}x$ 也发散.

【参考证明】 由根值判别法知级数 $\sum_{n=1}^{\infty}a_n^n x^n$ 的收敛半径 $R=\lim_{n\to\infty}\frac{1}{\sqrt[n]{a_n^n}}=\infty$. 所以 $f(x)$ 的定义域是 $(-\infty,+\infty)$. 由于 $a_n>0$ 且单调递减，于是有 $\frac{\mathrm{e}}{a_k}<\frac{\mathrm{e}}{a_{k+1}}$，且由 $\lim_{n\to\infty}a_n=0$ 有 $\lim_{k\to\infty}\frac{\mathrm{e}}{a_k}=+\infty$. 不妨设 $a_1<\mathrm{e}$，则

$$\int_1^{+\infty}\frac{\ln f(x)}{x^2}\mathrm{d}x=\int_1^{\mathrm{e}/a_1}\frac{\ln f(x)}{x^2}\mathrm{d}x+\sum_{n=1}^{\infty}\int_{\mathrm{e}/a_n}^{\mathrm{e}/a_{n+1}}\frac{\ln f(x)}{x^2}\mathrm{d}x.$$

于是反常积分的敛散性与级数 $\sum_{n=1}^{\infty}\int_{\mathrm{e}/a_n}^{\mathrm{e}/a_{n+1}}\frac{\ln f(x)}{x^2}\mathrm{d}x$ 一致. 当 $x\in\left[\frac{\mathrm{e}}{a_n},\frac{\mathrm{e}}{a_{n+1}}\right]$ 时，有 $a_n x\geqslant\mathrm{e}$，又由 a_n 单调减少，则当 $k\leqslant n$ 时，$a_k x\geqslant a_n x\geqslant\mathrm{e}$. 于是在此区间内

$$f(x)=\sum_{n=1}^{\infty}(a_n x)^n\geqslant\sum_{k=0}^{n}(a_k x)^k\geqslant\sum_{k=0}^{n}\mathrm{e}^k\geqslant\mathrm{e}^n,$$

有 $\int_{\mathrm{e}/a_n}^{\mathrm{e}/a_{n+1}}\frac{\ln f(x)}{x^2}\mathrm{d}x\geqslant\int_{\mathrm{e}/a_n}^{\mathrm{e}/a_{n+1}}\frac{n}{x^2}\mathrm{d}x=\frac{n}{\mathrm{e}}(a_n-a_{n+1})$，因此

$$S_n=\sum_{k=1}^{n}\int_{\mathrm{e}/a_k}^{\mathrm{e}/a_{k+1}}\frac{\ln f(x)}{x^2}\mathrm{d}x\geqslant\sum_{k=1}^{n}\frac{n}{\mathrm{e}}(a_k-a_{k+1})=\frac{1}{\mathrm{e}}\sum_{k=1}^{n}a_k-\frac{na_{n+1}}{\mathrm{e}}\geqslant\frac{1}{\mathrm{e}}\sum_{k=1}^{n}a_k.$$

若正项级数 $\sum_{n=1}^{\infty}a_n$ 发散，则其部分和数列 σ_n 单调递增且无界，即 $\lim_{n\to\infty}\sigma_n=+\infty$，有 $\lim_{n\to\infty}S_n=+\infty$，所以 $\sum_{n=1}^{\infty}\int_{\mathrm{e}/a_n}^{\mathrm{e}/a_{n+1}}\frac{\ln f(x)}{x^2}\mathrm{d}x$ 发散，从而反常积分 $\int_1^{+\infty}\frac{\ln f(x)}{x^2}\mathrm{d}x$ 也发散.

练习 75 周期为 2π 的函数的傅里叶级数展开

训练目的

1. 了解三角函数函数系的性质，了解三角函数逼近周期函数的思想.

2. 熟悉周期为 2π 的函数的傅里叶级数展开式及傅里叶系数的计算公式.

3. 理解傅里叶级数收敛的狄利克雷条件,会写出傅里叶级数的和函数的表达式.

4. 会将周期为 2π 的函数展开成傅里叶级数,会将定义在$[-\pi,\pi]$的函数周期延拓展开成傅里叶级数.

基础练习

1. 下列表述中正确的有____________.

① 有限个周期函数之和与差仍然是周期函数.

② 设 $f(x)$是以 2π 为周期的连续函数,a 为任意实数,则有

$$\int_{-\pi}^{\pi} f(x)\mathrm{d}x=\int_{0}^{2\pi} f(x)\mathrm{d}x=\int_{a}^{a+2\pi} f(x)\mathrm{d}x.$$

③ 设 $f(x)$是周期为 2π 的周期函数,且在一个周期区间上可积,则其傅里叶系数为

$$a_k=\frac{1}{\pi}\int_{0}^{2\pi} f(x)\cos kx\,\mathrm{d}x,\quad k=0,1,2,\cdots.$$

④ 设 $f(x)$是周期为 2π 的周期函数,则 $f(x)=\dfrac{a_0}{2}+\sum\limits_{k=1}^{\infty}(a_k\cos kx+b_k\sin kx)$,其中 $a_k=\dfrac{1}{\pi}\int_{0}^{2\pi} f(x)\cos kx\,\mathrm{d}x,k=0,1,2,\cdots,b_k=\dfrac{1}{\pi}\int_{0}^{2\pi} f(x)\sin kx\,\mathrm{d}x,k=1,2,\cdots$.

【参考解答】 ②③.①错误.当这些函数有共同的周期时,它们的和与差才是周期函数.②正确.由周期函数在一个周期长的区间上的积分相等可知.③正确.由傅里叶系数的计算公式可知.④错误.由狄利克雷收敛定理可知,傅里叶级数在 $f(x)$的连续点处收敛于 $f(x)$,在间断点处收敛于左右极限的算术平均值.

2. 设函数 $f(x)$是$(-\infty,+\infty)$上以 2π 为周期的周期函数,在区间$(0,2\pi]$上 $f(x)=x^2$,$S(x)$为 $f(x)$以 2π 为周期的傅里叶级数的和函数,则在区间$(-2\pi,0)$上 $S(x)=$______,$S(0)=$______,$S(1)=$______,$S(2023\pi)=$______,$S(2023)=$______.作出 $f(x)$与 $S(x)$的简图.

【参考解答】 由于函数 $f(x)$以 2π 为周期,在区间$(0,2\pi]$上 $f(x)=x^2$,因此当 $x\in(2k\pi,2k\pi+2\pi]$时,$x-2k\pi\in(0,2\pi]$,于是有

$$f(x)=f(x-2k\pi)=(x-2k\pi)^2,\quad x\in(2k\pi,2k\pi+2\pi].$$

特别当 $x\in(-2\pi,0]$时,$x+2\pi\in(0,2\pi]$,于是有

$$f(x)=f(x+2\pi)=(x+2\pi)^2.$$

函数 $f(x)$在$(2k\pi,2k\pi+2\pi)$连续,在 $x=2k\pi$ 不连续,且有

$$\lim_{x\to 2k\pi^-} f(x)=\lim_{x\to 0^-} f(x)=\lim_{x\to 0^-}(x+2\pi)^2=4\pi^2=f(0-0),$$

$$\lim_{x\to 2k\pi^+} f(x)=\lim_{x\to 0^+} f(x)=\lim_{x\to 0^-} x^2=0=f(0+0).$$

于是由狄利克雷收敛定理知,区间$(-2\pi,0)$上 $S(x)=f(x)=(x+2\pi)^2$,

$$S(0)=\frac{1}{2}(f(0-0)+f(0+0))=2\pi^2,S(1)=f(1)=1,$$

$$S(2023\pi)=S(\pi)=f(\pi)=\pi^2,$$

$$S(2023)=S(2023-642\pi)=f(2023-642\pi)=(2023-642\pi)^2.$$

$f(x)$与$S(x)$的简图如图所示.

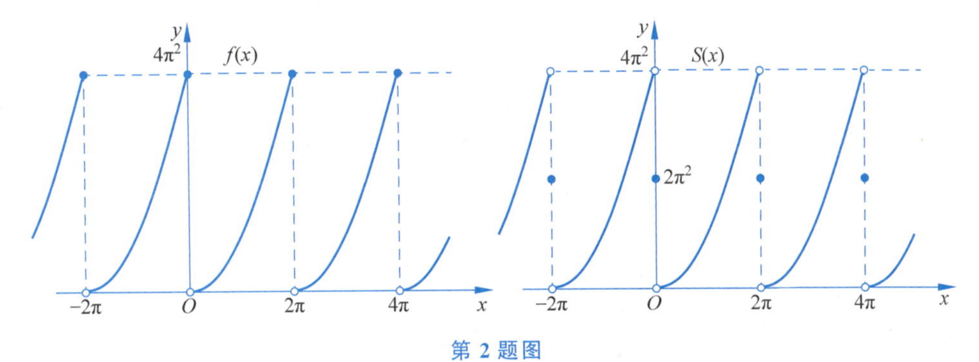

第 2 题图

3. 设函数 $f(x)=\begin{cases}-1, & -\pi<x\leqslant 0\\ 1+x^2, & 0<x\leqslant\pi\end{cases}$，$S(x)$为$f(x)$的以$2\pi$为周期的傅里叶级数的和函数，则 $S(0)=$________，$S(\pi)=$________，$S\left(\frac{\pi}{2}\right)=$________，$S(10)=$________，$S(-10)=$________，$S(10\pi)=$________. 作出$f(x)$与$S(x)$的简图.

【参考解答】 $S(0)=0$，$S(\pi)=\frac{\pi^2}{2}$，$S\left(\frac{\pi}{2}\right)=1+\frac{\pi^2}{4}$，$S(10)=-1$，$S(10\pi)=0$，$S(-10)=1+(4\pi-10)^2$. 将$f(x)$作周期为$2\pi$的周期延拓得到$F(x)$，则可知$x=0,\pi,-10\pi$为$F(x)$的间断点，根据狄利克雷收敛定理，其傅里叶级数的和函数值为

$$S(10\pi)=S(0)=\frac{f(0-0)+f(0+0)}{2}=\frac{-1+1}{2}=0,$$

$$S(\pi)=\frac{F(\pi-0)+F(0+0)}{2}=\frac{f(\pi-0)+f(-\pi+0)}{2}=\frac{1+\pi^2+(-1)}{2}=\frac{\pi^2}{2}.$$

而$x=-10,\frac{\pi}{2},10$均为$F(x)$的连续点，有$S(x)=F(x)$，于是

$$S\left(\frac{\pi}{2}\right)=f\left(\frac{\pi}{2}\right)=1+\frac{\pi^2}{4},S(10)=F(10)=f(10-4\pi)=-1,$$

$$S(-10)=F(10)=f(4\pi-10)=1+(4\pi-10)^2.$$

$f(x)$与$S(x)$的简图如图所示.

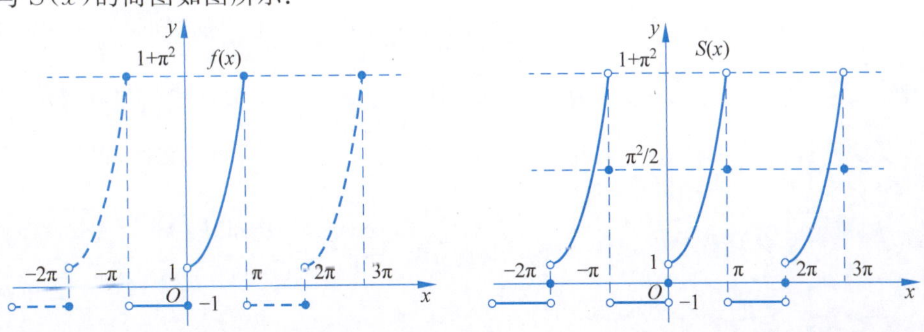

第 3 题图

4. 已知 $f(x)$ 是以 2π 为周期的函数，且 $f(x)=|x-1|,-\pi\leqslant x<\pi$，将 $f(x)$ 展开成傅里叶级数，并指出在 $f(x)$ 的间断点处，傅里叶级数的和函数的函数值.

【参考解答】 由傅里叶系数的计算公式，有

$$a_0=\frac{1}{\pi}\int_{-\pi}^{\pi}f(x)\mathrm{d}x=\frac{1}{\pi}\int_{-\pi}^{1}(1-x)\mathrm{d}x+\frac{1}{\pi}\int_{1}^{\pi}(x-1)\mathrm{d}x$$

$$=\frac{1}{\pi}\left[x-\frac{x^2}{2}\right]_{-\pi}^{1}+\frac{1}{\pi}\left[\frac{x^2}{2}-x\right]_{1}^{\pi}=\frac{1}{\pi}(1+\pi^2),$$

$$a_n=\frac{1}{\pi}\int_{-\pi}^{\pi}f(x)\cos nx\frac{\mathrm{d}y}{\mathrm{d}x}=\frac{1}{\pi}\left(\int_{-\pi}^{1}(1-x)\cos nx\mathrm{d}x+\int_{1}^{\pi}(x-1)\cos nx\mathrm{d}x\right)$$

$$=\frac{1}{n\pi}\left[(1-x)\sin nx\Big|_{-\pi}^{1}+\int_{-\pi}^{1}\sin nx\mathrm{d}x+(x-1)\sin nx\Big|_{1}^{\pi}-\int_{1}^{\pi}\sin nx\mathrm{d}x\right]$$

$$=\frac{1}{n^2\pi}\left[-\cos n\pi\Big|_{-\pi}^{1}+\cos n\pi\Big|_{1}^{\pi}\right]=\frac{2}{n^2\pi}[(-1)^n-\cos n](n=1,2,\cdots),$$

$$b_n=\frac{1}{\pi}\int_{-\pi}^{\pi}f(x)\sin nx\mathrm{d}x=\frac{1}{\pi}\left[\int_{-\pi}^{1}(1-x)\sin nx\mathrm{d}x+\int_{1}^{\pi}(x-1)\sin nx\mathrm{d}x\right]$$

$$=-\frac{1}{n\pi}\left[(1-x)\cos nx\Big|_{-\pi}^{1}+\int_{-\pi}^{1}\cos nx\mathrm{d}x+(x-1)\cos nx\Big|_{1}^{\pi}-\int_{1}^{\pi}\cos nx\mathrm{d}x\right]$$

$$=\frac{2\cos n\pi}{n\pi}-\frac{1}{n^2\pi}\left[\sin nx\Big|_{-\pi}^{1}-\sin nx\Big|_{1}^{\pi}\right]=\frac{2}{n^2\pi}[(-1)^n n-\sin n](n=1,2,\cdots).$$

由于 $f(x)$ 在 $x=2k\pi+\pi,k\in\mathbb{Z}$ 处不连续，所以 $f(x)$ 的傅里叶级数展开为

$$f(x)=\frac{1+\pi^2}{2\pi}+\frac{2}{\pi}\sum_{n=1}^{\infty}\frac{1}{n^2}\{[(-1)^n-\cos n]\cos nx+[(-1)^n n-\sin n]\sin nx\}$$

$$(-\infty<x<+\infty,x\neq 2k\pi+\pi,k\in\mathbb{Z}).$$

设傅里叶级数的和函数为 $S(x)$，$S(x)$ 以 2π 为周期，在连续点处 $S(x)=f(x)$，在点 $x=2k\pi+\pi,k\in\mathbb{Z}$ 处，

$$S(2k\pi+\pi)=S(\pi)=\frac{1}{2}(f(\pi-0)+f(\pi+0))$$

$$=\frac{1}{2}(f(\pi-0)+f(-\pi+0))=\frac{1}{2}[(\pi-1)+(1+\pi)]=\pi.$$

综合练习

5. (1) 求三角多项式 $T_n(x)=\frac{\alpha_0}{2}+\sum_{k=1}^{n}(\alpha_k\cos kx+\beta_k\sin kx)$ 的周期为 2π 的傅里叶级数，其中 $\alpha_0,\alpha_k,\beta_k(k=1,2,\cdots,n)$ 为常数；(2)将 $f(x)=\cos^2 x$ 展开成傅里叶级数.

【参考解答】 (1) 由傅里叶系数计算公式与三角函数系的正交性，得

$$a_0=\frac{1}{\pi}\int_{-\pi}^{\pi}T_n(x)\mathrm{d}x=\frac{1}{\pi}\int_{-\pi}^{\pi}\left[\frac{\alpha_0}{2}+\sum_{k=1}^{n}(\alpha_k\cos kx+\beta_k\sin kx)\right]\mathrm{d}x=\alpha_0,$$

$$a_m=\frac{1}{\pi}\int_{-\pi}^{\pi}T_n(x)\cos mx\mathrm{d}x$$

$$=\frac{1}{\pi}\int_{-\pi}^{\pi}\frac{\alpha_0}{2}\cos mx\,dx+\frac{1}{\pi}\int_{-\pi}^{\pi}\sum_{k=1}^{n}(\alpha_k\cos kx+\beta_k\sin kx)\cos mx\,dx$$

$$=\begin{cases}\frac{1}{\pi}\int_{-\pi}^{\pi}\alpha_m\cos^2 mx\,dx=\alpha_m, & m=1,2,\cdots,n\\ 0, & m>n\end{cases},$$

$$b_m=\frac{1}{\pi}\int_{-\pi}^{\pi}T_n(x)\sin mx\,dx$$

$$=\frac{1}{\pi}\int_{-\pi}^{\pi}\frac{\alpha_0}{2}\sin mx\,dx+\frac{1}{\pi}\int_{-\pi}^{\pi}\sum_{k=1}^{n}(\alpha_k\cos kx+\beta_k\sin kx)\sin mx\,dx$$

$$=\begin{cases}\frac{1}{\pi}\int_{-\pi}^{\pi}\beta_m\sin^2 mx\,dx=\beta_m, & m=1,2,\cdots,n\\ 0, & m>n\end{cases},$$

故此三角多项式的傅里叶级数为其本身

$$T_n(x)=\frac{\alpha_0}{2}+\sum_{k=1}^{n}(\alpha_k\cos kx+\beta_k\sin kx).$$

(2) 由(1)知，$f(x)=\cos^2 x$ 的傅里叶级数为 $\cos^2 x=\frac{1}{2}+\frac{1}{2}\cos 2x$.

6. 将函数 $f(x)=2\sin\frac{x}{2}(-\pi\leqslant x\leqslant\pi)$ 展开成周期为 2π 的傅里叶级数.

【参考解答】 $f(x)$ 为奇函数，故

$$a_n=\frac{1}{\pi}\int_{-\pi}^{\pi}2\sin\frac{x}{2}\cos nx\,dx=0(n=0,1,2,\cdots),$$

$$b_n=\frac{1}{\pi}\int_{-\pi}^{\pi}2\sin\frac{x}{2}\sin nx\,dx=-\frac{2}{\pi}\int_0^{\pi}\left[\cos\left(n+\frac{1}{2}\right)x-\cos\left(n-\frac{1}{2}\right)x\right]dx$$

$$=-\frac{2}{\pi}\left[\frac{2}{2n+1}\sin\left(n+\frac{1}{2}\right)x-\frac{2}{2n-1}\sin\left(n-\frac{1}{2}\right)x\right]\Bigg|_0^{\pi}$$

$$=\frac{(-1)^{n+1}16n}{(4n^2-1)\pi}(n=1,2,\cdots),$$

于是 $f(x)=\frac{16}{\pi}\sum_{n=1}^{\infty}(-1)^{n+1}\frac{n\sin nx}{4n^2-1}(-\pi<x<\pi)$. 在 $x=\pm\pi$ 处，傅里叶级数收敛于 0.

7. 设 $f(x)$ 是以 2π 为周期的连续函数，证明：

(1) 如果 $f(x-\pi)=-f(x)$，则 $f(x)$ 的傅里叶系数

$$a_0=0,\quad a_{2k}=0,\quad b_{2k}=0(k=1,2,\cdots);$$

(2) 如果 $f(x-\pi)=f(x)$，则 $f(x)$ 的傅里叶系数

$$a_{2k+1}=0,b_{2k+1}=0(k=0,1,2,\cdots).$$

【参考证明】 (1) 令 $x=u-\pi$，则有

$$a_{2k}=\frac{1}{\pi}\int_{-\pi}^{\pi}f(x)\cos 2kx\,dx$$

$$=\frac{1}{\pi}\int_{0}^{2\pi}f(u-\pi)\cos 2ku\,du=-\frac{1}{\pi}\int_{0}^{2\pi}f(u)\cos 2ku\,du$$

$$=-\frac{1}{\pi}\int_{-\pi}^{\pi}f(x)\cos 2kx\,dx=-a_{2k}=0(k=0,1,2,\cdots),$$

$$b_{2k}=\frac{1}{\pi}\int_{-\pi}^{\pi}f(x)\sin 2kx\,dx\quad(令\ x=u-\pi)$$

$$=\frac{1}{\pi}\int_{0}^{2\pi}f(u-\pi)\sin 2ku\,du=-\frac{1}{\pi}\int_{0}^{2\pi}f(u)\sin 2ku\,du$$

$$=-\frac{1}{\pi}\int_{-\pi}^{\pi}f(x)\sin 2kx\,dx=-b_{2k}=0(k=1,2,\cdots).$$

(2) 令 $x=u-\pi$，则有

$$a_{2k+1}=\frac{1}{\pi}\int_{-\pi}^{\pi}f(x)\cos(2k+1)x\,dx$$

$$=-\frac{1}{\pi}\int_{0}^{2\pi}f(u-\pi)\cos(2k+1)u\,du=-\frac{1}{\pi}\int_{0}^{2\pi}f(u)\cos(2k+1)u\,du$$

$$=-\frac{1}{\pi}\int_{-\pi}^{\pi}f(x)\cos(2k+1)x\,dx=-a_{2k+1}=0(k=0,1,2,\cdots),$$

$$b_{2k+1}=\frac{1}{\pi}\int_{-\pi}^{\pi}f(x)\sin(2k+1)x\,dx\quad(令\ x=u-\pi)$$

$$=-\frac{1}{\pi}\int_{0}^{2\pi}f(u-\pi)\sin(2k+1)u\,du=-\frac{1}{\pi}\int_{0}^{2\pi}f(u)\sin(2k+1)u\,du$$

$$=-\frac{1}{\pi}\int_{-\pi}^{\pi}f(x)\sin(2k+1)x\,dx=-b_{2k+1}=0(k=0,1,2,\cdots).$$

8. 将函数 $f(x)=e^{x}$ 在 $(-\pi,\pi)$ 内展开成周期为 2π 的傅里叶级数，并求级数 $\sum_{n=1}^{\infty}\frac{1}{1+n^{2}}$ 的和.

【参考解答】 将函数延拓成以 2π 为周期的函数 $F(x)$，$F(x)$ 的傅里叶系数为

$$a_0=\frac{1}{\pi}\int_{-\pi}^{\pi}F(x)\,dx=\frac{1}{\pi}\int_{-\pi}^{\pi}f(x)\,dx=\frac{1}{\pi}\int_{-\pi}^{\pi}e^{x}\,dx=\frac{e^{\pi}-e^{-\pi}}{\pi},$$

$$a_n=\frac{1}{\pi}\int_{-\pi}^{\pi}F(x)\cos nx\,dx=\frac{1}{\pi}\int_{-\pi}^{\pi}e^{x}\cos nx\,dx$$

$$=\frac{1}{\pi}\left[\frac{e^{x}}{1+n^{2}}(\cos nx+n\sin nx)\right]_{-\pi}^{\pi}=(-1)^{n}\frac{e^{\pi}-e^{-\pi}}{(1+n^{2})\pi},$$

$$b_n=\frac{1}{\pi}\int_{-\pi}^{\pi}F(x)\sin nx\,dx=\frac{1}{\pi}\int_{-\pi}^{\pi}f(x)\sin nx\,dx=\frac{1}{\pi}\int_{-\pi}^{\pi}e^{x}\sin nx\,dx$$

$$=\frac{1}{\pi}\left[\frac{e^{x}}{1+n^{2}}(\sin nx-n\cos nx)\right]_{-\pi}^{\pi}=(-1)^{n+1}\frac{n(e^{\pi}-e^{-\pi})}{(1+n^{2})\pi},$$

所以 $e^{x}=\frac{e^{\pi}-e^{-\pi}}{2\pi}+\frac{e^{\pi}-e^{-\pi}}{\pi}\sum_{n=1}^{\infty}(-1)^{n}\frac{\cos nx-n\sin nx}{(1+n^{2})}$，$-\pi<x<\pi$. 故

$$S(\pi)=\frac{1}{2\pi}(e^{\pi}-e^{-\pi})+\frac{e^{\pi}-e^{-\pi}}{\pi}\sum_{n=1}^{\infty}\frac{1}{1+n^2}$$
$$=\frac{F(\pi-0)+F(\pi+0)}{0}=\frac{f(\pi-0)+f(-\pi+0)}{0}=\frac{e^{\pi}+e^{-\pi}}{2},$$

所以 $\sum_{n=1}^{\infty}\frac{1}{1+n^2}=\frac{\pi}{2}\frac{e^{\pi}+e^{-\pi}}{e^{\pi}-e^{-\pi}}-\frac{1}{2}=\frac{\pi}{2}\coth\pi-\frac{1}{2}=\frac{\pi-1}{2}+\frac{\pi}{e^{2\pi}-1}$.

考研与竞赛练习

1. 设函数 $f(x)=\pi x+x^2(-\pi<x<\pi)$ 的傅里叶级数展开式为 $\frac{a_0}{2}+\sum_{n=1}^{\infty}(a_n\cos nx+b_n\sin nx)$，则其中系数 b_3 的值为________.

【参考解答】 由傅里叶系数计算公式，得

$$b_3=\frac{1}{\pi}\int_{-\pi}^{\pi}(\pi x+x^2)\sin 3x\,dx=\int_{-\pi}^{\pi}x\sin 3x\,dx+\frac{1}{\pi}\int_{-\pi}^{\pi}x^2\sin 3x\,dx$$
$$=\int_{-\pi}^{\pi}x\sin 3x\,dx=-\frac{2}{3}\int_0^{\pi}x\,d(\cos 3x)=-\frac{2x}{3}\left[(\cos 3x)_0^{\pi}-\int_0^{\pi}\cos 3x\,dx\right]$$
$$=\frac{2}{3}\pi+\frac{2}{9}(\sin 3x)_0^{\pi}=\frac{2}{3}\pi.$$

2. 设周期为 2π 的函数在一个周期内的表达式为 $f(x)=\begin{cases}-1, & -\pi<x\leqslant 0\\ 1+x^2, & 0<x\leqslant\pi\end{cases}$，试写出该函数的傅里叶级数的和函数 $S(x)$ 在 $[-\pi,\pi]$ 上的表达式，并求 $S(4\pi)$、$S\left(\frac{7}{2}\pi\right)$ 及和函数 $S(x)$ 在 $[2\pi,3\pi]$ 上的表达式.

【参考解答】 由傅里叶级数收敛定理，容易得

$$S(x)=\begin{cases}f(x), & -\pi<x<0\\ f(x), & 0<x<\pi\\ \dfrac{f(0^+)+f(0^-)}{2}, & x=0\\ \dfrac{f(-\pi^+)+f(\pi^-)}{2}, & x=\pm\pi\end{cases}=\begin{cases}-1, & -\pi<x<0\\ 1+x^2, & 0<x<\pi\\ 0, & x=0\\ \dfrac{\pi^2}{2}, & x=\pm\pi\end{cases},$$

由于和函数为周期为 2π 的周期函数，故

$$S(4\pi)=S(0)=0,\quad S\left(\frac{7}{2}\pi\right)=S\left(-4\pi+\frac{7}{2}\pi\right)=S\left(-\frac{\pi}{2}\right)=-1.$$

在 $[2\pi,3\pi]$ 上，有

$$S(x)=S(x-2\pi)=1+(x-2\pi)^2\,(2\pi<x<3\pi).$$

3. 设 $f(x)$ 是以 2π 为周期的函数，其傅里叶系数为 a_n,b_n，试计算 $f(x+h)$（h 为常数）的傅里叶系数 A_n,B_n.

【参考解答】 由傅里叶系数计算公式和周期函数的计算性质，令 $t=x+h$，有

$$A_n=\frac{1}{\pi}\int_{-\pi}^{\pi}f(x+h)\cos nx\,dx=\frac{1}{\pi}\int_{-\pi+h}^{\pi+h}f(t)\cos n(t-h)\,dt$$

$$=\left(\frac{1}{\pi}\int_{-\pi}^{\pi}f(t)\cos nt\,dt\right)\cos nh+\left(\frac{1}{\pi}\int_{-\pi}^{\pi}f(t)\sin nt\,dt\right)\sin nh$$

$$=a_n\cos nh+b_n\sin nh,$$

其中 $\cos n(t-h)=\sin hn\sin nt+\cos hn\cos nt$. 类似可得

$$B_n=\frac{1}{\pi}\int_{-\pi}^{\pi}f(x+h)\sin nx\,dx=\frac{1}{\pi}\int_{-\pi+h}^{\pi+h}f(t)\sin n(t-h)\,dt$$

$$=\left(\frac{1}{\pi}\int_{-\pi}^{\pi}f(t)\sin nt\,dt\right)\cos nh-\left(\frac{1}{\pi}\int_{-\pi}^{\pi}f(t)\cos nt\,dt\right)\sin nh$$

$$=b_n\cos nh-a_n\sin nh,$$

其中 $\sin n(t-h)=\cos hn\sin nt-\sin hn\cos nt$.

4. 将周期为 2π 的函数 $f(x)=\frac{1}{4}x(2\pi-x),x\in[0,2\pi]$ 展开为傅里叶级数，并由此求出 $\sum\limits_{n=1}^{\infty}\frac{1}{n^2}$；然后通过傅里叶级数的逐项积分（即对傅里叶级数两端求积分，级数的积分符号与求和符号可以交换次序）求出 $\sum\limits_{n=1}^{\infty}\frac{1}{n^4}$.

【参考解答】 (1) 首先求函数周期为 2π 的傅里叶级数. 由傅里叶系数计算公式，有

$$a_0=\frac{1}{\pi}\int_0^{2\pi}\frac{x}{4}(2\pi-x)\,dx=\frac{1}{3}\pi^2,$$

$$a_n=\frac{1}{\pi}\int_0^{2\pi}\frac{x}{4}(2\pi-x)\cos nx\,dx=\frac{1}{4\pi}\int_0^{2\pi}[2\pi x\cos(nx)-x^2\cos(nx)]\,dx$$

$$=-\frac{1}{n^2}(n=1,2,\cdots),$$

$$b_n=\frac{1}{\pi}\int_0^{2\pi}\frac{x}{4}(2\pi-x)\sin nx\,dx=0(n=1,2,\cdots),$$

由函数表达式可知函数为连续函数，故由狄利克雷收敛定理，得

$$\frac{1}{4}x(2\pi-x)=\frac{\pi^2}{6}-\sum_{n=1}^{\infty}\frac{1}{n^2}\cos nx,\quad x\in[0,2\pi].$$

令 $x=0$，得 $\sum\limits_{n=1}^{\infty}\frac{1}{n^2}=\frac{\pi^2}{6}$.

(2) 对(1)得到的傅里叶级数两端在 $[0,x]$ 上积分，则对级数逐项积分，得

$$\int_0^x\left[\frac{1}{4}t(2\pi-t)-\frac{\pi^2}{6}\right]dt=-\sum_{n=1}^{n}\frac{1}{n^2}\int_0^t\cos nt\,dt,$$

积分得等式 $\frac{1}{6}\pi^2x-\frac{1}{4}\pi x^2+\frac{x^3}{12}=\sum\limits_{n=1}^{\infty}\frac{1}{n^3}\sin nx$. 由所求和的常值级数，对该等式继续积分，得

$$\frac{x^4}{48}-\frac{\pi x^3}{12}+\frac{\pi^2 x^2}{12}=\sum_{n=1}^{\infty}\frac{1-\cos(nx)}{n^4}.$$

再次对该等式积分，得

$$-\frac{1}{36}\pi^2 x^3+\frac{1}{48}\pi x^4-\frac{x^3}{240}=\sum_{n=1}^{n}\frac{1}{n^4}\left(\frac{\sin nx}{n}-x\right),\quad x\in[0,2\pi].$$

令 $x=2\pi$，得 $\sum\limits_{n=1}^{\infty}\frac{1}{n^4}=\frac{1}{90}\pi^4$.

5. 已知周期为 2π 的连续函数 $f(x)$ 的傅里叶系数为 $a_0,a_n,b_n(n=1,2,\cdots)$，试计算磨光函数 $f_h(x)=\frac{1}{2h}\int_{x-h}^{x+h}f(\xi)\mathrm{d}\xi$ 的傅里叶系数 $A_0,A_n,B_n(n=1,2,\cdots)$，其中 h 为给定的大于 0 的常数.

【参考解答】 由于 $f(x)$ 是周期为 2π 的连续函数，故

$$\begin{aligned}f_h(x+2\pi)&=\frac{1}{2h}\int_{x+2\pi-h}^{x+2\pi+h}f(\xi)\mathrm{d}\xi=\frac{1}{2h}\int_{x-h}^{x+h}f(\eta+2\pi)\mathrm{d}\eta=\frac{1}{2h}\int_{x-h}^{x+h}f(\eta)\mathrm{d}\eta\\&=\frac{1}{2h}\int_{x-h}^{x+h}f(\xi)\mathrm{d}\xi=f_h(x),\end{aligned}$$

所以 $f_h(x)$ 是以 2π 为周期的函数. 令 $\xi=x+t$，则

$$\begin{aligned}A_n&=\frac{1}{\pi}\int_{-\pi}^{\pi}f_h(x)\cos nx\,\mathrm{d}x=\frac{1}{2\pi h}\int_{-\pi}^{\pi}\cos nx\,\mathrm{d}x\int_{x-h}^{x+h}f(\xi)\mathrm{d}\xi\\&=\frac{1}{2\pi h}\int_{-\pi}^{\pi}\cos nx\,\mathrm{d}x\int_{-h}^{h}f(x+t)\mathrm{d}t=\frac{1}{2\pi h}\int_{-h}^{h}\mathrm{d}t\int_{-\pi}^{\pi}f(x+t)\cos nx\,\mathrm{d}x.\end{aligned}$$

令 $x=y-t$，注意到 $f(y)\cos n(y-t)$ 以 2π 为周期，故有

$$\begin{aligned}A_n&=\frac{1}{2\pi h}\int_{-h}^{h}\mathrm{d}t\int_{-\pi}^{\pi}f(y)\cos n(y-t)\mathrm{d}y\\&=\frac{1}{2h}\int_{-h}^{h}\mathrm{d}t\ \frac{1}{\pi}\int_{-\pi}^{\pi}f(y)(\cos ny\cos nt+\sin ny\sin nt)\mathrm{d}y\\&=\frac{1}{2h}\int_{-h}^{h}[a_n\cos nt+b_n\sin nt]\mathrm{d}t=\frac{a_n}{h}\int_{0}^{h}\cos nt\,\mathrm{d}t\\&=\begin{cases}a_0, & n=0.\\ \dfrac{a_n\sin nh}{nh}, & n=1,2,3,\cdots\end{cases}\end{aligned}$$

同理可得 $B_n=\frac{b_n\sin nh}{nh},n=1,2,3,\cdots$.

练习 76 一般函数的傅里叶级数展开

训练目的

1. 会将简单周期为 $2l$ 的函数展开成傅里叶级数.

2. 会将定义在$[0,\pi]$或$[0,l]$上的函数展开成正弦级数、余弦级数.

3. 会写出傅里叶级数和函数的表达式.

基础练习

1. 已知函数 $f(x)=\dfrac{\pi+x}{2}(0\leqslant x\leqslant\pi)$,

(1) 将 $f(x)$ 展开成正弦级数 $\sum\limits_{n=1}^{\infty}b_n\sin nx$，则 $b_1=$________,$b_2=$________.

记 $S_1(x)=\sum\limits_{n=1}^{\infty}b_n\sin nx$，作出 $S_1(x)$ 的图形. 当 $x\in(\pi,2\pi)$ 时，$S_1(x)=$________, $S_1(0)=$________, $S_1(\pi)=$________.

(2) 将 $f(x)$ 展开成余弦级数 $\dfrac{a_0}{2}+\sum\limits_{n=1}^{\infty}a_n\cos nx$，则 $a_0=$________, $a_1=$________, $a_2=$________，记 $S_2(x)=\dfrac{a_0}{2}+\sum\limits_{n=1}^{\infty}a_n\cos nx$，作出 $S_2(x)$图形. 当 $x\in(\pi,2\pi)$时，$S_2(x)=$________, $S_2(0)=$________, $S_2(\pi)=$________.

【参考解答】 (1) 将函数 $f(x)$延拓为$[-\pi,\pi]$上的奇函数，再周期延拓为周期为 2π 的周期函数 $F_1(x)$，将 $F_1(x)$展开成傅里叶级数，则傅里叶系数 $a_n=0(n=0,1,2,\cdots)$，而

$$b_n=\frac{2}{\pi}\int_0^{\pi}\frac{\pi+x}{2}\sin nx\,\mathrm{d}x=-\frac{1}{n\pi}\int_0^{\pi}(\pi+x)\mathrm{d}\cos nx$$

$$=-\frac{1}{n\pi}\left[(\pi+x)\cos nx\Big|_0^{\pi}-\int_0^{\pi}\cos nx\,\mathrm{d}x\right]=\frac{1}{n}[1-2(-1)^n],(n=1,2,\cdots)$$

所以 $b_1=3,b_2=-\dfrac{1}{2}$. 由于 $F_1(x)$是周期为 2π 的奇函数，在点 $x=k\pi$ 处间断，在区间 $(k\pi,k\pi+\pi)$连续，当 $x\in(\pi,2\pi)$时，$x-2\pi\in(-\pi,0)$，$2\pi-x\in(0,\pi)$，于是有

$$S_1(x)=F_1(x)=F_1(x-2\pi)=-f(2\pi-x)=-\frac{\pi+(2\pi-x)}{2}=\frac{x-3\pi}{2},$$

$$S_1(0)=\frac{1}{2}(F_1(0-0)+F_1(0+0))=\frac{1}{2}\left(-\frac{\pi}{2}+\frac{\pi}{2}\right)=0,$$

$$S_1(\pi)=\frac{1}{2}(F_1(\pi-0)+F_1(\pi+0))=\frac{1}{2}(\pi+(-\pi))=0.$$

$S_1(x)$的图形如图(1)所示.

(2) 将函数 $f(x)$延拓为$[-\pi,\pi]$上的偶函数，再延拓为周期为 2π 的周期函数 $F_2(x)$，将 $F_2(x)$展开成傅里叶级数，则傅里叶系数 $b_n=0(n=1,2,\cdots)$，

$$a_0=\frac{2}{\pi}\int_0^{\pi}\frac{x+\pi}{2}\mathrm{d}x=\frac{1}{2\pi}(x+\pi)^2\Big|_0^{\pi}=\frac{3\pi}{2},$$

$$a_n=\frac{2}{\pi}\int_0^{\pi}\frac{\pi+x}{2}\cos nx\,\mathrm{d}x=\frac{1}{n\pi}\int_0^{\pi}(\pi+x)\mathrm{d}\sin nx$$

$$=\frac{1}{n\pi}\left[(\pi+x)\sin nx\Big|_0^{\pi}-\int_0^{\pi}\sin nx\,\mathrm{d}x\right]=\frac{1}{n^2\pi}[(-1)^n-1],(n=1,2,\cdots),$$

所以 $a_1=-\frac{2}{\pi}, a_2=0$. 由于 $F_2(x)$ 是周期为 2π 的偶函数，在 $(-\infty,+\infty)$ 上连续，当 $x\in[\pi,2\pi]$ 时，$x-2\pi\in[-\pi,0]$，$2\pi-x\in[0,\pi]$，于是有

$$S_2(x)=F_2(x)=F_2(x-2\pi)=f(2\pi-x)=\frac{\pi+(2\pi-x)}{2}=\frac{3\pi-x}{2},$$

$$S_2(0)=f(0)=\frac{\pi}{2}, S_2(\pi)=f(\pi)=\pi.$$

$S_1(x)$ 的图形如图(2)所示.

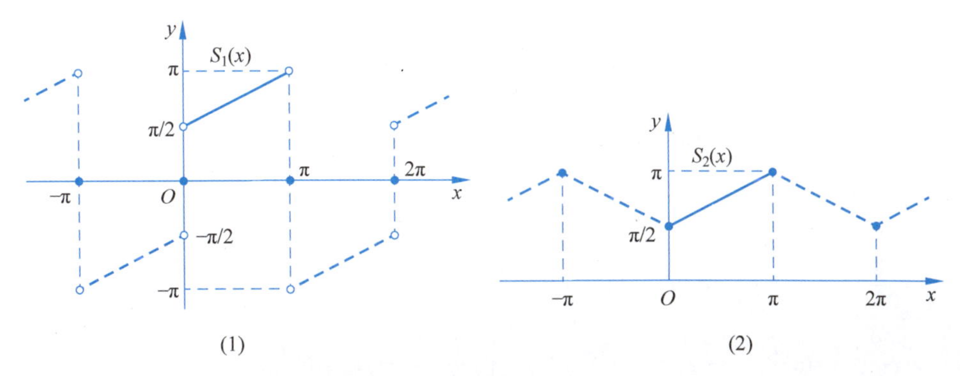

第 1 题图

2. 将 $f(x)=x-[x]$ 展开为周期 $T=1$ 的傅里叶级数，$[x]$ 表示不超过 x 的最大整数.

【参考解答】 该函数的周期为 1，又在 $[0,1]$ 上 $f(x)=x$，故由傅里叶系数计算公式，有

$$a_0=2\int_0^1 f(x)\mathrm{d}x=2\int_0^1 x\mathrm{d}x=1,$$

$$a_n=2\int_0^1 f(x)\cos 2n\pi x\mathrm{d}x=2\int_0^1 x\cos 2n\pi x\mathrm{d}x=2\left[\frac{x\sin 2n\pi x}{2n\pi}+\frac{x\cos 2n\pi x}{4n^2\pi^2}\right]\Bigg|_0^1=0,$$

$$b_n=2\int_0^1 f(x)\sin 2n\pi x\mathrm{d}x=2\int_0^1 x\sin 2n\pi x\mathrm{d}x=2\left[-\frac{x\cos 2n\pi x}{2n\pi}+\frac{\sin 2n\pi x}{4n^2\pi^2}\right]\Bigg|_0^1$$

$$=-\frac{1}{n\pi}(n=1,2,\cdots),$$

当 $x=k\in\mathbb{Z}$，级数收敛于 $\frac{1}{2}$. 而当 $x\neq k, k\in\mathbb{Z}$，有

$$x-[x]=\frac{1}{2}-\sum_{n=1}^{\infty}\frac{1}{n\pi}\sin(2n\pi x), x\neq k, k\in\mathbb{Z}.$$

综合练习

3. 将函数 $f(x)=\begin{cases}x, & 0\leqslant x<l/2\\ l-x, & l/2\leqslant x\leqslant l\end{cases}$ 分别展开成周期为 $2l$ 的正弦级数和余弦级数.

【参考解答】 将 $f(x)$ 作周期为 $2l$ 的奇周期延拓，则其傅里叶系数

$$a_n=0(n=0,1,2,\cdots),$$

$$b_n=\frac{2}{l}\int_0^{l/2}x\sin\frac{n\pi x}{l}\mathrm{d}x+\frac{2}{l}\int_{l/2}^{l}(l-x)\sin\frac{n\pi x}{l}\mathrm{d}x$$
$$=-\frac{2}{n\pi}\left[x\cos\frac{n\pi x}{l}-\frac{l}{n\pi}\sin\frac{n\pi x}{l}\cdot\right]\Bigg|_0^{l/2}-$$
$$\frac{2}{n\pi}\left[(l-x)\cos\frac{n\pi x}{l}+\frac{l}{n\pi}\sin\frac{n\pi x}{l}\right]\Bigg|_{l/2}^{l}$$
$$=\frac{4l}{n^2\pi^2}\sin\frac{n\pi}{2},\quad n=1,2,\cdots,$$

故 $f(x)$ 的正弦级数为

$$f(x)=\frac{4l}{\pi^2}\sum_{n=1}^{\infty}\frac{1}{n^2}\sin\frac{n\pi}{2}\sin\frac{n\pi x}{l},\quad 0\leqslant x\leqslant l.$$

再将 $f(x)$ 作周期为 $2l$ 的偶周期延拓,则 $b_n=0(n=0,1,2,\cdots)$,

$$a_0=\frac{2}{l}\int_0^{l/2}x\mathrm{d}x+\frac{2}{l}\int_{l/2}^{l}(l-x)\mathrm{d}x=\frac{1}{2},$$
$$a_n=\frac{2}{l}\int_0^{l/2}x\cos\frac{n\pi x}{l}\mathrm{d}x+\frac{2}{l}\int_{l/2}^{l}(l-x)\cos\frac{n\pi x}{l}\mathrm{d}x$$
$$=\frac{2}{n\pi}\left[x\sin\frac{n\pi x}{l}+\frac{l}{n\pi}\cos\frac{n\pi x}{l}\right]\Bigg|_0^{l/2}+\frac{2}{n\pi}\left[(l-x)\sin\frac{n\pi x}{l}-\frac{l}{n\pi}\cos\frac{n\pi x}{l}\right]\Bigg|_{l/2}^{l}$$
$$=\frac{2l}{n^2\pi^2}\left[2\cos\frac{n\pi}{2}-1-(-1)^n\right]\quad(n=1,2,\cdots),$$

故 $f(x)$ 的余项级数为

$$f(x)=\frac{l}{4}+\frac{2l}{\pi^2}\sum_{n=1}^{\infty}\frac{1}{n^2}\left[2\cos\frac{n\pi}{2}-1-(-1)^n\right]\cos\frac{n\pi x}{l}\quad(0\leqslant x\leqslant l).$$

4. 将函数 $f(x)=2+|x|(-1\leqslant x\leqslant 1)$ 展开成以 2 为周期的傅里叶级数,并由此求级数 $\sum\limits_{n=1}^{\infty}\frac{1}{n^2}$ 的和.

【参考解答】 由于 $f(x)=2+|x|(-1\leqslant x\leqslant 1)$ 是偶函数,作周期为 2 的周期延拓,展开成傅里叶级数,则傅里叶系数 $b_n=0,n=1,2,\cdots$, $a_0=2\int_0^1(2+x)\mathrm{d}x=5$,

$$a_n=2\int_0^1(2+x)\cos(n\pi x)\mathrm{d}x=\frac{2}{n\pi}\int_0^1(2+x)\mathrm{d}\sin(n\pi x)$$
$$=\frac{2}{n\pi}\left[(2+x)\sin n\pi x\Big|_0^1-\int_0^{\pi}\sin n\pi x\,\mathrm{d}x\right]=\frac{2[(-1)^n-1]}{n^2\pi^2}$$
$$=\begin{cases}\dfrac{-4}{(2k-1)^2\pi^2}, & n=2k-1\\ 0, & n=2k\end{cases},\quad k=1,2,\cdots,$$

因所给函数在$[-1,1]$满足狄利克雷收敛定理的条件,并且在所有点处连续,所以

$$2+|x|=\frac{5}{2}+\sum_{n=1}^{\infty}\frac{2[(-1)^n-1]}{n^2\pi^2}\cos(n\pi x)=\frac{5}{2}-\frac{4}{\pi^2}\sum_{k=1}^{\infty}\frac{\cos(2k-1)\pi x}{(2k-1)^2},x\in[-1,1].$$

令 $x=0$，有 $2=\frac{5}{2}-\frac{4}{\pi^2}\sum_{k=1}^{\infty}\frac{1}{(2k-1)^2}$，即 $\sum_{k=1}^{\infty}\frac{1}{(2k-1)^2}=\frac{\pi^2}{8}$. 又

$$\sum_{n=1}^{\infty}\frac{1}{n^2}=\sum_{k=1}^{\infty}\frac{1}{(2k-1)^2}+\sum_{k=1}^{\infty}\frac{1}{(2k)^2}=\frac{\pi^2}{8}+\frac{1}{4}\sum_{n=1}^{\infty}\frac{1}{n^2},$$

于是可得 $\sum_{n=1}^{\infty}\frac{1}{n^2}=\frac{4}{3}\cdot\frac{\pi^2}{8}=\frac{\pi^2}{6}$.

5. 设 $f(x)$ 是以 $2L$ 为周期的连续函数，且其傅里叶系数为 $a_0,a_n,b_n(n=1,2,\cdots)$，求 $f(x+h)$ 的傅里叶系数(h 为常数).

【参考解答】 由傅里叶系数计算公式，有

$$a_n=\frac{1}{L}\int_{-L}^{L}f(t)\cos\frac{\pi nt}{L}\mathrm{d}t\quad(n=0,1,2,\cdots),$$

$$b_n=\frac{1}{L}\int_{-L}^{L}f(t)\sin\frac{\pi nt}{L}\mathrm{d}t\quad(n=1,2,\cdots).$$

于是令 $x+h=t$ 可得 $f(x+h)$ 的傅里叶系数为

$$\begin{aligned}A_n&=\frac{1}{L}\int_{-L}^{L}f(x+h)\cos\frac{\pi nx}{L}\mathrm{d}x\\&=\frac{1}{L}\int_{h-L}^{h+L}f(t)\cos\frac{n\pi}{L}(t-h)\mathrm{d}t=\frac{1}{L}\int_{-L}^{L}f(t)\cos\left(\frac{n\pi}{L}t-\frac{n\pi}{L}h\right)\mathrm{d}t\\&=\frac{1}{L}\int_{-L}^{L}f(t)\left(\cos\frac{n\pi t}{L}\cos\frac{n\pi h}{L}+\sin\frac{n\pi t}{L}\sin\frac{n\pi h}{L}\right)\mathrm{d}t\\&=\frac{\cos n\pi h}{L}\int_{-L}^{L}f(t)\cos\frac{n\pi t}{L}\mathrm{d}t+\frac{\sin n\pi h}{L}\int_{-L}^{L}f(t)\sin\frac{n\pi t}{L}\mathrm{d}t\\&=a_n\cos\frac{n\pi h}{L}+b_n\sin\frac{n\pi h}{L},\quad n=0,1,2,\cdots,\end{aligned}$$

$$\begin{aligned}B_n&=\frac{1}{L}\int_{-L}^{L}f(x+h)\sin\frac{n\pi x}{L}\mathrm{d}x\\&=\frac{1}{L}\int_{h-L}^{h+L}f(t)\sin\frac{n\pi}{L}(t-h)\mathrm{d}t=\frac{1}{L}\int_{-L}^{L}f(t)\sin\left(\frac{n\pi}{L}t-\frac{n\pi}{L}h\right)\mathrm{d}t\\&=\frac{1}{L}\int_{-L}^{L}f(t)\left(\sin\frac{n\pi t}{L}\cos\frac{n\pi h}{L}-\cos\frac{n\pi t}{L}\sin\frac{n\pi h}{L}\right)\mathrm{d}t\\&=\frac{\cos n\pi h}{L}\int_{-L}^{L}f(t)\sin\frac{n\pi t}{L}\mathrm{d}t-\frac{\sin n\pi h}{L}\int_{-L}^{L}f(t)\cos\frac{n\pi t}{L}\mathrm{d}t\\&=b_n\cos\frac{n\pi h}{L}-a_n\sin\frac{n\pi h}{L},\quad n=1,2,\cdots.\end{aligned}$$

6. 证明：当 $0\leqslant x\leqslant\pi$ 时，$\sum_{n=1}^{\infty}\frac{\cos nx}{n^2}=\frac{x^2}{4}-\frac{\pi x}{2}+\frac{\pi^2}{6}$.

【参考证明】 设 $f(x)=\frac{x^2}{4}-\frac{\pi x}{2}$，将 $f(x)$ 在 $[0,\pi]$ 上展开成周期为 2π 的余弦级数，则

$$a_0=\frac{2}{\pi}\int_0^{\pi}\left(\frac{x^2}{4}-\frac{\pi x}{2}\right)\mathrm{d}x=\frac{2}{\pi}\left(\frac{\pi^3}{12}-\frac{\pi^3}{4}\right)=\frac{-\pi^3}{3},$$

$$\begin{aligned}a_n&=\frac{2}{\pi}\int_0^{\pi}\left(\frac{x^2}{4}-\frac{\pi x}{2}\right)\cos nx\,\mathrm{d}x\\&=\frac{2}{n\pi}\left[\left(\frac{x^2}{4}-\frac{\pi x}{2}\right)\sin nx\right]\Bigg|_0^{\pi}-\frac{2}{n\pi}\int_0^{\pi}\left(\frac{x}{2}-\frac{\pi}{2}\right)\sin nx\,\mathrm{d}x\\&=\frac{2}{n^2\pi}\int_0^{\pi}\left(\frac{x}{2}-\frac{\pi}{2}\right)\mathrm{d}(\cos nx)\\&=\frac{2}{n^2\pi}\left[\left(\frac{x}{2}-\frac{\pi}{2}\right)\cos nx\right]\Bigg|_0^{\pi}-\frac{2}{n^2\pi}\cdot\frac{1}{2}\int_0^{\pi}\cos nx\,\mathrm{d}x=\frac{1}{n^2},\end{aligned}$$

所以$\frac{x^2}{4}-\frac{\pi x}{2}=-\frac{\pi^2}{6}+\sum_{n=1}^{\infty}\frac{\cos nx}{n^2}(0\leqslant x\leqslant\pi)$，即

$$\sum_{n=1}^{\infty}\frac{\cos nx}{n^2}=\frac{x^2}{4}-\frac{\pi x}{2}+\frac{\pi^2}{6}\quad(0\leqslant x\leqslant\pi).$$

考研与竞赛练习

1. 设$f(x)=\begin{cases}x, & 0\leqslant x\leqslant 1/2\\ 2-2x, & \frac{1}{2}<x<1\end{cases}$，$S(x)=\frac{a_0}{2}+\sum_{n=1}^{\infty}a_n\cos n\pi x$，$-\infty<x<+\infty$，其中$a_n=2\int_0^1 f(x)\cos n\pi x\,\mathrm{d}x(n=0,1,2,\cdots)$，则$S\left(-\frac{5}{2}\right)$等于(　　).

(A) $\frac{1}{2}$　　(B) $-\frac{1}{2}$　　(C) $\frac{3}{4}$　　(D) $-\frac{3}{4}$

【参考解答】 由题设可知是将函数作周期为2的偶周期延拓后展开，并且在一个周期内函数满足狄利克雷收敛定理的条件，所以由函数的周期性与偶函数性质，得

$$S\left(-\frac{5}{2}\right)=S\left(-2-\frac{1}{2}\right)=S\left(-\frac{1}{2}\right)=S\left(\frac{1}{2}\right)=\frac{f\left(\frac{1}{2}-0\right)+f\left(\frac{1}{2}+0\right)}{2}=\frac{\frac{1}{2}+1}{2}=\frac{3}{4},$$

故正确选项为(C).

2. 将函数$f(x)=1-x^2(0\leqslant x\leqslant\pi)$展开成余弦级数，并求级数$\sum_{n=1}^{\infty}\frac{(-1)^{n-1}}{n^2}$的和.

【参考解答】 由傅里叶系数计算公式，得

$$a_0=\frac{2}{\pi}\int_0^{\pi}(1-x^2)\mathrm{d}x=\frac{2}{\pi}\left(x-\frac{x^3}{3}\right)\Bigg|_0^{\pi}=2-\frac{2}{3}\pi^2,$$

$$\begin{aligned}a_n&=\frac{2}{\pi}\int_0^{\pi}(1-x^2)\cos nx\,\mathrm{d}x=\frac{2}{n\pi}\int_0^{\pi}(1-x^2)\mathrm{d}(\sin nx)\\&=\frac{2}{n\pi}\left[(1-x^2)\sin nx\Bigg|_0^{x}+2\int_0^{\pi}x\sin nx\,\mathrm{d}x\right]\end{aligned}$$

$$=-\frac{4}{n^2\pi}\int_0^{\pi}x\,\mathrm{d}(\cos nx)=-\frac{4}{n^2\pi}\left(x\cos nx\Big|_0^{\pi}-\int_0^{\pi}\cos nx\,\mathrm{d}x\right)$$

$$=(-1)^{n+1}\frac{4}{n^2}\quad(n=1,2,3,\cdots),$$

所以由狄利克雷收敛定理可得 $f(x)$ 的余弦级数为

$$1-x^2=1-\frac{\pi^2}{3}+4\sum_{n=1}^{\infty}\frac{(-1)^{n+1}}{n^2}\cos nx\quad(0\leqslant x\leqslant\pi),$$

取 $x=0$，可得 $\sum\limits_{n=1}^{\infty}\frac{(-1)^{n-1}}{n^2}=\frac{\pi^2}{12}$.

3. 将函数 $f(x)=|x|+\sin^2\pi x$ 在$[-1,1]$上展开成周期为 2 的傅里叶级数.

【参考解答】 $f(x)$作周期为 2 的周期延拓为函数 $F(x)$，则 $F(x)$为$(-\infty,+\infty)$上连续的周期为 2 的偶函数，由狄利克雷收敛定理知，$F(x)$的傅里叶级数在$[-1,1]$收敛于 $F(x)$，即 $f(x)$. 其傅里叶系数 $b_n=0,n=1,2,\cdots$. 故级数只包含余弦项与常数项，由周期为 $T=2=2L$，故其傅里叶级数三角函数项为 $\cos\frac{n\pi}{L}x=\cos n\pi x$. 由三角函数恒等式变换可得 $\sin^2\pi x=\frac{1-\cos 2\pi x}{2}$，故只需要展开$|x|$. 于是有 $a_0=\frac{2}{1}\int_0^1 x\,\mathrm{d}x=1$，

$$a_n=\frac{2}{1}\int_0^1 x\cos n\pi x\,\mathrm{d}x=\frac{2(\cos(\pi n)-1)}{\pi^2 n^2}=\begin{cases}\dfrac{-4}{\pi^2 n^2}, & n=2k-1\\ 0, & n=2k\end{cases},$$

由于 $f(x)=|x|+\sin^2\pi x$ 在$[-1,1]$上连续，所以

$$f(x)=\frac{1}{2}-\sum_{k=1}^{\infty}\frac{4}{(2k-1)^2\pi^2}\cos n\pi x+\frac{1-\cos 2\pi x}{2}$$

$$=1-\frac{\cos 2\pi x}{2}-\sum_{k=1}^{\infty}\frac{4}{(2k-1)^2\pi^2}\cos n\pi x,\quad x\in[-1,1].$$

【注】 如果直接求包含正弦项的积分，注意计算过程中 $n\neq 2$，即 $n=2$ 需要单独计算.

4. 设 $f(x)$在$(-\infty,+\infty)$上可导，且 $f(x)=f(x+2)=f(x+\sqrt{3})$，试用傅里叶级数理论证明 $f(x)$为常数.

【参考证明】 由 $f(x)=f(x+2)=f(x+\sqrt{3})$可知，$f(x)$是以 $2,\sqrt{3}$为周期的函数，所以它的傅里叶系数为

$$a_n=\int_{-1}^{1}f(x)\cos n\pi x\,\mathrm{d}x,\quad b_n=\int_{-1}^{1}f(x)\sin n\pi x\,\mathrm{d}x.$$

由于 $f(x)=f(x+\sqrt{3})$，令 $x+\sqrt{3}=t$，可得

$$a_n=\int_{-1}^{1}f(x)\cos n\pi x\,\mathrm{d}x=\int_{-1}^{1}f(x+\sqrt{3})\cos n\pi x\,\mathrm{d}x$$

$$=\int_{-1+\sqrt{3}}^{1+\sqrt{3}}f(t)\cos n\pi(t-\sqrt{3})\,\mathrm{d}t$$

$$=\int_{-1+\sqrt{3}}^{1+\sqrt{3}}f(t)\left[\cos n\pi t\cos\sqrt{3}n\pi+\sin n\pi t\sin\sqrt{3}n\pi\right]\mathrm{d}t$$

$$=\cos\sqrt{3}n\pi\int_{-1+\sqrt{3}}^{1+\sqrt{3}}f(t)\cos n\pi t\,dt+\sin\sqrt{3}n\pi\int_{-1+\sqrt{3}}^{1+\sqrt{3}}f(t)\sin n\pi t\,dt$$

$$=\cos\sqrt{3}n\pi\int_{-1}^{1}f(t)\cos n\pi t\,dt+\sin\sqrt{3}n\pi\int_{-1}^{1}f(t)\sin n\pi t\,dt,$$

所以

$$a_n=a_n\cos\sqrt{3}n\pi+b_n\sin\sqrt{3}n\pi.$$

同理可得 $b_n=b_n\cos\sqrt{3}n\pi-a_n\sin\sqrt{3}n\pi$.

联立两式解得 $a_n=b_n=0(n=1,2,\cdots)$. 又 $f(x)$可导，故其傅里叶级数处处收敛于 $f(x)$，所以

$$f(x)=\frac{a_0}{2}+\sum_{n=1}^{\infty}(a_n\cos nx+b_n\sin nx)=\frac{a_0}{2},$$

其中 $a_0=\int_{-1}^{1}f(x)dx$，即 $f(x)$为常数.

5. 设 $f(x)$是以 $2L$ 为周期的连续函数，且其傅里叶系数为 $a_0,a_n,b_n(n=1,2,\cdots)$. 求 $F(x)=\frac{1}{L}\int_{-L}^{L}f(t)f(x+t)dt$ 的傅里叶系数，且以此推证

$$\frac{1}{L}\int_{-L}^{L}f^2(x)dx=\frac{a_0^2}{2}+\sum_{n=1}^{\infty}(a_n^2+b_n^2).$$

【参考解答】 由题设可知 $a_0=\frac{1}{L}\int_{-L}^{L}f(x)dx$，

$$a_n=\frac{1}{L}\int_{-L}^{L}f(x)\cos\frac{n\pi}{L}x\,dx,b_n=\frac{1}{L}\int_{-L}^{L}f(x)\sin\frac{n\pi}{L}x\,dx,n=1,2,\cdots,$$

且 $F(x)$是以 $2L$ 为周期的连续函数. 由傅里叶系数计算公式，交换积分次序并令 $x+t=u$，得 $F(x)$的傅里叶系数为

$$A_0=\frac{1}{L}\int_{-L}^{L}F(x)dx=\frac{1}{L}\int_{-L}^{L}\left[\frac{1}{L}\int_{-L}^{L}f(t)f(x+t)dt\right]dx$$

$$=\frac{1}{L}\int_{-L}^{L}\left[\frac{1}{L}\int_{-L}^{L}f(x+t)dx\right]f(t)dt$$

$$=\frac{1}{L}\int_{-L}^{L}\left[\frac{1}{L}\int_{t-L}^{t+L}f(u)du\right]f(t)dt=\frac{1}{L}\int_{-L}^{L}\left[\frac{1}{L}\int_{-L}^{L}f(u)du\right]f(t)dt$$

$$=\frac{1}{L}\int_{-L}^{L}a_0f(t)dt=a_0^2.$$

同样由傅里叶系数计算公式，通过交换二次积分积分次序，可得

$$A_n=\frac{1}{L}\int_{-L}^{L}\left[\frac{1}{L}\int_{-L}^{L}f(t)f(x+t)dt\right]\cos\frac{n\pi}{L}x\,dx$$

$$=\frac{1}{L}\int_{-L}^{L}\left[\frac{1}{L}\int_{-L}^{L}f(x+t)\cos\frac{n\pi}{L}x\,dx\right]f(t)dt$$

$$=\frac{1}{L}\int_{-L}^{L}\left[\frac{1}{L}\int_{t-L}^{t+L}f(u)\cos\frac{n\pi}{L}(u-t)\,du\right]f(t)dt$$

$$=\frac{1}{L}\left[\int_{-L}^{L}\frac{1}{L}\int_{t-L}^{t+L}\left(\sin\frac{n\pi}{L}t\cdot f(u)\sin\frac{n\pi}{L}u+\cos\frac{n\pi}{L}t\cdot f(u)\cos\frac{n\pi}{L}u\right)du\right]f(t)dt$$

$$=\frac{1}{L}\int_{-L}^{L}\left(b_n f(t)\sin\frac{n\pi}{L}t+a_n f(t)\cos\frac{n\pi}{L}t\right)\mathrm{d}t=a_n^2+b_n^2,\quad n=1,2,\cdots,$$

$$B_n=\frac{1}{L}\int_{-L}^{L}\left[\frac{1}{L}\int_{-L}^{L}f(t)f(x+t)\mathrm{d}t\right]\sin\frac{n\pi}{L}x\,\mathrm{d}x$$

$$=\frac{1}{L}\int_{-L}^{L}\left[\frac{1}{L}\int_{-L}^{L}f(x+t)\sin\frac{n\pi}{L}x\,\mathrm{d}x\right]f(t)\mathrm{d}t$$

$$=\frac{1}{L}\int_{-L}^{L}\left[\frac{1}{L}\int_{t-L}^{t+L}f(u)\sin\frac{n\pi}{L}(u-t)\,\mathrm{d}u\right]f(t)\mathrm{d}t$$

$$=\frac{1}{L}\left[\int_{-L}^{L}\frac{1}{L}\int_{t-L}^{t+L}\left(\cos\frac{n\pi}{L}t\cdot f(u)\sin\frac{n\pi}{L}u-\sin\frac{n\pi}{L}t\cdot f(u)\cos\frac{n\pi}{L}u\right)\mathrm{d}u\right]f(t)\mathrm{d}t$$

$$=\frac{1}{L}\int_{-L}^{L}\left(b_n f(t)\cos\frac{n\pi}{L}t-a_n f(t)\sin\frac{n\pi}{L}t\right)\mathrm{d}t=b_na_n-a_nb_n=0,\quad n=1,2,\cdots,$$

故 $F(x)$ 可以展开为傅里叶级数，且

$$F(x)=\frac{1}{L}\int_{-L}^{L}f(t)f(x+t)\mathrm{d}t=\frac{a_0^2}{2}+\sum_{n=1}^{\infty}(a_n^2+b_n^2)\cos\frac{n\pi}{L}x,\quad x\in(-\infty,+\infty).$$

令 $x=0$，即得 $\frac{1}{L}\int_{-L}^{L}f^2(t)\mathrm{d}t=\frac{a_0^2}{2}+\sum_{n=1}^{\infty}(a_n^2+b_n^2)$.

6. 设 $f(x),g(x)$ 在 $[a,b]$ 上连续. 证明：$f(x),g(x)$ 具有相同傅里叶系数(周期长度取为 $T=2L=b-a$)的充分必要条件是 $\int_a^b|f(x)-g(x)|\mathrm{d}x=0$.

【参考证明】 分别用 a_n,b_n；α_n,β_n；A_n,B_n 表示 $f(x),g(x)$ 及 $F(x)=f(x)-g(x)$ 的傅里叶系数.

(1) 若 $\int_a^b|f(x)-g(x)|\mathrm{d}x=0$，则

$$0\leqslant|a_n-\alpha_n|=\left|\frac{1}{L}\int_a^b\left(f(x)\cos\frac{n\pi x}{L}-g(x)\cos\frac{n\pi x}{L}\right)\mathrm{d}x\right|$$

$$\leqslant\frac{1}{L}\int_a^b|f(x)-g(x)|\mathrm{d}x=0\left(L=\frac{b-a}{2}\right),$$

即 $a_n=\alpha_n(n=0,1,2,\cdots)$. 同理可证：$b_n=\beta_n(n=1,2,\cdots)$.

(2) 若系数相等，即 $a_n=\alpha_n,b_n=\beta_n$，由积分运算性质可知

$$A_n=a_n-\alpha_n=0,\quad B_n=b_n-\beta_n=0.$$

于是由柯西-施瓦兹不等式与帕塞瓦尔等式，有

$$0\leqslant\left(\int_a^b|f(x)-g(x)|\mathrm{d}x\right)^2\leqslant\left(\int_a^b1^2\mathrm{d}x\cdot\int_a^b|f(x)-g(x)|^2\mathrm{d}x\right)$$

$$=(b-a)\left[\frac{A_0^2}{2}+\sum_{n=1}^{\infty}(A_n^2+B_n^2)\right]=0,$$

所以 $\int_a^b|f(x)-g(x)|\mathrm{d}x=0$，结论成立.

【注】 由于 $f(x),g(x)$ 在 $[a,b]$ 上连续且 $|f(x)-g(x)|\geqslant0$，则当

$$\int_a^b|f(x)-g(x)|\mathrm{d}x=0$$

时，有 $f(x)\equiv g(x)$，所以 $f(x),g(x)$ 具有相同的傅里叶系数.

第十单元　无穷级数测验（数值级数）

一、填空题（每小题 3 分，共 15 分）

1. 级数 $\sum_{n=2}^{\infty}\ln\left(1-\frac{1}{n^2}\right)=$________.

2. 已知级数 $\sum_{n=1}^{\infty}\frac{\sqrt{n+2}-\sqrt{n+1}}{n^{\lambda}}$ 收敛，则 λ 取值的最大范围为________.

3. 若级数 $\sum_{n=1}^{\infty}\frac{(-1)^n}{n^p}\sin\frac{1}{\sqrt{n}}$ 条件收敛，则常数 p 的取值范围为________.

4. 设级数 $\sum_{n=1}^{\infty}a_n$ 条件收敛，且 $\lim\limits_{n\to\infty}\frac{a_{n+1}}{a_n}=r$，则极限值 $r=$________.

5. $\lim\limits_{n\to\infty}\frac{2^n\cdot n!}{n^n}=$________.

二、选择题（每小题 3 分，共 15 分）

6. 正项级数 $\sum_{n=1}^{\infty}a_n$ 收敛的一个充分条件是（　　）.

(A) $\sum_{n=1}^{\infty}a_n^2$ 收敛　　(B) $\sum_{n=1}^{\infty}(-1)^{n-1}a_n$ 收敛

(C) $\sum_{n=1}^{\infty}(a_{2n-1}+a_{2n})$ 收敛　　(D) $\sum_{n=1}^{\infty}(a_{2n-1}-a_{2n})$ 收敛

7. 已知级数 $\sum_{n=1}^{\infty}a_n$ 绝对收敛，$\sum_{n=1}^{\infty}b_n$ 条件收敛，则下列三个级数 $\sum_{n=1}^{\infty}(a_n+b_n)$，$\sum_{n=1}^{\infty}a_nb_n$，$\sum_{n=1}^{\infty}(a_n^2+b_n^2)$ 中绝对收敛级数的个数为（　　）.

(A) 0　　(B) 1　　(C) 2　　(D) 3

8. 设 $a_n\leqslant c_n\leqslant b_n\ (n=1,2,\cdots)$，且级数 $\sum_{n=1}^{\infty}a_n$，$\sum_{n=1}^{\infty}b_n$ 均收敛，则级数 $\sum_{n=1}^{\infty}c_n$（　　）.

(A) 必收敛　　(B) 必发散

(C) 未必收敛，但 $\lim\limits_{n\to+\infty}c_n=0$　　(D) $\lim\limits_{n\to+\infty}c_n$ 存在但未必等于 0

9. 已知 $\sum_{n=1}^{\infty}a_n^2$ 收敛，λ 为正常数，则级数 $\sum_{n=1}^{\infty}(-1)^n\frac{|a_n|}{\sqrt{n^2+\lambda}}$（　　）.

(A) 绝对收敛　　(B) 条件收敛

(C) 发散　　(D) 收敛性与 λ 有关

10. 设 $u_n=\frac{(-1)^n}{\sqrt{n+1}+(-1)^n}$，$v_n=\frac{n^n}{n!}$，$n=1,2,\cdots$，则（　　）.

(A) $\sum_{n=1}^{\infty}u_n$ 收敛，$\sum_{n=1}^{\infty}v_n$ 发散　　(B) $\sum_{n=1}^{\infty}u_n$ 发散，$\sum_{n=1}^{\infty}v_n$ 收敛

(C) $\sum_{n=1}^{\infty}u_n, \sum_{n=1}^{\infty}v_n$ 均收敛　　(D) $\sum_{n=1}^{\infty}u_n, \sum_{n=1}^{\infty}v_n$ 均发散

三、解答题(共 70 分)

11. (6 分) 已知级数 $\sum_{n=1}^{\infty}a_n^2, \sum_{n=1}^{\infty}b_n^2$ 都收敛，判断级数 $\sum_{n=1}^{\infty}a_nb_n$ 的敛散性.

12. (6 分) 讨论级数 $\sum_{n=1}^{\infty}\frac{p^n+n^p}{p^nn^p}$ 的敛散性，其中 $p>0$.

13. (6 分)设 a 为常数，讨论级数 $\sum_{n=1}^{\infty}\frac{(-1)^n}{1+a^{2n}}$ 的敛散性，若收敛，指出是条件收敛还是绝对收敛.

14. (6 分). 已知级数 $\sum_{n=1}^{\infty}(u_n-u_{n+1})$ 收敛，且正项级数 $\sum_{n=1}^{\infty}v_n$ 收敛，证明级数 $\sum_{n=1}^{\infty}u_nv_n$ 收敛.

15. (6 分). 设正项数列 $\{a_n\}$ 单调递减，且级数 $\sum_{n=1}^{\infty}(-1)^na_n$ 发散，试判定 $\sum_{n=1}^{\infty}\left(\frac{1}{a_n+1}\right)^n$ 的敛散性.

16. (8 分) 讨论级数 $\sum_{n=2}^{\infty}\ln\left(1+\frac{(-1)^n}{n}\right)$ 的敛散性，若收敛，求其和，指出是条件收敛还是绝对收敛.

17. (8 分)设 $a_n\neq 0(n=1,2,3,\cdots)$，且 $\lim\limits_{n\to\infty}\frac{n}{a_n}=1$，问级数 $\sum_{n=1}^{\infty}(-1)^{n+1}\left(\frac{1}{a_n}+\frac{1}{a_{n+1}}\right)$ 是否收敛，如果收敛，它是绝对收敛还是条件收敛？

18. (8 分)若数列 $\{a_n\}$ 满足 $|a_2-a_1|+|a_3-a_2|+\cdots+|a_n-a_{n-1}|\leqslant c$，证明 $\lim\limits_{n\to\infty}a_n$ 存在.

19. (8 分)设数列 $\{u_n\}$，$\{v_n\}$ 满足 $u_n>0, v_1=1, 2v_{n+1}=v_n+\sqrt{v_n^2+u_n}\ (n=1,2,\cdots)$，证明：级数 $\sum_{n=1}^{\infty}u_n$ 收敛的充要条件是数列 $\{v_n\}$ 收敛.

20. (8 分) 设 $\sum_{n=1}^{\infty}a_n$ 与 $\sum_{n=1}^{\infty}b_n$ 为正项级数，证明：(1)若 $\lim\limits_{n\to\infty}\left(\frac{a_n}{a_{n+1}b_n}-\frac{1}{b_{n+1}}\right)>0$，则 $\sum_{n=1}^{\infty}a_n$ 收敛；(2)若 $\lim\limits_{n\to\infty}\left(\frac{a_n}{a_{n+1}b_n}-\frac{1}{b_{n+1}}\right)<0$，且 $\sum_{n=1}^{\infty}b_n$ 发散，则 $\sum_{n=1}^{\infty}a_n$ 发散.

第十单元　无穷级数测验(数值级数)参考解答

一、填空题

【参考解答】 1. 令数列的部分和数列为 $S_n=\sum_{k=2}^{n}\ln\left(1-\frac{1}{k^2}\right)$，则

$$
\begin{aligned}
S_n &= \sum_{k=2}^{n+1}[\ln(k-1)-2\ln k+\ln(k+1)] \\
&= (\ln 1-2\ln 2+\ln 3)+(\ln 2-2\ln 3+\ln 4)+(\ln 3-2\ln 4+\ln 5)+\cdots+ \\
&\quad [\ln(n-2)-2\ln(n-1)+\ln n]+[\ln(n-1)-2\ln n+\ln(n+1)]+ \\
&\quad [\ln n-2\ln(n+1)+\ln(n+2)] \\
&= -\ln 2-\ln(n+1)+\ln(n+2)=-\ln 2+\ln\frac{n+2}{n+1},
\end{aligned}
$$

于是 $\sum\limits_{n=2}^{\infty}\ln\left(1-\dfrac{1}{n^2}\right)=\lim\limits_{n\to+\infty}S_n=\lim\limits_{n\to+\infty}\left(-\ln 2+\ln\dfrac{n+2}{n+1}\right)=-\ln 2.$

2. 级数为正项级数，且 $n\to\infty$ 时，$\dfrac{1}{n^{\lambda}(\sqrt{n+2}+\sqrt{n+1})}\sim\dfrac{1}{2n^{\lambda+\frac{1}{2}}}$，所以由正项级数敛散性判定的比较判别法可知级数 $\sum\limits_{n=1}^{\infty}a_n$ 与级数 $\sum\limits_{n=1}^{\infty}\dfrac{1}{n^{\lambda+\frac{1}{2}}}$ 具有相同的敛散性. 于是由 p- 级数的结论可知，当 $\lambda+\dfrac{1}{2}>1$，即 $\lambda>\dfrac{1}{2}$ 时，级数收敛；当 $\lambda+\dfrac{1}{2}\leqslant 1$，即 $\lambda\leqslant\dfrac{1}{2}$ 时，级数发散，所以答案为 $\lambda>\dfrac{1}{2}$.

3. 由于 $\dfrac{1}{n^p}\sin\dfrac{1}{\sqrt{n}}\sim\dfrac{1}{n^{p+\frac{1}{2}}}(n\to\infty)$，所以当 $p>\dfrac{1}{2}$ 时，原级数绝对收敛，当 $p\leqslant\dfrac{1}{2}$ 时，级数 $\sum\limits_{n=1}^{\infty}\left|\dfrac{(-1)^n}{n^p}\sin\dfrac{1}{\sqrt{n}}\right|$ 发散；又当 $-\dfrac{1}{2}<p\leqslant\dfrac{1}{2}$ 时，交错级数 $\sum\limits_{n=1}^{\infty}\dfrac{(-1)^n}{n^p}\sin\dfrac{1}{\sqrt{n}}$ 满足莱布尼兹判别法条件，故收敛；当 $p\leqslant-\dfrac{1}{2}$ 时，$\left|\dfrac{(-1)^n}{n^p}\sin\dfrac{1}{\sqrt{n}}\right|\geqslant\sqrt{n}\sin\dfrac{1}{\sqrt{n}}\to 1(n\to\infty)$，故级数发散. 综上可知当 $-\dfrac{1}{2}<n\leqslant\dfrac{1}{2}$ 时，级数条件收敛.

4. 由 $\lim\limits_{n\to\infty}\dfrac{a_{n+1}}{a_n}=r$ 可知 $\lim\limits_{n\to\infty}\left|\dfrac{a_{n+1}}{a_n}\right|=|r|$，若 $|r|<1$，则 $\sum\limits_{n=1}^{\infty}a_n$ 绝对收敛；若 $|r|>1$，则 n 足够大时有 $|a_{n+1}|>|a_n|$，于是 $\lim\limits_{n\to\infty}|a_n|\neq 0$，级数发散；若 $r=1$，则 n 足够大时级数一般项不变号，如果收敛则一定是绝对收敛，因此 r 只可能为 -1.

5. 考虑级数 $\sum\dfrac{2^n\cdot n!}{n^n}$ 的敛散性. 由正项级数的比值判别法，有

$$
\lim_{n\to\infty}\frac{a_{n+1}}{a_n}=\lim_{n\to\infty}\frac{2^{n+1}(n+1)!}{(n+1)^{n+1}}\cdot\frac{n^n}{2^n n!}=\lim_{n\to\infty}\frac{2n^n}{(n+1)^n}=\lim_{n\to\infty}\frac{2}{(1+1/n)^n}=\frac{2}{\mathrm{e}}<1,
$$

所以 $\sum\dfrac{2^n\cdot n!}{n^n}$ 收敛，则由级数收敛的必要条件，得 $\lim\limits_{n\to\infty}\dfrac{2^n\cdot n!}{n^n}=0$.

二、选择题

【参考解答】 6. 取 $a_n=\dfrac{1}{n}$，则 $\sum\limits_{n=1}^{\infty}a_n^2=\sum\limits_{n=1}^{\infty}\dfrac{1}{n^2}$，$\sum\limits_{n=1}^{\infty}(-1)^{n-1}a_n=\sum\limits_{n=1}^{\infty}\dfrac{(-1)^{n-1}}{n}$，

$\sum_{n=1}^{\infty}(a_{2n-1}-a_{2n})=\sum_{n=1}^{\infty}\frac{1}{2n(2n-1)}$ 均收敛，但 $\sum_{n=1}^{\infty}a_n=\sum_{n=1}^{\infty}\frac{1}{n}$ 发散，因此(A)(B)(D)不正确，故正确选项为(C).

事实上，由 $\sum_{n=1}^{\infty}(a_{2n-1}+a_{2n})$ 收敛可知 $\lim_{n\to\infty}(a_{2n-1}+a_{2n})=0$，其部分和 T_n 极限存在. 于是由 $0\leqslant a_{2n-1},a_{2n}\leqslant a_{2n-1}+a_{2n}$ 知 $\lim_{n\to\infty}a_{2n-1}=\lim_{n\to\infty}a_{2n}=0$，$\sum_{n=1}^{\infty}a_n$ 的部分和 S_n 满足 $S_{2n-1}=S_{2n}-a_{2n}$，于是有 $\lim_{n\to\infty}S_{2n-1}=\lim_{n\to\infty}S_{2n}$，故由数列的拉链定理知级数 $\sum_{n=1}^{\infty}a_n$ 收敛.

7. 由已知条件可知 $\sum_{n=1}^{\infty}(a_n+b_n)$ 收敛，由 $|a_n+b_n|\geqslant\|a_n|-|b_n\|$ 及 $\sum_{n=1}^{\infty}|b_n|$ 发散可知 $\sum_{n=1}^{\infty}(|a_n|-|b_n|)$ 发散，故 $\sum_{n=1}^{\infty}|a_n+b_n|$ 发散，因此 $\sum_{n=1}^{\infty}(a_n+b_n)$ 条件收敛；由 $\sum_{n=1}^{\infty}b_n$ 收敛知 $\lim_{n\to\infty}b_n=0$，于是 n 足够大时有 $|b_n|<1$，于是 $|a_nb_n|<|a_n|$，所以 $\sum_{n=1}^{\infty}a_nb_n$ 绝对收敛；取 $b_n=\frac{(-1)^{n-1}}{\sqrt{n}}$，则 $\sum_{n=1}^{\infty}b_n^2=\sum_{n=1}^{\infty}\frac{1}{n}$ 发散，从而 $\sum_{n=1}^{\infty}(a_n^2+b_n^2)$ 发散，故正确选项为(B).

8. 由 $a_n\leqslant c_n\leqslant b_n(n=1,2,\cdots)$ 可知 $0\leqslant b_n-c_n\leqslant b_n-a_n(n=1,2,\cdots)$，于是由级数 $\sum_{n=1}^{\infty}a_n$ 与 $\sum_{n=1}^{\infty}b_n$ 收敛可知正项级数 $\sum_{n=1}^{\infty}(b_n-a_n)$ 收敛，又由比较判别法可知正项级数 $\sum_{n=1}^{\infty}(b_n-c_n)$ 收敛，从而可知级数 $\sum_{n=1}^{\infty}c_n=\sum_{n=1}^{\infty}[b_n-(b_n-c_n)]$ 收敛，故正确选项为(A).

9. 由于 $\lambda>0$，从而有 $\frac{|a_n|}{\sqrt{n^2+\lambda}}<\frac{|a_n|}{n}=|a_n|\cdot\frac{1}{n}\leqslant\frac{1}{2}\left(a_n^2+\frac{1}{n^2}\right)$. 又级数 $\sum_{n=1}^{\infty}a_n^2$ 与 $\sum_{n=1}^{\infty}\frac{1}{n^2}$ 均收敛，因此 $\sum_{n=1}^{\infty}\frac{|a_n|}{\sqrt{n^2+\lambda}}$ 收敛，故正确选项为(A).

10. 因为 $v_n>1$，于是 $\lim_{n\to\infty}v_n\neq0$，所以 $\sum_{n=1}^{\infty}v_n$ 发散. 又因为

$$u_n=\frac{(-1)^n}{\sqrt{n+1}+(-1)^n}=\frac{(-1)^n\left(\sqrt{n+1}-(-1)^n\right)}{n}=\frac{(-1)^n\sqrt{n+1}}{n}-\frac{1}{n},$$

由交错级数的莱布尼兹判别法知 $\sum_{n=1}^{\infty}\frac{(-1)^n\sqrt{n+1}}{n}$ 收敛，而调和级数 $\sum_{n=1}^{\infty}\frac{1}{n}$ 发散，因此级数 $\sum_{n=1}^{\infty}u_n$ 发散，故正确选项为(D).

三、解答题

11. **【参考解答】** 由级数 $\sum_{n=1}^{\infty}a_n^2$，$\sum_{n=1}^{\infty}b_n^2$ 都收敛知 $\sum_{n=1}^{\infty}(a_n^2+b_n^2)$ 收敛，由算术-几何平均值不等式，有 $|a_nb_n|\leqslant\frac{a_n^2+b_n^2}{2}$，于是由正项级数的比较判别法知级数 $\sum_{n=1}^{\infty}|a_nb_n|$ 收敛，所以

级数 $\sum_{n=1}^{\infty} a_n b_n$ 收敛.

12.【参考解答】 级数为正项级数且 $a_n=\frac{p^n+n^p}{p^n n^p}=\frac{1}{n^p}+\frac{1}{p^n}$，于是可知，当 $p>1$ 时，p-级数 $\sum_{n=1}^{\infty}\frac{1}{n^p}$ 收敛，几何级数 $\sum_{n=1}^{\infty}\frac{1}{p^n}$ 收敛，所以级数 $\sum_{n=1}^{\infty}\frac{p^n+n^p}{p^n n^p}$ 收敛. 当 $0<p\leqslant 1$ 时，$a_n=\frac{1}{n^p}+\frac{1}{p^n}>\frac{1}{n^p}$，而此时 p-级数 $\sum_{n=1}^{\infty}\frac{1}{n^p}$ 发散，所以级数 $\sum_{n=1}^{\infty}\frac{p^n+n^p}{p^n n^p}$ 发散.

13.【参考解答】 当 $0\leqslant|a|\leqslant 1$ 时，$\lim_{n\to\infty}\frac{(-1)^n}{1+a^{2n}}\neq 0$，故当 $0\leqslant|a|\leqslant 1$ 时级数发散. 当 $|a|>1$ 时，由于 $\lim_{n\to\infty}\sqrt[n]{\left|\frac{(-1)^n}{1+a^{2n}}\right|}=\lim_{n\to\infty}\frac{1}{a^2}\sqrt[n]{\frac{1}{1+a^{-2n}}}=\frac{1}{a^2}<1$，由根值判别法知此时级数绝对收敛.

【注】 由 $\left|\frac{(-1)^n}{1+a^{2n}}\right|<\left(\frac{1}{a^2}\right)^n$ 及 $|a|>1$ 时 $\sum_{n=1}^{\infty}\left(\frac{1}{a^2}\right)^n$ 收敛，根据比较判别法可知此时级数绝对收敛.

14.【参考证明】 记 $S_n=\sum_{k=1}^{n}(u_k-u_{k+1})$，则 $S_n=u_1-u_{n+1}$，依题意，部分和数列 $\{S_n\}$ 收敛，从而数列 $\{u_n\}$ 收敛，故 $\{u_n\}$ 有界，即存在 $M>0$，使得

$$|u_n|\leqslant M, n=1,2,\cdots.$$

于是 $|u_n v_n|\leqslant M v_n, n=1,2,\cdots$，所以由比较判别法可知 $\sum_{n=1}^{\infty}u_n v_n$ 绝对收敛.

15.【参考解答】 由题设知数列 $\{a_n\}$ 单调递减，且 $a_n\geqslant 0$，由单调有界原理知 $\{a_n\}$ 必有极限，记 $\lim_{x\to\infty}a_n=a$，则 $a_n\geqslant a\geqslant 0$. 若 $a=0$，即 $\lim_{x\to\infty}a_n=0$，则由莱布尼兹定理知级数 $\sum_{n=1}^{\infty}(-1)^n a_n$ 收敛，这与题设矛盾，故 $a>0$. 由 $\frac{1}{a_n+1}\leqslant\frac{1}{a+1}<1$，有 $\left(\frac{1}{a_n+1}\right)^n\leqslant\left(\frac{1}{a+1}\right)^n$. 根据几何级数的敛散性可知 $\sum_{n=1}^{\infty}\left(\frac{1}{a+1}\right)^n$ 收敛，因此由比较判别法可知 $\sum_{n=1}^{\infty}\left(\frac{1}{a_n+1}\right)^n$ 收敛.

16.【参考解答】 记 $a_n=\ln\left(1+\frac{(-1)^n}{n}\right)$，则 $\lim_{n\to\infty}a_n=0$，记其部分和为 S_n，则可得

$$a_{2n}=\ln\left(1+\frac{1}{2n}\right)>0,$$

$$a_{2n+1}=\ln\left(1-\frac{1}{2n+1}\right)=\ln\frac{2n}{2n+1}=-\ln\left(1+\frac{1}{2n}\right)=-a_{2n}<0(n=1,2,\cdots).$$

于是可得

$$\lim_{n\to\infty}S_{2n}=\lim_{n\to\infty}(a_2+a_3+a_4+\cdots+a_{2n}+a_{2n+1})=0,$$

$$\lim_{n\to\infty}S_{2n+1}=\lim_{n\to\infty}(a_2+a_3+a_4+\cdots+a_{2n+1}+a_{2n+2})=\lim_{n\to\infty}a_{2n+2}=0.$$

由拉链定理知 $\lim_{n\to\infty}S_n=0$，所以级数收敛且和为 0，即 $\sum_{n=2}^{\infty}\ln\left(1+\frac{(-1)^n}{n}\right)=0$.

又$|a_{2n+1}|=\ln\frac{2n+1}{2n}=\ln\left(1+\frac{1}{2n}\right)>\ln\left(1+\frac{1}{2n+1}\right)$，于是$|a_n|\geqslant\ln\left(1+\frac{1}{n}\right)$，而正项级数$\sum\limits_{n=2}^{\infty}\ln\left(1+\frac{1}{n}\right)$与调和级数$\sum\limits_{n=1}^{\infty}\frac{1}{n}$敛散性相同，由正项级数的比较判别法知级数$\sum\limits_{n=1}^{\infty}|a_n|$发散，所以级数$\sum\limits_{n=2}^{\infty}\ln\left(1+\frac{(-1)^n}{n}\right)$为条件收敛.

17.**【参考解答】** 由于$\lim\limits_{n\to\infty}\frac{n}{a_n}=1$，因此当$n$足够大时有$a_n>0$. 考察正项级数$\sum\limits_{n=1}^{\infty}\left(\frac{1}{a_n}+\frac{1}{a_{n+1}}\right)$，因为

$$\lim_{n\to\infty}\left(\frac{1}{a_n}+\frac{1}{a_{n+1}}\right)\Big/\frac{1}{n}=\lim_{n\to\infty}\left(\frac{n}{a_n}+\frac{n+1}{a_{n+1}}\cdot\frac{n}{n+1}\right)=2,$$

且调和级数$\sum\limits_{n=1}^{\infty}\frac{1}{n}$发散，所以由正项级数的比较判别法知级数$\sum\limits_{n=1}^{\infty}\left(\frac{1}{a_n}+\frac{1}{a_{n+1}}\right)$发散.

又由$\lim\limits_{n\to\infty}\frac{n}{a_n}=1$可知$\lim\limits_{n\to\infty}\frac{1}{a_n}=0$，且

$$\begin{aligned}S_{2n}&=\sum_{k=1}^{2n}(-1)^{k+1}\left(\frac{1}{a_k}+\frac{1}{a_{k+1}}\right)\\&=\left(\frac{1}{a_1}+\frac{1}{a_2}\right)-\left(\frac{1}{a_2}+\frac{1}{a_3}\right)+\left(\frac{1}{a_3}+\frac{1}{a_4}\right)-\cdots-\left(\frac{1}{a_{2n}}+\frac{1}{a_{2n+1}}\right)\\&=\frac{1}{a_1}-\frac{1}{a_{2n+1}}\to\frac{1}{a_1}(n\to\infty),\end{aligned}$$

$$\begin{aligned}S_{2n-1}&=\sum_{k=1}^{2n-1}(-1)^{k+1}\left(\frac{1}{a_k}+\frac{1}{a_{k+1}}\right)\\&=\left(\frac{1}{a_1}+\frac{1}{a_2}\right)-\left(\frac{1}{a_2}+\frac{1}{a_3}\right)+\left(\frac{1}{a_3}+\frac{1}{a_4}\right)-\cdots+\left(\frac{1}{a_{2n-1}}+\frac{1}{a_{2n}}\right)\\&=\frac{1}{a_1}+\frac{1}{a_{2n}}\to\frac{1}{a_1}(n\to\infty),\end{aligned}$$

所以$\lim\limits_{n\to\infty}S_n=\frac{1}{a_1}$. 综上可知原级数收敛，且为条件收敛.

18.**【参考证明】** 由题设可知级数$\sum\limits_{n=2}^{\infty}|a_n-a_{n-1}|$的前$n$项部分和数列有界，从而级数$\sum\limits_{n=2}^{\infty}|a_n-a_{n-1}|$收敛，所以级数$\sum\limits_{n=2}^{\infty}(a_n-a_{n-1})$收敛. 又由于

$$S_n=\sum_{k=2}^{n}(a_k-a_{k-1})=(a_2-a_1)+(a_3-a_2)+\cdots+(a_n-a_{n-1})=a_n-a_1,$$

从而可知级数$\sum\limits_{n=2}^{\infty}(a_n-a_{n-1})$与数列$\{a_n\}$具有相同敛散性，所以$\lim\limits_{n\to\infty}a_n$存在.

19.**【参考证明】** 因为$u_n\geqslant0$，所以$v_{n+1}=\frac{v_n+\sqrt{v_n^2+u_n}}{2}>v_n(n=1,2,\cdots)$，从而

$\{v_n\}$单调递增，$v_n \geqslant v_1 = 1$，且$u_n = 4v_{n+1}(v_{n+1}-v_n) \geqslant 4(v_{n+1}-v_n)$.

必要性：若$\sum\limits_{n=1}^{\infty} u_n$收敛于$s$，则其部分和$s_n = \sum\limits_{k=1}^{n} u_k < s$，又$u_n \geqslant 4(v_{n+1}-v_n)$，则有

$$s > \sum_{k=1}^{n} u_k > 4\sum_{k=1}^{n}(v_{n+1}-v_n) = 4(v_{n+1}-v_1) = 4(v_{n+1}-1),$$

于是有$v_{n+1} < 1+\dfrac{s}{4}$，故数列$\{v_n\}$单调递增且有上界，所以数列$\{v_n\}$收敛.

充分性：若$\{v_n\}$收敛，记$\lim\limits_{n\to\infty} v_n = a \geqslant 1$，又$\{v_n\}$单调递增，因此$1 \leqslant v_n \leqslant a$. 于是

$$0 < u_n = 4v_{n+1}(v_{n+1}-v_n) \leqslant 4a(v_{n+1}-v_n),$$

而

$$\sum_{n=1}^{\infty}(v_{n+1}-v_1) = \lim_{n\to\infty}(v_{n+1}-v_1) = a-1,$$

故由正项级数的比较判别法知级数$\sum\limits_{n=1}^{\infty} u_n$收敛.

20. **【参考证明】** (1) 设$\lim\limits_{n\to+\infty}\left(\dfrac{a_n}{a_{n+1}b_n}-\dfrac{1}{b_{n+1}}\right) = 2\delta > \delta > 0$，则存在$N \in \mathbb{N}$，对于任意的$n > N$时，$\dfrac{a_n}{a_{n+1}b_n}-\dfrac{1}{b_{n+1}} > \delta$，即$\dfrac{a_n}{b_n}-\dfrac{a_{n+1}}{b_{n+1}} > \delta a_{n+1}$，从而可得$a_{n+1} < \dfrac{1}{\delta}\left(\dfrac{a_n}{b_n}-\dfrac{a_{n+1}}{b_{n+1}}\right)$. 于是$\sum\limits_{n=1}^{\infty} a_n$的部分和$S_m(m > N)$满足

$$\begin{aligned}\sum_{n=1}^{m} a_n &= \sum_{n=1}^{N-1} a_n + \sum_{n=N}^{m} a_{n+1} \leqslant \sum_{n=1}^{N-1} a_n + \frac{1}{\delta}\sum_{n=N}^{m}\left(\frac{a_n}{b_n}-\frac{a_{n+1}}{b_{n+1}}\right) \\ &\leqslant \sum_{n=1}^{N-1} a_n + \frac{1}{\delta}\left(\frac{a_N}{b_N}-\frac{a_{m+1}}{b_{m+1}}\right) \leqslant \sum_{n=1}^{N-1} a_n + \frac{1}{\delta}\frac{a_N}{b_N}.\end{aligned}$$

因此正项级数$\sum\limits_{n=1}^{\infty} a_n$部分和有上界，所以正项级数$\sum\limits_{n=1}^{\infty} a_n$收敛.

(2) 若$\lim\limits_{n\to+\infty}\left(\dfrac{a_n}{a_{n+1}b_n}-\dfrac{1}{b_{n+1}}\right) < \delta < 0$，则存在$N \in \mathbb{N}$，对于任意的$n > N$，$\dfrac{a_n}{b_n} < \dfrac{a_{n+1}}{b_{n+1}}$，从而有

$$a_{n+1} > \frac{b_{n+1}}{b_n}a_n > \cdots > \frac{b_{n+1}}{b_n}\frac{b_n}{b_{n-1}}\frac{b_{n-1}}{b_{n-2}}\cdots\frac{b_{N+1}}{b_N}a_N = \frac{a_N}{b_N}b_{n+1}.$$

于是由$\sum\limits_{n=1}^{\infty} b_n$发散，所以$\sum\limits_{n=1}^{\infty} a_n$发散.

第十单元　无穷级数测验（幂级数与傅里叶级数）

一、填空题（每小题 3 分，共 15 分）

1. 已知幂级数$\sum\limits_{n=1}^{\infty} a_n(x+1)^n$在$x=2$处条件收敛，则幂级数$\sum\limits_{n=1}^{\infty}\dfrac{na_n}{2^n}x^n$的收敛半径$R=$ ________.

2. 幂级数$\sum_{n=0}^{\infty}\frac{x^n}{2^n+(-3)^n}$的收敛半径$R=$______.

3. 级数$\sum_{n=1}^{\infty}\frac{(-1)^n n}{2^n}$的和等于______.

4. $\int_0^1 x\left(1-\frac{x^2}{1!}+\frac{x^4}{2!}-\frac{x^6}{3!}+\cdots\right)dx=$______.

5. 设$f(x)$为在$(-\infty,+\infty)$内有定义的周期为2的周期函数，且$f(x)=\begin{cases}2, & -1<x\leqslant 0\\ x^3, & 0<x\leqslant 1\end{cases}$,则$f(x)$在$x=3$处的傅里叶级数收敛于______.

二、选择题(每小题3分,共15分)

6. 若级数$\sum_{n=1}^{\infty}(-1)^{n-1}\frac{(x-a)^n}{n}$在$x>0$时发散，在$x=0$处收敛,则常数$a=$(　　).

(A) 1　　(B) -1　　(C) 2　　(D) -2

7. 下列结论正确的是(　　).

(A) 若$\sum_{n=1}^{\infty}a_n x^n$的收敛半径为$R$,则$\sum_{n=1}^{\infty}(a_n x^n)'$的收敛半径也是$R$

(B) 若$f(x)$在$x=x_0$有任意阶导数，则有$f(x)=\sum_{n=0}^{\infty}\frac{f^{(n)}(x_0)}{n!}(x-x_0)^n$

(C) 若$\sum_{n=1}^{\infty}a_n x^n$的收敛半径为$R$，则$\lim_{n\to\infty}\left|\frac{a_n}{a_{n+1}}\right|=R$

(D) 设$\frac{a_0}{2}+\sum_{n=1}^{\infty}(a_n\cos nx+b_n\sin nx)$是周期为$2\pi$的函数$f(x)$的傅里叶级数,则在$f(x)$的定义域内,有$f(x)=\frac{a_0}{2}+\sum_{n=1}^{\infty}(a_n\cos nx+b_n\sin nx)$

8. 幂级数$\sum_{n=1}^{\infty}\frac{1}{2^n}\left(1-\frac{n^n}{n!}\right)x^n$的收敛半径$R=$(　　).

(A) 2　　(B) $\frac{1}{2}$　　(C) $\frac{2}{e}$　　(D) $\frac{e}{2}$

9. 级数$\sum_{n=1}^{\infty}\frac{x^n}{1+x^{2n}}$的收敛域为(　　).

(A) $(-1,1)$　　(B) $(-\infty,1)$

(C) $(1,+\infty)$　　(D) $(-\infty,-1)\cup(-1,1)\cup(1,+\infty)$

10. 已知函数$f(x)=x^2(0\leqslant x\leqslant 1)$，记$S(x)=\sum_{n=1}^{\infty}b_n\sin n\pi x$，其中

$$b_n=2\int_0^1 x^2\sin n\pi x\,dx(n=1,2,\cdots),$$

则当$x\in(1,2)$时,$S(x)=$(　　).

(A) x^2　　(B) $-x^2$　　(C) $(x-2)^2$　　(D) $-(x-2)^2$

三、解答题(共70分)

11. (6分)求幂级数$\sum_{n=1}^{\infty}\frac{x^{3n}}{(n+1)\cdot 2^n}$的收敛域.

12. (6 分) 求数项级数 $\sum\limits_{n=0}^{\infty}\dfrac{2n+1}{n!}$ 的和.

13. (6 分)将 $f(x)=(x+1)\mathrm{e}^{-x}$ 在 $x_0=-1$ 处展开成幂级数.

14. (6 分)将 $f(x)=\dfrac{x}{(1-x^2)^2}$展开成麦克劳林级数,并求 $f^{(9)}(0)$.

15. (6 分)将函数 $f(x)=2+|x|(-1\leqslant x\leqslant 1)$展开成以 2 为周期的傅里叶级数，并由此求级数 $\sum\limits_{n=1}^{\infty}\dfrac{1}{(2n-1)^2}$ 的和.

16. (8 分) 求幂级数 $\sum\limits_{n=2}^{\infty}\dfrac{x^n}{(n^2-1)\cdot 3^n}$ 的收敛域及和函数.

17. (8 分)设函数列$\{f_n(x)\}$满足：$f_n'(x)=f_n(x)+x^{n-1}\mathrm{e}^x$，$f_n(1)=\dfrac{\mathrm{e}}{n}$，求级数 $\sum\limits_{n=1}^{\infty}f_n(x)$ 的和.

18. (8 分) 将幂级数 $\sum\limits_{n=0}^{\infty}\dfrac{(-1)^n\cdot 2^{2n}}{(2n+1)!}x^{2n+1}$ 的和函数 $S(x)$ 展开成 $x-\dfrac{\pi}{6}$ 的幂级数.

19. (8 分)设 $f(x)$在$[-\pi,\pi]$上有连续导函数,且 $f(-\pi)=f(\pi)$. 已知 $f(x)$展开成以 2π 为周期的傅里叶级数的系数为 $a_0,a_n,b_n,n=1,2,\cdots$. 试用 a_0,a_n,b_n 表示 $f'(x)$的以 2π 为周期的傅里叶系数 $A_0,A_n,B_n,n=1,2,\cdots$.

20. (8 分) 设 $a_0=1$，$a_n=\dfrac{2n-1}{2n}a_{n-1}$，$n=1,2,\cdots$，$y(x)=\sum\limits_{n=0}^{\infty}a_nx^{2n}$. 证明：当 $x\in(-1,1)$时，$y(x)$满足方程$(1-x^2)y'=xy$,并求 a_n 和 $y(x)$.

第十单元　无穷级数测验(幂级数与傅里叶级数)参考答案

一、填空题

【参考解答】 1. 由已知可知级数 $\sum\limits_{n=1}^{\infty}a_nx^n$ 在 $x=3$ 处条件收敛，因此其收敛半径为 $R=3$. 令$\dfrac{x}{2}=t$，则 $\sum\limits_{n=1}^{\infty}na_nt^n=t\sum\limits_{n=1}^{\infty}(a_nt^n)'$，逐项求导不改变级数收敛半径，于是 $\sum\limits_{n=1}^{\infty}na_nt^n$ 的收敛半径仍为 3,所以 $\sum\limits_{n=1}^{\infty}\dfrac{na_n}{2^n}x^n$ 的收敛半径为 6.

2. 级数为标准幂级数,于是收敛半径

$$R=\lim_{n\to\infty}\left|\frac{a_n}{a_{n+1}}\right|=\lim_{n\to\infty}\left|\frac{2^{n+1}+(-3)^{n+1}}{2^n+(-3)^n}\right|=\lim_{n\to\infty}\left|\frac{2\left(-\dfrac{2}{3}\right)^n+(-3)}{\left(-\dfrac{2}{3}\right)^n+1}\right|=3.$$

3. 先求级数 $\sum\limits_{n=1}^{\infty}nx^n$ 的和函数，其收敛区间为$(-1,1)$,且 $x\in(-1,1)$时,有

$$S(x)=\sum_{n=1}^{\infty}nx^n=x\sum_{n=1}^{\infty}(x^n)'=x\left(\sum_{n=1}^{\infty}x^n\right)'=x\left(\frac{x}{1-x}\right)'=\frac{x}{(1-x)^2},$$

于是可得$\sum_{n=1}^{\infty}\frac{(-1)^n n}{2^n}=S\left(-\frac{1}{2}\right)=-\frac{2}{9}$.

4. 由幂级数逐项可积的性质,有

$$\begin{aligned}\int_0^1 x\left(1-\frac{x^2}{1!}+\frac{x^4}{2!}-\frac{x^6}{3!}+\cdots\right)\mathrm{d}x &= \sum_{n=0}^{\infty}\int_0^1(-1)^n\frac{x^{2n+1}}{n!}\mathrm{d}x\\ &=\sum_{n=1}^{\infty}(-1)^n\frac{x^{2n+2}}{(2n+2)n!}\bigg|_0^1=\frac{1}{2}\sum_{n=0}^{\infty}\frac{(-1)^n}{(n+1)!}\\ &=-\frac{1}{2}\left(\sum_{n=0}^{\infty}\frac{(-1)^n}{n!}-1\right)=-\frac{1}{2}(\mathrm{e}^{-1}-1)=\frac{1}{2}(1-\mathrm{e}^{-1}).\end{aligned}$$

5. 傅里叶级数的和函数$S(x)$周期为2,因此

$$S(3)=S(1)=\frac{f(1-0)+f(1+0)}{2}=\frac{1+2}{2}=\frac{3}{2}.$$

二、选择题

【参考解答】 6. 令$u_n(x)=(-1)^{n-1}\frac{(x-a)^n}{n}$,则

$$\lim_{n\to\infty}\left|\frac{u_{n+1}(x)}{u_n(x)}\right|=\lim_{n\to\infty}\left|\frac{(-1)^n\frac{(x-a)^{n+1}}{n+1}}{(-1)^{n-1}\frac{(x-a)^n}{n}}\right|=|x-a|,$$

令$|x-a|<1$,则其收敛区间为$-1+a<x<1+a$,由已知可知$x=0$为收敛区间的右端点,故有$1+a=0$,所以$a=-1$,故正确选项为(B).

7. (A)正确.幂级数逐项求导不改变收敛半径;(B)错误.还要求余项趋于0,或在邻域内任意阶导函数有界;(C)错误.$\lim_{n\to\infty}\left|\frac{a_n}{a_{n+1}}\right|=R$是收敛半径为$R$的充分非必要条件;(D)错误.由狄利克雷收敛定理知,在$f(x)$的连续点处其傅里叶级数的和函数$S(x)=f(x)$才成立,间断点处不一定成立.故正确选项为(A).

8. 由收敛半径计算公式,有

$$R=\lim_{n\to\infty}\left|\frac{a_n}{a_{n+1}}\right|=\lim_{n\to\infty}\frac{\frac{1}{2^n}\left(1-\frac{n^n}{n!}\right)}{\frac{1}{2^{n+1}}\left(1-\frac{(n+1)^{n+1}}{(n+1)!}\right)}=\lim_{n\to\infty}\frac{2\left(1-\frac{n^n}{n!}\right)}{1-\frac{(n+1)^{n+1}}{(n+1)!}}$$

$$=\lim_{n\to\infty}\frac{2(n!-n^n)(n+1)}{(n+1)!-(n+1)^{n+1}}=\lim_{n\to\infty}\frac{2(n!-n^n)}{n!-(n+1)^n}=\lim_{n\to\infty}\frac{2\left(\frac{n!}{n^n}-1\right)}{\frac{n!}{n^n}-\left(1+\frac{1}{n}\right)^n}=\frac{2}{\mathrm{e}}.$$

注:由$\lim_{n\to\infty}\frac{(n+1)!}{(n+1)^{n+1}}\bigg/\frac{n!}{n^n}=\lim_{n\to\infty}\frac{1}{(1+1/n)^n}=\frac{1}{\mathrm{e}}<1$,可知级数$\sum_{n=1}^{\infty}\frac{n!}{n^n}$收敛,于是有$\lim_{n\to\infty}\frac{n!}{n^n}=0$.

9. 由比值判别法,有

$$\lim_{n\to\infty}\left|\frac{u_{n+1}}{u_n}\right|=\lim_{n\to\infty}\left|\frac{x^{n+1}}{1+x^{2n+2}}\right|\cdot\left|\frac{1+x^{2n}}{x^n}\right|=|x|\lim_{n\to\infty}\frac{1+x^{2n}}{1+x^{2n+2}}=\begin{cases}|x|, & |x|<1\\ 1, & |x|=1\\ |x|/x^2, & |x|>1\end{cases},$$

当 $|x|<1$ 时，原级数收敛；当 $|x|=1$ 时，级数 $\sum\limits_{n=1}^{\infty}\frac{(\pm1)^n}{2}$ 发散；当 $|x|>1$ 时，$\frac{|x|}{x^2}<1$，原级数收敛，所以原级数的收敛域为 $(-\infty,-1)\cup(-1,1)\cup(1,+\infty)$，故正确选项为(D).

10. 由已知可知 $S(x)$ 为函数 $f(x)$ 奇延拓且以 2 为周期的傅里叶级数的和函数，于是当 $x\in(1,2)$ 时，有 $S(x)=S(x-2)=-S(2-x)=-(2-x)^2=-(x-2)^2$，故正确选项为(D).

三、解答题

11. **【参考解答】** 令 $u_n(x)=\frac{x^{3n}}{(n+1)2^n}$，则由比值判别法，有

$$\lim_{n\to\infty}\left|\frac{u_{n+1}(x)}{u_n(x)}\right|=\lim_{n\to\infty}\left|\frac{x^{3(n+1)}}{(n+2)2^{n+1}}\cdot\frac{(n+1)2^n}{x^{3n}}\right|=\frac{x^3}{2}<1,$$

于是可得，当 $|x|<\sqrt[3]{2}$ 时，级数绝对收敛；当 $|x|>\sqrt[3]{2}$ 时，级数发散；当 $x=-\sqrt[3]{2}$ 时，级数 $\sum\limits_{n=1}^{\infty}\frac{(-1)^n}{n+1}$ 收敛；当 $x=\sqrt[3]{2}$ 时，级数 $\sum\limits_{n=1}^{\infty}\frac{1}{n+1}$ 发散，所以原级数的收敛域为 $[-\sqrt[3]{2},\sqrt[3]{2})$.

【注】 令 $\frac{x^3}{2}=t$，考察级数 $\sum\limits_{n=1}^{\infty}\frac{t^n}{n+1}$ 的收敛域为 $[-1,1)$，即 $-1\leqslant\frac{x^3}{2}<1$，解得原级数的收敛域为 $[-\sqrt[3]{2},\sqrt[3]{2})$.

12. **【参考解答】** 令 $f(x)=\sum\limits_{n=0}^{\infty}\frac{2n+1}{n!}x^n$，其收敛域为 $(-\infty,+\infty)$，于是有

$$f(x)=\sum_{n=1}^{\infty}\frac{2nx^n}{n!}+\sum_{n=0}^{\infty}\frac{x^n}{n!}=2x\sum_{n=1}^{\infty}\frac{x^{n-1}}{(n-1)!}+e^x=2xe^x+e^x,\quad x\in(-\infty,+\infty),$$

所以 $\sum\limits_{n=0}^{\infty}\frac{2n+1}{n!}=f(1)=3e$.

13. **【参考解答】** 由 $e^x=\sum\limits_{k=0}^{\infty}\frac{x^k}{k!}$，$-\infty<x<+\infty$，可得

$$f(x)=e(x+1)e^{-(x+1)}=e(x+1)\sum_{k=0}^{\infty}\frac{(-1)^k}{k!}(x+1)^k$$

$$=\sum_{k=1}^{\infty}\frac{(-1)^{k-1}e}{(k-1)!}(x+1)^k,\quad -\infty<x<+\infty.$$

14. **【参考解答】** 由 $\frac{1}{1-x}=\sum\limits_{n=0}^{\infty}x^n(|x|<1)$ 和幂级数的逐项可导的性质，得

$$\frac{x}{(1-x^2)^2}=\frac{1}{2}\left(\frac{1}{1-x^2}\right)'=\frac{1}{2}\left(\sum_{n=0}^{\infty}x^{2n}\right)'=\frac{1}{2}\sum_{n=0}^{\infty}(x^{2n})'=\sum_{n=1}^{\infty}nx^{2n-1},$$

且其收敛域为 $(-1,1)$. 其中 $n=5$ 时对应 x^9，系数为 $n=5$，故得

$$f^{(9)}(0)=a_9\cdot 9!=5\cdot 9!=1814400.$$

15. **【参考解答】** 将函数 $f(x)$ 作周期为 2 的周期延拓，延拓后函数为在 $(-\infty,+\infty)$ 上连续的偶函数，故其傅里叶级数为余弦级数，且和函数在 $[-1,1]$ 收敛于 $f(x)$. 由傅里叶

系数计算公式可得 $b_n=0$,

$$a_0=2\int_0^1 f(x)\mathrm{d}x=2\int_0^1(2+x)\mathrm{d}x=\frac{5}{2},$$

$$\begin{aligned}a_n&=2\int_0^1 f(x)\cos n\pi x\,\mathrm{d}x=2\int_0^1(2+x)\cos n\pi x\,\mathrm{d}x\\&=\frac{2}{n\pi}\left[(2+x)\sin n\pi x\Big|_0^1-\int_0^1\sin n\pi x\,\mathrm{d}x\right]=\frac{2}{n^2\pi^2}(\cos n\pi-1)\\&=\begin{cases}0, & n=2k\\ \dfrac{4}{\pi^2 n^2}, & n=2k-1\end{cases},\end{aligned}$$

所以 $f(x)=\dfrac{5}{2}-\dfrac{4}{\pi^2}\sum\limits_{k=1}^{\infty}\dfrac{\cos(2k-1)\pi x}{(2k-1)^2}, -1\leqslant x\leqslant 1$. 令 $x=0$,得 $\sum\limits_{n=1}^{\infty}\dfrac{1}{(2n-1)^2}=\dfrac{\pi^2}{8}$.

16.【参考解答】 令 $\dfrac{x}{3}=t$,幂级数转换为 $\sum\limits_{n=2}^{\infty}\dfrac{t^n}{n^2-1}$,该幂级数的收敛域为$[-1,1]$,记其和函数为 $S(t)$,则

$$2S(t)=\sum_{n=2}^{\infty}\left(\frac{1}{n-1}-\frac{1}{n+1}\right)t^n=\sum_{n=2}^{\infty}\frac{t^n}{n-1}-\sum_{n=2}^{\infty}\frac{t^n}{n+1}\quad(-1\leqslant x<1).$$

又

$$\begin{aligned}S_1(t)&=\sum_{n=2}^{\infty}\frac{t^n}{n-1}=t\sum_{n=2}^{\infty}\frac{t^{n-1}}{n-1}=t\sum_{n=2}^{\infty}\int_0^t t^{n-2}\mathrm{d}t=t\int_0^t\left(\sum_{n=2}^{\infty}t^{n-2}\right)\mathrm{d}t\\&=t\int_0^t\frac{1}{1-t}\mathrm{d}t=-t\ln(1-t)\quad(-1\leqslant t<1),\end{aligned}$$

$$\begin{aligned}S_2(t)&=\sum_{n=2}^{\infty}\frac{t^n}{n+1}=\frac{1}{t}\sum_{n=2}^{\infty}\frac{t^{n+1}}{n+1}=\frac{1}{t}\sum_{n=2}^{\infty}\int_0^t t^n\mathrm{d}t=\frac{1}{t}\int_0^t\left(\sum_{n=2}^{\infty}t^n\right)\mathrm{d}t\quad(t\neq 0)\\&=\frac{1}{t}\int_0^t\frac{t^2}{1-t}\mathrm{d}t=\frac{1}{t}\left(-\frac{t^2}{2}-t-\ln(1-t)\right)\\&=-\frac{t}{2}-1-\frac{\ln(1-t)}{t}\quad(-1\leqslant t<0,0<t<1),\end{aligned}$$

$S_2(0)=\sum\limits_{n=2}^{\infty}0=0$,于是有

$$S(t)=\frac{1}{2}[S_1(t)-S_2(t)]=\begin{cases}\dfrac{1}{2}+\dfrac{t}{4}+\dfrac{1}{2}\left(\dfrac{1}{t}-t\right)\ln(1-t), & -1\leqslant t<1,t\neq 0\\ 0, & t=0\end{cases}.$$

由和函数的连续性可知

$$S(1)=\lim_{x\to 1^-}\left[\frac{1}{2}+\frac{t}{4}+\frac{1}{2}\left(\frac{1}{t}-t\right)\ln(1-t)\right]=\frac{3}{4}+\frac{1}{2}\lim_{x\to 1^-}(1-t)\ln(1-t)=\frac{3}{4},$$

所以在收敛域$[-1,1]$上

$$S(t)=\begin{cases}\dfrac{1}{2}+\dfrac{t}{4}+\dfrac{1}{2}\left(\dfrac{1}{t}-t\right)\ln(1-t), & -1\leqslant t<1,t\neq 0\\ 0, & t=0\\ 3/4, & t=1\end{cases},$$

将 $\dfrac{x}{3}=t$ 代回,得在 $x\in[-3,3]$上有

$$\sum_{n=2}^{\infty}\frac{x^n}{(n^2-1)\cdot 3^n}=\begin{cases}\dfrac{1}{2}+\dfrac{x}{12}+\dfrac{1}{2}\left(\dfrac{3}{x}-\dfrac{x}{3}\right)\ln\left(1-\dfrac{x}{3}\right), & -3\leqslant x<3, x\neq 0\\ 0, & x=0\\ 3/4, & x=3\end{cases}.$$

17.**【参考解答】** 由 $f_n'(x)=f_n(x)+x^{n-1}e^x$ 移项整理可知

$$[f_n(x)e^{-x}]'=x^{n-1},$$

两边积分得

$$\int_1^x[f_n(x)e^{-x}]'dx=f_n(x)e^{-x}-f_n(1)e=\int_1^x x^{n-1}dx=\frac{x^n}{n}-\frac{1}{n},$$

所以 $f_n(x)e^{-x}=\dfrac{x^n}{n}$，即 $f_n(x)=\dfrac{x^n}{n}e^x$. 于是级数 $\sum\limits_{n=1}^{\infty}f_n(x)=e^x\sum\limits_{n=1}^{\infty}\dfrac{x^n}{n}$，其收敛域为 $[-1,1)$. 在收敛域内，

$$\sum_{n=1}^{\infty}\frac{x^n}{n}=\sum_{n=1}^{\infty}\int_0^x x^{n-1}dx=\int_0^x\left(\sum_{n=1}^{\infty}x^{n-1}\right)dx=\int_0^x\frac{1}{1-x}dx=-\ln(1-x),$$

所以 $\sum\limits_{n=1}^{\infty}f_n(x)=-e^x\ln(1-x), x\in[-1,1)$.

18.**【参考解答】** 幂级数的收敛域为 $(-\infty,+\infty)$，由

$$\sin x=\sum_{n=0}^{\infty}\frac{(-1)^n}{(2n+1)!}x^{2n+1}\quad(|x|<+\infty),$$

可得幂级数和函数

$$S(x)=\frac{1}{2}\sum_{n=0}^{\infty}\frac{(-1)^n}{(2n+1)!}(2x)^{2n+1}=\frac{1}{2}\sin 2x.$$

于是当 $x\in(-\infty,+\infty)$ 时，可得

$$\begin{aligned}S(x)&=\frac{1}{2}\sin 2x=\frac{1}{2}\sin\left[2\left(x-\frac{\pi}{6}\right)+\frac{\pi}{3}\right]\\&=\frac{1}{4}\sin 2\left(x-\frac{\pi}{6}\right)+\frac{\sqrt{3}}{4}\cos 2\left(x-\frac{\pi}{6}\right)\\&=\sum_{n=0}^{\infty}\frac{1}{4}\cdot\frac{(-1)^n2^{2n+1}}{(2n+1)!}\left(x-\frac{\pi}{6}\right)^{2n+1}+\sum_{n=0}^{\infty}\frac{\sqrt{3}}{4}\cdot\frac{(-1)^n2^{2n}}{(2n)!}\left(x-\frac{\pi}{6}\right)^{2n}\\&=\sum_{n=0}^{\infty}\left(\frac{\sqrt{3}}{4}\cdot\frac{(-1)^n2^{2n}}{(2n)!}\left(x-\frac{\pi}{6}\right)^{2n}+\frac{1}{4}\cdot\frac{(-1)^n2^{2n+1}}{(2n+1)!}\left(x-\frac{\pi}{6}\right)^{2n+1}\right).\end{aligned}$$

19.**【参考解答】** 由傅里叶系数计算公式可知

$$a_0=\frac{1}{\pi}\int_{-\pi}^{\pi}f(x)dx,$$

$$a_n=\frac{1}{\pi}\int_{-\pi}^{\pi}f(x)\cos nx\,dx, b_n=\frac{1}{\pi}\int_{-\pi}^{\pi}f(x)\sin nx\,dx,\quad n=1,2,\cdots.$$

于是

$$A_0=\frac{1}{\pi}\int_{-\pi}^{\pi}f'(x)dx=f(\pi)-f(-\pi)=0,$$

$$A_n=\frac{1}{\pi}\int_{-\pi}^{\pi}f'(x)\cos nx\,dx=\frac{1}{\pi}\int_{-\pi}^{\pi}\cos nx\,df(x)$$

$$= \left[\frac{1}{\pi}f(x)\cos nx\right]\Bigg|_{-\pi}^{\pi} + \frac{n}{\pi}\int_{-\pi}^{\pi} f(x)\sin nx\,\mathrm{d}x = nb_n \quad (n=1,2,\cdots),$$

$$B_n = \frac{1}{\pi}\int_{-\pi}^{\pi} f'(x)\sin nx\,\mathrm{d}x = \frac{1}{\pi}\int_{-\pi}^{\pi}\sin nx\,\mathrm{d}f(x)$$

$$= \left[\frac{1}{\pi}f(x)\sin nx\right]\Bigg|_{-\pi}^{\pi} - \frac{n}{\pi}\int_{-\pi}^{\pi} f(x)\cos nx\,\mathrm{d}x = -na_n \quad (n=1,2,\cdots).$$

注：由于 $f(x)$ 在 $[-\pi,\pi]$ 有连续导函数，且 $f(-\pi)=f(\pi)$，故周期延拓的函数在 $(-\infty,+\infty)$ 上连续，因此其傅里叶级数在整个定义域上一致收敛，对其傅里叶级数可逐项积分和求导，于是

$$f'(x) = \left[a_0 + \sum_{n=1}^{\infty}(a_n\cos nx + b_n\sin nx)\right]' = \sum_{n=1}^{\infty}(-na_n\sin nx + nb_n\cos nx),$$

因此直接可得 $a_0=0, a_n=nb_n, b_n=-na_n (n=1,2,\cdots)$.

20.【参考证明】 记 $u_n(x)=a_nx^{2n}$，则由

$$\lim_{n\to\infty}\left|\frac{u_n(x)}{u_{n-1}(x)}\right| = \lim_{n\to\infty}\left|\frac{a_nx^{2n}}{a_{n-1}x^{2n-2}}\right| = \lim_{n\to\infty}\left|\frac{2n-1}{2n}x^2\right| = x^2,$$

可知级数 $\sum_{n=0}^{\infty}a_nx^{2n}$ 收敛半径为 1，$y(x)=\sum_{n=0}^{\infty}a_nx^{2n}$ 在收敛区间 $(-1,1)$ 可逐项求导，即有 $y'(x)=\sum_{n=1}^{\infty}2na_nx^{2n-1}$. 代入方程等式左边表达式，得

$$(1-x^2)y' = (1-x^2)\sum_{n=1}^{\infty}2na_nx^{2n-1} = \sum_{n=1}^{\infty}2na_nx^{2n-1} - \sum_{n=1}^{\infty}2na_nx^{2n+1}$$

$$= 2a_1x + \sum_{n=2}^{\infty}2[na_n-(n-1)a_{n-1}]x^{2n-1} = a_0x + \sum_{n=2}^{\infty}a_{n-1}x^{2n-1}$$

$$= a_0x + \sum_{n=1}^{\infty}a_nx^{2n+1} = x\left(a_0 + \sum_{n=1}^{\infty}a_nx^{2n}\right) = x\sum_{n=0}^{\infty}a_nx^{2n} = xy(x).$$

即当 $x\in(-1,1)$ 时，$y(x)$ 满足方程 $(1-x^2)y'=xy$. 该微分方程为可分离变量微分方程，分离变量积分得

$$\int\frac{\mathrm{d}y}{y} = \int\frac{x}{1-x^2}\mathrm{d}x, \quad 即\ \ln|y| = -\frac{1}{2}\ln|1-x^2| + C.$$

整理得 $y=\dfrac{C}{\sqrt{1-x^2}}$. 由 $y(0)=a_0=1$，得 $C=1$，所以

$$y(x) = \frac{1}{\sqrt{1-x^2}}.$$

由 $a_0=1, a_n=\dfrac{2n-1}{2n}a_{n-1} (n=1,2,\cdots)$ 可得

$$a_1=\frac{1}{2}, a_2=\frac{3}{4}\ \frac{1}{2}, a_3=\frac{5}{6}\ \frac{3}{4}\ \frac{1}{2}, \cdots, a_n=\frac{(2n-1)!!}{(2n)!!} \quad (n=1,2,\cdots).$$

【注】 由 $y(x)$ 的幂级数展开式，也可得

$$\frac{1}{\sqrt{1-x^2}} = (1-x^2)^{-1/2}$$

$$=1-\frac{1}{2}(-x^2)+\frac{\left(-\frac{1}{2}\right)\left(-\frac{1}{2}-1\right)}{2!}(-x^2)^2+$$

$$\frac{\left(-\frac{1}{2}\right)\left(-\frac{1}{2}-1\right)\left(-\frac{1}{2}-2\right)}{3!}(-x^2)^3+\cdots+$$

$$\frac{\left(-\frac{1}{2}\right)\left(-\frac{1}{2}-1\right)\left(-\frac{1}{2}-2\right)\cdots\left(-\frac{1}{2}-n+1\right)}{n!}(-x^2)^n+\cdots$$

$$=1+\frac{1}{2}x^2+\frac{\frac{1}{2}\cdot\frac{3}{2}}{2!}x^4+\frac{\frac{1}{2}\cdot\frac{3}{2}\cdot\frac{5}{2}}{3!}x^6+\frac{\frac{1}{2}\cdot\frac{3}{2}\cdot\frac{5}{2}\cdot\cdots\cdot\frac{2n-1}{2}}{n!}x^{2n}+\cdots,$$

所以 $a_n=\frac{\frac{1}{2}\cdot\frac{3}{2}\cdot\frac{5}{2}\cdot\cdots\cdot\frac{2n-1}{2}}{n!}=\frac{(2n-1)!!}{(2n)!!}$.